大学生数学竞赛十八讲

陈挚　郑言　主编

清华大学出版社
北　京

内 容 简 介

本书是在国防科技大学非数学类专业数学竞赛培训讲义的基础上编写而成的。全书共分十八讲,其中分析学基础三讲,包括函数、数列的极限和函数的极限与连续;微分学四讲,包括导数与微分、微分中值定理、不等式和导数的综合应用;积分学七讲,包括不定积分与定积分的计算、重积分、曲线积分与曲面积分、积分中值定理、积分不等式、含参积分和积分的极限、反常积分;级数部分有二讲,包括常数项级数、幂级数与傅里叶级数;最后二讲为空间解析几何、常微分方程。每讲又分知识点、典型例题和综合训练三个部分。

本书既可作为大学生数学竞赛的培训教材和全国硕士研究生入学考试的复习参考资料,也可以作为高等数学教师的教学辅导资料。

图书在版编目(CIP)数据

大学生数学竞赛十八讲/陈挚,郑言主编.—北京:清华大学出版社,2021.8(2024.3重印)
ISBN 978-7-302-58752-1

Ⅰ.①大… Ⅱ.①陈… ②郑… Ⅲ.①高等数学-高等学校-题解 Ⅳ.①O13-44

中国版本图书馆 CIP 数据核字(2021)第 146400 号

责任编辑:佟丽霞 陈 明
封面设计:常雪影
责任校对:赵丽敏
责任印制:曹婉颖

出版发行:清华大学出版社
   网 址:https://www.tup.com.cn,https://www.wqxuetang.com
   地 址:北京清华大学学研大厦 A 座   邮 编:100084
   社 总 机:010-83470000   邮 购:010-62786544
   投稿与读者服务:010-62776969,c-service@tup.tsinghua.edu.cn
   质量反馈:010-62772015,zhiliang@tup.tsinghua.edu.cn
印 装 者:三河市龙大印装有限公司
经 销:全国新华书店
开 本:185mm×260mm   印 张:29   字 数:703 千字
版 次:2021 年 9 月第 1 版   印 次:2024 年 3 月第 6 次印刷
定 价:85.00 元

产品编号:091157-01

前 言
FOREWORD

　　大学生数学竞赛是检验学生对数学知识的理解和数学方法的掌握、加强学生数学思维和创新能力的一条有益的途径。在大学本科期间,非数学专业的学生对参加数学竞赛抱有极大的热情。数学竞赛的训练和比赛,可以提高学生学习数学的兴趣。研究更深、更广、更难的数学问题,可以帮助学生深化理解数学概念、掌握数学理论和提高运算技能,达到提升数学素养、提高学习数学和应用数学能力的目的。同时,学生以参加数学竞赛为牵引,坚持大学四年持续学习数学,可为今后的学习、工作和生活打下坚实的基础。

　　本书依据全国大学生数学竞赛大纲编写而成,有别于以往高等数学教材循序渐进的编排方式,将高等数学的一元和多元的相关内容综合集成,再根据数学竞赛命题的特点和培训的需要分成十八讲。每讲由知识点、典型例题和综合训练三个部分组成。知识点部分对每一单元涉及的基本概念和基本理论进行了系统的梳理,阐明各知识点之间的联系,既简明扼要,又提纲挈领,特别是将一元函数微积分和多元函数微积分打破条块分割,进行综合论述。知识点部分还对本讲中的主要问题的解题思想和解题方法进行了系统的归纳和总结,帮助学生透视脉络,总览全局,部分内容稍微超出教学大纲要求,进行了适度扩展,以满足全国数学竞赛的需要。扩展的部分重要结论以典型例题的形式在随后给予证明,方便学生阅读。典型例题来源广泛,有历年国内外的数学竞赛试题,有历年硕士研究生的入学试题,有国内公开出版书籍上的典型例题,有作者在长期的数学竞赛培训中积累的问题,题目取材范围较竞赛大纲要求稍有放宽,整体难度有所提高。作者通过探讨和总结解题方法来引导学生学习、掌握和深化基本概念和数学理论,领悟问题实质,澄清模糊认识,巩固所学知识,以不断提升学生的思维能力。很多题目配备了一题多解,针对不同思路进行分析引导,剖析解题思路,揭示解题规律,归纳解题步骤,使读者能举一反三、触类旁通。一些题目的解答源自学生在培训过程中的精彩发挥,让竞赛新人在使用本书的过程中能感受前辈们的思路历程。每讲的最后配置了具有较高难度和技巧性的综合训练题,方便学生在训练中自我检测。

　　本书在国防科技大学数学竞赛培训中已试用了 4 轮,并不断修改完善,取得了非常好的使用效果。在本书的编写和出版过程中,得到数学系王晓主任及高等数学课程组诸位教师的支持和帮助,同时参加培训的学生为部分问题的求解提供了大量有益的想法,在此表示衷心感谢,并对所参考书籍的作者和所选题目的原创作者表示感谢。

　　由于编者时间和水平限制,对问题的理解存在偏差或在取材编排和解题上存在不妥或错误之处在所难免,真诚希望同行和读者给予本书宝贵的意见和建议。

编　者

2021 年 4 月于国防科技大学

目 录
CONTENTS

第一讲

函　　数

知识点

1. 函数的定义：映射 $f:D \subset \mathbf{R}^n \rightarrow \mathbf{R}$ 称为定义在 D 上的 n 元函数，记作 $u = f(\boldsymbol{x}), \boldsymbol{x} \in D$。当 $n=1$ 时，$y = f(x), x \in D \subset \mathbf{R}$ 称为一元函数；当 $n=2$ 时，$z = f(x, y), (x, y) \in D \subset \mathbf{R}^2$ 称为二元函数。二元或二元以上的函数称为多元函数。

2. 函数的两要素为定义域与对应法则；函数的表示方法主要有表格法、图形法和解析法。

3. 一元函数 $y = f(x), x \in D$ 的图形是平面点集 $C = \{(x, y) \mid y = f(x), x \in D\} \subset D \times f(D)$，通常是一条平面曲线。二元函数 $z = f(x, y), (x, y) \in D$ 的图形通常是一张空间的曲面。

4. 几个特殊类型的一元函数：

(1) 绝对值函数：$y = |x| = \begin{cases} x, & x \geqslant 0, \\ -x, & x < 0. \end{cases}$

(2) 符号函数：$y = \operatorname{sgn} x = \begin{cases} 1, & x > 0, \\ 0, & x = 0, \\ -1, & x < 0. \end{cases}$

(3) 取整函数：$y = [x] = n, n \leqslant x < n+1, n = 0, \pm 1, \pm 2, \cdots$，表示不超过 x 的最大整数。

(4) Dirichlet 函数：$y = D(x) = \begin{cases} 1, & \text{当 } x \text{ 是有理数时}, \\ 0, & \text{当 } x \text{ 是无理数时}. \end{cases}$

(5) 取最大值函数 $y = \max\{f(x), g(x)\}$，取最小值函数 $y = \min\{f(x), g(x)\}$。

5. 取整函数的性质：$[x] \leqslant x < [x] + 1$ 或 $x - 1 < [x] \leqslant x$。

6. 设有函数 $f(x)(x \in A)$ 和 $g(x)(x \in B)$，且 $A \bigcap B$ 非空，分别定义它们的加（减）法 $f \pm g$，乘法 $f \cdot g$ 和除法 $\dfrac{f}{g}$ 为

$$(f \pm g)(x) = f(x) \pm g(x), \quad x \in A \bigcap B,$$
$$(f \cdot g)(x) = f(x) \cdot g(x), \quad x \in A \bigcap B,$$
$$\left(\frac{f}{g}\right)(x) = \frac{f(x)}{g(x)}, \quad x \in A \bigcap B - \{x \mid g(x) = 0\}.$$

7. 一元复合函数：设有函数链 $u=g(x),x\in D\subset\mathbb{R}$ 及 $y=f(u),u\in D_1\subset\mathbb{R}$，若 $g(D)\subset D_1$，称 $y=f[g(x)](x\in D)$ 为 f 与 g 确定的复合函数，记为 $f\circ g$，其中 u 称为中间变量。

8. 初等函数：由基本初等函数与常值函数经过有限次四则运算或有限次复合运算得到的由一个统一的解析式表示的函数。

9. 一元函数的反函数：若函数 $f:D\to f(D)$ 是单射，则存在逆映射 $f^{-1}:f(D)\to D$，称此逆映射 f^{-1} 为 f 的反函数，且有 $f^{-1}(f(x))=x$ 和 $f(f^{-1}(x))=x$。

10. 一元反函数 f^{-1} 的定义域就是函数 f 的值域，一元反函数 f^{-1} 的值域就是函数 f 的定义域，且函数 $y=f(x)$ 和反函数 $y=f^{-1}(x)$ 的图形关于直线 $y=x$ 对称。

11. 严格单调的一元函数必有反函数，且 f 严格单调递增（减）时，f^{-1} 也严格单调递增（减）。

12. 函数 $f(x)$ 定义在对称区间 $(-l,l)$ 上，如果 $\forall x\in(-l,l)$，有 $f(-x)=-f(x)$，称 f 为 $(-l,l)$ 上的奇函数，若 $f(-x)=f(x)$，称 f 为 $(-l,l)$ 上的偶函数。

13. 若 f 是奇函数，且存在反函数 f^{-1}，则 f^{-1} 也是奇函数。

14. 函数 f 定义在 $\mathbb{R}$ 上，若 $\exists T\in\mathbb{R}$，对 $\forall x\in\mathbb{R}$，有 $f(x+T)=f(x)$，称 f 为周期函数，T 称为 f 的周期。

15. 若 T 是 f 的周期，则 T 的任意整数倍 mT 也是 f 的周期。

16. 若 T_1,T_2 是 f 的周期，则 $T_1\pm T_2$ 也是 f 的周期。

17. 周期函数的和与差不一定是周期函数。

18. 任意周期函数不一定存在最小正周期，但非常数的连续周期函数存在最小正周期。

19. 常用恒等式：

(1) $\arcsin x+\arccos x=\dfrac{\pi}{2},x\in[-1,1]$；

(2) $\arctan x+\mathrm{arccot}\,x=\dfrac{\pi}{2},x\in(-\infty,+\infty)$；

(3) $\arctan x+\arctan\dfrac{1}{x}=\dfrac{\pi}{2},x\neq 0$。

20. 求解函数方程的常用方法：

(1) 利用初等变换求函数表达式；

(2) 利用函数的连续性求函数表达式；

(3) 利用导数的概念和性质求函数表达式；

(4) 利用不定积分和定积分的概念和性质求函数表达式；

(5) 利用微分方程求函数表达式。

典型例题

一、函数概念与性质

例 1.1　求函数 $f(x)=\sum\limits_{n=1}^{\infty}\sqrt{n}\,x^2\mathrm{e}^{-nx}$ 的定义域，并证明 $f(x)$ 在定义域内有界。

【解】 设 $a_n = \sqrt{n}\, x^2 \mathrm{e}^{-nx}$，当 $x < 0$ 时，$\lim\limits_{n \to \infty} a_n = +\infty$，函数 $f(x)$ 没有定义。当 $x > 0$ 时，有

$$\lim_{n \to \infty} \frac{a_{n+1}}{a_n} = \lim_{n \to \infty} \frac{\sqrt{n+1}\, x^2 \mathrm{e}^{-(n+1)x}}{\sqrt{n}\, x^2 \mathrm{e}^{-nx}} = \mathrm{e}^{-x} < 1,$$

即当 $x > 0$ 时，$f(x) = \sum\limits_{n=1}^{\infty} \sqrt{n}\, x^2 \mathrm{e}^{-nx}$ 收敛，且 $f(0) = 0$，故函数 $f(x)$ 的定义域为 $[0, +\infty)$。

当 $x \geqslant 0$ 时，

$$\mathrm{e}^{nx} > 1 + nx + \frac{1}{2} n^2 x^2 > \frac{1}{2} n^2 x^2,$$

则 $\dfrac{x^2}{\mathrm{e}^{nx}} < \dfrac{2}{n^2}$，故 $a_n = \sqrt{n}\, x^2 \mathrm{e}^{-nx} < \dfrac{2}{n\sqrt{n}}$，因为 $\sum\limits_{n=1}^{\infty} \dfrac{2}{n\sqrt{n}}$ 收敛，记 $\sum\limits_{n=1}^{\infty} \dfrac{2}{n\sqrt{n}} = M$，所以

$$0 \leqslant f(x) = \sum_{n=1}^{\infty} \sqrt{n}\, x^2 \mathrm{e}^{-nx} < \sum_{n=1}^{\infty} \frac{2}{n\sqrt{n}} = M,$$

即 $f(x)$ 在定义域内有界。

例 1.2 求函数 $y = \displaystyle\int_0^x \dfrac{1}{1 - \sin^5 t}\, \mathrm{d}t$ 的定义域。

【解】 被积函数 $\dfrac{1}{1 - \sin^5 t}$ 的无穷间断点有 $t = \cdots, -\dfrac{7\pi}{2}, -\dfrac{3\pi}{2}, \dfrac{\pi}{2}, \dfrac{5\pi}{2}, \cdots$，其中与 $t = 0$ 最靠近的两点是 $t = -\dfrac{3\pi}{2}$ 和 $t = \dfrac{\pi}{2}$。对 $\forall x \in \left(-\dfrac{3\pi}{2}, \dfrac{\pi}{2}\right)$，$y = \displaystyle\int_0^x \dfrac{1}{1 - \sin^5 t}\, \mathrm{d}t$ 都是定积分，函数有定义。而

$$\lim_{t \to \left(\frac{\pi}{2}\right)^-} \frac{\frac{\pi}{2} - t}{1 - \sin^5 t} = \lim_{t \to \left(\frac{\pi}{2}\right)^-} \frac{1}{5 \sin^4 t \cos t} = +\infty,$$

$$\lim_{t \to \left(-\frac{3\pi}{2}\right)^+} \frac{t - \left(-\frac{3\pi}{2}\right)}{1 - \sin^5 t} = \lim_{t \to \left(-\frac{3\pi}{2}\right)^+} \frac{1}{-5 \sin^4 t \cos t} = +\infty,$$

根据反常积分比较判别法，$\displaystyle\int_0^{\frac{\pi}{2}} \dfrac{1}{1 - \sin^5 t}\, \mathrm{d}t$ 与 $\displaystyle\int_{-\frac{3\pi}{2}}^0 \dfrac{1}{1 - \sin^5 t}\, \mathrm{d}t$ 发散，从而函数 $y = \displaystyle\int_0^x \dfrac{1}{1 - \sin^5 t}\, \mathrm{d}t$ 在 $x = -\dfrac{3\pi}{2}$ 和 $x = \dfrac{\pi}{2}$ 处没有定义。

又对 $x \notin \left(-\dfrac{3\pi}{2}, \dfrac{\pi}{2}\right)$，以 0 和 x 为端点的区间必包含 $-\dfrac{3\pi}{2}$ 或 $\dfrac{\pi}{2}$，反常积分 $\displaystyle\int_0^x \dfrac{1}{1 - \sin^5 t}\, \mathrm{d}t$ 发散，所以函数 $y = \displaystyle\int_0^x \dfrac{1}{1 - \sin^5 t}\, \mathrm{d}t$ 的定义域为 $\left(-\dfrac{3\pi}{2}, \dfrac{\pi}{2}\right)$。

例 1.3 求函数 $y = x + [x]$ 的反函数，其中 $[x]$ 表示不超过 x 的最大整数。

【解】 由 $y = x + [x]$ 得 $x = y - [x]$，而

$$[y] = [x + [x]] = [x] + [x] = 2[x],$$

故 $[x]=\dfrac{1}{2}[y]$，则 $x=y-\dfrac{1}{2}[y]$。

当 $n\leqslant x<n+1$ 时，$[x]=n$，$2n\leqslant y=x+[x]<2n+1$，故函数 $y=x+[x]$ 的反函数为

$$y=x-\frac{1}{2}[x]，\quad 2n\leqslant x<2n+1，n\in\mathbf{Z}。$$

例 1.4 设 $f(x)=x-[x]$（即 x 的小数部分），$g(x)=\tan x$，证明 $f(x)-g(x)$ 不是周期函数。

【证】（反证法）若 $F(x)=f(x)-g(x)$ 是以 T 为周期的周期函数，则对 $\forall x\in\mathbb{R}$，满足

$$F(x+T)=F(x)。$$

令 $x=0$，则 $F(T)=F(0)=0$，即 $T-[T]=\tan T$。

再令 $x=-T$，则 $F(-T)=F(0)=0$，即

$$(-T)-[-T]=\tan(-T)=-\tan T=(-T)+[T]，$$

因此 $[T]+[-T]=0$，此时 T 必为整数，从而 $\tan T=T-[T]=0$，则 $T=k\pi(k\in\mathbf{Z})$。

因为只有 $k=0$ 时，$k\pi(k\in\mathbf{Z})$ 为整数，所以 $T=0$，故 $f(x)-g(x)$ 不是周期函数。

例 1.5 设 $f(x)$ 在 $(-\infty,+\infty)$ 内连续，$F(x)=\displaystyle\int_0^x\left(\arctan x-\arctan t-\dfrac{t}{1+t^2}\right)f(t)\mathrm{d}t$，证明：

(1) 若 $f(x)$ 具有奇偶性，则 $F(x)$ 具有相同的奇偶性；

(2) 若 $f(x)$ 单调递增，则 $F(x)$ 单调递减。

【证】（1）不妨设 $f(x)$ 为偶函数，即 $\forall x\in(-\infty,+\infty)$，有 $f(-x)=f(x)$，令 $u=-t$，则

$$F(-x)=\int_0^{-x}\left(-\arctan x-\arctan t-\frac{t}{1+t^2}\right)f(t)\mathrm{d}t$$

$$=-\int_0^x\left(-\arctan x+\arctan u+\frac{u}{1+u^2}\right)f(-u)\mathrm{d}u$$

$$=\int_0^x\left(\arctan x-\arctan u-\frac{u}{1+u^2}\right)f(u)\mathrm{d}u=F(x)，$$

所以 $F(x)$ 也是偶函数。类似可证，若 $f(x)$ 为奇函数，则 $F(x)$ 也是奇函数。

(2) 因为 $f(x)$ 在 $(-\infty,+\infty)$ 内连续，则 $F(x)$ 在 $(-\infty,+\infty)$ 内可导，从而

$$F(x)=\arctan x\int_0^x f(t)\mathrm{d}t-\int_0^x\left(\arctan t+\frac{t}{1+t^2}\right)f(t)\mathrm{d}t，$$

$$F'(x)=\frac{1}{1+x^2}\int_0^x f(t)\mathrm{d}t+f(x)\cdot\arctan x-f(x)\cdot\arctan x-\frac{xf(x)}{1+x^2}$$

$$=\frac{1}{1+x^2}\int_0^x f(t)\mathrm{d}t-\frac{xf(x)}{1+x^2}，$$

由积分中值定理和 $f(x)$ 单调递增得，当 $x>0$ 时，$\exists\xi\in[0,x]$，使得 $\displaystyle\int_0^x f(t)\mathrm{d}t=xf(\xi)$，且 $f(\xi)\leqslant f(x)$，从而

$$F'(x)=\frac{x}{1+x^2}[f(\xi)-f(x)]\leqslant 0，$$

当 $x < 0$ 时,$\exists \xi \in [x, 0]$,使得 $\displaystyle\int_0^x f(t)\mathrm{d}t = x f(\xi)$,且 $f(\xi) \geqslant f(x)$,从而

$$F'(x) = \frac{x}{1+x^2}[f(\xi) - f(x)] \leqslant 0,$$

因此 $F(x)$ 在 $(-\infty, +\infty)$ 内单调递减。

二、函数方程

例 1.6 已知在 $x = 0$ 有界的连续函数 $f(x)$ 满足关系式 $f(x) + \dfrac{1}{2}f\left(\dfrac{x}{2}\right) = x^2$,求 $f(x)$ 的表达式。

【解】 由题设的递推关系式 $f(x) = x^2 - \dfrac{1}{2}f\left(\dfrac{x}{2}\right)$,反复使用可得

$$f(x) = x^2 - \frac{1}{2}f\left(\frac{x}{2}\right) = x^2 - \frac{1}{2}\left[\left(\frac{x}{2}\right)^2 - \frac{1}{2}f\left(\frac{x}{2^2}\right)\right]$$

$$= x^2 - \frac{1}{2}\left(\frac{x}{2}\right)^2 + \frac{1}{2^2}f\left(\frac{x}{2^2}\right) = x^2 - \frac{1}{2}\left(\frac{x}{2}\right)^2 + \frac{1}{2^2}\left(\frac{x}{2^2}\right)^2 - \frac{1}{2^3}f\left(\frac{x}{2^3}\right)$$

$$= x^2\left(1 - \frac{1}{2^3} + \frac{1}{2^6} - \cdots + (-1)^{n-1}\frac{1}{2^{3(n-1)}}\right) + (-1)^n \frac{1}{2^n}f\left(\frac{x}{2^n}\right),$$

由题设知 $f\left(\dfrac{x}{2^n}\right)$ 有界,因此 $\displaystyle\lim_{n\to\infty}(-1)^n \frac{1}{2^n}f\left(\frac{x}{2^n}\right) = 0$,令 $n \to \infty$,对 $f(x)$ 的表达式两边同时取极限得

$$f(x) = x^2 \lim_{n\to\infty}\left(1 - \frac{1}{2^3} + \frac{1}{2^6} - \cdots + (-1)^{n-1}\frac{1}{2^{3(n-1)}}\right) + \lim_{n\to\infty}(-1)^n \frac{1}{2^n}f\left(\frac{x}{2^n}\right)$$

$$= x^2\left(1 - \frac{1}{2^3} + \frac{1}{2^6} - \cdots + (-1)^{n-1}\frac{1}{2^{3(n-1)}} + \cdots\right) = x^2 \cdot \frac{1}{1 + \dfrac{1}{2^3}} = \frac{8}{9}x^2。$$

例 1.7 设函数 $f(x)$ 在 $\mathbb{R}$ 上连续,$f(1) = 2$,对任意的 x, y 恒有等式 $f(x+y) = f(x)f(y)$ 成立,证明 $f(x) = 2^x$。

【证】 由 $f(0) = f(0+0) = f^2(0)$ 得 $f(0) = 0$ 或 $f(0) = 1$。若 $f(0) = 0$,则 $f(1) = 0$ 与已知 $f(1) = 2$ 矛盾,故 $f(0) = 1$。

先证对任意有理数 x 结论成立。对于正整数 n,有

$$f(1) = f\Big(\underbrace{\frac{1}{n} + \frac{1}{n} + \cdots + \frac{1}{n}}_{n}\Big) = f^n\left(\frac{1}{n}\right) = 2, \quad 则 \quad f\left(\frac{1}{n}\right) = 2^{\frac{1}{n}}。$$

对正有理数 $\dfrac{m}{n}$(其中 m, n 为正整数),有

$$f\left(\frac{m}{n}\right) = f\Big(\underbrace{\frac{1}{n} + \frac{1}{n} + \cdots + \frac{1}{n}}_{m}\Big) = f^m\left(\frac{1}{n}\right) = 2^{\frac{m}{n}},$$

即对任意正有理数 x,$f(x) = 2^x$ 成立。若 x 为负有理数,则 $-x$ 为正有理数,由

$$1 = f(x - x) = f(x)f(-x) = 2^{-x}f(x)$$

得 $f(x)=2^x$，因此对任何有理数 x 结论都成立。

再证对任意无理数 x 结论成立。因 x 是无理数，则存在有理数列 $\{r_n\}$，使得 $\lim\limits_{n\to\infty}r_n=x$，由连续函数的性质知

$$f(x)=\lim_{n\to\infty}f(r_n)=\lim_{n\to\infty}2^{r_n}=2^x,$$

从而结论对所有实数都成立。

例 1.8 设 $\alpha\geqslant0,\beta\geqslant0,\alpha+\beta=1$，对任意的 $x,y(x\neq y)$ 有 $\dfrac{f(y)-f(x)}{y-x}=f'(\alpha x+\beta y)$，求可微函数 $f(x)$。

【解】 令 $x=u-\beta v,y=u+\alpha v$，则 $y-x=v,\alpha x+\beta y=u$，故

$$f(y)-f(x)=f(u+\alpha v)-f(u-\beta v)=vf'(u),$$

对 v 求导两次可得

$$\alpha^2 f''(u+\alpha v)=\beta^2 f''(u-\beta v),$$

即 $\alpha^2 f''(y)=\beta^2 f''(x)$ 对一切 x,y 都成立。

(1) 若 $\alpha\neq\beta$，则 $f''(x)=0$，积分得所求函数为 $f(x)=C_1 x+C_2$，其中 C_1,C_2 为任意常数。

(2) 若 $\alpha=\beta$，则 $f''(x)=C$，积分可得 $f(x)=D_1 x^2+D_2 x+D_3$，其中 D_1,D_2,D_3 为任意常数。

例 1.9 设 $f(x)$ 处处可微且对所有 $xy\neq1$ 的实数 x,y，都有 $f(x)+f(y)=f\left(\dfrac{x+y}{1-xy}\right)$，求所有满足条件的函数 $f(x)$。

【解】 对函数方程分别求关于 x 和 y 的偏导，得

$$f'(x)=\frac{1+y^2}{(1-xy)^2}f'\left(\frac{x+y}{1-xy}\right),\quad f'(y)=\frac{1+x^2}{(1-xy)^2}f'\left(\frac{x+y}{1-xy}\right),$$

因此

$$(1+x^2)f'(x)=(1+y^2)f'(y),$$

由于上式的左边仅依赖于 x 而右边仅依赖于 y，故它们必为常数 C，于是

$$f'(x)=\frac{C}{1+x^2},$$

两边积分，得

$$f(x)=C\arctan x+d,$$

又由 $f(0)=0$ 得 $d=0$，所以 $f(x)=C\arctan x$，其中 C 为任意常数。

例 1.10 设函数 $f(x)$ 在 $x=0$ 处可导，且 $f(0)=0,3f(x)-4f(4x)+f(16x)=3x(x\in\mathbb{R})$，求 $f(x)$ 的表达式。

【解】 将 x 换成 $\dfrac{x}{4^k}$，则

$$3f\left(\frac{x}{4^k}\right)-4f\left(\frac{x}{4^{k-1}}\right)+f\left(\frac{x}{4^{k-2}}\right)=3\cdot\frac{x}{4^k},$$

令 $k=2,3,\cdots,n+2$，然后对所有等式求和，得

$$3f\left(\frac{x}{4^{n+2}}\right)-f\left(\frac{x}{4^{n+1}}\right)-3f\left(\frac{x}{4}\right)+f(x)=\frac{3x}{4^2}\left(1+\frac{1}{4}+\cdots+\frac{1}{4^n}\right),$$

令 $n \to \infty$，由于 $f(x)$ 在 $x=0$ 处可导，且 $f(0)=0$，因此

$$-3f\left(\frac{x}{4}\right)+f(x)=\frac{3x}{4^2} \cdot \frac{1}{1-\frac{1}{4}}=\frac{x}{4},$$

即 $f(x)-3f\left(\frac{x}{4}\right)=\frac{x}{4}$。将 x 换成 $\frac{x}{4^k}$，同时等式两端乘以 3^k，得

$$3^k f\left(\frac{x}{4^k}\right)-3^{k+1}f\left(\frac{x}{4^{k+1}}\right)=\frac{3^k x}{4^{k+1}},$$

令 $k=0,1,2,\cdots,n$，然后对所有等式求和，得

$$f(x)-3^{n+1}f\left(\frac{x}{4^{n+1}}\right)=\frac{x}{4}\left(1+\frac{3}{4}+\cdots+\frac{3^n}{4^n}\right),$$

令 $n \to \infty$，得

$$f(x)-\lim_{n \to \infty}3^{n+1}f\left(\frac{x}{4^{n+1}}\right)=\frac{x}{4} \cdot \frac{1}{1-\frac{3}{4}}=x。$$

当 $x \neq 0$ 时，将等式 $3f(x)-4f(4x)+f(16x)=3x$ 两边同时除以 x，再取 $x \to 0$ 时的极限得

$$3\lim_{x \to 0}\frac{f(x)}{x}-16\lim_{x \to 0}\frac{f(4x)}{4x}+16\lim_{x \to 0}\frac{f(16x)}{16x}=3,$$

由函数 $f(x)$ 在 $x=0$ 处可导，且 $f(0)=0$，得 $\lim\limits_{x \to 0}\frac{f(x)}{x}=1$，因此

$$\lim_{n \to \infty}3^{n+1}f\left(\frac{x}{4^{n+1}}\right)=\lim_{n \to \infty}\frac{3^{n+1}x}{4^{n+1}} \cdot \frac{f\left(\frac{x}{4^{n+1}}\right)}{\frac{x}{4^{n+1}}}=x\lim_{n \to \infty}\left(\frac{3}{4}\right)^{n+1}\lim_{n \to \infty}\frac{f\left(\frac{x}{4^{n+1}}\right)}{\frac{x}{4^{n+1}}}=0,$$

从而 $f(x)=x(x \neq 0)$。又 $f(x)$ 在 $x=0$ 处连续，且 $f(0)=0$，所以 $f(x)=x(x \in \mathbb{R})$。

例 1.11 设函数 $f(x)$ 在 $\mathbb{R}$ 上有定义，在任意闭区间 $[a,b]$ 上可积，$f(1)=\frac{2}{3}$，若对任意实数 x,y，满足 $f(x+y)=f(x)+f(y)+xy(x+y)$，求 $f(x)$。

【解】 记 $\int_0^1 f(t)\mathrm{d}t=A$，对任意固定的 x，将已知等式两边在 $[0,1]$ 上对 y 求积分得

$$\int_0^1 f(x+y)\mathrm{d}y=f(x)+A+\frac{x}{3}+\frac{x^2}{2}。$$

令 $x+y=t$，得 $\int_0^1 f(x+y)\mathrm{d}y=\int_x^{x+1}f(t)\mathrm{d}t$，于是

$$\int_x^{x+1}f(t)\mathrm{d}t=f(x)+A+\frac{x}{3}+\frac{x^2}{2}。$$

因为 $f(x)$ 在 $[a,b]$ 上可积，所以 $\int_x^{x+1}f(t)\mathrm{d}t$ 在 $[a,b]$ 上连续，故 $f(x)=\int_x^{x+1}f(t)\mathrm{d}t-A-\frac{x}{3}-\frac{x^2}{2}$ 在 $[a,b]$ 上连续，从而 $\int_x^{x+1}f(t)\mathrm{d}t$ 在 $[a,b]$ 上可导，上式两端对 x 求导，得

$$f(x+1)-f(x)=f'(x)+x+\frac{1}{3},$$

在已知条件 $f(x+y)=f(x)+f(y)+xy(x+y)$ 中，令 $x=y=0$，得 $f(0)=0$，令 $y=1$，得

$$f(x+1)-f(x)=f(1)+x+x^2,$$

从而

$$f'(x)=\left[f(1)-\frac{1}{3}\right]+x^2=x^2+\frac{1}{3},$$

积分得

$$f(x)=\frac{1}{3}x+\frac{1}{3}x^3+C。$$

由 $f(0)=0$ 得 $C=0$，于是

$$f(x)=\frac{1}{3}x+\frac{1}{3}x^3，\quad x\in\mathbb{R}。$$

综合训练

1. 设 $f(x)$ 的定义域为 $(0,1)$，$[x]$ 表示不超过 x 的最大整数，求 $f\left(\dfrac{[x]}{x}\right)$ 的定义域。

2. 设区间 $(0,+\infty)$ 上的函数 $u(x)$ 定义为 $u(x)=\displaystyle\int_0^{+\infty}\mathrm{e}^{-xt^2}\mathrm{d}t$，求 $u(x)$ 的初等函数表达式。

3. 设 $f:\mathbb{R}\to\mathbb{R}$ 是严格单调递增函数，f^{-1} 是 f 的反函数，若 x_1 是方程 $f(x)+x=a$ 的根，x_2 是 $f^{-1}(x)+x=a$ 的根，求 x_1+x_2 的值。

4. 求函数 $y=\begin{cases}x+1, & x\geqslant 0,\\ x^3, & -1\leqslant x<0,\\ -\sqrt{1-x}, & x<-1\end{cases}$ 的反函数及反函数的定义域。

5. 证明 $f(x)=x\cos x$ 不是周期函数。

6. 设函数 $f(x)$ 满足 $f(x^2)=f(x)$，且在 $x=0$ 和 $x=1$ 处连续，证明 $f(x)\equiv C$（常数）。

7. 设 $f(x)$ 是连续函数，对任意 x 满足 $f(2x^2-1)=xf(x)$，且 $f(1)=0$，证明对于 $-1\leqslant x\leqslant 1$，恒有 $f(x)=0$。

8. 找出定义在 $(-\infty,+\infty)$ 内的所有可微函数 $f:\mathbb{R}\to\mathbb{R}$，使得对任意正整数 n，恒有等式 $f'(x)=\dfrac{f(x+n)-f(x)}{n}$ 成立。

9. 对任意的 $x,y\in\mathbb{R}$ 有 $|f(x+y)-f(x-y)-y|\leqslant y^2$，且 $f(0)=0$，求函数 $f(x)$ 的表达式。

10. 设函数 $f(x)$ 在 $(0,+\infty)$ 内连续，且 $f(1)=3$，对任意的 $x,y\in(0,+\infty)$，恒有等式

$$\int_1^{xy}f(t)\mathrm{d}t=y\int_1^x f(t)\mathrm{d}t+x\int_1^y f(t)\mathrm{d}t$$

成立，求函数 $f(x)$ 的表达式。

第二讲

数列的极限

知识点

1. 确界的定义：设 E 为实数集，$\beta \in \mathbf{R}$，满足（1）$\forall x \in E, x \leqslant \beta$，（2）$\forall \varepsilon > 0, \exists x_0 \in E$，使得 $x_0 > \beta - \varepsilon$，则称 β 为数集 E 的上确界，记作 $\beta = \sup E$，同理可以定义 α 为数集 E 的下确界，记作 $\alpha = \inf E$。

2. 连续性公理：有上（下）界的数集一定存在上（下）确界。

3. 数列极限的定义：$\lim\limits_{n \to \infty} a_n = a \Leftrightarrow \forall \varepsilon > 0, \exists N \in \mathbf{N}^+$，当 $n > N$ 时，有 $|a_n - a| < \varepsilon$。

4. 若数列 $\{a_n\}$ 存在极限，则该数列的极限唯一。

5. 若数列 $\{a_n\}$ 存在极限，则该数列一定有界，即 $\exists M > 0$，使得 $|a_n| \leqslant M (n = 1, 2, \cdots)$。

6. 若数列 $\{a_n\}$ 存在极限 a，且 $a > 0 (a < 0)$，则 $\exists N \in \mathbf{N}^+$，当 $n > N$ 时，有 $a_n > 0$ $(a_n < 0)$。

7. 若极限 $\lim\limits_{n \to \infty} a_n = a$，且 $a_n \geqslant 0 (n = 1, 2, \cdots)$，则 $a \geqslant 0$。

8. 若极限 $\lim\limits_{n \to \infty} a_n = a$，且 $a \neq 0$，则 $\exists N \in \mathbf{N}^+$，当 $n > N$ 时，恒有 $|a_n| > \dfrac{|a|}{2}$。

9. 若 $\lim\limits_{n \to \infty} a_n = a$，则 $\lim\limits_{n \to \infty} |a_n| = |a|$，反之不一定成立。

10. $\lim\limits_{n \to \infty} |a_n| = 0 \Leftrightarrow \lim\limits_{n \to \infty} a_n = 0$。

11. 设 $a_n > 0 (n = 1, 2, \cdots)$，且 $\lim\limits_{n \to \infty} a_n = a > 0$，则 $\lim\limits_{n \to \infty} \sqrt{a_n} = \sqrt{a}$。

12. 若数列 $\{a_n\}$ 有界，又 $\lim\limits_{n \to \infty} b_n = 0$，则 $\lim\limits_{n \to \infty} a_n b_n = 0$。

13. 若数列 $\{a_n\}$ 和 $\{b_n\}$ 存在极限，则 $\{a_n \pm b_n\}$，$\{a_n b_n\}$ 和 $\left\{\dfrac{a_n}{b_n}\right\}$ （$\lim\limits_{n \to \infty} b_n \neq 0$）均存在极限，且

（1）$\lim\limits_{n \to \infty} (a_n \pm b_n) = \lim\limits_{n \to \infty} a_n \pm \lim\limits_{n \to \infty} b_n$；

（2）$\lim\limits_{n \to \infty} k a_n = k \lim\limits_{n \to \infty} a_n$，其中 k 为常数；

（3）$\lim\limits_{n \to \infty} a_n b_n = \lim\limits_{n \to \infty} a_n \cdot \lim\limits_{n \to \infty} b_n$；

（4）$\lim\limits_{n \to \infty} \dfrac{a_n}{b_n} = \dfrac{\lim\limits_{n \to \infty} a_n}{\lim\limits_{n \to \infty} b_n} (\lim\limits_{n \to \infty} b_n \neq 0)$。

14. 数列 $\{a_n\}$ 收敛，$\{b_n\}$ 发散，则 $\{a_n+b_n\}$ 必发散；数列 $\{a_n\}$，$\{b_n\}$ 都发散，则数列 $\{a_n+b_n\}$ 和 $\{a_n b_n\}$ 可能收敛，也可能发散。

15. 几个重要的数列极限：

(1) $\lim\limits_{n\to\infty} \sqrt[n]{a}=1(a>0)$。

(2) $\lim\limits_{n\to\infty} \sqrt[n]{n}=1$。

(3) 当 $|q|<1$ 时，$\lim\limits_{n\to\infty} q^n=0$；当 $|q|>1$ 时，极限 $\lim\limits_{n\to\infty} q^n$ 不存在；$\lim\limits_{n\to\infty}(-1)^n$ 不存在。

(4) $\lim\limits_{n\to\infty}\left(1+\dfrac{1}{n}\right)^n=\mathrm{e}$。

(5) $\lim\limits_{n\to\infty}\left(1+\dfrac{1}{2}+\dfrac{1}{3}+\cdots+\dfrac{1}{n}-\ln n\right)=\gamma$（欧拉常数）。

16. 夹逼准则：对 $\forall n\in \mathbf{N}^+$，若 $b_n\leqslant a_n\leqslant c_n$，且 $\lim\limits_{n\to\infty}b_n=\lim\limits_{n\to\infty}c_n=a$，则 $\lim\limits_{n\to\infty}a_n=a$。

17. 单调有界准则：单调有界数列一定收敛。单调无界数列是确定符号的无穷大量。

18. 闭区间套定理：对 $\forall n\in \mathbf{N}^+$，若闭区间序列 $\{[a_n,b_n]\}$ 满足 $a_n\leqslant a_{n+1}\leqslant b_{n+1}\leqslant b_n$，则存在 ξ，使得 $a_n\leqslant \xi\leqslant b_n$。如果 $\lim\limits_{n\to\infty}|a_n-b_n|=0$，则存在唯一 ξ，使得 $\lim\limits_{n\to\infty}a_n=\lim\limits_{n\to\infty}b_n=\xi$。

19. 凝聚定理（Weierstrass 定理）：有界数列必有收敛子列。

20. 若数列 $\{a_n\}$ 收敛，则其任何子数列 $\{a_{n_k}\}$ 也收敛，且 $\lim\limits_{k\to\infty}a_{n_k}=\lim\limits_{n\to\infty}a_n$。

21. 拉链定理：$\lim\limits_{n\to\infty}a_n=a\Leftrightarrow \lim\limits_{n\to\infty}a_{2n}=\lim\limits_{n\to\infty}a_{2n+1}=a$。

22. p 拉链定理：$\lim\limits_{n\to\infty}a_n=a\Leftrightarrow \lim\limits_{n\to\infty}a_{pn}=\lim\limits_{n\to\infty}a_{pn+1}=\cdots=\lim\limits_{n\to\infty}a_{pn+(n-1)}=a(p\in \mathbf{N}^+)$。

23. 判定数列发散的方法：对于一个数列 $\{a_n\}$，如果能找到一个发散的子数列，则原数列发散；如果能找到两个子数列收敛于不同的极限，则原数列也发散。

24. Cauchy 收敛准则：$\lim\limits_{n\to\infty}a_n=a\Leftrightarrow \forall \varepsilon>0$，$\exists N\in \mathbf{N}^+$，对 $\forall n,m>N$，有 $|a_n-a_m|<\varepsilon$。或 $\lim\limits_{n\to\infty}a_n=a\Leftrightarrow \forall \varepsilon>0$，$\exists N\in \mathbf{N}^+$，对 $\forall n>N$ 和 $\forall p\in \mathbf{N}^+$，有 $|a_{n+p}-a_n|<\varepsilon$。

25. Cauchy 命题：若 $\lim\limits_{n\to\infty}a_n=a$，则 $\lim\limits_{n\to\infty}\dfrac{a_1+a_2+\cdots+a_n}{n}=a$。

26. 设 $a_n>0$，若 $\lim\limits_{n\to\infty}\dfrac{a_{n+1}}{a_n}=a$，则 $\lim\limits_{n\to\infty}\sqrt[n]{a_n}=a$。

27. 若 $\lim\limits_{n\to\infty}a_n=A$，$\lim\limits_{n\to\infty}b_n=B$，则 $\lim\limits_{n\to\infty}\dfrac{a_1 b_n+a_2 b_{n-1}+\cdots+a_n b_1}{n}=AB$。

28. $\dfrac{*}{\infty}$ 型的 Stolz 定理：设 $\{b_n\}$ 为严格单调增加的数列，$\lim\limits_{n\to\infty}b_n=+\infty$，若 $\lim\limits_{n\to\infty}\dfrac{a_n-a_{n-1}}{b_n-b_{n-1}}=A$，则 $\lim\limits_{n\to\infty}\dfrac{a_n}{b_n}=A$（$A$ 为有限数或 $\pm\infty$）。

29. $\dfrac{0}{0}$ 型的 Stolz 定理：设 $\{b_n\}$ 为严格单调减少的数列，$\lim\limits_{n\to\infty}a_n=\lim\limits_{n\to\infty}b_n=0$，若

$\lim\limits_{n\to\infty}\dfrac{a_n-a_{n-1}}{b_n-b_{n-1}}=A$，则 $\lim\limits_{n\to\infty}\dfrac{a_n}{b_n}=A$（$A$ 为有限数或 $\pm\infty$）。

30. 压缩映射：设函数 f 在 $[a,b]$ 上有定义，$f([a,b])\subset[a,b]$，且存在常数 r（$0<r<1$），使得对 $\forall x,y\in[a,b]$，都有 $|f(x)-f(y)|\leqslant r|x-y|$ 成立，则称 f 为 $[a,b]$ 上的一个压缩映射，称常数 r 为压缩常数。

31. 若 $f(x)$ 为 $[a,b]$ 上的可微函数，且 $|f'(x)|\leqslant r<1$，则 f 是 $[a,b]$ 上的一个压缩映射。

32. 不动点：设函数 $f(x)$ 在 $[a,b]$ 上有定义，若存在 $a^*\in[a,b]$，使得 $a^*=f(a^*)$，则称 a^* 为 $f(x)$ 在 $[a,b]$ 上的一个不动点。

33. 压缩映射原理（不动点原理）：设 f 是 $[a,b]$ 上的一个压缩映射，则

（1）$f(x)$ 在 $[a,b]$ 上存在唯一不动点 a^*；

（2）对任意初始值 $a_1\in[a,b]$ 和递推公式 $a_{n+1}=f(a_n)$（$n=1,2,\cdots$）产生的数列 $\{a_n\}$ 收敛于 $f(x)$ 在 $[a,b]$ 上的唯一不动点 a^*；

（3）事后估计 $|a_n-a^*|\leqslant\dfrac{r}{1-r}|a_n-a_{n-1}|$ 和先验估计 $|a_n-a^*|\leqslant\dfrac{r^{n-1}}{1-r}|a_2-a_1|$ 成立。

34. 设函数 $f(x)$ 在区间 $[a,b]$ 上可积，则

（1）左和极限：$\displaystyle\int_a^b f(x)\mathrm{d}x=\lim\limits_{n\to\infty}\dfrac{b-a}{n}\sum_{k=1}^{n}f\left(a+\dfrac{k-1}{n}(b-a)\right)$；

（2）右和极限：$\displaystyle\int_a^b f(x)\mathrm{d}x=\lim\limits_{n\to\infty}\dfrac{b-a}{n}\sum_{k=1}^{n}f\left(a+\dfrac{k}{n}(b-a)\right)$；

（3）中点和极限：$\displaystyle\int_a^b f(x)\mathrm{d}x=\lim\limits_{n\to\infty}\dfrac{b-a}{n}\sum_{k=1}^{n}f\left(a+\dfrac{2k-1}{2n}(b-a)\right)$。

35. Wallis 公式：

（1）$\lim\limits_{n\to\infty}\dfrac{1}{2n+1}\left(\dfrac{2\cdot4\cdot\cdots\cdot(2n)}{1\cdot3\cdot\cdots\cdot(2n-1)}\right)^2=\lim\limits_{n\to\infty}\dfrac{1}{2n+1}\left(\dfrac{(2n)!!}{(2n-1)!!}\right)^2=\dfrac{\pi}{2}$；

（2）$\dfrac{(2n)!!}{(2n-1)!!}=\dfrac{2^{2n}(n!)^2}{(2n)!}\sim\sqrt{\pi n}$（$n\to\infty$）。

36. Stirling 公式：

（1）$n!=\sqrt{2\pi n}\,n^n\mathrm{e}^{-n+\frac{\theta_n}{12n}}$，其中 $0<\theta_n<1$；

（2）$n!\sim\sqrt{2\pi n}\left(\dfrac{n}{\mathrm{e}}\right)^n$（$n\to\infty$）。

37. 数列极限的计算方法：

（1）利用数列极限的定义计算或证明数列极限；

（2）利用初等变换和数列极限的四则运算法则计算数列极限；

（3）利用夹逼准则计算数列极限；

（4）利用单调有界准则计算数列极限；

（5）利用函数极限计算方法和 Heine 定理来计算数列极限；

（6）利用 Cauchy 收敛准则计算或证明数列极限；

（7）利用 Cauchy 命题计算或证明数列极限；

（8）利用 Stolz 公式计算数列极限；

（9）利用定积分的概念和性质计算或证明数列极限；

（10）利用级数收敛的必要条件或性质计算数列极限。

典型例题

一、利用"ε-N"语言证明数列极限

例 2.1　若 $\lim\limits_{n\to\infty}(2a_n+a_{n-1})=0$，证明极限 $\lim\limits_{n\to\infty}a_n=0$。

【证】　由 $\lim\limits_{n\to\infty}(2a_n+a_{n-1})=0$ 可知，对 $\forall\varepsilon>0$，存在正整数 N，当 $n>N$ 时，有

$$|2a_n+a_{n-1}|<\varepsilon,\quad\text{即}\quad|a_n|<\frac{|a_{n-1}|}{2}+\frac{\varepsilon}{2}。$$

从而

$$|a_n|<\frac{\dfrac{|a_{n-2}|}{2}+\dfrac{\varepsilon}{2}}{2}+\frac{\varepsilon}{2}=\frac{\varepsilon}{2}+\frac{\varepsilon}{2^2}+\frac{1}{2^2}|a_{n-2}|$$

$$<\cdots<\frac{\varepsilon}{2}+\frac{\varepsilon}{2^2}+\cdots+\frac{\varepsilon}{2^{n-N}}+\frac{1}{2^{n-N}}|a_N|。$$

因为

$$\frac{\varepsilon}{2}+\frac{\varepsilon}{2^2}+\cdots+\frac{\varepsilon}{2^{n-N}}=\varepsilon\left(\frac{1}{2}+\frac{1}{2^2}+\cdots+\frac{1}{2^{n-N}}\right)<\varepsilon。$$

又 $\lim\limits_{n\to\infty}\dfrac{1}{2^{n-N}}|a_N|=0$，对上述 $\varepsilon>0$，存在 $N_1>N$，当 $n>N_1$ 时，有 $\dfrac{1}{2^{n-N}}|a_N|<\varepsilon$。

所以对 $\forall\varepsilon>0$，存在正整数 N_1，当 $n>N_1$ 时，有 $|a_n|<2\varepsilon$，故 $\lim\limits_{n\to\infty}a_n=0$。

例 2.2　若 $\lim\limits_{n\to\infty}(a_n-a_{n-2})=0$，证明极限 $\lim\limits_{n\to\infty}\dfrac{a_n-a_{n-1}}{n}=0$。

【证 1】　由 $\lim\limits_{n\to\infty}(a_n-a_{n-2})=0$ 知，对 $\forall\varepsilon>0$，存在正整数 N，当 $n>N$ 时，有 $|a_n-a_{n-2}|<\varepsilon$。记 $b_n=|a_n-a_{n-1}|$，则

$$|b_n-b_{n-1}|=\big||a_n-a_{n-1}|-|a_{n-1}-a_{n-2}|\big|\leqslant|a_n-a_{n-2}|,$$

从而

$$\left|\frac{a_n-a_{n-1}}{n}\right|=\frac{b_n}{n}\leqslant\frac{|b_n-b_{n-1}|+|b_{n-1}-b_{n-2}|+\cdots+|b_{N+1}-b_N|}{n}+\frac{b_N}{n}$$

$$\leqslant\frac{|a_n-a_{n-2}|+|a_{n-1}-a_{n-3}|+\cdots+|a_{N+1}-a_{N-1}|}{n}+\frac{|a_N-a_{N-1}|}{n}$$

$$\leqslant\frac{(n-N)\varepsilon}{n}+\frac{|a_N-a_{N-1}|}{n}<\varepsilon+\frac{|a_N-a_{N-1}|}{n},$$

又 $\lim\limits_{n\to\infty}\dfrac{|a_N-a_{N-1}|}{n}=0$，对上述 $\varepsilon>0$，存在 $N_1>N$，当 $n>N_1$ 时，有 $\dfrac{|a_N-a_{N-1}|}{n}<\varepsilon$，

所以对 $\forall \varepsilon > 0$，存在正整数 N_1，当 $n > N_1$ 时，有 $\left| \dfrac{a_n - a_{n-1}}{n} \right| < 2\varepsilon$，故 $\lim\limits_{n \to \infty} \dfrac{a_n - a_{n-1}}{n} = 0$。

【证 2】 由 $\lim\limits_{n \to \infty}(a_n - a_{n-2}) = 0$ 知，对 $\forall \varepsilon > 0$，存在正整数 N，当 $n > N$ 时，有 $|a_n - a_{n-2}| < \varepsilon$。因为

$$\begin{aligned}
a_n - a_{n-1} &= (a_n - a_{n-2}) - (a_{n-1} - a_{n-2}) = (a_n - a_{n-2}) - \\
&\quad (a_{n-1} - a_{n-3}) + (a_{n-2} - a_{n-3}) \\
&= (a_n - a_{n-2}) - (a_{n-1} - a_{n-3}) + (a_{n-2} - a_{n-4}) + \cdots + \\
&\quad (-1)^{n-N-1}\left[(a_{N+1} - a_{N-1}) - (a_N - a_{N-1})\right]
\end{aligned}$$

所以

$$\begin{aligned}
\frac{|a_n - a_{n-1}|}{n} &\leqslant \frac{|a_n - a_{n-2}| + |a_{n-1} - a_{n-3}| + \cdots + |a_{N+1} - a_{N-1}|}{n} + \frac{|a_N - a_{N-1}|}{n} \\
&\leqslant \frac{(n-N)\varepsilon}{n} + \frac{|a_N - a_{N-1}|}{n} < \varepsilon + \frac{|a_N - a_{N-1}|}{n},
\end{aligned}$$

又 $\lim\limits_{n \to \infty} \dfrac{|a_N - a_{N-1}|}{n} = 0$，对上述 $\varepsilon > 0$，存在 $N_1 > N$，当 $n > N_1$ 时，有 $\dfrac{|a_N - a_{N-1}|}{n} < \varepsilon$，所以对 $\forall \varepsilon > 0$，存在正整数 N_1，当 $n > N_1$ 时，有 $\left| \dfrac{a_n - a_{n-1}}{n} \right| < 2\varepsilon$，故 $\lim\limits_{n \to \infty} \dfrac{a_n - a_{n-1}}{n} = 0$。

【证 3】 由 $\lim\limits_{n \to \infty}(a_n - a_{n-2}) = 0$ 知

$$\lim_{n \to \infty}(a_{2n} - a_{2n-2}) = 0, \qquad \lim_{n \to \infty}(a_{2n+1} - a_{2n-1}) = 0。$$

由 Cauchy 命题得

$$\begin{aligned}
\lim_{n \to \infty} \frac{a_{2n}}{2n} &= \lim_{n \to \infty} \frac{a_2 + (a_4 - a_2) + \cdots + (a_{2n} - a_{2n-2})}{n} \cdot \frac{n}{2n} \\
&= \frac{1}{2} \lim_{n \to \infty}(a_{2n} - a_{2n-2}) = 0, \\
\lim_{n \to \infty} \frac{a_{2n+1}}{2n+1} &= \lim_{n \to \infty} \frac{a_3 + (a_5 - a_3) + \cdots + (a_{2n+1} - a_{2n-1})}{n} \cdot \frac{n}{2n+1} \\
&= \frac{1}{2} \lim_{n \to \infty}(a_{2n+1} - a_{2n-1}) = 0,
\end{aligned}$$

由拉链定理知，$\lim\limits_{n \to \infty} \dfrac{a_n}{n} = 0$，从而

$$\lim_{n \to \infty} \frac{a_n - a_{n-1}}{n} = \lim_{n \to \infty} \frac{a_n}{n} - \lim_{n \to \infty} \frac{a_{n-1}}{n-1} \cdot \frac{n-1}{n} = 0。$$

【证 4】 由 Stolz 定理，得

$$\begin{aligned}
\lim_{n \to \infty} \frac{(-1)^n(a_n - a_{n-1})}{n} &= \lim_{n \to \infty} \frac{(-1)^n(a_n - a_{n-1}) - (-1)^{n-1}(a_{n-1} - a_{n-2})}{n - (n-1)} \\
&= \lim_{n \to \infty}(-1)^n(a_n - a_{n-2}) = 0,
\end{aligned}$$

因此 $\lim\limits_{n \to \infty} \dfrac{a_n - a_{n-1}}{n} = 0$。

例 2.3 设函数 $f(x) > 0$ 在区间 $[0,1]$ 上连续, 证明 $\lim\limits_{n \to \infty} \sqrt[n]{\dfrac{1}{n} \sum\limits_{k=1}^{n} f^n \left(\dfrac{k}{n} \right)} = \max\limits_{0 \leqslant x \leqslant 1} f(x)$。

【证】 记 $M = \max\limits_{0 \leqslant x \leqslant 1} f(x)$, 则 $x_n = \sqrt[n]{\dfrac{1}{n} \sum\limits_{k=1}^{n} f^n \left(\dfrac{k}{n} \right)} \leqslant M$。又因 $f(x)$ 在区间 $[0,1]$ 上连续, 故 $\exists x_0 \in [0,1]$, 使得 $f(x_0) = M$, 对 $\forall 0 < \varepsilon < M$, $\exists \delta > 0$, 当 $|x - x_0| < \delta$, 且 $x \in [0,1]$ 时, 有 $M - \varepsilon < f(x) \leqslant M$ 成立。取 $N_1 = \left[\dfrac{1}{\delta} \right]$, 当 $n > N_1$ 时, $\dfrac{1}{n} < \delta$, 故存在 $k_0 \in \{1, 2, \cdots, n\}$, 使得 $\left| \dfrac{k_0}{n} - x_0 \right| < \delta$, 从而 $f\left(\dfrac{k_0}{n} \right) > M - \varepsilon$, 所以

$$x_n = \sqrt[n]{\frac{1}{n} \sum_{k=1}^{n} f^n \left(\frac{k}{n} \right)} \geqslant \sqrt[n]{\frac{1}{n} f^n \left(\frac{k_0}{n} \right)} \geqslant (M - \varepsilon) \frac{1}{\sqrt[n]{n}},$$

由 $\lim\limits_{n \to \infty} \dfrac{1}{\sqrt[n]{n}} = 1$ 可知, 对上述 $\varepsilon > 0$, 存在 $N_2 > 0$, 当 $n > N_2$ 时,

$$\left| \frac{1}{\sqrt[n]{n}} - 1 \right| < \varepsilon, \qquad 即 \qquad \frac{1}{\sqrt[n]{n}} > 1 - \varepsilon,$$

从而

$$x_n \geqslant (M - \varepsilon) \frac{1}{\sqrt[n]{n}} > (M - \varepsilon)(1 - \varepsilon) = M - \varepsilon - M\varepsilon + \varepsilon^2 > M - (1 + M)\varepsilon,$$

取 $N = \max\{N_1, N_2\}$, 则对 $\forall \varepsilon > 0$, 存在 $N > 0$, 当 $n > N$ 时, $|x_n - M| < (1 + M)\varepsilon$, 从而

$$\lim_{n \to \infty} \sqrt[n]{\frac{1}{n} \sum_{k=1}^{n} f^n \left(\frac{k}{n} \right)} = \max_{0 \leqslant x \leqslant 1} f(x)。$$

例 2.4 设 $f(x)$ 为 $[0, +\infty)$ 上连续的正值函数, 且反常积分 $\displaystyle\int_{0}^{+\infty} f(x) \mathrm{d}x$ 收敛, 证明 $\lim\limits_{n \to \infty} \dfrac{1}{n} \displaystyle\int_{0}^{n} x f(x) \mathrm{d}x = 0$。

【证】 因为反常积分 $\displaystyle\int_{0}^{+\infty} f(x) \mathrm{d}x$ 收敛, 故 $\forall \varepsilon > 0$, $\exists X > 0$, 当 $x > X$ 时, 有 $\displaystyle\int_{X}^{+\infty} f(x) \mathrm{d}x < \dfrac{\varepsilon}{2}$。固定 $X > 0$, 由 $f(x) > 0$, 得 $\displaystyle\int_{0}^{X} x f(x) \mathrm{d}x > 0$, 且

$$\lim_{n \to \infty} \frac{1}{n} \int_{0}^{X} x f(x) \mathrm{d}x = 0,$$

即对上述 $\varepsilon > 0$, $\exists N > X$, 当 $n > N$ 时, 有

$$0 < \frac{1}{n} \int_{0}^{X} x f(x) \mathrm{d}x < \frac{\varepsilon}{2},$$

于是

$$0 < \frac{1}{n} \int_{0}^{n} x f(x) \mathrm{d}x = \frac{1}{n} \int_{0}^{X} x f(x) \mathrm{d}x + \frac{1}{n} \int_{X}^{n} x f(x) \mathrm{d}x,$$

而

$$\frac{1}{n}\int_X^n xf(x)\mathrm{d}x < \int_X^n \frac{x}{n}f(x)\mathrm{d}x \leqslant \int_X^n f(x)\mathrm{d}x < \int_X^{+\infty} f(x)\mathrm{d}x,$$

所以

$$0 < \frac{1}{n}\int_0^n xf(x)\mathrm{d}x < \frac{1}{n}\int_0^X xf(x)\mathrm{d}x + \int_X^{+\infty} f(x)\mathrm{d}x < \frac{\varepsilon}{2} + \frac{\varepsilon}{2} = \varepsilon,$$

即

$$\lim_{n\to\infty}\frac{1}{n}\int_0^n xf(x)\mathrm{d}x = 0。$$

例 2.5 设 $a < b$，函数 $f(x)$ 在 $[a,b]$ 上非负连续，且严格单调增加，若存在 $\{x_n\}$，满足 $x_n \in [a,b]$，使得 $f^n(x_n) = \dfrac{1}{b-a}\displaystyle\int_a^b f^n(x)\mathrm{d}x$，求 $\lim_{n\to\infty}x_n$。

【解1】 由函数 $f(x)$ 在 $[a,b]$ 上严格单调增加有 $f(x_n) \leqslant f(b)$，取 $N \in \mathbf{N}^+$，当 $n > N$ 时，满足 $b - \dfrac{1}{n} \geqslant a$，由积分中值定理，存在 $b - \dfrac{1}{n} \leqslant \xi_n \leqslant b$，使得

$$f(x_n) = \sqrt[n]{\frac{1}{b-a}\int_a^b f^n(x)\mathrm{d}x} \geqslant \sqrt[n]{\frac{1}{b-a}\int_{b-\frac{1}{n}}^b f^n(x)\mathrm{d}x} = \sqrt[n]{\frac{f^n(\xi_n)}{n(b-a)}} = \frac{f(\xi_n)}{\sqrt[n]{n(b-a)}},$$

由极限保号性及 $f(x)$ 在 $[a,b]$ 上连续，得

$$f(b) \geqslant \lim_{n\to\infty}f(x_n) \geqslant \lim_{n\to\infty}\frac{f(\xi_n)}{\sqrt[n]{n(b-a)}} = \lim_{n\to\infty}f(\xi_n) = f(b),$$

从而 $\lim_{n\to\infty}f(x_n) = f(b)$，由于 $f(x)$ 在 $[a,b]$ 上严格单调增加，所以 $\lim_{n\to\infty}x_n = b$。

【解2】 先考虑 $a = 0, b = 1$ 的情形。往证 $\lim_{n\to\infty}x_n = 1$。

因为 $x_n \in [0,1]$，即 $x_n \leqslant 1$，只需证 $\forall \varepsilon > 0(\varepsilon < 1)$，$\exists N \in \mathbf{N}^+$，当 $n > N$ 时，$1 - \varepsilon < x_n$。

由于 $f(x)$ 在 $[0,1]$ 上严格单调增加，即证

$$f^n(1-\varepsilon) < f^n(x_n) = \int_0^1 f^n(x)\mathrm{d}x。$$

由于 $\forall c \in (0,1)$，有

$$\int_c^1 f^n(x)\mathrm{d}x > f^n(c)(1-c),$$

取 $c = 1 - \dfrac{\varepsilon}{2}$，则 $f(1-\varepsilon) < f(c)$，即 $\dfrac{f(1-\varepsilon)}{f(c)} < 1$，于是 $\lim_{n\to\infty}\left[\dfrac{f(1-\varepsilon)}{f(c)}\right]^n = 0$，所以 $\exists N \in \mathbf{N}^+$，当 $n > N$ 时，有 $\left[\dfrac{f(1-\varepsilon)}{f(c)}\right]^n < \dfrac{\varepsilon}{2} = 1-c$，即

$$f^n(1-\varepsilon) < f^n(c)(1-c) < \int_c^1 f^n(x)\mathrm{d}x \leqslant \int_0^1 f^n(x)\mathrm{d}x = f^n(x_n),$$

从而 $1 - \varepsilon < x_n$，即 $\forall \varepsilon > 0(\varepsilon < 1)$，$\exists N \in \mathbf{N}$，当 $n > N$ 时，$|x_n - 1| < \varepsilon$，故 $\lim_{n\to\infty}x_n = 1$。

再考虑一般的情形。令 $F(t) = f(a + t(b-a))$，由于 $f(x)$ 在 $[a,b]$ 上非负且连续，严格单调增加，知 $F(x)$ 在 $[0,1]$ 上非负且连续，严格单调增加，从而存在 $t_n \in [0,1]$，使得 $F^n(t_n) = \displaystyle\int_0^1 F^n(t)\mathrm{d}t$，且 $\lim_{n\to\infty}t_n = 1$，即

$$f^n(a+t_n(b-a))=\int_0^1 f^n(a+t(b-a))\mathrm{d}t,$$

令 $x=a+t(b-a)$，则存在 $x_n=a+t_n(b-a)$，使得 $f^n(x_n)=\dfrac{1}{b-a}\displaystyle\int_a^b f^n(x)\mathrm{d}x$，且

$$\lim_{n\to\infty}x_n=\lim_{n\to\infty}\left[a+t_n(b-a)\right]=b\text{。}$$

二、利用恒等变形和无穷小代换计算数列极限

例 2.6   计算极限 $\displaystyle\lim_{n\to\infty}n^2\left[\left(1+\dfrac{1}{n+1}\right)^{n+1}-\left(1+\dfrac{1}{n}\right)^n\right]$。

【解】 $\displaystyle\lim_{n\to\infty}n^2\left[\left(1+\dfrac{1}{n+1}\right)^{n+1}-\left(1+\dfrac{1}{n}\right)^n\right]$

$$=\lim_{n\to\infty}n^2\left(1+\frac{1}{n}\right)^n\left[\mathrm{e}^{(n+1)\ln\left(1+\frac{1}{n+1}\right)-n\ln\left(1+\frac{1}{n}\right)}-1\right]$$

$$=\mathrm{e}\lim_{n\to\infty}n^2\left[(n+1)\ln\left(1+\frac{1}{n+1}\right)-n\ln\left(1+\frac{1}{n}\right)\right]$$

$$=\mathrm{e}\lim_{n\to\infty}n^2\left[(n+1)\left(\frac{1}{n+1}-\frac{1}{2(n+1)^2}+o\left(\frac{1}{(n+1)^2}\right)\right)-n\left(\frac{1}{n}-\frac{1}{2n^2}+o\left(\frac{1}{n^2}\right)\right)\right]$$

$$=\frac{\mathrm{e}}{2}\lim_{n\to\infty}n^2\left[\frac{1}{n}-\frac{1}{n+1}+o\left(\frac{1}{n^2}\right)\right]=\frac{\mathrm{e}}{2}\lim_{n\to\infty}n^2\left[\frac{1}{n(n+1)}+o\left(\frac{1}{n^2}\right)\right]=\frac{\mathrm{e}}{2}\text{。}$$

例 2.7   若 $\{a_n\}$ 为一正项数列，$\displaystyle\lim_{n\to\infty}a_n=a$，证明 $\displaystyle\lim_{n\to\infty}\left(\dfrac{\sqrt[n]{a_1}+\sqrt[n]{a_2}+\cdots+\sqrt[n]{a_n}}{n}\right)^n=a$。

【证】   因为

$$\lim_{n\to\infty}n\ln\left(\frac{\sqrt[n]{a_1}+\sqrt[n]{a_2}+\cdots+\sqrt[n]{a_n}}{n}\right)$$

$$=\lim_{n\to\infty}n\ln\left(1+\frac{(\sqrt[n]{a_1}-1)+(\sqrt[n]{a_2}-1)+\cdots+(\sqrt[n]{a_n}-1)}{n}\right)$$

$$=\lim_{n\to\infty}n\cdot\frac{(\sqrt[n]{a_1}-1)+(\sqrt[n]{a_2}-1)+\cdots+(\sqrt[n]{a_n}-1)}{n}$$

$$=\lim_{n\to\infty}\frac{\ln a_1+\ln a_2+\cdots+\ln a_n}{n}$$

$$=\lim_{n\to\infty}\ln a_n=\ln a,$$

所以

$$\lim_{n\to\infty}\left(\frac{\sqrt[n]{a_1}+\sqrt[n]{a_2}+\cdots+\sqrt[n]{a_n}}{n}\right)^n=a\text{。}$$

例 2.8   计算极限 $\displaystyle\lim_{n\to\infty}\dfrac{1}{2^n n(n+1)}\sum_{k=1}^n \mathrm{C}_n^k k^2$，其中 $\mathrm{C}_n^k=\dfrac{n(n-1)\cdots(n-k+1)}{k!}$。

【解】   对二项公式 $(1+x)^n=\displaystyle\sum_{k=0}^n \mathrm{C}_n^k x^k$ 两边同时对 x 求导，得

$$n(1+x)^{n-1}=\sum_{k=1}^n \mathrm{C}_n^k\cdot kx^{k-1},$$

上式两边同乘以 x，得

$$nx(1+x)^{n-1} = \sum_{k=1}^{n} C_n^k \cdot kx^k,$$

两边再次同时对 x 求导，得

$$n(1+x)^{n-1} + n(n-1)x(1+x)^{n-2} = \sum_{k=1}^{n} C_n^k \cdot k^2 x^{k-1},$$

令 $x=1$，则

$$\sum_{k=1}^{n} C_n^k \cdot k^2 = n \cdot 2^{n-1} + n(n-1) \cdot 2^{n-2} = n(n+1) \cdot 2^{n-2},$$

所以

$$\lim_{n \to \infty} \frac{1}{2^n n(n+1)} \sum_{k=1}^{n} C_n^k k^2 = \lim_{n \to \infty} \frac{n(n+1) \cdot 2^{n-2}}{2^n n(n+1)} = \frac{1}{4}。$$

三、利用单调有界准则计算或证明数列极限

例 2.9 设 $a_n = \left(1+\dfrac{1}{n}\right)^n (n=1,2,\cdots)$，证明数列 $\{a_n\}$ 收敛。

【证 1】 将数列 $\{a_n\}$ 的通项用二项式展开，得

$$a_n = \left(1+\frac{1}{n}\right)^n = 1 + \frac{n}{1!} \cdot \frac{1}{n} + \frac{n(n-1)}{2!} \cdot \frac{1}{n^2} + \cdots + \frac{n(n-1)\cdots(n-n+1)}{n!} \cdot \frac{1}{n^n}$$

$$= 1 + 1 + \frac{1}{2!}\left(1-\frac{1}{n}\right) + \cdots + \frac{1}{n!}\left(1-\frac{1}{n}\right)\left(1-\frac{2}{n}\right)\cdots\left(1-\frac{n-1}{n}\right),$$

而

$$a_{n+1} = 1 + 1 + \frac{1}{2!}\left(1-\frac{1}{n+1}\right) + \cdots + \frac{1}{n!}\left(1-\frac{1}{n+1}\right)\left(1-\frac{2}{n+1}\right)\cdots\left(1-\frac{n-1}{n+1}\right) +$$

$$\frac{1}{(n+1)!}\left(1-\frac{1}{n+1}\right)\left(1-\frac{2}{n+1}\right)\cdots\left(1-\frac{n}{n+1}\right),$$

比较 a_n 和 a_{n+1} 的展开式可得 $a_n < a_{n+1}$，即 $\{a_n\}$ 是严格单调增加数列，且

$$a_n < 1 + 1 + \frac{1}{2!} + \cdots + \frac{1}{n!} < 1 + 1 + \frac{1}{2} + \cdots + \frac{1}{2^{n-1}} = 3 - \frac{1}{2^{n-1}} < 3,$$

即数列 $\{a_n\}$ 有上界，由单调有界准则知 $\{a_n\}$ 收敛。

【证 2】 由平均值不等式得

$$a_n = \left(1+\frac{1}{n}\right)^n = 1 \cdot \left(1+\frac{1}{n}\right)^n < \left[\frac{n\left(1+\frac{1}{n}\right)+1}{n+1}\right]^{n+1} = \left(1+\frac{1}{n+1}\right)^{n+1} = a_{n+1},$$

又

$$\left(1+\frac{1}{n}\right)^n \cdot \frac{1}{2} \cdot \frac{1}{2} < \left[\frac{n\left(1+\frac{1}{n}\right)+\frac{1}{2}+\frac{1}{2}}{n+2}\right]^{n+2} = 1, \quad 即 \quad a_n = \left(1+\frac{1}{n}\right)^n < 4,$$

因此数列 $\{a_n\}$ 严格单调增加且有上界，由单调有界准则知 $\{a_n\}$ 收敛。

【注】

(1) 数列 $a_n = \left(1 + \dfrac{1}{n}\right)^n$ 单调增加有上界,其极限为 e,近似值为 $2.718281828\cdots$。

(2) 数列 $b_n = \left(1 + \dfrac{1}{n}\right)^{n+1}$ 单调减少有下界,其极限也为 e,且 $\left(1 + \dfrac{1}{n}\right)^n < \text{e} < \left(1 + \dfrac{1}{n}\right)^{n+1}$。

(3) $\text{e} = 1 + 1 + \dfrac{1}{2!} + \cdots + \dfrac{1}{n!} + \cdots = \sum\limits_{n=0}^{\infty} \dfrac{1}{n!}$ 称为 e 的无穷级数展开式。

(4) 记 $\varepsilon_n = \text{e} - \left(1 + 1 + \dfrac{1}{2!} + \cdots + \dfrac{1}{n!}\right)$,则 $\lim\limits_{n \to \infty} \varepsilon_n (n+1)! = 1$。

(5) 对于上述 ε_n 成立不等式 $\dfrac{1}{(n+1)!} < \varepsilon_n < \dfrac{1}{n! \, n}$。

例 2.10　设 $a_n = \left(1 + \dfrac{1}{n}\right)^n$,$b_n = \left(1 + \dfrac{1}{n}\right)^{n+1}$,且 $c_n = \dfrac{2a_n b_n}{a_n + b_n}$,证明 $c_1 < c_2 < \cdots < c_n < \cdots < \text{e}$。

【证】　因为
$$c_n = \frac{2a_n b_n}{a_n + b_n} = 2(n+1)^{n+1} \cdot n^{-n} \cdot (2n+1)^{-1},$$
令 $f(x) = \ln 2 + (x+1)\ln(x+1) - x\ln x - \ln(2x+1)$,$x > 0$,则
$$f'(x) = \ln(x+1) - \ln x - \frac{2}{2x+1},$$
$$f''(x) = \frac{1}{x+1} - \frac{1}{x} + \frac{4}{(2x+1)^2} = -\frac{1}{x(x+1)(2x+1)^2},$$
当 $x > 0$ 时,$f''(x) < 0$,故 $f'(x)$ 单调减少,而
$$\begin{aligned}
\lim_{x \to +\infty} f'(x) &= \lim_{x \to +\infty} \left[\ln(x+1) - \ln x - \frac{2}{2x+1}\right] \\
&= \lim_{x \to +\infty} \left(\ln \frac{x+1}{x} - \frac{2}{2x+1}\right) = 0,
\end{aligned}$$
因此当 $x > 0$ 时,有 $f'(x) > 0$,从而 $f(x)$ 单调增加,所以 $c_n = \text{e}^{f(n)}$ 单调增加,而
$$\lim_{n \to \infty} a_n = \lim_{n \to \infty} b_n = \text{e},$$
则
$$\lim_{n \to \infty} c_n = \lim_{n \to \infty} \frac{2a_n b_n}{a_n + b_n} = \text{e},$$
因此 $c_1 < c_2 < \cdots < c_n < \cdots < \text{e}$。

例 2.11　设 $c_n = 1 + \dfrac{1}{2} + \dfrac{1}{3} + \cdots + \dfrac{1}{n} - \ln n$($n = 1, 2, \cdots$),证明数列 $\{c_n\}$ 收敛。

【证】　因为
$$\left(1 + \frac{1}{n}\right)^n < \text{e} < \left(1 + \frac{1}{n}\right)^{n+1},$$
两边取对数得

$$\frac{1}{n+1} < \ln\left(1+\frac{1}{n}\right) < \frac{1}{n}$$

（或者利用拉格朗日中值定理证明对数不等式）。而

$$c_{n+1} - c_n = \frac{1}{n+1} - \ln(n+1) + \ln n = \frac{1}{n+1} - \ln\left(1+\frac{1}{n}\right) < 0,$$

则数列 $\{c_n\}$ 单调减少。又由 $\ln\left(1+\dfrac{1}{n}\right) < \dfrac{1}{n}$ 得

$$\ln(1+n) - \ln n < \frac{1}{n},$$

将 n 依次用 $1,2,\cdots,n$ 代入，再将这些不等式相加得

$$1 + \frac{1}{2} + \frac{1}{3} + \cdots + \frac{1}{n} > \ln(n+1) = \ln n + \ln\left(1+\frac{1}{n}\right) > \ln n + \frac{1}{n+1},$$

因此

$$c_n = 1 + \frac{1}{2} + \frac{1}{3} + \cdots + \frac{1}{n} - \ln n > \frac{1}{n+1} > 0,$$

因此数列 $\{c_n\}$ 严格单调减少且有下界，从而数列 $\{c_n\}$ 收敛。

【注】

（1）称数列 $\{c_n\}$ 的极限为 Euler 常数，记为 $\gamma = \lim\limits_{n\to\infty}\left(1 + \dfrac{1}{2} + \dfrac{1}{3} + \cdots + \dfrac{1}{n} - \ln n\right) \approx 0.55721\cdots$。

（2）由上述命题可以得到 $1 + \dfrac{1}{2} + \dfrac{1}{3} + \cdots + \dfrac{1}{n} = \ln n + \gamma + o(1)$（$o(1)$ 为无穷小量）。

（3）利用上述结论可以计算极限。例如

$$\lim_{n\to\infty}\left(\frac{1}{n+1} + \frac{1}{n+2} + \cdots + \frac{1}{2n}\right) = \lim_{n\to\infty}\left[\left(1 + \frac{1}{2} + \cdots + \frac{1}{2n}\right) - \left(1 + \frac{1}{2} + \cdots + \frac{1}{n}\right)\right]$$

$$= \lim_{n\to\infty}\{[\ln 2n + \gamma + o(1)] - [\ln n + \gamma + o(1)]\}$$

$$= \lim_{n\to\infty}(\ln 2 + o(1)) = \ln 2。$$

例 2.12　设 $F_0(x) = \ln x$，$F_{n+1}(x) = \displaystyle\int_0^x F_n(t)\,\mathrm{d}t$，$n = 0,1,2,\cdots$，其中 $x > 0$，计算 $\lim\limits_{n\to\infty}\dfrac{n!F_n(1)}{\ln n}$。

【解 1】　因为 $F_0(x) = \ln x$，则

$$F_1(x) = \int_0^x F_0(t)\,\mathrm{d}t = \frac{1}{1!}(\ln x - 1)x,$$

$$F_2(x) = \int_0^x F_1(t)\,\mathrm{d}t = \int_0^x (\ln t - 1)t\,\mathrm{d}t = \frac{1}{2}\int_0^x (\ln t - 1)\,\mathrm{d}t^2$$

$$= \frac{1}{2}\left[(\ln t - 1)t^2\Big|_0^x - \int_0^x t\,\mathrm{d}t\right] = \frac{1}{2!}\left(\ln x - 1 - \frac{1}{2}\right)x^2,$$

$$F_3(x) = \int_0^x F_2(t)\,\mathrm{d}t = \frac{1}{2!}\int_0^x \left(\ln t - 1 - \frac{1}{2}\right)t^2\,\mathrm{d}t = \frac{1}{3!}\int_0^x \left(\ln t - 1 - \frac{1}{2}\right)\mathrm{d}t^3$$

$$= \frac{1}{3!} \left[\left(\ln t - 1 - \frac{1}{2} \right) t^3 \Big|_0^x - \int_0^x t^2 \, \mathrm{d}t \right] = \frac{1}{3!} \left(\ln x - 1 - \frac{1}{2} - \frac{1}{3} \right) x^3,$$

依次类推,得

$$F_n(x) = \frac{1}{n!} \left(\ln x - \sum_{k=1}^{n} \frac{1}{k} \right) x^n.$$

所以

$$\lim_{n \to \infty} \frac{n! F_n(1)}{\ln n} = \lim_{n \to \infty} \frac{n!}{\ln n} \cdot \frac{1}{n!} \left(-\sum_{k=1}^{n} \frac{1}{k} \right) = -\lim_{n \to \infty} \frac{1}{\ln n} \cdot \sum_{k=1}^{n} \frac{1}{k}$$

$$= -\lim_{n \to \infty} \frac{1}{\ln n} \cdot (\ln n + \gamma + o(1)) = -1.$$

【解2】 由解 1 的推导,得

$$\lim_{n \to \infty} \frac{n! F_n(1)}{\ln n} = \lim_{n \to \infty} \frac{n!}{\ln n} \cdot \frac{1}{n!} \left(-\sum_{k=1}^{n} \frac{1}{k} \right) = -\lim_{n \to \infty} \frac{1}{\ln n} \cdot \sum_{k=1}^{n} \frac{1}{k}.$$

由于

$$\int_2^{n+1} \frac{1}{x} \mathrm{d}x < \sum_{k=2}^{n} \frac{1}{k} < \int_1^n \frac{1}{x} \mathrm{d}x,$$

即

$$1 + \ln(n+1) - \ln 2 < \sum_{k=1}^{n} \frac{1}{k} < 1 + \ln n,$$

从而

$$\frac{1 + \ln(n+1) - \ln 2}{\ln n} < \frac{1}{\ln n} \sum_{k=1}^{n} \frac{1}{k} < \frac{1 + \ln n}{\ln n},$$

由夹逼准则有

$$\lim_{n \to \infty} \frac{1}{\ln n} \sum_{k=1}^{n} \frac{1}{k} = 1,$$

因此 $\displaystyle\lim_{n \to \infty} \frac{n! F_n(1)}{\ln n} = -1.$

例 2.13 (1) 设 $f(x)$ 在 $[1, +\infty)$ 上非负单调减少,证明当 $n \to +\infty$ 时,$\displaystyle\sum_{k=1}^{n} f(k) -$ $\displaystyle\int_1^n f(x)\mathrm{d}x$ 有极限 L,且 $0 \leqslant L \leqslant f(1)$;

(2) 设 $a_n = \dfrac{1}{2\ln 2} + \dfrac{1}{3\ln 3} + \cdots + \dfrac{1}{n\ln n} - \ln\ln n, n = 2, 3, \cdots$,证明数列 $\{a_n\}$ 收敛。

【证】 (1) 令 $u_n = \displaystyle\sum_{k=1}^{n} f(k) - \int_1^n f(x)\mathrm{d}x$,由于 $f(x)$ 在 $[1, +\infty)$ 上非负单调减少,则

$$u_n = \sum_{k=1}^{n} f(k) - \sum_{k=1}^{n-1} \int_k^{k+1} f(x)\mathrm{d}x \geqslant \sum_{k=1}^{n} f(k) - \sum_{k=1}^{n-1} f(k)(k+1-k) = f(n) > 0,$$

所以 u_n 有下界;又

$$u_{n+1} - u_n = f(n+1) - \int_n^{n+1} f(x)\mathrm{d}x = \int_n^{n+1} [f(n+1) - f(x)]\mathrm{d}x < 0,$$

则 $u_{n+1} < u_n$,因此数列 $\{u_n\}$ 严格单调减少且有下界,从而 $\{u_n\}$ 收敛。记 $\displaystyle\lim_{n \to \infty} u_n = L$,由于

$0 < u_n \leqslant u_1 = f(1)$，根据极限的保号性知 $0 \leqslant L \leqslant f(1)$。

（2）令 $f(x) = \dfrac{1}{x \ln x}$，则

$$a_n = \sum_{k=2}^{n} f(k) - \int_{e}^{n} f(x) \mathrm{d}x = \sum_{k=1}^{n-1} f(k+1) - \int_{e-1}^{n-1} f(x+1) \mathrm{d}x$$

$$= \sum_{k=1}^{n-1} f(k+1) - \int_{1}^{n-1} f(x+1) \mathrm{d}x + \int_{1}^{e-1} f(x+1) \mathrm{d}x,$$

由（1）知，$\displaystyle\sum_{k=1}^{n-1} f(k+1) - \int_{1}^{n-1} f(x+1) \mathrm{d}x$ 收敛，又

$$\int_{1}^{e-1} f(x+1) \mathrm{d}x = \int_{1}^{e-1} \frac{1}{(x+1)\ln(x+1)} \mathrm{d}x = \ln\ln(x+1) \Big|_{1}^{e-1} = -\ln\ln 2,$$

所以 $\displaystyle\int_{1}^{e-1} f(x+1) \mathrm{d}x$ 存在，因此 $\{a_n\}$ 收敛。

四、利用夹逼准则证明或计算数列极限

例 2.14　证明极限 $\displaystyle\lim_{n \to \infty} \left(1 + \frac{1}{n^2}\right)\left(1 + \frac{2}{n^2}\right) \cdots \left(1 + \frac{n}{n^2}\right) = \sqrt{e}$。

【证】　因为

$$\ln\left(1 + \frac{1}{n^2}\right)\left(1 + \frac{2}{n^2}\right) \cdots \left(1 + \frac{n}{n^2}\right) = \sum_{k=1}^{n} \ln\left(1 + \frac{k}{n^2}\right),$$

由对数不等式 $\dfrac{x}{1+x} < \ln(1+x) < x \, (x > 0)$，对 $\forall k \in \{1, 2, \cdots, n\}$，有

$$\frac{k}{n^2 + n} < \frac{k}{n^2 + k} = \frac{\dfrac{k}{n^2}}{1 + \dfrac{k}{n^2}} < \ln\left(1 + \frac{k}{n^2}\right) < \frac{k}{n^2},$$

从而

$$\frac{1}{2} = \sum_{k=1}^{n} \frac{k}{n^2 + n} < \sum_{k=1}^{n} \ln\left(1 + \frac{k}{n^2}\right) < \sum_{k=1}^{n} \frac{k}{n^2} = \frac{n+1}{2n},$$

由夹逼准则知 $\displaystyle\lim_{n \to \infty} \sum_{k=1}^{n} \ln\left(1 + \frac{k}{n^2}\right) = \frac{1}{2}$，所以

$$\lim_{n \to \infty} \left(1 + \frac{1}{n^2}\right)\left(1 + \frac{2}{n^2}\right) \cdots \left(1 + \frac{n}{n^2}\right) = \sqrt{e}。$$

例 2.15　计算极限 $\displaystyle\lim_{n \to \infty} \sum_{k=n}^{2n} \sin \frac{\pi}{k}$。

【解】　由于 $\sin x \leqslant x \leqslant \tan x \left(0 \leqslant x < \dfrac{\pi}{2}\right)$，且当 $0 \leqslant x \leqslant \dfrac{\pi}{4}$ 时，有 $\tan x \leqslant 1$，从而

$$0 \leqslant x - \sin x \leqslant \tan x - \sin x = \tan x (1 - \cos x) = \tan x \cdot 2 \sin^2 \frac{x}{2} \leqslant \frac{x^2}{2}。$$

因为

$$\sum_{k=n}^{2n} \sin\frac{\pi}{k} = \sum_{k=0}^{n} \sin\frac{\pi}{n+k} = \sum_{k=0}^{n} \frac{\pi}{n+k} - \sum_{k=0}^{n}\left(\frac{\pi}{n+k} - \sin\frac{\pi}{n+k}\right),$$

而

$$\sum_{k=0}^{n} \frac{\pi}{n+k} = \pi\left(\sum_{k=1}^{2n} \frac{1}{k} - \sum_{k=1}^{n-1} \frac{1}{k}\right) = \pi\left(\ln\frac{2n}{n-1} + o(1)\right),$$

则 $\displaystyle\lim_{n\to\infty}\sum_{k=0}^{n} \frac{\pi}{n+k} = \pi\ln 2$，又

$$0 \leqslant \sum_{k=0}^{n}\left(\frac{\pi}{n+k} - \sin\frac{\pi}{n+k}\right) \leqslant \frac{1}{2}\sum_{k=0}^{n} \frac{\pi^2}{(n+k)^2} \leqslant \frac{(n+1)\pi^2}{2n^2},$$

由夹逼准则知 $\displaystyle\lim_{n\to\infty}\sum_{k=0}^{n}\left(\frac{\pi}{n+k} - \sin\frac{\pi}{n+k}\right) = 0$，所以

$$\lim_{n\to\infty}\sum_{k=n}^{2n} \sin\frac{\pi}{k} = \lim_{n\to\infty}\sum_{k=0}^{n} \frac{\pi}{n+k} - \lim_{n\to\infty}\sum_{k=0}^{n}\left(\frac{\pi}{n+k} - \sin\frac{\pi}{n+k}\right) = \pi\ln 2。$$

例 2.16　求极限 $\displaystyle\lim_{n\to\infty} n\sin(2\pi n!\,\mathrm{e})$。

【解 1】　令

$$\varepsilon_n = n!\,\mathrm{e} - n!\sum_{k=0}^{n} \frac{1}{k!} = \frac{1}{n+1} + \frac{1}{(n+1)(n+2)} + \frac{1}{(n+1)(n+2)(n+3)} + \cdots,$$

则

$$\frac{1}{n+1} < \varepsilon_n < \frac{1}{n+1} + \frac{1}{(n+1)^2} + \frac{1}{(n+1)^3} + \cdots = \frac{1}{n},$$

由夹逼准则得 $\displaystyle\lim_{n\to\infty}\varepsilon_n = 0$，$\displaystyle\lim_{n\to\infty} n\varepsilon_n = 1$，又 $n!\displaystyle\sum_{k=0}^{n} \frac{1}{k!}$ 为正整数，所以

$$\lim_{n\to\infty} n\sin(2\pi n!\,\mathrm{e}) = \lim_{n\to\infty} n\sin(2\pi\varepsilon_n) = \lim_{n\to\infty} \frac{\sin(2\pi\varepsilon_n)}{\varepsilon_n} \cdot \lim_{n\to\infty} n\varepsilon_n = 2\pi。$$

【解 2】　因为

$$\varepsilon_n = n!\,\mathrm{e} - n!\sum_{k=0}^{n} \frac{1}{k!} = \frac{1}{n+1} + \frac{1}{(n+1)(n+2)} + \frac{1}{(n+1)(n+2)(n+3)} + \cdots,$$

而

$$\frac{1}{n+1} = \frac{1}{n} \cdot \frac{1}{1+n^{-1}} = \frac{1}{n}\left(1 - \frac{1}{n} + \frac{1}{n^2} + o\left(\frac{1}{n^3}\right)\right) = \frac{1}{n} - \frac{1}{n^2} + \frac{1}{n^3} + o\left(\frac{1}{n^4}\right),$$

$$\frac{1}{n+2} = \frac{1}{n} \cdot \frac{1}{1+2n^{-1}} = \frac{1}{n}\left(1 - \frac{2}{n} + o\left(\frac{1}{n^2}\right)\right) = \frac{1}{n} - \frac{2}{n^2} + o\left(\frac{1}{n^3}\right),$$

$$\frac{1}{n+3} = \frac{1}{n} \cdot \frac{1}{1+3n^{-1}} = \frac{1}{n}\left(1 + o\left(\frac{1}{n}\right)\right) = \frac{1}{n} + o\left(\frac{1}{n^2}\right),\cdots,$$

所以

$$\varepsilon_n = \frac{1}{n} - \frac{1}{n^2} + \frac{1}{n^3} + o\left(\frac{1}{n^4}\right) + \left(\frac{1}{n} - \frac{1}{n^2} + \frac{1}{n^3} + o\left(\frac{1}{n^4}\right)\right)\left(\frac{1}{n} - \frac{2}{n^2} + o\left(\frac{1}{n^3}\right)\right) +$$

$$\left(\frac{1}{n} - \frac{1}{n^2} + \frac{1}{n^3} + o\left(\frac{1}{n^4}\right)\right)\left(\frac{1}{n} - \frac{2}{n^2} + o\left(\frac{1}{n^3}\right)\right)\left(\frac{1}{n} + o\left(\frac{1}{n^2}\right)\right) + \cdots$$

$$= \frac{1}{n} - \frac{1}{n^3} + o\left(\frac{1}{n^4}\right),$$

而 $\sin x = x - \dfrac{x^3}{3!} + o(x^4)$，当 $n \to \infty$ 时，

$$\sin(2\pi\varepsilon_n) = 2\pi\varepsilon_n - \frac{4\pi^3}{3}\varepsilon_n^3 + o(n\varepsilon_n^4) = \frac{2\pi}{n} - \frac{2\pi(2\pi^2+3)}{3n^3} + o\left(\frac{1}{n^4}\right),$$

而 $n! \displaystyle\sum_{k=0}^{n} \frac{1}{k!}$ 为整数，所以

$$\lim_{n\to\infty} n\sin(2n!\mathrm{e}\pi) = \lim_{n\to\infty} n\sin(2\pi\varepsilon_n) = \lim_{n\to\infty}\left(2\pi - \frac{2\pi(2\pi^2+3)}{3n^2} + o\left(\frac{1}{n^3}\right)\right) = 2\pi.$$

例 2.17 （1）计算极限 $\displaystyle\lim_{n\to\infty} \frac{(2n-1)!!}{(2n)!!}$；

（2）证明 Wallis 公式：$\displaystyle\lim_{n\to\infty} \frac{1}{2n+1}\left(\frac{(2n)!!}{(2n-1)!!}\right)^2 = \frac{\pi}{2}$；

（3）证明 $\dfrac{(2n)!!}{(2n-1)!!} = \dfrac{(n!)^2 2^{2n}}{(2n)!} \sim \sqrt{\pi n}\ (n\to\infty)$。

（1）**【解】** 因为

$$\frac{2n-1}{2n} = \frac{\sqrt{2n-1}\cdot\sqrt{2n-1}\cdot\sqrt{2n+1}}{2n\cdot\sqrt{2n+1}} = \frac{\sqrt{(2n)^2-1}\cdot\sqrt{2n-1}}{2n\cdot\sqrt{2n+1}} < \frac{\sqrt{2n-1}}{\sqrt{2n+1}},$$

所以

$$0 < \frac{1}{2}\cdot\frac{3}{4}\cdot\frac{5}{6}\cdot\cdots\cdot\frac{2n-1}{2n} < \frac{1}{\sqrt{3}}\cdot\frac{\sqrt{3}}{\sqrt{5}}\cdot\frac{\sqrt{5}}{\sqrt{7}}\cdot\cdots\cdot\frac{\sqrt{2n-1}}{\sqrt{2n+1}} = \frac{1}{\sqrt{2n+1}},$$

而 $\displaystyle\lim_{n\to\infty}\frac{1}{\sqrt{2n+1}} = 0$，由夹逼准则知

$$\lim_{n\to\infty}\frac{(2n-1)!!}{(2n)!!} = \lim_{n\to\infty}\frac{1\cdot3\cdot5\cdot\cdots\cdot(2n-1)}{2\cdot4\cdot6\cdot\cdots\cdot(2n)} = 0.$$

（2）**【证】** 记 $I_n = \displaystyle\int_0^{\frac{\pi}{2}} \sin^n x\,\mathrm{d}x$，则由定积分分部积分法知

$$I_{2n} = \frac{(2n-1)!!}{(2n)!!}\cdot\frac{\pi}{2}, \quad I_{2n+1} = \frac{(2n)!!}{(2n+1)!!}.$$

当 $0 < x < \dfrac{\pi}{2}$ 时，有 $0 < \sin x < 1$，故

$$\sin^{2n+2}x < \sin^{2n+1}x < \sin^{2n}x,$$

两边从 0 到 $\dfrac{\pi}{2}$ 积分，得

$$I_{2n+2} = \frac{2n+1}{2n+2}\cdot I_{2n} < I_{2n+1} < I_{2n},$$

两边同时除以 I_{2n}，并由夹逼准则，有

$$\lim_{n\to\infty}\frac{I_{2n+1}}{I_{2n}} = \lim_{n\to\infty}\frac{(2n)!!}{(2n+1)!!}\cdot\frac{(2n)!!}{(2n-1)!!}\cdot\frac{2}{\pi} = 1,$$

因此

$$\lim_{n \to \infty} \frac{1}{2n+1} \left(\frac{(2n)!!}{(2n-1)!!} \right)^2 = \frac{\pi}{2} \text{。}$$

（3）【证】 由（2）知

$$\lim_{n \to \infty} \left(\frac{(2n)!!}{(2n-1)!!} \right)^2 \frac{1}{n} = \lim_{n \to \infty} \frac{1}{2n+1} \left(\frac{(2n)!!}{(2n-1)!!} \right)^2 \lim_{n \to \infty} \frac{2n+1}{n} = \pi,$$

所以

$$\frac{(2n)!!}{(2n-1)!!} = \frac{(n!)^2 2^{2n}}{(2n)!} \sim \sqrt{\pi n} \ (n \to \infty) \text{。}$$

例 2.18 证明 Stirling 公式 $\lim\limits_{n \to \infty} \dfrac{n! e^n}{n^{n+\frac{1}{2}}} = \sqrt{2\pi}$。

【证】 定义数列 $a_n = \dfrac{n! e^n}{n^{n+\frac{1}{2}}}, n \in \mathbf{N}^+$，因为

$$\frac{a_n}{a_{n+1}} = \frac{n! e^n}{n^{n+\frac{1}{2}}} \cdot \frac{(n+1)^{n+\frac{3}{2}}}{(n+1)! e^{n+1}} = \frac{1}{e} \left(1 + \frac{1}{n} \right)^{n+\frac{1}{2}},$$

在 Hadamard 不等式 $f \left(\dfrac{x_1 + x_2}{2} \right) \leqslant \dfrac{1}{x_2 - x_1} \displaystyle\int_{x_1}^{x_2} f(x) \mathrm{d}x \leqslant \dfrac{1}{2} \left[f(x_1) + f(x_2) \right]$ 中，令

$f(x) = \dfrac{1}{x}, x_1 = n, x_2 = n+1$，则

$$\frac{1}{n+\frac{1}{2}} \leqslant \ln \left(1 + \frac{1}{n} \right) \leqslant \frac{1}{2} \left(\frac{1}{n} + \frac{1}{n+1} \right),$$

上式两边同乘以 $n + \dfrac{1}{2}$，并整理得

$$0 \leqslant \left(n + \frac{1}{2} \right) \ln \left(1 + \frac{1}{n} \right) - 1 \leqslant \frac{1}{4} \left(\frac{1}{n} - \frac{1}{n+1} \right),$$

从而

$$1 \leqslant \frac{a_n}{a_{n+1}} \leqslant e^{\frac{1}{4} \left(\frac{1}{n} - \frac{1}{n+1} \right)},$$

故正项数列 $\{a_n\}$ 单调减少，因此收敛，记为 $\lim\limits_{n \to \infty} a_n = \alpha$。又由上述不等式右边得

$$a_n e^{-\frac{1}{4n}} \leqslant a_{n+1} e^{-\frac{1}{4(n+1)}},$$

数列 $\{a_n e^{-\frac{1}{4n}}\}$ 单调增加，且 $\lim\limits_{n \to \infty} a_n e^{-\frac{1}{4n}} = \alpha$，因此 $\alpha > 0$。由 Wallis 公式及 $n! = a_n \dfrac{n^{n+\frac{1}{2}}}{e^n}$ 得

$$\sqrt{\pi} = \lim_{n \to \infty} \frac{2^{2n} (n!)^2}{(2n)! \sqrt{n}} = \lim_{n \to \infty} \frac{a_n^2}{\sqrt{2} a_{2n}} = \frac{\alpha^2}{\sqrt{2} \alpha} = \frac{\alpha}{\sqrt{2}},$$

所以 $\alpha = \sqrt{2\pi}$，即 $\lim\limits_{n \to \infty} \dfrac{n! e^n}{n^{n+\frac{1}{2}}} = \sqrt{2\pi}$。

五、利用 Cauchy 命题求极限

例 2.19（Cauchy 命题）　若 $\lim\limits_{n\to\infty}a_n=a$，则 $\lim\limits_{n\to\infty}\dfrac{a_1+a_2+\cdots+a_n}{n}=a$。

【证】　由 $\lim\limits_{n\to\infty}a_n=a$ 知，对 $\forall\varepsilon>0$，存在正整数 N，当 $n>N$ 时，有 $|a_n-a|<\varepsilon$。由于

$$\left|\frac{a_1+a_2+\cdots+a_n}{n}-a\right|$$

$$=\left|\frac{(a_1-a)+\cdots+(a_N-a)+(a_{N+1}-a)+\cdots+(a_n-a)}{n}\right|$$

$$\leqslant\left|\frac{(a_1-a)+\cdots+(a_N-a)}{n}\right|+\left|\frac{(a_{N+1}-a)+\cdots+(a_n-a)}{n}\right|$$

$$\leqslant\frac{|a_1-a|+\cdots+|a_N-a|}{n}+\frac{|a_{N+1}-a|+\cdots+|a_n-a|}{n}$$

$$\leqslant\frac{M}{n}+\frac{n-N}{n}\cdot\varepsilon<\frac{M}{n}+\varepsilon,$$

其中 $M=|a_1-a|+\cdots+|a_N-a|$ 为常数，则 $\lim\limits_{n\to\infty}\dfrac{M}{n}=0$，则对上述 $\forall\varepsilon>0$，取

$$N_1=\max\left\{N,\left[\frac{M}{\varepsilon}\right]\right\},$$

当 $n>N_1$ 时，有 $\dfrac{M}{n}<\varepsilon$ 成立，从而，对 $\forall\varepsilon>0$，存在正整数 N_1，当 $n>N_1$ 时，有

$$\left|\frac{a_1+a_2+\cdots+a_n}{n}-a\right|<2\varepsilon,$$

故

$$\lim_{n\to\infty}\frac{a_1+a_2+\cdots+a_n}{n}=a。$$

例 2.20　若 $\{a_n\}$ 为一正项数列，且 $\lim\limits_{n\to\infty}\dfrac{a_{n+1}}{a_n}=a$，证明 $\lim\limits_{n\to\infty}\sqrt[n]{a_n}=a$。

【证】　记 $a_0=1$，则 $a_n=\dfrac{a_1}{a_0}\cdot\dfrac{a_2}{a_1}\cdot\dfrac{a_3}{a_2}\cdot\cdots\cdot\dfrac{a_n}{a_{n-1}}$，两边同时取对数得

$$\frac{1}{n}\ln a_n=\frac{\ln\dfrac{a_1}{a_0}+\ln\dfrac{a_2}{a_1}+\ln\dfrac{a_3}{a_2}+\cdots+\ln\dfrac{a_n}{a_{n-1}}}{n},$$

由 Cauchy 命题及 $\lim\limits_{n\to\infty}\dfrac{a_{n+1}}{a_n}=a$ 得

$$\lim_{n\to\infty}\ln\sqrt[n]{a_n}=\lim_{n\to\infty}\ln\frac{a_n}{a_{n-1}}=\ln a,$$

故 $\lim\limits_{n\to\infty}\sqrt[n]{a_n}=a$。

例 2.21 计算数列极限 $\displaystyle\lim_{n\to\infty}\dfrac{\sqrt[n]{n!}}{n}$。

【解 1】 令 $a_n=\dfrac{\sqrt[n]{n!}}{n}$,$b_n=a_n^n=\dfrac{n!}{n^n}$,由于

$$\lim_{n\to\infty}\frac{b_{n+1}}{b_n}=\lim_{n\to\infty}\left(\frac{n}{n+1}\right)^n=\frac{1}{\lim\limits_{n\to\infty}\left(1+\dfrac{1}{n}\right)^n}=\frac{1}{e},$$

则

$$\lim_{n\to\infty}a_n=\lim_{n\to\infty}\sqrt[n]{b_n}=\lim_{n\to\infty}\frac{b_{n+1}}{b_n}=\frac{1}{e}。$$

【解 2】 将 $\dfrac{\sqrt[n]{n!}}{n}$ 取对数,并整理得

$$\ln\frac{\sqrt[n]{n!}}{n}=-\frac{n\ln n-(\ln2+\ln3+\cdots+\ln n)}{n},$$

记 $b_n=n\ln n-(\ln2+\ln3+\cdots+\ln n)$,由 Cauchy 命题知

$$\lim_{n\to\infty}\frac{b_n}{n}=\lim_{n\to\infty}(b_{n+1}-b_n)=\lim_{n\to\infty}\ln\left(1+\frac{1}{n}\right)^n=1,$$

从而 $\displaystyle\lim_{n\to\infty}\dfrac{\sqrt[n]{n!}}{n}=\dfrac{1}{e}$。

【解 3】 将 $\dfrac{\sqrt[n]{n!}}{n}$ 取对数,得

$$\ln\frac{\sqrt[n]{n!}}{n}=\frac{1}{n}\sum_{k=1}^{n}\ln k-\ln n=\frac{1}{n}\sum_{k=1}^{n}\ln\left(\frac{k}{n}\right),$$

令 $n\to\infty$,注意右边的极限是反常积分 $\displaystyle\int_0^1\ln x\,dx=-1$,因此 $\displaystyle\lim_{n\to\infty}\dfrac{\sqrt[n]{n!}}{n}=\dfrac{1}{e}$。

【解 4】 当 $k<x<k+1$ 时,有 $\ln k<\ln x<\ln(k+1)$,从而

$$\sum_{k=1}^{n-1}\ln k<\int_1^n\ln x\,dx<\sum_{k=2}^{n}\ln k,$$

由分部积分得

$$\int_1^n\ln x\,dx=(x\ln x-x)\Big|_1^n=n\ln n-n+1,$$

因此

$$\ln(n-1)!<n\ln n-n+1<\ln n!,$$

整理得

$$e\left(\frac{n}{e}\right)^n<n!<ne\left(\frac{n}{e}\right)^n,$$

将上式开 n 次方,再除以 n 得

$$\frac{\sqrt[n]{e}}{e} < \frac{\sqrt[n]{n!}}{n} < \frac{\sqrt[n]{ne}}{e},$$

由 $\lim\limits_{n\to\infty}\sqrt[n]{e}=\lim\limits_{n\to\infty}\sqrt[n]{n}=1$，由夹逼准则知 $\lim\limits_{n\to\infty}\dfrac{\sqrt[n]{n!}}{n}=\dfrac{1}{e}$。

例 2.22 若 $\lim\limits_{n\to\infty}a_n=A$，$\lim\limits_{n\to\infty}b_n=B$，证明 $\lim\limits_{n\to\infty}\dfrac{a_1b_n+a_2b_{n-1}+\cdots+a_nb_1}{n}=AB$。

【证】 由 $\lim\limits_{n\to\infty}b_n=B$ 知 $\{b_n\}$ 为一有界数列，即存在 $M>0$，使得 $|b_n|<M$（$n=1,2,\cdots$），则

$$\left|\frac{a_1b_n+a_2b_{n-1}+\cdots+a_nb_1}{n}-\frac{b_n+b_{n-1}+\cdots+b_1}{n}\cdot A\right|$$
$$\leqslant\left|\frac{b_n(a_1-A)+b_{n-1}(a_2-A)+\cdots+b_1(a_n-A)}{n}\right|$$
$$\leqslant M\frac{|a_1-A|+|a_2-A|+\cdots+|a_n-A|}{n},$$

由 Cauchy 命题知

$$\lim_{n\to\infty}\frac{|a_1-A|+|a_2-A|+\cdots+|a_n-A|}{n}=\lim_{n\to\infty}|a_n-A|=0,$$
$$\lim_{n\to\infty}\frac{b_n+b_{n-1}+\cdots+b_1}{n}=\lim_{n\to\infty}b_n=B,$$

则

$$\lim_{n\to\infty}\left|\frac{a_1b_n+a_2b_{n-1}+\cdots+a_nb_1}{n}-\frac{b_n+b_{n-1}+\cdots+b_1}{n}\cdot A\right|=0,$$

从而

$$\lim_{n\to\infty}\left(\frac{a_1b_n+a_2b_{n-1}+\cdots+a_nb_1}{n}-\frac{b_n+b_{n-1}+\cdots+b_1}{n}\cdot A\right)=0,$$

因此

$$\lim_{n\to\infty}\frac{a_1b_n+a_2b_{n-1}+\cdots+a_nb_1}{n}=\lim_{n\to\infty}\frac{b_n+b_{n-1}+\cdots+b_1}{n}\cdot A=AB。$$

例 2.23 设 p 为正整数，满足 $\lim\limits_{n\to\infty}(a_{n+p}-a_n)=\lambda$，证明 $\lim\limits_{n\to\infty}\dfrac{a_n}{n}=\dfrac{\lambda}{p}$。

【证】 对 $i=1,2,\cdots,p$，令 $A_n^{(i)}=a_{np+i}-a_{(n-1)p+i}$（$n\in\mathbf{N}^+$），则数列 $\{A_n^{(i)}\}$ 为 $a_{n+p}-a_n$ 的一个子列，由 $\lim\limits_{n\to\infty}(a_{n+p}-a_n)=\lambda$ 知 $\lim\limits_{n\to\infty}A_n^{(i)}=\lambda$，由 Cauchy 命题知

$$\lim_{n\to\infty}\frac{A_1^{(i)}+A_2^{(i)}+\cdots+A_n^{(i)}}{n}=\lim_{n\to\infty}A_n^{(i)}=\lambda。$$

又 $A_1^{(i)}+A_2^{(i)}+\cdots+A_n^{(i)}=a_{np+i}-a_i$，则 $\lim\limits_{n\to\infty}\dfrac{a_{np+i}-a_i}{n}=\lambda$。

因为 $\lim\limits_{n\to\infty}\dfrac{a_i}{n}=0$，所以 $\lim\limits_{n\to\infty}\dfrac{a_{np+i}}{n}=\lambda$，从而

$$\lim_{n\to\infty}\frac{a_{np+i}}{np+i}=\lim_{n\to\infty}\frac{a_{np+i}}{n}\cdot\frac{n}{np+i}=\frac{\lambda}{p},\quad i=1,2,\cdots,p,$$

由 p 拉链定理知 $\lim\limits_{n\to\infty}\dfrac{a_n}{n}=\dfrac{\lambda}{p}$。

六、利用 Stolz 公式求极限

例 2.24 $\left(\dfrac{*}{\infty}\text{型的 Stolz 定理}\right)$　设 $\{b_n\}$ 为严格单调增加的数列，且 $\lim\limits_{n\to\infty}b_n=+\infty$，

$\lim\limits_{n\to\infty}\dfrac{a_n-a_{n-1}}{b_n-b_{n-1}}=A(A$ 为有限数或 $\pm\infty)$，证明 $\lim\limits_{n\to\infty}\dfrac{a_n}{b_n}=A$。

【证】（1）考虑 A 为有限数的情形。

由 $\lim\limits_{n\to\infty}\dfrac{a_n-a_{n-1}}{b_n-b_{n-1}}=A$ 可知，对 $\forall\varepsilon>0$，存在正整数 N，当 $n>N$ 时，有

$$\left|\frac{a_n-a_{n-1}}{b_n-b_{n-1}}-A\right|<\frac{\varepsilon}{2}。$$

又 $\{b_n\}$ 严格单调增加，即对所有的 $n\in\mathbf{N}^+$，有 $b_n>b_{n-1}$，故

$$\left(A-\frac{\varepsilon}{2}\right)(b_n-b_{n-1})<a_n-a_{n-1}<\left(A+\frac{\varepsilon}{2}\right)(b_n-b_{n-1}),\quad n>N,$$

即

$$\left(A-\frac{\varepsilon}{2}\right)(b_{N+1}-b_N)<a_{N+1}-a_N<\left(A+\frac{\varepsilon}{2}\right)(b_{N+1}-b_N),$$

$$\left(A-\frac{\varepsilon}{2}\right)(b_{N+2}-b_{N+1})<a_{N+2}-a_{N+1}<\left(A+\frac{\varepsilon}{2}\right)(b_{N+2}-b_{N+1}),$$

$$\vdots$$

$$\left(A-\frac{\varepsilon}{2}\right)(b_n-b_{n-1})<a_n-a_{n-1}<\left(A+\frac{\varepsilon}{2}\right)(b_n-b_{n-1}),$$

将各不等式依次相加得

$$\left(A-\frac{\varepsilon}{2}\right)(b_n-b_N)<a_n-a_N<\left(A+\frac{\varepsilon}{2}\right)(b_n-b_N),$$

从而

$$\left|\frac{a_n-a_N}{b_n-b_N}-A\right|<\frac{\varepsilon}{2}。$$

又因为当 $n>N$ 时，有

$$\frac{a_n}{b_n}-A=\left(1-\frac{b_N}{b_n}\right)\left(\frac{a_n-a_N}{b_n-b_N}-A\right)+\frac{a_N-Ab_N}{b_n},$$

由 $\lim\limits_{n\to\infty}b_n=+\infty$ 知 $\lim\limits_{n\to\infty}\dfrac{a_N-Ab_N}{b_n}=0$，即对上述 $\forall\varepsilon>0$，存在正整数 $N'>N$，当 $n>N'$ 时，

有 $\left|\dfrac{a_N-Ab_N}{b_n}\right|<\dfrac{\varepsilon}{2}$，从而

$$\left|\frac{a_n}{b_n}-A\right|<\left|\frac{a_n-a_N}{b_n-b_N}-A\right|+\left|\frac{a_N-Ab_N}{b_n}\right|<\varepsilon,$$

故 $\lim\limits_{n\to\infty}\dfrac{a_n}{b_n}=A$。

（2）考虑 A 为 $+\infty$ 的情形。

由 $\lim\limits_{n\to\infty}\dfrac{a_{n+1}-a_n}{b_{n+1}-b_n}=+\infty$ 知 $\exists N\in\mathbf{N}^+$，当 $n>N$ 时，有 $\dfrac{a_{n+1}-a_n}{b_{n+1}-b_n}>1$，又已知 $b_{n+1}>b_n$，故

$$a_{n+1}-a_n>b_{n+1}-b_n>0,$$

即当 $n>N$ 时，数列 $\{a_n\}$ 也严格单调增加。对上式分别取 $n=N+1,N+2,\cdots,k-1$，然后相加，得 $a_k-a_{N+1}>b_k-b_{N+1}$，由 $\lim\limits_{k\to\infty}b_k=+\infty$ 知，$\lim\limits_{k\to\infty}a_k=+\infty$。

由 $\lim\limits_{n\to\infty}\dfrac{a_{n+1}-a_n}{b_{n+1}-b_n}=+\infty$ 得 $\lim\limits_{n\to\infty}\dfrac{b_{n+1}-b_n}{a_{n+1}-a_n}=0$，因为数列 $\{a_n\}$ 严格单调增加且 $\lim\limits_{n\to\infty}a_n=+\infty$，所以由（1）知 $\lim\limits_{n\to\infty}\dfrac{b_n}{a_n}=0$，从而 $\lim\limits_{n\to\infty}\dfrac{a_n}{b_n}=+\infty$。

（3）考虑 A 为 $-\infty$ 的情形。令 $a_n=-c_n$，即可转化为（2）来处理。

例 2.25　设 $S_n=\dfrac{\sum\limits_{k=0}^{n}\ln C_n^k}{n^2}$，其中 $C_n^k=\dfrac{n(n-1)\cdots(n-k+1)}{k!}$，计算极限 $\lim\limits_{n\to\infty}S_n$。

【解】　因 $\{n^2\}$ 为严格单调增加的数列，且 $\lim\limits_{n\to\infty}n^2=+\infty$，两次使用 Stolz 公式，得

$$\lim_{n\to\infty}S_n=\lim_{n\to\infty}\frac{\sum\limits_{k=0}^{n+1}\ln C_{n+1}^k-\sum\limits_{k=0}^{n}\ln C_n^k}{(n+1)^2-n^2}=\lim_{n\to\infty}\frac{\sum\limits_{k=0}^{n}\ln\dfrac{C_{n+1}^k}{C_n^k}+\ln C_{n+1}^{n+1}}{2n+1}$$

$$=\lim_{n\to\infty}\frac{\sum\limits_{k=0}^{n}\ln\dfrac{n+1}{n-k+1}}{2n+1}=\lim_{n\to\infty}\frac{(n+1)\ln(n+1)-\sum\limits_{k=1}^{n+1}\ln k}{2n+1}$$

$$=\lim_{n\to\infty}\frac{(n+1)\ln(n+1)-n\ln n-\ln(n+1)}{(2n+1)-(2n-1)}=\frac{1}{2}\lim_{n\to\infty}\ln\left(1+\frac{1}{n}\right)^n=\frac{1}{2}。$$

例 2.26　设 $a_1>0,a_{n+1}=a_n+\dfrac{1}{a_n}(n=1,2,\cdots)$，计算极限 $\lim\limits_{n\to\infty}\dfrac{a_n}{\sqrt{2n}}$。

【解】　因 $a_1>0,a_{n+1}=a_n+\dfrac{1}{a_n}$，则 $a_n>0,a_{n+1}>a_n(n=1,2,\cdots)$，即 $\{a_n\}$ 严格单调增加，若 $\{a_n\}$ 收敛于有限数 a，由递推公式 $a_{n+1}=a_n+\dfrac{1}{a_n}$ 知 $a=a+\dfrac{1}{a}$，矛盾，故 $\lim\limits_{n\to\infty}a_n=+\infty$。由 Stolz 公式得

$$\lim_{n\to\infty}\frac{a_n^2}{2n}=\lim_{n\to\infty}\frac{a_{n+1}^2-a_n^2}{2(n+1)-2n}=\frac{1}{2}\lim_{n\to\infty}(a_{n+1}^2-a_n^2)=\frac{1}{2}\lim_{n\to\infty}\left(2+\frac{1}{a_n^2}\right)=1,$$

因为 $a_n>0$，所以 $\lim\limits_{n\to\infty}\dfrac{a_n}{\sqrt{2n}}=1$。

例 2.27　设 $x_n=\underbrace{\sin\cdots\sin}_{n次}\alpha,n=1,2,\cdots$，证明：

(1) $\lim\limits_{n\to\infty} x_n = 0$;

(2) 当 $0 < \alpha \leqslant \dfrac{\pi}{2}$ 时,$\lim\limits_{n\to\infty} \sqrt{\dfrac{n}{3}}\, x_n = 1$。

【证】 (1) 当 $0 \leqslant \sin\alpha \leqslant 1 < \dfrac{\pi}{2}$ 时,有 $x_n \geqslant 0$ 及 $x_n = \sin x_{n-1} \leqslant x_{n-1}$,故 $\{x_n\}$ 为单调递减有下界的数列,极限存在。记 $\beta = \lim\limits_{n\to\infty} x_n$,则 $\beta = \sin\beta$,于是 $\beta = 0$,即 $\lim\limits_{n\to\infty} x_n = 0$。

当 $-1 \leqslant \sin\alpha \leqslant 0$ 时,$x_n = -\sin\cdots\sin|\sin\alpha|$,则 $\lim\limits_{n\to\infty} x_n = -\lim\limits_{n\to\infty}\sin\cdots\sin|\sin\alpha| = 0$。

从而对任意给定常数 α,有 $\lim\limits_{n\to\infty} x_n = 0$。

(2) 当 $0 < \alpha \leqslant \dfrac{\pi}{2}$ 时,$\left\{\dfrac{1}{x_n^2}\right\}$ 单调增加,且 $\lim\limits_{n\to\infty}\dfrac{1}{x_n^2} = +\infty$,由 Stolz 公式和 Heine 定理得

$$\lim_{n\to\infty} n x_n^2 = \lim_{n\to\infty}\frac{n}{\dfrac{1}{x_n^2}} = \lim_{n\to\infty}\frac{(n+1)-n}{\dfrac{1}{x_{n+1}^2}-\dfrac{1}{x_n^2}} = \lim_{n\to\infty}\frac{1}{\dfrac{1}{\sin^2 x_n}-\dfrac{1}{x_n^2}} = \lim_{x\to 0}\frac{1}{\dfrac{1}{\sin^2 x}-\dfrac{1}{x^2}}$$

$$= \lim_{x\to 0}\frac{x^2\sin^2 x}{x^2-\sin^2 x} = \lim_{x\to 0}\frac{x^4}{x^2-\sin^2 x} = \lim_{x\to 0}\frac{x^4}{x^2-\left(x-\dfrac{x^3}{3!}+o(x^3)\right)^2} = 3,$$

因为当 $0 < \alpha \leqslant \dfrac{\pi}{2}$ 时,$x_n > 0$,所以 $\lim\limits_{n\to\infty}\sqrt{\dfrac{n}{3}}\, x_n = 1$。

例 2.28 设 $\{a_n\}(n = 1, 2, \cdots)$ 为一实数列。

(1) 证明 $\lim\limits_{n\to\infty} a_n = a$ 的充要条件是 $\lim\limits_{n\to\infty}(a_{n+1} - \lambda a_n) = (1-\lambda)a\,(|\lambda| < 1)$。

(2) 证明 $\lim\limits_{n\to\infty} a_n = a$ 的充要条件是 $\lim\limits_{n\to\infty}(4a_{n+2} - 4a_{n+1} + a_n) = a$。

(3) 若 $a_n > 0$,$\exists\, \alpha, \beta \in (0, 1)$,$\alpha + \beta \leqslant 1$,使得 $a_{n+2} \leqslant \alpha a_{n+1} + \beta a_n\,(n \geqslant 1)$,则 $\{a_n\}$ 收敛。

【证】 (1)(必要性)因为 $\lim\limits_{n\to\infty} a_n = a$,所以

$$\lim_{n\to\infty}(a_{n+1} - \lambda a_n) = \lim_{n\to\infty} a_{n+1} - \lambda\lim_{n\to\infty} a_n = (1-\lambda)a。$$

(充分性)若 $\lambda = 0$,结论成立。若 $\lambda \neq 0$,令 $x_n = a_{n+1} - \lambda a_n\,(n \in \mathbf{N}^+)$,则 $a_{n+1} = \lambda a_n + x_n$,且 $\lim\limits_{n\to\infty} x_n = (1-\lambda)a$,从而

$$\frac{a_{n+1}}{\lambda^{n+1}} = \frac{a_n}{\lambda^n} + \frac{x_n}{\lambda^{n+1}}。$$

令 n 分别取 $1, 2, \cdots, n-1$,将 $n-1$ 个等式相加,并整理得

$$a_n = \frac{\dfrac{a_1}{\lambda} + \sum\limits_{k=2}^{n}\dfrac{x_{k-1}}{\lambda^k}}{\lambda^{-n}}, \quad n \geqslant 2。$$

当 $0 < \lambda < 1$ 时,数列 $\{\lambda^{-n}\}$ 单调增加,且 $\lim\limits_{n\to\infty}\lambda^{-n} = +\infty$,由 Stolz 公式得

$$\lim_{n\to\infty} a_n = \lim_{n\to\infty}\frac{\dfrac{a_1}{\lambda} + \sum\limits_{k=2}^{n}\dfrac{x_{k-1}}{\lambda^k}}{\lambda^{-n}} = \lim_{n\to\infty}\frac{\lambda^{-n-1} x_n}{\lambda^{-n-1} - \lambda^{-n}} = \frac{1}{1-\lambda}\lim_{n\to\infty} x_n = a。$$

当 $-1 < \lambda < 0$ 时,

$$a_{2n} = \frac{\dfrac{a_1}{\lambda} + \sum\limits_{k=2}^{2n} \dfrac{x_{k-1}}{\lambda^k}}{\lambda^{-2n}} = \frac{\dfrac{a_1}{\lambda} + \sum\limits_{k=2}^{2n} \dfrac{x_{k-1}}{\lambda^k}}{(-\lambda)^{-2n}}, \qquad a_{2n+1} = \frac{\dfrac{a_1}{\lambda} + \sum\limits_{k=2}^{2n+1} \dfrac{x_{k-1}}{\lambda^k}}{\lambda^{-(2n+1)}} = -\frac{\dfrac{a_1}{\lambda} + \sum\limits_{k=2}^{2n+1} \dfrac{x_{k-1}}{\lambda^k}}{(-\lambda)^{-(2n+1)}},$$

由于数列 $\{(-\lambda)^{-2n}\}$ 和 $\{(-\lambda)^{-(2n+1)}\}$ 都是单调增加的,且

$$\lim_{n\to\infty}(-\lambda)^{-2n} = \lim_{n\to\infty}\lambda^{-2n} = +\infty, \quad \lim_{n\to\infty}(-\lambda)^{-(2n+1)} = \lim_{n\to\infty}[-\lambda^{-(2n+1)}] = +\infty,$$

由 $\lim\limits_{n\to\infty} x_{2n+1} = \lim\limits_{n\to\infty} x_{2n} = (1-\lambda)a$ 和 Stolz 公式,得

$$\lim_{n\to\infty} a_{2n} = \lim_{n\to\infty} \frac{\lambda^{-2(n+1)} x_{2n+1} + \lambda^{-(2n+1)} x_{2n}}{\lambda^{-2(n+1)} - \lambda^{-2n}} = \frac{1}{1-\lambda^2}\lim_{n\to\infty}(x_{2n+1} + \lambda x_{2n}) = a,$$

$$\lim_{n\to\infty} a_{2n+1} = -\lim_{n\to\infty} \frac{\lambda^{-(2n+3)} x_{2n+2} + \lambda^{-(2n+2)} x_{2n+1}}{-\lambda^{-(2n+3)} + \lambda^{-(2n+1)}} = \frac{1}{1-\lambda^2}\lim_{n\to\infty}(x_{2n+2} + \lambda x_{2n+1}) = a,$$

由拉链定理知, $\lim\limits_{n\to\infty} a_n = a$。

(2)(必要性)因为 $\lim\limits_{n\to\infty} a_n = a$,所以 $\lim\limits_{n\to\infty}(4a_{n+2} - 4a_{n+1} + a_n) = a$。

(充分性)已知条件 $\lim\limits_{n\to\infty}(4a_{n+2} - 4a_{n+1} + a_n) = a$ 等价于 $\lim\limits_{n\to\infty}\left(a_{n+2} - a_{n+1} + \dfrac{1}{4}a_n\right) = \dfrac{a}{4}$,而

$$a_{n+2} - a_{n+1} + \frac{1}{4}a_n = \left(a_{n+2} - \frac{1}{2}a_{n+1}\right) - \frac{1}{2}\left(a_{n+1} - \frac{1}{2}a_n\right),$$

令 $y_n = a_{n+1} - \dfrac{1}{2}a_n$,则上述条件等价于

$$\lim_{n\to\infty}\left(y_{n+1} - \frac{1}{2}y_n\right) = \frac{a}{4} = \left(1 - \frac{1}{2}\right)\frac{a}{2}。$$

由(1)知,条件等价于 $\lambda = \dfrac{1}{2}$, $\lim\limits_{n\to\infty} y_n = \dfrac{a}{2}$,从而

$$\lim_{n\to\infty}\left(a_{n+1} - \frac{1}{2}a_n\right) = \frac{a}{2} = \left(1 - \frac{1}{2}\right)a,$$

再由(1)知,条件等价于 $\lambda = \dfrac{1}{2}$, $\lim\limits_{n\to\infty} a_n = a$。

(3)由 $\alpha + \beta \leqslant 1$,即 $\beta \leqslant 1-\alpha$,所以

$$a_{n+2} \leqslant \alpha a_{n+1} + \beta a_n \leqslant \alpha a_{n+1} + (1-\alpha)a_n,$$

从而

$$a_{n+2} + (1-\alpha)a_{n+1} \leqslant a_{n+1} + (1-\alpha)a_n,$$

即正项数列 $\{a_{n+1} + (1-\alpha)a_n\}$ 单调减少有下界,从而收敛,记 $\lim\limits_{n\to\infty}[a_{n+1} + (1-\alpha)a_n] = (2-\alpha)a$,由(1)知, $\lim\limits_{n\to\infty} a_n = a$, $\{a_n\}$ 收敛。

七、利用定积分的概念求极限

例 2.29　计算极限 $\lim\limits_{n\to\infty}\left(\dfrac{1}{n+1} + \dfrac{1}{n+3} + \cdots + \dfrac{1}{n+(2n+1)}\right)$。

【解1】 记 $I_n = \dfrac{1}{n+1} + \dfrac{1}{n+3} + \cdots + \dfrac{1}{n+(2n+1)}$，则

$$\lim_{n\to\infty} I_n = \frac{1}{2}\lim_{n\to\infty}\sum_{k=1}^{n}\frac{1}{1+\dfrac{2k-1}{n}}\cdot\frac{2}{n} + \lim_{n\to\infty}\frac{1}{n+(2n+1)} = \frac{1}{2}\int_0^2\frac{1}{1+x}\mathrm{d}x + 0 = \frac{1}{2}\ln 3。$$

【解2】 因为

$$\left(\frac{1}{n+2}+\frac{1}{n+4}+\cdots+\frac{1}{n+2n}\right)+\frac{1}{n+2n+2} \leqslant I_n \leqslant \frac{1}{n}+\left(\frac{1}{n+2}+\frac{1}{n+4}+\cdots+\frac{1}{n+2n}\right),$$

而

$$\lim_{n\to\infty}\left(\frac{1}{n+2}+\frac{1}{n+4}+\cdots+\frac{1}{n+2n}\right)=\frac{1}{2}\lim_{n\to\infty}\sum_{k=1}^{n}\frac{1}{1+\dfrac{2k}{n}}\cdot\frac{2}{n}=\frac{1}{2}\int_0^2\frac{1}{1+x}\mathrm{d}x=\frac{1}{2}\ln 3,$$

又

$$\lim_{n\to\infty}\frac{1}{n+2n+2}=\lim_{n\to\infty}\frac{1}{n}=0,$$

由夹逼准则知 $\lim\limits_{n\to\infty}I_n=\dfrac{1}{2}\ln 3$。

【解3】 因为

$$I_n=\frac{1}{n+1}+\frac{1}{n+3}+\cdots+\frac{1}{n+(2n+1)}=\sum_{k=0}^{n}\frac{1}{n+2k+1}。$$

而 $\dfrac{1}{n+x}$ 在 $[0,+\infty)$ 内单调减少，所以

$$\frac{1}{2}\int_{2k+1}^{2k+3}\frac{1}{n+x}\mathrm{d}x \leqslant \frac{1}{n+2k+1} \leqslant \frac{1}{2}\int_{2k-1}^{2k+1}\frac{1}{n+x}\mathrm{d}x。$$

则

$$\frac{1}{2}\sum_{k=0}^{n}\int_{2k+1}^{2k+3}\frac{1}{n+x}\mathrm{d}x \leqslant \sum_{k=0}^{n}\frac{1}{n+2k+1} \leqslant \frac{1}{2}\sum_{k=1}^{n}\int_{2k-1}^{2k+1}\frac{1}{n+x}\mathrm{d}x+\frac{1}{n+1},$$

而

$$\lim_{n\to\infty}\frac{1}{2}\sum_{k=0}^{n}\int_{2k+1}^{2k+3}\frac{1}{n+x}\mathrm{d}x=\frac{1}{2}\lim_{n\to\infty}\int_1^{2n+3}\frac{1}{n+x}\mathrm{d}x=\frac{1}{2}\lim_{n\to\infty}\ln\frac{3n+3}{n+1}=\frac{1}{2}\ln 3,$$

$$\lim_{n\to\infty}\left(\frac{1}{2}\sum_{k=1}^{n}\int_{2k-1}^{2k+1}\frac{1}{n+x}\mathrm{d}x+\frac{1}{n+1}\right)=\frac{1}{2}\lim_{n\to\infty}\int_1^{2n+1}\frac{1}{n+x}\mathrm{d}x+0=\frac{1}{2}\lim_{n\to\infty}\ln\frac{3n+1}{n-1}=\frac{1}{2}\ln 3,$$

由夹逼准则知 $\lim\limits_{n\to\infty}I_n=\dfrac{1}{2}\ln 3$。

【解4】 因为 $1+\dfrac{1}{2}+\dfrac{1}{3}+\cdots+\dfrac{1}{n}-\ln n=\gamma+o(1)$，其中 γ 为 Euler 常数，所以

$$\frac{1}{n+1}+\frac{1}{n+2}+\cdots+\frac{1}{n+(2n+1)}=\ln\frac{3n+1}{n}+o(1)。$$

$$I_n \leqslant \frac{1}{2}\left(\frac{1}{n}+\frac{1}{n+1}+\cdots+\frac{1}{n+2n}+\frac{1}{n+(2n+1)}\right)=\frac{1}{2}\ln\frac{3n+1}{n-1}+o(1),$$

$$I_n \geqslant \frac{1}{2}\left(\frac{1}{n+1}+\frac{1}{n+2}+\cdots+\frac{1}{n+(2n+1)}+\frac{1}{n+(2n+2)}\right)=\frac{1}{2}\ln\frac{3n+2}{n}+o(1),$$

由夹逼准则知 $\lim\limits_{n\to\infty}I_n=\dfrac{1}{2}\ln3$。

例 2.30 设 $[x]$ 表示不超过 x 的最大整数,计算极限 $\lim\limits_{n\to\infty}\dfrac{1}{n}\sum\limits_{k=1}^{n}\left(\left[\dfrac{2n}{k}\right]-2\left[\dfrac{n}{k}\right]\right)$。

【解】 由定积分的定义得

$$I=\lim_{n\to\infty}\frac{1}{n}\sum_{k=1}^{n}\left(\left[\frac{2n}{k}\right]-2\left[\frac{n}{k}\right]\right)=\int_0^1\left(\left[\frac{2}{x}\right]-2\left[\frac{1}{x}\right]\right)\mathrm{d}x。$$

当 $n\leqslant\dfrac{1}{x}<n+1$,即 $\dfrac{1}{n+1}<x\leqslant\dfrac{1}{n}$ 时,$\left[\dfrac{1}{x}\right]=n$。

当 $n\leqslant\dfrac{2}{x}<n+1$,即 $\dfrac{2}{n+1}<x\leqslant\dfrac{2}{n}$ 时,$\left[\dfrac{2}{x}\right]=n$。由于

$$\left(\frac{1}{n+1},\frac{1}{n}\right]=\left(\frac{2}{2n+2},\frac{2}{2n}\right]=\left(\frac{2}{2n+2},\frac{2}{2n+1}\right]\cup\left(\frac{2}{2n+1},\frac{2}{2n}\right],$$

当 $\dfrac{2}{2n+1}<x\leqslant\dfrac{2}{2n}$ 时,$\left[\dfrac{2}{x}\right]=2n$,$\left[\dfrac{1}{x}\right]=n$,则 $\left[\dfrac{2}{x}\right]-2\left[\dfrac{1}{x}\right]=2n-2n=0$。

当 $\dfrac{2}{2n+2}<x\leqslant\dfrac{2}{2n+1}$ 时,$\left[\dfrac{2}{x}\right]=2n+1$,$\left[\dfrac{1}{x}\right]=n$,则 $\left[\dfrac{2}{x}\right]-2\left[\dfrac{1}{x}\right]=(2n+1)-2n=1$。

因此

$$I=\sum_{n=1}^{\infty}\left(\frac{2}{2n+1}-\frac{2}{2n+2}\right)=2\left(\frac{1}{3}-\frac{1}{4}+\frac{1}{5}-\frac{1}{6}+\cdots\right)=2\left(\ln2-1+\frac{1}{2}\right)=\ln4-1。$$

例 2.31 计算极限 $\lim\limits_{n\to\infty}\dfrac{1}{n^4}\prod\limits_{i=1}^{2n}(n^2+i^2)^{\frac{1}{n}}$。

【解】 令 $I_n=\dfrac{1}{n^4}\prod\limits_{i=1}^{2n}(n^2+i^2)^{\frac{1}{n}}$,则

$$\ln I_n=\frac{1}{n}\sum_{i=1}^{2n}\ln(n^2+i^2)-\ln n^4=\frac{1}{n}\sum_{i=1}^{2n}\left[\ln\left(1+\left(\frac{i}{n}\right)^2\right)+2\ln n\right]-4\ln n$$

$$=\frac{1}{n}\sum_{i=1}^{2n}\ln\left(1+\left(\frac{i}{n}\right)^2\right),$$

于是

$$\lim_{n\to\infty}\ln I_n=\int_0^2\ln(1+x^2)\mathrm{d}x=x\ln(1+x^2)\Big|_0^2-\int_0^2\frac{2x^2}{1+x^2}\mathrm{d}x$$

$$=2\ln5-2\int_0^2\left(1-\frac{1}{1+x^2}\right)\mathrm{d}x=2\ln5-4+2\arctan2,$$

所以

$$\lim_{n\to\infty}\frac{1}{n^4}\prod_{i=1}^{2n}(n^2+i^2)^{\frac{1}{n}}=25\mathrm{e}^{2\arctan2-4}。$$

例 2.32 求极限 $\lim\limits_{n\to\infty}\left(\sqrt[n+1]{(n+1)!}-\sqrt[n]{n!}\right)$。

【解】 因为

$$\sqrt[n+1]{(n+1)!}-\sqrt[n]{n!}=n\left(\frac{\sqrt[n+1]{(n+1)!}}{\sqrt[n]{n!}}-1\right)\frac{\sqrt[n]{n!}}{n},$$

而

$$\lim_{n \to \infty} \frac{\sqrt[n]{n!}}{n} = e^{\lim_{n \to \infty} \frac{1}{n} \sum_{k=1}^{n} \ln \frac{k}{n}} = e^{\int_0^1 \ln x \, dx} = \frac{1}{e},$$

$$\frac{\sqrt[n+1]{(n+1)!}}{\sqrt[n]{n!}} = \sqrt[n(n+1)]{\frac{[(n+1)!]^n}{(n!)^{n+1}}} = \sqrt[n(n+1)]{\frac{(n+1)^{n+1}}{(n+1)!}} = e^{-\frac{1}{n(n+1)} \sum_{k=1}^{n+1} \ln \frac{k}{n+1}},$$

利用无穷小代换 $e^x - 1 \sim x \, (x \to 0)$，得

$$\lim_{n \to \infty} n \left(\frac{\sqrt[n+1]{(n+1)!}}{\sqrt[n]{n!}} - 1 \right) = -\lim_{n \to \infty} \frac{1}{n+1} \sum_{k=1}^{n+1} \ln \frac{k}{n+1} = -\int_0^1 \ln x \, dx = 1,$$

因此

$$\lim_{n \to \infty} \left[\sqrt[n+1]{(n+1)!} - \sqrt[n]{n!} \right] = \lim_{n \to \infty} n \left(\frac{\sqrt[n+1]{(n+1)!}}{\sqrt[n]{n!}} - 1 \right) \cdot \lim_{n \to \infty} \frac{\sqrt[n]{n!}}{n} = \frac{1}{e}.$$

例 2.33 计算极限 $\lim\limits_{n \to \infty} \sum\limits_{k=n+1}^{n^2} \dfrac{n}{n^2 + k^2}$。

【解】 记

$$\lim_{n \to \infty} \sum_{k=n+1}^{n^2} \frac{n}{n^2 + k^2} = \lim_{n \to \infty} \sum_{k=1}^{n^2} \frac{n}{n^2 + k^2} - \lim_{n \to \infty} \sum_{k=1}^{n} \frac{n}{n^2 + k^2} = I_1 - I_2.$$

由定积分定义，有

$$I_2 = \lim_{n \to \infty} \sum_{k=1}^{n} \frac{n}{n^2 + k^2} = \lim_{n \to \infty} \frac{1}{n} \sum_{k=1}^{n} \frac{1}{1 + \left(\frac{k}{n}\right)^2} = \int_0^1 \frac{dx}{1 + x^2} = \frac{\pi}{4}.$$

对于 I_1，记 $S_n = \sum\limits_{k=1}^{n^2} \dfrac{n}{n^2 + k^2} = \dfrac{1}{n} \sum\limits_{k=1}^{n^2} \dfrac{1}{1 + \left(\frac{k}{n}\right)^2}$，由于

$$\int_{\frac{k}{n}}^{\frac{k+1}{n}} \frac{dx}{1 + x^2} < \frac{1}{n} \frac{1}{1 + \left(\frac{k}{n}\right)^2} < \int_{\frac{k-1}{n}}^{\frac{k}{n}} \frac{dx}{1 + x^2},$$

则

$$\sum_{k=1}^{n^2} \int_{\frac{k}{n}}^{\frac{k+1}{n}} \frac{dx}{1 + x^2} < \frac{1}{n} \sum_{k=1}^{n^2} \frac{1}{1 + \left(\frac{k}{n}\right)^2} < \sum_{k=1}^{n^2} \int_{\frac{k-1}{n}}^{\frac{k}{n}} \frac{dx}{1 + x^2},$$

即

$$\int_{\frac{1}{n}}^{\frac{n^2+1}{n}} \frac{dx}{1 + x^2} < S_n < \int_0^n \frac{dx}{1 + x^2},$$

因为

$$\lim_{n \to \infty} \int_{\frac{1}{n}}^{\frac{n^2+1}{n}} \frac{dx}{1 + x^2} = \int_0^{+\infty} \frac{dx}{1 + x^2} = \arctan x \Big|_0^{+\infty} = \frac{\pi}{2},$$

$$\lim_{n\to\infty}\int_0^n \frac{\mathrm{d}x}{1+x^2}=\int_0^{+\infty}\frac{\mathrm{d}x}{1+x^2}=\arctan x\,\Big|_0^{+\infty}=\frac{\pi}{2},$$

由夹逼准则知 $I_1=\lim_{n\to\infty}S_n=\dfrac{\pi}{2}$，从而

$$\lim_{n\to\infty}\sum_{k=n+1}^{n^2}\frac{n}{n^2+k^2}=\frac{\pi}{2}-\frac{\pi}{4}=\frac{\pi}{4}。$$

八、利用级数求数列极限

例 2.34 计算极限 $\lim\limits_{n\to\infty}\dfrac{5^n\cdot n!}{(2n)^n}$。

【解】 记 $u_n=\dfrac{5^n\cdot n!}{(2n)^n}$，因为

$$\frac{u_{n+1}}{u_n}=\frac{\dfrac{5^{n+1}\cdot(n+1)!}{(2n+2)^{n+1}}}{\dfrac{5^n\cdot n!}{(2n)^n}}=\frac{5}{2}\left(\frac{n}{n+1}\right)^n=\frac{5}{2}\frac{1}{\left(1+\dfrac{1}{n}\right)^n}\to\frac{5}{2\mathrm{e}}<1(n\to\infty),$$

所以正项级数 $\sum\limits_{n=1}^{\infty}u_n$ 收敛，由收敛级数的必要条件知，$\lim\limits_{n\to\infty}u_n=\lim\limits_{n\to\infty}\dfrac{5^n\cdot n!}{(2n)^n}=0$。

例 2.35 计算极限 $\lim\limits_{n\to\infty}\left(\dfrac{1}{n^2}+\dfrac{1}{(n+1)^2}+\cdots+\dfrac{1}{(2n)^2}\right)$。

【解】 因为级数 $\sum\limits_{k=1}^{\infty}\dfrac{1}{k^2}$ 收敛，所以其余项 $R_n=\sum\limits_{k=n+1}^{\infty}\dfrac{1}{k^2}\to 0(n\to\infty)$，则

$$0\leqslant\frac{1}{n^2}+\frac{1}{(n+1)^2}+\cdots+\frac{1}{(2n)^2}\leqslant R_{n-1}\to 0(n\to\infty),$$

故

$$\lim_{n\to\infty}\left(\frac{1}{n^2}+\frac{1}{(n+1)^2}+\cdots+\frac{1}{(2n)^2}\right)=0。$$

例 2.36 设 $x_0=a,x_1=b,x_{n+1}=\dfrac{x_{n-1}+(2n-1)x_n}{2n}(n=1,2,\cdots)$，求极限 $\lim\limits_{x\to 0}x_n$。

【解】 由已知条件得

$$x_{n+1}-x_n=-\frac{x_n-x_{n-1}}{2n},\quad 即\ \frac{x_{n+1}-x_n}{x_n-x_{n-1}}=-\frac{1}{2n},$$

令 $y_n=x_{n+1}-x_n$，则 $y_0=x_1-x_0=b-a$，$\dfrac{y_n}{y_{n-1}}=-\dfrac{1}{2n}$，故

$$y_n=\frac{y_n}{y_{n-1}}\cdot\frac{y_{n-1}}{y_{n-2}}\cdot\cdots\cdot\frac{y_1}{y_0}\cdot y_0=\left(-\frac{1}{2n}\right)\left(-\frac{1}{2n-2}\right)\cdots\left(-\frac{1}{2}\right)(b-a)$$

$$=(-1)^n\frac{b-a}{(2n)!!}=\frac{b-a}{n!}\left(-\frac{1}{2}\right)^n,$$

于是

$$x_{n+1} - x_n = \frac{b-a}{n!}\left(-\frac{1}{2}\right)^n,$$

则

$$x_n = (x_n - x_{n-1}) + (x_{n-1} - x_{n-2}) + \cdots + (x_1 - x_0) + x_0$$

$$= a + (b-a)\sum_{k=0}^{n-1}\frac{1}{k!}\left(-\frac{1}{2}\right)^k,$$

所以

$$\lim_{n\to\infty} x_n = a + (b-a)\lim_{n\to\infty}\sum_{k=0}^{n-1}\frac{1}{k!}\left(-\frac{1}{2}\right)^k = a + (b-a)\sum_{k=0}^{\infty}\frac{1}{k!}\left(-\frac{1}{2}\right)^k$$

$$= a + (b-a)\mathrm{e}^{-\frac{1}{2}}。$$

例 2.37　设 $a_1 = a > 0, a_2 = b > 0$，且 $a_{n+2} = 2 + \dfrac{1}{a_{n+1}^2} + \dfrac{1}{a_n^2}, n = 1, 2, \cdots$，证明数列 $\{a_n\}$ 收敛。

【证 1】　当 $n \geqslant 3$ 时，有 $a_n > 2$，当 $n \geqslant 5$ 时，有 $a_n < \dfrac{5}{2}$，则当 $n \geqslant 8$ 时，有

$$|a_{n+1} - a_n| = \left|\frac{1}{a_n^2} + \frac{1}{a_{n-1}^2} - \frac{1}{a_{n-1}^2} - \frac{1}{a_{n-2}^2}\right| = \frac{a_n + a_{n-2}}{(a_n a_{n-2})^2}|a_n - a_{n-2}|$$

$$\leqslant \frac{5}{16}(|a_n - a_{n-1}| + |a_{n-1} - a_{n-2}|)$$

$$\leqslant \frac{5}{8}\max\{|a_n - a_{n-1}|, |a_{n-1} - a_{n-2}|\}$$

$$\leqslant \cdots \leqslant \left(\frac{5}{8}\right)^{\left[\frac{n}{2}\right]-3}B,$$

其中正常数 $B = \max\{|a_6 - a_5|, |a_7 - a_6|\}$，由于等比级数 $\sum\limits_{n=8}^{\infty}\left(\frac{5}{8}\right)^{\left[\frac{n}{2}-3\right]}B$ 收敛，由比较审敛法知级数 $\sum\limits_{n=5}^{\infty}|a_{n+1} - a_n|$ 收敛，从而级数 $\sum\limits_{n=0}^{\infty}(a_{n+1} - a_n)$ 收敛，所以数列 $\{a_n\}$ 收敛。

【证 2】　由证 1 知，当 $n \geqslant 8$ 时，有

$$|a_{n+1} - a_n| \leqslant \left(\frac{5}{8}\right)^{\left[\frac{n}{2}\right]-3}B,$$

其中 $B = \max\{|a_6 - a_5|, |a_7 - a_6|\}$ 为正常数，从而

$$|a_{n+p} - a_n| = |a_{n+p} - a_{n+p-1}| + |a_{n+p-1} - a_{n+p-2}| + \cdots + |a_{n+1} - a_n|$$

$$\leqslant \left[\left(\frac{5}{8}\right)^{\left[\frac{n+p-7}{2}\right]} + \left(\frac{5}{8}\right)^{\left[\frac{n+p-9}{2}\right]} + \cdots + \left(\frac{5}{8}\right)^{\left[\frac{n-6}{2}\right]}\right]B$$

$$< \frac{B}{1 - \frac{5}{8}}\left(\frac{5}{8}\right)^{\left[\frac{n-6}{2}\right]} \to 0 (n \to \infty),$$

所以由 Cauchy 收敛准则知数列 $\{a_n\}$ 收敛。

九、递推数列的极限

例 2.38 设 f 是 $[a,b]$ 上的一个压缩映射,证明:

(1) $f(x)$ 在 $[a,b]$ 上存在唯一不动点 ξ,对任意初始值 $a_0 \in [a,b]$ 和递推公式 $a_{n+1} = f(a_n)(n=0,1,2,\cdots)$ 产生的数列 $\{a_n\}$ 收敛于 $f(x)$ 在 $[a,b]$ 上的唯一不动点 ξ;

(2) 事后估计 $|a_n - \xi| \leqslant \dfrac{r}{1-r}|a_n - a_{n-1}|$ 和先验估计 $|a_n - \xi| \leqslant \dfrac{r^n}{1-r}|a_1 - a_0|$ 成立。

【证】 (1) 由 f 是 $[a,b]$ 上的一个压缩映射和 $a_{n+1} = f(a_n)$,得 $f([a,b]) \subset [a,b]$,则 $a_n \in [a,b]$,且存在 $r(0<r<1)$,使得对 $\forall x,y \in [a,b]$,都有 $|f(x)-f(y)| \leqslant r|x-y|$ 成立,因此,根据 Cauchy 收敛准则,对 $\forall \varepsilon > 0$ 和 $\forall p \in \mathbf{N}^+$,有

$$|a_n - a_{n+p}| \leqslant r|a_{n-1} - a_{n+p-1}| \leqslant r^2|a_{n-2} - a_{n+p-2}| \leqslant \cdots$$
$$\leqslant r^n|a_0 - a_p| < r^n(b-a),$$

取 $N = \left[\dfrac{\ln(\varepsilon/b-a)}{\ln r}\right]$,当 $n>N$,$\forall p \in \mathbf{N}^+$ 时,$|a_n - a_{n+p}| < \varepsilon$,因此数列 $\{a_n\}$ 收敛,记 $\lim\limits_{n\to\infty} a_n = \xi \in [a,b]$。

对数列 $\{f(a_n)\}$,由 $|f(a_n)-f(\xi)| \leqslant r|a_n - \xi|$ 及 $\lim\limits_{n\to\infty} a_n = \xi$ 知 $\lim\limits_{n\to\infty} f(a_n) = f(\xi)$。

因此对 $a_{n+1} = f(a_n)$ 两边同时取极限得 $\xi = f(\xi)$,从而 ξ 是 $f(x)$ 在 $[a,b]$ 上的不动点。若 η 也是 $f(x)$ 在 $[a,b]$ 上的不动点,$\eta \neq \xi$,则 $\eta = f(\eta)$,由 $0<r<1$ 得

$$|\xi - \eta| = |f(\xi) - f(\eta)| \leqslant r|\xi - \eta| < |\xi - \eta|,$$

矛盾,因此 $f(x)$ 在 $[a,b]$ 上存在唯一不动点 ξ。

(2) 由 $a_{n+1} = f(a_n)$ 及 $\xi = f(\xi)$ 得

$$|a_n - \xi| = |f(a_{n-1}) - f(\xi)| \leqslant r|a_{n-1} - \xi| \leqslant r(|a_{n-1} - a_n| + |a_n - \xi|),$$

从而

$$|a_n - \xi| \leqslant \frac{r}{1-r}|a_n - a_{n-1}|,$$

且

$$|a_n - \xi| \leqslant \frac{r}{1-r}|a_n - a_{n-1}| \leqslant \frac{r^2}{1-r}|a_{n-1} - a_{n-2}| \leqslant \cdots \leqslant \frac{r^n}{1-r}|a_1 - a_0|。$$

例 2.39 设 $x_1 > 0$,$x_{n+1} = \dfrac{3(1+x_n)}{3+x_n}(n=1,2,\cdots)$,计算极限 $\lim\limits_{n\to\infty} x_n$。

【解 1】(夹逼准则) 易知 $x_n > 0(n=1,2,\cdots)$,若极限 $\lim\limits_{n\to\infty} x_n$ 存在,记 $a = \lim\limits_{n\to\infty} x_n$,由极限的保号性知 $a = \lim\limits_{n\to\infty} x_n \geqslant 0$。再对 $x_{n+1} = \dfrac{3(1+x_n)}{3+x_n}$ 两边取极限得 $a = \dfrac{3(1+a)}{3+a}$,解得 $a = \sqrt{3}$。往证 $\lim\limits_{n\to\infty} x_n = \sqrt{3}$。事实上,有

$$|x_n - \sqrt{3}| = \left|\frac{3(1+x_{n-1})}{3+x_{n-1}} - \sqrt{3}\right| = \frac{3-\sqrt{3}}{3+x_{n-1}}|x_{n-1} - \sqrt{3}|$$

$$\leqslant \frac{3-\sqrt{3}}{3}|x_{n-1} - \sqrt{3}| \leqslant \cdots \leqslant \left(\frac{3-\sqrt{3}}{3}\right)^{n-1}|x_1 - \sqrt{3}|,$$

因为 $\lim\limits_{n\to\infty}\left(\dfrac{3-\sqrt{3}}{3}\right)^{n-1}=0$，由夹逼准则知，$\lim\limits_{n\to\infty}|x_n-\sqrt{3}|=0$，从而 $\lim\limits_{n\to\infty}x_n=\sqrt{3}$。

【解 2】（单调有界原理） 前半部分同解法 1。再证 $\{x_n\}$ 收敛。

（1）当 $0<x_1\leqslant\sqrt{3}$ 时，设 $0<x_n\leqslant\sqrt{3}$，则

$$0<x_{n+1}=\frac{3(1+x_n)}{3+x_n}=3-\frac{6}{3+x_n}\leqslant 3-\frac{6}{3+\sqrt{3}}=\sqrt{3},$$

则 $\{x_n\}$ 有上界。又

$$x_{n+1}-x_n=\frac{3(1+x_n)}{3+x_n}-x_n=\frac{3-x_n^2}{3+x_n}\geqslant 0,$$

即 $\{x_n\}$ 单调增加，因此 $\{x_n\}$ 收敛。

（2）当 $x_1>\sqrt{3}$ 时，设 $x_n>\sqrt{3}$，则

$$x_{n+1}=\frac{3(1+x_n)}{3+x_n}=3-\frac{6}{3+x_n}\geqslant 3-\frac{6}{3+\sqrt{3}}=\sqrt{3},$$

即 $\{x_n\}$ 有下界。又

$$x_{n+1}-x_n=\frac{3(1+x_n)}{3+x_n}-x_n=\frac{3-x_n^2}{3+x_n}<0,$$

即 $\{x_n\}$ 单调减少，因此 $\{x_n\}$ 收敛。

【解 3】（变量代换法） 前半部分同解法 1。再证 $\lim\limits_{n\to\infty}x_n=\sqrt{3}$。因为

$$\frac{x_n-\sqrt{3}}{x_n+\sqrt{3}}=\frac{3-\sqrt{3}}{3+\sqrt{3}}\cdot\frac{x_{n-1}-\sqrt{3}}{x_{n-1}+\sqrt{3}}。$$

记 $y_n=\dfrac{x_n-\sqrt{3}}{x_n+\sqrt{3}}$，$n=1,2,\cdots$，则 $y_n=qy_{n-1}$，$n=2,3,\cdots$，其中 $q=\dfrac{3-\sqrt{3}}{3+\sqrt{3}}$。于是 $\{y_n\}$ 是公比为 q 的等比数列，由于 $0<q<1$，所以 $\lim\limits_{n\to\infty}y_n=0$。从而

$$\lim_{n\to\infty}x_n=\lim_{n\to\infty}\sqrt{3}\,\frac{1+y_n}{1-y_n}=\sqrt{3}。$$

【解 4】（级数法） 因为

$$\lim_{n\to\infty}\left|\frac{\dfrac{x_n-\sqrt{3}}{x_n+\sqrt{3}}}{\dfrac{x_{n-1}-\sqrt{3}}{x_{n-1}+\sqrt{3}}}\right|=\frac{3-\sqrt{3}}{3+\sqrt{3}}<1,$$

级数 $\sum\limits_{n=1}^{\infty}\dfrac{x_n-\sqrt{3}}{x_n+\sqrt{3}}$ 绝对收敛，由级数收敛的必要条件知 $\lim\limits_{n\to\infty}\dfrac{x_n-\sqrt{3}}{x_n+\sqrt{3}}=0$，所以 $\lim\limits_{n\to\infty}x_n=\sqrt{3}$。

【解 5】（压缩映射原理或不动点原理） 易知 $x_n>0(n=1,2,\cdots)$，令

$$f(x)=\frac{3(1+x)}{3+x}=x,$$

解得 $f(x)$ 在 $[0,+\infty)$ 内有唯一不动点 $x^* = \sqrt{3}$。而

$$0 < f'(x) = \frac{6}{(3+x)^2} < \frac{6}{9} < 1,$$

故 f 为压缩映射,由压缩映射原理知,数列 $\{x_n\}$ 收敛于唯一不动点 $x^* = \sqrt{3}$。

例 2.40 (1) 设 $a,b > 0$, $x_1 > 0$, $x_n = a + \dfrac{b}{x_{n-1}}$ $(n=2,3,\cdots)$,则 $\lim\limits_{n\to\infty} x_n = \dfrac{a+\sqrt{4b+a^2}}{2}$。

(2) 设 $a_0 = a_1 > 0$, $a_{n+2} = a_{n+1} + a_n$ $(n=0,1,2,\cdots)$,则 $\lim\limits_{n\to\infty} \dfrac{a_{n+1}}{a_n} = \dfrac{\sqrt{5}+1}{2}$。

【证】 (1) 由 $x_n = a + \dfrac{b}{x_{n-1}}$ 知 $x_n x_{n-1} = ax_{n-1} + b$,则

$$x_{n+1} - x_n = \left(a + \frac{b}{x_n}\right) - \left(a + \frac{b}{x_{n-1}}\right) = b \cdot \frac{x_{n-1}-x_n}{x_{n-1}x_n} = b \cdot \frac{x_{n-1}-x_n}{ax_{n-1}+b} = \frac{x_{n-1}-x_n}{\dfrac{a}{b}\cdot x_{n-1}+1},$$

由于 $x_n > a$,则

$$|x_{n+1} - x_n| < \frac{1}{\dfrac{a^2}{b}+1}|x_n - x_{n-1}|, \quad n=2,3,\cdots,$$

由压缩映射原理知数列 $\{x_n\}$ 收敛。设 $\lim\limits_{n\to\infty} x_n = l \geqslant 0$,对递推公式 $x_n = a + \dfrac{b}{x_{n-1}}$ 两边同时取极限得 $l = a + \dfrac{b}{l}$,解得 $l = \dfrac{a+\sqrt{4b+a^2}}{2}$。

(2) 记 $b_n = \dfrac{a_{n+1}}{a_n}$,则 $b_0 = 1$,$b_n = 1 + \dfrac{1}{b_{n-1}}$,由(1)知

$$\lim_{n\to\infty} \frac{a_{n+1}}{a_n} = \lim_{n\to\infty} b_n = \frac{\sqrt{5}+1}{2}。$$

例 2.41 已知数列 $x_n > 0$ 且满足 $\dfrac{1}{x_{n+1}} + \ln x_n < 1$ $(n \in \mathbf{N})$,求极限 $\lim\limits_{n\to\infty} x_n$。

【解】 考虑函数 $f(x) = \dfrac{1}{x} + \ln x$ $(x > 0)$,则 $\min\limits_{x>0} f(x) = f(1) = 1$。由已知条件有

$$\frac{1}{x_{n+1}} + \ln x_n < 1 \leqslant f(x_n) = \frac{1}{x_n} + \ln x_n,$$

则 $\dfrac{1}{x_{n+1}} < \dfrac{1}{x_n}$,即 $x_{n+1} > x_n > 0$,故数列 $\{x_n\}$ 要么趋于极限值 a,要么趋于无穷大。

若 $\lim\limits_{n\to\infty} x_n = +\infty$,对 $\dfrac{1}{x_{n+1}} + \ln x_n < 1$ 两边取极限,得 $+\infty \leqslant 1$,矛盾,故 $\lim\limits_{n\to\infty} x_n = a < +\infty$。

由 $x_n > x_1 > 0$ 及极限的保号性得 $a > 0$,且 $\dfrac{1}{a} + \ln a \leqslant 1 \leqslant \dfrac{1}{a} + \ln a$,故 $\dfrac{1}{a} + \ln a = 1 =$

$f(1)$。

因为 $x=1$ 是函数 $f(x)=\dfrac{1}{x}+\ln x\,(x>0)$ 的唯一的最小值点，所以 $a=1$，即 $\lim\limits_{n\to\infty}x_n=1$。

例 2.42　已知数列 $\{x_n\}$ 满足 $0\leqslant x_{n+1}\leqslant x_n+\dfrac{1}{n^p}\,(p>1,n\in\mathbf{N}^+)$，证明数列 $\{x_n\}$ 收敛。

【证 1】　令 $S_n=1+\dfrac{1}{2^p}+\cdots+\dfrac{1}{n^p}$，由于 $p>1$，则 $\lim\limits_{n\to\infty}S_n=A\,(A$ 为常数$)$，因此

$$-S_n\leqslant x_{n+1}-S_n\leqslant x_n+\dfrac{1}{n^p}-S_n=x_n-S_{n-1},$$

令 $y_n=x_n-S_{n-1}$，则

$$y_n\geqslant y_{n+1}\geqslant -S_n>-A,$$

即数列 $\{y_n\}$ 单调减少有下界，记 $\lim\limits_{n\to\infty}y_n=B$，所以

$$\lim_{n\to\infty}x_n=\lim_{n\to\infty}(y_n+S_{n-1})=\lim_{n\to\infty}y_n+\lim_{n\to\infty}S_{n-1}=A+B。$$

【证 2】　设 $f(x)=\dfrac{1}{x^{p-1}}\,(p>1)$，由 Lagrange 中值定理知，存在 $\xi_n\in(n-1,n)$，使得

$$f(n)-f(n-1)=\dfrac{1}{n^{p-1}}-\dfrac{1}{(n-1)^{p-1}}=\dfrac{1-p}{\xi_n^p},$$

则

$$\dfrac{1}{n^p}<\dfrac{1}{\xi_n^p}=\dfrac{1}{1-p}\left(\dfrac{1}{n^{p-1}}-\dfrac{1}{(n-1)^{p-1}}\right),$$

因此

$$0\leqslant x_{n+1}\leqslant x_n+\dfrac{1}{1-p}\left(\dfrac{1}{n^{p-1}}-\dfrac{1}{(n-1)^{p-1}}\right),$$

即

$$0\leqslant x_{n+1}+\dfrac{1}{p-1}\cdot\dfrac{1}{n^{p-1}}\leqslant x_n+\dfrac{1}{p-1}\cdot\dfrac{1}{(n-1)^{p-1}},$$

记 $y_n=x_n+\dfrac{1}{p-1}\cdot\dfrac{1}{(n-1)^{p-1}}$，则 $y_n\geqslant y_{n+1}\geqslant 0$，即 $\{y_n\}$ 单调减少有下界，记 $\lim\limits_{n\to\infty}y_n=B$，所以

$$\lim_{n\to\infty}x_n=\lim_{n\to\infty}\left(y_n-\dfrac{1}{p-1}\cdot\dfrac{1}{(n-1)^{p-1}}\right)=\lim_{n\to\infty}y_n=B。$$

例 2.43　已知 $x_0=1,x_{n+1}=\dfrac{1}{x_n^3+4}\,(n=0,1,2,\cdots)$，证明数列 $\{x_n\}$ 收敛，且 $\{x_n\}$ 的极限值 a 是方程 $x^4+4x-1=0$ 的唯一正根。

【解】　由已知得

$$x_0=1,\quad x_1=\dfrac{1}{x_0^3+4}=0.2,\quad x_2=\dfrac{1}{x_1^3+4}=0.2495,\quad x_3=\dfrac{1}{x_2^3+4}=0.2490,\quad\cdots,$$

由此可见，$x_0>x_2,x_1<x_3,\cdots$（用归纳法可证偶数项数列单调减少，奇数项数列单调

增加)。

设 $x_{2n-2} \geqslant x_{2n}, x_{2n-1} \leqslant x_{2n+1}$, 则

$$x_{2n} = \frac{1}{x_{2n-1}^3 + 4} \geqslant \frac{1}{x_{2n+1}^3 + 4} = x_{2n+2}, \quad x_{2n+1} = \frac{1}{x_{2n}^3 + 4} \leqslant \frac{1}{x_{2n+2}^3 + 4} = x_{2n+3},$$

由 $0 < x_n \leqslant 1$ 知 $\{x_{2n}\}, \{x_{2n+1}\}$ 收敛, 令 $\lim_{n \to \infty} x_{2n} = a, \lim_{n \to \infty} x_{2n+1} = b$, 则 $0 \leqslant a \leqslant 1, 0 \leqslant b \leqslant 1$。

对 $x_{2n} = \dfrac{1}{x_{2n-1}^3 + 4}$ 两边取极限得 $a = \dfrac{1}{b^3 + 4}$, 即 $ab^3 + 4a = 1$。

对 $x_{2n+1} = \dfrac{1}{x_{2n}^3 + 4}$ 两边取极限得 $b = \dfrac{1}{a^3 + 4}$, 即 $a^3 b + 4b = 1$。

由 $ab^3 + 4a = 1$ 和 $a^3 b + 4b = 1$ 得

$$ab(b^2 - a^2) + 4(a - b) = 0,$$

解得 $a = b$, 由拉链定理知 $\lim_{n \to \infty} x_n = a$, 且 a 为方程 $x^4 + 4x - 1 = 0$ 的根。

令 $f(x) = x^4 + 4x - 1, x \in (0, +\infty)$, 则 $f'(x) = 4x^3 + 4 > 0$, 函数 $f(x)$ 严格单调, 又 $f(0) = -1, \lim_{x \to +\infty} f(x) = +\infty$, 故数列 $\{x_n\}$ 的极限值 a 是方程 $x^4 + 4x - 1 = 0$ 的唯一正根。

例 2.44 已知数列 $\{a_n\}$ 满足 $a_1 > 0, a_{n+1} = a_n + \dfrac{n}{a_n}$, 证明极限 $\lim_{n \to \infty} n(a_n - n)$ 存在。

【证 1】 因为 $a_2 = a_1 + \dfrac{1}{a_1} \geqslant 2$, 若 $a_n \geqslant n$ 成立, 则

$$a_{n+1} - (n+1) = a_n + \frac{n}{a_n} - n - 1 = \left(1 - \frac{1}{a_n}\right)(a_n - n) \geqslant 0,$$

由数学归纳法知, 对任意的 $n \geqslant 2$, 有 $a_n \geqslant n$ 成立, 记 $b_n = a_n - n$, 则 $b_n \geqslant 0$, 且

$$b_{n+1} = a_{n+1} - (n+1) = b_n - \frac{b_n}{b_n + n},$$

从而

$$\frac{b_{n+1}}{b_n} = 1 - \frac{1}{b_n + n} \leqslant 1,$$

即数列 $\{b_n\}$ 单调减少, 从而 $b_n \leqslant b_1 < b_1 + 1$, 则

$$\frac{b_{n+1}}{b_n} = 1 - \frac{1}{b_n + n} < 1 - \frac{1}{b_1 + n + 1} = \frac{b_1 + n}{b_1 + n + 1},$$

即

$$(b_1 + n + 1)b_{n+1} < (b_1 + n)b_n < (b_1 + n - 1)b_{n-1} < \cdots < (b_1 + 1)b_1,$$

故

$$0 \leqslant b_n < \frac{(b_1 + 1)b_1}{b_1 + n},$$

由夹逼准则知 $\lim_{n \to \infty} b_n = 0$, 且 $b_{n+1}b_n + nb_{n+1} = b_n^2 + (n-1)b_n$。

设 $c_n = b_n^2 + (n-1)b_n$, 则 $c_n \geqslant 0$, 且对任意的 $n \geqslant 2$, 有

$$c_n = b_{n+1}b_n + nb_{n+1} \geqslant b_{n+1}^2 + nb_{n+1} = c_{n+1},$$

由单调有界原理知 $\lim_{n \to \infty} c_n$ 存在, 记 $\lim_{n \to \infty} c_n = A$, 则由 Stolz 定理知

$$\lim_{n \to \infty} n(a_n - n) = \lim_{n \to \infty} nb_n = \lim_{n \to \infty} \frac{n}{\dfrac{1}{b_n}} = \lim_{n \to \infty} \frac{(n+1) - n}{\dfrac{1}{b_{n+1}} - \dfrac{1}{b_n}} = \lim_{n \to \infty} \frac{1}{\dfrac{1}{b_{n+1}} - \dfrac{1}{b_n}},$$

因为

$$b_{n+1} = b_n - \frac{b_n}{b_n + n} = \frac{b_n^2 + (n-1)b_n}{b_n + n},$$

所以

$$\frac{1}{b_{n+1}} = \frac{b_n + n}{b_n^2 + (n-1)b_n} = \frac{b_n + (n-1) + 1}{b_n(b_n + (n-1))} = \frac{1}{b_n} + \frac{1}{b_n^2 + (n-1)b_n} = \frac{1}{b_n} + \frac{1}{c_n},$$

从而

$$\lim_{n \to \infty} n(a_n - n) = \lim_{n \to \infty} c_n = A。$$

【证 2】　因为 $a_2 = a_1 + \dfrac{1}{a_1} \geqslant 2$，若 $a_n \geqslant n$ 成立，则

$$a_{n+1} - (n+1) = a_n + \frac{n}{a_n} - n - 1 = \left(1 - \frac{1}{a_n}\right)(a_n - n) \geqslant 0,$$

由数学归纳法知，对任意的 $n \geqslant 2$，有 $a_n \geqslant n$ 成立，且

$$\frac{a_{n+1} - (n+1)}{a_n - n} = 1 - \frac{1}{a_n} \leqslant 1,$$

故对任意的 $n \geqslant 2$，有 $a_n \geqslant n$ 成立，且数列 $\{a_n - n\}$ 单调减少。设 $b_n = n(a_n - n)$，则

$$b_{n+1} = (n+1)(a_{n+1} - n - 1) = (n+1)\left(a_n + \frac{n}{a_n} - n - 1\right)$$

$$= (n+1)\left(1 - \frac{1}{a_n}\right)(a_n - n) = \left(1 + \frac{1}{n}\right)\left(1 - \frac{1}{a_n}\right)b_n = \left(1 + \frac{a_n - n}{na_n} - \frac{1}{na_n}\right)b_n,$$

记 $R_n = \dfrac{a_n - n}{na_n} - \dfrac{1}{na_n}$，则

$$b_n = (1 + R_{n-1})b_{n-1} = (1 + R_{n-1})(1 + R_{n-2})b_{n-2} = \cdots = b_2 \prod_{k=2}^{n-1}(1 + R_k),$$

因为

$$|R_n| = \left|\frac{a_n - n}{na_n} - \frac{1}{na_n}\right| \leqslant \frac{a_n - n}{na_n} + \frac{1}{na_n} \leqslant \frac{1 + (a_2 - 2)}{n^2} = \frac{a_2 - 1}{n^2}, \quad n \geqslant 2,$$

所以级数 $\displaystyle\sum_{n=2}^{\infty} \ln(1 + R_n)$ 收敛，从而 $\displaystyle\lim_{n \to \infty} \prod_{k=2}^{n-1}(1 + R_k)$ 存在，即极限 $\displaystyle\lim_{n \to \infty} n(a_n - n)$ 存在。

例 2.45　设 a_1, b_1 是任意取定的实数，令

$$a_n = \int_0^1 \max\{b_{n-1}, x\}\,\mathrm{d}x, \quad b_n = \int_0^1 \min\{a_{n-1}, x\}\,\mathrm{d}x, \quad n = 2, 3, \cdots,$$

证明数列 $\{a_n\}, \{b_n\}$ 都收敛，并求 $\displaystyle\lim_{n \to \infty} a_n$ 和 $\displaystyle\lim_{n \to \infty} b_n$。

【证】　由已知得 $a_n \geqslant \displaystyle\int_0^1 x\,\mathrm{d}x = \frac{1}{2}$，$b_n \leqslant \displaystyle\int_0^1 x\,\mathrm{d}x = \frac{1}{2}$，$n = 2, 3, \cdots$，利用上述结果，有

$$a_{n+1} = \int_0^1 \max\{b_n, x\}\,\mathrm{d}x = \int_0^{\frac{1}{2}} \max\{b_n, x\}\,\mathrm{d}x + \int_{\frac{1}{2}}^1 \max\{b_n, x\}\,\mathrm{d}x \leqslant \int_0^{\frac{1}{2}} \frac{1}{2}\,\mathrm{d}x + \int_{\frac{1}{2}}^1 x\,\mathrm{d}x = \frac{5}{8},$$

$$b_{n+1} = \int_0^1 \min\{a_n, x\} \mathrm{d}x = \int_0^{\frac{1}{2}} \min\{a_n, x\} \mathrm{d}x + \int_{\frac{1}{2}}^1 \min\{a_n, x\} \mathrm{d}x \geqslant \int_0^{\frac{1}{2}} x \mathrm{d}x + \int_{\frac{1}{2}}^1 \frac{1}{2} \mathrm{d}x = \frac{3}{8},$$

从而 $\dfrac{1}{2} \leqslant a_n \leqslant \dfrac{5}{8}, \dfrac{3}{8} \leqslant b_n \leqslant \dfrac{1}{2} (n = 3, 4, \cdots)$。又

$$a_{n+1} = \int_0^{b_n} \max\{b_n, x\} \mathrm{d}x + \int_{b_n}^1 \max\{b_n, x\} \mathrm{d}x = \int_0^{b_n} b_n \mathrm{d}x + \int_{b_n}^1 x \mathrm{d}x = \frac{1}{2} + \frac{b_n^2}{2},$$

$$b_{n+1} = \int_0^{a_n} \min\{a_n, x\} \mathrm{d}x + \int_{a_n}^1 \min\{a_n, x\} \mathrm{d}x = \int_0^{a_n} x \mathrm{d}x + \int_{a_n}^1 a_n \mathrm{d}x = a_n - \frac{a_n^2}{2},$$

因此 $2a_{n+1} = 1 + b_n^2, 2b_{n+1} = 2a_n - a_n^2 (n = 3, 4, \cdots)$。当 $n = 4, 5, \cdots$ 时，

$$a_{n+2} - a_{n+1} = \frac{1}{2}(b_{n+1}^2 - b_n^2), \quad b_{n+1} - b_n = \frac{1}{2}(a_n - a_{n-1})(2 - (a_n + a_{n-1}))。$$

则

$$a_{n+2} - a_{n+1} = \frac{1}{2}(b_{n+1} + b_n)(b_{n+1} - b_n) = \frac{1}{4}(b_{n+1} + b_n)(a_n - a_{n-1})(2 - (a_n + a_{n-1}))。$$

由于 $\dfrac{1}{2} \leqslant a_n \leqslant \dfrac{5}{8}, \dfrac{3}{8} \leqslant b_n \leqslant \dfrac{1}{2}$，故 $\dfrac{3}{4} \leqslant b_{n+1} + b_n \leqslant 1, \dfrac{3}{4} \leqslant 2 - (a_n + a_{n-1}) \leqslant 1$，所以

$$|a_{n+2} - a_{n+1}| \leqslant \frac{1}{4}|a_n - a_{n-1}|, \quad n = 4, 5, \cdots。$$

反复利用上式可得

$$|a_{2m} - a_{2m-1}| \leqslant \frac{1}{4^{m-2}}|a_4 - a_3|,$$

$$|a_{2m+1} - a_{2m}| \leqslant \frac{1}{4^{m-2}}|a_5 - a_4|, \quad m = 3, 4, \cdots。$$

记 $A = \max\{|a_5 - a_4|, |a_4 - a_3|\}, k = \left[\dfrac{n}{2}\right] - 2$，则有

$$|a_n - a_{n-1}| \leqslant \frac{A}{4^k}, \quad n = 6, 7, \cdots。$$

因此，对任意的 $m > n$，记 $l = \left[\dfrac{m}{2}\right] - 2, k = \left[\dfrac{n}{2}\right] - 2$，有

$$|a_m - a_n| = |(a_m - a_{m-1}) + (a_{m-1} - a_{m-2}) + \cdots + (a_{n+1} - a_n)|$$
$$= |a_m - a_{m-1}| + |a_{m-1} - a_{m-2}| + \cdots + |a_{n+1} - a_n|$$
$$\leqslant \frac{A}{4^l} + \cdots + \frac{A}{4^k} < \frac{(m-n)A}{4^k},$$

而

$$\lim_{n \to \infty} \frac{(m-n)A}{4^k} = \lim_{n \to \infty} \frac{(m-n)A}{4^{\left[\frac{n}{2}\right]-2}} = 0,$$

故由 Cauchy 极限存在准则知极限 $\lim_{n \to \infty} a_n$ 存在，从而 $\lim_{n \to \infty} b_n$ 也存在。

记 $\lim_{n \to \infty} a_n = a, \lim_{n \to \infty} b_n = b$，对 $2a_{n+1} = 1 + b_n^2, 2b_{n+1} = 2a_n - a_n^2$ 两边同时取极限，得

$$2a = 1 + b^2, \quad 2b = 2a - a^2。$$

将 $2a = 1 + b^2$ 代入 $2b = 2a - a^2$ 得 $2b = (1 + b^2) - a^2$，即

$$0 = (1 - 2b + b^2) - a^2 = (1 - b)^2 - a^2 = [(1 - b) + a][(1 - b) - a],$$

因为 $a \geqslant \dfrac{1}{2}$ 且 $b \leqslant \dfrac{1}{2}$，所以 $(1 - b) + a \geqslant 1$，于是 $(1 - b) - a = 0$，即 $b = 1 - a$，因此

$$a = 2 - \sqrt{2}, \quad b = \sqrt{2} - 1。$$

即 $\lim\limits_{n \to \infty} a_n = 2 - \sqrt{2}$，$\lim\limits_{n \to \infty} b_n = \sqrt{2} - 1$。

综合训练

1. 利用"ε-N"语言证明数列极限 $\lim\limits_{n \to \infty} \dfrac{n^5}{2^n} = 0$。

2. 设 $x_n = \dfrac{\sin 1}{2} + \dfrac{\sin 2}{2^2} + \cdots + \dfrac{\sin n}{2^n}$，证明数列 $\{x_n\}$ 收敛。

3. （1）用三种以上的方法证明极限 $\lim\limits_{n \to \infty} \sqrt[n]{n} = 1$；

（2）证明 $\lim\limits_{n \to \infty} \dfrac{n(\sqrt[n]{n} - 1)}{\ln n} = 1$；

（3）证明 $\lim\limits_{n \to \infty} \dfrac{n^2}{\ln^2 n}\left(\sqrt[n]{n} - 1 - \dfrac{\ln n}{n}\right) = \dfrac{1}{2}$。

4. 设 $-1 < x_0 < 1$，$x_n = \sqrt{\dfrac{1 + x_{n-1}}{2}}$，$n = 1, 2, \cdots$，计算极限 $\lim\limits_{n \to \infty} 4^n(1 - x_n)$ 及 $\lim\limits_{n \to \infty} (x_1 x_2 \cdots x_n)$。

5. 求极限 $\lim\limits_{n \to \infty} \left(\cos \dfrac{x}{n} + \lambda \sin \dfrac{x}{n}\right)^n$（$x \neq 0$）。

6. 求极限 $\lim\limits_{n \to \infty} (1 + \sin \pi \sqrt{1 + 4n^2})^n$。

7. 求极限 $\lim\limits_{n \to \infty} \left(1 + \dfrac{(-1)^n}{n}\right)^{\csc(\pi \sqrt{1 + n^2})}$。

8. 讨论数列 $a_n = \sqrt[n]{1 + \sqrt[n]{2 + \sqrt[n]{3 + \cdots + \sqrt[n]{n}}}}$ 的敛散性。

9. 对于 m 个正数 $a_1, a_2, \cdots, a_m$，证明 $\lim\limits_{n \to \infty} \left(\dfrac{a_1^n + a_2^n + \cdots + a_m^n}{m}\right)^{\frac{1}{n}} = \max\limits_{1 \leqslant i \leqslant m} \{a_i\}$。

10. 对于 m 个正数 $a_1, a_2, \cdots, a_m$，证明 $\lim\limits_{n \to \infty} \left(\dfrac{\sqrt[n]{a_1} + \sqrt[n]{a_2} + \cdots + \sqrt[n]{a_m}}{m}\right)^n = \sqrt[m]{a_1 a_2 \cdots a_m}$。

11. 计算极限 $\lim\limits_{n \to \infty} \dfrac{1! + 2! + \cdots + n!}{n!}$。

12. 计算极限 $\lim\limits_{n \to \infty} \sqrt{n} \prod\limits_{k=1}^{n} \dfrac{e^{1 - \frac{1}{k}}}{\left(1 + \dfrac{1}{k}\right)^k}$。

13. 计算极限 $\lim\limits_{n \to \infty} \sum\limits_{k=1}^{n-1} \left(1 + \dfrac{k}{n}\right) \sin \dfrac{k\pi}{n^2}$。

14. 计算极限 $\lim\limits_{n \to \infty} \sqrt{n} \left(1 - \sum\limits_{k=1}^{n} \dfrac{1}{n + \sqrt{k}}\right)$。

15. 计算极限 $\lim\limits_{n \to \infty} (n!\mathrm{e} - [n!\mathrm{e}])$，其中 $[n!\mathrm{e}]$ 表示不超过 $n!\mathrm{e}$ 的最大整数。

16. 若数列 $\{a_n\}$ 满足 $n \sin \dfrac{1}{n+1} < a_n < (n+2) \sin \dfrac{1}{n+1} \ (n = 1,2,\cdots)$，求
$\lim\limits_{n \to \infty} \dfrac{1}{n+1} \sum\limits_{k=1}^{n} a_k$。

17. 求极限 $\lim\limits_{n \to \infty} \left(\dfrac{n^2+1}{n^3+1^3} + \dfrac{n^2+2}{n^3+2^3} + \cdots + \dfrac{n^2+n}{n^3+n^3}\right)$。

18. 计算极限 $\lim\limits_{n \to \infty} n \left(\dfrac{\sin \dfrac{\pi}{n}}{n^2+1} + \dfrac{\sin \dfrac{2\pi}{n}}{n^2+2} + \cdots + \dfrac{\sin \dfrac{n\pi}{n}}{n^2+n}\right)$。

19. 计算极限 $\lim\limits_{n \to \infty} \left(\dfrac{\cos \dfrac{\pi}{3n}}{n+1} + \dfrac{\cos \dfrac{2\pi}{3n}}{n+\dfrac{1}{2}} + \cdots + \dfrac{\cos \dfrac{n\pi}{3n}}{n+\dfrac{1}{n}}\right)$。

20. 设 $S_n = \dfrac{\sum\limits_{k=0}^{n} \ln \mathrm{C}_n^k}{n^2}$，其中 $\mathrm{C}_n^k = \dfrac{n(n-1)\cdots(n-k+1)}{k!}$，计算极限 $\lim\limits_{n \to \infty} S_n$。

21. 设 m 是取定的正整数，记 $I_n = \dfrac{1^m + 2^m + \cdots + n^m}{n^m} - \dfrac{n}{m+1}$，计算极限 $\lim\limits_{n \to \infty} I_n$。

22. 数列 $\{x_n\}$ 满足条件 $x_0 = 0, x_1 = 1, x_{n+1} = \dfrac{x_n + nx_{n-1}}{n+1}, n \geqslant 1$，计算极限 $\lim\limits_{n \to \infty} x_n$。

23. 已知 $x_0 = 1, x_{n+1} = \dfrac{1}{x_n^3 + 4} \ (n = 0,1,2,\cdots)$，证明数列 $\{x_n\}$ 收敛。

24. 设 $a_0 > 0, a_1 > 0, a_{n+2} = p a_{n+1} + q a_n \ (n = 0,1,2,\cdots)$，其中 p, q 是两个正数，则
$$a_{n+1} = \frac{r^{n+1}(a_1 - sa_0) - s^{n+1}(a_1 - ra_0)}{r - s}, \quad n = 1,2,\cdots,$$
其中 $r = \dfrac{p + \sqrt{p^2 + 4q}}{2}, s = \dfrac{p - \sqrt{p^2 + 4q}}{2}$，且 $\lim\limits_{n \to \infty} \dfrac{a_{n+1}}{a_n} = \dfrac{p + \sqrt{p^2 + 4q}}{2}$。

25. 设 $a_n = \int_0^1 x |\ln x|^n \mathrm{d}x, n = 1,2,\cdots$，计算极限 $\lim\limits_{n \to \infty} \sqrt[n]{\dfrac{a_n}{n!}}$。

26. 设 $p > 0, x_1 = \dfrac{1}{4}, x_{n+1}^p = x_n^p + x_n^{2p} \ (n = 1,2,\cdots)$，计算极限 $\lim\limits_{n \to \infty} \sum\limits_{k=1}^{n} \dfrac{1}{1 + x_k^p}$。

27. 已知 $x_1 = \sqrt{5}, x_{n+1} = x_n^2 - 2, n \geqslant 1$，计算极限 $\lim\limits_{n \to \infty} \dfrac{x_1 x_2 \cdots x_n}{x_{n+1}}$。

28. 设正值函数 $f \in C[a,b]$，定义 $x_n = \int_a^b f^n(x) \mathrm{d}x \ (n \in \mathbf{N})$，证明：

(1) 对任意 $n \in \mathbf{N}$,成立 $(x_{n+1})^2 \leqslant x_n x_{n+2}$;

(2) 数列 $\left\{\dfrac{x_{n+1}}{x_n}\right\}$ 收敛,且 $\lim\limits_{n \to \infty} \dfrac{x_{n+1}}{x_n} = \max\limits_{a \leqslant x \leqslant b} \{f(x)\}$。

29. 设 $\alpha \in \mathbb{R}$,若极限 $\lim\limits_{n \to \infty}(\sin(n+1)\alpha - \sin n\alpha) = A$ 存在,求 A,α 的值。

30. 设 $a_1 > 0, a_{n+1} = \dfrac{2}{1 + a_n^2}, n = 1, 2, \cdots$,讨论数列 $\{a_n\}$ 的收敛性。

31. 设 a,b 是两常数,且 $0 < b < a$,令 $a_0 = a, b_0 = b$,按照递推公式 $a_n = \dfrac{a_{n-1} + b_{n-1}}{2}$,$b_n = \sqrt{a_{n-1} b_{n-1}}$ 定义数列 $\{a_n\}, \{b_n\}$,证明数列 $\{a_n\}, \{b_n\}$ 收敛于同一极限。

32. (1) 设 $y_n = x_{n-1} + 2x_n (n = 2, 3, \cdots)$,证明当数列 $\{y_n\}$ 收敛时,$\{x_n\}$ 也收敛。

(2) 设 $y_n = x_{n-1} + x_n (n = 2, 3, \cdots)$,问:当数列 $\{y_n\}$ 收敛时,$\{x_n\}$ 收敛吗?为什么?

第三讲

函数的极限与连续

知识点

1. 一元函数的极限：$\lim\limits_{x \to x_0} f(x) = A \Leftrightarrow \forall \varepsilon > 0, \exists \delta > 0,$当 $0 < |x - x_0| < \delta$ 时，$|f(x) - A| < \varepsilon$。

2. 多元函数的极限：$\lim\limits_{P \to P_0} f(P) = A \Leftrightarrow \forall \varepsilon > 0, \exists \delta > 0,$当 $P \in \mathring{U}(P_0, \delta)$时，$|f(P) - A| < \varepsilon$。

3. 二元函数极限的几种特殊情况：

(1) $\lim\limits_{\substack{x \to \infty \\ y \to \infty}} f(x, y) = A \Leftrightarrow \forall \varepsilon > 0, \exists X > 0, Y > 0,$当 $|x| > X, |y| > Y$ 时，$|f(x, y) - A| < \varepsilon$。

(2) $\lim\limits_{\substack{x \to x_0 \\ y \to \infty}} f(x, y) = A \Leftrightarrow \forall \varepsilon > 0, \exists \delta > 0, Y > 0,$当 $x \in \mathring{U}(x_0, \delta), |y| > Y$ 时，$|f(x, y) - A| < \varepsilon$。

(3) $\lim\limits_{\substack{x \to -\infty \\ y \to y_0}} f(x, y) = A \Leftrightarrow \forall \varepsilon > 0, \exists X > 0, \delta > 0,$当 $x < -X, y \in \mathring{U}(y_0, \delta)$ 时，$|f(x, y) - A| < \varepsilon$。

4. 右极限：$f(x_0 + 0) = \lim\limits_{x \to x_0^+} f(x) = A \Leftrightarrow \forall \varepsilon > 0, \exists \delta > 0,$当 $0 < x - x_0 < \delta$ 时，$|f(x) - A| < \varepsilon$。

左极限：$f(x_0 - 0) = \lim\limits_{x \to x_0^-} f(x) = A \Leftrightarrow \forall \varepsilon > 0, \exists \delta > 0,$当 $-\delta < x - x_0 < 0$ 时，$|f(x) - A| < \varepsilon$。

5. 左、右极限等价定理：$\lim\limits_{x \to x_0} f(x) = A \Leftrightarrow \lim\limits_{x \to x_0^-} f(x) = \lim\limits_{x \to x_0^+} f(x) = A$。

6. 设 $f(x, y)$ 在点 (x_0, y_0) 的去心邻域内有定义，称 $\lim\limits_{x \to x_0} \lim\limits_{y \to y_0} f(x, y)$ 和 $\lim\limits_{y \to y_0} \lim\limits_{x \to x_0} f(x, y)$ 分别为 $f(x, y)$ 在点 (x_0, y_0) 处的"先 y 后 x"和"先 x 后 y"的二次极限，统称为累次极限。

7. 二重极限与二次极限的关系：

(1) 当二重极限存在时，两个二次极限可能都存在，也可能都不存在，还可能一个存在另一个不存在。

如 $f(x, y) = (x + y) \sin \dfrac{1}{x} \sin \dfrac{1}{y}$ 在 $(0,0)$ 点处二重极限存在，但二次极限都不存在。

如 $f(x,y)=\begin{cases}x\sin\dfrac{1}{y}, & y\neq0,\\0, & y=0,\end{cases}$ 有 $\lim\limits_{\substack{x\to0\\y\to0}}f(x,y)=\lim\limits_{y\to0}\lim\limits_{x\to0}f(x,y)=0$，但 $\lim\limits_{x\to0}\lim\limits_{y\to0}f(x,y)$ 不存在。

（2）当二重极限不存在时，两个二次极限可能都存在且相等，也可能都存在但不相等，还可能一个存在另一个不存在。

如 $f(x,y)=\dfrac{xy}{x^2+y^2}$，有 $\lim\limits_{x\to0}\lim\limits_{y\to0}f(x,y)=\lim\limits_{y\to0}\lim\limits_{x\to0}f(x,y)=0$，但 $\lim\limits_{\substack{x\to0\\y\to0}}f(x,y)$ 不存在。

如 $f(x,y)=\dfrac{y}{x},x\neq0$，有 $\lim\limits_{x\to0}\lim\limits_{y\to0}f(x,y)=0$，但 $\lim\limits_{\substack{x\to0\\y\to0}}f(x,y)$ 和 $\lim\limits_{y\to0}\lim\limits_{x\to0}f(x,y)$ 不存在。

如 $f(x,y)=\dfrac{x^2-y^2}{x^2+y^2}$，有 $\lim\limits_{x\to0}\lim\limits_{y\to0}f(x,y)=1,\lim\limits_{y\to0}\lim\limits_{x\to0}f(x,y)=-1$，但 $\lim\limits_{\substack{x\to0\\y\to0}}f(x,y)$ 不存在。

（3）若二重极限存在，且 $\lim\limits_{\substack{x\to x_0\\y\to y_0}}f(x,y)=A$。

当 $y\neq y_0$ 时，$\lim\limits_{x\to x_0}f(x,y)$ 存在，则 $\lim\limits_{y\to y_0}\lim\limits_{x\to x_0}f(x,y)=A$；

当 $x\neq x_0$ 时，$\lim\limits_{y\to y_0}f(x,y)$ 存在，则 $\lim\limits_{x\to x_0}\lim\limits_{y\to y_0}f(x,y)=A$。

8. 函数极限表示定理：$\lim\limits_{P\to P_0}f(P)=A\Leftrightarrow f(P)=A+o(1)$，其中 $o(1)$ 为 $P\to P_0$ 时的无穷小量。

9. 函数极限的唯一性：设 $\lim\limits_{P\to P_0}f(P)=A$，则极限 A 是唯一的。

10. 函数极限的局部有界性：设 $\lim\limits_{P\to P_0}f(P)=A$，则 $\exists\delta>0,\exists M>0,\forall P\in\mathring{U}(P_0,\delta)$，有 $|f(P)|\leqslant M$。

11. 函数极限的保号性：

(1) 设 $\lim\limits_{P\to P_0}f(P)=A>0(<0)$，则 $\exists\delta>0,\forall P\in\mathring{U}(P_0,\delta),f(P)>0(<0)$。

(2) 设 $\lim\limits_{P\to P_0}f(P)=A$，且 $\exists\delta>0,\forall P\in\mathring{U}(P_0,\delta),f(P)\geqslant0(\leqslant0)$，则 $A\geqslant0(\leqslant0)$。

(3) 设 $\lim\limits_{P\to P_0}f(P)=A\neq0$，则 $\exists\delta>0,\forall P\in\mathring{U}(P_0,\delta),|f(P)|>\dfrac{|A|}{2}$。

12. 函数极限的四则运算法则：设极限 $\lim\limits_{P\to P_0}f(P)$ 和 $\lim\limits_{P\to P_0}g(P)$ 存在，则

(1) $\lim\limits_{P\to P_0}[f(P)\pm g(P)]=\lim\limits_{P\to P_0}f(P)\pm\lim\limits_{P\to P_0}g(P)$；

(2) $\lim\limits_{P\to P_0}[f(P)g(P)]=\lim\limits_{P\to P_0}f(P)\cdot\lim\limits_{P\to P_0}g(P)$；

(3) $\lim\limits_{P\to P_0}\dfrac{f(P)}{g(P)}=\dfrac{\lim\limits_{P\to P_0}f(P)}{\lim\limits_{P\to P_0}g(P)}$，其中 $\lim\limits_{P\to P_0}g(P)\neq0$。

13. 一元复合函数的极限：设极限 $\lim\limits_{x\to x_0}\varphi(x)=a$，且 $\forall x\in\mathring{U}(x_0,\delta),\varphi(x)\neq a$，又 $\lim\limits_{u\to a}f(u)=A$，则 $\lim\limits_{x\to x_0}f(\varphi(x))=\lim\limits_{u\to a}f(u)=A$。若 $\lim\limits_{x\to x_0}\varphi(x)=\infty$，类似可得 $\lim\limits_{x\to x_0}f(\varphi(x))=$

$\lim\limits_{u \to \infty} f(u) = A$。

14. 复合函数的极限存在定理中条件 $\forall x \in \overset{\circ}{U}(x_0, \delta)$，$\varphi(x) \neq a$ 不可缺少,否则结论不一定成立,如函数链 $\varphi(x) \equiv 0$, $f(u) = \begin{cases} 1, & u = 0, \\ 0, & u \neq 0, \end{cases}$ 有 $\lim\limits_{x \to 0} \varphi(x) = 0$, $\lim\limits_{u \to 0} f(u) = 0$,但 $\lim\limits_{x \to 0} f(\varphi(x)) = 1$。

15. Heine 归结原理: $\lim\limits_{P \to P_0} f(P) = A \Leftrightarrow$ 对满足条件 $\forall n \in \mathbf{N}^+$, $P_n \neq P_0$, $\lim\limits_{n \to \infty} P_n = P_0$ 的每个点列 $\{P_n\}$,都有 $\lim\limits_{n \to \infty} f(P_n) = A$。特别地, $\lim\limits_{x \to x_0} f(x) = A \Leftrightarrow$ 对满足条件 $\forall n \in \mathbf{N}^+$, $x_n \neq x_0$, $\lim\limits_{n \to \infty} x_n = x_0$ 的每个数列 $\{x_n\}$,都有 $\lim\limits_{n \to \infty} f(x_n) = A$。

16. 判断一元函数极限不存在的方法:

(1) 左、右极限至少有一个不存在;

(2) 左、右极限存在但不相等;

(3) 存在一个子列 $x_n \to x_0 (n \to \infty)$,使得 $\lim\limits_{n \to \infty} f(x_n)$ 不存在;

(4) 存在两个子列 $x_n \to x_0$, $x_n' \to x_0 (n \to \infty)$,但 $\lim\limits_{n \to \infty} f(x_n) \neq \lim\limits_{n \to \infty} f(x_n')$。

17. 判断二元函数极限不存在的方法:

(1) 径向路径的极限与辐角(或斜率)有关;

(2) 某特殊路径的极限不存在;

(3) 两特殊路径极限存在但不相等;

(4) 二元函数在某去心邻域内连续,而两个二次极限存在而不相等。

18. 夹逼准则:若 $g(P) \leqslant f(P) \leqslant h(P)$,且 $\lim\limits_{P \to P_0} g(P) = \lim\limits_{P \to P_0} h(P) = A$,则 $\lim\limits_{P \to P_0} f(P) = A$。

19. 单调有界准则:

函数 $f(x)$ 在 (a,b) 内单调增加,若 $f(x)$ 在 (a,b) 内有上界,则 $\lim\limits_{x \to b^-} f(x)$ 存在且为有限数;若 $f(x)$ 在 (a,b) 内无上界,则 $\lim\limits_{x \to b^-} f(x)$ 为正无穷大。

函数 $f(x)$ 在区间 (a,b) 上单调减少,若 $f(x)$ 在 (a,b) 内有下界,则 $\lim\limits_{x \to a^+} f(x)$ 存在且为有限数;若 $f(x)$ 在 (a,b) 内无下界,则 $\lim\limits_{x \to a^+} f(x)$ 为负无穷大。

20. Cauchy 收敛准则: $\lim\limits_{P \to P_0} f(P) = A \Leftrightarrow \forall \varepsilon > 0$, $\exists \delta > 0$,当 $\forall P', P'' \in \overset{\circ}{U}(P_0, \delta)$ 时,有 $|f(P') - f(P'')| < \varepsilon$。

21. 常用极限

(1) $\lim\limits_{x \to 0} \dfrac{\sin x}{x} = 1$。

(2) $\lim\limits_{x \to \infty} \left(1 + \dfrac{1}{x}\right)^x = \mathrm{e}$ 或 $\lim\limits_{x \to 0} (1 + x)^{\frac{1}{x}} = \mathrm{e}$。

(3) $\lim\limits_{x \to +\infty} \arctan x = \dfrac{\pi}{2}$, $\lim\limits_{x \to -\infty} \arctan x = -\dfrac{\pi}{2}$。

(4) $\lim\limits_{x \to 0^+} \ln x = -\infty$, $\lim\limits_{x \to +\infty} \ln x = +\infty$。

(5) 当 $a > 1$ 时, $\lim\limits_{x \to +\infty} a^x = +\infty$, $\lim\limits_{x \to -\infty} a^x = 0$;当 $0 < a < 1$ 时, $\lim\limits_{x \to +\infty} a^x = 0$, $\lim\limits_{x \to -\infty} a^x =$

$+\infty$。

(6) 若 $\mu > 0$，则 $\lim\limits_{x \to +\infty} \dfrac{x^{\mu}}{\mathrm{e}^x} = 0$，$\lim\limits_{x \to 0^+} x^{\mu} \ln x = 0$，$\lim\limits_{x \to 0^+} x^x = 1$。

(7) 下列极限不存在也不为无穷大：$\lim\limits_{x \to 0} \mathrm{e}^{\frac{1}{x}}$，$\lim\limits_{x \to 0} \sin \dfrac{1}{x}$，$\lim\limits_{x \to 0} \cos \dfrac{1}{x}$，$\lim\limits_{x \to 0} \arctan \dfrac{1}{x}$。

22. 无穷小与无穷大：

(1) 若 $\lim\limits_{x \to x_0} f(x) = 0$，称 $f(x)$ 为 $x \to x_0$ 时的无穷小量，也称无穷小，记作 $f(x) = o(1)(x \to x_0)$；

(2) 若 $\lim\limits_{x \to x_0} f(x) = \infty$（或 $+\infty$，$-\infty$），即 $\forall M > 0$，$\exists \delta > 0$，$\forall x \in \mathring{U}(x_0, \delta)$，有 $|f(x)| > M$（或 $f(x) > M$，$f(x) < -M$），称函数 $f(x)$ 为 $x \to x_0$ 时的无穷大量，也称无穷大；

(3) 若 $\exists \delta > 0$，$\exists M > 0$，$\forall x \in \mathring{U}(x_0, \delta)$，有 $|f(x)| \leqslant M$，则称 $f(x)$ 在 $x \to x_0$ 时局部有界，记作 $f(x) = O(1)(x \to x_0)$；

(4) 若 $\forall M > 0$，$\forall \delta > 0$，$\exists x^* \in \mathring{U}(x_0, \delta)$，使得 $|f(x^*)| > M$，则称函数 $f(x)$ 为 $x \to x_0$ 时的无界变量；

(5) 有限个无穷小的和是无穷小；

(6) 有限个无穷小（大）的乘积是无穷小（大）；

(7) 无限个无穷小的乘积不一定是无穷小；

(8) 有界函数与无穷小的乘积是无穷小；

(9) 有界函数与无穷大的和是无穷大；

(10) 无穷大一定是无界函数，无界函数不一定是无穷大；

(11) 无穷大的倒数是无穷小，非零无穷小的倒数是无穷大；

(12) 若 $\lim\limits_{x \to x^*} f(x) = \infty$，$\lim\limits_{x \to x^*} g(x) = B \neq 0$，则 $\lim\limits_{x \to x^*} f(x)g(x) = \infty$。

23. 无穷小的比较：若 α, β 是同一过程下的无穷小。

(1) 若 $\lim \dfrac{\beta}{\alpha} = 0$，称 β 是比 α 高阶的无穷小，记作 $\beta = o(\alpha)$；

(2) 若 $\lim \dfrac{\beta}{\alpha} = A \neq 0$，称 β 与 α 是同阶无穷小；

(3) 若 $\lim \dfrac{\beta}{\alpha} = 1$，称 β 与 α 是等价无穷小，记作 $\beta \sim \alpha$；

(4) 若 $\lim \dfrac{\beta}{\alpha^k} = A \neq 0 (k > 0)$，称 β 是 α 的 k 阶无穷小；

(5) 若 $\forall x \in \mathring{U}(x_0, \delta)$，$\exists M > 0$，使得 $\left| \dfrac{\beta}{\alpha} \right| \leqslant M$，记作 $\beta = O(\alpha)$。

24. 数列中常见的无穷大的比较关系：$\ln n \ll n^{\varepsilon} \ll a^n \ll n! \ll n^n (a > 1, \varepsilon > 0)$。

25. 函数中常见的无穷大的比较关系：当 $x \to +\infty$，有 $\ln x \ll x^{\varepsilon} \ll a^x \ll x^x (a > 1, \varepsilon > 0)$。

26. 等价无穷小代换定理：设 $\alpha \sim \alpha'$，$\beta \sim \beta'$，且 $\lim \dfrac{\beta'}{\alpha'}$ 存在，则 $\lim \dfrac{\beta}{\alpha} = \lim \dfrac{\beta'}{\alpha'}$，这里无穷小及极限中自变量的变化过程相同。

27. 等价无穷小代换规则：设 α, β, γ 是同一过程下的无穷小。

（1）和差取低阶的规则：若 $\beta=o(\alpha)$，则 $\alpha\pm\beta\sim\alpha$。

（2）和差不等价代换规则：若 $\alpha\sim\alpha',\beta\sim\beta'$，且 α,β 不等价，则 $\alpha-\beta\sim\alpha'-\beta'$，且有

$$\lim\frac{\alpha-\beta}{\gamma}=\lim\frac{\alpha'-\beta'}{\gamma}。$$

（3）因式替换规则：若 $\alpha\sim\beta$，函数 $\varphi(x)$ 存在极限或有界，则 $\lim\alpha\varphi(x)=\lim\beta\varphi(x)$。

28．常用等价无穷小：当 $x\to0$ 时，下列无穷小等价：

$$\sin x\sim x,\tan x\sim x,\arcsin x\sim x,\arctan x\sim x,1-\cos x\sim\frac{1}{2}x^2,\tan x-\sin x\sim\frac{1}{2}x^3,$$

$$\mathrm{e}^x-1\sim x,a^x-1\sim x\ln a(a>0,a\neq1),\ln(1+x)\sim x,(1+x)^\mu-1\sim\mu x(\mu\neq0)。$$

29．无穷小运算：$o(o(\alpha))=o(\alpha),o(\alpha)o(\beta)=o(\alpha\beta),\alpha\cdot o(\beta)=o(\alpha\beta),o(\alpha)\pm o(\alpha)=o(\alpha)$。

30．洛必达法则：设函数 $f(x),g(x)$ 在 $U(a,\delta)$ 内可导，$g'(x)\neq0$，且 $\lim\limits_{x\to a}f(x)=\lim\limits_{x\to a}g(x)=0$（或 ∞），若 $\lim\limits_{x\to a}\dfrac{f'(x)}{g'(x)}$ 存在（或为无穷大），则 $\lim\limits_{x\to a}\dfrac{f(x)}{g(x)}=\lim\limits_{x\to a}\dfrac{f'(x)}{g'(x)}$。

31．$\dfrac{*}{\infty}$ 型的 Stolz 定理：设 $T>0$ 为常数，如果函数 $f(x),g(x)$ 在 $[a,+\infty)$ 内闭有界，满足 $g(x+T)>g(x)(\forall x\in[a,+\infty)),\ \lim\limits_{x\to+\infty}g(x)=+\infty,\ \lim\limits_{x\to+\infty}\dfrac{f(x+T)-f(x)}{g(x+T)-g(x)}=l$，则 $\lim\limits_{x\to+\infty}\dfrac{f(x)}{g(x)}=l$（$l$ 为有限数或 $\pm\infty$）。

32．$\dfrac{0}{0}$ 型的 Stolz 定理：设 $T>0$ 为常数，如果 $\forall x\in[a,+\infty),0<g(x+T)<g(x)$，$\lim\limits_{x\to+\infty}f(x)=\lim\limits_{x\to+\infty}g(x)=0,\ \lim\limits_{x\to+\infty}\dfrac{f(x+T)-f(x)}{g(x+T)-g(x)}=l$，则 $\lim\limits_{x\to+\infty}\dfrac{f(x)}{g(x)}=l$（$l$ 为有限数或 $\pm\infty$）。

33．常用函数带 Peano 余项的 n 阶 Taylor 公式：

（1）$\mathrm{e}^x=1+x+\dfrac{x^2}{2!}+\cdots+\dfrac{x^n}{n!}+o(x^n)$；

（2）$\sin x=x-\dfrac{x^3}{3!}+\cdots+(-1)^{m-1}\dfrac{x^{2m-1}}{(2m-1)!}+o(x^{2m})$；

（3）$\cos x=1-\dfrac{x^2}{2!}+\cdots+(-1)^m\dfrac{x^{2m}}{(2m)!}+o(x^{2m})$；

（4）$\ln(1+x)=x-\dfrac{x^2}{2}+\dfrac{x^3}{3}-\dfrac{x^4}{4}+\cdots+(-1)^{n-1}\dfrac{x^n}{n}+o(x^n)$；

（5）$(1+x)^\alpha=1+\alpha x+\dfrac{\alpha(\alpha-1)}{2!}x^2+\cdots+\dfrac{\alpha(\alpha-1)\cdots(\alpha-n+1)}{n!}x^n+o(x^n)$。

34．函数连续的等价形式：函数 $y=f(x)$ 在点 x_0 的某邻域 $U(x_0)$ 内有定义，则

$$\lim\limits_{x\to x_0}f(x)=f(x_0)\Leftrightarrow\lim\limits_{\Delta x\to0}\Delta y=0\Leftrightarrow\lim\limits_{x\to x_0^+}f(x)=\lim\limits_{x\to x_0^-}f(x)=f(x_0)。$$

35．函数 $f(x)$ 在点 x_0 连续的充要条件是 $f(x)$ 在点 x_0 既左连续又右连续。

36．函数 $f(x)$ 在点 x_0 处连续，则 $|f(x)|$ 在点 x_0 处也连续。

37．间断点的类型：第一类间断点（可去、跳跃），第二类间断点（无穷、振荡等）。

38. 连续函数的四则运算法则：若函数 $f(x)$ 和 $g(x)$ 在点 x_0 连续，则 $f(x) \pm g(x)$，$f(x)g(x)$，$\dfrac{f(x)}{g(x)}(g(x_0) \neq 0)$ 也在点 x_0 连续。

39. 严格单调的连续函数存在严格单调的连续反函数，且单调性相同。

40. 若 $\lim\limits_{x \to x_0} \varphi(x) = u_0$，函数 $f(u)$ 在点 u_0 连续，则 $\lim\limits_{x \to x_0} f[\varphi(x)] = f(u_0) = f[\lim\limits_{x \to x_0} \varphi(x)]$，即连续函数与极限符号可以交换次序。

41. 若 $u = \varphi(x)$ 在点 x_0 连续，且 $\varphi(x_0) = u_0$，$f(u)$ 在点 u_0 连续，则 $y = f[\varphi(x)]$ 在点 x_0 连续。

42. 一切初等函数在其定义区间内连续，因此当 $x_0 \in (a, b) \subset D$ 时，有 $\lim\limits_{x \to x_0} f(x) = f(x_0)$。

43. 有界性定理：设 $f(x)$ 在 $[a, b]$ 上连续，则 $f(x)$ 在 $[a, b]$ 上有界，且存在最大值和最小值。

44. 介值定理：设 $f(x)$ 在 $[a, b]$ 上连续，且 $f(a) = A$，$f(b) = B$，则对于任意介于 A, B 之间的常数 C，存在 $\xi \in (a, b)$，使得 $f(\xi) = C$。

45. 零点存在定理：

(1) 设 $f(x)$ 在 $[a, b]$ 上连续，且 $f(a)f(b) < 0$，则存在 $\xi \in (a, b)$，使得 $f(\xi) = 0$；

(2) 设 $f(x)$ 在 $[a, b]$ 上连续，且 $f(a)f(b) \leqslant 0$，则存在 $\xi \in [a, b]$，使得 $f(\xi) = 0$；

(3) 设 $f(x)$ 在 $[a, +\infty)$ 上连续，且 $f(a)f(+\infty) < 0$，则存在 $\xi \in (a, +\infty)$，使得 $f(\xi) = 0$；

(4) 设 $f(x)$ 在 $(-\infty, +\infty)$ 上连续，且 $f(-\infty)f(+\infty) < 0$，则存在 $\xi \in \mathbb{R}$，使得 $f(\xi) = 0$。

46. 渐近线的分类：

(1) 若 $\lim\limits_{x \to \infty} f(x) = A$，称 $y = A$ 为函数 $f(x)$ 的水平渐近线；

(2) 若 $\lim\limits_{x \to x_0} f(x) = \infty$，称 $x = x_0$ 为函数 $f(x)$ 的铅直渐近线；

(3) 若 $\lim\limits_{x \to \infty} \dfrac{y}{x} = k \neq 0$，$\lim\limits_{x \to \infty} (f(x) - kx) = b$，称 $y = kx + b$ 为函数 $f(x)$ 的斜渐近线。

47. 函数极限的计算方法：

(1) 利用"ε-δ"语言证明函数极限；

(2) 利用恒等变形、变量代换及极限的四则运算法则计算函数极限；

(3) 利用无穷小代换和两个重要极限计算函数极限；

(4) 利用夹逼准则计算或证明函数极限；

(5) 利用单调有界准则计算或证明函数极限；

(6) 利用 Cauchy 收敛准则计算或证明函数极限；

(7) 利用函数的连续性计算函数极限；

(8) 利用导数的定义计算极限；

(9) 利用洛必达法则计算函数极限；

(10) 利用 Taylor 公式计算函数极限；

(11) 利用中值定理计算函数极限；

(12) 利用函数形式的 Stolz 公式计算函数极限；

（13）利用变量代换将多元函数的极限化为一元函数的极限计算。

典型例题

一、利用恒等变形和无穷小代换计算函数极限

例 3.1　计算极限 $\lim\limits_{x\to+\infty}\left(\sqrt[4]{x^4+x^3+x^2+x+1}-\sqrt[3]{x^3+x^2+x+1}\cdot\dfrac{\ln(x+\mathrm{e}^x)}{x}\right)$。

【解】　因为

$$\lim_{x\to+\infty}\left(\sqrt[4]{x^4+x^3+x^2+x+1}-\sqrt[3]{x^3+x^2+x+1}\cdot\frac{\ln(x+\mathrm{e}^x)}{x}\right)$$

$$=\lim_{x\to+\infty}\left(\sqrt[4]{x^4+x^3+x^2+x+1}-\sqrt[3]{x^3+x^2+x+1}\right)-$$

$$\lim_{x\to+\infty}\sqrt[3]{x^3+x^2+x+1}\left(\frac{\ln(x+\mathrm{e}^x)}{x}-1\right),$$

令 $t=\dfrac{1}{x}$，则

$$\lim_{x\to+\infty}\left(\sqrt[4]{x^4+x^3+x^2+x+1}-\sqrt[3]{x^3+x^2+x+1}\right)$$

$$=\lim_{t\to0^+}\frac{\sqrt[4]{1+t+t^2+t^3+t^4}-\sqrt[3]{1+t+t^2+t^3}}{t}$$

$$=\lim_{t\to0^+}\frac{\sqrt[4]{1+t+t^2+t^3+t^4}-1}{t}-\lim_{t\to0^+}\frac{\sqrt[3]{1+t+t^2+t^3}-1}{t}$$

$$=\frac{1}{4}-\frac{1}{3}=-\frac{1}{12},$$

又

$$\lim_{x\to+\infty}\sqrt[3]{x^3+x^2+x+1}\left(\frac{\ln(x+\mathrm{e}^x)}{x}-1\right)$$

$$=\lim_{x\to+\infty}\frac{\sqrt[3]{x^3+x^2+x+1}}{x}(\ln(x+\mathrm{e}^x)-x)$$

$$=\lim_{x\to+\infty}\frac{\sqrt[3]{x^3+x^2+x+1}}{x}\cdot\lim_{x\to+\infty}(x+\ln(1+x\mathrm{e}^{-x})-x)=0,$$

所以

$$\lim_{x\to+\infty}\left(\sqrt[4]{x^4+x^3+x^2+x+1}-\sqrt[3]{x^3+x^2+x+1}\cdot\frac{\ln(x+\mathrm{e}^x)}{x}\right)=-\frac{1}{12}。$$

例 3.2　计算极限 $\lim\limits_{x\to0}\dfrac{\ln(\mathrm{e}^{\sin x}+\sqrt[3]{1-\cos x})-\sin x}{\arctan(4\sqrt[3]{1-\cos x})}$。

【解】　$\lim\limits_{x\to0}\dfrac{\ln(\mathrm{e}^{\sin x}+\sqrt[3]{1-\cos x})-\sin x}{\arctan(4\sqrt[3]{1-\cos x})}$

$$=\lim_{x\to0}\frac{\ln(1+\mathrm{e}^{\sin x}-1+\sqrt[3]{1-\cos x})}{4\sqrt[3]{1-\cos x}}-\lim_{x\to0}\frac{\sin x}{4\sqrt[3]{1-\cos x}}$$

$$= \lim_{x \to 0} \frac{e^{\sin x} - 1 + \sqrt[3]{1 - \cos x}}{4\sqrt[3]{1 - \cos x}} - \lim_{x \to 0} \frac{\sin x}{4\sqrt[3]{1 - \cos x}}$$

$$= \lim_{x \to 0} \frac{e^{\sin x} - 1}{4\sqrt[3]{1 - \cos x}} + \frac{1}{4} - \lim_{x \to 0} \frac{\sin x}{4\sqrt[3]{1 - \cos x}}$$

$$= \lim_{x \to 0} \frac{\sin x}{4\sqrt[3]{1 - \cos x}} + \frac{1}{4} - \lim_{x \to 0} \frac{\sin x}{4\sqrt[3]{1 - \cos x}} = \frac{1}{4}.$$

例 3.3　计算极限 $\lim\limits_{x \to 0^+} \left(\ln(x\ln a) \cdot \ln\left(\frac{\ln a x}{\ln \dfrac{x}{a}} \right) \right) (a > 1)$。

【解 1】　$\lim\limits_{x \to 0^+} \left(\ln(x\ln a) \cdot \ln\left(\frac{\ln a x}{\ln \dfrac{x}{a}} \right) \right)$

$$= \lim_{x \to 0^+} \ln\left(\frac{\ln a x}{\ln \dfrac{x}{a}} \right)^{\ln(x\ln a)} = \ln \lim_{x \to 0^+} \left(1 + \frac{2\ln a}{\ln x - \ln a} \right)^{\frac{\ln x - \ln a}{2\ln a} \cdot 2\ln a \cdot \frac{\ln x + \ln\ln a}{\ln x - \ln a}}$$

$$= \ln e^{2\ln a} = 2\ln a.$$

【解 2】　$\lim\limits_{x \to 0^+} \left(\ln(x\ln a) \cdot \ln\left(\frac{\ln a x}{\ln \dfrac{x}{a}} \right) \right)$

$$= \lim_{x \to 0^+} \ln(x\ln a) \ln\left(\frac{\ln x + \ln a}{\ln x - \ln a} \right)$$

$$= \lim_{x \to 0^+} \ln(x\ln a) \ln\left(1 + \frac{2\ln a}{\ln x - \ln a} \right) = \lim_{x \to 0^+} \ln(x\ln a) \frac{2\ln a}{\ln x - \ln a}$$

$$= 2\ln a \lim_{x \to 0^+} \frac{\ln x + \ln\ln a}{\ln x - \ln a} = 2\ln a \lim_{x \to 0^+} \frac{1 + \dfrac{\ln\ln a}{\ln x}}{1 - \dfrac{\ln a}{\ln x}} = 2\ln a.$$

例 3.4　设 a 为常数,计算极限 $\lim\limits_{x \to +\infty} \left((x+a)^{1 + \frac{1}{x}} - x^{1 + \frac{1}{x+a}} \right)$。

【解】　$\lim\limits_{x \to +\infty} \left((x+a)^{1 + \frac{1}{x}} - x^{1 + \frac{1}{x+a}} \right) = \lim\limits_{x \to +\infty} \left(e^{\left(1 + \frac{1}{x}\right)\ln(x+a)} - e^{\left(1 + \frac{1}{x+a}\right)\ln x} \right)$

$$= \lim_{x \to +\infty} e^{\left(1 + \frac{1}{x+a}\right)\ln x} \left(e^{\ln(x+a) - \ln x + \frac{1}{x}\ln(x+a) - \frac{1}{x+a}\ln x} - 1 \right)$$

$$= \lim_{x \to +\infty} e^{\frac{\ln x}{x+a}} \cdot e^{\ln x} \left(\ln\left(1 + \frac{a}{x}\right) + \frac{1}{x}\ln(x+a) - \frac{1}{x+a}\ln x \right)$$

$$= \lim_{x \to +\infty} x\ln\left(1 + \frac{a}{x}\right) + \lim_{x \to +\infty} x \cdot \frac{x\ln\left(1 + \dfrac{a}{x}\right) + a\ln(x+a)}{x(x+a)}$$

$$= \lim_{x \to +\infty} x \cdot \frac{a}{x} + \lim_{x \to +\infty} \frac{x\ln\left(1 + \dfrac{a}{x}\right)}{x+a} + \lim_{x \to +\infty} \frac{a\ln(x+a)}{x+a} = a.$$

二、利用洛必达法则计算函数极限

例 3.5　计算极限 $\lim\limits_{x\to 0} \dfrac{\displaystyle\int_0^x \sum_{n=0}^{\infty}(-1)^n \dfrac{t^{2n+1}}{2^n(2n+1)!}\mathrm{d}t-\dfrac{x^2}{2}}{x^3(\sqrt[3]{1+x}-\mathrm{e}^x)}$。

【解】　因为

$$\sum_{n=0}^{\infty}(-1)^n \frac{t^{2n+1}}{2^n(2n+1)!}=\sqrt{2}\sum_{n=0}^{\infty}(-1)^n \frac{1}{(2n+1)!}\left(\frac{t}{\sqrt{2}}\right)^{2n+1}$$

$$=\sqrt{2}\sin\frac{t}{\sqrt{2}},\quad -\infty<t<+\infty,$$

$$x^3(\sqrt[3]{1+x}-\mathrm{e}^x)=x^3\left(\left(1+\frac{1}{3}x+o(x)\right)-(1+x+o(x))\right)$$

$$=-\frac{2}{3}x^4+o(x^4)\sim -\frac{2}{3}x^4,$$

所以

$$\lim_{x\to 0}\frac{\displaystyle\int_0^x \sum_{n=0}^{\infty}(-1)^n \frac{t^{2n+1}}{2^n(2n+1)!}\mathrm{d}t-\frac{x^2}{2}}{x^3(\sqrt[3]{1+x}-\mathrm{e}^x)}=\lim_{x\to 0}\frac{\displaystyle\int_0^x \sqrt{2}\sin\frac{t}{\sqrt{2}}\mathrm{d}t-\frac{x^2}{2}}{-\frac{2}{3}x^4}=\lim_{x\to 0}\frac{\sqrt{2}\sin\frac{x}{\sqrt{2}}-x}{-\frac{8}{3}x^3}$$

$$=\lim_{x\to 0}\frac{\cos\frac{x}{\sqrt{2}}-1}{-8x^2}=\lim_{x\to 0}\frac{-\frac{1}{2}\left(\frac{x}{\sqrt{2}}\right)^2}{-8x^2}=\frac{1}{32}。$$

例 3.6　设函数 $f(x)$ 在 $x=0$ 处可导，且 $f(0)=0$，求 $\lim\limits_{x\to 0}\dfrac{\displaystyle\int_0^x \mathrm{d}u\int_0^u f(x-u)\mathrm{d}v}{x^2\ln(1+x)}$。

【解】　令 $t=x-u$，则

$$\lim_{x\to 0}\frac{\displaystyle\int_0^x \mathrm{d}u\int_0^u f(x-u)\mathrm{d}v}{x^2\ln(1+x)}=\lim_{x\to 0}\frac{\displaystyle\int_0^x uf(x-u)\mathrm{d}u}{x^3}=\lim_{x\to 0}\frac{x\displaystyle\int_0^x f(t)\mathrm{d}t-\int_0^x tf(t)\mathrm{d}t}{x^3}$$

$$\xlongequal{\frac{0}{0}}\lim_{x\to 0}\frac{\displaystyle\int_0^x f(t)\mathrm{d}t}{3x^2}\xlongequal{\frac{0}{0}}\lim_{x\to 0}\frac{f(x)}{6x}=\lim_{x\to 0}\frac{f(x)-f(0)}{6x}=\frac{f'(0)}{6}。$$

例 3.7　计算极限 $\lim\limits_{t\to 0^+}\dfrac{1}{t^6}\displaystyle\int_0^t \mathrm{d}x\int_x^t \sin(xy)^2\mathrm{d}y$。

【解】　交换积分次序，得

$$\int_0^t \mathrm{d}x\int_x^t \sin(xy)^2\mathrm{d}y=\int_0^t \mathrm{d}y\int_0^y \sin(xy)^2\mathrm{d}x=\int_0^t \left(\int_0^y \sin(xy)^2\mathrm{d}x\right)\mathrm{d}y,$$

则

$$\lim_{t \to 0^+} \frac{1}{t^6} \int_0^t \mathrm{d}x \int_x^t \sin(xy)^2 \mathrm{d}y = \lim_{t \to 0^+} \frac{\int_0^t \left(\int_0^y \sin(xy)^2 \mathrm{d}x \right) \mathrm{d}y}{t^6}$$

$$= \lim_{t \to 0^+} \frac{\int_0^t \sin(xt)^2 \mathrm{d}x}{6t^5} = \lim_{t \to 0^+} \frac{\int_0^{t^2} \frac{1}{t} \sin u^2 \mathrm{d}u}{6t^5} = \lim_{t \to 0^+} \frac{\int_0^{t^2} \sin u^2 \mathrm{d}u}{6t^6}$$

$$= \lim_{t \to 0^+} \frac{\sin t^4 \cdot 2t}{36t^5} = \frac{1}{18}。$$

例 3.8 计算极限 $\lim_{x \to 0} \frac{1}{x} \int_0^x (1 + f(t - \sin t + 1, \sqrt{1 + t^3} + 1))^{\frac{1}{\ln(1 + t^3)}} \mathrm{d}t$,其中函数 $f(u, v)$

具有连续偏导数,且满足 $f(tu, tv) = t^2 f(u, v)$,$f(1, 2) = 0$,$f'_u(1, 2) = 3$。

【解】 由洛必达法则,得

$$\lim_{x \to 0} \frac{1}{x} \int_0^x (1 + f(t - \sin t + 1, \sqrt{1 + t^3} + 1))^{\frac{1}{\ln(1 + t^3)}} \mathrm{d}t$$

$$= \lim_{x \to 0} (1 + f(x - \sin x + 1, \sqrt{1 + x^3} + 1))^{\frac{1}{\ln(1 + x^3)}}$$

$$= \exp \left\{ \lim_{x \to 0} \frac{\ln(1 + f(x - \sin x + 1, \sqrt{1 + x^3} + 1))}{\ln(1 + x^3)} \right\}$$

$$= \exp \left\{ \lim_{x \to 0} \frac{f(x - \sin x + 1, \sqrt{1 + x^3} + 1)}{x^3} \right\},$$

其中

$$\lim_{x \to 0} \frac{f(x - \sin x + 1, \sqrt{1 + x^3} + 1)}{x^3}$$

$$= \lim_{x \to 0} \frac{f'_u(x - \sin x + 1, \sqrt{1 + x^3} + 1)(1 - \cos x) + f'_v(x - \sin x + 1, \sqrt{1 + x^3} + 1) \frac{3x^2}{2\sqrt{1 + x^3}}}{3x^2}$$

$$= f'_u(1, 2) \lim_{x \to 0} \frac{1 - \cos x}{3x^2} + f'_v(1, 2) \lim_{x \to 0} \frac{1}{2\sqrt{1 + x^3}} = \frac{1}{6} f'_u(1, 2) + \frac{1}{2} f'_v(1, 2)。$$

因为 $f(tu, tv) = t^2 f(u, v)$,两边对 t 求导,得

$$u f'_1(tu, tv) + v f'_2(tu, tv) = 2t f(u, v),$$

在上式中令 $t = 1, u = 1, v = 2$,得

$$f'_u(1, 2) + 2 f'_v(1, 2) = 2 f(1, 2),$$

将 $f(1, 2) = 0$,$f'_u(1, 2) = 3$ 代入上式,得 $f'_v(1, 2) = -\frac{3}{2}$,则

$$\frac{1}{6} f'_u(1, 2) + \frac{1}{2} f'_v(1, 2) = -\frac{1}{4},$$

从而

$$\lim_{x \to 0} \frac{1}{x} \int_0^x (1 + f(t - \sin t + 1, \sqrt{1 + t^3} + 1))^{\frac{1}{\ln(1 + t^3)}} \mathrm{d}t = \mathrm{e}^{-\frac{1}{4}}。$$

例 3.9 计算二次极限

$$\lim_{x\to 0}\lim_{y\to +\infty}\frac{\sum\limits_{n=1}^{\infty}\frac{(-1)^{n-1}}{n}\sum\limits_{m=0}^{\infty}\frac{1}{n\cdot 2^m+1}\int_0^{x^2}\frac{\pi(\sqrt[4]{1+t}-1)\sin t^4}{\sum\limits_{n=1}^{\infty}\frac{((n-1)!)^2(2t)^{2n}}{(2n)!}\int_0^1\frac{(1-2x)\ln(1-x)}{x^2-x+1}\mathrm{d}x}\mathrm{d}t}{x^2(x-\tan x)\ln(x^2+1)\left(\left(\frac{2\arctan\frac{y}{x}}{\pi}\right)^y-1\right)}。$$

【解】　因为

$$\sum_{n=1}^{\infty}\frac{(-1)^{n-1}}{n}\sum_{m=0}^{\infty}\frac{1}{n\cdot 2^m+1}=\sum_{n=1}^{\infty}\sum_{m=0}^{\infty}\frac{(-1)^{n-1}}{n}\int_0^1 x^{n\cdot 2^m}\mathrm{d}x=\int_0^1\left(\sum_{m=0}^{\infty}\sum_{n=1}^{\infty}\frac{(-1)^{n-1}}{n}(x^{2^m})^n\right)\mathrm{d}x$$

$$=\int_0^1\left(\sum_{m=0}^{\infty}\ln(x^{2^m}+1)\right)\mathrm{d}x=-\int_0^1\ln(1-x)\mathrm{d}x$$

$$=\left[(1-x)\ln(1-x)-(1-x)\right]_0^1=1,$$

又

$$\lim_{y\to +\infty}\left(\left(\frac{2\arctan\frac{y}{x}}{\pi}\right)^y-1\right)=\lim_{y\to +\infty}\left(\exp\left(y\ln\left(\frac{2\arctan\frac{y}{x}}{\pi}\right)\right)-1\right)$$

$$=\lim_{y\to +\infty}\left(\exp\left(y\left(\frac{2\arctan\frac{y}{x}}{\pi}-1\right)\right)-1\right)$$

$$=\lim_{y\to +\infty}\left(y\left(\frac{2\arctan\frac{y}{x}}{\pi}-1\right)\right)=-\frac{2x}{\pi},$$

同时

$$\int_0^1\frac{(1-2x)\ln(1-x)}{x^2-x+1}\mathrm{d}x=-\int_0^1\ln(1-x)\mathrm{d}\ln(x^2-x+1)$$

$$=-\left[\ln(1-x)\ln(x^2-x+1)\right]_0^1+\int_0^1\frac{\ln(x^2-x+1)}{x-1}\mathrm{d}x$$

$$=\int_0^1\frac{\ln(1-x+x^2)}{-x}\mathrm{d}x=\int_0^1\frac{\ln(1+x^3)-\ln(1+x)}{-x}\mathrm{d}x$$

$$=\frac{2}{3}\int_0^1\frac{\ln(1+x)}{x}\mathrm{d}x=\frac{2}{3}\times\frac{\pi^2}{12}=\frac{\pi^2}{18},$$

而级数 $\sum\limits_{n=1}^{\infty}\frac{((n-1)!)^2(2t)^{2n}}{(2n)!}$ 的收敛域为 $[-1,1]$，令 $S(x)=\sum\limits_{n=1}^{\infty}\frac{((n-1)!)^2(2x)^{2n}}{(2n)!}$，则

$$S'(x)=\sum_{n=1}^{\infty}\frac{((n-1)!)^2}{(2n)!}(4n)(2x)^{2n-1},\quad -1<x<1,$$

$$S''(x)=\sum_{n=1}^{\infty}\frac{((n-1)!)^2}{(2n)!}(8n)(2n-1)(2x)^{2n-2},\quad -1<x<1,$$

于是

$$-xS'(x)+(1-x^2)S''(x)$$

$$=-\sum_{n=1}^{\infty}\frac{((n-1)!)^2}{(2n)!}(2n)(2x)^{2n}+\sum_{n=1}^{\infty}\frac{((n-1)!)^2}{(2n)!}(8n)(2n-1)(2x)^{2n-2}-$$

$$\sum_{n=1}^{\infty}\frac{((n-1)!)^2}{(2n)!}(2n)(2n-1)(2x)^{2n}$$

$$=4+\sum_{n=2}^{\infty}\frac{((n-1)!)^2}{(2n)!}(8n)(2n-1)(2x)^{2n-2}-\sum_{n=1}^{\infty}\frac{((n-1)!)^2}{(2n)!}(4n^2)(2x)^{2n}$$

$$=4+\sum_{n=1}^{\infty}\frac{((n)!)^2}{(2n+2)!}8(n+1)(2n+1)(2x)^{2n}-\sum_{n=1}^{\infty}\frac{((n-1)!)^2}{(2n)!}(4n^2)(2x)^{2n}=4,$$

即

$$-xS'(x)+(1-x^2)S''(x)=4,\quad -1<x<1,$$

两边同时除以 $\sqrt{1-x^2}$，得

$$-\frac{x}{\sqrt{1-x^2}}S'(x)+\sqrt{1-x^2}S''(x)=\frac{4}{\sqrt{1-x^2}},$$

从而

$$\sqrt{1-x^2}S'(x)=4\arcsin x+C,$$

由 $S'(0)=0$ 得 $C=0$，故

$$S'(x)=\frac{4\arcsin x}{\sqrt{1-x^2}},$$

两边同时积分得

$$S(x)=2\arcsin^2 x+C_1,$$

再由 $S(0)=0$ 得 $C_1=0$，则 $S(x)=2\arcsin^2 x\,(-1<x<1)$，因此

$$\sum_{n=1}^{\infty}\frac{((n-1)!)^2(2t)^{2n}}{(2n)!}=2\arcsin^2 t,\quad -1<t<1。$$

由 Taylor 公式，当 $x\to 0$ 时，$\tan x=x+\dfrac{1}{3}x^3+o(x^3)$，则当 $x\to 0$ 时，有

$$x-\tan x\sim-\frac{1}{3}x^3,\quad \ln(1+x^2)\sim x^2,\quad \sin x^4\sim x^4,$$

所以

$$\lim_{x\to 0}\lim_{y\to+\infty}\frac{\displaystyle\sum_{n=1}^{\infty}\frac{(-1)^{n-1}}{n}\sum_{m=0}^{\infty}\frac{1}{n\cdot 2^m+1}\int_0^{x^2}\frac{\pi(\sqrt[4]{1+t}-1)\sin t^4}{\displaystyle\sum_{n=1}^{\infty}\frac{((n-1)!)^2(2t)^{2n}}{(2n)!}\int_0^1\frac{(1-2x)\ln(1-x)}{x^2-x+1}\mathrm{d}x}\mathrm{d}t}{x^2(x-\tan x)\ln(x^2+1)\left(\left(\dfrac{2\arctan\dfrac{y}{x}}{\pi}\right)^y-1\right)}$$

$$=\lim_{x\to 0}\frac{\displaystyle\int_0^{x^2}\frac{\pi(\sqrt[4]{1+t}-1)\sin t^4}{2\arcsin^2 t\cdot\dfrac{\pi^2}{18}}\mathrm{d}t}{x^2(x-\tan x)\ln(x^2+1)\left(-\dfrac{2x}{\pi}\right)}=\lim_{x\to 0}\frac{9\displaystyle\int_0^{x^2}\frac{(\sqrt[4]{1+t}-1)\sin t^4}{\arcsin^2 t}\mathrm{d}t}{\dfrac{2}{3}x^8}$$

$$= \lim_{x \to 0} \frac{\dfrac{18x(\sqrt[4]{1+x^2}-1)\sin x^8}{\arcsin^2 x^2}}{\dfrac{16}{3}x^7} = \lim_{x \to 0} \frac{\dfrac{18x \cdot \dfrac{1}{4}x^2 \cdot x^8}{x^4}}{\dfrac{16}{3}x^7} = \frac{27}{32}.$$

例 3.10 设 $f(x,y) = 2e^{x^2 y} - e^x - e^{-x}$。

(1) 求 $\lim\limits_{x \to 0} \dfrac{f(x,y)}{x^2}$；

(2) 证明当 $y < \dfrac{1}{2}$ 时，不可能对所有的实数 x，都有 $f(x,y) \geqslant 0$；

(3) 证明当 $x \in (-\infty, +\infty)$，$y \in \left[\dfrac{1}{2}, +\infty\right)$ 时，$f(x,y) \geqslant 0$。

【解】 （1）由洛必达法则，知

$$\lim_{x \to 0} \frac{f(x,y)}{x^2} = \lim_{x \to 0} \frac{2e^{x^2 y} - e^x - e^{-x}}{x^2} = \lim_{x \to 0} \frac{4xy e^{x^2 y} - e^x + e^{-x}}{2x}$$

$$= \lim_{x \to 0} \frac{4y e^{x^2 y} + 8x^2 y^2 e^{x^2 y} - e^x - e^{-x}}{2} = 2y - 1.$$

（2）由（1）知，当 $y < \dfrac{1}{2}$ 时，$\lim\limits_{x \to 0} \dfrac{f(x,y)}{x^2} = 2y - 1 < 0$，而当 $x \neq 0$ 时，$x^2 > 0$，由极限的保号性，存在 $\delta > 0$，当 $0 < |x| < \delta$ 时，有 $f(x,y) < 0$，因此不可能对所有的实数 x，都有 $f(x,y) \geqslant 0$。

（3）当 $x \in (-\infty, +\infty)$，$y \in \left[\dfrac{1}{2}, +\infty\right)$ 时，因为 $2^n n! = (2n)!! \leqslant (2n)!$，所以

$$f(x,y) = 2e^{x^2 y} - e^x - e^{-x} = 2\sum_{n=0}^{\infty} \frac{y^n}{n!} x^{2n} - \left(\sum_{n=0}^{\infty} \frac{x^n}{n!} + \sum_{n=0}^{\infty} \frac{(-x)^n}{n!}\right)$$

$$= 2\sum_{n=0}^{\infty} \left(\frac{y^n}{n!} - \frac{1}{(2n)!}\right) x^{2n} \geqslant 2\sum_{n=0}^{\infty} \left(\frac{1}{2^n n!} - \frac{1}{(2n)!}\right) x^{2n} \geqslant 0.$$

三、利用 Taylor 公式计算函数极限

例 3.11 求极限 $\lim\limits_{x \to +\infty} \left(\dfrac{e}{2}x + x^2\left(\left(1+\dfrac{1}{x}\right)^x - e\right)\right)$。

【解】 由 Taylor 公式，得

$$\left(1+\frac{1}{x}\right)^x = e^{x\ln\left(1+\frac{1}{x}\right)} = e^{x\left(\frac{1}{x} - \frac{1}{2x^2} + \frac{1}{3x^3} + o\left(\frac{1}{x^3}\right)\right)} = e^{1 - \frac{1}{2x} + \frac{1}{3x^2} + o\left(\frac{1}{x^2}\right)}$$

$$= e\left(1 - \frac{1}{2x} + \frac{1}{3x^2} + o\left(\frac{1}{x^2}\right) + \frac{1}{2!}\left(-\frac{1}{2x} + \frac{1}{3x^2} + o\left(\frac{1}{x^2}\right)\right)^2 + o\left(\frac{1}{x^2}\right)\right)$$

$$= e - \frac{e}{2} \cdot \frac{1}{x} + \frac{11}{24}e \cdot \frac{1}{x^2} + o\left(\frac{1}{x^2}\right),$$

从而

$$x^2\left(\left(1+\frac{1}{x}\right)^x-\mathrm{e}\right)=-\frac{\mathrm{e}}{2}x+\frac{11}{24}\mathrm{e}+o(1),$$

所以

$$\lim_{x\to+\infty}\left(\frac{\mathrm{e}}{2}x+x^2\left(\left(1+\frac{1}{x}\right)^x-\mathrm{e}\right)\right)=\lim_{x\to+\infty}\left(\frac{\mathrm{e}}{2}x-\frac{\mathrm{e}}{2}x+\frac{11}{24}\mathrm{e}+o(1)\right)=\frac{11}{24}\mathrm{e}。$$

例 3.12 计算极限 $\displaystyle\lim_{x\to0}\frac{1}{x^4}(\ln(1+\sin^2x)-6(\sqrt[3]{2-\cos x}-1))$。

【解】 由 Taylor 公式，当 $x\to0$ 时，

$$\ln(1+\sin^2x)=\sin^2x-\frac{1}{2}\sin^4x+o(x^4),$$

$$\sqrt[3]{2-\cos x}-1=\sqrt[3]{1+2\sin^2\frac{x}{2}}-1=\frac{1}{3}\left(2\sin^2\frac{x}{2}\right)-\frac{1}{9}\left(2\sin^2\frac{x}{2}\right)^2+o(x^4),$$

则

$$\ln(1+\sin^2x)-6(\sqrt[3]{2-\cos x}-1)$$

$$=\left(\sin^2x-\frac{1}{2}\sin^4x+o(x^4)\right)-6\left(\frac{2}{3}\sin^2\frac{x}{2}-\frac{4}{9}\sin^4\frac{x}{2}+o(x^4)\right)$$

$$=\sin^2x-4\sin^2\frac{x}{2}-\frac{1}{2}\sin^4x+\frac{8}{3}\sin^4\frac{x}{2}+o(x^4)$$

$$=-4\sin^4\frac{x}{2}-\frac{1}{2}\sin^4x+\frac{8}{3}\sin^4\frac{x}{2}+o(x^4)=-\frac{1}{2}\sin^4x-\frac{4}{3}\sin^4\frac{x}{2}+o(x^4),$$

所以

$$\lim_{x\to0}\frac{1}{x^4}(\ln(1+\sin^2x)-6(\sqrt[3]{2-\cos x}-1))=\lim_{x\to0}\frac{-\frac{1}{2}\sin^4x-\frac{4}{3}\sin^4\frac{x}{2}+o(x^4)}{x^4}$$

$$=-\frac{1}{2}-\frac{4}{3}\left(\frac{1}{2}\right)^4=-\frac{7}{12}。$$

例 3.13 求极限 $\displaystyle\lim_{x\to a}\left(\frac{1}{f(x)-f(a)}-\frac{1}{(x-a)f'(a)}\right)$，其中 $f'(a)\neq0,f''(a)$ 存在。

【解】 由于 $f'(a)\neq0,f''(a)$ 存在，由 Taylor 公式得

$$f(x)=f(a)+f'(a)(x-a)+f''(a)\frac{(x-a)^2}{2}+o((x-a)^2),$$

则

$$\lim_{x\to a}\left(\frac{1}{f(x)-f(a)}-\frac{1}{(x-a)f'(a)}\right)$$

$$=\lim_{x\to a}\frac{(x-a)f'(a)-(f(x)-f(a))}{(f(x)-f(a))(x-a)f'(a)}$$

$$=\lim_{x\to a}\frac{(x-a)f'(a)-\left(f'(a)(x-a)+f''(a)\frac{(x-a)^2}{2}+o((x-a)^2)\right)}{(x-a)f'(a)\left(f'(a)(x-a)+f''(a)\frac{(x-a)^2}{2}+o((x-a)^2)\right)}$$

$$=\lim_{x\to a}\frac{-f''(a)\dfrac{(x-a)^2}{2}+o((x-a)^2)}{(x-a)f'(a)\left(f'(a)(r-a)+f''(a)\dfrac{(x-a)^2}{2}+o((x-a)^3)\right)}$$

$$=\lim_{x\to a}\frac{-\dfrac{1}{2}f''(a)+o(1)}{f'(a)\left(f'(a)+f''(a)\dfrac{(x-a)}{2}+o((x-a))\right)}=-\frac{f''(a)}{2(f'(a))^2}。$$

例 3.14 设函数 $f(x)$ 具有二阶连续导数，且 $f(0)=0,f'(0)=0,f''(0)>0$，计算极限 $\lim\limits_{x\to0}\dfrac{x^3 f(\mu)}{f(x)\sin^3\mu}$，其中 μ 是曲线 $y=f(x)$ 在点 $(x,f(x))$ 处的切线在 x 轴上的截距。

【解】 曲线 $y=f(x)$ 过点 $(x,f(x))$ 的切线方程为 $Y-f(x)=f'(x)(X-x)$。由于 $f'(0)=0,f''(0)>0$，故当 $x\neq0$ 时，$f'(x)\neq0$，则切线在 x 轴上的截距为 $\mu=x-\dfrac{f(x)}{f'(x)}$，且

$$\lim_{x\to0}\mu=\lim_{x\to0}x-\lim_{x\to0}\frac{f(x)}{f'(x)}=-\lim_{x\to0}\frac{f'(x)}{f''(x)}=0。$$

利用 Taylor 公式将 $f(x)$ 在 $x_0=0$ 点处展开，得到

$$f(x)=f(0)+f'(0)x+\frac{1}{2}f''(0)x^2+o(x^2)=\frac{1}{2}f''(0)x^2+o(x^2)，$$

则

$$\lim_{x\to0}\frac{\mu}{x}=1-\lim_{x\to0}\frac{f(x)}{xf'(x)}=1-\lim_{x\to0}\frac{\dfrac{1}{2}f''(0)x^2+o(x^2)}{xf'(x)}$$

$$=1-\frac{1}{2}\lim_{x\to0}\frac{f''(0)+o(1)}{\dfrac{f'(x)-f'(0)}{x}}=\frac{1}{2}，$$

因此

$$\lim_{x\to0}\frac{x^3 f(\mu)}{f(x)\sin^3\mu}=\lim_{x\to0}\frac{x^3 f(\mu)}{\mu^3 f(x)}=\lim_{x\to0}\frac{x}{\mu}\cdot\lim_{x\to0}\frac{f(\mu)}{\mu^2}\cdot\lim_{x\to0}\frac{x^2}{f(x)}$$

$$=\lim_{x\to0}\frac{x}{\mu}\cdot\lim_{x\to0}\frac{\dfrac{1}{2}f''(0)\mu^2+o(\mu^2)}{\mu^2}\cdot\lim_{x\to0}\frac{x^2}{\dfrac{1}{2}f''(0)x^2+o(x^2)}$$

$$=\lim_{x\to0}\frac{x}{\mu}=2。$$

例 3.15 设 $f''(x)$ 连续，且 $f''(x)>0,f(0)=f'(0)=0,u(x)$ 是曲线 $y=f(x)$ 在点 $(x,f(x))$ 处的切线在 x 轴上的截距，计算极限 $\lim\limits_{x\to0^+}\dfrac{\displaystyle\int_0^{u(x)}f(t)\mathrm{d}t}{\displaystyle\int_0^x f(t)\mathrm{d}t}$。

【解】 曲线 $y=f(x)$ 在点 $(x,f(x))$ 处的切线方程为 $Y-f(x)=f'(x)(X-x)$，则此切线在 x 轴上的截距为 $u(x)=x-\dfrac{f(x)}{f'(x)}$，且 $u'(x)=\dfrac{f(x)f''(x)}{(f'(x))^2}$。由 Taylor 公式知

$$f(x) = \frac{1}{2}f''(0)x^2 + o(x^2), \quad f'(x) = f''(0)x + o(x),$$

所以

$$u(x) = x - \frac{f(x)}{f'(x)} = x - \frac{\frac{1}{2}f''(0)x^2 + o(x^2)}{f''(0)x + o(x)} \sim x - \frac{1}{2}x = \frac{1}{2}x \; (x \to 0^+),$$

于是

$$\lim_{x \to 0^+} \frac{\int_0^{u(x)} f(t)\mathrm{d}t}{\int_0^x f(t)\mathrm{d}t} = \lim_{x \to 0^+} \frac{f(u(x))u'(x)}{f(x)} = \lim_{x \to 0^+} \frac{\frac{1}{2}f''(0)u^2(x) + o(x^2)}{f(x)} \cdot \frac{f(x)f''(x)}{(f'(x))^2}$$

$$= \lim_{x \to 0^+} \frac{\left(\frac{1}{2}f''(0)u^2(x) + o(x^2)\right)f''(x)}{(f''(0)x + o(x))^2} = \lim_{x \to 0^+} \frac{\left(\frac{1}{2}f''(0)\left(\frac{x}{2}\right)^2 + o(x^2)\right)f''(x)}{(f''(0)x + o(x))^2}$$

$$= \frac{1}{8}。$$

四、利用导数的定义计算函数极限

例 3.16　设 $f(x)$ 在 $x = 1$ 处可导,且 $f(1) = 0$,$f'(1) = 2$,计算极限 $\displaystyle\lim_{x \to 0} \frac{f(\sin^2 x + \cos x)}{x^2 + x\tan x}$。

【解】　因为 $f(1) = 0$,$f'(1) = 2$,$\sin^2 x + \cos x - 1 \to 0 \; (x \to 0)$,所以

$$\lim_{x \to 0} \frac{f(\sin^2 x + \cos x)}{x^2 + x\tan x} = \lim_{x \to 0} \frac{f(1 + \sin^2 x + \cos x - 1)}{x^2 + x\tan x}$$

$$= \lim_{x \to 0} \left(\frac{f(1 + \sin^2 x + \cos x - 1) - f(1)}{\sin^2 x + \cos x - 1} \cdot \frac{\sin^2 x + \cos x - 1}{x^2 + x\tan x}\right)$$

$$= f'(1)\lim_{x \to 0} \frac{\sin^2 x + \cos x - 1}{x^2 + x\tan x} = 2\lim_{x \to 0} \frac{\dfrac{\sin^2 x + \cos x - 1}{x^2}}{\dfrac{x^2 + x\tan x}{x^2}} = \frac{1}{2}。$$

例 3.17　设 $f(a) \neq 0$,且 $f(x)$ 在 $x = a$ 处可导,求极限 $\displaystyle\lim_{x \to \infty} \left(\frac{f\left(\dfrac{2}{x} + a\right)}{f(a)}\right)^x$。

【解】　令 $\dfrac{1}{x} = t$,得

$$\lim_{x \to \infty} x\ln\frac{f\left(\dfrac{2}{x} + a\right)}{f(a)} = \lim_{t \to 0} \frac{1}{t}\ln\left(1 + \frac{f(2t + a) - f(a)}{f(a)}\right) = \frac{1}{f(a)}\lim_{t \to 0} \frac{f(2t + a) - f(a)}{t}$$

$$= \frac{2}{f(a)}\lim_{t \to 0} \frac{f(a + 2t) - f(a)}{2t} = \frac{2f'(a)}{f(a)},$$

所以

$$\lim_{x \to \infty} \left(\frac{f\left(\frac{2}{x} + a \right)}{f(a)} \right)^x = \lim_{x \to \infty} e^{x \ln \frac{f\left(\frac{2}{x} + a \right)}{f(a)}} = e^{\frac{2f'(a)}{f(a)}} \text{。}$$

例 3.18 设 $\delta > 0$，$f(x)$ 在 $[-\delta, \delta]$ 上有定义，$f(0) = 1$，且 $\lim\limits_{x \to 0} \dfrac{\ln(1-x) + \sin x \cdot f(x)}{e^{x^2} - 1} = 0$，证明极限 $\lim\limits_{x \to 0} \dfrac{\sin x \cdot f(x) - \sin x}{e^{x^2} - 1}$ 存在，并求此极限。

【解】 首先

$$\lim_{x \to 0} \frac{\sin x \cdot f(x) - \sin x}{e^{x^2} - 1} = \lim_{x \to 0} \frac{\sin x \cdot f(x) - \sin x}{x^2} = \lim_{x \to 0} \frac{\sin x}{x} \cdot \frac{f(x) - 1}{x} = \lim_{x \to 0} \frac{f(x) - 1}{x},$$

由已知条件知

$$0 = \lim_{x \to 0} \frac{\ln(1-x) + \sin x \cdot f(x)}{e^{x^2} - 1} = \lim_{x \to 0} \frac{\ln(1-x) + x + \sin x \cdot f(x) - \sin x + \sin x - x}{x^2}$$

$$= \lim_{x \to 0} \frac{\ln(1-x) + x}{x^2} + \lim_{x \to 0} \frac{\sin x}{x} \cdot \frac{f(x) - 1}{x} + \lim_{x \to 0} \frac{\sin x - x}{x^2}$$

$$= -\frac{1}{2} + \lim_{x \to 0} \frac{f(x) - 1}{x} + 0 = -\frac{1}{2} + \lim_{x \to 0} \frac{f(x) - 1}{x},$$

因此 $\lim\limits_{x \to 0} \dfrac{f(x) - 1}{x} = \dfrac{1}{2}$，从而 $\lim\limits_{x \to 0} \dfrac{\sin x \cdot f(x) - \sin x}{e^{x^2} - 1} = \dfrac{1}{2}$。

五、利用定义证明函数极限

例 3.19 设 $f(x)$ 在 $(0,1)$ 内有定义，且 $\lim\limits_{x \to 0^+} f(x) = 0$，$\lim\limits_{x \to 0^+} \dfrac{f(x) - f\left(\frac{x}{2} \right)}{x} = 0$，证明

$$\lim_{x \to 0^+} \frac{f(x)}{x} = 0 \text{。}$$

【证】 由 $\lim\limits_{x \to 0^+} \dfrac{f(x) - f\left(\frac{x}{2} \right)}{x} = 0$ 知，对 $\forall \varepsilon > 0$，$\exists \delta_1 > 0$，当 $x \in (0, \delta_1)$ 时，

$$\left| \frac{f(x) - f\left(\frac{x}{2} \right)}{x} \right| < \frac{\varepsilon}{2}, \quad \text{即} \quad \left| f(x) - f\left(\frac{x}{2} \right) \right| < x \cdot \frac{\varepsilon}{2} \text{。}$$

因此对 $\forall x \in (0, \delta_1)$，有

$$|f(x)| = \left| \left(f(x) - f\left(\frac{x}{2} \right) \right) + \left(f\left(\frac{x}{2} \right) - f\left(\frac{x}{2^2} \right) \right) + \cdots + \left(f\left(\frac{x}{2^{n-1}} \right) - f\left(\frac{x}{2^n} \right) \right) + f\left(\frac{x}{2^n} \right) \right|$$

$$\leqslant \left| f(x) - f\left(\frac{x}{2} \right) \right| + \left| f\left(\frac{x}{2} \right) - f\left(\frac{x}{2^2} \right) \right| + \cdots + \left| f\left(\frac{x}{2^{n-1}} \right) - f\left(\frac{x}{2^n} \right) \right| + \left| f\left(\frac{x}{2^n} \right) \right|$$

$$< x \varepsilon \left(\frac{1}{2} + \frac{1}{2^2} + \cdots + \frac{1}{2^n} \right) + \left| f\left(\frac{x}{2^n} \right) \right| < x \varepsilon + \left| f\left(\frac{x}{2^n} \right) \right|,$$

由 $\lim\limits_{x \to 0^+} f(x) = 0$，对上述 $\varepsilon > 0$，$\exists \delta_2 > 0$，当 $x \in (0, \delta_2)$ 时，$|f(x)| < t\varepsilon$，$t \in (0, \delta_1)$。

由海涅定理，对给定 $t \in (0, \delta_1)$，有 $\lim\limits_{n \to \infty} f\left(\dfrac{t}{2^n}\right) = 0$，即取充分大的正整数 N，当 $n > N$ 时，$\dfrac{t}{2^n} \in (0, \delta_2)$，从而 $\left| f\left(\dfrac{t}{2^n}\right) \right| < t\varepsilon$。取 $\delta = \min\{\delta_1, \delta_2\}$，当 $x \in (0, \delta)$ 时，

$$| f(x) | < x\varepsilon + \left| f\left(\frac{x}{2^n}\right) \right| < 2x\varepsilon,$$

即 $\left| \dfrac{f(x)}{x} \right| < 2\varepsilon$，所以 $\lim\limits_{x \to 0^+} \dfrac{f(x)}{x} = 0$。

例 3.20　设函数 $f(x)$ 在 $(0, +\infty)$ 内可微，且 $\lim\limits_{x \to +\infty} [f(x) + f'(x)] = 0$，证明 $\lim\limits_{x \to +\infty} f(x) = 0$。

【证】　由 $\lim\limits_{x \to +\infty} [f(x) + f'(x)] = 0$ 得 $\forall \varepsilon > 0$，$\exists X_1 > 0$，当 $x > X_1$ 时，有 $|f(x) + f'(x)| < \dfrac{\varepsilon}{2}$。又

$$[e^x f(x)]' = [f(x) + f'(x)]e^x,$$

取 $a > X_1$，将上式两边在 $[a, x]$ 上积分得

$$e^x f(x) = e^a f(a) + \int_a^x [f(t) + f'(t)]e^t \, dt,$$

当 $x > X_1$ 时，有

$$| f(x) | \leqslant e^{a-x} | f(a) | + e^{-x} \int_a^x | f(t) + f'(t) | e^t \, dt$$

$$\leqslant e^{a-x} | f(a) | + \frac{\varepsilon}{2} \cdot e^{-x} \int_a^x e^t \, dt$$

$$= e^{a-x} | f(a) | + \frac{\varepsilon}{2}(1 - e^{a-x}) \leqslant e^{a-x} | f(a) | + \frac{\varepsilon}{2}.$$

对于任一固定的常数 a，$\lim\limits_{x \to +\infty} e^{a-x} | f(a) | = 0$，对上述 $\varepsilon > 0$，$\exists X > a > X_1 > 0$，当 $x > X$ 时，有 $e^{a-x} |f(a)| < \dfrac{\varepsilon}{2}$，故 $|f(x)| < \varepsilon$ 成立，因此 $\lim\limits_{x \to +\infty} f(x) = 0$。

例 3.21　设函数 $f(x)$ 在 $(0, +\infty)$ 上二阶可导，$\lim\limits_{x \to +\infty} f(x)$ 存在，$f''(x)$ 有界，证明 $\lim\limits_{x \to +\infty} f'(x) = 0$。

【证】　设 $\lim\limits_{x \to +\infty} f(x) = A$，$|f''(x)| < M (M > 0)$，令 $g(x) = f(x) - A$，则 $\lim\limits_{x \to +\infty} g(x) = 0$，$|g''(x)| = |f''(x)| < M$，对 $\forall \varepsilon > 0$，取正数 N，满足 $\dfrac{M}{2N} < \varepsilon$，同时，存在正数 K，当 $x > K$ 时，有 $|g(x)| < \dfrac{\varepsilon}{N}$。由 Taylor 公式知

$$g\left(x + \frac{1}{N}\right) = g(x) + \frac{1}{N}g'(x) + \frac{1}{2N^2}g''(\xi), \quad x < \xi < x + \frac{1}{N},$$

故

$$| g'(x) | = \left| Ng\left(x + \frac{1}{N}\right) - Ng(x) - \frac{1}{2N}g''(\xi) \right|$$

$$\leqslant N\left|g\left(x+\frac{1}{N}\right)\right|+N\mid g(x)\mid+\frac{M}{2N}<3\varepsilon,$$

于是

$$\lim_{x\to+\infty}f'(x)=\lim_{x\to+\infty}g'(x)=0。$$

例 3.22 设 $T>0$ 为常数，如果函数 $f(x),g(x)$ 在 $[a,+\infty)$ 内闭有界，且满足 $\forall x\in[a,+\infty),g(x+T)>g(x),\lim_{x\to+\infty}g(x)=+\infty,\lim_{x\to+\infty}\dfrac{f(x+T)-f(x)}{g(x+T)-g(x)}=l\,(0<l<+\infty)$，则 $\lim_{x\to+\infty}\dfrac{f(x)}{g(x)}=l$。

【证】 由 $\lim_{x\to+\infty}g(x)=+\infty$ 及 $\lim_{x\to+\infty}\dfrac{f(x+T)-f(x)}{g(x+T)-g(x)}=l$ 知，对 $\forall\varepsilon>0,\exists X>0$，当 $x>X$ 时，有 $g(x)>0$，且

$$\left|\frac{f(x+T)-f(x)}{g(x+T)-g(x)}-l\right|<\frac{\varepsilon}{2},\tag{1}$$

下证对 $\forall\varepsilon>0,\exists N>0$，当 $n>N$ 时，有

$$\left|\frac{f(x+nT)}{g(x+nT)}-l\right|<\varepsilon。$$

记 $a_n=\dfrac{f(x+nT)-f(x+(n-1)T)}{g(x+nT)-g(x+(n-1)T)}-l$，则

$$\begin{aligned}f(x+nT)&=f(x+(n-1)T)+(a_n+l)(g(x+nT)-g(x+(n-1)T))（反复使用此式）\\&=f(x+(n-2)T)+(a_{n-1}+l)(g(x+(n-1)T)-g(x+(n-2)T))+\\&\quad(a_n+l)(g(x+nT)-g(x+(n-1)T))\\&=\cdots\\&=f(x+T)+(a_2+l)(g(x+2T)-g(x+T))+(a_3+l)(g(x+3T)-\\&\quad g(x+2T))+\cdots+(a_n+l)(g(x+nT)-g(x+(n-1)T))\\&=f(x+T)+a_2(g(x+2T)-g(x+T))+a_3(g(x+3T)-\\&\quad g(x+2T))+\cdots+a_n(g(x+nT)-g(x+(n-1)T))+\\&\quad l(g(x+nT)-g(x+T)),\end{aligned}$$

将上式除以 $g(x+nT)$，减去 l，得

$$\begin{aligned}\left|\frac{f(x+nT)}{g(x+nT)}-l\right|&\leqslant\left|\frac{f(x+T)-lg(x+T)}{g(x+nT)}\right|+\\&\quad\frac{1}{|g(x+nT)|}\{|a_2||g(x+2T)-g(x+T)|+\cdots+\\&\quad|a_n||g(x+nT)-g(x+(n-1)T)|\},\end{aligned}$$

由式(1)知，$|a_k|<\dfrac{\varepsilon}{2}(k=1,2,\cdots,n)$，又已知 $\forall x\in[a,+\infty),g(x+T)>g(x)$，从而

$$\frac{1}{|g(x+nT)|}\{|a_2||g(x+2T)-g(x+T)|+\cdots+|a_n||g(x+nT)-g(x+(n-1)T)|\}$$

$$\leqslant\frac{\varepsilon}{2}\left|\frac{g(x+nT)-g(x+T)}{g(x+nT)}\right|<\frac{\varepsilon}{2},$$

再由 $f(x),g(x)$ 在 $[X,X+T]$ 上有界知，$\exists M>0$，使得 $|f(x+T)-lg(x+T)|\leqslant M$，而

由 $\lim\limits_{x \to +\infty} g(x) = +\infty$ 得，对上述 $\varepsilon > 0$，存在 $N > 0$，当 $n > N$ 时，有

$$\frac{M}{|g(x+nT)|} < \frac{\varepsilon}{2},$$

因此

$$\left| \frac{f(x+nT)}{g(x+nT)} - l \right| < \frac{\varepsilon}{2} + \frac{\varepsilon}{2} = \varepsilon。 \tag{2}$$

对 $\forall y > X + NT$，存在 $n > N$ 及 $x \in [X, X+T]$，使得 $y = x + nT$，由式 (2) 知 $\left| \frac{f(y)}{g(y)} - l \right| < \varepsilon$，

则 $\lim\limits_{x \to +\infty} \frac{f(x)}{g(x)} = l$。

六、利用夹逼准则证明或计算函数极限

例 3.23　设 $\left[\dfrac{1}{x} \right]$ 表示不大于 $\dfrac{1}{x}$ 的最大整数，证明极限 $\lim\limits_{x \to 0} x \left[\dfrac{1}{x} \right] = 1$。

【解】　令 $\dfrac{1}{x} = y$，当 $x \to 0$ 时，$y \to \infty$，则 $\lim\limits_{x \to 0} x \left[\dfrac{1}{x} \right] = \lim\limits_{y \to \infty} \dfrac{[y]}{y}$。

(1) 当 $x \to 0^+$ 时，$y \to +\infty$，当 $n \leqslant y < n+1$ 时 ($n \in \mathbf{N}^+$)，有

$$\frac{n}{n+1} < \frac{[y]}{y} \leqslant \frac{n}{n} = 1,$$

由夹逼准则知 $\lim\limits_{y \to +\infty} \dfrac{[y]}{y} = 1$。

(2) 当 $x \to 0^-$ 时，$y \to -\infty$，当 $-(n+1) \leqslant y < -n$ 时 ($n \in \mathbf{N}^+$)，有

$$\frac{n+1}{n} = \frac{-n-1}{-n} < \frac{[y]}{y} \leqslant \frac{-n-1}{-n-1} = 1,$$

由夹逼准则知 $\lim\limits_{y \to -\infty} \dfrac{[y]}{y} = 1$。所以

$$\lim\limits_{x \to 0} x \left[\frac{1}{x} \right] = \lim\limits_{y \to \infty} \frac{[y]}{y} = \lim\limits_{y \to +\infty} \frac{[y]}{y} = \lim\limits_{y \to -\infty} \frac{[y]}{y} = 1。$$

例 3.24　证明极限 $\lim\limits_{x \to +\infty} \sqrt[3]{x} \displaystyle\int_x^{x+1} \frac{\sin t}{\sqrt{t} + \cos t} \mathrm{d}t = 0$。

【证】　当 $x > 1$ 时，

$$0 \leqslant \left| \sqrt[3]{x} \int_x^{x+1} \frac{\sin t}{\sqrt{t} + \cos t} \mathrm{d}t \right| \leqslant \sqrt[3]{x} \int_x^{x+1} \frac{1}{\sqrt{t} - 1} \mathrm{d}t = \sqrt[3]{x} (\sqrt{x} - \sqrt{x-1}) = \frac{\sqrt[3]{x}}{\sqrt{x} + \sqrt{x-1}},$$

由夹逼准则知

$$\lim\limits_{x \to +\infty} \sqrt[3]{x} \int_x^{x+1} \frac{\sin t}{\sqrt{t} + \cos t} \mathrm{d}t = 0。$$

例 3.25　设函数 $f(x) = x - [x]$，其中 $[x]$ 表示不超过 x 的最大整数，证明

$\lim\limits_{x \to +\infty} \dfrac{1}{x} \displaystyle\int_0^x f(t) \mathrm{d}t = \dfrac{1}{2}$。

【解】　因 $f(x) = x - [x]$ 是周期为 1 的周期函数，且 $f(x) \geqslant 0$，当 $0 \leqslant x < 1$ 时，

$f(x)=x$,当 $n \leqslant x < n+1$ 时,有

$$\frac{1}{n+1} \int_0^n f(x) \mathrm{d}x \leqslant \frac{1}{r} \int_0^x f(x) \mathrm{d}x \leqslant \frac{1}{n} \int_0^{n+1} f(x) \mathrm{d}x,$$

而

$$\frac{1}{n+1} \int_0^n f(x) \mathrm{d}x = \frac{n}{n+1} \int_0^1 f(x) \mathrm{d}x = \frac{n}{n+1} \int_0^1 x \mathrm{d}x = \frac{n}{2(n+1)},$$

$$\frac{1}{n} \int_0^{n+1} f(x) \mathrm{d}x = \frac{n+1}{n} \int_0^1 f(x) \mathrm{d}x = \frac{n+1}{n} \int_0^1 x \mathrm{d}x = \frac{n+1}{2n},$$

则

$$\frac{n}{2(n+1)} \leqslant \frac{1}{x} \int_0^x f(x) \mathrm{d}x \leqslant \frac{n+1}{2n},$$

当 $x \to +\infty$ 时,有 $n \to \infty$,由夹逼准则知 $\lim\limits_{x \to +\infty} \frac{1}{x} \int_0^x f(t) \mathrm{d}t = \frac{1}{2}$。

例 3.26 设 $f(x) = \sum\limits_{n=1}^{\infty} \frac{1}{xn^2 + n}$,计算极限 $\lim\limits_{x \to 0^+} \frac{f(x)}{\ln x}$。

【解】 对任意给定 $x > 0$,$\varphi(t) = \frac{1}{xt^2 + t}$ 在 $(0, +\infty)$ 内严格单调减少。当 $t \in [n, n+1]$ 时,有

$$\varphi(n) = \frac{1}{xn^2 + n} \geqslant \frac{1}{xt^2 + t} = \varphi(t),$$

从而

$$\frac{1}{xn^2 + n} = \int_n^{n+1} \frac{\mathrm{d}t}{xn^2 + n} \geqslant \int_n^{n+1} \frac{\mathrm{d}t}{xt^2 + t}, \quad n = 1, 2, \cdots,$$

对任意 $x > 0$,有

$$f(x) = \sum_{n=1}^{\infty} \frac{1}{xn^2 + n} \geqslant \sum_{n=1}^{\infty} \int_n^{n+1} \frac{\mathrm{d}t}{xt^2 + t} = \int_1^{+\infty} \frac{\mathrm{d}t}{xt^2 + t} = g(x)。$$

当 $t \in [n-1, n] (n = 2, 3, \cdots)$ 时,有

$$\varphi(n) = \frac{1}{xn^2 + n} \leqslant \frac{1}{xt^2 + t} = \varphi(t),$$

从而

$$\frac{1}{xn^2 + n} = \int_{n-1}^n \frac{\mathrm{d}t}{xn^2 + n} \leqslant \int_{n-1}^n \frac{\mathrm{d}t}{xt^2 + t}, \quad n = 2, 3, \cdots。$$

因此对任意 $x > 0$,有

$$f(x) = \sum_{n=1}^{\infty} \frac{1}{n^2 x + n} \leqslant \frac{1}{1+x} + \sum_{n=2}^{\infty} \int_{n-1}^n \frac{\mathrm{d}t}{xt^2 + t} = \frac{1}{1+x} + \int_1^{+\infty} \frac{\mathrm{d}t}{xt^2 + t} = \frac{1}{1+x} + g(x)。$$

又

$$g(x) = \int_1^{+\infty} \frac{\mathrm{d}t}{xt^2 + t} = \int_1^{+\infty} \left(\frac{1}{t} - \frac{x}{xt+1} \right) \mathrm{d}t = \left[\ln \frac{t}{xt+1} \right]_1^{+\infty} = -\ln x + \ln(x+1),$$

则

$$-1 + \frac{\ln(x+1)}{\ln x} \leqslant \frac{f(x)}{\ln x} \leqslant \frac{\ln(x+1)}{(1+x)\ln x} - 1 + \frac{\ln(x+1)}{\ln x},$$

而

$$\lim_{x \to 0^+} \frac{\ln(x+1)}{\ln x} = \lim_{x \to 0^+} \frac{\ln(x+1)}{(1+x)\ln x} = 0,$$

由夹逼准则知 $\lim\limits_{x \to 0^+} \dfrac{f(x)}{\ln x} = -1$。

七、利用单调有界准则或反常积分敛散性判定方法证明函数极限

例 3.27 已知函数 $f(x)$ 满足 $f(1) = 1$，且对 $x \geqslant 1$，有 $f'(x) = \dfrac{1}{x^2 + f^2(x)}$，证明

$\lim\limits_{x \to +\infty} f(x)$ 存在，且极限值小于 $1 + \dfrac{\pi}{4}$。

【证】 因为 $f'(x)$ 处处为正，故 $f(x)$ 严格单调递增，从而 $f(t) > f(1) = 1 (t > 1)$，所以

$$f'(t) = \frac{1}{t^2 + f^2(t)} < \frac{1}{1 + t^2}, \quad t > 1,$$

则

$$f(x) = f(1) + \int_1^x f'(t)\,\mathrm{d}t < 1 + \int_1^x \frac{1}{1+t^2}\,\mathrm{d}t < 1 + \int_1^{+\infty} \frac{1}{1+t^2}\,\mathrm{d}t = 1 + \frac{\pi}{4},$$

从而 $f(x)$ 单调递增且有上界，所以 $\lim\limits_{x \to +\infty} f(x)$ 存在，且至多为 $1 + \dfrac{\pi}{4}$。又

$$\lim_{x \to +\infty} f(x) = f(1) + \int_1^{+\infty} f'(t)\,\mathrm{d}t < 1 + \int_1^{+\infty} \frac{1}{1+t^2}\,\mathrm{d}t = 1 + \frac{\pi}{4},$$

从而严格不等号成立。

例 3.28 设函数 $f(x)$ 在 $[1, +\infty)$ 上连续可导，$f'(x) = \dfrac{1}{1 + f^2(x)}\left(\sqrt{\dfrac{1}{x}} - \right.$

$\left.\sqrt{\ln\left(1 + \dfrac{1}{x}\right)}\right)$，证明极限 $\lim\limits_{x \to +\infty} f(x)$ 存在。

【证1】 当 $t > 0$ 时，对函数 $\ln(1+x)$ 在区间 $[0, t]$ 上用 Lagrange 中值定理，有

$$\ln(1+t) = \frac{t}{1+\xi}, \quad 0 < \xi < t,$$

故

$$\frac{t}{1+t} < \ln(1+t) < t,$$

当 $x \geqslant 1$ 时，$f'(x) > 0$，则 $f(x)$ 在 $[1, +\infty)$ 上单调增加。又

$$f'(x) \leqslant \sqrt{\frac{1}{x}} - \sqrt{\ln\left(1 + \frac{1}{x}\right)} \leqslant \sqrt{\frac{1}{x}} - \sqrt{\frac{1}{1+x}}$$

$$= \frac{1}{\sqrt{x(x+1)}\left(\sqrt{x+1} + \sqrt{x}\right)} \leqslant \frac{1}{2\sqrt{x^3}},$$

则

$$f(x) = f(1) + \int_1^x f'(t)\,\mathrm{d}t \leqslant f(1) + \int_1^x \frac{1}{2\sqrt{t^3}}\,\mathrm{d}t = f(1) + 1 - \frac{1}{\sqrt{x}} \leqslant f(1) + 1,$$

所以 $f(x)$ 在 $[1,+\infty)$ 上有上界，因此 $\lim\limits_{x \to +\infty} f(x)$ 存在。

【证 2】 由 $\displaystyle\int_1^{+\infty} f'(x)\mathrm{d}x = \lim\limits_{x \to +\infty} f(x) - f(1)$ 知，欲证 $\lim\limits_{x \to +\infty} f(x)$ 存在，只需证 $\displaystyle\int_1^{+\infty} f'(x)\mathrm{d}x$ 收敛。因为当 $x \geqslant 1$ 时，$\dfrac{1}{x} > \ln\left(1+\dfrac{1}{x}\right)$，所以 $f'(x) > 0$，则

$$\int_1^{+\infty} f'(x)\mathrm{d}x = \int_1^{+\infty} \frac{1}{1+f^2(x)}\left(\sqrt{\frac{1}{x}} - \sqrt{\ln\left(1+\frac{1}{x}\right)}\right)\mathrm{d}x$$

$$\leqslant \int_1^{+\infty} \left(\sqrt{\frac{1}{x}} - \sqrt{\ln\left(1+\frac{1}{x}\right)}\right)\mathrm{d}x,$$

又

$$\lim_{x \to +\infty} \frac{\sqrt{\dfrac{1}{x}} - \sqrt{\ln\left(1+\dfrac{1}{x}\right)}}{\left(\dfrac{1}{x}\right)^{\frac{3}{2}}} = \lim_{t \to 0^+} \frac{\sqrt{t} - \sqrt{\ln(1+t)}}{t^{\frac{3}{2}}}$$

$$= \lim_{t \to 0^+} \frac{t - \ln(1+t)}{t^{\frac{3}{2}}\left(\sqrt{t} + \sqrt{\ln(1+t)}\right)} = \lim_{t \to 0^+} \frac{\dfrac{1}{2}t^2}{t^{\frac{3}{2}}\left(\sqrt{t} + \sqrt{\ln(1+t)}\right)}$$

$$= \frac{1}{2}\lim_{t \to 0^+} \frac{\sqrt{t}}{\sqrt{t} + \sqrt{\ln(1+t)}} = \frac{1}{2}\lim_{t \to 0^+} \frac{1}{1 + \sqrt{\dfrac{\ln(1+t)}{t}}} = \frac{1}{4},$$

而 $\displaystyle\int_1^{+\infty} \left(\dfrac{1}{x}\right)^{\frac{3}{2}}\mathrm{d}x$ 收敛，由比较审敛法知 $\displaystyle\int_1^{+\infty} \left(\sqrt{\dfrac{1}{x}} - \sqrt{\ln\left(1+\dfrac{1}{x}\right)}\right)\mathrm{d}x$ 收敛，则 $\displaystyle\int_1^{+\infty} f'(x)\mathrm{d}x$ 收敛，从而极限 $\lim\limits_{x \to +\infty} f(x)$ 存在。

例 3.29 已知 $f(x)$ 在 $(-\infty,+\infty)$ 内连续且 $f(x) > 0$，$F(x)$ 是 $f(x)$ 的原函数，满足 $F(0) = 0$，$\lim\limits_{x \to +\infty} \dfrac{f(x)}{x^p} = A$，其中 A, p 都是有限常数，$A > 0$，试讨论极限 $\lim\limits_{x \to +\infty} \dfrac{F(x)}{x^{p+1}}$ 的存在性。

【解】 因为 $F(x)$ 是 $f(x)$ 的原函数，$F(0) = 0$，则 $F(x) = \displaystyle\int_0^x f(t)\mathrm{d}t (-\infty < x < +\infty)$，从而

$$\lim_{x \to +\infty} \frac{F(x)}{x^{p+1}} = \lim_{x \to +\infty} \frac{\displaystyle\int_0^x f(t)\mathrm{d}t}{x^{p+1}}。$$

(1) 当 $p > -1$ 时，$\lim\limits_{x \to +\infty} x^{p+1} = +\infty$，而 $\lim\limits_{x \to +\infty} \displaystyle\int_0^x f(t)\mathrm{d}t = \int_0^{+\infty} f(x)\mathrm{d}x$。

由于 $\lim\limits_{x \to +\infty} \dfrac{f(x)}{x^p} = A$，则 $\forall \varepsilon > 0$，$\exists X > 0$，当 $x > X$ 时，有 $\left|\dfrac{f(x)}{x^p} - A\right| < \varepsilon$，即

$$(A-\varepsilon)x^p < f(x) < (A+\varepsilon)x^p,$$

由于 $A > 0$，取 $\varepsilon = a$，使得 $A - a > 0$，从而

$$(A-a)x^p < f(x) < (A+a)x^p,$$

因此

$$\int_0^{+\infty} f(x)\mathrm{d}x = \int_0^X f(x)\mathrm{d}x + \int_X^{+\infty} f(x)\mathrm{d}x \geqslant \int_0^X f(x)\mathrm{d}x + \int_X^{+\infty} (A-a)x^p \mathrm{d}x \, .$$

由于 $f(x)$ 在 $[0,X]$ 上连续, 所以 $\int_0^X f(x)\mathrm{d}x$ 存在且为有限值, 而

$$\int_X^{+\infty} (A-a)x^p \mathrm{d}x = (A-a)\int_X^{+\infty} \frac{1}{x^{-p}} \mathrm{d}x \, ,$$

当 $p > -1$ 时, $-p < 1$, 从而 $\int_X^{+\infty} \frac{1}{x^{-p}} \mathrm{d}x$ 发散, 因此反常积分 $\int_0^{+\infty} f(x)\mathrm{d}x$ 发散且趋于正无

穷大, 则极限 $\lim\limits_{x \to +\infty} \dfrac{F(x)}{x^{p+1}}$ 为 "$\dfrac{\infty}{\infty}$" 型, 由洛必达法则知

$$\lim_{x \to +\infty} \frac{F(x)}{x^{p+1}} = \lim_{x \to +\infty} \frac{f(x)}{(p+1)x^p} = \frac{A}{p+1} \, .$$

(2) 当 $p = -1$ 时, 则 $\lim\limits_{x \to +\infty} \dfrac{F(x)}{x^{p+1}} = \int_0^{+\infty} f(x)\mathrm{d}x$, 由 (1) 知

$$\int_0^{+\infty} f(x)\mathrm{d}x \geqslant \int_0^X f(x)\mathrm{d}x + (A-a)\int_X^{+\infty} \frac{1}{x}\mathrm{d}x \to +\infty \, ,$$

所以 $\lim\limits_{x \to +\infty} \dfrac{F(x)}{x^{p+1}} = +\infty$。

(3) 当 $p < -1$ 时, $\lim\limits_{x \to +\infty} x^{p+1} = 0$, 而 $\lim\limits_{x \to +\infty} \int_0^x f(t)\mathrm{d}t = \int_0^{+\infty} f(x)\mathrm{d}x$。由 (1) 知, 取 $\varepsilon = a$,
使得 $A - a > 0$, 从而 $(A-a)x^p < f(x) < (A+a)x^p$, 因此

$$\int_0^{+\infty} f(x)\mathrm{d}x = \int_0^X f(x)\mathrm{d}x + \int_X^{+\infty} f(x)\mathrm{d}x \leqslant \int_0^X f(x)\mathrm{d}x + \int_X^{+\infty} (A+a)x^p \mathrm{d}x \, .$$

由于 $\int_0^X f(x)\mathrm{d}x$ 存在且为有限值, 当 $p < -1$ 时, $-p > 1$, 积分 $\int_X^{+\infty} \frac{1}{x^{-p}}\mathrm{d}x$ 收敛, 由反常积

分的比较判定法知, 反常积分 $\int_0^{+\infty} f(x)\mathrm{d}x$ 收敛, 则 $\lim\limits_{x \to +\infty} \dfrac{F(x)}{x^{p+1}} = +\infty$。

综上所述, 当 $p > -1$ 时, $\lim\limits_{x \to +\infty} \dfrac{F(x)}{x^{p+1}} = \dfrac{A}{p+1}$, 当 $p \leqslant -1$ 时, $\lim\limits_{x \to +\infty} \dfrac{F(x)}{x^{p+1}} = +\infty$。

八、曲线渐近线的计算

例 3.30 求曲线 $y = \dfrac{1}{x} + \dfrac{x^2}{\sqrt{1+x^2}}$ 的所有渐近线。

【解】 易知

$$\lim_{x \to 0} y = \lim_{x \to 0}\left(\frac{1}{x} + \frac{x^2}{\sqrt{1+x^2}}\right) = \infty \, ,$$

故曲线有一条铅直渐近线 $x = 0$。又

$$\lim_{x \to +\infty} \frac{y}{x} = \lim_{x \to +\infty}\left(\frac{1}{x^2} + \frac{x}{\sqrt{1+x^2}}\right) = 0 + \lim_{x \to +\infty} \frac{1}{\sqrt{\frac{1}{x^2}+1}} = 1 \, ,$$

$$\lim_{x\to+\infty}(y-x)=\lim_{x\to+\infty}\left(\frac{1}{x}+\frac{x^2}{\sqrt{1+x^2}}-x\right)=\lim_{x\to+\infty}\left(\frac{1}{x}+\frac{x^2+1-1}{\sqrt{1+x^2}}-x\right)$$

$$=\lim_{x\to+\infty}\left(\frac{1}{x}-\frac{1}{\sqrt{1+x^2}}\right)+\lim_{x\to+\infty}(\sqrt{1+x^2}-x)=0+\lim_{x\to+\infty}\frac{1}{\sqrt{1+x^2}+x}=0,$$

同理

$$\lim_{x\to-\infty}\frac{y}{x}=\lim_{x\to-\infty}\left(\frac{1}{x^2}+\frac{x}{\sqrt{1+x^2}}\right)=0+\lim_{x\to-\infty}\frac{-1}{\sqrt{\frac{1}{x^2}+1}}=-1,$$

$$\lim_{x\to-\infty}(y+x)=\lim_{x\to-\infty}\left(\frac{1}{x}+\frac{x^2}{\sqrt{1+x^2}}+x\right)=0+\lim_{x\to-\infty}\frac{1}{\sqrt{1+x^2}-x}=0,$$

故曲线有两条斜渐近线 $y=x$ 及 $y=-x$。

例 3.31 设函数 $f(x)=\mathrm{e}^{\frac{1}{x}}\sqrt{x^2-4x+5}+x\left[\frac{1}{x}\right]$，其中 $[x]$ 表示不超过 x 的最大整数，求 $f(x)$ 的所有渐近线。

【解】 函数 $f(x)$ 的定义域为 $(-\infty,0)\bigcup(0,+\infty)$，则

（1）当 $x\to-\infty$ 时，

$$\lim_{x\to-\infty}\frac{f(x)}{x}=\lim_{x\to-\infty}\left(\frac{\mathrm{e}^{\frac{1}{x}}\sqrt{x^2-4x+5}}{x}+\left[\frac{1}{x}\right]\right)=-1-1=-2,$$

$$\lim_{x\to-\infty}[f(x)+2x]=\lim_{x\to-\infty}\left(\mathrm{e}^{\frac{1}{x}}\sqrt{x^2-4x+5}+x\left[\frac{1}{x}\right]+2x\right)$$

$$=\lim_{x\to-\infty}\left(\mathrm{e}^{\frac{1}{x}}\sqrt{x^2-4x+5}+x\right)+\lim_{x\to-\infty}x\left(\left[\frac{1}{x}\right]+1\right)$$

$$=\lim_{x\to-\infty}\left(\mathrm{e}^{\frac{1}{x}}\sqrt{x^2-4x+5}+x\right)$$

$$=\lim_{x\to-\infty}(\mathrm{e}^{\frac{1}{x}}-1)\sqrt{x^2-4x+5}+\lim_{x\to-\infty}(\sqrt{x^2-4x+5}+x)$$

$$\xlongequal{t=-\frac{1}{x}}\lim_{t\to0^+}(\mathrm{e}^{-t}-1)\frac{\sqrt{1+4t+5t^2}}{t}+\lim_{t\to0^+}\left(\frac{\sqrt{1+4t+5t^2}-1}{t}\right)$$

$$=\lim_{t\to0^+}(\mathrm{e}^{-t}-1)\frac{\sqrt{1+4t+5t^2}}{t}+\lim_{t\to0^+}\frac{4+5t}{\sqrt{1+4t+5t^2}+1}$$

$$=-1+2=1,$$

则 $f(x)$ 存在斜渐近线 $y=-2x+1$。

（2）当 $x\to0^-$ 时，

$$\lim_{x\to0^-}f(x)=\lim_{x\to0^-}\mathrm{e}^{\frac{1}{x}}\sqrt{x^2-4x+5}+\lim_{x\to0^-}x\left[\frac{1}{x}\right]=\lim_{x\to0^-}x\left[\frac{1}{x}\right]=1,$$

（3）当 $x \to 0^+$ 时，

$$\lim_{x \to 0^+} f(x) = \lim_{x \to 0^+} \mathrm{e}^{\frac{1}{x}} \sqrt{x^2 - 4x + 5} + \lim_{x \to 0^+} x \left[\frac{1}{x}\right] = +\infty,$$

则 $f(x)$ 存在铅直渐近线 $x = 0$。

（4）当 $x \to +\infty$ 时，

$$\lim_{x \to +\infty} \frac{f(x)}{x} = \lim_{x \to +\infty} \left(\frac{\mathrm{e}^{\frac{1}{x}} \sqrt{x^2 - 4x + 5}}{x} + \left[\frac{1}{x}\right]\right) = 1 + 0 = 1,$$

$$\lim_{x \to +\infty} [f(x) - x] = \lim_{x \to +\infty} \left(\mathrm{e}^{\frac{1}{x}} \sqrt{x^2 - 4x + 5} + x \left[\frac{1}{x}\right] - x\right)$$

$$= \lim_{x \to +\infty} (\mathrm{e}^{\frac{1}{x}} - 1) \sqrt{x^2 - 4x + 5} + \lim_{x \to +\infty} \left(\sqrt{x^2 - 4x + 5} - x\right)$$

$$= \lim_{x \to +\infty} \frac{\sqrt{x^2 - 4x + 5}}{x} + \lim_{x \to +\infty} \frac{5 - 4x}{\sqrt{x^2 - 4x + 5} + x} = 1 - 2 = -1,$$

则 $f(x)$ 存在斜渐近线 $y = x - 1$。

所以函数 $f(x)$ 有斜渐近线 $y = -2x + 1, y = x - 1$ 及铅直渐近线 $x = 0$。

例 3.32 设函数 $f(u)$ 在区间 $(0, +\infty)$ 内可导，$z = xf\left(\dfrac{y}{x}\right) + y$ 满足关系式 $x \dfrac{\partial z}{\partial x} - y \dfrac{\partial z}{\partial y} = 2z$，且 $f(1) = 1$，求曲线 $y = f(x)$ 的渐近线。

【解】 令 $u = \dfrac{y}{x}$，则 $z = xf(u) + y$，从而

$$\frac{\partial z}{\partial x} = f(u) - \frac{y}{x} f'(u), \quad \frac{\partial z}{\partial y} = f'(u) + 1,$$

代入方程 $x \dfrac{\partial z}{\partial x} - y \dfrac{\partial z}{\partial y} = 2z$ 得

$$f'(u) + \frac{1}{2u} f(u) = -\frac{3}{2},$$

解得 $f(u) = -u + \dfrac{C}{\sqrt{u}}$，代入初始条件得 $C = 2$，所以 $f(u) = -u + \dfrac{2}{\sqrt{u}}$。因为

$$\lim_{x \to 0^+} f(x) = \lim_{x \to 0^+} \left(-x + \frac{2}{\sqrt{x}}\right) = +\infty,$$

所以 $x = 0$ 为曲线的铅直渐近线，曲线无水平渐近线。又

$$\lim_{x \to +\infty} \frac{f(x)}{x} = \lim_{x \to +\infty} \left(-1 + \frac{2}{x\sqrt{x}}\right) = -1,$$

$$\lim_{x \to +\infty} (f(x) + x) = \lim_{x \to +\infty} \frac{2}{\sqrt{x}} = 0,$$

所以 $y = -x$ 为曲线的斜渐近线。

例 3.33 求笛卡儿叶形线 $x^3 + y^3 - 3axy = 0 (a > 0)$ 的斜渐近线方程。

【解 1】 由方程 $x^3 + y^3 - 3axy = 0$ 知

$$\left(\frac{y}{x}\right)^3 = 3a \cdot \frac{y}{x} \cdot \frac{1}{x} - 1,$$

当 $|x| > 3a$ 时，$\left|\frac{y}{x}\right|$ 有界，且 $\lim\limits_{x \to \pm\infty}\left(\frac{y}{x}\right)^3 = -1$，从而 $\lim\limits_{x \to \pm\infty}\frac{y}{x} = -1$。又由已知方程知

$$x + y = \frac{3axy}{x^2 - xy + y^2} = \frac{3a \cdot \dfrac{y}{x}}{1 - \dfrac{y}{x} + \left(\dfrac{y}{x}\right)^2},$$

因此

$$\lim_{x \to \pm\infty}(x + y) = \lim_{x \to \pm\infty}\frac{3a \cdot \dfrac{y}{x}}{1 - \dfrac{y}{x} + \left(\dfrac{y}{x}\right)^2} = -a,$$

从而笛卡儿叶形线的斜渐近线方程为 $x + y + a = 0$。

【解 2】 由方程 $x^3 + y^3 - 3axy = 0$ 知

$$\left(\frac{y}{x}\right)^3 = 3a \cdot \frac{y}{x} \cdot \frac{1}{x} - 1,$$

令 $\dfrac{y}{x} = t$，则曲线的参数方程为

$$x = \frac{3at}{1 + t^3}, \quad y = \frac{3at^2}{1 + t^3}。$$

当 $x \to \pm\infty$ 时，$t \to -1$，故

$$\lim_{x \to \pm\infty}\frac{y}{x} = \lim_{t \to -1}t = -1,$$

$$\lim_{x \to \pm\infty}(x + y) = \lim_{t \to -1}\frac{3at(1 + t)}{1 + t^3} = -a,$$

从而笛卡儿叶形线的斜渐近线方程为 $x + y + a = 0$。

九、利用闭区间上连续函数的性质证明含有中值的等式或不等式

例 3.34 设函数 $f(x)$ 在 $[0, +\infty)$ 上连续，且 $\int_0^1 f(x)\mathrm{d}x < -\dfrac{1}{2}$，$\lim\limits_{x \to +\infty}\dfrac{f(x)}{x} = 0$，证明存在 $\xi \in (0, +\infty)$，使得 $f(\xi) + \xi = 0$。

【证】 设 $F(x) = f(x) + x$，则 $F(x)$ 在 $[0, +\infty)$ 上连续，且

$$\lim_{x \to +\infty}\frac{1}{F(x)} = \lim_{x \to +\infty}\frac{x}{F(x)} \cdot \frac{1}{x} = \lim_{x \to +\infty}\frac{1}{\dfrac{f(x)}{x} + 1} \cdot \frac{1}{x} = 0,$$

从而 $F(+\infty) = \lim\limits_{x \to +\infty}F(x) = +\infty$。又

$$\int_0^1 F(x)\mathrm{d}x = \int_0^1 [f(x) + x]\mathrm{d}x = \int_0^1 f(x)\mathrm{d}x + \frac{1}{2} < 0,$$

由积分中值定理知,存在 $\eta \in [0,1]$,使得 $F(\eta) = \int_0^1 F(x)\mathrm{d}x < 0$,于是由零点存在定理得,存在 $\xi \in (0,+\infty)$,使得 $f(\xi) + \xi = 0$。

例 3.35 设函数 $f(x)$ 在 $(-\infty,+\infty)$ 上连续,且 $\lim\limits_{x\to\infty}\dfrac{f(x)}{x^n} = 0$($n$ 为正整数),证明:

(1) 当 n 为奇数时,存在 $\xi \in (-\infty,+\infty)$,使得 $f(\xi) + \xi^n = 0$;

(2) 当 n 为偶数时,存在 $\eta \in (-\infty,+\infty)$,使得对 $\forall x \in (-\infty,+\infty)$ 有 $f(\eta) + \eta^n \leqslant f(x) + x^n$。

【证】 (1) 设 $F(x) = f(x) + x^n$,则 $F(x)$ 在 $(-\infty,+\infty)$ 上连续,且当 n 为奇数时,

$$\lim_{x\to+\infty} F(x) = \lim_{x\to+\infty} x^n\left(\frac{f(x)}{x^n} + 1\right) = +\infty, \quad \lim_{x\to-\infty} F(x) = \lim_{x\to-\infty} x^n\left(\frac{f(x)}{x^n} + 1\right) = -\infty,$$

由零点存在定理知,存在 $\xi \in (-\infty,+\infty)$,使得 $F(\xi) = 0$,即 $f(\xi) + \xi^n = 0$。

(2) 当 n 为偶数时,由于

$$\lim_{x\to\infty} F(x) = \lim_{x\to\infty} x^n\left(\frac{f(x)}{x^n} + 1\right) = +\infty,$$

则对 $M = |F(0)| + 1 > 0$,存在 $X > 0$,当 $|x| > X$ 时,有 $F(0) < M < F(x)$。

同时,$F(x)$ 在 $[-X,X]$ 上连续,则存在 $\eta \in [-X,X] \subset (-\infty,+\infty)$,使得 $F(\eta) = \min\limits_{x\in[-X,X]} F(x)$,即 $\forall x \in [-X,X]$,必有 $F(\eta) \leqslant F(x)$,特别地,$F(\eta) \leqslant F(0)$。

所以 $\forall x \in (-\infty,+\infty)$,有 $F(\eta) \leqslant F(x)$,即 $f(\eta) + \eta^n \leqslant f(x) + x^n$。

例 3.36 设函数 $f(x)$ 在区间 $(0,1)$ 内连续,且存在两两互异的点 $x_1, x_2, x_3, x_4 \in (0,1)$,使得

$$\alpha = \frac{f(x_1) - f(x_2)}{x_1 - x_2} < \frac{f(x_3) - f(x_4)}{x_3 - x_4} = \beta,$$

证明对任意 $\lambda \in (\alpha,\beta)$,存在互异的点 $x_5, x_6 \in (0,1)$,使得 $\lambda = \dfrac{f(x_5) - f(x_6)}{x_5 - x_6}$。

【证】 不妨设 $x_1 < x_2, x_3 < x_4$,考虑辅助函数

$$F(t) = \frac{f((1-t)x_2 + tx_4) - f((1-t)x_1 + tx_3)}{((1-t)x_2 + tx_4) - ((1-t)x_1 + tx_3)},$$

则 $F(t)$ 在 $[0,1]$ 上连续,且 $F(0) = \alpha < \lambda < \beta = F(1)$,由连续函数的介值定理,存在 $t_0 \in (0,1)$,使得 $F(t_0) = \lambda$,记 $x_5 = (1-t_0)x_1 + t_0 x_3$,$x_6 = (1-t_0)x_2 + t_0 x_4$,则 $x_5 < x_6 \in (0,1)$,且

$$\lambda = F(t_0) = \frac{f(x_5) - f(x_6)}{x_5 - x_6}。$$

例 3.37 设函数 $f(x)$ 在 $[0,1]$ 上连续,且 $\int_0^1 f(x)\mathrm{d}x = 0$,$\int_0^1 x f(x)\mathrm{d}x = 1$,证明:

(1) 存在 $\xi \in [0,1]$,使得 $|f(\xi)| > 4$;

(2) 存在 $\eta \in [0,1]$,使得 $|f(\eta)| = 4$。

【证】 (1)(反证法)。假设当 $x \in [0,1]$ 时,恒有 $|f(x)| \leqslant 4$ 成立,由已知条件得

$$1 = \left|\int_0^1 \left(x - \frac{1}{2}\right) f(x)\mathrm{d}x\right| \leqslant \int_0^1 \left|x - \frac{1}{2}\right| |f(x)|\mathrm{d}x \leqslant 4\int_0^1 \left|x - \frac{1}{2}\right|\mathrm{d}x = 1,$$

则

$$\int_0^1 \left| x - \frac{1}{2} \right| \mid f(x) \mid \mathrm{d}x = 4\int_0^1 \left| x - \frac{1}{2} \right| \mathrm{d}x = 1,$$

从而

$$\int_0^1 \left| x - \frac{1}{2} \right| (\mid f(x) \mid - 4)\mathrm{d}x = 0。$$

因此 $f(x) \equiv 4 (\forall x \in [0,1])$，与 $\int_0^1 f(x)\mathrm{d}x = 0$ 矛盾，故 $\exists \xi \in [0,1]$，使得 $\mid f(\xi) \mid > 4$。

（2）（**反证法**）。由介值定理，只需要证明 $\exists x_0 \in [0,1]$，使得 $\mid f(x_0) \mid < 4$。若不然，$\forall x \in [0,1]$，$\mid f(x) \mid \geqslant 4$，由 $f(x)$ 在 $[0,1]$ 上连续知 $f(x) \geqslant 4$ 或 $f(x) \leqslant -4$，这与 $\int_0^1 f(x)\mathrm{d}x = 0$ 矛盾。

因为存在 $\xi \in [0,1]$，使得 $\mid f(\xi) \mid > 4$，$\exists x_0 \in [0,1]$，使得 $\mid f(x_0) \mid < 4$，而 $\mid f(x) \mid$ 在 $[0,1]$ 上连续，由闭区间上连续函数的介值定理知，存在 $\eta \in [0,1]$，使得 $\mid f(\eta) \mid = 4$。

综合训练

1. 计算下列极限：

（1）$\lim\limits_{x \to 0} \dfrac{\tan(\tan x) - \sin(\sin x)}{\tan x - \sin x}$；

（2）$\lim\limits_{x \to +\infty} (x^{\frac{1}{x}} - 1)^{\frac{1}{\ln x}}$；

（3）$\lim\limits_{x \to 0} \dfrac{(1+x)^{\frac{2}{x}} - \mathrm{e}^2[1 - \ln(1+x)]}{x}$；

（4）$\lim\limits_{x \to \infty} \left(x\mathrm{e}^{\frac{1}{x}} \arctan \dfrac{x^2 + x - 1}{(x+1)(x+2)} - \dfrac{\pi}{4}x \right)$；

（5）$\lim\limits_{x \to 0} \dfrac{1}{x^2} \ln \dfrac{\tan x}{x}$；

（6）$\lim\limits_{x \to 0} \dfrac{1 - \cos x \sqrt{\cos 2x} \sqrt[3]{\cos 3x}}{x^2}$；

（7）$\lim\limits_{x \to 2} \left(\sqrt{3 - x} + \ln \dfrac{x}{2} \right)^{\frac{1}{\sin^2(x-2)}}$；

（8）$\lim\limits_{x \to \infty} \mathrm{e}^{-x} \left(1 + \dfrac{1}{x} \right)^{x^2}$；

（9）$\lim\limits_{x \to 1^-} \sqrt{1 - x} \int_0^{+\infty} x^{y^2} \mathrm{d}y$；

（10）$\lim\limits_{x \to +\infty} \dfrac{1}{x} \int_1^x x^{\frac{1}{y}} \mathrm{d}y$。

2. 利用"ε-δ"语言证明极限 $\lim\limits_{x \to 1} \sqrt{\dfrac{7}{16x^2 - 9}} = 1$。

3. 利用"ε-δ"语言证明极限 $\lim\limits_{x \to 1^-} \left(\sqrt{\dfrac{1}{1-x} + 1} - \sqrt{\dfrac{1}{1-x} - 1} \right) = 0$。

4. 计算极限 $\lim\limits_{x \to \frac{\pi}{2}} \left(\lim\limits_{n \to \infty} \left(\cos \dfrac{x}{2} \cos \dfrac{x}{2^2} \cdots \cos \dfrac{x}{2^n} \right) \right)$。

5. 已知 $\lim\limits_{x \to 0} \left(1 + x + \dfrac{f(x)}{x} \right)^{\frac{1}{x}} = \mathrm{e}^3$，计算极限 $\lim\limits_{x \to 0} \dfrac{f(x)}{x^2}$。

6. 设 $0 < a < b$，计算极限 $\lim\limits_{t \to 0} \left(\int_0^1 (bx + a(1-x))^t \mathrm{d}x \right)^{\frac{1}{t}}$。

7. 求极限 $\lim\limits_{x \to 0} \left(\dfrac{\mathrm{e}^x + \mathrm{e}^{2x} + \cdots + \mathrm{e}^{nx}}{n} \right)^{\frac{\mathrm{e}}{x}}$，其中 n 是给定的正整数。

8. 设 $t \in (0,2)$,计算极限 $\lim\limits_{x \to \infty} \left(\sqrt{x + \sqrt{x + \sqrt{x^t}}} - \sqrt{x} \right)$。

9. 设函数 $f(x)$ 可导,$f(0) = 0$,$f'(0) = 2$,又 $F(x) = \int_0^x t^{n-1} f(x^n - t^n) \mathrm{d}t$,计算 $\lim\limits_{x \to 0} \dfrac{F(x)}{x^{2n}}$,其中 $n \in \mathbf{N}^+$。

10. 设函数 $f(x)$ 连续可导,且 $f'(0) = 0$,$f''(0) = 1$,计算极限 $\lim\limits_{x \to 0} \dfrac{f(x) - f(\ln(1+x))}{x^3}$。

11. 计算二次极限 $\lim\limits_{t \to 0^+} \lim\limits_{x \to +\infty} \dfrac{\displaystyle\int_0^{\sqrt{t}} \mathrm{d}x \int_{x^2}^t \sin y^2 \mathrm{d}y}{\left(\left(\dfrac{2}{\pi} \arctan \dfrac{x}{t^2} \right)^x - 1 \right) \arctan t^{\frac{3}{2}}}$。

12. 设 $f(x)$ 在 $[a, +\infty)$ 上有定义,且内闭有界,$\lim\limits_{x \to +\infty} \dfrac{f(x+1) - f(x)}{x^n} = l$(其中 l 为有限数或 $\pm\infty$),证明 $\lim\limits_{x \to +\infty} \dfrac{f(x)}{x^{n+1}} = \dfrac{l}{n+1}$。

13. 设函数 $f(x)$ 在 $[0,1]$ 上连续可导,$f(0) = 0$,常数 $\alpha > 0$ 使得 $\int_0^1 \left| \dfrac{f'(x)}{\sin^\alpha x} \right|^2 \mathrm{d}x < +\infty$,证明极限 $\lim\limits_{x \to 0^+} \dfrac{f(x)}{\sin^{(\alpha+1)/2} x} = 0$。

14. 求曲线 $y = \dfrac{1-x}{1+x} \mathrm{e}^{-x}$ 的所有渐近线。

15. 求曲线 $C: y = \ln|1 - \mathrm{e}^{2x}|$ 的所有渐近线。

16. 设函数 $f(x)$ 在 $(-\infty, +\infty)$ 上连续,且对任意的 x 恒有 $f(f(x)) = x$ 成立,证明存在 x_0,使得 $f(x_0) = x_0$。

17. 对任意 $x, y \in [a, b]$,有 $a \leqslant f(x) \leqslant b$,$|f(x) - f(y)| \leqslant k |x - y|$(其中 $k \in (0,1)$ 为常数),证明存在唯一的 $\xi \in [a, b]$,使得 $f(\xi) = \xi$。

18. 设函数 $f(x)$ 在 $(a, b]$ 上连续,且极限 $\lim\limits_{x \to a^+} f(x)$ 存在,证明 $f(x)$ 在 $(a, b]$ 上有界。

19. 设函数 $f(x)$ 在 $(0,1)$ 内有定义,且函数 $\mathrm{e}^x f(x)$ 与函数 $\mathrm{e}^{-f(x)}$ 在 $(0,1)$ 内都是单调递增的,证明 $f(x)$ 在 $(0,1)$ 内连续。

20. 设函数 $f(x)$ 在闭区间 $[a, b]$ 上连续,记

$$\varphi(x) = \left| x - \dfrac{a+b}{2} \right| - \left| f(x) - \dfrac{a+b}{2} \right|,$$

证明:(1) 若 $\varphi(a) \geqslant 0$ 且 $\varphi(b) \geqslant 0$,则存在 $\xi \in [a, b]$,使得 $f(\xi) = \xi$;

(2) 若对任意 $x \in [a, b]$,均有 $\varphi(x) \geqslant 0$,则有 $\left| \displaystyle\int_a^b f(x) \mathrm{d}x - \dfrac{b^2 - a^2}{2} \right| \leqslant \dfrac{(b-a)^2}{4}$。

第四讲

导数与微分

....

知识点

1. 导数的定义：函数 $f(x)$ 在 x_0 点及其附近有定义，则

$$f'(x_0) = \lim_{\Delta x \to 0} \frac{\Delta y}{\Delta x} = \lim_{\Delta x \to 0} \frac{f(x_0 + \Delta x) - f(x_0)}{\Delta x}$$

$$= \lim_{h \to 0} \frac{f(x_0 + h) - f(x_0)}{h} = \lim_{x \to x_0} \frac{f(x) - f(x_0)}{x - x_0}。$$

2. 左右导数的定义：若函数 $f(x)$ 在 $(x_0 - \delta, x_0)$ 或 $(x_0, x_0 + \delta)$ 内有定义，则

$$f'_-(x_0) = \lim_{\Delta x \to 0^-} \frac{f(x_0 + \Delta x) - f(x_0)}{\Delta x} = \lim_{x \to x_0^-} \frac{f(x) - f(x_0)}{x - x_0},$$

$$f'_+(x_0) = \lim_{\Delta x \to 0^+} \frac{f(x_0 + \Delta x) - f(x_0)}{\Delta x} = \lim_{x \to x_0^+} \frac{f(x) - f(x_0)}{x - x_0}。$$

3. 函数 $f(x)$ 在 x_0 点可导的充要条件是 $f'_+(x_0) = f'_-(x_0)$。

4. 判断一元函数在一点处不可导的方法：

(1) 函数 $f(x)$ 在 $x = x_0$ 点处不连续；

(2) $f'_+(x_0)$ 和 $f'_-(x_0)$ 至少有一个不存在；

(3) $f'_+(x_0)$ 和 $f'_-(x_0)$ 都存在，但 $f'_+(x_0) \neq f'_-(x_0)$。

5. 有限增量公式：若函数 $f(x)$ 在 x_0 点可导，则

(1) $\Delta y = f'(x_0)\Delta x + o(\Delta x)$；

(2) $\Delta y = f'(x_0)\Delta x + \omega(x)\Delta x$，其中 $\lim\limits_{x \to x_0} \omega(x) = \omega(x_0) = 0$；

(3) $f(x) = f(x_0) + f'(x_0)(x - x_0) + o(x - x_0)$；

(4) $f(x) = f(x_0) + f'(x_0)(x - x_0) + \omega(x)(x - x_0)$，其中 $\lim\limits_{x \to x_0} \omega(x) = \omega(x_0) = 0$。

6. 微分的定义：函数 $f(x)$ 在 x_0 点及其附近有定义，若 $\Delta y = A\Delta x + o(\Delta x)$（其中 A 是与 Δx 无关的常数），则称函数 $f(x)$ 在 x_0 点可微，且 $\mathrm{d}y|_{x=x_0} = A\Delta x$。

7. 局部线性化（以直代曲）：函数 $y = f(x)$ 在 $x = x_0$ 处可导，在 x_0 点及其附近用切线近似代替曲线，其误差仅为 $o(x - x_0)$，即 $f(x) = f(x_0) + f'(x_0)(x - x_0) + o(x - x_0)$ $(x \to x_0)$，称为函数 $f(x)$ 在 $(x_0, f(x_0))$ 处可以局部线性化（以直代曲）。

8. 一元函数可微、可导与连续的关系：

(1) 函数 $f(x)$ 在 x_0 点可微的充要条件是 $f(x)$ 在 x_0 点可导，且 $dy|_{x=x_0} = f'(x_0)dx$。

(2) 函数 $f(x)$ 在 x_0 点可微（可导），则 $f(x)$ 在 x_0 点一定连续。

(3) 函数 $f(x)$ 在 x_0 点连续，但 $f(x)$ 在 x_0 点不一定可微（可导），有以下几种情况：

① $f'_+(x_0)$ 和 $f'_-(x_0)$ 都存在，但 $f'_+(x_0) \neq f'_-(x_0)$，称点 x_0 为函数 $f(x)$ 的角点；

② $f'(x_0) = \infty$，称函数 $f(x)$ 在点 x_0 处有无穷导数（几何上有铅直切线）；

③ $f'(x_0) = \infty$，但点 x_0 处的两个单侧导数异号，称点 x_0 为函数 $f(x)$ 的尖点；

④ $f'_+(x_0)$ 和 $f'_-(x_0)$ 不存在，且 $f'_+(x_0)$ 和 $f'_-(x_0)$ 都无限振荡。

9. 导函数的定义：若函数 $f(x)$ 在区间 I 上有定义，则

$$f'(x) = \lim_{\Delta x \to 0} \frac{f(x + \Delta x) - f(x)}{\Delta x} = \lim_{h \to 0} \frac{f(x + h) - f(x)}{h}, \quad x \in I。$$

若函数 $f(x)$ 在开区间 (a,b) 内每一点都可导，称 $f(x)$ 在开区间 (a,b) 内可导；若 $f(x)$ 在开区间 (a,b) 内可导，且 $f'_+(a)$ 和 $f'_-(b)$ 存在，称 $f(x)$ 在闭区间 $[a,b]$ 上可导。

10. 高阶导数的定义：若函数 $f(x)$ 在 $x = x_0$ 点及其附近可导，则

$$f''(x_0) = \lim_{\Delta x \to 0} \frac{f'(x_0 + \Delta x) - f'(x_0)}{\Delta x} = \lim_{x \to x_0} \frac{f'(x) - f'(x_0)}{x - x_0}。$$

对于 $n \geq 2$，可以归纳地定义函数 $y = f(x)$ 的 n 阶导数 $\dfrac{d^n y}{dx^n} = f^{(n)}(x) = (f^{(n-1)}(x))'$。

11. 导函数的性质：

(1) 可导的偶函数的导函数为奇函数；

(2) 可导的奇函数的导函数为偶函数；

(3) 可导的周期函数的导函数仍为相同周期的周期函数。

12. 达布定理：若函数 $f(x)$ 在闭区间 $[a,b]$ 上可导，则对介于 $f'_+(a)$ 和 $f'_-(b)$ 之间的任意常数 C，必存在点 $\xi \in [a,b]$，使得 $f'(\xi) = C$。

13. 若函数 $f(x)$ 在开区间 (a,b) 内可导，且 $f'(x) \neq 0$，则 $f(x)$ 在开区间 (a,b) 内单调。

14. 函数在一点处的单侧导数与导函数在该点处的单侧极限是两个不同的概念，单侧导数存在时，导函数的单侧极限不一定存在。

15. 单侧导数极限定理：若函数 $f(x)$ 在开区间 (a,b) 内可导，在点 a 处右连续，导函数 $f'(x)$ 在点 a 处存在右极限 $f'(a^+) = A$（A 为有限数或 $\pm\infty$），则 $f(x)$ 在点 a 处一定存在右导数 $f'_+(a)$，且 $f'_+(a) = f'(a^+) = A$，即 $f'(x)$ 在点 a 处右连续。

16. 导数极限定理：若函数 $f(x)$ 在点 a 的邻域 $U(a)$ 内连续，在 $\mathring{U}(a)$ 内可导，若导函数 $f'(x)$ 在点 a 处存在极限，则 $f(x)$ 在点 a 处可导，且 $f'(x)$ 在点 a 处连续。

17. 若函数 $f(x)$ 在 (a,b) 内可导，则导函数 $f'(x)$ 在 (a,b) 内不会有第一类间断点。在 (a,b) 内的导函数可以存在第二类间断点，例如 $f(x) = \begin{cases} x^2 \sin \dfrac{1}{x}, & x \neq 0, \\ 0, & x = 0。 \end{cases}$

18. 若函数 $f(x)$ 在 (a,b) 内可导，导函数 $f'(x)$ 在 (a,b) 内单调，则 $f'(x)$ 在 (a,b) 内连续。

19. **导数的四则运算法则**：设 $u=u(x),v=v(x)$ 都是可导函数，C 为常数，则

(1) $(u\pm v)'=u'\pm v'$;   (2) $(Cu)'=Cu'$;

(3) $(uv)'=u'v+uv'$;   (4) $\left(\dfrac{u}{v}\right)'=\dfrac{u'v-uv'}{v^2}$。

20. **高阶导数的运算法则**：设函数 $u=u(x),v=v(x)$ 都具有 n 阶导数，则

(1) $(u\pm v)^{(n)}=u^{(n)}\pm v^{(n)}$;

(2) $(Cu)^{(n)}=Cu^{(n)}$;

(3) Leibniz 公式：$(uv)^{(n)}=\displaystyle\sum_{k=0}^{n}C_n^k u^{(n-k)}v^{(k)}$。

21. **常用函数的高阶导数公式**：

(1) $(a^x)^{(n)}=a^x\ln^n a\,(a>0)$，特别地，$(e^x)^{(n)}=e^x$;

(2) $(\sin kx)^{(n)}=k^n\sin\left(kx+n\cdot\dfrac{\pi}{2}\right)$;

(3) $(\cos kx)^{(n)}=k^n\cos\left(kx+n\cdot\dfrac{\pi}{2}\right)$;

(4) $(x^\alpha)^{(n)}=\alpha(\alpha-1)\cdots(\alpha-n+1)x^{\alpha-n}$，特别地，$\left(\dfrac{1}{x}\right)^{(n)}=(-1)^n\dfrac{n!}{x^{n+1}}$;

(5) $(\ln x)^{(n)}=(-1)^{n-1}\dfrac{(n-1)!}{x^n}$;

(6) $(e^{ax}\sin bx)^{(n)}=(a^2+b^2)^{\frac{n}{2}}\cdot e^{ax}\sin(bx+n\varphi)$，其中 $\varphi=\arctan\dfrac{b}{a}$。

22. **反函数求导法则**：设 $x=\varphi(y)$ 在区间 I_y 内单调、可导且 $\varphi'(y)\neq0$，则它的反函数 $y=f(x)$ 在 $I_x=f(I_y)$ 内也可导，且 $f'(x)=\dfrac{1}{\varphi'(y)}$，或 $\dfrac{\mathrm{d}y}{\mathrm{d}x}=\dfrac{1}{\dfrac{\mathrm{d}x}{\mathrm{d}y}}$。

23. **复合函数求导法则**：设 $u=\varphi(x)$ 在 $x=x_0$ 点可导，$y=f(u)$ 在 $u_0=\varphi(x_0)$ 处可导，则复合函数 $y=f[\varphi(x)]$ 在 $x=x_0$ 点可导，且 $(f[\varphi(x)])'|_{x=x_0}=f'(u_0)\varphi'(x_0)$ 或 $\dfrac{\mathrm{d}y}{\mathrm{d}x}=\dfrac{\mathrm{d}y}{\mathrm{d}u}\cdot\dfrac{\mathrm{d}u}{\mathrm{d}x}$。

24. **参数方程求导法**：设函数 $x=\varphi(t),y=\psi(t)$ 在区间 (a,b) 内处处可导，且 $\varphi'(t)\neq0$，则

(1) $x=\varphi(t)$ 是区间 (a,b) 上的严格单调连续函数，一定存在反函数 $t=\varphi^{-1}(x)$;

(2) 参数方程 $x=\varphi(t),y=\psi(t)$ 可以确定函数关系 $y=y(x)=\psi(\varphi^{-1}(x))$;

(3) 函数 $y=y(x)$ 可导，且 $y'(x)=\dfrac{\psi'(t)}{\varphi'(t)}\bigg|_{t=\varphi^{-1}(x)}$;

(4) 如果 $x=\varphi(t),y=\psi(t)$ 在区间 (a,b) 内二阶可导，且 $\varphi'(t)\neq0$，则 $y''(x)=\dfrac{\psi''(t)\varphi'(t)-\psi'(t)\varphi''(t)}{(\varphi'(t))^3}$。

25. **微分形式不变性**：设函数 $y=f(u)$，无论 u 为中间变量还是自变量，微分形式

$\mathrm{d}y = f'(u)\mathrm{d}u$ 总是保持不变。

26. 微分的四则运算法则：设 $u=u(x)$，$v=v(x)$ 都是可导函数，C 为常数，则

(1) $\mathrm{d}(u\pm v)=\mathrm{d}u\pm\mathrm{d}v$；　　　　　　　(2) $\mathrm{d}(Cu)=C\mathrm{d}u$；

(3) $\mathrm{d}(uv)=v\mathrm{d}u+u\mathrm{d}v$；　　　　　　　(4) $\mathrm{d}\left(\dfrac{u}{v}\right)=\dfrac{v\mathrm{d}u-u\mathrm{d}v}{v^2}$。

27. 偏导数的定义：若函数 $z=f(x,y)$ 在点 (x_0,y_0) 的邻域内有定义，则

$$f_x(x_0)=\lim_{\Delta x\to 0}\frac{\Delta_x z}{\Delta x}=\lim_{\Delta x\to 0}\frac{f(x_0+\Delta x,y_0)-f(x_0,y_0)}{\Delta x},$$

$$f_y(x_0)=\lim_{\Delta y\to 0}\frac{\Delta_y z}{\Delta y}=\lim_{\Delta y\to 0}\frac{f(x_0,y_0+\Delta y)-f(x_0,y_0)}{\Delta y}。$$

28. 高阶偏导数的定义：若函数 $z=f(x,y)$ 在点 (x_0,y_0) 的邻域内存在偏导数，则

$$f_{xx}(x,y)=\frac{\partial^2 z}{\partial x^2}=\frac{\partial}{\partial x}\left(\frac{\partial z}{\partial x}\right),\quad f_{yy}(x,y)=\frac{\partial^2 z}{\partial y^2}=\frac{\partial}{\partial y}\left(\frac{\partial z}{\partial y}\right),$$

$$f_{xy}(x,y)=\frac{\partial^2 z}{\partial x\partial y}=\frac{\partial}{\partial y}\left(\frac{\partial z}{\partial x}\right),\quad f_{yx}(x,y)=\frac{\partial^2 z}{\partial y\partial x}=\frac{\partial}{\partial x}\left(\frac{\partial z}{\partial y}\right)。$$

对于 $n\geqslant 2$，可以归纳地定义函数 $z=f(x,y)$ 的 n 阶导数 $\dfrac{\partial^n z}{\partial x^{n-1}\partial y}=\dfrac{\partial}{\partial y}\left(\dfrac{\partial^{n-1}z}{\partial x^{n-1}}\right)$。

29. 若偏导函数 $f_{xy}(x,y)$ 和 $f_{yx}(x,y)$ 都在点 (x_0,y_0) 连续，则 $f_{xy}(x_0,y_0)=f_{yx}(x_0,y_0)$。

30. 方向导数的定义：若函数 $u=f(x,y,z)$ 在点 $P_0(x_0,y_0,z_0)$ 的邻域内有定义，则

$$\frac{\partial f(P_0)}{\partial l}=\lim_{h\to 0}\frac{\Delta_l u}{h}=\lim_{h\to 0}\frac{f(x_0+h\cos\alpha,y_0+h\cos\beta,z_0+h\cos\gamma)-f(x_0,y_0,z_0)}{h},$$

其中 $\cos\alpha,\cos\beta,\cos\gamma$ 是方向向量 $\boldsymbol{l}$ 的方向余弦。

31. 方向导数的计算公式：$\dfrac{\partial f(P_0)}{\partial l}=\dfrac{\partial f}{\partial x}\cos\alpha+\dfrac{\partial f}{\partial y}\cos\beta+\dfrac{\partial f}{\partial z}\cos\gamma$。

32. 梯度：若 $u=f(x,y,z)$ 在点 (x,y,z) 处偏导存在，则 $\nabla f(x,y,z)=\mathbf{grad}u=\left(\dfrac{\partial f}{\partial x},\dfrac{\partial f}{\partial y},\dfrac{\partial f}{\partial z}\right)$。

33. 函数 f 在点 $P_0(x_0,y_0,z_0)$ 处沿 l 方向的方向导数等于该点的梯度在 l 方向上的投影。若 l 方向的方向余弦为 $\boldsymbol{l}_0=(\cos\alpha,\cos\beta,\cos\gamma)$，则 $\dfrac{\partial f(P_0)}{\partial l}=\mathbf{grad}f(P_0)\cdot\boldsymbol{l}_0$。

34. 设函数 f 在点 $P_0(x_0,y_0,z_0)$ 处可微，则该点的梯度方向是方向导数最大的方向，即沿梯度方向函数增加最快，梯度的模等于该点最大方向导数的值。

35. 全微分的定义：设函数 $z=f(x,y)$ 在点 (x_0,y_0) 的邻域内有定义，如果存在与 $\Delta x,\Delta y$ 无关的常数 A,B，使得 $\Delta z=A\Delta x+B\Delta y+o(\rho)(\rho=\sqrt{(\Delta x)^2+(\Delta y)^2})$，则称函数 $z=f(x,y)$ 在点 (x_0,y_0) 处可微，且 $\mathrm{d}z|_{(x_0,y_0)}=A\Delta x+B\Delta y$。

36. 多元函数可微、偏导数存在与连续的关系：

(1) 函数在某点可微，在该点的偏导数都存在，且 $\mathrm{d}z=\dfrac{\partial z}{\partial x}\mathrm{d}x+\dfrac{\partial z}{\partial y}\mathrm{d}y$。

（2）函数在某点可微，在该点连续。

（3）函数在某点可微，在该点沿任意方向的方向导数都存在。

（4）函数在某点偏导数都存在，在该点不一定可微。

（5）函数在某点连续，在该点不一定可微。

（6）函数在某点的偏导数都存在，不能断定函数在该点连续，甚至不能断定函数在该点的极限存在。

（7）函数在某点连续，偏导数在该点可能存在，可能不存在。

（8）函数在某点沿任意方向的方向导数都存在，函数在该点不一定可微。

（9）函数的偏导函数在某点的邻域内有界，函数在该点连续。

（10）函数的偏导函数在某点的邻域内连续，函数在该点可微。

（11）函数在某点可微，偏导函数在该点不一定连续。

37．判断多元函数在一点处不可微的方法：

（1）函数 $f(x,y)$ 在点 (x_0,y_0) 处不连续；

（2）函数 $f(x,y)$ 在点 (x_0,y_0) 处的偏导数至少有一个不存在；

（3）极限 $\lim\limits_{\rho\to0}\dfrac{\Delta f-f_x(x_0,y_0)\Delta x-f_y(x_0,y_0)\Delta y}{\rho}$ 不存在或存在但不等于零。

38．多元复合函数求导法则：分段用乘，分叉用加，单路全导，叉路偏导。

例如函数 $u=\varphi(x,y)$ 及 $v=\psi(x,y)$ 都在点 (x,y) 具有对 x,y 的偏导数，$z=f(u,v)$ 在对应点 (u,v) 具有连续偏导数，则复合函数 $z=f[\varphi(x,y),\psi(x,y)]$ 在点 (x,y) 的两个偏导数都存在，且

$$\frac{\partial z}{\partial x}=\frac{\partial z}{\partial u}\cdot\frac{\partial u}{\partial x}+\frac{\partial z}{\partial v}\cdot\frac{\partial v}{\partial x},\qquad \frac{\partial z}{\partial y}=\frac{\partial z}{\partial u}\cdot\frac{\partial u}{\partial y}+\frac{\partial z}{\partial v}\cdot\frac{\partial v}{\partial y}\text{。}$$

39．隐函数存在定理

（1）设函数 $F(x,y)$ 在点 $P(x_0,y_0)$ 的某一邻域内具有一阶连续偏导数，且满足 $F(x_0,y_0)=0$，$F_y(x_0,y_0)\neq0$，则方程 $F(x,y)=0$ 在点 $P(x_0,y_0)$ 的某一邻域内能唯一确定一个单值的且具有连续导数的函数 $y=y(x)$，满足 $y_0=y(x_0)$ 和 $\dfrac{\mathrm{d}y}{\mathrm{d}x}=-\dfrac{F_x}{F_y}$。

（2）设 $F(x,y,z)$ 在点 $P(x_0,y_0,z_0)$ 的某一邻域内具有一阶连续偏导数，且 $F(x_0,y_0,z_0)=0$，$F_z(x_0,y_0,z_0)\neq0$，则方程 $F(x,y,z)=0$ 在点 $P(x_0,y_0,z_0)$ 的某一邻域内能唯一确定一个单值、连续且具有连续偏导数的函数 $z=z(x,y)$，满足 $z_0=z(x_0,y_0)$ 和 $\dfrac{\partial z}{\partial x}=-\dfrac{F_x}{F_z}$，$\dfrac{\partial z}{\partial y}=-\dfrac{F_y}{F_z}$。

（3）设 $F(x,y,u,v)$ 和 $G(x,y,u,v)$ 在点 $P(x_0,y_0,u_0,v_0)$ 的某一邻域内具有一阶连续偏导数，且 $F(x_0,y_0,u_0,v_0)=0$，$G(x_0,y_0,u_0,v_0)=0$，$J\big|_P=\dfrac{\partial(F,G)}{\partial(u,v)}\bigg|_P\neq0$，则方程组 $\begin{cases}F(x,y,u,v)=0,\\ G(x,y,u,v)=0\end{cases}$ 在点 $P(x_0,y_0,u_0,v_0)$ 的某一邻域内能唯一确定一组单值且具有连续偏导数的函数 $u=u(x,y)$，$v=v(x,y)$，满足 $u_0=u(x_0,y_0)$ 和 $v_0=v(x_0,y_0)$，且

$$\frac{\partial u}{\partial x}=-\frac{1}{J}\frac{\partial(F,G)}{\partial(x,v)},\quad \frac{\partial u}{\partial y}=-\frac{1}{J}\frac{\partial(F,G)}{\partial(y,v)},\quad \frac{\partial v}{\partial x}=-\frac{1}{J}\frac{\partial(F,G)}{\partial(u,x)},\quad \frac{\partial v}{\partial y}=-\frac{1}{J}\frac{\partial(F,G)}{\partial(u,y)}\text{。}$$

（4）反函数存在定理：设 $x=x(u,v)$ 和 $y=y(u,v)$ 在点 (u,v) 的某一邻域内具有一阶连续偏导数，且 $\dfrac{\partial(x,y)}{\partial(u,v)}\neq 0$，则函数组 $\begin{cases}x=x(u,v),\\y=y(u,v)\end{cases}$ 在点 (u,v) 对应的点 (x,y) 的某一邻域内能唯一确定一组单值且具有连续偏导数的反函数 $u=u(x,y),v=v(x,y)$，且

$$\frac{\partial u}{\partial x}=\frac{1}{J}\frac{\partial y}{\partial v},\quad \frac{\partial u}{\partial y}=-\frac{1}{J}\frac{\partial x}{\partial v},\quad \frac{\partial v}{\partial x}=-\frac{1}{J}\frac{\partial y}{\partial u},\quad \frac{\partial v}{\partial y}=\frac{1}{J}\frac{\partial x}{\partial u}。$$

典型例题

一、利用导数定义计算一元函数在某点的导数

例 4.1　函数 $y=y(x)$ 是由方程 $\begin{cases}x=2t+|t|,\\y=5t^2+3t|t|\end{cases}$ 确定，求 $\dfrac{\mathrm{d}y}{\mathrm{d}x}\Big|_{x=0}$。

【解】　由导数的定义知

$$\frac{\mathrm{d}y}{\mathrm{d}x}\Big|_{x=0}=\lim_{\Delta x\to 0}\frac{\Delta y}{\Delta x}=\lim_{\Delta t\to 0}\frac{y(0+\Delta t)-y(0)}{x(0+\Delta t)-x(0)}=\lim_{\Delta t\to 0}\frac{5(\Delta t)^2+3\Delta t\,|\,\Delta t\,|}{2\Delta t+|\,\Delta t\,|},$$

因为

$$\lim_{\Delta t\to 0^+}\frac{5(\Delta t)^2+3\Delta t\,|\,\Delta t\,|}{2\Delta t+|\,\Delta t\,|}=\lim_{\Delta t\to 0^+}\frac{8(\Delta t)^2}{3\Delta t}=0,$$

$$\lim_{\Delta t\to 0^-}\frac{5(\Delta t)^2+3\Delta t\,|\,\Delta t\,|}{2\Delta t+|\,\Delta t\,|}=\lim_{\Delta t\to 0^-}\frac{2(\Delta t)^2}{\Delta t}=0,$$

所以 $\dfrac{\mathrm{d}y}{\mathrm{d}x}\Big|_{x=0}=0$。

例 4.2　设函数 $f(x)=\dfrac{1}{\pi x}+\dfrac{1}{(1-x)\sin\pi x}-\dfrac{1}{\pi(1-x)^2},x\in\left[\dfrac{1}{2},1\right)$。

（1）如何补充定义 $f(1)$，使得 $f(x)$ 在 $\left[\dfrac{1}{2},1\right)$ 上连续？

（2）在（1）的补充定义下，求 $f'_-(1)$。

【解】　（1）由于 $f(x)$ 在 $\left[\dfrac{1}{2},1\right)$ 上连续，故只要补充定义 $f(1)=\lim\limits_{x\to 1^-}f(x)$。

$$\lim_{x\to 1^-}f(x)=\lim_{x\to 1^-}\left(\frac{1}{\pi x}+\frac{1}{(1-x)\sin\pi x}-\frac{1}{\pi(1-x)^2}\right)$$

$$=\frac{1}{\pi}+\frac{1}{\pi}\lim_{x\to 1^-}\frac{\pi(1-x)-\sin\pi x}{(1-x)^2\sin\pi x}\xlongequal{t=1-x}\frac{1}{\pi}+\frac{1}{\pi}\lim_{t\to 0^+}\frac{\pi t-\sin\pi t}{t^2\sin\pi t}$$

$$=\frac{1}{\pi}+\frac{1}{\pi}\lim_{t\to 0^+}\frac{\pi t-\sin\pi t}{\pi t^3}=\frac{1}{\pi}+\frac{1}{\pi}\lim_{t\to 0^+}\frac{1-\cos\pi t}{3t^2}=\frac{1}{\pi}+\frac{\pi}{6},$$

因此补充定义 $f(1)=\dfrac{1}{\pi}+\dfrac{\pi}{6}$，使得 $f(x)$ 在 $\left[\dfrac{1}{2},1\right)$ 上连续。

（2）$f'_-(1)=\lim\limits_{x\to 1^-}\dfrac{f(x)-f(1)}{x-1}=\lim\limits_{x\to 1^-}\dfrac{\dfrac{1}{\pi x}+\dfrac{1}{(1-x)\sin\pi x}-\dfrac{1}{\pi(1-x)^2}-\left(\dfrac{1}{\pi}+\dfrac{\pi}{6}\right)}{x-1}$

$$= \lim_{x \to 1^{-}} \frac{\frac{1}{\pi x} - \frac{1}{\pi}}{x-1} + \lim_{x \to 1^{-}} \frac{\frac{1}{(1-x)\sin\pi x} - \frac{1}{\pi(1-x)^2} - \frac{\pi}{6}}{x-1}$$

$$= -\frac{1}{\pi} - \frac{1}{\pi} \lim_{x \to 1^{-}} \frac{\pi(1-x) - \sin\pi x - \frac{1}{6}\pi^2(1-x)^2\sin\pi x}{(1-x)^3\sin\pi x}$$

$$\xlongequal{t=1-x} -\frac{1}{\pi} - \frac{1}{\pi} \lim_{t \to 0^{+}} \frac{\pi t - \sin\pi t - \frac{1}{6}\pi^2 t^2\sin\pi t}{t^3\sin\pi t}$$

$$= -\frac{1}{\pi} - \frac{1}{\pi} \lim_{t \to 0^{+}} \frac{\pi t - \sin\pi t - \frac{1}{6}\pi^2 t^2\sin\pi t}{\pi t^4},$$

当 $t \to 0^{+}$ 时，

$$\pi t - \sin\pi t - \frac{1}{6}\pi^2 t^2\sin\pi t = \pi t - \left(\pi t - \frac{1}{3!}\pi^3 t^3 + o(t^4)\right) - \frac{1}{6}\pi^2 t^2(\pi t + o(t^2)) = o(t^4),$$

因此 $f'_{-}(1) = -\dfrac{1}{\pi}$。

例 4.3　设函数 $f(x)$ 在 $x=0$ 处连续，$f(0)=0$，且 $\displaystyle\lim_{x \to 0} \frac{f(3x)-f(x)}{x} = a$，证明 $f'(0) = \dfrac{a}{2}$。

【证】　由 $\displaystyle\lim_{x \to 0} \frac{f(3x)-f(x)}{x} = a$，得

$$\lim_{x \to 0^{+}} \frac{f(3x)-f(x)}{x} = a,$$

即对 $\forall \varepsilon > 0$，$\exists \delta > 0$，当 $0 < x < \delta$ 时，有

$$\left| \frac{f(3x)-f(x)}{x} - a \right| < \varepsilon,$$

即

$$x(a-\varepsilon) < f(3x) - f(x) < x(a+\varepsilon)。$$

取 $x \to \dfrac{x}{3}, \dfrac{x}{3^2}, \cdots, \dfrac{x}{3^n}$，得

$$\frac{x}{3}(a-\varepsilon) < f(x) - f\left(\frac{x}{3}\right) < \frac{x}{3}(a+\varepsilon),$$

$$\frac{x}{3^2}(a-\varepsilon) < f\left(\frac{x}{3}\right) - f\left(\frac{x}{3^2}\right) < \frac{x}{3^2}(a+\varepsilon),$$

$$\frac{x}{3^3}(a-\varepsilon) < f\left(\frac{x}{3^2}\right) - f\left(\frac{x}{3^3}\right) < \frac{x}{3^3}(a+\varepsilon),$$

$$\vdots$$

$$\frac{x}{3^n}(a-\varepsilon) < f\left(\frac{x}{3^{n-1}}\right) - f\left(\frac{x}{3^n}\right) < \frac{x}{3^n}(a+\varepsilon),$$

将上述不等式相加,得

$$\frac{x}{3}(a-\varepsilon) \cdot \frac{1-\frac{1}{3^n}}{1-\frac{1}{3}} < f(x)-f\left(\frac{x}{3^n}\right) < \frac{x}{3}(a+\varepsilon) \cdot \frac{1-\frac{1}{3^n}}{1-\frac{1}{3}},$$

令 $n \to \infty$,对上式各边取极限,得

$$\frac{1}{2}(a-\varepsilon)x < f(x)-\lim_{n\to\infty}f\left(\frac{x}{3^n}\right) < \frac{1}{2}(a+\varepsilon)x,$$

因为函数 $f(x)$ 在 $x=0$ 处连续,且 $f(0)=0$,故 $\lim\limits_{n\to\infty}f\left(\frac{x}{3^n}\right)=0$,从而

$$\frac{1}{2}(a-\varepsilon)x < f(x) < \frac{1}{2}(a+\varepsilon)x,$$

即

$$-\frac{1}{2}\varepsilon < \frac{f(x)-f(0)}{x}-\frac{a}{2} < \frac{1}{2}\varepsilon,$$

对 $\forall \varepsilon>0$,$\exists \delta>0$,当 $0<x<\delta$ 时,有

$$\left|\frac{f(x)-f(0)}{x}-\frac{a}{2}\right| < \frac{\varepsilon}{2},$$

所以

$$f'_+(0) = \lim_{x\to 0^+}\frac{f(x)-f(0)}{x} = \frac{a}{2}。$$

类似可证,$f'_-(0)=\frac{a}{2}$,从而 $f'(0)=\frac{a}{2}$。

例 4.4 设 $f(x)$ 为定义在 $-1<x<1$ 的实值函数,且 $f'(0)$ 存在,又 $\{a_n\}$,$\{b_n\}$ 是两个数列,满足 $-1<a_n<0<b_n<1$,$\lim\limits_{n\to\infty}a_n = \lim\limits_{n\to\infty}b_n=0$,证明 $\lim\limits_{n\to\infty}\frac{f(b_n)-f(a_n)}{b_n-a_n}=f'(0)$。

【证】 由 $f'(0) = \lim\limits_{x\to 0}\frac{f(x)-f(0)}{x}$ 知,对 $\forall \varepsilon>0$,$\exists 0<\delta<1$,当 $0<|x|<\delta$ 时,有

$$\left|\frac{f(x)-f(0)}{x}-f'(0)\right| < \varepsilon。$$

由已知 $\lim\limits_{n\to\infty}a_n = \lim\limits_{n\to\infty}b_n=0$,则对于上述 δ,$\exists N>0$,当 $n>N$ 时有 $0<|a_n|<\delta$ 和 $0<|b_n|<\delta$ 成立,则对于 $n>N$ 有

$$\left|\frac{f(a_n)-f(0)}{a_n}-f'(0)\right| < \varepsilon \quad \text{和} \quad \left|\frac{f(b_n)-f(0)}{b_n}-f'(0)\right| < \varepsilon。$$

因为

$$\frac{f(b_n)-f(a_n)}{b_n-a_n} = \frac{b_n}{b_n-a_n} \cdot \frac{f(b_n)-f(0)}{b_n} - \frac{a_n}{b_n-a_n} \cdot \frac{f(a_n)-f(0)}{a_n},$$

记 $\lambda_n = \frac{b_n}{b_n-a_n}$,则 $-\frac{a_n}{b_n-a_n}=1-\lambda_n$,其中 $0<\lambda_n<1$,$0<1-\lambda_n<1$,则

$$\frac{f(b_n)-f(a_n)}{b_n-a_n} = \lambda_n\frac{f(b_n)-f(0)}{b_n} + (1-\lambda_n)\frac{f(a_n)-f(0)}{a_n},$$

从而 $\forall \varepsilon > 0, \exists N > 0$，当 $n > N$ 时，有

$$\left| \frac{f(b_n) - f(a_n)}{b_n - a_n} - f'(0) \right|$$

$$\leqslant \lambda_n \left| \frac{f(b_n) - f(0)}{b_n} - f'(0) \right| + (1 - \lambda_n) \left| \frac{f(a_n) - f(0)}{a_n} - f'(0) \right|$$

$$< \lambda_n \varepsilon + (1 - \lambda_n) \varepsilon = \varepsilon,$$

即

$$\lim_{n \to \infty} \frac{f(b_n) - f(a_n)}{b_n - a_n} = f'(0)。$$

二、利用 Taylor 公式计算一元函数在某点的导数

例 4.5 设函数 $f(x) = (1+x)^{\frac{1}{x}}$ $(x > 0)$，证明 $f(x) = \mathrm{e} + Ax + Bx^2 + o(x^2)$ $(x \to 0^+)$，并求 $f'(0), f''(0)$。

【解】 将函数 $f(x)$ $(x \to 0^+)$ 展开为带 Peano 余项的二阶麦克劳林公式，得

$$f(x) = (1+x)^{\frac{1}{x}} = \mathrm{e}^{\frac{1}{x}\ln(1+x)} = \mathrm{e}^{\frac{1}{x}\left(x - \frac{x^2}{2} + \frac{x^3}{3} + o(x^3)\right)} = \mathrm{e}^{1 - \frac{x}{2} + \frac{x^2}{3} + o(x^2)}$$

$$= \mathrm{e} \cdot \mathrm{e}^{-\frac{x}{2} + \frac{x^2}{3} + o(x^2)} = \mathrm{e} \cdot \left(1 - \frac{x}{2} + \frac{x^2}{3} + o(x^2) + \frac{1}{2!}\left(-\frac{x}{2}\right)^2\right)$$

$$= \mathrm{e} \cdot \left(1 - \frac{x}{2} + \frac{11}{24}x^2 + o(x^2)\right) = \mathrm{e} - \frac{\mathrm{e}}{2}x + \frac{11}{24}\mathrm{e}x^2 + o(x^2),$$

则 $A = -\dfrac{\mathrm{e}}{2}, B = \dfrac{11}{24}\mathrm{e}$，从而

$$f'(0) = A = -\frac{\mathrm{e}}{2}, \quad f''(0) = 2!B = \frac{11}{12}\mathrm{e}。$$

例 4.6 设 $f(x) = \mathrm{e}^{\frac{1}{1+x}}$，求 $f^{(5)}(0)$。

【解】 将函数 $f(x)$ $(x \to 0)$ 展开为带 Peano 余项的五阶麦克劳林公式，得

$$f(x) = \mathrm{e}^{\frac{1}{1+x}} = \mathrm{e} \cdot \mathrm{e}^{-\frac{x}{1+x}}$$

$$= \mathrm{e}\left(1 + \left(-\frac{x}{1+x}\right) + \frac{1}{2!}\left(-\frac{x}{1+x}\right)^2 + \frac{1}{3!}\left(-\frac{x}{1+x}\right)^3 + \right.$$

$$\left. \frac{1}{4!}\left(-\frac{x}{1+x}\right)^4 + \frac{1}{5!}\left(-\frac{x}{1+x}\right)^5 + o(x^5)\right)$$

$$= \mathrm{e}\left(1 - x(1 - x + x^2 - x^3 + x^4 + o(x^4)) + \frac{1}{2}x^2(1 - x + x^2 - x^3 + o(x^3))^2 - \right.$$

$$\left. \frac{1}{6}x^3(1 - x + x^2 + o(x^2))^3 + \frac{1}{24}x^4(1 - x + o(x^2))^4 - \frac{1}{120}x^5(1 + o(1))^5 + o(x^5)\right)$$

$$= \mathrm{e}\left(\cdots + \frac{1}{2}\left(-1 - 2 - 1 - \frac{1}{6} - \frac{1}{120}\right)x^5 + o(x^5)\right) = \mathrm{e}\left(\cdots - \frac{501}{120}x^5 + o(x^5)\right),$$

所以

$$f^{(5)}(0) = 5! \times \left(-\frac{501}{120}\right)\mathrm{e} = -501\mathrm{e}。$$

例 4.7　设 $y=y(x)$ 是由方程 $x^3+y^3+xy-1=0$ 确定的隐函数，求 $y^{(3)}(0)$。

【解】　设 $y(x)=a_0+a_1x+a_2x^2+a_3x^3+o(x^3)(x\to0)$，代入隐函数方程，得

$$x^3+(a_0+a_1x+a_2x^2+a_3x^3+o(x^3))^3+x(a_0+a_1x+a_2x^2+a_3x^3+o(x^3))-1=0,$$

即

$$a_0^3+(3a_0^2a_1+a_0)x+(a_1+3a_0^2a_2+3a_0a_1^2)x^2+$$
$$(1+3a_0^2a_3+6a_0a_1a_2+a_1^3+a_2)x^3+o(x^3)=1,$$

比较两端 x 各次项的系数，得

$$\begin{cases}a_0^3=1,\\3a_0^2a_1+a_0=0,\\a_1+3a_0^2a_2+3a_0a_1^2=0,\\1+3a_0^2a_3+6a_0a_1a_2+a_1^3+a_2=0,\end{cases}$$

解得 $a_0=1,a_1=-\dfrac{1}{3},a_2=0,a_3=-\dfrac{26}{81}$，因此

$$y^{(3)}(0)=3!\times\left(-\frac{26}{81}\right)=-\frac{52}{27}。$$

例 4.8　设 $f(x)=\dfrac{1+2x-x^2}{\sqrt{1-x}}$，求 $f^{(n)}(0)$。

【解】　因为

$$f(x)=\frac{1+2x-x^2}{\sqrt{1-x}}=(1+2x-x^2)(1-x)^{-\frac{1}{2}}$$

$$=(1+2x-x^2)\Big(1+\Big(-\frac{1}{2}\Big)(-x)+\cdots+$$

$$\frac{1}{(n-2)!}\Big(-\frac{1}{2}\Big)\Big(-\frac{1}{2}-1\Big)\cdots\Big(-\frac{1}{2}-n+3\Big)(-x)^{n-2}+$$

$$\frac{1}{(n-1)!}\Big(-\frac{1}{2}\Big)\Big(-\frac{1}{2}-1\Big)\cdots\Big(-\frac{1}{2}-n+2\Big)(-x)^{n-1}+$$

$$\frac{1}{n!}\Big(-\frac{1}{2}\Big)\Big(-\frac{1}{2}-1\Big)\cdots\Big(-\frac{1}{2}-n+1\Big)(-x)^n+o(x^n)\Big)$$

$$=1+\frac{5}{2}x+\frac{3}{8}x^2+\cdots+\Big(\frac{(-1)^n}{n!}\Big(-\frac{1}{2}\Big)\Big(-\frac{1}{2}-1\Big)\cdots\Big(-\frac{1}{2}-n+1\Big)+$$

$$2\cdot\frac{(-1)^{n-1}}{(n-1)!}\Big(-\frac{1}{2}\Big)\Big(-\frac{1}{2}-1\Big)\cdots\Big(-\frac{1}{2}-n+2\Big)-$$

$$\frac{(-1)^{n-2}}{(n-2)!}\Big(-\frac{1}{2}\Big)\Big(-\frac{1}{2}-1\Big)\cdots\Big(-\frac{1}{2}-n+3\Big)\Big)x^n+o(x^n),$$

所以 $f'(0)=\dfrac{5}{2},f''(0)=2!\times\dfrac{3}{8}=\dfrac{3}{4}$，且

$$f^{(n)}(0)=n!\Big(\frac{(-1)^n}{n!}\Big(-\frac{1}{2}\Big)\Big(-\frac{1}{2}-1\Big)\cdots\Big(-\frac{1}{2}-n+1\Big)+$$

$$2 \cdot \frac{(-1)^{n-1}}{(n-1)!}\left(-\frac{1}{2}\right)\left(-\frac{1}{2}-1\right)\cdots\left(-\frac{1}{2}-n+2\right)-$$

$$\frac{(-1)^{n-2}}{(n-2)!}\left(-\frac{1}{2}\right)\left(-\frac{1}{2}-1\right)\cdots\left(-\frac{1}{2}-n+3\right)\bigg)$$

$$=n!\left(\frac{1\cdot 3\cdots(2n-1)}{2^n n!}+2\cdot\frac{1\cdot 3\cdots(2n-3)}{2^{n-1}(n-1)!}-\frac{1\cdot 3\cdots(2n-5)}{2^{n-2}(n-2)!}\right)$$

$$=\frac{1\cdot 3\cdots(2n-5)}{2^{n-2}}\left(\frac{(2n-3)(2n-1)}{4}+2\cdot\frac{n(2n-3)}{2}-n(n-1)\right)$$

$$=\frac{1\cdot 3\cdots(2n-5)}{2^{n-2}}\left(n^2-2n+\frac{3}{8}\right).$$

例 4.9 （1）设 $P_n(x)=\dfrac{1}{2^n n!}\cdot\dfrac{\mathrm{d}^n}{\mathrm{d}x^n}(x^2-1)^n$，证明 $P_n(x)$ 的最高次幂的系数为 $\dfrac{(2n)!}{2^n(n!)^2}$，且 $P_n(x)$ 满足方程 $(x^2-1)P_n''(x)+2xP_n'(x)-n(n+1)P_n(x)=0$ 及初始条件 $P_n(1)=1,P_n(-1)=(-1)^n$。

（2）设函数 $f(x)=\sin^2(x^2+1)$，求 $f(x)$ 的麦克劳林展开式，并求 $f^{(n)}(0)\,(n=1,2,\cdots)$。

【证】　（1）因为 $(x^2-1)^n$ 的最高次幂为 $2n$，所以 $\dfrac{\mathrm{d}^n}{\mathrm{d}x^n}(x^2-1)^n$ 的最高次幂的系数为

$$2n\cdot(2n-1)\cdots(n+1)=\frac{(2n)!}{n!},$$

从而 $P_n(x)$ 的最高次幂的系数为 $\dfrac{(2n)!}{2^n(n!)^2}$。由 Leibniz 公式，得

$$P_n(x)=\frac{1}{2^n n!}\left((x+1)^n(x-1)^n\right)^{(n)}$$

$$=\frac{1}{2^n n!}\left((x+1)^n\left((x-1)^n\right)^{(n)}+\mathrm{C}_n^1\left((x+1)^n\right)'\left((x-1)^n\right)^{(n-1)}+\cdots+\right.$$

$$\left.\mathrm{C}_n^n\left((x+1)^n\right)^{(n)}(x-1)^n\right)$$

$$=\frac{1}{2^n n!}\left((x+1)^n n!+\mathrm{C}_n^1\left((x+1)^n\right)'\left((x-1)^n\right)^{(n-1)}+\cdots+\mathrm{C}_n^n n!(x-1)^n\right),$$

大括号中除首尾两项外，每项中都含有 $(x+1)(x-1)$ 的因子，故 $P_n(1)=1,P_n(-1)=(-1)^n$。

令 $y=(x^2-1)^n$，则 $y'=2nx(x^2-1)^{n-1}$，从而

$$(x^2-1)y'=2nxy,$$

上式两端对 x 求 $n+1$ 次导数，得

$$(x^2-1)y^{(n+2)}+2(n+1)xy^{(n+1)}+n(n+1)y^{(n)}=2nxy^{(n+1)}+2n(n+1)y^{(n)},$$

即

$$(x^2-1)y^{(n+2)}+2xy^{(n+1)}-n(n+1)y^{(n)}=0,$$

注意到 $y^{(n)}=2^n n!P_n(x)$，则

$$(x^2-1)P_n''(x)+2xP_n'(x)-n(n+1)P_n(x)=0_\circ$$

(2) 因为

$$f(x)=\sin^2(x^2+1)=\frac{1}{2}-\frac{1}{2}\cos(2x^2+2)=\frac{1}{2}-\frac{1}{2}(\cos2\cos2x^2-\sin2\sin2x^2)$$

$$=\frac{1}{2}-\frac{1}{2}\cos2\sum_{k=0}^{\infty}\frac{(-1)^k(2x^2)^{2k}}{(2k)!}+\frac{1}{2}\sin2\sum_{k=1}^{\infty}\frac{(-1)^{k-1}(2x^2)^{2k-1}}{(2k-1)!}$$

$$=\frac{1}{2}(1-\cos2)+\sum_{k=1}^{\infty}\frac{(-1)^{k-1}2^{2k-2}\sin2}{(2k-1)!}x^{4k-2}+\sum_{k=1}^{\infty}\frac{(-1)^{k-1}2^{2k-1}\cos2}{(2k)!}x^{4k},$$

所以 $f(0)=\frac{1}{2}-\frac{1}{2}\cos2$,且

$$f^{(n)}(0)=\begin{cases}0, & n=2k-1,\\[2mm]\dfrac{(-1)^{k-1}2^{2k-2}(4k-2)!}{(2k-1)!}\sin2, & n=4k-2,\\[2mm]\dfrac{(-1)^{k-1}2^{2k-1}(4k)!}{(2k)!}\cos2, & n=4k,\end{cases}\quad k\in\mathbf{N}^+_\circ$$

三、利用求导法则计算一元函数的导函数

例 4.10　设 $u=f(\varphi(x)+y^2)$,其中 x,y 满足方程 $y+\mathrm{e}^y=x$,其中 f,φ 均二阶可导,求 $\dfrac{\mathrm{d}^2u}{\mathrm{d}x^2}$。

【解】　方程 $y+\mathrm{e}^y=x$ 两边同时对 x 求导,得

$$\frac{\mathrm{d}y}{\mathrm{d}x}(1+\mathrm{e}^y)=1,\quad 即\quad \frac{\mathrm{d}y}{\mathrm{d}x}=\frac{1}{1+\mathrm{e}^y},$$

则

$$\frac{\mathrm{d}^2y}{\mathrm{d}x^2}=-\frac{\mathrm{e}^y}{(1+\mathrm{e}^y)^2}\cdot\frac{\mathrm{d}y}{\mathrm{d}x}=-\frac{\mathrm{e}^y}{(1+\mathrm{e}^y)^3}_\circ$$

因此

$$\frac{\mathrm{d}u}{\mathrm{d}x}=f'(\varphi(x)+y^2)\left(\varphi'(x)+2y\frac{\mathrm{d}y}{\mathrm{d}x}\right)=f'(\varphi(x)+y^2)\left(\varphi'(x)+\frac{2y}{1+\mathrm{e}^y}\right),$$

$$\frac{\mathrm{d}^2u}{\mathrm{d}x^2}=f''(\varphi(x)+y^2)\left(\varphi'(x)+2y\frac{\mathrm{d}y}{\mathrm{d}x}\right)^2+$$

$$f'(\varphi(x)+y^2)\left(\varphi''(x)+2\left(\frac{\mathrm{d}y}{\mathrm{d}x}\right)^2+2y\frac{\mathrm{d}^2y}{\mathrm{d}x^2}\right)$$

$$=f''(\varphi(x)+y^2)\left(\varphi'(x)+\frac{2y}{1+\mathrm{e}^y}\right)^2+$$

$$f'(\varphi(x)+y^2)\left(\varphi''(x)+\frac{2}{(1+\mathrm{e}^y)^2}-\frac{2y\mathrm{e}^y}{(1+\mathrm{e}^y)^3}\right)_\circ$$

例 4.11　设 a,b 为非零常数,$y=\mathrm{e}^{ax}\sin bx$,求 $y^{(n)}$。

【解1】　记 $\varphi=\arctan\dfrac{b}{a}$,则

$$y' = a\mathrm{e}^{ax}\sin bx + b\mathrm{e}^{ax}\cos bx = \mathrm{e}^{ax}\sqrt{a^2+b^2}\sin(bx+\varphi),$$

$$y'' = \sqrt{a^2+b^2}(a\mathrm{e}^{ax}\sin(bx+\varphi) + b\mathrm{e}^{ax}\cos(bx+\varphi))$$

$$= \sqrt{a^2+b^2} \cdot \mathrm{e}^{ax} \cdot \sqrt{a^2+b^2}\sin(bx+2\varphi), \cdots,$$

由归纳法可得，$y^{(n)} = (a^2+b^2)^{\frac{n}{2}} \cdot \mathrm{e}^{ax}\sin(bx+n\varphi)$，其中 $\varphi = \arctan\dfrac{b}{a}$。

【解 2】 记 $u = \mathrm{e}^{ax}\cos bx$，$v = \mathrm{e}^{ax}\sin bx$，$\varphi = \arctan\dfrac{b}{a}$，由欧拉公式知

$$u^{(n)} + \mathrm{i}v^{(n)} = (u+\mathrm{i}v)^{(n)} = (\mathrm{e}^{ax}(\cos bx + \mathrm{i}\sin bx))^{(n)} = (\mathrm{e}^{(a+\mathrm{i}b)x})^{(n)}$$

$$= (a+\mathrm{i}b)^n \mathrm{e}^{(a+\mathrm{i}b)x} = (a^2+b^2)^{\frac{n}{2}}(\cos\varphi + \mathrm{i}\sin\varphi)^n \cdot \mathrm{e}^{(a+\mathrm{i}b)x}$$

$$= (a^2+b^2)^{\frac{n}{2}}(\mathrm{e}^{\mathrm{i}\varphi})^n \cdot \mathrm{e}^{(a+\mathrm{i}b)x} = (a^2+b^2)^{\frac{n}{2}}\mathrm{e}^{ax+\mathrm{i}(bx+n\varphi)}$$

$$= (a^2+b^2)^{\frac{n}{2}}\mathrm{e}^{ax}(\cos(bx+n\varphi) + \mathrm{i}\sin(bx+n\varphi)),$$

因此

$$y^{(n)} = (\mathrm{e}^{ax}\sin bx)^{(n)} = (a^2+b^2)^{\frac{n}{2}}\mathrm{e}^{ax}\sin(bx+n\varphi),$$

同时可求得

$$(\mathrm{e}^{ax}\cos bx)^{(n)} = (a^2+b^2)^{\frac{n}{2}}\mathrm{e}^{ax}\cos(bx+n\varphi)。$$

例 4.12 设 $y = \mathrm{arccot}x$，求 $y^{(n)}(x)$。

【解】 由 $y = \mathrm{arccot}x$ 得，$x = \cot y$，所以

$$\frac{\mathrm{d}y}{\mathrm{d}x} = \frac{1}{\dfrac{\mathrm{d}x}{\mathrm{d}y}} = \frac{1}{-\dfrac{1}{\sin^2 y}} = -\sin^2 y = (-1)(1-1)!\sin y\sin y,$$

$$\frac{\mathrm{d}^2 y}{\mathrm{d}x^2} = \frac{\mathrm{d}}{\mathrm{d}x}(-\sin^2 y) = \frac{\mathrm{d}}{\mathrm{d}y}(-\sin^2 y)\frac{\mathrm{d}y}{\mathrm{d}x} = -\sin 2y(-\sin^2 y)$$

$$= (-1)^2(2-1)!\sin^2 y\sin 2y,$$

$$\frac{\mathrm{d}^3 y}{\mathrm{d}x^3} = \frac{\mathrm{d}}{\mathrm{d}x}(\sin^2 y\sin 2y) = \frac{\mathrm{d}}{\mathrm{d}y}(\sin^2 y\sin 2y)\frac{\mathrm{d}y}{\mathrm{d}x}$$

$$= (2\sin y\cos y\sin 2y + 2\sin^2 y\cos 2y)(-\sin^2 y) = (-1)^3(3-1)!\sin^3 y\sin 3y,$$

由数学归纳法可得

$$\frac{\mathrm{d}^n y}{\mathrm{d}x^n} = (-1)^n(n-1)!\sin^n y\sin ny, \quad n = 1,2,\cdots。$$

例 4.13 设函数 $f(x) = \dfrac{\sin x}{x}$（$x>0$），记 $f^{(n)}(x) = (-1)^n\dfrac{n!}{x^{n+1}}(p_n(x)\cos x + q_n(x)\sin x)$，其中 $p_n(x),q_n(x)$ 是 x 的 n 次多项式，求 $\lim\limits_{n\to\infty}p_n(x)$ 和 $\lim\limits_{n\to\infty}q_n(x)$。

【解】 由 Leibniz 公式知

$$f^{(n)}(x) = \left(\frac{\sin x}{x}\right)^{(n)} = \sum_{k=0}^{n}\mathrm{C}_n^k\left(\frac{1}{x}\right)^{(n-k)}(\sin x)^{(k)}$$

$$= \sum_{k=0}^{n}(-1)^{n-k}\frac{n!}{k!(n-k)!} \cdot \frac{(n-k)!}{x^{n-k+1}} \cdot \sin\left(x+\frac{k\pi}{2}\right)$$

$$= \sum_{k=0}^{n} (-1)^{n-k} \frac{n!}{k!} \cdot \frac{1}{x^{n-k+1}} \sin \frac{k\pi}{2} \cos x + \sum_{k=0}^{n} (-1)^{n-k} \frac{n!}{k!} \cdot \frac{1}{x^{n-k+1}} \cos \frac{k\pi}{2} \sin x$$

$$= (-1)^n \frac{n!}{x^{n+1}} \left(\left(\sum_{k=0}^{n} (-1)^k \frac{x^k}{k!} \sin \frac{k\pi}{2} \right) \cos x + \left(\sum_{k=0}^{n} (-1)^k \frac{x^k}{k!} \cos \frac{k\pi}{2} \right) \sin x \right),$$

由三角函数系的正交性知

$$p_n(x) = \sum_{k=0}^{n} (-1)^k \frac{x^k}{k!} \sin \frac{k\pi}{2}, \quad q_n(x) = \sum_{k=0}^{n} (-1)^k \frac{x^k}{k!} \cos \frac{k\pi}{2},$$

所以

$$\lim_{n \to \infty} p_n(x) = \sum_{k=0}^{\infty} (-1)^k \frac{1}{k!} \left(\sin \frac{k\pi}{2} \right) x^k = - \sum_{j=0}^{\infty} (-1)^j \frac{1}{(2j+1)!} x^{2j+1} = -\sin x,$$

$$\lim_{n \to \infty} q_n(x) = \sum_{k=0}^{\infty} (-1)^k \frac{1}{k!} \left(\cos \frac{k\pi}{2} \right) x^k = \sum_{j=0}^{\infty} (-1)^j \frac{1}{(2j)!} x^{2j} = \cos x.$$

四、讨论一元函数的可导性及导函数的连续性

例 4.14 设 $f(x) = [x]\sin\pi x$，求 $f(x)$ 的单侧导数，并讨论其可导性，其中 $[x]$ 表示不超过 x 的最大整数。

【解】 在非整数点处，$[x]$ 在充分小的邻域内保持为常数，则

$$f'(x) = [x](\sin\pi x)' = \pi[x]\cos\pi x.$$

在整数点 $k(k \in \mathbf{Z})$ 处，当 $x > k$ 时，$[x] = k$，当 $x < k$ 时，$[x] = k-1$，故

$$f'_+(x) = \lim_{x \to k^+} \frac{f(x) - f(k)}{x - k} = \lim_{x \to k^+} \frac{k\sin\pi x - 0}{x - k} = k\pi\cos k\pi = (-1)^k k\pi,$$

$$f'_-(x) = \lim_{x \to k^-} \frac{f(x) - f(k)}{x - k} = \lim_{x \to k^+} \frac{(k-1)\sin\pi x - 0}{x - k} = (k-1)\pi\cos k\pi = (-1)^k \pi(k-1),$$

因此函数 $f(x)$ 在非整数点处可导，在整数点处不可导。

例 4.15 设 $f(x), g(x)$ 在 $(-\infty, +\infty)$ 上连续，且 $\forall x, y \in (-\infty, +\infty)$ 有

$$f(x+y) = f(x)g(y) + f(y)g(x), \quad g(x+y) = g(x)g(y) - f(x)f(y).$$

(1) 证明函数 $f(x), g(x)$ 在 $(-\infty, +\infty)$ 内可导；

(2) 设 $g'(0) = 0$，证明 $f^2(x) + g^2(x)$ 在 $(-\infty, +\infty)$ 内为常数。

【证】 (1) 若 $f(x), g(x)$ 恒为零，则自然成立。若 $f(x)$ 不恒为零，则一定存在 a，$b(a < b)$，使得 $\int_a^b f(x)\mathrm{d}x \neq 0$。记 $A = \int_a^b f(x)\mathrm{d}x$，$B = \int_a^b g(x)\mathrm{d}x$。将等式在 $[a,b]$ 上关于 y 积分，得

$$\int_a^b f(x+y)\mathrm{d}y = Bf(x) + Ag(x), \quad \int_a^b g(x+y)\mathrm{d}y = Bg(x) - Af(x),$$

即

$$Bf(x) + Ag(x) = \int_{a+x}^{b+x} f(u)\mathrm{d}u \stackrel{\text{def}}{=} \varphi(x), \quad -Af(x) + Bg(x) = \int_{a+x}^{b+x} g(u)\mathrm{d}u \stackrel{\text{def}}{=} \psi(x),$$

由于 $f(x), g(x)$ 在 $(-\infty, +\infty)$ 内连续，因此 $\varphi(x), \psi(x)$ 在 $(-\infty, +\infty)$ 内均可导，由上述方程有

$$f(x) = \frac{B\varphi(x) - A\psi(x)}{A^2 + B^2}, \quad g(x) = \frac{B\psi(x) + A\varphi(x)}{A^2 + B^2},$$

因此 $f(x),g(x)$ 在 $(-\infty,+\infty)$ 内可导。

（2）将方程两边对 y 求导，得

$$f'(x+y)=f(x)g'(y)+f'(y)g(x),$$
$$g'(x+y)=g(x)g'(y)-f(x)f'(y)。$$

令 $y=0$ 得

$$f'(x)=f'(0)g(x),\quad g'(x)=-f'(0)f(x),$$

从而

$$f(x)f'(x)+g(x)g'(x)=0,$$

所以 $[f(x)]^2+[g(x)]^2\equiv C$。

例 4.16　已知函数 $\varphi(x)$ 在 $(-\infty,+\infty)$ 内具有二阶连续导数，且 $\varphi(0)=0$。问：当常数 a,b 为何值时，函数 $f(x)=\begin{cases}\dfrac{\varphi(x)}{x}, & x>0,\\ ax+b, & x\leqslant0\end{cases}$ 在 $(-\infty,+\infty)$ 内可导？并讨论 $f'(x)$ 的连续性。

【解】　由于函数 $\varphi(x)$ 在 $(-\infty,+\infty)$ 内具有二阶连续导数，故要函数 $f(x)$ 在 $(-\infty,+\infty)$ 内可导，只需 $f(x)$ 在分段点 $x=0$ 处可导即可。首先由 $f(x)$ 在 $x=0$ 处连续，则

$$\lim_{x\to0^+}f(x)=\lim_{x\to0^-}f(x)=f(0),$$

即

$$\lim_{x\to0^+}\frac{\varphi(x)}{x}\overset{\frac00}{=}\lim_{x\to0^+}\varphi'(x)=\varphi'(0)=\lim_{x\to0^-}(ax+b)=b,$$

从而 $b=\varphi'(0)$ 且 $f(0)=\varphi'(0)$。又由 $f(x)$ 在 $x=0$ 处可导，有 $f'_+(0)=f'_-(0)$，由于

$$f'_+(0)=\lim_{x\to0^+}\frac{f(x)-f(0)}{x}=\lim_{x\to0^+}\frac{\varphi(x)-\varphi'(0)x}{x^2}\overset{\frac00}{=}\lim_{x\to0^+}\frac{\varphi'(x)-\varphi'(0)}{2x}=\frac{\varphi''(0)}{2},$$

$$f'_-(0)=\lim_{x\to0^-}\frac{f(x)-f(0)}{x}=\lim_{x\to0^-}\frac{ax+b-b}{x}=a,$$

故 $a=\dfrac{\varphi''(0)}{2}$ 且 $f'(0)=\dfrac{\varphi''(0)}{2}$，因此

$$f'(x)=\begin{cases}\dfrac{x\varphi'(x)-\varphi(x)}{x^2}, & x>0,\\[2mm] \dfrac{\varphi''(0)}{2}, & x\leqslant0。\end{cases}$$

显然 $f'(x)$ 在 $(-\infty,0)\bigcup(0,+\infty)$ 内连续。由

$$\lim_{x\to0^+}f'(x)=\lim_{x\to0^+}\frac{x\varphi'(x)-\varphi(x)}{x^2}\overset{\frac00}{=}\lim_{x\to0^+}\frac{x\varphi''(x)+\varphi'(x)-\varphi'(x)}{2x}$$

$$=\lim_{x\to0^+}\frac{\varphi''(x)}{2}+\lim_{x\to0^+}\frac{\varphi'(x)-\varphi'(x)}{2x}=\frac{\varphi''(0)}{2}=\lim_{x\to0^-}f'(x),$$

可知 $f'(x)$ 在点 $x=0$ 处连续，故 $f'(x)$ 在 $(-\infty,+\infty)$ 内连续。

例 4.17　设函数 $\varphi(x)=\displaystyle\int_0^{\sin x}f(tx^2)\mathrm{d}t$，其中 $f(x)$ 是连续函数，且 $f(0)=2$。

（1）求 $\varphi'(x)$；

（2）讨论 $\varphi'(x)$ 的连续性。

【解】 由已知得 $\varphi(0)=0$。令 $u=tx^2$，则

$$\varphi(x)=\frac{1}{x^2}\int_0^{x^2\sin x}f(u)\mathrm{d}u,\quad x\neq 0。$$

（1）当 $x\neq 0$ 时，有

$$\varphi'(x)=-\frac{2}{x^3}\int_0^{x^2\sin x}f(u)\mathrm{d}u+\frac{1}{x^2}f(x^2\sin x)\cdot(2x\sin x+x^2\cos x)$$

$$=-\frac{2}{x^3}\int_0^{x^2\sin x}f(u)\mathrm{d}u+f(x^2\sin x)\left(\frac{2}{x}\sin x+\cos x\right),$$

在点 $x=0$ 处，由导数定义有

$$\varphi'(0)=\lim_{x\to 0}\frac{\varphi(x)-\varphi(0)}{x}=\lim_{x\to 0}\frac{1}{x^3}\int_0^{x^2\sin x}f(u)\mathrm{d}u=\lim_{x\to 0}\frac{(2x\sin x+x^2\cos x)f(x^2\sin x)}{3x^2}$$

$$=\lim_{x\to 0}f(x^2\sin x)\cdot\lim_{x\to 0}\frac{2\sin x+x\cos x}{3x}=f(0)=2,$$

所以

$$\varphi'(x)=\begin{cases}-\dfrac{2}{x^3}\displaystyle\int_0^{x^2\sin x}f(u)\mathrm{d}u+f(x^2\sin x)\left(\dfrac{2}{x}\sin x+\cos x\right),&x\neq 0,\\[3mm]2,&x=0。\end{cases}$$

（2）因为

$$\lim_{x\to 0}\varphi'(x)=\lim_{x\to 0}\left[-\frac{2}{x^3}\int_0^{x^2\sin x}f(u)\mathrm{d}u+f(x^2\sin x)\left(\frac{2}{x}\sin x+\cos x\right)\right]$$

$$=-2\lim_{x\to 0}\frac{(2x\sin x+x^2\cos x)f(x^2\sin x)}{3x^2}+\lim_{x\to 0}f(x^2\sin x)\left(\frac{2}{x}\sin x+\cos x\right)$$

$$=-2f(0)+3f(0)=2=\varphi'(0),$$

所以 $\varphi'(x)$ 在点 $x=0$ 处连续，又当 $x\neq 0$ 时，$\varphi'(x)$ 连续，所以 $\varphi'(x)$ 处处连续。

五、讨论多元函数连续、偏导数存在与可微的关系

例 4.18 设 $f(x,y)=|x-y|\varphi(x,y)$，其中 $\varphi(x,y)$ 在 $(0,0)$ 点的一个邻域内有定义，试给函数 $\varphi(x,y)$ 增加适当条件，使得

（1）$f(x,y)$ 在点 $(0,0)$ 连续；

（2）$f(x,y)$ 在点 $(0,0)$ 存在偏导数；

（3）$f(x,y)$ 在点 $(0,0)$ 可微。

【解】 （1）由于 $f(0,0)=0$，而在点 $(0,0)$ 附近，有

$$|f(x,y)|\leqslant 2\sqrt{x^2+y^2}\,|\varphi(x,y)|,$$

于是当 $\lim\limits_{\substack{x\to 0\\y\to 0}}\sqrt{x^2+y^2}\varphi(x,y)=0$ 时，$f(x,y)$ 在 $(0,0)$ 点连续，从而只要求 $\varphi(x,y)$ $(0,0)$ 点的邻域内有界。

（2）由单侧导数可得

$$\left(\frac{\partial f}{\partial x}\right)_{\pm}(0,0)=\lim_{x\to0^{\pm}}\frac{f(x,0)-f(0,0)}{x}=\lim_{x\to0^{\pm}}\frac{\pm x\varphi(x,0)}{x}=\pm\lim_{x\to0^{\pm}}\varphi(x,0)。$$

从而当 $\lim_{x\to0^+}\varphi(x,0)=-\lim_{x\to0^-}\varphi(x,0)$ 时，$\dfrac{\partial f}{\partial x}(0,0)=\lim_{x\to0^+}\varphi(x,0)$；

同理当 $\lim_{y\to0^+}\varphi(0,y)=-\lim_{y\to0^-}\varphi(0,y)$ 时，$\dfrac{\partial f}{\partial y}(0,0)=\lim_{y\to0^+}\varphi(0,y)$。

特别地，当 $\lim_{(x,y)\to(0,0)}\varphi(x,y)=0$ 时，$\dfrac{\partial f}{\partial x}(0,0)=\dfrac{\partial f}{\partial y}(0,0)=0$。

（3）$\Delta f-f_x(0,0)\Delta x-f_y(0,0)\Delta y=|x-y|\varphi(x,y)-\lim_{x\to0^+}\varphi(x,0)x-\lim_{y\to0^+}\varphi(0,y)y$

$$=\begin{cases}[\varphi(x,y)-\lim_{x\to0^+}\varphi(x,0)]x-[\varphi(x,y)+\lim_{y\to0^+}\varphi(0,y)]y, & x>y,\\ -[\varphi(x,y)+\lim_{x\to0^+}\varphi(x,0)]x+[\varphi(x,y)-\lim_{y\to0^+}\varphi(0,y)]y, & x<y。\end{cases}$$

由此可知，当 $\lim_{(x,y)\to(0,0)}\varphi(x,y)=0$ 时，$\dfrac{\partial f}{\partial x}(0,0)=\dfrac{\partial f}{\partial y}(0,0)=0$，且 $f(x,y)$ 在点 $(0,0)$ 可微。

例 4.19 讨论函数 $f(x,y)=\begin{cases}(x^2+y^2)\cos\dfrac{1}{\sqrt{x^2+y^2}}, & x^2+y^2\neq0,\\ 0, & x^2+y^2=0\end{cases}$ 在点 $(0,0)$ 处是否连续，是否存在偏导数，偏导函数是否连续，是否可微分。

【解】 因为

$$0\leqslant\left|(x^2+y^2)\cos\frac{1}{\sqrt{x^2+y^2}}\right|\leqslant x^2+y^2,$$

则

$$\lim_{\substack{x\to0\\y\to0}}(x^2+y^2)\cos\frac{1}{\sqrt{x^2+y^2}}=0=f(0,0),$$

所以 $f(x,y)$ 在点 $(0,0)$ 处连续。又

$$f_x(0,0)=\lim_{\Delta x\to0}\frac{f(\Delta x,0)-f(0,0)}{\Delta x}=\lim_{\Delta x\to0}\frac{(\Delta x)^2\cos\dfrac{1}{|\Delta x|}}{\Delta x}=0,$$

当 $x^2+y^2\neq0$ 时，有

$$f_x(x,y)=2x\cos\frac{1}{\sqrt{x^2+y^2}}+\frac{x}{\sqrt{x^2+y^2}}\sin\frac{1}{\sqrt{x^2+y^2}},$$

取路径 $y=x$，因为极限

$$\lim_{\substack{(x,y)\to(0,0)\\y=x}}f_x(x,y)=\lim_{x\to0}\left(2x\cos\frac{1}{\sqrt{2x^2}}+\frac{x}{\sqrt{2x^2}}\sin\frac{1}{\sqrt{2x^2}}\right)$$

不存在，所以 $f_x(x,y)$ 在点 $(0,0)$ 处不连续。

由 x,y 的对称性，$f_y(0,0)=0$，且 $f_y(x,y)=2y\cos\dfrac{1}{\sqrt{x^2+y^2}}+\dfrac{y}{\sqrt{x^2+y^2}}\sin\dfrac{1}{\sqrt{x^2+y^2}}$ 在

点 $(0,0)$ 处也不连续。设 $z=f(x,y)$,而

$$\Delta z-[f_x(0,0)\Delta x+f_y(0,0)\Delta y]=\Delta z-0=f(\Delta x,\Delta y)-f(0,0)$$
$$=[(\Delta x)^2+(\Delta y)^2]\cos\frac{1}{\sqrt{(\Delta x)^2+(\Delta y)^2}},$$

所以当 $\rho=\sqrt{(\Delta x)^2+(\Delta y)^2}\to 0$ 时,有

$$\frac{\Delta z-(f_x(0,0)\Delta x+f_y(0,0)\Delta y)}{\rho}=\rho\cos\frac{1}{\rho}\to 0。$$

由全微分的定义知 $f(x,y)$ 在点 $(0,0)$ 处可微,且 $\mathrm{d}f(x,y)|_{(0,0)}=0$。

例 4.20　已知二元函数 $f(x,y)=\begin{cases}\dfrac{x^3}{x^2+y^2}, & x^2+y^2\neq 0,\\[2mm] 0, & x^2+y^2=0。\end{cases}$

(1) 求 $f_x(x,y),f_y(x,y)$;

(2) 设方向 $\boldsymbol{l}$ 与 x 轴正方向的夹角为 α,求 $\dfrac{\partial f(x,y)}{\partial l}\bigg|_{(0,0)}$;

(3) 证明函数 $f(x,y)$ 在点 $(0,0)$ 处连续而不可微。

【解】　(1) 当 $x^2+y^2\neq 0$ 时,有

$$f_x(x,y)=\frac{\partial}{\partial x}\left(\frac{x^3}{x^2+y^2}\right)=\frac{x^2(x^2+3y^2)}{(x^2+y^2)^2},$$

$$f_y(x,y)=\frac{\partial}{\partial y}\left(\frac{x^3}{x^2+y^2}\right)=-\frac{2x^3y}{(x^2+y^2)^2}。$$

当 $x^2+y^2=0$ 时,有

$$f_x(0,0)=\lim_{\Delta x\to 0}\frac{f(\Delta x,0)-f(0,0)}{\Delta x}=\lim_{\Delta x\to 0}\frac{\Delta x}{\Delta x}=1,$$

$$f_y(0,0)=\lim_{\Delta y\to 0}\frac{f(0,\Delta y)-f(0,0)}{\Delta y}=\lim_{\Delta y\to 0}\frac{0}{\Delta y}=0,$$

所以

$$f_x(x,y)=\begin{cases}\dfrac{x^2(x^2+3y^2)}{(x^2+y^2)^2}, & x^2+y^2\neq 0,\\[3mm] 1, & x^2+y^2=0。\end{cases}$$

$$f_y(x,y)=\begin{cases}-\dfrac{2x^3y}{(x^2+y^2)^2}, & x^2+y^2\neq 0,\\[3mm] 0, & x^2+y^2=0。\end{cases}$$

(2) 方向 $\boldsymbol{l}$ 上任一点可表示为 $x=h\cos\alpha,y=h\sin\alpha$,则

$$\frac{\partial f(x,y)}{\partial l}\bigg|_{(0,0)}=\lim_{h\to 0}\frac{f(h\cos\alpha,h\sin\alpha)-f(0,0)}{h}=\lim_{h\to 0}\frac{h^3\cos^3\alpha}{h^3}=\cos^3\alpha。$$

(3) 因为

$$0\leqslant|f(x,y)|=\left|\frac{x^3}{x^2+y^2}\right|=\left|\frac{x^2}{x^2+y^2}\right||x|\leqslant|x|,$$

则

$$\lim_{\substack{x \to 0 \\ y \to 0}} \frac{x^3}{x^2 + y^2} = 0 = f(0,0),$$

所以 $f(x,y)$ 在点 $(0,0)$ 处连续。设 $z = f(x,y)$，又

$$\frac{\Delta z - (f_x(0,0)\Delta x + f_y(0,0)\Delta y)}{\rho} = \frac{\dfrac{x^3}{x^2 + y^2} - x}{\sqrt{x^2 + y^2}} = \frac{-xy^2}{(x^2 + y^2)^{\frac{3}{2}}},$$

取路径 $y = x$，则

$$\lim_{\substack{(x,y) \to (0,0) \\ y = x}} \frac{\Delta z - (f_x(0,0)\Delta x + f_y(0,0)\Delta y)}{\rho} = \lim_{x \to 0} \frac{-x^3}{2\sqrt{2}\,x^3} = -\frac{1}{2\sqrt{2}} \neq 0,$$

所以 $f(x,y)$ 在点 $(0,0)$ 处不可微。

例 4.21 讨论使二元函数 $f_n(x,y) = \begin{cases} \dfrac{(x+y)^n}{x^2 + y^2}, & x^2 + y^2 \neq 0, \\ 0, & x^2 + y^2 = 0 \end{cases}$ 在 $(0,0)$ 点处连续

的正整数 n 满足的条件，并对以上的 n 计算二重积分 $I_n = \iint\limits_D f_n(x,y)\mathrm{d}\sigma$，其中 $D = \{(x,y) \mid x^2 + y^2 \leqslant 1\}$。

【解】 当 $n = 1$ 时，取路径 $y = x$，则极限 $\lim\limits_{\substack{(x,y) \to (0,0) \\ y = x}} f_1(x,y) = \lim\limits_{x \to 0} \dfrac{1}{x}$ 不存在，所以

$f_1(x,y)$ 在点 $(0,0)$ 处不连续。

当 $n = 2$ 时，分别取路径 $y = x$ 和 $y = -x$，则

$$\lim_{\substack{(x,y) \to (0,0) \\ y = x}} f_2(x,y) = \lim_{x \to 0} \frac{4x^2}{2x^2} = 2, \qquad \lim_{\substack{(x,y) \to (0,0) \\ y = -x}} f_2(x,y) = \lim_{x \to 0} \frac{0}{2x^2} = 0,$$

所以 $f_2(x,y)$ 在 $(0,0)$ 点处不连续。

对 $n \geqslant 3$，有

$$|f_n(x,y)| = \left| \frac{(x+y)^2}{x^2 + y^2} \right| \left| (x+y)^{n-2} \right| \leqslant \left(1 + \frac{2|xy|}{x^2 + y^2} \right) \left| (x+y)^{n-2} \right|$$
$$\leqslant 2 \left| (x+y)^{n-2} \right|,$$

则

$$\lim_{(x,y) \to (0,0)} f_n(x,y) = \lim_{(x,y) \to (0,0)} \frac{(x+y)^n}{x^2 + y^2} = 0,$$

所以当 $n \geqslant 3$ 时，函数 $f_n(x,y)$ 在 $(0,0)$ 点处连续。且当 $n \geqslant 3$ 时，

$$I_n = \iint\limits_D \frac{(x+y)^n}{x^2 + y^2}\mathrm{d}\sigma = \int_{-\frac{\pi}{4}}^{\frac{\pi}{4}} \mathrm{d}\theta \int_0^1 r^{n-1}(\cos\theta + \sin\theta)^n \mathrm{d}r$$

$$= \frac{1}{n}\int_{-\frac{\pi}{4}}^{\frac{\pi}{4}} 2^{\frac{n}{2}} \sin^n\left(\theta + \frac{\pi}{4}\right)\mathrm{d}\theta \xrightarrow{t = \theta + \frac{\pi}{4}} \frac{2^{\frac{n}{2}}}{n}\int_{-\pi}^{\pi} \sin^n t\, \mathrm{d}t。$$

当 $n = 3, 5, \cdots$ 时，

$$I_n = \frac{2^{\frac{n}{2}}}{n} \int_{-\pi}^{\pi} \sin^n t \, dt = 0;$$

当 $n = 4, 6, \cdots$ 时，

$$I_n = \frac{2^{\frac{n}{2}}}{n} \int_{-\pi}^{\pi} \sin^n t \, dt = \frac{2^{\frac{n}{2}+1}}{n} \int_{0}^{\pi} \sin^n t \, dt = \frac{2^{\frac{n}{2}+2}}{n} \int_{0}^{\frac{\pi}{2}} \sin^n t \, dt$$

$$= \frac{2^{\frac{n}{2}+2}}{n} \cdot \frac{n-1}{n} \cdot \frac{n-3}{n-2} \cdot \cdots \cdot \frac{3}{4} \cdot \frac{1}{2} \cdot \frac{\pi}{2} = \frac{(n-1) \cdot (n-3) \cdot \cdots \cdot 3 \cdot 1}{n^2 \cdot (n-2) \cdot \cdots \cdot 4 \cdot 2} \cdot 2^{\frac{n+2}{2}} \pi.$$

六、利用多元函数求导法则计算偏导数与全微分

例 4.22　已知函数 f 和 g 具有连续偏导数，且 $g_z' \neq 0$，求由方程组 $\begin{cases} u = f(xy - u, \sqrt{u^2 + z^2}), \\ g(x, y, z) = 0 \end{cases}$

所确定的隐函数 $u = u(x, y)$ 的偏导数 $\dfrac{\partial u}{\partial x}$ 和 $\dfrac{\partial u}{\partial y}$。

【解】　方程 $g(x, y, z) = 0$ 两边同时求全微分，得

$$g_x' \, dx + g_y' \, dy + g_z' \, dz = 0, \quad 即 \quad dz = -\frac{g_x'}{g_z'} dx - \frac{g_y'}{g_z'} dy.$$

方程 $u = f(xy - u, \sqrt{u^2 + z^2})$ 两边同时求全微分，得

$$du = f_1' \cdot d(xy - u) + f_2' \cdot d\sqrt{u^2 + z^2} = f_1' \cdot (x \, dy + y \, dx - du) + f_2' \cdot \frac{u \, du + z \, dz}{\sqrt{u^2 + z^2}},$$

将上式整理，并代入 $dz = -\dfrac{g_x'}{g_z'} dx - \dfrac{g_y'}{g_z'} dy$，得

$$\left(1 + f_1' - \frac{u f_2'}{\sqrt{u^2 + z^2}} \right) du = f_1' \cdot (x \, dy + y \, dx) + \frac{z f_2'}{\sqrt{u^2 + z^2}} \left(-\frac{g_x'}{g_z'} dx - \frac{g_y'}{g_z'} dy \right),$$

所以

$$du = \frac{y f_1' - \dfrac{z f_2' g_x'}{g_z' \sqrt{u^2 + z^2}}}{1 + f_1' - \dfrac{u f_2'}{\sqrt{u^2 + z^2}}} dx + \frac{x f_1' - \dfrac{z f_2' g_y'}{g_z' \sqrt{u^2 + z^2}}}{1 + f_1' - \dfrac{u f_2'}{\sqrt{u^2 + z^2}}} dy,$$

从而

$$\frac{\partial u}{\partial x} = \frac{y f_1' - \dfrac{z f_2' g_x'}{g_z' \sqrt{u^2 + z^2}}}{1 + f_1' - \dfrac{u f_2'}{\sqrt{u^2 + z^2}}} = \frac{y f_1' g_z' \sqrt{u^2 + z^2} - z f_2' g_x'}{((1 + f_1') \sqrt{u^2 + z^2} - u f_2') g_z'},$$

$$\frac{\partial u}{\partial y} = \frac{x f_1' - \dfrac{z f_2' g_y'}{g_z' \sqrt{u^2 + z^2}}}{1 + f_1' - \dfrac{u f_2'}{\sqrt{u^2 + z^2}}} = \frac{x f_1' g_z' \sqrt{u^2 + z^2} - z f_2' g_y'}{((1 + f_1') \sqrt{u^2 + z^2} - u f_2') g_z'}.$$

例 4.23　设 $z = z(x, y)$ 是由方程 $F\left(z + \dfrac{1}{x}, z - \dfrac{1}{y}\right) = 0$ 确定的隐函数,且具有连续的

二阶偏导数,求 $x^2 \dfrac{\partial z}{\partial x} - y^2 \dfrac{\partial z}{\partial y}$ 和 $x^3 \dfrac{\partial^2 z}{\partial x^2} + xy(x - y)\dfrac{\partial^2 z}{\partial x \partial y} - y^3 \dfrac{\partial^2 z}{\partial y^2}$。

【解】　方程 $F\left(z + \dfrac{1}{x}, z - \dfrac{1}{y}\right) = 0$ 两边分别对 x, y 求导,得

$$\left(\frac{\partial z}{\partial x} - \frac{1}{x^2}\right)F_1' + \frac{\partial z}{\partial x}F_2' = 0, \quad \frac{\partial z}{\partial y}F_1' + \left(\frac{\partial z}{\partial y} + \frac{1}{y^2}\right)F_2' = 0,$$

则

$$\frac{\partial z}{\partial x} = \frac{F_1'}{x^2(F_1' + F_2')}, \quad \frac{\partial z}{\partial y} = -\frac{F_2'}{y^2(F_1' + F_2')},$$

从而

$$x^2 \frac{\partial z}{\partial x} - y^2 \frac{\partial z}{\partial y} = \frac{F_1'}{F_1' + F_2'} + \frac{F_2'}{F_1' + F_2'} = 1。$$

方程 $x^2 \dfrac{\partial z}{\partial x} - y^2 \dfrac{\partial z}{\partial y} = 1$ 分别对 x, y 求导,得

$$x^2 \frac{\partial^2 z}{\partial x^2} + 2x\frac{\partial z}{\partial x} - y^2 \frac{\partial^2 z}{\partial y \partial x} = 0, \quad x^2 \frac{\partial^2 z}{\partial x \partial y} - y^2 \frac{\partial^2 z}{\partial y^2} - 2y\frac{\partial z}{\partial y} = 0,$$

因此

$$x^3 \frac{\partial^2 z}{\partial x^2} + 2x^2 \frac{\partial z}{\partial x} - xy^2 \frac{\partial^2 z}{\partial y \partial x} + x^2 y \frac{\partial^2 z}{\partial x \partial y} - y^3 \frac{\partial^2 z}{\partial y^2} - 2y^2 \frac{\partial z}{\partial y} = 0,$$

由于 $z = z(x, y)$ 具有连续的二阶偏导数,则 $\dfrac{\partial^2 z}{\partial y \partial x} = \dfrac{\partial^2 z}{\partial x \partial y}$,所以

$$x^3 \frac{\partial^2 z}{\partial x^2} + xy(x - y)\frac{\partial^2 z}{\partial x \partial y} - y^3 \frac{\partial^2 z}{\partial y^2} = -2\left(x^2 \frac{\partial z}{\partial x} - y^2 \frac{\partial z}{\partial y}\right) = -2。$$

例 4.24　设 $z = z(x, y)$ 二阶连续可微,满足 $A\dfrac{\partial^2 z}{\partial x^2} + 2B\dfrac{\partial^2 z}{\partial x \partial y} + C\dfrac{\partial^2 z}{\partial y^2} = 0$,其中 $B^2 -$

$AC > 0$,令 $\begin{cases} u = x + \alpha y, \\ v = x + \beta y, \end{cases}$ 试确定 α, β 的值,使原方程变为 $\dfrac{\partial^2 z}{\partial u \partial v} = 0$。

【解】　将 x, y 看成自变量,u, v 看成中间变量,利用链式法则,得

$$\frac{\partial z}{\partial x} = \frac{\partial z}{\partial u}\frac{\partial u}{\partial x} + \frac{\partial z}{\partial v}\frac{\partial v}{\partial x} = \frac{\partial z}{\partial u} + \frac{\partial z}{\partial v} = \left(\frac{\partial}{\partial u} + \frac{\partial}{\partial v}\right)z,$$

$$\frac{\partial z}{\partial y} = \frac{\partial z}{\partial u}\frac{\partial u}{\partial y} + \frac{\partial z}{\partial v}\frac{\partial v}{\partial y} = \alpha\frac{\partial z}{\partial u} + \beta\frac{\partial z}{\partial v} = \left(\alpha\frac{\partial}{\partial u} + \beta\frac{\partial}{\partial v}\right)z,$$

$$\frac{\partial^2 z}{\partial x^2} = \frac{\partial^2 z}{\partial u^2} + 2\frac{\partial^2 z}{\partial u \partial v} + \frac{\partial^2 z}{\partial v^2} = \left(\frac{\partial}{\partial u} + \frac{\partial}{\partial v}\right)^2 z,$$

$$\frac{\partial^2 z}{\partial y^2} = \alpha^2 \frac{\partial^2 z}{\partial u^2} + 2\alpha\beta\frac{\partial^2 z}{\partial u \partial v} + \beta^2 \frac{\partial^2 z}{\partial v^2} = \left(\alpha\frac{\partial}{\partial u} + \beta\frac{\partial}{\partial v}\right)^2 z,$$

$$\frac{\partial^2 z}{\partial x \partial y} = \alpha\frac{\partial^2 z}{\partial u^2} + (\alpha + \beta)\frac{\partial^2 z}{\partial u \partial v} + \beta\frac{\partial^2 z}{\partial v^2} = \left(\frac{\partial}{\partial u} + \frac{\partial}{\partial v}\right)\left(\alpha\frac{\partial}{\partial u} + \beta\frac{\partial}{\partial v}\right)z,$$

则

$$0 = A\frac{\partial^2 z}{\partial x^2} + 2B\frac{\partial^2 z}{\partial x \partial y} + C\frac{\partial^2 z}{\partial y^2}$$

$$= (A + 2B\alpha + C\alpha^2)\frac{\partial^2 z}{\partial u^2} + 2(A + B(\alpha + \beta) + C\alpha\beta)\frac{\partial^2 z}{\partial u \partial v} + (A + 2B\beta + C\beta^2)\frac{\partial^2 z}{\partial v^2},$$

令

$$\begin{cases} A + 2B\alpha + C\alpha^2 = 0, \\ A + 2B\beta + C\beta^2 = 0, \end{cases}$$

可得 $\dfrac{\partial^2 z}{\partial u \partial v} = 0$。由于 $B^2 - AC > 0$，方程 $A + 2Bt + Ct^2 = 0$ 有两个不同实根

$$\alpha = -B + \sqrt{B^2 - AC}, \quad \beta = -B - \sqrt{B^2 - AC}。$$

例 4.25   设函数 $u = f(z)$，其中 z 为由方程 $z = x + y\varphi(z)$ 所确定的变量 x 和 y 的隐函数，证明 Lagrange 公式 $\dfrac{\partial^n u}{\partial y^n} = \dfrac{\partial^{n-1}}{\partial x^{n-1}}\left((\varphi(z))^n \dfrac{\partial u}{\partial x} \right)$。

【证】 （数学归纳法）方程 $z = x + y\varphi(z)$ 两边分别对 x, y 求导，得

$$\frac{\partial z}{\partial x} = 1 + y\varphi'(z)\frac{\partial z}{\partial x}, \quad \frac{\partial z}{\partial y} = \varphi(z) + y\varphi'(z)\frac{\partial z}{\partial y},$$

解得

$$\frac{\partial z}{\partial x} = \frac{1}{1 - y\varphi'(z)}, \quad \frac{\partial z}{\partial y} = \frac{\varphi(z)}{1 - y\varphi'(z)}。$$

当 $n = 1$ 时，

$$\frac{\partial u}{\partial x} = f'(z)\frac{\partial z}{\partial x} = \frac{f'(z)}{1 - y\varphi'(z)}, \quad \frac{\partial u}{\partial y} = f'(z)\frac{\partial z}{\partial y} = \frac{f'(z)\varphi(z)}{1 - y\varphi'(z)},$$

因此 $\dfrac{\partial u}{\partial y} = \varphi(z)\dfrac{\partial u}{\partial x}$，即 $n = 1$ 时公式成立。假设对 $n - 1$ 的情况成立，下证对 n 的情况成立。

$$\frac{\partial^n u}{\partial y^n} = \frac{\partial}{\partial y}\left(\frac{\partial^{n-1} u}{\partial y^{n-1}} \right) = \frac{\partial}{\partial y}\frac{\partial^{n-2}}{\partial x^{n-2}}\left((\varphi(z))^{n-1}\frac{\partial u}{\partial x} \right) = \frac{\partial^{n-2}}{\partial x^{n-2}}\frac{\partial}{\partial y}\left((\varphi(z))^{n-1}\frac{\partial u}{\partial x} \right)$$

$$= \frac{\partial^{n-2}}{\partial x^{n-2}}\left((n-1)(\varphi(z))^{n-2}\varphi'(z)\frac{\partial z}{\partial y}\frac{\partial u}{\partial x} + (\varphi(z))^{n-1}\frac{\partial^2 u}{\partial x \partial y} \right),$$

$$\frac{\partial^{n-1}}{\partial x^{n-1}}\left((\varphi(z))^n\frac{\partial u}{\partial x} \right) = \frac{\partial^{n-1}}{\partial x^{n-1}}\left((\varphi(z))^{n-1}\frac{\partial u}{\partial y} \right) = \frac{\partial^{n-2}}{\partial x^{n-2}}\frac{\partial}{\partial x}\left((\varphi(z))^{n-1}\frac{\partial u}{\partial y} \right)$$

$$= \frac{\partial^{n-2}}{\partial x^{n-2}}\left((n-1)(\varphi(z))^{n-2}\varphi'(z)\frac{\partial z}{\partial x}\frac{\partial u}{\partial y} + (\varphi(z))^{n-1}\frac{\partial^2 u}{\partial x \partial y} \right),$$

由于 $\dfrac{\partial z}{\partial y} = \varphi(z)\dfrac{\partial z}{\partial x}, \dfrac{\partial u}{\partial y} = \varphi(z)\dfrac{\partial u}{\partial x}$，故 $\dfrac{\partial z}{\partial y}\dfrac{\partial u}{\partial x} = \dfrac{\partial z}{\partial x}\dfrac{\partial u}{\partial y}$，因此

$$\frac{\partial^n u}{\partial y^n} = \frac{\partial^{n-1}}{\partial x^{n-1}}\left((\varphi(z))^n\frac{\partial u}{\partial x} \right)。$$

例 4.26   设函数 $u = f(x, y, z)$，其中 f 是可微函数，若 $\dfrac{f_x}{x} = \dfrac{f_y}{y} = \dfrac{f_z}{z}$，证明 u 仅为 r

的函数，其中 $r=\sqrt{x^2+y^2+z^2}$。

【证】　由球面坐标 $x=r\cos\theta\sin\varphi,y=r\sin\theta\sin\varphi,z=r\cos\varphi$ 知
$$u=f(x,y,z)=f(r\cos\theta\sin\varphi,r\sin\theta\sin\varphi,r\cos\varphi),$$

令 $\dfrac{f'_x}{x}=\dfrac{f'_y}{y}=\dfrac{f'_z}{z}=t$，则 $f'_x=tx,f'_y=ty,f'_z=tz$，于是

$$\frac{\partial u}{\partial\theta}=f'_x\cdot r(-\sin\theta)\sin\varphi+f'_y\cdot r\cos\theta\sin\varphi=-txr\sin\theta\sin\varphi+tyr\cos\theta\sin\varphi=0,$$

$$\frac{\partial u}{\partial\varphi}=f'_x\cdot r\cos\theta\cos\varphi+f'_y\cdot r\cos\theta\cos\varphi-f'_z\cdot r\sin\varphi$$

$$=tr^2(\cos^2\theta\sin\varphi\cos\varphi+\sin^2\theta\sin\varphi\cos\varphi-\sin\varphi\cos\varphi)$$

$$=tr^2(\sin\varphi\cos\varphi-\sin\varphi\cos\varphi)=0,$$

即 u 仅为 r 的函数。

例 4.27　设二元连续可微函数在直角坐标系下表示为 $F(x,y)=f(x)g(y)$，在极坐标系下表示为 $F(r\cos\theta,r\sin\theta)=h(r)$，若 $F(x,y)$ 无零点，求 $F(x,y)$。

【解】　由于 $x=r\cos\theta,y=r\sin\theta$，则

$$\frac{\partial F}{\partial\theta}=\frac{\partial F}{\partial x}\cdot\frac{\partial x}{\partial\theta}+\frac{\partial F}{\partial y}\cdot\frac{\partial y}{\partial\theta}=f'(x)g(y)(-r\sin\theta)+f(x)g'(y)r\cos\theta$$

$$=-yf'(x)g(y)+xf(x)g'(y),$$

又 $\dfrac{\partial F}{\partial\theta}=\dfrac{\partial h(r)}{\partial\theta}=0$，因此

$$-yf'(x)g(y)+xf(x)g'(y)=0,$$

当 $x\neq0,y\neq0$ 时，有

$$\frac{f'(x)}{xf(x)}=\frac{g'(y)}{yg(y)}。$$

由于上式对任意 $x\neq0,y\neq0$ 恒成立，于是

$$\frac{f'(x)}{xf(x)}=\frac{g'(y)}{yg(y)}=\lambda\quad(\lambda\text{ 为任意常数}),$$

从而

$$\frac{f'(x)}{f(x)}=\lambda x,$$

积分得

$$f(x)=C_1\mathrm{e}^{\frac{\lambda x^2}{2}}\quad(C_1\text{ 为任意常数}),$$

同理

$$g(y)=C_2\mathrm{e}^{\frac{\lambda y^2}{2}}\quad(C_2\text{ 为任意常数})。$$

即

$$F(x,y)=C\mathrm{e}^{\frac{\lambda(x^2+y^2)}{2}}\quad(C,\lambda\text{ 为任意常数})。$$

其中 $F(x,y)$ 在 $x=0$ 或 $y=0$ 的值由 $F(x,y)$ 的连续性确定。

七、方向导数与梯度

例 4.28 求函数 $\omega = xyz + \sqrt{x^2+y^2+z^2} - \sqrt{2}$ 在点 $P(1,0,-1)$ 处沿直线 $L: \dfrac{x-1}{1} = \dfrac{y}{1} = \dfrac{z-1}{-1}$ 在平面 $\pi: x-y+2z-1=0$ 上的投影直线 l 方向的方向导数。

【解】 过直线 $L: \dfrac{x-1}{1} = \dfrac{y}{1} = \dfrac{z-1}{-1}$ 的平面束方程为

$$(x-y-1) + \lambda(y+z-1) = 0, \quad \text{即} \quad x + (\lambda-1)y + \lambda z - \lambda - 1 = 0,$$

与平面 $\pi: x-y+2z-1=0$ 垂直,则 $1\times1 + (-1)(\lambda-1) + 2\lambda = 0$,解得 $\lambda = -2$,则

$$x - 3y - 2z + 1 = 0,$$

投影直线 l 方程为 $\begin{cases} x-y+2z-1=0, \\ x-3y-2z+1=0。\end{cases}$ 因此投影直线 l 的方向向量为

$$s = n_1 \times n_2 = (1,-1,2) \times (1,-3,-2) = (8,4,-2),$$

单位化得 $\pm\left(\dfrac{4}{\sqrt{21}}, \dfrac{2}{\sqrt{21}}, -\dfrac{1}{\sqrt{21}}\right)$,又

$$\frac{\partial \omega}{\partial x}\bigg|_P = \left(yz + \frac{x}{\sqrt{x^2+y^2+z^2}}\right)_P = \frac{1}{\sqrt{2}},$$

$$\frac{\partial \omega}{\partial y}\bigg|_P = \left(xz + \frac{y}{\sqrt{x^2+y^2+z^2}}\right)_P = -1,$$

$$\frac{\partial \omega}{\partial x}\bigg|_P = \left(xy + \frac{z}{\sqrt{x^2+y^2+z^2}}\right)_P = -\frac{1}{\sqrt{2}},$$

因此所求方向导数为

$$\frac{\partial \omega}{\partial s} = \pm\left(\frac{4}{\sqrt{21}}, \frac{2}{\sqrt{21}}, -\frac{1}{\sqrt{21}}\right) \cdot \left(\frac{1}{\sqrt{2}}, -1, -\frac{1}{\sqrt{2}}\right) = \pm\frac{5-2\sqrt{2}}{\sqrt{42}}。$$

例 4.29 设向量 $r = (x,y,z)$,函数 $u = u(x,y,z)$ 由方程 $\dfrac{x^2}{a^2+u} + \dfrac{y^2}{b^2+u} + \dfrac{z^2}{c^2+u} = 1$ 所确定,证明 $|\mathbf{grad}u|^2 = 2(r \cdot \mathbf{grad}u)$,其中 a, b, c 为常数。

【证】 方程 $\dfrac{x^2}{a^2+u} + \dfrac{y^2}{b^2+u} + \dfrac{z^2}{c^2+u} = 1$ 两边分别对 x, y, z 求偏导,并整理得

$$\frac{\partial u}{\partial x} = \frac{1}{\Delta}\frac{2x}{a^2+u}, \quad \frac{\partial u}{\partial y} = \frac{1}{\Delta}\frac{2y}{b^2+u}, \quad \frac{\partial u}{\partial z} = \frac{1}{\Delta}\frac{2z}{c^2+u},$$

其中 $\Delta = \dfrac{x^2}{(a^2+u)^2} + \dfrac{y^2}{(b^2+u)^2} + \dfrac{z^2}{(c^2+u)^2}$,则

$$\mathbf{grad}u = \left(\frac{\partial u}{\partial x}, \frac{\partial u}{\partial y}, \frac{\partial u}{\partial z}\right) = \left(\frac{1}{\Delta}\frac{2x}{a^2+u}, \frac{1}{\Delta}\frac{2y}{b^2+u}, \frac{1}{\Delta}\frac{2z}{c^2+u}\right),$$

从而 $|\mathbf{grad}u|^2 = \dfrac{4}{\Delta}$,$r \cdot \mathbf{grad}u = \dfrac{2}{\Delta}$,所以 $|\mathbf{grad}u|^2 = 2(r \cdot \mathbf{grad}u)$。

例 4.30 设函数 $u = f(x, y, z)$ 具有一阶连续偏导数，$\boldsymbol{v}_i = (\cos\alpha_i, \cos\beta_i, \cos\gamma_i)(i = 1, 2, 3)$ 为 3 个互相垂直的方向，证明 $\left(\dfrac{\partial u}{\partial \boldsymbol{v}_1}\right)^2 + \left(\dfrac{\partial u}{\partial \boldsymbol{v}_2}\right)^2 + \left(\dfrac{\partial u}{\partial \boldsymbol{v}_3}\right)^2 = \left(\dfrac{\partial u}{\partial x}\right)^2 + \left(\dfrac{\partial u}{\partial y}\right)^2 + \left(\dfrac{\partial u}{\partial z}\right)^2$。

【证】 因为 $u = f(x, y, z)$ 具有一阶连续偏导数，故 $u = f(x, y, z)$ 可微，则

$$\frac{\partial u}{\partial \boldsymbol{v}_1} = \frac{\partial u}{\partial x}\cos\alpha_1 + \frac{\partial u}{\partial y}\cos\beta_1 + \frac{\partial u}{\partial z}\cos\gamma_1,$$

$$\frac{\partial u}{\partial \boldsymbol{v}_2} = \frac{\partial u}{\partial x}\cos\alpha_2 + \frac{\partial u}{\partial y}\cos\beta_2 + \frac{\partial u}{\partial z}\cos\gamma_2,$$

$$\frac{\partial u}{\partial \boldsymbol{v}_3} = \frac{\partial u}{\partial x}\cos\alpha_3 + \frac{\partial u}{\partial y}\cos\beta_3 + \frac{\partial u}{\partial z}\cos\gamma_3。$$

由于 $\boldsymbol{v}_i = (\cos\alpha_i, \cos\beta_i, \cos\gamma_i)(i = 1, 2, 3)$ 为 3 个互相垂直的方向，所以可将其作为新坐标系的 3 个坐标轴，故

$$\cos^2\alpha_1 + \cos^2\alpha_2 + \cos^2\alpha_3 = 1,$$

$$\cos^2\beta_1 + \cos^2\beta_2 + \cos^2\beta_3 = 1,$$

$$\cos^2\gamma_1 + \cos^2\gamma_2 + \cos^2\gamma_3 = 1,$$

且 $\boldsymbol{u}_\alpha = (\cos\alpha_1, \cos\alpha_2, \cos\alpha_3), \boldsymbol{u}_\beta = (\cos\beta_1, \cos\beta_2, \cos\beta_3), \boldsymbol{u}_\gamma = (\cos\gamma_1, \cos\gamma_2, \cos\gamma_3)$ 在新坐标系中是 3 个互相垂直的方向，则

$$\cos\alpha_1\cos\beta_1 + \cos\alpha_2\cos\beta_2 + \cos\alpha_3\cos\beta_3 = 0,$$

$$\cos\alpha_1\cos\gamma_1 + \cos\alpha_2\cos\gamma_2 + \cos\alpha_3\cos\gamma_3 = 0,$$

$$\cos\gamma_1\cos\beta_1 + \cos\gamma_2\cos\beta_2 + \cos\gamma_3\cos\beta_3 = 0,$$

所以 $\left(\dfrac{\partial u}{\partial \boldsymbol{v}_1}\right)^2 + \left(\dfrac{\partial u}{\partial \boldsymbol{v}_2}\right)^2 + \left(\dfrac{\partial u}{\partial \boldsymbol{v}_3}\right)^2 = \left(\dfrac{\partial u}{\partial x}\right)^2 + \left(\dfrac{\partial u}{\partial y}\right)^2 + \left(\dfrac{\partial u}{\partial z}\right)^2$。

例 4.31 设二元函数 $f(x, y)$ 可微，l_1, l_2 是两个给定的方向，它们之间的夹角为 $\varphi \in (0, \pi)$，证明 $[f_x(x, y)]^2 + [f_y(x, y)]^2 \leqslant \dfrac{2}{\sin^2\varphi}\left[\left(\dfrac{\partial f}{\partial l_1}\right)^2 + \left(\dfrac{\partial f}{\partial l_2}\right)^2\right]$。

【证】 设方向 l_1 的方向角为 θ，则 l_1 的方向余弦为 $(\cos\theta, \sin\theta)$，l_2 的方向余弦为 $(\cos(\theta + \varphi), \sin(\theta + \varphi))$，由 $f(x, y)$ 可微，得

$$\frac{\partial f}{\partial l_1} = f_x(x, y)\cos\theta + f_y(x, y)\sin\theta,$$

$$\frac{\partial f}{\partial l_2} = f_x(x, y)\cos(\theta + \varphi) + f_y(x, y)\sin(\theta + \varphi),$$

即

$$f_x(x, y) = \frac{1}{\sin\varphi}\left(\frac{\partial f}{\partial l_1}\sin(\theta + \varphi) - \frac{\partial f}{\partial l_2}\sin\theta\right),$$

$$f_y(x, y) = \frac{1}{\sin\varphi}\left(-\frac{\partial f}{\partial l_1}\cos(\theta + \varphi) + \frac{\partial f}{\partial l_2}\cos\theta\right),$$

所以

$$[f_x(x, y)]^2 + [f_y(x, y)]^2 = \frac{1}{\sin^2\varphi}\left(\left(\frac{\partial f}{\partial l_1}\right)^2 + \left(\frac{\partial f}{\partial l_2}\right)^2 - 2\frac{\partial f}{\partial l_1}\cdot\frac{\partial f}{\partial l_2}\cos\varphi\right)$$

$$\leqslant \frac{1}{\sin^2 \varphi} \left(\left(\frac{\partial f}{\partial \boldsymbol{l}_1} \right)^2 + \left(\frac{\partial f}{\partial \boldsymbol{l}_2} \right)^2 + 2 \left| \frac{\partial f}{\partial \boldsymbol{l}_1} \right| \cdot \left| \frac{\partial f}{\partial \boldsymbol{l}_2} \right| \right)$$

$$\leqslant \frac{2}{\sin^2 \varphi} \left(\left(\frac{\partial f}{\partial \boldsymbol{l}_1} \right)^2 + \left(\frac{\partial f}{\partial \boldsymbol{l}_2} \right)^2 \right) \text{。}$$

综合训练

1. 设 $f(x) = \begin{cases} \lim\limits_{n \to \infty} \left(1 + \dfrac{2nx + x^2}{2n^2} \right)^{-n}, & x \neq 0, \\ \lim\limits_{n \to \infty} 2 \left(\dfrac{n}{(n+1)^2} + \dfrac{n}{(n+2)^2} + \cdots + \dfrac{n}{(n+n)^2} \right), & x = 0, \end{cases}$ 求 $f'(0)$。

2. 设 $y = f(x)$ 连续，且 $\lim\limits_{x \to 0} \dfrac{f(x)}{x} = 2$，令 $F(x) = \begin{cases} \displaystyle\int_0^1 f(xt) \mathrm{d}t, & x > 0, \\ 0, & x = 0, \\ \dfrac{\displaystyle\int_0^x \ln(1 + 2t) \mathrm{d}t}{x}, & x < 0, \end{cases}$ 求 $F'(0)$。

3. (1) 求常数 a, b 的值，使函数 $\varphi(x) = \begin{cases} \dfrac{\mathrm{e}^x - ax - b}{x}, & x \neq 0, \\ 0, & x = 0 \end{cases}$ 在点 $x = 0$ 处连续；

(2) 设函数 $f(x) = \dfrac{\mathrm{d}}{\mathrm{d}x}(\arctan(2x - 1))$，求复合函数 $f[\varphi(x)]$ 在点 $x = 0$ 处的导数。

4. 设函数 $f(x)$ 在 $x = 0$ 处连续，且 $\lim\limits_{x \to 0} \left(\dfrac{\sin x}{x^2} + \dfrac{f(x)}{x} \right) = 2$，求 $f'(0)$。

5. 已知 $\begin{cases} x = \ln(1 + \mathrm{e}^{2t}), \\ y = t - \arctan \mathrm{e}^t, \end{cases}$ 求 $\dfrac{\mathrm{d}^2 y}{\mathrm{d}x^2}$。

6. 设 $f(x) = \max\limits_{0 < x < 2\pi} \{\sin x, \cos x\}$，求 $f''(x)$。

7. 设函数 $f(x) = \begin{cases} \dfrac{\ln(1 + ax^3)}{x - \arcsin x}, & x < 0, \\ 6, & x = 0, \\ \dfrac{\mathrm{e}^{ax} + x^2 - ax - 1}{x \sin \dfrac{x}{4}}, & x > 0. \end{cases}$

(1) 当 a 为何值时，$f(x)$ 在点 $x = 0$ 处连续？

(2) 当 $f(x)$ 在 $x = 0$ 处连续时，$f(x)$ 在 $x = 0$ 处是否可导？说明理由。

8. 设函数 $f(x)$ 在 $(-\infty, +\infty)$ 内连续，$\lim\limits_{x \to 0} \dfrac{f(x)}{x} = a$。记 $g(x) = \displaystyle\int_0^1 f(xt) \mathrm{d}t$。

(1) 求 $g'(0)$；

(2) 试讨论 $g'(x)$ 在 $x = 0$ 处的连续性。

9. 设 $F(x)=\displaystyle\int_0^{\tan x} f(tx^2)\mathrm{d}t$，其中 $f(x)$ 为连续函数，求 $F'(x)$，并讨论 $F'(x)$ 的连续性。

10. 设函数 $F(x,y)=\displaystyle\int_0^{xy}\frac{\sin t}{1+t^2}\mathrm{d}t$，求 $\left.\dfrac{\partial^2 F}{\partial x^2}\right|_{\substack{x=0\\y=2}}$。

11. 设函数 $f(x,y)$ 具有二阶连续偏导数，且满足方程 $a^2\dfrac{\partial^2 f}{\partial x^2}+b^2\dfrac{\partial^2 f}{\partial y^2}=0$，其中 a,b 为非零常数。若 $f(ax,bx)=ax$，$f'_x(ax,bx)=bx^2$，求 $f''_{xx}(ax,bx)$，$f''_{xy}(ax,bx)$，$f''_{yy}(ax,bx)$。

12. 若函数 $z(x,y)$ 满足 $\dfrac{\partial z}{\partial x}=-\sin y+\dfrac{1}{1-xy}$，且 $z(0,y)=2\sin y+y^2$，求 $z(x,y)$ 的表达式。

13. 求过直线 $L:\begin{cases}3x-2y-z=5\\x+y+z=0\end{cases}$，且与曲面 $G:2x^2-2y^2+2z=\dfrac{5}{8}$ 相切的平面的方程。

14. 在椭球面 $2x^2+2y^2+z^2=1$ 上求一点，使函数 $f(x,y,z)=x^2+y^2+z^2$ 在该点处沿 $A(1,1,1)$ 到 $B(2,0,1)$ 方向的方向导数最大，并求出该最大方向导数。

15. 已知函数 $z=f(x,y)$ 有连续的二阶导数，且 $f_x(x,y)\neq 0$，$\dfrac{\partial^2 z}{\partial x^2}\cdot\dfrac{\partial^2 z}{\partial y^2}-\left(\dfrac{\partial^2 z}{\partial x\partial y}\right)^2=0$，又 $x=x(y,z)$ 是由 $z=f(x,y)$ 确定的隐函数，求 $\dfrac{\partial^2 x}{\partial y^2}\cdot\dfrac{\partial^2 x}{\partial z^2}-\left(\dfrac{\partial^2 x}{\partial y\partial z}\right)^2$。

16. 设函数 $f(x,y)$ 有二阶连续偏导数，满足 $f_x^2 f_{yy}-2f_x f_y f_{xy}+f_y^2 f_{xx}=0$，且 $f_y\neq 0$，$y=y(x,z)$ 是由方程 $z=f(x,y)$ 所确定的函数，求 $\dfrac{\partial^2 y}{\partial x^2}$。

17. 设函数 $z=z(x,y)$ 由 $F(x-y,z)=0$ 确定，其中 $F(u,v)$ 具有连续二阶偏导数，求 $\dfrac{\partial^2 z}{\partial x\partial y}$。

18. 已知函数 $z=u(x,y)\mathrm{e}^{ax+by}$，且 $\dfrac{\partial^2 u}{\partial x\partial y}=0$，确定常数 a,b，使得函数 $z=z(x,y)$ 满足方程 $\dfrac{\partial^2 z}{\partial x\partial y}-\dfrac{\partial z}{\partial x}-\dfrac{\partial z}{\partial y}+z=0$。

19. 设函数 $u=u(x,y,z)$ 由方程 $F(u^2-x^2,u^2-y^2,u^2-z^2)=0$ 确定，其中 $F(r,s,t)$ 有连续的一阶偏导数，且 $F'_r+F'_s+F'_t\neq 0$，证明 $\dfrac{1}{x}\dfrac{\partial u}{\partial x}+\dfrac{1}{y}\dfrac{\partial u}{\partial y}+\dfrac{1}{z}\dfrac{\partial u}{\partial z}=\dfrac{1}{u}$。

20. 若函数 $u=u(x,y)$ 满足拉普拉斯方程 $\dfrac{\partial^2 u}{\partial x^2}+\dfrac{\partial^2 u}{\partial y^2}=0$，证明函数 $v=u\left(\dfrac{x}{x^2+y^2},\dfrac{y}{x^2+y^2}\right)$ 亦满足拉普拉斯方程 $\dfrac{\partial^2 v}{\partial x^2}+\dfrac{\partial^2 v}{\partial y^2}=0$。

21. 设 $f(x,t)$，$\dfrac{\partial f(x,t)}{\partial x}$，$\dfrac{\partial f(x,t)}{\partial t}$ 和 $\dfrac{\partial^2 f(x,t)}{\partial x^2}$ 均为 $[0,1]\times[0,1]$ 中的连续函数，且在

矩形区域 $[0,1] \times [0,1]$ 中成立 $\dfrac{\partial f(x,t)}{\partial t} = \dfrac{\partial^2 f(x,t)}{\partial x^2}$，$\left| \dfrac{\partial f(x,t)}{\partial x} \right| \leqslant 1$。

（1）证明对任何 $(x,t_1),(x,t_2) \in [0,1] \times [0,1]$，存在 $\xi \in [0,1]$，使得

$$| \xi - x | \leqslant \frac{1}{2} | t_1 - t_2 |^{\frac{1}{2}}, \qquad \text{且} \qquad | f(\xi,t_1) - f(\xi,t_2) | \leqslant 4 | t_1 - t_2 |^{\frac{1}{2}};$$

（2）利用（1）证明对任何 $(x,t_1),(x,t_2) \in [0,1] \times [0,1]$，有 $| f(x,t_1) - f(x,t_2) | \leqslant 5 | t_1 - t_2 |^{\frac{1}{2}}$ 成立。

第五讲

微分中值定理

知识点

1. 设函数 $f(x)$ 在点 x_0 处存在右导数 $f'_+(x_0)$。

(1) 若 $f'_+(x_0) > 0$，则存在 $\delta > 0$，使得当 $x_0 < x < x_0 + \delta$ 时，有 $f(x) > f(x_0)$；

(2) 若存在 δ，使得当 $x_0 < x < x_0 + \delta$ 时，有 $f(x) \geqslant f(x_0)$，则 $f'_+(x_0) \geqslant 0$；

(3) 与右导数非负情形类似，同理可得左导数非正、左导数非负和右导数非正的结论。

2. (Fermat 引理) 设函数 $f(x)$ 在点 x_0 处可导，当 $x \in U(x_0, \delta)$ 时，恒有 $f(x) \leqslant f(x_0)$ (或 $f(x) \geqslant f(x_0)$)，那么 $f'(x_0) = 0$。

3. (Rolle 定理) 如果函数 $f(x)$ 在闭区间 $[a, b]$ 上连续，在开区间 (a, b) 内可导，且 $f(a) = f(b)$，则至少存在一点 $\xi \in (a, b)$，使 $f'(\xi) = 0$。

4. (Rolle 定理的推广) 如果函数 $f(x)$ 在 $(-\infty, +\infty)$ 内可导，且 $\lim\limits_{x \to -\infty} f(x) = \lim\limits_{x \to +\infty} f(x)$，则至少存在一点 $\xi \in (-\infty, +\infty)$，使 $f'(\xi) = 0$。

5. (Lagrange 中值定理) 如果函数 $f(x)$ 在闭区间 $[a, b]$ 上连续，在开区间 (a, b) 内可导，则至少存在一点 $\xi \in (a, b)$，使 $f'(\xi) = \dfrac{f(b) - f(a)}{b - a}$。

6. (有限增量公式) 如果函数 $f(x)$ 在闭区间 $[a, b]$ 上连续，在开区间 (a, b) 内可导，则

(1) $f(b) - f(a) = f'(\xi)(b - a)$，其中 $\xi \in (a, b)$；

(2) $f(b) = f(a) + f'(a + \theta(b - a))(b - a)$，其中 $\theta \in (0, 1)$；

(3) $\Delta y = f'(x_0 + \theta \Delta x) \Delta x$，其中 $\theta \in (0, 1)$。

7. (Cauchy 中值定理) 如果函数 $f(x)$ 及 $\varphi(x)$ 在闭区间 $[a, b]$ 上连续，在开区间 (a, b) 内可导，且 $\varphi'(x) \neq 0 (a < x < b)$，则在 (a, b) 内至少存在一点 ξ，使得 $\dfrac{f(b) - f(a)}{\varphi(b) - \varphi(a)} = \dfrac{f'(\xi)}{\varphi'(\xi)}$。

8. (Taylor 多项式唯一性定理) 设函数 $f(x)$ 在含有 x_0 的某个邻域内有定义，且

$$f(x) = c_0 + c_1(x - x_0) + \cdots + c_n(x - x_0)^n + o((x - x_0)^n)(x \to x_0),$$

则系数 $c_0, c_1, \cdots, c_n$ 是唯一确定的。

9. (带 Peano 余项的 n 阶 Taylor 中值定理) 设函数 $f(x)$ 在 x_0 处具有 n 阶导数，则

$$f(x) = \sum_{k=0}^{n} \frac{f^{(k)}(x_0)}{k!}(x - x_0)^k + o((x - x_0)^n) \quad (x \to x_0)。$$

10. (带 Lagrange 余项的 n 阶 Taylor 中值定理) 设函数 $f(x)$ 在含有 x_0 的某个开区间 (a,b) 内具有直到 $n+1$ 阶导数,则对 $\forall x \in (a,b)$,至少存在介于 x_0 与 x 之间的一点 ξ,使得

$$f(x) = \sum_{k=0}^{n} \frac{f^{(k)}(x_0)}{k!}(x-x_0)^k + \frac{f^{(n+1)}(\xi)}{(n+1)!}(x-x_0)^{n+1} \quad (x \to x_0)。$$

11. (二元函数 Lagrange 中值定理) 设函数 $f(x,y)$ 在 (x_0,y_0) 的某个邻域内可导,(x_0+h,y_0+k) 为 (x_0,y_0) 邻域内任一点,则存在 $\theta(0<\theta<1)$,使得

$$f(x_0+h,y_0+k) - f(x_0,y_0) = hf_x(x_0+\theta h,y_0+\theta k) + kf_y(x_0+\theta h,y_0+\theta k)。$$

12. (二元函数带 Lagrange 余项的 n 阶 Taylor 中值定理) 设函数 $f(x,y)$ 在 (x_0,y_0) 的某个邻域内具有直到 $n+1$ 阶导数,(x_0+h,y_0+k) 为邻域内任一点,则存在 $\theta(0<\theta<1)$,使得

$$f(x_0+h,y_0+k) = \sum_{k=0}^{n} \frac{1}{k!}\left(h\frac{\partial}{\partial x} + k\frac{\partial}{\partial y}\right)^k f(x_0,y_0) +$$

$$\frac{1}{(n+1)!}\left(h\frac{\partial}{\partial x} + k\frac{\partial}{\partial y}\right)^{n+1} f(x_0+\theta h,y_0+\theta k)。$$

13. (n 元函数带 Lagrange 余项的一阶 Taylor 中值定理) 设 $f(\boldsymbol{x})$ 是 n 元函数,$\boldsymbol{x}_0 \in \mathbb{R}^n$,若 $f(\boldsymbol{x})$ 在 $\boldsymbol{x}_0$ 的某邻域内具有二阶连续偏导,则对点 $\boldsymbol{x}_0$ 的某邻域内的点 $\boldsymbol{x}$,存在 $\theta(0<\theta<1)$,使得

$$f(\boldsymbol{x}) = f(\boldsymbol{x}_0) + \nabla f(\boldsymbol{x}_0)(\boldsymbol{x}-\boldsymbol{x}_0)^{\mathrm{T}} + \frac{1}{2}(\boldsymbol{x}-\boldsymbol{x}_0)\nabla^2 f(\boldsymbol{x}_0+\theta(\boldsymbol{x}-\boldsymbol{x}_0))(\boldsymbol{x}-\boldsymbol{x}_0)^{\mathrm{T}}。$$

14. 常用基本初等函数带 Lagrange 余项的 n 阶 Maclaurin 公式:

(1) $\mathrm{e}^x = 1 + x + \dfrac{x^2}{2!} + \cdots + \dfrac{x^n}{n!} + \dfrac{\mathrm{e}^{\theta x}}{(n+1)!}x^{n+1} \quad (0<\theta<1, -\infty<x<+\infty)$;

(2) $\sin x = x - \dfrac{x^3}{3!} + \cdots + (-1)^{m-1}\dfrac{x^{2m-1}}{(2m-1)!} + (-1)^m\dfrac{\cos\theta x}{(2m+1)!}x^{2m+1} \quad (0<\theta<1, -\infty<x<+\infty)$;

(3) $\cos x = 1 - \dfrac{x^2}{2!} + \cdots + (-1)^m\dfrac{x^{2m}}{(2m)!} + (-1)^{m+1}\dfrac{\cos\theta x}{(2m+2)!}x^{2m+2} \quad (0<\theta<1, -\infty<x<+\infty)$;

(4) $\ln(1+x) = x - \dfrac{x^2}{2} + \dfrac{x^3}{3} + \cdots + (-1)^{n-1}\dfrac{x^n}{n} + (-1)^n\dfrac{x^{n+1}}{(n+1)(1+\theta x)^{n+1}} \quad (0<\theta<1, x>-1)$;

(5) $(1+x)^\alpha = 1 + \alpha x + \dfrac{\alpha(\alpha-1)}{2!}x^2 + \cdots + \dfrac{\alpha(\alpha-1)\cdots(\alpha-n+1)}{n!}x^n +$

$\dfrac{\alpha(\alpha-1)\cdots(\alpha-n)}{(n+1)!}\dfrac{x^{n+1}}{(1+\theta x)^{n+1-\alpha}} \quad (0<\theta<1, x>-1)。$

特别地,$\dfrac{1}{1+x} = 1 - x + x^2 - x^3 + \cdots + (-1)^n x^n + (-1)^{n+1}\dfrac{x^{n+1}}{(1+\theta x)^{n+2}} \quad (0<\theta<1, x>-1)。$

典型例题

一、关于中值点极限的讨论

例 5.1　设 $f(x)$ 在 $(-\infty,+\infty)$ 内二阶可导,且 $f''(x)\neq0$。

(1) 证明对 $\forall x\neq0$,存在唯一 $\theta(x)(0<\theta(x)<1)$,使得 $f(x)=f(0)+xf'(x\theta(x))$;

(2) 求 $\lim\limits_{x\to0}\theta(x)$。

(1)**【证】**　对于任何非零实数 x,由 Lagrange 中值定理知,存在 $\theta(x)(0<\theta(x)<1)$ 使得

$$f(x)=f(0)+xf'(x\theta(x))。$$

若 $\theta(x)$ 不唯一,则存在 $\theta_1(x)$ 与 $\theta_2(x)(\theta_1(x)<\theta_2(x))$,使得 $f'(x\theta_1(x))=f'(x\theta_2(x))$,由 Rolle 定理知,存在一点 ξ,使得 $f''(\xi)=0$,与 $f''(x)\neq0$ 矛盾,所以 $\theta(x)$ 是唯一的。

(2)**【解 1】**　因为

$$f''(0)=\lim_{x\to0}\frac{f'(x\theta(x))-f'(0)}{x\theta(x)}=\lim_{x\to0}\frac{f'(x\theta(x))-f'(0)}{x}\cdot\frac{1}{\theta(x)},$$

又

$$\lim_{x\to0}\frac{f'(x\theta(x))-f'(0)}{x}=\lim_{x\to0}\frac{\dfrac{f(x)-f(0)}{x}-f'(0)}{x}=\lim_{x\to0}\frac{f(x)-f(0)-xf'(0)}{x^2}$$

$$=\lim_{x\to0}\frac{f'(x)-f'(0)}{2x}=\frac{f''(0)}{2},$$

而 $f''(0)\neq0$,所以 $\lim\limits_{x\to0}\theta(x)=\dfrac{1}{2}$。

【解 2】　因为 $f(x)=f(0)+xf'(x\theta(x))$,再由 Taylor 公式,得

$$f(x)=f(0)+xf'(0)+\frac{1}{2}x^2f''(0)+o(x^2),$$

即

$$xf'(x\theta(x))=xf'(0)+\frac{1}{2}x^2f''(0)+o(x^2),$$

两边同时除以 x^2,并取 $x\to0$ 时的极限得

$$\lim_{x\to0}\theta(x)\cdot\frac{f'(x\theta(x))-f'(0)}{x\theta(x)}=\frac{1}{2}f''(0),$$

又

$$\lim_{x\to0}\frac{f'(x\theta(x))-f'(0)}{x\theta(x)}=f''(0),$$

而 $f''(0)\neq0$,所以 $\lim\limits_{x\to0}\theta(x)=\dfrac{1}{2}$。

【解 3】　由于 $f(x)=f(0)+xf'(x\theta(x))$,则

$$\frac{f(x)-f(0)-xf'(0)}{x^2}=\frac{xf'(x\theta(x))-xf'(0)}{x^2}=\frac{f'(x\theta(x))-f'(0)}{x},$$

记 $F(t) = f(t) - f(0) - tf'(0)$, $G(t) = t^2$, 由 Cauchy 中值定理, 存在 $\xi \in (0, x)$, 使得

$$\frac{F(x) - F(0)}{G(x) - G(0)} = \frac{f(x) - f(0) - xf'(0)}{x^2} = \frac{f'(\xi) - f(0)}{2\xi},$$

从而

$$\theta(x) \cdot \frac{f'(x\theta(x)) - f'(0)}{x\theta(x)} = \frac{f'(\xi) - f'(0)}{2\xi},$$

令 $x \to 0$, 得

$$\lim_{x \to 0} \theta(x) \cdot \frac{f'(x\theta(x)) - f'(0)}{x\theta(x)} = \frac{1}{2} \lim_{x \to 0} \frac{f'(\xi) - f'(0)}{\xi},$$

又

$$\lim_{x \to 0} \frac{f'(x\theta(x)) - f'(0)}{x\theta(x)} = f''(0),$$

$$\lim_{x \to 0} \frac{f'(\xi) - f(0)}{\xi} = \lim_{\xi \to 0} \frac{f'(\xi) - f'(0)}{\xi} = f''(0),$$

而 $f''(0) \neq 0$, 所以 $\lim_{x \to 0} \theta(x) = \dfrac{1}{2}$。

例 5.2 设 $f(x)$ 在 $(a - \delta, a + \delta)$ 内具有 $n + 1$ 阶连续导数, 且 $f'(a) = f''(a) = \cdots = f^{(n)}(a) = 0$ 及 $f^{(n+1)}(a) \neq 0$, 对于任何非零实数 $h(|h| < \delta)$, 由 Lagrange 中值定理知, 存在 $\theta(0 < \theta < 1)$, 使得 $f(a + h) - f(a) = hf'(a + \theta h)$, 证明 $\lim_{h \to 0} \theta = \dfrac{1}{\sqrt[n]{n+1}}$。

【证】 由 Taylor 公式, 得

$$f(a + h) = f(a) + f'(a)h + \cdots + \frac{f^{(n)}(a)}{n!}h^n + \frac{f^{(n+1)}(a)}{(n+1)!}h^{n+1} + o(h^{n+1})$$

$$= f(a) + \frac{f^{(n+1)}(a)}{(n+1)!}h^{n+1} + o(h^{n+1}),$$

再由 Taylor 公式得

$$f'(a + \theta h) = f'(a) + f''(a)(\theta h) + \cdots + \frac{f^{(n)}(a)}{(n-1)!}(\theta h)^{n-1} + \frac{f^{(n+1)}(a)}{n!}(\theta h)^n + o(h^n)$$

$$= \frac{f^{(n+1)}(a)}{n!}(\theta h)^n + o(h^n),$$

由上两式及 $f(a + h) - f(a) = hf'(a + \theta h)$ 得

$$\frac{f^{(n+1)}(a)}{(n+1)!}h^{n+1} + o(h^{n+1}) = \frac{f^{(n+1)}(a)}{n!}\theta^n h^{n+1} + o(h^{n+1}),$$

由于 $f^{(n+1)}(a) \neq 0$, 故

$$\theta^n = \frac{1}{n+1} + \frac{o(h^{n+1})}{h^{n+1}},$$

所以

$$\lim_{h \to 0} \theta = \lim_{h \to 0} \sqrt[n]{\frac{1}{n+1} + \frac{o(h^{n+1})}{h^{n+1}}} = \frac{1}{\sqrt[n]{n+1}}。$$

例 5.3 设函数 $f(x)$ 在 $x = 0$ 处可导, 且 $f'(0) \neq 0$, 对 $\forall x \neq 0$, 存在介于 0 与 x 之间的

ξ,使得 $f(x)-f(0)=2f(\xi)$,求 $\lim\limits_{x\to 0}\dfrac{\xi}{x}$。

【证】 由于 $f(x)$ 在 $x=0$ 处连续,且 $f(x)-f(0)=2f(\xi)$,两边同时取 $x\to 0$ 时的极限,得

$$0=\lim\limits_{x\to 0}[f(x)-f(0)]=2\lim\limits_{x\to 0}f(\xi)=2\lim\limits_{\xi\to 0}f(\xi)=2f(0),$$

从而 $f(0)=0$。又

$$\lim\limits_{x\to 0}\frac{f(\xi)}{x}=\lim\limits_{x\to 0}\left(\frac{f(\xi)-f(0)}{\xi}\cdot\frac{\xi}{x}\right)=\lim\limits_{\xi\to 0}\frac{f(\xi)-f(0)}{\xi}\cdot\lim\limits_{x\to 0}\frac{\xi}{x}=f'(0)\lim\limits_{x\to 0}\frac{\xi}{x},$$

而

$$\lim\limits_{x\to 0}\frac{f(\xi)}{x}=\lim\limits_{x\to 0}\frac{\dfrac{f(x)-f(0)}{2}}{x}=\lim\limits_{x\to 0}\frac{f(x)}{2x}=\frac{1}{2}\lim\limits_{x\to 0}\frac{f(x)-f(0)}{x}=\frac{1}{2}f'(0),$$

因 $f'(0)\neq 0$,故 $\lim\limits_{x\to 0}\dfrac{\xi}{x}=\dfrac{1}{2}$。

例 5.4 若 $f(x)$ 在 $(0,+\infty)$ 上可微,$\lim\limits_{x\to +\infty}\dfrac{f(x)}{x}=0$,证明在 $(0,+\infty)$ 内存在一个数列 $\{\xi_n\}$,使得 $\{\xi_n\}$ 单调,且 $\lim\limits_{n\to\infty}\xi_n=+\infty$,$\lim\limits_{n\to\infty}f'(\xi_n)=0$。

【证 1】 因 $f(x)$ 在 $(0,+\infty)$ 上可微,故 $\forall n\in \mathbf{Z}^+$,$f(x)$ 在 $[2^{n-1},2^n]$ 上连续,在 $(2^{n-1},2^n)$ 内可导,从而由 Lagrange 中值定理知,$\exists\xi_n\in(2^{n-1},2^n)$ 使得

$$f'(\xi_n)=\frac{f(2^n)-f(2^{n-1})}{2^n-2^{n-1}}=\frac{f(2^n)-f(2^{n-1})}{2^{n-1}}=2\frac{f(2^n)}{2^n}-\frac{f(2^{n-1})}{2^{n-1}},$$

则 $\xi_n<2^n<\xi_{n+1}$,且 $\lim\limits_{n\to\infty}\xi_n=+\infty$。又 $\lim\limits_{x\to +\infty}\dfrac{f(x)}{x}=0$,由海涅定理知

$$\lim\limits_{n\to\infty}f'(\xi_n)=2\lim\limits_{n\to\infty}\frac{f(2^n)}{2^n}-\lim\limits_{n\to\infty}\frac{f(2^{n-1})}{2^{n-1}}=0。$$

【证 2】 由 $\lim\limits_{x\to +\infty}\dfrac{f(x)}{x}=0$ 知,$\forall\varepsilon>0$,$\exists K>0$,使得当 $x\geqslant K$ 时,$\left|\dfrac{f(x)}{x}\right|<\varepsilon$,则 $\exists K_1>0$,使当 $x\geqslant K_1$ 时,$\left|\dfrac{f(x)}{x}\right|<1$,$\exists K_2>2K_1$,使当 $x\geqslant K_2$ 时,$\left|\dfrac{f(x)}{x}\right|<\dfrac{1}{2}$,$\cdots$,$\exists K_n>2K_{n-1}$,使得当 $x\geqslant K_n$ 时,$\left|\dfrac{f(x)}{x}\right|<\dfrac{1}{n}$。用数学归纳法得到数列 $\{K_n\}$,在 $[K_n,2K_n]$ 上应用 Lagrange 中值定理,$\exists\xi_n\in(K_n,2K_n)$,使得

$$f'(\xi_n)=\frac{f(2K_n)-f(K_n)}{2K_n-K_n}。$$

由 $\xi_n<2K_n<\xi_{n+1}$ 知,数列 $\{\xi_n\}$ 单调增,由数列 $\{K_n\}$ 满足 $K_n>2K_{n-1}>2^{n-1}K_1$ 和 $K_1>0$ 知 $\lim\limits_{n\to\infty}\xi_n=+\infty$,由

$$|f'(\xi_n)|=\left|\frac{f(2K_n)-f(K_n)}{2K_n-K_n}\right|\leqslant\left|\frac{f(2K_n)}{K_n}\right|+\left|\frac{f(K_n)}{K_n}\right|<\frac{2}{n}+\frac{1}{n}=\frac{3}{n}$$

知 $\lim\limits_{n\to\infty}f'(\xi_n)=0$。

二、含一个中值的等式的证明

例 5.5（Rolle 定理）   如果 $f(x)$ 在闭区间 $[a,b]$ 上连续，在开区间 (a,b) 内可导，且 $f(a)=f(b)$，则至少存在一点 $\xi\in(a,b)$，使 $f'(\xi)=0$。

【证 1】   若 $f(x)$ 为 $[a,b]$ 上的常值函数，则对 $\forall x\in(a,b)$，都有 $f'(x)=0$。否则，由闭区间上连续函数的性质，$f(x)$ 在 $[a,b]$ 上存在最大值 M 和最小值 m，且 $m<M$。由于 $f(a)=f(b)$，因此 $f(x)$ 的最大值 M 和最小值 m 至少有一个不在端点取得，不妨设这个最值点为 $\xi\in(a,b)$，由于区间内部的最值一定在极值点处取得，又 $f(x)$ 在 (a,b) 内可导，由 Fermat 引理知 $f'(\xi)=0$。

【证 2】   令 $F(x)=f(x)-f\left(x+\dfrac{b-a}{2}\right)\left(a\leqslant x\leqslant\dfrac{a+b}{2}\right)$，由 $f(a)=f(b)$ 知

$$F(a)=f(a)-f\left(\frac{a+b}{2}\right)   \text{和}   F\left(\frac{a+b}{2}\right)=f\left(\frac{a+b}{2}\right)-f(b)=-F(a),$$

在闭区间 $\left[a,\dfrac{a+b}{2}\right]$ 上 $F(x)$ 满足零点存在定理的条件，则存在 $a_1\in\left[a,\dfrac{a+b}{2}\right]$，使得 $F(a_1)=0$。记 $b_1=a_1+\dfrac{b-a}{2}$，则 $f(a_1)=f(b_1)$，且 $[a_1,b_1]\subset[a,b]$，$b_1-a_1=\dfrac{1}{2}(b-a)$。

将以上做法继续下去，得到一个区间套 $\{[a_n,b_n]\}$，满足 $b_n-a_n=\dfrac{1}{2^n}(b-a)$，$f(a_n)=f(b_n)$，由区间套定理，存在唯一的点 $\xi\in[a_n,b_n](n\in\mathbf{N}^+)$，且 $\lim\limits_{n\to\infty}a_n=\lim\limits_{n\to\infty}b_n=\xi$。

在区间套的构造过程中，只要 $\{a_n\}$ 和 $\{b_n\}$ 不是常值数列，就可以保证 $\xi\in(a,b)$ 成立。事实上，若有 $a=a_1=a_2$，则

$$f(a)=f(a_1)=f(a_2)=f(b_2)=f(b_1),$$

在区间套的构造时用 $[b_2,b_1]$ 代替 $[a_2,b_2]$ 进行下去，同理可以避免 $\{b_n\}$ 为常值数列。

由 $f(x)$ 在 $\xi\in(a,b)$ 可导，因此

$$\lim_{n\to\infty}\frac{f(b_n)-f(a_n)}{b_n-a_n}=f'(\xi),$$

而 $f(a_n)=f(b_n)$，因此 $f'(\xi)=0$。

例 5.6   设奇函数 $f(x)$ 在 $[-1,1]$ 上具有二阶导数，且 $f(1)=1$，证明：

(1) 存在 $\xi\in(0,1)$，使得 $f'(\xi)=1$；

(2) 存在 $\eta\in(-1,1)$，使得 $f''(\eta)+f'(\eta)=1$。

【证】   (1) 因为 $f(x)$ 在 $[-1,1]$ 上为奇函数，则 $f(-x)=-f(x)$，从而 $f(0)=0$。

令 $F(x)=f(x)-x$，则 $F(x)$ 在 $[-1,1]$ 上连续，在 $(-1,1)$ 上可导，且

$$F(1)=f(1)-1=0,   F(0)=f(0)-0=0,$$

则存在 $\xi\in(0,1)$，使得 $F'(\xi)=0$，即 $f'(\xi)=1$。

(2) 因为 $f(x)$ 在 $[-1,1]$ 上为奇函数，则 $f'(x)$ 在 $[-1,1]$ 上为偶函数，由(1)知，存在 $\xi\in(0,1)$，使得 $f'(-\xi)=f'(\xi)=1$。

令 $G(x)=\mathrm{e}^x(f'(x)-1)$，则 $G(x)$ 在 $[-\xi,\xi]\subset[-1,1]$ 上连续，在 $(-\xi,\xi)$ 上可导，且

$$G(-\xi)=\mathrm{e}^{-\xi}(f'(-\xi)-1)=0,   G(\xi)=\mathrm{e}^{\xi}(f'(\xi)-1)=0,$$

则存在 $\eta \in (-\xi, \xi) \subset (-1,1)$，使得 $G'(\eta)=0$，即 $f''(\eta)+f'(\eta)=1$。

例 5.7 设 $f(x)$ 在 (a,b) 内二阶可导，$f'(x)$ 在 $[a,b]$ 上连续，且 $f(a)=f(b)=0$，$\int_a^b f(x)\mathrm{d}x=0$，证明：

(1) 在 (a,b) 内至少存在两点 $\xi_1 \neq \xi_2$，使得 $f'(\xi_1)=f(\xi_1)$，$f'(\xi_2)=f(\xi_2)$；

(2) 在 (a,b) 内至少存在一点 η，且 $\eta \neq \xi_i (i=1,2)$，使得 $f''(\eta)=f(\eta)$。

【证】 (1) 由积分中值定理知，至少存在一点 $c \in (a,b)$，使得 $f(c)(b-a)=\int_a^b f(x)\mathrm{d}x=0$，则 $f(c)=0$。设 $G(x)=\mathrm{e}^{-x}f(x)$，则 $G(x)$ 在 $[a,b]$ 上连续，$f(x)$ 在 (a,b) 内可导，且

$$G(a)=G(b)=G(c)=0,$$

由 Rolle 定理知分别存在 $\xi_1 \in (a,c)$ 和 $\xi_2 \in (c,b)$，使得 $G'(\xi_1)=G'(\xi_2)=0$，而

$$G'(x)=\mathrm{e}^{-x}f'(x)-\mathrm{e}^{-x}f(x)=\mathrm{e}^{-x}(f'(x)-f(x)),$$

所以在 (a,b) 内至少存在两点 $\xi_1 \neq \xi_2$，使得 $f'(\xi_1)=f(\xi_1)$，$f'(\xi_2)=f(\xi_2)$。

(2) 设 $F(x)=\mathrm{e}^x[f'(x)-f(x)]$，则 $F(x)$ 在 $[a,b]$ 上连续，$f(x)$ 在 (a,b) 内可导，且

$$F(\xi_1)=F(\xi_2)=0,$$

对 $F(x)$ 在区间 $[\xi_1,\xi_2]$ 上应用 Rolle 定理知，存在 $\eta \in (\xi_1,\xi_2)$，使得 $F'(\eta)=0$，而

$$F'(x)=\mathrm{e}^x(f''(x)-f'(x))+\mathrm{e}^x(f'(x)-f(x))=\mathrm{e}^x(f''(x)-f(x)),$$

由 $\mathrm{e}^\eta \neq 0$，则 $f''(\eta)=f(\eta)$，且 $\eta \neq \xi_i (i=1,2)$。

例 5.8 设函数 $f(x)$ 在闭区间 $[-2,2]$ 上具有二阶导数，若 $(f(0))^2+(f'(0))^2=4$，$|f(x)| \leqslant 1$，证明存在一点 $\xi \in (-2,2)$，使得 $f(\xi)+f''(\xi)=0$。

【证 1】 在区间 $[-2,0]$ 和 $[0,2]$ 上分别对函数 $f(x)$ 应用 Lagrange 中值定理，得

$$f'(\eta_1)=\frac{f(0)-f(-2)}{2}, \quad f'(\eta_2)=\frac{f(2)-f(0)}{2}, \quad \text{其中} \quad \eta_1 \in (-2,0), \quad \eta_2 \in (0,2)。$$

由于 $|f(x)| \leqslant 1$，因此 $|f'(\eta_1)| \leqslant 1$，$|f'(\eta_2)| \leqslant 1$。

设 $F(x)=(f(x))^2+(f'(x))^2$，则 $F(x)$ 在区间 $[-2,2]$ 上可导，$F(0)=4$ 且

$$F(\eta_1)=(f(\eta_1))^2+(f'(\eta_1))^2 \leqslant 2, \quad F(\eta_2)=(f(\eta_2))^2+(f'(\eta_2))^2 \leqslant 2,$$

故 $F(x)$ 在闭区间 $[\eta_1,\eta_2]$ 内存在最大值 $F(\xi)=\max\limits_{x \in (\eta_1,\eta_2)}\{F(x)\} \geqslant 4$，其中 $\xi \in (\eta_1,\eta_2)$，由 Fermat 引理知 $F'(\xi)=0$。而

$$F'(x)=2f(x)f'(x)+2f'(x)f''(x),$$

则

$$F'(\xi)=2f'(\xi)(f(\xi)+f''(\xi))=0。$$

由 $F(\xi)=(f(\xi))^2+(f'(\xi))^2 \geqslant 4$，且 $|f(\xi)| \leqslant 1$ 知，$f'(\xi) \neq 0$，从而存在 $\xi \in (-2,2)$，使得 $f(\xi)+f''(\xi)=0$。

【证 2】 因 $|f(x)| \leqslant 1$，由 Lagrange 中值定理知，存在 $\eta_1 \in (-2,0)$，$\eta_2 \in (0,2)$，使得

$$2|f'(\eta_1)|=|f(0)-f(-2)| \leqslant 2, \quad \text{即} \quad |f'(\eta_1)| \leqslant 1,$$

$$2|f'(\eta_2)|=|f(2)-f(0)| \leqslant 2, \quad \text{即} \quad |f'(\eta_2)| \leqslant 1。$$

设 $F(x)=(f(x))^2+(f'(x))^2-3$，由 $(f(0))^2+(f'(0))^2=4$ 知，$F(0)=1>0$，且

$$F(\eta_1) = (f(\eta_1))^2 + (f'(\eta_1))^2 - 3 \leqslant 2 - 3 < 0,$$

$$F(\eta_2) = (f(\eta_2))^2 + (f'(\eta_2))^2 - 3 \leqslant 2 - 3 < 0,$$

由零点存在定理知,存在 $\xi_1 \in (\eta_1, 0), \xi_2 \in (0, \eta_2)$,使得 $F(\xi_1) = F(\xi_2) = 0$,由 Rolle 定理知,存在 $\xi \in (-2, 2)$,使得 $F'(\xi) = 0$。而

$$F'(x) = 2f(x)f'(x) + 2f'(x)f''(x),$$

故

$$F'(\xi) = 2f'(\xi)(f(\xi) + f''(\xi)) = 0。$$

由 $F(\xi) = (f(\xi))^2 + (f'(\xi))^2 - 3 \geqslant 4$,且 $|f(\xi)| \leqslant 1$ 知,$f'(\xi) \neq 0$,从而存在 $\xi \in (-2, 2)$,使得 $f(\xi) + f''(\xi) = 0$。

例 5.9 已知函数 $f(x)$ 在 $[0, 1]$ 上三阶可导,且 $f(0) = -1, f(1) = 0, f'(0) = 0$,证明 $\forall x \in (0, 1)$,存在 $\xi \in (0, 1)$,使得 $f(x) = -1 + x^2 + \dfrac{x^2(x-1)}{3!} f'''(\xi)$。

【证】 欲证等式变形为 $f'''(\xi) = 3! \cdot \dfrac{f(x) + 1 - x^2}{x^2(x-1)}$,将欲证的等式中的 x 换成 t,得

$$f(t) = -1 + t^2 + \frac{t^2(t-1)}{3!} f'''(\xi) = -1 + t^2 + \frac{t^2(t-1)}{3!} \cdot 3! \cdot \frac{f(x) + 1 - x^2}{x^2(x-1)}$$

$$= -1 + t^2 + \frac{f(x) + 1 - x^2}{x^2(x-1)} \cdot t^2(t-1),$$

即

$$f(t) + 1 - t^2 - \frac{f(x) + 1 - x^2}{x^2(x-1)} \cdot t^2(t-1) = 0。$$

因此 $\forall x \in (0, 1)$,作辅助函数

$$g(t) = f(t) + 1 - t^2 - \frac{f(x) + 1 - x^2}{x^2(x-1)} t^2(t-1), \quad t \in [0, 1]。$$

因为函数 $f(x)$ 在 $[0, 1]$ 上三阶可导,$f(0) = -1, f(1) = 0$,故 $g(x) = g(0) = g(1) = 0$,从而 $\exists \xi_1 \in (0, x), \xi_2 \in (x, 1)$,使得 $g'(\xi_1) = g'(\xi_2) = 0$,且 $0 < \xi_1 < x < \xi_2 < 1$,同时

$$g'(t) = f'(t) - 2t - \frac{f(x) + 1 - x^2}{x^2(x-1)} (3t^2 - 2t),$$

由 $f'(0) = 0$ 知,$g'(0) = 0$。再由 $g'(0) = g'(\xi_1) = 0$ 知,$\exists \eta_1 \in (0, \xi_1)$,使得 $g''(\eta_1) = 0$;由 $g'(\xi_1) = g'(\xi_2) = 0 (\xi_1 < \xi_2)$ 知,$\exists \eta_2 \in (\xi_1, \xi_2)$,使得 $g''(\eta_2) = 0$,且

$$g''(t) = f''(t) - 2 - \frac{f(x) + 1 - x^2}{x^2(x-1)} (6t - 2),$$

由 $g''(\eta_1) = g''(\eta_2) = 0$ 和 $0 < \eta_1 < \xi_1 < \eta_2 < \xi_2 < 1$ 得,$\exists \xi \in (\eta_1, \eta_2)$,使得 $g'''(\xi) = 0$,且

$$g'''(t) = f'''(t) - 6\frac{f(x) + 1 - x^2}{x^2(x-1)},$$

从而

$$f'''(\xi) = 6\frac{f(x) + 1 - x^2}{x^2(x-1)},$$

即

$$f(x) = -1 + x^2 + \frac{x^2(x-1)}{3!}f'''(\xi)。$$

例 5.10 设函数 $f(x)$ 在闭区间 $[-1,1]$ 上具有三阶连续导数,证明存在 $\xi \in (-1,1)$,使得

$$\frac{1}{6}f'''(\xi) = \frac{1}{2}(f(1) - f(-1)) - f'(0)。$$

【证 1】 令

$$g(x) = -\frac{1}{2}f(-1)x^2(x-1) - f(0)(x^2-1) + \frac{1}{2}f(1)x^2(x+1) -$$
$$f'(0)x(x-1)(x+1),$$

则 $f(-1) = g(-1), f(0) = g(0), f(1) = g(1), f'(0) = g'(0)$。

设 $h(x) = f(x) - g(x)$,则 $h(-1) = h(0) = h(1)$,对 $h(x)$ 应用 Rolle 定理知,存在 $\eta_1 \in (-1,0), \eta_2 \in (0,1)$,使得

$$h'(\eta_1) = h'(\eta_2) = 0。$$

又 $h'(0) = 0$,对 $h'(x)$ 应用 Rolle 定理知,存在 $\xi_1 \in (\eta_1, 0), \xi_2 \in (0, \eta_2)$,使得

$$h''(\xi_1) = h''(\xi_2) = 0,$$

再对 $h''(x)$ 应用 Rolle 定理知,存在 $\xi \in (\xi_1, \xi_2)$,使得 $h'''(\xi) = 0$,即

$$f'''(\xi) = g'''(\xi) = -\frac{1}{2}f(-1) \cdot 6 - f(0) \cdot 0 + \frac{1}{2}f(1) \cdot 6 - f'(0) \cdot 6$$
$$= 3(f(1) - f(-1)) - 6f'(0),$$

即

$$\frac{1}{6}f'''(\xi) = \frac{1}{2}(f(1) - f(-1)) - f'(0)。$$

【证 2】 因为函数 $f(x)$ 在闭区间 $[-1,1]$ 上具有三阶连续导数,由 Taylor 公式知,对 $\forall x \in [-1,1]$,

$$f(x) = f(0) + f'(0)x + \frac{1}{2}f''(0)x^2 + \frac{1}{6}f'''(\eta)x^3, \quad \text{其中 } \eta \text{ 位于 } 0 \text{ 与 } x \text{ 之间。}$$

取 $x = -1, 1$,得

$$f(1) = f(0) + f'(0) + \frac{1}{2}f''(0) + \frac{1}{6}f'''(\eta_1), \quad \eta_1 \in (0,1),$$

$$f(-1) = f(0) - f'(0) + \frac{1}{2}f''(0) - \frac{1}{6}f'''(\eta_2), \quad \eta_2 \in (-1,0),$$

从而

$$f(1) - f(-1) = 2f'(0) + \frac{1}{6}(f'''(\eta_1) + f'''(\eta_2))。$$

由于 $f'''(x)$ 在 $[-1,1]$ 上连续,则 $f'''(x)$ 在 $[-1,1]$ 上有最大值 M 和最小值 m,因此

$$m \leqslant \frac{1}{2}(f'''(\eta_1) + f'''(\eta_2)) \leqslant M,$$

由介值定理知,存在 $\xi \in (\eta_2, \eta_1) \subset (-1,1)$,使得

$$f'''(\xi) = \frac{1}{2}(f'''(\eta_1) + f'''(\eta_2)),$$

所以

$$f(1) - f(-1) = 2f'(0) + \frac{1}{3}f'''(\xi),$$

即

$$\frac{1}{6}f'''(\xi) = \frac{1}{2}(f(1) - f(-1)) - f'(0)。$$

例 5.11　设函数 $f(x)$ 在 $[a,b]$ 上二阶连续可导,证明存在 $\xi \in (a,b)$ 使得

$$\int_a^b f(x)\mathrm{d}x = (b-a)f\left(\frac{a+b}{2}\right) + \frac{(b-a)^3}{24}f''(\xi)。$$

【证】　设 $F(x) = \int_a^x f(t)\mathrm{d}t$,将 $F(x)$ 在 $x = \frac{a+b}{2}$ 处展开成三阶 Taylor 公式,得

$$F(x) = F\left(\frac{a+b}{2}\right) + F'\left(\frac{a+b}{2}\right)\left(x - \frac{a+b}{2}\right) + \frac{1}{2!}F''\left(\frac{a+b}{2}\right)\left(x - \frac{a+b}{2}\right)^2 +$$

$$\frac{1}{3!}F'''(\eta)\left(x - \frac{a+b}{2}\right)^3,$$

其中 η 在 x 与 $\frac{a+b}{2}$ 之间。令 $x = a$ 和 $x = b$ 得

$$F(a) = F\left(\frac{a+b}{2}\right) - F'\left(\frac{a+b}{2}\right)\frac{b-a}{2} + \frac{1}{2!}F''\left(\frac{a+b}{2}\right)\left(\frac{b-a}{2}\right)^2 - \frac{1}{3!}F'''(\eta_1)\left(\frac{b-a}{2}\right)^3,$$

$$F(b) = F\left(\frac{a+b}{2}\right) + F'\left(\frac{a+b}{2}\right)\frac{b-a}{2} + \frac{1}{2!}F''\left(\frac{a+b}{2}\right)\left(\frac{b-a}{2}\right)^2 + \frac{1}{3!}F'''(\eta_2)\left(\frac{b-a}{2}\right)^3,$$

其中 $a < \eta_1 < \frac{a+b}{2}, \frac{a+b}{2} < \eta_2 < b$。将上两式相减,并注意到 $F(a) = 0, F(b) = \int_a^b f(x)\mathrm{d}x, F'(x) = f(x)$,有

$$\int_a^b f(x)\mathrm{d}x = (b-a)f\left(\frac{a+b}{2}\right) + \frac{(b-a)^3}{24} \cdot \frac{1}{2}(f''(\eta_1) + f''(\eta_2)),$$

由于 $f(x)$ 在 $[a,b]$ 上二阶连续可导,由介值定理存在 $\xi \in (\eta_1, \eta_2) \subset (a,b)$,使得

$$\frac{1}{2}(f''(\eta_1) + f''(\eta_2)) = f''(\xi),$$

从而

$$\int_a^b f(x)\mathrm{d}x = (b-a)f\left(\frac{a+b}{2}\right) + \frac{(b-a)^3}{24}f''(\xi)。$$

例 5.12　设 $f(x)$ 在 $\left[0, \frac{\pi}{2}\right]$ 上连续,$f'(x)$ 在 $\left(0, \frac{\pi}{2}\right)$ 内连续,且满足 $\int_0^{\frac{\pi}{2}}\cos^2 x \cdot$ $f(x)\mathrm{d}x = 0$,证明存在 $\xi \in \left(0, \frac{\pi}{2}\right)$ 与 $\eta \in \left(0, \frac{\pi}{2}\right)$,分别使得 $f'(\xi) = 2f(\xi)\tan\xi$ 与 $f'(\eta) = f(\eta)\tan\eta$ 成立。

【证1】　记 $F(x) = \int_0^x \cos^2 t \cdot f(t)\mathrm{d}t$,因 $f(x)$ 在区间 $\left[0, \frac{\pi}{2}\right]$ 上连续,则 $F(x)$ 在区间 $\left[0, \frac{\pi}{2}\right]$ 上可导,且 $F(0) = F\left(\frac{\pi}{2}\right)$,由 Rolle 定理知,存在 $c \in \left(0, \frac{\pi}{2}\right)$,使得 $F'(c) = 0$,即

$\cos^2 c \cdot f(c) = 0$, 而 $\cos c \neq 0$, 故 $f(c) = 0$。

令 $g(x) = \cos^2 x \cdot f(x)$, $h(x) = \cos x \cdot f(x)$, 由 $f(x)$ 在区间 $\left[0, \dfrac{\pi}{2}\right]$ 上连续, $f'(x)$ 在 $\left(0, \dfrac{\pi}{2}\right)$ 内连续知, $g(x)$ 和 $h(x)$ 在区间 $\left[0, \dfrac{\pi}{2}\right]$ 上连续, 在 $\left(0, \dfrac{\pi}{2}\right)$ 内可导, 且

$$g(c) = g\left(\frac{\pi}{2}\right) = 0, \quad h(c) = h\left(\frac{\pi}{2}\right) = 0,$$

由 Rolle 定理知, $\xi \in \left(0, \dfrac{\pi}{2}\right)$ 与 $\eta \in \left(0, \dfrac{\pi}{2}\right)$, 使得 $g'(\xi) = h'(\eta) = 0$, 即

$$-2\cos\xi\sin\xi \cdot f(\xi) + \cos^2\xi \cdot f'(\xi) = 0 \quad \text{且} \quad \cos\eta \cdot f'(\eta) - \sin\eta \cdot f(\eta) = 0,$$

从而 $f'(\xi) = 2f(\xi)\tan\xi$ 与 $f'(\eta) = f(\eta)\tan\eta$ 成立。

【证 2】 由分部积分法知

$$\int_0^{\frac{\pi}{2}} \cos^2 x \cdot f(x)\mathrm{d}x = x\cos^2 x f(x)\Big|_0^{\frac{\pi}{2}} - \int_0^{\frac{\pi}{2}} x(\cos^2 x f'(x) - 2\sin x \cos x f(x))\mathrm{d}x$$

$$= -\int_0^{\frac{\pi}{2}} x(\cos^2 x f'(x) - 2\sin x \cos x f(x))\mathrm{d}x = 0。$$

由积分中值定理知存在 $\xi \in \left(0, \dfrac{\pi}{2}\right)$, 使得

$$\xi(\cos\xi f'(\xi) - \sin\xi f(\xi)) = 0, \quad \text{即} \quad f'(\xi) = 2f(\xi)\tan\xi。$$

再由分部积分法知

$$\int_0^{\frac{\pi}{2}} \cos^2 x \cdot f(x)\mathrm{d}x = \int_0^{\frac{\pi}{2}} \cos x \cdot f(x)\mathrm{d}\sin x$$

$$= \sin x \cos x f(x)\Big|_0^{\frac{\pi}{2}} - \int_0^{\frac{\pi}{2}} \sin x(\cos x f'(x) - \sin x f(x))\mathrm{d}x$$

$$= -\int_0^{\frac{\pi}{2}} \sin x(\cos x f'(x) - \sin x f(x))\mathrm{d}x = 0,$$

由积分中值定理知存在 $\eta \in \left(0, \dfrac{\pi}{2}\right)$, 使得

$$\sin\eta(\cos\eta f'(\eta) - \sin\eta f(\eta)) = 0, \quad \text{即} \quad f'(\eta) = f(\eta)\tan\eta。$$

三、含多个中值的等式的证明

例 5.13 设函数 $f(x)$ 在闭区间 $[a, b]$ 上连续, 在开区间 (a, b) 内可导, $f(a) = f(b) = 1$, 证明存在两点 $\xi, \eta \in (a, b)$, 使得 $f(\eta) - f'(\eta) = \mathrm{e}^{\eta - \xi}$。

【证】 设 $\varphi(x) = \mathrm{e}^{-x} f(x)$, 由 Lagrange 中值定理及 $f(a) = f(b) = 1$, 存在 $\eta \in (a, b)$, 使得

$$\frac{\mathrm{e}^{-b} - \mathrm{e}^{-a}}{b - a} = \mathrm{e}^{-\eta}(f'(\eta) - f(\eta))。$$

对 $\psi(x) = \mathrm{e}^{-x}$ 在 $[a, b]$ 上用 Lagrange 中值定理, 存在 $\xi \in (a, b)$, 使得

$$\frac{\mathrm{e}^{-b} - \mathrm{e}^{-a}}{b - a} = -\mathrm{e}^{-\xi},$$

从而 $f(\eta) - f'(\eta) = \mathrm{e}^{\eta - \xi}$。

例 5.14   设函数 $f(x)$ 在闭区间 $[a,b]$ 上可导，$f(a)=0$，$f(x)>0$，$x\in(a,b)$，证明对于任意自然数 m,n，必存在两点 $\xi,\eta\in(a,b)$，使得 $\dfrac{mf'(\xi)}{f(\xi)}=\dfrac{nf'(\eta)}{f(\eta)}$。

【证】   设 $F(x)=f^m(x)f^n(a+b-x)$，则

$$F'(x)=mf^{m-1}(x)f'(x)f^n(a+b-x)-nf^m(x)f^{n-1}(a+b-x)f'(a+b-x)$$
$$=f^{m-1}(x)f^{n-1}(a+b-x)(mf'(x)f(a+b-x)-nf(x)f'(a+b-x))。$$

由题意知 $F(x)$ 在 $[a,b]$ 上可导，且 $F(a)=F(b)=0$，由 Rolle 定理知，存在 $\xi\in(a,b)$，使得 $F'(\xi)=0$，即

$$f^{m-1}(\xi)f^{n-1}(a+b-\xi)(mf'(\xi)f(a+b-\xi)-nf(\xi)f'(a+b-\xi))=0，$$

因为 $f(x)>0$，$x\in(a,b]$，取 $\eta=a+b-\xi$，所以存在两点 $\xi,\eta\in(a,b)$，使得

$$\frac{mf'(\xi)}{f(\xi)}=\frac{nf'(\eta)}{f(\eta)}。$$

例 5.15   设函数 $f(x)$ 在 $[0,1]$ 上可导，且 $f(0)=0$，$f(1)=1$，证明对任意正数 a,b，必存在 $(0,1)$ 内的两个不同的数 ξ 与 η，使 $\dfrac{a}{f'(\xi)}+\dfrac{b}{f'(\eta)}=a+b$。

【证】   设 $0<a\leqslant b$，令 $c=\dfrac{a}{a+b}$，则 $0<c<1$，因 $f(0)=0$，$f(1)=1$，且 $f(x)$ 在 $[0,1]$ 上连续，由介值定理知存在 $\mu\in(0,1)$，使得 $f(\mu)=c$。在 $[0,\mu]$ 上使用 Lagrange 中值定理，则 $\exists\xi\in(0,\mu)$，使得

$$f'(\xi)=\frac{f(\mu)-f(0)}{\mu-0}=\frac{c}{\mu}=\frac{a}{(a+b)\mu}。$$

同理在 $[\mu,1]$ 上使用 Lagrange 中值定理，$\exists\eta\in(\mu,1)$，使得

$$f'(\eta)=\frac{f(1)-f(\mu)}{1-\mu}=\frac{1-c}{1-\mu}=\frac{b}{(a+b)(1-\mu)}。$$

于是

$$\frac{a}{f'(\xi)}+\frac{b}{f'(\eta)}=(a+b)\mu+(a+b)(1-\mu)=a+b。$$

例 5.16   设函数 $f(x)$ 在闭区间 $[0,1]$ 上连续，且 $I=\displaystyle\int_0^1 f(x)\mathrm{d}x\neq0$。证明在 $(0,1)$ 内存在不同的两点 x_1,x_2，使得 $\dfrac{1}{f(x_1)}+\dfrac{1}{f(x_2)}=\dfrac{2}{I}$。

【证】   设 $F(x)=\dfrac{\displaystyle\int_0^x f(t)\mathrm{d}t}{I}$，则 $F(0)=0$，$F(1)=1$，且 $F(x)$ 在闭区间 $[0,1]$ 上连续，由介值定理知存在 $\xi\in(0,1)$，使得 $F(\xi)=\dfrac{1}{2}$。在两子区间 $[0,\xi]$ 和 $[\xi,1]$ 上分别应用 Lagrange 中值定理，得

$$F'(x_1)=\frac{f(x_1)}{I}=\frac{F(\xi)-F(0)}{\xi-0}=\frac{\dfrac{1}{2}}{\xi}，\quad x_1\in(0,\xi)，$$

$$F'(x_2)=\frac{f(x_2)}{I}=\frac{F(1)-F(\xi)}{1-\xi}=\frac{\dfrac{1}{2}}{1-\xi}，\quad x_2\in(\xi,1)，$$

从而

$$\frac{I}{f(x_1)}+\frac{I}{f(x_2)}=\frac{\xi}{\frac{1}{2}}+\frac{1-\xi}{\frac{1}{2}}=2,$$

即

$$\frac{1}{f(x_1)}+\frac{1}{f(x_2)}=\frac{2}{I}.$$

例 5.17 设函数 $f(x)$ 在区间 $[0,1]$ 上连续且 $\int_0^1 f(x)\mathrm{d}x\neq 0$,证明在区间 $[0,1]$ 上存在 3 个不同的数 x_1,x_2,x_3,使得

$$\frac{\pi}{8}\int_0^1 f(x)\mathrm{d}x=\left(\frac{1}{1+x_1^2}\int_0^{x_1}f(t)\mathrm{d}t+f(x_1)\arctan x_1\right)x_3$$

$$=\left(\frac{1}{1+x_2^2}\int_0^{x_2}f(t)\mathrm{d}t+f(x_2)\arctan x_2\right)(1-x_3).$$

【证】 令 $F(x)=\frac{4}{\pi}\cdot\frac{\arctan x\int_0^x f(t)\mathrm{d}t}{\int_0^1 f(t)\mathrm{d}t}$,则 $F(0)=0,F(1)=1$,且函数 $F(x)$ 在 $[0,1]$

上可导,由介值定理知,存在 $x_3\in(0,1)$,使得 $F(x_3)=\frac{1}{2}$。

在区间 $[0,x_3]$ 上利用 Lagrange 中值定理,存在 $x_1\in(0,x_3)$,使得

$$F(x_3)-F(0)=F'(x_1)(x_3-0)\Leftrightarrow\frac{\pi}{8}\int_0^1 f(x)\mathrm{d}x$$

$$=\left(\frac{1}{1+x_1^2}\int_0^{x_1}f(t)\mathrm{d}t+f(x_1)\arctan x_1\right)x_3,$$

再在区间 $[x_3,1]$ 上利用 Lagrange 中值定理,存在 $x_2\in(x_3,1)$,使得

$$F(1)-F(x_3)=F'(x_2)(1-x_3)\Leftrightarrow\frac{\pi}{8}\int_0^1 f(x)\mathrm{d}x$$

$$=\left(\frac{1}{1+x_2^2}\int_0^{x_2}f(t)\mathrm{d}t+f(x_2)\arctan x_2\right)(1-x_3).$$

例 5.18 设 $0\leqslant a\leqslant b\leqslant\frac{\pi}{2}$,函数 $f(x)$ 在闭区间 $[a,b]$ 上的连续,在开区间 (a,b) 内可导,证明存在两点 $\xi,\eta\in(a,b)$,使得 $f'(\eta)\tan\frac{a+b}{2}=f'(\xi)\frac{\sin\eta}{\cos\xi}$。

【证】 设 $g_1(x)=\sin x$,由 Cauchy 中值定理有

$$\frac{f(b)-f(a)}{\sin b-\sin a}=\frac{f'(\xi)}{\cos\xi},\quad a<\xi<b,$$

设 $g_2(x)=\cos x$,由 Cauchy 中值定理有

$$\frac{f(b)-f(a)}{\cos b-\cos a}=\frac{f'(\eta)}{-\sin\eta},\quad a<\eta<b,$$

比较上面两等式,得到

$$\frac{f'(\xi)}{\cos\xi}(\sin b - \sin a) = \frac{f'(\eta)}{-\sin\eta}(\cos b - \cos a),$$

即

$$\frac{\sin\eta}{\cos\xi}f'(\xi) = -\frac{\cos b - \cos a}{\sin b - \sin a}f'(\eta),$$

化简得

$$f'(\eta)\tan\frac{a+b}{2} = f'(\xi)\frac{\sin\eta}{\cos\xi}。$$

四、含中值的不等式的证明

例 5.19　设函数 $f(x)$ 在 $[a,b]$ 上连续，在 (a,b) 内二阶可导，且 $f(a)=f(b)=0$，$f'_+(a)>0$，$f'_-(b)>0$，证明：

(1) 存在 $\xi\in(a,b)$，使得 $f''(\xi)=0$；

(2) 存在 $\eta_1,\eta_2\in(a,b)$，使得 $f''(\eta_1)<0$，$f''(\eta_2)>0$。

【证】　(1) 因为

$$f'_+(a) = \lim_{x\to a^+}\frac{f(x)-f(a)}{x-a} = \lim_{x\to a^+}\frac{f(x)}{x-a} > 0,$$

$$f'_-(b) = \lim_{x\to b^-}\frac{f(x)-f(b)}{x-b} = \lim_{x\to b^-}\frac{f(x)}{x-b} > 0,$$

由极限的保号性，知 $\exists\alpha,\beta\in(a,b)$，使得 $f(\alpha)>0$，$f(\beta)<0$。

由于 $f(x)$ 在 $[\alpha,\beta]$ 上连续，由零点存在定理，$\exists c\in(\alpha,\beta)\subset(a,b)$，使得 $f(c)=0$。

在 $[a,c]$ 和 $[c,b]$ 上分别应用 Rolle 定理，$\exists\xi_1\in(a,c)$，$\exists\xi_2\in(c,b)$，使得 $f'(\xi_1)=f'(\xi_2)=0$。

再在 $[\xi_1,\xi_2]$ 上应用 Rolle 定理，$\exists\xi\in(\xi_1,\xi_2)\subset(a,b)$，使得 $f''(\xi)=0$。

(2) 在 $[a,\alpha]$ 和 $[\alpha,b]$ 上分别对 $f(x)$ 应用 Lagrange 中值定理，$\exists\alpha_1\in(a,\alpha)$，$\exists\alpha_2\in(\alpha,b)$，使得

$$f'(\alpha_1) = \frac{f(\alpha)-f(a)}{\alpha-a} = \frac{f(\alpha)}{\alpha-a} > 0,$$

$$f'(\alpha_2) = \frac{f(b)-f(\alpha)}{b-\alpha} = -\frac{f(\alpha)}{b-\alpha} < 0,$$

在 $[\alpha_1,\alpha_2]$ 上对 $f'(x)$ 应用 Lagrange 中值定理，$\exists\eta_1\in(\alpha_1,\alpha_2)\subset(a,b)$，使得

$$f''(\eta_1) = \frac{f'(\alpha_2)-f'(\alpha_1)}{\alpha_2-\alpha_1} < 0。$$

在 $[a,\beta]$ 和 $[\beta,b]$ 上分别对 $f(x)$ 应用 Lagrange 中值定理，$\exists\beta_1\in(a,\beta)$，$\exists\beta_2\in(\beta,b)$，使得

$$f'(\beta_1) = \frac{f(\beta)-f(a)}{\beta-a} = \frac{f(\beta)}{\beta-a} < 0,$$

$$f'(\beta_2) = \frac{f(b)-f(\beta)}{b-\beta} = -\frac{f(\beta)}{b-\beta} > 0,$$

在 $[\beta_1,\beta_2]$ 上对 $f'(x)$ 应用 Lagrange 中值定理，$\exists\eta_2\in(\beta_1,\beta_2)\subset(a,b)$，使得

$$f''(\eta_2) = \frac{f'(\beta_2)-f'(\beta_1)}{\beta_2-\beta_1} > 0。$$

例 5.20 已知函数 $f(x)$ 在 $[0,1]$ 上具有二阶导数，且 $f(0)=0,f(1)=1,\int_0^1 f(x)\mathrm{d}x=1$，证明：

(1) 存在 $\xi\in(0,1)$，使得 $f'(\xi)=0$；

(2) 存在 $\eta\in(0,1)$，使得 $f''(\eta)<-2$。

【证】 (1) 令 $\Phi(x)=\int_0^x f(t)\mathrm{d}t$，则 $\Phi(0)=0,\Phi(1)=\int_0^1 f(t)\mathrm{d}t=1$。由于函数 $f(x)$ 在 $[0,1]$ 上连续，则 $\Phi(x)$ 在 $[0,1]$ 上可导，由 Lagrange 中值定理知，$\exists x_0\in(0,1)$，使得

$$f(x_0)=\Phi'(x_0)=\frac{\Phi(1)-\Phi(0)}{1-0}=1。$$

又 $f(1)=1$，在闭区间 $[x_0,1]$ 上使用 Rolle 定理，存在 $\xi\in(x_0,1)\subset(0,1)$，使得 $f'(\xi)=0$。

(2) 令 $g(x)=f(x)+x^2$，则

$$g(0)=f(0)+0=0,\quad g(x_0)=f(x_0)+x_0^2=1+x_0^2,\quad g(1)=f(1)+1=2,$$

对 $g(x)$ 分别在 $[0,x_0],[x_0,1]$ 上使用 Lagrange 中值定理，存在 $\eta_1\in(0,x_0),\eta_2\in(x_0,1)$，使得

$$\frac{g(x_0)-g(0)}{x_0}=g'(\eta_1),\quad \frac{g(1)-g(x_0)}{1-x_0}=g'(\eta_2),$$

即

$$g'(\eta_1)=\frac{1+x_0^2}{x_0},\quad g'(\eta_2)=\frac{2-(1+x_0^2)}{1-x_0}=1+x_0,$$

对 $g(x)$ 在 $[\eta_1,\eta_2]$ 上使用 Lagrange 中值定理，存在 $\eta\in(\eta_1,\eta_2)\subset(0,1)$，使得

$$g''(\eta)=\frac{g'(\eta_2)-g'(\eta_1)}{\eta_2-\eta_1}=\frac{(1+x_0)-\dfrac{1+x_0^2}{x_0}}{\eta_2-\eta_1}=\frac{x_0-1}{(\eta_2-\eta_1)x_0}<0,$$

从而存在 $\eta\in(0,1)$，使得 $f''(\eta)<-2$。

例 5.21 设函数 $f(x)$ 在 $[a,b]$ 上具有一阶连续导函数，$f(a)=f(b)=0$，证明存在 $\xi\in[a,b]$，使得 $|f'(\xi)|\geqslant\frac{4}{(b-a)^2}\int_a^b f(x)\mathrm{d}x$。

【证】 记 $F(x)=\int_a^x f(t)\mathrm{d}t$，则 $F(a)=0,F'(a)=F'(b)=0,F'(x)=f(x)$。由 Taylor 公式有

$$F\left(\frac{a+b}{2}\right)=F(a)+\frac{1}{2}F''(\xi_1)\frac{(b-a)^2}{4}\quad\left(a<\xi_1<\frac{a+b}{2}\right),$$

$$F\left(\frac{a+b}{2}\right)=F(b)+\frac{1}{2}F''(\xi_2)\frac{(b-a)^2}{4}\quad\left(\frac{a+b}{2}<\xi_2<b\right)。$$

于是

$$F(b)=\frac{(b-a)^2}{8}(F''(\xi_1)-F''(\xi_2))\leqslant\frac{(b-a)^2}{8}(|F''(\xi_1)|+|F''(\xi_2)|)$$

$$\leqslant\frac{(b-a)^2}{4}|F''(\xi)|=\frac{(b-a)^2}{4}|f'(\xi)|,$$

其中 $|F''(\xi)| = \max\{|F''(\xi_1)|, |F''(\xi_2)|\}$，因此

$$|f'(\xi)| \geqslant \frac{4}{(b-a)^2} \int_a^b f(x) \mathrm{d}x.$$

例 5.22　设 $\alpha > 0$，函数 $f(x)$ 在 $[0,1]$ 上有二阶导数，$f(0) = 0$，若 $f(x)$ 在 $[0,1]$ 上非负且不恒为零，证明存在 $\xi \in (0,1)$，使得 $\xi f''(\xi) + (\alpha+1)f'(\xi) > \alpha f(\xi)$。

【证】　（反证法）若结论不成立，则 $\forall x \in (0,1)$，有 $x f''(x) + (\alpha+1)f'(x) \leqslant \alpha f(x)$ 成立。

记 $F(x) = x f'(x) + \alpha f(x) - \alpha \int_0^x f(t)\mathrm{d}t$，由于函数 $f(x)$ 在 $[0,1]$ 上有二阶导数，因此 $f'(x)$ 在 $[0,1]$ 上连续，从而 $F(x)$ 在 $[0,1]$ 上连续，且对 $\forall x \in (0,1)$，有 $F'(x) \leqslant 0$ 成立，从而 $F(x)$ 在 $[0,1]$ 上单调减少，因此对 $\forall x \in [0,1]$，有 $F(x) \leqslant F(0) = 0$，即

$$x f'(x) + \alpha f(x) - \alpha \int_0^x f(t)\mathrm{d}t \leqslant 0.$$

令 $G(x) = f(x) - \int_0^x f(t)\mathrm{d}t, x \in [0,1]$，注意到函数 $f(x)$ 在 $[0,1]$ 上非负，则对 $\forall x \in [0,1]$，

$$x G'(x) + \alpha G(x) = x f'(x) - x f(x) + \alpha f(x) - \alpha \int_0^x f(t)\mathrm{d}t \leqslant -x f(x) \leqslant 0,$$

故

$$(x^\alpha G(x))' = x^{\alpha-1}(x G'(x) + \alpha G(x)) \leqslant 0,$$

从而函数 $x^\alpha G(x)$ 单调减少，对 $\forall x \in [0,1]$，有 $x^\alpha G(x) \leqslant G(0) = 0$，则 $G(x) \leqslant 0$，即

$$f(x) - \int_0^x f(t)\mathrm{d}t \leqslant 0,$$

因此

$$\left(\mathrm{e}^{-x} \int_0^x f(t)\mathrm{d}t\right)' = \mathrm{e}^{-x}\left(f(x) - \int_0^x f(t)\mathrm{d}t\right) \leqslant 0,$$

对 $\forall x \in [0,1]$，有 $\mathrm{e}^{-x} \int_0^x f(t)\mathrm{d}t \leqslant 0$，即 $\int_0^x f(t)\mathrm{d}t \leqslant 0$，与 $f(x)$ 在 $[0,1]$ 上非负且不恒为零矛盾，因此题设结论成立。

五、利用中值定理证明函数的性质

例 5.23　设 $f \in C^4(-\infty, +\infty)$，$f(x+h) = f(x) + f'(x)h + \dfrac{1}{2}f''(x+\theta h)h^2$，其中 θ 为与 x, h 无关的常数，证明 f 是不超过三次的多项式。

【证】　由 Taylor 公式得

$$f(x+h) = f(x) + f'(x)h + \frac{1}{2}f''(x)h^2 + \frac{1}{6}f'''(x)h^3 + \frac{1}{24}f^{(4)}(\xi)h^4,$$

$$f''(x+\theta h) = f''(x) + f'''(x)\theta h + \frac{1}{2}f^{(4)}(\eta)\theta^2 h^2,$$

其中 ξ 介于 x 与 $x+h$ 之间，η 介于 x 与 $x+\theta h$ 之间。将上两式代入已知条件得

$$4(1-3\theta)f'''(x) = (6f^{(4)}(\eta)\theta^2 - f^{(4)}(\xi))h,$$

当 $\theta \neq \dfrac{1}{3}$ 时,令 $h \to 0$,得 $f'''(x) = 0$,从而 f 是不超过二次的多项式。

当 $\theta = \dfrac{1}{3}$ 时,$\dfrac{2}{3} f^{(4)}(\eta) = f^{(4)}(\xi)$,令 $h \to 0$,注意到 $\xi \to x$,$\eta \to x$,得 $f^{(4)}(x) = 0$,从而 f 是不超过三次的多项式。

例 5.24 设函数 $f(x)$ 在 $(-\infty, +\infty)$ 内二阶可导,满足 $f(x) + f''(x) = -x g(x) f'(x)$,其中 $g(x)$ 为非负函数,证明 $f(x)$ 在 $(-\infty, +\infty)$ 内有界。

【证】 因为 $f(x) + f''(x) = -x g(x) f'(x)$,两边同时乘以 $f'(x)$,得
$$f(x) f'(x) + f'(x) f''(x) = -x g(x)(f'(x))^2,$$
则
$$((f(x))^2 + (f'(x))^2)' = -2 x g(x)(f'(x))^2,$$
记 $F(x) = (f(x))^2 + (f'(x))^2$,由于 $g(x)$ 为非负函数,当 $x < 0$ 时,有 $F'(x) \geqslant 0$,当 $x > 0$ 时,有 $F'(x) \leqslant 0$,则 $F(x)$ 为单峰函数,在 $x = 0$ 处取得最大值,即
$$0 \leqslant (f(x))^2 + (f'(x))^2 \leqslant (f(0))^2 + (f'(0))^2.$$
记 $(f(0))^2 + (f'(0))^2 = M^2$ $(M \geqslant 0)$,从而
$$0 \leqslant (f(x))^2 \leqslant (f(x))^2 + (f'(x))^2 \leqslant M^2,$$
则 $|f(x)| \leqslant M$,即 $f(x)$ 在 $(-\infty, +\infty)$ 内有界。

例 5.25 设函数 $f(x)$ 在 $(-\infty, +\infty)$ 内三阶可导,且 $f(x)$ 和 $f'''(x)$ 在 $(-\infty, +\infty)$ 内有界,证明 $f'(x)$ 和 $f''(x)$ 在 $(-\infty, +\infty)$ 内有界。

【证】 由于 $f(x)$ 和 $f'''(x)$ 在 $(-\infty, +\infty)$ 内有界,则存在正常数 M_0, M_3,使得对 $\forall x \in (-\infty, +\infty)$,恒有 $|f(x)| \leqslant M_0$,$|f'''(x)| \leqslant M_3$。由 Taylor 公式
$$f(x+1) = f(x) + f'(x) + \frac{1}{2!} f''(x) + \frac{1}{3!} f'''(\xi), \quad \text{其中 } \xi \text{ 介于 } x \text{ 与 } x+1 \text{ 之间,}$$
$$f(x-1) = f(x) - f'(x) + \frac{1}{2!} f''(x) - \frac{1}{3!} f'''(\eta), \quad \text{其中 } \eta \text{ 介于 } x \text{ 与 } x-1 \text{ 之间。}$$
上述两式相加,整理得
$$f''(x) = f(x+1) - 2 f(x) + f(x-1) - \frac{1}{6}(f'''(\xi) - f'''(\eta)),$$
所以
$$|f''(x)| \leqslant |f(x+1)| + 2|f(x)| + |f(x-1)| + \frac{1}{6}(|f'''(\xi)| + |f'''(\eta)|)$$
$$\leqslant 4 M_0 + \frac{M_3}{3}.$$
再由两式相减,整理得
$$f'(x) = \frac{1}{2}(f(x+1) - f(x-1)) - \frac{1}{12}(f'''(\xi) + f'''(\eta)),$$
故
$$|f'(x)| \leqslant \frac{1}{2}(|f(x+1)| + |f(x-1)|) + \frac{1}{12}(|f'''(\xi)| + |f'''(\eta)|) \leqslant M_0 + \frac{M_3}{6}.$$
因此函数 $f'(x)$ 和 $f''(x)$ 在 $(-\infty, +\infty)$ 内有界。

例 5.26 设函数 $f(x)$ 在 $(1,+\infty)$ 上可微, 且 $f'(x)=\dfrac{x^2-f^2(x)}{x^2(f^2(x)+1)}$, 证明 $\lim\limits_{x\to+\infty}(f(x)+x)=+\infty$。

【证】 记 $g(x)=f(x)+x$, 当 $x>1$ 时, 有

$$g'(x)=f'(x)+1=\frac{x^2-f^2(x)}{x^2(f^2(x)+1)}+1=\frac{2x^2+(x^2-1)f^2(x)}{x^2(f^2(x)+1)}>0,$$

则 $g(x)$ 是单调增加的函数, 从而 $\lim\limits_{x\to+\infty}g(x)=L$(有限或 $+\infty$)。

如果 $L<+\infty$, 则对 $g(x)$ 在 $[x,x+1]$ $(x>1)$ 上应用 Lagrange 中值定理, $\exists\,\xi\in(x,x+1)$, 使得

$$g'(\xi)=g(x+1)-g(x),$$

令 $x\to+\infty$, 对上式两边同取极限, 得

$$\lim_{x\to+\infty}g'(\xi)=\lim_{x\to+\infty}(g(x+1)-g(x))=L-L=0, 即 \lim_{x\to+\infty}g'(x)=0。$$

又

$$g'(x)=\frac{x^2-f^2(x)}{x^2(f^2(x)+1)}+1=\frac{\dfrac{1}{x^2}\left(1-\left(\dfrac{g(x)}{x}-1\right)^2\right)}{\left(\dfrac{g(x)}{x}-1\right)^2+\dfrac{1}{x^2}}+1,$$

由于 $\lim\limits_{x\to+\infty}g(x)=L<+\infty$, 则 $\lim\limits_{x\to+\infty}\dfrac{g(x)}{x}=0$, 从而 $\lim\limits_{x\to+\infty}g'(x)=1$, 与 $\lim\limits_{x\to+\infty}g'(x)=0$ 矛盾, 因此 $L=+\infty$, 即 $\lim\limits_{x\to+\infty}(f(x)+x)=+\infty$。

例 5.27 设函数 $f(x)$ 在 $[0,+\infty)$ 上具有连续导数, 满足 $3(3+f^2(x))f'(x)=2(1+f^2(x))^2\mathrm{e}^{-x^2}$, 且 $f(0)\leqslant1$。证明存在常数 $M>0$, 使得 $x\in[0,+\infty)$ 时, 恒有 $|f(x)|\leqslant M$。

【证 1】 因为

$$f'(x)=\frac{2(1+f^2(x))^2}{3(3+f^2(x))}\mathrm{e}^{-x^2}>0,$$

则 $f(x)$ 在 $[0,+\infty)$ 上严格单调增加, 对 $\forall\,x\in[0,+\infty)$, 有

$$\mathrm{e}^{-x^2}=\frac{3}{2}\Big(1+\frac{2}{1+f^2(x)}\Big)\cdot\frac{f'(x)}{1+f^2(x)}\geqslant\frac{3}{2}\cdot\frac{f'(x)}{1+f^2(x)},$$

因此

$$\int_0^x\mathrm{e}^{-t^2}\,\mathrm{d}t\geqslant\frac{3}{2}\int_0^x\frac{f'(t)}{1+f^2(t)}\,\mathrm{d}t=\frac{3}{2}\arctan f(x)-\frac{3}{2}\arctan f(0),$$

由 $\displaystyle\int_0^{+\infty}\mathrm{e}^{-t^2}\,\mathrm{d}t=\frac{\sqrt{\pi}}{2}$ 得

$$\arctan f(x)\leqslant\frac{2}{3}\int_0^{+\infty}\mathrm{e}^{-x^2}\,\mathrm{d}x+\arctan f(0)\leqslant\frac{\sqrt{\pi}}{3}+\frac{\pi}{4},$$

注意到

$$\frac{\sqrt{\pi}}{3}+\frac{\pi}{4}=\frac{\pi}{4}\times\sqrt{\frac{16}{9\pi}}+\frac{\pi}{4}<\frac{\pi}{4}\times\sqrt{\frac{16}{27}}+\frac{\pi}{4}<\frac{\pi}{2},$$

所以

$$f(x) \leqslant \tan\left(\frac{\sqrt{\pi}}{3} + \frac{\pi}{4}\right) 。$$

取 $M = \max\left\{|f(0)|, \tan\left(\frac{\sqrt{\pi}}{3} + \frac{\pi}{4}\right)\right\}$，则 $\forall x \in [0, +\infty)$ 时，恒有 $|f(x)| \leqslant M$。

【证 2】　因为

$$f'(x) = \frac{2(1+f^2(x))^2}{3(3+f^2(x))} e^{-x^2} > 0,$$

所以 $f(x)$ 在 $[0, +\infty)$ 上严格单调增加，从而 $\lim\limits_{x \to +\infty} f(x) = L$（有限或 $+\infty$）。记 $y = f(x)$，则

$$\frac{\mathrm{d}y}{\mathrm{d}x} = \frac{2(1+y^2)^2}{3(3+y^2)} e^{-x^2},$$

分离变量并两边积分，得

$$\int \frac{3+y^2}{(1+y^2)^2} \mathrm{d}y = \int \frac{2}{3} e^{-x^2} \mathrm{d}x,$$

即

$$\frac{y}{1+y^2} + 2\arctan y = \frac{2}{3}\int_0^x e^{-t^2}\mathrm{d}t + C,$$

其中

$$C = \frac{f(0)}{1+f^2(0)} + 2\arctan f(0) 。$$

若 $L = +\infty$，在上式两边令 $x \to +\infty$，并利用 $\int_0^{+\infty} e^{-t^2}\mathrm{d}t = \frac{\sqrt{\pi}}{2}$，得 $C = \pi - \frac{\sqrt{\pi}}{3}$。

另一方面，令 $g(u) = \frac{u}{1+u^2} + 2\arctan u$，则 $g'(u) = \frac{3+u^2}{(1+u^2)^2} > 0$，所以 $g(u)$ 在 $(-\infty, +\infty)$ 内严格单调增加，因此当 $f(0) \leqslant 1$ 时，$C = g(f(0)) \leqslant g(1) = \frac{1+\pi}{2}$，从而 $\pi - \frac{\sqrt{\pi}}{3} \leqslant \frac{1+\pi}{2}$，即

$$\pi \leqslant 1 + \frac{2}{3}\sqrt{\pi} < 1 + \frac{4}{3} = 2.3333,$$

矛盾，故 $\lim\limits_{x \to +\infty} f(x) = L$ 为有限数。取 $M = \max\{|f(0)|, |L|\}$，当 $x \in [0, +\infty)$ 时，恒有 $|f(x)| \leqslant M$。

例 5.28　已知 $f(x) \in C^1[a,b]$，$f(a) = 0$，假设 $\lambda > 0$，且 $\forall x \in [a, b]$，$|f'(x)| \leqslant \lambda|f(x)|$，证明 $\forall x \in [a, b]$，有 $f(x) \equiv 0$。

【证】　假设存在 $y \in [a, b]$，$f(y) \neq 0$，不妨设 $f(y) > 0$。由于 $f(x)$ 的连续性，显然 $\exists c \in [a, y)$，$f(c) = 0$，而 $\forall x \in (c, y)$，$f(x) > 0$。

由已知条件，当 $x \in (c, y)$ 时，有 $|f'(x)| \leqslant \lambda f(x)$。令 $g(x) = \ln f(x) - \lambda x$，则

$$g'(x) = \frac{f'(x)}{f(x)} - \lambda \leqslant 0 。$$

故 $g(x)$ 在区间 (c,y) 单调不增,所以 $\forall x \in (c,y)$,有

$$\ln f(x) - \lambda x \geqslant \ln f(y) - \lambda y,$$

即 $f(x) \geqslant f(y)\mathrm{e}^{\lambda x - \lambda y}$,因此

$$0 = f(c) = f(c+0) \geqslant f(y)\mathrm{e}^{\lambda c - \lambda y} > 0,$$

矛盾,所以 $\forall x \in [a,b]$,$f(x) \equiv 0$。

例 5.29 设函数 $f(x)$ 在 $(-1,1)$ 内有二阶导数,且 $f(0) = f'(0) = 0$,$|f''(x)| \leqslant |f(x)| + |f'(x)|$,证明存在 $\delta > 0$,使得在 $(-\delta,\delta)$ 内 $f(x) \equiv 0$。

【证】 由 Taylor 公式知

$$f(x) = f(0) + f'(0)x + \frac{1}{2}f''(\xi)x^2 = \frac{1}{2}f''(\xi)x^2,$$

$$f'(x) = f'(0) + f''(\eta)x = f''(\eta)x,$$

其中 ξ,η 都位于 0 与 x 之间,从而

$$|f(x)| + |f'(x)| = \left| \frac{1}{2}f''(\xi)x^2 \right| + |f''(\eta)x|。$$

取 $\delta = \frac{1}{4}$,因为 $|f(x)| + |f'(x)|$ 在 $\left[-\frac{1}{4}, \frac{1}{4} \right]$ 上连续,所以存在 $x_0 \in \left[-\frac{1}{4}, \frac{1}{4} \right]$,使得

$$|f(x_0)| + |f'(x_0)| = \max_{-\frac{1}{4} \leqslant x \leqslant \frac{1}{4}} \{ |f(x)| + |f'(x)| \} = M。$$

则

$$M = |f(x_0)| + |f'(x_0)| = \left| \frac{1}{2}f''(\xi_0)x_0^2 \right| + |f''(\eta_0)x_0|$$

$$\leqslant \frac{|f''(\xi_0)| + |f''(\eta_0)|}{4} \leqslant \frac{|f(\xi_0)| + |f'(\xi_0)| + |f(\eta_0)| + |f'(\eta_0)|}{4}$$

$$\leqslant \frac{2M}{4} = \frac{M}{2}。$$

即 $0 \leqslant M \leqslant \frac{M}{2}$,从而 $M = 0$,因此在 $\left[-\frac{1}{4}, \frac{1}{4} \right]$ 上 $f(x) \equiv 0$。

例 5.30 设函数 $f(x)$ 在闭区间 $[0,1]$ 上二阶可导,且 $f(0) = f(1) = 0$,当 $x \in [0,1]$ 时,满足 $xf''(x) + 2f'(x) - f(x) = 0$,证明:

(1) $|f(x)| \leqslant \int_0^x |f(t)| \, \mathrm{d}t$;

(2) $f(x) \equiv 0$,$x \in [0,1]$。

【证】 (1) 由已知,当 $x \in [0,1]$ 时,有

$$(x^2 f'(x))' = x(xf''(x) + 2f'(x)) = xf(x),$$

则 $x^2 f'(x) = \int_0^x t f(t) \mathrm{d}t$,从而

$$f'(x) = \frac{1}{x^2} \int_0^x t f(t) \mathrm{d}t, \quad x \in (0,1],$$

所以

$$\lim_{x \to 0^+} f'(x) = \lim_{x \to 0^+} \frac{1}{x^2} \int_0^x t f(t) \mathrm{d}t = \lim_{x \to 0^+} \frac{x f(x)}{2x} = \lim_{x \to 0^+} \frac{f(x)}{2} = \frac{1}{2} f(0) = 0,$$

于是 $f'(0)=0$，从而

$$f(x)=\int_0^x f'(s)\,\mathrm{d}s=\int_0^x\left(\frac{1}{s^2}\int_0^s tf(t)\,\mathrm{d}t\right)\mathrm{d}s=-\int_0^x\left(\int_0^s tf(t)\,\mathrm{d}t\right)\mathrm{d}\left(\frac{1}{s}\right)$$

$$=-\left[\frac{1}{s}\int_0^s tf(t)\,\mathrm{d}t\right]_0^x+\int_0^x\frac{1}{s}\,\mathrm{d}\left(\int_0^s tf(t)\,\mathrm{d}t\right)=\lim_{s\to 0^+}\frac{1}{s}\int_0^s tf(t)\,\mathrm{d}t+\int_0^x\left(1-\frac{t}{x}\right)f(t)\,\mathrm{d}t$$

$$=\lim_{s\to 0^+}sf(s)+\int_0^x\left(1-\frac{t}{x}\right)f(t)\,\mathrm{d}t=\int_0^x\left(1-\frac{t}{x}\right)f(t)\,\mathrm{d}t,$$

故

$$|f(x)|=\left|\int_0^x\left(1-\frac{t}{x}\right)f(t)\,\mathrm{d}t\right|\leqslant\int_0^x\left|1-\frac{t}{x}\right||f(t)|\,\mathrm{d}t\leqslant\int_0^x|f(t)|\,\mathrm{d}t.$$

(2)【证 1】 反证法。假设函数 $f(x)$ 在 $[0,1]$ 上不恒为零，由连续性知，$\exists\,\xi,\eta\in[0,1]$，使得 $f(\xi)=\max\limits_{0\leqslant x\leqslant 1}f(x)=M$，$f(\eta)=\min\limits_{0\leqslant x\leqslant 1}f(x)=m$，则要么 $M>0$，要么 $m<0$。

若 $M>0$，由于 ξ 是函数 $f(x)$ 在 $[0,1]$ 上的最大值点，且 $f(0)=f(1)=0$，则 $\xi\in(0,1)$，同时，$f'(\xi)=0$，$f''(\xi)\leqslant 0$，于是

$$\xi f''(\xi)+2f'(\xi)-f(\xi)=\xi f''(\xi)-M<0,$$

与对任意 $x\in[0,1]$，有 $xf''(x)+2f'(x)-f(x)=0$，矛盾。

若 $m<0$，由于 η 是函数 $f(x)$ 在 $[0,1]$ 上的最小值点，且 $f(0)=f(1)=0$，则 $\eta\in(0,1)$，同时，$f'(\eta)=0$，$f''(\eta)\geqslant 0$，于是

$$\eta f''(\eta)+2f'(\eta)-f(\eta)=\eta f''(\eta)-m>0,$$

与对任意 $x\in[0,1]$，有 $xf''(x)+2f'(x)-f(x)=0$，矛盾。

综上所述，对任意 $x\in[0,1]$，有 $f(x)\equiv 0$。

【证 2】 令 $F(x)=\int_0^x|f(t)|\,\mathrm{d}t$，$x\in[0,1]$。由 (1) 知，$F'(x)\leqslant F(x)$，于是当 $x\in[0,1]$ 时，

$$(\mathrm{e}^{-x}F(x))'=\mathrm{e}^{-x}(F'(x)-F(x))\leqslant 0,$$

函数 $\mathrm{e}^{-x}F(x)$ 在 $[0,1]$ 上单调减少，则 $0\leqslant\mathrm{e}^{-x}F(x)\leqslant F(0)=0$，即 $F(x)\equiv 0$，$x\in[0,1]$。

故当 $x\in[0,1]$ 时，$|f(x)|=F'(x)\equiv 0$，则 $f(x)\equiv 0$。

综合训练

1. 设 $y=f(x)$ 是区间 $[0,1]$ 上的正值连续函数。

(1) 试证存在 $\xi\in(0,1)$，使得在区间 $[0,\xi]$ 上以 $f(\xi)$ 为高的矩形面积等于在区间 $[\xi,1]$ 上以 $y=f(x)$ 为曲边的曲边梯形面积；

(2) 如果 $f(x)$ 在 $(0,1)$ 内可导，且 $f'(x)>-\dfrac{2f(x)}{x}$，证明 (1) 中的 ξ 是唯一的。

2. 设 $f(x)$ 在闭区间 $[a,b]$ 上有二阶连续导数，且 $f''_+(a)\neq 0$，证明对 $f(x)$ 在 $[a,b]$ 上使用 Lagrange 中值定理所得的 ξ 满足 $\lim\limits_{b\to a^+}\dfrac{\xi-a}{b-a}=\dfrac{1}{2}$。

3. 若函数 $f(x)$ 在闭区间 $[a,b]$ 上可导，$f'_+(a)<f'_-(b)$，$f'_+(a)<c<f'_-(b)$，证明存

在点 $\xi \in (a,b)$，使得 $f'(\xi)=c$。

4. 设函数 $f(x)$ 在 $[a,b]$ 上连续，在 (a,b) 内 $f''(x)$ 存在，连结 $A(a,f(a))$，$B(b,f(b))$ 两点的直线交曲线 $y=f(x)$ 于点 $C(c,f(c))$，且 $a<c<b$，证明 $\exists \xi \in (a,b)$，使得 $f''(\xi)=0$。

5. 设函数 $f(x)$，$g(x)$ 在 $[a,b]$ 上连续，在 (a,b) 内具有二阶导数且存在相等的最大值，$f(a)=g(a)$，$f(b)=g(b)$，证明存在 $\xi \in (a,b)$，使得 $f''(\xi)=g''(\xi)$。

6. 设函数 $f(x)$ 在 $[a,b]$ 上连续，在 (a,b) 内可导，且 $f(a)f(b)>0$，$f(a)f\left(\dfrac{a+b}{2}\right)<0$，证明至少存在一点 $\xi \in (a,b)$，使得 $f'(\xi)=f(\xi)$。

7. 设函数 $f(x)$ 在 $[a,b]$ 上连续，在 (a,b) 内可导，且 $f(a)=a$，$\displaystyle\int_a^b f(x)\mathrm{d}x=\frac{1}{2}(b^2-a^2)$，证明至少存在一点 $\xi \in (a,b)$，使得 $f'(\xi)=f(\xi)-\xi+1$。

8. 设函数 $f(x)$，$g(x)$ 在 $[a,b]$ 上可导，且 $g'(x)\neq 0$，证明至少存在一点 $\xi \in (a,b)$，使得

$$\frac{f(a)-f(\xi)}{g(\xi)-g(b)}=\frac{f'(\xi)}{g'(\xi)}。$$

9. 设函数 $f(x)$ 在 $[a,b]$ 上连续，在 (a,b) 内可导，$0<a<b$，证明 $\exists \xi \in (a,b)$，使得

$$f(b)-f(a)=\xi f'(\xi)\ln\frac{b}{a}。$$

10. 设 $f(x)$ 在 $[a,b]$ 上有连续导数，且存在 $c \in (a,b)$，使得 $f'(c)=0$，证明 $\exists \xi \in (a,b)$，使得 $f'(\xi)=\dfrac{f(\xi)-f(a)}{b-a}$。

11. 设函数 $f(x)$ 在 $[a,b]$ 上不恒为常数，在 (a,b) 内有二阶导数，满足 $f(a)=f(b)$，$\displaystyle\lim_{x\to a^+}\frac{f(x)-f(a)}{(x-a)^2}=2$。证明：

(1) $f'_+(a)=0$，$f''_+(a)=4$；

(2) 存在 $\xi \in (a,b)$，使得 $f''(\xi)=0$；

(3) 存在 $\eta \in (a,b)$，使得 $f'(\eta)=\dfrac{f(\eta)-f(a)}{\eta-a}$。

12. 设函数 $f(x)$ 在 $[1,2]$ 上连续，在 $(1,2)$ 内可微，且 $f'(x)\neq 0$，证明存在 $\xi,\eta,\zeta \in (1,2)$，使得 $\dfrac{f'(\zeta)}{f'(\xi)}=\dfrac{\xi}{\eta}$。

13. 设函数 $f(x)$ 在 $[0,1]$ 上连续，在 $(0,1)$ 内可导，且 $f(0)=0$，$f(1)=1$，证明存在 ξ，$\eta \in (0,1)$，且 $\xi\neq\eta$，使得 $(1+f'(\xi))(1+f'(\eta))=4$。

14. 在区间 $[0,2]$ 上是否存在连续可微的函数 $f(x)$，满足 $f(0)=f(2)=1$，$|f'(x)|\leqslant 1$，$\left|\displaystyle\int_0^2 f(x)\mathrm{d}x\right|\leqslant 1$？请说明理由。

15. 设函数 $f(x)$ 在 $\mathbb{R}$ 上二阶可导，$|f(x)|\leqslant 1$，且 $f^2(0)+(f'(0))^2>1$，证明存在 $\xi \in \mathbb{R}$，使得 $f''(\xi)+f(\xi)=0$。

16. 设函数 $f(x)$ 在区间 $\left[0,\dfrac{3}{2}\right]$ 上连续，在 $\left(0,\dfrac{3}{2}\right)$ 内可导，$f(0)=0$，且满足 $|f'(x)|\leqslant$

$|f(x)|$,证明对 $\forall x \in \left[0, \dfrac{3}{2}\right]$,有 $f(x) \equiv 0$。

17. 设 $f(x)$ 在 $[0, +\infty)$ 上可微,$f(0)=0$,若存在实数 $M>0$,使得 $|f'(x)| \leqslant M|f(x)|$,证明在 $[0, +\infty)$ 上有 $f(x)=0$。

18. 设 $f(x)$ 在 $(-\infty, +\infty)$ 内无穷次可微,$\forall x \in (-\infty, +\infty)$,存在 $M>0$,使得 $|f^{(k)}(x)| \leqslant M$ $(k=1,2,\cdots)$ 成立,且 $f\left(\dfrac{1}{2^n}\right)=0$ $(n=1,2,\cdots)$,证明在 $(-\infty, +\infty)$ 内,$f(x) \equiv 0$。

第六讲

不 等 式

知识点

1. （三角不等式）对 $a_i, b_i \in \mathbb{R}, i = 1, 2, \cdots, n$，有

(1) $\left| \|\boldsymbol{a}\| - \|\boldsymbol{b}\| \right| \leqslant \|\boldsymbol{a} \pm \boldsymbol{b}\| \leqslant \|\boldsymbol{a}\| + \|\boldsymbol{b}\|$，其中 $\boldsymbol{a} = (a_1, a_2, \cdots, a_n)^{\mathrm{T}} \in \mathbb{R}^n$，$\boldsymbol{b} = (b_1, b_2, \cdots, b_n)^{\mathrm{T}} \in \mathbb{R}^n$；

(2) $\sqrt{\sum\limits_{i=1}^{n} (a_i + b_i)^2} \leqslant \sqrt{\sum\limits_{i=1}^{n} a_i^2} + \sqrt{\sum\limits_{i=1}^{n} b_i^2}$。

2. （Cauchy-Schwarz 不等式）对 $a_i, b_i \in \mathbb{R}, i = 1, 2, \cdots, n$，有

(1) $|\boldsymbol{a} \cdot \boldsymbol{b}| \leqslant \|\boldsymbol{a}\| \cdot \|\boldsymbol{b}\|$，其中 $\boldsymbol{a} = (a_1, a_2, \cdots, a_n)^{\mathrm{T}} \in \mathbb{R}^n$，$\boldsymbol{b} = (b_1, b_2, \cdots, b_n)^{\mathrm{T}} \in \mathbb{R}^n$；

(2) $\left| \sum\limits_{i=1}^{n} a_i b_i \right|^2 \leqslant \sqrt{\sum\limits_{i=1}^{n} a_i^2} \sqrt{\sum\limits_{i=1}^{n} b_i^2}$，等号成立的充要条件是 $\dfrac{a_1}{b_1} = \dfrac{a_2}{b_2} = \cdots = \dfrac{a_n}{b_n}$。

3. （Bernoulli 不等式）设 $n \in \mathbb{N}^+$，则

(1) $(1+a_1)(1+a_2)\cdots(1+a_n) \geqslant 1 + a_1 + a_2 + \cdots + a_n$，其中 $a_i > -1 (i=1,2,\cdots,n)$ 且同号；

(2) $(1+h)^n \geqslant 1 + nh$，其中 $h \geqslant -1$；

(3) $(A+B)^n \geqslant A^n + nA^{n-1}B$，其中 $A > 0, A+B > 0$；

(4) 设 $x > -1$，若 $0 < \alpha < 1$，则 $(1+x)^\alpha \leqslant 1 + \alpha x$；若 $\alpha < 0$ 或 $\alpha > 1$，则 $(1+x)^\alpha \geqslant 1 + \alpha x$。

4. （平均值不等式）设 $n \in \mathbb{N}^+, a_i > 0 (i=1,2,\cdots,n)$，则

$$\frac{n}{\dfrac{1}{a_1} + \dfrac{1}{a_2} + \cdots + \dfrac{1}{a_n}} \leqslant \sqrt[n]{a_1 a_2 \cdots a_n} \leqslant \frac{a_1 + a_2 + \cdots + a_n}{n} \leqslant \sqrt{\frac{a_1^2 + a_2^2 + \cdots + a_n^2}{n}},$$

且等号成立的充要条件是 $a_1 = a_2 = \cdots = a_n$，其中调和平均值 $\mathrm{HM} = \dfrac{n}{\dfrac{1}{a_1} + \dfrac{1}{a_2} + \cdots + \dfrac{1}{a_n}}$，几何

平均值 $GM = \sqrt[n]{a_1 a_2 \cdots a_n}$，算术平均值 $AM = \dfrac{a_1 + a_2 + \cdots + a_n}{n}$，均方根 $QM = \sqrt{\dfrac{a_1^2 + a_2^2 + \cdots + a_n^2}{n}}$。

5. （幂平均不等式）设 $n \in \mathbf{N}^+$，$a_i > 0 (i = 1, 2, \cdots, n)$，$k_1, k_2 \in \mathbf{R}$，且 $k_1 \leqslant k_2$，则

$$\sqrt[k_1]{\dfrac{a_1^{k_1} + a_2^{k_1} + \cdots + a_n^{k_1}}{n}} \leqslant \sqrt[k_2]{\dfrac{a_1^{k_2} + a_2^{k_2} + \cdots + a_n^{k_2}}{n}}$$，等号成立的充要条件是 $a_1 = a_2 = \cdots = a_n$。

6. （对数不等式）$\dfrac{x}{1+x} < \ln(1+x) < x$，其中 $x > -1$，且 $x \neq 0$；或 $\ln x \leqslant x - 1$，其中 $x > 0$。

7. $\dfrac{1}{n+1} < \ln\left(1 + \dfrac{1}{n}\right) < \dfrac{1}{n}$。

8. $\sin x < x < \tan x$，其中 $0 < x < \dfrac{\pi}{2}$。

9. $\sin x > x - \dfrac{1}{6}x^3$，其中 $x > 0$。

10. （Jordan 不等式）$\sin x > \dfrac{2}{\pi}x$，其中 $0 < |x| < \dfrac{\pi}{2}$。

11. （指数不等式）$\mathrm{e}^x > 1 + x$，其中 $x \in \mathbf{R}$。

12. （指数不等式）$\mathrm{e}^x > 1 + x + \dfrac{x^2}{2}$，其中 $x > 0$。

13. 设 $\varphi(x)$ 是 $[a, b]$ 上具有二阶导数的凸函数，则以下三式等价：

(1) $\varphi(\lambda x_1 + (1-\lambda)x_2) \geqslant \lambda\varphi(x_1) + (1-\lambda)\varphi(x_2)$，其中 $x_1, x_2 \in [a, b]$，$0 \leqslant \lambda \leqslant 1$；

(2) $\varphi(x_2) \leqslant \varphi(x_1) + \varphi'(x_1)(x_2 - x_1)$，其中 $x_1, x_2 \in [a, b]$；

(3) $\varphi''(x) \leqslant 0$，其中 $x \in (a, b)$。

14. （Jensen 不等式）(1) 如果 $f(x)$ 在区间 I 上是下凸函数，且 $x_i \in I (i = 1, 2, \cdots, n)$，则

$$\dfrac{f(x_1) + f(x_2) + \cdots + f(x_n)}{n} \geqslant f\left(\dfrac{x_1 + x_2 + \cdots + x_n}{n}\right),$$

对于严格下凸函数，等式成立的充要条件是 $x_1 = x_2 = \cdots = x_n$。

(2) 如果 $f(x)$ 在区间 I 上是下凸函数，且 $x_i \in I$，$0 < t_i < 1 (i = 1, 2, \cdots, n)$，$t_1 + t_2 + \cdots + t_n = 1$，则 $t_1 f(x_1) + t_2 f(x_2) + \cdots + t_n f(x_n) \geqslant f(t_1 x_1 + t_2 x_2 + \cdots + t_n x_n)$。

15. 常用不等式的证明方法：

(1) 用 Lagrange 中值定理证明不等式；

(2) 用 Cauchy 中值定理证明不等式；

(3) 用 Taylor 中值定理证明不等式；

(4) 用函数单调性和极值、最值证明不等式；

(5) 用凹凸性证明不等式。

典型例题

一、用 Lagrange 中值定理证明不等式

例 6.1 (1) 设 $x > -1$ 且 $x \neq 0$,证明对数不等式 $\dfrac{x}{1+x} < \ln(1+x) < x$;

(2) 设 $a_1, a_2, \cdots, a_n$ 都是正数,证明算术-几何平均值不等式 $\sqrt[n]{a_1 a_2 \cdots a_n} \leqslant \dfrac{a_1 + a_2 + \cdots + a_n}{n}$。

【证】 (1) 考虑辅助函数 $f(t) = \ln(1+t)$,则 $f(0) = 0$,且 $f(t)$ 在以 0 和 x 为端点构成的闭区间上满足 Lagrange 中值定理的条件,则至少存在一点 $\theta \in (0,1)$,使得

$$\ln(1+x) = \frac{x}{1+\theta x}。$$

对 $x > 0$ 和 $-1 < x < 0$ 分别讨论可得

$$\frac{x}{1+x} < \frac{x}{1+\theta x} < x,$$

所以当 $x > -1$ 且 $x \neq 0$ 时,有 $\dfrac{x}{1+x} < \ln(1+x) < x$。

特别地,当 $x > 0$ 时,有对数不等式 $\ln x \leqslant x - 1$,其中 $x = 1$ 时等号成立。

(2) 设 $\sigma = \dfrac{a_1 + a_2 + \cdots + a_n}{n}$,由对数不等式得

$$\ln \frac{a_k}{\sigma} \leqslant \frac{a_k}{\sigma} - 1, \quad k = 1, 2, \cdots, n。$$

依次取 $k = 1$ 到 n,将 n 个不等式相加得

$$\sum_{k=1}^{n} \ln \frac{a_k}{\sigma} \leqslant \sum_{k=1}^{n} \frac{a_k}{\sigma} - n = 0,$$

从而 $\displaystyle\sum_{k=1}^{n} \ln a_k \leqslant n \ln \sigma$,即 $\ln \sqrt[n]{a_1 a_2 \cdots a_n} \leqslant \ln \dfrac{a_1 + a_2 + \cdots + a_n}{n}$。

例 6.2 设函数 $f(x)$ 为区间 $[0,1]$ 上的正连续函数,证明 $\displaystyle\int_0^1 \ln f(x) \mathrm{d}x \leqslant \ln \displaystyle\int_0^1 f(x) \mathrm{d}x$。

【证 1】 令 $I = \displaystyle\int_0^1 f(x) \mathrm{d}x$,由对数不等式得

$$\ln \frac{f(x)}{I} \leqslant \frac{f(x)}{I} - 1,$$

对上式两边在 $[0,1]$ 上积分,得

$$\int_0^1 \ln \frac{f(x)}{I} \mathrm{d}x \leqslant \int_0^1 \left(\frac{f(x)}{I} - 1 \right) \mathrm{d}x = \frac{1}{I} \int_0^1 f(x) \mathrm{d}x - 1 = 0,$$

从而

$$\int_0^1 \ln f(x)\mathrm{d}x \leqslant \ln I = \ln \int_0^1 f(x)\mathrm{d}x。$$

【证2】　由于 $f(x)$ 在 $[0,1]$ 上连续,则 $f(x)$ 在 $[0,1]$ 上可积,将 $[0,1]$ n 等分,任取 $\xi_k \in \left[\dfrac{k-1}{n}, \dfrac{k}{n}\right]$,其中 $k=1,2,\cdots,n$,由定积分定义,知

$$\int_0^1 f(x)\mathrm{d}x = \lim_{n\to\infty} \frac{1}{n}\sum_{k=1}^n f(\xi_k)。$$

由算术-几何平均值不等式,得

$$\sqrt[n]{f(\xi_1)f(\xi_2)\cdots f(\xi_n)} \leqslant \frac{1}{n}\sum_{k=1}^n f(\xi_k),$$

由对数函数 $\ln x$ 的单调性,得

$$\frac{1}{n}\sum_{k=1}^n \ln f(\xi_k) \leqslant \ln\left(\frac{1}{n}\sum_{k=1}^n f(\xi_k)\right),$$

再由极限的保号性,得

$$\lim_{n\to\infty}\frac{1}{n}\sum_{k=1}^n \ln f(\xi_k) \leqslant \lim_{n\to\infty}\ln\left(\frac{1}{n}\sum_{k=1}^n f(\xi_k)\right),$$

由于对数函数 $\ln x$ 在 $x>0$ 连续,因此

$$\int_0^1 \ln f(x)\mathrm{d}x = \lim_{n\to\infty}\frac{1}{n}\sum_{k=1}^n \ln f(\xi_k) \leqslant \ln\left(\lim_{n\to\infty}\frac{1}{n}\sum_{k=1}^n f(\xi_k)\right) = \ln\int_0^1 f(x)\mathrm{d}x。$$

例 6.3　(1) 设 $0<x<1$,证明 $x-\dfrac{1}{x}<2\ln x$。

(2) 设 $f(x)$ 在 $(0,+\infty)$ 上可微且单调减少,对 $\forall x\in(0,+\infty)$,有 $0<f(x)<|f'(x)|$,证明当 $0<x<1$ 时,不等式 $xf(x)>\dfrac{1}{x}f\left(\dfrac{1}{x}\right)$ 成立。

(3) 设 $s>0$,证明 $\dfrac{n^{s+1}}{s+1}<1^s+2^s+\cdots+n^s<\dfrac{(n+1)^{s+1}}{s+1}$。

【证】　(1) 令 $\varphi(x)=x-\dfrac{1}{x}-2\ln x$,因为 $\varphi(1)=0$,且当 $0<x<1$ 时,

$$\varphi'(x)=1+\frac{1}{x^2}-\frac{2}{x}=\frac{(x-1)^2}{x^2}>0,$$

所以 $\varphi(x)$ 在 $(0,1)$ 内严格单调增加,从而 $\varphi(x)<\varphi(1)=0$,即 $x-\dfrac{1}{x}<2\ln x$。

(2) 问题等价于证明当 $0<x<1$ 时不等式 $\dfrac{f\left(\dfrac{1}{x}\right)}{f(x)}<x^2$ 成立,两边取对数,得

$$\ln f\left(\frac{1}{x}\right)-\ln f(x)<2\ln x。$$

由于 $f(x)$ 在 $(0,+\infty)$ 单调减少,则 $f'(x)<0$,由 Lagrange 中值定理,存在 $\xi\in\left(x,\dfrac{1}{x}\right)$,使得

$$\ln f\left(\frac{1}{x}\right)-\ln f(x)=\frac{f'(\xi)}{f(\xi)}\left(\frac{1}{x}-x\right),$$

因为

$$0 < f(x) < |f'(x)| = -f'(x),$$

所以 $\dfrac{f'(x)}{f(x)} < -1$，且当 $0 < x < 1$ 时，$\dfrac{1}{x} - x > 0$，由（1）得

$$\ln f\left(\frac{1}{x}\right) - \ln f(x) = \frac{f'(\xi)}{f(\xi)}\left(\frac{1}{x} - x\right) < x - \frac{1}{x} < 2\ln x,$$

从而当 $0 < x < 1$ 时，不等式 $xf(x) > \dfrac{1}{x} f\left(\dfrac{1}{x}\right)$ 成立。

（3）在闭区间 $[k, k+1]$ 上应用 Lagrange 中值定理，得

$$(k+1)^{s+1} - k^{s+1} = (s+1)\xi^s,$$

其中 $k < \xi < k+1$，从而 $k^s < \xi^s < (k+1)^s (k = 0, 1, 2, \cdots)$，因此

$$k^s < \frac{(k+1)^{s+1} - k^{s+1}}{s+1} < (k+1)^s,$$

对于左边的不等式，令 $k = 0, 1, \cdots, n$，得到 $n+1$ 个不等式，依次相加，得

$$1^s + 2^s + \cdots + n^s < \frac{(n+1)^{s+1}}{s+1},$$

对于右边的不等式，令 $k = 0, 1, \cdots, n-1$，得到 n 个不等式，依次相加，得

$$\frac{n^{s+1}}{s+1} < 1^s + 2^s + \cdots + n^s,$$

从而

$$\frac{n^{s+1}}{s+1} < 1^s + 2^s + \cdots + n^s < \frac{(n+1)^{s+1}}{s+1}。$$

例 6.4　设函数 $f(x, y)$ 在区域 D 内可微，且 $\sqrt{\left(\dfrac{\partial f}{\partial x}\right)^2 + \left(\dfrac{\partial f}{\partial y}\right)^2} \leqslant M, A(x_1, y_1)$，$B(x_2, y_2)$ 是 D 内两点，线段 AB 包含在 D 内，证明 $|f(x_1, y_1) - f(x_2, y_2)| \leqslant M|AB|$，其中 $|AB|$ 表示线段 AB 的长度。

【证 1】　由二元函数的 Lagrange 中值定理，存在 $(\xi, \eta) \in D$，使得

$$\begin{aligned}
|f(x_1, y_1) - f(x_2, y_2)| &= |f_x(\xi, \eta)(x_1 - x_2) + f_y(\xi, \eta)(y_1 - y_2)| \\
&= |(f_x(\xi, \eta), f_y(\xi, \eta)) \cdot (x_1 - x_2, y_1 - y_2)| \\
&\leqslant \sqrt{f_x^2(\xi, \eta) + f_y^2(\xi, \eta)} \cdot \sqrt{(x_1 - x_2)^2 + (y_1 - y_2)^2} \\
&\leqslant M|AB|。
\end{aligned}$$

【证 2】　由一元函数的 Lagrange 中值定理，在 x_1 和 x_2 之间存在 ξ，在 y_1 和 y_2 之间存在 η，使得

$$\begin{aligned}
|f(x_1, y_1) - f(x_2, y_2)| &= |f(x_1, y_1) - f(x_2, y_1) + f(x_2, y_1) - f(x_2, y_2)| \\
&= |f_x(\xi, y_1)(x_1 - x_2) + f_y(x_2, \eta)(y_1 - y_2)| \\
&= |(f_x(\xi, y_1), f_y(x_2, \eta)) \cdot (x_1 - x_2, y_1 - y_2)| \\
&\leqslant \sqrt{f_x^2(\xi, y_1) + f_y^2(x_2, \eta)} \cdot \sqrt{(x_1 - x_2)^2 + (y_1 - y_2)^2} \\
&\leqslant M|AB|。
\end{aligned}$$

例 6.5　（1）设函数 $f(x, y)$ 的二阶偏导数在 xOy 平面连续，且 $f(0, 0) = 0, |f_x(x,$

$y)|\leqslant 2|x-y|,|f_y(x,y)|\leqslant 2|x-y|$，证明$|f(5,4)|\leqslant 1$。

（2）设函数$f(x,y)$在xOy平面连续且存在偏导数，$f(0,0)=0$，在$D=\{(x,y)\,|\,x^2+y^2\leqslant 5\}$上，$|\mathbf{grad}f(x,y)|\leqslant 1$，证明$|f(1,2)|\leqslant\sqrt{5}$。

【证】 （1）由题设知$f_x(x,x)=f_y(x,x)=0$，则

$$f(4,4)-f(0,0)=\int_0^4 \mathrm{d}f(x,x)=\int_0^4 f_x(x,x)\mathrm{d}x+f_y(x,x)\mathrm{d}y=0,$$

从而

$$|f(5,4)|=|f(5,4)-f(4,4)|=\left|\int_4^5 f_x(x,4)\mathrm{d}x\right|$$
$$\leqslant\int_4^5|f_x(x,4)|\,\mathrm{d}x\leqslant\int_4^5 2(x-4)\mathrm{d}x=1。$$

（2）由二元函数$f(x,y)$的 Lagrange 中值定理，存在$(\xi,\eta)\in D$，使得

$$f(1,2)=f(0,0)+f_x(\xi,\eta)(1-0)+f_y(\xi,\eta)(2-0)=f_x(\xi,\eta)+2f_y(\xi,\eta)$$
$$=(f_x(\xi,\eta)\mathbf{i}+f_y(\xi,\eta)\mathbf{j})\cdot(\mathbf{i}+2\mathbf{j})=\mathbf{grad}f(\xi,\eta)\cdot(\mathbf{i}+2\mathbf{j}),$$

所以

$$|f(1,2)|\leqslant|\mathbf{grad}f(\xi,\eta)|\cdot|\mathbf{i}+2\mathbf{j}|\leqslant\sqrt{1^2+2^2}=\sqrt{5}。$$

二、用 Cauchy 中值定理证明不等式

例 6.6 设$0<a<b\leqslant\dfrac{\pi}{2}$，证明不等式$\dfrac{\sin a}{a}>\dfrac{\sin b}{b}$。

【证1】 设$f(x)=\sin x,g(x)=\sin\left(\dfrac{b}{a}\right)x$，则$f(x),g(x)$在$[0,a]$上满足 Cauchy 中值定理的条件，则存在$\xi\in(0,a)$，使得

$$\frac{\sin a}{\sin b}=\frac{f(a)-f(0)}{g(a)-g(0)}=\frac{a}{b}\cdot\frac{\cos\xi}{\cos\left(\dfrac{b}{a}\right)\xi},$$

因为$\cos u$在$0<u<\dfrac{\pi}{2}$严格单调减少，而$0<a<b\leqslant\dfrac{\pi}{2}$，则$\cos\xi>\cos\left(\dfrac{b}{a}\right)\xi$，所以$\dfrac{\sin a}{\sin b}>\dfrac{a}{b}$，从而$\dfrac{\sin a}{a}>\dfrac{\sin b}{b}$。

【证2】 设$f(x)=\dfrac{\sin x}{x}\left(0<x\leqslant\dfrac{\pi}{2}\right)$，则

$$f'(x)=\frac{x\cos x-\sin x}{x^2},$$

对函数$\sin x$在$[0,x]$上用 Lagrange 中值定理，存在$\xi\in(0,x)$，使得$\sin x=x\cos\xi$，故

$$f'(x)=\frac{x\cos x-\sin x}{x^2}=\frac{\cos x-\cos\xi}{x}<0,$$

则$f(x)$在$\left(0,\dfrac{\pi}{2}\right]$上严格单调减少，又$0<a<b\leqslant\dfrac{\pi}{2}$，从而$\dfrac{\sin a}{a}>\dfrac{\sin b}{b}$。

例 6.7 设$0<x<\dfrac{\pi}{2}$时，证明不等式$\dfrac{1}{\sin^2 x}-\dfrac{1}{x^2}<1-\dfrac{4}{\pi^2}$。

【证】 由 Cauchy 中值定理知

$$\frac{\dfrac{1}{x^2}-\dfrac{4}{\pi^2}}{\dfrac{1}{\sin^2 x}-1}=\frac{-2\dfrac{1}{y^3}}{-2\dfrac{\cos y}{\sin^3 y}}=\frac{\tan y\sin^2 y}{y^3}=\frac{\tan^2 z+2\sin^2 z}{3z^2}$$

$$=\frac{\tan w\sec^2 w+\sin 2w}{3w}=\frac{\tan w+\tan^3 w+\sin 2w}{3w}$$

$$=\frac{\sec^2 u+3\tan^2 u\sec^2 u+2\cos 2u}{3}$$

$$=\frac{1}{3}\tan^2 u(1+3\sec^2 u-4\cos^2 u)+1>1,$$

其中 $0<u<w<z<y<x<\dfrac{\pi}{2}$，从而 $\dfrac{1}{\sin^2 x}-\dfrac{1}{x^2}<1-\dfrac{4}{\pi^2}$。

例 6.8 (1) 证明当 $0<x<1$ 时，$(1+x)\ln^2(1+x)<x^2$；

(2) 求使不等式 $\left(1+\dfrac{1}{n}\right)^{n+\alpha}\leqslant e$ 对所有自然数 n 都成立的最大的数 α。

(1)**【证 1】** 由 Lagrange 中值定理知

$$\ln(1+x)=\frac{x}{1+\xi}<x,\quad 0<\xi<x。$$

再连续应用 Cauchy 中值定理，得

$$\frac{(1+x)\ln^2(1+x)}{x^2}=\frac{\ln^2(1+y)+2\ln(1+y)}{2y}=\frac{\ln(1+z)+1}{1+z}<\frac{1+z}{1+z}=1。$$

【证 2】 令 $f(x)=(1+x)\ln^2(1+x)-x^2,0\leqslant x<1$，则

$$f'(x)=\ln^2(1+x)+2\ln(1+x)-2x,$$

$$f''(x)=\frac{2}{1+x}(\ln(1+x)-x)<0,\quad 0\leqslant x<1,$$

由 $f'(0)=0$，所以 $f'(x)<0(0<x<1)$。再由 $f(0)=0$，所以 $f(x)<0(0<x<1)$。

【证 3】 只需证明 $\ln(1+x)<\dfrac{x}{\sqrt{1+x}}(0<x<1)$。令 $f(x)=\dfrac{x}{\sqrt{1+x}}-\ln(1+x)$，则

$$f'(x)=\frac{x+2}{2(1+x)\sqrt{1+x}}-\frac{1}{1+x}=\frac{x+2-2\sqrt{1+x}}{2(1+x)\sqrt{1+x}}=\frac{(\sqrt{1+x}-1)^2}{2(1+x)\sqrt{1+x}}>0,$$

由于 $f(0)=0$，则当 $x>0$ 时均有 $f(x)>0$，从而 $(1+x)\ln^2(1+x)<x^2(0<x<1)$。

(2)**【解】** 原命题等价于对所有 $n\in\mathbf{N}$，$\alpha\leqslant\dfrac{1}{\ln\left(1+\dfrac{1}{n}\right)}-n$。

作辅助函数 $f(x)=\dfrac{1}{\ln(1+x)}-\dfrac{1}{x}(0<x\leqslant 1)$，由(1)知

$$f'(x)=\frac{(1+x)\ln^2(1+x)-x^2}{(1+x)x^2\ln^2(1+x)}<0,$$

则 $f(x)$ 在 $(0,1]$ 中严格单调递减，故对任意 $x\in(0,1]$，有

$$f(x) \geqslant f(1) = \frac{1}{\ln 2} - 1,$$

取 $\alpha = \frac{1}{\ln 2} - 1$，则对任何 $n \in \mathbf{N}$，有

$$\frac{1}{\ln\left(1 + \frac{1}{n}\right)} - n \geqslant \frac{1}{\ln 2} - 1, \quad \text{即} \quad \left(1 + \frac{1}{n}\right)^{n + \frac{1}{\ln 2} - 1} \leqslant \mathrm{e}_\circ$$

三、用 Taylor 公式证明不等式

例 6.9　设 $f(x)$ 在 $(-1,1)$ 内满足 $f''(x) < 0$，且 $\lim\limits_{x \to 0} \dfrac{f(x) - \sin x}{x} = 2$，证明在 $(-1,1)$ 内有不等式 $f(x) \leqslant 3x$ 成立。

【证】　由 $\lim\limits_{x \to 0} \dfrac{f(x) - \sin x}{x} = 2$ 知，$f(0) = 0$，且由洛必达法则知

$$\lim_{x \to 0} \frac{f(x) - \sin x}{x} = \lim_{x \to 0}(f'(x) - \cos x) = 2,$$

则 $f'(0) = 3$，从而

$$f(x) = f(0) + f'(0)x + \frac{1}{2}f''(\xi)x^2 = 3x + \frac{1}{2}f''(\xi)x^2, \quad \text{其中} \quad \xi \text{ 位于 } 0 \text{ 与 } x \text{ 之间}.$$

因为在 $(-1,1)$ 内有 $f''(x) < 0$，则当 $x \in (-1,0) \bigcup (0,1)$ 时，$f(x) < 3x$，又 $f(0) = 0$，所以在 $(-1,1)$ 内有不等式 $f(x) \leqslant 3x$ 成立。

例 6.10　设函数 $f(x)$ 在 $[0,1]$ 上有二阶导数，且 $|f(x)| \leqslant A$，$|f''(x)| \leqslant B$，证明对任意 $x \in [0,1]$，有 $|f'(x)| \leqslant 2A + \dfrac{B}{2}$。

【证】　由 Taylor 公式

$$f(0) = f(x) + f'(x)(0 - x) + \frac{f''(\xi)}{2!}(0 - x)^2, \quad \xi \in (0, x)_\circ$$

$$f(1) = f(x) + f'(x)(1 - x) + \frac{f''(\eta)}{2!}(1 - x)^2, \quad \eta \in (x, 1)_\circ$$

由以上两式得

$$f'(x) = f(1) - f(0) - \frac{f''(\eta)}{2!}(1 - x)^2 + \frac{f''(\xi)}{2!}x^2,$$

由 $|f(x)| \leqslant A$，$|f''(x)| \leqslant B$，得

$$|f'(x)| \leqslant 2A + \frac{B}{2}((1 - x)^2 + x^2),$$

因为二次函数 $(1 - x)^2 + x^2$ 在 $[0,1]$ 上的最大值为 1，故 $|f'(x)| \leqslant 2A + \dfrac{B}{2}$。

例 6.11　设函数 $f(x)$ 在 $(-\infty, +\infty)$ 内有二阶导数，且 $|f(x)| \leqslant M_0$，$|f''(x)| \leqslant M_2$，证明 $|f'(x)| \leqslant \sqrt{2M_0 M_2}$。

【证】　任取 $h > 0$，对于 $\forall x \in (-\infty, +\infty)$，由 Taylor 公式得

$$f(x-h) = f(x) - f'(x)h + \frac{f''(\xi_1)}{2!}h^2, \quad x-h < \xi_1 < x。$$

$$f(x+h) = f(x) + f'(x)h + \frac{f''(\xi_2)}{2!}h^2, \quad x < \xi_2 < x+h。$$

由以上两式得

$$2f'(x)h = f(x+h) - f(x-h) + \frac{1}{2!}\left[f''(\xi_1) - f''(\xi_2)\right]h^2,$$

由条件 $|f(x)| \leqslant M_0, |f''(x)| \leqslant M_2$,得

$$2|f'(x)|h \leqslant \left(|f(x+h)| + |f(x-h)| + \frac{1}{2!}(|f''(\xi_1)| + |f''(\xi_2)|)h^2\right)$$

$$\leqslant 2M_0 + M_2 h^2。$$

如果 $M_2 = 0$,则 $|f'(x)| \leqslant \dfrac{M_0}{h}(h>0)$,令 $h \to +\infty$,得 $f'(x) = 0$。

如果 $M_2 > 0$,则二次三项式

$$M_2 h^2 - 2|f'(x)|h + 2M_0 \geqslant 0, \quad h > 0,$$

其判别式 $\Delta \leqslant 0$,故 $|f'(x)|^2 - 2M_0 M_2 \leqslant 0$,由此解得不等式

$$|f'(x)| \leqslant \sqrt{2M_0 M_2}, \quad x \in (-\infty, +\infty)。$$

因此,无论 M_2 是否为零,对 $\forall x \in (-\infty, +\infty)$,都有 $|f'(x)| \leqslant \sqrt{2M_0 M_2}$ 成立。

例 6.12 (1) 设 $f(x)$ 在 $[a,b]$ 上连续,在 (a,b) 内二阶可导,且 $|f''(x)| \geqslant m > 0$(其中 m 为常数),又 $f(a) = f(b) = 0$,证明 $\max\limits_{a \leqslant x \leqslant b} |f(x)| \geqslant \dfrac{m}{8}(b-a)^2$。

(2) 设 $g(x)$ 在 $[a,b]$ 上连续,在 (a,b) 内二阶可导,$|g''(x)| \geqslant 1$,证明在曲线 $y = g(x)$ $(a \leqslant x \leqslant b)$ 上,存在三个点 A, B, C,使得 $S_{\triangle ABC} \geqslant \dfrac{(b-a)^3}{16}$。

(1)【证】 由 $f(x)$ 在 $[a,b]$ 上连续,则 $|f(x)|$ 在 $[a,b]$ 上连续,故存在 $x_0 \in [a,b]$,使

$$\max\limits_{a \leqslant x \leqslant b} |f(x)| = |f(x_0)|。$$

由于 $f(a) = f(b) = 0$,且 $f(x)$ 在 $[a,b]$ 上不是常数,故 $x_0 \neq a, x_0 \neq b$,从而 $f(x)$ 在 $x_0 \in (a,b)$ 点取得极值,因此 $f'(x_0) = 0$。由 Taylor 公式,对 $\forall x \in (a,b)$,有

$$f(x) = f(x_0) + \frac{1}{2}f''(\xi)(x-x_0)^2,$$

ξ 在 x 与 x_0 之间,即

$$|f(x_0) - f(x)| \geqslant \frac{m}{2}(x-x_0)^2,$$

分别令 $x = a$ 和 $x = b$,利用 $f(a) = f(b) = 0$ 得

$$|f(x_0)| \geqslant \frac{m}{2}(x_0-a)^2, \quad |f(x_0)| \geqslant \frac{m}{2}(b-x_0)^2,$$

从而

$$|f(x_0)| \geqslant \max\left\{\frac{m}{2}(x_0-a)^2, \frac{m}{2}(b-x_0)^2\right\} \geqslant \frac{m}{8}(b-a)^2。$$

（2）【证 1】　令

$$\varphi(x) = \frac{g(b) - g(a)}{b - a}(x - a) + g(a) - g(x),$$

则 $\varphi(x)$ 在 $[a, b]$ 上连续，在 (a, b) 内二阶可导，且 $|\varphi''(x)| = |g''(x)| \geqslant 1$，$\varphi(a) = \varphi(b) = 0$，由（1）知，存在 $x_0 \in (a, b)$，使得

$$|\varphi(x_0)| \geqslant \frac{1}{8}(b - a)^2。$$

令 $\triangle ABC$ 的顶点为 $A(a, g(a)), B(b, g(b)), C(x_0, g(x_0))$，设联结 AB 的直线与 x 轴正向的夹角为 θ，则 C 点到直线 AB 的距离

$$h = |\cos\theta||\varphi(x_0)| \geqslant \frac{b - a}{\overline{AB}} \cdot \frac{(b - a)^2}{8},$$

故

$$S_{\triangle ABC} = \frac{1}{2}\overline{AB} \cdot h \geqslant \frac{1}{16}(b - a)^3。$$

【证 2】　令

$$G(x) = \frac{1}{2}\begin{vmatrix} 1 & 1 & 1 \\ a & b & x \\ g(a) & g(b) & g(x) \end{vmatrix}, \quad a \leqslant x \leqslant b,$$

则 $G(a) = G(b) = 0$，且

$$|G''(x)| = \left|\frac{1}{2}(b - a)g''(x)\right| \geqslant \frac{b - a}{2},$$

由（1）知，存在 $x_0 \in (a, b)$，使得

$$|G(x_0)| = \max_{a \leqslant x \leqslant b}|G(x)| \geqslant \frac{b - a}{2} \cdot \frac{(b - a)^2}{8} = \frac{(b - a)^3}{16},$$

而 $|G(x_0)|$ 在几何上表示以 $A(a, g(a)), B(b, g(b)), C(x_0, g(x_0))$ 为顶点的三角形面积，故在曲线 $y = g(x)(a \leqslant x \leqslant b)$ 上，存在三个点 A, B, C，使得 $S_{\triangle ABC} \geqslant \frac{(b - a)^3}{16}$。

四、用函数的单调性证明不等式

例 6.13　（1）设 $f(x)$ 是 $(0, a)$ 内的可微函数，$f(0) = 0$，如果 $f'(x)$ 是（严格）单调增加（减少）的函数，证明 $\frac{f(x)}{x}$ 是 $(0, a)$ 内（严格）单调增加（减少）的函数。

（2）设 $x \in \left(0, \frac{\pi}{2}\right)$，证明不等式 $2\tan x + 3\sin x > 5x$。

【证】　（1）因为

$$\left(\frac{f(x)}{x}\right)' = \frac{xf'(x) - f(x)}{x^2},$$

由 Lagrange 中值定理得

$$f(x) = f(x) - f(0) = f'(\xi)x, \quad 0 < \xi < x,$$

若 $f'(x)$ 单调增加，则

$$\left(\frac{f(x)}{x}\right)' = \frac{xf'(x)-f(x)}{x^2} = \frac{x(f'(x)-f'(\xi))}{x^2} = \frac{f'(x)-f'(\xi)}{x} \geqslant 0,$$

因此 $\frac{f(x)}{x}$ 是 $(0,a)$ 内单调增加的函数。严格单调增加情形类似可证。

同理可证如果函数 $f'(x)$ 是（严格）单调减少，则函数 $\frac{f(x)}{x}$ 是 $(0,a)$ 内也（严格）单调减少。

(2) 令 $f(x) = 2\tan x + 3\sin x$，则 $f(0)=0$，且当 $x \in \left(0, \frac{\pi}{2}\right)$ 时，

$$f'(x) = 2\sec^2 x + 3\cos x,$$

$$f''(x) = 4\sec^3 x \sin x - 3\sin x = \frac{\sin x}{4\cos^3 x}\left(1 - \frac{3}{4}\cos^3 x\right) > 0,$$

因此 $f'(x)$ 是严格单调增加，从而 $\frac{2\tan x + 3\sin x}{x}$ 严格单调增加，即

$$\frac{2\tan x + 3\sin x}{x} > \lim_{x \to 0^+} \frac{2\tan x + 3\sin x}{x} = 5,$$

则不等式 $2\tan x + 3\sin x > 5x$ 成立。

例 6.14 求使不等式 $\left(1+\frac{1}{n}\right)^{n+\alpha} \leqslant e \leqslant \left(1+\frac{1}{n}\right)^{n+\beta}$ 对所有的自然数 n 都成立的最大的数 α 和最小的数 β。

【解】 对已知不等式两边取对数，得

$$(n+\alpha)\ln\left(1+\frac{1}{n}\right) \leqslant 1 \leqslant (n+\beta)\ln\left(1+\frac{1}{n}\right),$$

即

$$\alpha \leqslant \frac{1}{\ln\left(1+\frac{1}{n}\right)} - n \leqslant \beta。$$

令 $f(x) = \frac{1}{\ln(1+x)} - \frac{1}{x}, x \in (0,1]$，则上面不等式等价于 $\alpha \leqslant f(x) \leqslant \beta$。因为

$$f'(x) = -\frac{\frac{1}{1+x}}{\ln^2(1+x)} + \frac{1}{x^2} = \frac{(1+x)\ln^2(1+x)-x^2}{x^2(1+x)\ln^2(1+x)}。$$

记 $g(x) = (1+x)\ln^2(1+x) - x^2, x \in [0,1]$，则 $g(0)=0$，且

$$g'(x) = \ln^2(1+x) + 2\ln(1+x) - 2x, \quad g'(0)=0,$$

$$g''(x) = \frac{2\ln(1+x)}{1+x} + \frac{2}{1+x} - 2 = \frac{2(\ln(1+x)-x)}{1+x} < 0,$$

故 $g'(x)$ 在 $[0,1]$ 上严格单调减少，所以 $g'(x) < g'(0) = 0$，同理 $g(x)$ 在 $[0,1]$ 上也严格单调减少，$g(x) < g(0) = 0$，从而 $f'(x) < 0 (0 < x \leqslant 1)$，函数 $f(x)$ 在 $(0,1]$ 上也严格单调减少，而

$$\lim_{x \to 1^-}\left(\frac{1}{\ln(1+x)} - \frac{1}{x}\right) = \frac{1}{\ln 2} - 1,$$

$$\lim_{x\to 0^+}\left(\frac{1}{\ln(1+x)}-\frac{1}{x}\right)=\lim_{x\to 0^+}\frac{x-\ln(1+x)}{x\ln(1+x)}=\lim_{x\to 0^+}\frac{1-\dfrac{1}{1+x}}{\ln(1+x)+\dfrac{x}{1+x}}$$

$$=\lim_{x\to 0^+}\frac{x}{x+(1+x)\ln(1+x)}$$

$$=\lim_{x\to 0^+}\frac{1}{1+\ln(1+x)+1}=\frac{1}{2}。$$

因此使不等式对所有的自然数 n 都成立的最大的数 α 为 $\dfrac{1}{\ln 2}-1$，最小的数 β 为 $\dfrac{1}{2}$。

例 6.15 设 $0<x<\dfrac{\pi}{2}$，证明不等式 $\dfrac{4}{\pi^2}<\dfrac{1}{x^2}-\dfrac{1}{\tan^2 x}<\dfrac{2}{3}$。

【证】 设 $f(x)=\dfrac{1}{x^2}-\dfrac{1}{\tan^2 x}\left(0<x<\dfrac{\pi}{2}\right)$，则

$$f'(x)=-\frac{2}{x^3}+\frac{2\cos x}{\sin^3 x}=\frac{2(x^3\cos x-\sin^3 x)}{x^3\sin^3 x},$$

令 $\varphi(x)=\dfrac{\sin x}{\sqrt[3]{\cos x}}-x\left(0<x<\dfrac{\pi}{2}\right)$，则

$$\varphi'(x)=\frac{\cos^{\frac{4}{3}}x+\dfrac{1}{3}\cos^{-\frac{2}{3}}x\sin^2 x}{\cos^{\frac{2}{3}}x}-1=\frac{2}{3}\cos^{\frac{2}{3}}x+\frac{1}{3}\cos^{-\frac{4}{3}}x-1,$$

由均值不等式，得

$$\frac{2}{3}\cos^{\frac{2}{3}}x+\frac{1}{3}\cos^{-\frac{4}{3}}x=\frac{\cos^{\frac{2}{3}}x+\cos^{\frac{2}{3}}x+\cos^{-\frac{4}{3}}x}{3}>\sqrt[3]{\cos^{\frac{2}{3}}x\cdot\cos^{\frac{2}{3}}x\cdot\cos^{-\frac{4}{3}}x}=1,$$

则当 $0<x<\dfrac{\pi}{2}$ 时，$\varphi'(x)>0$，从而 $\varphi(x)$ 单调增加，又 $\varphi(0)=0$，因此 $\varphi(x)>0$，即

$$\frac{\sin x}{\sqrt[3]{\cos x}}-x>0,\quad 亦即\quad x^3\cos x-\sin^3 x<0,$$

故而 $f'(x)<0$，所以 $f(x)$ 在 $\left(0,\dfrac{\pi}{2}\right)$ 内单调减少。由于

$$\lim_{x\to\frac{\pi}{2}^-}f(x)=\lim_{x\to\frac{\pi}{2}^-}\left(\frac{1}{x^2}-\frac{1}{\tan^2 x}\right)=\frac{4}{\pi^2},$$

$$\lim_{x\to 0^+}f(x)=\lim_{x\to 0^+}\left(\frac{1}{x^2}-\frac{1}{\tan^2 x}\right)=\lim_{x\to 0^+}\frac{\tan^2 x-x^2}{x^2\tan^2 x}=\lim_{x\to 0^+}\frac{\tan x+x}{x}\cdot\frac{\tan x-x}{x\tan^2 x}=\frac{2}{3},$$

因此当 $0<x<\dfrac{\pi}{2}$ 时，不等式 $\dfrac{4}{\pi^2}<\dfrac{1}{x^2}-\dfrac{1}{\tan^2 x}<\dfrac{2}{3}$ 成立。

例 6.16 设函数 $f(x)$ 在 $[0,+\infty)$ 上二阶可导，满足 $f(0)=1,f'(0)=0$，且对 $\forall x\in[0,+\infty)$，有 $f''(x)-5f'(x)+6f(x)\geqslant 0$，证明当 $x\in[0,+\infty)$ 时，$f(x)\geqslant 3e^{2x}-2e^{3x}$。

【证】 由 $f''(x)-5f'(x)+6f(x)\geqslant 0$ 得
$$f''(x)-2f'(x)-3(f'(x)-2f(x))\geqslant 0。$$

令 $g(x)=f'(x)-2f(x),x\in[0,+\infty)$，则
$$g'(x)-3g(x)\geqslant 0,\quad 即\quad (g(x)\mathrm{e}^{-3x})'\geqslant 0,$$
从而
$$g(x)\mathrm{e}^{-3x}\geqslant g(0)=-2,\quad 等价于 f'(x)-2f(x)\geqslant -2\mathrm{e}^{3x},$$
故
$$(f(x)\mathrm{e}^{-2x})'\geqslant -2\mathrm{e}^x,\quad 即\quad (f(x)\mathrm{e}^{-2x}+2\mathrm{e}^x)'\geqslant 0,$$
所以
$$f(x)\mathrm{e}^{-2x}+2\mathrm{e}^x\geqslant f(0)+2=3,$$
因此当 $x\in[0,+\infty)$ 时，$f(x)\geqslant 3\mathrm{e}^{2x}-2\mathrm{e}^{3x}$。

例 6.17 （1）设 $f(x)$ 是以 $T(T>0)$ 为周期的连续函数，计算极限 $\displaystyle\lim_{x\to+\infty}\frac{\displaystyle\int_0^x f(t)\mathrm{d}t}{x}$；

（2）记 $k=\displaystyle\lim_{x\to+\infty}\frac{\displaystyle\int_0^x |\sin t|\,\mathrm{d}t}{x}$，证明当 $0<|x|<\dfrac{\pi}{2}$ 时有不等式 $\dfrac{\sin x}{x}>k$ 成立。

（1）**【解】** 设 $x=nT+a$，其中 $x\geqslant T>0,0\leqslant a<T$，则
$$\int_0^x f(t)t=\int_0^{nT} f(t)\mathrm{d}t+\int_{nT}^{nT+a} f(t)\mathrm{d}t=n\int_0^T f(t)\mathrm{d}t+\int_0^a f(t)\mathrm{d}t,$$
于是
$$\lim_{x\to+\infty}\frac{\displaystyle\int_0^x f(t)\mathrm{d}t}{x}=\lim_{n\to\infty}\frac{n\displaystyle\int_0^T f(t)\mathrm{d}t+\int_0^a f(t)\mathrm{d}t}{nT+a}=\frac{1}{T}\int_0^T f(t)\mathrm{d}t。$$

（2）**【证 1】** 因 $f(x)=|\sin x|$ 的周期为 $\pi,\displaystyle\int_0^\pi |\sin t|\,\mathrm{d}t=2$，由（1）知
$$k=\lim_{x\to+\infty}\frac{\displaystyle\int_0^x |\sin t|\,\mathrm{d}t}{x}=\frac{1}{\pi}\int_0^\pi |\sin t|\,\mathrm{d}t=\frac{2}{\pi}。$$

当 $0<x<\dfrac{\pi}{2}$ 时，记 $g(x)=\sin x$，则 $g(0)=0,g'(x)=\cos x$ 当 $x\in\left(0,\dfrac{\pi}{2}\right)$ 时严格单调减少，则
$$\frac{\sin x}{x}>\frac{2}{\pi}=k。$$

当 $-\dfrac{\pi}{2}<x<0$ 时，有 $0<-x<\dfrac{\pi}{2}$，则
$$\frac{\sin x}{x}=\frac{\sin(-x)}{(-x)}>\frac{2}{\pi}=k,$$
故当 $0<|x|<\dfrac{\pi}{2}$ 时，有不等式 $\dfrac{\sin x}{x}>k$ 成立。

【证 2】 当 $0<x<\dfrac{\pi}{2}$ 时，记 $g(x)=\dfrac{\sin x}{x}$，则
$$g'(x)=\frac{x\cos x-\sin x}{x^2},$$
令 $h(x)=x\cos x-\sin x\left(0<x<\dfrac{\pi}{2}\right)$，则
$$h'(x)=-x\sin x<0,\quad h(0)=0,$$

故 $h(x) < 0$,从而 $g'(x) < 0$,$g(x) = \dfrac{\sin x}{x}$ 在 $\left(0, \dfrac{\pi}{2}\right]$ 内严格单调减少,因此当 $0 < x < \dfrac{\pi}{2}$ 时,

$$g(x) = \frac{\sin x}{x} > g\left(\frac{\pi}{2}\right) = \frac{2}{\pi} = k.$$

例 6.18 设 $a > b > 1$,证明 $a^{b^a} > b^{a^b}$。

【证】 对不等式 $a^{b^a} > b^{a^b}$ 取两次对数得

$$a\ln b + \ln\ln a > b\ln a + \ln\ln b.$$

令 $\ln b = y$,$\dfrac{\ln a}{\ln b} = x$,则 $b = e^y$,$a = e^{xy}$,且 $x > 1$,$y > 0$,则上式变形为 $\ln x > y(x e^y - e^{xy})$。记 $\varphi(x,y) = x e^y - e^{xy}$,当 $\varphi(x,y) \leqslant 0$ 时,由于 $\ln x > 0$,$y > 0$,所以

$$\ln x > y\varphi(x,y) = y(x e^y - e^{xy}).$$

当 $\varphi(x,y) > 0$ 时,

$$\varphi(x,y) = e^y(x - e^{(x-1)y}) = e^y(e^{\ln x} - e^{(x-1)y}) > 0,$$

从而 $\ln x > (x-1)y$。由于

$$\varphi'_y(x,y) = x(e^y - e^{xy}) < 0, \quad x > 1,$$

函数 $\varphi(x,y)$ 关于变量 y 严格单调减少,则 $\varphi(x,y) < \varphi(x,0) = x - 1$,故

$$\ln x > (x-1)y > y\varphi(x,y) = y(x e^y - e^{xy}),$$

因此 $\ln x > y(x e^y - e^{xy})$ 成立,从而原不等式成立。

五、用函数的凹凸性证明不等式

例 6.19 设函数 $\varphi(x)$ 为区间 $[a,b]$ 上的二阶可导函数,若 $\varphi''(x) \leqslant 0$,$\displaystyle\sum_{k=1}^{n}\lambda_k = 1$,$\lambda_k \geqslant 0$,证明对任意 $a \leqslant x_1 < x_2 < \cdots < x_n \leqslant b$,有不等式 $\varphi\left(\displaystyle\sum_{k=1}^{n}\lambda_k x_k\right) \geqslant \displaystyle\sum_{k=1}^{n}\lambda_k \varphi(x_k)$ 成立。

【证】 取 $x_0 = \displaystyle\sum_{k=1}^{n}\lambda_k x_k$,将 $\varphi(x_k)(k=1,2,\cdots,n)$ 在 $x = x_0$ 处展开得

$$\varphi(x_k) = \varphi(x_0) + \varphi'(x_0)(x_k - x_0) + \frac{1}{2}\varphi''(\xi_k)(x_k - x_0)^2 \leqslant \varphi(x_0) + \varphi'(x_0)(x_k - x_0),$$

将上式不等式两边同乘以 λ_k,然后将 n 个不等式相加得

$$\sum_{k=1}^{n}\lambda_k \varphi(x_k) \leqslant \varphi(x_0)\sum_{k=1}^{n}\lambda_k + \varphi'(x_0)\sum_{k=1}^{n}\lambda_k(x_k - x_0),$$

由于 $\displaystyle\sum_{k=1}^{n}\lambda_k = 1$,且 $\displaystyle\sum_{k=1}^{n}\lambda_k(x_k - x_0) = \sum_{k=1}^{n}\lambda_k x_k - x_0 = 0$,故

$$\sum_{k=1}^{n}\lambda_k \varphi(x_k) \leqslant \varphi(x_0) = \varphi\left(\sum_{k=1}^{n}\lambda_k x_k\right).$$

例 6.20 设 $x_k > 0(k=1,2,\cdots,n)$,证明不等式

$$\frac{n}{\dfrac{1}{x_1} + \dfrac{1}{x_2} + \cdots + \dfrac{1}{x_n}} \leqslant \sqrt[n]{x_1 x_2 \cdots x_n} \leqslant \frac{x_1 + x_2 + \cdots + x_n}{n}.$$

【证】 因为 $\ln x$ 在 $x>0$ 内为严格上凸函数,所以

$$\frac{1}{n}\ln x_1 + \frac{1}{n}\ln x_2 + \cdots + \frac{1}{n}\ln x_n \leqslant \ln\left(\frac{x_1}{n} + \frac{x_2}{n} + \cdots + \frac{x_n}{n}\right),$$

即

$$\sqrt[n]{x_1 x_2 \cdots x_n} \leqslant \frac{x_1 + x_2 + \cdots + x_n}{n}.$$

又

$$\frac{1}{n}\ln\frac{1}{x_1} + \frac{1}{n}\ln\frac{1}{x_2} + \cdots + \frac{1}{n}\ln\frac{1}{x_n} \leqslant \ln\frac{\frac{1}{x_1} + \frac{1}{x_2} + \cdots + \frac{1}{x_n}}{n},$$

则

$$-\frac{1}{n}\ln\frac{1}{x_1} - \frac{1}{n}\ln\frac{1}{x_2} - \cdots - \frac{1}{n}\ln\frac{1}{x_n} \geqslant -\ln\frac{\frac{1}{x_1} + \frac{1}{x_2} + \cdots + \frac{1}{x_n}}{n},$$

因此不等式 $\dfrac{n}{\dfrac{1}{x_1} + \dfrac{1}{x_2} + \cdots + \dfrac{1}{x_n}} \leqslant \sqrt[n]{x_1 x_2 \cdots x_n}$ 成立,从而原不等式成立。

例 6.21 设 $0 < x_k < \dfrac{\pi}{2}(k=1,2,\cdots,n)$,令 $x = \dfrac{x_1 + x_2 + \cdots + x_n}{n}$,证明 $\displaystyle\prod_{k=1}^{n}\frac{\sin x_k}{x_k} \leqslant \left(\dfrac{\sin x}{x}\right)^n$。

【证】 由于 $0 < x_k < \dfrac{\pi}{2}(k=1,2,\cdots,n)$,则 $0 < x < \dfrac{\pi}{2}$,从而 $\sin x < x$。令 $f(x) = \ln\dfrac{\sin x}{x}$,则

$$f'(x) = \cot x - \frac{1}{x}, \quad f''(x) = -\frac{1}{\sin^2 x} + \frac{1}{x^2} < 0,$$

因此 $f(x)$ 为上凸函数,从而有

$$\frac{f(x_1) + f(x_2) + \cdots + f(x_n)}{n} \leqslant f\left(\frac{x_1 + x_2 + \cdots + x_n}{n}\right) = f(x),$$

即

$$\frac{1}{n}\sum_{i=1}^{n}\ln\frac{\sin x_i}{x_i} = \frac{1}{n}\ln\left(\prod_{i=1}^{n}\frac{\sin x_i}{x_i}\right) \leqslant \ln\left(\frac{\sin x}{x}\right),$$

由函数 $\ln x$ 的单调性可得 $\displaystyle\prod_{i=1}^{n}\frac{\sin x_i}{x_i} \leqslant \left(\dfrac{\sin x}{x}\right)^n$。

例 6.22 对于 $x \in \left(0, \dfrac{\pi}{2}\right)$,比较函数 $\tan(\sin x)$ 与 $\sin(\tan x)$ 的大小。

【解】 设 $f(x) = \tan(\sin x) - \sin(\tan x)$,$x \in \left(0, \dfrac{\pi}{2}\right)$。

当 $0 < x < \arctan\dfrac{\pi}{2}$ 时,因为

$$f'(x) = \frac{\cos x}{\cos^2(\sin x)} - \frac{\cos(\tan x)}{\cos^2 x} = \frac{\cos^3 x - \cos(\tan x)\cos^2(\sin x)}{\cos^2(\sin x)\cos^2 x},$$

由 $\cos x$ 在 $\left(0, \frac{\pi}{2}\right)$ 上是上凸函数,则

$$\sqrt[3]{\cos(\tan x)\cos^2(\sin x)} < \frac{\cos(\tan x) + 2\cos(\sin x)}{3} \leqslant \cos\frac{\tan x + 2\sin x}{3}.$$

令 $g(x) = \frac{\tan x + 2\sin x}{3} - x$,则

$$g'(x) = \frac{1}{3}\left(\frac{1}{\cos^2 x} + 2\cos x\right) - 1 \geqslant \sqrt[3]{\frac{1}{\cos^2 x} \cdot \cos x \cdot \cos x} - 1 = 0,$$

即 $g(x)$ 单调增加,且 $g(0) = 0$,故 $g(x) \geqslant 0$,即 $\frac{\tan x + 2\sin x}{3} \geqslant x$,从而

$$\cos\frac{\tan x + 2\sin x}{3} \leqslant \cos x,$$

因此

$$\sqrt[3]{\cos(\tan x)\cos^2(\sin x)} < \cos x,$$

从而 $f'(x) > 0$,故当 $0 < x < \arctan\frac{\pi}{2}$ 时,$f(x) > f(0) = 0$,所以

$$\tan(\sin x) > \sin(\tan x)。$$

当 $\arctan\frac{\pi}{2} \leqslant x < \frac{\pi}{2}$ 时,由于 $4 + \pi^2 < 16$,则

$$\tan\left[\sin\left(\arctan\frac{\pi}{2}\right)\right] = \tan\frac{\frac{\pi}{2}}{\sqrt{1 + \frac{\pi^2}{4}}} > \tan\frac{\pi}{4} = 1,$$

则 $\tan(\sin x) > 1$,而 $\sin(\tan x) < 1$,故 $\tan(\sin x) > \sin(\tan x)。$

综上所述,对于 $\forall x \in \left(0, \frac{\pi}{2}\right)$,总有 $\tan(\sin x) > \sin(\tan x)。$

六、用函数的极值或最值证明不等式

例 6.23 (1) 设 $x \geqslant -1, 0 < \alpha < 1$,证明不等式 $(1+x)^\alpha \leqslant 1 + \alpha x$;

(2) 若 $-1 < \alpha < 0$,证明不等式 $\frac{(n+1)^{\alpha+1} - n^{\alpha+1}}{\alpha+1} < n^\alpha < \frac{n^{\alpha+1} - (n-1)^{\alpha+1}}{\alpha+1}$;

(3) 设 $x = \frac{1}{\sqrt[3]{4}} + \frac{1}{\sqrt[3]{5}} + \cdots + \frac{1}{\sqrt[3]{1000000}}$,求 x 的整数部分。

【解】 (1) 令 $F(x) = 1 + \alpha x - (1+x)^\alpha$,当 $0 < \alpha < 1$ 时,
$$F'(x) = \alpha - \alpha(1+x)^{\alpha-1} = \alpha(1 - (1+x)^{\alpha-1}),$$
当 $x > 0$ 时,$F'(x) > 0$;当 $x = 0$ 时,$F'(x) = 0$;当 $x < 0$ 时,$F'(x) < 0$。

则 $F(0) = 0$ 为 $F(x)$ 的最小值,即 $(1+x)^\alpha \leqslant 1 + \alpha x$。

（2）若 $-1<\alpha<0$，则 $0<\alpha+1<1$，由（1）知

$$\left(1+\frac{1}{n}\right)^{\alpha+1}<1+\frac{\alpha+1}{n}, \quad \left(1-\frac{1}{n}\right)^{\alpha+1}<1-\frac{\alpha+1}{n},$$

两边同乘以 $n^{\alpha+1}$ 得

$$(n+1)^{\alpha+1}<n^{\alpha+1}+(\alpha+1)n^{\alpha},$$
$$(n-1)^{\alpha+1}<n^{\alpha+1}-(\alpha+1)n^{\alpha},$$

移项整理得

$$\frac{(n+1)^{\alpha+1}-n^{\alpha+1}}{\alpha+1}<n^{\alpha}<\frac{n^{\alpha+1}-(n-1)^{\alpha+1}}{\alpha+1}.$$

（3）在（2）的不等式中，取 $n\to m,m+1,\cdots,n$，然后将所有不等式相加，得

$$\frac{(n+1)^{\alpha+1}-m^{\alpha+1}}{\alpha+1}<m^{\alpha}+(m+1)^{\alpha}+\cdots+n^{\alpha}<\frac{n^{\alpha+1}-(m-1)^{\alpha+1}}{\alpha+1},$$

取 $m=4,n=1000000,\alpha=-\frac{1}{3}$，则 $[x]=14996$。

例 6.24 证明对自然数 n 和 $0<x<1$，有不等式 $x^{n}(1-x)<\dfrac{1}{\mathrm{e}n}$ 成立。

【证】 设 $f(x)=x^{n}(1-x)$，令

$$f'(x)=nx^{n-1}(1-x)-x^{n}=0,$$

得驻点为 $x=\dfrac{n}{n+1}$。当 $x<\dfrac{n}{n+1}$ 时，$f'(x)>0$，当 $x>\dfrac{n}{n+1}$ 时，$f'(x)<0$，即

$$f(x)=x^{n}(1-x)\leqslant f\left(\frac{n}{n+1}\right)=\frac{1}{n}\frac{1}{\left(1+\frac{1}{n}\right)^{n+1}}.$$

令 $g(x)=\left(1+\dfrac{1}{x}\right)^{x+1}$，因为

$$g'(x)=\left(1+\frac{1}{x}\right)^{x+1}\left(\ln\left(1+\frac{1}{x}\right)+(x+1)\frac{1}{1+\frac{1}{x}}\left(-\frac{1}{x^{2}}\right)\right)$$

$$=\left(1+\frac{1}{x}\right)^{x+1}\left(\ln\left(1+\frac{1}{x}\right)-\frac{1}{x}\right)<0,$$

即 $\left(1+\dfrac{1}{n}\right)^{n+1}$ 单调减少，且 $\lim\limits_{n\to\infty}\left(1+\dfrac{1}{n}\right)^{n+1}=\mathrm{e}$，从而 $\left(1+\dfrac{1}{n}\right)^{n+1}>\mathrm{e}$，则不等式 $x^{n}(1-x)<\dfrac{1}{\mathrm{e}n}$ 成立。

例 6.25 设 $D=\{(x,y)\mid x\geqslant0,y\geqslant0\}$，证明 $\dfrac{x^{2}+y^{2}}{4}\leqslant\mathrm{e}^{x+y-2}$，$(x,y)\in D$。

【证】 问题转化为求函数 $f(x,y)=(x^{2}+y^{2})\mathrm{e}^{-x-y}$ 在区域 D 上的最大值。

对于函数 $f(x,y)$，有 $f(0,0)=0$，$f(x,y)\geqslant0$，$\lim\limits_{\substack{x\to+\infty\\y\to+\infty}}f(x,y)=0$，且 $\forall y\geqslant0$，

$\lim\limits_{x\to+\infty}f(x,y)=0$；$\forall x\geqslant0$，$\lim\limits_{y\to+\infty}f(x,y)=0$。

令

$$f'_x = (2x - x^2 - y^2)\mathrm{e}^{-x-y} = 0, \quad f'_y = (2y - x^2 - y^2)\mathrm{e}^{-x-y} = 0,$$

解得唯一驻点 $(1,1)$，且 $f(1,1) = 2\mathrm{e}^{-2}$。

在 x 轴上，$f(x,0) = x^2 \mathrm{e}^{-x}$，令

$$f'_x(x,0) = (2x - x^2)\mathrm{e}^{-x} = 0,$$

解得唯一驻点 $x = 2$，且 $f(2,0) = 4\mathrm{e}^{-2}$。同理得 $f(0,2) = 4\mathrm{e}^{-2}$。

于是 $\max\limits_{(x,y)\in D} f(x,y) = 4\mathrm{e}^{-2}$，所以 $f(x,y) \leqslant 4\mathrm{e}^{-2}$，即 $\dfrac{x^2 + y^2}{4} \leqslant \mathrm{e}^{x+y-2}$，$(x,y) \in D$。

例 6.26 设 $a \geqslant 1$，证明当 $x \in [0,a]$ 时，不等式 $0 \leqslant \mathrm{e}^{-x} - \left(1 - \dfrac{x}{a}\right)^a \leqslant \dfrac{x^2}{a}\mathrm{e}^{-x}$ 成立。

【解】 记 $f(x) = \mathrm{e}^{-x} - \left(1 - \dfrac{x}{a}\right)^a$，则 $f(0) = 0$，$f(a) = \mathrm{e}^{-a} > 0$。

若 $f'(x)$ 在 $[0,a]$ 上无零点，则 $f(x)$ 在 $[0,a]$ 上单调，从而 $f(x) \geqslant 0$。

若 $f'(x)$ 在 $[0,a]$ 上有零点，记为 ξ，则

$$f'(\xi) = -\mathrm{e}^{-\xi} + \left(1 - \dfrac{\xi}{a}\right)^{a-1} = 0,$$

因此

$$f(\xi) = \mathrm{e}^{-\xi} - \left(1 - \dfrac{\xi}{a}\right)^a = \mathrm{e}^{-\xi}\dfrac{\xi}{a} \geqslant 0,$$

若 $f(x)$ 在 $[0,a]$ 上有极值，则该极值非负，故 $f(x) \geqslant 0$，即 $\mathrm{e}^{-x} - \left(1 - \dfrac{x}{a}\right)^a \geqslant 0$。

再记 $g(x) = \mathrm{e}^x\left(1 - \dfrac{x}{a}\right)^a + \dfrac{x^2}{a} - 1$，则 $g(0) = 0$，$g(a) = a - 1 \geqslant 0$。

若 $g'(x)$ 在 $[0,a]$ 上无零点，则 $g(x)$ 在 $[0,a]$ 上单调，从而 $g(x) \geqslant 0$。

若 $g'(x)$ 在 $[0,a]$ 上有零点，记为 η，则

$$g'(\eta) = \mathrm{e}^\eta\left(1 - \dfrac{\eta}{a}\right)^a - \mathrm{e}^\eta\left(1 - \dfrac{\eta}{a}\right)^{a-1} + \dfrac{2\eta}{a} = 0,$$

即 $\mathrm{e}^\eta\left(1 - \dfrac{\eta}{a}\right)^{a-1} = 2$，因此

$$g(\eta) = \mathrm{e}^\eta\left(1 - \dfrac{\eta}{a}\right)^a + \dfrac{\eta^2}{a} - 1 = 2\left(1 - \dfrac{\eta}{a}\right) + \dfrac{\eta^2}{a} - 1 = \dfrac{1}{a}((\eta - 1)^2 + (a - 1)) \geqslant 0,$$

若 $g(x)$ 在 $[0,a]$ 上有极值，则该极值非负，故 $g(x) \geqslant 0$，从而

$$\mathrm{e}^{-x} - \left(1 - \dfrac{x}{a}\right)^a \leqslant \dfrac{x^2}{a}\mathrm{e}^{-x}。$$

例 6.27 设函数 $f(x)$ 在 $(-\infty, +\infty)$ 上二次连续可微，$f(x) \leqslant f''(x)$，且 $\lim\limits_{x \to \pm\infty} \mathrm{e}^{-|x|} f(x) = 0$，证明对任意 $x \in (-\infty, +\infty)$，有 $f(x) \leqslant 0$。

【证】 设 $F(x) = c_1 \mathrm{e}^x + c_2 \mathrm{e}^{-x} - f(x)$，其中 $c_1, c_2 > 0$ 为任意常数，则对 $\forall x \in (-\infty, +\infty)$，有

$$F''(x) = c_1 \mathrm{e}^x + c_2 \mathrm{e}^{-x} - f''(x) \leqslant c_1 \mathrm{e}^x + c_2 \mathrm{e}^{-x} - f(x) = F(x),$$

且

$$\lim\limits_{x \to +\infty} \mathrm{e}^{-x} F(x) = c_1, \quad \lim\limits_{x \to -\infty} \mathrm{e}^x F(x) = c_2。$$

从而 $\lim\limits_{x\to\pm\infty}F(x)=+\infty$，由此可见 $F(x)$ 在 $(-\infty,+\infty)$ 内达到最小值。记 $F(x)$ 的最小值点为 x^{*}，因此对 $\forall x\in(-\infty,+\infty)$，有 $F(x^{*})\leqslant F(x)$，且 $F''(x^{*})\geqslant0$，则

$$F(x)\geqslant F(x^{*})\geqslant F''(x^{*})\geqslant0,$$

即 $c_1\mathrm{e}^x+c_2\mathrm{e}^{-x}\geqslant f(x)$，再令 $c_1\to0^+$，$c_2\to0^+$，即得 $f(x)\leqslant0(\forall x\in(-\infty,+\infty))$。

综合训练

1. 设 $0<a<b$，证明 $\dfrac{2a}{a^2+b^2}<\dfrac{\ln b-\ln a}{b-a}<\dfrac{1}{\sqrt{ab}}$。

2. 设 $f(x)$ 具有二阶导数，且 $f(0)=a$，$f(a)=b$，$f'(0)=-1$，$f''(x)<\dfrac{1}{4a}(x\in[-2a,2a])$，其中 $a>0$，证明：

(1) $|1+f'(x)|<\dfrac{1}{2}$，$x\in[-2a,2a]$；

(2) $|f(a+b)|<\dfrac{1}{2}|f(a)|<\dfrac{a}{4}$。

3. 设 $f(x)$ 在 $[0,1]$ 上二阶可导，且 $f(0)=f(1)=1$，$\min\limits_{x\in[0,1]}\{f(x)\}=0$，证明 $\max\limits_{x\in[0,1]}\{f''(x)\}\geqslant8$。

4. 设 $f(x)$ 在 $[0,1]$ 上二次可微，$f(0)=f(1)$，$|f''(x)|\leqslant2$，证明对 $\forall x\in[0,1]$，有 $|f'(x)|\leqslant1$。

5. 设函数 $f(x)$ 在 $[0,+\infty)$ 二阶可导，且 $f(0)=1$，$f'(0)>1$，$f''(x)>f(x)(x>0)$，证明 $f(x)>\mathrm{e}^x$。

6. 设函数 $f(x)$ 在 $[0,1]$ 上可微，$f(0)=f(1)$，$\int_0^1 f(x)\mathrm{d}x=0$，且 $\forall x\in[0,1]$，有 $f'(x)\neq1$，证明对任意的正整数 n，不等式 $\left|\sum\limits_{k=0}^{n-1}f\left(\dfrac{k}{n}\right)\right|<\dfrac{1}{2}$ 成立。

7. 设 $0<\alpha<1$，$x,y\geqslant0$，证明不等式 $x^{\alpha}y^{1-\alpha}\leqslant\alpha x+(1-\alpha)y$ 成立。

8. 设 $a,b>0$，$a\neq b$，证明不等式 $\left(\dfrac{a}{b}\right)^b<\left(\dfrac{a+1}{b+1}\right)^{b+1}$ 成立。

9. 设 n 为大于 1 的自然数，证明 $\dfrac{3n+1}{2n+2}<\sum\limits_{k=1}^{n}\left(\dfrac{k}{n}\right)^n<2-\dfrac{1}{n+1}$。

10. 求实数 α 的范围，使得对任何正数 x,y，都有不等式 $x\leqslant\dfrac{\alpha-1}{\alpha}y+\dfrac{1}{\alpha}\dfrac{x^{\alpha}}{y^{\alpha-1}}$ 成立。

11. 证明对自然数 n，有不等式 $0<\dfrac{\mathrm{e}}{\left(1+\dfrac{1}{n}\right)^n}-1<\dfrac{1}{2n}$ 成立。

12. 设 $\sum\limits_{n=1}^{\infty}a_n$ 为收敛的正项级数，证明 $\sum\limits_{n=1}^{\infty}\sqrt[n]{a_1a_2\cdots a_n}\leqslant\mathrm{e}\sum\limits_{n=1}^{\infty}a_n$，并且右边不等式的系数 e 不能再改进。

13. 设 n 为自然数，试证 $\left(1+\dfrac{1}{2n+1}\right)\left(1+\dfrac{1}{n}\right)^n<\mathrm{e}<\left(1+\dfrac{1}{2n}\right)\left(1+\dfrac{1}{n}\right)^n$。

第七讲

导数的综合应用

知识点

1. 导数的几何意义：

(1) $f'(x_0)$ 是平面光滑曲线 $y=f(x)$ 在点 (x_0,y_0) 处的切线斜率；

(2) $f'_x(x_0,y_0)$ 是空间光滑曲线 $\begin{cases} z=f(x,y), \\ y=y_0 \end{cases}$ 在点 $P(x_0,y_0,z_0)$ 处的切线的斜率；

(3) $f'_y(x_0,y_0)$ 是空间光滑曲线 $\begin{cases} z=f(x,y), \\ x=x_0 \end{cases}$ 在点 $P(x_0,y_0,z_0)$ 处的切线的斜率。

2. 微分的几何意义：

(1) 函数 $y=f(x)$ 在 $x=x_0$ 处的微分 $\mathrm{d}y$ 是曲线 $y=f(x)$ 在该点处切线的增量；

(2) 一元函数 $y=f(x)$ 可以局部线性化就是以切线近似代替曲线,其误差仅为自变量增量的高阶无穷小,即 $f(x)=f(x_0)+f'(x_0)(x-x_0)+o(x-x_0)(x \to x_0)$；

(3) 函数 $z=f(x,y)$ 在点 (x_0,y_0) 处的微分 $\mathrm{d}z$ 是曲面 $z=f(x,y)$ 在该点处的切平面的增量；

(4) 二元函数 $z=f(x,y)$ 可以局部线性化就是以切平面近似代替曲面,其误差仅为自变量增量的高阶无穷小,即 $f(x,y)=f(x_0,y_0)+f'_x(x_0,y_0)(x-x_0)+f'_y(x_0,y_0)(y-y_0)+o(\rho)$,其中 $\rho=\sqrt{(x-x_0)^2+(y-y_0)^2}$。

3. 平面曲线的切线与法线：

(1) 直角坐标方程情形 $y=f(x)$

平面曲线 $y=f(x)$ 在点 x_0 处的切线斜率为 $f'(x_0)$,切向量 $\boldsymbol{T}=(1,f'(x_0))^{\mathrm{T}}$。

切线方程：$y-y_0=f'(x_0)(x-x_0)$ 或 $\dfrac{x-x_0}{1}=\dfrac{y-y_0}{f'(x_0)}$；

法线方程：$y-y_0=-\dfrac{1}{f'(x_0)}(x-x_0)$ 或 $(x-x_0)+f'(x_0)(y-y_0)=0$。

(2) 参数方程情形 $x=\varphi(t),y=\psi(t)(\alpha \leqslant t \leqslant \beta)$

向量值函数形式：$\boldsymbol{r}=\boldsymbol{r}(t)=(\varphi(t),\psi(t))^{\mathrm{T}}(\alpha \leqslant t \leqslant \beta)$；

切向量：$\boldsymbol{T}=\boldsymbol{r}'(t_0)=(\varphi'(t_0),\psi'(t_0))^{\mathrm{T}} /\!/ (1,f'(x_0))^{\mathrm{T}}$,其中 $f'(x_0)=\dfrac{\psi'(t_0)}{\varphi'(t_0)}$；

切线方程：$\dfrac{x-x_0}{\varphi'(t_0)}=\dfrac{y-y_0}{\psi'(t_0)}$；

法线方程：$\varphi'(t_0)(x-x_0)+\psi'(t_0)(y-y_0)=0$。

4. 空间曲线的切线与法平面：

(1) 参数方程情形：$x=\varphi(t),y=\psi(t),z=\omega(t)(\alpha\leqslant t\leqslant\beta)$

向量值函数形式：$\boldsymbol{r}=\boldsymbol{r}(t)=(\varphi(t),\psi(t),\omega(t))^{\mathrm{T}}(\alpha\leqslant t\leqslant\beta)$；

切向量：$\boldsymbol{T}=\boldsymbol{r}'(t_0)=(\varphi'(t_0),\psi'(t_0),\omega'(t_0))^{\mathrm{T}}$；

切线方程：$\dfrac{x-x_0}{\varphi'(t_0)}=\dfrac{y-y_0}{\psi'(t_0)}=\dfrac{z-z_0}{\omega'(t_0)}$；

法平面方程：$\varphi'(t_0)(x-x_0)+\psi'(t_0)(y-y_0)+\omega'(t_0)(z-z_0)=0$。

(2) 一般式方程：$\begin{cases}F(x,y,z)=0\\G(x,y,z)=0\end{cases}$

切向量：$\boldsymbol{T}=\left(\dfrac{\partial(F,G)}{\partial(y,z)},\dfrac{\partial(F,G)}{\partial(z,x)},\dfrac{\partial(F,G)}{\partial(x,y)}\right)=(F_x,F_y,F_z)\times(G_x,G_y,G_z)$；

切线方程：$\dfrac{x-x_0}{\left.\dfrac{\partial(F,G)}{\partial(y,z)}\right|_P}=\dfrac{y-y_0}{\left.\dfrac{\partial(F,G)}{\partial(z,x)}\right|_P}=\dfrac{z-z_0}{\left.\dfrac{\partial(F,G)}{\partial(x,y)}\right|_P}$；

法平面方程：$\left.\dfrac{\partial(F,G)}{\partial(y,z)}\right|_P(x-x_0)+\left.\dfrac{\partial(F,G)}{\partial(z,x)}\right|_P(y-y_0)+\left.\dfrac{\partial(F,G)}{\partial(x,y)}\right|_P(z-z_0)=0$。

5. 空间曲面的切平面与法线：

(1) 隐式方程：$F(x,y,z)=0$

法向量：$\boldsymbol{n}=(F_x(x_0,y_0,z_0),F_y(x_0,y_0,z_0),F_z(x_0,y_0,z_0))$；

切平面方程：$F_x(x_0,y_0,z_0)(x-x_0)+F_y(x_0,y_0,z_0)(y-y_0)+$
$\qquad F_z(x_0,y_0,z_0)(z-z_0)=0$；

法线方程：$\dfrac{x-x_0}{F_x(x_0,y_0,z_0)}=\dfrac{y-y_0}{F_y(x_0,y_0,z_0)}=\dfrac{z-z_0}{F_z(x_0,y_0,z_0)}$。

(2) 显式方程：$z=f(x,y)$

法向量：$\boldsymbol{n}=(-f_x(x_0,y_0),-f_y(x_0,y_0),1)$；

切平面方程：$f_x(x_0,y_0)(x-x_0)+f_y(x_0,y_0)(y-y_0)=z-z_0$；

法线方程：$\dfrac{x-x_0}{-f_x(x_0,y_0)}=\dfrac{y-y_0}{-f_y(x_0,y_0)}=\dfrac{z-z_0}{1}$。

6. 弧微分公式(微分三角形)：$\mathrm{d}s=\sqrt{(\mathrm{d}x)^2+(\mathrm{d}y)^2}(\mathrm{d}x>0)$。

(1) 曲线方程为参数方程 $x=\varphi(t),y=\psi(t)$，则 $\mathrm{d}s=\sqrt{\varphi'^2(t)+\psi'^2(t)}\,\mathrm{d}t(\mathrm{d}t>0)$；

(2) 曲线方程为直角坐标方程 $y=y(x)$，则 $\mathrm{d}s=\sqrt{1+y'^2}\,\mathrm{d}x(\mathrm{d}x>0)$；

(3) 曲线方程为极坐标方程 $r=r(\theta)$，则 $\mathrm{d}s=\sqrt{r^2(\theta)+r'^2(\theta)}\,\mathrm{d}\theta(\mathrm{d}\theta>0)$。

7. 曲率：$K=\lim\limits_{\Delta s\to0}\left|\dfrac{\Delta\alpha}{\Delta s}\right|=\dfrac{|y''|}{(1+y'^2)^{\frac{3}{2}}}$。

8. 曲率圆：$(x-\xi)^2+(y-\eta)^2=R^2$，其中 $R=\dfrac{1}{K},\xi=x-\dfrac{y'(1+y'^2)}{y''},\eta=y+\dfrac{1+y'^2}{y''}$。

9. 设函数 $f(x)$ 在 $[a,b]$ 上连续,在 (a,b) 内可导,若在 (a,b) 内,$f'(x)>0(f'(x)<0)$,则函数 $f(x)$ 在 $[a,b]$ 上严格单调增加(减少)。

10. 设 $f(x)$ 在 (a,b) 内可导,如果在 (a,b) 内,$f'(x)\geq0$,那么 $f(x)$ 在 (a,b) 内单调增加;如果在 (a,b) 内,$f'(x)\leq0$,那么 $f(x)$ 在 (a,b) 内单调减少。

11. 极值必要条件:当 $f(x)$ 在 $x=x_0$ 处可导且取极值,则一定有 $f'(x_0)=0$。

12. 极值第一充分条件:设 $f(x)$ 在 x_0 处连续,在 x_0 的某去心 δ 邻域内可导。

(1) 当 $x\in(x_0-\delta,x_0)$ 时,$f'(x)>0$;$x\in(x_0,x_0+\delta)$,$f'(x)<0$,则 $f(x)$ 在 x_0 处取极大值。

(2) 当 $x\in(x_0-\delta,x_0)$ 时,$f'(x)<0$;$x\in(x_0,x_0+\delta)$,$f'(x)>0$,则 $f(x)$ 在 x_0 处取极小值。

(3) 如果 $f'(x)$ 在 $(x_0-\delta,x_0)$ 及 $(x_0,x_0+\delta)$ 内不变号,则 $f(x)$ 在 x_0 处不取极值。

13. 极值第二充分条件:设函数 $f(x)$ 在 x_0 处具有二阶导数,且 $f'(x_0)=0$,则当 $f''(x_0)<0$ 时,函数 $f(x)$ 在 x_0 处取极大值,当 $f''(x_0)>0$ 时,函数 $f(x)$ 在 x_0 处取极小值。

14. 极值第三充分条件:设函数 $f(x)$ 在 x_0 处具有 n 阶导数,且 $f^{(k)}(x_0)=0(k=1,2,\cdots,n-1)$,但 $f^{(n)}(x_0)\neq0$,若 n 为偶数,则当 $f^{(n)}(x_0)<0$ 时,函数 $f(x)$ 在 x_0 处取极大值,当 $f^{(n)}(x_0)>0$ 时,函数 $f(x)$ 在 x_0 处取极小值;若 n 为奇数,则 $f(x)$ 在 x_0 处不取极值。

15. 若 $f(\lambda x_1+(1-\lambda)x_2)\leq\lambda f(x_1)+(1-\lambda)f(x_2)(\lambda\in[0,1])$,则称 $f(x)$ 为下凸函数。

16. $f(x)$ 为 (a,b) 上的下凸函数的充分必要条件是 $f(x_2)\geq f(x_1)+f'(x_1)(x_2-x_1)$。

17. 如果在 (a,b) 内,$f''(x)\geq0$,那么 $f(x)$ 为下凸函数;如果在 (a,b) 内,$f''(x)\leq0$,那么 $f(x)$ 为上凸函数。

18. 下凸函数的局部极小值点也是全局最小值点。

19. 牛顿切线法的迭代公式:$x_{n+1}=x_n-\dfrac{f(x_n)}{f'(x_n)},n=0,1,2,\cdots$。

20. 设 $f(x)$ 在 $[a,b]$ 上具有二阶导数,$f(a)<0,f(b)>0,f'(x)>0,f''(x)>0(x\in[a,b])$,则方程 $f(x)=0$ 在 (a,b) 内有唯一实数根 r。若取 $x_0=b$,按迭代公式给出的点列 $\{x_n\}$ 收敛于 r。

21. 多元函数极值必要条件:设 n 元函数 $f(\boldsymbol{x})$ 在点 $\boldsymbol{x}_0$ 处对各个自变量的一阶偏导数都存在,且在点 $\boldsymbol{x}_0$ 处取极值,则 $\nabla f(\boldsymbol{x}_0)=\boldsymbol{0}$。

22. 多元函数极值充分条件:设 n 元函数 $f(\boldsymbol{x})$ 在点 $\boldsymbol{x}_0$ 处具有二阶连续偏导数,且 $\nabla f(\boldsymbol{x}_0)=\boldsymbol{0}$,如果 Hesse 矩阵 $\boldsymbol{H}(\boldsymbol{x}_0)$ 正定,则 $\boldsymbol{x}_0$ 为 $f(\boldsymbol{x})$ 的极小值点;$\boldsymbol{H}(\boldsymbol{x}_0)$ 负定,则 $\boldsymbol{x}_0$ 为 $f(\boldsymbol{x})$ 的极大值点;$\boldsymbol{H}(\boldsymbol{x}_0)$ 不定,则 $\boldsymbol{x}_0$ 为 $f(\boldsymbol{x})$ 的鞍点。

23. 二元函数极值充分条件:设二元函数 $z=f(x,y)$ 在 (x_0,y_0) 处具有二阶连续的偏导数,且 $f_x(x_0,y_0)=0,f_y(x_0,y_0)=0$,记 $A=f_{xx}(x_0,y_0)$,$B=f_{xy}(x_0,y_0)$,$C=f_{yy}(x_0,y_0)$。

(1) 如果 $A>0$,且 $AC-B^2>0$,则 $f(x,y)$ 在 (x_0,y_0) 处取极小值;

(2) 如果 $A<0$,且 $AC-B^2>0$,则 $f(x,y)$ 在 (x_0,y_0) 处取极大值;

（3）如果 $AC-B^2<0$，则 $f(x,y)$ 在 (x_0,y_0) 处不取极值。

24．条件极值问题 $\begin{cases} \min f(x,y), \\ \text{s. t. } \varphi(x,y)=0 \end{cases}$　通过引入 Lagrange 函数 $F(x,y)=f(x,y)+$

$\lambda\varphi(x,y)$，解方程组 $\begin{cases} f_x(x,y)+\lambda\varphi_x(x,y)=0, \\ f_y(x,y)+\lambda\varphi_y(x,y)=0, \\ \varphi(x,y)=0 \end{cases}$，求驻点，判断驻点是否为极值点来求解。

25．方程实根个数的判定方法：

（1）若 $\lim\limits_{x\to a^+} f(x) \cdot \lim\limits_{x\to b^-} f(x)<0$，函数 $f(x)$ 在 (a,b) 内可导，且 $f'(x)\neq 0$，则方程 $f(x)=0$ 在 (a,b) 内有且只有一个实根。

（2）若 $\lim\limits_{x\to a^+} f(x)$ 与 $\lim\limits_{x\to b^-} f(x)$ 都大于零或为正无穷大，函数 $f(x)$ 在 (a,b) 内可导，$f'(x_0)=0$，$f(x_0)<0$，当 $a<x<x_0$ 时，$f'(x)<0$，当 $x_0<x<b$ 时，$f'(x)>0$，则方程 $f(x)=0$ 在 (a,b) 内有且仅有两个实根。

（3）若 $\lim\limits_{x\to a^+} f(x)$ 与 $\lim\limits_{x\to b^-} f(x)$ 都小于零或为负无穷大，函数 $f(x)$ 在 (a,b) 内可导，$f'(x_0)=0$，$f(x_0)>0$，当 $a<x<x_0$ 时，$f'(x)>0$，当 $x_0<x<b$ 时，$f'(x)<0$，则方程 $f(x)=0$ 在 (a,b) 内有且仅有两个实根。

典型例题

一、方程实根的讨论

例 7.1　求方程 $x^8-4x^6+4x^4-x-1=0$ 的所有正实根。

【解】　设 x 为其正实根，则有
$$(x^4-2x^2)^2=((x^2-1)^2-1)^2=x+1,$$
于是
$$\left|(x^2-1)^2-1\right|=\sqrt{x+1},$$
注意到 $x>0$，$\sqrt{1+x}>1$，从而 $(x^2-1)^2\neq 1-\sqrt{x+1}$，故有
$$(x^2-1)^2=1+\sqrt{1+x},$$
从而
$$\left|x^2-1\right|=\sqrt{1+\sqrt{1+x}},$$
即
$$x=\sqrt{1+\sqrt{1+\sqrt{1+x}}},$$
原方程的所有正实根即为上述根式方程的所有正实根。

任取 $x_0>0$，记 $x_{n+1}=\sqrt{1+x_n}$，则 $x_n>0$，且
$$\left|x_{n+1}-x_n\right|=\left|\sqrt{1+x_n}-\sqrt{1+x_{n-1}}\right|\leqslant \frac{1}{2}\left|x_n-x_{n-1}\right|,$$
由压缩映射原理知，数列 $\{x_n\}$ 极限存在。设 $\lim\limits_{n\to\infty} x_n=a$，则 $a=\sqrt{1+a}$，即 $a^2=1+a$，得 $a=$

$\dfrac{1+\sqrt{5}}{2}$。因为此极限与初值 $x_0>0$ 无关,任取 $x_0>0$,则

$$x_3=\sqrt{1+\sqrt{1+\sqrt{1+x_0}}},$$

$$x_6=\sqrt{1+\sqrt{1+\sqrt{1+x_3}}},\cdots,x_{3(n+1)}=\sqrt{1+\sqrt{1+\sqrt{1+x_{3n}}}},$$

数列 $\{x_{3n}\}$ 是 $\{x_n\}$ 的一个子列,所以原方程的所有正实根为

$$\lim_{n\to\infty}x_{3n}=\lim_{n\to\infty}x_n=\frac{1+\sqrt{5}}{2}。$$

例 7.2 设 $F(x)=-\dfrac{1}{2}(1+\mathrm{e}^{-1})+\displaystyle\int_{-1}^{1}|x-t|\mathrm{e}^{-t^2}\mathrm{d}t$,证明在区间 $[-1,1]$ 上 $F(x)$ 有且仅有两个实根。

【证】 $F(x)=-\dfrac{1}{2}(1+\mathrm{e}^{-1})+\displaystyle\int_{-1}^{x}(x-t)\mathrm{e}^{-t^2}\mathrm{d}t+\int_{x}^{1}(t-x)\mathrm{e}^{-t^2}\mathrm{d}t$

$=-\dfrac{1}{2}(1+\mathrm{e}^{-1})+x\displaystyle\int_{-1}^{x}\mathrm{e}^{-t^2}\mathrm{d}t-\int_{-1}^{x}t\mathrm{e}^{-t^2}\mathrm{d}t+\int_{x}^{1}t\mathrm{e}^{-t^2}\mathrm{d}t-x\int_{x}^{1}\mathrm{e}^{-t^2}\mathrm{d}t$

$=-\dfrac{1}{2}(1+\mathrm{e}^{-1})+x\left(\displaystyle\int_{-1}^{0}\mathrm{e}^{-t^2}\mathrm{d}t+\int_{0}^{x}\mathrm{e}^{-t^2}\mathrm{d}t\right)+\dfrac{1}{2}\mathrm{e}^{-t^2}\Big|_{-1}^{x}-\dfrac{1}{2}\mathrm{e}^{-t^2}\Big|_{x}^{1}+$

$\qquad x\left(\displaystyle\int_{1}^{0}\mathrm{e}^{-t^2}\mathrm{d}t+\int_{0}^{x}\mathrm{e}^{-t^2}\mathrm{d}t\right)$

$=-\dfrac{1}{2}-\dfrac{3}{2}\mathrm{e}^{-1}+\mathrm{e}^{-x^2}+x\left(\displaystyle\int_{-1}^{0}\mathrm{e}^{-t^2}\mathrm{d}t-\int_{0}^{1}\mathrm{e}^{-t^2}\mathrm{d}t\right)+2x\int_{0}^{x}\mathrm{e}^{-t^2}\mathrm{d}t$

$=-\dfrac{1}{2}-\dfrac{3}{2}\mathrm{e}^{-1}+\mathrm{e}^{-x^2}+2x\displaystyle\int_{0}^{x}\mathrm{e}^{-t^2}\mathrm{d}t,$

由于 e^{-x^2} 是偶函数,所以 $\displaystyle\int_{0}^{x}\mathrm{e}^{-t^2}\mathrm{d}t$ 是奇函数,$2x\displaystyle\int_{0}^{x}\mathrm{e}^{-t^2}\mathrm{d}t$ 是偶函数,于是知 $F(x)$ 为偶函数。又

$$F(0)=\dfrac{1}{2}-\dfrac{3}{2}\mathrm{e}^{-1}=\dfrac{\mathrm{e}-3}{2\mathrm{e}}<0,$$

$$F(1)=-\left(\dfrac{1}{2}+\dfrac{1}{2\mathrm{e}}\right)+2\int_{0}^{1}\mathrm{e}^{-t^2}\mathrm{d}t>-\left(\dfrac{1}{2}+\dfrac{1}{2\mathrm{e}}\right)+2\int_{0}^{1}\mathrm{e}^{-t}\mathrm{d}t=\dfrac{3}{2}-\dfrac{5}{2\mathrm{e}}>0,$$

$$F'(x)=-2x\mathrm{e}^{-x^2}+2x\mathrm{e}^{-x^2}+2\int_{0}^{x}\mathrm{e}^{-t^2}\mathrm{d}t=2\int_{0}^{x}\mathrm{e}^{-t^2}\mathrm{d}t>0,\quad x>0。$$

因此,函数 $F(x)$ 在闭区间 $[0,1]$ 上有且仅有唯一一个实根;又 $F(x)$ 为偶函数,所以 $F(x)$ 在闭区间 $[-1,0]$ 上同样有且仅有唯一一个实根。于是函数 $F(x)$ 在闭区间 $[-1,1]$ 上有且仅有两个实根。

例 7.3 设 $f(x)=1-x+\dfrac{x^2}{2}-\dfrac{x^3}{3}+\cdots+(-1)^n\dfrac{x^n}{n},x\in(-\infty,+\infty)$,其中 n 为正整数。证明当 n 为奇数时,方程 $f(x)=0$ 恰好有一个实根,当 n 为偶数时,方程 $f(x)=0$ 无实根。

【证】　因为

$$f'(x) = -1 + x - x^2 + x^3 + \cdots + (-1)^n x^{n-1} = \begin{cases} \dfrac{-1 + (-1)^n x^n}{1 + x}, & x \neq -1, \\[2mm] -n, & x = -1. \end{cases}$$

当 $n = 2k+1$ 时，恒有 $f'(x) < 0$，$x \in (-\infty, +\infty)$，函数 $f(x)$ 严格单调减少，又

$$\lim_{x \to -\infty} f(x) = +\infty, \quad \lim_{x \to +\infty} f(x) = -\infty,$$

所以方程 $f(x) = 0$ 恰好有一个实根。当 $n = 2k$ 时，

$$f'(x) = \begin{cases} \dfrac{-1 + x^{2k}}{1 + x}, & x \neq -1, \\[2mm] -n, & x = -1. \end{cases}$$

因为 $f'(1) = 0$，且当 $x > 1$ 时，$f'(x) > 0$，函数 $f(x)$ 单调增加，当 $x < 1$ 时，$f'(x) < 0$，函数 $f(x)$ 单调减少，所以函数 $f(x)$ 在 $x = 1$ 处取最小值，而

$$f(1) = 1 - 1 + \frac{1}{2} - \frac{1}{3} + \cdots - \frac{1}{2k-1} + \frac{1}{2k}$$

$$= (1-1) + \left(\frac{1}{2} - \frac{1}{3}\right) + \cdots + \left(\frac{1}{2k-2} - \frac{1}{2k-1}\right) + \frac{1}{2k} > 0,$$

即 $f(x) \geqslant f(1) > 0$，$x \in (-\infty, +\infty)$，所以当 n 为偶数时，方程 $f(x) = 0$ 无实根。

例 7.4　设 $P_n(x) = 1 + x + \dfrac{x^2}{2!} + \cdots + \dfrac{x^n}{n!}$，$x \in (-\infty, +\infty)$，其中 n 为正整数，证明：

(1) 当 $x > 0$ 时，有 $\left(1 + \dfrac{x}{n}\right)^n \leqslant P_n(x) < \mathrm{e}^x$。

(2) 当 n 为偶数时，方程 $P_n(x) = 0$ 无实根，当 n 为奇数时，方程 $P_n(x) = 0$ 恰好有一个实根。

【证】　(1) 当 $x > 0$ 时，由二项展开式，有

$$\left(1 + \frac{x}{n}\right)^n = 1 + \mathrm{C}_n^1 \cdot \frac{x}{n} + \mathrm{C}_n^2 \cdot \left(\frac{x}{n}\right)^2 + \cdots + \mathrm{C}_n^n \cdot \left(\frac{x}{n}\right)^n$$

$$= 1 + x + \frac{1}{2!}\left(1 - \frac{1}{n}\right) \cdot x^2 + \cdots + \frac{1}{n!}\left(1 - \frac{1}{n}\right)\left(1 - \frac{2}{n}\right) \cdots \left(1 - \frac{n-1}{n}\right) \cdot x^n$$

$$\leqslant 1 + x + \frac{1}{2!}x^2 + \cdots + \frac{1}{n!}x^n = P_n(x),$$

再由 Taylor 公式知，存在 $0 < \theta < 1$，使得

$$\mathrm{e}^x = 1 + x + \frac{x^2}{2!} + \cdots + \frac{x^n}{n!} + \frac{\mathrm{e}^{\theta x}}{(n+1)!}x^{n+1} = P_n(x) + \frac{\mathrm{e}^{\theta x}}{(n+1)!}x^{n+1} > P_n(x),$$

综上所述，当 $x > 0$ 时，有 $\left(1 + \dfrac{x}{n}\right)^n \leqslant P_n(x) < \mathrm{e}^x$。

(2) 由 Taylor 公式，对 $\forall x \in (-\infty, +\infty)$，存在 $0 < \theta < 1$，使得

$$\mathrm{e}^x = 1 + x + \frac{x^2}{2!} + \cdots + \frac{x^n}{n!} + \frac{\mathrm{e}^{\theta x}}{(n+1)!}x^{n+1} = P_n(x) + \frac{\mathrm{e}^{\theta x}}{(n+1)!}x^{n+1},$$

即

$$P_n(x) = \mathrm{e}^x - \frac{\mathrm{e}^{\theta x}}{(n+1)!}x^{n+1}, \quad 0 < \theta < 1.$$

当 n 为偶数时,若 $x<0$,$P_n(x)>0$,若 $x\geqslant 0$,$P_n(x)>0$,故方程 $P_n(x)=0$ 无实根。

当 n 为奇数时,由于

$$\lim_{x\to\infty}\frac{P_n(x)}{x^n}=\frac{1}{n!}>0,$$

故 $\lim\limits_{x\to -\infty}P_n(x)=-\infty$, $\lim\limits_{x\to +\infty}P_n(x)=+\infty$,所以由零点定理知,方程 $P_n(x)=0$ 至少有一实根。

若方程 $P_n(x)=0$ 有两相异实根 $x_1<x_2$,由 Rolle 定理知存在 $x_1<\xi<x_2$,使得 $P'_n(\xi)=0$,但 $P'_n(x)=0$ 为偶次方程,无实根,故矛盾。所以当 n 为奇数时,方程 $P_n(x)=0$ 仅有一个实根。

例 7.5　设 $f_n(x)=\cos x+\cos^2 x+\cdots+\cos^n x$。

(1) 对任意的正整数 n,证明方程 $f_n(x)=1$ 在 $\left[0,\dfrac{\pi}{3}\right)$ 内有且仅有一根。

(2) 设 $x_n\in\left[0,\dfrac{\pi}{3}\right)$ 是方程 $f_n(x)=1$ 的根,证明 $\lim\limits_{n\to\infty}x_n=\dfrac{\pi}{3}$。

(1)**【证】**　当 $n=1$ 时,$x=0$ 是方程 $f_1(x)=1$ 的唯一根。对任意的正整数 $n>1$,由于

$$f_n(0)=n>1,\quad f_n\left(\frac{\pi}{3}\right)=\frac{1}{2}+\frac{1}{2^2}+\cdots+\frac{1}{2^n}=1-\frac{1}{2^n}<1,$$

由介值定理,$\exists x_0\in\left(0,\dfrac{\pi}{3}\right)$,使得 $f_n(x_0)=1$。又当 $x\in\left(0,\dfrac{\pi}{3}\right)$ 时,

$$f'_n(x)=-(1+2\cos x+\cdots+n\cos^{n-1}x)\sin x<0,$$

函数 $f_n(x)$ 严格单调减少,故对任意的正整数 n,方程 $f_n(x)=1$ 在 $\left[0,\dfrac{\pi}{3}\right)$ 内有且仅有一根。

(2)**【证1】**当 $n>1$ 时,对 $\forall x\in\left(0,\dfrac{\pi}{3}\right)$,有

$$f_n(x)=\frac{\cos x(1-\cos^n x)}{1-\cos x}<\frac{\cos x(1-\cos^{n+1}x)}{1-\cos x}<f_{n+1}(x),$$

而 $f_n(x_n)=1=f_{n+1}(x_{n+1})$,则 $f_n(x_n)=f_{n+1}(x_{n+1})<f_{n+1}(x_n)$,又函数 $f_{n+1}(x)$ 严格单调减少,所以 $x_{n+1}>x_n$,从而数列 $\{x_n\}$ 单调增加,且 $x_n<\dfrac{\pi}{3}$,则极限 $\lim\limits_{n\to\infty}x_n$ 存在,记 $\lim\limits_{n\to\infty}x_n=A$,对

$$f_n(x_n)=\frac{\cos x_n(1-\cos^n x_n)}{1-\cos x_n}=1,$$

两边取极限,得 $\dfrac{\cos A}{1-\cos A}=1$,即 $\cos A=\dfrac{1}{2}$,从而 $A=\dfrac{\pi}{3}$,所以 $\lim\limits_{n\to\infty}x_n=\dfrac{\pi}{3}$。

【证2】　当 $n\geqslant 2$ 时,有

$$f_n\left(\frac{\pi}{4}\right)=(\sqrt{2}+1)\left(1-\left(\frac{1}{\sqrt{2}}\right)^n\right)>\frac{\sqrt{2}+1}{2}>1=f_n(x_n),$$

而函数 $f_n(x)$ 严格单调减少,故 $\dfrac{\pi}{4}<x_n<\dfrac{\pi}{3}$ $(n\geqslant 2)$。

函数 $f_n(x)$ 在 $\left[x_n, \dfrac{\pi}{3}\right]$ 上满足 Lagrange 中值定理的条件,存在 $\dfrac{\pi}{4} < x_n < \xi_n < \dfrac{\pi}{3}(n \geqslant 2)$,使得

$$\left| f_n(x_n) - f_n\left(\frac{\pi}{3}\right) \right| = |f'_n(\xi_n)| \left| x_n - \frac{\pi}{3} \right| \geqslant \sin\xi_n \left| x_n - \frac{\pi}{3} \right| \geqslant \frac{\sqrt{2}}{2} \left| x_n - \frac{\pi}{3} \right|,$$

由于 $f_n(x_n) = 1, f_n\left(\dfrac{\pi}{3}\right) = 1 - \dfrac{1}{2^n}$,因此

$$0 \leqslant \left| x_n - \frac{\pi}{3} \right| \leqslant \sqrt{2} \left| f_n(x_n) - f_n\left(\frac{\pi}{3}\right) \right| = \frac{\sqrt{2}}{2^n},$$

由夹逼准则知,$\lim\limits_{n \to \infty} x_n = \dfrac{\pi}{3}$。

【证3】 取 $y_n = \arccos\dfrac{n+1}{2n}$,则 $y_1 = 0, 0 < y_n < \dfrac{\pi}{3}(n > 1)$,且当 $n > 1$ 时,

$$f_n(y_n) = \frac{\cos y_n(1 - \cos^n y_n)}{1 - \cos y_n} = \frac{n+1}{n-1}\left(1 - \left(\frac{n+1}{2n}\right)^n\right),$$

若 $n = 2$,则 $f_n(y_n) = 3\left(1 - \dfrac{1}{4}\right) > 1$,若 $n \geqslant 3$,则

$$2^{n+1} = 4 \cdot 2^{n-1} = 4(1+1)^{n-1} = 4(1 + C_{n-1}^1 + C_{n-1}^2 + \cdots + C_{n-1}^{n-1}) \geqslant 4(n+1),$$

从而

$$\frac{2^{n+1}}{n+1} \geqslant 4 > e > \left(1 + \frac{1}{n}\right)^n,$$

则 $\dfrac{2}{n+1} > \left(\dfrac{n+1}{2n}\right)^n$,因此

$$f_n(y_n) = \frac{n+1}{n-1}\left(1 - \left(\frac{n+1}{2n}\right)^n\right) > \frac{n+1}{n-1}\left(1 - \frac{2}{n+1}\right) = 1 = f_n(x_n),$$

而函数 $f_n(x)$ 严格单调减少,故 $y_n < x_n < \dfrac{\pi}{3}$。由于

$$\lim_{n \to \infty} y_n = \lim_{n \to \infty} \arccos\frac{n+1}{2n} = \frac{\pi}{3},$$

由夹逼准则知,$\lim\limits_{n \to \infty} x_n = \dfrac{\pi}{3}$。

例 7.6 设 $n > 1$ 为整数,$F(x) = \displaystyle\int_0^x e^{-t}\left(1 + \frac{t}{1!} + \frac{t^2}{2!} + \cdots + \frac{t^n}{n!}\right)dt$,证明方程 $F(x) = \dfrac{n}{2}$ 在 $\left(\dfrac{n}{2}, n\right)$ 内仅有唯一实根。

【证1】 因为 $e^{-t}\left(1 + \dfrac{t}{1!} + \dfrac{t^2}{2!} + \cdots + \dfrac{t^n}{n!}\right) < 1, \forall t > 0$,故有

$$F\left(\frac{n}{2}\right) = \int_0^{\frac{n}{2}} e^{-t}\left(1 + \frac{t}{1!} + \frac{t^2}{2!} + \cdots + \frac{t^n}{n!}\right)dt < \frac{n}{2}。$$

下证 $F(n) > \dfrac{n}{2}$。由分部积分得

$$F(n) = \int_0^n e^{-t}\left(1 + \frac{t}{1!} + \frac{t^2}{2!} + \cdots + \frac{t^n}{n!}\right)dt = -\int_0^n \left(1 + \frac{t}{1!} + \frac{t^2}{2!} + \cdots + \frac{t^n}{n!}\right)de^{-t}$$

$$= 1 - e^{-n}\left(1 + \frac{n}{1!} + \frac{n^2}{2!} + \cdots + \frac{n^n}{n!}\right) + \int_0^n e^{-t}\left(1 + \frac{t}{1!} + \frac{t^2}{2!} + \cdots + \frac{t^{n-1}}{(n-1)!}\right)dt$$

$$= 1 - e^{-n}\left(1 + \frac{n}{1!} + \frac{n^2}{2!} + \cdots + \frac{n^n}{n!}\right) + 1 - e^{-n}\left(1 + \frac{n}{1!} + \frac{n^2}{2!} + \cdots + \frac{n^{n-1}}{(n-1)!}\right) +$$

$$1 - e^{-n}\left(1 + \frac{n}{1!} + \frac{n^2}{2!} + \cdots + \frac{n^{n-2}}{(n-2)!}\right) + \cdots + 1 - e^{-n}\left(1 + \frac{n}{1!}\right) + 1 - e^{-n}$$

$$= n + 1 - e^{-n}\left(\left(1 + \frac{n}{1!} + \frac{n^2}{2!} + \cdots + \frac{n^n}{n!}\right) + \right.$$

$$\left.\left(1 + \frac{n}{1!} + \frac{n^2}{2!} + \cdots + \frac{n^{n-1}}{(n-1)!}\right) + \cdots + \left(1 + \frac{n}{1!}\right) + 1\right),$$

记 $a_i = \dfrac{n^i}{i!}$，那么 $a_0 = 1 < a_1 < a_2 < \cdots < a_n$. 观察下面的 $n+1$ 阶方阵

$$\begin{bmatrix} a_0 & 0 & \cdots & 0 \\ a_0 & a_1 & \cdots & 0 \\ \vdots & \vdots & & 0 \\ a_0 & a_1 & \cdots & a_n \end{bmatrix} + \begin{bmatrix} a_0 & a_1 & \cdots & a_n \\ 0 & a_1 & \cdots & a_n \\ \vdots & \vdots & & \vdots \\ 0 & 0 & \cdots & a_n \end{bmatrix} = \begin{bmatrix} 2a_0 & a_1 & \cdots & a_n \\ a_0 & 2a_1 & \cdots & a_n \\ \vdots & \vdots & & \vdots \\ a_0 & a_1 & \cdots & 2a_n \end{bmatrix},$$

整个矩阵的所有元素之和为

$$(n+2)(1 + a_1 + a_2 + \cdots + a_n) = (n+2)\left(1 + \frac{n}{1!} + \frac{n^2}{2!} + \cdots + \frac{n^n}{n!}\right),$$

所以

$$F(n) > n + 1 - \frac{(2+n)}{2}e^{-n}\left(1 + \frac{n}{1!} + \frac{n^2}{2!} + \cdots + \frac{n^n}{n!}\right) > n + 1 - \frac{n+2}{2} = \frac{n}{2}。$$

又当 $x > 0$ 时，

$$F'(x) = e^{-x}\left(1 + \frac{x}{1!} + \frac{x^2}{2!} + \cdots + \frac{x^n}{n!}\right) > 0,$$

则 $F_n(x)$ 为 $(0, +\infty)$ 内单调上升的连续函数，所以 $F(x) = \dfrac{n}{2}$ 在 $\left(\dfrac{n}{2}, n\right)$ 内有唯一的实根。

【证 2】　记 $f_n(x) = e^{-x}\left(1 + x + \dfrac{x^2}{2!} + \cdots + \dfrac{x^n}{n!}\right)$，则

$$f_n'(x) = -e^{-x}\left(1 + x + \frac{x^2}{2!} + \cdots + \frac{x^n}{n!}\right) + e^{-x}\left(1 + x + \frac{x^2}{2!} + \cdots + \frac{x^{n-1}}{(n-1)!}\right)$$

$$= -\frac{x^n e^{-x}}{n!} < 0,$$

即 $f_n(x)$ 在 $(0, +\infty)$ 内单调下降，且 $f_n(0) = 1$，当 $0 < x < n$ 时，$f_n(n) < f_n(x) < 1$，故

$$F_n\left(\frac{n}{2}\right) - \frac{n}{2} = \int_0^{\frac{n}{2}} e^{-t}\left(1 + t + \cdots + \frac{t^n}{n!}\right)dt - \frac{n}{2} < 0,$$

$$F_n(n) - \frac{n}{2} = \int_0^n e^{-t}\left(1 + t + \cdots + \frac{t^n}{n!}\right)dt - \frac{n}{2} > n\left(f_n(n) - \frac{1}{2}\right).$$

再证 $f_n(n) > \frac{1}{2}$。考虑积分

$$\frac{1}{n!}\int_0^n e^x (n-x)^n dx = e^n - 1 - n - \cdots - \frac{n^n}{n!} = e^n(1 - f_n(n)),$$

故

$$1 - f_n(n) = \frac{e^{-n}}{n!}\int_0^n e^x (n-x)^n dx = \frac{n^n e^{-n}}{n!}\int_0^n e^x \left(1 - \frac{x}{n}\right)^n dx$$

$$= \frac{n^{n+1} e^{-n}}{n!}\int_0^1 e^{nx}(1-x)^n dx,$$

由 Stirling 公式 $\sqrt{2n\pi}\dfrac{n^n e^{-n}}{n!} = e^{-\frac{\theta}{12n}} < 1$,知

$$1 - f_n(n) \leqslant \frac{n}{\sqrt{2n\pi}}\int_0^1 (e^x(1-x))^n dx,$$

令 $\varphi(x) = e^x(1-x) - e^{-\frac{x^2}{2}}$,则 $\varphi(0) = 0$,当 $x > 0$ 时,

$$\varphi'(x) = e^x(1-x) - e^x + x e^{-\frac{x^2}{2}} = x\left(e^{-\frac{x^2}{2}} - e^x\right) < 0,$$

从而 $\varphi(x)$ 在 $x > 0$ 时单调减少,$\varphi(x) < \varphi(0) = 0$,即 $e^x(1-x) < e^{-\frac{x^2}{2}}$,因此

$$1 - f_n(n) < \frac{n}{\sqrt{2n\pi}}\int_0^1 e^{-\frac{nx^2}{2}}dx = \frac{1}{\sqrt{2\pi}}\int_0^{\sqrt{n}} e^{-\frac{x^2}{2}}dx < \frac{1}{\sqrt{2\pi}}\int_0^\infty e^{-\frac{x^2}{2}}dx = \frac{1}{2},$$

故有 $f_n(n) > \frac{1}{2}$,即 $F_n(n) > \frac{n}{2}$。

又 $F_n(x)$ 为 $(0, +\infty)$ 内单调上升的连续函数,所以 $F_n(x)$ 在 $\left(\dfrac{n}{2}, n\right)$ 内有唯一的实根。

二、导数的几何应用

例 7.7 已知曲线 L 的极坐标方程 $r = 1 - \cos\theta$,求 L 上对应 $\theta = \dfrac{\pi}{6}$ 的点处的切线与法线的直角坐标方程。

【解】 曲线 L 的参数方程为

$$\begin{cases} x = (1 - \cos\theta)\cos\theta = \cos\theta - \dfrac{1}{2} - \dfrac{1}{2}\cos 2\theta, \\[2mm] y = (1 - \cos\theta)\sin\theta = \sin\theta - \dfrac{1}{2}\sin 2\theta, \end{cases}$$

则

$$\frac{dy}{dx} = \frac{dy/d\theta}{dx/d\theta} = \frac{\cos\theta - \cos 2\theta}{-\sin\theta + \sin 2\theta},$$

所以

$$k = \frac{\mathrm{d}y}{\mathrm{d}x}\bigg|_{\theta=\frac{\pi}{6}} = \frac{\cos\frac{\pi}{6} - \cos\frac{\pi}{3}}{-\sin\frac{\pi}{6} + \sin\frac{\pi}{3}} = 1,$$

曲线 L 上对应 $\theta = \frac{\pi}{6}$ 的点的坐标为 $\left(\frac{\sqrt{3}}{2} - \frac{3}{4}, \frac{1}{2} - \frac{\sqrt{3}}{4}\right)$, 从而

切线方程为 $y - \left(\frac{1}{2} - \frac{\sqrt{3}}{4}\right) = x - \left(\frac{\sqrt{3}}{2} - \frac{3}{4}\right)$, 即 $y = x + \frac{5}{4} - \frac{3\sqrt{3}}{4}$;

法线方程为 $y - \left(\frac{1}{2} - \frac{\sqrt{3}}{4}\right) = (-1)\left(x - \left(\frac{\sqrt{3}}{2} - \frac{3}{4}\right)\right)$, 即 $y = -x - \frac{1}{4} + \frac{\sqrt{3}}{4}$。

例 7.8 已知 $f(x)$ 是周期为 5 的连续函数, 在 $x=1$ 点处可导, 且在点 $x=0$ 的某个邻域内满足关系式 $f(1+\sin x) - 3f(1-\sin x) = 8x + o(x)$, 求曲线 $y = f(x)$ 在点 $(6, f(6))$ 处的切线方程。

【解】 由于 $f(x)$ 是连续函数, 则

$$\lim_{x \to 0}(f(1+\sin x) - 3f(1-\sin x)) = \lim_{x \to 0}(8x + o(x)),$$

即 $-2f(1) = 0$, 即 $f(1) = 0$, 又 $f(x)$ 是周期为 5 的函数, 则 $f(6) = 0$。由

$$8 = \lim_{x \to 0}\frac{8x + o(x)}{x} = \lim_{x \to 0}\frac{f(1+\sin x) - 3f(1-\sin x)}{x}$$

$$= \lim_{x \to 0}\frac{f(1+\sin x) - f(1)}{x} - 3\lim_{x \to 0}\frac{f(1-\sin x) - f(1)}{x}$$

$$= \lim_{x \to 0}\frac{f(1+\sin x) - f(1)}{\sin x} \cdot \frac{\sin x}{x} - 3\lim_{x \to 0}\frac{f(1-\sin x) - f(1)}{-\sin x} \cdot \frac{-\sin x}{x}$$

$$= f'(1) \cdot 1 - 3f'(1) \cdot (-1) = 4f'(1),$$

所以 $f'(6) = f'(1) = 2$, 因此所求切线方程为 $y - 0 = 2(x - 6)$, 即 $2x - y = 12$。

例 7.9 设函数 $F(u,v)$ 有连续的一阶偏导数, $F_u(3,1) = 1$, $F_v(3,1) = -1$, 曲面 $F(x+y, x-z) = 0$ 通过点 $(2,1,1)$, 求曲面过该点的法线与 xOy 面的交角。

【解】 令 $G(x,y,z) = F(u,v)$, 其中 $u = x+y$, $v = x-z$, 则

$$\frac{\partial G}{\partial x} = \frac{\partial F}{\partial u}\frac{\partial u}{\partial x} + \frac{\partial F}{\partial v}\frac{\partial v}{\partial x} = F_u + F_v,$$

$$\frac{\partial G}{\partial y} = \frac{\partial F}{\partial u}\frac{\partial u}{\partial y} + \frac{\partial F}{\partial v}\frac{\partial v}{\partial y} = F_u,$$

$$\frac{\partial G}{\partial z} = \frac{\partial F}{\partial u}\frac{\partial u}{\partial z} + \frac{\partial F}{\partial v}\frac{\partial v}{\partial z} = -F_v,$$

因此曲面在点 $(2,1,1)$ 处的法向量为

$$\boldsymbol{n} = \left(\frac{\partial G}{\partial x}, \frac{\partial G}{\partial y}, \frac{\partial G}{\partial z}\right)\bigg|_{(2,1,1)} = (0,1,1),$$

向量 $\boldsymbol{n}$ 与 $\boldsymbol{k} = (0,0,1)$ 的夹角余弦为

$$\cos(\widehat{\boldsymbol{n}, \boldsymbol{k}}) = \frac{\boldsymbol{n} \cdot \boldsymbol{k}}{|\boldsymbol{n}||\boldsymbol{k}|} = \frac{1}{\sqrt{2}},$$

从而 $(\widehat{\boldsymbol{n}, \boldsymbol{k}}) = \frac{\pi}{4}$, 因此 $\boldsymbol{n}$ 与 xOy 面的交角为 $\frac{\pi}{2} - \frac{\pi}{4} = \frac{\pi}{4}$。

例 7.10 已知函数 f 可微,证明曲面 $f\left(\dfrac{x-a}{z-c},\dfrac{y-b}{z-c}\right)=0$ 上任意一点处的切平面通过一定点,并求此点位置。

【证】 设 $P_0(x_0,y_0,z_0)$ 为曲面上任意一点,因为

$$\frac{\partial f}{\partial x}=\frac{f'_1}{z-c},\quad \frac{\partial f}{\partial y}=\frac{f'_2}{z-c},\quad \frac{\partial f}{\partial z}=f'_1\cdot\frac{a-x}{(z-c)^2}+f'_2\cdot\frac{b-y}{(z-c)^2},$$

所以曲面在 $P_0(x_0,y_0,z_0)$ 处的切平面方程为

$$f'_1(P_0)\cdot\frac{x-x_0}{z_0-c}+f'_2(P_0)\cdot\frac{y-y_0}{z_0-c}+$$

$$\left(f'_1(P_0)\cdot\frac{a-x_0}{(z_0-c)^2}+f'_2(P_0)\cdot\frac{b-y_0}{(z_0-c)^2}\right)(z-z_0)=0,$$

化简得

$$f'_1(P_0)\cdot(z_0-c)(x-x_0)+f'_2(P_0)\cdot(z_0-c)(y-y_0)+$$

$$f'_1(P_0)\cdot(z-z_0)(a-x_0)+f'_2(P_0)\cdot(z-z_0)(b-y_0)=0,$$

当 $x=a,y=b,z=c$ 时上式恒等于零,因此曲面 $f\left(\dfrac{x-a}{z-c},\dfrac{y-b}{z-c}\right)=0$ 上任意一点处的切平面通过一定点 (a,b,c)。

例 7.11 证明曲面 $z+\sqrt{x^2+y^2+z^2}=x^3f\left(\dfrac{y}{x}\right)$ 任意点处的切平面在 Oz 轴上的截距与切点到坐标原点的距离之比为常数,并求出此常数。

【证】 记 $F(x,y,z)=z+r-x^3f(u)$,其中 $r=\sqrt{x^2+y^2+z^2}$ 为点 (x,y,z) 到原点的距离,$u=\dfrac{y}{x}$,则曲面在任意点 $P(x,y,z)$ 处的切平面的法向量为 $\boldsymbol{n}=(F'_x,F'_y,F'_z)$,这里

$$F'_x=\frac{x}{r}-3x^2f(u)+xyf'(u),\quad F'_y=\frac{y}{r}-x^2f'(u),\quad F'_z=\frac{z}{r}+1,$$

于是切平面方程为

$$F'_x(X-x)+F'_y(Y-y)+F'_z(Z-z)=0,$$

化简得

$$F'_xX+F'_yY+F'_zZ=-2(r+z),$$

它在 Oz 轴上的截距

$$c=\frac{-2(r+z)}{F'_z}=\frac{-2(r+z)}{\dfrac{z}{r}+1}=-2r,$$

故 $\dfrac{c}{r}=-2$,即截距与切点到坐标原点的距离之比为常数 -2。

例 7.12 若 λ 为变参数,曲面族 $\dfrac{x^2}{a-\lambda}+\dfrac{y^2}{b-\lambda}+\dfrac{z^2}{c-\lambda}=1(a>b>c)$ 记为 Σ_λ。证明:

(1) 对空间任何一点 $P_0(x_0,y_0,z_0)$,至少有 Σ_λ 中的三个不同曲面通过 P_0;

(2) Σ_λ 中过同一点的曲面互相正交,即对应的法线互相垂直。

【证】 （1）记

$$f(\lambda)=(a-\lambda)(b-\lambda)(c-\lambda)-(b-\lambda)(c-\lambda)x_0^2-$$
$$(c-\lambda)(a-\lambda)y_0^2-(a-\lambda)(b-\lambda)z_0^2,$$

由于 $a>b>c$，则

$$f(-\infty)=+\infty,\quad f(a)=-(b-a)(c-a)z_0^2\leqslant 0,$$
$$f(b)=-(c-b)(a-b)y_0^2\geqslant 0,\quad f(c)=-(a-c)(b-c)z_0^2\leqslant 0,$$

故方程 $f(\lambda)=0$ 在 $(-\infty,c]$，$(c,b]$，$(b,a]$ 内分别至少存在一个根，分别记为 $\lambda_i(i=1,2,3)$，因此曲面 $\Sigma_{\lambda_i}(i=1,2,3)$ 均通过点 P_0。

（2）由于 Σ_{λ_i} 在 $P_0(x_0,y_0,z_0)$ 处的法向量为 $\boldsymbol{n}_i=\left(\dfrac{x_0}{a-\lambda_i},\dfrac{y_0}{b-\lambda_i},\dfrac{z_0}{c-\lambda_i}\right)$，且

$$\frac{x_0^2}{a-\lambda_i}+\frac{y_0^2}{b-\lambda_i}+\frac{z_0^2}{c-\lambda_i}=1,\quad i=1,2,3,$$

将 i 和 j 对应的等式相减，得

$$(\lambda_i-\lambda_j)\left(\frac{x_0^2}{(a-\lambda_i)(a-\lambda_j)}+\frac{y_0^2}{(b-\lambda_i)(b-\lambda_j)}+\frac{z_0^2}{(c-\lambda_i)(c-\lambda_j)}\right)=0,$$

因此 $\boldsymbol{n}_i\perp\boldsymbol{n}_j(i\neq j)$，即 Σ_λ 中过同一点的曲面互相正交。

例 7.13　设函数 $f(u)$ 可导且 $f'(u)\neq 0$，证明旋转曲面 $z=f(\sqrt{x^2+y^2})$ 上任一点处的法线都与旋转轴相交。

【证 1】　设 $u=\sqrt{x^2+y^2}$，则 $z=f(u)$，因为

$$\frac{\partial z}{\partial x}=f'(u)\frac{x}{u},\quad \frac{\partial z}{\partial y}=f'(u)\frac{y}{u},$$

所以旋转面上 $P(x_0,y_0,z_0)$ 点处的法线 l 的方程为

$$\frac{x-x_0}{\dfrac{x_0}{u_0}f'(u_0)}=\frac{y-y_0}{\dfrac{y_0}{u_0}f'(u_0)}=\frac{z-z_0}{-1}。$$

其中 $u_0=\sqrt{x_0^2+y_0^2}$，因为旋转面的旋转轴为 z 轴，其方程为 $x=0,y=0$，解得

$$x=0,\quad y=0,\quad z=z_0+\frac{u_0}{f'(u_0)},$$

可见 l 与 z 轴相交且交点为 $\left(0,0,z_0+\dfrac{\sqrt{x_0^2+y_0^2}}{f'(\sqrt{x_0^2+y_0^2})}\right)$。

【证 2】　设 $z=f(u)$，其中 $u=\sqrt{x^2+y^2}$，于是旋转面在点 $P(x,y,z)$ 处的法线 l 的方向向量可取为 $\boldsymbol{s}=(xf'(u),yf'(u),-u)$，而旋转面转轴为 z 轴，其方向向量为 $\boldsymbol{k}=(0,0,1)$，又 z 轴上点 $O(0,0,0)$ 到 l 上点 $P(x,y,z)$ 的向量为 $\overrightarrow{OP}=(x,y,z)$。由于

$$[\boldsymbol{k}\quad \boldsymbol{s}\quad \overrightarrow{OP}]=\begin{vmatrix} 0 & 0 & 1 \\ xf'(u) & yf'(u) & -u \\ x & y & z \end{vmatrix}=0,$$

所以法线 l 与 z 轴共面。若 P 为 $(0,0,f(0))$，则 P 点已在 z 轴上。否则 $P(x,y,z)\neq$

$(0,0,f(0))$，因为 $f'(u)\neq0$，故必有 $\boldsymbol{k}$ 与 $\boldsymbol{s}$ 不平行。l 与 z 轴共面又不平行，则 l 与 z 轴必相交。

三、函数的极值与最值问题

例 7.14 设函数 $f(x)$ 满足微分方程 $xf''(x)+3x(f'(x))^2=1-\mathrm{e}^{-x}$（$-\infty<x<+\infty$）。

(1) 如果 $f(x)$ 在点 $x=c$（$c\neq0$）有极值，证明它是极小值。

(2) 如果 $f(x)$ 在点 $x=0$ 有极值，它是极大值还是极小值？

(3) 如果 $f(0)=f'(0)=0$，求最小常数 k，使对于所有 $x\geqslant0$ 有 $f(x)\leqslant kx^2$。

【解】 (1) 如果 $f(x)$ 在点 $x=c$（$c\neq0$）有极值，则由驻点条件知 $f'(c)=0$，由 Lagrange 中值定理得

$$f''(c)=\frac{1-\mathrm{e}^{-c}}{c}=\frac{\mathrm{e}^0-\mathrm{e}^{-c}}{c}=\mathrm{e}^\xi>0,$$

其中 ξ 位于 $-c$ 和 0 之间，因此 $f(x)$ 在点 $x=c$（$c\neq0$）处有极小值。

(2) 若对于一切实数 x，有

$$f''(x)=\frac{1-\mathrm{e}^{-x}}{x}-3(f'(x))^2,$$

则 $f''(x)$ 在 $x\in\mathbb{R}$ 处连续，又 $f(x)$ 在点 $x=0$ 有极值，则 $f'(0)=0$，从而

$$f''(0)=\lim_{x\to0}f''(x)=\lim_{x\to0}\left(\frac{1-\mathrm{e}^{-x}}{x}-3(f'(x))^2\right)=1>0,$$

所以如果函数 $f(x)$ 在点 $x=0$ 处有极值，它一定是极小值。

(3) 当 $x\geqslant0$ 时，在 $[-x,0]$ 上函数 e^x 满足 Lagrange 中值定理的条件，故

$$f''(x)=\frac{1-\mathrm{e}^{-x}}{x}-3(f'(x))^2\leqslant\frac{1-\mathrm{e}^{-x}}{x}=\mathrm{e}^\eta<1,\quad -x<\eta<0,$$

令 $F(x)=f(x)-kx^2$（$x\geqslant0$），则

$$F'(x)=f'(x)-2kx,\quad F''(x)=f''(x)-2k。$$

因 $f(0)=f'(0)=0$，$f''(x)<1$（$x\geqslant0$），故当 $k\geqslant\dfrac{1}{2}$ 时，$F''(x)<0$，则 $F'(x)$ 严格单调减少，

$$F'(x)=f'(x)-2kx<F'(0)=0,$$

从而 $F(x)$ 严格单调减少，故

$$F(x)=f(x)-kx^2<F(0)=0,$$

即 $f(x)\leqslant kx^2$．因此当 $k\geqslant\dfrac{1}{2}$ 时，对于所有 $x\geqslant0$，都有 $f(x)\leqslant kx^2$。

例 7.15 求曲线 $y=\begin{cases}\cos x, & -\dfrac{\pi}{2}<x<0,\\ 1-\dfrac{1}{2}x^2, & 0\leqslant x<1\end{cases}$ 的曲率 $K(x)$ 的最大值。

【证】 当 $-\dfrac{\pi}{2}<x<0$ 时，$y'=-\sin x$，$y''=-\cos x$；当 $0<x<1$ 时，$y'=-x$，$y''=-1$，且

$$y'_-(0) = \lim_{x \to 0^-}(-\sin x) = 0, \quad y'_+(0) = \lim_{x \to 0^+}(-x) = 0,$$

故 $y'(0) = 0$。又

$$y''_-(0) = \lim_{x \to 0^-}(-\cos x) = -1, \quad y''_+(0) = \lim_{x \to 0^+}(-1) = -1,$$

故 $y''(0) = -1$。所以

$$K(x) = \frac{|y''(x)|}{(1 + y'^2(x))^{\frac{3}{2}}} = \begin{cases} \dfrac{\cos x}{(1 + \sin^2 x)^{\frac{3}{2}}}, & -\dfrac{\pi}{2} < x < 0, \\ 1, & x = 0, \\ \dfrac{1}{(1 + x^2)^{\frac{3}{2}}}, & 0 < x < 1。 \end{cases}$$

显然 $K(x)$ 是 x 的连续函数。由于当 $-\dfrac{\pi}{2} < x < 0$ 时，

$$K'(x) = \frac{2\sin x(\sin^2 x - 2)}{(1 + \sin^2 x)^{\frac{5}{2}}} > 0,$$

当 $0 < x < 1$ 时，

$$K'(x) = -\frac{3x}{(1 + x^2)^{\frac{5}{2}}} < 0,$$

所以 $K(0) = 1$ 是曲率 $K(x)$ 的最大值。

例 7.16　设二元函数 $f(x, y)$ 在 xOy 面上有连续的二阶导数，对于任何角度 α，定义一元函数 $g_\alpha(t) = f(t\cos\alpha, t\sin\alpha)$，若对任何 α 都有 $\dfrac{\mathrm{d}g_\alpha(0)}{\mathrm{d}t} = 0$ 且 $\dfrac{\mathrm{d}^2 g_\alpha(0)}{\mathrm{d}t^2} > 0$，证明 $f(0, 0)$ 是函数 $f(x, y)$ 的极小值。

【证】　因为

$$\frac{\mathrm{d}g_\alpha(0)}{\mathrm{d}t} = f_x(0, 0)\cos\alpha + f_y(0, 0)\sin\alpha = (f_x(0, 0), f_y(0, 0)) \cdot (\cos\alpha, \sin\alpha) = 0$$

对任何 α 都成立，所以 $(f_x(0, 0), f_y(0, 0)) = (0, 0)$，从而 $(0, 0)$ 是 $f(x, y)$ 的驻点。

记 $\boldsymbol{H}_f(x, y) = \begin{bmatrix} f_{xx} & f_{xy} \\ f_{yx} & f_{yy} \end{bmatrix}$，由于对任何 α，都有

$$\frac{\mathrm{d}^2 g_\alpha(0)}{\mathrm{d}t^2} = (\cos\alpha, \sin\alpha)\boldsymbol{H}_f(0, 0)\begin{bmatrix} \cos\alpha \\ \sin\alpha \end{bmatrix} > 0,$$

从而 $\boldsymbol{H}_f(0, 0)$ 是正定矩阵，因此 $f(0, 0)$ 是 $f(x, y)$ 的极小值。

例 7.17　设二元函数 $f(x, y)$ 具有二阶连续偏导数，且 $f(x, y) = 1 - x - y + o(\sqrt{(x-1)^2 + y^2})$，若 $g(x, y) = f(e^{xy}, x^2 + y^2)$，证明 $g(x, y)$ 在 $(0, 0)$ 点处取得极值，判定其是极大值还是极小值，并求出该极值。

【证】　由 $f(x, y) = 1 - x - y + o(\sqrt{(x-1)^2 + y^2})$ 知

$$f(1, 0) = 0, \quad f_x(1, 0) = -1, \quad f_y(1, 0) = -1。$$

因为

$$g_x(x,y)=y\mathrm{e}^{xy}f'_1(\mathrm{e}^{xy},x^2+y^2)+2xf'_2(\mathrm{e}^{xy},x^2+y^2),$$

$$g_y(x,y)=x\mathrm{e}^{xy}f'_1(\mathrm{e}^{xy},x^2+y^2)+2yf'_2(\mathrm{e}^{xy},x^2+y^2),$$

则 $g_x(0,0)=0,g_y(0,0)=0$,因此点 $(0,0)$ 是 $g(x,y)$ 的驻点。又

$$g_{xx}(x,y)=y^2\mathrm{e}^{xy}f'_1+2f'_2+y\mathrm{e}^{xy}(y\mathrm{e}^{xy}f''_{11}+2xf''_{12})+2x(y\mathrm{e}^{xy}f''_{12}+2xf''_{22}),$$

$$g_{xy}(x,y)=(1+xy)\mathrm{e}^{xy}f'_1+y\mathrm{e}^{xy}(x\mathrm{e}^{xy}f''_{11}+2yf''_{12})+2x(x\mathrm{e}^{xy}f''_{12}+2yf''_{22}),$$

$$g_{yy}(x,y)=x^2\mathrm{e}^{xy}f'_1+2f'_2+x\mathrm{e}^{xy}(x\mathrm{e}^{xy}f''_{11}+2yf''_{12})+2y(x\mathrm{e}^{xy}f''_{12}+2yf''_{22}),$$

所以

$$g_{xx}(0,0)=2f'_2(1,0)=-2<0,\quad g_{xy}(0,0)=f'_1(1,0)=-1,$$

$$g_{yy}(0,0)=2f'_2(1,0)=-2,$$

从而

$$g_{xx}(0,0)g_{yy}(0,0)-(g_{xy}(0,0))^2=(-2)(-2)-(-1)^2=3>0,$$

则 $g(x,y)$ 在点 $(0,0)$ 处取得极大值 $g(0,0)=f(1,0)=0$。

例 7.18 证明当 $0\leqslant x\leqslant 1,0\leqslant y\leqslant 1$ 时,不等式 $\max\{xy,x+y-2xy,1-x-y+xy\}\geqslant\dfrac{4}{9}$

成立。

【证 1】 我们将区域 $[0,1]\times[0,1]$ 分为如下三个子区域:

$$A=\{(x,y):x+y-3xy\leqslant 0,0\leqslant x,y\leqslant 1\},$$

$$B=\{(x,y):x+y-3xy\geqslant 0,2x+2y-3xy\geqslant 1,0\leqslant x,y\leqslant 1\},$$

$$C=\{(x,y):2x+2y-3xy\leqslant 1,0\leqslant x,y\leqslant 1\}。$$

则在区域 A 上,由 $x+y-3xy\leqslant 0$,可得 $\dfrac{2}{\sqrt{xy}}\leqslant\dfrac{1}{x}+\dfrac{1}{y}\leqslant 3$,因而

$$\max\{xy,x+y-2xy,1-x-y+xy\}=xy\geqslant\dfrac{4}{9}。$$

在区域 C 上,

$$\max\{xy,x+y-2xy,1-x-y+xy\}=1-x-y+xy=(1-x)(1-y)。$$

令 $u=1-x,v=1-y$,则 $2x+2y-3xy\leqslant 1\Leftrightarrow u+v-3uv\leqslant 0$,因此

$$\max\{xy,x+y-2xy,1-x-y+xy\}=1-x-y+xy\geqslant\dfrac{4}{9}。$$

注意到

$$B=\left\{(x,y):0\leqslant x\leqslant\dfrac{1}{2},\dfrac{1-2x}{2-3x}\leqslant y\leqslant 1\right\}\bigcup\left\{(x,y):\dfrac{1}{2}\leqslant x\leqslant 1,0\leqslant y\leqslant\dfrac{x}{3x-1}\right\},$$

于是当 $0\leqslant x\leqslant\dfrac{1}{2}$ 时,

$$\max\{xy,x+y-2xy,1-x-y+xy\}$$

$$=x+y-2xy=x+(1-2x)y\geqslant x+\dfrac{(1-2x)^2}{2-3x}=\dfrac{(1-x)^2}{2-3x}$$

$$=\dfrac{1}{9}\left(2-3x+\dfrac{1}{2-3x}+2\right)\geqslant\dfrac{4}{9}。$$

或令 $f(x)=\dfrac{(1-x)^2}{2-3x}$,则

$$f'(x) = \frac{-2(1-x)(2-3x) + 3(1-x)^2}{(2-3x)^2} = \frac{(1-x)(3x-1)}{(2-3x)^2} = 0,$$

解得当 $0 \leqslant x \leqslant \frac{1}{2}$ 时有唯一驻点 $x = \frac{1}{3}$，且 $f_{\min}(x) = f\left(\frac{1}{3}\right) = \frac{4}{9}$，即 $x + y - 2xy \geqslant \frac{4}{9}$。

当 $\frac{1}{2} \leqslant x \leqslant 1$ 时，类似证明 $x + y - 2xy \geqslant \frac{4}{9}$。

所以当 $0 \leqslant x \leqslant 1$，$0 \leqslant y \leqslant 1$ 时，不等式 $\max\{xy, x+y-2xy, 1-x-y+xy\} \geqslant \frac{4}{9}$ 成立。

【证 2】（反证法）若存在 $(x_0, y_0) \in [0,1] \times [0,1]$，使得

$$\max\{xy, x+y-2xy, 1-x-y+xy\} < \frac{4}{9},$$

则

$$x_0 y_0 < \frac{4}{9}, \quad x_0 + y_0 - 2x_0 y_0 < \frac{4}{9}, \quad 1 - x_0 - y_0 + x_0 y_0 < \frac{4}{9}。$$

由

$$\frac{4}{9} > x_0 + y_0 - 2x_0 y_0 > 2\sqrt{x_0 y_0} - 2x_0 y_0 \quad 及 \quad x_0 y_0 < \frac{4}{9}$$

得 $x_0 y_0 < \frac{1}{9}$，从而

$$1 - x_0 - y_0 + x_0 y_0 = 1 - (x_0 + y_0 - 2x_0 y_0) - x_0 y_0 > 1 - \frac{4}{9} - \frac{1}{9} = \frac{4}{9},$$

与假设 $1 - x_0 - y_0 + x_0 y_0 < \frac{4}{9}$ 矛盾，所以 $\forall (x, y) \in [0,1] \times [0,1]$，使得

$$\max\{xy, x+y-2xy, 1-x-y+xy\} \geqslant \frac{4}{9}。$$

例 7.19　设椭球面 $\Sigma: x^2 + 3y^2 + z^2 = 1$，$\pi$ 为 Σ 在第一卦限内的切平面，求：

(1) 使 π 与三坐标平面所围成的四面体的体积最小的切点坐标。

(2) 使 π 与三坐标平面截出的三角形的面积最小的切点坐标。

【解】　记 $F(x, y, z) = x^2 + 3y^2 + z^2 - 1$，则椭球面 Σ 在第一卦限部分点 $P(x, y, z)$ 处的法向量为 $\boldsymbol{n} = (F_x, F_y, F_z)_P = 2(x, 3y, z)_P$，故 Σ 在点 P 处的切平面 π 为

$$x(X - x) + 3y(Y - y) + z(Z - z) = 0,$$

即

$$xX + 3yY + zZ = 1 \quad 或 \quad \frac{X}{\frac{1}{x}} + \frac{Y}{\frac{1}{3y}} + \frac{Z}{\frac{1}{z}} = 1。$$

故切平面 π 与 x 轴、y 轴、z 轴分别交于点 $A\left(\frac{1}{x}, 0, 0\right)$，$B\left(0, \frac{1}{3y}, 0\right)$ 和 $C\left(0, 0, \frac{1}{z}\right)$。

(1) π 与三坐标平面所围成的四面体的体积为

$$V_{O\text{-}ABC} = \frac{1}{6} \cdot \frac{1}{x} \cdot \frac{1}{3y} \cdot \frac{1}{z} = \frac{1}{18xyz}。$$

由于点 P 在 Σ 上,即满足约束条件 $x^2+3y^2+z^2=1$,故

$$xyz=\frac{1}{\sqrt{3}}\sqrt{x^2\cdot 3y^2\cdot z^2}\leqslant\frac{1}{\sqrt{3}}\sqrt{\left(\frac{x^2+3y^2+z^2}{3}\right)^3}=\frac{1}{9}\text{。}$$

其中等号当且仅当 $x^2=3y^2=z^2$ 即 $x=z=\frac{\sqrt{3}}{3}$,$y=\frac{1}{3}$ 时成立,此时 xyz 取最大值 $\frac{1}{9}$,从而

$V_{O\text{-}ABC}$ 取最小值 $\frac{1}{2}$,故所求点为 $\left(\frac{\sqrt{3}}{3},\frac{1}{3},\frac{\sqrt{3}}{3}\right)$。

(2) 为求出 $\triangle ABC$ 的面积 $S_{\triangle ABC}$ 的表达式,先求出

$$\overrightarrow{AB}\times\overrightarrow{AC}=\left(-\frac{1}{x},\frac{1}{3y},0\right)\times\left(-\frac{1}{x},0,\frac{1}{z}\right)=\left(\frac{1}{3yz},\frac{1}{zx},\frac{1}{3xy}\right),$$

于是

$$S_{\triangle ABC}=\frac{1}{2}\,|\overrightarrow{AB}\times\overrightarrow{AC}|=\frac{1}{2}\sqrt{\frac{1}{9y^2z^2}+\frac{1}{z^2x^2}+\frac{1}{9x^2y^2}}\text{。}$$

记

$$f(x,y,z)=9\cdot(2S_{\triangle ABC})^2=\frac{1}{y^2z^2}+\frac{9}{z^2x^2}+\frac{1}{x^2y^2}\text{。}$$

因为 $S_{\triangle ABC}>0$,则 $S_{\triangle ABC}$ 与 $f(x,y,z)$ 同时取最小值。为求 $f(x,y,z)$ 在条件 $x^2+3y^2+z^2=1$ 下的最小值,作 Lagrange 函数

$$F(x,y,z)=\frac{1}{y^2z^2}+\frac{9}{z^2x^2}+\frac{1}{x^2y^2}+\lambda(x^2+3y^2+z^2-1),$$

其中 λ 为某一常数,令

$$\begin{cases}-\dfrac{2}{x^3}\left(\dfrac{1}{y^2}+\dfrac{9}{z^2}\right)+2x\lambda=0,\\[2mm]-\dfrac{2}{y^3}\left(\dfrac{1}{z^2}+\dfrac{1}{x^2}\right)+6y\lambda=0,\\[2mm]-\dfrac{2}{z^3}\left(\dfrac{9}{x^2}+\dfrac{1}{y^2}\right)+2z\lambda=0,\\[2mm]x^2+3y^2+z^2=1,\end{cases}$$

解得 $x^2=1$ 或 $x^2=\dfrac{3}{8}$,因为 $x^2=1$ 时 $y^2<0$ 舍去,于是由 $x>0$ 知 $x=\sqrt{\dfrac{3}{8}}=\dfrac{\sqrt{6}}{4}$,从而

$$z=x=\frac{\sqrt{6}}{4},\quad y=\sqrt{\frac{1-x^2-z^2}{3}}=\frac{\sqrt{3}}{6}\text{。}$$

于是 $f(x,y,z)$ 在第一卦限内的唯一驻点为 $P\left(\dfrac{\sqrt{6}}{4},\dfrac{\sqrt{3}}{6},\dfrac{\sqrt{6}}{4}\right)$,因为题设中最小的的三角形面积 $S_{\triangle ABC}$ 是客观存在的,从而 $f(x,y,z)$ 的最小值也客观存在,所以 $S_{\triangle ABC}$ 与 $f(x,y,z)$ 的最小值在唯一可能极值点 $P\left(\dfrac{\sqrt{6}}{4},\dfrac{\sqrt{3}}{6},\dfrac{\sqrt{6}}{4}\right)$ 处取得,也即 $P\left(\dfrac{\sqrt{6}}{4},\dfrac{\sqrt{3}}{6},\dfrac{\sqrt{6}}{4}\right)$ 为所求。

例 7.20 设 $\Sigma_1:\dfrac{x^2}{a^2}+\dfrac{y^2}{b^2}+\dfrac{z^2}{c^2}=1$,其中 $a>b>c>0$,$\Sigma_2:z^2=x^2+y^2$,Γ 为 Σ_1 和 Σ_2 的

交线,求椭球面 Σ_1 在 Γ 上各点的切平面到原点距离的最大值和最小值。

【解 1】 椭球面的法向量为 $n=\left(\dfrac{x}{a^2},\dfrac{y}{b^2},\dfrac{z}{c^2}\right)$,则椭球面在点 (x,y,z) 的切平面方程为

$$\pi:\frac{x}{a^2}(X-x)+\frac{y}{b^2}(Y-y)+\frac{z}{c^2}(Z-z)=0,$$

即 $\dfrac{x}{a^2}X+\dfrac{y}{b^2}Y+\dfrac{z}{c^2}Z-1=0$。原点到此切平面的距离为

$$d(x,y,z)=\left(\frac{x^2}{a^4}+\frac{y^2}{b^4}+\frac{z^2}{c^4}\right)^{-\frac{1}{2}},$$

问题化为求 $u=\dfrac{x^2}{a^4}+\dfrac{y^2}{b^4}+\dfrac{z^2}{c^4}$ 在条件 $\dfrac{x^2}{a^2}+\dfrac{y^2}{b^2}+\dfrac{z^2}{c^2}=1$ 和 $z^2=x^2+y^2$ 下的最值。

将 $z^2=x^2+y^2$ 代入 $\dfrac{x^2}{a^2}+\dfrac{y^2}{b^2}+\dfrac{z^2}{c^2}=1$,得

$$\frac{x^2}{\dfrac{a^2c^2}{a^2+c^2}}+\frac{y^2}{\dfrac{b^2c^2}{b^2+c^2}}=1,$$

因此 $0\leqslant x^2\leqslant\dfrac{a^2c^2}{a^2+c^2}$。交线 Γ 的参数方程为

$$x=\frac{ac}{\sqrt{a^2+c^2}}\cos t,\quad y=\frac{bc}{\sqrt{b^2+c^2}}\sin t,\quad z^2=\frac{a^2c^2}{a^2+c^2}\cos^2 t+\frac{b^2c^2}{b^2+c^2}\sin^2 t,\quad 0\leqslant t\leqslant 2\pi,$$

将参数方程代入 $u=\dfrac{x^2}{a^4}+\dfrac{y^2}{b^4}+\dfrac{z^2}{c^4}$ 得

$$\begin{aligned}
u&=\frac{1}{a^4}\frac{a^2c^2}{a^2+c^2}\cos^2 t+\frac{1}{b^4}\frac{b^2c^2}{b^2+c^2}\sin^2 t+\frac{1}{c^4}\left(\frac{a^2c^2}{a^2+c^2}\cos^2 t+\frac{b^2c^2}{b^2+c^2}\sin^2 t\right)\\
&=\frac{a^4+c^4}{a^2c^2(a^2+c^2)}\cos^2 t+\frac{b^4+c^4}{b^2c^2(b^2+c^2)}\sin^2 t\\
&=\frac{1}{2}\frac{a^4+c^4}{a^2c^2(a^2+c^2)}(1+\cos 2t)+\frac{1}{2}\frac{b^4+c^4}{b^2c^2(b^2+c^2)}(1-\cos 2t),
\end{aligned}$$

记 $\lambda_1=\dfrac{a^4+c^4}{a^2c^2(a^2+c^2)}$, $\lambda_2=\dfrac{b^4+c^4}{b^2c^2(b^2+c^2)}$,则 $\lambda_1>\lambda_2$,且 $u=\dfrac{1}{2}(\lambda_1+\lambda_2)+\dfrac{1}{2}(\lambda_1-\lambda_2)\cos 2t$,当 $\cos 2t=1$,即 $t=0$ 或 $t=\pi$ 时,u 取最大值,当 $\cos 2t=-1$,即 $t=\dfrac{\pi}{2}$ 或 $t=\dfrac{3\pi}{2}$ 时,u 取最小值,且

$$u_{\max}=\lambda_1=\frac{a^4+c^4}{a^2c^2(a^2+c^2)},\quad u_{\min}=\lambda_2=\frac{b^4+c^4}{b^2c^2(b^2+c^2)}。$$

从而

$$d_{\min}=ac\sqrt{\frac{a^2+c^2}{a^4+c^4}},\quad d_{\max}=bc\sqrt{\frac{b^2+c^2}{b^4+c^4}},$$

且最小值和最大值分别在点 $\left(\dfrac{\pm ac}{\sqrt{a^2+c^2}},0,\dfrac{\pm ac}{\sqrt{a^2+c^2}}\right)$ 和 $\left(0,\dfrac{\pm bc}{\sqrt{b^2+c^2}},\dfrac{\pm bc}{\sqrt{b^2+c^2}}\right)$ 处取得。

【解 2】 由解 1 知，问题化为求 $u=\dfrac{x^2}{a^4}+\dfrac{y^2}{b^4}+\dfrac{z^2}{c^4}$ 在条件 $\dfrac{x^2}{a^2}+\dfrac{y^2}{b^2}+\dfrac{z^2}{c^2}=1$ 和 $z^2=x^2+y^2$ 下的最值。构造 Lagrange 函数

$$L=\frac{x^2}{a^4}+\frac{y^2}{b^4}+\frac{z^2}{c^4}+\lambda(z^2-x^2-y^2)-\mu\left(\frac{x^2}{a^2}+\frac{y^2}{b^2}+\frac{z^2}{c^2}-1\right),$$

令

$$\begin{cases} L_x=2x\left(\dfrac{1}{a^4}-\lambda-\dfrac{\mu}{a^2}\right)=0,\\[2mm] L_y=2y\left(\dfrac{1}{b^4}-\lambda-\dfrac{\mu}{b^2}\right)=0,\\[2mm] L_z=2z\left(\dfrac{1}{c^4}+\lambda-\dfrac{\mu}{c^2}\right)=0,\\[2mm] L_\lambda=z^2-x^2-y^2=0,\\[2mm] L_\mu=1-\left(\dfrac{x^2}{a^2}+\dfrac{y^2}{b^2}+\dfrac{z^2}{c^2}\right)=0。 \end{cases}$$

(1) 如 x,y,z 都不为 0，则

$$\frac{1}{a^4}-\lambda-\frac{\mu}{a^2}=0,\quad \frac{1}{b^4}-\lambda-\frac{\mu}{b^2}=0,\quad \frac{1}{c^4}+\lambda-\frac{\mu}{c^2}=0,$$

此时必有 $\lambda=-\dfrac{1}{a^2 b^2}$，$\mu=\dfrac{1}{a^2}+\dfrac{1}{b^2}$，且 $a^2 b^2=c^2(a^2+b^2+c^2)$，由

$$xL_x+yL_y+zL_z=2\left(\frac{x^2}{a^4}+\frac{y^2}{b^4}+\frac{z^2}{c^4}\right)-2\mu=0,$$

得

$$\mu=\frac{x^2}{a^4}+\frac{y^2}{b^4}+\frac{z^2}{c^4}=u=\frac{1}{a^2}+\frac{1}{b^2},$$

这时所有的切平面到原点的距离为常值 $\dfrac{ab}{\sqrt{a^2+b^2}}$。

(2) 若 x,y,z 至少有一个为 0，若取 $x=0$，两个曲面为 $z^2=y^2$ 和 $1-\left(\dfrac{1}{b^2}+\dfrac{1}{c^2}\right)z^2=0$，则

$$z^2=y^2=\frac{b^2 c^2}{b^2+c^2},\quad u_1=\frac{y^2}{b^4}+\frac{z^2}{c^4}=\frac{b^4+c^4}{b^2 c^2(b^2+c^2)},$$

此时 $\lambda=\dfrac{1}{b^2}\left(\dfrac{1}{b^2}-\mu\right)=\dfrac{1}{c^2}\left(\mu-\dfrac{1}{c^2}\right)$，$\mu=\dfrac{b^4+c^4}{b^2 c^2(b^2+c^2)}$。

类似地，取 $y=0$，可得 $z^2=x^2=\dfrac{a^2 c^2}{a^2+c^2}$，$u_2=\dfrac{a^4+c^4}{a^2 c^2(a^2+c^2)}$。

若取 $z=0$，由 Σ_2 可得 $x=y=0$，而原点不在 Σ_1 上，矛盾。又

$$u_2 - u_1 = \frac{a^4 + c^4}{a^2 c^2 (a^2 + c^2)} - \frac{b^4 + c^4}{b^2 c^2 (b^2 + c^2)}$$

$$= \frac{(a^4 + c^4) b^2 (b^2 + c^2) - (b^4 + c^4) a^2 (a^2 + c^2)}{a^2 b^2 c^4 (a^2 + c^2)(b^2 + c^2)}$$

$$= \frac{(a^2 - b^2)(b^2 - c^2)(a^2 - c^2) c^2}{a^2 b^2 c^4 (a^2 + c^2)(b^2 + c^2)} > 0,$$

则

$$d_{\max} = bc \sqrt{\frac{b^2 + c^2}{b^4 + c^4}}, \quad d_{\min} = ac \sqrt{\frac{a^2 + c^2}{a^4 + c^4}} \, 。$$

因为当 $a^2 b^2 = c^2 (a^2 + b^2 + c^2)$ 时，有

$$bc \sqrt{\frac{b^2 + c^2}{b^4 + c^4}} = ac \sqrt{\frac{a^2 + c^2}{a^4 + c^4}} = \frac{ab}{\sqrt{a^2 + b^2}},$$

所以所求切平面中离原点最近的距离和最远的距离分别为

$$d_{\max} = bc \sqrt{\frac{b^2 + c^2}{b^4 + c^4}}, \quad d_{\min} = ac \sqrt{\frac{a^2 + c^2}{a^4 + c^4}},$$

且分别在点 $\left(0, \dfrac{\pm bc}{\sqrt{b^2 + c^2}}, \dfrac{\pm bc}{\sqrt{b^2 + c^2}} \right)$ 和点 $\left(\dfrac{\pm ac}{\sqrt{a^2 + c^2}}, 0, \dfrac{\pm ac}{\sqrt{a^2 + c^2}} \right)$ 取得。

例 7.21 证明函数 $f(x, y) = (x - y)^2 + \left(\sqrt{2 - x^2} - \dfrac{9}{y} \right)^2$ 在 $D = \{(x, y) \in \mathbb{R}^2 \mid 0 < x < \sqrt{2}, y > 0\}$ 内的最小值为 8。

【证 1】 在 $D = \{(x, y) \in \mathbb{R}^2 \mid 0 < x < \sqrt{2}, y > 0\}$ 内，有

$$f(x, y) = (x - y)^2 + \left(\sqrt{2 - x^2} - \frac{9}{y} \right)^2 = 2 + \left(y^2 + \frac{81}{y^2} \right) - 2 \left(xy + \frac{9}{y} \sqrt{2 - x^2} \right),$$

由 Cauchy-Schwarz 不等式，得

$$\left(xy + \frac{9}{y} \sqrt{2 - x^2} \right)^2 \leqslant (x^2 + 2 - x^2) \left(y^2 + \frac{81}{y^2} \right) = 2 \left(y^2 + \frac{81}{y^2} \right),$$

即

$$xy + \frac{9}{y} \sqrt{2 - x^2} \leqslant \sqrt{2} \sqrt{y^2 + \frac{81}{y^2}},$$

从而

$$f(x, y) \geqslant 2 + \left(y^2 + \frac{81}{y^2} \right) - 2\sqrt{2} \sqrt{y^2 + \frac{81}{y^2}} \, 。$$

令 $t = \sqrt{y^2 + \dfrac{81}{y^2}}$，由算术-几何平均值不等式，得 $t \geqslant 3\sqrt{2}$，从而

$$f(x, y) \geqslant 2 + t^2 - 2\sqrt{2} \, t = (t - \sqrt{2})^2 \geqslant (2\sqrt{2})^2 = 8 \, 。$$

【证 2】 先求函数的驻点。令

$$\frac{\partial f}{\partial x} = 2(x - y) - 2 \left(\sqrt{2 - x^2} - \frac{9}{y} \right) \frac{x}{\sqrt{2 - x^2}} = 0, \tag{1}$$

$$\frac{\partial f}{\partial y} = -2(x-y) + 2\left(\sqrt{2-x^2} - \frac{9}{y}\right)\frac{9}{y^2} = 0。 \tag{2}$$

两式相加,得

$$\left(\sqrt{2-x^2} - \frac{9}{y}\right)\left(\frac{x}{\sqrt{2-x^2}} - \frac{9}{y^2}\right) = 0,$$

从而 $\sqrt{2-x^2} - \dfrac{9}{y} = 0$ 或 $\dfrac{x}{\sqrt{2-x^2}} - \dfrac{9}{y^2} = 0$,分别代入式(1)和式(2),得

$$\begin{cases} \sqrt{2-x^2} - \dfrac{9}{y} = 0, \\ x - y = 0, \end{cases} \tag{3}$$

和

$$\begin{cases} \dfrac{x}{\sqrt{2-x^2}} - \dfrac{9}{y^2} = 0, \\ y^4 = 81。 \end{cases} \tag{4}$$

解方程(3)得 $x^4 - 2x^2 + 81 = 0$,此方程无实数解,解方程(4)得 D 内有唯一解 $x=1, y=3$。

由于对 $\forall x \in (0, \sqrt{2})$,当 $y \to +\infty$ 或 $y \to 0^+$ 时,都有 $f(x,y) \to +\infty$,所以 $f(x,y)$ 在 D 内无最大值,从而 $f(x,y)$ 在唯一驻点 $(1,3)$ 处取最小值 $f(1,3) = 8$。

【证 3】 令

$$\frac{\partial f}{\partial x} = 2(x-y) - 2\left(\sqrt{2-x^2} - \frac{9}{y}\right)\frac{x}{\sqrt{2-x^2}} = 0,$$

$$\frac{\partial f}{\partial y} = -2(x-y) + 2\left(\sqrt{2-x^2} - \frac{9}{y}\right)\frac{9}{y^2} = 0。$$

将 $x-y, \sqrt{2-x^2} - \dfrac{9}{y}$ 看成两个未知量,则上述两式构成一个二元齐次线性方程组,该方程组的系数行列式

$$\Delta = \begin{vmatrix} 2 & -\dfrac{2x}{\sqrt{2-x^2}} \\ -2 & \dfrac{18}{y^2} \end{vmatrix} = 4\left(\frac{9}{y^2} - \frac{x}{\sqrt{2-x^2}}\right)。$$

若 $\Delta \neq 0$,则上述齐次线性方程组只有零解

$$\begin{cases} x - y = 0, \\ \sqrt{2-x^2} - \dfrac{9}{y} = 0。 \end{cases}$$

因此 $x^4 - 2x^2 + 81 = 0$,此方程无实数解。

若 $\Delta = 0$,则 $\dfrac{x}{\sqrt{2-x^2}} = \dfrac{9}{y^2}$,代入驻点条件得 $y^4 = 81$,注意到 $x > 0, y > 0$,求得 $x = 1, y = 3$。即 $f(x,y)$ 在 D 内只有一个驻点 $(1,3)$。而当 $y \to +\infty$ 或 $y \to 0^+$ 时,$f(x,y) \to +\infty$。则 $f(x,y)$ 在 D 内无最大值,因此 $(x,y) = (1,3)$ 为 $f(x,y)$ 的最小点,且 $f_{\min}(1,3) = 8$。

【证 4】 根据 $f(x,y)$ 的形式,可知它是 $\mathbb{R}^2$ 中某类点 $P(x)$ 与另一类点 $Q(y)$ 之间的欧

氏距离的平方。令点 $P(x)=(x,\sqrt{2-x^2})\in\mathbb{R}^2$，点 $Q(y)=\left(y,\dfrac{9}{y}\right)\in\mathbb{R}^2$。显然点集

$$M=\{P(x)\in\mathbb{R}^2\mid 0<x<\sqrt{2}\}=\{(u,v)\in\mathbb{R}^2\mid u^2+v^2=2,u>0,v>0\}$$

为圆周在第一象限内的部分，而点集

$$N=\{Q(y)\in\mathbb{R}^2\mid y>0\}=\{(u,v)\in\mathbb{R}^2\mid uv=9,u>0,v>0\}$$

为双曲线在第一象限中的一支。以 $\rho(P(x),Q(y))$ 表示 $\mathbb{R}^2$ 中点 P,Q 之间的欧氏距离，则

$$f(x,y)=(x-y)^2+\left(\sqrt{2-x^2}-\frac{9}{y}\right)^2=(\rho(P(x),Q(y)))^2。$$

设 $C(1,1)$ 为圆周 M 上一点，$H(3,3)$ 为双曲线 N 上一点，下证 $\rho(C,H)$ 为 $\rho(P(x),Q(y))$ 的最小值。在平面 uOv 中，$u+v=2$ 与 $u+v=6$ 分别是圆周 M 在点 $C(1,1)$ 处和双曲线 N 在点 $H(3,3)$ 处的切线，此两切线平行且与线段 CH 垂直，对圆周上除 C 外的任何点 $P(x)\in M$，由

$$(u+v)^2=u^2+2uv+v^2<2(u^2+v^2)=4,$$

即满足 $u+v<2$，而对双曲线上除 H 外的任何点 $Q(y)\in N$，有 $u+v>2\sqrt{uv}=6$，故满足 $u+v>6$，因而 $\rho(P(x),Q(y))\geqslant\rho(C,H)$，即 $f(x,y)\geqslant(\rho(C,H))^2=(3-1)^2+(3-1)^2=8$。

例 7.22　设二元函数 $f(x,y)$ 在 xOy 面上具有一阶连续偏导数，且

$$\lim_{r\to\infty}\left(x\frac{\partial f}{\partial x}+y\frac{\partial f}{\partial y}\right)=1,\quad r=\sqrt{x^2+y^2},$$

证明 $f(x,y)$ 在 xOy 面上有最小值。

【证】　令 $x=r\cos\theta,y=r\sin\theta$，则 $f(x,y)=f(r\cos\theta,r\sin\theta)=g(r)$，由于 $f(x,y)$ 在 xOy 面上具有一阶连续偏导数，根据复合函数求导法则，有

$$g'(r)=f'_x\cos\theta+f'_y\sin\theta=\frac{1}{r}(xf'_x+yf'_y),$$

由 $\lim\limits_{r\to\infty}\left(x\dfrac{\partial f}{\partial x}+y\dfrac{\partial f}{\partial y}\right)=1>0$ 知，存在 $R>0$，当 $r>R$ 时，有

$$x\frac{\partial f}{\partial x}+y\frac{\partial f}{\partial y}>\frac{1}{2}>0,$$

从而

$$g'(r)>\frac{1}{2r}>0,\quad r>R,$$

由此可知，当 $r>R$ 时，$g(r)>g(R)$，即 $f(r\cos\theta,r\sin\theta)>f(R\cos\theta,R\sin\theta)$，因此 $f(x,y)$ 在 xOy 面上的最小值只可能在圆域 $D:x^2+y^2\leqslant R^2$ 上取得，而由 $f(x,y)$ 的连续性，$f(x,y)$ 在 D 上有最小值，从而 $f(x,y)$ 在 xOy 面上有最小值。

例 7.23　设 $f(x,y)$ 为有界正值函数，在闭区域 $D:x^2+y^2\leqslant1$ 上有二阶连续偏导数，且满足 $\Delta\ln f(x,y)\geqslant f^2(x,y)$，其中 Δ 为拉普拉斯算子，证明 $\forall(x,y)\in D$，有 $f(x,y)\leqslant\dfrac{2}{1-x^2-y^2}$。

【证】　设 $g(x,y)=\dfrac{2}{1-x^2-y^2}$，则

$$\Delta \ln g(x,y) = \frac{4}{(1-x^2-y^2)^2} = g^2(x,y),$$

所以

$$\Delta(\ln g(x,y) - \ln f(x,y)) \leqslant g^2(x,y) - f^2(x,y)。 \tag{1}$$

记 $F(x,y) = \ln g(x,y) - \ln f(x,y) = \ln \dfrac{g(x,y)}{f(x,y)}$，由已知条件得 $\lim\limits_{(x,y)\to\partial D} F(x,y) = +\infty$，所以函数 $F(x,y)$ 在 D 内某一点达到最小值，设最小值点为 (x_0,y_0)，则

$$\ln \frac{g(x,y)}{f(x,y)} = F(x,y) \geqslant F(x_0,y_0) = \ln \frac{g(x_0,y_0)}{f(x_0,y_0)}, \quad \forall(x,y) \in D, \tag{2}$$

且在该点处 $F_{xx}(x_0,y_0) \geqslant 0$，$F_{yy}(x_0,y_0) \geqslant 0$，从而 $\Delta(\ln g(x_0,y_0) - \ln f(x_0,y_0)) \geqslant 0$。

再由式(1)得出 $g^2(x_0,y_0) - f^2(x_0,y_0) \geqslant 0$，从而 $\dfrac{g(x_0,y_0)}{f(x_0,y_0)} \geqslant 1$，代入式(2)得到

$$\ln \frac{g(x,y)}{f(x,y)} \geqslant \ln \frac{g(x_0,y_0)}{f(x_0,y_0)} \geqslant 0, \quad \forall(x,y) \in D,$$

即

$$f(x,y) \leqslant g(x,y) = \frac{2}{1-x^2-y^2}, \quad \forall(x,y) \in D。$$

综合训练

1. 根据 k 的不同取值，试确定方程 $x - \dfrac{\pi}{2}\sin x = k$ 在开区间 $\left(0, \dfrac{\pi}{2}\right)$ 内根的个数，并证明结论。

2. 设函数 $f(x)$ 在 $[0,1]$ 上连续，在 $(0,1)$ 内二阶可导，且 $f''(x) \neq 0$，满足 $\int_0^1 f(x)\mathrm{d}x = \int_0^1 xf(x)\mathrm{d}x = 0$，证明 $f(x)$ 在 $[0,1]$ 上恰好有两个零点。

3. 已知函数 $f(x)$ 具有连续导数，且满足 $a < f(x) < b$，$\max\limits_{a \leqslant x \leqslant b}|f'(x)| < 1$。

(1) 设函数 $g(x) = \dfrac{1}{2}(x + f(x))$，证明存在唯一的 x^*，使得 $g(x^*) = x^*$；

(2) 证明对任意给定的初值 $x_0 \in [a,b]$，由迭代公式 $x_{n+1} = \dfrac{1}{2}(x_n + f(x_n))$ 所确定的数列 $\{x_n\}$ 收敛于(1)中的点 x^*。

4. 设 $f(x)$ 在 $(-\infty, +\infty)$ 上具有二阶导数，且 $f''(x) > 0$，$\lim\limits_{x\to+\infty}f'(x) = a > 0$，$\lim\limits_{x\to-\infty}f'(x) = \beta < 0$，若存在一点 x_0，使得 $f(x_0) < 0$，证明方程 $f(x) = 0$ 在 $(-\infty, +\infty)$ 内恰有两个实根。

5. 设 $F(x,y,z)$ 和 $G(x,y,z)$ 有连续偏导数，$\dfrac{\partial(F,G)}{\partial(x,z)} \neq 0$，曲线 $\Gamma: \begin{cases} F(x,y,z) = 0, \\ G(x,y,z) = 0 \end{cases}$ 过点 $P_0(x_0,y_0,z_0)$，记 Γ 在 xOy 平面上的投影曲线为 S，求 S 上过点 (x_0,y_0) 的切线方程。

6. 设 $a,b,c,\mu > 0$，曲面 $xyz = \mu$ 与曲面 $\dfrac{x^2}{a^2} + \dfrac{y^2}{b^2} + \dfrac{z^2}{c^2} = 1$ 相切，求 μ 的值。

7. 过直线 $\begin{cases} 10x+2y-2z=27, \\ x+y-z=0 \end{cases}$ 作曲面 $3x^2+y^2-z^2=27$ 的切平面,求此切平面的方程。

8. 求曲面 $S:2x^2-2y^2+2z=1$ 上切平面与直线 $L:\begin{cases} 3x-2y-z=5, \\ x+y+z=0 \end{cases}$ 平行的切点的轨迹。

9. 设函数 $f(x,y,z)$ 连续,且
$$\int_0^3 \mathrm{d}x \int_0^{\sqrt{9-x^2}} \mathrm{d}y \int_{\frac{1}{4}(x^2+y^2)}^{\frac{9}{4}} f(x,y,z)\mathrm{d}z = \iiint\limits_{\Omega} f(x,y,z)\mathrm{d}v,$$
在闭区域 Ω 的边界曲面 S 上求一点 $P(x_0,y_0,z_0)$,使得曲面 S 在点 P 处的切平面 π 经过曲线 $\Gamma:\begin{cases} x^2-y^2+z^2=1, \\ xy+xz=-2, \end{cases}$ 在点 $Q(1,-1,-1)$ 处的切线 l。

10. 求函数 $y=|\sin x+\cos x+\tan x+\cot x+\sec x+\csc x|$ 的最小值。

11. 设非负函数 $f(x)$ 在 $[0,1]$ 上连续,且单调增加,$t\in[0,1]$,曲线 $y=f(x)$ 与直线 $y=f(1)$ 及 $x=t$ 围成图形的面积为 $S_1(t)$,与直线 $y=f(0)$ 及 $x=t$ 围成图形的面积为 $S_2(t)$。

(1) 证明存在唯一的 $t\in(0,1)$,使得 $S_1(t)=S_2(t)$。

(2) 当 t 取何值时两部分面积之和取最小值?

12. 设抛物线 $y=ax^2+bx+2\ln c$ 过原点,当 $0\leqslant x\leqslant 1$ 时,$y\geqslant 0$,又已知该抛物线与 x 轴及直线 $x=1$ 所围图形的面积为 $\dfrac{1}{3}$,试确定 a,b,c,使此图形绕 x 轴旋转一周而成的旋转体的体积 V 最小。

13. 一个半径为 $r(r<1)$ 的小球嵌入一个半径为 1 的球中,二球面的交线恰为一个半径为 r 的圆(即小球的大圆),问当 r 为何值时,位于小球内大球外那部分立体体积达到最大?

14. 已知 a,b 满足 $\displaystyle\int_a^b |x|\mathrm{d}x=\dfrac{1}{2}(a\leqslant 0\leqslant b)$,求曲线 $y=x^2+ax$ 与直线 $y=bx$ 所围区域面积的最大值和最小值。

15. 求在条件 $a^x b^y c^z=k$ 下函数 $(x+1)(y+1)(z+1)$ 的极值,其中 a,b,c 为非常数。

16. 已知三角形的周长为 l,求出这样的三角形,当它绕着自己的一边旋转一周所构成的旋转体的体积最大。

17. 设 $f(x,y)$ 是定义在 $x^2+y^2\leqslant 1$ 上且具有连续偏导数的实函数,$|f(x,y)|\leqslant 1$。证明在单位圆内有一点 (x_0,y_0),使得 $\left(\dfrac{\partial f(x_0,y_0)}{\partial x}\right)^2+\left(\dfrac{\partial f(x_0,y_0)}{\partial y}\right)^2\leqslant 16$。

第八讲

不定积分与定积分的计算

知识点

1. 原函数：如果在区间 I 上，$F'(x) = f(x)$，称 $F(x)$ 是 $f(x)$ 在区间 I 上的原函数。

2. 不定积分：设 $F(x)$ 是 $f(x)$ 在区间 I 上的一个原函数，则 $\int f(x)\mathrm{d}x = F(x) + C$，其中 C 称为积分常数。

3. 导数与不定积分的互逆运算：

(1) $\left(\int f(x)\mathrm{d}x\right)' = f(x)$，或 $\mathrm{d}\left(\int f(x)\mathrm{d}x\right) = f(x)\mathrm{d}x$；

(2) $\int f'(x)\mathrm{d}x = f(x) + C$，或 $\int \mathrm{d}f(x) = f(x) + C$。

4. 不定积分的线性运算法则：$\int (\alpha f(x) + \beta g(x))\mathrm{d}x = \alpha \int f(x)\mathrm{d}x + \beta \int g(x)\mathrm{d}x$。

5. 不定积分的凑微分法(配元法)：设 $f(x)$ 有原函数，$u = \varphi(x)$ 可导，则

$$\int f(\varphi(x))\varphi'(x)\mathrm{d}x = \int f(\varphi(x))\mathrm{d}\varphi(x)。$$

6. 常用配元形式：

(1) $\int f(ax + b)\mathrm{d}x = \frac{1}{a}\int f(ax + b)\mathrm{d}(ax + b)$；

(2) $\int f(x^n)x^{n-1}\mathrm{d}x = \frac{1}{n}\int f(x^n)\mathrm{d}(x^n)$（万能凑幂法）；

(3) $\int f(x^n)\frac{1}{x}\mathrm{d}x = \frac{1}{n}\int f(x^n)\frac{1}{x^n}\mathrm{d}(x^n)$（万能凑幂法）；

(4) $\int f(\sin x)\cos x\mathrm{d}x = \int f(\sin x)\mathrm{d}(\sin x)$；

(5) $\int f(\cos x)\sin x\mathrm{d}x = -\int f(\cos x)\mathrm{d}(\cos x)$；

(6) $\int f(\tan x)\sec^2 x\mathrm{d}x = \int f(\tan x)\mathrm{d}(\tan x)$；

(7) $\int f(\mathrm{e}^x)\mathrm{e}^x\mathrm{d}x = \int f(\mathrm{e}^x)\mathrm{d}(\mathrm{e}^x)$；

(8) $\displaystyle\int f(\ln x)\,\frac{1}{x}\mathrm{d}x=\int f(\ln x)\mathrm{d}(\ln x)$。

7. 不定积分的换元积分法：设 $x=\psi(t)$ 单调可微，且 $\psi'(t)\neq 0$，$f(\psi(t))\psi'(t)$ 有原函数，则

$$\int f(x)\mathrm{d}x=\int f(\psi(t))\psi'(t)\mathrm{d}t\,\bigg|_{t=\psi^{-1}(x)}。$$

8. 三角代换：

(1) $\displaystyle\int f(x,\sqrt{a^2-x^2})\mathrm{d}x$，令 $x=a\sin t$ 或 $x=a\cos t$；

(2) $\displaystyle\int f(x,\sqrt{a^2+x^2})\mathrm{d}x$，令 $x=a\tan t$；

(3) $\displaystyle\int f(x,\sqrt{x^2-a^2})\mathrm{d}x$，令 $x=a\sec t$。

9. 双曲代换：

(1) $\displaystyle\int f(x,\sqrt{a^2+x^2})\mathrm{d}x$，令 $x=a\,\mathrm{sh}t$；

(2) $\displaystyle\int f(x,\sqrt{x^2-a^2})\mathrm{d}x$，令 $x=a\,\mathrm{ch}t$。

10. 倒数代换：如果分母中因子的次幂较高时，可用倒数代换 $t=\dfrac{1}{x}$。

11. 无理代换：

(1) $\displaystyle\int f(x,\sqrt[n]{ax+b})\mathrm{d}x$，令 $t=\sqrt[n]{ax+b}$；

(2) $\displaystyle\int f\left(x,\sqrt[n]{\dfrac{ax+b}{cx+d}}\right)\mathrm{d}x$，令 $t=\sqrt[n]{\dfrac{ax+b}{cx+d}}$；

(3) $\displaystyle\int f(x,\sqrt[n]{ax+b},\sqrt[m]{ax+b})\mathrm{d}x$，令 $t=\sqrt[p]{ax+b}$，其中 p 是 m,n 的最小公倍数。

12. 三角函数有理式的积分 $\displaystyle\int R(\sin x,\cos x)\mathrm{d}x$。

(1) 万能代换：令 $t=\tan\dfrac{x}{2}$，则 $\sin x=\dfrac{2t}{1+t^2}$，$\cos x=\dfrac{1-t^2}{1+t^2}$，$\mathrm{d}x=\dfrac{2}{1+t^2}\mathrm{d}t$；

(2) $R(-\sin x,\cos x)=-R(\sin x,\cos x)$，令 $t=\cos x$；

(3) $R(\sin x,-\cos x)=-R(\sin x,\cos x)$，令 $t=\sin x$；

(4) $R(-\sin x,-\cos x)=R(\sin x,\cos x)$，令 $t=\tan x$。

13. 欧拉代换：对形如 $\displaystyle\int R(x,\sqrt{ax^2+bx+c})\mathrm{d}x$（其中 R 为有理函数）的积分，则

(1) 若 $a>0$，令 $\sqrt{ax^2+bx+c}=t\pm\sqrt{a}\,x$；

(2) 若 $c>0$，令 $\sqrt{ax^2+bx+c}=xt\pm\sqrt{c}$；

(3) 若 $ax^2+bx+c=a(x-\lambda)(x-\mu)(\lambda\neq\mu)$，令 $\sqrt{ax^2+bx+c}=t(x-\lambda)$；

(4) 若 $ax^2+bx+c=a(x-\lambda)(x-\mu)(\lambda\neq\mu)$，令 $t=\sqrt{a\cdot\dfrac{x-\mu}{x-\lambda}}$。

14. 不定积分的分部积分法：设 $u=u(x)$ 及 $v=v(x)$ 具有连续导数，则 $\int u\,\mathrm{d}v=uv-\int v\,\mathrm{d}u$。

15. 分部积分法中函数选取原则：按照"反对幂指三"的顺序，前者为 u，后者为 v'，其中"反"指反三角函数，"对"指对数函数，"幂"指幂函数，"指"指指数函数，"三"指三角函数。

16. 不定积分的循环积分法：通过分部积分产生一个关于所求积分的方程，再解此方程得到所求积分的方法。特别是当被积函数中同时含有指数函数和三角函数时，常用循环法。

17. 不定积分的配对积分法：为了计算不定积分 $I(x)=\int f(x)\,\mathrm{d}x$，找积分 $J(x)=\int g(x)\,\mathrm{d}x$ 及常数 $a,b,c,d(ad-bc\neq0)$，通过计算 $aI(x)+bJ(x)$ 和 $cI(x)+dJ(x)$ 再求出所求不定积分 $I(x)$ 的方法。

18. 不定积分的递推法：若被积函数 $f_n(x)$ 含有参数 $n\in\mathbf{N}^+$，为计算 $I_n(x)=\int f_n(x)\,\mathrm{d}x$，先化为含参数值较小的积分 $I_{n-k}(x)=\int f_{n-k}(x)\,\mathrm{d}x(0<k\leqslant n)$，形成一个递推关系，直到化为求参数值最小的一个或几个易求的积分。

19. "积不出来"的积分：

$$\int \mathrm{e}^{-x^2}\,\mathrm{d}x,\qquad \int\frac{1}{\ln x}\,\mathrm{d}x,\qquad \int\frac{\sin x}{x}\,\mathrm{d}x,\qquad \int\frac{\cos x}{x}\,\mathrm{d}x,$$

$$\int \sin x^2\,\mathrm{d}x,\qquad \int\cos x^2\,\mathrm{d}x,\qquad \int\frac{\mathrm{e}^x}{x}\,\mathrm{d}x,\qquad \int\sqrt{1+x^3}\,\mathrm{d}x,$$

$$\int\frac{\mathrm{d}x}{\sqrt{1-k^2\sin^2 x}},\qquad \int\sqrt{1-k^2\sin^2 x}\,\mathrm{d}x\quad(0<k<1)。$$

20. 定积分：$\int_a^b f(x)\,\mathrm{d}x=\lim\limits_{\lambda\to0}\sum\limits_{k=1}^n f(\xi_k)\Delta x_k$（分割取近似，求和取极限）。

21. 定积分的必要条件：若 $f(x)$ 在 $[a,b]$ 上可积，则 $f(x)$ 在 $[a,b]$ 上有界。

22. 定积分的充分条件：

(1) 若 $f(x)$ 在 $[a,b]$ 上连续，则 $f(x)$ 在 $[a,b]$ 上可积；

(2) 若 $f(x)$ 在 $[a,b]$ 上有界且只有有限个间断点，则 $f(x)$ 在 $[a,b]$ 上可积；

(3) 若 $f(x)$ 在 $[a,b]$ 上单调，则 $f(x)$ 在 $[a,b]$ 上可积。

23. 定积分的几何意义：

(1) 如果 $f(x)\geqslant0$，$\int_a^b f(x)\,\mathrm{d}x$ 表示由曲线 $y=f(x)$ 及直线 $x=a$，$x=b$ 和 x 轴所围成的曲边梯形的面积；

(2) 如果 $f(x)\leqslant0$，$\int_a^b f(x)\,\mathrm{d}x$ 表示由曲线 $y=f(x)$ 及直线 $x=a$，$x=b$ 和 x 轴所围成的曲边梯形的面积的负值；

(3) 如果 $f(x)$ 可正可负，$\int_a^b f(x)\,\mathrm{d}x$ 表示正负面积的代数和。

24. 设非负函数 $f(x)$ 在 $[a,b]$ 上连续,若 $\int_a^b f(x)\mathrm{d}x = 0$,则 $f(x) \equiv 0 (\forall x \in [a,b])$。

25. 定积分的性质:设函数 $f(x)$,$g(x)$ 在区间 $[a,b]$ 上可积,α,β 为常数。

(1) 线性性:$\int_a^b (\alpha f(x) + \beta g(x))\mathrm{d}x = \alpha \int_a^b f(x)\mathrm{d}x + \beta \int_a^b g(x)\mathrm{d}x$。

(2) 区间可加性:$\int_a^b f(x)\mathrm{d}x = \int_a^c f(x)\mathrm{d}x + \int_c^b f(x)\mathrm{d}x$。

(3) 保号性:若函数 $f(x) \geqslant 0$,则 $\int_a^b f(x)\mathrm{d}x \geqslant 0$;若函数 $f(x)$ 在区间 $[a,b]$ 上连续,非负,且不恒为零,则 $\int_a^b f(x)\mathrm{d}x > 0$。

(4) 比较定理:若 $f(x) \leqslant g(x)$,则 $\int_a^b f(x)\mathrm{d}x \leqslant \int_a^b g(x)\mathrm{d}x$。

(5) 定积分绝对值不等式:$\left| \int_a^b f(x)\mathrm{d}x \right| \leqslant \int_a^b |f(x)|\mathrm{d}x$。

(6) 估值定理:若 $m \leqslant f(x) \leqslant M$,则 $m(b-a) \leqslant \int_a^b f(x)\mathrm{d}x \leqslant M(b-a)$。

26. 微积分基本定理:设函数 $f(x)$ 在闭区间 $[a,b]$ 上可积,且 $F(x)$ 是 $f(x)$ 在 $[a,b]$ 上的一个原函数,则 $\int_a^b f(x)\mathrm{d}x = F(b) - F(a)$。

27. 变限积分函数的性质:

(1) 若 $f(x)$ 在 $[a,b]$ 上可积,则 $\varPhi(x) = \int_a^x f(t)\mathrm{d}t$ 在 $[a,b]$ 上连续;

(2) 若 $f(x)$ 在 $[a,b]$ 上连续,则 $\varPhi(x) = \int_a^x f(t)\mathrm{d}t$ 在 $[a,b]$ 上可导,且

$$\varPhi'(x) = \frac{\mathrm{d}}{\mathrm{d}x}\int_a^x f(t)\mathrm{d}t = f(x)。$$

28. 原函数存在定理:若 $f(x)$ 在 $[a,b]$ 上连续,则 $f(x)$ 在 $[a,b]$ 上存在原函数。

29. 变限积分函数的求导公式:设 $f(x)$ 连续,$\varphi(x)$,$\psi(x)$ 可导,则

(1) $\dfrac{\mathrm{d}}{\mathrm{d}x}\displaystyle\int_a^{\varphi(x)} f(t)\mathrm{d}t = f(\varphi(x))\varphi'(x)$;

(2) $\dfrac{\mathrm{d}}{\mathrm{d}x}\displaystyle\int_{\psi(x)}^{\varphi(x)} f(t)\mathrm{d}t = f(\varphi(x))\varphi'(x) - f(\psi(x))\psi'(x)$。

30. 定积分的换元积分法:设函数 $f(x)$ 在 $[a,b]$ 上连续,$x = \varphi(t)$ 满足 $\varphi(\alpha) = a$,$\varphi(\beta) = b$,$\varphi(t)$ 在 $[\alpha,\beta]$(或 $[\beta,\alpha]$)上具有连续导数,且 $\varphi(t) \in [a,b]$,则

$$\int_a^b f(x)\mathrm{d}x = \int_\alpha^\beta f(\varphi(t))\varphi'(t)\mathrm{d}t。$$

31. 定积分的分部积分法:设 $u(x)$ 与 $v(x)$ 在 $[a,b]$ 上有连续导数,则

$$\int_a^b u\,\mathrm{d}v = uv\Big|_a^b - \int_a^b v\,\mathrm{d}u。$$

32. 定积分的对称性:

(1) 设函数 $f(x)$ 在 $[0,a]$ 上连续,则 $\int_0^a f(x)\mathrm{d}x = \int_0^a f(a-x)\mathrm{d}x$。

(2) 设函数 $f(x)$ 在 $[a,b]$ 上连续,则 $\int_a^b f(x)\mathrm{d}x = \int_a^b f(a+b-x)\mathrm{d}x$。

（3）设函数 $f(x)$ 在 $[-a,a]$ 上连续，如果 $f(x)$ 为奇函数，则 $\int_{-a}^{a}f(x)\mathrm{d}x=0$；如果 $f(x)$ 为偶函数，则 $\int_{-a}^{a}f(x)\mathrm{d}x=2\int_{0}^{a}f(x)\mathrm{d}x$。

（4）设函数 $f(x)$ 在 $[0,a]$ 上连续，如果 $f(x)=-f(a-x)$，则 $\int_{0}^{a}f(x)\mathrm{d}x=0$；如果 $f(x)=f(a-x)$，则 $\int_{0}^{a}f(x)\mathrm{d}x=2\int_{0}^{\frac{a}{2}}f(x)\mathrm{d}x$。

33. 周期函数的积分：设 $f(x)$ 是以 T 为周期的连续函数，则对任意实数 a，有

$$\int_{a}^{a+T}f(x)\mathrm{d}x=\int_{0}^{T}f(x)\mathrm{d}x=\int_{-\frac{T}{2}}^{\frac{T}{2}}f(x)\mathrm{d}x。$$

34. 几个重要的积分：

（1）$\int_{0}^{a}\sqrt{a^{2}-x^{2}}\mathrm{d}x=\dfrac{1}{4}\pi a^{2}$；

（2）$\int_{0}^{\frac{\pi}{2}}f(\sin x)\mathrm{d}x=\int_{0}^{\frac{\pi}{2}}f(\cos x)\mathrm{d}x$；

（3）$\int_{0}^{\pi}xf(\sin x)\mathrm{d}x=\dfrac{\pi}{2}\int_{0}^{\pi}f(\sin x)\mathrm{d}x$；

（4）$\int_{0}^{2\pi}f(a\cos x+b\sin x)\mathrm{d}x=2\int_{0}^{\pi}f(\sqrt{a^{2}+b^{2}}\cos x)\mathrm{d}x$；

（5）$\int_{a}^{b}\dfrac{f(x)}{f(x)+f(a+b-x)}\mathrm{d}x=\dfrac{b-a}{2}$；

（6）$\int_{0}^{\frac{\pi}{2}}\sin^{n}x\mathrm{d}x=\int_{0}^{\frac{\pi}{2}}\cos^{n}x\mathrm{d}x=\begin{cases}\dfrac{(n-1)!!}{n!!}，&n\text{ 为奇数，}\\[3mm]\dfrac{(n-1)!!}{n!!}\cdot\dfrac{\pi}{2}，&n\text{ 为偶数。}\end{cases}$

典型例题

一、不定积分的计算

例 8.1　计算不定积分 $\displaystyle\int\dfrac{\mathrm{d}x}{1+x^{4}}$。

【解 1】$\displaystyle\int\dfrac{\mathrm{d}x}{1+x^{4}}=\dfrac{1}{2}\int\dfrac{(x^{2}+1)-(x^{2}-1)\mathrm{d}x}{1+x^{4}}=\dfrac{1}{2}\int\dfrac{1+\dfrac{1}{x^{2}}}{\dfrac{1}{x^{2}}+x^{2}}\mathrm{d}x-\dfrac{1}{2}\int\dfrac{1-\dfrac{1}{x^{2}}}{\dfrac{1}{x^{2}}+x^{2}}\mathrm{d}x$

$$=\dfrac{1}{2}\int\dfrac{\mathrm{d}\left(x-\dfrac{1}{x}\right)}{\left(x-\dfrac{1}{x}\right)^{2}+2}-\dfrac{1}{2}\int\dfrac{\mathrm{d}\left(x+\dfrac{1}{x}\right)}{\left(x+\dfrac{1}{x}\right)^{2}-2}$$

$$=\dfrac{1}{2\sqrt{2}}\arctan\dfrac{x^{2}-1}{\sqrt{2}\,x}-\dfrac{1}{4\sqrt{2}}\ln\left|\dfrac{x^{2}-\sqrt{2}\,x+1}{x^{2}+\sqrt{2}\,x+1}\right|+C。$$

【解 2】 $\displaystyle\int\frac{\mathrm{d}x}{1+x^4}=\int\frac{\mathrm{d}x}{(x^2+\sqrt{2}\,x+1)(x^2-\sqrt{2}\,x+1)}$

$$=\frac{\sqrt{2}}{4}\int\frac{x+\sqrt{2}}{x^2+\sqrt{2}\,x+1}\mathrm{d}x-\frac{\sqrt{2}}{4}\int\frac{x-\sqrt{2}}{x^2-\sqrt{2}\,x+1}\mathrm{d}x$$

$$=\frac{\sqrt{2}}{8}\ln\left|\frac{x^2+\sqrt{2}\,x+1}{x^2-\sqrt{2}\,x+1}\right|+$$

$$\frac{\sqrt{2}}{4}(\arctan(\sqrt{2}\,x+1)+\arctan(\sqrt{2}\,x-1))+C。$$

【解 3】(配对积分法)   记 $M(x)=\displaystyle\int\frac{\mathrm{d}x}{1+x^4},N(x)=\int\frac{x^2\,\mathrm{d}x}{1+x^4}$,则

$$M(x)-N(x)=\int\frac{1-x^2}{1+x^4}\mathrm{d}x=-\int\frac{1-\dfrac{1}{x^2}}{x^2+\dfrac{1}{x^2}}\mathrm{d}x=-\int\frac{\mathrm{d}\left(x+\dfrac{1}{x}\right)}{\left(x+\dfrac{1}{x}\right)^2-2}$$

$$=-\frac{1}{2\sqrt{2}}\ln\frac{x^2-\sqrt{2}\,x+1}{x^2+\sqrt{2}\,x+1}+C,$$

$$M(x)+N(x)=\int\frac{1+x^2}{1+x^4}\mathrm{d}x=\int\frac{1+\dfrac{1}{x^2}}{x^2+\dfrac{1}{x^2}}\mathrm{d}x=\int\frac{\mathrm{d}\left(x-\dfrac{1}{x}\right)}{\left(x-\dfrac{1}{x}\right)^2+2}$$

$$=\frac{1}{\sqrt{2}}\arctan\frac{1}{\sqrt{2}}\left(x-\frac{1}{x}\right)+C=\frac{1}{\sqrt{2}}\arctan\frac{x^2-1}{\sqrt{2}\,x}+C,$$

从而

$$M(x)=-\frac{1}{4\sqrt{2}}\ln\frac{x^2-\sqrt{2}\,x+1}{x^2+\sqrt{2}\,x+1}+\frac{1}{2\sqrt{2}}\arctan\frac{x^2-1}{\sqrt{2}\,x}+C。$$

例 8.2   计算不定积分 $\displaystyle\int\frac{\mathrm{d}x}{x\sqrt{x^2-1}}(x>0)$。

【解 1】 $\displaystyle\int\frac{\mathrm{d}x}{x\sqrt{x^2-1}}=\int\frac{\mathrm{d}x}{x^2\sqrt{1-\left(\dfrac{1}{x}\right)^2}}=-\int\frac{\mathrm{d}\left(\dfrac{1}{x}\right)}{\sqrt{1-\left(\dfrac{1}{x}\right)^2}}=-\arcsin\frac{1}{x}+C。$

【解 2】 $\displaystyle\int\frac{\mathrm{d}x}{x\sqrt{x^2-1}}=\int\frac{x\,\mathrm{d}x}{x^2\sqrt{x^2-1}}=\int\frac{\mathrm{d}\sqrt{x^2-1}}{(\sqrt{x^2-1})^2+1}=\arctan\sqrt{x^2-1}+C。$

【解 3】   令 $x=\dfrac{1}{t}$,则 $\mathrm{d}x=-\dfrac{1}{t^2}\mathrm{d}t$,从而

$$\int\frac{\mathrm{d}x}{x\sqrt{x^2-1}}=-\int\frac{1}{t^2}\cdot\frac{t^2\,\mathrm{d}x}{\sqrt{1-t^2}}=-\arcsin t+C=-\arcsin\frac{1}{x}+C。$$

【解4】 令 $x = \sec t$,则 $\mathrm{d}x = \sec t \tan t \, \mathrm{d}t$,从而

$$\int \frac{\mathrm{d}x}{x\sqrt{x^2-1}} = \int \frac{\sec t \tan t \, \mathrm{d}t}{\sec t \tan t} = \int \mathrm{d}t = t + C = \arccos \frac{1}{x} + C 。$$

【解5】 作欧拉变换 $\sqrt{x^2-1} = x - t$,则 $x = \dfrac{t^2+1}{2t}$, $\mathrm{d}x = \dfrac{t^2-1}{2t^2}\mathrm{d}t$,从而

$$\int \frac{\mathrm{d}x}{x\sqrt{x^2-1}} = \int \frac{2t \cdot 2t(t^2-1)}{2t^2(t^2+1)(1-t^2)}\mathrm{d}t = -2\int \frac{\mathrm{d}t}{t^2+1}$$

$$= -2\arctan t + C = -2\arctan(x - \sqrt{x^2-1}) + C 。$$

【解6】 作欧拉变换 $\sqrt{x^2-1} = (x-1)t$,则 $x = \dfrac{t^2+1}{t^2-1}$, $\mathrm{d}x = -\dfrac{4t\,\mathrm{d}t}{(t^2-1)^2}$,从而

$$\int \frac{\mathrm{d}x}{x\sqrt{x^2-1}} = \int \frac{(-4t)(t^2-1)^2}{2t(t^2+1)(t^2-1)^2}\mathrm{d}t = -2\int \frac{\mathrm{d}t}{t^2+1}$$

$$= -2\arctan t + C = -2\arctan(x - \sqrt{x^2-1}) + C 。$$

例 8.3 计算不定积分 $\displaystyle\int \frac{\mathrm{d}x}{x + \sqrt{x^2-x+1}}$ 。

【解1】 作欧拉变换 $\sqrt{x^2-x+1} = t - x$,则 $x = \dfrac{t^2-1}{2t-1}$, $\mathrm{d}x = \dfrac{2(t^2-t+1)}{(2t-1)^2}\mathrm{d}t$,从而

$$\int \frac{\mathrm{d}x}{x + \sqrt{x^2-x+1}} = \int \frac{2(t^2-t+1)}{t(2t-1)^2}\mathrm{d}t = \int \left(\frac{2}{t} - \frac{3}{2t-1} + \frac{3}{(2t-1)^2} \right) \mathrm{d}t$$

$$= -\frac{3}{2(2t-1)} + 2\ln|t| - \frac{3}{2}\ln|2t-1| + C$$

$$= -\frac{3}{2(2x + 2\sqrt{x^2-x+1} - 1)} - \frac{3}{2}\ln|2x +$$

$$2\sqrt{x^2-x+1} - 1| + 2\ln|x + \sqrt{x^2-x+1}| + C 。$$

【解2】 作欧拉变换 $\sqrt{x^2-x+1} = tx - 1$,则 $x = \dfrac{2t-1}{t^2-1}$, $\mathrm{d}x = -\dfrac{2(t^2-t+1)}{(t^2-1)^2}\mathrm{d}t$,故

$$\int \frac{\mathrm{d}x}{x + \sqrt{x^2-x+1}} = \int \frac{-2t^2+2t-2}{t(t-1)(t+1)^2}\mathrm{d}t = \int \left(\frac{2}{t} - \frac{1}{2(t-1)} - \frac{3}{2(t+1)} - \frac{3}{(t+1)^2} \right) \mathrm{d}t$$

$$= \frac{3}{t+1} + 2\ln|t| - \frac{1}{2}\ln|t-1| - \frac{3}{2}\ln|t+1| + C_1$$

$$= \frac{3x}{\sqrt{x^2-x+1} + x + 1} + 2\ln|\sqrt{x^2-x+1} + 1| -$$

$$\frac{1}{2}\ln|\sqrt{x^2-x+1} - x + 1| -$$

$$\frac{3}{2}\ln|\sqrt{x^2-x+1} + x + 1| + C , \quad C = C_1 + \frac{3}{2} 。$$

例 8.4 计算不定积分 $\displaystyle\int \frac{x\,\mathrm{e}^x}{\sqrt{\mathrm{e}^x-1}}\mathrm{d}x$。

【解 1】 因为

$$\int \frac{x\,\mathrm{e}^x}{\sqrt{\mathrm{e}^x-1}}\mathrm{d}x = \int \frac{x}{\sqrt{\mathrm{e}^x-1}}\mathrm{d}(\mathrm{e}^x-1) = 2\int x\,\mathrm{d}\sqrt{\mathrm{e}^x-1} = 2x\sqrt{\mathrm{e}^x-1} - 2\int \sqrt{\mathrm{e}^x-1}\,\mathrm{d}x,$$

令 $u=\sqrt{\mathrm{e}^x-1}$，则 $\mathrm{d}x=\dfrac{2u}{1+u^2}\mathrm{d}u$，因此

$$\int \frac{x\,\mathrm{e}^x}{\sqrt{\mathrm{e}^x-1}}\mathrm{d}x = 2x\sqrt{\mathrm{e}^x-1} - \int \frac{2u^2}{1+u^2}\mathrm{d}u$$

$$= 2x\sqrt{\mathrm{e}^x-1} - 4\sqrt{\mathrm{e}^x-1} + 4\arctan\sqrt{\mathrm{e}^x-1} + C。$$

【解 2】 令 $u=\sqrt{\mathrm{e}^x-1}$，则 $x=\ln(1+u^2)$，$\mathrm{d}x=\dfrac{2u}{1+u^2}\mathrm{d}u$，因此

$$\int \frac{x\,\mathrm{e}^x}{\sqrt{\mathrm{e}^x-1}}\mathrm{d}x = \int \frac{(1+u^2)\ln(1+u^2)}{u}\cdot\frac{2u}{1+u^2}\mathrm{d}u = 2\int \ln(1+u^2)\mathrm{d}u$$

$$= 2u\ln(1+u^2) - 4\int \frac{u^2}{1+u^2}\mathrm{d}u = 2u\ln(1+u^2) - 4u + 4\arctan u + C$$

$$= 2x\sqrt{\mathrm{e}^x-1} - 4\sqrt{\mathrm{e}^x-1} + 4\arctan\sqrt{\mathrm{e}^x-1} + C。$$

例 8.5 计算不定积分 $\displaystyle\int \left(1+x-\frac{1}{x}\right)\mathrm{e}^{x+\frac{1}{x}}\mathrm{d}x$。

【解 1】 $\displaystyle\int \left(1+x-\frac{1}{x}\right)\mathrm{e}^{x+\frac{1}{x}}\mathrm{d}x = \int (1+x)\left(1-\frac{1}{x^2}\right)\mathrm{e}^{x+\frac{1}{x}}\mathrm{d}x + \int \frac{1}{x^2}\mathrm{e}^{x+\frac{1}{x}}\mathrm{d}x$

$$= \int (1+x)\mathrm{d}\mathrm{e}^{x+\frac{1}{x}} + \int \frac{1}{x^2}\mathrm{e}^{x+\frac{1}{x}}\mathrm{d}x$$

$$= (1+x)\mathrm{e}^{x+\frac{1}{x}} - \int \left(1-\frac{1}{x^2}\right)\mathrm{e}^{x+\frac{1}{x}}\mathrm{d}x$$

$$= (1+x)\mathrm{e}^{x+\frac{1}{x}} - \mathrm{e}^{x+\frac{1}{x}} + C = x\,\mathrm{e}^{x+\frac{1}{x}} + C。$$

【解 2】 $\displaystyle\int \left(1+x-\frac{1}{x}\right)\mathrm{e}^{x+\frac{1}{x}}\mathrm{d}x = \int \mathrm{e}^{x+\frac{1}{x}}\mathrm{d}x + \int x\left(1-\frac{1}{x^2}\right)\mathrm{e}^{x+\frac{1}{x}}\mathrm{d}x$

$$= \int \mathrm{e}^{x+\frac{1}{x}}\mathrm{d}x + \int x\,\mathrm{d}\mathrm{e}^{x+\frac{1}{x}} = \int \mathrm{e}^{x+\frac{1}{x}}\mathrm{d}x + x\,\mathrm{e}^{x+\frac{1}{x}} - \int \mathrm{e}^{x+\frac{1}{x}}\mathrm{d}x$$

$$= x\,\mathrm{e}^{x+\frac{1}{x}} + C。$$

例 8.6 计算不定积分 $\displaystyle\int \frac{x\ln x}{(1+x^2)^2}\mathrm{d}x$。

【解 1】 $\displaystyle\int \frac{x\ln x}{(1+x^2)^2}\mathrm{d}x = -\frac{1}{2}\int \ln x\,\mathrm{d}\left(\frac{1}{1+x^2}\right) = -\frac{1}{2}\left(\frac{\ln x}{1+x^2} - \int \frac{1}{x(1+x^2)}\mathrm{d}x\right)$

$$= -\frac{\ln x}{2(1+x^2)} + \frac{1}{2}\int \left(\frac{1}{x} - \frac{x}{1+x^2}\right)\mathrm{d}x$$

$$= -\frac{\ln x}{2(1+x^2)} + \frac{1}{2}\ln x - \frac{1}{4}\ln(1+x^2) + C。$$

【解 2】 令 $x = \tan\theta, \theta \in \left(0, \dfrac{\pi}{2}\right)$，则

$$\int \frac{x\ln x}{(1+x^2)^2}\,\mathrm{d}x = \int \frac{\tan\theta\ln\tan\theta}{\sec^4\theta}\sec^2\theta\,\mathrm{d}\theta = \int \sin\theta\cos\theta(\ln\sin\theta - \ln\cos\theta)\,\mathrm{d}\theta$$

$$= \int \sin\theta\cos\theta\ln\sin\theta\,\mathrm{d}\theta - \int \sin\theta\cos\theta\ln\cos\theta\,\mathrm{d}\theta,$$

因为

$$\int \sin\theta\cos\theta\ln\sin\theta\,\mathrm{d}\theta = \int \sin\theta\ln\sin\theta\,\mathrm{d}\sin\theta \xrightarrow{u=\sin\theta} \int u\ln u\,\mathrm{d}u,$$

$$\int \sin\theta\cos\theta\ln\cos\theta\,\mathrm{d}\theta = -\int \cos\theta\ln\cos\theta\,\mathrm{d}\cos\theta \xrightarrow{u=\cos\theta} -\int u\ln u\,\mathrm{d}u,$$

而

$$\int u\ln u\,\mathrm{d}u = \frac{1}{2}\int \ln u\,\mathrm{d}u^2 = \frac{1}{4}u^2(2\ln u - 1) + C,$$

回代得

$$\int \sin\theta\cos\theta\ln\sin\theta\,\mathrm{d}\theta = \frac{1}{4}\sin^2\theta(2\ln\sin\theta - 1) + C_1,$$

$$\int \sin\theta\cos\theta\ln\cos\theta\,\mathrm{d}\theta = -\frac{1}{4}\cos^2\theta(2\ln\cos\theta - 1) + C_2,$$

所以

$$\int \frac{x\ln x}{(1+x^2)^2}\,\mathrm{d}x = \frac{1}{4}\sin^2\theta(2\ln\sin\theta - 1) + \frac{1}{4}\cos^2\theta(2\ln\cos\theta - 1) + C'$$

$$= \frac{1}{2}(\sin^2\theta\ln\sin\theta + (1-\sin^2\theta)\ln\cos\theta) + C' - \frac{1}{4}$$

$$= \frac{1}{2}(\sin^2\theta\ln\tan\theta + \ln\cos\theta) + C = \frac{1}{2}\left(\frac{x^2}{1+x^2}\ln x - \frac{1}{2}\ln(1+x^2)\right) + C$$

$$= \frac{1}{2}\ln x - \frac{\ln x}{2(1+x^2)} - \frac{1}{4}\ln(1+x^2) + C。$$

例 8.7 计算不定积分 $\displaystyle\int \ln\left(1 + \sqrt{\frac{1+x}{x}}\right)\mathrm{d}x\ (x > 0)$。

【解 1】 令 $\sqrt{\dfrac{1+x}{x}} = t\ (t>1)$ 得 $x = \dfrac{1}{t^2-1}, \mathrm{d}x = \dfrac{-2t\,\mathrm{d}t}{(t^2-1)^2}$，则

$$\int \ln\left(1 + \sqrt{\frac{1+x}{x}}\right)\mathrm{d}x = \int \ln(1+t)\cdot\frac{-2t\,\mathrm{d}t}{(t^2-1)^2} = \int \ln(1+t)\,\mathrm{d}\left(\frac{1}{t^2-1}\right)$$

$$= \frac{\ln(1+t)}{t^2-1} - \int \frac{1}{t^2-1}\cdot\frac{1}{t+1}\mathrm{d}t$$

$$= \frac{\ln(1+t)}{t^2-1} - \int \left(\frac{1}{4(t-1)} - \frac{1}{4(t+1)} - \frac{1}{2(t+1)^2}\right)\mathrm{d}t$$

$$= \frac{\ln(1+t)}{t^2-1} + \frac{1}{4}\ln\frac{t+1}{t-1} - \frac{1}{2(t+1)} + C$$

$$= x\ln\left(1 + \sqrt{\frac{1+x}{x}}\right) + \frac{1}{2}\ln(\sqrt{1+x} + \sqrt{x}) - \frac{1}{2}\sqrt{x}(\sqrt{1+x} - \sqrt{x}) + C$$

$$= x\ln\left(1 + \sqrt{\frac{1+x}{x}}\right) + \frac{1}{2}\ln(\sqrt{1+x} + \sqrt{x}) - \frac{1}{2}\sqrt{x(1+x)} + \frac{1}{2}r + C_。$$

【解2】 $\displaystyle\int\ln\left(1 + \sqrt{\frac{1+x}{x}}\right)\mathrm{d}x = x\ln\left(1 + \sqrt{\frac{1+x}{x}}\right) - \int x \cdot \frac{1}{1 + \sqrt{\frac{1+x}{x}}} \cdot \left(\sqrt{\frac{1+x}{x}}\right)'\mathrm{d}x$

$$= x\ln\left(1 + \sqrt{\frac{1+x}{x}}\right) - \frac{1}{2}\int\left(\frac{\sqrt{x}}{\sqrt{1+x}} - 1\right)\mathrm{d}x$$

$$= x\ln\left(1 + \sqrt{\frac{1+x}{x}}\right) + \frac{1}{2}x - \frac{1}{2}\int\frac{\sqrt{x}}{\sqrt{1+x}}\mathrm{d}x,$$

令$\sqrt{1+x} = u$ 得 $x = u^2 - 1(u > 1)$,$\mathrm{d}x = 2u\,\mathrm{d}u$,则

$$I = \int\sqrt{\frac{x}{1+x}}\mathrm{d}x = \int\frac{\sqrt{u^2-1}}{u} \cdot 2u\,\mathrm{d}u = 2\int\sqrt{u^2-1}\,\mathrm{d}u$$

$$= 2u\sqrt{u^2-1} - 2\int\frac{u^2}{\sqrt{u^2-1}}\mathrm{d}u = 2u\sqrt{u^2-1} - 2\int\sqrt{u^2-1}\,\mathrm{d}u - 2\int\frac{1}{\sqrt{u^2-1}}\mathrm{d}u$$

$$= 2u\sqrt{u^2-1} - 2\ln(u + \sqrt{u^2-1}) - I,$$

因此

$$I = u\sqrt{u^2-1} - \ln(u + \sqrt{u^2-1}) + C = \sqrt{x(1+x)} - \ln(\sqrt{1+x} + \sqrt{x}) + C,$$

从而

$$\int\ln\left(1 + \sqrt{\frac{1+x}{x}}\right)\mathrm{d}x = x\ln\left(1 + \sqrt{\frac{1+x}{x}}\right) + \frac{1}{2}x +$$

$$\frac{1}{2}\ln(\sqrt{1+x} + \sqrt{x}) - \frac{1}{2}\sqrt{x(1+x)} + C_。$$

例 8.8 计算不定积分 $\displaystyle\int\frac{\ln(x + \sqrt{1+x^2})}{(1+x^2)^{3/2}}\mathrm{d}x$。

【解1】 令 $x = \tan t$,则

$\displaystyle\int\frac{\ln(x + \sqrt{1+x^2})}{(1+x^2)^{3/2}}\mathrm{d}x = \int\frac{\ln(\tan t + \sec t)}{\sec t}\mathrm{d}t = \int\ln(\tan t + \sec t)\mathrm{d}(\sin t)$

$$= \sin t\ln(\tan t + \sec t) - \int\sin t \cdot \frac{\sec^2 t + \tan t\sec t}{\tan t + \sec t}\mathrm{d}t$$

$$= \sin t\ln(\tan t + \sec t) - \int\frac{\sin t}{\cos t}\mathrm{d}t = \sin t\ln(\tan t + \sec t) + \ln|\cos t| + C$$

$$= \frac{x}{\sqrt{1+x^2}}\ln(x + \sqrt{1+x^2}) - \frac{1}{2}\ln(1+x^2) + C_。$$

【解2】 $\displaystyle\int\frac{\ln(x + \sqrt{1+x^2})}{(1+x^2)^{3/2}}\mathrm{d}x = \int\ln(x + \sqrt{1+x^2})\mathrm{d}\left(\frac{x}{\sqrt{1+x^2}}\right)$

$$= \frac{x}{\sqrt{1+x^2}} \ln(x + \sqrt{1+x^2}) -$$

$$\int \frac{x}{\sqrt{1+x^2}} \frac{1}{x+\sqrt{1+x^2}} \left(1 + \frac{x}{\sqrt{1+x^2}}\right) \mathrm{d}x$$

$$= \frac{x}{\sqrt{1+x^2}} \ln(x + \sqrt{1+x^2}) - \int \frac{x}{1+x^2} \mathrm{d}x$$

$$= \frac{x}{\sqrt{1+x^2}} \ln(x + \sqrt{1+x^2}) - \frac{1}{2}\ln(1+x^2) + C。$$

例 8.9　计算不定积分 $\displaystyle\int \frac{\mathrm{e}^{x\sin x + \cos x}(x^4\cos^3 x - x\sin x + \cos x)}{x^2\cos^2 x} \mathrm{d}x$。

【解 1】　$\displaystyle\int \frac{\mathrm{e}^{x\sin x + \cos x}(x^4\cos^3 x - x\sin x + \cos x)}{x^2\cos^2 x} \mathrm{d}x$

$$= \int \mathrm{e}^{x\sin x + \cos x} \left(\frac{1}{x^2\cos x} - \frac{\sin x}{x\cos^2 x} + x^2\cos x\right) \mathrm{d}x$$

$$= \int \mathrm{e}^{x\sin x + \cos x} \left(\frac{1}{x^2\cos x} - \frac{\sin x}{x\cos^2 x} + 1 + x^2\cos x - 1\right) \mathrm{d}x$$

$$= \int \mathrm{e}^{x\sin x + \cos x} \left(\left(\frac{1}{x^2\cos x} - \frac{\sin x}{x\cos^2 x} + 1\right) + x\cos x\left(x - \frac{1}{x\cos x}\right)\right) \mathrm{d}x$$

$$= \mathrm{e}^{x\sin x + \cos x} \left(x - \frac{1}{x\cos x}\right) + C。$$

【解 2】　因为

$$\left(\frac{\mathrm{e}^{x\sin x + \cos x}}{x\cos x}\right)' = \mathrm{e}^{x\sin x + \cos x} - \frac{\mathrm{e}^{x\sin x + \cos x}(\cos x - x\sin x)}{(x\cos x)^2},$$

$$(x\mathrm{e}^{x\sin x + \cos x})' = \mathrm{e}^{x\sin x + \cos x} + x\mathrm{e}^{x\sin x + \cos x}x\cos x = \mathrm{e}^{x\sin x + \cos x}(1 + x^2\cos x),$$

所以

$$\int \frac{\mathrm{e}^{x\sin x + \cos x}(x^4\cos^3 x - x\sin x + \cos x)}{x^2\cos^2 x} \mathrm{d}x$$

$$= \int \left(\mathrm{e}^{x\sin x + \cos x}(1 + x^2\cos x) - \mathrm{e}^{x\sin x + \cos x} + \frac{\mathrm{e}^{x\sin x + \cos x}(\cos x - x\sin x +)}{(x\cos x)^2}\right) \mathrm{d}x$$

$$= x\mathrm{e}^{x\sin x + \cos x} - \frac{\mathrm{e}^{x\sin x + \cos x}}{x\cos x} + C = \mathrm{e}^{x\sin x + \cos x}\left(x - \frac{1}{x\cos x}\right) + C。$$

【解 3】　因为

$$\int \frac{\mathrm{e}^{x\sin x + \cos x}(x^4\cos^3 x - x\sin x + \cos x)}{x^2\cos^2 x} \mathrm{d}x$$

$$= \int \mathrm{e}^{x\sin x + \cos x}(x^2\cos x) \mathrm{d}x + \int \frac{\mathrm{e}^{x\sin x + \cos x}(\cos x - x\sin x)}{x^2\cos^2 x} \mathrm{d}x$$

$$= \int x \mathrm{d}(\mathrm{e}^{x\sin x + \cos x}) - \int \mathrm{e}^{x\sin x + \cos x} \mathrm{d}\left(\frac{1}{x\cos x}\right)$$

$$= x\mathrm{e}^{x\sin x+\cos x} - \int \mathrm{e}^{x\sin x+\cos x}\mathrm{d}x - \frac{\mathrm{e}^{x\sin x+\cos x}}{x\cos x} + \int \frac{1}{x\cos x}\mathrm{d}(\mathrm{e}^{x\sin x+\cos x})$$

$$= \mathrm{e}^{x\sin x+\cos x}\left(x - \frac{1}{x\cos x}\right) - \int \mathrm{e}^{x\sin x+\cos x}\mathrm{d}x + \int \mathrm{e}^{x\sin x+\cos x}\mathrm{d}x$$

$$= \mathrm{e}^{x\sin x+\cos x}\left(x - \frac{1}{x\cos x}\right) + C。$$

例 8.10　计算不定积分 $I = \int x\arctan x\ln(1+x^2)\mathrm{d}x$。

【解 1】　因为 $((1+x^2)\arctan x - x)' = 2x\arctan x$，所以

$$\int x\arctan x\ln(1+x^2)\mathrm{d}x = \frac{1}{2}\int \ln(1+x^2)\mathrm{d}((1+x^2)\arctan x - x)$$

$$= \frac{1}{2}\ln(1+x^2)((1+x^2)\arctan x - x) - \frac{1}{2}\int \left(2x\arctan x - \frac{2x^2}{1+x^2}\right)\mathrm{d}x$$

$$= \frac{1}{2}\ln(1+x^2)((1+x^2)\arctan x - x) - \frac{1}{2}((1+x^2)\arctan x - x) + \int \frac{x^2}{1+x^2}\mathrm{d}x$$

$$= \frac{1}{2}\ln(1+x^2)((1+x^2)\arctan x - x) - \frac{1}{2}((1+x^2)\arctan x - x) + x - \arctan x + C$$

$$= \frac{1}{2}\arctan x((1+x^2)\ln(1+x^2) - x^2 - 3) - \frac{1}{2}x\ln(1+x^2) + \frac{3}{2}x + C。$$

【解 2】　因为 $((1+x^2)\ln(1+x^2) - x^2)' = 2x\ln(1+x^2)$，所以

$$\int x\arctan x\ln(1+x^2)\mathrm{d}x = \int \arctan x\mathrm{d}\left(\frac{1}{2}(1+x^2)\ln(1+x^2) - \frac{1}{2}x^2\right)$$

$$= \arctan x\left(\frac{1}{2}(1+x^2)\ln(1+x^2) - \frac{1}{2}x^2\right) - \int \left(\frac{1}{2}(1+x^2)\ln(1+x^2) - \frac{1}{2}x^2\right)\frac{1}{1+x^2}\mathrm{d}x$$

$$= \frac{1}{2}\arctan x((1+x^2)\ln(1+x^2) - x^2) - \frac{1}{2}\int \left(\ln(1+x^2) - \frac{x^2}{1+x^2}\right)\mathrm{d}x$$

$$= \frac{1}{2}\arctan x((1+x^2)\ln(1+x^2) - x^2) - $$

$$\frac{1}{2}x\ln(1+x^2)+\frac{3}{2}\int\frac{x^2}{1+x^2}\mathrm{d}x$$

$$=\frac{1}{2}\arctan x\left((1+x^2)\ln(1+x^2)-x^2-3\right)-$$

$$\frac{1}{2}x\ln(1+x^2)+\frac{3}{2}x+C_{\circ}$$

例 8.11　已知 $f(x)$ 在 $\left(\frac{1}{4},\frac{1}{2}\right)$ 内满足 $f'(x)=\dfrac{1}{\sin^3 x+\cos^3 x}$，求 $f(x)$。

【解 1】　$f(x)=\displaystyle\int\frac{1}{\sin^3 x+\cos^3 x}\mathrm{d}x=\int\frac{\sin^2 x+\cos^2 x}{\sin^3 x+\cos^3 x}\mathrm{d}x$

$$=\frac{1}{3}\int\frac{2}{\sin x+\cos x}\mathrm{d}x+\frac{1}{3}\int\frac{\sin x+\cos x}{\sin^2 x+\cos^2 x-\sin x\cos x}\mathrm{d}x$$

$$=\frac{\sqrt{2}}{3}\int\frac{1}{\cos\left(x-\frac{\pi}{4}\right)}\mathrm{d}x+\frac{2}{3}\int\frac{\mathrm{d}(\sin x-\cos x)}{1+(\sin x-\cos x)^2}$$

$$=\frac{\sqrt{2}}{3}\ln\left|\sec\left(x-\frac{\pi}{4}\right)+\tan\left(x-\frac{\pi}{4}\right)\right|+\frac{2}{3}\arctan(\sin x-\cos x)+C_{\circ}$$

【解 2】　由 $\sin^3 x+\cos^3 x=\dfrac{1}{\sqrt{2}}\cos\left(\dfrac{\pi}{4}-x\right)\left(1+2\sin^2\left(\dfrac{\pi}{4}-x\right)\right)$，得

$$I=\sqrt{2}\int\frac{\mathrm{d}x}{\cos\left(\frac{\pi}{4}-x\right)\left(1+2\sin^2\left(\frac{\pi}{4}-x\right)\right)},$$

令 $u=\dfrac{\pi}{4}-x$，得

$$I=-\sqrt{2}\int\frac{\mathrm{d}u}{\cos u(1+2\sin^2 u)}=-\sqrt{2}\int\frac{\mathrm{d}\sin u}{\cos^2 u(1+2\sin^2 u)}$$

$$\xlongequal{t=\sin u}-\sqrt{2}\int\frac{\mathrm{d}t}{(1-t^2)(1+2t^2)}=-\frac{\sqrt{2}}{3}\left(\int\frac{\mathrm{d}t}{1-t^2}+\int\frac{2\mathrm{d}t}{1+2t^2}\right)$$

$$=-\frac{\sqrt{2}}{3}\left(\frac{1}{2}\ln\left|\frac{1+t}{1-t}\right|+\sqrt{2}\arctan\sqrt{2}t\right)+C$$

$$=-\frac{\sqrt{2}}{6}\ln\left|\frac{1+\sin\left(\frac{\pi}{4}-x\right)}{1-\sin\left(\frac{\pi}{4}-x\right)}\right|-\frac{2}{3}\arctan\left(\sqrt{2}\sin\left(\frac{\pi}{4}-x\right)\right)+C_{\circ}$$

例 8.12　设 $y(x-y)^2=x$，计算不定积分 $\displaystyle\int\frac{\mathrm{d}x}{x-3y}$。

【解】　记 $t=x-y$，则曲线 $y(x-y)^2=x$ 的参数方程为 $x=\dfrac{t^3}{t^2-1}$，$y=\dfrac{t}{t^2-1}$，从而

$$\int\frac{\mathrm{d}x}{x-3y}=\int\frac{\mathrm{d}\left(\dfrac{t^3}{t^2-1}\right)}{\dfrac{t^3}{t^2-1}-\dfrac{3t}{t^2-1}}=\int\frac{t}{t^2-1}\mathrm{d}t$$

$$=\frac{1}{2}\ln|t^2-1|+C=\frac{1}{2}\ln|(x-y)^2-1|+C。$$

例 8.13 设隐函数 $y=y(x)$ 由方程 $y^2(x-y)=x^2$ 确定,计算不定积分 $\int\frac{1}{y^2}\mathrm{d}x$。

【解】 令 $y=tx$,则 $x=\dfrac{1}{t^2(1-t)}$,$y=\dfrac{1}{t(1-t)}$,$\mathrm{d}x=\dfrac{-2+3t}{t^3(1-t)^2}\mathrm{d}t$,因此

$$\int\frac{1}{y^2}\mathrm{d}x=\int\frac{-2+3t}{t}\mathrm{d}t=3t-2\ln|t|+C=\frac{3y}{x}-2\ln\left|\frac{y}{x}\right|+C。$$

例 8.14 已知 $\left(\int\mathrm{d}x+\int y\mathrm{d}x+\int y^2\mathrm{d}x+\int y^3\mathrm{d}x\right)\int\dfrac{1-y}{1-y^4}\mathrm{d}x=-1$,求 $x=f(y)$ 的表达式。

【解】 设 $\varphi(x)=1+y+y^2+y^3$,则已知条件可化为

$$\left(\int\varphi(x)\mathrm{d}x\right)\int\frac{1}{\varphi(x)}\mathrm{d}x=-1,\quad 即\quad \int\frac{1}{\varphi(x)}\mathrm{d}x=-\frac{1}{\int\varphi(x)\mathrm{d}x},$$

两边对 x 求导,得

$$\frac{1}{\varphi(x)}=\frac{\varphi(x)}{\left(\int\varphi(x)\mathrm{d}x\right)^2},\quad 即\quad \varphi(x)=\pm\int\varphi(x)\mathrm{d}x,$$

再次对 x 求导,得

$$\varphi'(x)=\pm\varphi(x),$$

解得

$$\varphi(x)=C_1\mathrm{e}^{\pm x},$$

从而 $C_1\mathrm{e}^{\pm x}=1+y+y^2+y^3$,即 $x=\pm\ln|1+y+y^2+y^3|+C$,其中 $C=\ln C_1$ 为任意常数。

二、定积分的计算

例 8.15 计算积分 $\displaystyle\int_{-2}^{2}x\ln(1+\mathrm{e}^x)\mathrm{d}x$。

【解】 令 $f(x)=x\ln(1+\mathrm{e}^x)$,由于积分区间为对称区间,但被积函数为非奇非偶函数,则将被积函数 $f(x)$ 可以表示为偶函数与奇函数之和,即

$$f(x)=\frac{1}{2}(f(x)+f(-x))+\frac{1}{2}(f(x)-f(-x))$$

$$=\frac{1}{2}(x\ln(1+\mathrm{e}^x)+(-x)\ln(1+\mathrm{e}^{-x}))+\frac{1}{2}(x\ln(1+\mathrm{e}^x)-(-x)\ln(1+\mathrm{e}^{-x}))$$

$$=\frac{1}{2}x^2+\frac{1}{2}(x\ln(1+\mathrm{e}^x)-(-x)\ln(1+\mathrm{e}^{-x})),$$

其中 $\dfrac{1}{2}(x\ln(1+\mathrm{e}^x)-(-x)\ln(1+\mathrm{e}^{-x}))$ 为奇函数,故

$$\int_{-2}^{2}x\ln(1+\mathrm{e}^x)\mathrm{d}x=\int_{-2}^{2}\frac{1}{2}x^2\mathrm{d}x+\int_{-2}^{2}\frac{1}{2}(x\ln(1+\mathrm{e}^x)-(-x)\ln(1+\mathrm{e}^{-x}))\mathrm{d}x$$

$$=\int_{0}^{2}x^2\mathrm{d}x=\frac{8}{3}。$$

例 8.16　计算积分 $\displaystyle\int_{-\pi}^{\pi}\frac{x\sin x\cdot\arctan\mathrm{e}^{x}}{1+\cos^{2}x}\mathrm{d}x$。

【解】　$\displaystyle\int_{-\pi}^{\pi}\frac{x\sin x\cdot\arctan\mathrm{e}^{x}}{1+\cos^{2}x}\mathrm{d}x=\int_{-\pi}^{0}\frac{x\sin x\cdot\arctan\mathrm{e}^{x}}{1+\cos^{2}x}\mathrm{d}x+\int_{0}^{\pi}\frac{x\sin x\cdot\arctan\mathrm{e}^{x}}{1+\cos^{2}x}\mathrm{d}x$

$$=\int_{0}^{\pi}\frac{x\sin x\cdot\arctan\mathrm{e}^{-x}}{1+\cos^{2}x}\mathrm{d}x+\int_{0}^{\pi}\frac{x\sin x\cdot\arctan\mathrm{e}^{x}}{1+\cos^{2}x}\mathrm{d}x$$

$$=\int_{0}^{\pi}\frac{x\sin x}{1+\cos^{2}x}(\arctan\mathrm{e}^{-x}+\arctan\mathrm{e}^{x})\mathrm{d}x$$

$$=\frac{\pi}{2}\int_{0}^{\pi}\frac{x\sin x}{1+\cos^{2}x}\mathrm{d}x=\left(\frac{\pi}{2}\right)^{2}\int_{0}^{\pi}\frac{\sin x}{1+\cos^{2}x}\mathrm{d}x$$

$$=-\left(\frac{\pi}{2}\right)^{2}\arctan(\cos x)\Big|_{0}^{\pi}=\frac{\pi^{3}}{8}。$$

例 8.17　计算积分 $I=\displaystyle\int_{0}^{1}\frac{\ln(1+x)}{1+x^{2}}\mathrm{d}x$。

【解 1】　令 $x=\tan t$，$\mathrm{d}x=\sec^{2}t\,\mathrm{d}t$，则

$$I=\int_{0}^{1}\frac{\ln(1+x)}{1+x^{2}}\mathrm{d}x=\int_{0}^{\frac{\pi}{4}}\ln(1+\tan t)\mathrm{d}t，$$

由于

$$\ln\left(1+\tan\left(\frac{\pi}{4}-t\right)\right)=\ln\left(1+\frac{1-\tan t}{1+\tan t}\right)=\ln\frac{2}{1+\tan t}=\ln 2-\ln(1+\tan t)，$$

即

$$\ln\left(1+\tan\left(\frac{\pi}{4}-t\right)\right)-\frac{1}{2}\ln 2=-\left(\ln(1+\tan t)-\frac{1}{2}\ln 2\right)，$$

从而函数 $\ln(1+\tan t)-\dfrac{1}{2}\ln 2$ 关于区间 $\left[0,\dfrac{\pi}{4}\right]$ 中点是奇函数，则

$$I=\int_{0}^{\frac{\pi}{4}}\ln(1+\tan t)\mathrm{d}t=\int_{0}^{\frac{\pi}{4}}\left(\ln(1+\tan t)-\frac{1}{2}\ln 2\right)\mathrm{d}t+\int_{0}^{\frac{\pi}{4}}\frac{1}{2}\ln 2\mathrm{d}x=\frac{\pi}{8}\ln 2。$$

【解 2】　令 $x=\tan t$，$\mathrm{d}x=\sec^{2}t\,\mathrm{d}t$，则

$$I=\int_{0}^{\frac{\pi}{4}}\ln(1+\tan t)\mathrm{d}t=\int_{0}^{\frac{\pi}{4}}\ln\frac{\cos t+\sin t}{\cos t}\mathrm{d}t=\int_{0}^{\frac{\pi}{4}}\ln\frac{\sqrt{2}\cos\left(\frac{\pi}{4}-t\right)}{\cos t}\mathrm{d}t$$

$$=\ln\sqrt{2}\cdot t\Big|_{0}^{\frac{\pi}{4}}-\int_{0}^{\frac{\pi}{4}}\ln\cos\left(\frac{\pi}{4}-t\right)\mathrm{d}\left(\frac{\pi}{4}-t\right)-\int_{0}^{\frac{\pi}{4}}\ln\cos t\,\mathrm{d}t$$

$$=\frac{\pi}{8}\ln 2-\int_{\frac{\pi}{4}}^{0}\ln\cos u\,\mathrm{d}u-\int_{0}^{\frac{\pi}{4}}\ln\cos t\,\mathrm{d}t=\frac{\pi}{8}\ln 2。$$

例 8.18　计算积分 $\displaystyle\int_{-\frac{\pi}{4}}^{\frac{\pi}{4}}\frac{\mathrm{e}^{\frac{x}{2}}(\cos x-\sin x)}{\sqrt{\cos x}}\mathrm{d}x$。

【**解 1**】 $\displaystyle\int_{-\frac{\pi}{4}}^{\frac{\pi}{4}} \frac{\mathrm{e}^{\frac{x}{2}}(\cos x - \sin x)}{\sqrt{\cos x}}\mathrm{d}x = 2\int_{-\frac{\pi}{4}}^{\frac{\pi}{4}}\left(\frac{1}{2}\mathrm{e}^{\frac{x}{2}}\sqrt{\cos x} - \frac{1}{2}\mathrm{e}^{\frac{x}{2}}\frac{\sin x}{\sqrt{\cos x}}\right)\mathrm{d}x$

$$= 2\int_{-\frac{\pi}{4}}^{\frac{\pi}{4}}\mathrm{d}(\mathrm{e}^{\frac{x}{2}}\sqrt{\cos x}) = 2(\mathrm{e}^{\frac{x}{2}}\sqrt{\cos x})\Big|_{-\frac{\pi}{4}}^{\frac{\pi}{4}}$$

$$= 2\sqrt{\frac{\sqrt{2}}{2}}(\mathrm{e}^{\frac{\pi}{8}} - \mathrm{e}^{-\frac{\pi}{8}}) = 2^{\frac{7}{4}}\sinh\frac{\pi}{8}。$$

【**解 2**】 $\displaystyle\int_{-\frac{\pi}{4}}^{\frac{\pi}{4}} \frac{\mathrm{e}^{\frac{x}{2}}(\cos x - \sin x)}{\sqrt{\cos x}}\mathrm{d}x = 2\int_{-\frac{\pi}{4}}^{\frac{\pi}{4}}\left(\frac{1}{2}\mathrm{e}^{\frac{x}{2}}\sqrt{\cos x} - \frac{1}{2}\mathrm{e}^{\frac{x}{2}}\frac{\sin x}{\sqrt{\cos x}}\right)\mathrm{d}x$

$$= \int_{-\frac{\pi}{4}}^{\frac{\pi}{4}}\mathrm{e}^{\frac{x}{2}}\sqrt{\cos x}\,\mathrm{d}x - \int_{-\frac{\pi}{4}}^{\frac{\pi}{4}}\frac{\mathrm{e}^{\frac{x}{2}}\sin x}{\sqrt{\cos x}}\mathrm{d}x$$

$$= \int_{-\frac{\pi}{4}}^{\frac{\pi}{4}}\mathrm{e}^{\frac{x}{2}}\sqrt{\cos x}\,\mathrm{d}x + 2\int_{-\frac{\pi}{4}}^{\frac{\pi}{4}}\mathrm{e}^{\frac{x}{2}}\mathrm{d}(\sqrt{\cos x})$$

$$= \int_{-\frac{\pi}{4}}^{\frac{\pi}{4}}\mathrm{e}^{\frac{x}{2}}\sqrt{\cos x}\,\mathrm{d}x + 2(\mathrm{e}^{\frac{x}{2}}\sqrt{\cos x})\Big|_{-\frac{\pi}{4}}^{\frac{\pi}{4}} -$$

$$\int_{-\frac{\pi}{4}}^{\frac{\pi}{4}}\mathrm{e}^{\frac{x}{2}}\sqrt{\cos x}\,\mathrm{d}x = 2^{\frac{7}{4}}\sinh\frac{\pi}{8}。$$

【**解 3**】 $\displaystyle\int_{-\frac{\pi}{4}}^{\frac{\pi}{4}} \frac{\mathrm{e}^{\frac{x}{2}}(\cos x - \sin x)}{\sqrt{\cos x}}\mathrm{d}x = \int_{0}^{\frac{\pi}{4}} \frac{\mathrm{e}^{\frac{x}{2}}(\cos x - \sin x)}{\sqrt{\cos x}}\mathrm{d}x + \int_{-\frac{\pi}{4}}^{0} \frac{\mathrm{e}^{\frac{x}{2}}(\cos x - \sin x)}{\sqrt{\cos x}}\mathrm{d}x$

$$= \int_{0}^{\frac{\pi}{4}}\left(\frac{\mathrm{e}^{\frac{x}{2}}(\cos x - \sin x)}{\sqrt{\cos x}} + \frac{\mathrm{e}^{-\frac{x}{2}}(\cos x + \sin x)}{\sqrt{\cos x}}\right)\mathrm{d}x$$

$$= 2\int_{0}^{\frac{\pi}{4}}\left(\frac{(\mathrm{e}^{\frac{x}{2}} + \mathrm{e}^{-\frac{x}{2}})}{2}\sqrt{\cos x} - \frac{(\mathrm{e}^{\frac{x}{2}} - \mathrm{e}^{-\frac{x}{2}})}{2}\frac{\sin x}{\sqrt{\cos x}}\right)\mathrm{d}x$$

$$= 2\int_{0}^{\frac{\pi}{4}}\left(\cosh\frac{x}{2}\cdot\sqrt{\cos x} - \sinh\frac{x}{2}\cdot\frac{\sin x}{\sqrt{\cos x}}\right)\mathrm{d}x$$

$$= 4\left(\sinh\frac{x}{2}\sqrt{\cos x}\right)\Big|_{0}^{\frac{\pi}{4}} = 2^{\frac{7}{4}}\sinh\frac{\pi}{8}。$$

例 8.19 计算 $I = \displaystyle\int_{0}^{\frac{\pi}{2}}\sin x\ln(\sin x)\mathrm{d}x$。

【**解 1**】 被积函数在 $x=0$ 处没有定义,但由 $\sin x \sim x(x\to 0^{+})$ 和 $x\ln x\to 0(x\to 0^{+})$ 可知被积函数在 $x=0$ 右侧有界,此积分为定积分,则

$$I = \int_{0}^{\frac{\pi}{2}}\sin x\ln(\sin x)\mathrm{d}x = \int_{0}^{\frac{\pi}{2}}\ln(\sin x)\mathrm{d}(1-\cos x)$$

$$= (1-\cos x)\ln(\sin x)\Big|_{0}^{\frac{\pi}{2}} - \int_{0}^{\frac{\pi}{2}}(1-\cos x)\mathrm{d}\ln(\sin x) = -\int_{0}^{\frac{\pi}{2}}(1-\cos x)\frac{\cos x}{\sin x}\mathrm{d}x$$

$$= -\int_{0}^{\frac{\pi}{2}}\frac{\sin x\cos x}{1+\cos x}\mathrm{d}x = \int_{0}^{\frac{\pi}{2}}\left(-\sin x + \frac{\sin x}{1+\cos x}\right)\mathrm{d}x$$

$$= \left[\cos x - \ln(1+\cos x)\right]_{0}^{\frac{\pi}{2}} = \ln 2 - 1。$$

【注】 如果使用如下分部积分：

$$I = \int_0^{\frac{\pi}{2}} \ln(\sin x) \, \mathrm{d}(-\cos x) = -\cos x \ln(\sin x) \Big|_0^{\frac{\pi}{2}} + \int_0^{\frac{\pi}{2}} \cos x \, \mathrm{d} \ln(\sin x),$$

则右边第一项为无穷大，因此不能解决问题。

【解2】 令 $x = 2t$，则

$$I = 2 \int_0^{\frac{\pi}{4}} \sin 2t \ln(\sin 2t) \, \mathrm{d}t$$

$$= 2\ln 2 \int_0^{\frac{\pi}{4}} \sin 2t \, \mathrm{d}t + 2\left(\int_0^{\frac{\pi}{4}} \sin 2t \ln(\sin t) \, \mathrm{d}t + \int_0^{\frac{\pi}{4}} \sin 2t \ln(\cos t) \, \mathrm{d}t \right),$$

因为

$$2\ln 2 \int_0^{\frac{\pi}{4}} \sin 2t \, \mathrm{d}t \xrightarrow{\;2t = x\;} \ln 2 \int_0^{\frac{\pi}{2}} \sin x \, \mathrm{d}x = \ln 2,$$

$$\int_0^{\frac{\pi}{4}} \sin 2t \ln(\cos t) \, \mathrm{d}t \xrightarrow{\;s = \frac{\pi}{2} - t\;} \int_{\frac{\pi}{4}}^{\frac{\pi}{2}} \sin 2s \ln(\sin s) \, \mathrm{d}s,$$

所以

$$I = \ln 2 + 2 \int_0^{\frac{\pi}{2}} \sin 2t \ln(\sin t) \, \mathrm{d}t = \ln 2 + 4 \int_0^{\frac{\pi}{2}} \sin t \cos t \ln(\sin t) \, \mathrm{d}t,$$

令 $\sin t = u$，则

$$I = \ln 2 + 4 \int_0^1 u \ln u \, \mathrm{d}u = \ln 2 + 2u^2 \ln u \Big|_{0^+}^1 - \int_0^1 2u \, \mathrm{d}u = \ln 2 - 1.$$

例 8.20 设 n 为正整数，计算积分 $\int_{\mathrm{e}^{-2n\pi}}^1 \left| \dfrac{\mathrm{d}}{\mathrm{d}x} \cos\left(\ln \dfrac{1}{x} \right) \right| \ln \dfrac{1}{x} \, \mathrm{d}x$。

【解】 因为 $\dfrac{\mathrm{d}}{\mathrm{d}x} \cos\left(\ln \dfrac{1}{x} \right) = \dfrac{1}{x} \sin\left(\ln \dfrac{1}{x} \right)$，所以

$$\int_{\mathrm{e}^{-2n\pi}}^1 \left| \frac{\mathrm{d}}{\mathrm{d}x} \cos\left(\ln \frac{1}{x} \right) \right| \ln \frac{1}{x} \, \mathrm{d}x = \int_{\mathrm{e}^{-2n\pi}}^1 \left| \sin\left(\ln \frac{1}{x} \right) \right| \frac{1}{x} \ln \frac{1}{x} \, \mathrm{d}x.$$

令 $t = \ln \dfrac{1}{x}$，则

$$\int_{\mathrm{e}^{-2n\pi}}^1 \left| \frac{\mathrm{d}}{\mathrm{d}x} \cos\left(\ln \frac{1}{x} \right) \right| \ln \frac{1}{x} \, \mathrm{d}x = \int_0^{2n\pi} t \, |\sin t| \, \mathrm{d}t = \sum_{k=0}^{n-1} \left(\int_{2k\pi}^{(2k+1)\pi} t \sin t \, \mathrm{d}t - \int_{(2k+1)\pi}^{(2k+2)\pi} t \sin t \, \mathrm{d}t \right)$$

$$= \sum_{k=0}^{n-1} (-t\cos t + \sin t) \Big|_{2k\pi}^{(2k+1)\pi} - \sum_{k=0}^{n-1} (-t\cos t + \sin t) \Big|_{(2k+1)\pi}^{(2k+2)\pi}$$

$$= \sum_{k=0}^{n-1} ((4k+1)\pi + (4k+3)\pi) = 4\pi \sum_{k=0}^{n-1} (2k+1) = 4n^2\pi.$$

例 8.21 设 n 为给定的正整数，$[a]$ 表示不超过 a 的最大整数，计算

$$\int_0^1 [nx] \frac{\ln x + \ln(1-x)}{\sqrt{x(1-x)}} \, \mathrm{d}x.$$

【解1】 $\displaystyle\int_0^1 [nx]\frac{\ln x+\ln(1-x)}{\sqrt{x(1-x)}}\mathrm{d}x = \sum_{k=0}^{n-1} k\int_{\frac{k}{n}}^{\frac{k+1}{n}}\frac{\ln x+\ln(1-x)}{\sqrt{x(1-x)}}\mathrm{d}x$

$\displaystyle = \sum_{k=1}^{n-1} k\int_{\frac{k}{n}}^{\frac{k+1}{n}}\frac{\ln x+\ln(1-x)}{\sqrt{x(1-x)}}\mathrm{d}x$

$\displaystyle = \sum_{k=1}^{n-1}\sum_{i=1}^{k}\int_{\frac{k}{n}}^{\frac{k+1}{n}}\frac{\ln x+\ln(1-x)}{\sqrt{x(1-x)}}\mathrm{d}x$

$\displaystyle = \sum_{i=1}^{n-1}\sum_{k=i}^{n-1}\int_{\frac{k}{n}}^{\frac{k+1}{n}}\frac{\ln x+\ln(1-x)}{\sqrt{x(1-x)}}\mathrm{d}x$

$\displaystyle = \sum_{i=1}^{n-1}\int_{\frac{i}{n}}^{1}\frac{\ln x+\ln(1-x)}{\sqrt{x(1-x)}}\mathrm{d}x$

$\displaystyle \xLongequal{1-x=t} \sum_{i=1}^{n-1}\int_0^{\frac{n-i}{n}}\frac{\ln(1-t)+\ln t}{\sqrt{(1-t)t}}\mathrm{d}t$

$\displaystyle = \sum_{i=1}^{n-1}\int_0^{\frac{i}{n}}\frac{\ln x+\ln(1-x)}{\sqrt{x(1-x)}}\mathrm{d}x$

$\displaystyle = \frac{1}{2}\sum_{i=1}^{n-1}\int_0^1\frac{\ln x+\ln(1-x)}{\sqrt{x(1-x)}}\mathrm{d}x$

$\displaystyle \xLongequal{x=\sin^2 u}\frac{n-1}{2}\int_0^{\frac{\pi}{2}}\frac{\ln(\sin^2 u\cos^2 u)}{\sin u\cos u}\cdot 2\sin u\cos u\,\mathrm{d}u$

$\displaystyle = 2(n-1)\int_0^{\frac{\pi}{2}}(\ln\sin u+\ln\cos u)\mathrm{d}u$

$\displaystyle = 4(n-1)\int_0^{\frac{\pi}{2}}\ln\sin u\,\mathrm{d}u = -2(n-1)\pi\ln 2.$

【解2】 当 $k<x<k+1$ 时，$[x]=k$，且 $n-k-1<n-x<n-k$，$[n-x]=n-k-1$，则

$$[x]+[n-x] = \begin{cases} n-1, & x\neq k,\\ n, & x=k. \end{cases}$$

于是

$\displaystyle\int_0^1 [nx]\frac{\ln x+\ln(1-x)}{\sqrt{x(1-x)}}\mathrm{d}x = \int_0^1 [n(1-x)]\frac{\ln x+\ln(1-x)}{\sqrt{x(1-x)}}\mathrm{d}x$

$\displaystyle = \frac{1}{2}\int_0^1([nx]+[n(1-x)])\frac{\ln x+\ln(1-x)}{\sqrt{x(1-x)}}\mathrm{d}x$

$\displaystyle = \frac{n-1}{2}\int_0^1\frac{\ln x+\ln(1-x)}{\sqrt{x(1-x)}}\mathrm{d}x$

$\displaystyle \xLongequal{x=\sin^2 u}\frac{n-1}{2}\int_0^{\frac{\pi}{2}}\frac{\ln(\sin^2 u\cos^2 u)}{\sin u\cos u}\cdot 2\sin u\cos u\,\mathrm{d}u$

$\displaystyle = 2(n-1)\int_0^{\frac{\pi}{2}}(\ln\sin u+\ln\cos u)\mathrm{d}u$

$\displaystyle = 4(n-1)\int_0^{\frac{\pi}{2}}\ln\sin u\,\mathrm{d}u = -2(n-1)\pi\ln 2.$

例 8.22   设 m,n 为自然数,计算 $B(m,n)=\int_0^1 x^{m-1}(1-x)^{n-1}\mathrm{d}x$。

【解】 $B(m,n)=\int_0^1 x^{m-1}(1-x)^{n-1}\mathrm{d}x=\dfrac{1}{m}\int_0^1(1-x)^{n-1}\mathrm{d}x^m$

$$=\frac{1}{m}x^m(1-x)^{n-1}\Big|_0^1+\frac{n-1}{m}\int_0^1 x^m(1-x)^{n-2}\mathrm{d}x$$

$$=\frac{n-1}{m}B(m+1,n-1),$$

连续应用上式,得

$$B(m,n)=\frac{n-1}{m}\cdot\frac{n-2}{m+1}\cdot\cdots\cdot\frac{(n-1)-(n-2)}{m+(n-2)}B(m+n-1,1)$$

$$=\frac{n-1}{m}\cdot\frac{n-2}{m+1}\cdot\cdots\cdot\frac{(n-1)-(n-2)}{m+(n-2)}\int_0^1 x^{m+n-2}\mathrm{d}x$$

$$=\frac{n-1}{m}\cdot\frac{n-2}{m+1}\cdot\cdots\cdot\frac{(n-1)-(n-2)}{m+(n-2)}\cdot\frac{1}{m+(n-1)}$$

$$=\frac{(n-1)!(m-1)!}{(m+n-1)!}。$$

例 8.23   设 $y'(x)=\arctan(x-1)^2$,且 $y(0)=0$,求 $\int_0^1 y(x)\mathrm{d}x$。

【解】 $\displaystyle\int_0^1 y(x)\mathrm{d}x=xy(x)\Big|_0^1-\int_0^1 xy'(x)\mathrm{d}x=y(1)-\int_0^1 x\arctan(x-1)^2\mathrm{d}x$

$$=y(1)-\int_0^1\arctan(x-1)^2\mathrm{d}x-\int_0^1(x-1)\arctan(x-1)^2\mathrm{d}x$$

$$=y(1)-(y(1)-y(0))-\int_0^1(x-1)\arctan(x-1)^2\mathrm{d}x$$

$$=-\frac{1}{2}\int_0^1\arctan(x-1)^2\mathrm{d}(x-1)^2\xlongequal{u=(x-1)^2}\frac{1}{2}\int_0^1\arctan u\,\mathrm{d}u$$

$$=\frac{1}{2}u\arctan u\Big|_0^1-\frac{1}{2}\int_0^1\frac{u}{1+u^2}\mathrm{d}u$$

$$=\frac{1}{2}\times\frac{\pi}{4}-\frac{1}{4}\ln(1+u^2)\Big|_0^1=\frac{\pi}{8}-\frac{1}{4}\ln2。$$

例 8.24   设 $f(x)=\displaystyle\int_{\sqrt{\frac{\pi}{2}}}^{\sqrt{x}}\frac{\mathrm{d}u}{1+\tan u^2}$,计算积分 $\int_0^{\frac{\pi}{2}}\dfrac{f(x)}{\sqrt{x}}\mathrm{d}x$。

【解 1】   因为 $f'(x)=\dfrac{1}{1+\tan x}\dfrac{1}{2\sqrt{x}}$,由分部积分法得

$$\int_0^{\frac{\pi}{2}}\frac{f(x)}{\sqrt{x}}\mathrm{d}x=2\int_0^{\frac{\pi}{2}}f(x)\mathrm{d}\sqrt{x}=2\left(\sqrt{x}f(x)\Big|_0^{\frac{\pi}{2}}-\int_0^{\frac{\pi}{2}}\sqrt{x}f'(x)\mathrm{d}x\right)$$

$$=-2\int_0^{\frac{\pi}{2}}\sqrt{x}f'(x)\mathrm{d}x=-\int_0^{\frac{\pi}{2}}\frac{\mathrm{d}x}{1+\tan x},$$

记 $J=\displaystyle\int_0^{\frac{\pi}{2}}\frac{\mathrm{d}x}{1+\tan x}$,令 $u=\dfrac{\pi}{2}-x$,则

$$J=\int_0^{\frac{\pi}{2}}\frac{\mathrm{d}x}{1+\tan x}=\int_{\frac{\pi}{2}}^0\frac{-\mathrm{d}u}{1+\cot u}=\int_0^{\frac{\pi}{2}}\frac{\tan x}{1+\tan x}\mathrm{d}x,$$

从而

$$J = \frac{1}{2}\left(\int_0^{\frac{\pi}{2}} \frac{\mathrm{d}x}{1+\tan x} + \int_0^{\frac{\pi}{2}} \frac{\tan x}{1+\tan x}\mathrm{d}x\right) = \frac{1}{2}\int_0^{\frac{\pi}{2}} \frac{1+\tan x}{1+\tan x}\mathrm{d}x = \frac{\pi}{4},$$

所以 $\int_0^{\frac{\pi}{2}} \frac{f(x)}{\sqrt{x}}\mathrm{d}x = -\frac{\pi}{4}$。

【解 2】 因为 $f(x) = \int_{\sqrt{\frac{\pi}{2}}}^{\sqrt{x}} \frac{\mathrm{d}u}{1+\tan u^2}$，则

$$\int_0^{\frac{\pi}{2}} \frac{f(x)}{\sqrt{x}}\mathrm{d}x = \int_0^{\frac{\pi}{2}} \frac{\mathrm{d}x}{\sqrt{x}}\int_{\sqrt{\frac{\pi}{2}}}^{\sqrt{x}} \frac{\mathrm{d}u}{1+\tan u^2} = -\int_0^{\frac{\pi}{2}} \frac{\mathrm{d}x}{\sqrt{x}}\int_{\sqrt{x}}^{\sqrt{\frac{\pi}{2}}} \frac{\mathrm{d}u}{1+\tan u^2}$$

$$= -\int_0^{\sqrt{\frac{\pi}{2}}} \frac{\mathrm{d}u}{1+\tan u^2}\int_0^{u^2} \frac{\mathrm{d}x}{\sqrt{x}} = -\int_0^{\sqrt{\frac{\pi}{2}}} \frac{2u\,\mathrm{d}u}{1+\tan u^2} = -\int_0^{\frac{\pi}{2}} \frac{\mathrm{d}t}{1+\tan t},$$

记 $I_1 = \int_0^{\frac{\pi}{2}} \frac{\sin x}{\sin x + \cos x}\mathrm{d}x$，$I_2 = \int_0^{\frac{\pi}{2}} \frac{\cos x}{\sin x + \cos x}\mathrm{d}x$，则

$$I_1 + I_2 = \int_0^{\frac{\pi}{2}} \mathrm{d}x = \frac{\pi}{2},$$

$$I_1 - I_2 = \int_0^{\frac{\pi}{2}} \frac{\sin x - \cos x}{\sin x + \cos x}\mathrm{d}x = -\ln(\sin x + \cos x)\Big|_0^{\frac{\pi}{2}} = 0,$$

故 $I_1 = I_2 = \frac{\pi}{4}$，从而

$$\int_0^{\frac{\pi}{2}} \frac{\mathrm{d}x}{1+\tan x} = \int_0^{\frac{\pi}{2}} \frac{\cos x}{\sin x + \cos x}\mathrm{d}x = \frac{\pi}{4},$$

所以 $\int_0^{\frac{\pi}{2}} \frac{f(x)}{\sqrt{x}}\mathrm{d}x = -\frac{\pi}{4}$。

例 8.25 设 $f(x) = \sum_{n=1}^{\infty} x^n \ln x$，计算积分 $\int_0^1 f(x)\mathrm{d}x$。

【证】 因为

$$\int_0^1 x^n \ln x\,\mathrm{d}x = \frac{1}{n+1}\int_0^1 \ln x\,\mathrm{d}(x^{n+1}) = \frac{1}{n+1}x^{n+1}\ln x\Big|_0^1 - \frac{1}{n+1}\int_0^1 x^n\,\mathrm{d}x = -\frac{1}{(n+1)^2},$$

交换积分与求和次序，得

$$\int_0^1 f(x)\mathrm{d}x = \int_0^1 \left(\sum_{n=1}^{\infty} x^n \ln x\right)\mathrm{d}x = \sum_{n=1}^{\infty}\int_0^1 (x^n \ln x)\mathrm{d}x$$

$$= -\sum_{n=1}^{\infty} \frac{1}{(n+1)^2} = 1 - \sum_{n=1}^{\infty} \frac{1}{n^2} = 1 - \frac{\pi^2}{6}。$$

例 8.26 设 $f(x)$ 在 $[a,b]$ 上连续，证明 $2\int_a^b f(x)\left(\int_x^b f(t)\mathrm{d}t\right)\mathrm{d}x = \left(\int_a^b f(x)\mathrm{d}x\right)^2$。

【证 1】 令 $F(x) = \int_x^b f(t)\mathrm{d}t$，则 $F(x)$ 在 $[a,b]$ 上可导，且 $F'(x) = -f(x)$，因此

$$2\int_a^b f(x)\left(\int_x^b f(t)\mathrm{d}t\right)\mathrm{d}x = 2\int_a^b f(x)F(x)\mathrm{d}x = -2\int_a^b F'(x)F(x)\mathrm{d}x$$

$$= -2\int_a^b F(x)\mathrm{d}F(x) = -F^2(x)\Big|_a^b = F^2(a) - F^2(b) = \left(\int_a^b f(x)\mathrm{d}x\right)^2。$$

【证2】 $2\displaystyle\int_a^b f(x)\left(\int_x^b f(t)\mathrm{d}t\right)\mathrm{d}x = \int_a^b f(x)\mathrm{d}x\int_x^b f(t)\mathrm{d}t + \int_a^b f(x)\mathrm{d}x\int_x^b f(t)\mathrm{d}t$

$$= \int_a^b f(x)\mathrm{d}x\int_x^b f(t)\mathrm{d}t + \int_a^b f(t)\mathrm{d}t\int_a^t f(x)\mathrm{d}x$$

$$= \int_a^b f(x)\mathrm{d}x\left(\int_x^b f(t)\mathrm{d}t + \int_a^x f(t)\mathrm{d}t\right)$$

$$= \int_a^b f(x)\mathrm{d}x\int_a^b f(t)\mathrm{d}t = \left(\int_a^b f(x)\mathrm{d}x\right)^2 。$$

例 8.27　设 k,m,n 为正整数,证明 $\displaystyle\sum_{k=0}^n (-1)^k C_n^k \frac{1}{1+k+m} = \sum_{k=0}^m (-1)^k C_m^k \frac{1}{1+k+n}$。

【证1】　设 $f(x) = \displaystyle\sum_{k=0}^n (-1)^k C_n^k \frac{x^{1+k+m}}{1+k+m}$, $g(x) = \displaystyle\sum_{k=0}^m (-1)^k C_m^k \frac{x^{1+k+n}}{1+k+n} (x>0)$,

则

$$f'(x) = \sum_{k=0}^n (-1)^k C_n^k x^{k+m} = x^m(1-x)^n,$$

$$g'(x) = \sum_{k=0}^m (-1)^k C_m^k x^{k+n} = x^n(1-x)^m,$$

从而

$$f(1) = f(0) + \int_0^1 x^m(1-x)^n\mathrm{d}x = \int_0^1 x^m(1-x)^n\mathrm{d}x,$$

$$g(1) = g(0) + \int_0^1 x^n(1-x)^m\mathrm{d}x = \int_0^1 x^n(1-x)^m\mathrm{d}x,$$

对积分 $\displaystyle\int_0^1 x^m(1-x)^n\mathrm{d}x$ 作变量代换 $1-x=t$,得

$$\int_0^1 x^m(1-x)^n\mathrm{d}x = \int_0^1 t^n(1-t)^m\mathrm{d}t = \int_0^1 x^n(1-x)^m\mathrm{d}x,$$

因此 $f(1)=g(1)$,即

$$\sum_{k=0}^n (-1)^k C_n^k \frac{1}{1+k+m} = \sum_{k=0}^m (-1)^k C_m^k \frac{1}{1+k+n} 。$$

【证2】　考虑到 $\dfrac{1}{1+k+m} = \displaystyle\int_0^1 x^{k+m}\mathrm{d}x$,则

$$\sum_{k=0}^n (-1)^k C_n^k \frac{1}{1+k+m} = \int_0^1 \sum_{k=0}^n (-1)^k C_n^k x^{k+m}\mathrm{d}x = \int_0^1 x^m \sum_{k=0}^n (-1)^k C_n^k x^k \mathrm{d}x$$

$$= \int_0^1 x^m(1-x)^n\mathrm{d}x 。$$

同理

$$\sum_{k=0}^m (-1)^k C_m^k \frac{1}{1+k+n} = \int_0^1 x^n(1-x)^m\mathrm{d}x 。$$

令 $1-x=y$,得

$$\int_0^1 x^m(1-x)^n\mathrm{d}x = \int_0^1 y^n(1-y)^m\mathrm{d}y,$$

所以 $\sum\limits_{k=0}^{n} (-1)^k \mathrm{C}_n^k \dfrac{1}{1+k+m} = \sum\limits_{k=0}^{m} (-1)^k \mathrm{C}_m^k \dfrac{1}{1+k+n}$。

例 8.28 设 n 为正整数，证明：

(1) $I_n = \displaystyle\int_0^{\frac{\pi}{2}} \dfrac{\sin(2n+1)x}{\sin x}\,\mathrm{d}x = \dfrac{\pi}{2}$；

(2) $J_n = \displaystyle\int_0^{\frac{\pi}{2}} \dfrac{\sin 2nx}{\sin x}\,\mathrm{d}x = 2\left(1 - \dfrac{1}{3} + \dfrac{1}{5} - \dfrac{1}{7} + \cdots + \dfrac{(-1)^{n-1}}{2n-1}\right)$。

(1)**【证 1】** 因为 $\sin(2n+1)x = 2\sin x \cos 2nx + \sin(2n-1)x$，所以

$$\int_0^{\frac{\pi}{2}} \dfrac{\sin(2n+1)x}{\sin x}\,\mathrm{d}x = \int_0^{\frac{\pi}{2}} 2\cos 2nx\,\mathrm{d}x + \int_0^{\frac{\pi}{2}} \dfrac{\sin(2n-1)x}{\sin x}\,\mathrm{d}x$$

$$= \int_0^{\frac{\pi}{2}} \dfrac{\sin(2n-1)x}{\sin x}\,\mathrm{d}x = \cdots = \int_0^{\frac{\pi}{2}} \dfrac{\sin(2-1)x}{\sin x}\,\mathrm{d}x = \dfrac{\pi}{2}。$$

【证 2】 注意到对于每个固定的 n，总有

$$\lim_{x \to 0} \dfrac{\sin(2n+1)x}{\sin x} = 2n+1，$$

所以被积函数在 $x=0$ 点处有界（$x=0$ 不是被积函数的奇点）。又

$$\sin(2n+1)x - \sin(2n-1)x = 2\sin x \cos 2nx，$$

于是

$$I_n - I_{n-1} = \int_0^{\frac{\pi}{2}} \dfrac{\sin(2n+1)x - \sin(2n-1)x}{\sin x}\,\mathrm{d}x = 2\int_0^{\frac{\pi}{2}} \cos 2nx\,\mathrm{d}x = \dfrac{1}{n}\sin 2nx\,\Big|_0^{\frac{\pi}{2}} = 0，$$

上面的等式对于一切大于 1 的自然数 n 均成立，则 $I_n = I_{n-1} = \cdots = I_1$，而

$$I_1 = \int_0^{\frac{\pi}{2}} \dfrac{\sin 3x}{\sin x}\,\mathrm{d}x = \int_0^{\frac{\pi}{2}} \dfrac{\cos 2x \sin x + \sin 2x \cos x}{\sin x}\,\mathrm{d}x = \int_0^{\frac{\pi}{2}} \cos 2x\,\mathrm{d}x + 2\int_0^{\frac{\pi}{2}} \cos^2 x\,\mathrm{d}x = \dfrac{\pi}{2}，$$

所以

$$I_n = \int_0^{\frac{\pi}{2}} \dfrac{\sin(2n+1)x}{\sin x}\,\mathrm{d}x = \dfrac{\pi}{2}。$$

(2)**【证】** 由恒等式 $\sin nx - \sin(n-2)x = 2\sin x \cos(n-1)x$，得

$$\sin nx = 2\sin x \cos(n-1)x + \sin(n-2)x，$$

则

$$J_n = \int_0^{\frac{\pi}{2}} \dfrac{\sin 2nx}{\sin x}\,\mathrm{d}x = 2\int_0^{\frac{\pi}{2}} \cos(2n-1)x\,\mathrm{d}x + \int_0^{\frac{\pi}{2}} \dfrac{\sin(2n-2)x}{\sin x}\,\mathrm{d}x$$

$$= 2\dfrac{(-1)^{n-1}}{2n-1} + \int_0^{\frac{\pi}{2}} \dfrac{\sin(2n-2)x}{\sin x}\,\mathrm{d}x = 2\dfrac{(-1)^{n-1}}{2n-1} + J_{n-1}，$$

从而

$$J_n = \int_0^{\frac{\pi}{2}} \dfrac{\sin 2nx}{\sin x}\,\mathrm{d}x = 2\left(1 - \dfrac{1}{3} + \dfrac{1}{5} - \dfrac{1}{7} + \cdots + \dfrac{(-1)^{n-1}}{2n-1}\right)。$$

例 8.29 设 $I_n = \displaystyle\int_0^{\frac{\pi}{2}} \dfrac{\sin nx}{\sin x}\,\mathrm{d}x$，$J_n = \displaystyle\int_0^{\pi} \dfrac{\sin nx}{\sin x}\,\mathrm{d}x$。

(1) 证明 $I_{n+2} - I_n = \dfrac{2}{n+1}\sin\left(\dfrac{n+1}{2}\pi\right)$，$J_{n+2} = J_n$，并求解 J_n；

(2) 求 A 使得 $\lim\limits_{n \to \infty} I_{2n} = A$；

(3) 求 B 使得 $\lim\limits_{n\to\infty} n(I_{2n}-A)\cos n\pi = B$。

(1)【证1】 由三角函数恒等变换得

$$I_{n+2}-I_n = \int_0^{\frac{\pi}{2}} \frac{\sin(n+2)x-\sin nx}{\sin x}\,\mathrm{d}x = 2\int_0^{\frac{\pi}{2}}\cos(n+1)x\,\mathrm{d}x = \frac{2}{n+1}\sin\left(\frac{n+1}{2}\pi\right),$$

$$J_{n+2}-J_n = \int_0^{\pi} \frac{\sin(n+2)x-\sin nx}{\sin x}\,\mathrm{d}x = 2\int_0^{\pi}\cos(n+1)x\,\mathrm{d}x = 0,$$

所以 $J_{n+2}=J_n$，且

$$J_n = \begin{cases} \pi, & n=2k-1, \\ 0, & n=2k, \end{cases} \qquad k\in\mathbf{N}^+。$$

【证2】 由三角函数恒等变换得

$$\sum_{k=0}^{n-1}\cos(2k+1)x = \frac{\sin 2nx}{2\sin x}, \qquad \sum_{k=1}^{n}\cos 2kx = \frac{\sin(2n+1)x-\sin x}{2\sin x},$$

则

$$I_{2n} = \int_0^{\frac{\pi}{2}} \frac{\sin 2nx}{\sin x}\,\mathrm{d}x = 2\int_0^{\frac{\pi}{2}}\sum_{k=0}^{n-1}\cos(2k+1)x\,\mathrm{d}x = \sum_{k=0}^{n-1}\frac{2}{2k+1}\sin\left(\frac{2k+1}{2}\pi\right),$$

$$I_{2n+1} = \int_0^{\frac{\pi}{2}} \frac{\sin(2n+1)x}{\sin x}\,\mathrm{d}x = 2\int_0^{\frac{\pi}{2}}\left(\sum_{k=1}^{n}\cos 2kx+\frac{1}{2}\right)\mathrm{d}x = \frac{\pi}{2}+\sum_{k=1}^{n}\frac{1}{2k}\sin k\pi = \frac{\pi}{2},$$

所以无论 n 为奇数还是偶数，都有 $I_{n+2}-I_n = \dfrac{2}{n+1}\sin\left(\dfrac{n+1}{2}\pi\right)$ 成立，且

$$I_{2n+2}-I_{2n} = \frac{2}{2n+1}\sin\left(\frac{2n+1}{2}\pi\right) = \frac{2(-1)^{n-1}}{2n+1}。$$

同理

$$J_{2n} = \int_0^{\pi} \frac{\sin 2nx}{\sin x}\,\mathrm{d}x = 2\int_0^{\pi}\sum_{k=0}^{n-1}\cos(2k+1)x\,\mathrm{d}x = \sum_{k=0}^{n-1}\frac{2}{2k+1}\sin(2k+1)\pi = 0,$$

$$J_{2n+1} = \int_0^{\pi} \frac{\sin(2n+1)x}{\sin x}\,\mathrm{d}x = 2\int_0^{\pi}\left(\sum_{k=1}^{n}\cos 2kx+\frac{1}{2}\right)\mathrm{d}x = \pi+\sum_{k=1}^{n}\frac{1}{2k}\sin 2k\pi = \pi,$$

因此

$$J_n = \begin{cases} \pi, & n=2k-1, \\ 0, & n=2k, \end{cases} \qquad k\in\mathbf{N}^+。$$

(2)【解】 因为 $I_0=0$，所以

$$A = \lim_{n\to\infty} I_{2n} = I_0 + \lim_{n\to\infty}\sum_{k=1}^{n}(I_{2k}-I_{2k-2}) = 2\sum_{k=1}^{\infty}\frac{(-1)^{k-1}}{2k-1}。$$

令 $S(x) = \sum\limits_{k=1}^{\infty}\dfrac{(-1)^{k-1}}{2k-1}x^{2k-1}$，则 $S(0)=0$，且

$$S'(x) = \sum_{k=1}^{\infty}(-1)^{k-1}x^{2k-2} = \sum_{k=0}^{\infty}(-1)^k x^{2k} = \frac{1}{1+x^2},$$

因此

$$S(1) = S(0)+\int_0^1 S'(x)\,\mathrm{d}x = \int_0^1 \frac{1}{1+x^2}\,\mathrm{d}x = \arctan x\,\Big|_0^1 = \frac{\pi}{4},$$

从而

$$A = 2\sum_{k=1}^{\infty} \frac{(-1)^{k-1}}{2k-1} = 2S(1) = \frac{\pi}{2}。$$

(3)【解 1】 由于

$$I_{2n} - A = 2\sum_{k=1}^{n} \frac{(-1)^{k-1}}{2k-1} - \frac{\pi}{2} = 2\left(\sum_{k=1}^{n} \frac{(-1)^{k-1}}{2k-1} - \frac{\pi}{4}\right)$$

$$= 2\left(\sum_{k=1}^{n} (-1)^{k-1}\int_0^1 x^{2k-2}\mathrm{d}x - \int_0^1 \frac{1}{1+x^2}\mathrm{d}x\right)$$

$$= 2\left(\int_0^1 (1 - x^2 + \cdots + (-1)^{n-1}x^{2n-2})\mathrm{d}x - \int_0^1 \frac{1}{1+x^2}\mathrm{d}x\right)$$

$$= 2\left(\int_0^1 \frac{1-(-x^2)^n}{1+x^2}\mathrm{d}x - \int_0^1 \frac{1}{1+x^2}\mathrm{d}x\right) = 2(-1)^{n+1}\int_0^1 \frac{x^{2n}}{1+x^2}\mathrm{d}x,$$

则

$$B = \lim_{n\to\infty} n(I_{2n}-A)\cos n\pi = -\lim_{n\to\infty} 2n\int_0^1 \frac{x^{2n}}{1+x^2}\mathrm{d}x = -\lim_{n\to\infty} \frac{2n}{2n+1}\int_0^1 \frac{\mathrm{d}x^{2n+1}}{1+x^2}$$

$$= -\lim_{n\to\infty}\left(\frac{x^{2n+1}}{1+x^2}\bigg|_0^1 - 2\int_0^1 \frac{x^{2n+2}}{(1+x^2)^2}\mathrm{d}x\right) = -\frac{1}{2} + 2\int_0^1 \frac{x^{2n+2}}{(1+x^2)^2}\mathrm{d}x,$$

而

$$0 \leqslant \int_0^1 \frac{x^{2n+2}}{(1+x^2)^2}\mathrm{d}x \leqslant \int_0^1 x^{2n+2}\mathrm{d}x = \frac{1}{2n+3} \to 0 \quad (n \to \infty),$$

由夹逼准则知 $\lim\limits_{n\to\infty}\int_0^1 \frac{x^{2n+2}}{(1+x^2)^2}\mathrm{d}x = 0$,从而 $B = -\frac{1}{2}$。

【解 2】 因为

$$B = \lim_{n\to\infty} n(I_{2n}-A)\cos n\pi = \lim_{n\to\infty} \frac{(-1)^n(I_{2n}-A)}{\frac{1}{n}} = \lim_{n\to\infty} c_n,$$

由(2)知 $\lim\limits_{n\to\infty}(I_{2n}-A) = 0$,数列 $\left\{\frac{1}{n}\right\}$ 单调减少趋于零,由 Stolz 定理得

$$\lim_{n\to\infty} c_{2n} = \lim_{n\to\infty} \frac{(-1)^{2n}(I_{4n}-A)}{\frac{1}{2n}} = \lim_{n\to\infty} \frac{I_{4n+4}-I_{4n}}{\frac{1}{2(n+1)} - \frac{1}{2n}} = -\frac{1}{2},$$

$$\lim_{n\to\infty} c_{2n+1} = \lim_{n\to\infty} \frac{(-1)^{2n+1}(I_{4n+2}-A)}{\frac{1}{2n+1}} = -\lim_{n\to\infty} \frac{I_{4n+6}-I_{4n+2}}{\frac{1}{2n+3} - \frac{1}{2n+1}} = -\frac{1}{2},$$

由拉链定理知 $B = \lim\limits_{n\to\infty} c_n = -\frac{1}{2}$。

【解 3】 因为 $I_{2n+1} = I_{2n-1} = \frac{\pi}{2}$,对 $\forall n \in \mathbf{N}^+$,有

$$B_n = n(I_{2n}-A)\cos n\pi = (-1)^n n\int_0^{\frac{\pi}{2}} \frac{2\sin 2nx - (\sin(2n-1)x + \sin(2n+1)x)}{2\sin x}\mathrm{d}x$$

$$= (-1)^n n \int_0^{\frac{\pi}{2}} \frac{\sin 2nx (1 - \cos x)}{\sin x} \mathrm{d}x = (-1)^n n \int_0^{\frac{\pi}{2}} \sin 2nx \tan \frac{x}{2} \mathrm{d}x$$

$$= \frac{(-1)^{n+1}}{2} \int_0^{\frac{\pi}{2}} \tan \frac{x}{2} \mathrm{d}\cos 2nx = \frac{(-1)^{n+1}}{2} \left(\cos 2nx \tan \frac{x}{2} \Big|_0^{\frac{\pi}{2}} - \frac{1}{2} \int_0^{\frac{\pi}{2}} \cos 2nx \sec^2 \frac{x}{2} \mathrm{d}x \right)$$

$$= -\frac{1}{2} + \frac{(-1)^n}{4} \int_0^{\frac{\pi}{2}} \cos 2nx \sec^2 \frac{x}{2} \mathrm{d}x = -\frac{1}{2} - \frac{(-1)^n}{8n} \int_0^{\frac{\pi}{2}} \sec^2 \frac{x}{2} \mathrm{d}\sin 2nx$$

$$= -\frac{1}{2} - \frac{(-1)^n}{8n} \left(\sin 2nx \sec^2 \frac{x}{2} \Big|_0^{\frac{\pi}{2}} - \int_0^{\frac{\pi}{2}} \sin 2nx \sec^2 \frac{x}{2} \tan \frac{x}{2} \mathrm{d}x \right)$$

$$= -\frac{1}{2} + \frac{(-1)^n}{8n} \int_0^{\frac{\pi}{2}} \sin 2nx \sec^2 \frac{x}{2} \tan \frac{x}{2} \mathrm{d}x,$$

而

$$\left| \frac{(-1)^n}{8n} \int_0^{\frac{\pi}{2}} \sin 2nx \sec^2 \frac{x}{2} \tan \frac{x}{2} \mathrm{d}x \right| \leqslant \frac{1}{8n} \left| \int_0^{\frac{\pi}{2}} \sec^2 \frac{x}{2} \tan \frac{x}{2} \mathrm{d}x \right| = \frac{1}{8n} \sec^2 \frac{x}{2} \Big|_0^{\frac{\pi}{2}} = \frac{1}{8n},$$

由夹逼准则知

$$\lim_{n \to \infty} \frac{(-1)^n}{8n} \int_0^{\frac{\pi}{2}} \sin 2nx \sec^2 \frac{x}{2} \tan \frac{x}{2} \mathrm{d}x = 0,$$

从而

$$B = \lim_{n \to \infty} B_n = -\frac{1}{2}.$$

综合训练

1. 计算下列不定积分：

(1) $\displaystyle\int \frac{2}{1 + x^6} \mathrm{d}x$；

(2) $\displaystyle\int \frac{\sqrt[3]{1 + \sqrt[4]{x}}}{\sqrt{x}} \mathrm{d}x$；

(3) $\displaystyle\int \frac{1}{\sqrt[4]{1 + x^4}} \mathrm{d}x$；

(4) $\displaystyle\int \frac{\mathrm{d}x}{\sin 2x + 2 \sin x}$；

(5) $\displaystyle\int \frac{\mathrm{d}x}{\sin^3 x + 3 \sin x}$；

(6) $\displaystyle\int \frac{\mathrm{e}^{-\sin x} \sin(2x)}{\sin^4 \left(\frac{\pi}{4} - \frac{x}{2} \right)} \mathrm{d}x$；

(7) $\displaystyle\int \frac{\mathrm{e}^{\sin x} (x \cos^3 x - \sin x)}{\cos^2 x} \mathrm{d}x$；

(8) $\displaystyle\int \frac{x(2 - x) \mathrm{e}^x \cos 2x + \mathrm{e}^{2x} - x^4}{(\mathrm{e}^x \cos x + x^2 \sin x) \sqrt{x^4 - \mathrm{e}^{2x}} \sqrt{\cos 2x}} \mathrm{d}x$；

(9) $\displaystyle\int \frac{\arcsin \mathrm{e}^x}{\mathrm{e}^x} \mathrm{d}x$；

(10) $\displaystyle\int \frac{x \arctan x}{(1 + x^2)^2} \mathrm{d}x$。

2. 计算下列定积分：

(1) $\displaystyle\int_{-2}^3 \min \left\{ \frac{1}{\sqrt{|x|}}, x^2, x \right\} \mathrm{d}x$；

(2) $\displaystyle\int_2^4 \frac{\sqrt{x + 3}}{\sqrt{x + 3} + \sqrt{9 - x}} \mathrm{d}x$；

(3) $\displaystyle\int_0^1 \mathrm{e}^x \left(\frac{1 - x}{1 + x^2} \right)^2 \mathrm{d}x$；

(4) $\displaystyle\int_{-1}^1 \frac{\sqrt{1 - x^2}}{a - x} \mathrm{d}x \ (a > 1)$；

(5) $\displaystyle\int_{\frac{\pi}{4}}^{\frac{\pi}{2}}\frac{1+\sin x}{1+\cos x}\mathrm{e}^x\mathrm{d}x$ ；　　　　　　(6) $\displaystyle\int_{0}^{\frac{\pi}{2}}\frac{\mathrm{e}^x(1+\sin x)}{1+\cos x}\mathrm{d}x$ ；

(7) $\displaystyle\int_{0}^{\pi}x\ln(\sin x)\mathrm{d}x$ ；　　　　　　(8) $\displaystyle\int_{0}^{1}\frac{\arctan\sqrt{2+x^2}}{(1+x^2)\sqrt{2+x^2}}\mathrm{d}x$ ；

(9) $\displaystyle\int_{0}^{\frac{\pi}{4}}\tan^{2n}x\,\mathrm{d}x$ ，其中 n 为正整数；　　(10) $\displaystyle\int_{0}^{1}x^m(\ln x)^n\mathrm{d}x$ （其中 m,n 为正整数）。

3. 设 $f(x)$ 是 $(-\infty,+\infty)$ 上的非负函数，且 $f(x)\cdot\displaystyle\int_{0}^{x}f(x-t)\mathrm{d}t=\sin^4 x$ ，求 $f(x)$ 在区间 $[0,\pi]$ 上的平均值。

4. 计算定积分 $\displaystyle\int_{0}^{\frac{\pi}{2}}\cos(2nx)\ln\cos x\,\mathrm{d}x$ 。

5. 设 $f(x)=\displaystyle\int_{1}^{x}\frac{\ln(t+1)}{t}\mathrm{d}t$ ，计算积分 $\displaystyle\int_{0}^{1}\frac{f(x)}{\sqrt{x}}\mathrm{d}x$ 。

6. 设 $f(x)$ 是 $[0,1]$ 上的连续函数，且 $f(x)=x+\displaystyle\int_{x}^{1}f(y)f(y-x)\mathrm{d}y$ ，求 $\displaystyle\int_{0}^{1}f(x)\mathrm{d}x$ 。

7. 设函数 $f:\mathbb{R}\to\mathbb{R}$ 满足 $f(x)+f\left(1-\dfrac{1}{x}\right)=\arctan x$ ，$\forall\, x\neq0$ ，求 $\displaystyle\int_{0}^{1}f(x)\mathrm{d}x$ 。

8. 设 $|a|\leqslant1$ ，求 $I(a)=\displaystyle\int_{-1}^{1}|x-a|\mathrm{e}^x\mathrm{d}x$ 的最大值。

9. 设 $f(x),g(x)$ 都是 $[0,a]$ 上的连续函数，且对任意 $x\in[0,a]$ ，恒有 $f(x)=f(a-x),g(x)+g(a-x)=k$ ，其中 k 为常数，证明 $\displaystyle\int_{0}^{a}f(x)g(x)\mathrm{d}x=\dfrac{k}{2}\displaystyle\int_{0}^{a}f(x)\mathrm{d}x$ 。

10. 设 $f''(x)$ 在 $[0,1]$ 上连续，且 $f(0)=f(1)=0$ ，证明：

(1) $\displaystyle\int_{0}^{1}f(x)\mathrm{d}x=\dfrac{1}{2}\displaystyle\int_{0}^{1}x(x-1)f''(x)\mathrm{d}x$ ；

(2) $\left|\displaystyle\int_{0}^{1}f(x)\mathrm{d}x\right|\leqslant\dfrac{1}{12}\max_{0\leqslant x\leqslant1}|f(x)|$ 。

11. 设函数 $f(x)$ 在 $[0,+\infty)$ 上连续，且对任意 $a,b>0$ ，满足 $f\left(\dfrac{a+b}{2}\right)\leqslant\dfrac{1}{2}(f(a)+f(b))$ ，记 $F(x)=\dfrac{1}{x}\displaystyle\int_{0}^{x}f(t)\mathrm{d}t$ ，证明： $\forall\, a,b>0$ ，有 $F\left(\dfrac{a+b}{2}\right)\leqslant\dfrac{1}{2}(F(a)+F(b))$ 。

12. 是否存在区间 $[0,1]$ 上连续的正函数 $f(x)$ ，使 $\displaystyle\int_{0}^{1}f(x)\mathrm{d}x=1$ ，$\displaystyle\int_{0}^{1}xf(x)\mathrm{d}x=a$ ，$\displaystyle\int_{0}^{1}x^2f(x)\mathrm{d}x=a^2$ 成立，其中 a 为常数？

13. 设 $I_n=\displaystyle\int_{0}^{\frac{\pi}{2}}\left(\dfrac{\sin nx}{\sin x}\right)^2\mathrm{d}x$ ，$J_n=\displaystyle\int_{0}^{\frac{\pi}{2}}\dfrac{\sin^2 nx}{\sin x}\mathrm{d}x$ ，其中 $n\in\mathbb{N}^+$ ，计算极限 $\displaystyle\lim_{n\to\infty}\dfrac{I_n}{n}$ 和 $\displaystyle\lim_{n\to\infty}\dfrac{J_n}{\ln n}$ 。

14. 设 $f(u)$ 为连续函数,证明 $\int_0^{2\pi} f(a\cos x + b\sin x)\mathrm{d}x = 2\int_{-\frac{\pi}{2}}^{\frac{\pi}{2}} f(\sqrt{a^2+b^2}\sin x)\mathrm{d}x$。

15. 设 $a < b < c < d$,$f(x) = \dfrac{1}{\sqrt{|x-a||x-b||x-c||x-d|}}$,证明 $\int_a^b f(x)\mathrm{d}x = \int_c^d f(x)\mathrm{d}x$。

16. 设函数 $f(x)$ 在区间 $[0,1]$ 上连续,记 $I_n = \int_0^1 f(t^n)\mathrm{d}t$,$n \geqslant 1$,假设 $f'(0)$ 存在,证明 $I_n = f(0) + \dfrac{1}{n}\int_0^1 \dfrac{f(x)-f(0)}{x}\mathrm{d}x + o\left(\dfrac{1}{n}\right)$。

第九讲

重 积 分

··

知识点

1. 二重积分的定义：$\iint\limits_{D} f(x,y)\mathrm{d}\sigma = \lim\limits_{\mathrm{d}(T)\to 0}\sum\limits_{k=1}^{n} f(\xi_k,\eta_k)\Delta\sigma_k$。

2. 二重积分的几何意义：

（1）若 $f(x,y)\geqslant 0$，则 $\iint\limits_{D} f(x,y)\mathrm{d}\sigma$ 表示以 $z=f(x,y)$ 为顶、D 为底的曲顶柱体的体积。

（2）代数体积：

① $\iint\limits_{x^2+y^2\leqslant a^2} \sqrt{a^2-x^2-y^2}\,\mathrm{d}x\mathrm{d}y = \dfrac{2}{3}\pi a^3$；

② $\iint\limits_{1-\frac{x}{a}-\frac{y}{b}\geqslant 0, x\geqslant 0, y\geqslant 0} \left(1-\dfrac{x}{a}-\dfrac{y}{b}\right)\mathrm{d}x\mathrm{d}y = \dfrac{1}{6}ab$。

3. 二重积分的物理意义：平面簿片的质量为 $M=\iint\limits_{D}\mu(x,y)\mathrm{d}\sigma$，其中 $\mu(x,y)$ 为面密度。

4. 二重积分存在的必要条件：二元函数 $f(x,y)$ 在平面有界闭区域 D 上有界。

5. 二重积分存在的充分条件：

（1）若函数 $f(x,y)$ 在有界闭区域 D 上连续，则 $f(x,y)$ 在 D 上可积；

（2）若有界函数 $f(x,y)$ 在有界闭区域 D 上除有限个点或有限条光滑曲线外都连续，则 $f(x,y)$ 在 D 上可积。

6. 二重积分的性质：

（1）线性性：$\iint\limits_{D}(kf(x,y)+lg(x,y))\mathrm{d}\sigma = k\iint\limits_{D}f(x,y)\mathrm{d}\sigma + l\iint\limits_{D}g(x,y)\mathrm{d}\sigma$，其中 $k,l\in\mathbb{R}$；

（2）区域可加性：$\iint\limits_{D_1\bigcup D_2} f(x,y)\mathrm{d}\sigma = \iint\limits_{D_1}f(x,y)\mathrm{d}\sigma + \iint\limits_{D_2}f(x,y)\mathrm{d}\sigma$，其中 $D_1\bigcap D_2 = \varnothing$；

(3) 保号性：若 $\forall (x,y) \in D, f(x,y) \geqslant 0$，则 $\iint\limits_{D} f(x,y)\mathrm{d}\sigma \geqslant 0$；

(4) 保序性：若 $\forall (x,y) \in D, f(x,y) \leqslant g(x,y)$，则 $\iint\limits_{D} f(x,y)\mathrm{d}\sigma \leqslant \iint\limits_{D} g(x,y)\mathrm{d}\sigma$；

(5) 绝对值不等式：$\left| \iint\limits_{D} f(x,y)\mathrm{d}\sigma \right| \leqslant \iint\limits_{D} | f(x,y) | \mathrm{d}\sigma$；

(6) 估值定理：若 $\forall (x,y) \in D, m \leqslant f(x,y) \leqslant M$，则 $m\sigma \leqslant \iint\limits_{D} f(x,y)\mathrm{d}\sigma \leqslant M\sigma$。

7. 二重积分在直角坐标系下的计算：

(1) X-型区域 $D = \{(x,y) \mid y_1(x) \leqslant y \leqslant y_2(x), a \leqslant x \leqslant b\}$，则

$$\iint\limits_{D} f(x,y)\mathrm{d}\sigma = \int_a^b \mathrm{d}x \int_{y_1(x)}^{y_2(x)} f(x,y)\mathrm{d}y。$$

(2) Y-型区域 $D = \{(x,y) \mid x_1(y) \leqslant x \leqslant x_2(y), c \leqslant y \leqslant d\}$，则

$$\iint\limits_{D} f(x,y)\mathrm{d}\sigma = \int_c^d \mathrm{d}y \int_{x_1(y)}^{x_2(y)} f(x,y)\mathrm{d}x。$$

(3) 如果积分区域既是 X-型区域，又是 Y-型区域，积分次序的选择由被积函数决定。

$$\iint\limits_{D} f(x,y)\mathrm{d}\sigma = \int_a^b \mathrm{d}x \int_{y_1(x)}^{y_2(x)} f(x,y)\mathrm{d}y = \int_c^d \mathrm{d}y \int_{x_1(y)}^{x_2(y)} f(x,y)\mathrm{d}x。$$

(4) 如果积分区域既不是 X-型区域，又不是 Y-型区域，则首先将区域划分成若干个 X-型区域或 Y-型区域，然后利用区域可加性分别计算。

(5) 若积分区域 $D = \{(x,y) \mid a \leqslant x \leqslant b, c \leqslant y \leqslant d\}$，被积函数 $f(x,y) = g(x)h(y)$，则

$$\iint\limits_{D} f(x,y)\mathrm{d}x\mathrm{d}y = \iint\limits_{D} g(x)h(y)\mathrm{d}x\mathrm{d}y = \left(\int_a^b g(x)\mathrm{d}x \right) \left(\int_c^d h(y)\mathrm{d}y \right)。$$

8. 二重积分的对称性：设函数 $f(x,y)$ 在有界闭区域 D 上连续，$I = \iint\limits_{D} f(x,y)\mathrm{d}\sigma$。

(1) 积分区域 D 关于 y 轴对称，记 $D_1 = \{(x,y) \mid (x,y) \in D, x \geqslant 0\}$。

若 $f(-x,y) = -f(x,y)$，则 $I = 0$；若 $f(-x,y) = f(x,y)$，则 $I = 2\iint\limits_{D_1} f(x,y)\mathrm{d}\sigma$。

(2) 积分区域 D 关于 x 轴对称，记 $D_2 = \{(x,y) \mid (x,y) \in D, y \geqslant 0\}$。

若 $f(x,-y) = -f(x,y)$，则 $I = 0$；若 $f(x,-y) = f(x,y)$，则 $I = 2\iint\limits_{D_2} f(x,y)\mathrm{d}\sigma$。

(3) 积分区域 D 关于原点对称，记 $D_3 = \{(x,y) \mid (x,y) \in D, y \geqslant kx, k \in \mathbb{R}\}$。

若 $f(-x,-y) = -f(x,y)$，则 $I = 0$；若 $f(-x,-y) = f(x,y)$，则

$$I = 2\iint\limits_{D_3} f(x,y)\mathrm{d}\sigma。$$

(4) 积分区域 D 关于直线 $y = x$ 对称，记 $D_4 = \{(x,y) \mid (x,y) \in D, y \geqslant x\}$，则

$$\iint\limits_{D} f(x,y)\mathrm{d}\sigma = \iint\limits_{D} f(y,x)\mathrm{d}\sigma。$$

若 $f(x,y) = -f(y,x)$，则 $I = 0$；若 $f(x,y) = f(y,x)$，则 $I = 2\iint\limits_{D_4} f(x,y)\mathrm{d}\sigma$。

（5）积分区域 D 关于直线 $y=-x$ 对称，记 $D_5=\{(x,y)\,|\,(x,y)\in D,y\geqslant-x\}$，则

$$\iint\limits_{D}f(x,y)\mathrm{d}\sigma=\iint\limits_{D}f(-y,-x)\mathrm{d}\sigma。$$

若 $f(x,y)=-f(-y,-x)$，则 $I=0$；若 $f(x,y)=f(-y,-x)$，则

$$I=2\iint\limits_{D_5}f(x,y)\mathrm{d}\sigma。$$

（6）若积分区域 D 的边界曲线方程中互换 x,y 的位置，其方程不变，则称区域 D 关于变量 x,y 具有轮换对称性，且 $\iint\limits_{D}f(x,y)\mathrm{d}\sigma=\iint\limits_{D}f(y,x)\mathrm{d}\sigma$。

9．二重积分在极坐标系下的计算：令 $x=\rho\cos\theta,y=\rho\sin\theta$，则 $\mathrm{d}\sigma=\rho\mathrm{d}\rho\mathrm{d}\theta$，且

$$\iint\limits_{D}f(x,y)\mathrm{d}\sigma=\iint\limits_{D}f(\rho\cos\theta,\rho\sin\theta)\rho\mathrm{d}\rho\mathrm{d}\theta。$$

（1）先 ρ 后 θ 积分。

若极点在区域 D 外，$D=\{(\rho,\theta)\,|\,\rho_1(\theta)\leqslant\rho\leqslant\rho_2(\theta),\alpha\leqslant\theta\leqslant\beta\}$，则

$$\iint\limits_{D}f(x,y)\mathrm{d}\sigma=\int_\alpha^\beta\mathrm{d}\theta\int_{\rho_1(\theta)}^{\rho_2(\theta)}f(\rho\cos\theta,\rho\sin\theta)\rho\mathrm{d}\rho。$$

若极点在区域 D 的边界上，$D=\{(\rho,\theta)\,|\,0\leqslant\rho\leqslant\rho(\theta),\alpha\leqslant\theta\leqslant\beta\}$，则

$$\iint\limits_{D}f(x,y)\mathrm{d}\sigma=\int_\alpha^\beta\mathrm{d}\theta\int_0^{\rho(\theta)}f(\rho\cos\theta,\rho\sin\theta)\rho\mathrm{d}\rho。$$

若极点在区域 D 内，$D=\{(\rho,\theta)\,|\,0\leqslant\rho\leqslant\rho(\theta),0\leqslant\theta\leqslant2\pi\}$，则

$$\iint\limits_{D}f(x,y)\mathrm{d}\sigma=\int_0^{2\pi}\mathrm{d}\theta\int_0^{\rho(\theta)}f(\rho\cos\theta,\rho\sin\theta)\rho\mathrm{d}\rho。$$

（2）先 θ 后 ρ 积分。设积分区域为 $D=\{(\rho,\theta)\,|\,\theta_1(\rho)\leqslant\theta\leqslant\theta_2(\rho),\rho_1\leqslant\rho\leqslant\rho_2\}$，则

$$\iint\limits_{D}f(x,y)\mathrm{d}\sigma=\int_{\rho_1}^{\rho_2}\rho\mathrm{d}\rho\int_{\theta_1(\rho)}^{\theta_2(\rho)}f(\rho\cos\theta,\rho\sin\theta)\mathrm{d}\theta。$$

10．二重积分的一般变量代换：

设函数 $f(x,y)$ 在闭区域 D 上连续，变换 $T:\begin{cases}x=x(u,v),\\y=y(u,v),\end{cases}(u,v)\in D'\to D$ 满足

（1）$x(u,v),y(u,v)$ 在 D' 上具有一阶连续偏导；

（2）在 D' 上雅可比行列式 $J(u,v)=\dfrac{\partial(x,y)}{\partial(u,v)}\neq0$；

（3）变换 $T:D'\to D$ 是一一对应的，则

$$\iint\limits_{D}f(x,y)\mathrm{d}x\mathrm{d}y=\iint\limits_{D'}f(x(u,v),y(u,v))\,|\,J(u,v)\,|\,\mathrm{d}u\mathrm{d}v。$$

11．二重积分的分部积分公式：设 ∂D 是一条分段光滑的正向闭曲线，且为闭区域 D 的边界，函数 $u(x,y)$ 和 $v(x,y)$ 在闭区域 D 上有一阶连续偏导数，则

$$\iint\limits_{D}u\frac{\partial v}{\partial x}\mathrm{d}x\mathrm{d}y=\oint_{\partial D}uv\mathrm{d}y-\iint\limits_{D}v\frac{\partial u}{\partial x}\mathrm{d}x\mathrm{d}y,$$

$$\iint\limits_{D}u\frac{\partial v}{\partial y}\mathrm{d}x\mathrm{d}y=-\oint_{\partial D}uv\mathrm{d}x-\iint\limits_{D}v\frac{\partial u}{\partial y}\mathrm{d}x\mathrm{d}y。$$

12. 三重积分的定义：$\displaystyle\iiint\limits_{\Omega} f(x,y,z)\mathrm{d}V = \lim_{d(T)\to 0}\sum_{k=1}^{n} f(\xi_k,\eta_k,\zeta_k)\Delta V_k$。

13. 三重积分的物理意义：空间物体的质量 $M = \displaystyle\iiint\limits_{\Omega}\rho(x,y,z)\mathrm{d}V$，其中 $\rho(x,y,z)$ 为体密度。

14. 三重积分的对称性：设区域 Ω 关于 xOy 面对称。

(1) $f(x,y,-z) = -f(x,y,z)$，则 $\displaystyle\iiint\limits_{\Omega} f(x,y,z)\mathrm{d}v = 0$；

(2) $f(x,y,-z) = f(x,y,z)$，$\displaystyle\iiint\limits_{\Omega} f(x,y,z)\mathrm{d}v = 2\iiint\limits_{\Omega_1} f(x,y,z)\mathrm{d}v$，其中 Ω_1 为区域 Ω 在 xOy 面的上半部分；

(3) 若积分区域 Ω 的边界曲面方程中互换 x,y 的位置，其方程不变，称区域 D 关于变量 x,y 具有轮换对称性，则 $\displaystyle\iiint\limits_{\Omega} f(x,y,z)\mathrm{d}v = \iiint\limits_{\Omega} f(y,x,z)\mathrm{d}v$。

15. 三重积分在直角坐标系下的计算：

(1) 投影法（先一后二法）：$\Omega = \{(x,y,z) \mid (x,y)\in D_{xy}, z_1(x,y)\leqslant z\leqslant z_2(x,y)\}$，则

$$\iiint\limits_{\Omega} f(x,y,z)\mathrm{d}v = \iint\limits_{D_{xy}}\mathrm{d}x\,\mathrm{d}y\int_{z_1(x,y)}^{z_2(x,y)} f(x,y,z)\mathrm{d}z。$$

(2) 截面法（先二后一法）：$\Omega = \{(x,y,z) \mid a\leqslant z\leqslant b, (x,y)\in D_z\}$，则

$$\iiint\limits_{\Omega} f(x,y,z)\mathrm{d}v = \int_a^b \mathrm{d}z\iint\limits_{D_z} f(x,y,z)\mathrm{d}x\,\mathrm{d}y。$$

16. 三重积分在柱面坐标系下的计算：

(1) 直角坐标与柱面坐标的关系：$x = \rho\cos\theta, y = \rho\sin\theta, z = z$；

(2) 柱面坐标系下的体积元素：$\mathrm{d}V = \rho\mathrm{d}\theta\mathrm{d}\rho\mathrm{d}z$；

(3) 柱面坐标系下的三重积分：

$$\iiint\limits_{\Omega} f(x,y,z)\mathrm{d}V = \iiint\limits_{\Omega} f(\rho\cos\theta,\rho\sin\theta,z)\rho\mathrm{d}\theta\mathrm{d}\rho\mathrm{d}z；$$

(4) 若积分区域为

$\Omega = \{(\rho,\theta,z) \mid \alpha\leqslant\theta\leqslant\beta, \rho_1(\theta)\leqslant\rho\leqslant\rho_2(\theta), z_1(\rho\cos\theta,\rho\sin\theta)\leqslant z\leqslant z_2(\rho\cos\theta,\rho\sin\theta)\}$，则

$$\iiint\limits_{\Omega} f(x,y,z)\mathrm{d}V = \int_\alpha^\beta \mathrm{d}\theta\int_{\rho_1(\theta)}^{\rho_2(\theta)}\rho\mathrm{d}\rho\int_{z_1(\rho\cos\theta,\rho\sin\theta)}^{z_2(\rho\cos\theta,\rho\sin\theta)} f(\rho\cos\theta,\rho\sin\theta,z)\mathrm{d}z；$$

(5) 适用范围：积分域表面用柱面坐标表示较简单，被积函数用柱面坐标表示时变量相互分离。

17. 三重积分在球面坐标系下的计算：

(1) 直角坐标与球面坐标的关系：$x = r\sin\varphi\cos\theta, y = r\sin\varphi\sin\theta, z = r\cos\varphi$；

(2) 球面坐标系下的体积元素：$\mathrm{d}V = r^2\sin\varphi\mathrm{d}r\mathrm{d}\varphi\mathrm{d}\theta$；

（3）球面坐标系下三重积分的表达式：

$$\iiint\limits_{\Omega} f(x,y,z)\mathrm{d}V = \iiint\limits_{\Omega} f(r\sin\varphi\cos\theta, r\sin\varphi\sin\theta, r\cos\varphi)r^2\sin\varphi\,\mathrm{d}r\,\mathrm{d}\varphi\,\mathrm{d}\theta;$$

（4）若积分区域为 $\Omega = \{(\rho,\theta,\varphi)\mid \alpha\leqslant\theta\leqslant\beta, \varphi_1(\theta)\leqslant\varphi\leqslant\varphi_2(\theta), r_1(\theta,\varphi)\leqslant r\leqslant r_2(\theta,\varphi)\}$，则

$$\iiint\limits_{\Omega} f(x,y,z)\mathrm{d}V = \int_{\alpha}^{\beta}\mathrm{d}\theta\int_{\varphi_1(\theta)}^{\varphi_2(\theta)}\sin\varphi\,\mathrm{d}\varphi\int_{r_1(\theta,\varphi)}^{r_2(\theta,\varphi)} f(r\sin\varphi\cos\theta, r\sin\varphi\sin\theta, r\cos\varphi)r^2\mathrm{d}r;$$

（5）适用范围：积分域表面用球面坐标表示较简单，被积函数用球面坐标表示时变量相互分离。

18. 三重积分的一般变量代换：

设函数 $f(x,y,z)$ 在闭区域 D 上连续，变换 $T:\begin{cases}x=x(u,v,w),\\ y=y(u,v,w), \quad (u,v,w)\in\Omega'\to\Omega\\ z=z(u,v,w)\end{cases}$

满足

（1）$x(u,v,w), y(u,v,w), z(u,v,w)$ 在 Ω' 上具有一阶连续偏导；

（2）在 Ω' 上雅可比行列式 $J(u,v,w)=\dfrac{\partial(x,y,z)}{\partial(u,v,w)}\neq 0$；

（3）变换 $T:\Omega'\to\Omega$ 是一一对应的，则

$$\iiint\limits_{\Omega} f(x,y,z)\mathrm{d}x\,\mathrm{d}y\,\mathrm{d}z = \iiint\limits_{\Omega'} f(x(u,v,w),y(u,v,w),z(u,v,w))\mid J(u,v,w)\mid\mathrm{d}u\,\mathrm{d}v\,\mathrm{d}w。$$

19. 空间曲面面积：

（1）若 $\Sigma: z=f(x,y), (x,y)\in D_{xy}$，则 $S = \iint\limits_{D_{xy}}\sqrt{1+f_x'^2(x,y)+f_y'^2(x,y)}\,\mathrm{d}x\,\mathrm{d}y$；

（2）若 $\Sigma: x=g(y,z), (y,z)\in D_{yz}$，则 $S = \iint\limits_{D_{yz}}\sqrt{1+g_y'^2(x,y)+g_z'^2(x,y)}\,\mathrm{d}y\,\mathrm{d}z$；

（3）若 $\Sigma: y=h(x,z), (x,z)\in D_{xz}$，则 $S = \iint\limits_{D_{xz}}\sqrt{1+h_x'^2(x,y)+h_z'^2(x,y)}\,\mathrm{d}x\,\mathrm{d}z$；

（4）若 $\Sigma: F(x,y,z)=0, (x,y)\in D_{xy}, F_z\neq 0$，则 $S = \iint\limits_{D_{xy}}\dfrac{\sqrt{F_x^2+F_y^2+F_z^2}}{\mid F_z\mid}\mathrm{d}x\,\mathrm{d}y$；

（5）空间曲面 Σ 由参数方程 $x=x(u,v), y=y(u,v), z=z(u,v), (u,v)\in D$ 确定，则

$$S = \iint\limits_{D}\sqrt{EG-F^2}\,\mathrm{d}u\,\mathrm{d}v,$$

其中 $E=x_u^2+y_u^2+z_u^2$，$F=x_ux_v+y_uy_v+z_uz_v$，$G=x_v^2+y_v^2+z_v^2$；

（6）平面 xOy 面上的曲线 $y=f(x)(a\leqslant x\leqslant b)$ 绕 x 轴旋转一周而成的旋转曲面的面积为

$$S = \int_a^b 2\pi f(x)\mathrm{d}s = \int_a^b 2\pi f(x)\sqrt{1+(f'(x))^2}\,\mathrm{d}x。$$

20. 平面薄片的质心:

$$\bar{x} = \frac{M_y}{M} = \frac{\iint\limits_D x\mu(x,y)\mathrm{d}\sigma}{\iint\limits_D \mu(x,y)\mathrm{d}\sigma}, \quad \bar{y} = \frac{M_x}{M} = \frac{\iint\limits_D y\mu(x,y)\mathrm{d}\sigma}{\iint\limits_D \mu(x,y)\mathrm{d}\sigma}。$$

21. 空间物体的质心:

$$\bar{x} = \frac{M_{yz}}{M}, \quad \bar{y} = \frac{M_{xz}}{M}, \quad \bar{z} = \frac{M_{xy}}{M},$$

其中

$$M = \iiint\limits_\Omega \rho(x,y,z)\mathrm{d}V, \quad M_{yz} = \iiint\limits_\Omega x\rho(x,y,z)\mathrm{d}V,$$

$$M_{xz} = \iiint\limits_\Omega y\rho(x,y,z)\mathrm{d}V, \quad M_{xy} = \iiint\limits_\Omega z\rho(x,y,z)\mathrm{d}V。$$

22. 平面薄片的转动惯量:

$$I_x = \iint\limits_D y^2\mu(x,y)\mathrm{d}\sigma, \quad I_y = \iint\limits_D x^2\mu(x,y)\mathrm{d}\sigma, \quad I_0 = \iint\limits_D (x^2+y^2)\mu(x,y)\mathrm{d}\sigma。$$

23. 空间物体的转动惯量:

$$I_x = \iiint\limits_\Omega (y^2+z^2)\rho(x,y,z)\mathrm{d}V, \quad I_y = \iiint\limits_\Omega (x^2+z^2)\rho(x,y,z)\mathrm{d}V,$$

$$I_z = \iiint\limits_\Omega (x^2+y^2)\rho(x,y,z)\mathrm{d}V, \quad I_0 = \iiint\limits_\Omega (x^2+y^2+z^2)\rho(x,y,z)\mathrm{d}V。$$

24. 设物体 Ω 在点 (x,y,z) 处的体密度为 $\rho = \rho(x,y,z)$,另有一质量为 m 的质点位于 Ω 外一点 (a,b,c) 处,则空间物体对质点的引力为

$$F_x = \iiint\limits_\Omega Km\rho\frac{x-a}{r^3}\mathrm{d}V, \quad F_y = \iiint\limits_\Omega Km\rho\frac{y-b}{r^3}\mathrm{d}V, \quad F_z = \iiint\limits_\Omega Km\rho\frac{z-c}{r^3}\mathrm{d}V,$$

其中 $r = \sqrt{(x-a)^2+(y-b)^2+(z-c)^2}$,$K$ 为引力常数。

典型例题

一、二重积分的计算与证明

例 9.1 设函数 $f(x)$ 满足 $f(x) = x^2 + x\int_0^{x^2} f(x^2-t)\mathrm{d}t + \iint\limits_D f(xy)\mathrm{d}x\mathrm{d}y$,其中 D 是以 $(-1,-1),(1,-1),(1,1)$ 为顶点的三角形,$f(1)=0$,求 $\int_0^1 f(x)\mathrm{d}x$。

【解】 令 $\iint\limits_D f(xy)\mathrm{d}x\mathrm{d}y = A$,以 xy 替换 x,得

$$f(xy) = x^2y^2 + xy\int_0^{x^2y^2} f(x^2y^2-t)\mathrm{d}t + A。$$

令 $u = x^2y^2 - t$,则

$$\int_0^{x^2 y^2} f(x^2 y^2 - t)\mathrm{d}t = \int_0^{x^2 y^2} f(u)\mathrm{d}u,$$

将上式两端在区域 D 上积分,得

$$A = \iint\limits_D x^2 y^2 \mathrm{d}x\mathrm{d}y + \iint\limits_D \left(xy\int_0^{x^2 y^2} f(u)\mathrm{d}u\right)\mathrm{d}x\mathrm{d}y + A\iint\limits_D \mathrm{d}x\mathrm{d}y,$$

其中 $\iint\limits_D \mathrm{d}x\mathrm{d}y = 2$,且

$$\iint\limits_D x^2 y^2 \mathrm{d}x\mathrm{d}y = \int_{-1}^1 x^2 \mathrm{d}x\int_{-1}^x y^2 \mathrm{d}y = \frac{2}{9},$$

用直线 $y = -x$ 将区域 D 划分为关于 x 轴对称的区域 D_1 和关于 y 轴对称的区域 D_2,而函数 $g(x,y) = xy\int_0^{x^2 y^2} f(u)\mathrm{d}u$ 关于变量 x 和 y 都是奇函数,利用二重积分的对称性知

$$\iint\limits_D \left(xy\int_0^{x^2 y^2} f(u)\mathrm{d}u\right)\mathrm{d}x\mathrm{d}y = \iint\limits_{D_1} \left(xy\int_0^{x^2 y^2} f(u)\mathrm{d}u\right)\mathrm{d}x\mathrm{d}y + \iint\limits_{D_2} \left(xy\int_0^{x^2 y^2} f(u)\mathrm{d}u\right)\mathrm{d}x\mathrm{d}y = 0,$$

于是

$$A = \frac{2}{9} + 2A,$$

解得 $A = -\dfrac{2}{9}$。由已知条件 $f(1) = 0$,得

$$0 = f(1) = 1 + \int_0^1 f(1-t)\mathrm{d}t - \frac{2}{9},$$

令 $x = 1 - t$,得

$$\int_0^1 f(x)\mathrm{d}x = \int_0^1 f(1-t)\mathrm{d}t = -\frac{7}{9}。$$

例 9.2 设 $D:0 \leqslant x \leqslant 2, 0 \leqslant y \leqslant 2$。

(1) 求二重积分 $I = \iint\limits_D |xy - 1|\,\mathrm{d}x\mathrm{d}y$;

(2) 设 $f(x,y)$ 在 D 上连续,且 $\iint\limits_D f(x,y)\mathrm{d}x\mathrm{d}y = 0$,$\iint\limits_D xyf(x,y)\mathrm{d}x\mathrm{d}y = 1$,证明存在 $(\xi,\eta) \in D$,使得 $|f(\xi,\eta)| \geqslant \dfrac{1}{I}$。

【解】 (1) 记 $D_0: \dfrac{1}{2} \leqslant x \leqslant 2, \dfrac{1}{x} \leqslant y \leqslant 2$,则

$$I = \iint\limits_D |xy - 1|\,\mathrm{d}x\mathrm{d}y = \iint\limits_{D_0} (xy - 1)\mathrm{d}x\mathrm{d}y + \iint\limits_{D-D_0} (1 - xy)\mathrm{d}x\mathrm{d}y$$

$$= 2\iint\limits_{D_0} (xy - 1)\mathrm{d}x\mathrm{d}y + \iint\limits_D (1 - xy)\mathrm{d}x\mathrm{d}y = 2\int_{\frac{1}{2}}^2 \mathrm{d}x\int_{\frac{1}{x}}^2 (xy - 1)\mathrm{d}y + \int_0^2 \mathrm{d}x\int_0^2 (1 - xy)\mathrm{d}y$$

$$= \frac{3}{2} + 2\ln 2 + 0 = \frac{3}{2} + 2\ln 2。$$

（2）因为 $f(x,y)$ 在 D 上连续，所以 $|f(x,y)|$ 在 D 上也连续，从而 $|f(x,y)|$ 在 D 上取得最大值，即存在 $(\xi,\eta)\in D$，使得 $\forall(x,y)\in D$，有 $|f(x,y)|\leqslant|f(\xi,\eta)|$，于是

$$1=\left|\iint\limits_{D}xyf(x,y)\mathrm{d}x\mathrm{d}y\right|=\left|\iint\limits_{D}(xy-1)f(x,y)\mathrm{d}x\mathrm{d}y\right|$$

$$\leqslant\iint\limits_{D}|xy-1|\cdot|f(x,y)|\mathrm{d}x\mathrm{d}y\leqslant|f(\xi,\eta)|\cdot\iint\limits_{D}|xy-1|\mathrm{d}x\mathrm{d}y$$

$$=|f(\xi,\eta)|\cdot I,$$

即存在 $(\xi,\eta)\in D$，使得 $|f(\xi,\eta)|\geqslant\dfrac{1}{I}$。

例 9.3　若函数 $f(x,y)$ 具有二阶连续偏导数，且 $f(1,y)=0,f(x,1)=0$，$\iint\limits_{D}f(x,y)\mathrm{d}x\mathrm{d}y=a$，其中 $D=\{(x,y)\mid 0\leqslant x\leqslant 1,0\leqslant y\leqslant 1\}$，计算二重积分 $I=\iint\limits_{D}xyf''_{xy}(x,y)\mathrm{d}x\mathrm{d}y$。

【解】　首先考虑积分 $\int_{0}^{1}xyf''_{xy}(x,y)\mathrm{d}x$，把变量 y 看作常数的，由分部积分法，得

$$\int_{0}^{1}xyf''_{xy}(x,y)\mathrm{d}x=y\int_{0}^{1}x\mathrm{d}f'_{y}(x,y)=xyf'_{y}(x,y)\Big|_{0}^{1}-\int_{0}^{1}yf'_{y}(x,y)\mathrm{d}x$$

$$=yf'_{y}(1,y)-\int_{0}^{1}yf'_{y}(x,y)\mathrm{d}x,$$

由 $f(1,y)=f(x,1)=0$ 易知 $f'_{y}(1,y)=f'_{x}(x,1)=0$，故

$$\int_{0}^{1}xyf''_{xy}(x,y)\mathrm{d}x=-\int_{0}^{1}yf'_{y}(x,y)\mathrm{d}x,$$

则

$$\iint\limits_{D}xyf''_{xy}(x,y)\mathrm{d}x\mathrm{d}y=\int_{0}^{1}\mathrm{d}y\int_{0}^{1}xyf''_{xy}(x,y)\mathrm{d}x=-\int_{0}^{1}\mathrm{d}y\int_{0}^{1}yf'_{y}(x,y)\mathrm{d}x。$$

对该积分交换积分次序可得

$$\int_{0}^{1}\mathrm{d}y\int_{0}^{1}yf'_{y}(x,y)\mathrm{d}x=\int_{0}^{1}\mathrm{d}x\int_{0}^{1}yf'_{y}(x,y)\mathrm{d}y。$$

再考虑积分 $\int_{0}^{1}yf'_{y}(x,y)\mathrm{d}y$，把变量 x 看作常数的，由分部积分法得

$$\int_{0}^{1}yf'_{y}(x,y)\mathrm{d}y=\int_{0}^{1}y\mathrm{d}f(x,y)=yf(x,y)\Big|_{0}^{1}-\int_{0}^{1}f(x,y)\mathrm{d}y=-\int_{0}^{1}f(x,y)\mathrm{d}y。$$

因此

$$\iint\limits_{D}xyf''_{xy}(x,y)\mathrm{d}x\mathrm{d}y=-\int_{0}^{1}\mathrm{d}x\int_{0}^{1}yf'_{y}(x,y)\mathrm{d}y=\int_{0}^{1}\mathrm{d}x\int_{0}^{1}f(x,y)\mathrm{d}y=\iint\limits_{D}f(x,y)\mathrm{d}x\mathrm{d}y=a。$$

例 9.4　计算二重积分 $I=\iint\limits_{D}\mathrm{e}^{-(x^{2}+2xy\cos a+y^{2})}\mathrm{d}x\mathrm{d}y$，其中 $D=\{(x,y)\mid x\geqslant 0,y\geqslant 0\}$，且 $\alpha\in\left(0,\dfrac{\pi}{2}\right)$ 为常数。

【解 1】　令 $x = r\cos\theta, y = r\sin\theta$，则

$$I = \int_0^{\frac{\pi}{2}} \mathrm{d}\theta \int_0^{+\infty} \mathrm{e}^{-r^2(1+\sin2\theta\cos\alpha)} r\,\mathrm{d}r = \frac{1}{2}\int_0^{\frac{\pi}{2}} \mathrm{d}\theta \int_0^{+\infty} \mathrm{e}^{-r(1+\sin2\theta\cos\alpha)}\mathrm{d}r$$

$$= \frac{1}{2}\int_0^{\frac{\pi}{2}} \frac{1}{1+\sin2\theta\cos\alpha}\mathrm{d}\theta = \frac{1}{4}\int_0^{\pi} \frac{1}{1+\sin\theta\cos\alpha}\mathrm{d}\theta,$$

令 $t = \tan\dfrac{\theta}{2}$，则 $\mathrm{d}\theta = \dfrac{2}{1+t^2}\mathrm{d}t$，$\sin\theta = \dfrac{2t}{1+t^2}$，所以

$$\iint\limits_D \mathrm{e}^{-(x^2+2xy\cos\alpha+y^2)}\mathrm{d}x\,\mathrm{d}y = \frac{1}{4}\int_0^{+\infty} \frac{\dfrac{2}{1+t^2}\mathrm{d}t}{1+\dfrac{2t\cos\alpha}{1+t^2}} = \frac{1}{2}\int_0^{+\infty} \frac{\mathrm{d}t}{(t+\cos\alpha)^2 + \sin^2\alpha}$$

$$= \frac{1}{2}\int_{\cos\alpha}^{+\infty} \frac{\mathrm{d}t}{t^2+\sin^2\alpha} = \frac{1}{2\sin\alpha}\arctan\frac{t}{\sin\alpha}\Big|_{\cos\alpha}^{+\infty}$$

$$= \frac{1}{2\sin\alpha}\left(\frac{\pi}{2} - \mathrm{arctancot}\alpha\right),$$

因为 $\alpha\in\left(0,\dfrac{\pi}{2}\right)$，$\tan\left(\dfrac{\pi}{2}-\alpha\right) = \cot\alpha$，所以 $\mathrm{arctancot}\alpha = \dfrac{\pi}{2}-\alpha$，则

$$\iint\limits_D \mathrm{e}^{-(x^2+2xy\cos\alpha+y^2)}\mathrm{d}x\,\mathrm{d}y = \frac{\alpha}{2\sin\alpha}。$$

【解 2】　因为

$$I = \iint\limits_D \mathrm{e}^{-(x^2+2xy\cos\alpha+y^2)}\mathrm{d}x\,\mathrm{d}y = \iint\limits_D \mathrm{e}^{-((x+y\cos\alpha)^2+(y\sin\alpha)^2)}\mathrm{d}x\,\mathrm{d}y,$$

故作变量代换 $u = x+y\cos\alpha, v = y\sin\alpha$，则 $D' = \{(u,v)\mid 0\leqslant v < +\infty, v\cot\alpha \leqslant u < +\infty\}$，且

$$\frac{\partial(x,y)}{\partial(u,v)} = \frac{1}{\dfrac{\partial(u,v)}{\partial(x,y)}} = \frac{1}{\begin{vmatrix} 1 & \cos\alpha \\ 0 & \sin\alpha \end{vmatrix}} = \frac{1}{\sin\alpha},$$

所以

$$I = \iint\limits_{D'} \mathrm{e}^{-(u^2+v^2)}\frac{1}{\sin\alpha}\mathrm{d}u\,\mathrm{d}v = \frac{1}{\sin\alpha}\int_0^{+\infty} \mathrm{d}v \int_{v\cot\alpha}^{+\infty} \mathrm{e}^{-(u^2+v^2)}\mathrm{d}u。$$

令 $u = r\cos\theta, v = r\sin\theta$，则 $D'' = \{(r,\theta)\mid 0\leqslant\theta\leqslant\alpha, 0\leqslant r < +\infty\}$，因此

$$I = \frac{1}{\sin\alpha}\int_0^{\alpha} \mathrm{d}\theta \int_0^{+\infty} \mathrm{e}^{-r^2}r\,\mathrm{d}r = \frac{\alpha}{2\sin\alpha}。$$

例 9.5　设 $D = \{(x,y)\mid 0\leqslant x\leqslant 1, 0\leqslant y\leqslant 1\}$，计算积分 $I = \iint\limits_D \dfrac{\arcsin(\sqrt{1-x}\,\sqrt{y}\,)}{\sqrt{1-y}\,\sqrt{1-y+xy}}\mathrm{d}x\,\mathrm{d}y$。

【解 1】　因为

$$I = \iint\limits_D \frac{\arcsin(\sqrt{1-x}\,\sqrt{y}\,)}{\sqrt{1-y}\,\sqrt{1-y+xy}}\mathrm{d}x\,\mathrm{d}y = \int_0^1 \frac{1}{\sqrt{1-y}}\mathrm{d}y\int_0^1 \frac{\arcsin(\sqrt{1-x}\,\sqrt{y}\,)}{\sqrt{1-y+xy}}\mathrm{d}x,$$

而

$$\int_0^1 \frac{\arcsin(\sqrt{1-x}\sqrt{y})}{\sqrt{1-y+xy}}\,\mathrm{d}x = \frac{2}{y}\int_0^1 \arcsin(\sqrt{1-x}\sqrt{y})\,\mathrm{d}\sqrt{1-y+xy}$$

$$= \frac{2}{y}\left[\sqrt{1-y+xy}\arcsin(\sqrt{1-x}\sqrt{y})\right]_0^1 + \frac{2}{y}\int_0^1 \frac{\sqrt{y}}{2\sqrt{1-x}}\,\mathrm{d}x$$

$$= -\frac{2}{y}\sqrt{1-y}\arcsin\sqrt{y} + \frac{1}{\sqrt{y}}\int_0^1 \frac{1}{\sqrt{1-x}}\,\mathrm{d}x$$

$$= -\frac{2}{y}\sqrt{1-y}\arcsin\sqrt{y} + \frac{2}{\sqrt{y}},$$

则

$$I = 2\int_0^1 \left(\frac{1}{\sqrt{1-y}\sqrt{y}} - \frac{1}{y}\arcsin\sqrt{y}\right)\mathrm{d}y,$$

其中

$$\int_0^1 \frac{1}{y}\arcsin\sqrt{y}\,\mathrm{d}y \xrightarrow{y=\sin^2 t} \int_0^{\frac{\pi}{2}} \frac{t}{\sin^2 t}\cdot 2\sin t\cos t\,\mathrm{d}t$$

$$= 2\int_0^{\frac{\pi}{2}} t\frac{\cos t}{\sin t}\,\mathrm{d}t = 2\int_0^{\frac{\pi}{2}} t\,\mathrm{d}(\ln\sin t)$$

$$= 2\left[t\ln\sin t\right]_0^{\frac{\pi}{2}} - 2\int_0^{\frac{\pi}{2}} \ln\sin t\,\mathrm{d}t = \pi\ln 2,$$

$$\int_0^1 \frac{1}{\sqrt{1-y}\sqrt{y}}\,\mathrm{d}y = 2\left[\arcsin\sqrt{y}\right]_0^1 = \pi,$$

所以

$$I = \iint_D \frac{\arcsin(\sqrt{1-x}\sqrt{y})}{\sqrt{1-y}\sqrt{1-y+xy}}\,\mathrm{d}x\,\mathrm{d}y = 2(\pi - \pi\ln 2) = 2\pi(1-\ln 2)。$$

【解 2】　令 $1-x=u^2, y=v^2 (u\geqslant 0, v\geqslant 0)$，则 $D'=\{(u,v)\mid 0\leqslant u\leqslant 1, 0\leqslant v\leqslant 1\}$，且

$$\frac{\partial(x,y)}{\partial(u,v)} = -4uv,$$

故

$$I = \iint_D \frac{\arcsin(\sqrt{1-x}\sqrt{y})}{\sqrt{1-y}\sqrt{1-y+xy}}\,\mathrm{d}x\,\mathrm{d}y = 4\iint_D \frac{uv\arcsin(uv)}{\sqrt{1-v^2}\sqrt{1-u^2v^2}}\,\mathrm{d}u\,\mathrm{d}v$$

$$= 4\int_0^1 \frac{\mathrm{d}v}{\sqrt{1-v^2}}\int_0^1 \frac{uv\arcsin(uv)}{\sqrt{1-u^2v^2}}\,\mathrm{d}u = 4\int_0^1 \frac{\mathrm{d}v}{v\sqrt{1-v^2}}\int_0^v \frac{u\arcsin u}{\sqrt{1-u^2}}\,\mathrm{d}u$$

$$= 4\int_0^1 \frac{v-\sqrt{1-v^2}\arcsin v}{v\sqrt{1-v^2}}\,\mathrm{d}v = 4\int_0^1 \frac{1}{\sqrt{1-v^2}}\,\mathrm{d}v - 4\int_0^1 \frac{\arcsin v}{v}\,\mathrm{d}v$$

$$= 2\pi - 4\int_0^1 \arcsin v\,\mathrm{d}(\ln v) = 2\pi + 4\int_0^1 \frac{\ln v}{\sqrt{1-v^2}}\,\mathrm{d}v。$$

令 $v=\sin\theta$，由欧拉积分，得

$$\int_0^1 \frac{\ln v}{\sqrt{1-v^2}}\,\mathrm{d}v = \int_0^{\frac{\pi}{2}} \ln\sin\theta\,\mathrm{d}v = -\frac{\pi}{2}\ln 2,$$

所以

$$I = 2\pi - 4 \times \frac{\pi}{2}\ln2 = 2\pi(1 - \ln2)。$$

【解3】　设 $y - xy = \sin^2\varphi, y = \sin^2\theta,$ 则 $D' = \left\{(\theta, \varphi) \,\middle|\, 0 \leqslant \theta \leqslant \frac{\pi}{2}, 0 \leqslant \varphi \leqslant \theta\right\}$，且

$$\frac{\partial(x, y)}{\partial(\theta, \varphi)} = \frac{4\sin\varphi\cos\varphi\cos\theta}{\sin\theta},$$

故

$$I = \iint\limits_{D'} \frac{\varphi}{\cos\theta\cos\varphi} \cdot \frac{4\sin\varphi\cos\varphi\cos\theta}{\sin\theta}\,\mathrm{d}\theta\,\mathrm{d}\varphi = 4\iint\limits_{D'} \frac{\varphi\sin\varphi}{\sin\theta}\,\mathrm{d}\theta\,\mathrm{d}\varphi$$

$$= 4\int_0^{\frac{\pi}{2}} \frac{\mathrm{d}\theta}{\sin\theta}\int_0^{\theta} \varphi\sin\varphi\,\mathrm{d}\varphi = 4\int_0^{\frac{\pi}{2}} \frac{\sin\theta - \theta\cos\theta}{\sin\theta}\,\mathrm{d}\theta$$

$$= 2\pi - 4\int_0^{\frac{\pi}{2}} \theta\,\mathrm{d}(\ln\sin\theta) = 2\pi - 4\left[\theta\ln\sin\theta\right]_0^{\frac{\pi}{2}} + 4\int_0^{\frac{\pi}{2}} \ln\sin\theta\,\mathrm{d}\theta$$

$$= 2\pi - 4 \times \frac{\pi}{2}\ln2 = 2\pi(1 - \ln2)。$$

例 9.6　计算二重积分 $I = \iint\limits_{x^2+y^2\leqslant1} |x^2 + y^2 - x - y|\,\mathrm{d}x\,\mathrm{d}y。$

【解1】　由于

$$x^2 + y^2 - x - y = \left(x - \frac{1}{2}\right)^2 + \left(y - \frac{1}{2}\right)^2 - \frac{1}{2},$$

因此将区域 $D = \{(x, y) | x^2 + y^2 \leqslant 1\}$ 分为两个子区域：

$$D_1 = \left\{(x, y) \,\middle|\, \left(x - \frac{1}{2}\right)^2 + \left(y - \frac{1}{2}\right)^2 \leqslant \frac{1}{2}, x^2 + y^2 \leqslant 1\right\}, \quad D_2 = D - D_1,$$

则

$$I = \iint\limits_{D_2} (x^2 + y^2 - x - y)\,\mathrm{d}x\,\mathrm{d}y - \iint\limits_{D_1} (x^2 + y^2 - x - y)\,\mathrm{d}x\,\mathrm{d}y$$

$$= \iint\limits_{D} (x^2 + y^2 - x - y)\,\mathrm{d}x\,\mathrm{d}y - 2\iint\limits_{D_1} (x^2 + y^2 - x - y)\,\mathrm{d}x\,\mathrm{d}y,$$

记

$$I_1 = \iint\limits_{D} (x^2 + y^2 - x - y)\,\mathrm{d}x\,\mathrm{d}y, \quad I_2 = \iint\limits_{D_1} (x^2 + y^2 - x - y)\,\mathrm{d}x\,\mathrm{d}y, 则$$

$$I_1 = \int_0^{2\pi} \mathrm{d}\theta \int_0^1 (r^2 - r\cos\theta - r\sin\theta)r\,\mathrm{d}r = \int_0^{2\pi} \left(\frac{1}{4} - \frac{1}{3}(\cos\theta + \sin\theta)\right)\mathrm{d}\theta = \frac{\pi}{2},$$

$$I_2 = \int_{-\frac{\pi}{4}}^{0} \mathrm{d}\theta \int_0^{\sin\theta+\cos\theta} (r^2 - r\cos\theta - r\sin\theta)r\,\mathrm{d}r + \int_0^{\frac{\pi}{2}} \mathrm{d}\theta \int_0^1 (r^2 - r\cos\theta - r\sin\theta)r\,\mathrm{d}r +$$

$$\int_{\frac{\pi}{2}}^{\frac{3\pi}{4}} \mathrm{d}\theta \int_0^{\sin\theta+\cos\theta} (r^2 - r\cos\theta - r\sin\theta)r\,\mathrm{d}r,$$

而

$$\int_0^{\frac{\pi}{2}} \mathrm{d}\theta \int_0^1 (r^2 - r\cos\theta - r\sin\theta)r\,\mathrm{d}r = \int_0^{\frac{\pi}{2}} \left(\frac{1}{4} - \frac{1}{3}(\cos\theta + \sin\theta)\right)\mathrm{d}\theta = \frac{\pi}{8} - \frac{2}{3},$$

$$\int_{-\frac{\pi}{4}}^{0}\mathrm{d}\theta\int_{0}^{\sin\theta+\cos\theta}(r^2-r\cos\theta-r\sin\theta)r\,\mathrm{d}r+\int_{\frac{\pi}{2}}^{\frac{3\pi}{4}}\mathrm{d}\theta\int_{0}^{\sin\theta+\cos\theta}(r^2-r\cos\theta-r\sin\theta)r\,\mathrm{d}r$$

$$=-\frac{1}{12}\int_{-\frac{\pi}{4}}^{0}(\cos\theta+\sin\theta)^4\mathrm{d}\theta-\frac{1}{12}\int_{\frac{\pi}{2}}^{\frac{3\pi}{4}}(\cos\theta+\sin\theta)^4\mathrm{d}\theta$$

$$=-\frac{1}{6}\int_{-\frac{\pi}{4}}^{0}(\sin\theta+\cos\theta)^4\mathrm{d}\theta=-\frac{2}{3}\int_{-\frac{\pi}{4}}^{0}\sin^4\left(\theta+\frac{\pi}{4}\right)\mathrm{d}\theta=-\frac{2}{3}\int_{0}^{\frac{\pi}{4}}\sin^4 t\,\mathrm{d}t$$

$$=-\frac{2}{3}\int_{0}^{\frac{\pi}{4}}\left(\frac{3}{8}-\frac{1}{2}\cos 2t-\frac{1}{8}\cos 4t\right)\mathrm{d}t=-\frac{\pi}{16}+\frac{1}{6},$$

则

$$I_2=\frac{\pi}{8}-\frac{2}{3}-\frac{\pi}{16}+\frac{1}{6}=\frac{\pi}{16}-\frac{1}{2},$$

从而

$$\iint\limits_{x^2+y^2\leqslant 1}|x^2+y^2-x-y|\,\mathrm{d}x\,\mathrm{d}y=I_1-2I_2=\frac{\pi}{2}-2\left(\frac{\pi}{16}-\frac{1}{2}\right)=1+\frac{3}{8}\pi_{\circ}$$

【解2】　由极坐标及图形关于直线 $y=x$ 对称知

$$I=\iint\limits_{x^2+y^2\leqslant 1}|x^2+y^2-x-y|\,\mathrm{d}x\,\mathrm{d}y=\int_{0}^{2\pi}\mathrm{d}\theta\int_{0}^{1}|r^2-r\cos\theta-r\sin\theta|r\,\mathrm{d}r$$

$$=2\int_{\frac{\pi}{4}}^{\frac{5\pi}{4}}\mathrm{d}\theta\int_{0}^{1}\left|r-\sqrt{2}\sin\left(\theta+\frac{\pi}{4}\right)\right|r^2\,\mathrm{d}r=2\int_{0}^{\pi}\mathrm{d}\theta\int_{0}^{1}|r-\sqrt{2}\cos\theta|r^2\,\mathrm{d}r_{\circ}$$

将区域 $D:0\leqslant\theta\leqslant\pi,0\leqslant r\leqslant 1$ 分解成 $D_1\bigcup D_2$，其中

$$D_1:0\leqslant\theta\leqslant\frac{\pi}{2},0\leqslant r\leqslant 1,\quad D_2:\frac{\pi}{2}\leqslant\theta\leqslant\pi,0\leqslant r\leqslant 1_{\circ}$$

又记 $D_3:\frac{\pi}{4}\leqslant\theta\leqslant\frac{\pi}{2},\sqrt{2}\cos\theta\leqslant r\leqslant 1$，这里 $D_3\subset D_1$，则

$$I=2\left(\iint\limits_{D_2}(r-\sqrt{2}\cos\theta)r^2\,\mathrm{d}r\,\mathrm{d}\theta+\iint\limits_{D_3}(r-\sqrt{2}\cos\theta)r^2\,\mathrm{d}r\,\mathrm{d}\theta-\iint\limits_{D_1-D_3}(r-\sqrt{2}\cos\theta)r^2\,\mathrm{d}r\,\mathrm{d}\theta\right)$$

$$=2\left(\iint\limits_{D_2}(r-\sqrt{2}\cos\theta)r^2\,\mathrm{d}r\,\mathrm{d}\theta+2\iint\limits_{D_3}(r-\sqrt{2}\cos\theta)r^2\,\mathrm{d}r\,\mathrm{d}\theta-\iint\limits_{D_1}(r-\sqrt{2}\cos\theta)r^2\,\mathrm{d}r\,\mathrm{d}\theta\right),$$

而

$$\iint\limits_{D_1}(r-\sqrt{2}\cos\theta)r^2\,\mathrm{d}r\,\mathrm{d}\theta=\int_{0}^{\frac{\pi}{2}}\mathrm{d}\theta\int_{0}^{1}(r-\sqrt{2}\cos\theta)r^2\,\mathrm{d}r=\frac{\sqrt{2}}{3}-\frac{\pi}{8},$$

$$\iint\limits_{D_2}(r-\sqrt{2}\cos\theta)r^2\,\mathrm{d}r\,\mathrm{d}\theta=\int_{\frac{\pi}{2}}^{\pi}\mathrm{d}\theta\int_{0}^{1}(r-\sqrt{2}\cos\theta)r^2\,\mathrm{d}r=\frac{\sqrt{2}}{3}+\frac{\pi}{8},$$

$$\iint\limits_{D_3}(r-\sqrt{2}\cos\theta)r^2\,\mathrm{d}r\,\mathrm{d}\theta=\int_{\frac{\pi}{4}}^{\frac{\pi}{2}}\mathrm{d}\theta\int_{\sqrt{2}\cos\theta}^{1}(r-\sqrt{2}\cos\theta)r^2\,\mathrm{d}r=\frac{3}{32}\pi+\frac{1}{4}-\frac{\sqrt{2}}{3},$$

所以

$$I=2\left(\left(\frac{\sqrt{2}}{3}+\frac{\pi}{8}\right)+2\left(\frac{3}{32}\pi+\frac{1}{4}-\frac{\sqrt{2}}{3}\right)-\left(\frac{\pi}{8}-\frac{\sqrt{2}}{3}\right)\right)=1+\frac{3}{8}\pi_{\circ}$$

例 9.7 已知 $D = \{(x, y) \mid |x| \leqslant 1, |y| \leqslant 1\}$，$\int_0^2 \sin x^2 \mathrm{d}x = a$，求二重积分 $\iint\limits_D \sin(x-y)^2 \mathrm{d}x \mathrm{d}y$。

【解 1】 作变量代换 $x - y = u, x + y = v$，则 $x = \dfrac{1}{2}(u+v), y = \dfrac{1}{2}(v-u)$，且

$$J = \frac{\partial(x, y)}{\partial(u, v)} = \frac{1}{2},$$

且 $D' = \{(u, v) \mid |u| + |v| \leqslant 2\}$，记 $D_1' = \{(u, v) \mid u + v \leqslant 2, u \geqslant 0, v \geqslant 0\}$，由对称性知

$$\iint\limits_D \sin(x-y)^2 \mathrm{d}x \mathrm{d}y = \iint\limits_{D'} \sin u^2 \cdot \frac{1}{2} \mathrm{d}u \mathrm{d}v = 2\iint\limits_{D_1'} \sin u^2 \mathrm{d}u \mathrm{d}v$$

$$= 2\int_0^2 \sin u^2 \mathrm{d}u \int_0^{2-u} \mathrm{d}v = 2\int_0^2 (2-u) \sin u^2 \mathrm{d}u$$

$$= 4\int_0^2 \sin u^2 \mathrm{d}u - 2\int_0^2 u \sin u^2 \mathrm{d}u = 4a - \int_0^2 \sin u^2 \mathrm{d}u^2 = 4a + \cos 4 - 1。$$

【解 2】 记 $P = -y\sin(x-y)^2, Q = y\sin(x-y)^2, L$ 为区域 $D = \{(x, y) \mid |x| \leqslant 1, |y| \leqslant 1\}$ 的正向边界，则

$$\frac{\partial Q}{\partial x} - \frac{\partial P}{\partial y} = \sin(x-y)^2,$$

由格林公式得

$$\iint\limits_D \sin(x-y)^2 \mathrm{d}x \mathrm{d}y = \int_L -y\sin(x-y)^2 \mathrm{d}x + y\sin(x-y)^2 \mathrm{d}y$$

$$= \int_{-1}^1 y\sin(1-y)^2 \mathrm{d}y + \int_{-1}^1 y\sin(-1-y)^2 \mathrm{d}y +$$

$$\int_{-1}^1 \sin(x-1)^2 \mathrm{d}x + \int_{-1}^1 \sin(x+1)^2 \mathrm{d}x$$

$$= \int_{-1}^1 y\sin(1-y)^2 \mathrm{d}y + \int_{-1}^1 y\sin(-1-y)^2 \mathrm{d}y +$$

$$\int_{-1}^1 \sin(x-1)^2 \mathrm{d}x + \int_{-1}^1 \sin(x+1)^2 \mathrm{d}x$$

$$= 2\int_0^2 (1-u) \sin u^2 \mathrm{d}u + 2\int_0^2 \sin u^2 \mathrm{d}u = 4\int_0^2 \sin u^2 \mathrm{d}u - 2\int_0^2 u \sin u^2 \mathrm{d}u$$

$$= 4a - \int_0^2 \sin u^2 \mathrm{d}u^2 = 4a + \cos 4 - 1。$$

例 9.8 设 $f(x, y)$ 在闭区域 $D: x^2 + y^2 \leqslant 1$ 上有二阶连续偏导数，满足 $\dfrac{\partial^2 f}{\partial x^2} + \dfrac{\partial^2 f}{\partial y^2} = \mathrm{e}^{-(x^2+y^2)}$，证明 $\iint\limits_D \left(x \dfrac{\partial f}{\partial x} + y \dfrac{\partial f}{\partial y}\right) \mathrm{d}x \mathrm{d}y = \dfrac{\pi}{2\mathrm{e}}$。

【证 1】 采用极坐标 $x = r\cos\theta, y = r\sin\theta$，则

$$I = \iint\limits_D \left(x \frac{\partial f}{\partial x} + y \frac{\partial f}{\partial y}\right) \mathrm{d}x \mathrm{d}y = \int_0^1 r \mathrm{d}r \int_0^{2\pi} \left(r\cos\theta \frac{\partial f}{\partial x} + r\sin\theta \frac{\partial f}{\partial y}\right) \mathrm{d}\theta。$$

因为 $x = r\cos\theta, y = r\sin\theta$，则 $\mathrm{d}x = -r\sin\theta \mathrm{d}\theta, \mathrm{d}y = r\cos\theta \mathrm{d}\theta$，记 $L_r: x^2 + y^2 = r^2$，由格林公式得

$$\int_0^{2\pi}\left(r\cos\theta\,\frac{\partial f}{\partial x}+r\sin\theta\,\frac{\partial f}{\partial y}\right)\mathrm{d}\theta=\oint_{L_r}-\frac{\partial f}{\partial y}\mathrm{d}x+\frac{\partial f}{\partial x}\mathrm{d}y=\iint\limits_{D_r:x^2+y^2\leqslant r^2}\left(\frac{\partial^2 f}{\partial x^2}+\frac{\partial^2 f}{\partial y^2}\right)\mathrm{d}\sigma$$

$$=\iint\limits_{D_r}\mathrm{e}^{-(x^2+y^2)}\mathrm{d}\sigma=\int_0^{2\pi}\mathrm{d}\varphi\int_0^r\mathrm{e}^{-\rho^2}\rho\,\mathrm{d}\rho=\pi(1-\mathrm{e}^{-r^2})。$$

于是

$$I=\int_0^1\pi(1-\mathrm{e}^{-r^2})r\,\mathrm{d}r=\frac{\pi}{2\mathrm{e}}。$$

【证2】 由格林公式可得二重积分的分部积分公式

$$\iint\limits_{D}u\,\frac{\partial v}{\partial x}\mathrm{d}x\,\mathrm{d}y=\oint_{\partial D}uv\,\mathrm{d}y-\iint\limits_{D}v\,\frac{\partial u}{\partial x}\mathrm{d}x\,\mathrm{d}y,$$

$$\iint\limits_{D}u\,\frac{\partial v}{\partial y}\mathrm{d}x\,\mathrm{d}y=-\oint_{\partial D}uv\,\mathrm{d}x-\iint\limits_{D}v\,\frac{\partial u}{\partial y}\mathrm{d}x\,\mathrm{d}y。$$

其中 ∂D 为闭区域 D 的正向边界,它是一条分段光滑闭曲线,函数 $u(x,y)$ 和 $v(x,y)$ 在闭区域 D 上有一阶连续偏导数。因为

$$I=\iint\limits_{D}\left(x\,\frac{\partial f}{\partial x}+y\,\frac{\partial f}{\partial y}\right)\mathrm{d}x\,\mathrm{d}y=\frac{1}{2}\iint\limits_{D}\left(\frac{\partial(x^2+y^2)}{\partial x}\cdot\frac{\partial f}{\partial x}+\frac{\partial(x^2+y^2)}{\partial y}\cdot\frac{\partial f}{\partial y}\right)\mathrm{d}x\,\mathrm{d}y,$$

由二重积分的分部积分公式,得

$$I=\frac{1}{2}\oint_{\partial D}(x^2+y^2)\frac{\partial f}{\partial x}\mathrm{d}y-(x^2+y^2)\frac{\partial f}{\partial y}\mathrm{d}x-\frac{1}{2}\iint\limits_{D}(x^2+y^2)\left(\frac{\partial^2 f}{\partial x^2}+\frac{\partial^2 f}{\partial y^2}\right)\mathrm{d}x\,\mathrm{d}y。$$

由于 $D:x^2+y^2\leqslant 1$ 的边界为 $\partial D:x^2+y^2=1$,所以

$$I=\frac{1}{2}\oint_{\partial D}\frac{\partial f}{\partial x}\mathrm{d}y-\frac{\partial f}{\partial y}\mathrm{d}x-\frac{1}{2}\iint\limits_{D}(x^2+y^2)\left(\frac{\partial^2 f}{\partial x^2}+\frac{\partial^2 f}{\partial y^2}\right)\mathrm{d}x\,\mathrm{d}y。$$

由格林公式知

$$I=\frac{1}{2}\iint\limits_{D}\left(\frac{\partial^2 f}{\partial x^2}+\frac{\partial^2 f}{\partial y^2}\right)\mathrm{d}x\,\mathrm{d}y-\frac{1}{2}\iint\limits_{D}(x^2+y^2)\left(\frac{\partial^2 f}{\partial x^2}+\frac{\partial^2 f}{\partial y^2}\right)\mathrm{d}x\,\mathrm{d}y$$

$$=\frac{1}{2}\iint\limits_{D}(1-x^2-y^2)\mathrm{e}^{-(x^2+y^2)}\mathrm{d}x\,\mathrm{d}y=\frac{1}{2}\int_0^{2\pi}\mathrm{d}\theta\int_0^1(1-\rho^2)\mathrm{e}^{-\rho^2}\rho\,\mathrm{d}\rho=\frac{\pi}{2\mathrm{e}}。$$

例 9.9 设 $D:x^2+y^2\leqslant 1,a^2+b^2\neq 0$,证明

$$\iint\limits_{D}f(ax+by+c)\mathrm{d}x\,\mathrm{d}y=2\int_{-1}^{1}\sqrt{1-u^2}\,f(u\sqrt{a^2+b^2}+c)\mathrm{d}u。$$

【证】 作正交变换

$$\begin{bmatrix}u\\v\end{bmatrix}=\begin{bmatrix}\dfrac{a}{\sqrt{a^2+b^2}}&\dfrac{b}{\sqrt{a^2+b^2}}\\[2ex]\dfrac{b}{\sqrt{a^2+b^2}}&-\dfrac{a}{\sqrt{a^2+b^2}}\end{bmatrix}\begin{bmatrix}x\\y\end{bmatrix}\overset{\text{def}}{=\!=}\boldsymbol{J}\begin{bmatrix}x\\y\end{bmatrix},$$

即

$$u=\frac{ax+by}{\sqrt{a^2+b^2}},\quad v=\frac{bx-ay}{\sqrt{a^2+b^2}},$$

则 $|J|=1$，从而

$$\iint\limits_{D} f(ax+by+c)\mathrm{d}x\mathrm{d}y = \iint\limits_{u^2+v^2\leqslant1} f(u\sqrt{a^2+b^2}+c)\mathrm{d}u\mathrm{d}v$$

$$= \int_{-1}^{1}\mathrm{d}u\int_{-\sqrt{1-u^2}}^{\sqrt{1-u^2}} f(u\sqrt{a^2+b^2}+c)\mathrm{d}v$$

$$= 2\int_{-1}^{1}\sqrt{1-u^2} f(u\sqrt{a^2+b^2}+c)\mathrm{d}u。$$

例 9.10 （1）设 $f(x)$ 在 $[0,1]$ 上可导，证明

$$\int_{0}^{\frac{\pi}{2}}\mathrm{d}\varphi\int_{0}^{\frac{\pi}{2}}\sin\varphi f(\sin\varphi\sin\theta)\mathrm{d}\theta = \frac{\pi}{2}\int_{0}^{\frac{\pi}{2}}\sin\varphi f(\cos\varphi)\mathrm{d}\varphi。$$

（2）计算二重积分 $\iint\limits_{D}\sin\varphi\mathrm{e}^{\sin\varphi\sin\theta}\mathrm{d}\theta\mathrm{d}\varphi$，其中 $D:0\leqslant\theta\leqslant\dfrac{\pi}{2},0\leqslant\varphi\leqslant\dfrac{\pi}{2}$。

（3）计算积分 $\iint\limits_{D}\sin\varphi\sin\theta(\sin\varphi+\sin\theta)\mathrm{e}^{\sin\varphi\sin\theta}\mathrm{d}\theta\mathrm{d}\varphi$，其中 $D:0\leqslant\theta\leqslant\dfrac{\pi}{2},0\leqslant\varphi\leqslant\dfrac{\pi}{2}$。

（1）**【证】** 令 $\cos x=\sin\varphi\sin\theta$，则 $x=\arccos(\sin\varphi\sin\theta),x\in\left[0,\dfrac{\pi}{2}\right]$，且

$$\theta=\arcsin\frac{\cos x}{\sin\varphi}, \quad \mathrm{d}\theta=-\frac{\sin x}{\sqrt{\sin^2\varphi-\cos^2x}}\mathrm{d}x,$$

因此

$$\int_{0}^{\frac{\pi}{2}}\mathrm{d}\varphi\int_{0}^{\frac{\pi}{2}}\sin\varphi f(\sin\varphi\sin\theta)\mathrm{d}\theta = \int_{0}^{\frac{\pi}{2}}\mathrm{d}\varphi\int_{\frac{\pi}{2}-\varphi}^{\frac{\pi}{2}}\frac{\sin\varphi\sin x f(\cos x)}{\sqrt{\sin^2\varphi-\cos^2x}}\mathrm{d}x$$

$$= \int_{0}^{\frac{\pi}{2}}\sin x f(\cos x)\mathrm{d}x\int_{\frac{\pi}{2}-x}^{\frac{\pi}{2}}\frac{\sin\varphi}{\sqrt{\sin^2\varphi-\cos^2x}}\mathrm{d}\varphi$$

$$= -\int_{0}^{\frac{\pi}{2}}\sin x f(\cos x)\mathrm{d}x\int_{\frac{\pi}{2}-x}^{\frac{\pi}{2}}\frac{1}{\sqrt{1-\left(\frac{\cos\varphi}{\sin x}\right)^2}}\mathrm{d}\left(\frac{\cos\varphi}{\sin x}\right)$$

$$= -\int_{0}^{\frac{\pi}{2}}\sin x f(\cos x)\arcsin\left(\frac{\cos\varphi}{\sin x}\right)\bigg|_{\frac{\pi}{2}-x}^{\frac{\pi}{2}}\mathrm{d}x$$

$$= \frac{\pi}{2}\int_{0}^{\frac{\pi}{2}}\sin x f(\cos x)\mathrm{d}x。$$

（2）**【解】** 由（1）知 $f(x)=\mathrm{e}^x$，则

$$\iint\limits_{D}\sin\varphi\mathrm{e}^{\sin\varphi\sin\theta}\mathrm{d}x\mathrm{d}y = \int_{0}^{\frac{\pi}{2}}\mathrm{d}\varphi\int_{0}^{\frac{\pi}{2}}\sin\varphi\mathrm{e}^{\sin\varphi\sin\theta}\mathrm{d}\theta = \frac{\pi}{2}\int_{0}^{\frac{\pi}{2}}\sin\varphi\mathrm{e}^{\cos\varphi}\mathrm{d}\varphi = \frac{\pi}{2}(\mathrm{e}-1)。$$

（3）**【解】** 由轮换对称性及分部积分，得

$$\iint\limits_{D}\sin\varphi\sin\theta(\sin\varphi+\sin\theta)\mathrm{e}^{\sin\varphi\sin\theta}\mathrm{d}\theta\mathrm{d}\varphi$$

$$= 2\iint\limits_{D}\sin^2\varphi\sin\theta\mathrm{e}^{\sin\varphi\sin\theta}\mathrm{d}\theta\mathrm{d}\varphi$$

$$= 2\int_0^{\frac{\pi}{2}} \mathrm{d}\theta \int_0^{\frac{\pi}{2}} \sin^2\varphi \sin\theta \mathrm{e}^{\sin\varphi\sin\theta} \mathrm{d}\varphi = 2\int_0^{\frac{\pi}{2}} \mathrm{d}\theta \int_0^{\frac{\pi}{2}} (1-\cos^2\varphi)\sin\theta \mathrm{e}^{\sin\varphi\sin\theta} \mathrm{d}\varphi$$

$$= 2\int_0^{\frac{\pi}{2}} \mathrm{d}\theta \int_0^{\frac{\pi}{2}} \sin\theta \mathrm{e}^{\sin\varphi\sin\theta} \mathrm{d}\varphi - 2\int_0^{\frac{\pi}{2}} \mathrm{d}\theta \int_0^{\frac{\pi}{2}} \cos^2\varphi \sin\theta \mathrm{e}^{\sin\varphi\sin\theta} \mathrm{d}\varphi$$

$$= 2\int_0^{\frac{\pi}{2}} \mathrm{d}\theta \int_0^{\frac{\pi}{2}} \sin\theta \mathrm{e}^{\sin\varphi\sin\theta} \mathrm{d}\varphi - 2\int_0^{\frac{\pi}{2}} \left(\int_0^{\frac{\pi}{2}} \cos\varphi \mathrm{d}\mathrm{e}^{\sin\varphi\sin\theta} \right) \mathrm{d}\theta$$

$$= 2\int_0^{\frac{\pi}{2}} \mathrm{d}\theta \int_0^{\frac{\pi}{2}} \sin\theta \mathrm{e}^{\sin\varphi\sin\theta} \mathrm{d}\varphi - 2\int_0^{\frac{\pi}{2}} \left(\cos\varphi \mathrm{e}^{\sin\varphi\sin\theta} \Big|_0^{\frac{\pi}{2}} - \int_0^{\frac{\pi}{2}} \mathrm{e}^{\sin\varphi\sin\theta} \mathrm{d}\cos\varphi \right) \mathrm{d}\theta$$

$$= 2\int_0^{\frac{\pi}{2}} \mathrm{d}\theta \int_0^{\frac{\pi}{2}} \sin\theta \mathrm{e}^{\sin\varphi\sin\theta} \mathrm{d}\varphi - 2\int_0^{\frac{\pi}{2}} \mathrm{d}\theta \int_0^{\frac{\pi}{2}} \sin\varphi \mathrm{e}^{\sin\varphi\sin\theta} \mathrm{d}\varphi + 2\int_0^{\frac{\pi}{2}} \mathrm{d}\theta = \pi。$$

二、三重积分的计算与证明

例 9.11 设 $f(x)$ 在 $[0,1]$ 上连续,且 $\int_0^1 f(x)\mathrm{d}x = m$,计算 $\int_0^1 \mathrm{d}x \int_x^1 \mathrm{d}y \int_x^y f(x)f(y)f(z)\mathrm{d}z$。

【解 1】 记 $F(u) = \int_0^u f(t)\mathrm{d}t$,则 $F(0)=0, F(1)=m$。于是

$$\int_0^1 \mathrm{d}x \int_x^1 \mathrm{d}y \int_x^y f(x)f(y)f(z)\mathrm{d}z = \int_0^1 f(x)\mathrm{d}x \int_x^1 f(y)\mathrm{d}y \int_x^y f(z)\mathrm{d}z$$

$$= \int_0^1 f(x)\mathrm{d}x \int_x^1 f(y)(F(y)-F(x))\mathrm{d}y$$

$$= \int_0^1 f(x)\mathrm{d}x \int_x^1 (F(y)-F(x))\mathrm{d}(F(y)-F(x))$$

$$= \frac{1}{2}\int_0^1 f(x)(F(1)-F(x))^2 \mathrm{d}x$$

$$= \frac{1}{2}\int_0^1 -(F(1)-F(x))^2 \mathrm{d}(F(1)-F(x))$$

$$= \frac{1}{6}(F(1)-F(0))^3 = \frac{m^3}{6}。$$

【解 2】 记 $F(u) = \int_0^u f(t)\mathrm{d}t$,则 $F(0)=0, F(1)=m$。交换积分次序,得

$$\int_0^1 \mathrm{d}x \int_x^1 \mathrm{d}y \int_x^y f(x)f(y)f(z)\mathrm{d}z = \int_0^1 f(z)\mathrm{d}z \int_z^1 f(y)\mathrm{d}y \int_0^z f(x)\mathrm{d}x$$

$$= \int_0^1 f(z)F(z)(F(1)-F(z))\mathrm{d}z = \frac{1}{6}m^3。$$

例 9.12 计算三重积分 $\iiint\limits_{\Omega} (x+y+z)^2 \mathrm{d}v$,其中 $\Omega: \dfrac{x^2}{a^2} + \dfrac{y^2}{b^2} + \dfrac{z^2}{c^2} \leqslant 1$。

【解 1】 由对称性可得

$$\iiint\limits_{\Omega} xy \mathrm{d}V = \iiint\limits_{\Omega} xz \mathrm{d}V = \iiint\limits_{\Omega} yz \mathrm{d}V = 0,$$

则

$$I = \iiint\limits_{\Omega} (x^2+y^2+z^2+2xy+2yz+2xz)\mathrm{d}V = \iiint\limits_{\Omega} (x^2+y^2+z^2)\mathrm{d}V。$$

用截面法求 $\iiint\limits_{\Omega} z^2 \mathrm{d}V$。记 $\Omega_1 : \dfrac{x^2}{a^2} + \dfrac{y^2}{b^2} + \dfrac{z^2}{c^2} \leqslant 1, z \geqslant 0$，则

$$\iiint\limits_{\Omega} z^2 \mathrm{d}V = 2 \iiint\limits_{\Omega_1} z^2 \mathrm{d}V = 2 \int_0^c z^2 \mathrm{d}z \iint\limits_{D_z : \frac{x^2}{a^2} + \frac{y^2}{b^2} \leqslant 1 - \frac{z^2}{c^2}} \mathrm{d}\sigma = 2 \int_0^c z^2 \cdot \pi ab \left(1 - \dfrac{z^2}{c^2}\right) \mathrm{d}z = \dfrac{4}{15} \pi abc^3,$$

由轮换对称性，得

$$\iiint\limits_{\Omega} x^2 \mathrm{d}V = \dfrac{4}{15} \pi a^3 bc, \qquad \iiint\limits_{\Omega} y^2 \mathrm{d}V = \dfrac{4\pi}{15} ab^3 c,$$

故

$$\iiint\limits_{\Omega} (x + y + z)^2 \mathrm{d}v = \dfrac{4\pi}{15} abc (a^2 + b^2 + c^2)。$$

【解 2】 因为

$$I = \iiint\limits_{\Omega} (x^2 + y^2 + z^2 + 2xy + 2yz + 2xz) \mathrm{d}V = \iiint\limits_{\Omega} (x^2 + y^2 + z^2) \mathrm{d}V。$$

由轮换对称性，知

$$\iiint\limits_{\Omega} \dfrac{z^2}{c^2} \mathrm{d}V = \iiint\limits_{\Omega} \dfrac{x^2}{a^2} \mathrm{d}V = \iiint\limits_{\Omega} \dfrac{y^2}{b^2} \mathrm{d}V。$$

利用广义球坐标变换 $x = ar\cos\theta\sin\varphi, y = br\sin\theta\sin\varphi, z = cr\cos\varphi$，得

$$\iiint\limits_{\Omega} \dfrac{z^2}{c^2} \mathrm{d}V = \dfrac{1}{3} \iiint\limits_{\Omega} \left(\dfrac{x^2}{a^2} + \dfrac{y^2}{b^2} + \dfrac{z^2}{c^2}\right) \mathrm{d}V = \int_0^{2\pi} \mathrm{d}\theta \int_0^{\pi} \mathrm{d}\varphi \int_0^1 r^2 \cdot abcr^2 \sin\varphi \mathrm{d}r = \dfrac{4\pi}{15} abc。$$

所以

$$I = \iiint\limits_{\Omega} (x^2 + y^2 + z^2) \mathrm{d}V = \dfrac{4\pi}{15} abc (a^2 + b^2 + c^2)。$$

例 9.13 计算三重积分 $\iiint\limits_{\Omega} (x + y + z)^2 \mathrm{d}V$，其中 Ω 是球体 $x^2 + y^2 + (z - 2)^2 = 4$ 被平面 $z = 1$ 所截出的上半部分。

【解 1】 由对称性知

$$\iiint\limits_{\Omega} xy \mathrm{d}V = \iiint\limits_{\Omega} yz \mathrm{d}V = \iiint\limits_{\Omega} zx \mathrm{d}V = 0,$$

则

$$I = \iiint\limits_{\Omega} (x^2 + y^2 + z^2 + 2xy + 2yz + 2xz) \mathrm{d}V = \iiint\limits_{\Omega} (x^2 + y^2 + z^2) \mathrm{d}V。$$

立体 Ω 由球体 $x^2 + y^2 + z^2 \leqslant 4z$ 被平面 $z = 1$ 所截下的上半部分，其截面为 $z = 1$ 平面上的圆域 $x^2 + y^2 \leqslant 3$，它的半径为 $\sqrt{3}$。在球坐标系下 Ω 表示为

$$\Omega : 0 \leqslant \theta \leqslant 2\pi, 0 \leqslant \varphi \leqslant \dfrac{\pi}{3}, \quad \sec\varphi \leqslant r \leqslant 4\cos\varphi,$$

于是

$$I = \iiint\limits_{\Omega} (x^2 + y^2 + z^2) \mathrm{d}V = \int_0^{2\pi} \mathrm{d}\theta \int_0^{\frac{\pi}{3}} \mathrm{d}\varphi \int_{\sec\varphi}^{4\cos\varphi} r^2 \cdot r^2 \sin\varphi \mathrm{d}r$$

$$= \frac{2\pi}{5} \int_0^{\frac{\pi}{3}} \left(4^5 \cos^5 \varphi - \frac{1}{\cos^5 \varphi} \right) \sin \varphi \, d\varphi = \frac{2\pi}{5} \left[- \frac{512}{3} \cos^6 \varphi - \frac{1}{4} \frac{1}{\cos^4 \varphi} \right]_0^{\frac{\pi}{3}}$$

$$= \frac{2\pi}{5} \left(\frac{512}{3} \left(1 - \frac{1}{64} \right) - \frac{1}{4} (16 - 1) \right) = \frac{657}{10} \pi .$$

【解 2】 由先二后一法,得

$$I = \iiint\limits_{\Omega} (x + y + z)^2 \, dV = \iiint\limits_{\Omega} (x^2 + y^2 + z^2) \, dV = \int_1^4 dz \iint\limits_{D_z} (x^2 + y^2 + z^2) \, dx \, dy$$

$$= \int_1^4 dz \int_0^{2\pi} d\theta \int_0^{\sqrt{4z - z^2}} (r^2 + z^2) \cdot r \, dr = \frac{\pi}{2} \int_1^4 (16z^2 - z^4) \, dz$$

$$= \frac{\pi}{2} \left(\frac{16}{3} z^3 \Big|_1^4 - \frac{1}{5} z^5 \Big|_1^4 \right) = \frac{\pi}{2} \times \frac{1971}{15} = \frac{657}{10} \pi .$$

例 9.14 设区域 Ω 是由 $x^2 + y^2 + (z - 2)^2 \geqslant 4, x^2 + y^2 + (z - 1)^2 \leqslant 9, z \geqslant 0$ 所围成的空心立体,计算三重积分 $\iiint\limits_{\Omega} (x^2 + y^2) \, dv$。

【解 1】 记区域 $\Omega = \Omega_1 - \Omega_2 - \Omega_3$,其中

$$\Omega_1 = \{ (x, y, z) \mid x^2 + y^2 + (z - 1)^2 \leqslant 9 \},$$

$$\Omega_2 = \{ (x, y, z) \mid x^2 + y^2 + (z - 2)^2 \leqslant 4 \},$$

$$\Omega_3 = \{ (x, y, z) \mid x^2 + y^2 + (z - 1)^2 \leqslant 9, z \leqslant 0 \}。$$

令 $x = r \sin \varphi \cos \theta, y = r \sin \varphi \sin \theta, z = 1 + r \cos \varphi$,则 $\Omega_1 : 0 \leqslant \theta \leqslant 2\pi, 0 \leqslant \varphi \leqslant \pi, 0 \leqslant r \leqslant 3$,

$$\iiint\limits_{\Omega_1} (x^2 + y^2) \, dv = \int_0^{2\pi} d\theta \int_0^{\pi} d\varphi \int_0^3 r^2 \sin^2 \varphi r^2 \sin \varphi \, dr = \frac{648}{5} \pi .$$

令 $x = r \sin \varphi \cos \theta, y = r \sin \varphi \sin \theta, z = 2 + r \cos \varphi$,则 $\Omega_2 : 0 \leqslant \theta \leqslant 2\pi, 0 \leqslant \varphi \leqslant \pi, 0 \leqslant r \leqslant 2$,

$$\iiint\limits_{\Omega_2} (x^2 + y^2) \, dv = \int_0^{2\pi} d\theta \int_0^{\pi} d\varphi \int_0^2 r^2 \sin^2 \varphi r^2 \sin \varphi \, dr = \frac{256}{15} \pi .$$

令 $x = r \cos \theta, y = r \sin \theta, z = z$,则 $\Omega_3 : 0 \leqslant \theta \leqslant 2\pi, 0 \leqslant r \leqslant 2\sqrt{2}, 0 \leqslant z \leqslant 1 - \sqrt{9 - r^2}$,

$$\iiint\limits_{\Omega_3} (x^2 + y^2) \, dv = \iint\limits_{D} r \, d\theta \, dr \int_{1 - \sqrt{9 - r^2}}^0 r^2 \, dz = \int_0^{2\pi} d\theta \int_0^{2\sqrt{2}} r^3 (\sqrt{9 - r^2} - 1) \, dr = \frac{136}{5} \pi .$$

因此

$$\iiint\limits_{\Omega} (x^2 + y^2) \, dv = \iiint\limits_{\Omega_1} (x^2 + y^2) \, dv - \iiint\limits_{\Omega_2} (x^2 + y^2) \, dv - \iiint\limits_{\Omega_3} (x^2 + y^2) \, dv = \frac{256}{3} \pi .$$

【解 2】 用截面法。$\Omega = \{ (x, y, z) \mid 0 \leqslant z \leqslant 4, D_z : 4 - (z - 2)^2 \leqslant x^2 + y^2 \leqslant 9 - (z - 1)^2 \}$,则

$$\iiint\limits_{\Omega} (x^2 + y^2) \, dv = \int_0^4 dz \iint\limits_{D_z} (x^2 + y^2) \, dx \, dy = \int_0^4 dz \int_0^{2\pi} d\theta \int_{\sqrt{4 - (z - 2)^2}}^{\sqrt{9 - (z - 1)^2}} r^3 \, dr$$

$$= 2\pi \times \frac{1}{4} \int_0^4 ((9 - (z - 1)^2)^2 - (4 - (z - 2)^2)^2) \, dz$$

$$= \frac{\pi}{2} \int_0^4 (65 - 18(z - 1)^2 + (z - 1)^4 + 8(z - 2)^2 - (z - 2)^4) \, dz$$

$$= \frac{\pi}{2} \left(260 - 18 \int_{-1}^{3} t^2 \,\mathrm{d}t + \int_{-1}^{3} t^4 \,\mathrm{d}t + 16 \int_{0}^{2} t^2 \,\mathrm{d}t - 2 \int_{0}^{4} t^2 \,\mathrm{d}t \right) = \frac{256}{3}\pi_{\circ}$$

例 9.15　计算三重积分 $\displaystyle\iiint_{\Omega} \frac{\mathrm{d}x\,\mathrm{d}y\,\mathrm{d}z}{(1+x^2+y^2+z^2)^2}$，其中 Ω：$0 \leqslant x \leqslant 1, 0 \leqslant y \leqslant 1, 0 \leqslant z \leqslant 1$。

【解 1】　采用"先二后一"法，并利用对称性，得

$$I = \int_{0}^{1} \mathrm{d}z \iint_{D} \frac{\mathrm{d}x\,\mathrm{d}y}{(1+x^2+y^2+z^2)^2} = 2\int_{0}^{1} \mathrm{d}z \iint_{D_1} \frac{\mathrm{d}x\,\mathrm{d}y}{(1+x^2+y^2+z^2)^2},$$

其中 D：$0 \leqslant x \leqslant 1, 0 \leqslant y \leqslant 1$，$D_1$：$0 \leqslant x \leqslant 1, 0 \leqslant y \leqslant x$，用极坐标计算二重积分，得

$$I = 2\int_{0}^{1} \mathrm{d}z \int_{0}^{\frac{\pi}{4}} \mathrm{d}\theta \int_{0}^{\sec\theta} \frac{r\,\mathrm{d}r}{(1+r^2+z^2)^2} = \int_{0}^{1} \mathrm{d}z \int_{0}^{\frac{\pi}{4}} \left(\frac{1}{1+z^2} - \frac{1}{1+\sec^2\theta+z^2} \right) \mathrm{d}\theta_{\circ}$$

令 $\tan\theta = u$，则 $\theta = \arctan u$，$\mathrm{d}\theta = \dfrac{1}{1+u^2}\mathrm{d}u$，由轮换对称性，得

$$I = \int_{0}^{1} \mathrm{d}z \int_{0}^{1} \left(\frac{1}{1+z^2} - \frac{1}{2+u^2+z^2} \right) \frac{1}{1+u^2}\mathrm{d}u = \int_{0}^{1} \mathrm{d}z \int_{0}^{1} \frac{1}{1+z^2} \cdot \frac{1}{2+u^2+z^2}\mathrm{d}u$$

$$= \frac{1}{2}\int_{0}^{1} \mathrm{d}z \int_{0}^{1} \frac{1}{2+z^2+u^2} \left(\frac{1}{1+u^2} + \frac{1}{1+z^2} \right) \mathrm{d}u = \frac{1}{2}\int_{0}^{1} \mathrm{d}z \int_{0}^{1} \frac{1}{1+u^2} \cdot \frac{1}{1+z^2}\mathrm{d}u$$

$$= \frac{1}{2}\int_{0}^{1} \frac{1}{1+z^2}\mathrm{d}z \int_{0}^{1} \frac{1}{1+u^2}\mathrm{d}u = \frac{\pi^2}{32}_{\circ}$$

【解 2】　与解 1 同，采用"先二后一"法，再用极坐标计算二重积分，得

$$I = \int_{0}^{1} \frac{1}{1+z^2}\mathrm{d}z \int_{0}^{\frac{\pi}{4}} \mathrm{d}\theta - \int_{0}^{1} \mathrm{d}z \int_{0}^{\frac{\pi}{4}} \frac{1}{1+\sec^2\theta+z^2}\mathrm{d}\theta = \frac{\pi^2}{16} - I_1,$$

对后面的二重积分 I_1，交换积分次序，并令 $z = \tan t$，得

$$I_1 = \int_{0}^{1} \mathrm{d}z \int_{0}^{\frac{\pi}{4}} \frac{1}{1+\sec^2\theta+z^2}\mathrm{d}\theta = \int_{0}^{\frac{\pi}{4}} \mathrm{d}\theta \int_{0}^{1} \frac{1}{1+\sec^2\theta+z^2}\mathrm{d}z$$

$$= \int_{0}^{\frac{\pi}{4}} \mathrm{d}\theta \int_{0}^{\frac{\pi}{4}} \frac{\sec^2 t}{\sec^2\theta+\sec^2 t}\mathrm{d}t = \iint_{D_{\theta t}} \frac{\sec^2 t}{\sec^2\theta+\sec^2 t}\mathrm{d}\theta\,\mathrm{d}t_{\circ}$$

记 $D_{\theta t}$：$0 \leqslant \theta \leqslant \dfrac{\pi}{4}, 0 \leqslant t \leqslant \dfrac{\pi}{4}$，由二重积分的轮换对称性，得

$$\iint_{D_{\theta t}} \frac{\sec^2 t}{\sec^2\theta+\sec^2 t}\mathrm{d}\theta\,\mathrm{d}t = \iint_{D_{\theta t}} \frac{\sec^2\theta}{\sec^2\theta+\sec^2 t}\mathrm{d}\theta\,\mathrm{d}t,$$

所以

$$I_1 = \frac{1}{2}\iint_{D_{\theta t}} \frac{\sec^2 t+\sec^2\theta}{\sec^2\theta+\sec^2 t}\mathrm{d}\theta\,\mathrm{d}t = \frac{1}{2} \times \frac{\pi^2}{16} = \frac{\pi^2}{32},$$

从而

$$I = \frac{\pi^2}{16} - \frac{\pi^2}{32} = \frac{\pi^2}{32}_{\circ}$$

【解3】 当 $a > 0$ 时,

$$\int_0^{+\infty} w \mathrm{e}^{-aw}\, \mathrm{d}w = -\frac{1}{a}\int_0^{+\infty} w \mathrm{d}\mathrm{e}^{-aw} = \frac{1}{a}\int_0^{+\infty} \mathrm{e}^{-aw}\, \mathrm{d}w = \frac{1}{a^2},$$

所以

$$\iiint\limits_{\Omega} \frac{\mathrm{d}x\,\mathrm{d}y\,\mathrm{d}z}{(1+x^2+y^2+z^2)^2} = \iiint\limits_{\Omega} \left(\int_0^{+\infty} w \mathrm{e}^{-w(1+x^2+y^2+z^2)}\, \mathrm{d}w\right)\mathrm{d}x\,\mathrm{d}y\,\mathrm{d}z$$

$$= \int_0^{+\infty} \mathrm{d}w \iiint\limits_{\Omega} w\mathrm{e}^{-w(1+x^2+y^2+z^2)}\,\mathrm{d}x\,\mathrm{d}y\,\mathrm{d}z$$

$$= \int_0^{+\infty} w\mathrm{e}^{-w}\, \mathrm{d}w \left(\int_0^1 \mathrm{e}^{-wx^2}\,\mathrm{d}x\right)^3,$$

记 $f(x) = \int_0^x \mathrm{e}^{-r^2}\,\mathrm{d}r$,则 $f(0) = 0, f(+\infty) = \int_0^{+\infty} \mathrm{e}^{-r^2}\,\mathrm{d}r = \frac{\sqrt{\pi}}{2}$。而

$$\int_0^1 \mathrm{e}^{-wx^2}\,\mathrm{d}x = \frac{1}{\sqrt{w}}\int_0^1 \mathrm{e}^{-(\sqrt{w}x)^2}\,\mathrm{d}(\sqrt{w}x) = \frac{1}{\sqrt{w}}\int_0^{\sqrt{w}} \mathrm{e}^{-r^2}\,\mathrm{d}r = \frac{1}{\sqrt{w}}f(\sqrt{w}),$$

且

$$\frac{\mathrm{d}}{\mathrm{d}w}f(\sqrt{w}) = \frac{\mathrm{d}}{\mathrm{d}w}\int_0^{\sqrt{w}} \mathrm{e}^{-r^2}\,\mathrm{d}r = \frac{1}{2}\cdot\frac{1}{\sqrt{w}}\mathrm{e}^{-w},$$

则

$$\int_0^{+\infty} w\mathrm{e}^{-w}\,\mathrm{d}w\left(\int_0^1 \mathrm{e}^{-wx^2}\,\mathrm{d}x\right)^3 = \int_0^{+\infty} \frac{1}{\sqrt{w}}\mathrm{e}^{-w}f^3(\sqrt{w})\,\mathrm{d}w = 2\int_0^{+\infty} f^3(\sqrt{w})\,\mathrm{d}f(\sqrt{w})$$

$$= \frac{1}{2}f^4(\sqrt{w})\Big|_0^{+\infty} = \frac{1}{2}\left(\frac{\sqrt{\pi}}{2}\right)^4 = \frac{\pi^2}{32}。$$

例 9.16 计算三重积分 $I = \iiint\limits_{\Omega} \cos(x+y+z)\,\mathrm{d}x\,\mathrm{d}y\,\mathrm{d}z$,其中 $\Omega: x^2+y^2+z^2 \leqslant 1$。

【解】 作正交变换,使 $x+y+z = 0$ 为坐标系 $Ouvw$ 中平行于坐标面 uOv 的平面。取平面 $x+y+z = 0$ 的法向量为 $\boldsymbol{k}_1 = (1,1,1)$,再任取与 $\boldsymbol{k}_1$ 垂直的向量 $\boldsymbol{j}_1 = (0,1,-1)$,令

$$\boldsymbol{i}_1 = \boldsymbol{j}_1 \times \boldsymbol{k}_1 = \begin{vmatrix} \boldsymbol{i} & \boldsymbol{j} & \boldsymbol{k} \\ 0 & 1 & -1 \\ 1 & 1 & 1 \end{vmatrix} = (2,-1,-1),$$

单位化,得坐标系 $Ouvw$ 的三个单位向量 $\boldsymbol{i}^*, \boldsymbol{j}^*, \boldsymbol{k}^*$ 分别为

$$\boldsymbol{i}^* = \left(\frac{2}{\sqrt{6}}, -\frac{1}{\sqrt{6}}, -\frac{1}{\sqrt{6}}\right), \quad \boldsymbol{j}^* = \left(0, \frac{1}{\sqrt{2}}, -\frac{1}{\sqrt{2}}\right), \quad \boldsymbol{k}^* = \left(\frac{1}{\sqrt{3}}, \frac{1}{\sqrt{3}}, \frac{1}{\sqrt{3}}\right),$$

设空间任一点 M 在原坐标系中的坐标为 (x,y,z),在新坐标系中的坐标为 (u,v,w),则

$$\begin{bmatrix} u \\ v \\ w \end{bmatrix} = \begin{bmatrix} \dfrac{2}{\sqrt{6}} & -\dfrac{1}{\sqrt{6}} & -\dfrac{1}{\sqrt{6}} \\ 0 & \dfrac{1}{\sqrt{2}} & -\dfrac{1}{\sqrt{2}} \\ \dfrac{1}{\sqrt{3}} & \dfrac{1}{\sqrt{3}} & \dfrac{1}{\sqrt{3}} \end{bmatrix}\begin{bmatrix} x \\ y \\ z \end{bmatrix}, \quad 或 \quad \begin{bmatrix} x \\ y \\ z \end{bmatrix} = \begin{bmatrix} \dfrac{2}{\sqrt{6}} & 0 & \dfrac{1}{\sqrt{3}} \\ -\dfrac{1}{\sqrt{6}} & \dfrac{1}{\sqrt{2}} & \dfrac{1}{\sqrt{3}} \\ -\dfrac{1}{\sqrt{6}} & -\dfrac{1}{\sqrt{2}} & \dfrac{1}{\sqrt{3}} \end{bmatrix}\begin{bmatrix} u \\ v \\ w \end{bmatrix},$$

从而

$$x=\frac{2}{\sqrt{6}}u+\frac{1}{\sqrt{3}}w,\quad y=-\frac{1}{\sqrt{6}}u+\frac{1}{\sqrt{2}}v+\frac{1}{\sqrt{3}}w,\quad z=-\frac{1}{\sqrt{6}}u-\frac{1}{\sqrt{2}}v+\frac{1}{\sqrt{3}}w,$$

因此 $x+y+z=\sqrt{3}\,w$, $x^2+y^2+z^2=u^2+v^2+w^2$, 即 $\Omega':u^2+v^2+w^2\leqslant 1$, 且

$$\left|\frac{\partial(x,y,z)}{\partial(u,v,w)}\right|=1,$$

故

$$I=\iiint\limits_{\Omega}\cos(x+y+z)\mathrm{d}x\mathrm{d}y\mathrm{d}z=\iiint\limits_{\Omega}\cos(\sqrt{3}\,w)\mathrm{d}u\mathrm{d}v\mathrm{d}w。$$

下面采用先二后一法计算, 令 $u=r\cos\theta,v=r\sin\theta$, 则

$$I=\iiint\limits_{\Omega}\cos(\sqrt{3}\,w)\mathrm{d}u\mathrm{d}v\mathrm{d}w=\int_{-1}^{1}\cos(\sqrt{3}\,w)\mathrm{d}w\int_{0}^{2\pi}\mathrm{d}\theta\int_{0}^{\sqrt{1-w^2}}r\mathrm{d}r$$

$$=2\pi\int_{-1}^{1}\frac{1-w^2}{2}\cos(\sqrt{3}\,w)\mathrm{d}w=\pi\left(\frac{4}{3\sqrt{3}}\sin\sqrt{3}-\frac{4}{3}\cos\sqrt{3}\right)。$$

例 9.17 设 Ω 是球体 $x^2+y^2+z^2\leqslant 1$ 被平面 $ax+by+cz=1(a^2+b^2+c^2>1$ 且 $abc\neq 0)$ 所截不含原点的部分, 计算三重积分 $\iiint\limits_{\Omega}(x+y+z)\mathrm{d}x\mathrm{d}y\mathrm{d}z$。

【解1】 设 $G(\bar{x},\bar{y},\bar{z})$ 为区域 Ω 的形心, 则

$$\iiint\limits_{\Omega}(x+y+z)\mathrm{d}x\mathrm{d}y\mathrm{d}z=(\bar{x}+\bar{y}+\bar{z})V_{\Omega}。$$

为了确定区域 Ω 的形心 $G(\bar{x},\bar{y},\bar{z})$, 只需求出 OG 的长度 r, 可考虑"球体 $x^2+y^2+z^2\leqslant 1$ 被平面 $z=\dfrac{1}{\sqrt{a^2+b^2+c^2}}=k$ 所截形成的球冠 Ω' 的形心"的情形。

由对称性知 Ω' 的形心在 z 轴上, 记为 $G'(0,0,r)$, 则

$$r=\frac{\iiint\limits_{\Omega'}z\mathrm{d}v}{\iiint\limits_{\Omega'}\mathrm{d}v}=\frac{\int_{k}^{1}z\mathrm{d}z\iint\limits_{D_z}\mathrm{d}x\mathrm{d}y}{\int_{k}^{1}\mathrm{d}z\iint\limits_{D_z}\mathrm{d}x\mathrm{d}y}=\frac{\int_{k}^{1}\pi z(1-z^2)\mathrm{d}z}{\int_{k}^{1}\pi(1-z^2)\mathrm{d}z}=\frac{\dfrac{\pi}{4}(1-k^2)^2}{\dfrac{\pi}{3}(1-k)^2(2+k)}=\frac{3(1+k)^2}{4(2+k)},$$

因此区域 Ω 的形心 $G(\bar{x},\bar{y},\bar{z})$ 在过原点且垂直于平面 $ax+by+cz=1$ 的直线上, 则

$$(\bar{x},\bar{y},\bar{z})=\overrightarrow{OG}=|\overrightarrow{OG}|\overrightarrow{OG}^0=\frac{3(1+k)^2}{4(2+k)}\cdot\frac{(a,b,c)}{\sqrt{a^2+b^2+c^2}}=\frac{3k(1+k)^2}{4(2+k)}(a,b,c),$$

又

$$V_{\Omega}=\iiint\limits_{\Omega'}\mathrm{d}v=\frac{\pi}{3}(1-k)^2(2+k),$$

所以

$$\iiint\limits_{\Omega}(x+y+z)\mathrm{d}x\mathrm{d}y\mathrm{d}z=(\bar{x}+\bar{y}+\bar{z})V_{\Omega}=\frac{3k(1+k)^2(a+b+c)}{4(2+k)}\cdot\frac{\pi}{3}(1-k)^2(2+k)$$

$$=\frac{\pi}{4}k(1-k^2)^2(a+b+c)=\frac{\pi(a+b+c)}{4\sqrt{a^2+b^2+c^2}}\left(1-\frac{1}{a^2+b^2+c^2}\right)^2。$$

【解 2】 取 $\boldsymbol{k}_1 = (a,b,c), \boldsymbol{j}_1 = (0,-c,b)$，则 $\boldsymbol{i}_1 = \boldsymbol{j}_1 \times \boldsymbol{k}_1 = (b^2+c^2, -ab, -ac)$，记

$$\frac{1}{\sqrt{a^2+b^2+c^2}} = k, \quad \frac{1}{\sqrt{b^2+c^2}} = l,$$

得正交变换

$$\begin{bmatrix} u \\ v \\ w \end{bmatrix} = \begin{bmatrix} (b^2+c^2)kl & -abkl & -ackl \\ 0 & -cl & bl \\ ak & bk & ck \end{bmatrix} \begin{bmatrix} x \\ y \\ z \end{bmatrix}, \quad \text{即} \quad \begin{bmatrix} x \\ y \\ z \end{bmatrix} = \begin{bmatrix} (b^2+c^2)kl & 0 & ak \\ -abkl & -cl & bk \\ -ackl & bl & ck \end{bmatrix} \begin{bmatrix} u \\ v \\ w \end{bmatrix},$$

则平面 $ax+by+cz=1$ 在 $Ouvw$ 中的方程为 $w=k$，球面 $x^2+y^2+z^2=1$ 在 $Ouvw$ 中的方程为 $u^2+v^2+w^2=1$，$\dfrac{\partial(x,y,z)}{\partial(u,v,w)}=1$，且

$$x+y+z = kl(b^2+c^2-bc-ac)u + l(b-c)v + k(a+b+c)w,$$

故由对称性知

$$\iiint\limits_{\Omega} (x+y+z)\,\mathrm{d}x\mathrm{d}y\mathrm{d}z = \iiint\limits_{\Omega} \left(kl(b^2+c^2-bc-ac)u + l(b-c)v + k(a+b+c)w \right) \mathrm{d}u\mathrm{d}v\mathrm{d}w$$

$$= \iiint\limits_{\Omega} k(a+b+c)w\,\mathrm{d}u\mathrm{d}v\mathrm{d}w = k(a+b+c)\int_k^1 w\,\mathrm{d}w \iint\limits_{D_w} \mathrm{d}u\mathrm{d}v$$

$$= k\pi(a+b+c)\int_k^1 w(1-w^2)\,\mathrm{d}w = \frac{\pi}{4}k(a+b+c)(1-k^2)^2$$

$$= \frac{\pi(a+b+c)}{4\sqrt{a^2+b^2+c^2}}\left(1-\frac{1}{a^2+b^2+c^2}\right)^2。$$

例 9.18 已知有二阶连续导数，$g(x,y,z) = f\left(\dfrac{x}{z}\right) + f\left(\dfrac{y}{z}\right) + z\left(f\left(\dfrac{z}{x}\right) + f\left(\dfrac{z}{y}\right)\right)$。

(1) 求 $x^2\dfrac{\partial^2 g}{\partial x^2} + y^2\dfrac{\partial^2 g}{\partial y^2} - z^2\dfrac{\partial^2 g}{\partial z^2}$；

(2) 计算三重积分 $\iiint\limits_{\Omega}\left(x^2\dfrac{\partial^2 g}{\partial x^2} + y^2\dfrac{\partial^2 g}{\partial y^2} - z^2\dfrac{\partial^2 g}{\partial z^2}\right)\mathrm{d}x\mathrm{d}y\mathrm{d}z$，其中 Ω 是由平面 $z=a_ix$，$z=b_iy$ 和曲面 $xyz=c_i\,(i=1,2)$ 且 $a_1 < a_2, b_1 < b_2, c_1 < c_2$ 所围成。

【解】 (1) 因为 $g(x,y,z) = f\left(\dfrac{x}{z}\right) + f\left(\dfrac{y}{z}\right) + z\left(f\left(\dfrac{z}{x}\right) + f\left(\dfrac{z}{y}\right)\right)$，则

$$\frac{\partial g}{\partial x} = \frac{1}{z}f'\left(\frac{x}{z}\right) - \frac{z^2}{x^2}f'\left(\frac{z}{x}\right),$$

$$\frac{\partial g}{\partial y} = \frac{1}{z}f'\left(\frac{y}{z}\right) - \frac{z^2}{y^2}f'\left(\frac{z}{y}\right),$$

$$\frac{\partial g}{\partial z} = -\frac{x}{z^2}f'\left(\frac{x}{z}\right) - \frac{y}{z^2}f'\left(\frac{y}{z}\right) + \frac{z}{x}f'\left(\frac{z}{x}\right) + \frac{z}{y}f'\left(\frac{z}{y}\right) + f\left(\frac{z}{x}\right) + f\left(\frac{z}{y}\right),$$

从而

$$\frac{\partial^2 g}{\partial x^2} = \frac{1}{z^2}f''\left(\frac{x}{z}\right) + \frac{z^3}{x^4}f''\left(\frac{z}{x}\right) + \frac{2z^2}{x^3}f'\left(\frac{z}{x}\right),$$

$$\frac{\partial^2 g}{\partial y^2} = \frac{1}{z^2}f''\left(\frac{y}{z}\right) + \frac{z^3}{y^4}f''\left(\frac{z}{y}\right) + \frac{2z^2}{y^3}f'\left(\frac{z}{y}\right),$$

$$\frac{\partial^2 g}{\partial z^2} = \frac{x^2}{z^4}f''\left(\frac{x}{z}\right) + \frac{y^2}{z^4}f''\left(\frac{y}{z}\right) + \frac{z}{x^2}f''\left(\frac{z}{x}\right) + \frac{z}{y^2}f''\left(\frac{z}{y}\right) +$$

$$\frac{2x}{z^3}f'\left(\frac{x}{z}\right) + \frac{2y}{z^3}f'\left(\frac{y}{z}\right) + \frac{2}{x}f'\left(\frac{z}{x}\right) + \frac{2}{y}f'\left(\frac{z}{y}\right),$$

因此

$$x^2\frac{\partial^2 g}{\partial x^2} + y^2\frac{\partial^2 g}{\partial y^2} - z^2\frac{\partial^2 g}{\partial z^2} = -\frac{2x}{z}f'\left(\frac{x}{z}\right) - \frac{2y}{z}f'\left(\frac{y}{z}\right)。$$

（2）由（1）知

$$\iiint\limits_{\Omega}\left(x^2\frac{\partial^2 g}{\partial x^2} + y^2\frac{\partial^2 g}{\partial y^2} - z^2\frac{\partial^2 g}{\partial z^2}\right)\mathrm{d}x\,\mathrm{d}y\,\mathrm{d}z = -2\iiint\limits_{\Omega}\left(\frac{x}{z}f'\left(\frac{x}{z}\right) + \frac{y}{z}f'\left(\frac{y}{z}\right)\right)\mathrm{d}x\,\mathrm{d}y\,\mathrm{d}z,$$

令 $u = \frac{z}{x}, v = \frac{z}{y}, w = z^3$，则

$$\frac{1}{J} = \begin{vmatrix} u_x & u_y & u_z \\ v_x & v_y & v_z \\ w_x & w_y & w_z \end{vmatrix} = \frac{3z^4}{x^2y^2}, \quad 即 \quad J = \frac{1}{3u^2v^2},$$

且由于 Ω 是由平面 $z = a_i x, z = b_i y$ 和曲面 $xyz = c_i (i = 1,2)$ 所围成，故

$$\Omega': a_1 \leqslant u \leqslant a_2, \quad b_1 \leqslant v \leqslant b_2, \quad uvc_1 \leqslant w \leqslant uvc_2,$$

所以

$$\iiint\limits_{\Omega}\left(x^2\frac{\partial^2 g}{\partial x^2} + y^2\frac{\partial^2 g}{\partial y^2} - z^2\frac{\partial^2 g}{\partial z^2}\right)\mathrm{d}x\,\mathrm{d}y\,\mathrm{d}z$$

$$= -2\int_{a_1}^{a_2}\mathrm{d}u\int_{b_1}^{b_2}\mathrm{d}v\int_{uvc_1}^{uvc_2}\left(\frac{1}{u}f'\left(\frac{1}{u}\right) + \frac{1}{v}f'\left(\frac{1}{v}\right)\right)\frac{1}{3u^2v^2}\mathrm{d}w$$

$$= -\frac{2(c_2 - c_1)}{3}\int_{a_1}^{a_2}\mathrm{d}u\int_{b_1}^{b_2}\left(\frac{1}{u^2v}f'\left(\frac{1}{u}\right) + \frac{1}{uv^2}f'\left(\frac{1}{v}\right)\right)\mathrm{d}v$$

$$= -\frac{2(c_2 - c_1)}{3}\int_{a_1}^{a_2}\left(\ln\frac{b_2}{b_1}\frac{1}{u^2}f'\left(\frac{1}{u}\right) + \left(f\left(\frac{1}{b_1}\right) - f\left(\frac{1}{b_2}\right)\right)\frac{1}{u}\right)\mathrm{d}u$$

$$= -\frac{2(c_2 - c_1)}{3}\left(\ln\frac{b_2}{b_1}\left(f\left(\frac{1}{a_1}\right) - f\left(\frac{1}{a_2}\right)\right) + \ln\frac{a_2}{a_1}\left(f\left(\frac{1}{b_1}\right) - f\left(\frac{1}{b_2}\right)\right)\right)。$$

例 9.19 设函数 $f(x,y,z)$ 在区域 $\Omega = \{(x,y,z) \mid x^2 + y^2 + z^2 \leqslant 1\}$ 上具有连续的二阶偏导数，且满足 $\dfrac{\partial^2 f}{\partial x^2} + \dfrac{\partial^2 f}{\partial y^2} + \dfrac{\partial^2 f}{\partial z^2} = \sqrt{x^2 + y^2 + z^2}$，计算三重积分 $I = \iiint\limits_{\Omega}\left(x\dfrac{\partial f}{\partial x} + y\dfrac{\partial f}{\partial y} + z\dfrac{\partial f}{\partial z}\right)\mathrm{d}x\,\mathrm{d}y\,\mathrm{d}z$。

【解】 记球面 $\Sigma: x^2 + y^2 + z^2 = 1$ 上 (x,y,z) 处的单位外法向量为 $\boldsymbol{n} = (\cos\alpha, \cos\beta, \cos\gamma)$，则

$$\frac{\partial f}{\partial \boldsymbol{n}} = \frac{\partial f}{\partial x}\cos\alpha + \frac{\partial f}{\partial y}\cos\beta + \frac{\partial f}{\partial z}\cos\gamma,$$

考虑曲面积分

$$\oiint_{\Sigma} \frac{\partial f}{\partial \boldsymbol{n}} \mathrm{d}S = \oiint_{\Sigma} (x^2 + y^2 + z^2) \frac{\partial f}{\partial \boldsymbol{n}} \mathrm{d}S.$$

对上式两边分别利用高斯公式,得

$$\oiint_{\Sigma} \frac{\partial f}{\partial \boldsymbol{n}} \mathrm{d}S = \oiint_{\Sigma} \left(\frac{\partial f}{\partial x}\cos\alpha + \frac{\partial f}{\partial y}\cos\beta + \frac{\partial f}{\partial z}\cos\gamma \right) \mathrm{d}S = \iiint_{\Omega} \left(\frac{\partial^2 f}{\partial x^2} + \frac{\partial^2 f}{\partial y^2} + \frac{\partial^2 f}{\partial z^2} \right) \mathrm{d}v,$$

$$\oiint_{\Sigma} (x^2 + y^2 + z^2) \frac{\partial f}{\partial \boldsymbol{n}} \mathrm{d}S = \oiint_{\Sigma} (x^2 + y^2 + z^2) \left(\frac{\partial f}{\partial x}\cos\alpha + \frac{\partial f}{\partial y}\cos\beta + \frac{\partial f}{\partial z}\cos\gamma \right) \mathrm{d}S$$

$$= 2\iiint_{\Omega} \left(x\frac{\partial f}{\partial x} + y\frac{\partial f}{\partial y} + z\frac{\partial f}{\partial z} \right) \mathrm{d}v +$$

$$\iiint_{\Omega} (x^2 + y^2 + z^2) \left(\frac{\partial^2 f}{\partial x^2} + \frac{\partial^2 f}{\partial y^2} + \frac{\partial^2 f}{\partial z^2} \right) \mathrm{d}v,$$

从而

$$I = \iiint_{\Omega} \left(x\frac{\partial f}{\partial x} + y\frac{\partial f}{\partial y} + z\frac{\partial f}{\partial z} \right) \mathrm{d}v$$

$$= \frac{1}{2}\iiint_{\Omega} (1 - x^2 - y^2 - z^2) \left(\frac{\partial^2 f}{\partial x^2} + \frac{\partial^2 f}{\partial y^2} + \frac{\partial^2 f}{\partial z^2} \right) \mathrm{d}v$$

$$= \frac{1}{2}\iiint_{\Omega} (1 - x^2 - y^2 - z^2) \sqrt{x^2 + y^2 + z^2} \, \mathrm{d}v$$

$$= \frac{1}{2}\int_0^{2\pi} \mathrm{d}\theta \int_0^{\pi} \sin\varphi \, \mathrm{d}\varphi \int_0^1 (1 - r^2) r^3 \, \mathrm{d}r = \frac{\pi}{6}.$$

三、积分应用问题

例 9.20 设 D 是曲线 $y = 2x - x^2$ 与 x 轴围成的平面图形,直线 $y = kx$ 把 D 分成 D_1 和 D_2 两部分,若 D_1 的面积 S_1 与 D_2 的面积 S_2 之比 $S_1 : S_2 = 1 : 7$,求平面图形 D_1 的周长以及 D_1 绕 y 轴旋转一周所得旋转体的体积。

【解】 由 $\begin{cases} y = 2x - x^2, \\ y = kx \end{cases}$ 解得 $x_1 = 0, x_2 = 2 - k$,因为

$$S = S_1 + S_2 = \int_0^2 (2x - x^2) \mathrm{d}x = \frac{4}{3},$$

又 $S_1 : S_2 = 1 : 7$,所以 $S_1 = \frac{1}{6}, S_2 = \frac{7}{6}$,而

$$S_1 = \int_0^{2-k} (2x - x^2 - kx) \mathrm{d}x = \frac{1}{6}(2 - k)^3 = \frac{1}{6},$$

解得 $k = 1$,从而 $x_2 = 2 - k = 1$,则抛物线段的长度为

$$L_1 = \int_0^1 \sqrt{1 + {y'}^2} \, \mathrm{d}x = \int_0^1 \sqrt{1 + (2x - 2)^2} \, \mathrm{d}x$$

$$\xrightarrow{t=2-2x} \frac{1}{2}\int_0^2 \sqrt{1+t^2}\,dt = \frac{1}{2}t\sqrt{1+t^2}\Big|_0^2 - \frac{1}{2}\int_0^2 \frac{t^2}{\sqrt{1+t^2}}\,dt$$

$$=\sqrt{5}+\frac{1}{2}\int_0^2 \frac{1}{\sqrt{1+t^2}}\,dt - \frac{1}{2}\int_0^2 \sqrt{1+t^2}\,dt,$$

则

$$\int_0^2 \sqrt{1+t^2}\,dt = \sqrt{5}+\frac{1}{2}\int_0^2 \frac{1}{\sqrt{1+t^2}}\,dt = \sqrt{5}+\frac{1}{2}\ln(t+\sqrt{1+t^2})\Big|_0^2$$

$$=\sqrt{5}+\frac{1}{2}\ln(2+\sqrt{5}),$$

从而 $L_1=\dfrac{\sqrt{5}}{2}+\dfrac{1}{4}\ln(2+\sqrt{5})$，又直线段的长度为 $L_2=\sqrt{2}$，故平面图形 D_1 的周长为

$$L=\frac{\sqrt{5}}{2}+\frac{1}{4}\ln(2+\sqrt{5})+\sqrt{2}。$$

由柱壳法知，平面图形 D_1 绕 y 轴旋转一周所得旋转体的体积为

$$V=\int_0^1 2\pi x f(x)\,dx = \int_0^1 2\pi x(2x-x^2-x)\,dx = \frac{\pi}{6}。$$

例 9.21 求曲线 $L_1:y=\dfrac{1}{3}x^3+2x(0\leqslant x\leqslant1)$ 绕直线 $L_2:y=\dfrac{4}{3}x$ 旋转所产生的旋转面的面积。

【解】 取 $[x,x+dx]\subset[0,1]$，则面积元素为 $dA=2\pi\rho ds$，其中

$$\rho=\frac{|4x-x^3-6x|}{\sqrt{4^2+(-3)^2}}=\frac{1}{5}(x^3+2x),\quad ds=\sqrt{1+(x^2+2)^2}\,dx,$$

则所求旋转面的面积为

$$A=\frac{2\pi}{5}\int_0^1 (x^3+2x)\sqrt{1+(x^2+2)^2}\,dx$$

$$=\frac{\pi}{5}\int_0^1 (x^2+2)\sqrt{1+(x^2+2)^2}\,d(x^2+2)$$

$$=\frac{\pi}{5}\int_0^1 \sqrt{1+(x^2+2)^2}\,d(1+(x^2+2)^2)$$

$$=\frac{\pi}{5}\times\frac{2}{3}(1+(x^2+2)^2)^{\frac{3}{2}}\Big|_0^1 = \frac{\sqrt{5}(2\sqrt{2}-1)}{3}\pi。$$

例 9.22 求曲面 $x^2+y^2=\dfrac{1}{3}z^2$ 与平面 $x+y+z=2a(a>0)$ 所围成的空间区域的表面积。

【解】 所求面积由两部分组成，其一为平面被锥面截下的椭圆面积

$$S_1=\iint\limits_D \sqrt{1+z_x^2+z_y^2}\,dx\,dy=\sqrt{3}S(D),$$

其中 $D:x^2+y^2\leqslant\dfrac{1}{3}(2a-x-y)^2$。其二为锥面被平面截下的面积

$$S_2 = \iint\limits_{D} \sqrt{1 + z_x^2 + z_y^2}\, \mathrm{d}x\, \mathrm{d}y = \iint\limits_{D} \sqrt{1 + \frac{3x^2}{x^2 + y^2} + \frac{3y^2}{x^2 + y^2}}\, \mathrm{d}x\, \mathrm{d}y = 2S(D)_\circ$$

注意到在旋转变换 $u = \dfrac{x+y}{\sqrt{2}}, v = \dfrac{-x+y}{\sqrt{2}}$ 下, D 成为 $\dfrac{(u+2\sqrt{2})^2}{12} + \dfrac{v^2}{4} \leqslant a^2$, 故所求面积为

$$S = S_1 + S_2 = (2+\sqrt{3})S(D) = (2+\sqrt{3}) \cdot 4\pi\sqrt{3}\, a^2 = 4(3+2\sqrt{3})\pi a^2_\circ$$

例 9.23 设球面方程为 $x^2 + y^2 + (z+1)^2 = 4$, 从原点向球面上任一点 Q 处的切平面作垂线, 垂足为点 P, 当点 Q 在球面上变动时, 点 P 的轨迹形成一封闭曲面 S, 求此封闭曲面 S 所围成的立体 Ω 的体积。

【解】 设点 $Q(x_0, y_0, z_0)$ 为球面上任一点, 满足

$$x_0^2 + y_0^2 + (z_0+1)^2 = 4_\circ$$

球面在点 Q 处的切平面方程为

$$x_0(x-x_0) + y_0(y-y_0) + (z_0+1)(z-z_0) = 0,$$

即

$$x_0 x + y_0 y + (z_0+1)z = 4 - (z_0+1),$$

从原点向球面上过 Q 点的切平面的垂线方程为

$$\frac{x}{x_0} = \frac{y}{y_0} = \frac{z}{z_0+1} = \frac{1}{t},$$

即 $x_0 = tx, y_0 = ty, z_0 = tz - 1$, 则

$$\begin{cases} t^2(x^2 + y^2 + z^2) = 4, \\ t(x^2 + y^2 + z^2 + z) = 4, \end{cases}$$

消去参数 t, 得点 P 的轨迹形成的封闭曲面 S 的方程为

$$(x^2 + y^2 + z^2 + z)^2 = 4(x^2 + y^2 + z^2)_\circ$$

将 S 的方程化为球面坐标方程 $r = 2 - \cos\varphi\ (0 \leqslant \theta \leqslant 2\pi, 0 \leqslant \varphi \leqslant \pi)$, 则立体 Ω 的体积为

$$V = \int_0^{2\pi} \mathrm{d}\theta \int_0^{\pi} \sin\varphi\, \mathrm{d}\varphi \int_0^{2-\cos\varphi} r^2\, \mathrm{d}r = \frac{2\pi}{3} \int_0^{\pi} (2-\cos\varphi)^3 \sin\varphi\, \mathrm{d}\varphi$$

$$= \frac{2\pi}{3} \int_0^{\pi} (2-\cos\varphi)^3\, \mathrm{d}(2-\cos\varphi) = \frac{2\pi}{3} \times \frac{1}{4}(2-\cos\varphi)^4 \Big|_0^{\pi} = \frac{40\pi}{3}_\circ$$

例 9.24 某物体所在的空间区域为 $\Omega: x^2 + y^2 + 2z^2 \leqslant x + y + 2z$, 密度函数为 $x^2 + y^2 + z^2$, 求该物体的质量。

【解】 因为 $\Omega: \left(x-\dfrac{1}{2}\right)^2 + \left(y-\dfrac{1}{2}\right)^2 + 2\left(z-\dfrac{1}{2}\right)^2 \leqslant 1$ 是一个椭球, 作坐标变换:

$$u = x - \frac{1}{2}, \quad v = y - \frac{1}{2}, \quad w = \sqrt{2}\left(z - \frac{1}{2}\right),$$

则 $\Omega: u^2 + v^2 + w^2 \leqslant 1$, 且 $\dfrac{\partial(u,v,w)}{\partial(x,y,z)} = \sqrt{2}$, $\mathrm{d}u\, \mathrm{d}v\, \mathrm{d}w = \sqrt{2}\, \mathrm{d}x\, \mathrm{d}y\, \mathrm{d}z$, 从而

$$M = \iiint\limits_{\Omega} \rho(x,y,z)\, \mathrm{d}x\, \mathrm{d}y\, \mathrm{d}z = \iiint\limits_{\Omega} (x^2 + y^2 + z^2)\, \mathrm{d}x\, \mathrm{d}y\, \mathrm{d}z$$

$$= \frac{1}{\sqrt{2}} \iiint\limits_{\Omega} \left(\left(u+\frac{1}{2}\right)^2 + \left(v+\frac{1}{2}\right)^2 + \left(\frac{w}{\sqrt{2}} + \frac{1}{2}\right)^2\right) \mathrm{d}u\, \mathrm{d}v\, \mathrm{d}w$$

$$= \frac{1}{\sqrt{2}} \iiint\limits_{\Omega} \left(u^2 + v^2 + \frac{1}{2} w^2 \right) \mathrm{d}u \mathrm{d}v \mathrm{d}w + \frac{1}{\sqrt{2}} \times \frac{3}{4} \iiint\limits_{\Omega} \mathrm{d}u \mathrm{d}v \mathrm{d}w,$$

因为 $V = \iiint\limits_{\Omega} \mathrm{d}u \mathrm{d}v \mathrm{d}w = \frac{4}{3} \pi$，由轮换对称性得

$$\iiint\limits_{\Omega} u^2 \mathrm{d}u \mathrm{d}v \mathrm{d}w = \iiint\limits_{\Omega} v^2 \mathrm{d}u \mathrm{d}v \mathrm{d}w = \iiint\limits_{\Omega} w^2 \mathrm{d}u \mathrm{d}v \mathrm{d}w,$$

则

$$I = \iiint\limits_{\Omega} u^2 \mathrm{d}u \mathrm{d}v \mathrm{d}w = \frac{1}{3} \iiint\limits_{\Omega} (u^2 + v^2 + w^2) \mathrm{d}u \mathrm{d}v \mathrm{d}w = \frac{1}{3} \int_0^{2\pi} \mathrm{d}\theta \int_0^{\pi} \mathrm{d}\varphi \int_0^1 r^2 \cdot r^2 \sin\varphi \mathrm{d}r = \frac{4\pi}{15},$$

所以

$$M = \frac{1}{\sqrt{2}} \left(\frac{4\pi}{15} + \frac{4\pi}{15} + \frac{1}{2} \times \frac{4\pi}{15} \right) + \frac{1}{\sqrt{2}} \times \frac{3}{4} \times \frac{4}{3} \pi = \frac{5\sqrt{2}}{6} \pi。$$

例 9.25　将均匀的抛物形体 $\Omega: x^2 + y^2 \leqslant z \leqslant 1$ 放在水平桌面上，证明当形体处于稳定平衡时，它的轴线与桌面的夹角为 $\theta = \arctan \sqrt{\dfrac{3}{2}}$。

【解 1】　当重心最低时，物体处于稳定平衡状态。由于

$$M = \iiint\limits_{\Omega} \mathrm{d}v = \int_0^{2\pi} \mathrm{d}\varphi \int_0^1 \rho \mathrm{d}\rho \int_{\rho^2}^1 \mathrm{d}z = \frac{\pi}{2},$$

$$M_{xy} = \iiint\limits_{\Omega} z \mathrm{d}v = \int_0^{2\pi} \mathrm{d}\varphi \int_0^1 \rho \mathrm{d}\rho \int_{\rho^2}^1 z \mathrm{d}z = \frac{\pi}{3},$$

于是 $\bar{z} = \dfrac{M_{xy}}{M} = \dfrac{2}{3}$，物体的重心为 $P\left(0, 0, \dfrac{2}{3}\right)$。下面求 P 到抛物面 $z = x^2 + y^2$ 的最短距离。

作 Lagrange 函数 $F(x, y, z, \lambda) = x^2 + y^2 + \left(z - \dfrac{2}{3}\right)^2 + \lambda(x^2 + y^2 - z)$，由

$$\begin{cases} \dfrac{\partial F}{\partial x} = 2x + 2\lambda x = 0, \\[2mm] \dfrac{\partial F}{\partial y} = 2y + 2\lambda y = 0, \\[2mm] \dfrac{\partial F}{\partial z} = 2\left(z - \dfrac{2}{3}\right) - \lambda = 0, \\[2mm] z = x^2 + y^2。 \end{cases}$$

解得 $x = y = \dfrac{1}{\sqrt{12}}, z = \dfrac{1}{6}$，记 $Q\left(\dfrac{1}{\sqrt{12}}, \dfrac{1}{\sqrt{12}}, \dfrac{1}{6}\right)$，则 $\overrightarrow{QP} = \sqrt{\dfrac{5}{12}}\left(-\sqrt{\dfrac{1}{5}}, -\sqrt{\dfrac{1}{5}}, \sqrt{\dfrac{3}{5}}\right)$。因为 $\sin\theta = \cos\gamma = \sqrt{\dfrac{3}{5}}$，所以 $\tan\theta = \sqrt{\dfrac{3}{2}}$，因此 $\theta = \arctan \sqrt{\dfrac{3}{2}}$。

【解 2】　物体的重心为 $P\left(0, 0, \dfrac{2}{3}\right)$。设切点坐标为 $Q(x_0, y_0, z_0)$，且满足 $z_0 = x_0^2 + y_0^2$。

过切点的切平面的法向量为 $\boldsymbol{n}=(-z_x,-z_y,1)=(-2x_0,-2y_0,1)$，$\overrightarrow{PQ}=\left(x_0,y_0,z_0-\dfrac{2}{3}\right)$，当形体处于稳定平衡时，$\overrightarrow{PQ}/\!/\boldsymbol{n}$，因此

$$\frac{x_0}{-2x_0}=\frac{y_0}{-2y_0}=\frac{z_0-\dfrac{2}{3}}{1},$$

解得 $z_0=\dfrac{1}{6}$。又 $z_0=x_0^2+y_0^2$，由对称性 $x_0=y_0$，从而 $x_0=y_0=\dfrac{1}{\sqrt{12}}$，即

$Q\left(\dfrac{1}{\sqrt{12}},\dfrac{1}{\sqrt{12}},\dfrac{1}{6}\right)$，则 $\overrightarrow{PQ}=\sqrt{\dfrac{5}{12}}\left(\sqrt{\dfrac{1}{5}},\sqrt{\dfrac{1}{5}},-\sqrt{\dfrac{3}{5}}\right)$。因为 $\sin\theta=\cos\gamma=\sqrt{\dfrac{3}{5}}$，故 $\tan\theta=$

$\sqrt{\dfrac{3}{2}}$，因此 $\theta=\arctan\sqrt{\dfrac{3}{2}}$。

【解3】 物体的重心为 $P\left(0,0,\dfrac{2}{3}\right)$。下面用剖面来分析。物体与桌面的切点落在重心的铅垂线上，即重心与切点的联线与切线垂直。设剖面方程为 $y=x^2$，切点坐标为 $(x_0,$

$x_0^2)$，切线的斜率为 $k_1=2x_0$，重心坐标为 $\left(0,\dfrac{2}{3}\right)$，与切点的联线的斜率为 $k_2=\dfrac{x_0^2-\dfrac{2}{3}}{x_0}$，由

$k_1k_2=-1$ 得 $x_0=\dfrac{1}{\sqrt{6}}$，从而 $k_1=\dfrac{\sqrt{6}}{3}$，即 $\cot\theta=\dfrac{\sqrt{6}}{3}$，故 $\tan\theta=\sqrt{\dfrac{3}{2}}$，因此 $\theta=\arctan\sqrt{\dfrac{3}{2}}$。

例 9.26 设一半径为 a 的圆面绕其所在平面内与圆心相距为 $b(b>a)$ 的一条直线旋转 $180°$，问当 $\dfrac{b}{a}$ 为何值时，旋转所产生的立体的形心位于立体的表面上？

【解】 把母圆所在平面作为 xOz 平面，则母圆的方程 $(x-b)^2+z^2=a^2$，将母圆绕 z 轴旋转，生成的立体为半环体，环面的方程为 $(\sqrt{x^2+y^2}-b)^2+z^2=a^2$，由对称性知半环体的重心位于 y 轴上，记为 $(0,\bar{y},0)$，若形心位于半环体的表面上，则必有 $\bar{y}=b-a$。由形心公式得

$$\bar{y}=\frac{\iiint\limits_{\Omega}y\mathrm{d}v}{\iiint\limits_{\Omega}\mathrm{d}v}=\frac{2\int_0^\pi\mathrm{d}\theta\int_{b-a}^{b+a}r\mathrm{d}r\int_0^{\sqrt{a^2-(r-b)^2}}r\sin\theta\mathrm{d}z}{2\int_0^\pi\mathrm{d}\theta\int_{b-a}^{b+a}r\mathrm{d}r\int_0^{\sqrt{a^2-(r-b)^2}}\mathrm{d}z}$$

$$=\frac{4\pi\int_{b-a}^{b+a}r^2\sqrt{a^2-(r-b)^2}\mathrm{d}r}{2\pi\int_{b-a}^{b+a}r\sqrt{a^2-(r-b)^2}\mathrm{d}r}=\frac{\dfrac{1}{2}a^4+2a^2b^2}{\pi a^2b}=\frac{a^2+4b^2}{2\pi b},$$

当 $\bar{y}=b-a$ 时，有 $a^2+4b^2=2\pi b(b-a)$，令 $c=\dfrac{b}{a}$，则 $(2\pi-4)c^2-2\pi c-1=0$，解得

$$c=\frac{\pi+\sqrt{\pi^2+2\pi-4}}{2\pi-4}。$$

例 9.27 设 D 为椭圆形 $\dfrac{x^2}{a^2}+\dfrac{y^2}{b^2}\leqslant 1(a>b>0)$，面密度为 ρ 的均质薄板；l 为通过椭圆

焦点$(-c,0)$(其中$c^2=a^2-b^2$)垂直于薄板的旋转轴。

(1)求薄板D绕l旋转的转动惯量J；

(2)对于固定的转动惯量,讨论椭圆薄板的面积是否有最大值和最小值。

【解】 (1)薄板D绕l旋转的转动惯量为

$$J=\iint\limits_{D}((x+c)^2+y^2)\rho\,\mathrm{d}x\mathrm{d}y=\iint\limits_{D}(x^2+2cx+c^2+y^2)\rho\,\mathrm{d}x\mathrm{d}y$$

$$=4\rho\iint\limits_{D_1}(x^2+y^2+c^2)\,\mathrm{d}x\mathrm{d}y。$$

记$D_1:\dfrac{x^2}{a^2}+\dfrac{y^2}{b^2}\leqslant1,x\geqslant0,y\geqslant0$,令$x=ar\cos\theta,y=br\sin\theta$,则

$$J=4\rho\int_0^{\frac{\pi}{2}}\mathrm{d}\theta\int_0^1(a^2r^2\cos^2\theta+b^2r^2\sin^2\theta+c^2)abr\,\mathrm{d}r$$

$$=4\rho ab\int_0^{\frac{\pi}{2}}\left(\frac{1}{4}a^2\cos^2\theta+\frac{1}{4}b^2\sin^2\theta+\frac{1}{2}c^2\right)\mathrm{d}\theta$$

$$=4\rho ab\left(a^2\frac{1}{4}\times\frac{1}{2}\times\frac{\pi}{2}+b^2\frac{1}{4}\times\frac{1}{2}\times\frac{\pi}{2}+c^2\frac{\pi}{2}\right)=\frac{1}{4}\pi\rho ab(5a^2-3b^2)。$$

(2)设J固定,$b=b(a)$是$J=\dfrac{1}{4}\pi\rho ab(5a^2-3b^2)$确定的隐函数,则

$$b'(a)=\frac{3b^3-15a^2b}{5a^3-9ab^2},$$

对$S=\pi ab(a)$关于a求导,得

$$S'(a)=\pi(b(a)+ab'(a))=\pi\left(b+\frac{3b^3-15a^2b}{5a^2-9b^2}\right)=-2\pi ab\cdot\frac{5a^2+3b^2}{5a^2-9b^2},$$

当$b=\dfrac{\sqrt{5}}{3}a$时,$S'(a)$不存在。

当$0<b<\dfrac{\sqrt{5}}{3}a$时,$S'(a)<0$,当$\dfrac{\sqrt{5}}{3}a<b\leqslant a$时,$S'(a)>0$。

由$J=\dfrac{1}{4}\pi\rho ab(5a^2-3b^2)$,当$b=a$时,$a=\left(\dfrac{2J}{\pi\rho}\right)^{\frac{1}{4}}$,$S=\left(\dfrac{2\pi J}{\rho}\right)^{\frac{1}{2}}$；

当$b=\dfrac{\sqrt{5}}{3}a$时,$a=\left(\dfrac{18J}{5\sqrt{5}\pi\rho}\right)^{\frac{1}{4}}$,$S=\left(\dfrac{2\pi J}{\sqrt{5}\rho}\right)^{\frac{1}{2}}$。

由$\dfrac{1}{2}\pi\rho a^3b\leqslant J=\dfrac{1}{4}\pi\rho ab(5a^2-3b^2)$知,当$a\to+\infty$时,$b=O(a^{-3})$,所以$\lim\limits_{a\to+\infty}S=0$,故

椭圆薄板的面积不存在最大值和最小值,且$0<S<\left(\dfrac{2\pi J}{\rho}\right)^{\frac{1}{2}}$。

例 9.28 求密度为1的均匀物体$\Omega:x^2+y^2-z^2\leqslant1,-a\leqslant z\leqslant a$关于直线$L:x=y=z$的转动惯量。

【解】 圆柱体Ω上点$P(x,y,z)$在直线L上的垂足为Q,则

$$\overrightarrow{OQ}=\frac{\overrightarrow{OP}\cdot s}{|s|}=\frac{x+y+z}{\sqrt{3}},$$

于是点 P 到直线 L 的距离为 $d=\sqrt{|\overrightarrow{OP}|^2-|\overrightarrow{OQ}|^2}$,则

$$d^2=x^2+y^2+z^2-\frac{1}{3}(x+y+z)^2,$$

于是所求转动惯量为

$$I=\iiint\limits_{\Omega}\left(x^2+y^2+z^2-\frac{1}{3}(x+y+z)^2\right)\mathrm{d}V。$$

有对称性,知 $I=\iiint\limits_{\Omega}xy\mathrm{d}V=\iiint\limits_{\Omega}yz\mathrm{d}V=\iiint\limits_{\Omega}zx\mathrm{d}V=0$,所以

$$I=\frac{2}{3}\iiint\limits_{\Omega}(x^2+y^2+z^2)\mathrm{d}V=\frac{2}{3}\int_{-a}^{a}\mathrm{d}z\iint\limits_{D:x^2+y^2\leqslant1+z^2}(x^2+y^2+z^2)\mathrm{d}\sigma$$

$$=\frac{2}{3}\int_{-a}^{a}\mathrm{d}z\iint\limits_{D:x^2+y^2\leqslant1+z^2}(x^2+y^2+z^2)\mathrm{d}\sigma=\frac{2}{3}\int_{-a}^{a}\mathrm{d}z\int_{0}^{2\pi}\mathrm{d}\theta\int_{0}^{\sqrt{1+z^2}}(\rho^2+z^2)\rho\mathrm{d}\rho$$

$$=\frac{\pi}{3}\int_{-a}^{a}(1+z^2)(1+3z^2)\mathrm{d}z=\frac{\pi}{3}\left(1+\frac{4a^3}{3}+\frac{3a^5}{5}\right)。$$

例 9.29　如图, Ω 表示单位立方体 $ABCD\text{-}EFGO$ 。

(1) 求 OE 和 AE 分别绕对角线 OB 旋转一周所成的曲面方程;

(2) 假设 Ω 的密度为1,求 Ω 绕轴 OB 的转动惯量。

【解】　由图知 $O(0,0,0)$, $A(1,0,1)$, $B(1,1,1)$, $E(1,0,0)$,且直线 OB 的方程为 $x=y=z$,直线 AE 的方程为 $x=1$, $y=0$ 。

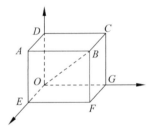

(1) 直线 OE 绕旋转轴 OB 旋转一周所成旋转曲面是以 O 为顶点的圆锥面 Σ_1 。在 Σ_1 上任取一个动点 $P(x,y,z)$,则 OP 与 OB 的夹角等于 OE 与 OB 的夹角,则

$$\frac{(x,y,z)\cdot(1,1,1)}{\sqrt{x^2+y^2+z^2}\cdot\sqrt{3}}=\frac{(1,0,0)\cdot(1,1,1)}{1\times\sqrt{3}},$$

即

$$x+y+z=\sqrt{x^2+y^2+z^2},$$

整理得 $\Sigma_1:xy+yz+zx=0$ 。

在 AE 绕对角线 OB 旋转一周所成旋转曲面 Σ_2 上任取一个动点 $M(x,y,z)$,则过点 M 与 OB 垂直的平面方程为

$$\pi:(X-x)+(Y-y)+(Z-z)=0,$$

直线 AE 与平面 π 的交点为 $Q(1,0,x+y+z-1)$ 。依题意有 $|OM|^2=|OQ|^2$,即

$$x^2+y^2+z^2=1+(x+y+z-1)^2,$$

整理得 $\Sigma_2:xy+yz+zx-x-y-z+1=0$ 。

(2) 单位立方体 Ω 上任一点 $N(x,y,z)$ 到直线 OB 的距离为

$$d=\frac{|\overrightarrow{ON}\times\boldsymbol{s}|}{|\boldsymbol{s}|}=\frac{|(x,y,z)\times(1,1,1)|}{|(1,1,1)|}=\sqrt{\frac{2(x^2+y^2+z^2-xy-yz-xz)}{3}},$$

则

$$d^2 = \frac{2}{3}(x^2 + y^2 + z^2 - xy - yz - xz),$$

于是所求转动惯量为

$$I = \iiint\limits_{\Omega} \frac{2}{3}(x^2 + y^2 + z^2 - xy - yz - xz)\mathrm{d}V$$

$$= \frac{2}{3}\int_0^1 \mathrm{d}x \int_0^1 \mathrm{d}y \int_0^1 (x^2 + y^2 + z^2 - xy - yz - xz)\mathrm{d}z$$

$$= \frac{2}{3}\int_0^1 \mathrm{d}x \int_0^1 \left(x^2 + y^2 + \frac{1}{3} - xy - \frac{1}{2}y - \frac{1}{2}x\right)\mathrm{d}y$$

$$= \frac{2}{3}\int_0^1 \left(x^2 - x + \frac{5}{12}\right)\mathrm{d}x = \frac{2}{3}\int_0^1 \left(x^2 - x + \frac{5}{12}\right)\mathrm{d}x = \frac{1}{6}.$$

例 9.30 设 l 是过原点且方向向量为 (α,β,γ)(其中 $\alpha^2 + \beta^2 + \gamma^2 = 1$)的直线,密度为 1 的均匀椭球 $\dfrac{x^2}{a^2} + \dfrac{y^2}{b^2} + \dfrac{z^2}{c^2} \leqslant 1$(其中 $0 < c < b < a$)绕直线 l 旋转。

(1) 求其转动惯量;

(2) 求其转动惯量关于方向 (α,β,γ) 的最大值和最小值。

【解】 (1) 设旋转轴 l 为方向向量为 $\boldsymbol{l} = (\alpha,\beta,\gamma)$,椭球内任一点 $P(x,y,z)$ 的径向量为 $\boldsymbol{r}$,则点 P 到旋转轴 l 的距离的平方为

$$d^2 = |\boldsymbol{r}|^2 - (\boldsymbol{r} \cdot \boldsymbol{l})^2$$

$$= (1-\alpha^2)x^2 + (1-\beta^2)y^2 + (1-\gamma^2)z^2 - 2\alpha\beta xy - 2\beta\gamma yz - 2\alpha\gamma xz,$$

由对称性得

$$\iiint\limits_{\Omega} (2\alpha\beta xy + 2\beta\gamma yz + 2\alpha\gamma xz)\mathrm{d}x\,\mathrm{d}y\,\mathrm{d}z = 0,$$

而

$$\iiint\limits_{\Omega} x^2 \,\mathrm{d}x\,\mathrm{d}y\,\mathrm{d}z = \int_{-a}^a x^2 \,\mathrm{d}x \iint\limits_{\frac{y^2}{b^2}+\frac{z^2}{c^2}\leqslant 1-\frac{x^2}{a^2}} \mathrm{d}y\,\mathrm{d}z = \int_{-a}^a x^2 \cdot \pi bc\left(1 - \frac{x^2}{a^2}\right)\mathrm{d}x = \frac{4\pi a^3 bc}{15},$$

由轮换对称性知

$$\iiint\limits_{\Omega} y^2 \,\mathrm{d}x\,\mathrm{d}y\,\mathrm{d}z = \frac{4\pi ab^3 c}{15}, \quad \iiint\limits_{\Omega} z^2 \,\mathrm{d}x\,\mathrm{d}y\,\mathrm{d}z = \frac{4\pi abc^3}{15},$$

因此所求转动惯量为

$$J_l = \iiint\limits_{\Omega} ((1-\alpha^2)x^2 + (1-\beta^2)y^2 + (1-\gamma^2)z^2 - 2\alpha\beta xy - 2\beta\gamma yz - 2\alpha\gamma xz)\mathrm{d}x\,\mathrm{d}y\,\mathrm{d}z$$

$$= (1-\alpha^2)\frac{4\pi a^3 bc}{15} + (1-\beta^2)\frac{4\pi ab^3 c}{15} + (1-\gamma^2)\frac{4\pi abc^3}{15}$$

$$= \frac{4}{15}\pi abc((1-\alpha^2)a^2 + (1-\beta^2)b^2 + (1-\gamma^2)c^2)。$$

(2) 考虑目标函数 $V(\alpha,\beta,\gamma) = (1-\alpha^2)a^2 + (1-\beta^2)b^2 + (1-\gamma^2)c^2$ 在条件 $\alpha^2 + \beta^2 + \gamma^2 = 1$ 下的条件极值。设 Lagrange 函数为

$$L(\alpha,\beta,\gamma,\lambda) = (1-\alpha^2)a^2 + (1-\beta^2)b^2 + (1-\gamma^2)c^2 + \lambda(\alpha^2 + \beta^2 + \gamma^2 - 1),$$

令

$$L_\alpha = 2\alpha(\lambda - a^2) = 0, \quad L_\beta = 2\beta(\lambda - b^2) = 0,$$
$$L_\gamma = 2\gamma(\lambda - c^2) = 0, \quad L_\lambda = a^2 + \beta^2 + \gamma^2 - 1 = 0,$$

解得极值点为 $Q_1(\pm 1, 0, 0, a^2), Q_2(0, \pm 1, 0, b^2), Q_3(0, 0, \pm 1, c^2)$，比较大小可得，绕 z 轴的转动惯量最大，$J_{\max} = \dfrac{4abc\pi}{15}(a^2 + b^2)$，绕 x 轴的转动惯量最小，$J_{\min} = \dfrac{4abc\pi}{15}(b^2 + c^2)$。

综合训练

1. 计算二次积分 $\displaystyle\int_0^1 \mathrm{d}y \int_y^1 \left(\dfrac{1}{x}\mathrm{e}^{x^2} - \mathrm{e}^{y^2}\right) \mathrm{d}x$。

2. 设 D 是由 $y = x^3, y = 1$ 和 $x = -1$ 所围成的积分区域，$f(x)$ 是 D 上的连续函数，计算二重积分 $\displaystyle\iint\limits_D x(1 + yf(x^2 + y^2)) \mathrm{d}x \mathrm{d}y$。

3. 设函数 $f(x, y, z)$ 连续，且 $\displaystyle\int_0^1 \mathrm{d}x \int_0^1 \mathrm{d}y \int_0^{x^2 + y^2} f(x, y, z) \mathrm{d}z = \iiint\limits_\Omega f(x, y, z) \mathrm{d}v$，记 Ω 在 xOz 面上的投影区域为 D_{xz}，计算二重积分 $\displaystyle\iint\limits_{D_{xz}} \sqrt{|z - x^2|} \, \mathrm{d}x \mathrm{d}z$。

4. 计算二重积分 $\displaystyle\iint\limits_D \dfrac{(x + y)\ln\left(1 + \dfrac{y}{x}\right)}{\sqrt{1 - x - y}} \mathrm{d}x \mathrm{d}y$，其中区域 D 由直线 $x + y = 1$ 与两坐标轴所围三角形区域。

5. 求二重积分 $\displaystyle\iint\limits_D \left(\sqrt{\dfrac{x - c}{a}} + \sqrt{\dfrac{y - c}{b}}\right) \mathrm{d}x \mathrm{d}y$，其中 D 由曲线 $\sqrt{\dfrac{x - c}{a}} + \sqrt{\dfrac{y - c}{b}} = 1$ 和 $x = c, y = c$ 所围成，且 $a, b, c > 0$。

6. 设 $D = \{(x, y) \mid 0 \leqslant x < +\infty, 0 \leqslant y < +\infty\}$，计算二重积分 $I = \displaystyle\iint\limits_D \mathrm{e}^{-x-y} \dfrac{\cos(2k\sqrt{xy})}{\sqrt{xy}} \mathrm{d}x \mathrm{d}y$，其中 k 为常数。

7. 计算积分 $I = \displaystyle\iint\limits_{x^2 + y^2 \leqslant 1} \left| \dfrac{x + y}{\sqrt{2}} - x^2 - y^2 \right| \mathrm{d}x \mathrm{d}y$。

8. 设 $f(x)$ 在 $[0, 1]$ 上连续，$\triangle OAB$ 为以 $O(0, 0), A(0, 1), B(1, 0)$ 为顶点的区域，证明

$$\iint\limits_{\triangle OAB} f(1 - y)f(x) \mathrm{d}x \mathrm{d}y = \dfrac{1}{2}\left(\int_0^1 f(x) \mathrm{d}x\right)^2。$$

9. 设 $f(x)$ 为连续的偶函数，$D: |x| \leqslant a, |y| \leqslant a (a > 0)$，证明

$$\iint\limits_D f(x - y) \mathrm{d}x \mathrm{d}y = 2\int_0^{2a} (2a - u)f(u) \mathrm{d}u。$$

10. 设 $f(x, y)$ 是 $D = \{(x, y) \mid x^2 + y^2 \leqslant 1\}$ 上二次连续可微函数，满足 $\dfrac{\partial^2 f}{\partial x^2} + \dfrac{\partial^2 f}{\partial y^2} =$

x^2y^2,计算二重积分 $I = \iint\limits_{D}\left(\dfrac{x}{\sqrt{x^2+y^2}}\dfrac{\partial f}{\partial x} + \dfrac{y}{\sqrt{x^2+y^2}}\dfrac{\partial f}{\partial y}\right)\mathrm{d}x\,\mathrm{d}y$。

11. 计算三重积分 $\iiint\limits_{\Omega}(x^2+y^2)\mathrm{d}V$,其中 Ω 为曲线 $\begin{cases} y^2-z^2=1, \\ x=0 \end{cases}$ 绕 Oz 轴旋转而成的旋转曲面与 $z=-1, z=1$ 围成的空间区域。

12. 计算三重积分 $\iiint\limits_{\Omega}z\mathrm{e}^{-(x^2+y^2+z^2)}\mathrm{d}x\,\mathrm{d}y\,\mathrm{d}z$,其中 Ω 是由 $z=\sqrt{x^2+y^2}$ 与 $x^2+y^2+z^2=1$ 所围成的封闭区域。

13. 计算三重积分 $\iiint\limits_{\Omega}z\cos(x^2+y^2)\mathrm{d}x\,\mathrm{d}y\,\mathrm{d}z$,其中 Ω 是由 $x^2+y^2+z^2\leqslant R^2, z\geqslant 0$ 所围成的封闭区域。

14. 计算三重积分 $\iiint\limits_{\Omega}\dfrac{xyz}{x^2+y^2}\mathrm{d}x\,\mathrm{d}y\,\mathrm{d}z$,其中 Ω 是由曲面 $(x^2+y^2+z^2)^2=2xy$ 围成的区域在第一卦限部分。

15. 设 $\Omega = \{(x,y,z)\mid x\geqslant 0, y\geqslant 0, z\geqslant 0, x+y+z\geqslant 1\}$,试讨论积分 $\iiint\limits_{\Omega}\dfrac{\mathrm{d}x\,\mathrm{d}y\,\mathrm{d}z}{(x+y+z)^s}$ 的收敛性,并计算收敛时的积分值。

16. 设 Ω 由曲面 $z=y^2, z=4y^2(y>0)$,平面 $z=x, z=2x$ 及 $z=2$ 所围成的区域,计算三重积分 $\iiint\limits_{\Omega}\dfrac{z\sqrt{z}}{y^3}\cos\dfrac{z}{y^2}\mathrm{d}x\,\mathrm{d}y\,\mathrm{d}z$。

17. 设曲线 C 是经过原点且位于两曲线 $C_1: y=2x^2$ 和 $C_2: y=x^2$ 上方的图形,$P(x,y)$ 是曲线 C 上的任意一点,过点 P 作垂直于 x 轴的直线与曲线 C_1 和 C_2 围成的图形记为 A,过点 P 作垂直于 y 轴的直线与曲线 C 和 C_1 围成的图形记为 B。若 A 和 B 分别绕 y 轴旋转而得到的旋转体的体积相等,求曲线 C 的方程。

18. 求曲面 $x^2+y^2=az$ 和 $z=2a-\sqrt{x^2+y^2}(a>0)$ 所围立体的表面积。

19. 曲面 $z=xy, x+y=1, z=0$ 所围区域的体积。

20. 设区域 Ω 由 $x^2+y^2\leqslant a^2, y^2+z^2\leqslant a^2, z^2+x^2\leqslant a^2$ 确定,求 Ω 的体积 V 和表面积 A。

21. 设直线 L 过 $A(1,0,0), B(0,1,1)$ 两点,将 L 绕 z 轴旋转一周得到曲面 Σ,Σ 与两平面 $z=0, z=2$ 所围成的立体记为 Ω。

(1) 求曲面 Σ 的方程;

(2) 求 Ω 的形心坐标。

22. 在平面上,有一条从点 $(a,0)$ 向右的射线,线密度为 ρ,在点 $(0,h)(h>0)$ 处有一质量为 m 的质点,求射线对质点的引力。

23. 点 $A(3,1,-1)$ 是闭曲面 $S_1: x^2+y^2+z^2-2x-6y+4z=10$ 内的定点,求以点 A 为球心的球面 S_2,使 S_2 包含在 S_1 内的那部分面积 S 为最大。

第十讲

曲线积分与曲面积分

......

知识点

1. 对弧长曲线积分的定义:

(1) $\int_L f(x,y)\mathrm{d}s = \lim\limits_{\lambda \to 0} \sum\limits_{k=1}^n f(\xi_k,\eta_k)\Delta s_k$;

(2) $\int_L f(x,y,z)\mathrm{d}s = \lim\limits_{\lambda \to 0} \sum\limits_{k=1}^n f(\xi_k,\eta_k,\zeta_k)\Delta s_k$。

2. 对弧长曲线积分的物理意义:空间非均匀曲线形构件的质量 $M = \int_L \mu(x,y,z)\mathrm{d}s$。

3. 对弧长曲线积分的几何意义:

$A = \int_L |f(x,y)|\,\mathrm{d}s$ 表示以 L 为准线、母线平行于 z 轴、高为 $z = |f(x,y)|$ 的柱面的侧面积。

4. 弧长计算公式:若曲线 $L:x = x(t),y = y(t)(a \leqslant t \leqslant b)$,则 $s = \int_L \mathrm{d}s = \int_a^b \sqrt{x'^2(t) + y'^2(t)}\,\mathrm{d}t$。

5. 对弧长曲线积分存在的充分条件:当 $f(x,y,z)$ 在光滑曲线 L 上连续时,$\int_L f(x,y,z)\mathrm{d}s$ 存在。

6. 对弧长曲线积分与曲线的方向无关,即 $\int_{\overset{\frown}{AB}} f(x,y,z)\mathrm{d}s = \int_{\overset{\frown}{BA}} f(x,y,z)\mathrm{d}s$。

7. 对弧长曲线积分的性质:

(1) $\int_L [\alpha f(x,y,z) + \beta g(x,y,z)]\mathrm{d}s = \alpha \int_L f(x,y,z)\mathrm{d}s + \beta \int_L g(x,y,z)\mathrm{d}s$;

(2) $\int_L f(x,y,z)\mathrm{d}s = \int_{L_1} f(x,y,z)\mathrm{d}s + \int_{L_2} f(x,y,z)\mathrm{d}s$,其中 $L = L_1 \bigcup L_2$。

8. 对弧长曲线积分的计算("三代一定"法):

(1) 设平面曲线 $L:x = x(t),y = y(t),\alpha \leqslant t \leqslant \beta,f(x,y)$ 在 L 上连续,则

$$\int_L f(x,y)\mathrm{d}s = \int_\alpha^\beta f(x(t),y(t))\sqrt{(x'(t))^2 + (y'(t))^2}\,\mathrm{d}t。$$

(2) 设平面曲线 $L:y=y(x),a\leqslant x\leqslant b,f(x,y)$ 在 L 上连续,则

$$\int_L f(x,y)\mathrm{d}s=\int_a^b f(x,y(x))\sqrt{1+(y'(x))^2}\,\mathrm{d}t。$$

(3) 设平面曲线 $L:r=r(\theta),\alpha\leqslant\theta\leqslant\beta,f$ 在 L 上连续,则

$$\int_L f(x,y)\mathrm{d}s=\int_\alpha^\beta f(r(\theta)\cos\theta,r(\theta)\sin\theta)\sqrt{(r(\theta))^2+(r'(\theta))^2}\,\mathrm{d}\theta。$$

(4) 设空间曲线 $\Gamma:x=x(t),y=y(t),z=z(t),\alpha\leqslant t\leqslant\beta,f(x,y,z)$ 在 Γ 上连续,则

$$\int_\Gamma f(x,y,z)\mathrm{d}s=\int_a^\beta f(x(t),y(t),z(t))\sqrt{(x'(t))^2+(y'(t))^2+(z'(t))^2}\,\mathrm{d}t。$$

9. 对弧长曲线积分的对称性:设曲线 L 关于 x 轴对称,L_1 为曲线 L 位于 x 轴上方部分。

(1) 若 $f(x,-y)=f(x,y)$,则 $\int_L f(x,y)\mathrm{d}s=2\int_{L_1}f(x,y)\mathrm{d}s$;

(2) 若 $f(x,-y)=-f(x,y)$,则 $\int_L f(x,y)\mathrm{d}s=0$。

10. 对坐标曲线积分的定义:

(1) $\int_L P(x,y)\mathrm{d}x=\lim\limits_{\lambda\to 0}\sum\limits_{k=1}^n P(\xi_k,\eta_k)\Delta x_k$;

(2) $\int_L Q(x,y)\mathrm{d}y=\lim\limits_{\lambda\to 0}\sum\limits_{k=1}^n Q(\xi_k,\eta_k)\Delta y_k$;

(3) $\int_L P(x,y)\mathrm{d}x+Q(x,y)\mathrm{d}y=\int_L P(x,y)\mathrm{d}x+\int_L Q(x,y)\mathrm{d}y$。

11. 对坐标曲线积分的物理模型:

(1) 变力沿曲线运动做功:$W=\int_L \boldsymbol{F}(x,y)\cdot\mathrm{d}\boldsymbol{r}=\int_L P(x,y)\mathrm{d}x+Q(x,y)\mathrm{d}y$。

(2) 环流量:$\Gamma=\oint_L P(x,y)\mathrm{d}x+Q(x,y)\mathrm{d}y$。

12. 对坐标曲线积分的性质:

(1) $\int_L P(x,y)\mathrm{d}x+Q(x,y)\mathrm{d}y=-\int_{L^-}P(x,y)\mathrm{d}x+Q(x,y)\mathrm{d}y$。

(2) $\int_L P(x,y)\mathrm{d}x+Q(x,y)\mathrm{d}y=\sum\limits_{k=1}^n\int_{L_k}P(x,y)\mathrm{d}x+Q(x,y)\mathrm{d}y$,其中 $L=L_1\cup L_2\cup\cdots\cup L_n$,且 L 的方向与 $L_k(k=1,2,\cdots,n)$ 的方向一致。

13. 对坐标曲线积分的计算("二代一定"法):

(1) $L:x=\varphi(t),y=\phi(t)$,起点 $t=\alpha$,终点 $t=\beta$,则

$$\int_L P(x,y)\mathrm{d}x+Q(x,y)\mathrm{d}y=\int_a^\beta(P(\varphi(t),\phi(t))\varphi'(t)+Q(\varphi(t),\phi(t))\phi'(t))\mathrm{d}t。$$

(2) $L:y=\phi(x)$,起点 $x=a$,终点 $x=b$,则

$$\int_L P(x,y)\mathrm{d}x+Q(x,y)\mathrm{d}y=\int_a^b(P(x,\phi(x))+Q(x,\phi(x))\phi'(x))\mathrm{d}x。$$

(3) $L:x=\varphi(y)$ 起点 $y=c$,终点 $y=d$,则

$$\int_L P(x,y)\mathrm{d}x+Q(x,y)\mathrm{d}y=\int_c^d(P(\varphi(y),y)\varphi'(y)+Q(\varphi(y),y))\mathrm{d}y。$$

(4) $\Gamma: x = \varphi(t), y = \phi(t), z = \omega(t)$ 起点 $t = \alpha$, 终点 $t = \beta$, 则

$$\int_{\Gamma} P(x, y, z)\mathrm{d}x + Q(x, y, z)\mathrm{d}y + R(x, y, z)\mathrm{d}z$$

$$= \int_{\alpha}^{\beta} (P(\varphi(t), \phi(t), \omega(t))\varphi'(t) + Q(\varphi(t), \phi(t), \omega(t))\phi'(t) +$$

$$R(\varphi(t), \phi(t), \omega(t))\omega'(t))\mathrm{d}t。$$

14. 两类曲线积分之间的联系:

(1) $\displaystyle\int_L P\mathrm{d}x + Q\mathrm{d}y = \int_L (P\cos\alpha + Q\cos\beta)\mathrm{d}s$ 或 $\displaystyle\int_L \boldsymbol{A} \cdot \mathrm{d}\boldsymbol{r} = \int_{\Gamma} \boldsymbol{A} \cdot \boldsymbol{T}\mathrm{d}s$;

(2) $\displaystyle\int_L P\mathrm{d}x + Q\mathrm{d}y + R\mathrm{d}z = \int_{\Gamma} (P\cos\alpha + Q\cos\beta + R\cos\gamma)\mathrm{d}s$ 或 $\displaystyle\int_L \boldsymbol{A} \cdot \mathrm{d}\boldsymbol{r} = \int_L \boldsymbol{A} \cdot \boldsymbol{T}\mathrm{d}s$。

15. Green 定理: 设平面有界连通闭区域 D 的正向边界曲线 L 分段光滑, 函数 $P(x, y), Q(x, y)$ 在 D 上具有一阶连续偏导数, 则

$$\oint_L P\mathrm{d}x + Q\mathrm{d}y = \iint_D \left(\frac{\partial Q}{\partial x} - \frac{\partial P}{\partial y}\right)\mathrm{d}x\mathrm{d}y \quad \text{或} \quad \oint_L \boldsymbol{A} \cdot \boldsymbol{T}\mathrm{d}s = \iint_D (\mathrm{rot}\boldsymbol{A} \cdot \boldsymbol{n})\mathrm{d}x\mathrm{d}y。$$

$$\oint_L -Q\mathrm{d}x + P\mathrm{d}y = \iint_D \left(\frac{\partial P}{\partial x} + \frac{\partial Q}{\partial y}\right)\mathrm{d}x\mathrm{d}y \quad \text{或} \quad \oint_L (\boldsymbol{A} \cdot \boldsymbol{n})\mathrm{d}s = \iint_D \mathrm{div}\boldsymbol{A}\mathrm{d}x\mathrm{d}y。$$

16. Green 公式简化曲线积分的计算:

(1) 计算沿闭曲线 L 的积分 $\displaystyle\oint_L P\mathrm{d}x + Q\mathrm{d}y$ 时。

情形 1 若 P, Q 在 L 所围区域 D 上有一阶连续偏导数, 当 $\dfrac{\partial Q}{\partial x} - \dfrac{\partial P}{\partial y}$ 比较简单时, 则

$$\oint_L P\mathrm{d}x + Q\mathrm{d}y = \iint_D \left(\frac{\partial Q}{\partial x} - \frac{\partial P}{\partial y}\right)\mathrm{d}x\mathrm{d}y。$$

情形 2 若 P, Q 在 L 所围区域 D 内有奇点 $M_0(x_0, y_0)$, 则用含在 L 内部的闭曲线 l 将 M_0 包围起来, L 和 l 都取逆时针方向, D' 为 L 和 l 所围成的区域, 由格林公式可得

$$\oint_L P\mathrm{d}x + Q\mathrm{d}y = \iint_{D'} \left(\frac{\partial Q}{\partial x} - \frac{\partial P}{\partial y}\right)\mathrm{d}x\mathrm{d}y + \oint_l P\mathrm{d}x + Q\mathrm{d}y。$$

当 $\dfrac{\partial Q}{\partial x} = \dfrac{\partial P}{\partial y}$ 时, 则

$$\oint_L P\mathrm{d}x + Q\mathrm{d}y = \oint_l P\mathrm{d}x + Q\mathrm{d}y。$$

(2) 计算沿非闭曲线 L 的积分 $\displaystyle\int_L P\mathrm{d}x + Q\mathrm{d}y$ 时。

情形 1 若 P, Q 满足条件 $\dfrac{\partial Q}{\partial x} = \dfrac{\partial P}{\partial y}$, 取平行于坐标轴的直线段或折线段作为积分路径 l, 则

$$\int_L P\mathrm{d}x + Q\mathrm{d}y = \int_l P\mathrm{d}x + Q\mathrm{d}y。$$

情形 2 若 P, Q 不满足条件 $\dfrac{\partial Q}{\partial x} = \dfrac{\partial P}{\partial y}$, 则可以通过添加辅助曲线 l, 将曲线积分 $\displaystyle\int_L P\mathrm{d}x +$

$Q\mathrm{d}y$ 化为由 L 和 l 围成的平面区域 D 上的二重积分和辅助曲线 l 上的一个曲线积分

$$\int_L P\mathrm{d}x + Q\mathrm{d}y = \iint_D \left(\frac{\partial Q}{\partial x} - \frac{\partial P}{\partial y}\right)\mathrm{d}x\mathrm{d}y - \int_l P\mathrm{d}x + Q\mathrm{d}y。$$

17. 积分与路径无关的条件：设 $P(x,y)$，$Q(x,y)$ 在单连通区域 $G \subset D$ 内具有一阶连续偏导数，则以下四个命题等价：

(1) 曲线积分 $\int_L P\mathrm{d}x + Q\mathrm{d}y$ 与在 D 内与路径无关，只与起点和终点有关；

(2) 在 D 内沿任意闭曲线的曲线积分为零；

(3) 等式 $\dfrac{\partial P}{\partial y} = \dfrac{\partial Q}{\partial x}$ 在 D 内处处成立；

(4) $P(x,y)\mathrm{d}x + Q(x,y)\mathrm{d}y$ 在 D 内为某一函数 $u(x,y)$ 的全微分。

18. 原函数：若 $\mathrm{d}u(x,y) = P(x,y)\mathrm{d}x + Q(x,y)\mathrm{d}y$，则 $u(x,y)$ 称为 $P(x,y)\mathrm{d}x + Q(x,y)\mathrm{d}y$ 的原函数，$u(x,y)$ 也称为 $\boldsymbol{F}(x,y) = (P(x,y),Q(x,y))$ 的势函数。

19. 原函数计算法：凑微分法、不定积分法和曲线积分法。

20. 对面积曲面积分的定义：$\displaystyle\iint_\Sigma f(x,y,z)\mathrm{d}S = \lim_{\lambda\to0}\sum_{i=1}^n f(\xi_i,\eta_i,\zeta_i)\Delta S_i$。

21. 对面积曲面积分的物理意义：曲面形构件 Σ 的质量 $M = \displaystyle\iint_\Sigma \rho(x,y,z)\mathrm{d}S$。

22. 对面积曲面积分的几何意义：曲面 Σ 的面积 $S = \displaystyle\iint_\Sigma \mathrm{d}S$。

23. 对面积曲面积分的性质：

(1) $\displaystyle\iint_\Sigma f(x,y,z)\mathrm{d}S = \iint_{\Sigma_1} f(x,y,z)\mathrm{d}S + \iint_{\Sigma_2} f(x,y,z)\mathrm{d}S$，其中 $\Sigma = \Sigma_1 \bigcup \Sigma_2$；

(2) $\displaystyle\iint_\Sigma (\alpha f(x,y,z) + \beta g(x,y,z))\mathrm{d}S = \alpha\iint_\Sigma f(x,y,z)\mathrm{d}S + \beta\iint_\Sigma g(x,y,z)\mathrm{d}S$。

24. 对面积曲面积分的对称性：若积分曲面 Σ 关于 xOy 面对称，则

(1) 当 $f(x,y,-z) = -f(x,y,z)$ 时，$\displaystyle\iint_\Sigma f(x,y,z)\mathrm{d}S = 0$；

(2) 当 $f(x,y,-z) = f(x,y,z)$ 时，$\displaystyle\iint_\Sigma f(x,y,z)\mathrm{d}S = 2\iint_{\Sigma_1} f(x,y,z)\mathrm{d}S$。

25. 对面积曲面积分的计算（"一投二代三换"法）：

(1) 空间曲面方程为 $\Sigma: z = z(x,y)$，$(x,y) \in D_{xy}$，则

$$\iint_\Sigma f(x,y,z)\mathrm{d}S = \iint_{D_{xy}} f(x,y,z(x,y))\sqrt{1 + z_x^2(x,y) + z_y^2(x,y)}\,\mathrm{d}x\mathrm{d}y。$$

(2) 空间曲面方程 $\Sigma: z = z(x,y)$，$(x,y) \in D_{xy}$ 由隐函数 $F(x,y,z) = 0$ 确定，则

$$\iint_\Sigma f(x,y,z)\mathrm{d}S = \iint_{D_{xy}} f(x,y,z(x,y))\frac{\sqrt{F_x^2 + F_y^2 + F_z^2}}{|F_z|}\mathrm{d}x\mathrm{d}y。$$

(3) 空间曲面 Σ 由参数方程 $x = x(u,v)$，$y = y(u,v)$，$z = z(u,v)$，$(u,v) \in D_{uv}$ 确定，其中 D_{uv} 是参数平面 uOv 上可求面积的区域，函数 $x(u,v)$，$y(u,v)$，$z(u,v)$ 在 D 上可连

续偏导数,则

$$\iint\limits_{\Sigma} f(x,y,z)\mathrm{d}S = \iint\limits_{D_{uv}} f(x(u,v),y(u,v),z(u,v))\sqrt{EG-F^2}\,\mathrm{d}u\,\mathrm{d}v,$$

其中 $E=x_u^2+y_u^2+z_u^2$,$F=x_ux_v+y_uy_v+z_uz_v$,$G=x_v^2+y_v^2+z_v^2$。

(4) 空间曲面为球面坐标参数方程 $\Sigma:x=R\sin\varphi\cos\theta,y=R\sin\varphi\sin\theta,z=R\cos\varphi$,则

$$\iint\limits_{\Sigma} f(x,y,z)\mathrm{d}S = \iint\limits_{D_{\varphi\theta}} f(R\sin\varphi\cos\theta,R\sin\varphi\sin\theta,R\cos\varphi)R^2\sin\varphi\mathrm{d}\varphi\mathrm{d}\theta。$$

(5) 空间曲面为柱面坐标参数方程 $\Sigma:x=R\cos\theta,y=R\sin\theta,z=z$,则

$$\iint\limits_{\Sigma} f(x,y,z)\mathrm{d}S = \iint\limits_{D_{z\theta}} f(R\cos\theta,R\sin\theta,z)R\mathrm{d}\theta\mathrm{d}z。$$

26. 有向曲面 $\Delta\boldsymbol{S}$ 在 xOy 面上的投影:

$$(\Delta\boldsymbol{S})_{xy} = \Delta S \cdot \cos\gamma = \begin{cases} (\Delta\sigma)_{xy}, & \cos\gamma > 0, \\ -(\Delta\sigma)_{xy}, & \cos\gamma < 0, \\ 0, & \cos\gamma = 0。 \end{cases}$$

27. 对坐标曲面积分的定义:设 $\boldsymbol{v}(x,y,z)=(P(x,y,z),Q(x,y,z),R(x,y,z))$,定义

$$\iint\limits_{\Sigma} P(x,y,z)\mathrm{d}y\mathrm{d}z = \lim_{\lambda\to0}\sum_{k=1}^{n} P(\xi_k,\eta_k,\zeta_k)(\Delta\boldsymbol{S}_k)_{yz};$$

$$\iint\limits_{\Sigma} Q(x,y,z)\mathrm{d}z\mathrm{d}x = \lim_{\lambda\to0}\sum_{k=1}^{n} Q(\xi_k,\eta_k,\zeta_k)(\Delta\boldsymbol{S}_k)_{zx};$$

$$\iint\limits_{\Sigma} R(x,y,z)\mathrm{d}x\mathrm{d}y = \lim_{\lambda\to0}\sum_{k=1}^{n} R(\xi_k,\eta_k,\zeta_k)(\Delta\boldsymbol{S}_k)_{xy};$$

$$\iint\limits_{\Sigma} \boldsymbol{v}(x,y,z) \cdot \mathrm{d}\boldsymbol{S} = \iint\limits_{\Sigma} P(x,y,z)\mathrm{d}y\mathrm{d}z + Q(x,y,z)\mathrm{d}z\mathrm{d}x + R(x,y,z)\mathrm{d}x\mathrm{d}y$$

$$= \lim_{\lambda\to0}\sum_{k=1}^{n} \boldsymbol{v}(\xi_k,\eta_k,\zeta_k) \cdot \Delta\boldsymbol{S}_k。$$

28. 对坐标曲面积分的物理模型:

(1) 单位时间内流向曲面指定侧的流量:$\Phi = \iint\limits_{\Sigma} P(x,y,z)\mathrm{d}y\mathrm{d}z + Q(x,y,z)\mathrm{d}z\mathrm{d}x + R(x,y,z)\mathrm{d}x\mathrm{d}y$;

(2) 通过场中曲面指定侧的电通量:$N = \iint\limits_{\Sigma} P(x,y,z)\mathrm{d}y\mathrm{d}z + Q(x,y,z)\mathrm{d}z\mathrm{d}x + R(x,y,z)\mathrm{d}x\mathrm{d}y$。

29. 对坐标曲面积分的性质:

(1) $\iint\limits_{\Sigma} P\mathrm{d}y\mathrm{d}z + Q\mathrm{d}z\mathrm{d}x + R\mathrm{d}x\mathrm{d}y = \iint\limits_{\Sigma_1} P\mathrm{d}y\mathrm{d}z + Q\mathrm{d}z\mathrm{d}x + R\mathrm{d}x\mathrm{d}y + \iint\limits_{\Sigma_2} P\mathrm{d}y\mathrm{d}z + Q\mathrm{d}z\mathrm{d}x + R\mathrm{d}x\mathrm{d}y$,其中 $\Sigma = \Sigma_1 \bigcup \Sigma_2$;

(2) $\iint\limits_{\Sigma^-} P\mathrm{d}y\mathrm{d}z + Q\mathrm{d}z\mathrm{d}x + R\mathrm{d}x\mathrm{d}y = -\iint\limits_{\Sigma} P\mathrm{d}y\mathrm{d}z + Q\mathrm{d}z\mathrm{d}x + R\mathrm{d}x\mathrm{d}y$。

30. 对坐标曲面积分的对称性：若曲面 Σ 关于 xOy 面对称，则

(1) 当 $R(x,y,-z) = R(x,y,z)$ 时，$\iint\limits_{\Sigma} R(x,y,z)\mathrm{d}x\mathrm{d}y = 0$；

(2) 当 $R(x,y,-z) = -R(x,y,z)$ 时，$\iint\limits_{\Sigma} R(x,y,z)\mathrm{d}x\mathrm{d}y = 2\iint\limits_{\Sigma_1} R(x,y,z)\mathrm{d}x\mathrm{d}y$。

31. 对坐标曲面积分的计算（"一投二代三定"法）：

(1) $\iint\limits_{\Sigma} P(x,y,z)\mathrm{d}y\mathrm{d}z = \pm\iint\limits_{D_{yz}} P(x(y,z),y,z)\mathrm{d}y\mathrm{d}z, \Sigma: x = x(y,z),(y,z)\in D_{yz}$，前正后负；

(2) $\iint\limits_{\Sigma} Q(x,y,z)\mathrm{d}x\mathrm{d}z = \pm\iint\limits_{D_{xz}} Q(x,y(x,z),z))\mathrm{d}x\mathrm{d}z, \Sigma: y = y(x,z),(x,z)\in D_{xz}$，右正左负；

(3) $\iint\limits_{\Sigma} R(x,y,z)\mathrm{d}x\mathrm{d}y = \pm\iint\limits_{D_{xy}} R(x,y,z(x,y))\mathrm{d}x\mathrm{d}y, \Sigma: z = z(x,y),(x,y)\in D_{xy}$，上正下负；

(4) 如果光滑曲面 Σ 的参数方程为 $x = x(u,v), y = y(u,v), z = z(u,v),(u,v)\in D_{uv}$，且行列式 $A = \dfrac{\partial(y,z)}{\partial(u,v)}, B = \dfrac{\partial(z,x)}{\partial(u,v)}, C = \dfrac{\partial(x,y)}{\partial(u,v)}$ 不同时为零，则

$$\iint\limits_{\Sigma} P\mathrm{d}y\mathrm{d}z + Q\mathrm{d}z\mathrm{d}x + R\mathrm{d}x\mathrm{d}y = \pm\iint\limits_{D_{uv}} (PA + QB + RC)\mathrm{d}u\mathrm{d}v,$$

其中向量 (A,B,C) 与曲面 Σ 选定侧的法向量的夹角为锐角时取"+"，为钝角时取"−"。

32. 两类曲面积分之间的关系：设 $\boldsymbol{v} = (P,Q,R), \boldsymbol{n} = (\cos\alpha,\cos\beta,\cos\gamma)$，则

(1) $\iint\limits_{\Sigma} P\mathrm{d}y\mathrm{d}z + Q\mathrm{d}z\mathrm{d}x + R\mathrm{d}x\mathrm{d}y = \iint\limits_{\Sigma} (P\cos\alpha + Q\cos\beta + R\cos\gamma)\mathrm{d}S$；

(2) $\iint\limits_{\Sigma} \boldsymbol{v}\cdot\mathrm{d}\boldsymbol{S} = \iint\limits_{\Sigma} \boldsymbol{v}\cdot\boldsymbol{n}\mathrm{d}S$ 或 $\iint\limits_{\Sigma} \boldsymbol{v}\cdot\mathrm{d}\boldsymbol{S} = \iint\limits_{\Sigma} v_n\mathrm{d}S$。

33. Guass 定理：设空间有界闭区域 Ω 由分片光滑闭曲面 Σ 所围成，Σ 的法向量指向外侧，$\boldsymbol{n}^0 = (\cos\alpha,\cos\beta,\cos\gamma)$ 是 Σ 上点 (x,y,z) 的外法向量，函数 $P(x,y,z), Q(x,y,z), R(x,y,z)$ 在 Ω 上具有一阶连续偏导数，则

$$\oiint\limits_{\Sigma} P\mathrm{d}y\mathrm{d}z + Q\mathrm{d}z\mathrm{d}x + R\mathrm{d}x\mathrm{d}y = \oiint\limits_{\Sigma} (P\cos\alpha + Q\cos\beta + R\cos\gamma)\mathrm{d}S = \iiint\limits_{\Omega} \left(\frac{\partial P}{\partial x} + \frac{\partial Q}{\partial y} + \frac{\partial R}{\partial z}\right)\mathrm{d}v$$

或

$$\oiint\limits_{\Sigma} (\boldsymbol{A}\cdot\boldsymbol{n})\mathrm{d}S = \iiint\limits_{\Omega} \mathrm{div}\boldsymbol{A}\mathrm{d}v。$$

34. Guass 公式简化曲面积分的计算：

(1) 有向曲面 Σ 为闭曲面。

情形 1　若函数 P,Q,R 在 Σ 所围闭区域 Ω 上有一阶连续偏导数，$\dfrac{\partial P}{\partial x}+\dfrac{\partial Q}{\partial y}+\dfrac{\partial R}{\partial z}$ 比较简单时，

$$\oiint\limits_{\Sigma} P\,\mathrm{d}y\,\mathrm{d}z + Q\,\mathrm{d}z\,\mathrm{d}x + R\,\mathrm{d}x\,\mathrm{d}y = \iiint\limits_{\Omega}\left(\frac{\partial P}{\partial x}+\frac{\partial Q}{\partial y}+\frac{\partial R}{\partial z}\right)\mathrm{d}v。$$

情形 2　若函数 P,Q,R 在 Σ 所围区域 Ω 内有奇点 $M_0(x_0,y_0,z_0)$，则以 M_0 为中心作包含在 Σ 内的一闭曲面 Σ_1，Σ 和 Σ_1 之间的部分区域记为 Ω'，且 Σ 和 Σ_1 取外侧，由高斯公式得

$$\oiint\limits_{\Sigma} P\,\mathrm{d}y\,\mathrm{d}z + Q\,\mathrm{d}z\,\mathrm{d}x + R\,\mathrm{d}x\,\mathrm{d}y = \iiint\limits_{\Omega'}\left(\frac{\partial P}{\partial x}+\frac{\partial Q}{\partial y}+\frac{\partial R}{\partial z}\right)\mathrm{d}v + \oiint\limits_{\Sigma_1} P\,\mathrm{d}y\,\mathrm{d}z + Q\,\mathrm{d}z\,\mathrm{d}x + R\,\mathrm{d}x\,\mathrm{d}y。$$

当 $\dfrac{\partial P}{\partial x}+\dfrac{\partial Q}{\partial y}+\dfrac{\partial R}{\partial z}\equiv 0$ 时，则 $\oiint\limits_{\Sigma} P\,\mathrm{d}y\,\mathrm{d}z + Q\,\mathrm{d}z\,\mathrm{d}x + R\,\mathrm{d}x\,\mathrm{d}y = \oiint\limits_{\Sigma_1} P\,\mathrm{d}y\,\mathrm{d}z + Q\,\mathrm{d}z\,\mathrm{d}x + R\,\mathrm{d}x\,\mathrm{d}y。$

(2) 有向曲面 Σ 不是闭曲面。

情形 1　若 $\dfrac{\partial P}{\partial x}+\dfrac{\partial Q}{\partial y}+\dfrac{\partial R}{\partial z}\equiv 0$，取简单曲面 Σ_1^- 与曲面 Σ 构成闭曲面外侧，则

$$\iint\limits_{\Sigma} P\,\mathrm{d}y\,\mathrm{d}z + Q\,\mathrm{d}z\,\mathrm{d}x + R\,\mathrm{d}x\,\mathrm{d}y = \iint\limits_{\Sigma_1} P\,\mathrm{d}y\,\mathrm{d}z + Q\,\mathrm{d}z\,\mathrm{d}x + R\,\mathrm{d}x\,\mathrm{d}y。$$

情形 2　若 $\dfrac{\partial P}{\partial x}+\dfrac{\partial Q}{\partial y}+\dfrac{\partial R}{\partial z}$ 比较简单时，则可以通过添加与 Σ 有相同边界曲线的辅助曲面 Σ_1^-，使 Σ_1^- 与曲面 Σ 构成闭曲面外侧，则

$$\iint\limits_{\Sigma} P\,\mathrm{d}y\,\mathrm{d}z + Q\,\mathrm{d}z\,\mathrm{d}x + R\,\mathrm{d}x\,\mathrm{d}y = \iiint\limits_{\Omega'}\left(\frac{\partial P}{\partial x}+\frac{\partial Q}{\partial y}+\frac{\partial R}{\partial z}\right)\mathrm{d}v + \iint\limits_{\Sigma_1} P\,\mathrm{d}y\,\mathrm{d}z + Q\,\mathrm{d}z\,\mathrm{d}x + R\,\mathrm{d}x\,\mathrm{d}y。$$

35. Stokes 定理：设 Γ 为空间分段光滑的有向闭曲线，Σ 是由 Γ 张成的有向分片光滑曲面，其法向由 Γ 的方向根据右手法则确定，函数 $P(x,y,z),Q(x,y,z),R(x,y,z)$ 在包含 Σ 的一个空间区域 Ω 内具有一阶连续偏导数，则

$$\iint\limits_{\Sigma}\left(\frac{\partial R}{\partial y}-\frac{\partial Q}{\partial z}\right)\mathrm{d}y\,\mathrm{d}z + \left(\frac{\partial P}{\partial z}-\frac{\partial R}{\partial x}\right)\mathrm{d}z\,\mathrm{d}x + \left(\frac{\partial Q}{\partial x}-\frac{\partial P}{\partial y}\right)\mathrm{d}x\,\mathrm{d}y = \oint_{\Gamma} P\,\mathrm{d}x + Q\,\mathrm{d}y + R\,\mathrm{d}z$$

或

$$\oint_{\Gamma} \boldsymbol{A}\cdot\boldsymbol{T}\,\mathrm{d}s = \iint\limits_{\Sigma}(\mathrm{rot}\boldsymbol{A}\cdot\boldsymbol{n})\,\mathrm{d}S。$$

为方便记忆，可以写成行列式形式：

$$\iint\limits_{\Sigma}\begin{vmatrix}\mathrm{d}y\,\mathrm{d}z & \mathrm{d}z\,\mathrm{d}x & \mathrm{d}x\,\mathrm{d}y \\ \dfrac{\partial}{\partial x} & \dfrac{\partial}{\partial y} & \dfrac{\partial}{\partial z} \\ P & Q & R\end{vmatrix} = \iint\limits_{\Sigma}\begin{vmatrix}\cos\alpha & \cos\beta & \cos\gamma \\ \dfrac{\partial}{\partial x} & \dfrac{\partial}{\partial y} & \dfrac{\partial}{\partial z} \\ P & Q & R\end{vmatrix}\mathrm{d}S = \oint_{\Gamma} P\,\mathrm{d}x + Q\,\mathrm{d}y + R\,\mathrm{d}z。$$

36. **Stokes** 公式简化曲线积分的计算。

（1）若积分曲线 Γ 为平面与曲面的交线时，则可考虑使用斯托克斯公式将曲线积分化为以 Γ 为边界的平面区域 Σ 上的曲面积分。

（2）当 $\dfrac{\partial R}{\partial y}-\dfrac{\partial Q}{\partial z},\dfrac{\partial P}{\partial z}-\dfrac{\partial R}{\partial x},\dfrac{\partial Q}{\partial x}-\dfrac{\partial P}{\partial y}$ 比较简单时，可使用斯托克斯公式计算曲线积分。

37. 积分与路径无关的条件：设函数 $P(x,y,z),Q(x,y,z),R(x,y,z)$ 在单连通区域 $G\subset\Omega$ 内具有一阶连续偏导数，则以下四个命题等价：

（1）曲线积分 $\displaystyle\int_{L}P\mathrm{d}x+Q\mathrm{d}y+R\mathrm{d}z$ 在 G 内与路径无关，只与起点和终点有关；

（2）在 G 内沿任意闭曲线的曲线积分为零；

（3）等式 $\dfrac{\partial P}{\partial y}=\dfrac{\partial Q}{\partial x},\dfrac{\partial Q}{\partial z}=\dfrac{\partial R}{\partial y},\dfrac{\partial R}{\partial x}=\dfrac{\partial P}{\partial z}$ 在 G 内处处成立；

（4）在 G 内存在 $u(x,y,z)$，使得 $\mathrm{d}u(x,y,z)=P(x,y,z)\mathrm{d}x+Q(x,y,z)\mathrm{d}y+R(x,y,z)\mathrm{d}z$，且

$$u(x,y,z)=\int_{(x_0,y_0,z_0)}^{(x,y,z)}P\mathrm{d}x+Q\mathrm{d}y+R\mathrm{d}z=\int_{x_0}^{x}P(x,y_0,z_0)\mathrm{d}x+$$

$$\int_{y_0}^{y}Q(x,y,z_0)\mathrm{d}y+\int_{z_0}^{z}R(x,y,z)\mathrm{d}z。$$

典型例题

一、曲线积分的计算与证明

例 10.1　设 $a,b>0$，计算 $\displaystyle\int_{C}\left(\dfrac{xy}{ab}+\dfrac{\sqrt{2}\,yz}{b\sqrt{a^2+b^2}}+\dfrac{\sqrt{2}\,zx}{a\sqrt{a^2+b^2}}\right)\mathrm{d}s$，其中 C 为 $\dfrac{x^2}{a^2}+\dfrac{y^2}{b^2}+\dfrac{2z^2}{a^2+b^2}=1$ $(x>0,y>0,z>0)$ 和 $\dfrac{x}{a}+\dfrac{y}{b}=1$ 的交线。

【解 1】　将 C 的两个方程联立，消去 y，得

$$\frac{(2x-a)^2}{a^2}+\frac{(2z)^2}{a^2+b^2}=1,$$

令 $\dfrac{2x-a}{a}=\cos\theta,\dfrac{2z}{\sqrt{a^2+b^2}}=\sin\theta,0\leqslant\theta\leqslant\pi$，则

$$x=\frac{1}{2}a(1+\cos\theta),\quad y=\frac{1}{2}b(1-\cos\theta),\quad z=\frac{1}{2}\sqrt{a^2+b^2}\sin\theta,$$

从而

$$\mathrm{d}s=\sqrt{x'^2(\theta)+y'^2(\theta)+z'^2(\theta)}\,\mathrm{d}\theta=\frac{1}{2}\sqrt{a^2+b^2}\,\mathrm{d}\theta,$$

所以

$$\int_{C}\left(\frac{xy}{ab}+\frac{\sqrt{2}\,yz}{b\sqrt{a^2+b^2}}+\frac{\sqrt{2}\,zx}{a\sqrt{a^2+b^2}}\right)\mathrm{d}s$$

$$= \int_0^\pi \left(\frac{1}{4}\sin^2\theta + \frac{\sqrt{2}}{4}(1+\cos\theta)\sin\theta + \frac{\sqrt{2}}{4}(1-\cos\theta)\sin\theta \right) \cdot \frac{1}{2}\sqrt{a^2+b^2}\,\mathrm{d}\theta$$

$$= \frac{\sqrt{a^2+b^2}}{2} \int_0^\pi \left(\frac{1}{8}(1-\cos2\theta) + \frac{\sqrt{2}}{2}\sin\theta \right) \mathrm{d}\theta = (\pi+8\sqrt{2})\frac{\sqrt{a^2+b^2}}{16}.$$

【解 2】 令 $x=at, y=b(1-t), z=\sqrt{a^2+b^2}\sqrt{t-t^2}\,(0<t<1)$，则

$$\mathrm{d}s = \sqrt{(\mathrm{d}x)^2 + (\mathrm{d}y)^2 + (\mathrm{d}z)^2} = \frac{\sqrt{a^2+b^2}}{2}\frac{\mathrm{d}t}{\sqrt{t-t^2}},$$

所以

$$\int_C \left(\frac{xy}{ab} + \frac{\sqrt{2}\,yz}{b\sqrt{a^2+b^2}} + \frac{\sqrt{2}\,zx}{a\sqrt{a^2+b^2}} \right)\mathrm{d}s$$

$$= \int_0^1 \left(t(1-t) + \sqrt{2}(1-t)\sqrt{t-t^2} + \sqrt{2}\,t\sqrt{t-t^2} \right) \cdot \frac{\sqrt{a^2+b^2}}{2} \cdot \frac{1}{\sqrt{t-t^2}}\mathrm{d}t$$

$$= \frac{\sqrt{a^2+b^2}}{2}\int_0^1 (\sqrt{t-t^2} + \sqrt{2})\mathrm{d}t,$$

而

$$\int_0^1 \sqrt{t-t^2}\,\mathrm{d}t = \int_0^1 \sqrt{\left(\frac{1}{2}\right) - \left(t-\frac{1}{2}\right)^2}\,\mathrm{d}\left(t-\frac{1}{2}\right) = \int_{-\frac{1}{2}}^{\frac{1}{2}} \sqrt{\left(\frac{1}{2}\right)^2 - u^2}\,\mathrm{d}u$$

$$= 2\int_0^{\frac{1}{2}} \sqrt{\left(\frac{1}{2}\right)^2 - u^2}\,\mathrm{d}u = \frac{\pi}{8},$$

故

$$\int_C \left(\frac{xy}{ab} + \frac{\sqrt{2}\,yz}{b\sqrt{a^2+b^2}} + \frac{\sqrt{2}\,zx}{a\sqrt{a^2+b^2}} \right)\mathrm{d}s = (\pi+8\sqrt{2})\frac{\sqrt{a^2+b^2}}{16}.$$

例 10.2 设椭圆 $\dfrac{x^2}{4} + \dfrac{y^2}{9} = 1$ 在点 $A\left(1, \dfrac{3\sqrt{3}}{2}\right)$ 的切线交 y 轴于点 B，设 l 为从 A 到 B 的直线段，计算曲线积分 $\displaystyle\int_l \left(\frac{\sin y}{x+1} - \sqrt{3}\,y \right)\mathrm{d}x + (\cos y\ln(x+1) + 2\sqrt{3}\,x - \sqrt{3})\mathrm{d}y.$

【解 1】 切线方程为 $y - \dfrac{3\sqrt{3}}{2} = -\dfrac{3}{2\sqrt{3}}(x-1)$，则 $B(0, 2\sqrt{3})$，取 $C\left(0, \dfrac{3\sqrt{3}}{2}\right)$，连接 CA，有

$$\int_l = \oint_{l+\overline{BC}+\overline{CA}} - \int_{\overline{BC}} - \int_{\overline{CA}},$$

由格林公式知

$$\oint_{l+\overline{BC}+\overline{CA}} = \iint_D \left(\frac{\cos y}{x+1} + 2\sqrt{3} - \frac{\cos y}{x+1} + \sqrt{3} \right)\mathrm{d}x\,\mathrm{d}y = \iint_D 3\sqrt{3}\,\mathrm{d}x\,\mathrm{d}y = \frac{9}{4},$$

$$\int_{\overline{BC}} = \int_{2\sqrt{3}}^{\frac{3\sqrt{3}}{2}} (-\sqrt{3})\mathrm{d}y = \frac{3}{2},$$

$$\int_{\overline{CA}} = \int_0^1 \left(\frac{\sin\frac{3\sqrt{3}}{2}}{x+1} - \sqrt{3} \times \frac{3\sqrt{3}}{2} \right) \mathrm{d}x = \sin\frac{3\sqrt{3}}{2} \times \ln2 - \frac{9}{2},$$

因此

$$\int_l \left(\frac{\sin y}{x+1} - \sqrt{3}\,y \right) \mathrm{d}x + (\cos y \ln(x+1) + 2\sqrt{3}\,x - \sqrt{3}) \mathrm{d}y = \frac{21}{4} - \sin\frac{3\sqrt{3}}{2}\ln2。$$

【解 2】 切线方程为 $y - \frac{3\sqrt{3}}{2} = -\frac{3}{2\sqrt{3}}(x-1)$，交 y 轴于 $B(0, 2\sqrt{3})$，记

$$I_1 = \int_l \frac{\sin y}{x+1}\mathrm{d}x + \cos y \ln(x+1)\mathrm{d}y, \quad I_2 = \int_l (-\sqrt{3}\,y)\mathrm{d}x + (2\sqrt{3}\,x - \sqrt{3})\mathrm{d}y。$$

对 I_1 来说，由于 $\frac{\partial Q}{\partial x} = \frac{\partial P}{\partial y}$，其积分与路径无关，取 $C\left(0, \frac{3\sqrt{3}}{2}\right)$，连接 AC, CB，则

$$I_1 = \int_{\overline{AC}} \frac{\sin y}{x+1}\mathrm{d}x + \cos y \ln(x+1)\mathrm{d}y + \int_{\overline{CB}} \frac{\sin y}{x+1}\mathrm{d}x + \cos y \ln(x+1)\mathrm{d}y$$

$$= \int_1^0 \frac{\sin\frac{3\sqrt{3}}{2}}{x+1}\mathrm{d}x = \sin\frac{3\sqrt{3}}{2}\ln2,$$

对 I_2 来说，AB 直线方程为 $y = -\frac{\sqrt{3}}{2}x + 2\sqrt{3}$，$x:1 \to 0$，则

$$I_2 = \int_1^0 \left((-\sqrt{3})\left(-\frac{\sqrt{3}}{2}x + 2\sqrt{3} \right) + (2\sqrt{3}\,x - \sqrt{3})\left(-\frac{\sqrt{3}}{2} \right) \right) \mathrm{d}x = \int_0^1 \left(\frac{3}{2}x + \frac{9}{2} \right)\mathrm{d}x = \frac{21}{4},$$

所以

$$\int_l \left(\frac{\sin y}{x+1} - \sqrt{3}\,y \right)\mathrm{d}x + (\cos y \ln(x+1) + 2\sqrt{3}\,x - \sqrt{3})\mathrm{d}y = \frac{21}{4} - \sin\frac{3\sqrt{3}}{2}\ln2。$$

例 10.3 设函数 $\varphi(x)$ 具有连续的导数，在围绕原点的任意光滑的简单闭曲线 C 上，曲线积分 $\oint_C \dfrac{2xy\mathrm{d}x + \varphi(x)\mathrm{d}y}{x^4 + y^2}$ 的值为常数。

(1) 设 L 为正向闭曲线 $(x-2)^2 + y^2 = 1$。证明 $\oint_L \dfrac{2xy\mathrm{d}x + \varphi(x)\mathrm{d}y}{x^4 + y^2} = 0$；

(2) 求函数 $\varphi(x)$；

(3) 设 C 是围绕原点的光滑简单正向闭曲线，求 $\oint_C \dfrac{2xy\mathrm{d}x + \varphi(x)\mathrm{d}y}{x^4 + y^2}$。

【解】 (1) 设 $\oint_C \dfrac{2xy\mathrm{d}x + \varphi(x)\mathrm{d}y}{x^4 + y^2} = I$，闭曲线 $L:(x-2)^2 + y^2 = 1$ 由 L_1 和 L_2 组成，均为逆时针方向。

设 L_0 为不经过原点的光滑正向曲线，使得 $L_0 \bigcup L_1^-$（其中 L_1^- 为 L_1 的反向曲线）和 $L_0 \bigcup L_2$ 分别组成围绕原点的分段光滑闭曲线 C_1 和 C_2，由曲线积分的性质和题设条件知

$$\oint_L \frac{2xy\,dx + \varphi(x)\,dy}{x^4 + y^2} = \int_{L_1} \frac{2xy\,dx + \varphi(x)\,dy}{x^4 + y^2} + \int_{L_2} \frac{2xy\,dx + \varphi(x)\,dy}{x^4 + y^2}$$

$$= \left(\int_{L_2} + \int_{L_0} - \int_{L_0} - \int_{L_1^-}\right) \frac{2xy\,dx + \varphi(x)\,dy}{x^4 + y^2}$$

$$= \int_{C_2} \frac{2xy\,dx + \varphi(x)\,dy}{x^4 + y^2} - \int_{C_1} \frac{2xy\,dx + \varphi(x)\,dy}{x^4 + y^2} = I - I = 0。$$

(2) 令 $P(x,y) = \dfrac{2xy}{x^4 + y^2}$，$Q(x,y) = \dfrac{\varphi(x)}{x^4 + y^2}$，因为曲线积分 $\oint_C \dfrac{2xy\,dx + \varphi(x)\,dy}{x^4 + y^2}$ 与

路径无关，所以 $\dfrac{\partial Q}{\partial x} = \dfrac{\partial P}{\partial y}$，则

$$\frac{\varphi'(x)(x^4 + y^2) - 4x^3\varphi(x)}{(x^4 + y^2)^2} = \frac{2x^5 - 2xy^2}{(x^4 + y^2)^2},$$

整理得

$$\varphi'(x)x^4 - 4x^3\varphi(x) + \varphi'(x)y^2 = 2x^5 - 2xy^2,$$

由于 x, y 是两个相互独立的自由变量，因此

$$\begin{cases} \varphi'(x) = -2x, \\ \varphi'(x)x^4 - 4x^3\varphi(x) = 2x^5, \end{cases}$$

解得 $\varphi(x) = -x^2$。

(3) 设正向闭曲线 $C_a : x^4 + y^2 = 1$ 围成的区域为 D，由已知条件及格林公式知

$$\oint_C \frac{2xy\,dx + \varphi(x)\,dy}{x^4 + y^2} = \oint_{C_a} \frac{2xy\,dx - x^2\,dy}{x^4 + y^2} = \oint_{C_a} 2xy\,dx - x^2\,dy = \iint_D (-4x)\,dx\,dy = 0。$$

例 10.4 设 C 是 xOy 面内包含原点的光滑简单闭曲线，取逆时针方向为正方向，记

$$u(x,y) = a_{11}x + a_{12}y, \quad v(x,y) = a_{21}x + a_{22}y,$$

其中 $a_{11}, a_{12}, a_{21}, a_{22}$ 均为常数，且 $a_{11}a_{22} - a_{12}a_{21} \neq 0$，$\mathrm{sgn}z$ 为符号函数，证明

$$\int_C \frac{u(x,y)\,dv(x,y) - v(x,y)\,du(x,y)}{u^2(x,y) + v^2(x,y)} = 2\pi\,\mathrm{sgn}(a_{11}a_{22} - a_{12}a_{21})。$$

【证】 由 $u(x,y) = a_{11}x + a_{12}y$，$v(x,y) = a_{21}x + a_{22}y$ 得

$$\int_C \frac{u(x,y)\,dv(x,y) - v(x,y)\,du(x,y)}{u^2(x,y) + v^2(x,y)} = \int_C \frac{a_{21}u - a_{11}v}{u^2 + v^2}\,dx + \frac{a_{22}u - a_{12}v}{u^2 + v^2}\,dy,$$

记 $P = \dfrac{a_{21}u - a_{11}v}{u^2 + v^2}$，$Q = \dfrac{a_{22}u - a_{12}v}{u^2 + v^2}$，则

$$\frac{\partial P}{\partial y} = \frac{(a_{11}a_{22} - a_{12}a_{21})(u^2 + v^2) + 2(a_{11}a_{12} - a_{21}a_{22})uv}{(u^2 + v^2)^2} = \frac{\partial Q}{\partial x}, \quad (x,y) \neq (0,0),$$

因此积分与路径无关，记 C 围成的平面区域为 D，取

$$C_\varepsilon : (a_{11}x + a_{12}y)^2 + (a_{21}x + a_{22}y)^2 = \varepsilon^2,$$

取逆时针方向为正方向，其中 $\varepsilon > 0$ 充分小，使得

$$D_\varepsilon = \{(x,y) \mid (a_{11}x + a_{12}y)^2 + (a_{21}x + a_{22}y)^2 \leqslant \varepsilon^2\} \subseteq D,$$

由格林公式知

$$\int_C \frac{u(x,y)\mathrm{d}v(x,y) - v(x,y)\mathrm{d}u(x,y)}{u^2(x,y) + v^2(x,y)} = \int_{C_\varepsilon} \frac{a_{21}u - a_{11}v}{u^2 + v^2}\mathrm{d}x + \frac{a_{22}u - a_{12}v}{u^2 + v^2}\mathrm{d}y$$

$$= \frac{1}{\varepsilon^2}\int_{C_\varepsilon}(a_{21}u - a_{11}v)\mathrm{d}x + (a_{22}u - a_{12}v)\mathrm{d}y$$

$$= \frac{1}{\varepsilon^2}\iint_{D_\varepsilon}\left(\frac{\partial(a_{22}u - a_{12}v)}{\partial x} - \frac{\partial(a_{21}u - a_{11}v)}{\partial y}\right)\mathrm{d}x\,\mathrm{d}y$$

$$= \frac{2(a_{11}a_{22} - a_{12}a_{21})}{\varepsilon^2}\iint_{D_\varepsilon}\mathrm{d}x\,\mathrm{d}y$$

$$= \frac{2(a_{11}a_{22} - a_{12}a_{21})}{\varepsilon^2\,|\,a_{11}a_{22} - a_{12}a_{21}\,|}\iint_{u^2 + v^2 \leqslant \varepsilon^2}\mathrm{d}u\,\mathrm{d}v$$

$$= \frac{2(a_{11}a_{22} - a_{12}a_{21})}{\varepsilon^2\,|\,a_{11}a_{22} - a_{12}a_{21}\,|}\cdot\pi\varepsilon^2$$

$$= 2\pi\mathrm{sgn}(a_{11}a_{22} - a_{12}a_{21})\,.$$

例 10.5 计算 $I = \oint_L (y^2 + z^2)\mathrm{d}x + (z^2 + x^2)\mathrm{d}y + (x^2 + y^2)\mathrm{d}z$,其中 L 是 $x^2 + y^2 + z^2 = 2Rx$ 与 $x^2 + y^2 = 2rx\,(0 < r < R, z > 0)$ 的交线,此曲线的方向从 Oz 轴正向看为逆时针方向。

【解】 由 Stokes 公式得

$$I = 2\iint_\Sigma ((y - z)\cos\alpha + (z - x)\cos\beta + (x - y)\cos\gamma)\mathrm{d}S,$$

其中 Σ 是球面 $x^2 + y^2 + z^2 = 2Rx$ 上由 L 围成的区域上侧,$\cos\alpha, \cos\beta, \cos\gamma$ 是球面外法向量的方向余弦,故

$$\cos\alpha = \frac{x - R}{R}, \quad \cos\beta = \frac{y}{R}, \quad \cos\gamma = \frac{z}{R},$$

从而

$$I = 2\iint_\Sigma \left((y - z)\frac{x - R}{R} + (z - x)\frac{y}{R} + (x - y)\frac{z}{R}\right)\mathrm{d}S,$$

因为曲面 Σ 关于 zOx 面对称,则 $\iint_\Sigma y\mathrm{d}S = 0$,又

$$\mathrm{d}S = \sqrt{1 + z_x^2 + z_y^2}\,\mathrm{d}x\,\mathrm{d}y = \sqrt{1 + \left(\frac{x - R}{z}\right)^2 + \left(\frac{y}{z}\right)^2}\,\mathrm{d}x\,\mathrm{d}y = \frac{R}{z}\mathrm{d}x\,\mathrm{d}y,$$

故

$$I = 2\iint_\Sigma z\cdot\frac{R}{z}\mathrm{d}x\,\mathrm{d}y = 2R\iint_{D_{xy}}\mathrm{d}x\,\mathrm{d}y = 2\pi Rr^2\,.$$

例 10.6 设曲线 Γ 为在 $x^2 + y^2 + z^2 = 1, x + z = 1, x \geqslant 0, y \geqslant 0, z \geqslant 0$ 上从点 $A(1, 0, 0)$ 到 $B(0, 0, 1)$ 的一段,求曲线积分 $I = \int_\Gamma y\mathrm{d}x + z\mathrm{d}y + x\mathrm{d}z$。

【解1】 因为曲线 $x^2+y^2+z^2=1,x+z=1$ 的参数方程为

$$x=\frac{1}{2}+\frac{1}{2}\cos\theta,\quad y=\frac{1}{\sqrt{2}}\sin\theta,\quad z=\frac{1}{2}-\frac{1}{2}\cos\theta,\quad \theta:0\to\pi,$$

所以

$$I=\int_0^\pi\left(\left(\frac{1}{\sqrt{2}}\sin\theta\right)\left(-\frac{1}{2}\sin\theta\right)+\left(\frac{1}{2}-\frac{1}{2}\cos\theta\right)\left(\frac{1}{\sqrt{2}}\cos\theta\right)+\left(\frac{1}{2}+\frac{1}{2}\cos\theta\right)\left(\frac{1}{2}\sin\theta\right)\right)\mathrm{d}\theta$$

$$=\int_0^\pi\left(-\frac{1}{2\sqrt{2}}(\sin^2\theta+\cos^2\theta)+\frac{1}{4}\cos\theta\sin\theta+\frac{1}{2\sqrt{2}}\cos\theta+\frac{1}{4}\sin\theta\right)\mathrm{d}\theta=\frac{1}{2}-\frac{\pi}{2\sqrt{2}}.$$

【解2】 记 Γ_1 为从 B 到 A 的直线段，Γ_1 的参数方程为 $x=t,y=0,z=1-t,0\le t\le 1$，则

$$\int_{\Gamma_1}y\,\mathrm{d}x+z\,\mathrm{d}y+x\,\mathrm{d}z=\int_0^1 t\,\mathrm{d}(1-t)=-\frac{1}{2}.$$

设 Γ 与 Γ_1 围成的平面区域为 Σ，方向按右手法则，由斯托克斯公式得

$$\left(\int_{\Gamma_1}+\int_{\Gamma}\right)y\,\mathrm{d}x+z\,\mathrm{d}y+x\,\mathrm{d}z=\iint_\Sigma\begin{vmatrix}\dfrac{1}{\sqrt{2}} & 0 & \dfrac{1}{\sqrt{2}}\\[2mm] \dfrac{\partial}{\partial x} & \dfrac{\partial}{\partial y} & \dfrac{\partial}{\partial z}\\[2mm] y & z & x\end{vmatrix}\mathrm{d}S=-\sqrt{2}\iint_\Sigma\mathrm{d}S=-\sqrt{2}\times\frac{1}{\sqrt{2}}\iint_D\mathrm{d}x\,\mathrm{d}y,$$

其中 D 是 $x^2+y^2+z^2=1,x+z=1$ 在 xOy 面上的投影，即椭圆

$$\frac{\left(x-\dfrac{1}{2}\right)^2}{\left(\dfrac{1}{2}\right)^2}+\frac{y^2}{\left(\dfrac{1}{\sqrt{2}}\right)^2}=1,$$

其面积为 $\pi\times\dfrac{1}{2}\times\dfrac{1}{\sqrt{2}}=\dfrac{\pi}{2\sqrt{2}}$，从而

$$I=\int_\Gamma y\,\mathrm{d}x+z\,\mathrm{d}y+x\,\mathrm{d}z=-\frac{\pi}{2\sqrt{2}}-\int_{\Gamma_1}y\,\mathrm{d}x+z\,\mathrm{d}y+x\,\mathrm{d}z=\frac{1}{2}-\frac{\pi}{2\sqrt{2}}.$$

例 10.7 设 L 为曲线 $x^2+y^2=R^2(R>0)$，取逆时针方向，常数 $A>0,C>0$，$AC-B^2>0$，证明 $\displaystyle\int_L\frac{x\,\mathrm{d}y-y\,\mathrm{d}x}{Ax^2+2Bxy+Cy^2}=\frac{2\pi}{\sqrt{AC-B^2}}$。

【证1】 令 $x=R\cos\theta,y=R\sin\theta,\theta:0\to 2\pi$，由对称性知

$$\int_L\frac{x\,\mathrm{d}y-y\,\mathrm{d}x}{Ax^2+2Bxy+Cy^2}=\int_0^{2\pi}\frac{\mathrm{d}\theta}{A\cos^2\theta+2B\sin\theta\cos\theta+C\sin^2\theta}$$

$$=2\int_0^\pi\frac{\mathrm{d}(\tan\theta)}{A+2B\tan\theta+C\tan^2\theta}$$

$$=2\int_0^{\frac{\pi}{2}}\frac{\mathrm{d}(\tan\theta)}{A+2B\tan\theta+C\tan^2\theta}+2\int_{\frac{\pi}{2}}^\pi\frac{\mathrm{d}(\tan\theta)}{A+2B\tan\theta+C\tan^2\theta}$$

$$\xlongequal{t=\tan\theta}2\int_0^{+\infty}\frac{\mathrm{d}t}{A+2Bt+Ct^2}+2\int_{-\infty}^0\frac{\mathrm{d}t}{A+2Bt+Ct^2}$$

$$= 2\int_{-\infty}^{+\infty} \frac{\mathrm{d}t}{A + 2Bt + Ct^2} = \frac{2}{C}\int_{-\infty}^{+\infty} \frac{\mathrm{d}\left(t + \dfrac{B}{C}\right)}{\left(t + \dfrac{B}{C}\right)^2 + \dfrac{AC - B^2}{C^2}}$$

$$= \frac{2}{C} \cdot \frac{C}{\sqrt{AC - B^2}}\arctan\frac{Ct + B}{\sqrt{AC - B^2}}\bigg|_{-\infty}^{+\infty} = \frac{2\pi}{\sqrt{AC - B^2}}.$$

【证 2】 记 $P = \dfrac{y}{Ax^2 + 2Bxy + Cy^2}$，$Q = \dfrac{x}{Ax^2 + 2Bxy + Cy^2}$，因为

$$\frac{\partial P}{\partial y} = \frac{Cy^2 - Ax^2}{(Ax^2 + 2Bxy + Cy^2)^2} = \frac{\partial Q}{\partial x},$$

所以积分与路径无关，取 $L': Ax^2 + 2Bxy + Cy^2 = \varepsilon^2$，则

$$\int_L \frac{x\,\mathrm{d}y - y\,\mathrm{d}x}{Ax^2 + 2Bxy + Cy^2} = \int_{L'} \frac{x\,\mathrm{d}y - y\,\mathrm{d}x}{Ax^2 + 2Bxy + Cy^2} = \frac{1}{\varepsilon^2}\int_{L'} x\,\mathrm{d}y - y\,\mathrm{d}x$$

$$= \frac{2}{\varepsilon^2}\iint_D \mathrm{d}x\,\mathrm{d}y = \frac{2}{\varepsilon^2}S_D,$$

其中 S_D 为 $Ax^2 + 2Bxy + Cy^2 \leqslant \varepsilon^2$ 的面积。由于

$$Ax^2 + 2Bxy + Cy^2 = (x, y)\begin{bmatrix} A & B \\ B & C \end{bmatrix}\begin{bmatrix} x \\ y \end{bmatrix},$$

构造合同变换 $\begin{bmatrix} x \\ y \end{bmatrix} = \begin{bmatrix} 1 & -\dfrac{B}{A} \\ 0 & 1 \end{bmatrix}\begin{bmatrix} u \\ v \end{bmatrix}$，即 $\begin{cases} x = u - \dfrac{B}{A}v, \\ y = v, \end{cases}$ 则

$$Ax^2 + 2Bxy + Cy^2 = Au^2 + \left(C - \frac{B^2}{A}\right)v^2 = \varepsilon^2,$$

且

$$|J| = \left|\frac{\partial(x, y)}{\partial(u, v)}\right| = \begin{vmatrix} 1 & -\dfrac{B}{A} \\ 0 & 1 \end{vmatrix} = 1,$$

故

$$S_D = \iint_D \mathrm{d}x\,\mathrm{d}y = \iint_{D'} |J|\,\mathrm{d}u\,\mathrm{d}v = \iint_{D'} \mathrm{d}u\,\mathrm{d}v = S_{D'} = \pi \cdot \frac{\varepsilon}{\sqrt{A}} \cdot \frac{\sqrt{A}\,\varepsilon}{\sqrt{AC - B^2}} = \frac{\pi\varepsilon^2}{\sqrt{AC - B^2}},$$

所以

$$\int_L \frac{x\,\mathrm{d}y - y\,\mathrm{d}x}{Ax^2 + 2Bxy + Cy^2} = \frac{2}{\varepsilon^2}\frac{\pi\varepsilon^2}{\sqrt{AC - B^2}} = \frac{2\pi}{\sqrt{AC - B^2}}.$$

例 10.8 设 $\rho = \rho(x, y)$ 是原点 O 到椭圆 $C: \dfrac{x^2}{a^2} + \dfrac{y^2}{b^2} = 1$ 上任一点 (x, y) 处的切线的

距离，证明 $\displaystyle\int_C \frac{x^2 + y^2}{\rho(x, y)}\mathrm{d}s = \frac{\pi ab}{4}\left((a^2 + b^2)\left(\frac{1}{a^2} + \frac{1}{b^2}\right) + 4\right)$。

【证】 椭圆 $C: \dfrac{x^2}{a^2} + \dfrac{y^2}{b^2} = 1$ 在点 (x, y) 处的切线方程为 $Y - y = y'(X - x)$，即

$$y'X - Y + y - xy' = 0,$$

因此原点 O 到此切线的距离为

$$\rho(x,y) = \frac{|y' \cdot 0 - 0 + y - xy'|}{\sqrt{1 + y'^2}} = \frac{|y - xy'|}{\sqrt{1 + y'^2}},$$

用椭圆参数方程 $x = a\cos\theta, y = b\sin\theta, 0 \le \theta \le 2\pi$,则

$$\frac{\mathrm{d}x}{\mathrm{d}\theta} = -a\sin\theta, \quad \frac{\mathrm{d}y}{\mathrm{d}\theta} = a\cos\theta, \quad y' = \frac{\dfrac{\mathrm{d}y}{\mathrm{d}\theta}}{\dfrac{\mathrm{d}x}{\mathrm{d}\theta}} = -\frac{b}{a}\cot\theta,$$

从而

$$\rho(x,y) = \frac{\left| b\sin\theta + a\cos\theta \cdot \dfrac{b}{a}\cot\theta \right|}{\sqrt{1 + \left(-\dfrac{b}{a}\cot\theta\right)^2}} = \frac{ab}{\sqrt{a^2\sin^2\theta + b^2\cos^2\theta}},$$

$$\frac{\mathrm{d}s}{\mathrm{d}\theta} = \sqrt{\left(\frac{\mathrm{d}x}{\mathrm{d}\theta}\right)^2 + \left(\frac{\mathrm{d}y}{\mathrm{d}\theta}\right)^2} = \sqrt{a^2\sin^2\theta + b^2\cos^2\theta},$$

因此

$$\int_C \frac{x^2 + y^2}{\rho(x,y)}\mathrm{d}s = \frac{1}{ab}\int_0^{2\pi}(a^2\sin^2\theta + b^2\cos^2\theta)(a^2\cos^2\theta + b^2\sin^2\theta)\mathrm{d}\theta$$

$$= \frac{4}{ab}\int_0^{\frac{\pi}{2}}((a^4 + b^4)\cos^2\theta\sin^2\theta + a^2b^2(\cos^4\theta + \sin^4\theta))\mathrm{d}\theta,$$

因为

$$\int_0^{\frac{\pi}{2}}\cos^2\theta\sin^2\theta\mathrm{d}\theta = \int_0^{\frac{\pi}{2}}(\sin^2\theta - \sin^4\theta)\mathrm{d}\theta = \frac{1}{2}\times\frac{\pi}{2} - \frac{3}{4}\times\frac{1}{2}\times\frac{\pi}{2} = \frac{\pi}{16},$$

$$\int_0^{\frac{\pi}{2}}(\cos^4\theta + \sin^4\theta)\mathrm{d}\theta = \int_0^{\frac{\pi}{2}}((\cos^2\theta + \sin^2\theta)^2 - 2\cos^2\theta\sin^2\theta)\mathrm{d}\theta = \frac{3\pi}{8},$$

所以

$$\int_C \frac{x^2 + y^2}{\rho(x,y)}\mathrm{d}s = \frac{4}{ab}\left(\frac{\pi}{16}(a^4 + b^4) + \frac{3\pi}{8}a^2b^2\right) = \frac{\pi ab}{4}\left((a^2 + b^2)\left(\frac{1}{a^2} + \frac{1}{b^2}\right) + 4\right)。$$

例 10.9 已知平面区域 $D = \{(x,y) \mid 0 \le x \le \pi, 0 \le y \le \pi\}$,$L$ 为 D 的正向边界,证明:

(1) $\oint_L x\mathrm{e}^{\sin y}\mathrm{d}y - y\mathrm{e}^{-\sin x}\mathrm{d}x = \oint_L x\mathrm{e}^{-\sin y}\mathrm{d}y - y\mathrm{e}^{\sin x}\mathrm{d}x$;

(2) $\oint_L x\mathrm{e}^{\sin y}\mathrm{d}y - y\mathrm{e}^{-\sin x}\mathrm{d}x \ge \frac{5}{2}\pi^2$。

【证 1】 (1) 由于区域 $D = \{(x,y) \mid 0 \le x \le \pi, 0 \le y \le \pi\}$,则

$$\oint_L x\mathrm{e}^{\sin y}\mathrm{d}y - y\mathrm{e}^{-\sin x}\mathrm{d}x = \int_0^{\pi}\pi\mathrm{e}^{\sin y}\mathrm{d}y - \int_{\pi}^0\pi\mathrm{e}^{-\sin x}\mathrm{d}x = \pi\int_0^{\pi}(\mathrm{e}^{\sin x} + \mathrm{e}^{-\sin x})\mathrm{d}x,$$

$$\oint_L x\mathrm{e}^{-\sin y}\mathrm{d}y - y\mathrm{e}^{\sin x}\mathrm{d}x = \int_0^{\pi}\pi\mathrm{e}^{-\sin y}\mathrm{d}y - \int_{\pi}^0\pi\mathrm{e}^{\sin x}\mathrm{d}x = \pi\int_0^{\pi}(\mathrm{e}^{\sin x} + \mathrm{e}^{-\sin x})\mathrm{d}x,$$

所以

$$\oint_L x\mathrm{e}^{\sin y}\mathrm{d}y - y\mathrm{e}^{-\sin x}\mathrm{d}x = \oint_L x\mathrm{e}^{-\sin y}\mathrm{d}y - y\mathrm{e}^{\sin x}\mathrm{d}x。$$

（2）因为 $e^{\sin x} + e^{-\sin x} \geqslant 2 + \sin^2 x$，所以

$$\oint_L x e^{\sin y} \,dy - y e^{-\sin x} \,dx = \pi \int_0^\pi (e^{\sin x} + e^{-\sin x}) \,dx \geqslant \frac{5}{2}\pi^2 .$$

【证 2】（1）根据格林公式，将曲线积分化为区域 D 上的二重积分

$$\oint_L x e^{\sin y} \,dy - y e^{-\sin x} \,dx = \iint\limits_D (e^{\sin y} + e^{-\sin x}) \,dx \,dy ,$$

$$\oint_L x e^{-\sin y} \,dy - y e^{\sin x} \,dx = \iint\limits_D (e^{-\sin y} + e^{\sin x}) \,dx \,dy ,$$

因为区域 D 关于 $y = x$ 对称，所以

$$\iint\limits_D (e^{\sin y} + e^{-\sin x}) \,dx \,dy = \iint\limits_D (e^{-\sin y} + e^{\sin x}) \,dx \,dy ,$$

故

$$\oint_L x e^{\sin y} \,dy - y e^{-\sin x} \,dx = \oint_L x e^{-\sin y} \,dy - y e^{\sin x} \,dx .$$

（2）因为 $e^t + e^{-t} = 2\sum_{n=0}^{\infty} \dfrac{t^{2n}}{(2n)!} \geqslant 2 + t^2$，所以

$$\oint_L x e^{\sin y} \,dy - y e^{-\sin x} \,dx = \iint\limits_D (e^{\sin y} + e^{-\sin x}) \,dx \,dy = \iint\limits_D (e^{\sin x} + e^{-\sin x}) \,dx \,dy \geqslant \frac{5}{2}\pi^2 .$$

例 10.10 设 $I_a(r) = \displaystyle\int_C \frac{y \,dx - x \,dy}{(x^2 + y^2)^a}$，其中 a 为常数，曲线 C 为椭圆 $x^2 + xy + y^2 = r^2$，取正向，求极限 $\lim\limits_{r \to +\infty} I_a(r)$。

【解】 作正交变换 $x = \dfrac{u-v}{\sqrt{2}}$，$y = \dfrac{u+v}{\sqrt{2}}$，则曲线 C 变为 uOv 平面上的曲线 $\Gamma: \dfrac{3}{2}u^2 + \dfrac{1}{2}v^2 = r^2$，也取正向，且有 $x^2 + y^2 = u^2 + v^2$，$y \,dx - x \,dy = v \,du - u \,dv$，因此

$$I_a(r) = \int_C \frac{v \,du - u \,dv}{(u^2 + v^2)^a} .$$

令 $u = \sqrt{\dfrac{2}{3}} r\cos\theta$，$v = \sqrt{2} r\sin\theta$，$\theta: 0 \to 2\pi$，则 $v \,du - u \,dv = -\dfrac{2}{\sqrt{3}} r^2 \,d\theta$，从而

$$I_a(r) = \int_C \frac{v \,du - u \,dv}{(u^2 + v^2)^a} = -\frac{2}{\sqrt{3}} r^{2(1-a)} \int_0^{2\pi} \frac{d\theta}{\left(\dfrac{2}{3}\cos^2\theta + 2\sin^2\theta\right)^a} = -\frac{2}{\sqrt{3}} r^{2(1-a)} J_a ,$$

其中 $J_a = \displaystyle\int_0^{2\pi} \frac{d\theta}{\left(\dfrac{2}{3}\cos^2\theta + 2\sin^2\theta\right)^a}$，$0 < J_a < +\infty$。

当 $a > 1$ 时，$\lim\limits_{r \to +\infty} I_a(r) = -\dfrac{2}{\sqrt{3}} J_a \lim\limits_{r \to +\infty} r^{2(1-a)} = 0$；

当 $a < 1$ 时，$\lim\limits_{r \to +\infty} I_a(r) = -\dfrac{2}{\sqrt{3}} J_a \lim\limits_{r \to +\infty} r^{2(1-a)} = -\infty$；

当 $a = 1$ 时，

$$J_1 = \int_0^{2\pi} \frac{\mathrm{d}\theta}{\frac{2}{3}\cos^2\theta + 2\sin^2\theta} = 4\int_0^{\frac{\pi}{2}} \frac{\mathrm{d}\tan\theta}{\frac{2}{3} + 2\tan^2\theta} = \frac{6}{\sqrt{3}}\int_0^{\frac{\pi}{2}} \frac{\mathrm{d}(\sqrt{3}\tan\theta)}{1 + (\sqrt{3}\tan\theta)^2} = \frac{6}{\sqrt{3}} \times \frac{\pi}{2} = \sqrt{3}\,\pi,$$

因此

$$\lim_{r \to +\infty} I_a(r) = -\frac{2}{\sqrt{3}} \times \sqrt{3}\,\pi = -2\pi_\circ$$

例 10.11　设 D 是平面上光滑闭曲线 C 所围成的有界闭区域,函数 $u = u(x,y)$ 在 D 上有直到二阶的连续偏导数,证明 $\iint\limits_D \left(\left(\frac{\partial u}{\partial x}\right)^2 + \left(\frac{\partial u}{\partial y}\right)^2 \right) \mathrm{d}x\,\mathrm{d}y = -\iint\limits_D u\left(\frac{\partial^2 u}{\partial x^2} + \frac{\partial^2 u}{\partial y^2}\right) \mathrm{d}x\,\mathrm{d}y +$ $\oint_C u\frac{\partial u}{\partial \boldsymbol{n}}\mathrm{d}s$,其中 $\frac{\partial u}{\partial \boldsymbol{n}}$ 为沿闭曲线 C 的外法线方向的方向导数。

【证】　记曲线 C 上点 (x,y) 处的单位切向量为 $\boldsymbol{T} = (\cos\alpha, \cos\beta)$,则 $\boldsymbol{n} = (\cos\beta, -\cos\alpha)$,

$$\oint_C u\frac{\partial u}{\partial \boldsymbol{n}}\mathrm{d}s = \oint_C u\left(\frac{\partial u}{\partial x}\cos\beta - \frac{\partial u}{\partial y}\cos\alpha\right)\mathrm{d}s = \oint_C \left(-u\frac{\partial u}{\partial y}\right)\mathrm{d}x + u\frac{\partial u}{\partial x}\mathrm{d}y,$$

记 $P = -u\frac{\partial u}{\partial y}, Q = u\frac{\partial u}{\partial x}$,由格林公式得

$$\oint_C u\frac{\partial u}{\partial \boldsymbol{n}}\mathrm{d}s = \iint\limits_D \left(\frac{\partial}{\partial x}\left(u\frac{\partial u}{\partial x}\right) + \frac{\partial}{\partial y}\left(u\frac{\partial u}{\partial y}\right) \right)\mathrm{d}x\,\mathrm{d}y$$

$$= \iint\limits_D \left(u\frac{\partial^2 u}{\partial x^2} + \left(\frac{\partial u}{\partial x}\right)^2 + u\frac{\partial^2 u}{\partial y^2} + \left(\frac{\partial u}{\partial y}\right)^2 \right)\mathrm{d}x\,\mathrm{d}y$$

$$= \iint\limits_D \left(u\frac{\partial^2 u}{\partial x^2} + \frac{\partial^2 u}{\partial y^2} \right)\mathrm{d}x\,\mathrm{d}y + \iint\limits_D \left(\left(\frac{\partial u}{\partial x}\right)^2 + \left(\frac{\partial u}{\partial y}\right)^2 \right)\mathrm{d}x\,\mathrm{d}y_\circ$$

所以

$$\iint\limits_D \left(\left(\frac{\partial u}{\partial x}\right)^2 + \left(\frac{\partial u}{\partial y}\right)^2 \right)\mathrm{d}x\,\mathrm{d}y = -\iint\limits_D u\left(\frac{\partial^2 u}{\partial x^2} + \frac{\partial^2 u}{\partial y^2}\right)\mathrm{d}x\,\mathrm{d}y + \oint_C u\frac{\partial u}{\partial \boldsymbol{n}}\mathrm{d}s_\circ$$

例 10.12　设函数 $u(x,y)$ 在有界闭区域 D 上有二阶连续偏导数,且满足 $\frac{\partial^2 u}{\partial x^2} + \frac{\partial^2 u}{\partial y^2} = 0$, $(x,y) \in D$。记 D 的边界为 ∂D,∂D 的外法线向量为 $\boldsymbol{n}$。若当 $(x,y) \in \partial D$ 时,$u(x,y) = A$。

(1) 求曲线积分 $\oint_{\partial D} u\frac{\partial u}{\partial \boldsymbol{n}}\mathrm{d}s$ 的值;

(2) 证明 $u(x,y) = A$,$(x,y) \in D$。

【证】　(1) 因为 $u(x,y) = A$,$(x,y) \in \partial D$,则

$$\oint_{\partial D} u\frac{\partial u}{\partial \boldsymbol{n}}\mathrm{d}s = A\oint_{\partial D} \frac{\partial u}{\partial \boldsymbol{n}}\mathrm{d}s = A\oint_{\partial D} \left(\frac{\partial u}{\partial x}, \frac{\partial u}{\partial y}\right) \cdot \boldsymbol{n}^0\,\mathrm{d}s = A\iint\limits_D \left(\frac{\partial^2 u}{\partial x^2} + \frac{\partial^2 u}{\partial y^2}\right)\mathrm{d}\sigma = 0_\circ$$

(2) 由流量格林公式知

$$\oint_{\partial D} u\frac{\partial u}{\partial \boldsymbol{n}}\mathrm{d}s = \oint_{\partial D} \left(u\frac{\partial u}{\partial x}, u\frac{\partial u}{\partial y}\right) \cdot \boldsymbol{n}^0\,\mathrm{d}s = \iint\limits_D \left(u\left(\frac{\partial^2 u}{\partial x^2} + \frac{\partial^2 u}{\partial y^2}\right) + \left(\frac{\partial u}{\partial x}\right)^2 + \left(\frac{\partial u}{\partial y}\right)^2 \right)\mathrm{d}\sigma,$$

因为 $\dfrac{\partial^2 u}{\partial x^2}+\dfrac{\partial^2 u}{\partial y^2}=0,(x,y)\in D,\oint_{\partial D}u\dfrac{\partial u}{\partial \boldsymbol{n}}\mathrm{d}s=0$,所以

$$\oint_{\partial D}u\dfrac{\partial u}{\partial \boldsymbol{n}}\mathrm{d}s=\iint_D\left(\left(\dfrac{\partial u}{\partial x}\right)^2+\left(\dfrac{\partial u}{\partial y}\right)^2\right)\mathrm{d}\sigma=0,$$

从而 $\left(\dfrac{\partial u}{\partial x}\right)^2+\left(\dfrac{\partial u}{\partial y}\right)^2=0$,则 $\dfrac{\partial u}{\partial x}=0,\dfrac{\partial u}{\partial y}=0$,因此 $u(x,y)=$ 常数,$(x,y)\in D$。

又因当 $(x,y)\in\partial D$ 时,$u(x,y)=A$,又由连续性知,$u(x,y)=A,(x,y)\in D$。

二、曲面积分的计算与证明

例 10.13 计算 $\oiint_{\Sigma}(x^2+2y^2+3z^2)\mathrm{d}S$,其中 $\Sigma:x^2+y^2+z^2=2y$。

【解 1】 从曲面方程 $\Sigma:x^2+(y-1)^2+z^2=1$ 中看出,x 与 z 地位对等,且曲面 Σ 关于平面 $y=1$ 是对称的,故有

$$\oiint_{\Sigma}x^2\mathrm{d}S=\oiint_{\Sigma}z^2\mathrm{d}S,\quad \oiint_{\Sigma}(y-1)\mathrm{d}S=0。$$

所以

$$I=2\oiint_{\Sigma}(x^2+y^2+z^2)\mathrm{d}S=4\oiint_{\Sigma}y\mathrm{d}S=4\oiint_{\Sigma}((y-1)+1)\mathrm{d}S=4\oiint_{\Sigma}\mathrm{d}S=16\pi。$$

【注】 利用物理意义可得 $\oiint_{\Sigma}y\mathrm{d}S=\bar{y}\cdot\oiint_{\Sigma}\mathrm{d}S$,其中 $(\bar{x},\bar{y},\bar{z})=(0,1,0)$ 为曲面的质心。

【解 2】 曲面 $\Sigma:x^2+(y-1)^2+z^2=1$ 的外法线单位向量为 $\boldsymbol{n}^0=(x,y-1,z)$,将第一型曲面积分化为第二型曲面积分,得

$$I_1=\oiint_{\Sigma}(x,2(y+1),3z)\cdot\boldsymbol{n}^0\mathrm{d}S=\oiint_{\Sigma}(x^2+2y^2+3z^2-2)\mathrm{d}S$$
$$=I-2\oiint_{\Sigma}\mathrm{d}S=I-2\times 4\pi=I-8\pi。$$

又由高斯公式知

$$I_1=\oiint_{\Sigma_{外侧}}x\mathrm{d}y\mathrm{d}z+2(y+1)\mathrm{d}z\mathrm{d}x+3z\mathrm{d}x\mathrm{d}y=\iiint_{\Omega}(1+2+3)\mathrm{d}V=6\times\dfrac{4}{3}\pi=8\pi,$$

其中 Ω 是由曲面 Σ 所围成的球体 $x^2+(y-1)^2+z^2\leqslant 1$。所以

$$I=I_1+8\pi=16\pi。$$

【解 3】 将曲面 Σ 分成上下两个半球面,上半球面的方程为

$$\Sigma_1:z=\sqrt{2y-x^2-y^2},\quad (x,y)\in D_{xy}:x^2+y^2\leqslant 2y。$$

且

$$\mathrm{d}S=\sqrt{1+\left(\dfrac{\partial z}{\partial x}\right)^2+\left(\dfrac{\partial z}{\partial y}\right)^2}\mathrm{d}\sigma=\dfrac{1}{\sqrt{2y-x^2-y^2}}\mathrm{d}\sigma。$$

因为被积函数 $f(x,y,z)=x^2+2y^2+3z^2$ 是关于 z 的偶函数,曲面 Σ 关于 xOy 面对称,那么

$$I = 2\iint\limits_{\Sigma_1} (x^2 + 2y^2 + 3z^2)\,\mathrm{d}S = 2\iint\limits_{\Sigma_1} (6y - 2x^2 - y^2)\,\mathrm{d}S = 2\iint\limits_{D_{xy}} \frac{6y - 2x^2 - y^2}{\sqrt{2y - x^2 - y^2}}\,\mathrm{d}\sigma。$$

作变换 $x = r\cos\theta,\ y = 1 + r\sin\theta$，得

$$I = 2\int_0^{2\pi}\mathrm{d}\theta \int_0^1 \frac{5 + 4r\sin\theta - r^2 - r^2\sin^2\theta}{\sqrt{1 - r^2}} r\,\mathrm{d}r = 2\pi\int_0^1 \frac{10r - 3r^3}{\sqrt{1 - r^2}}\,\mathrm{d}r。$$

其中 $\int_0^{2\pi}\sin\theta\,\mathrm{d}\theta = 0,\ \int_0^{2\pi}\sin^2\theta\,\mathrm{d}\theta = \pi$。在上式右端积分中，再令 $r = \sin t$，得

$$I = 2\pi\int_0^{\frac{\pi}{2}} (10\sin t - 3\sin^3 t)\,\mathrm{d}t = 2\pi\left(10 - 3\times\frac{2}{3}\right) = 16\pi。$$

例 10.14　计算 $\iint\limits_{\Sigma} z\,\mathrm{d}S$，其中 Σ 为曲面 $x^2 + z^2 = 2az\ (a > 0)$ 被圆锥面 $z = \sqrt{x^2 + y^2}$ 所割的部分。

【解 1】　由方程组 $\begin{cases} x^2 + (z-a)^2 = a^2 \\ z = \sqrt{x^2 + y^2} \end{cases}$，消去 z 得交线在 xOy 面上的投影柱面方程为

$$(a + \sqrt{a^2 - x^2})^2 = x^2 + y^2, \quad \text{即} \quad y^2 = 2(a^2 - x^2) + 2a\sqrt{a^2 - x^2},$$

且

$$\mathrm{d}S = \sqrt{1 + \left(\frac{\partial z}{\partial x}\right)^2 + \left(\frac{\partial z}{\partial y}\right)^2}\,\mathrm{d}x\,\mathrm{d}y = \sqrt{1 + \frac{x^2}{(z-a)^2}}\,\mathrm{d}x\,\mathrm{d}y = \frac{a}{\sqrt{a^2 - x^2}}\,\mathrm{d}x\,\mathrm{d}y,$$

由对称性知，所求积分等于沿曲面 Σ 在第一卦限部分的积分的 4 倍，因此

$$\iint\limits_{\Sigma} z\,\mathrm{d}S = 4\int_0^a \mathrm{d}x \int_0^{\sqrt{2(a^2 - x^2) + 2a\sqrt{a^2 - x^2}}} (a + \sqrt{a^2 - x^2})\frac{a\,\mathrm{d}y}{\sqrt{a^2 - x^2}}$$

$$= 4a\int_0^a \sqrt{2(a^2 - x^2) + 2a\sqrt{a^2 - x^2}}\,(a + \sqrt{a^2 - x^2})\frac{\mathrm{d}x}{\sqrt{a^2 - x^2}}$$

$$\xlongequal{x = a\sin t} 4a^3\int_0^{\frac{\pi}{2}} \sqrt{2}\sqrt{\cos^2 t + \cos t}\,(1 + \cos t)\,\mathrm{d}t$$

$$= 4\sqrt{2}a^3\int_0^{\frac{\pi}{2}} \sqrt{\cos t}\cdot(1 + \cos t)^{\frac{3}{2}}\,\mathrm{d}t = 16a^3\int_0^{\frac{\pi}{2}} \cos^3\frac{t}{2}\sqrt{1 - 2\sin^2\frac{t}{2}}\,\mathrm{d}t$$

$$= 32a^3\int_0^{\frac{\pi}{2}} \cos^2\frac{t}{2}\sqrt{1 - 2\sin^2\frac{t}{2}}\,\mathrm{d}\left(\sin\frac{t}{2}\right) \xlongequal{u = \sin\frac{t}{2}} 32a^3\int_0^{\frac{1}{\sqrt{2}}} (1 - u^2)\sqrt{1 - 2u^2}\,\mathrm{d}u$$

$$= 32\sqrt{2}a^3\left(\frac{1}{2}\int_0^{\frac{1}{\sqrt{2}}}\left(\frac{1}{2} - u^2\right)^{\frac{1}{2}}\mathrm{d}u + \int_0^{\frac{1}{\sqrt{2}}}\left(\frac{1}{2} - u^2\right)^{\frac{3}{2}}\mathrm{d}u\right),$$

因为

$$\int_0^r \sqrt{r^2 - u^2}\,\mathrm{d}u = \frac{\pi r^2}{4}, \quad \int_0^r (r^2 - u^2)^{\frac{3}{2}}\,\mathrm{d}u = \int_0^{\frac{\pi}{2}} r^4\cos^4\theta\,\mathrm{d}\theta = \frac{3\pi r^4}{16},$$

所以

$$\iint\limits_{\Sigma} z\,\mathrm{d}S = 32\sqrt{2}a^3\left(\frac{\pi}{16} + \frac{3\pi}{64}\right) = \frac{7\sqrt{2}}{2}\pi a^3。$$

【解 2】 用柱面坐标 $x = a\sin\theta, y = y, z = a + a\cos\theta$，则 $\mathrm{d}S = a\,\mathrm{d}\theta\,\mathrm{d}y$，投影区域为

$$-\frac{\pi}{2} \leqslant \theta \leqslant \frac{\pi}{2}, \quad -\sqrt{2a^2\cos\theta(1+\cos\theta)} \leqslant y \leqslant \sqrt{2a^2\cos\theta(1+\cos\theta)},$$

则

$$\iint_{\Sigma} z\,\mathrm{d}S = \int_{-\frac{\pi}{2}}^{\frac{\pi}{2}} \mathrm{d}\theta \int_{-\sqrt{2a^2\cos\theta(1+\cos\theta)}}^{\sqrt{2a^2\cos\theta(1+\cos\theta)}} (a + a\cos\theta)a\,\mathrm{d}y$$

$$= \int_{-\frac{\pi}{2}}^{\frac{\pi}{2}} 2a(a + a\cos\theta)\sqrt{2a^2\cos\theta(1+\cos\theta)}\,\mathrm{d}\theta$$

$$= 4\sqrt{2}a^3 \int_0^{\frac{\pi}{2}} (1+\cos\theta)\sqrt{\cos\theta(1+\cos\theta)}\,\mathrm{d}\theta$$

$$= -4\sqrt{2}a^3 \int_0^{\frac{\pi}{2}} \frac{(1+\cos\theta)\sqrt{\cos\theta(1+\cos\theta)}}{\sin\theta}\,\mathrm{d}(\cos\theta)$$

$$= -4\sqrt{2}a^3 \int_0^{\frac{\pi}{2}} \frac{(1+\cos\theta)\sqrt{\cos\theta}}{\sqrt{1-\cos\theta}}\,\mathrm{d}(\cos\theta)$$

$$= -4\sqrt{2}a^3 \int_0^{\frac{\pi}{2}} \frac{(1+\cos\theta)\sqrt{\cos\theta}}{\sqrt{1-\cos\theta}}\,\mathrm{d}(\cos\theta)$$

$$\xlongequal{\cos\theta = \sin^2 u} 4\sqrt{2}a^3 \int_0^{\frac{\pi}{2}} \frac{(1+\sin^2 u)\sqrt{\sin^2 u}}{\sqrt{1-\sin^2 u}}\,\mathrm{d}(\sin^2 u)$$

$$= 8\sqrt{2}a^3 \int_0^{\frac{\pi}{2}} (\sin^2 u + \sin^4 u)\,\mathrm{d}\theta = 8\sqrt{2}a^3 \left(\frac{1}{2}\times\frac{\pi}{2} + \frac{3}{4}\times\frac{1}{2}\times\frac{\pi}{2}\right) = \frac{7}{2}\sqrt{2}\pi a^3 \text{。}$$

例 10.15 设 $f(x,y,z) = \begin{cases} 1-x^2-y^2-z^2, & x^2+y^2+z^2 \leqslant 1, \\ 0, & x^2+y^2+z^2 > 1, \end{cases}$ 计算曲面积分

$$\iint_{x+y+z=1} f(x,y,z)\,\mathrm{d}S \text{。}$$

【解 1】 因为

$$\iint_{x+y+z=1} f(x,y,z)\,\mathrm{d}S = \sqrt{3}\iint_D (1-x^2-y^2-(1-x-y)^2)\,\mathrm{d}x\,\mathrm{d}y,$$

其中 $D: x^2+y^2+xy = x+y$，所以

$$\iint_{x+y+z=1} f(x,y,z)\,\mathrm{d}S = 2\sqrt{3}\int_{-\frac{\pi}{4}}^{\frac{3\pi}{4}} \mathrm{d}\theta \int_0^{\frac{\sin\theta+\cos\theta}{1+\sin\theta\cos\theta}} (r(\cos\theta+\sin\theta) - r^2(1+\sin\theta\cos\theta))r\,\mathrm{d}r$$

$$= \frac{\sqrt{3}}{6}\int_{-\frac{\pi}{4}}^{\frac{3\pi}{4}} \frac{(\sin\theta+\cos\theta)^4}{(1+\sin\theta\cos\theta)^3}\,\mathrm{d}\theta = \frac{4\sqrt{3}}{3}\int_{-\frac{\pi}{4}}^{\frac{3\pi}{4}} \frac{(1+\sin2\theta)^2}{(2+\sin2\theta)^3}\,\mathrm{d}\theta$$

$$= \frac{4\sqrt{3}}{3}\int_{-\frac{\pi}{4}}^{\frac{3\pi}{4}} \frac{\left(1+\sin2\left(x-\frac{\pi}{4}\right)\right)^2}{\left(2+\sin2\left(x-\frac{\pi}{4}\right)\right)^3}\,\mathrm{d}x = \frac{4\sqrt{3}}{3}\int_0^{\pi} \frac{(1-\cos2x)^2}{(2-\cos2x)^3}\,\mathrm{d}x,$$

而

$$\int_0^\pi \frac{(1-\cos 2x)^2}{(2-\cos 2x)^3}\,\mathrm{d}x = \int_0^\pi \frac{4\sin^4 x}{(1+2\sin^2 x)^3}\,\mathrm{d}x = 2\int_0^{\frac{\pi}{2}} \frac{4\sin^4 x}{(3\sin^2 x+\cos^2 x)^3}\,\mathrm{d}x$$

$$= 8\int_0^{\frac{\pi}{2}} \frac{\mathrm{d}x}{\sin x^2(3+\cot^2 x)^3} = -8\int_0^{\frac{\pi}{2}} \frac{\mathrm{d}\cot x}{(3+\cot^2 x)^3} = 8\int_0^{+\infty} \frac{\mathrm{d}x}{(3+x^2)^3}$$

$$= \frac{8\sqrt{3}}{27}\int_0^{+\infty} \frac{\mathrm{d}x}{(1+x^2)^3} = \frac{8\sqrt{3}}{27}\int_0^{\frac{\pi}{2}} \cos^4 x\,\mathrm{d}x$$

$$= \frac{2\sqrt{3}}{27}\int_0^{\frac{\pi}{2}} (1+\cos 2x)^2\,\mathrm{d}x = \frac{\sqrt{3}}{18}\pi,$$

故

$$\iint\limits_{x+y+z=1} f(x,y,z)\,\mathrm{d}S = \frac{4\sqrt{3}}{3}\times\frac{\sqrt{3}}{18}\pi = \frac{2}{9}\pi.$$

【解 2】 作正交变换 $\begin{bmatrix} X \\ Y \\ Z \end{bmatrix} = \begin{bmatrix} \dfrac{\sqrt{3}}{3} & \dfrac{\sqrt{3}}{3} & \dfrac{\sqrt{3}}{3} \\ \dfrac{\sqrt{6}}{3} & -\dfrac{\sqrt{6}}{6} & -\dfrac{\sqrt{6}}{6} \\ 0 & \dfrac{\sqrt{2}}{2} & -\dfrac{\sqrt{2}}{2} \end{bmatrix}\begin{bmatrix} x \\ y \\ z \end{bmatrix}$，则

$$x^2+y^2+z^2 = X^2+Y^2+Z^2, \quad x+y+z = \sqrt{3}\,X,$$

所以

$$\iint\limits_{x+y+z=1} f(x,y,z)\,\mathrm{d}S = \iint\limits_{X=\frac{\sqrt{3}}{3}(X^2+Y^2+Z^2\leqslant 1)} (1-X^2-Y^2-Z^2)\,\mathrm{d}S$$

$$= \iint\limits_{Y^2+Z^2\leqslant\frac{2}{3}} \left(1-\frac{1}{3}-Y^2-Z^2\right)\mathrm{d}Y\mathrm{d}Z$$

$$= \int_0^{2\pi}\mathrm{d}\theta\int_0^{\frac{\sqrt{6}}{3}} \left(\frac{2}{3}-r^2\right)r\,\mathrm{d}r = \frac{2\pi}{9}.$$

例 10.16 计算 $I = \oiint\limits_{\Sigma} \dfrac{2\mathrm{d}y\mathrm{d}z}{x\cos^2 x} + \dfrac{\mathrm{d}z\mathrm{d}x}{\cos^2 y} - \dfrac{\mathrm{d}x\mathrm{d}y}{z\cos^2 z}$，其中 Σ 为球面 $x^2+y^2+z^2=1$ 的外侧。

【解 1】 由轮换对称性，知

$$I = \oiint\limits_{\Sigma} \left(\frac{2}{z\cos^2 z} + \frac{1}{\cos^2 z} - \frac{1}{z\cos^2 z}\right)\mathrm{d}x\mathrm{d}y = \oiint\limits_{\Sigma} \left(\frac{1}{z\cos^2 z} + \frac{1}{\cos^2 z}\right)\mathrm{d}x\mathrm{d}y.$$

再由对称性知

$$\oiint\limits_{\Sigma} \frac{1}{\cos^2 z}\mathrm{d}x\mathrm{d}y = 0, \quad \oiint\limits_{\Sigma} \frac{1}{z\cos^2 z}\mathrm{d}x\mathrm{d}y = 2\iint\limits_{\Sigma_1} \frac{1}{z\cos^2 z}\mathrm{d}x\mathrm{d}y,$$

其中 Σ_1 为半球面 $z=\sqrt{1-x^2-y^2}$ 的上侧，则

$$I = 2\iint\limits_{D_{xy}} \frac{\mathrm{d}x\mathrm{d}y}{\sqrt{1-x^2-y^2}\cos^2\sqrt{1-x^2-y^2}} = 2\int_0^{2\pi}\mathrm{d}\theta\int_0^1 \frac{r\,\mathrm{d}r}{\sqrt{1-r^2}\cos^2\sqrt{1-r^2}}$$

$$=4\pi\int_0^1 \frac{-\mathrm{d}\sqrt{1-r^2}}{\cos^2\sqrt{1-r^2}}=4\pi\sqrt{1-r^2}\Big|_0^1=4\pi\tan 1。$$

【解 2】 球面 $\Sigma: x^2+y^2+z^2=1$ 的外侧单位法向量为 $\boldsymbol{n}^0=(x,y,z)$，将对坐标的曲面积分化为对面积的曲面积分，得

$$I=\oiint\limits_{\Sigma}\left(\frac{2}{x\cos^2 x},\frac{1}{\cos^2 y},-\frac{1}{z\cos^2 z}\right)\cdot(x,y,z)\mathrm{d}S=\oiint\limits_{\Sigma}\left(\frac{2}{\cos^2 x}+\frac{y}{\cos^2 y}-\frac{1}{\cos^2 z}\right)\mathrm{d}S,$$

由对称性知

$$\oiint\limits_{\Sigma}\frac{y}{\cos^2 y}\mathrm{d}S=0,\quad \oiint\limits_{\Sigma}\frac{\mathrm{d}S}{\cos^2 x}=\oiint\limits_{\Sigma}\frac{\mathrm{d}S}{\cos^2 z},$$

故

$$I=\oiint\limits_{\Sigma}\frac{1}{\cos^2 z}\mathrm{d}S=2\iint\limits_{D_{xy}:x^2+y^2\leqslant 1}\frac{1}{\cos^2\sqrt{1-x^2-y^2}}\cdot\frac{1}{\sqrt{1-x^2-y^2}}\mathrm{d}x\mathrm{d}y=4\pi\tan 1。$$

例 10.17 计算 $\displaystyle\iint\limits_{\Sigma}\left(\frac{\mathrm{d}y\mathrm{d}z}{x}+\frac{\mathrm{d}z\mathrm{d}x}{y}+\frac{\mathrm{d}x\mathrm{d}y}{z}\right)$，其中 Σ 是椭球面 $\dfrac{x^2}{a^2}+\dfrac{y^2}{b^2}+\dfrac{z^2}{c^2}=1$ 的外侧。

【解 1】 椭球面 Σ 上点 $P(x,y,z)$ 处的法向量为 $\left(\dfrac{x}{a^2},\dfrac{y}{b^2},\dfrac{z}{c^2}\right)$，并记 $\rho=\sqrt{\dfrac{x^2}{a^4}+\dfrac{y^2}{b^4}+\dfrac{z^2}{c^4}}$，则法向量的方向余弦为

$$\cos\alpha=\frac{x}{a^2}\cdot\frac{1}{\rho},\quad \cos\beta=\frac{y}{b^2}\cdot\frac{1}{\rho},\quad \cos\gamma=\frac{z}{c^2}\cdot\frac{1}{\rho},$$

于是

$$\iint\limits_{\Sigma}\left(\frac{\mathrm{d}y\mathrm{d}z}{x}+\frac{\mathrm{d}z\mathrm{d}x}{y}+\frac{\mathrm{d}x\mathrm{d}y}{z}\right)=\iint\limits_{\Sigma}\left(\frac{\cos\alpha}{x}+\frac{\cos\beta}{y}+\frac{\cos\gamma}{z}\right)\mathrm{d}S$$

$$=\iint\limits_{\Sigma}\left(\frac{1}{a^2}+\frac{1}{b^2}+\frac{1}{c^2}\right)\frac{1}{\rho}\mathrm{d}S=\left(\frac{1}{a^2}+\frac{1}{b^2}+\frac{1}{c^2}\right)\iint\limits_{\Sigma}\frac{\mathrm{d}S}{\rho},$$

记 Σ_1 为上半椭球面，由对称性知

$$\iint\limits_{\Sigma}\frac{\mathrm{d}S}{\rho}=2\iint\limits_{\Sigma_1}\frac{\mathrm{d}S}{\rho}=2\iint\limits_{\Sigma_1}\frac{1}{\rho}\frac{1}{\cos\gamma}\mathrm{d}x\mathrm{d}y=2\iint\limits_{\Sigma_1}\frac{c^2}{z}\mathrm{d}x\mathrm{d}y=2\iint\limits_{D}\frac{c}{\sqrt{1-\left(\dfrac{x^2}{a^2}+\dfrac{y^2}{b^2}\right)}}\mathrm{d}x\mathrm{d}y,$$

其中 $D:\dfrac{x^2}{a^2}+\dfrac{y^2}{b^2}\leqslant 1$，令 $x=br\sin\theta,y=br\sin\theta$，作变量替换，则

$$\iint\limits_{\Sigma}\frac{\mathrm{d}S}{\rho}=2\iint\limits_{D}\frac{abcr}{\sqrt{1-r^2}}\mathrm{d}r\mathrm{d}\theta=2\int_0^{2\pi}\mathrm{d}\theta\int_0^1\frac{abcr}{\sqrt{1-r^2}}\mathrm{d}r=4\pi abc,$$

从而

$$\iint\limits_{\Sigma}\left(\frac{\mathrm{d}y\mathrm{d}z}{x}+\frac{\mathrm{d}z\mathrm{d}x}{y}+\frac{\mathrm{d}x\mathrm{d}y}{z}\right)=4\pi abc\left(\frac{1}{a^2}+\frac{1}{b^2}+\frac{1}{c^2}\right)。$$

【解 2】 将椭球面 Σ 化为参数方程

$$x=a\sin\varphi\cos\theta,\quad y=b\sin\varphi\sin\theta,\quad z=c\cos\varphi,$$

其中 $D = \{(\varphi,\theta) \mid 0 \leqslant \varphi \leqslant \pi, 0 \leqslant \theta \leqslant 2\pi\}$，令 $\boldsymbol{r} = (x,y,z)$，由计算可验证法向 $\boldsymbol{r}_\varphi \times \boldsymbol{r}_\theta$ 与正侧指向一致，故

$$\iint\limits_{\Sigma} \left(\frac{\mathrm{d}y\,\mathrm{d}z}{x} + \frac{\mathrm{d}z\,\mathrm{d}x}{y} + \frac{\mathrm{d}x\,\mathrm{d}y}{z} \right)$$

$$= \iint\limits_{D} \left(\frac{1}{x(\varphi,\theta)} \frac{\partial(y,z)}{\partial(\varphi,\theta)} + \frac{1}{y(\varphi,\theta)} \frac{\partial(z,x)}{\partial(\varphi,\theta)} + \frac{1}{z(\varphi,\theta)} \frac{\partial(x,y)}{\partial(\varphi,\theta)} \right) \mathrm{d}\varphi\,\mathrm{d}\theta$$

$$= \iint\limits_{D} \left(\frac{bc\sin^2\varphi\cos\theta}{a\sin\varphi\cos\theta} + \frac{ac\sin^2\varphi\sin\theta}{b\sin\varphi\sin\theta} + \frac{ab\sin^2\varphi\cos\varphi}{c\cos\varphi} \right) \mathrm{d}\varphi\,\mathrm{d}\theta$$

$$= \left(\frac{bc}{a} + \frac{ac}{b} + \frac{ab}{c} \right) \int_0^{2\pi} \mathrm{d}\theta \int_0^{\pi} \sin\varphi\,\mathrm{d}\varphi = 4\pi abc \left(\frac{1}{a^2} + \frac{1}{b^2} + \frac{1}{c^2} \right).$$

例 10.18　计算曲面积分 $\displaystyle\iint\limits_{\Sigma} \frac{ax\,\mathrm{d}y\,\mathrm{d}z + (z+a)^2\,\mathrm{d}x\,\mathrm{d}y}{\sqrt{x^2+y^2+z^2}}$，其中 Σ 为下半球面 $z = -\sqrt{a^2-y^2-x^2}$ 的上侧，a 为大于 0 的常数。

【解 1】　将 Σ（或分片后）投影到相应坐标平面上化为二重积分逐块计算。

$$I_1 = \frac{1}{a} \iint\limits_{\Sigma} ax\,\mathrm{d}y\,\mathrm{d}z = -2 \iint\limits_{D_{yz}} \sqrt{a^2-(y^2+z^2)}\,\mathrm{d}y\,\mathrm{d}z$$

其中 D_{yz} 为 yOz 平面上的半圆 $y^2+z^2 \leqslant a^2$，$z \leqslant 0$。利用极坐标得

$$I_1 = -2 \int_\pi^{2\pi} \mathrm{d}\theta \int_0^a \sqrt{a^2-r^2}\, r\,\mathrm{d}r = -\frac{2}{3}\pi a^3.$$

$$I_2 = \frac{1}{a} \iint\limits_{\Sigma} (z+a)^2\,\mathrm{d}x\,\mathrm{d}y = \frac{1}{a} \iint\limits_{D_{xy}} (a-\sqrt{a^2-(x^2+y^2)})^2\,\mathrm{d}x\,\mathrm{d}y,$$

其中 D_{xy} 为 xOy 平面上的圆域 $x^2+y^2 \leqslant a^2$。利用极坐标得

$$I_2 = \frac{1}{a} \int_0^{2\pi} \mathrm{d}\theta \int_0^a (2a^2 - 2a\sqrt{a^2-r^2} - r^2)\, r\,\mathrm{d}r = \frac{1}{6}\pi a^3.$$

因此

$$I = I_1 + I_2 = -\frac{1}{2}\pi a^3.$$

【解 2】　因为 $\Sigma: x^2+y^2+z^2 = a^2 (z < 0)$，则

$$\iint\limits_{\Sigma} \frac{ax\,\mathrm{d}y\,\mathrm{d}z + (z+a)^2\,\mathrm{d}x\,\mathrm{d}y}{\sqrt{x^2+y^2+z^2}} = \iint\limits_{\Sigma} x\,\mathrm{d}y\,\mathrm{d}z + \frac{1}{a}(z+a)^2\,\mathrm{d}x\,\mathrm{d}y.$$

补面 $\Sigma_0: z = 0 (x^2+y^2 \leqslant a^2)$（上侧），则

$$\iint\limits_{\Sigma} x\,\mathrm{d}y\,\mathrm{d}z + \frac{1}{a}(z+a)^2\,\mathrm{d}x\,\mathrm{d}y = \oiint\limits_{\Sigma+\Sigma_0^-} x\,\mathrm{d}y\,\mathrm{d}z + \frac{1}{a}(z+a)^2\,\mathrm{d}x\,\mathrm{d}y +$$

$$\iint\limits_{\Sigma_0} x\,\mathrm{d}y\,\mathrm{d}z + \frac{1}{a}(z+a)^2\,\mathrm{d}x\,\mathrm{d}y,$$

而

$$I_1 = \oiint\limits_{\Sigma+\Sigma_0^-} x\,\mathrm{d}y\,\mathrm{d}z + \frac{1}{a}(z+a)^2\,\mathrm{d}x\,\mathrm{d}y = -\iiint\limits_{\Omega} \left(1 + \frac{2}{a}(z+a) \right) \mathrm{d}x\,\mathrm{d}y\,\mathrm{d}z$$

$$= -3\iiint\limits_{\Omega} dx\,dy\,dz - \frac{2}{a}\iiint\limits_{\Omega} z\,dx\,dy\,dz = -3 \times \frac{2}{3}\pi a^3 - \frac{2}{a}\int_{-a}^{0} z\,dz\iint\limits_{D_z} dx\,dy$$

$$= -2\pi a^3 - \frac{2\pi}{u}\int_{-a}^{0} z(a^2 - z^2)dz = -2\pi a^3 + \frac{1}{2}\pi a^3 = -\frac{3}{2}\pi a^3,$$

$$I_2 = \iint\limits_{\Sigma_0} x\,dy\,dz + \frac{1}{a}(z+a)^2\,dx\,dy = \iint\limits_{D_{xy}} a\,dx\,dy = \pi a^3,$$

所以

$$\iint\limits_{\Sigma} \frac{ax\,dy\,dz + (z+a)^2\,dx\,dy}{\sqrt{x^2+y^2+z^2}} = -\frac{3}{2}\pi a^3 + \pi a^3 = -\frac{1}{2}\pi a^3。$$

例 10.19　设 S^+ 是曲面 $1 - \dfrac{z}{7} = \dfrac{(x-2)^2}{25} + \dfrac{(y-1)^2}{16}(z\geqslant 0)$ 的上侧，计算曲面积分

$$I = \iint\limits_{S^+} \frac{x\,dy\,dz + y\,dz\,dx + z\,dx\,dy}{(x^2+y^2+z^2)^{\frac{3}{2}}}。$$

【解】　用 Σ 表示以原点为中心的上半单位球面$(z\geqslant 0)$，显然，Σ 被包围在 S 的内部，Σ 的下侧和上侧分别记为 Σ^- 和 Σ^+，记 S_1 为平面 $z=0$ 上满足

$$\begin{cases} x^2 + y^2 \geqslant 1, \\ \dfrac{(x-2)^2}{25} + \dfrac{(y-1)^2}{16} \leqslant 1 \end{cases}$$

部分的下侧，这样 $S^+ + \Sigma^- + S_1$ 构成一个封闭曲面的外侧，此封闭曲面既不经过也不包围坐标原点，于是

$$I = \iint\limits_{S^+} \frac{x\,dy\,dz + y\,dz\,dx + z\,dx\,dy}{(x^2+y^2+z^2)^{\frac{3}{2}}}$$

$$= \iint\limits_{S^+ + \Sigma^- + S_1} \frac{x\,dy\,dz + y\,dz\,dx + z\,dx\,dy}{(x^2+y^2+z^2)^{\frac{3}{2}}} - \iint\limits_{\Sigma^-} \frac{x\,dy\,dz + y\,dz\,dx + z\,dx\,dy}{(x^2+y^2+z^2)^{\frac{3}{2}}} -$$

$$\iint\limits_{S_1} \frac{x\,dy\,dz + y\,dz\,dx + z\,dx\,dy}{(x^2+y^2+z^2)^{\frac{3}{2}}},$$

其右端第一项，由高斯公式得

$$\iint\limits_{S^+ + \Sigma^- + S_1} \frac{x\,dy\,dz + y\,dz\,dx + z\,dx\,dy}{(x^2+y^2+z^2)^{\frac{3}{2}}}$$

$$= \iiint\limits_{V} \frac{3(x^2+y^2+z^2)^{\frac{3}{2}} - 3(x^2+y^2+z^2)(x^2+y^2+z^2)^{\frac{1}{2}}}{(x^2+y^2+z^2)^3}\,dV = 0,$$

其中 V 是 $S^+ + \Sigma^- + S_1$ 所围区域，而

$$\iint\limits_{S_1} \frac{x\,dy\,dz + y\,dz\,dx + z\,dx\,dy}{(x^2+y^2+z^2)^{\frac{3}{2}}} = 0,$$

所以

$$I = -\iint\limits_{\Sigma^-} \frac{x\,dy\,dz + y\,dz\,dx + z\,dx\,dy}{(x^2+y^2+z^2)^{\frac{3}{2}}} = \iint\limits_{\Sigma^+} x\,dy\,dz + y\,dz\,dx + z\,dx\,dy,$$

再一次利用高斯公式计算。记 σ_1 为平面 $z=0$ 上满足 $x^2+y^2\leqslant 1$ 部分的下侧,则 $\sigma_1+\Sigma^+$ 构成封闭曲面,其所包围区域记为 Ω,则

$$I=\iint\limits_{\Sigma^+}x\,\mathrm{d}y\,\mathrm{d}z+y\,\mathrm{d}z\,\mathrm{d}x+z\,\mathrm{d}x\,\mathrm{d}y$$

$$=\iint\limits_{\Sigma^++\sigma_1}x\,\mathrm{d}y\,\mathrm{d}z+y\,\mathrm{d}z\,\mathrm{d}x+z\,\mathrm{d}x\,\mathrm{d}y-\iint\limits_{\sigma_1}x\,\mathrm{d}y\,\mathrm{d}z+y\,\mathrm{d}z\,\mathrm{d}x+z\,\mathrm{d}x\,\mathrm{d}y。$$

显然

$$\iint\limits_{\sigma_1}x\,\mathrm{d}y\,\mathrm{d}z+y\,\mathrm{d}z\,\mathrm{d}x+z\,\mathrm{d}x\,\mathrm{d}y=0,$$

即

$$I=\iint\limits_{\Sigma^++\sigma_1}x\,\mathrm{d}y\,\mathrm{d}z+y\,\mathrm{d}z\,\mathrm{d}x+z\,\mathrm{d}x\,\mathrm{d}y=3\iiint\limits_{\Omega}\mathrm{d}v=2\pi。$$

例 10.20 设 Σ 是一个光滑封闭曲面,方向指向外侧,给定第二型曲面积分

$$I=\iint\limits_{\Sigma}(x^3-x)\mathrm{d}y\,\mathrm{d}z+(2y^3-y)\mathrm{d}z\,\mathrm{d}x+(3z^3-z)\mathrm{d}x\,\mathrm{d}y,$$

试确定曲面 Σ,使得积分 I 的值最小,并求该最小值。

【解】 记 Σ 围成的体积为 Ω,由高斯公式得

$$I=\iiint\limits_{\Omega}(3x^2+6y^2+9z^2-3)\mathrm{d}x\,\mathrm{d}y\,\mathrm{d}z=3\iiint\limits_{\Omega}(x^2+2y^2+3z^2-1)\mathrm{d}x\,\mathrm{d}y\,\mathrm{d}z。$$

为使得 I 达到最小,就要求 Ω 是使得 $x^2+2y^2+3z^2-1\leqslant 0$ 围成的空间最大的区域,即

$$\Omega=\{(x,y,z)\mid x^2+2y^2+3z^2\leqslant 1\},$$

即 Ω 是椭球,Σ 是该椭球 Ω 的表面时,积分 I 的值最小。为求该最小值,令

$$x=r\sin\varphi\cos\theta,\quad y=\frac{1}{\sqrt{2}}r\sin\varphi\sin\theta,\quad z=\frac{1}{\sqrt{3}}r\cos\varphi,$$

则

$$I=\frac{3}{\sqrt{6}}\int_0^{2\pi}\mathrm{d}\theta\int_0^{\pi}\mathrm{d}\varphi\int_0^1(r^2-1)r^2\sin\varphi\,\mathrm{d}r=-\frac{4\sqrt{6}}{15}\pi。$$

例 10.21 设 $\rho=\rho(x,y,z)$ 是原点 O 到椭球面 $\Sigma:\dfrac{x^2}{a^2}+\dfrac{y^2}{b^2}+\dfrac{z^2}{c^2}=1$ 上任一点 (x,y,z)

处的切平面的距离,证明 $\displaystyle\iint\limits_{\Sigma}\frac{\mathrm{d}S}{\rho(x,y,z)}=\frac{4\pi abc}{3}\left(\frac{1}{a^2}+\frac{1}{b^2}+\frac{1}{c^2}\right)$。

【证】 椭球面 $\Sigma:\dfrac{x^2}{a^2}+\dfrac{y^2}{b^2}+\dfrac{z^2}{c^2}=1$ 上点 (x,y,z) 处的单位法向量为

$$\boldsymbol{n}^0=\frac{1}{\sqrt{\left(\dfrac{x}{a^2}\right)^2+\left(\dfrac{y}{b^2}\right)^2+\left(\dfrac{z}{c^2}\right)^2}}\left(\frac{x}{a^2},\frac{y}{b^2},\frac{z}{c^2}\right),$$

切平面方程为

$$\frac{x}{a^2}(X-x)+\frac{y}{b^2}(Y-y)+\frac{z}{c^2}(Z-z)=0,$$

由于 $\dfrac{x^2}{a^2}+\dfrac{y^2}{b^2}+\dfrac{z^2}{c^2}=1$，故

$$\frac{x}{a^2}X+\frac{y}{b^2}Y+\frac{z}{c^2}Z=1,$$

因此原点 O 到此切平面的距离为

$$\rho(x,y,z)=\frac{\left|\dfrac{x}{a^2}\cdot 0+\dfrac{y}{b^2}\cdot 0+\dfrac{z}{c^2}\cdot 0-1\right|}{\sqrt{\left(\dfrac{x}{a^2}\right)^2+\left(\dfrac{y}{b^2}\right)^2+\left(\dfrac{z}{c^2}\right)^2}}=\frac{1}{\sqrt{\left(\dfrac{x}{a^2}\right)^2+\left(\dfrac{y}{b^2}\right)^2+\left(\dfrac{z}{c^2}\right)^2}},$$

记 $\boldsymbol{A}=\left(\dfrac{x}{a^2},\dfrac{y}{b^2},\dfrac{z}{c^2}\right)$，由于

$$\boldsymbol{A}\cdot\boldsymbol{n}^0=\rho(x,y,z)\left(\frac{x}{a^2},\frac{y}{b^2},\frac{z}{c^2}\right)\cdot\left(\frac{x}{a^2},\frac{y}{b^2},\frac{z}{c^2}\right)=\frac{\rho(x,y,z)}{\rho^2(x,y,z)}=\frac{1}{\rho(x,y,z)},$$

由高斯公式知

$$\iint\limits_{\Sigma}\frac{\mathrm{d}S}{\rho(x,y,z)}=\iint\limits_{\Sigma}\boldsymbol{A}\cdot\boldsymbol{n}^0\mathrm{d}S=\iiint\limits_{\Omega}\mathrm{div}\boldsymbol{A}\,\mathrm{d}v$$

$$=\left(\frac{1}{a^2}+\frac{1}{b^2}+\frac{1}{c^2}\right)\iiint\limits_{\Omega}\mathrm{d}v=\frac{4\pi abc}{3}\left(\frac{1}{a^2}+\frac{1}{b^2}+\frac{1}{c^2}\right)。$$

例 10.22　(1) 设 $f(x)$ 在 $[0,1]$ 上可积，证明 $\displaystyle\int_0^{\frac{\pi}{2}}\int_0^{\frac{\pi}{2}}f(\cos\varphi\cos\theta)\cos\theta\,\mathrm{d}\varphi\,\mathrm{d}\theta=$ $\dfrac{\pi}{2}\displaystyle\int_0^1 f(x)\mathrm{d}x$；

(2) 设 $|a|<\dfrac{\pi}{2}$，计算积分 $\displaystyle\int_0^{\frac{\pi}{2}}\int_0^{\frac{\pi}{2}}\frac{\cos\theta}{\cos(a\cos\theta\cos\varphi)}\mathrm{d}\varphi\,\mathrm{d}\theta$；

(3) 计算积分 $\displaystyle\int_0^{\frac{\pi}{2}}\int_0^{\frac{\pi}{2}}\frac{\sin\theta\ln(2-\sin\theta\cos\varphi)}{2-2\sin\theta\cos\varphi+\sin^2\theta\cos^2\varphi}\mathrm{d}\varphi\,\mathrm{d}\theta。$

(1)【证】　设 Σ 为球面 $x^2+y^2+z^2=1$ 第一卦限部分，令 $x=\cos\varphi\cos\theta$，$y=\sin\varphi\cos\theta$，$z=\sin\theta$，由球面参数方程知 $\mathrm{d}S=\cos\theta\,\mathrm{d}\theta\,\mathrm{d}\varphi$，则

$$\int_0^{\frac{\pi}{2}}\int_0^{\frac{\pi}{2}}f(\cos\varphi\cos\theta)\cos\theta\,\mathrm{d}\varphi\,\mathrm{d}\theta=\iint\limits_{\Sigma}f(x)\mathrm{d}S。$$

由于 Σ 的方程为 $z=\sqrt{1-x^2-y^2}$，则

$$\mathrm{d}S=\sqrt{1+\left(\frac{\partial z}{\partial x}\right)^2+\left(\frac{\partial z}{\partial x}\right)^2}\,\mathrm{d}x\,\mathrm{d}y=\frac{\mathrm{d}x\,\mathrm{d}y}{\sqrt{1-x^2-y^2}},$$

记 Σ 在 xOy 面上的投影区域为 $D:x^2+y^2\leqslant 1,x\geqslant 0,y\geqslant 0$，则

$$\iint\limits_{\Sigma}f(x)\mathrm{d}S=\iint\limits_{D}\frac{f(x)}{\sqrt{1-x^2-y^2}}\mathrm{d}x\,\mathrm{d}y=\int_0^1 f(x)\mathrm{d}x\int_0^{\sqrt{1-x^2}}\frac{1}{\sqrt{1-x^2-y^2}}\mathrm{d}y$$

$$=\int_0^1 f(x)\arcsin\frac{y}{\sqrt{1-x^2}}\bigg|_0^{\sqrt{1-x^2}}\mathrm{d}x=\frac{\pi}{2}\int_0^1 f(x)\mathrm{d}x。$$

（2）【解】　由（1）知

$$\int_0^{\frac{\pi}{2}}\int_0^{\frac{\pi}{2}}\frac{\cos\theta}{\cos(a\cos\theta\cos\varphi)}\mathrm{d}\varphi\mathrm{d}\theta=\frac{\pi}{2}\int_0^1\frac{\mathrm{d}x}{\cos(ax)}=\frac{\pi}{2a}\ln(\sec a+\tan a)\text{。}$$

（3）【解】　令 $\omega=\frac{\pi}{2}-\theta$，由（1）知，所求积分为

$$I=\int_0^{\frac{\pi}{2}}\int_0^{\frac{\pi}{2}}\frac{\ln(2-\cos\omega\cos\varphi)}{2-2\cos\omega\cos\varphi+\cos^2\omega\cos^2\varphi}\cos\omega\,\mathrm{d}\varphi\mathrm{d}\omega=\frac{\pi}{2}\int_0^1\frac{\ln(2-x)}{2-2x+x^2}\mathrm{d}x\text{。}$$

令 $t=1-x$，则

$$I=\frac{\pi}{2}\int_0^1\frac{\ln(1+t)}{1+t^2}\mathrm{d}t\text{。}$$

再令 $u=\arctan t$，则

$$\int_0^1\frac{\ln(1+t)}{1+t^2}\mathrm{d}t\int_0^{\frac{\pi}{4}}\ln(1+\tan x)\mathrm{d}x=\int_0^{\frac{\pi}{4}}\ln\left(1+\tan\left(\frac{\pi}{4}-x\right)\right)\mathrm{d}x=\int_0^{\frac{\pi}{4}}\ln\left(1+\frac{1-\tan x}{1+\tan x}\right)\mathrm{d}x$$

$$=\int_0^{\frac{\pi}{4}}\ln\frac{2}{1+\tan x}\mathrm{d}x=\int_0^{\frac{\pi}{4}}\ln2\,\mathrm{d}x-\int_0^{\frac{\pi}{4}}\ln(1+\tan x)\mathrm{d}x,$$

所以

$$\int_0^{\frac{\pi}{4}}\ln(1+\tan x)\mathrm{d}x=\frac{\pi}{8}\ln2,$$

从而

$$I=\frac{\pi}{2}\int_0^1\frac{\ln(1+t)}{1+t^2}\mathrm{d}t=\frac{\pi}{2}\times\frac{\pi}{8}\ln2=\frac{\pi^2}{16}\ln2\text{。}$$

例 10.23　计算积分 $I=\int_0^{2\pi}\mathrm{d}\varphi\int_0^{\pi}\mathrm{e}^{\sin\theta(\cos\varphi-\sin\varphi)}\sin\theta\,\mathrm{d}\theta$。

【解 1】　设单位球面为 $\Sigma:x^2+y^2+z^2=1$，令 $x=\cos\varphi\sin\theta$，$y=\sin\varphi\sin\theta$，$z=\cos\theta$，由球面参数方程知 $\mathrm{d}S=\sin\theta\,\mathrm{d}\theta\mathrm{d}\varphi$，则所求积分可转化为对面积的曲面积分 $I=\iint\limits_{\Sigma}\mathrm{e}^{x-y}\mathrm{d}S$。

设平面 $P_t:\dfrac{x-y}{\sqrt{2}}=t$，$-1\leqslant t\leqslant1$，其中 t 为平面 P_t 被单位球面 $\Sigma:x^2+y^2+z^2=1$ 所截圆的圆心到原点的距离，则截圆的半径为 $r_t=\sqrt{1-t^2}$。用一系列与 P_t 平行的平面切割球面 Σ，则球面在两平行球面 P_t 与 $P_{t+\mathrm{d}t}$ 之间的部分为圆台外侧表面，记为 $\Sigma_{t,\mathrm{d}t}$，半径的增长率 $\mathrm{d}\sqrt{1-t^2}=\dfrac{-t\,\mathrm{d}t}{\sqrt{1-t^2}}$ 为圆台 $\Sigma_{t,\mathrm{d}t}$ 上下底半径之差，记圆台外表面斜高为 $\mathrm{d}s$，由微分三角形知

$$\mathrm{d}s=\sqrt{(\mathrm{d}t)^2+(\mathrm{d}r_t)^2}=\sqrt{1+\left(\frac{-t}{\sqrt{1-t^2}}\right)^2}\,\mathrm{d}t=\frac{\mathrm{d}t}{\sqrt{1-t^2}},$$

所以圆台 $\Sigma_{t,\mathrm{d}t}$ 的侧面积为 $\mathrm{d}S=2\pi r_t\,\mathrm{d}s=2\pi\mathrm{d}t$，被积函数在 $\Sigma_{t,\mathrm{d}t}$ 上的表达式为 $\mathrm{e}^{x-y}=\mathrm{e}^{\sqrt{2}t}$，则

$$I=\iint\limits_{\Sigma}\mathrm{e}^{x-y}\mathrm{d}S=\int_{-1}^1\mathrm{e}^{\sqrt{2}t}2\pi\mathrm{d}t=\sqrt{2}\,\pi(\mathrm{e}^{\sqrt{2}}-\mathrm{e}^{-\sqrt{2}})\text{。}$$

【解 2】 设单位球面为 $\Sigma: x^2 + y^2 + z^2 = 1$，令 $x = \cos\varphi\sin\theta$，$y = \sin\varphi\sin\theta$，$z = \cos\theta$，由球面参数方程知 $\mathrm{d}S = \sin\theta\,\mathrm{d}\theta\,\mathrm{d}\varphi$，则所求积分可转化为对面积的曲面积分 $I = \iint\limits_{\Sigma} \mathrm{e}^{x-y}\,\mathrm{d}S$。

作正交变换 $T: u = \dfrac{1}{\sqrt{2}}x - \dfrac{1}{\sqrt{2}}y$，$v = \dfrac{1}{\sqrt{2}}x + \dfrac{1}{\sqrt{2}}y$，$w = z$，构造新的坐标系 $Ouvw$，正交变换 T 把球 $x^2 + y^2 + z^2 \leqslant 1$ 映射成球 $u^2 + v^2 + w^2 \leqslant 1$，且 $x - y = \sqrt{2}u$，记 $\Sigma_1: w = \sqrt{1 - u^2 - v^2}$ 为上半球面，Σ_1 在 uOv 坐标面上的投影为 $D: u^2 + v^2 \leqslant 1$，则

$$I = \iint\limits_{\Sigma} \mathrm{e}^{\sqrt{2}u}\,\mathrm{d}S = 2\iint\limits_{\Sigma_1} \mathrm{e}^{\sqrt{2}u}\,\mathrm{d}S = 2\iint\limits_{D} \mathrm{e}^{\sqrt{2}u}\,\frac{1}{\sqrt{1 - u^2 - v^2}}\,\mathrm{d}u\,\mathrm{d}v,$$

由于 $D: -\sqrt{1 - u^2} \leqslant v \leqslant \sqrt{1 - u^2}$，$-1 \leqslant u \leqslant 1$，因此

$$I = 2\int_{-1}^{1} \mathrm{e}^{\sqrt{2}u}\,\mathrm{d}u\int_{-\sqrt{1-u^2}}^{\sqrt{1-u^2}} \frac{1}{\sqrt{1 - u^2 - v^2}}\,\mathrm{d}v = 2\int_{-1}^{1} \mathrm{e}^{\sqrt{2}u}\left[\arcsin\frac{v}{\sqrt{1 - u^2}}\right]_{-\sqrt{1-u^2}}^{\sqrt{1-u^2}}\,\mathrm{d}u$$

$$= 2\pi\int_{-1}^{1} \mathrm{e}^{\sqrt{2}u}\,\mathrm{d}u = \sqrt{2}\,\pi(\mathrm{e}^{\sqrt{2}} - \mathrm{e}^{-\sqrt{2}})。$$

例 10.24 证明 $\iint\limits_{S} f(mx + ny + pz)\,\mathrm{d}S = 2\pi\int_{-1}^{1} f(\sqrt{m^2 + n^2 + p^2}\,u)\,\mathrm{d}u$，其中 S 为单位球面，$f(u)$ 当 $|u| \leqslant \sqrt{m^2 + n^2 + p^2}$ 时为连续函数。

【证】 选取三个两两正交的单位向量

$$\boldsymbol{i}^* = \frac{1}{\sqrt{m^2 + n^2 + p^2}}(m, n, p),\quad \boldsymbol{j}^* = (\cos\alpha_2, \cos\beta_2, \cos\gamma_2),\quad \boldsymbol{k}^* = (\cos\alpha_3, \cos\beta_3, \cos\gamma_3),$$

令

$$T: \begin{cases} u = \dfrac{m}{\sqrt{m^2 + n^2 + p^2}}x + \dfrac{n}{\sqrt{m^2 + n^2 + p^2}}y + \dfrac{p}{\sqrt{m^2 + n^2 + p^2}}z, \\[2mm] v = \cos\alpha_2\, x + \cos\beta_2\, y + \cos\gamma_2\, z, \\[2mm] w = \cos\alpha_3\, x + \cos\beta_3\, y + \cos\gamma_3\, z, \end{cases}$$

构造新的坐标系 $Ouvw$，则正交变换 T 把球 $x^2 + y^2 + z^2 \leqslant 1$ 映射成球 $u^2 + v^2 + w^2 \leqslant 1$，且

$$mx + ny + pz = \sqrt{m^2 + n^2 + p^2}\,u。$$

记 $S_1: w = \sqrt{1 - u^2 - v^2}$ 为上半球面，S_1 在 uOv 坐标面上的投影为 $D: u^2 + v^2 \leqslant 1$，则

$$\iint\limits_{S} f(mx + ny + pz)\,\mathrm{d}S = \iint\limits_{S} f(\sqrt{m^2 + n^2 + p^2}\,u)\,\mathrm{d}S = 2\iint\limits_{S_1} f(\sqrt{m^2 + n^2 + p^2}\,u)\,\mathrm{d}S$$

$$= 2\iint\limits_{D} f(\sqrt{m^2 + n^2 + p^2}\,u)\,\frac{1}{\sqrt{1 - u^2 - v^2}}\,\mathrm{d}u\,\mathrm{d}v,$$

由于 $D: -\sqrt{1 - u^2} \leqslant v \leqslant \sqrt{1 - u^2}$，$-1 \leqslant u \leqslant 1$，因此

$$I = 2\int_{-1}^{1} f(\sqrt{m^2 + n^2 + p^2}\,u)\,\mathrm{d}u\int_{-\sqrt{1-u^2}}^{\sqrt{1-u^2}} \frac{1}{\sqrt{1 - u^2 - v^2}}\,\mathrm{d}v$$

$$= 2 \int_{-1}^{1} f\left(\sqrt{m^2+n^2+p^2}\, u\right) \left[\arcsin \frac{v}{\sqrt{1-u^2}}\right]_{-\sqrt{1-u^2}}^{\sqrt{1-u^2}} \mathrm{d}u$$

$$= 2\pi \int_{-1}^{1} f\left(\sqrt{m^2+n^2+p^2}\, u\right) \mathrm{d}u。$$

例 10.25 设函数 $u(x,y,z)$ 在闭区域 $x^2+y^2+z^2 \leqslant 1$ 上连续,在开区域 $x^2+y^2+z^2<1$ 内可微,满足拉普拉斯方程 $\dfrac{\partial^2 u}{\partial x^2}+\dfrac{\partial^2 u}{\partial y^2}+\dfrac{\partial^2 u}{\partial z^2}=0\,(x^2+y^2+z^2<1)$。若 Σ_r 是开区域 $x^2+y^2+z^2<1$ 内以 (x_0,y_0,z_0) 为中心、r 为半径的球面外侧,证明 $u(x_0,y_0,z_0)=\dfrac{1}{4\pi r^2}\iint\limits_{\Sigma_r} u(x,y,z)\mathrm{d}S$。

【证】 记 $f(r)=\iint\limits_{\Sigma_r} u(x,y,z)\mathrm{d}S$,球面 $\Sigma_r:(x-x_0)^2+(y-y_0)^2+(z-z_0)^2=r^2$ 的参数方程为

$$x=x_0+r\sin\varphi\cos\theta,\ y=y_0+r\sin\varphi\sin\theta,\ z=z_0+r\cos\varphi,$$

其中 $D_{\theta\varphi}=\{(\theta,\varphi)\,|\,0\leqslant\theta\leqslant 2\pi,0\leqslant\varphi\leqslant\pi\}$,则

$$f(r)=\iint\limits_{\Sigma_r} u\left(\frac{x-x_0}{r}\mathrm{d}y\mathrm{d}z+\frac{y-y_0}{r}\mathrm{d}z\mathrm{d}x+\frac{z-z_0}{r}\mathrm{d}x\mathrm{d}y\right)$$

$$=\iint\limits_{D_{\theta\varphi}} u\left(\frac{x-x_0}{r}\cdot\frac{\partial(y,z)}{\partial(\varphi,\theta)}+\frac{y-y_0}{r}\cdot\frac{\partial(z,x)}{\partial(\varphi,\theta)}+\frac{z-z_0}{r}\cdot\frac{\partial(x,y)}{\partial(\varphi,\theta)}\right)\mathrm{d}\varphi\mathrm{d}\theta$$

$$=\iint\limits_{D_{\theta\varphi}} ur^2\left(\frac{x-x_0}{r}\sin^2\varphi\cos\theta+\frac{y-y_0}{r}\sin^2\varphi\sin\theta+\frac{z-z_0}{r}\sin\varphi\cos\varphi\right)\mathrm{d}\varphi\mathrm{d}\theta$$

$$=\int_0^{2\pi}\mathrm{d}\theta\int_0^{\pi} ur^2\sin\varphi\mathrm{d}\varphi,$$

那么

$$f'(r)=\int_0^{2\pi}\mathrm{d}\theta\int_0^{\pi} 2ru\sin\varphi\mathrm{d}\varphi+\int_0^{2\pi}\mathrm{d}\theta\int_0^{\pi} r^2\sin\varphi\left(\frac{\partial u}{\partial x}\cos\theta\sin\varphi+\frac{\partial u}{\partial y}\sin\theta\sin\varphi+\frac{\partial u}{\partial z}\cos\varphi\right)\mathrm{d}\varphi。$$

再由两类曲面积分的关系和高斯公式,得

$$\int_0^{2\pi}\mathrm{d}\theta\int_0^{\pi} r^2\sin\varphi\left(\frac{\partial u}{\partial x}\cos\theta\sin\varphi+\frac{\partial u}{\partial y}\sin\theta\sin\varphi+\frac{\partial u}{\partial z}\cos\varphi\right)\mathrm{d}\varphi$$

$$=\int_0^{2\pi}\mathrm{d}\theta\int_0^{\pi}\left(\frac{\partial u}{\partial x}\frac{\partial(y,z)}{\partial(\varphi,\theta)}+\frac{\partial u}{\partial y}\frac{\partial(z,x)}{\partial(\varphi,\theta)}+\frac{\partial u}{\partial z}\frac{\partial(x,y)}{\partial(\varphi,\theta)}\right)\mathrm{d}\varphi$$

$$=\iint\limits_{\Sigma_r}\frac{\partial u}{\partial x}\mathrm{d}y\mathrm{d}z+\frac{\partial u}{\partial y}\mathrm{d}z\mathrm{d}x+\frac{\partial u}{\partial z}\mathrm{d}x\mathrm{d}y=\iiint\limits_{x^2+y^2+z^2\leqslant r^2}\left(\frac{\partial^2 u}{\partial x^2}+\frac{\partial^2 u}{\partial y^2}+\frac{\partial^2 u}{\partial z^2}\right)\mathrm{d}x\mathrm{d}y\mathrm{d}z=0,$$

于是

$$f'(r)=\frac{2}{r}f(r),$$

解此微分方程得 $f(r)=cr^2$,因而

$$c=\frac{f(r)}{r^2}=\frac{1}{r^2}\iint\limits_{\Sigma_r} u(x,y,z)\mathrm{d}S=\frac{1}{r^2}\int_0^{2\pi}\mathrm{d}\theta\int_0^{\pi} ur^2\sin\varphi\mathrm{d}\varphi=\int_0^{2\pi}\mathrm{d}\theta\int_0^{\pi} u\sin\varphi\mathrm{d}\varphi=4\pi u,$$

令 $r \to 0^+$，可得 $c = 4\pi u(x_0, y_0, z_0)$，因此

$$u(x_0, y_0, z_0) = \frac{1}{4\pi r^2} \iint\limits_{\Sigma_r} u(x, y, z) \mathrm{d}S。$$

三、曲线积分与曲面积分的应用

例 10.26　求曲面 $\Sigma : x^2 + y^2 - 4x + 2y + 4 = 0$ 夹在 $\pi_1 : x - 2y + 3z = 12$ 与 $\pi_2 : x - 3y - 2z = 6$ 之间部分的面积。

【解】　首先注意，π_1 和 π_2 的交线 l 位于曲面 Σ 之外。这是因为 l 在 xOy 平面的投影直线为

$$l' : \begin{cases} 5x - 13y = 42, \\ z = 0, \end{cases}$$

而 Σ 在 xOy 平面的交线 $L : \begin{cases} (x-2)^2 + (y+1)^2 = 1, \\ z = 0, \end{cases}$ 的中心 $(2, -1, 0)$ 与 l' 的距离为

$$d = \frac{|5 \times 2 - 13 \times (-1) - 42|}{\sqrt{5^2 + 13^2}} = \frac{19}{\sqrt{194}} > 1,$$

所以 l 和圆柱面 Σ 不相交。于是，可以由对弧长的曲线积分计算夹在两平面间的面积。由于

$$\pi_1 : z_1 = \frac{1}{3}(12 - x + 2y), \quad \pi_2 : z_2 = \frac{1}{2}(x - 3y - 6)$$

与圆柱面中心轴的交点分别为 $P_1\left(2, -1, \frac{8}{3}\right)$ 和 $P_2\left(2, -1, -\frac{1}{2}\right)$，所以有 $z_1 > z_2$。于是，所求面积为

$$A = \oint_L (z_1 - z_2) \mathrm{d}s = \oint_L \left(7 - \frac{5}{6}x + \frac{13}{6}y\right) \mathrm{d}s。$$

由于 $L : x = 2 + \cos\theta, y = -1 + \sin\theta \,(0 \leqslant \theta \leqslant 2\pi)$，所以

$$A = \int_0^{2\pi} \left(7 - \frac{5}{6}(2 + \cos\theta) + \frac{13}{6}(\sin\theta - 1)\right) \mathrm{d}\theta$$

$$= \int_0^{2\pi} (19 - 5\cos\theta + 13\sin\theta) \mathrm{d}\theta = \frac{1}{6}\int_0^{2\pi} 19\mathrm{d}\theta = \frac{19}{3}\pi。$$

例 10.27　在球面 $x^2 + y^2 + z^2 = 1$ 上取以点 $A(1, 0, 0)$，$B(0, 1, 0)$，$C\left(\frac{1}{\sqrt{2}}, 0, \frac{1}{\sqrt{2}}\right)$ 为顶点的球面三角形 ABC（$\overparen{AB}$，$\overparen{BC}$，$\overparen{CA}$ 均为球面上大圆对应的圆弧），设其面密度为 $\rho = x^2 + z^2$，试求此球面三角形的质量。

【解】　过原点 O 及点 B，C 的平面方程为 $x = z$，于是 $\overparen{BC}$ 的方程为 $\begin{cases} x^2 + y^2 + z^2 = 1, \\ x = z, \end{cases}$

它在 xOy 面的投影为 $L : \begin{cases} 2x^2 + y^2 = 1, \\ z = 0。 \end{cases}$　记球面三角形 ABC 表示的曲面为 S，则其质量为

$$m = \iint\limits_{S} (x^2 + z^2) \, \mathrm{d}S \, \text{。}$$

记 xOy 面上由 $x^2 + y^2 = 1, 2x^2 + y^2 = 1$ 及 x 轴所围的区域为 D，则

$$m = \iint\limits_{D} \frac{1-y^2}{\sqrt{1-x^2-y^2}} \, \mathrm{d}x \, \mathrm{d}y = \int_0^1 \sqrt{1-y^2} \, \mathrm{d}y \int_{\sqrt{\frac{1-y^2}{2}}}^{\sqrt{1-y^2}} \frac{1}{\sqrt{1-y^2-x^2}} \, \mathrm{d}x = \frac{\pi^2}{16} \, \text{。}$$

例 10.28 求密度均匀的曲面 $z = \sqrt{x^2 + y^2}$ 被曲面 $x^2 + y^2 = ax$ 所割下部分的重心坐标。

【解】 设所得到的曲面为 Σ，密度为 ρ，它在 xOy 面上的投影为 $D_{xy} : x^2 + y^2 = ax$，则

$$M = \iint\limits_{\Sigma} \rho \, \mathrm{d}S = \rho \iint\limits_{\Sigma} \sqrt{1 + \left(\frac{\partial z}{\partial x}\right)^2 + \left(\frac{\partial z}{\partial y}\right)^2} \, \mathrm{d}x \, \mathrm{d}y$$

$$= \sqrt{2} \rho \iint\limits_{\Sigma} \mathrm{d}x \, \mathrm{d}y = \sqrt{2} \rho \int_{-\frac{\pi}{2}}^{\frac{\pi}{2}} \mathrm{d}\theta \int_0^{a\cos\theta} r \, \mathrm{d}r = \frac{\sqrt{2}}{4} \pi \rho a^2 \, \text{。}$$

令 $x = r\cos\theta + \dfrac{a}{2}, y = r\sin\theta$，则

$$\iint\limits_{\Sigma} \rho x \, \mathrm{d}S = \sqrt{2} \rho \iint\limits_{\Sigma} x \, \mathrm{d}x \, \mathrm{d}y = \sqrt{2} \rho \int_0^{2\pi} \mathrm{d}\theta \int_0^{\frac{a}{2}} \left(\frac{a}{2} + r\cos\theta\right) r \, \mathrm{d}r = \frac{\sqrt{2}}{8} \pi \rho a^3 \, \text{,}$$

$$\iint\limits_{\Sigma} \rho y \, \mathrm{d}S = \sqrt{2} \rho \iint\limits_{D} y \, \mathrm{d}x \, \mathrm{d}y = \sqrt{2} \rho \int_0^{2\pi} \mathrm{d}\theta \int_0^{\frac{a}{2}} r^2 \sin\theta r \, \mathrm{d}r = 0 \, \text{,}$$

令 $x = r\cos\theta, y = r\sin\theta$，则

$$\iint\limits_{\Sigma} \rho z \, \mathrm{d}S = \sqrt{2} \rho \iint\limits_{D} \sqrt{x^2 + y^2} \, \mathrm{d}x \, \mathrm{d}y = \sqrt{2} \rho \int_{-\frac{\pi}{2}}^{\frac{\pi}{2}} \mathrm{d}\theta \int_0^{a\cos\theta} r^2 \, \mathrm{d}r = \frac{4\sqrt{2}}{9} \rho a^3 \, \text{,}$$

因此

$$\bar{x} = \frac{\iint\limits_{\Sigma} \rho x \, \mathrm{d}S}{\iint\limits_{\Sigma} \rho \, \mathrm{d}S} = \frac{a}{2}, \quad \bar{y} = \frac{\iint\limits_{\Sigma} \rho y \, \mathrm{d}S}{\iint\limits_{\Sigma} \rho \, \mathrm{d}S} = 0, \quad \bar{z} = \frac{\iint\limits_{\Sigma} \rho z \, \mathrm{d}S}{\iint\limits_{\Sigma} \rho \, \mathrm{d}S} = \frac{16a}{9\pi},$$

即所求重心坐标为 $\left(\dfrac{a}{2}, 0, \dfrac{16a}{9\pi}\right)$。

例 10.29 求密度为 ρ 的均匀锥面壳 $\dfrac{x^2}{a^2} + \dfrac{y^2}{a^2} - \dfrac{z^2}{b^2} = 0 (0 \leqslant z \leqslant b)$ 对直线 $\dfrac{x}{1} = \dfrac{y}{0} = \dfrac{z-b}{0}$ 的转动惯量。

【解】 空间任意一点 $M(x,y,z)$ 到 x 轴的距离的平方为 $y^2 + z^2$，因此点 M 到直线 $\dfrac{x}{1} = \dfrac{y}{0} = \dfrac{z-b}{0}$ 的距离平方为 $y^2 + (z-b)^2$，圆锥面方程为 $z = \dfrac{b}{a}\sqrt{x^2 + y^2}$，于是所求转动惯量为

$$I = \rho \iint\limits_{\Sigma} (y^2 + (z-b)^2) \, \mathrm{d}S = \rho \iint\limits_{D} \left(y^2 + \left(\frac{b}{a}\sqrt{x^2 + y^2} - b\right)^2\right) \frac{\sqrt{a^2 + b^2}}{a} \, \mathrm{d}x \, \mathrm{d}y$$

$$= \frac{\sqrt{a^2+b^2}}{a}\rho \int_0^{2\pi}\mathrm{d}\theta \int_0^a \left(r^2\sin^2\theta + \left(\frac{b}{a}r-b\right)^2\right)r\,\mathrm{d}r = \pi a\rho \left(\frac{a^2}{4}+\frac{b^2}{6}\right)\sqrt{a^2+b^2}\,.$$

例 10.30 设曲面 $\Sigma : z^2 = x^2+y^2, 1 \leqslant z \leqslant 2$，其面密度为常数 ρ，求在原点处的单位质点和曲面 Σ 之间的引力（记引力系数为 G）。

【解 1】 设引力 $F=(F_x, F_y, F_z)$，由对称性知 $F_x=0, F_y=0$。因质点和面积微元 $\mathrm{d}S$ 之间的引力为 $\mathrm{d}F=G\dfrac{\rho\mathrm{d}S}{x^2+y^2+z^2}$，从而

$$\mathrm{d}F_z = \mathrm{d}F\cdot\frac{z}{\sqrt{x^2+y^2+z^2}} = G\frac{z\rho\mathrm{d}S}{(x^2+y^2+z^2)^{\frac{3}{2}}},$$

故

$$F_z = \rho G\iint\limits_{\Sigma}\frac{z}{(x^2+y^2+z^2)^{\frac{3}{2}}}\mathrm{d}S$$

$$= \rho G\iint\limits_{1\leqslant x^2+y^2\leqslant 4}\frac{\sqrt{x^2+y^2}}{(2(x^2+y^2))^{\frac{3}{2}}}\sqrt{1+\left(\frac{x}{\sqrt{x^2+y^2}}\right)^2+\left(\frac{y}{\sqrt{x^2+y^2}}\right)^2}\,\mathrm{d}S$$

$$= \frac{1}{2}\rho G\iint\limits_{1\leqslant x^2+y^2\leqslant 4}\frac{1}{x^2+y^2}\mathrm{d}S = \frac{1}{2}\rho G\int_0^{2\pi}\mathrm{d}\theta\int_1^2\frac{1}{r^2}\cdot r\,\mathrm{d}r = \rho G\pi\ln 2\,.$$

【解 2】 设引力 $F=(F_x, F_y, F_z)$，由对称性知 $F_x=0, F_y=0$。记 $r=\sqrt{x^2+y^2+z^2}$，从原点出发过点 (x,y,z) 的射线与 z 轴的夹角为 θ，则有 $\cos\theta=\dfrac{z}{r}$，质点和面积微元 $\mathrm{d}S$ 之间的引力为 $\mathrm{d}F=G\dfrac{\rho\mathrm{d}S}{r^2}$，从而

$$\mathrm{d}F_z = G\frac{\rho\mathrm{d}S}{r^2}\cos\theta = \rho G\frac{z}{r^3}\mathrm{d}S,$$

在 z 轴上任取小区间 $[z,z+\mathrm{d}z]\subset[1,2]$，则对应于该小区间有

$$\mathrm{d}S = 2\pi z\sqrt{2}\,\mathrm{d}z = 2\sqrt{2}\,\pi z\,\mathrm{d}z,$$

而 $r=\sqrt{2z^2}=\sqrt{2}\,z$，则

$$F_z = \iint\limits_{\Sigma}\rho G\frac{z}{r^3}\mathrm{d}S = \int_1^2\rho G\frac{2\sqrt{2}\,\pi z^2}{2\sqrt{2}\,z^3}\mathrm{d}z = \rho G\pi\int_1^2\frac{1}{z}\mathrm{d}z = \rho G\pi\ln 2\,.$$

综合训练

1. 计算 $I=\oint_\Gamma[(x+2)^2+(y-3)^2]\mathrm{d}s$，其中 $\Gamma: \begin{cases} x^2+y^2+z^2=a^2, \\ x+y+z=0 \end{cases}\quad (a>0)$。

2. 计算曲线积分 $\int_L\sqrt{x^2+y^2}\,\mathrm{d}x + y(xy+\ln(x+\sqrt{x^2+y^2}))\mathrm{d}y$，其中 L 是曲线 $y=\sqrt{x}+1$ 从点 $A(1,2)$ 到点 $C(0,1)$ 的部分。

3. 设函数 $u(x,y)$ 具有一阶连续偏导数，C 为自点 $O(0,0)$ 沿曲线 $y=\sin x$ 至点 $A(\pi,$

0) 的有向弧段，求曲线积分

$$\int_C (yu(x,y) + xyu'_x(x,y) + y + x\sin x)dx + (xu(x,y) + xyu'_y(x,y) + e^{y^2} - x)dy。$$

4. 设 $R(x,y)$ 是曲线 $C: \dfrac{x^2}{a^2} + \dfrac{y^2}{b^2} = 1$ 上点 (x,y) 处的曲率半径 $(a,b>0)$，计算曲线积分 $\oint_C R(x,y)ds$。

5. 设函数 $F(u,v)$ 存在连续的偏导数，方程 $F(xz-y, x-yz) = 0$ 唯一确定连续可微函数 $z = f(x,y)$，L 为正向单位圆周，计算曲线积分 $I = \oint_L (xz^2 + 2yz)dy - (2xz + yz^2)dx$。

6. 设 L 是取逆时针方向的单位圆周，计算曲线积分 $I = \oint_L \dfrac{x\,dy - y\,dx}{4x^2 + 9y^2}$。

7. 设曲线 $L: x^2 + y^2 = 16$，取逆时钟方向，计算曲线积分 $\oint_L \dfrac{y\,dx - x\,dy}{x^2 + xy + y^2}$。

8. 计算 $\oint_L \dfrac{(x-y)dx + (x+4y)dy}{x^2 + 4y^2}$，其中 L 为不通过原点 $O(0,0)$ 的简单光滑闭曲线，L 为逆时针方向。

9. 计算曲线积分 $\oint_L (z^2 - y^2)dx + (x^2 - z^2)dy + (y^2 - x^2)dz$，其中曲线 L 是空间区域 $\Omega = \{(x,y,z) \mid 0 \leqslant x \leqslant 1, 0 \leqslant y \leqslant 1, 0 \leqslant z \leqslant 1\}$ 的表面与平面 $x + y + z = \dfrac{3}{2}$ 的交线，从 Ox 轴的正向看去，取逆时针方向。

10. 已知 Σ 是八面体 $|x| + |y| + |z| \leqslant a\,(a>0)$ 的表面，若 $\oiint_\Sigma (5x^2 + 4y^2)dS = 6\sqrt{3}$，试求正数 a 的值。

11. 设函数 $f(x,y,z) = \begin{cases} e^{(x+y+z)^2}, & x^2 + y^2 + z^2 \leqslant 1, \\ 0, & x^2 + y^2 + z^2 > 1, \end{cases}$ Σ 为平面 $x + y + z = t$，计算曲面积分 $I = \iint_\Sigma f(x,y,z)dS$。

12. 计算曲面积分 $I = \iint_\Sigma (2f(x,y,z) + x)dy\,dz + f(x,y,z)dz\,dx + (3f(x,y,z) + z)dx\,dy$，其中 $f(x,y,z)$ 为连续函数，Σ 为平面 $x + y - z + 5 = 0$ 在第三卦限部分的上侧。

13. 设 Σ 是曲面 $z = \sqrt{4Rx - x^2 - y^2}\,(R \geqslant 1)$ 在柱面 $\left(x - \dfrac{3}{2}\right)^2 + y^2 = 1$ 之内部分的上侧，计算曲面积分 $I = \iint_\Sigma yz(y-z)dy\,dz + xz(z-x)dz\,dx + xy(x-y)dx\,dy$ 的值。

14. 计算曲面积分 $\iint_\Sigma \dfrac{x\,dy\,dz + z^2\,dx\,dy}{x^2 + y^2 + z^2}$，其中 Σ 是由曲面 $x^2 + y^2 = R^2\,(R>0)$ 及平面 $z = R$，$z = -R$ 所围立体的外侧。

15. 设曲面 Σ 是由一段空间曲线 $C: x = t, y = 2t, z = t^2 \ (0 \leqslant t \leqslant 1)$ 绕 z 轴旋转一周所成，其法向量指向与 z 轴正向成钝角，已知连续函数 $f(x, y, z)$ 满足

$$f(x, y, z) = (x + y + z)^2 + \iint\limits_{\Sigma} f(x, y, z) \mathrm{d}y\mathrm{d}z + x^2 \mathrm{d}x\mathrm{d}y,$$

求 $f(1, 1, 1)$ 的值。

16. 计算曲面积分 $I = \iint\limits_{\Sigma} (x^2 + y)\mathrm{d}y\mathrm{d}z + (y^2 + z)\mathrm{d}z\mathrm{d}x + (z^2 + x)\mathrm{d}x\mathrm{d}y$，其中 Σ 为下半椭球面 $\dfrac{(x-1)^2}{a^2} + \dfrac{(y-2)^2}{b^2} + \dfrac{z^2}{c^2} = 1, z \leqslant 0$ 的上侧。

17. 计算曲面积分 $I = \iint\limits_{\Sigma} (y^2 - 2y)\mathrm{d}z\mathrm{d}x + (z+1)^2 \mathrm{d}x\mathrm{d}y$，其中 Σ 为曲面 $z = x^2 + y^2$ 被平面 $z = 1$ 与 $z = 2$ 截下的那部分的外侧。

18. 已知点 $A(1, 0, 0)$ 与点 $B(1, 1, 1)$，Σ 是由直线 AB 绕 Oz 轴旋转一周而成的旋转曲面介于平面 $z = 0$ 与 $z = 1$ 之间部分的外侧，函数 $f(u)$ 在 $(-\infty, +\infty)$ 内具有连续导数，计算曲面积分

$$I = \iint\limits_{\Sigma} (xf(xy) - 2x)\mathrm{d}y\mathrm{d}z + (y^2 - yf(xy))\mathrm{d}z\mathrm{d}x + (z+1)^2 \mathrm{d}x\mathrm{d}y.$$

19. 设 Σ 是正方体 $V = \{(x, y, z) \mid |x| \leqslant 2, |y| \leqslant 2, |z| \leqslant 2\}$ 的表面的外侧，计算曲面积分 $I = \oiint\limits_{\Sigma} \dfrac{x\mathrm{d}y\mathrm{d}z + y\mathrm{d}z\mathrm{d}x + z\mathrm{d}x\mathrm{d}y}{(x^2 + y^2 + z^2)^{\frac{3}{2}}}$。

20. 求圆柱面 $x^2 + y^2 = R^2$ 被抛物面 $z = c^2 - x^2 \ (c \geqslant R > 0)$ 及 $z = 0$ 所截成的一段的侧面积。

21. (1) 设一球缺高为 h，所在球半径为 R，证明该球缺的体积为 $\dfrac{\pi}{3}(3R - h)h^2$，球冠的面积为 $2\pi Rh$。

(2) 设球体 $(x-1)^2 + (y-1)^2 + (z-1)^2 \leqslant 12$ 被平面 $P: x + y + z = 6$ 所截的小球缺为 Ω，球缺上的球冠为 Σ，方向指向球外，求第二型曲面积分 $I = \iint\limits_{\Sigma} x\mathrm{d}y\mathrm{d}z + y\mathrm{d}z\mathrm{d}x + z\mathrm{d}x\mathrm{d}y$。

22. 一质点在变力 $\boldsymbol{F} = (xy + \mathrm{e}^{-x}\cos y, x^2 + \mathrm{e}^{-x}\sin y)$ 的作用下，从原点沿抛物线 $y = x^2$ 运动到点 $A(1, 1)$，再沿直线运动到 $B(0, 2)$，求在该过程中变力所做的功。

23. 电流 I 通过直导线，l 为垂直于导线的平面上包围着导线的任一闭曲线，试证单位磁荷沿闭曲线 l 运动一周磁场力所做的功为一常数。

24. 曲面 $z = 12 - x^2 - y^2$ 将球面 $x^2 + y^2 + z^2 = 25$ 分成三部分，求这三部分曲面面积之比。

25. 有一密度均匀的半球面，半径为 R，面密度为 ρ，求它对位于球心处质量为 m 的质点的引力。

第十一讲

积分中值定理

知识点

1.（定积分中值定理）(1) 若函数 $f(x)$ 在 $[a,b]$ 上可积，$m \leqslant f(x) \leqslant M$，则存在 $\eta \in [m,M]$，使得 $\int_a^b f(x)\mathrm{d}x = \eta(b-a)$。

(2) 若函数 $f(x)$ 在 $[a,b]$ 上连续，则至少存在一点 $\xi \in [a,b]$，使 $\int_a^b f(x)\mathrm{d}x = f(\xi)(b-a)$。

2.（积分第一中值定理）(1) 若函数 $f(x)$ 在 $[a,b]$ 上可积，$m \leqslant f(x) \leqslant M$，$g(x)$ 在 $[a,b]$ 上可积且不变号，则存在 $\eta \in [m,M]$，使得 $\int_a^b f(x)g(x)\mathrm{d}x = \eta\int_a^b g(x)\mathrm{d}x$。

(2) 若函数 $f(x)$ 在 $[a,b]$ 上连续，$g(x)$ 在 $[a,b]$ 上可积且不变号，则至少存在一点 $\xi \in [a,b]$，使得 $\int_a^b f(x)g(x)\mathrm{d}x = f(\xi)\int_a^b g(x)\mathrm{d}x$。

3.（积分第二中值定理）(1) 若函数 $f(x)$ 在 $[a,b]$ 上单调，$g(x)$ 在 $[a,b]$ 上可积，则至少存在一点 $\xi \in [a,b]$，使得 $\int_a^b f(x)g(x)\mathrm{d}x = f(a)\int_a^\xi g(x)\mathrm{d}x + f(b)\int_\xi^b g(x)\mathrm{d}x$。

(2) 若函数 $f(x)$ 在 $[a,b]$ 上单调递减且非负，$g(x)$ 在 $[a,b]$ 上可积，则至少存在一点 $\xi \in [a,b]$，使得 $\int_a^b f(x)g(x)\mathrm{d}x = f(a)\int_a^\xi g(x)\mathrm{d}x$。

(3) 若函数 $f(x)$ 在 $[a,b]$ 上单调递增且非负，$g(x)$ 在 $[a,b]$ 上可积，则至少存在一点 $\xi \in [a,b]$，使得 $\int_a^b f(x)g(x)\mathrm{d}x = f(b)\int_\xi^b g(x)\mathrm{d}x$。

4.（二重积分中值定理）若函数 $f(x,y)$ 在平面闭区域 D 上连续，σ 为 D 的面积，则至少存在一点 $(\xi,\eta) \in D$，使得 $\iint\limits_D f(x,y)\mathrm{d}x\mathrm{d}y = f(\xi,\eta)\sigma$。

5.（三重积分中值定理）若函数 $f(x,y,z)$ 在空间闭区域 Ω 上连续，V 为 Ω 的体积，则至少存在一点 $(\xi,\eta,\zeta) \in \Omega$，使得 $\iiint\limits_\Omega f(x,y,z)\mathrm{d}x\mathrm{d}y\mathrm{d}z = f(\xi,\eta,\zeta)V$。

6.（第一型曲线积分中值定理）若函数 $f(x,y,z)$ 在空间光滑有界曲线 Γ 上连续，L 为

Γ 的长度,则至少存在一点 $(\xi,\eta,\zeta) \in \Gamma$,使得 $\int_{\Gamma} f(x,y,z)\mathrm{d}s = f(\xi,\eta,\zeta)L$。

7.(第一型曲面积分中值定理)若函数 $f(x,y,z)$ 在空间光滑有界闭曲面 Σ 上连续,A 为 Σ 的面积,则至少存在一点 $(\xi,\eta,\zeta) \in \Sigma$,使得 $\iint\limits_{\Sigma} f(x,y,z)\mathrm{d}S = f(\xi,\eta,\zeta)A$。

典型例题

一、利用积分中值定理计算数列极限

例 11.1 (1) 设函数 $f(x),g(x)$ 都在区间 $[a,b]$ 上连续,且 $g(x)$ 在 $[a,b]$ 上不变号,证明在 $[a,b]$ 上存在一点 ξ,使得 $\int_a^b f(x)g(x)\mathrm{d}x = f(\xi)\int_a^b g(x)\mathrm{d}x$;

(2) 计算极限 $\lim\limits_{n\to\infty} \int_{n^2}^{n^2+n} \dfrac{1}{\sqrt{x}}\mathrm{e}^{-\frac{1}{x}}\mathrm{d}x$。

【证】 (1) 因为 $g(x)$ 在 $[a,b]$ 上连续,且 $g(x)$ 在 $[a,b]$ 上不变号,不妨设 $g(x) \geqslant 0(x \in [a,b])$,则 $\int_a^b g(x)\mathrm{d}x \geqslant 0$。又 $f(x)$ 在 $[a,b]$ 上连续,则 $f(x)$ 在 $[a,b]$ 上取到最小值 m 和最大值 M,则

$$mg(x) \leqslant f(x)g(x) \leqslant Mg(x),$$

从而

$$m\int_a^b g(x)\mathrm{d}x \leqslant \int_a^b f(x)g(x)\mathrm{d}x \leqslant M\int_a^b g(x)\mathrm{d}x。$$

若 $\int_a^b g(x)\mathrm{d}x = 0$,则结论显然成立。若 $\int_a^b g(x)\mathrm{d}x > 0$,则

$$m \leqslant \frac{\int_a^b f(x)g(x)\mathrm{d}x}{\int_a^b g(x)\mathrm{d}x} \leqslant M。$$

由闭区间上连续函数的介值定理知,必存在 $\xi \in (a,b)$,使得

$$f(\xi) = \frac{\int_a^b f(x)g(x)\mathrm{d}x}{\int_a^b g(x)\mathrm{d}x},$$

即

$$\int_a^b f(x)g(x)\mathrm{d}x = f(\xi)\int_a^b g(x)\mathrm{d}x。$$

(2) 由(1)知,存在 $n^2 \leqslant \xi_n \leqslant n^2+n$,使得

$$\int_{n^2}^{n^2+n} \frac{1}{\sqrt{x}}\mathrm{e}^{-\frac{1}{x}}\mathrm{d}x = \mathrm{e}^{-\frac{1}{\xi_n}}\int_{n^2}^{n^2+n}\frac{1}{\sqrt{x}}\mathrm{d}x = 2\mathrm{e}^{-\frac{1}{\xi_n}}\left(\sqrt{n^2+n}-n\right) = \frac{2n}{\sqrt{n^2+n}+n}\mathrm{e}^{-\frac{1}{\xi_n}},$$

由夹逼定理知 $\lim\limits_{n\to\infty}\mathrm{e}^{-\frac{1}{\xi_n}} = 1$,于是

$$\lim_{n\to\infty}\int_{n^2}^{n^2+n}\frac{1}{\sqrt{x}}\mathrm{e}^{-\frac{1}{x}}\mathrm{d}x=\lim_{n\to\infty}\frac{2n}{\sqrt{n^2+n}+n}\mathrm{e}^{-\frac{1}{\xi_n}}=1。$$

例 11.2　证明 $\displaystyle\lim_{n\to\infty}\int_n^{n+p}\frac{\sin x}{x}\mathrm{d}x=0(p>0)$。

【证1】　由于 $f(x)=\dfrac{\sin x}{x}$ 在 $[n,n+p]$ 上连续,由积分中值定理知,存在 $\xi_n\in[n,n+p]$,使得

$$\int_n^{n+p}\frac{\sin x}{x}\mathrm{d}x=p\cdot\frac{\sin\xi_n}{\xi_n},$$

当 $n\to\infty$ 时,$\xi_n\to+\infty$,因此

$$\lim_{n\to\infty}\int_n^{n+p}\frac{\sin x}{x}\mathrm{d}x=\lim_{\xi_n\to+\infty}p\cdot\frac{\sin\xi_n}{\xi_n}=0。$$

【证2】　由于 $f(x)=\dfrac{1}{x}$ 在 $[n,n+p]$ 上单调递减且非负,$g(x)=\sin x$ 在 $[n,n+p]$ 上可积,由积分第二中值定理,知存在 $\xi_n\in[n,n+p]$,使得

$$\int_n^{n+p}\frac{\sin x}{x}\mathrm{d}x=\frac{1}{n}\int_n^{\xi_n}\sin x\mathrm{d}x=\frac{1}{n}(\cos n-\cos\xi_n),$$

因此

$$\lim_{n\to\infty}\int_n^{n+p}\frac{\sin x}{x}\mathrm{d}x=\lim_{n\to\infty}\frac{1}{n}(\cos n-\cos\xi_n)=0。$$

例 11.3　设函数 $f(x)$ 在闭区间 $[0,1]$ 上具有连续导数,$f(0)=0,f(1)=1$,证明

$$\lim_{n\to\infty}n\left(\int_0^1 f(x)\mathrm{d}x-\frac{1}{n}\sum_{k=1}^n f\left(\frac{k}{n}\right)\right)=-\frac{1}{2}。$$

【证】　将区间 $[0,1]$ n 等分,设分点 $x_k=\dfrac{k}{n}(k=0,1,2,\cdots,n)$,则 $\Delta x_k=\dfrac{1}{n}$,$(k=1,2,\cdots,n)$ 且

$$\lim_{n\to\infty}n\left(\int_0^1 f(x)\mathrm{d}x-\frac{1}{n}\sum_{k=1}^n f\left(\frac{k}{n}\right)\right)$$

$$=\lim_{n\to\infty}n\left(\sum_{k=1}^n\int_{x_{k-1}}^{x_k}f(x)\mathrm{d}x-\sum_{k=1}^n f(x_k)\Delta x_k\right)$$

$$=\lim_{n\to\infty}n\left(\sum_{k=1}^n\int_{x_{k-1}}^{x_k}(f(x)-f(x_k))\mathrm{d}x\right)$$

$$=\lim_{n\to\infty}n\left(\sum_{k=1}^n\int_{x_{k-1}}^{x_k}\frac{f(x)-f(x_k)}{x-x_k}(x-x_k)\mathrm{d}x\right)$$

$$=\lim_{n\to\infty}n\left(\sum_{k=1}^n\frac{f(\xi_k)-f(x_k)}{\xi_k-x_k}\int_{x_{k-1}}^{x_k}(x-x_k)\mathrm{d}x\right)\quad(\xi_k\in(x_{k-1},x_k))$$

$$=\lim_{n\to\infty}n\left(\sum_{k=1}^n f'(\eta_k)\left(-\frac{1}{2}(x_{k-1}-x_k)^2\right)\right)\quad(\eta_k\in(\xi_k,x_k))$$

$$=-\frac{1}{2}\lim_{n\to\infty}\left(\sum_{k=1}^n f'(\eta_k)\Delta x_k\right)=-\frac{1}{2}\int_0^1 f'(x)\mathrm{d}x=-\frac{1}{2}。$$

例 11.4 设 $A_n = \dfrac{n}{n^2+1} + \dfrac{n}{n^2+2^2} + \cdots + \dfrac{n}{n^2+n^2}$，求极限 $\lim\limits_{n\to\infty} n\left(\dfrac{\pi}{4} - A_n\right)$。

【解】 令 $f(x) = \dfrac{1}{1+x^2}$，将区间 $[0,1]$ n 等分，记 $x_k = \dfrac{k}{n}$ $(k=0,1,2,\cdots,n)$，$\Delta x_k = \dfrac{1}{n}$，则

$$\lim_{n\to\infty} A_n = \lim_{n\to\infty} \frac{1}{n}\sum_{k=1}^{n} \frac{1}{1+\left(\dfrac{k}{n}\right)^2} = \int_0^1 \frac{1}{1+x^2}\mathrm{d}x = \frac{\pi}{4},$$

从而

$$\lim_{n\to\infty} n\left(\frac{\pi}{4} - A_n\right) = \lim_{n\to\infty} n\left(\int_0^1 \frac{1}{1+x^2}\mathrm{d}x - \frac{1}{n}\sum_{k=1}^{n}\frac{1}{1+x_k^2}\right)$$

$$= \lim_{n\to\infty} n\left(\sum_{k=1}^{n}\int_{x_{k-1}}^{x_k}(f(x)-f(x_k))\mathrm{d}x\right)$$

$$= \lim_{n\to\infty} n\left(\sum_{k=1}^{n}\int_{x_{k-1}}^{x_k}\frac{f(x)-f(x_k)}{x-x_k}(x-x_k)\mathrm{d}x\right)$$

$$= \lim_{n\to\infty} n\left(\sum_{k=1}^{n}\frac{f(\xi_k)-f(x_k)}{\xi_k-x_k}\int_{x_{k-1}}^{x_k}(x-x_k)\mathrm{d}x\right)\quad(\xi_k\in(x_{k-1},x_k))$$

$$= \lim_{n\to\infty} n\left(\sum_{k=1}^{n}f'(\eta_k)\left(-\frac{1}{2}(x_{k-1}-x_k)^2\right)\right)\quad(\eta_k\in(\xi_k,x_k))$$

$$= -\frac{1}{2}\lim_{n\to\infty}\left(\sum_{k=1}^{n}f'(\eta_k)\Delta x_k\right) = -\frac{1}{2}\int_0^1 f'(x)\mathrm{d}x = -\frac{1}{2}(f(1)-f(0)) = \frac{1}{4}。$$

二、利用积分中值定理证明不等式

例 11.5 设 $f(x)$ 在 $[0,1]$ 上连续，且 $\displaystyle\int_0^1 f(x)\mathrm{d}x = 0$，$\displaystyle\int_0^1 xf(x)\mathrm{d}x = 0$，$\cdots$，$\displaystyle\int_0^1 x^{n-1}f(x)\mathrm{d}x = 0$，$\displaystyle\int_0^1 x^n f(x)\mathrm{d}x = 1$，证明存在 $\xi\in[0,1]$，使 $|f(\xi)| \geqslant 2^n(n+1)$。

【证 1】 由已知得

$$\int_0^1 \left(x-\frac{1}{2}\right)^n f(x)\mathrm{d}x = \int_0^1 x^n f(x)\mathrm{d}x = 1,$$

所以

$$\int_0^1 \left|\left(x-\frac{1}{2}\right)^n f(x)\right|\mathrm{d}x \geqslant \left|\int_0^1 \left(x-\frac{1}{2}\right)^n f(x)\mathrm{d}x\right| = \left|\int_0^1 x^n f(x)\mathrm{d}x\right| = 1,$$

由积分第一中值定理，存在 $\xi\in[0,1]$，使得

$$\int_0^1 \left|\left(x-\frac{1}{2}\right)^n f(x)\right|\mathrm{d}x = |f(\xi)|\int_0^1 \left|\left(x-\frac{1}{2}\right)^n\right|\mathrm{d}x$$

$$= 2|f(\xi)|\int_0^{\frac{1}{2}}\left(\frac{1}{2}-x\right)^n\mathrm{d}x = \frac{|f(\xi)|}{2^n(n+1)},$$

即存在 $\xi\in[0,1]$，使 $|f(\xi)|\geqslant 2^n(n+1)$。

【证 2】 (反证法)假设当 $x \in [0,1]$ 时，恒有 $|f(x)| < 2^n(n+1)$ 成立，则

$$1 = \left| \int_0^1 \left(x - \frac{1}{2}\right)^n f(x) \mathrm{d}x \right| \leqslant \int_0^1 \left| x - \frac{1}{2} \right|^n |f(x)| \mathrm{d}x < 2^n(n+1) \int_0^1 \left| x - \frac{1}{2} \right|^n \mathrm{d}x = 1,$$

矛盾，故存在 $\xi \in [0,1]$，使 $|f(\xi)| \geqslant 2^n(n+1)$。

例 11.6 设函数 $f(x)$ 在闭区间 $[0,1]$ 上可微，在开区间 $(0,1)$ 内，$|f'(x)| \leqslant M$，证明

$$\left| \int_0^1 f(x)\mathrm{d}x - \frac{1}{n}\sum_{k=1}^n f\left(\frac{k}{n}\right) \right| \leqslant \frac{M}{n}.$$

【证】 将区间 $[0,1]$ n 等分，设 $x_k = \frac{k}{n}(k=0,1,2,\cdots,n)$，由积分中值定理，存在 $\eta_k \in [x_{k-1},x_k]$，使得

$$\int_{x_{k-1}}^{x_k} f(x)\mathrm{d}x = \frac{1}{n}f(\eta_k),$$

由 Lagrange 中值定理，存在 $\xi_k \in (\eta_k,x_k) \subset [x_{k-1},x_k]$，使得

$$f(\eta_k) - f(x_k) = f'(\xi_k)(\eta_k - x_k),$$

则

$$\left| \int_0^1 f(x)\mathrm{d}x - \frac{1}{n}\sum_{k=1}^n f\left(\frac{k}{n}\right) \right| = \left| \sum_{k=1}^n \left(\int_{x_{k-1}}^{x_k} f(x)\mathrm{d}x - \frac{1}{n}f\left(\frac{k}{n}\right) \right) \right|$$

$$\leqslant \frac{1}{n}\sum_{k=1}^n |f(\eta_k) - f(x_k)|$$

$$= \frac{1}{n}\sum_{k=1}^n |f'(\xi_k)||\eta_k - x_k| \leqslant \frac{M}{n}.$$

例 11.7 设 $\alpha > 0, \beta > 0, 0 < a < b$，证明不等式 $\left| \int_a^b \sin\left(nt - \frac{\beta}{t^\alpha}\right) \mathrm{d}t \right| < \frac{2}{n}$。

【证】 令 $\bar{\omega}(t) = t - \frac{\beta}{nt^\alpha}(t > 0)$，因为

$$\frac{\mathrm{d}\bar{\omega}}{\mathrm{d}t} = 1 + \frac{\alpha\beta}{nt^{\alpha+1}} > 0,$$

所以 $\bar{\omega}(t)$ 严格单调递增，设它的反函数是 $t = t(\bar{\omega})$，记 $\bar{\omega}_a = a - \frac{\beta}{na^\alpha}, \bar{\omega}_b = b - \frac{\beta}{nb^\alpha}$，由于

$$\frac{\mathrm{d}t}{\mathrm{d}\bar{\omega}} = \left(1 + \frac{\alpha\beta}{nt^{\alpha+1}}\right)^{-1} > 0,$$

$$\frac{\mathrm{d}^2 t}{\mathrm{d}\bar{\omega}^2} = \left(1 + \frac{\alpha\beta}{nt^{\alpha+1}}\right)^{-2} \cdot \frac{\alpha(\alpha+1)\beta}{nt^{\alpha+2}} \cdot \frac{\mathrm{d}t}{\mathrm{d}\bar{\omega}} > 0,$$

$\frac{\mathrm{d}t}{\mathrm{d}\bar{\omega}}$ 关于 $\bar{\omega}$ 严格单调增加，由积分第二中值定理，存在 $\xi \in [\bar{\omega}_a,\bar{\omega}_b]$

$$\int_a^b \sin\left(nt - \frac{\beta}{t^\alpha}\right)\mathrm{d}t = \int_{\bar{\omega}_a}^{\bar{\omega}_b} \frac{\mathrm{d}t}{\mathrm{d}\bar{\omega}}\sin n\bar{\omega}\,\mathrm{d}\bar{\omega} = \frac{\mathrm{d}t}{\mathrm{d}\bar{\omega}}\bigg|_{\bar{\omega}_b} \int_\xi^{\bar{\omega}_b} \sin n\bar{\omega}\,\mathrm{d}\bar{\omega}$$

$$= \left(\frac{\mathrm{d}\bar{\omega}}{\mathrm{d}t}\bigg|_{t=b}\right)^{-1} \left(-\frac{1}{n}\cos n\bar{\omega}\right)\bigg|_\xi^{\bar{\omega}_b}$$

$$= -\frac{1}{n}\left(1 + \frac{\alpha\beta}{nb^{a+1}}\right)^{-1}(\cos n\bar{\omega}_b - \cos n\xi),$$

所以

$$\left|\int_a^b \sin\left(nt - \frac{\beta}{t^a}\right)dt\right| < \frac{1}{n}|\cos n\bar{\omega}_b - \cos n\xi| \leqslant \frac{2}{n}.$$

三、利用积分中值定理证明积分的极限

例 11.8　设 $f(x)$ 是 $[0,2\pi]$ 上的连续函数，证明 $\lim\limits_{n\to\infty}\int_0^{2\pi} f(x)|\sin nx|dx = \frac{2}{\pi}\int_0^{2\pi} f(x)dx$。

【证】　将区间 $[0,2\pi]$ n 等分，设分点 $x_k = \frac{2k\pi}{n}(k=0,1,2,\cdots,n)$，则 $\Delta x_k = \frac{2\pi}{n}$。对任意正整数 n，有

$$\int_0^{2\pi} f(x)|\sin nx|dx = \sum_{k=1}^n \int_{2(k-1)\pi/n}^{2k\pi/n} f(x)|\sin nx|dx,$$

由积分第一中值定理，存在 $\xi_k \in \left[\frac{2(k-1)\pi}{n}, \frac{2k\pi}{n}\right]$，使得

$$\int_{2(k-1)\pi/n}^{2k\pi/n} f(x)|\sin nx|dx = f(\xi_k)\int_{2(k-1)\pi/n}^{2k\pi/n}|\sin nx|dx$$

$$= f(\xi_k)\left(\int_{2(k-1)\pi/n}^{(2k-1)\pi/n}\sin nx\,dx - \int_{(2k-1)\pi/n}^{2k\pi/n}\sin nx\,dx\right) = \frac{4}{n}f(\xi_k),$$

所以

$$\int_0^{2\pi} f(x)|\sin nx|dx = \sum_{k=1}^n \int_{2(k-1)\pi/n}^{2k\pi/n} f(x)|\sin nx|dx = \sum_{k=1}^n \frac{4}{n}f(\xi_k) = \frac{2}{\pi}\sum_{k=1}^n f(\xi_k)\Delta x_k,$$

由于 $f(x)$ 是 $[0,2\pi]$ 上的连续函数，因此在 $[0,2\pi]$ 上可积，且当 $n\to\infty$ 时，$\Delta x_k \to 0$，从而

$$\lim_{n\to\infty}\int_0^{2\pi} f(x)|\sin nx|dx = \frac{2}{\pi}\lim_{\Delta x_k\to 0}\sum_{k=1}^n f(\xi_k)\Delta x_k = \frac{2}{\pi}\int_0^{2\pi} f(x)dx.$$

例 11.9　设 $f(x)$ 为 $[-1,1]$ 上的连续函数，证明 $\lim\limits_{h\to 0^+}\int_{-1}^1 \frac{h}{h^2+x^2}f(x)dx = \pi f(0)$。

【证】　因为

$$\lim_{h\to 0^+}\int_{-1}^1 \frac{h}{h^2+x^2}f(x)dx = \lim_{h\to 0^+}\int_0^1 \frac{h}{h^2+x^2}(f(x)+f(-x))dx$$

$$= \lim_{h\to 0^+}\left(\int_0^{h^{\frac{1}{4}}} \frac{h}{h^2+x^2}(f(x)+f(-x))dx + \right.$$

$$\left.\int_{h^{\frac{1}{4}}}^1 \frac{h}{h^2+x^2}(f(x)+f(-x))dx\right),$$

由积分中值定理，存在 $\xi\in(h^{\frac{1}{4}},1)$，使得

$$\int_{h^{\frac{1}{4}}}^{1}\frac{h}{h^2+x^2}(f(x)+f(-x))\mathrm{d}x=\frac{h}{h^2+\xi^2}(f(\xi)+f(-\xi))(1-h^{\frac{1}{4}}),$$

注意到

$$0<\frac{h}{h^2+\xi^2}<\frac{h}{h^2+h^{\frac{1}{2}}}\to 0\quad(h\to 0),$$

利用函数 $f(x)$ 的有界性和夹逼定理可得

$$\lim_{h\to 0^+}\int_{h^{\frac{1}{4}}}^{1}\frac{h}{h^2+x^2}(f(x)+f(-x))\mathrm{d}x=0。$$

再利用积分第一中值定理,存在 $\eta\in[0,h^{\frac{1}{4}}]$,使得

$$\lim_{h\to 0^+}\int_{0}^{h^{\frac{1}{4}}}\frac{h}{h^2+x^2}(f(x)+f(-x))\mathrm{d}x=\lim_{h\to 0^+}(f(\eta)+f(-\eta))\int_{0}^{h^{\frac{1}{4}}}\frac{h}{h^2+x^2}\mathrm{d}x$$

$$=2f(0)\lim_{h\to 0^+}\arctan\frac{x}{h}\Big|_{0}^{h^{\frac{1}{4}}}=\pi f(0),$$

所以

$$\lim_{h\to 0^+}\int_{-1}^{1}\frac{h}{h^2+x^2}f(x)\mathrm{d}x=\pi f(0)。$$

例 11.10 （1）求解微分方程 $\begin{cases}y'-xy=x\mathrm{e}^{x^2},\\ y(0)=1。\end{cases}$

（2）如 $y=f(x)$ 为上述方程的解,证明 $\displaystyle\lim_{n\to\infty}\int_{0}^{1}\frac{n}{1+n^2x^2}f(x)\mathrm{d}x=\frac{\pi}{2}$。

（1）**【解】** 所求微分方程的通解为

$$y=\mathrm{e}^{\int x\mathrm{d}x}\left(\int x\mathrm{e}^{x^2}\mathrm{e}^{-\int x\mathrm{d}x}\mathrm{d}x+C\right)=\mathrm{e}^{\frac{1}{2}x^2}\left(\int x\mathrm{e}^{\frac{1}{2}x^2}\mathrm{d}x+C\right)=\mathrm{e}^{x^2}+C\mathrm{e}^{\frac{1}{2}x^2},$$

由初始条件 $y(0)=1$ 得 $C=0$,从而 $y=\mathrm{e}^{x^2}$。

（2）**【证 1】** 因为

$$\int_{0}^{1}\frac{n}{1+n^2x^2}\mathrm{e}^{x^2}\mathrm{d}x=\int_{0}^{n^{-\frac{1}{4}}}\frac{n}{1+n^2x^2}\mathrm{e}^{x^2}\mathrm{d}x+\int_{n^{-\frac{1}{4}}}^{1}\frac{n}{1+n^2x^2}\mathrm{e}^{x^2}\mathrm{d}x,$$

由积分中值定理知,存在 $\xi\in[n^{-\frac{1}{4}},1]$,使得

$$0<\int_{n^{-\frac{1}{4}}}^{1}\frac{n}{1+n^2x^2}\mathrm{e}^{x^2}\mathrm{d}x=\frac{n}{1+n^2\xi^2}\mathrm{e}^{\xi^2}(1-n^{-\frac{1}{4}})<\frac{n\mathrm{e}}{1+n^2\cdot n^{-\frac{1}{2}}}=\frac{n\mathrm{e}}{1+n^{\frac{3}{2}}}\to 0,$$

故

$$\lim_{n\to\infty}\int_{n^{-\frac{1}{4}}}^{1}\frac{n}{1+n^2x^2}\mathrm{e}^{x^2}\mathrm{d}x=0。$$

由积分第一中值定理知,存在 $\eta\in[0,n^{-\frac{1}{4}}]$,使得

$$\lim_{n\to\infty}\int_{0}^{n^{-\frac{1}{4}}}\frac{n}{1+n^2x^2}\mathrm{e}^{x^2}\mathrm{d}x=\lim_{n\to\infty}\left(\mathrm{e}^{\eta^2}\int_{0}^{n^{-\frac{1}{4}}}\frac{n}{1+n^2x^2}\mathrm{d}x\right)=\lim_{n\to\infty}\mathrm{e}^{\eta^2}\arctan nx\Big|_{0}^{n^{-\frac{1}{4}}}=\frac{\pi}{2},$$

因此

$$\lim_{n\to\infty}\int_0^1\frac{n}{1+n^2x^2}f(x)\mathrm{d}x=\lim_{n\to\infty}\int_0^{n^{-\frac{1}{4}}}\frac{n}{1+n^2x^2}\mathrm{e}^{x^2}\mathrm{d}x+\lim_{n\to\infty}\int_{n^{-\frac{1}{4}}}^1\frac{n}{1+n^2x^2}\mathrm{e}^{x^2}\mathrm{d}x=\frac{\pi}{2}。$$

【证 2】 因为

$$\int_0^1\frac{n}{1+n^2x^2}\mathrm{e}^{x^2}\mathrm{d}x=\int_0^1\frac{n}{1+n^2x^2}(\mathrm{e}^{x^2}-1)\mathrm{d}x+\int_0^1\frac{n}{1+n^2x^2}\mathrm{d}x,$$

而

$$\lim_{n\to\infty}\int_0^1\frac{n}{1+n^2x^2}\mathrm{d}x=\lim_{n\to\infty}\arctan n=\frac{\pi}{2},$$

往证 $\lim\limits_{n\to\infty}\int_0^1\dfrac{n}{1+n^2x^2}(\mathrm{e}^{x^2}-1)\mathrm{d}x=0$。

由 $\lim\limits_{x\to0}(\mathrm{e}^{x^2}-1)=0$ 知,$\forall\varepsilon>0,\exists\delta>0$,当 $0<x<\delta$ 时,$|\mathrm{e}^{x^2}-1|<\dfrac{\varepsilon}{\pi}$,因此

$$\left|\int_0^1\frac{n}{1+n^2x^2}(\mathrm{e}^{x^2}-1)\mathrm{d}x\right|=\left|\int_0^\delta\frac{n}{1+n^2x^2}(\mathrm{e}^{x^2}-1)\mathrm{d}x+\int_\delta^1\frac{n}{1+n^2x^2}(\mathrm{e}^{x^2}-1)\mathrm{d}x\right|$$

$$\leqslant\int_0^\delta\frac{n}{1+n^2x^2}|\mathrm{e}^{x^2}-1|\mathrm{d}x+\int_\delta^1\frac{n}{1+n^2x^2}|\mathrm{e}^{x^2}-1|\mathrm{d}x$$

$$\leqslant\frac{\varepsilon}{\pi}\int_0^\delta\frac{n}{1+n^2x^2}\mathrm{d}x+(\mathrm{e}-1)\int_\delta^1\frac{n}{1+n^2x^2}\mathrm{d}x$$

$$<\frac{\varepsilon}{2}+(\mathrm{e}-1)\frac{n}{1+n^2\delta^2}(1-\delta)<\frac{\varepsilon}{2}+(\mathrm{e}-1)\frac{n}{1+n^2\delta^2},$$

因为 $\lim\limits_{n\to\infty}\dfrac{n}{1+n^2\delta^2}=0$,对上述 $\forall\varepsilon>0,\exists N>0$,当 $n>N$ 时,$\dfrac{n}{1+n^2\delta^2}<\dfrac{\varepsilon}{2(\mathrm{e}-1)}$,故

$$\left|\int_0^1\frac{n}{1+n^2x^2}(\mathrm{e}^{x^2}-1)\mathrm{d}x\right|<\frac{\varepsilon}{2}+\frac{\varepsilon}{2}=\varepsilon,$$

即 $\lim\limits_{n\to\infty}\int_0^1\dfrac{n}{1+n^2x^2}(\mathrm{e}^{x^2}-1)\mathrm{d}x=0$,从而

$$\lim_{n\to\infty}\int_0^1\frac{n}{1+n^2x^2}f(x)\mathrm{d}x=\lim_{n\to\infty}\int_0^1\frac{n}{1+n^2x^2}\mathrm{d}x=\frac{\pi}{2}。$$

四、利用积分中值定理证明函数的极限

例 11.11 设 $f(x)$ 在 $[-L,L]$ 上连续,在 $x=0$ 处可导,且 $f'(0)\neq0$。

(1) 证明 $\forall x\in[0,L],\exists\theta\in(0,1)$,使得 $\int_0^xf(t)\mathrm{d}t+\int_0^{-x}f(t)\mathrm{d}t=x(f(\theta x)-f(-\theta x))$;

(2) 求 $\lim\limits_{x\to0^+}\theta$。

【证】 (1) 由积分中值定理,对 $\forall x\in[0,L]$,存在 $0<\theta<1$,使得

$$\int_0^xf(t)\mathrm{d}t+\int_0^{-x}f(t)\mathrm{d}t=\int_0^x(f(t)-f(-t))\mathrm{d}t=(f(\theta x)-f(-\theta x))x。$$

（2）因为

$$\frac{1}{x^2}\int_0^x (f(t)-f(-t))\mathrm{d}t = \theta\,\frac{f(\theta x)-f(-\theta x)}{\theta x},$$

所以

$$\lim_{x\to 0^+}\theta\cdot\lim_{x\to 0^+}\frac{f(\theta x)-f(-\theta x)}{\theta x}=\lim_{x\to 0^+}\frac{1}{x^2}\int_0^x (f(t)-f(-t))\mathrm{d}t=\lim_{x\to 0^+}\frac{f(x)-f(-x)}{2x},$$

由于 $f(x)$ 在 $x=0$ 处可导，则

$$\lim_{x\to 0^+}\frac{f(x)-f(-x)}{x}=\lim_{x\to 0^+}\frac{f(x)-f(0)}{x}+\lim_{x\to 0^+}\frac{f(-x)-f(0)}{-x}=2f'(0),$$

$$\lim_{x\to 0^+}\frac{f(\theta x)-f(-\theta x)}{\theta x}=\lim_{x\to 0^+}\frac{f(\theta x)-f(0)}{\theta x}+\lim_{x\to 0^+}\frac{f(-\theta x)-f(0)}{-\theta x}=2f'(0),$$

又 $f'(0)\neq 0$，从而 $\displaystyle\lim_{x\to 0^+}\theta=\frac{1}{2}$。

例 11.12　设 $f(x,y)$ 是定义在区域 $0\leqslant x\leqslant 1,0\leqslant y\leqslant 1$ 上的二元函数，$f(0,0)=0$，且在点 $(0,0)$ 处 $f(x,y)$ 可微分，证明 $\displaystyle\lim_{x\to 0^+}\frac{\displaystyle\int_0^{x^2}\mathrm{d}t\int_x^{\sqrt t}f(t,u)\mathrm{d}u}{1-\mathrm{e}^{\frac{-x^4}{4}}}=-\frac{\partial f}{\partial y}\bigg|_{(0,0)}$。

【证】　先交换积分顺序可得

$$\int_0^{x^2}\mathrm{d}t\int_x^{\sqrt t}f(t,u)\mathrm{d}u=-\int_0^x \mathrm{d}u\int_0^{u^2}f(t,u)\mathrm{d}t。$$

由 $f(x,y)$ 在 $(0,0)$ 可微分知 $\varphi(u)=\displaystyle\int_0^{u^2}f(t,u)\mathrm{d}t$ 在 $u=0$ 的某邻域内连续，因此

$$I=\lim_{x\to 0^+}\frac{\displaystyle\int_0^{x^2}\mathrm{d}t\int_x^{\sqrt t}f(t,u)\mathrm{d}u}{1-\mathrm{e}^{\frac{-x^4}{4}}}=\lim_{x\to 0^+}\frac{-\displaystyle\int_0^x \varphi(u)\mathrm{d}u}{\dfrac{x^4}{4}}=\lim_{x\to 0^+}\frac{-\varphi(x)}{x^3}$$

$$=\lim_{x\to 0^+}\frac{-\displaystyle\int_0^{x^2}f(t,x)\mathrm{d}t}{x^3}=-\lim_{x\to 0^+}\frac{f(\xi,x)x^2}{x^3}=-\lim_{x\to 0^+}\frac{f(\xi,x)}{x},\quad 0<\xi<x^2。$$

因为 $f(x,y)$ 在 $(0,0)$ 可微，所以

$$f(\xi,x)=f(0,0)+f_x(0,0)\xi+f_y(0,0)x+o(\sqrt{\xi^2+x^2}),$$

即

$$I=-\lim_{x\to 0^+}\frac{f(0,0)+f_x(0,0)\xi+f_y(0,0)x+o(\sqrt{\xi^2+x^2})}{x}。$$

从而

$$|I+f_y(0,0)|\leqslant\lim_{x\to 0^+}\frac{|f_x(0,0)|\,\xi+o(\sqrt{\xi^2+x^2})}{x}\leqslant\lim_{x\to 0^+}\frac{|f_x(0,0)|\,x^2+o(x)}{x}=0,$$

则

$$\lim_{x \to 0^+} \frac{\int_0^{x^2} dt \int_x^{\sqrt{t}} f(t, u) du}{1 - e^{\frac{-x^4}{4}}} = f_y(0, 0) = -\frac{\partial f}{\partial y}\Big|_{(0, 0)}.$$

例 11.13 设 D 为圆域 $\varepsilon^2 \leqslant x^2 + y^2 \leqslant 1$，函数 $f(x, y)$ 在单位圆域上有连续的偏导

数，且在边界上的值恒为零，证明 $f(0, 0) = \lim_{\varepsilon \to 0^+} \frac{-1}{2\pi} \iint_D \frac{x\dfrac{\partial f}{\partial x} + y\dfrac{\partial f}{\partial y}}{x^2 + y^2} dx\, dy$。

【证】 取极坐标系，由 $x = r\cos\theta, y = r\sin\theta$，得

$$\frac{\partial f}{\partial r} = \frac{\partial f}{\partial x} \cdot \frac{\partial x}{\partial r} + \frac{\partial f}{\partial y} \cdot \frac{\partial y}{\partial r} = \frac{\partial f}{\partial x}\cos\theta + \frac{\partial f}{\partial y}\sin\theta,$$

将上式两端同乘 r，得到

$$r\frac{\partial f}{\partial r} = \frac{\partial f}{\partial x}r\cos\theta + \frac{\partial f}{\partial y}r\sin\theta = x\frac{\partial f}{\partial x} + y\frac{\partial f}{\partial y}.$$

于是

$$I = \iint_D \frac{x\dfrac{\partial f}{\partial x} + y\dfrac{\partial f}{\partial y}}{x^2 + y^2} dx\, dy = \iint_D \frac{\partial f}{\partial r} dr\, d\theta = \int_0^{2\pi} d\theta \int_\varepsilon^1 \frac{\partial f}{\partial r} dr$$

$$= \int_0^{2\pi} \big[f(r\cos\theta, r\sin\theta) \big] \big|_\varepsilon^1 d\theta = \int_0^{2\pi} f(\cos\theta, \sin\theta) d\theta - \int_0^{2\pi} f(\varepsilon\cos\theta, \varepsilon\sin\theta) d\theta$$

$$= 0 - \int_0^{2\pi} f(\varepsilon\cos\theta, \varepsilon\sin\theta) d\theta = -\int_0^{2\pi} f(\varepsilon\cos\theta, \varepsilon\sin\theta) d\theta,$$

由积分中值定理，有

$$I = -2\pi \cdot f(\varepsilon\cos\theta_1, \varepsilon\sin\theta_1), \quad 0 \leqslant \theta_1 \leqslant 2\pi.$$

故

$$\lim_{\varepsilon \to 0^+} \frac{-1}{2\pi} \iint_D \frac{x\dfrac{\partial f}{\partial x} + y\dfrac{\partial f}{\partial y}}{x^2 + y^2} dx\, dy = \lim_{\varepsilon \to 0^+} f(\varepsilon\cos\theta_1, \varepsilon\sin\theta_1) = f(0, 0).$$

例 11.14 设 C 为包围原点的正向闭曲线，函数 $u(x, y), v(x, y)$ 在 C 围成的区域内

具有一阶连续偏导数，满足 $\dfrac{\partial u}{\partial x} = \dfrac{\partial v}{\partial y}, \dfrac{\partial u}{\partial y} = -\dfrac{\partial v}{\partial x}$，证明 $\oint_C \dfrac{1}{x^2 + y^2} ((xv - yu)dx + (xu + yv)dy) = 2\pi u(0, 0)$。

【证】 由题设条件知，记 $P = \dfrac{xv - yu}{x^2 + y^2}, Q = \dfrac{xu + yv}{x^2 + y^2}$，则

$$\frac{\partial P}{\partial y} = \frac{1}{(x^2 + y^2)^2} \left(\left(x\frac{\partial v}{\partial y} - u - y\frac{\partial u}{\partial y} \right)(x^2 + y^2) - 2y(xv - yu) \right),$$

$$\frac{\partial Q}{\partial x} = \frac{1}{(x^2 + y^2)^2} \left(\left(u + x\frac{\partial u}{\partial x} + y\frac{\partial v}{\partial x} \right)(x^2 + y^2) - 2x(xu + yv) \right).$$

由于 $\dfrac{\partial u}{\partial x} = \dfrac{\partial v}{\partial y}, \dfrac{\partial u}{\partial y} = -\dfrac{\partial v}{\partial x}$，因此

$$\frac{\partial P}{\partial y} = \frac{1}{(x^2+y^2)^2}\left(\left(x\frac{\partial u}{\partial x}-u-y\frac{\partial v}{\partial x}\right)(x^2+y^2)-2y(xv-yu)\right)=\frac{\partial Q}{\partial x}.$$

记 $C_1 : x=\delta\cos\theta, y=\delta\sin\theta$，其中 $\theta\in[0,2\pi]$，曲线 C_1 取正向，$\delta>0$ 可以足够的小使得圆周 C_1 包含于 C 围成的区域内，由积分与路径无关，得

$$\oint_C \frac{1}{x^2+y^2}((xv-yu)\mathrm{d}x+(xu+yv)\mathrm{d}y)$$

$$=\oint_{C_1}\frac{1}{x^2+y^2}((xv-yu)\mathrm{d}x+(xu+yv)\mathrm{d}y)$$

$$=\int_0^{2\pi}\frac{1}{\delta^2}((\delta v\cos\theta-\delta u\sin\theta)\mathrm{d}(\delta\cos\theta)+(\delta u\cos\theta+\delta v\sin\theta)\mathrm{d}(\delta\sin\theta))$$

$$=\int_0^{2\pi}((v\cos\theta-u\sin\theta)(-\sin\theta)+(u\cos\theta+v\sin\theta)(\cos\theta))\mathrm{d}\theta$$

$$=\int_0^{2\pi}u(\delta\cos\theta,\delta\sin\theta)\mathrm{d}\theta=2\pi u(\delta\cos\theta_0,\delta\sin\theta_0),\quad 0\leqslant\theta_0\leqslant 2\pi.$$

在 C_1 所围成的区域内，由于 δ 可以取得足够的小，但曲线积分 $\oint_C$ 表示一个确定的数值，因此

$$\oint_C \frac{1}{x^2+y^2}((xv-yu)\mathrm{d}x+(xu+yv)\mathrm{d}y)=\lim_{\delta\to 0^+}u(\delta\cos\theta_0,\delta\sin\theta_0)=2\pi u(0,0).$$

例 11.15　设函数 $P(x,y,z)$ 和 $R(x,y,z)$ 在空间区域上有连续偏导数，设上半球面 $S:z=z_0+\sqrt{r^2-(x-x_0)^2-(y-y_0)^2}$，方向向上，若对任意点 (x_0,y_0,z_0) 和 $r>0$，第二型曲面积分 $\iint\limits_S P\mathrm{d}y\mathrm{d}z+R\mathrm{d}x\mathrm{d}y=0$，证明 $\dfrac{\partial P}{\partial x}\equiv 0$。

【证 1】　记上半球面的底平面为 $S_0:z=z_0((x-x_0)^2+(y-y_0)^2\leqslant r^2)$，方向向下，则 S 和 S_0 围成闭区域记为 Ω，S_0 在 xOy 面上的投影区域记为 D，由高斯公式得

$$\left(\iint\limits_S+\iint\limits_{S_0}\right)P\mathrm{d}y\mathrm{d}z+R\mathrm{d}x\mathrm{d}y=\iiint\limits_\Omega\left(\frac{\partial P}{\partial x}+\frac{\partial R}{\partial z}\right)\mathrm{d}V,$$

因为 $\iint\limits_S P\mathrm{d}y\mathrm{d}z+R\mathrm{d}x\mathrm{d}y=0$，且 $\iint\limits_{S_0}P\mathrm{d}y\mathrm{d}z+R\mathrm{d}x\mathrm{d}y=-\iint\limits_D R(x,y,z_0)\mathrm{d}x\mathrm{d}y$，所以

$$\iiint\limits_\Omega\left(\frac{\partial P}{\partial x}+\frac{\partial R}{\partial z}\right)\mathrm{d}V=-\iint\limits_D R(x,y,z_0)\mathrm{d}x\mathrm{d}y,$$

则

$$\iiint\limits_\Omega\frac{\partial P}{\partial x}\mathrm{d}V=-\iiint\limits_\Omega\frac{\partial R}{\partial z}\mathrm{d}V-\iint\limits_D R(x,y,z_0)\mathrm{d}x\mathrm{d}y$$

$$=-\iint\limits_D\mathrm{d}x\mathrm{d}y\int_{z_0}^{z_0+\sqrt{r^2-(x-x_0)^2+(y-y_0)^2}}\frac{\partial R}{\partial z}\mathrm{d}z-\iint\limits_D R(x,y,z_0)\mathrm{d}x\mathrm{d}y$$

$$=-\iint\limits_D R(x,y,z_0+\sqrt{r^2-(x-x_0)^2+(y-y_0)^2})\mathrm{d}x\mathrm{d}y,$$

由积分中值定理得，存在 $(\mu,\nu,\bar\omega)\in\Omega$，$(\xi,\eta)\in D$，使得

$$\frac{\partial P(\mu,\nu,\bar{\omega})}{\partial x} \cdot \frac{2}{3}\pi r^3 = -R\left(\xi,\eta,z_0+\sqrt{r^2-(\xi-x_0)^2+(\eta-y_0)^2}\right) \cdot \pi r^2,$$

即

$$R\left(\xi,\eta,z_0+\sqrt{r^2-(\xi-x_0)^2+(\eta-y_0)^2}\right) = -\frac{\partial P(\mu,\nu,\omega)}{\partial x} \cdot \frac{2}{3}r.$$

因为函数 $P(x,y,z)$ 在 Ω 上有连续偏导数,所以

$$R(x_0,y_0,z_0) = \lim_{r\to 0^+}\left(R(\xi,\eta,z_0)+\sqrt{r^2-(\xi-x_0)^2+(\eta-y_0)^2}\right)$$

$$= -\lim_{r\to 0^+}\frac{\partial P(\mu,\nu,\bar{\omega})}{\partial x} \cdot \frac{4}{3}r = 0,$$

而 (x_0,y_0,z_0) 为 $\mathbb{R}^3$ 中任意一点,则 $R(x,y,z)\equiv 0 (\forall (x,y,z)\in\mathbb{R}^3)$,故对任意 $r>0$,有

$$\frac{\partial P(\mu,\nu,\bar{\omega})}{\partial x} \cdot \frac{2}{3}r = 0, \quad 即 \quad \frac{\partial P(\mu,\nu,\bar{\omega})}{\partial x} = 0,$$

从而

$$\frac{\partial P(x_0,y_0,z_0)}{\partial x} = \lim_{r\to 0^+}\frac{\partial P(\mu,\nu,\bar{\omega})}{\partial x} = 0,$$

而 (x_0,y_0,z_0) 为 $\mathbb{R}^3$ 中任意一点,则 $\dfrac{\partial P}{\partial x}\equiv 0 (\forall (x,y,z)\in\mathbb{R}^3)$。

【证 2】 记上半球面的底平面为 $S_0:z=z_0((x-x_0)^2+(y-y_0)^2\leqslant r^2)$,方向向下,则 S 和 S_0 围成闭区域记为 Ω,S_0 在 xOy 面上的投影区域记为 D,由高斯公式得

$$\left(\iint_S + \iint_{S_0}\right)P\mathrm{d}y\mathrm{d}z + R\mathrm{d}x\mathrm{d}y = \iiint_\Omega\left(\frac{\partial P}{\partial x}+\frac{\partial R}{\partial z}\right)\mathrm{d}V.$$

因为 $\iint_S P\mathrm{d}y\mathrm{d}z + R\mathrm{d}x\mathrm{d}y = 0$,且 $\iint_{S_0} P\mathrm{d}y\mathrm{d}z + R\mathrm{d}x\mathrm{d}y = -\iint_D R(x,y,z_0)\mathrm{d}x\mathrm{d}y$,所以

$$\iiint_\Omega\left(\frac{\partial P}{\partial x}+\frac{\partial R}{\partial z}\right)\mathrm{d}V = -\iint_D R(x,y,z_0)\mathrm{d}x\mathrm{d}y,$$

由题设知上式对任意 $r>0$ 均成立,下证 $R(x_0,y_0,z_0)=0$。若不然,设 $R(x_0,y_0,z_0)\neq 0$,由积分中值定理得

$$\iint_D R(x,y,z_0)\mathrm{d}x\mathrm{d}y = R(\xi,\eta,z_0)\cdot\pi r^2, \quad (\xi,\eta)\in D.$$

当 $r\to 0^+$ 时,$R(\xi,\eta,z_0)\to R(x_0,y_0,z_0)\neq 0$,从而 $\iint_D R(x,y,z_0)\mathrm{d}x\mathrm{d}y = o(r^2)(r\to 0^+)$。

当 $\dfrac{\partial P(x_0,y_0,z_0)}{\partial x}+\dfrac{\partial R(x_0,y_0,z_0)}{\partial z}\neq 0$ 时,由三重积分的中值定理,得

$$\iiint_\Omega\left(\frac{\partial P}{\partial x}+\frac{\partial R}{\partial z}\right)\mathrm{d}V = \left(\frac{\partial P(\xi,\eta,\zeta)}{\partial x}+\frac{\partial R(\xi,\eta,\zeta)}{\partial z}\right)\frac{2}{3}\pi r^3,$$

当 $r\to 0^+$ 时,

$$\frac{\partial P(\xi,\eta,\zeta)}{\partial x}+\frac{\partial R(\xi,\eta,\zeta)}{\partial z} \to \frac{\partial P(x_0,y_0,z_0)}{\partial x}+\frac{\partial R(x_0,y_0,z_0)}{\partial z}\neq 0,$$

则 $\iiint\limits_{\Omega}\left(\dfrac{\partial P}{\partial x}+\dfrac{\partial R}{\partial z}\right)\mathrm{d}V$ 是当 $r\to0^{+}$ 时 r 的三阶无穷小量。

当 $\dfrac{\partial P(x_{0},y_{0},z_{0})}{\partial x}+\dfrac{\partial R(x_{0},y_{0},z_{0})}{\partial z}=0$ 时, $\iiint\limits_{\Omega}\left(\dfrac{\partial P}{\partial x}+\dfrac{\partial R}{\partial z}\right)\mathrm{d}V=o(r^{3})(r\to0^{+})$,从而

$$\iiint\limits_{\Omega}\left(\frac{\partial P}{\partial x}+\frac{\partial R}{\partial z}\right)\mathrm{d}V=o\left(\iint\limits_{D}R(x,y,z_{0})\mathrm{d}x\,\mathrm{d}y\right)\ (r\to0^{+}),$$

当 r 很小时,

$$\left|\iint\limits_{D}R(x,y,z_{0})\mathrm{d}x\,\mathrm{d}y\right|\gg\left|\iiint\limits_{\Omega}\left(\frac{\partial P}{\partial x}+\frac{\partial R}{\partial z}\right)\mathrm{d}V\right|,$$

与 $-\iint\limits_{D}R(x,y,z_{0})\mathrm{d}x\,\mathrm{d}y=\iiint\limits_{\Omega}\left(\dfrac{\partial P}{\partial x}+\dfrac{\partial R}{\partial z}\right)\mathrm{d}V$ 矛盾,因此 $R(x_{0},y_{0},z_{0})=0$ 成立。又由已知条件 (x_{0},y_{0},z_{0}) 为 $\mathbb{R}^{3}$ 中任意一点,从而 $R(x,y,z)\equiv0(\forall(x,y,z)\in\mathbb{R}^{3})$,故

$$\iint\limits_{D}R(x,y,z_{0})\mathrm{d}x\,\mathrm{d}y=0\quad\text{且}\quad\frac{\partial R}{\partial z}=0,$$

从而 $\iiint\limits_{\Omega}\dfrac{\partial P}{\partial x}\mathrm{d}V\equiv0$。重复前面的证明可得 $\dfrac{\partial P(x_{0},y_{0},z_{0})}{\partial x}=0$,再由 (x_{0},y_{0},z_{0}) 为 $\mathbb{R}^{3}$ 中任意一点得

$$\frac{\partial P(x,y,z)}{\partial x}\equiv0,\quad\forall(x,y,z)\in\mathbb{R}^{3}。$$

综合训练

1. 设 $f(x)$ 在 $(-\infty,+\infty)$ 内可导,且 $\lim\limits_{x\to+\infty}f(x)=1$,求 $\lim\limits_{x\to+\infty}\int_{x}^{x+2}t\sin\dfrac{3}{t}f(t)\mathrm{d}t$。

2. 设函数 $f(x)$ 在 $(-1,1)$ 上具有连续一阶导数,且满足 $f(-1)=\int_{-1}^{1}xf'(x)\mathrm{d}x$,试证明至少存在一点 $\xi\in(-1,1)$,使得 $f'(\xi)=\dfrac{1}{2}f(1)$。

3. 设 $x>0,c>0$,证明 $\int_{x}^{x+c}\sin t^{2}\mathrm{d}t<\dfrac{1}{x}$。

4. 设 $f(x)$ 在 $[0,1]$ 上具有连续导数,若极限 $\lim\limits_{n\to\infty}\left(nA-\sum\limits_{k=1}^{n}f\left(\dfrac{k}{n}\right)\right)=B$,求常数 A 和 B 的值。

5. 设函数 $f(x)$ 在 $(-\infty,+\infty)$ 上具有连续导数,且 $|f(x)|\leqslant1,f(x)>0,x\in(-\infty,+\infty)$,证明对于 $0<\alpha<\beta$,成立 $\lim\limits_{n\to\infty}\int_{\alpha}^{\beta}f'\left(nx-\dfrac{1}{x}\right)\mathrm{d}x=0$。

6. 设 $f(x)$ 在 $[a,b]$ 上具有连续的导数,证明 $\max\limits_{a\leqslant x\leqslant b}|f(x)|\leqslant\dfrac{\int_{a}^{b}|f(x)|\mathrm{d}x}{b-a}+$ $\int_{a}^{b}|f'(x)|\mathrm{d}x$。

7. 设函数 $f(x)$ 在 $[0,2\pi]$ 上有连续的导函数，且 $f'(x) \geqslant 0$，证明对任意的正整数 n，有

$$\left| \int_0^{2\pi} f(x)\sin nx \,\mathrm{d}x \right| \leqslant \frac{2}{n}(f(2\pi) - f(0))。$$

8. 设 $s(x) = 2[x] - [2x]$，其中 $[x]$ 表示不超过 x 的最大整数，函数 $f(x)$ 在 $[0,1]$ 上可积，证明 $\lim\limits_{n\to\infty} \int_0^1 f(x)s(nx)\,\mathrm{d}x = -\frac{1}{2}\int_0^1 f(x)\,\mathrm{d}x$。

9. 设 $f(x)$ 在 $[a,b]$ 上大于 0，满足 Lipschitz 条件，即对 $\forall x_1 y \in [a,b]$，$\exists L > 0$ st. $|f(x) - f(y)| \leqslant L(x-y)$ 成立，又对于 $a \leqslant c \leqslant d \leqslant b$，有 $\int_c^d \frac{\mathrm{d}x}{f(x)} = \alpha$，$\int_a^b \frac{\mathrm{d}x}{f(x)} = \beta$，证明 $\int_a^b f(x)\,\mathrm{d}x \leqslant \frac{\mathrm{e}^{2L\beta}-1}{2\alpha L}\int_c^d f(x)\,\mathrm{d}x$。

第十二讲

积分不等式

知识点

1. Cauchy-Schwarz 不等式：设 $f(x),g(x)$ 在 $[a,b]$ 上可积，则

$$\left(\int_a^b f(x)g(x)\mathrm{d}x\right)^2 \leqslant \int_a^b f^2(x)\mathrm{d}x\int_a^b g^2(x)\mathrm{d}x。$$

2. Hadamard 不等式：设 $f(x)$ 在 $[a,b]$ 上连续，且对任意的 $t\in[0,1]$ 及任意 $x_1,x_2\in[a,b]$，满足 $f(tx_1+(1-t)x_2)\leqslant tf(x_1)+(1-t)f(x_2)$，则

$$f\left(\frac{x_1+x_2}{2}\right)\leqslant\frac{1}{x_2-x_1}\int_{x_1}^{x_2}f(x)\mathrm{d}x\leqslant\frac{1}{2}(f(x_1)+f(x_2))。$$

3. Chebyshev 不等式：设 $p(x),f(x),g(x)$ 在 $[a,b]$ 上可积，且 $p(x)>0$，而 $f(x)$ 与 $g(x)$ 在 $[a,b]$ 上具有相同的单调性，则

$$\int_a^b p(x)f(x)\mathrm{d}x\int_a^b p(x)g(x)\mathrm{d}x\leqslant\int_a^b p(x)\mathrm{d}x\int_a^b p(x)f(x)g(x)\mathrm{d}x。$$

4. Kantorovich 不等式：设 $f(x)$ 是 $[a,b]$ 上的正连续函数，M 和 m 为 $f(x)$ 在 $[a,b]$ 上的最大值和最小值，则

$$(b-a)^2\leqslant\int_a^b\frac{\mathrm{d}x}{f(x)}\int_a^b f(x)\mathrm{d}x\leqslant\frac{(m+M)^2}{4mM}(b-a)^2。$$

5. Young 不等式：设 $a,b>0$，函数 $f(x)$ 在 $[0,+\infty)$ 上连续且单调递增，$f(0)=0$，$f^{-1}(x)$ 为 $f(x)$ 的反函数，则

$$ab\leqslant\int_0^a f(x)\mathrm{d}x+\int_0^b f^{-1}(y)\mathrm{d}y，$$

其中等号当且仅当 $f(a)=b$ 时成立。

*6. Hölder 不等式：设 $f(x),g(x)$ 在 $[a,b]$ 上可积，$p>1,q>1$，且 $\frac{1}{p}+\frac{1}{q}=1$，则

$$\int_a^b|f(t)g(t)|\mathrm{d}t\leqslant\left(\int_a^b|f(t)|^p\mathrm{d}t\right)^{\frac{1}{p}}\left(\int_a^b|g(t)|^q\mathrm{d}t\right)^{\frac{1}{q}}。$$

*7. Minkowski 不等式：设 $f(x),g(x)$ 在 $[a,b]$ 上可积，$p\geqslant1$，则

$$\left(\int_a^b|f(t)+g(t)|^p\mathrm{d}t\right)^{\frac{1}{p}}\leqslant\left(\int_a^b|f(t)|^p\mathrm{d}t\right)^{\frac{1}{p}}+\left(\int_a^b|g(t)|^p\mathrm{d}t\right)^{\frac{1}{p}}。$$

典型例题

一、利用定积分性质证明积分不等式

例 12.1 设 $A(x) = \int_0^x \dfrac{\ln(1+t)}{1+t} dt \ (x>0)$，且 $A = \sum\limits_{n=1}^{\infty} A\left(\dfrac{1}{n}\right)$，证明 $\dfrac{1}{3} < A < \dfrac{\pi^2}{12}$。

【证】 因为 $t - \dfrac{t^2}{2} < \ln(1+t) < t$，$t \in (0,1]$，所以当 $0 < x \leqslant 1$ 时，

$$A(x) = \int_0^x \frac{\ln(1+t)}{1+t} dt > \frac{1}{1+x} \int_0^x \ln(1+t) dt > \frac{1}{1+x} \int_0^x \left(t - \frac{t^2}{2}\right) dt$$

$$= \frac{x^2}{1+x} \cdot \frac{1}{2} \cdot \left(1 - \frac{x}{3}\right) \geqslant \frac{x^2}{1+x} \cdot \frac{1}{2} \cdot \left(1 - \frac{1}{3}\right) = \frac{x^2}{3(1+x)},$$

故

$$A = \sum_{n=1}^{\infty} A\left(\frac{1}{n}\right) > \frac{1}{3} \sum_{n=1}^{\infty} \frac{1}{n(n+1)} = \frac{1}{3} \sum_{n=1}^{\infty} \left(\frac{1}{n} - \frac{1}{n+1}\right) = \frac{1}{3}。$$

又

$$A(x) = \int_0^x \frac{\ln(1+t)}{1+t} dt = \frac{1}{2} \ln^2(1+x) < \frac{x^2}{2},$$

则

$$A = \sum_{n=1}^{\infty} A\left(\frac{1}{n}\right) < \frac{1}{2} \sum_{n=1}^{\infty} \frac{1}{n^2} = \frac{\pi^2}{12},$$

从而 $\dfrac{1}{3} < A < \dfrac{\pi^2}{12}$。

例 12.2（Hadamard 不等式） 设函数 $f(x)$ 在闭区间 $[a,b]$ 上连续，且对 $\forall x_1, x_2 \in [a,b](x_1 < x_2)$ 及 $\forall t \in [0,1]$，满足 $f(tx_1 + (1-t)x_2) \leqslant tf(x_1) + (1-t)f(x_2)$，证明

$$f\left(\frac{x_1 + x_2}{2}\right) \leqslant \frac{1}{x_2 - x_1} \int_{x_1}^{x_2} f(x) dx \leqslant \frac{1}{2}(f(x_1) + f(x_2))。$$

【证】 令 $x = tx_1 + (1-t)x_2$，则 $dx = (x_1 - x_2)dt$，则

$$\int_{x_1}^{x_2} f(x) dx = (x_2 - x_1) \int_0^1 f(tx_1 + (1-t)x_2) dt$$

$$\leqslant (x_2 - x_1) \int_0^1 (tf(x_1) + (1-t)f(x_2)) dt = \frac{x_2 - x_1}{2}(f(x_1) + f(x_2)),$$

又

$$\int_{x_1}^{x_2} f(x) dx = \int_{x_1}^{\frac{x_1+x_2}{2}} f(x) dx + \int_{\frac{x_1+x_2}{2}}^{x_2} f(x) dx$$

$$= -\int_{x_2}^{\frac{x_1+x_2}{2}} f(x_1 + x_2 - u) du + \int_{\frac{x_1+x_2}{2}}^{x_2} f(x) dx$$

$$= \int_{\frac{x_1+x_2}{2}}^{x_2} (f(x_1 + x_2 - x) + f(x)) dx,$$

当 $\dfrac{x_1+x_2}{2}\leqslant x\leqslant x_2$ 时, $x_1\leqslant x_1+x_2-x\leqslant\dfrac{x_1+x_2}{2}$, 则

$$\int_{x_1}^{x_2} f(x)\mathrm{d}x = 2\int_{\frac{x_1+x_2}{2}}^{x_2}\left(\frac{1}{2}f(x_1+x_2-x)+\frac{1}{2}f(x)\right)\mathrm{d}x$$

$$\geqslant 2\int_{\frac{x_1+x_2}{2}}^{x_2} f\left(\frac{x_1+x_2-x}{2}+\frac{x}{2}\right)\mathrm{d}x = 2\int_{\frac{x_1+x_2}{2}}^{x_2} f\left(\frac{x_1+x_2}{2}\right)\mathrm{d}x$$

$$=(x_2-x_1)f\left(\frac{x_1+x_2}{2}\right),$$

因此

$$f\left(\frac{x_1+x_2}{2}\right)\leqslant\frac{1}{x_2-x_1}\int_{x_1}^{x_2} f(x)\mathrm{d}x\leqslant\frac{1}{2}(f(x_1)+f(x_2))。$$

例 12.3(Chebyshev 不等式)　设函数 $p(x),f(x),g(x)$ 在 $[a,b]$ 上可积, 且 $p(x)>0$, 而 $f(x)$ 与 $g(x)$ 在 $[a,b]$ 上具有相同的单调性, 证明

$$\int_a^b p(x)f(x)\mathrm{d}x\int_a^b p(x)g(x)\mathrm{d}x\leqslant\int_a^b p(x)\mathrm{d}x\int_a^b p(x)f(x)g(x)\mathrm{d}x。$$

【证】　任取 $x,y\in[a,b]$, 由于 $f(x),g(x)$ 在 $[a,b]$ 具有相同的单调性, $p(x)>0$, 则

$$p(x)(f(x)-f(y))(g(x)-g(y))\geqslant 0,$$

在 $[a,b]$ 上对 x 积分, 得

$$\int_a^b p(x)(f(x)-f(y))(g(x)-g(y))\mathrm{d}x\geqslant 0,$$

整理得

$$\int_a^b p(x)f(x)g(x)\mathrm{d}x + f(y)g(y)\int_a^b p(x)\mathrm{d}x$$

$$\geqslant g(y)\int_a^b p(x)f(x)\mathrm{d}x + f(y)\int_a^b p(x)g(x)\mathrm{d}x,$$

两边同乘以 $p(y)$ 并在 $[a,b]$ 上对 y 积分, 得

$$\int_a^b p(y)\mathrm{d}y\int_a^b p(x)f(x)g(x)\mathrm{d}x + \int_a^b p(y)f(y)g(y)\mathrm{d}y\int_a^b p(x)\mathrm{d}x$$

$$\geqslant \int_a^b p(y)g(y)\mathrm{d}y\int_a^b p(x)f(x)\mathrm{d}x + \int_a^b p(y)f(y)\mathrm{d}y\int_a^b p(x)g(x)\mathrm{d}x,$$

将上式中的 y 换成 x, 得

$$\int_a^b p(x)f(x)\mathrm{d}x\int_a^b p(x)g(x)\mathrm{d}x\leqslant\int_a^b p(x)\mathrm{d}x\int_a^b p(x)f(x)g(x)\mathrm{d}x。$$

Chebyshev 不等式应用举例:

(1) 设 $f(x)$ 在 $[0,1]$ 上单调不增, 则对于任何 $\alpha\in[0,1]$, 有 $\alpha\displaystyle\int_0^1 f(x)\mathrm{d}x\leqslant$

$\displaystyle\int_0^\alpha f(x)\mathrm{d}x$。

提示: 在 Chebyshev 不等式中取 $p(x)=1>0$, $g(x)=\begin{cases}0, & x>\alpha,\\ 1, & x\leqslant\alpha。\end{cases}$

(2) 设 $f(x)$ 在 $[a,b]$ 上单调增加, 则 $\dfrac{a+b}{2}\displaystyle\int_a^b f(x)\mathrm{d}x\leqslant\int_a^b xf(x)\mathrm{d}x$。

提示：在 Chebyshev 不等式中取 $p(x)=1>0,g(x)=x$。

(3) 设 $f(x)$ 是 $[0,1]$ 上的一个正值的单调减少的函数，则 $\dfrac{\displaystyle\int_0^1 xf^2(x)\,\mathrm{d}x}{\displaystyle\int_0^1 xf(x)\,\mathrm{d}x}\leqslant$

$\dfrac{\displaystyle\int_0^1 f^2(x)\,\mathrm{d}x}{\displaystyle\int_0^1 f(x)\,\mathrm{d}x}$。

提示：在 Chebyshev 不等式中取 $p(x)=f(x)>0,g(x)=x$。

例 12.4 设曲线 C：$y=\sin x,0\leqslant x\leqslant\pi$，证明不等式 $\dfrac{3\sqrt{2}}{8}\pi^2\leqslant\displaystyle\int_C x\,\mathrm{d}s\leqslant\dfrac{\sqrt{2}}{2}\pi^2$。

【证】 先将对弧长的曲线积分化为定积分，得

$$I=\int_C x\,\mathrm{d}s=\int_0^\pi x\sqrt{1+\cos^2 x}\,\mathrm{d}x。$$

由定积分的性质，得

$$I=\frac{\pi}{2}\int_0^\pi\sqrt{1+\cos^2 x}\,\mathrm{d}x=\frac{\pi}{2}\int_0^\pi\sqrt{(\sqrt{2}-\sin x)(\sqrt{2}+\sin x)}\,\mathrm{d}x。$$

利用调和平均值、几何平均值与算术平均值不等式 $\dfrac{2}{\dfrac{1}{a}+\dfrac{1}{b}}\leqslant\sqrt{ab}\leqslant\dfrac{a+b}{2}$，得

$$\frac{\sqrt{2}}{2}(1+\cos^2 x)\leqslant\sqrt{(\sqrt{2}-\sin x)(\sqrt{2}+\sin x)}\leqslant\sqrt{2},$$

所以

$$\frac{3\sqrt{2}}{4}\pi=\int_0^\pi\frac{\sqrt{2}}{2}(1+\cos^2 x)\,\mathrm{d}x\leqslant\int_0^\pi\sqrt{1+\cos^2 x}\,\mathrm{d}x\leqslant\int_0^\pi\sqrt{2}\,\mathrm{d}x=\sqrt{2}\pi,$$

因此

$$\frac{3\sqrt{2}}{8}\pi^2\leqslant\int_C x\,\mathrm{d}s\leqslant\frac{\sqrt{2}}{2}\pi^2。$$

二、利用定积分的换元积分法证明积分不等式

例 12.5 证明 $\displaystyle\int_0^1\frac{\cos x}{\sqrt{1-x^2}}\,\mathrm{d}x>\int_0^1\frac{\sin x}{\sqrt{1-x^2}}\,\mathrm{d}x$。

【证】 令 $t=\arcsin x$，则

$$\int_0^1\frac{\cos x}{\sqrt{1-x^2}}\,\mathrm{d}x=\int_0^{\frac{\pi}{2}}\cos(\sin t)\,\mathrm{d}t。$$

令 $t=\arccos x$，则

$$\int_0^1\frac{\sin x}{\sqrt{1-x^2}}\,\mathrm{d}x=\int_0^{\frac{\pi}{2}}\sin(\cos t)\,\mathrm{d}t。$$

因为在 $\left(0,\dfrac{\pi}{2}\right)$ 内，$\sin x<x$，函数 $\cos x$ 单调减少，所以

$$\sin(\cos t) < \cos t < \cos(\sin t),$$

则

$$\int_0^{\frac{\pi}{2}} \cos(\sin t)\mathrm{d}t > \int_0^{\frac{\pi}{2}} \sin(\cos t)\mathrm{d}t。$$

从而

$$\int_0^1 \frac{\cos x}{\sqrt{1-x^2}}\mathrm{d}x > \int_0^1 \frac{\sin x}{\sqrt{1-x^2}}\mathrm{d}x。$$

例 12.6 求最小的实数 C，使得满足 $\int_0^1 |f(x)|\mathrm{d}x = 1$ 的连续函数 $f(x)$ 都有 $\int_0^1 f(\sqrt{x})\mathrm{d}x \leqslant C$。

【解】 一方面,令 $\sqrt{x}=t$,则

$$\int_0^1 f(\sqrt{x})\mathrm{d}x = \int_0^1 f(t)\cdot 2t\,\mathrm{d}t \leqslant 2\int_0^1 |f(t)|\mathrm{d}t = 2。$$

另一方面,取 $f_n(x)=(n+1)x^n$,则

$$\int_0^1 |f_n(x)|\mathrm{d}x = \int_0^1 (n+1)x^n\mathrm{d}x = 1,$$

且

$$\int_0^1 f_n(\sqrt{x})\mathrm{d}x = \int_0^1 (n+1)(\sqrt{x})^n\mathrm{d}x = 2\int_0^1 (n+1)t^{n+1}\mathrm{d}t = 2\cdot\frac{n+1}{n+2} \to 2(n\to\infty),$$

因此,所求最小的实数 $C=2$。

例 12.7 设 $|f(x)|\leqslant\pi, f'(x)\geqslant m>0(a\leqslant x\leqslant b)$,证明 $\left|\int_a^b \sin f(x)\mathrm{d}x\right|\leqslant\frac{2}{m}$。

【证】 因为 $f'(x)\geqslant m>0(a\leqslant x\leqslant b)$,所以 $f(x)$ 在 $[a,b]$ 上严格单调增加,从而有反函数,设 $y=f(x)$ 在 $[a,b]$ 上的反函数为 $x=\varphi(y)$,且 $f(a)=A,f(b)=B$,则

$$0<\varphi'(y)=\frac{1}{f'(x)}\leqslant\frac{1}{m},$$

又 $|f(x)|\leqslant\pi$,则 $-\pi\leqslant A<B\leqslant\pi$,所以

$$\left|\int_a^b \sin f(x)\mathrm{d}x\right|\xlongequal{x=\varphi(y)}\left|\int_A^B \varphi'(y)\sin y\,\mathrm{d}y\right|\leqslant\frac{1}{m}\int_0^\pi \sin y\,\mathrm{d}y=\frac{2}{m}。$$

三、利用定积分的分部积分法证明积分不等式

例 12.8 设 $f''(x)$ 在 $[0,1]$ 上连续,且 $f(0)=f(1)=0$,证明:

(1) $\int_0^1 f(x)\mathrm{d}x = \frac{1}{2}\int_0^1 x(x-1)f''(x)\mathrm{d}x$;

(2) $\left|\int_0^1 f(x)\mathrm{d}x\right|\leqslant\frac{1}{12}\max_{0\leqslant x\leqslant 1}|f''(x)|$。

【证】(1) 由定积分的分部积分法,得

$$\frac{1}{2}\int_0^1 x(x-1)f''(x)\mathrm{d}x = \frac{1}{2}\int_0^1 x(x-1)\mathrm{d}f'(x)$$

$$= \frac{1}{2}x(x-1)f'(x)\Big|_0^1 - \frac{1}{2}\int_0^1 f'(x)(2x-1)\mathrm{d}x$$

$$= -\frac{1}{2}\int_0^1 (2x-1)\mathrm{d}f(x)$$

$$= -\frac{1}{2}(2x-1)f(x)\Big|_0^1 + \int_0^1 f(x)\mathrm{d}x = \int_0^1 f(x)\mathrm{d}x。$$

(2) 记 $M = \max\limits_{0\leqslant x\leqslant 1}|f''(x)|$，则由(1)有

$$\left|\int_0^1 f(x)\mathrm{d}x\right| \leqslant \frac{1}{2}\int_0^1 x(x-1)|f''(x)|\,\mathrm{d}x \leqslant \frac{M}{2}\int_0^1 x(1-x)\mathrm{d}x = \frac{M}{2}\left(\frac{1}{2}-\frac{1}{3}\right) = \frac{M}{12}。$$

例 12.9（Young 不等式） 设 $a,b>0$，函数 $f(x)$ 在 $[0,+\infty)$ 上连续可导且严格单调递增，$f(0)=0$，$f^{-1}(x)$ 为 $f(x)$ 的反函数，证明不等式 $ab \leqslant \int_0^a f(x)\mathrm{d}x + \int_0^b f^{-1}(y)\mathrm{d}y$，其中等号当且仅当 $f(a)=b$ 时成立。

【证】 记 $y=f(x)$，则 $x=f^{-1}(y)$，$f^{-1}(f(x))\equiv x$，$f(f^{-1}(x))\equiv x$，因此

$$I = \int_0^a f(x)\mathrm{d}x + \int_0^b f^{-1}(y)\mathrm{d}y = \int_0^a f(x)\mathrm{d}x + \int_0^{f^{-1}(b)} x\,\mathrm{d}f(x)$$

$$= \int_0^a f(x)\mathrm{d}x + xf(x)\Big|_0^{f^{-1}(b)} - \int_0^{f^{-1}(b)} f(x)\mathrm{d}x = bf^{-1}(b) - \int_a^{f^{-1}(b)} f(x)\mathrm{d}x,$$

当 $a=f^{-1}(b)$ 时，$f(a)=b$，$\int_a^{f^{-1}(b)} f(x)\mathrm{d}x = 0$，则

$$ab = \int_0^a f(x)\mathrm{d}x + \int_0^b f^{-1}(y)\mathrm{d}y。$$

当 $a<f^{-1}(b)$ 时，函数 $f(x)$ 在 $[a,f^{-1}(b)]$ 上严格单调增加，$f(x)\leqslant f(f^{-1}(b))=b$，则

$$I = bf^{-1}(b) - \int_a^{f^{-1}(b)} f(x)\mathrm{d}x > bf^{-1}(b) - b(f^{-1}(b)-a) = ab。$$

当 $a>f^{-1}(b)$ 时，函数 $f(x)$ 在 $[f^{-1}(b),a]$ 上严格单调增加，$f(x)>f(f^{-1}(b))=b$，则

$$I = bf^{-1}(b) + \int_{f^{-1}(b)}^a f(x)\mathrm{d}x > bf^{-1}(b) + b(a-f^{-1}(b)) = ab。$$

例 12.10 设二元函数 $f(x,y)$ 在区域 $D=\{0\leqslant x\leqslant 1,0\leqslant y\leqslant 1\}$ 上具有连续的四阶偏导数，在 D 的边界上恒为零，证明不等式 $\left|\iint\limits_D f(x,y)\mathrm{d}x\,\mathrm{d}y\right| \leqslant \frac{1}{144}\max\limits_{(x,y)\in D}\left|\frac{\partial^4 f(x,y)}{\partial x^2\partial y^2}\right|$。

【证】 用分部积分法并利用 $f(x,y)$ 在 D 的边界上恒为零得

$$\iint\limits_D xy(1-x)(1-y)\frac{\partial^4 f}{\partial x^2\partial y^2}\mathrm{d}x\,\mathrm{d}y$$

$$= \int_0^1 x(1-x)\mathrm{d}x\int_0^1 y(1-y)\frac{\partial^4 f}{\partial x^2\partial y^2}\mathrm{d}y$$

$$= \int_0^1 x(1-x)\left(y(1-y)\frac{\partial^3 f}{\partial x^2\partial y}\Big|_{y=0}^{y=1} + \int_0^1 (2y-1)\frac{\partial^3 f}{\partial x^2\partial y}\mathrm{d}y\right)\mathrm{d}x$$

$$= \int_0^1 x(1-x)\mathrm{d}x\int_0^1 (2y-1)\frac{\partial^3 f}{\partial x^2\partial y}\mathrm{d}y$$

$$= \int_0^1 x(1-x)\left((2y-1)\frac{\partial^2 f}{\partial x^2}\Big|_{y=0}^{y=1} - 2\int_0^1 \frac{\partial^2 f}{\partial x^2}\,\mathrm{d}y\right)\mathrm{d}x$$

$$= \int_0^1 x(1-x)\left(\frac{\partial^2 f(x,1)}{\partial x^2} + \frac{\partial^2 f(x,0)}{\partial x^2}\right)\mathrm{d}x -$$

$$2\int_0^1 x(1-x)\mathrm{d}x\int_0^1 \frac{\partial^2 f}{\partial x^2}\,\mathrm{d}y = I_1 + I_2,$$

当 $0\leqslant x\leqslant 1$ 时,$f(x,1)=f(x,0)=0$,再由分部积分法得

$$I_1 = \int_0^1 x(1-x)\mathrm{d}(f_x(x,1)+f_x(x,0))$$

$$= x(1-x)[f_x(x,1)+f_x(x,0)]_0^1 + \int_0^1 (2x-1)(f_x(x,1)+f_x(x,0))\mathrm{d}x$$

$$= \int_0^1 (2x-1)(f_x(x,1)+f_x(x,0))\mathrm{d}x = \int_0^1 (2x-1)\mathrm{d}(f(x,1)+f(x,0))$$

$$= (2x-1)[f(x,1)+f(x,0)]_0^1 - 2\int_0^1 (f(x,1)+f(x,0))\mathrm{d}x$$

$$= f(1,1)+f(1,0)+f(0,1)+f(0,0) - 2\int_0^1 (f(x,1)+f(x,0))\mathrm{d}x = 0,$$

当 $0\leqslant y\leqslant 1$ 时,$f(1,y)=f(0,y)=0$,交换积分次序并用分部积分法得

$$I_2 = -2\int_0^1 x(1-x)\mathrm{d}x\int_0^1 \frac{\partial^2 f}{\partial x^2}\,\mathrm{d}y = -2\int_0^1 \mathrm{d}y\int_0^1 x(1-x)\frac{\partial^2 f}{\partial x^2}\,\mathrm{d}x$$

$$= -2\int_0^1 \left(x(1-x)f_x(x,y)\,\big|_{x=0}^{x=1} + \int_0^1 (2x-1)f_x(x,y)\mathrm{d}x\right)\mathrm{d}y$$

$$= -2\int_0^1 \mathrm{d}y\int_0^1 (2x-1)f_x(x,y)\mathrm{d}x$$

$$= -2\int_0^1 \left((2x-1)f(x,y)\,\Big|_{x=0}^{x=1} - 2\int_0^1 f(x,y)\mathrm{d}x\right)\mathrm{d}y$$

$$= -2\int_0^1 \left(f(1,y)+f(0,y) - 2\int_0^1 f(x,y)\mathrm{d}x\right)\mathrm{d}y$$

$$= 4\int_0^1 \mathrm{d}y\int_0^1 f(x,y)\mathrm{d}x = 4\iint_D f(x,y)\mathrm{d}x\,\mathrm{d}y,$$

因此

$$\iint_D xy(1-x)(1-y)\frac{\partial^4 f}{\partial x^2 \partial y^2}\,\mathrm{d}x\,\mathrm{d}y = 4\iint_D f(x,y)\mathrm{d}x\,\mathrm{d}y,$$

从而

$$\left|\iint_D f(x,y)\mathrm{d}x\,\mathrm{d}y\right| = \frac{1}{4}\left|\iint_D xy(1-x)(1-y)\frac{\partial^4 f}{\partial x^2 \partial y^2}\,\mathrm{d}x\,\mathrm{d}y\right|$$

$$\leqslant \frac{1}{4}\max_{(x,y)\in D}\left|\frac{\partial^4 f(x,y)}{\partial x^2 \partial y^2}\right|\left|\iint_D xy(1-x)(1-y)\mathrm{d}x\,\mathrm{d}y\right|$$

$$= \frac{1}{4}\max_{(x,y)\in D}\left|\frac{\partial^4 f(x,y)}{\partial x^2 \partial y^2}\right|\left(\int_0^1 x(1-x)\mathrm{d}x\right)^2 = \frac{1}{144}\max_{(x,y)\in D}\left|\frac{\partial^4 f(x,y)}{\partial x^2 \partial y^2}\right|.$$

四、利用微分法证明积分不等式

例 12.11 设函数 $f(x)$ 在闭区间 $[0,1]$ 上可微，$f(0)=0$，当 $x\in(0,1)$ 时，$0<f'(x)<1$，证明不等式 $\left(\int_0^1 f(x)\mathrm{d}x\right)^2>\int_0^1 f^3(x)\mathrm{d}x$。

【证 1】 令 $F(x)=\left(\int_0^x f(t)\mathrm{d}t\right)^2-\int_0^x f^3(t)\mathrm{d}t$，则 $F(0)=0$。由已知 $f(0)=0$，当 $x\in(0,1)$ 时，$f'(x)>0$，得 $f(x)>f(0)=0$，又

$$F'(x)=2f(x)\int_0^x f(t)\mathrm{d}t-f^3(x)=f(x)\left(2\int_0^x f(t)\mathrm{d}t-f^2(x)\right),$$

记 $G(x)=2\int_0^x f(t)\mathrm{d}t-f^2(x)$，则 $G(0)=0$，

$$G'(x)=2f(x)(1-f'(x))>0,$$

故 $G(x)>0$，从而 $F'(x)>0$，$F(x)>0$，从而 $F(1)>0$，即 $\left(\int_0^1 f(x)\mathrm{d}x\right)^2>\int_0^1 f^3(x)\mathrm{d}x$。

【证 2】 作辅助函数 $F(x)=\left(\int_0^x f(t)\mathrm{d}t\right)^2$，$G(x)=\int_0^x f^3(t)\mathrm{d}t$，连续利用 Cauchy 中值定理得，存在 $0<\xi<1,0<\eta<\xi<1$，使得

$$\frac{\left(\int_0^1 f(x)\mathrm{d}x\right)^2}{\int_0^1 f^3(x)\mathrm{d}x}=\frac{F(1)-F(0)}{G(1)-G(0)}=\frac{F'(\xi)}{G'(\xi)}=\frac{2f(\xi)\int_0^\xi f(t)\mathrm{d}t}{f^3(\xi)}=\frac{2\int_0^\xi f(t)\mathrm{d}t}{f^2(\xi)}$$

$$=\frac{2\int_0^\xi f(t)\mathrm{d}t-2\int_0^0 f(t)\mathrm{d}t}{f^2(\xi)-f^2(0)}=\frac{2f(\eta)}{2f(\eta)f'(\eta)}=\frac{1}{f'(\eta)}>1.$$

所以 $\left(\int_0^1 f(x)\mathrm{d}x\right)^2>\int_0^1 f^3(x)\mathrm{d}x$。

例 12.12 设函数 $f(x)$ 在区间 $[0,1]$ 上具有二阶连续导数，$f(0)=f(1)=0$，且对 $\forall x\in(0,1)$，有 $f(x)>0$，若积分 $\int_0^1\frac{|f''(x)|}{f(x)}\mathrm{d}x$ 存在，证明不等式 $\int_0^1\frac{|f''(x)|}{f(x)}\mathrm{d}x>4$。

【证】 由已知得，$\exists c\in(0,1)$，使得 $f(c)=\max\limits_{0\leqslant x\leqslant 1}f(x)>0$，于是由 Lagrange 中值定理，存在 $\xi\in(0,c)$，$\eta\in(c,1)$，使得

$$\frac{f(c)-f(0)}{c-0}=\frac{f(c)}{c}=f'(\xi),\qquad\frac{f(1)-f(c)}{1-c}=\frac{-f(c)}{1-c}=f'(\eta),$$

从而

$$\int_0^1\frac{|f''(x)|}{f(x)}\mathrm{d}x>\frac{1}{f(c)}\int_0^1|f''(x)|\mathrm{d}x\geqslant\frac{1}{f(c)}\int_\xi^\eta|f''(x)|\mathrm{d}x$$

$$\geqslant\frac{1}{f(c)}\left|\int_\xi^\eta f''(x)\mathrm{d}x\right|=\frac{1}{f(c)}|f'(\eta)-f'(\xi)|=\frac{1}{c(1-c)}\geqslant4.$$

例 12.13 设 $S_n(x)=2\sum\limits_{k=1}^n\frac{\sin(2k-1)x}{2k-1}$，证明：

(1) $S_n(x) = \int_0^x \dfrac{\sin 2nt}{\sin t} \mathrm{d}t$;

(2) 当 $0 < x < \dfrac{\pi}{2}$ 时,有 $\left| S_n(x) - \int_0^{2nx} \dfrac{\sin t}{t} \mathrm{d}t \right| < \dfrac{\pi x^2}{24}$。

【证】 (1) 因为 $S_n(0) = 0$,且

$$S_n'(x) = 2 \sum_{k=1}^{n} \cos(2k-1)x = \frac{\sin 2nx}{\sin x},$$

所以

$$S_n(x) = S_n(0) + \int_0^x S_n'(t) \mathrm{d}t = \int_0^x \frac{\sin 2nt}{\sin t} \mathrm{d}t。$$

(2) 由(1)及 Taylor 展开式得

$$S_n(x) - \int_0^{2nx} \frac{\sin t}{t} \mathrm{d}t = \int_0^x \frac{\sin 2nt}{\sin t} \mathrm{d}t - \int_0^x \frac{\sin 2nt}{t} \mathrm{d}t = \int_0^x \sin 2nt \left(\frac{1}{\sin t} - \frac{1}{t} \right) \mathrm{d}t$$

$$= \int_0^x \sin 2nt \, \frac{t}{\sin t} \left(\frac{t}{3!} - \frac{t^3}{5!} + \cdots \right) \mathrm{d}t,$$

当 $0 < x < \dfrac{\pi}{2}$ 时,$1 < \dfrac{t}{\sin t} < \dfrac{\pi}{2}$,且有 $0 < \dfrac{t}{3!} - \dfrac{t^3}{5!} + \cdots < \dfrac{t}{3!}$,因此

$$\left| S_n(x) - \int_0^{2nx} \frac{\sin t}{t} \mathrm{d}t \right| < \frac{\pi}{12} \int_0^x t \, \mathrm{d}t = \frac{\pi x^2}{24}。$$

例 12.14 设函数 $f(x,y)$ 在区域 $D: x^2 + y^2 \leqslant 1$ 上有连续的二阶偏导数,且 $f_{xx}^2 + 2f_{xy}^2 + f_{yy}^2 \leqslant M$,若 $f(0,0) = 0$,$f_x(0,0) = f_y(0,0) = 0$,证明不等式 $\left| \iint\limits_D f(x,y) \mathrm{d}x \mathrm{d}y \right| \leqslant \dfrac{1}{4} \pi \sqrt{M}$。

【证】 因为 $f(0,0) = 0$,$f_x(0,0) = f_y(0,0) = 0$,则 $f(x,y)$ 在点 $(0,0)$ 处的 Taylor 展开式为

$$f(x,y) = \frac{1}{2} \left(x^2 \frac{\partial^2 f(\xi,\eta)}{\partial x^2} + 2xy \frac{\partial^2 f(\xi,\eta)}{\partial x \partial y} + y^2 \frac{\partial^2 f(\xi,\eta)}{\partial y^2} \right),$$

其中 $(\xi,\eta) \in D$。则

$$|f(x,y)| = \frac{1}{2} \left| x^2 \frac{\partial^2 f(\xi,\eta)}{\partial x^2} + 2xy \frac{\partial^2 f(\xi,\eta)}{\partial x \partial y} + y^2 \frac{\partial^2 f(\xi,\eta)}{\partial y^2} \right|$$

$$= \frac{1}{2} \left| \left(\frac{\partial^2 f(\xi,\eta)}{\partial x^2}, \sqrt{2} \frac{\partial^2 f(\xi,\eta)}{\partial x \partial y}, \frac{\partial^2 f(\xi,\eta)}{\partial y^2} \right) \cdot (x^2, \sqrt{2} xy, y^2) \right|$$

$$\leqslant \frac{1}{2} \left\| \left(\frac{\partial^2 f(\xi,\eta)}{\partial x^2}, \sqrt{2} \frac{\partial^2 f(\xi,\eta)}{\partial x \partial y}, \frac{\partial^2 f(\xi,\eta)}{\partial y^2} \right) \right\| \cdot \| (x^2, \sqrt{2} xy, y^2) \|$$

$$= \frac{1}{2} \sqrt{f_{xx}^2(\xi,\eta) + 2f_{xy}^2(\xi,\eta) + f_{yy}^2(\xi,\eta)} \cdot \sqrt{x^4 + 2x^2 y^2 + y^4}$$

$$\leqslant \frac{1}{2} \sqrt{M} (x^2 + y^2),$$

因此

$$\left| \iint\limits_{D} f(x,y)\,\mathrm{d}x\,\mathrm{d}y \right| \leqslant \iint\limits_{D} \mid f(x,y) \mid \mathrm{d}x\,\mathrm{d}y \leqslant \iint\limits_{D} \frac{1}{2}\sqrt{M}(x^2+y^2)\,\mathrm{d}x\,\mathrm{d}y$$

$$= \frac{1}{2}\sqrt{M}\int_0^{2\pi}\mathrm{d}\theta\int_0^1 r^2 \cdot r\,\mathrm{d}r = \frac{1}{4}\pi\sqrt{M}\,.$$

五、利用重积分证明定积分不等式

例 12.15 证明不等式 $\sqrt{\dfrac{\pi}{2}(1-\mathrm{e}^{-\frac{u^2}{2}})} \leqslant \displaystyle\int_0^u \mathrm{e}^{-\frac{x^2}{2}}\,\mathrm{d}x \leqslant \sqrt{\dfrac{\pi}{2}(1-\mathrm{e}^{-u^2})}\ (u>0)$。

【证】 对 $\forall u > 0$,有

$$\int_0^u \mathrm{e}^{-\frac{x^2}{2}}\,\mathrm{d}x = \sqrt{\int_0^u \mathrm{e}^{-\frac{x^2}{2}}\,\mathrm{d}x\int_0^u \mathrm{e}^{-\frac{y^2}{2}}\,\mathrm{d}y} = \sqrt{\iint\limits_{[0,u]\times[0,u]} \mathrm{e}^{-\frac{x^2+y^2}{2}}\,\mathrm{d}x\,\mathrm{d}y},$$

而

$$\iint\limits_{[0,u]\times[0,u]} \mathrm{e}^{-\frac{x^2+y^2}{2}}\,\mathrm{d}x\,\mathrm{d}y \geqslant \frac{1}{4}\iint\limits_{x^2+y^2\leqslant u^2} \mathrm{e}^{-\frac{x^2+y^2}{2}}\,\mathrm{d}x\,\mathrm{d}y = \frac{1}{4}\int_0^{2\pi}\mathrm{d}\theta\int_0^u \mathrm{e}^{-\frac{r^2}{2}}r\,\mathrm{d}r = \frac{\pi}{2}(1-\mathrm{e}^{-\frac{u^2}{2}})\,,$$

$$\iint\limits_{[0,u]\times[0,u]} \mathrm{e}^{-\frac{x^2+y^2}{2}}\,\mathrm{d}x\,\mathrm{d}y \leqslant \frac{1}{4}\iint\limits_{x^2+y^2\leqslant(\sqrt{2}u)^2} \mathrm{e}^{-\frac{x^2+y^2}{2}}\,\mathrm{d}x\,\mathrm{d}y = \frac{1}{4}\int_0^{2\pi}\mathrm{d}\theta\int_0^{\sqrt{2}u} \mathrm{e}^{-\frac{r^2}{2}}r\,\mathrm{d}r = \frac{\pi}{2}(1-\mathrm{e}^{-u^2})\,,$$

所以

$$\sqrt{\frac{\pi}{2}(1-\mathrm{e}^{-\frac{u^2}{2}})} \leqslant \int_0^u \mathrm{e}^{-\frac{x^2}{2}}\,\mathrm{d}x \leqslant \sqrt{\frac{\pi}{2}(1-\mathrm{e}^{-u^2})}\,.$$

例 12.16 已知 $f(x)$ 在 $[0,2]$ 上有二阶连续导数,$f(1)=0$,证明 $\left|\displaystyle\int_0^2 f(x)\,\mathrm{d}x\right| \leqslant \dfrac{1}{3}\max\limits_{0\leqslant x\leqslant 2}\mid f''(x)\mid$。

【证】 因为 $\displaystyle\int_1^x f'(t)\,\mathrm{d}t = f(x)-f(1) = f(x)$,所以

$$\int_0^2 f(x)\,\mathrm{d}x = \int_0^2 \mathrm{d}x\int_1^x f'(t)\,\mathrm{d}t = \int_0^1 \mathrm{d}x\int_1^x f'(t)\,\mathrm{d}t + \int_1^2 \mathrm{d}x\int_1^x f'(t)\,\mathrm{d}t$$

$$= -\int_0^1 \mathrm{d}x\int_x^1 f'(t)\,\mathrm{d}t + \int_1^2 \mathrm{d}x\int_1^x f'(t)\,\mathrm{d}t = -\int_0^1 f'(t)\,\mathrm{d}t\int_0^t \mathrm{d}x + \int_1^2 f'(t)\,\mathrm{d}t\int_t^2 \mathrm{d}x$$

$$= -\int_0^1 tf'(t)\,\mathrm{d}t + \int_1^2 (2-t)f'(t)\,\mathrm{d}t = -\frac{1}{2}\int_0^1 f'(t)\,\mathrm{d}t^2 - \frac{1}{2}\int_1^2 f'(t)\,\mathrm{d}(2-t)^2$$

$$= -\frac{1}{2}\left[t^2 f'(t)\right]\Big|_0^1 + \frac{1}{2}\int_0^1 t^2\,\mathrm{d}f'(t) - \frac{1}{2}\left[(2-t)^2 f'(t)\right]\Big|_1^2 + \frac{1}{2}\int_1^2 (2-t)^2\,\mathrm{d}f'(t)$$

$$= \frac{1}{2}\int_0^1 t^2 f''(t)\,\mathrm{d}t + \frac{1}{2}\int_1^2 (2-t)^2 f''(t)\,\mathrm{d}t\,,$$

故

$$\left|\int_0^2 f(x)\,\mathrm{d}x\right| = \left|\frac{1}{2}\int_0^1 t^2 f''(t)\,\mathrm{d}t + \frac{1}{2}\int_1^2 (2-t)^2 f''(t)\,\mathrm{d}t\right|$$

$$\leqslant \frac{1}{2}\left|\int_0^1 t^2 f''(t)\,\mathrm{d}t\right| + \frac{1}{2}\left|\int_1^2 (2-t)^2 f''(t)\,\mathrm{d}t\right|$$

$$\leqslant \frac{1}{2}\int_0^1 t^2 \mid f''(t)\mid \mathrm{d}t + \frac{1}{2}\int_1^2 (2-t)^2 \mid f''(t)\mid \mathrm{d}t$$

$$\leqslant \frac{1}{2}\max_{0\leqslant x\leqslant 2}\mid f''(x)\mid \left(\int_0^1 t^2 \mathrm{d}t + \int_1^2 (2-t)^2 \mathrm{d}t\right) = \frac{1}{3}\max_{0\leqslant x\leqslant 2}\mid f''(x)\mid 。$$

例 12.17 设正向闭曲线 Γ 为 $x^2+y^2=x+y$，$f(x)$ 为正值连续函数，证明不等式

$$\oint_\Gamma xf(y)\mathrm{d}y - \frac{y}{f(x)}\mathrm{d}x \geqslant \oint_\Gamma x\mathrm{d}y - y\mathrm{d}x 。$$

【证】 由格林公式得

$$\oint_\Gamma xf(y)\mathrm{d}y - \frac{y}{f(x)}\mathrm{d}x = \iint_D \left(f(y) + \frac{1}{f(x)}\right)\mathrm{d}x\,\mathrm{d}y ,$$

由轮换对称性知 $\iint_D f(x)\mathrm{d}x\,\mathrm{d}y = \iint_D f(y)\mathrm{d}x\,\mathrm{d}y$，故

$$\oint_\Gamma xf(y)\mathrm{d}y - \frac{y}{f(x)}\mathrm{d}x = \iint_D \left(f(x) + \frac{1}{f(x)}\right)\mathrm{d}x\,\mathrm{d}y \geqslant 2\iint_D \mathrm{d}x\,\mathrm{d}y = \oint_\Gamma x\mathrm{d}y - y\mathrm{d}x 。$$

例 12.18 设函数 $f(x)$ 在 $(-\infty, +\infty)$ 内连续且恒为正，对任意 $t \in \mathbb{R}$，满足 $\int_{-\infty}^{+\infty}\mathrm{e}^{-\mid t-x\mid}f(x)\mathrm{d}x \leqslant 1$，证明对任意 $a,b \in \mathbb{R}(a<b)$，有 $\int_a^b f(x)\mathrm{d}x \leqslant \dfrac{b-a}{2}+1$。

【证】 令 $F(t) = \int_a^b \mathrm{e}^{-\mid t-x\mid}f(x)\mathrm{d}x$，则 $F(t)$ 在 $(-\infty, +\infty)$ 内连续，且

$$\int_a^b F(t)\mathrm{d}t = \int_a^b \mathrm{d}t\int_a^b \mathrm{e}^{-\mid t-x\mid}f(x)\mathrm{d}x = \int_a^b f(x)\mathrm{d}x\int_a^b \mathrm{e}^{-\mid t-x\mid}\mathrm{d}t$$

$$= \int_a^b f(x)\mathrm{d}x\left(\int_a^x \mathrm{e}^{-(x-t)}\mathrm{d}t + \int_x^b \mathrm{e}^{-(t-x)}\mathrm{d}t\right) = \int_a^b (2 - \mathrm{e}^{a-x} - \mathrm{e}^{x-b})f(x)\mathrm{d}x ,$$

由于 $F(t) = \int_a^b \mathrm{e}^{-\mid t-x\mid}f(x)\mathrm{d}x \leqslant \int_{-\infty}^{+\infty}\mathrm{e}^{-\mid t-x\mid}f(x)\mathrm{d}x \leqslant 1$，所以 $\int_a^b F(t)\mathrm{d}t \leqslant b-a$，从而

$$\int_a^b f(x)\mathrm{d}x \leqslant \frac{1}{2}(b-a) + \frac{1}{2}\int_a^b \mathrm{e}^{a-x}f(x)\mathrm{d}x + \frac{1}{2}\int_a^b \mathrm{e}^{x-b}f(x)\mathrm{d}x$$

$$= \frac{1}{2}(b-a) + \frac{1}{2}\int_a^b \mathrm{e}^{-\mid a-x\mid}f(x)\mathrm{d}x + \frac{1}{2}\int_a^b \mathrm{e}^{-\mid b-x\mid}f(x)\mathrm{d}x$$

$$= \frac{1}{2}(b-a) + \frac{1}{2}F(a) + \frac{1}{2}F(b) \leqslant \frac{1}{2}(b-a) + 1 。$$

六、利用 Cauchy-Schwarz 不等式证明积分不等式

例 12.19（Cauchy-Schwarz 不等式） 设 $f(x), g(x)$ 在 $[a,b]$ 上可积，则

$$\left(\int_a^b f(x)g(x)\mathrm{d}x\right)^2 \leqslant \int_a^b f^2(x)\mathrm{d}x\int_a^b g^2(x)\mathrm{d}x 。$$

【证 1】 若 $\int_a^b f^2(x)\mathrm{d}x$ 和 $\int_a^b g^2(x)\mathrm{d}x$ 中至少有一个不为零，不妨设 $\int_a^b f^2(x)\mathrm{d}x \neq 0$，由于对一切实数 λ，在 $[a,b]$ 上都有 $(\lambda f(x) - g(x))^2 \geqslant 0$，因此

$$\int_a^b (\lambda f(x) - g(x))^2\mathrm{d}x \geqslant 0 ,$$

展开得

$$\lambda^2 \int_a^b f^2(x)\mathrm{d}x - 2\lambda \int_a^b f(x)g(x)\mathrm{d}x^2 + \int_a^b g^2(x)\mathrm{d}x \geqslant 0,$$

其判别式 $\Delta \leqslant 0$,即

$$\left(\int_a^b f(x)g(x)\mathrm{d}x\right)^2 \leqslant \int_a^b f^2(x)\mathrm{d}x \int_a^b g^2(x)\mathrm{d}x。$$

若 $\int_a^b f^2(x)\mathrm{d}x = \int_a^b g^2(x)\mathrm{d}x = 0$,则

$$\left|\int_a^b f(x)g(x)\mathrm{d}x\right| \leqslant \int_a^b |f(x)g(x)|\,\mathrm{d}x \leqslant \int_a^b \frac{f^2(x)+g^2(x)}{2}\mathrm{d}x = 0,$$

等号成立。

【证2】 因为 $f(x),g(x)$ 是 $[a,b]$ 上可积,将区间 $[a,b]$ 作 n 等分,取 $x_k = a + \dfrac{k}{n}(b-a)$,$(k=0,1,\cdots,n)$,由离散形式的 Cauchy 不等式得

$$\left(\frac{1}{n}\sum_{k=1}^n f(x_k)g(x_k)\right)^2 \leqslant \left(\frac{1}{n}\sum_{k=1}^n f^2(x_k)\right)\left(\frac{1}{n}\sum_{k=1}^n g^2(x_k)\right),$$

两边令 $n \to \infty$,得

$$\left(\int_a^b f(x)g(x)\mathrm{d}x\right)^2 \leqslant \int_a^b f^2(x)\mathrm{d}x \int_a^b g^2(x)\mathrm{d}x。$$

例 12.20 设 $a > 0$ 为常数,证明不等式 $\displaystyle\int_0^\pi x a^{\sin x}\mathrm{d}x \cdot \int_0^{\frac{\pi}{2}} a^{-\cos x}\mathrm{d}x \geqslant \frac{\pi^3}{4}$。

【证】 令 $x = \dfrac{\pi}{2} + t$,则

$$\int_0^\pi x a^{\sin x}\mathrm{d}x = \int_{-\frac{\pi}{2}}^{\frac{\pi}{2}}\left(\frac{\pi}{2}+t\right)a^{\cos t}\mathrm{d}t = \frac{\pi}{2}\int_{-\frac{\pi}{2}}^{\frac{\pi}{2}} a^{\cos t}\mathrm{d}t + \int_{-\frac{\pi}{2}}^{\frac{\pi}{2}} t a^{\cos t}\mathrm{d}t = \pi\int_0^{\frac{\pi}{2}} a^{\cos t}\mathrm{d}t = \pi\int_0^{\frac{\pi}{2}} a^{\cos x}\mathrm{d}x,$$

由 Cauchy-Schwarz 不等式,得

$$\int_0^\pi x a^{\sin x}\mathrm{d}x \cdot \int_0^{\frac{\pi}{2}} a^{-\cos x}\mathrm{d}x = \pi\left(\int_0^{\frac{\pi}{2}} a^{\cos x}\mathrm{d}x\right)\left(\int_0^{\frac{\pi}{2}} a^{-\cos x}\mathrm{d}x\right) \geqslant \pi\left(\int_0^{\frac{\pi}{2}} a^{\frac{\cos x}{2}} \cdot a^{\frac{-\cos x}{2}}\mathrm{d}x\right)^2 \geqslant \frac{\pi^3}{4}。$$

例 12.21(Kantorovich 不等式) 设 $f(x)$ 是 $[a,b]$ 上的正连续函数,M 和 m 为 $f(x)$ 在 $[a,b]$ 上的最大值和最小值,证明不等式 $(b-a)^2 \leqslant \displaystyle\int_a^b \frac{\mathrm{d}x}{f(x)}\int_a^b f(x)\mathrm{d}x \leqslant \frac{(m+M)^2}{4mM}(b-a)^2$。

【证】 由 Cauchy-Schwarz 不等式,得

$$\int_a^b \frac{\mathrm{d}x}{f(x)}\int_a^b f(x)\mathrm{d}x \geqslant \left(\int_a^b \frac{1}{\sqrt{f(x)}}\sqrt{f(x)}\mathrm{d}x\right)^2 = (b-a)^2。$$

又

$$(f(x)-m)\left(\frac{1}{f(x)} - \frac{1}{M}\right) \geqslant 0,$$

在 $[a,b]$ 上对 x 积分,得

$$\int_a^b (f(x)-m)\left(\frac{1}{f(x)} - \frac{1}{M}\right)\mathrm{d}x \geqslant 0,$$

则

$$\int_a^b \left(\frac{f(x)}{M} + \frac{m}{f(x)} \right) \mathrm{d}x \leqslant \frac{M+m}{M}(b-a),$$

即

$$\frac{1}{M} \int_a^b f(x)\mathrm{d}x + m \int_a^b \frac{\mathrm{d}x}{f(x)} \leqslant \frac{M+m}{M}(b-a).$$

而由算术-几何平均值不等式知

$$\frac{1}{M} \int_a^b f(x)\mathrm{d}x + m \int_a^b \frac{\mathrm{d}x}{f(x)} \geqslant 2\sqrt{\frac{m}{M} \int_a^b f(x)\mathrm{d}x \cdot \int_a^b \frac{\mathrm{d}x}{f(x)}},$$

因此

$$\int_a^b \frac{\mathrm{d}x}{f(x)} \int_a^b f(x)\mathrm{d}x \leqslant \frac{(m+M)^2}{4mM}(b-a)^2.$$

例 12.22　设 $f(x)$ 为 $(-\infty, +\infty)$ 内连续且周期为 1 的周期函数,满足 $0 \leqslant f(x) \leqslant 1$ 与 $\int_0^1 f(x)\mathrm{d}x = 1$,证明当 $0 \leqslant x \leqslant 13$ 时,有

$$\int_0^{\sqrt{x}} f(t)\mathrm{d}t + \int_0^{\sqrt{x+27}} f(t)\mathrm{d}t + \int_0^{\sqrt{13-x}} f(t)\mathrm{d}t \leqslant 11,$$

并给出取等号的条件。

【证】　由条件 $0 \leqslant f(x) \leqslant 1$ 及 $\int_0^1 f(x)\mathrm{d}x = 1$ 得 $f(x) \equiv 1 (\forall x \in [0,1])$,则

$$\int_0^{\sqrt{x}} f(t)\mathrm{d}t + \int_0^{\sqrt{x+27}} f(t)\mathrm{d}t + \int_0^{\sqrt{13-x}} f(t)\mathrm{d}t = \sqrt{x} + \sqrt{x+27} + \sqrt{13-x}.$$

由柯西不等式 $\left(\sum_{i=1}^n a_i b_i \right)^2 \leqslant \left(\sum_{i=1}^n a_i^2 \right) \left(\sum_{i=1}^n b_i^2 \right)$,且当 a_i 与 b_i 成比例时等号成立,故

$$\sqrt{x} + \sqrt{x+27} + \sqrt{13-x} = 1 \cdot \sqrt{x} + \sqrt{2} \cdot \sqrt{\frac{1}{2}(x+27)} + \sqrt{\frac{2}{3}} \cdot \sqrt{\frac{3}{2}(13-x)}$$

$$\leqslant \sqrt{1 + \frac{1}{2} + \frac{2}{3}} \cdot \sqrt{x + \frac{1}{2}(x+27) + \frac{3}{2}(13-x)} = 11,$$

所以当 $0 \leqslant x \leqslant 13$ 时,有

$$\int_0^{\sqrt{x}} f(t)\mathrm{d}t + \int_0^{\sqrt{x+27}} f(t)\mathrm{d}t + \int_0^{\sqrt{13-x}} f(t)\mathrm{d}t \leqslant 11.$$

等号成立的条件是 $\sqrt{x} = \frac{1}{2}\sqrt{x+27} = \frac{3}{2}\sqrt{13-x}$,即 $x=9$。当 $x=9$ 时,有

$$\int_0^{\sqrt{x}} f(t)\mathrm{d}t + \int_0^{\sqrt{x+27}} f(t)\mathrm{d}t + \int_0^{\sqrt{13-x}} f(t)\mathrm{d}t = \sqrt{9} + \sqrt{36} + \sqrt{4} = 11,$$

所以取等号的充要条件是 $x=9$。

例 12.23　设 Σ 是曲面 $z = \frac{1}{2}(x^2 + y^2)$ 在椭球面 $x^2 + y^2 + 4z^2 = 2$ 内的部分,证明

$$\frac{2\pi}{3}\left(2 - \frac{\sqrt{2}}{2} \right) < \iint\limits_{\Sigma} \sqrt{x+y+2z+1}\,\mathrm{d}S \leqslant \frac{3\pi}{2}.$$

【证】 记 $f(x,y,z)=\sqrt{x+y+2z+1}$,当 $(x,y,z)\in\Sigma$ 时,

$$x+y+2z+1=x^2+y^2+x+y+1=\left(x+\frac{1}{2}\right)^2+\left(y+\frac{1}{2}\right)^2+\frac{1}{2},$$

当且仅当 $x=-\dfrac{1}{2},y=-\dfrac{1}{2},z=\dfrac{1}{4}$ 时,$f(x,y,z)$ 取最小值 $f_{\min}=\dfrac{1}{\sqrt{2}}$,且 $\left(-\dfrac{1}{2},-\dfrac{1}{2},\dfrac{1}{4}\right)\in$

Σ 且位于椭球面 $x^2+y^2+4z^2=2$ 内,从而

$$\iint\limits_{\Sigma}\sqrt{x+y+2z+1}\,\mathrm{d}S\geqslant\frac{1}{\sqrt{2}}\iint\limits_{\Sigma}\mathrm{d}S。$$

联立方程 $\begin{cases} z=\dfrac{1}{2}(x^2+y^2), \\ x^2+y^2+4z^2=2, \end{cases}$ 消去 z,得曲面 $\Sigma:z=\dfrac{1}{2}(x^2+y^2)$ 在 xOy 面上的投影区域为

$D_{xy}:x^2+y^2\leqslant1$,则

$$\iint\limits_{\Sigma}\mathrm{d}S=\iint\limits_{D_{xy}}\sqrt{1+\left(\frac{\partial z}{\partial x}\right)^2+\left(\frac{\partial z}{\partial x}\right)^2}\,\mathrm{d}x\,\mathrm{d}y=\iint\limits_{D_{xy}}\sqrt{1+x^2+y^2}\,\mathrm{d}x\,\mathrm{d}y$$

$$=\int_0^{2\pi}\mathrm{d}\theta\int_0^{2\pi}r\sqrt{1+r^2}\,\mathrm{d}r=\frac{2\pi}{3}(2\sqrt{2}-1),$$

故

$$\iint\limits_{\Sigma}\sqrt{x+y+2z+1}\,\mathrm{d}S\geqslant\frac{2\pi}{3}\left(2-\frac{\sqrt{2}}{2}\right)。$$

又由 Cauchy 不等式及二重积分的对称性,得

$$\iint\limits_{\Sigma}\sqrt{x+y+2z+1}\,\mathrm{d}S=\iint\limits_{D_{xy}}\sqrt{1+x+y+x^2+y^2}\sqrt{1+x^2+y^2}\,\mathrm{d}x\,\mathrm{d}y$$

$$\leqslant\left(\iint\limits_{D_{xy}}(1+x+y+x^2+y^2)\,\mathrm{d}x\,\mathrm{d}y\right)^{\frac{1}{2}}\left(\iint\limits_{D_{xy}}(1+x^2+y^2)\,\mathrm{d}x\,\mathrm{d}y\right)^{\frac{1}{2}}$$

$$=\iint\limits_{D_{xy}}(1+x^2+y^2)\,\mathrm{d}x\,\mathrm{d}y=\int_0^{2\pi}\mathrm{d}\theta\int_0^{2\pi}r(1+r^2)\,\mathrm{d}r=\frac{3\pi}{2},$$

所以

$$\frac{2\pi}{3}\left(2-\frac{\sqrt{2}}{2}\right)<\iint\limits_{\Sigma}\sqrt{x+y+2z+1}\,\mathrm{d}S\leqslant\frac{3\pi}{2}。$$

例 12.24 设 $f(x,y)$ 在闭区域 $D:a\leqslant x\leqslant b,\varphi(x)\leqslant y\leqslant\psi(x)$ 上可微,其中 $\varphi(x)$,

$\psi(x)$ 在 $[a,b]$ 上连续,且 $f(x,\varphi(x))=0$,证明存在 $K>0$,使得 $\iint\limits_{D}f^2(x,y)\mathrm{d}x\,\mathrm{d}y\leqslant$

$K\iint\limits_{D}\left(\dfrac{\partial f}{\partial y}\right)^2\mathrm{d}x\,\mathrm{d}y。$

【证1】 根据 Cauchy-Schwarz 不等式,有

$$f^2(x,y)=\left(\int_{\varphi(x)}^y\frac{\partial f(x,t)}{\partial t}\mathrm{d}t\right)^2\leqslant(y-\varphi(x))\int_{\varphi(x)}^y\left(\frac{\partial f(x,t)}{\partial t}\right)^2\mathrm{d}t,$$

又因 $\varphi(x),\psi(x)$ 在 $[a,b]$ 上连续，则存在 $K>0$，使得 $(\varphi(x)-\psi(x))^2\leqslant K$，从而

$$f^2(x,y)\leqslant K^{\frac{1}{2}}\int_{\varphi(x)}^{\psi(x)}\left(\frac{\partial f(x,t)}{\partial t}\right)^2\mathrm{d}t,$$

则

$$\iint_D f^2(x,y)\mathrm{d}x\mathrm{d}y=\int_a^b\mathrm{d}x\int_{\varphi(x)}^{\psi(x)}f^2(x,y)\mathrm{d}x\mathrm{d}y$$

$$\leqslant\int_a^b\mathrm{d}x\int_{\varphi(x)}^{\psi(x)}\left(K^{\frac{1}{2}}\int_{\varphi(x)}^{\psi(x)}\left(\frac{\partial f(x,t)}{\partial t}\right)^2\mathrm{d}t\right)\mathrm{d}y$$

$$=K^{\frac{1}{2}}\int_a^b\mathrm{d}x\left((\psi(x)-\varphi(x))\int_{\varphi(x)}^{\psi(x)}\left(\frac{\partial f(x,t)}{\partial t}\right)^2\mathrm{d}t\right)$$

$$\leqslant K\int_a^b\mathrm{d}x\int_{\varphi(x)}^{\psi(x)}\left(\frac{\partial f(x,t)}{\partial t}\right)^2\mathrm{d}t=K\iint_D\left(\frac{\partial f}{\partial y}\right)^2\mathrm{d}x\mathrm{d}y。$$

【证 2】 先证明若 $f(a)=0$，则 $\int_a^b f^2(x)\mathrm{d}x\leqslant\frac{1}{2}(b-a)^2\int_a^b(f'(x))^2\mathrm{d}x$。令

$$F(x)=\frac{1}{2}(x-a)^2\int_a^x(f'(t))^2\mathrm{d}t-\int_a^x f^2(t)\mathrm{d}t\quad(x\geqslant a),$$

因为 $f(a)=0$，根据 Cauchy-Schwarz 不等式，得

$$F'(x)=(x-a)\int_a^x(f'(t))^2\mathrm{d}t+\frac{1}{2}(x-a)^2(f'(x))^2-f^2(x)$$

$$\geqslant(x-a)\int_a^x(f'(t))^2\mathrm{d}t-f^2(x)=(x-a)\int_a^x(f'(t))^2\mathrm{d}t-\left(\int_a^x f'(t)\mathrm{d}t\right)^2$$

$$\geqslant(x-a)\int_a^x(f'(t))^2\mathrm{d}t-\int_a^x 1\mathrm{d}t\int_a^x(f'(t))^2\mathrm{d}t=0,$$

所以 $F(x)$ 当 $x\geqslant a$ 时单调递增，从而 $F(b)\geqslant F(a)=0$，即

$$\int_a^b f^2(x)\mathrm{d}x\leqslant\frac{1}{2}(b-a)^2\int_a^b(f'(x))^2\mathrm{d}x。$$

因为 $f(x,\varphi(x))=0$，对 $\forall x\in[a,b]$，由上式有

$$\int_{\varphi(x)}^{\psi(x)}f^2(x,y)\mathrm{d}y\leqslant\frac{1}{2}(\psi(x)-\varphi(x))^2\int_{\varphi(x)}^{\psi(x)}\left(\frac{\partial f}{\partial y}\right)^2\mathrm{d}y,$$

由 $\varphi(x),\psi(x)$ 在 $[a,b]$ 上连续，取 $\max\limits_{a\leqslant x\leqslant b}\left(\frac{1}{2}(\psi(x)-\varphi(x))^2\right)=K$，则

$$\int_{\varphi(x)}^{\psi(x)}f^2(x,y)\mathrm{d}y\leqslant K\int_{\varphi(x)}^{\psi(x)}\left(\frac{\partial f}{\partial y}\right)^2\mathrm{d}y,$$

上式两边在 $[a,b]$ 上对 x 积分，得

$$\int_a^b\mathrm{d}x\int_{\varphi(x)}^{\psi(x)}f^2(x,y)\mathrm{d}y\leqslant K\int_a^b\mathrm{d}x\int_{\varphi(x)}^{\psi(x)}\left(\frac{\partial f}{\partial y}\right)^2\mathrm{d}y,$$

即

$$\iint_D f^2(x,y)\mathrm{d}x\mathrm{d}y\leqslant K\iint_D\left(\frac{\partial f}{\partial y}\right)^2\mathrm{d}x\mathrm{d}y。$$

七、积分不等式的综合证明

例 12.25 设 $f(x)$ 在 $[a,b]$ 上连续且单调增加，证明不等式 $\displaystyle\int_a^b x f(x)\mathrm{d}x \geqslant \dfrac{a+b}{2}\int_a^b f(x)\mathrm{d}x$。

【证 1】 令 $g(t)=\displaystyle\int_a^t x f(x)\mathrm{d}x - \dfrac{a+t}{2}\int_a^t f(x)\mathrm{d}x$，则 $g(a)=0$，且

$$g'(t)=\frac{t-a}{2}f(t)-\frac{1}{2}\int_a^t f(x)\mathrm{d}x = \frac{1}{2}\int_a^t (f(t)-f(x))\mathrm{d}x \geqslant 0,$$

故 $g(t)\geqslant g(a)=0 (a\leqslant t\leqslant b)$，特别有 $g(b)\geqslant 0$，即

$$\int_a^b x f(x)\mathrm{d}x \geqslant \frac{a+b}{2}\int_a^b f(x)\mathrm{d}x。$$

【证 2】 将积分区间二等分，有

$$\int_a^b \left(x-\frac{a+b}{2}\right)f(x)\mathrm{d}x = \int_a^{\frac{a+b}{2}}\left(x-\frac{a+b}{2}\right)f(x)\mathrm{d}x + \int_{\frac{a+b}{2}}^b \left(x-\frac{a+b}{2}\right)f(x)\mathrm{d}x,$$

由积分第一中值定理，存在 $\xi\in\left[a,\dfrac{a+b}{2}\right]$，$\eta\in\left[\dfrac{a+b}{2},b\right]$，使得

$$\int_a^b \left(x-\frac{a+b}{2}\right)f(x)\mathrm{d}x = f(\xi)\int_a^{\frac{a+b}{2}}\left(x-\frac{a+b}{2}\right)\mathrm{d}x + f(\eta)\int_{\frac{a+b}{2}}^b \left(x-\frac{a+b}{2}\right)\mathrm{d}x$$

$$= \frac{(b-a)^2}{8}(f(\eta)-f(\xi)),$$

由于 $f(x)$ 在 $[a,b]$ 上单调增加，且 $a\leqslant\xi\leqslant\eta\leqslant b$，则 $f(\eta)\geqslant f(\xi)$，从而

$$\int_a^b \left(x-\frac{a+b}{2}\right)f(x)\mathrm{d}x \geqslant 0, \quad 即 \int_a^b x f(x)\mathrm{d}x \geqslant \frac{a+b}{2}\int_a^b f(x)\mathrm{d}x。$$

【证 3】 由积分第二中值定理，存在 $\xi\in[a,b]$，使得

$$\int_a^b \left(x-\frac{a+b}{2}\right)f(x)\mathrm{d}x = f(a)\int_a^\xi \left(x-\frac{a+b}{2}\right)\mathrm{d}x + f(b)\int_\xi^b \left(x-\frac{a+b}{2}\right)\mathrm{d}x$$

$$= f(a)\int_a^b \left(x-\frac{a+b}{2}\right)\mathrm{d}x + (f(b)-f(a))\int_\xi^b \left(x-\frac{a+b}{2}\right)f(x)\mathrm{d}x$$

$$= (f(b)-f(a))\left(\frac{b^2-a^2}{2}-\frac{a+b}{2}(b-\xi)\right)$$

$$= \frac{1}{2}(f(b)-f(a))(b-\xi)(\xi-a),$$

由于 $f(x)$ 在 $[a,b]$ 上单调增加，且 $a\leqslant\xi\leqslant b$，则 $f(b)>f(a)$，$\xi-a\geqslant 0$，$b-\xi\geqslant 0$，从而

$$\int_a^b \left(x-\frac{a+b}{2}\right)f(x)\mathrm{d}x \geqslant 0, \quad 即 \int_a^b x f(x)\mathrm{d}x \geqslant \frac{a+b}{2}\int_a^b f(x)\mathrm{d}x。$$

【证 4】 令 $x=a+b-t$，得

$$\int_a^b \left(x-\frac{a+b}{2}\right)f(x)\mathrm{d}x = \int_a^b \left(a+b-t-\frac{a+b}{2}\right)f(a+b-t)\mathrm{d}t$$

$$= -\int_a^b \left(x-\frac{a+b}{2}\right)f(a+b-x)\mathrm{d}x,$$

由 $f(x)$ 在 $[a,b]$ 上单调增加,则

$$\int_a^b \left(x - \frac{a+b}{2}\right) f(x) \mathrm{d}x = \frac{1}{2}\int_a^b \left(x - \frac{a+b}{2}\right)(f(x) - f(a+b-x))\mathrm{d}x \geqslant 0,$$

从而

$$\int_a^b x f(x) \mathrm{d}x \geqslant \frac{a+b}{2}\int_a^b f(x) \mathrm{d}x。$$

【证 5】 由于

$$\int_a^b \left(x - \frac{a+b}{2}\right) f\left(\frac{a+b}{2}\right) \mathrm{d}x = 0,$$

则

$$\int_a^b \left(x - \frac{a+b}{2}\right) f(x) \mathrm{d}x = \int_a^b \left(x - \frac{a+b}{2}\right)\left(f(x) - f\left(\frac{a+b}{2}\right)\right)\mathrm{d}x \geqslant 0,$$

从而

$$\int_a^b x f(x) \mathrm{d}x \geqslant \frac{a+b}{2}\int_a^b f(x) \mathrm{d}x。$$

【证 6】 由于 $f(x)$ 在 $[a,b]$ 上单调增加,$\forall x, y \in [a,b]$,有

$$(f(x) - f(y))(x - y) \geqslant 0,$$

两边在 $[a,b]$ 上对 y 积分,得

$$\int_a^b (f(x) - f(y))(x - y)\mathrm{d}y \geqslant 0,$$

即

$$x f(x)(b-a) - \frac{1}{2}(b^2 - a^2) f(x) - x\int_a^b f(y)\mathrm{d}y + \int_a^b y f(y)\mathrm{d}y \geqslant 0,$$

两边在 $[a,b]$ 上对 x 积分,得

$$2(b-a)\int_a^b x f(x)\mathrm{d}x - (b^2 - a^2)\int_a^b f(x)\mathrm{d}x \geqslant 0,$$

从而

$$\int_a^b x f(x)\mathrm{d}x \geqslant \frac{a+b}{2}\int_a^b f(x)\mathrm{d}x。$$

例 12.26 设函数 $f(x)$ 在 $[0,1]$ 上连续可微,且不恒等于 0,$\int_0^1 f(x)\mathrm{d}x = 0$,证明不等式 $\int_0^1 |f(x)|\mathrm{d}x \int_0^1 |f'(x)|\mathrm{d}x \geqslant 2\int_0^1 f^2(x)\mathrm{d}x$。

【证 1】 因为 $\int_0^1 f(x)\mathrm{d}x = 0$,所以

$$\begin{aligned}
2\int_0^1 f^2(x)\mathrm{d}x &= \int_0^1 f(x)\mathrm{d}\left(\int_0^x f(t)\mathrm{d}t\right) - \int_0^1 f(x)\mathrm{d}\left(\int_x^1 f(t)\mathrm{d}t\right) \\
&= \left[f(x)\left(\int_0^x f(t)\mathrm{d}t\right)\right]\Big|_0^1 - \int_0^1 f'(x)\left(\int_0^x f(t)\mathrm{d}t\right)\mathrm{d}x - \\
&\quad \left[f(x)\left(\int_x^1 f(t)\mathrm{d}t\right)\right]\Big|_0^1 + \int_0^1 f'(x)\left(\int_x^1 f(t)\mathrm{d}t\right)\mathrm{d}x \\
&= \int_0^1 f'(x)\left[\left(\int_x^1 f(t)\mathrm{d}t\right) - \left(\int_0^x f(t)\mathrm{d}t\right)\right]\mathrm{d}x
\end{aligned}$$

$$\leqslant \int_0^1 |f'(x)| \left| \left(\int_x^1 f(t)\,dt\right) - \left(\int_0^x f(t)\,dt\right) \right| dx$$

$$\leqslant \int_0^1 |f'(x)| \left(\int_x^1 |f(t)|\,dt + \int_0^x |f(t)|\,dt\right) dx$$

$$= \int_0^1 |f(x)|\,dx \int_0^1 |f'(x)|\,dx \, 。$$

【证 2】 令 $F(x) = \int_0^x f(t)\,dt$，则 $F(0) = F(1) = 0$，$F'(x) = f(x)$，且

$$\left| \int_0^1 f^2(x)\,dx \right| = \left| \int_0^1 f(x)\,dF(x) \right| = \left| f(x)F(x) \Big|_0^1 - \int_0^1 F(x)f'(x)\,dx \right|$$

$$= \left| -\int_0^1 F(x)f'(x)\,dx \right| \leqslant \int_0^1 |F(x)||f'(x)|\,dx$$

$$= |F(\xi)| \int_0^1 |f'(x)|\,dx, \quad \xi \in [0,1] \, 。$$

对上述 $\xi \in [0,1]$，有

$$\int_0^1 |f(x)|\,dx = \int_0^\xi |f(x)|\,dx + \int_\xi^1 |f(x)|\,dx \geqslant \left| \int_0^\xi f(x)\,dx \right| + \left| \int_\xi^1 f(x)\,dx \right|$$

$$= |F(\xi) - F(0)| + |F(1) - F(\xi)| = 2|F(\xi)|,$$

所以

$$2 \left| \int_0^1 f^2(x)\,dx \right| \leqslant 2|F(\xi)| \int_0^1 |f'(x)|\,dx \leqslant \int_0^1 |f(x)|\,dx \int_0^1 |f'(x)|\,dx \, 。$$

【证 3】 因为 $\int_0^1 f(x)\,dx = 0$，所以

$$\int_0^1 f^2(x)\,dx = \int_0^1 f(x)(f(x) - f(0))\,dx = \int_0^1 f(x)\left(\int_0^x f'(t)\,dt\right) dx$$

$$\leqslant \int_0^1 |f(x)|\,dx \int_0^x |f'(t)|\,dt,$$

$$\int_0^1 f^2(x)\,dx = \left| -\int_0^1 f(x)(f(1) - f(x))\,dx \right| = \left| \int_0^1 f(x)\left(\int_x^1 f'(t)\,dt\right) dx \right|$$

$$\leqslant \int_0^1 |f(x)|\,dx \int_x^1 |f'(t)|\,dt,$$

两式相加得

$$2\int_0^1 f^2(x)\,dx \leqslant \int_0^1 |f(x)|\,dx \int_0^1 |f'(t)|\,dt = \int_0^1 |f(x)|\,dx \int_0^1 |f'(x)|\,dx \, 。$$

例 12.27 设 $D = \{(x,y) \mid 0 \leqslant x \leqslant 1, 0 \leqslant y \leqslant 1\}$，$I = \iint_D f(x,y)\,dx\,dy$，其中函数 $f(x,y)$ 在 D 上有连续二阶偏导数，若对任何 x,y 有 $f(0,y) = f(x,0) = 0$，且 $\dfrac{\partial^2 f}{\partial x \partial y} \leqslant A$，证明 $I \leqslant \dfrac{A}{4}$。

【证 1】 因为

$$I = \iint_D f(x,y)\,dx\,dy = \int_0^1 dy \int_0^1 f(x,y)\,dx = -\int_0^1 dy \int_0^1 f(x,y)\,d(1-x),$$

由分部积分及已知条件 $f(0,y) = 0$ 知

$$\int_0^1 f(x,y)\mathrm{d}(1-x) = (1-x)f(x,y)\Big|_0^1 - \int_0^1 (1-x)\frac{\partial f(x,y)}{\partial x}\mathrm{d}x$$

$$= -\int_0^1 (1-x)\frac{\partial f(x,y)}{\partial x}\mathrm{d}x,$$

改变积分次序,得

$$I = \int_0^1 \mathrm{d}y \int_0^1 (1-x)\frac{\partial f(x,y)}{\partial x}\mathrm{d}x = \int_0^1 (1-x)\mathrm{d}x \int_0^1 \frac{\partial f(x,y)}{\partial x}\mathrm{d}y,$$

由已知条件 $f(x,0)=0$ 知 $\dfrac{\partial f(x,0)}{\partial x}=0$,再由分部积分法得

$$\int_0^1 \frac{\partial f(x,y)}{\partial x}\mathrm{d}y = -\int_0^1 \frac{\partial f(x,y)}{\partial x}\mathrm{d}(1-y)$$

$$= -(1-y)\frac{\partial f(x,y)}{\partial x}\Big|_0^1 + \int_0^1 (1-y)\frac{\partial^2 f(x,y)}{\partial x \partial y}\mathrm{d}y$$

$$= \int_0^1 (1-y)\frac{\partial^2 f(x,y)}{\partial x \partial y}\mathrm{d}y,$$

所以

$$I = \int_0^1 (1-x)\mathrm{d}x \int_0^1 (1-y)\frac{\partial^2 f(x,y)}{\partial x \partial y}\mathrm{d}y = \iint\limits_D (1-x)(1-y)\frac{\partial^2 f(x,y)}{\partial x \partial y}\mathrm{d}x\,\mathrm{d}y,$$

又因 $\dfrac{\partial^2 f}{\partial x \partial y} \leqslant A$,且 $(1-x)(1-y)$ 在 D 上非负,故

$$I \leqslant A\iint\limits_D (1-x)(1-y)\mathrm{d}x\,\mathrm{d}y = \frac{A}{4}。$$

【证 2】 函数 $f(x,y)$ 在 $D=\{(x,y)\,|\,0\leqslant x\leqslant 1,0\leqslant y\leqslant 1\}$ 上有连续的二阶偏导数,且对任何 x,y 有 $f(0,y)=f(x,0)=0$,由 Lagrange 中值定理知,存在 $\xi\in(0,x)$,使得

$$f(x,y) = f(x,y) - f(0,y) = xf_x(\xi,y)。$$

又

$$f_x(\xi,0) = \lim_{h \to 0}\frac{f(\xi+h,0)-f(\xi,0)}{h} = 0,$$

再由 Lagrange 中值定理知,存在 $\eta\in(0,y)$,使得

$$f(x,y) = x(f_x(\xi,y) - f_x(\xi,0)) = xyf_{xy}(\xi,\eta)。$$

因为 $\dfrac{\partial^2 f}{\partial x \partial y} \leqslant A$,所以

$$I = \iint\limits_D f(x,y)\mathrm{d}x\,\mathrm{d}y = \iint\limits_D xyf_{xy}(\xi,\eta)\mathrm{d}x\,\mathrm{d}y \leqslant A\iint\limits_D xy\,\mathrm{d}x\,\mathrm{d}y = \frac{A}{4}。$$

例 12.28 设函数 $f(x),g(x)$ 在 $[0,+\infty)$ 上连续,且 $0 < \int_0^{+\infty} f^2(x)\mathrm{d}x < +\infty,0 < \int_0^{+\infty} g^2(x)\mathrm{d}x < +\infty$, 证明不等式 $\int_0^{+\infty}\int_0^{+\infty} \dfrac{f(x)g(y)}{x+y}\mathrm{d}x\,\mathrm{d}y \leqslant \pi\sqrt{\int_0^{+\infty} f^2(x)\mathrm{d}x}$ $\sqrt{\int_0^{+\infty} g^2(x)\mathrm{d}x}$ 。

【证 1】 因为

$$I = \int_0^{+\infty} \int_0^{+\infty} \frac{f(x)g(y)}{x+y} \mathrm{d}x\mathrm{d}y = \int_0^{+\infty} f(x)\mathrm{d}x \int_0^{+\infty} \frac{g(y)}{x+y}\mathrm{d}y$$

$$\xlongequal{v=tx} \int_0^{+\infty} f(x)\mathrm{d}x \int_0^{+\infty} \frac{g(tx)}{1+t}\mathrm{d}t = \int_0^{+\infty} \frac{1}{1+t}\mathrm{d}t \int_0^{+\infty} f(x)g(tx)\mathrm{d}x$$

$$\leqslant \int_0^{+\infty} \left(\frac{1}{1+t} \sqrt{\int_0^{+\infty} f^2(x)\mathrm{d}x} \sqrt{\int_0^{+\infty} g^2(tx)\mathrm{d}x} \right)\mathrm{d}t$$

$$= \sqrt{\int_0^{+\infty} f^2(x)\mathrm{d}x} \int_0^{+\infty} \frac{1}{1+t}\sqrt{\int_0^{+\infty} g^2(tx)\mathrm{d}x}\,\mathrm{d}t,$$

而

$$\int_0^{+\infty} \frac{1}{1+t}\sqrt{\int_0^{+\infty} g^2(tx)\mathrm{d}x}\,\mathrm{d}t \xlongequal{y=tx} \sqrt{\int_0^{+\infty} g^2(y)\mathrm{d}y} \int_0^{+\infty} \frac{1}{\sqrt{t}(1+t)}\mathrm{d}t$$

$$\xlongequal{x=\sqrt{t}} 2\sqrt{\int_0^{+\infty} g^2(y)\mathrm{d}y} \int_0^{+\infty} \frac{x}{x(1+x^2)}\mathrm{d}x = \pi \sqrt{\int_0^{+\infty} g^2(y)\mathrm{d}y},$$

所以

$$\int_0^{+\infty} \int_0^{+\infty} \frac{f(x)g(y)}{x+y}\mathrm{d}x\mathrm{d}y \leqslant \pi \sqrt{\int_0^{+\infty} f^2(x)\mathrm{d}x} \sqrt{\int_0^{+\infty} g^2(x)\mathrm{d}x}.$$

【证 2】 令 $y = xt^2$,则

$$I = \int_0^{+\infty} \int_0^{+\infty} \frac{f(x)g(y)}{x+y}\mathrm{d}x\mathrm{d}y = \int_0^{+\infty} f(x)\mathrm{d}x \int_0^{+\infty} \frac{2xtg(xt^2)}{x+xt^2}\mathrm{d}t$$

$$= \int_0^{+\infty} \frac{2\mathrm{d}t}{1+t^2} \int_0^{+\infty} f(x)g(xt^2)\mathrm{d}(tx) \xlongequal{u=tx} \int_0^{+\infty} \frac{2\mathrm{d}t}{1+t^2} \int_0^{+\infty} f\left(\frac{u}{t}\right)g(tu)\mathrm{d}u$$

$$\leqslant \int_0^{+\infty} \frac{2\mathrm{d}t}{1+t^2} \sqrt{\int_0^{+\infty} f\left(\frac{u}{t}\right)\mathrm{d}u \int_0^{+\infty} g(tu)\mathrm{d}u} = \int_0^{+\infty} \frac{2\mathrm{d}t}{1+t^2} \sqrt{\int_0^{+\infty} f(x)\mathrm{d}x \int_0^{+\infty} g(x)\mathrm{d}x}$$

$$= \pi \sqrt{\int_0^{+\infty} f(x)\mathrm{d}x} \sqrt{\int_0^{+\infty} g(x)\mathrm{d}x}.$$

【证 3】 令 $x = r\cos\theta, y = r\sin\theta$,其中 $0 \leqslant \theta \leqslant \frac{\pi}{2}, 0 \leqslant r < +\infty$,由 Cauchy-Schwarz 不等式得

$$I = \int_0^{+\infty} \int_0^{+\infty} \frac{f(x)g(y)}{x+y}\mathrm{d}x\mathrm{d}y = \int_0^{\frac{\pi}{2}} \mathrm{d}\theta \int_0^{+\infty} \frac{f(r\cos\theta)g(r\sin\theta)}{r(\cos\theta+\sin\theta)} r\mathrm{d}r$$

$$= \int_0^{\frac{\pi}{2}} \frac{\mathrm{d}\theta}{\cos\theta+\sin\theta} \int_0^{+\infty} f(r\cos\theta)g(r\sin\theta)\mathrm{d}r$$

$$\leqslant \int_0^{\frac{\pi}{2}} \frac{\mathrm{d}\theta}{\cos\theta+\sin\theta} \sqrt{\int_0^{+\infty} f^2(r\cos\theta)\mathrm{d}r \int_0^{+\infty} g^2(r\sin\theta)\mathrm{d}r}$$

$$= \int_0^{\frac{\pi}{2}} \frac{\mathrm{d}\theta}{(\cos\theta+\sin\theta)\sqrt{\sin\theta\cos\theta}} \sqrt{\int_0^{+\infty} f^2(r\cos\theta)\mathrm{d}(r\cos\theta) \int_0^{+\infty} g^2(r\sin\theta)\mathrm{d}(r\sin\theta)}$$

$$= \int_0^{\frac{\pi}{2}} \frac{\mathrm{d}(\tan\theta)}{(1+\tan\theta)\sqrt{\tan\theta}} \sqrt{\int_0^{+\infty} f^2(x)\mathrm{d}x \int_0^{+\infty} g^2(y)\mathrm{d}y}$$

$$= 2\arctan(\sqrt{\tan\theta}) \Big|_0^{\frac{\pi}{2}} \sqrt{\int_0^{+\infty} f^2(x)\mathrm{d}x \int_0^{+\infty} g^2(x)\mathrm{d}x} = \pi \sqrt{\int_0^{+\infty} f(x)\mathrm{d}x} \sqrt{\int_0^{+\infty} g(x)\mathrm{d}x}.$$

例 12.29 设函数 $f(x,y)$ 在区域 $D = \{(x,y) \mid x^2 + y^2 \leqslant a^2\}(a>0)$ 上具有一阶

连续偏导数,且满足 $f(x,y)\big|_{x^2+y^2=a^2} = a^2$, $\max\limits_{(x,y)\in D}\left(\left(\dfrac{\partial f}{\partial x}\right)^2 + \left(\dfrac{\partial f}{\partial y}\right)^2\right) = a^2$,证明

$$\left| \iint_D f(x,y)\mathrm{d}x\mathrm{d}y \right| \leqslant \frac{4}{3}\pi a^4.$$

【证 1】 令 $x = r\cos\theta, y = r\sin\theta(0 \leqslant \theta \leqslant 2\pi, 0 \leqslant r \leqslant a)$,则 $f(a,\theta) = a^2$,且

$$\left|\frac{\partial f}{\partial r}\right| = \left|\frac{\partial f}{\partial x}\cos\theta + \frac{\partial f}{\partial y}\sin\theta\right| \leqslant \sqrt{\left(\frac{\partial f}{\partial x}\right)^2 + \left(\frac{\partial f}{\partial y}\right)^2} \sqrt{\cos^2\theta + \sin^2\theta} = a,$$

由 Lagrange 中值定理,存在 $r_0 \in (0,a)$,使得

$$\left| \iint_D f(x,y)\mathrm{d}x\mathrm{d}y \right| = \left| \iint_D f(r,\theta)r\mathrm{d}r\mathrm{d}\theta \right| = \left| \iint_D (f(r,\theta) - f(a,\theta))r\mathrm{d}r\mathrm{d}\theta + \iint_D f(a,\theta)r\mathrm{d}r\mathrm{d}\theta \right|$$

$$\leqslant \iint_D \left| \frac{\partial f(r_0,\theta)}{\partial r}r(r-a) \right| \mathrm{d}r\mathrm{d}\theta + \left| \iint_D a^2 r\mathrm{d}r\mathrm{d}\theta \right|$$

$$\leqslant a \left| \iint_D r(a-r)\mathrm{d}r\mathrm{d}\theta \right| + \pi a^4 = \frac{4}{3}\pi a^4.$$

【证 2】 在格林公式

$$\oint_C P(x,y)\mathrm{d}x + Q(x,y)\mathrm{d}y = \iint_D \left(\frac{\partial Q}{\partial x} - \frac{\partial P}{\partial y}\right)\mathrm{d}x\mathrm{d}y$$

中依次取 $P = yf(x,y), Q = 0$ 和 $P = 0, Q = xf(x,y)$,分别可得

$$\iint_D f(x,y)\mathrm{d}x\mathrm{d}y = -\oint_C yf(x,y)\mathrm{d}x - \iint_D y\frac{\partial f}{\partial y}\mathrm{d}x\mathrm{d}y,$$

$$\iint_D f(x,y)\mathrm{d}x\mathrm{d}y = \oint_C xf(x,y)\mathrm{d}x - \iint_D x\frac{\partial f}{\partial x}\mathrm{d}x\mathrm{d}y,$$

两式相加,得

$$\iint_D f(x,y)\mathrm{d}x\mathrm{d}y = \frac{a^2}{2}\oint_C -y\mathrm{d}x + x\mathrm{d}y - \frac{1}{2}\iint_D \left(x\frac{\partial f}{\partial x} + y\frac{\partial f}{\partial y}\right)\mathrm{d}x\mathrm{d}y = I_1 + I_2,$$

对 I_1 利用格林公式,得

$$I_1 = \frac{a^2}{2}\oint_C -y\mathrm{d}x + x\mathrm{d}y = a^2\iint_D \mathrm{d}x\mathrm{d}y = \pi a^4,$$

对 I_2 的被积函数利用柯西不等式,得

$$|I_2| \leqslant \frac{1}{2}\iint_D \left(x\frac{\partial f}{\partial x} + y\frac{\partial f}{\partial y}\right)\mathrm{d}x\mathrm{d}y \leqslant \frac{1}{2}\iint_D \sqrt{x^2 + y^2}\sqrt{\left(\frac{\partial f}{\partial x}\right)^2 + \left(\frac{\partial f}{\partial y}\right)^2}\mathrm{d}x\mathrm{d}y$$

$$\leqslant \frac{a^2}{2}\iint_D \sqrt{x^2 + y^2}\mathrm{d}x\mathrm{d}y = \frac{1}{3}\pi a^4,$$

因此

$$\left|\iint\limits_{D} f(x,y)\mathrm{d}x\mathrm{d}y\right| \leqslant |I_1| + |I_2| \leqslant \pi a^4 + \frac{4}{3}\pi a^4 \leqslant \frac{4}{3}\pi a^4 \,\text{。}$$

【证 3】 取 $C:x^2+y^2=a^2$，逆时针方向，圆周上点 (x,y) 外法向量为 $\boldsymbol{n}=\left(\dfrac{x}{a},\dfrac{y}{a}\right)$，从

而曲线 C 则点 (x,y) 处正向切向量为 $\boldsymbol{T}=\left(-\dfrac{y}{a},\dfrac{x}{a}\right)=(\cos\alpha,\cos\beta)$，则

$$\begin{aligned}
\oint_C\left(\frac{x^2+y^2}{a}\cdot f(x,y)\right)\mathrm{d}s &= \oint_C\left(xf(x,y)\cdot\frac{x}{a}+yf(x,y)\cdot\frac{y}{a}\right)\mathrm{d}s\\
&=\oint_C(xf(x,y)\cos\beta - yf(x,y)\cos\alpha)\mathrm{d}s\\
&=\oint_C xf(x,y)\mathrm{d}y - yf(x,y)\mathrm{d}x\\
&=\iint\limits_{D}\left(\frac{\partial(xf(x,y))}{\partial x}+\frac{\partial(yf(x,y))}{\partial y}\right)\mathrm{d}x\mathrm{d}y\\
&=\iint\limits_{D}\left(f(x,y)+x\frac{\partial f}{\partial x}+f(x,y)+y\frac{\partial f}{\partial y}\right)\mathrm{d}x\mathrm{d}y\\
&=2\iint\limits_{D}f(x,y)\mathrm{d}x\mathrm{d}y+\iint\limits_{D}\left(x\frac{\partial f}{\partial x}+y\frac{\partial f}{\partial y}\right)\mathrm{d}x\mathrm{d}y,
\end{aligned}$$

因此

$$\begin{aligned}
\left|\iint\limits_{D}f(x,y)\mathrm{d}x\mathrm{d}y\right| &= \frac{1}{2}\left|\oint_C\left(\frac{x^2+y^2}{a}\cdot f(x,y)\right)\mathrm{d}s-\iint\limits_{D}\left(x\frac{\partial f}{\partial x}+y\frac{\partial f}{\partial y}\right)\mathrm{d}x\mathrm{d}y\right|\\
&\leqslant \frac{1}{2}\left|\oint_C\left(\frac{x^2+y^2}{a}\cdot f(x,y)\right)\mathrm{d}s\right|+\frac{1}{2}\left|\iint\limits_{D}\left(x\frac{\partial f}{\partial x}+y\frac{\partial f}{\partial y}\right)\mathrm{d}x\mathrm{d}y\right|,
\end{aligned}$$

而

$$\oint_C\left(\frac{x^2+y^2}{a}\cdot f(x,y)\right)\mathrm{d}s=\oint_C\left(\frac{a^2}{a}\cdot a^2\right)\mathrm{d}s=2\pi a^4,$$

$$\begin{aligned}
\iint\limits_{D}\left(x\frac{\partial f}{\partial x}+y\frac{\partial f}{\partial y}\right)\mathrm{d}x\mathrm{d}y &\leqslant \iint\limits_{D}\sqrt{x^2+y^2}\sqrt{\left(\frac{\partial f}{\partial x}\right)^2+\left(\frac{\partial f}{\partial y}\right)^2}\,\mathrm{d}x\mathrm{d}y\\
&\leqslant a^2\iint\limits_{D}\sqrt{x^2+y^2}\,\mathrm{d}x\mathrm{d}y=\frac{2}{3}\pi a^4,
\end{aligned}$$

则

$$\left|\iint\limits_{D}f(x,y)\mathrm{d}x\mathrm{d}y\right|\leqslant \pi a^4+\frac{4}{3}\pi a^4\leqslant\frac{4}{3}\pi a^4\,\text{。}$$

综合训练

1. 求 $\displaystyle\sum_{n=1}^{10^9}n^{-\frac{2}{3}}$ 的整数部分。

2. 证明积分不等式 $\dfrac{\sqrt{3}}{2}\pi \leqslant \displaystyle\int_0^1 \sqrt{\dfrac{x^2-x+1}{x-x^2}}\,\mathrm{d}x \leqslant \pi$。

3. 证明积分不等式 $\left| \displaystyle\int_{100}^{200} \dfrac{x^3}{x^4+x-1}\,\mathrm{d}x - \ln 2 \right| < \dfrac{1}{3}\times 10^{-6}$。

4. 设 $f(x)$ 为闭区间 $[0,a]$ 上具有二阶导数的正值函数,且 $f''(x)>0,f(0)=0$,点 (X,Y) 为曲线 $y=f(x)$ 与直线 $y=0$ 及 $x=a$ 所围成的区域的形心,证明 $X>\dfrac{2}{3}a$。

5. 设 $f(x)$ 在 $[a,b]$ 上连续可微,满足 $f(a)=f(b)=0$,证明 $\dfrac{4}{(b-a)^2}\displaystyle\int_a^b |f(x)|\,\mathrm{d}x \leqslant \max\limits_{a\leqslant x\leqslant b} |f'(x)|$。

6. 设函数 $f(x)$ 在区间 $[0,2]$ 上连续,在 $(0,2)$ 内可导,且 $f(0)=f(2)=1$,$|f'(x)|\leqslant 1$,证明 $1\leqslant \displaystyle\int_0^2 f(x)\,\mathrm{d}x \leqslant 3$。

7. 证明不等式 $\dfrac{\pi}{4}\left(1-\dfrac{1}{\mathrm{e}}\right) < \left(\displaystyle\int_0^1 \mathrm{e}^{-x^2}\,\mathrm{d}x\right)^2 < \dfrac{16}{25}$。

8. 设函数 $f(x)$ 在 $[0,1]$ 上连续,且 $\forall x\in[0,1]$,有 $\displaystyle\int_x^1 f(t)\,\mathrm{d}t \geqslant \dfrac{1-x^2}{2}$,证明不等式 $\displaystyle\int_0^1 f^2(t)\,\mathrm{d}t \geqslant \dfrac{1}{3}$。

9. 设正值函数 $f(x)$ 在闭区间 $[a,b]$ 上连续,$\displaystyle\int_a^b f(x)\,\mathrm{d}x = A$,证明
$$\int_a^b f(x)\mathrm{e}^{f(x)}\,\mathrm{d}x \int_a^b \dfrac{1}{f(x)}\,\mathrm{d}x \geqslant (b-a)(b-a+A)。$$

10. 设函数 $f(x)$ 在 $[0,1]$ 上连续,$t>0$,证明 $\left(\displaystyle\int_0^1 \dfrac{f(x)}{t^2+x^2}\,\mathrm{d}x\right)^2 \leqslant \dfrac{\pi}{2t}\displaystyle\int_0^1 \dfrac{f^2(x)}{t^2+x^2}\,\mathrm{d}x$。

11. 设函数 $f(x)$ 在 $[a,b]$ 上有连续导函数,$f(a)=0$,证明 $\displaystyle\int_a^b f^2(x)\,\mathrm{d}x \leqslant \dfrac{(b-a)^2}{2}\displaystyle\int_a^b f'^2(x)\,\mathrm{d}x$。

12. 设函数 $f(x)$ 在 $[a,b]$ 上有连续导函数,且 $f\left(\dfrac{a+b}{2}\right)=0$,证明
$$\int_a^b |f(x)f'(x)|\,\mathrm{d}x \leqslant \dfrac{b-a}{4}\int_a^b |f'(x)|^2\,\mathrm{d}x。$$

13. 设函数 $f(x)$ 为区间 $[0,1]$ 上正值连续函数,且单调减少,证明 $\dfrac{\displaystyle\int_0^1 xf^2(x)\,\mathrm{d}x}{\displaystyle\int_0^1 xf(x)\,\mathrm{d}x} \leqslant \dfrac{\displaystyle\int_0^1 f^2(x)\,\mathrm{d}x}{\displaystyle\int_0^1 f(x)\,\mathrm{d}x}$。

14. 若函数 $f(x)$ 在 $[-1,1]$ 上二次可微,$f(0)=0$,$M=\max\limits_{x\in[-1,1]} |f''(x)|$,证明不等式

$$\left| \int_{-1}^{1} f(x) \mathrm{d}x \right| \leqslant \frac{M}{3}.$$

15. 设函数 $f(x)$ 在 $[0,1]$ 上二次可导，且 $f''(x)<0$，证明 $\int_{0}^{1} f(x^{n}) \mathrm{d}x \leqslant f\left(\frac{1}{n+1}\right)$，其中 n 为自然数。

16. 设 $\varphi(x)$ 在 $[0,a]$ 上连续，$f(x)$ 在 $(-\infty,+\infty)$ 内二阶可导，且 $f''(x)>0$，证明不等式 $f\left(\frac{1}{a}\int_{0}^{a}\varphi(t)\mathrm{d}t\right) \leqslant \frac{1}{a}\int_{0}^{a} f[\varphi(t)]\mathrm{d}t$。

17. 已知函数 $f(x)$ 在 $[0,1]$ 上连续单调增加，且 $f(x)\geqslant 0$，记 $s=\dfrac{\displaystyle\int_{0}^{1} x f(x)\mathrm{d}x}{\displaystyle\int_{0}^{1} f(x)\mathrm{d}x}$，证明：

(1) $s \geqslant \dfrac{1}{2}$；

(2) $\displaystyle\int_{0}^{s} f(x)\mathrm{d}x \leqslant \int_{s}^{1} f(x)\mathrm{d}x \leqslant \frac{s}{1-s}\int_{0}^{s} f(x)\mathrm{d}x$。

18. 已知当 $x>0$ 时，有 $(1+x^2)f'(x)+(1+x)f(x)=1$，$g'(x)=f(x)$，$f(0)=g(0)=0$，证明不等式 $\dfrac{1}{4} < \displaystyle\sum_{n=1}^{\infty} g\left(\frac{1}{n}\right) < 1$。

第十三讲

含参积分和积分的极限

知识点

1. 设函数 $f(x,y)$ 在矩形区域 $D = \{(x,y) \mid a \leqslant x \leqslant b, \alpha \leqslant y \leqslant \beta\}$ 上连续,则 $\varphi(x) = \int_{\alpha}^{\beta} f(x,y)\mathrm{d}y$ $(a \leqslant x \leqslant b)$ 称为含参变量 x 的积分。同样,积分 $\Phi(x) = \int_{\alpha(x)}^{\beta(x)} f(x,y)\mathrm{d}y (a \leqslant x \leqslant b)$ 也称为含参变量 x 的积分。

2. 如果函数 $f(x,y)$ 在矩形区域 $D = \{(x,y) \mid a \leqslant x \leqslant b, \alpha \leqslant y \leqslant \beta\}$ 上连续,则由积分确定的函数 $\varphi(x) = \int_{\alpha}^{\beta} f(x,y)\mathrm{d}y$ 在 $[a,b]$ 上连续。

3. 如果函数 $f(x,y)$ 在矩形区域 $D = \{(x,y) \mid a \leqslant x \leqslant b, \alpha \leqslant y \leqslant \beta\}$ 上连续,则 $\forall x_0 \in [a,b]$ 有

$$\lim_{x \to x_0} \int_{\alpha}^{\beta} f(x,y)\mathrm{d}y = \int_{\alpha}^{\beta} \lim_{x \to x_0} f(x,y)\mathrm{d}y \text{。}$$

4. 如果函数 $f(x,y)$ 在矩形区域 $D = \{(x,y) \mid a \leqslant x \leqslant b, \alpha \leqslant y \leqslant \beta\}$ 上连续,$\alpha(x)$,$\beta(x)$ 在 $[a,b]$ 上连续,且 $\alpha \leqslant \alpha(x) \leqslant \beta, \alpha \leqslant \beta(x) \leqslant \beta$,则由积分确定的函数 $\Phi(x) = \int_{\alpha(x)}^{\beta(x)} f(x,y)\mathrm{d}y$ 在 $[a,b]$ 上连续。

5. 如果函数 $f(x,y)$ 及其偏导函数 $f_x(x,y)$ 在 $D = \{(x,y) \mid a \leqslant x \leqslant b, \alpha \leqslant y \leqslant \beta\}$ 上连续,则函数 $\varphi(x)$ 在 $[a,b]$ 上可微,且

$$\varphi'(x) = \frac{\mathrm{d}}{\mathrm{d}x} \int_{\alpha}^{\beta} f(x,y)\mathrm{d}y = \int_{\alpha}^{\beta} \frac{\partial f(x,y)}{\partial x}\mathrm{d}y \text{。}$$

6. 如果函数 $f(x,y)$ 及其偏导函数 $f_x(x,y)$ 在 $D = \{(x,y) \mid a \leqslant x \leqslant b, \alpha \leqslant y \leqslant \beta\}$ 上连续,函数 $\alpha(x)$,$\beta(x)$ 在 $[a,b]$ 上可微,且 $\alpha \leqslant \alpha(x) \leqslant \beta, \alpha \leqslant \beta(x) \leqslant \beta$,则函数 $\Phi(x)$ 在 $[a,b]$ 上可微,且有 Leibniz 公式

$$\Phi'(x) = \frac{\mathrm{d}}{\mathrm{d}x} \int_{\alpha(x)}^{\beta(x)} f(x,y)\mathrm{d}y = \int_{\alpha(x)}^{\beta(x)} \frac{\partial f(x,y)}{\partial x}\mathrm{d}y + f(x,\beta(x))\beta'(x) - f(x,\alpha(x))\alpha'(x) \text{。}$$

7. 如果 $f(x,y)$ 是矩形区域 $D = \{(x,y) \mid a \leqslant x \leqslant b, \alpha \leqslant y \leqslant \beta\}$ 上的连续函数,则 $\varphi(x) = \int_{\alpha}^{\beta} f(x,y)\mathrm{d}y$ 和 $\psi(y) = \int_{a}^{b} f(x,y)\mathrm{d}x$ 分别在 $[a,b]$ 和 $[\alpha,\beta]$ 上可积,且

$$\int_a^b \mathrm{d}x \int_\alpha^\beta f(x,y)\mathrm{d}y = \int_\alpha^\beta \mathrm{d}y \int_a^b f(x,y)\mathrm{d}x。$$

典型例题

一、含参积分的计算及应用

例 13.1　设 $f(x) = \int_0^x \left(1 + \dfrac{x-t}{1!} + \dfrac{(x-t)^2}{2!} + \cdots + \dfrac{(x-t)^{n-1}}{(n-1)!}\right)\mathrm{e}^{nt}\,\mathrm{d}t$，求 $f^{(n)}(x)$。

【解】　记 $\varphi_k(x) = \int_0^x \dfrac{(x-t)^k}{k!}\mathrm{e}^{nt}\,\mathrm{d}t, k=0,1,2,\cdots,n-1$，则

$$f(x) = \varphi_0(x) + \varphi_1(x) + \cdots + \varphi_{n-1}(x)。$$

当 $k \geqslant 1$ 时，

$$\varphi_k'(x) = \int_0^x \frac{\partial}{\partial x}\left(\frac{(x-t)^k}{k!}\right)\mathrm{e}^{nt}\,\mathrm{d}t = \int_0^x \frac{(x-t)^{k-1}}{(k-1)!}\mathrm{e}^{nt}\,\mathrm{d}t = \varphi_{k-1}(x),$$

而

$$\varphi_0(x) = \int_0^x \mathrm{e}^{nt}\,\mathrm{d}t = \frac{\mathrm{e}^{nx}-1}{n},$$

对 $n > k$，有

$$\varphi_k^{(n)}(x) = \varphi_{k-1}^{(n-1)}(x) = \cdots = \varphi_0^{(n-k)}(x) = n^{n-k-1}\mathrm{e}^{nx}。$$

所以

$$f^{(n)}(x) = (n^{n-1} + n^{-2} + \cdots + n + 1)\mathrm{e}^{nx} = \begin{cases} \dfrac{n^n-1}{n-1}\mathrm{e}^{nx}, & n \neq 1, \\[2mm] \mathrm{e}^x, & n = 1。\end{cases}$$

例 13.2　设 $f(x)$ 为连续函数，区域 Ω 是由抛物面 $z = x^2 + y^2$ 和球面 $x^2 + y^2 + z^2 = t^2 (t > 0)$ 所围成的部分，定义三重积分 $F(t) = \iiint\limits_\Omega f(x^2 + y^2 + z^2)\mathrm{d}v$，求 $F'(t)$。

【解1】　用柱面坐标。令 $x = r\cos\theta, y = r\sin\theta, z = z$，则

$$\Omega : 0 \leqslant \theta \leqslant 2\pi, \quad 0 \leqslant r \leqslant a, \quad r^2 \leqslant z \leqslant \sqrt{t^2 - r^2},$$

两曲面 $z = x^2 + y^2$ 和 $x^2 + y^2 + z^2 = t^2$ 的交线的 xOy 面上的投影为圆 $x^2 + y^2 = a^2$，其中 a 满足 $a^4 + a^2 = t^2$，即 $a^2 = \dfrac{\sqrt{1+4t^2}-1}{2}$，则

$$F(t) = \int_0^{2\pi}\mathrm{d}\theta \int_0^a r\,\mathrm{d}r \int_{r^2}^{\sqrt{t^2-r^2}} f(r^2+z^2)\,\mathrm{d}z = 2\pi \int_0^a r\,\mathrm{d}r \int_{r^2}^{\sqrt{t^2-r^2}} f(r^2+z^2)\,\mathrm{d}z,$$

故

$$F'(t) = 2\pi a\,\frac{\mathrm{d}a}{\mathrm{d}t}\int_{a^2}^{\sqrt{t^2-a^2}} f(a^2+z^2)\,\mathrm{d}z + 2\pi\int_0^a rf(r^2+t^2-r^2)\,\frac{t}{\sqrt{t^2-r^2}}\mathrm{d}r。$$

因为 $\sqrt{t^2-a^2} = a^2$，所以 $\int_{a^2}^{\sqrt{t^2-a^2}} f(r^2+a^2)\,\mathrm{d}z = 0$，从而

$$F'(t) = 2\pi t f(t^2) \int_0^a \frac{r}{\sqrt{t^2 - r^2}} \mathrm{d}r = -\pi t f(t^2) \int_0^a \frac{1}{\sqrt{t^2 - r^2}} \mathrm{d}(t^2 - r^2)$$

$$= -2\pi t f(t^2) \left[\sqrt{t^2 - r^2} \right]_0^a = 2\pi t f(t^2)(t - a^2) = \pi t f(t^2)(2t + 1 - \sqrt{1 + 4t^2})。$$

【解 2】 由导数的定义知

$$F'(t) = \lim_{\Delta t \to 0} \frac{F(t + \Delta t) - F(t)}{\Delta t}。$$

当 $\Delta t > 0$ 时，$F(t + \Delta t) - F(t)$ 是函数 $f(x^2 + y^2 + z^2)$ 在积分区域 $V(t) = \Omega(t + \Delta t) \backslash \Omega(t)$ 上的积分，即旋转抛物面 $z = x^2 + y^2$ 与同心球壳 $t^2 \leqslant x^2 + y^2 + z^2 \leqslant (t + \Delta t)^2$ 所围成的部分，由球面坐标 $x = r \sin\varphi \cos\theta, y = r \sin\varphi \sin\theta, z = r \cos\varphi$ 表示 $V(t)$ 得

$$V(t): 0 \leqslant \theta \leqslant 2\pi, \quad 0 \leqslant \varphi \leqslant \alpha, \quad t \leqslant r \leqslant t + \Delta t,$$

两曲面 $z = x^2 + y^2$ 和 $x^2 + y^2 + z^2 = t^2$ 的交线是平面 $z = a^2$ 上半径为 a 的圆 $\Gamma(t): x^2 + y^2 = a^2$，其中 a 满足 $a^4 + a^2 = t^2$，即 $a^2 = \dfrac{\sqrt{1 + 4t^2} - 1}{2}$。记原点到交线圆 $\Gamma(t)$ 上任一点的射线与 z 轴正向的夹角为 $\theta(t)$，则 $\cos\theta(t) = \dfrac{a^2}{t}$，且当 $\Delta t > 0$ 时，$\theta(t + \Delta t) \leqslant \alpha \leqslant \theta(t)$，于是

$$F(t + \Delta t) - F(t) = \int_0^{2\pi} \mathrm{d}\theta \int_0^{\alpha} \mathrm{d}\varphi \int_t^{t + \Delta t} f(r^2) r^2 \sin\varphi \, \mathrm{d}\varphi = 2\pi \int_t^{t + \Delta t} f(r^2) r^2 (1 - \cos\alpha) \mathrm{d}r,$$

因此

$$F'_+(t) = \lim_{\Delta t \to 0^+} \frac{F(t + \Delta t) - F(t)}{\Delta t} = 2\pi t^2 f(t^2)(1 - \cos\theta(t))$$

$$= 2\pi t^2 f(t^2) \left(1 - \frac{a^2}{t} \right) = \pi t f(t^2)(2t + 1 - \sqrt{1 + 4t^2})。$$

当 $\Delta t < 0$ 时，$V(t)$ 中 $t + \Delta t \leqslant r \leqslant t$，且 $\theta(t) \leqslant \alpha \leqslant \theta(t + \Delta t)$，用类似的方法可得

$$F'_-(t) = \pi t f(t^2)(2t + 1 - \sqrt{1 + 4t^2}),$$

从而

$$F'(t) = \pi t f(t^2)(2t + 1 - \sqrt{1 + 4t^2})。$$

例 13.3 设二元函数 $f(x, y)$ 在点 $(0, 0)$ 处具有连续偏导数，且 $f(0, 0) = 0$，计算极限

$$\lim_{x \to 0} \frac{\int_0^{x^2} \mathrm{d}t \int_x^{\sqrt{t}} f(t, u) \mathrm{d}u}{x^3 \ln(1 + \sin x)}。$$

【解】

$$\lim_{x \to 0^+} \frac{\int_0^{x^2} \mathrm{d}t \int_x^{\sqrt{t}} f(t, u) \mathrm{d}u}{x^3 \ln(1 + \sin x)} = \lim_{x \to 0} \frac{\int_0^{x^2} \mathrm{d}t \int_x^{\sqrt{t}} f(t, u) \mathrm{d}u}{x^4}$$

$$= \lim_{x \to 0} \frac{2x \int_x^x f(x^2, u) \mathrm{d}u - \int_0^{x^2} f(t, x) \mathrm{d}t}{4x^3}$$

$$= \lim_{x \to 0} \frac{-\int_0^{x^2} f(t, x) \mathrm{d}t}{4x^3}$$

$$= -\lim_{x \to 0} \frac{2x f(x^2, x) + \int_0^{x^2} f_2'(t, x) \mathrm{d}t}{12 x^2}$$

$$= -\frac{1}{6} \lim_{x \to 0} \frac{f(x^2, x)}{x} - \frac{1}{12} \lim_{x \to 0} \frac{\int_0^{x^2} f_2'(t, x) \mathrm{d}t}{x^2}.$$

因为

$$\lim_{x \to 0} \frac{f(x^2, x)}{x} = \lim_{x \to 0} \frac{2x f_1'(x^2, x) + f_2'(x^2, x)}{1} = f_2'(0, 0),$$

$$\lim_{x \to 0} \frac{\int_0^{x^2} f_2'(t, x) \mathrm{d}t}{x^2} = \lim_{x \to 0} \frac{x^2 f_2'(\xi, x)}{x^2} = \lim_{x \to 0} f_2'(\xi, x) = f_2'(0, 0), \quad 0 \leqslant \xi \leqslant x^2,$$

所以

$$\lim_{x \to 0} \frac{\int_0^{x^2} \mathrm{d}t \int_x^{\sqrt{t}} f(t, u) \mathrm{d}u}{x^3 \ln(1 + \sin x)} = \left(-\frac{1}{6} - \frac{1}{12} \right) f_2'(0, 0) = -\frac{1}{4} f_2'(0, 0).$$

例 13.4 设 $x > 0, F(x) = x^4 \mathrm{e}^{-x^3} \int_0^x \mathrm{d}u \int_0^{x-u} \mathrm{e}^{u^3 + v^3} \mathrm{d}v$，计算极限 $\lim\limits_{x \to +\infty} F(x)$。

【解 1】 记 $f(x) = \int_0^x \mathrm{d}u \int_0^{x-u} \mathrm{e}^{u^3 + v^3} \mathrm{d}v$，则

$$f'(x) = \int_0^{x-x} \mathrm{e}^{x^3 + v^3} \mathrm{d}v + \int_0^x \mathrm{e}^{u^3 + (x-u)^3} \mathrm{d}u = \int_0^x \mathrm{e}^{u^3 + (x-u)^3} \mathrm{d}u,$$

故

$$\lim_{x \to +\infty} \frac{x^4 f(x)}{\mathrm{e}^{x^3}} \xlongequal{\frac{\infty}{\infty}} \lim_{x \to +\infty} \frac{x^4 f'(x) + 4 x^3 f(x)}{3 x^2 \mathrm{e}^{x^3}} = \frac{1}{3} \lim_{x \to +\infty} \frac{x^2 f'(x)}{\mathrm{e}^{x^3}} + \frac{4}{3} \lim_{x \to +\infty} \frac{x f(x)}{\mathrm{e}^{x^3}}.$$

而

$$\lim_{x \to +\infty} \frac{x^2 f'(x)}{\mathrm{e}^{x^3}} = \lim_{x \to +\infty} x^2 \int_0^x \mathrm{e}^{u^3 + (x-u)^3 - x^3} \mathrm{d}u = \lim_{x \to +\infty} x^2 \int_0^x \mathrm{e}^{3x \left(u - \frac{x}{2} \right)^2 - \frac{3}{4} x^3} \mathrm{d}u$$

$$\xlongequal{w = \sqrt{3x} \left(u - \frac{x}{2} \right)} \lim_{x \to +\infty} \frac{x^{\frac{3}{2}}}{\sqrt{3} \mathrm{e}^{\frac{3}{4} x^3}} \int_{-\frac{\sqrt{3}}{2} x^{\frac{3}{2}}}^{\frac{\sqrt{3}}{2} x^{\frac{3}{2}}} \mathrm{e}^{w^2} \mathrm{d}w = \lim_{x \to +\infty} \frac{2 x^{\frac{3}{2}}}{\sqrt{3} \mathrm{e}^{\frac{3}{4} x^3}} \int_0^{\frac{\sqrt{3}}{2} x^{\frac{3}{2}}} \mathrm{e}^{w^2} \mathrm{d}w$$

$$= \frac{2}{\sqrt{3}} \lim_{x \to +\infty} \frac{\int_0^{\frac{\sqrt{3}}{2} x^{\frac{3}{2}}} \mathrm{e}^{w^2} \mathrm{d}w}{x^{-\frac{3}{2}} \mathrm{e}^{\frac{3}{4} x^3}} \xlongequal{\frac{\infty}{\infty}} \frac{2}{\sqrt{3}} \lim_{x \to +\infty} \frac{\frac{\sqrt{3}}{2} \times \frac{3}{2} x^{\frac{1}{2}} \mathrm{e}^{\frac{3}{4} x^3}}{\left(\frac{9}{4} x^{\frac{1}{2}} - \frac{3}{2} x^{-\frac{5}{2}} \right) \mathrm{e}^{\frac{3}{4} x^3}} = \frac{2}{3}.$$

又

$$\lim_{x \to +\infty} \frac{x f(x)}{\mathrm{e}^{x^3}} = \lim_{x \to +\infty} \frac{f(x)}{\frac{1}{x} \mathrm{e}^{x^3}} = \lim_{x \to +\infty} \frac{f'(x)}{\left(3x - \frac{1}{x^2} \right) \mathrm{e}^{x^3}} = \lim_{x \to +\infty} \frac{x^2 f'(x)}{(3 x^3 - 1) \mathrm{e}^{x^3}} = 0 \times \frac{2}{3} = 0,$$

所以

$$\lim_{x \to +\infty} F(x) = \frac{1}{3} \times \frac{2}{3} + \frac{4}{3} \times 0 = \frac{2}{9}.$$

【解 2】　作变量代换 $u-v=s$，$u+v=t$，则 $\dfrac{\partial(u,v)}{\partial(s,t)}=\dfrac{1}{2}$，则

$$F(x)=\frac{1}{2}x^4\mathrm{e}^{-x^3}\int_0^x\mathrm{d}t\int_{-t}^t\exp\left(\left(\frac{t+s}{2}\right)^3+\left(\frac{t-s}{2}\right)^3\right)\mathrm{d}s$$

$$=\frac{1}{2}x^4\mathrm{e}^{-x^3}\int_0^x\mathrm{d}t\int_{-t}^t\exp\left(\frac{1}{4}t^3+\frac{3}{4}ts^2\right)\mathrm{d}s=\frac{\displaystyle\int_0^x\mathrm{d}t\int_0^t\exp\left(\frac{1}{4}t^3+\frac{3}{4}ts^2\right)\mathrm{d}s}{x^{-4}\mathrm{e}^{x^3}},$$

故

$$\lim_{x\to+\infty}F(x)=\lim_{x\to+\infty}\frac{\displaystyle\int_0^x\exp\left(\frac{1}{4}x^3+\frac{3}{4}xs^2\right)\mathrm{d}s}{(3x^{-2}-4x^{-5})\mathrm{e}^{x^3}}=\lim_{x\to+\infty}\frac{\displaystyle\int_0^x\exp\left(\frac{3}{4}xs^2\right)\mathrm{d}s}{(3x^{-2}-4x^{-5})\mathrm{e}^{\frac{3}{4}x^3}}。$$

作变量代换 $s=\dfrac{w}{\sqrt{x}}$，则 $\mathrm{d}s=\dfrac{\mathrm{d}w}{\sqrt{x}}$，从而

$$\lim_{x\to+\infty}F(x)=\lim_{x\to+\infty}\frac{\displaystyle\int_0^{x\sqrt{x}}\exp\left(\frac{3}{4}w^2\right)\mathrm{d}w}{(3x^{-\frac{3}{2}}-4x^{-\frac{9}{2}})\mathrm{e}^{\frac{3}{4}x^3}}$$

$$=\lim_{x\to+\infty}\frac{\dfrac{3}{2}x^{\frac{1}{2}}\mathrm{e}^{\frac{3}{4}x^3}}{\left(\dfrac{27}{4}x^{\frac{1}{2}}-\dfrac{27}{2}x^{-\frac{5}{2}}+18x^{-\frac{11}{2}}\right)\mathrm{e}^{\frac{3}{4}x^3}}=\frac{2}{9}。$$

例 13.5　求函数 $f(x)=\displaystyle\int_0^x\sqrt{t^4+(x-x^2)^2}\,\mathrm{d}t\,(0\leqslant x\leqslant 1)$ 的最大值。

【解】　当 $0\leqslant x\leqslant 1$ 时，

$$f'(x)=\sqrt{x^4+(x-x^2)^2}+\int_0^x\frac{(x-x^2)(1-2x)}{\sqrt{t^4+(x-x^2)^2}}\mathrm{d}t,$$

当 $0<x\leqslant\dfrac{1}{2}$ 时，$f'(x)>0$。当 $\dfrac{1}{2}<x<1$ 时，$f'(x)>0$ 等价于

$$\sqrt{x^4+(x-x^2)^2}>(x-x^2)(2x-1)\int_0^x\frac{1}{\sqrt{t^4+(x-x^2)^2}}\mathrm{d}t,$$

而

$$\int_0^x\frac{1}{\sqrt{t^4+(x-x^2)^2}}\mathrm{d}t<\int_0^x\frac{1}{\sqrt{(x-x^2)^2}}\mathrm{d}t=\frac{1}{1-x},$$

因为当 $\dfrac{1}{2}<x<1$ 时，有 $x^2+(x-1)^2\geqslant(x+x-1)^2=(2x-1)^2$，则

$$\sqrt{x^4+(x-x^2)^2}>x(2x-1),$$

所以

$$\sqrt{x^4+(x-x^2)^2}>x(2x-1)>x(1-x)(2x-1)\int_0^x\frac{1}{\sqrt{t^4+(x-x^2)^2}}\mathrm{d}t。$$

从而当 $0<x<1$ 时，$f'(x)>0$，则 $f(x)$ 在 $[0,1]$ 上严格单调增加，于是其最大值为

$$f(1) = \int_0^1 t^2 \mathrm{d}t = \frac{1}{3}.$$

例 13.6 计算积分 $I = \int_0^1 \frac{\ln(1+x)}{1+x^2} \mathrm{d}x$。

【解】 考虑含参变量 α 的积分函数

$$\varphi(\alpha) = \int_0^1 \frac{\ln(1+\alpha x)}{1+x^2} \mathrm{d}x,$$

显然 $\varphi(0)=0, \varphi(1)=I$。因为

$$\begin{aligned}
\varphi'(\alpha) &= \int_0^1 \frac{x}{(1+\alpha x)(1+x^2)} \mathrm{d}x \\
&= \frac{1}{1+\alpha^2} \left(\int_0^1 \frac{x}{1+x^2} \mathrm{d}x + \int_0^1 \frac{\alpha}{1+x^2} \mathrm{d}x - \int_0^1 \frac{\alpha}{1+\alpha x} \mathrm{d}x \right) \\
&= \frac{1}{1+\alpha^2} \left(\frac{1}{2}\ln 2 + \alpha \cdot \frac{\pi}{4} - \ln(1+\alpha) \right),
\end{aligned}$$

所以

$$\varphi(1) = \varphi(0) + \int_0^1 \varphi'(\alpha) \mathrm{d}\alpha = \frac{1}{2}\ln 2 \int_0^1 \frac{\mathrm{d}\alpha}{1+\alpha^2} + \frac{\pi}{4} \int_0^1 \frac{\alpha}{1+\alpha^2} \mathrm{d}\alpha - \int_0^1 \frac{\ln(1+\alpha)}{1+\alpha^2} \mathrm{d}\alpha,$$

即

$$I = \frac{\ln 2}{2} \times \frac{\pi}{4} + \frac{\pi}{4} \times \frac{\ln 2}{2} - I = \frac{\pi}{4}\ln 2 - I,$$

从而

$$I = \int_0^1 \frac{\ln(1+x)}{1+x^2} \mathrm{d}x = \frac{\pi}{8}\ln 2.$$

例 13.7 计算积分 $\int_0^1 \sin\left(\ln\frac{1}{x}\right) \frac{x^b - x^a}{\ln x} \mathrm{d}x \ (0 < a < b)$。

【解 1】 记 $I(b) = \int_0^1 \sin\left(\ln\frac{1}{x}\right) \frac{x^b - x^a}{\ln x} \mathrm{d}x$，则 $I(a)=0$，且

$$I'(b) = \int_0^1 x^b \sin\left(\ln\frac{1}{x}\right) \mathrm{d}x \xlongequal{t=\ln\frac{1}{x}} \int_0^{+\infty} \mathrm{e}^{-(b+1)t} x^b \sin t \, \mathrm{d}t = \frac{1}{1+(b+1)^2},$$

故

$$I(b) = I(a) + \int_a^b I'(x) \mathrm{d}x = \int_a^b \frac{1}{1+(x+1)^2} \mathrm{d}x = \arctan(b+1) - \arctan(a+1).$$

【解 2】 因为 $\frac{x^b - x^a}{\ln x} = \int_a^b x^y \mathrm{d}y$，所以

$$\begin{aligned}
I_1 &= \int_0^1 \sin\left(\ln\frac{1}{x}\right) \frac{x^b - x^a}{\ln x} \mathrm{d}x = \int_0^1 \sin\left(\ln\frac{1}{x}\right) \mathrm{d}x \int_a^b x^y \mathrm{d}y \\
&= \int_a^b \mathrm{d}y \int_0^1 x^y \sin\left(\ln\frac{1}{x}\right) \mathrm{d}x,
\end{aligned}$$

而

$$\int_0^1 x^y \sin\left(\ln\frac{1}{x}\right) dx = \frac{1}{y+1}\int_0^1 \sin\left(\ln\frac{1}{x}\right) dx^{y+1} = \frac{1}{y+1}\int_0^1 x^y \cos\left(\ln\frac{1}{x}\right) dx$$

$$= \frac{1}{(y+1)^2}\int_0^1 \cos\left(\ln\frac{1}{x}\right) d(x^{y+1})$$

$$= \frac{1}{(y+1)^2}\left(1 - \int_0^1 x^y \sin\left(\ln\frac{1}{x}\right) dx\right),$$

所以

$$\int_0^1 x^y \sin\left(\ln\frac{1}{x}\right) dx = \frac{1}{1+(y+1)^2},$$

从而

$$I_1 = \int_a^b \frac{1}{1+(y+1)^2} dy = \big[\arctan(y+1)\big]_a^b = \arctan(b+1) - \arctan(a+1)。$$

例 13.8　证明对任何实数 t，都有 $\displaystyle\int_0^{2\pi} e^{t\cos\theta}\cos(t\sin\theta)d\theta = 2\pi$。

【证 1】　记 $f(t) = \displaystyle\int_0^{2\pi} e^{t\cos\theta}\cos(t\sin\theta)d\theta$，则

$$f'(t) = \int_0^{2\pi} e^{t\cos\theta}(\cos(t\sin\theta)\cos\theta - \sin(t\sin\theta)\sin\theta)d\theta = \int_0^{2\pi} e^{t\cos\theta}\cos(t\sin\theta+\theta)d\theta,$$

由归纳法可以证明

$$f^{(n)}(t) = \int_0^{2\pi} e^{t\cos\theta}\cos(t\sin\theta + n\theta)d\theta,$$

从而

$$f(0) = 2\pi, \quad f^{(n)}(0) = \int_0^{2\pi}\cos(n\theta)d\theta = 0, \quad n = 1,2,\cdots,$$

又对任何给定实数 t，

$$|f^{(n)}(\lambda t)| = \left|\int_0^{2\pi} e^{\lambda t\cos\theta}\cos(\lambda t\sin\theta + n\theta)d\theta\right| \leqslant \int_0^{2\pi} e^{\lambda|t|}d\theta \leqslant 2\pi e^{|t|} \quad (0 < \lambda < 1),$$

从而 $f(t)$ 在 $t\in\mathbb{R}$ 内可展开成麦克劳林级数，因此

$$f(t) = \sum_{k=0}^{\infty}\frac{f^{(k)}(0)}{k!}t^k = f(0) = 2\pi。$$

【证 2】　记 $f(t) = \displaystyle\int_0^{2\pi} e^{t\cos\theta}\cos(t\sin\theta)d\theta$，则

$$f'(t) = \int_0^{2\pi} e^{t\cos\theta}(\cos(t\sin\theta)\cos\theta - \sin(t\sin\theta)\sin\theta)d\theta,$$

记 $L: x^2 + y^2 = 1$，且取逆时针方向，其参数方程为 $x = \cos\theta, y = \sin\theta, \theta: 0\to 2\pi$，则

$$f'(t) = \oint_L e^{tx}(\cos ty\, dy + \sin ty\, dx),$$

由格林公式知，对任何实数 t，都有

$$f'(t) = \iint\limits_D (t e^{tx}\cos ty - t e^{tx}\cos ty)dx\,dy \equiv 0,$$

从而

$$\int_0^{2\pi} e^{t\cos\theta}\cos(t\sin\theta)d\theta = f(0) = 2\pi。$$

例 13.9 证明积分 $I(a) = \int_0^\pi \ln(1 - 2a\cos\theta + a^2)\mathrm{d}\theta = \begin{cases} 0, & a^2 \leqslant 1, \\ \pi\ln a^2, & a^2 > 1. \end{cases}$

【解】 当 $a^2 < 1$ 时，令 $\theta = \pi - t$，则

$$I(a) = \int_0^\pi \ln(1 + 2a\cos t + a^2)\mathrm{d}t = I(-a),$$

故

$$2I(a) = \int_0^\pi \ln(1 - 2a\cos\theta + a^2)\mathrm{d}\theta + \int_0^\pi \ln(1 + 2a\cos\theta + a^2)\mathrm{d}\theta$$

$$= \int_0^\pi \ln(1 - 2a^2\cos2\theta + a^4)\mathrm{d}\theta = \frac{1}{2}\int_0^{2\pi} \ln(1 - 2a^2\cos\theta + a^4)\mathrm{d}\theta$$

$$= \frac{1}{2}\int_0^\pi \ln(1 - 2a^2\cos\theta + a^4)\mathrm{d}\theta + \frac{1}{2}\int_\pi^{2\pi} \ln(1 - 2a^2\cos\theta + a^4)\mathrm{d}\theta,$$

对第二个积分，作变量代换 $\theta = 2\pi - t$，得

$$\int_\pi^{2\pi} \ln(1 - 2a^2\cos\theta + a^4)\mathrm{d}\theta = \int_0^\pi \ln(1 - 2a^2\cos t + a^4)\mathrm{d}t,$$

从而

$$2I(a) = \int_0^\pi \ln(1 - 2a^2\cos\theta + a^4)\mathrm{d}\theta = I(a^2),$$

则

$$I(a) = \frac{1}{2}I(a^2) = \frac{1}{2^2}I(a^4) = \cdots = \frac{1}{2^n}I(a^{2^n}), \quad n = 1, 2, \cdots,$$

又

$$\lim_{n\to\infty} I(a^{2^n}) = \lim_{n\to\infty} \int_0^\pi \ln(1 - 2a^{2^n}\cos\theta + a^{2^{n+1}})\mathrm{d}\theta = \int_0^\pi \ln 1\,\mathrm{d}\theta = 0,$$

因此

$$I(a) = \int_0^\pi \ln(1 - 2a\cos\theta + a^2)\mathrm{d}\theta = 0.$$

当 $a^2 = 1$ 时，

$$I(1) = \int_0^\pi \ln(2 - 2\cos\theta)\mathrm{d}\theta = \int_0^\pi \ln\left(4\sin^2\frac{\theta}{2}\right)\mathrm{d}\theta$$

$$= 2\pi\ln2 + 4\int_0^{\frac{\pi}{2}} \ln\sin t\,\mathrm{d}t = 2\pi\ln2 + 4\left(-\frac{\pi}{2}\ln2\right) = 0,$$

$$I(-1) = \int_0^\pi \ln(2 + 2\cos\theta)\mathrm{d}\theta = \int_0^\pi \ln\left(4\cos^2\frac{\theta}{2}\right)\mathrm{d}\theta = 0.$$

当 $a^2 > 1$ 时

$$I(a) = \int_0^\pi \ln a^2\,\mathrm{d}\theta + \int_0^\pi \ln\left(1 - \frac{2}{a}\cos\theta + \frac{1}{a^2}\right)\mathrm{d}\theta = \pi\ln a^2.$$

二、积分的极限

例 13.10   证明 $\lim\limits_{n\to\infty}\int_0^{\frac{\pi}{2}}\sin^n x\,\mathrm{d}x=0$。

【证 1】   对 $\forall\,\varepsilon\left(0<\varepsilon<\dfrac{\pi}{2}\right)$，有

$$0\leqslant\int_0^{\frac{\pi}{2}}\sin^n x\,\mathrm{d}x=\int_0^{\frac{\pi-\varepsilon}{2}}\sin^n x\,\mathrm{d}x+\int_{\frac{\pi-\varepsilon}{2}}^{\frac{\pi}{2}}\sin^n x\,\mathrm{d}x\leqslant\frac{\pi}{2}\sin^n\frac{\pi-\varepsilon}{2}+\frac{\varepsilon}{2},$$

因为 $0<\sin\dfrac{\pi-\varepsilon}{2}<1$，所以 $\lim\limits_{n\to\infty}\sin^n\dfrac{\pi-\varepsilon}{2}=0$，即对上述 ε，存在 N，当 $n>N$ 时，有

$$0<\frac{\pi}{2}\sin^n\frac{\pi-\varepsilon}{2}<\frac{\varepsilon}{2},$$

因此当 $n>N$ 时，有 $0\leqslant\int_0^{\frac{\pi}{2}}\sin^n x\,\mathrm{d}x<\varepsilon$，从而 $\lim\limits_{n\to\infty}\int_0^{\frac{\pi}{2}}\sin^n x\,\mathrm{d}x=0$。

【证 2】   记 $I_n=\int_0^{\frac{\pi}{2}}\sin^n x\,\mathrm{d}x$，由 Wallis 公式知，当 n 为偶数时，

$$I_n=\frac{(n-1)\cdot(n-3)\cdot\cdots\cdot 3\cdot 1}{n\cdot(n-2)\cdot\cdots\cdot 4\cdot 2}I_0=\frac{(n-1)!!}{n!!}\cdot\frac{\pi}{2},$$

当 n 为奇数时，

$$I_n=\frac{(n-1)\cdot(n-3)\cdot\cdots\cdot 4\cdot 2}{n\cdot(n-2)\cdot\cdots\cdot 5\cdot 3}I_1=\frac{(n-1)!!}{n!!},$$

由于 $\{I_n\}$ 是单调递减的非负数列，因此 $I_n I_{n+1}\leqslant I_n^2\leqslant I_n I_{n-1}$，从而

$$\frac{(n-1)!!}{n!!}\cdot\frac{n!!}{(n+1)!!}\cdot\frac{\pi}{2}\leqslant I_n^2\leqslant\frac{(n-1)!!}{n!!}\cdot\frac{(n-2)!!}{(n-1)!!}\cdot\frac{\pi}{2},$$

整理得

$$\frac{1}{n+1}\cdot\frac{\pi}{2}\leqslant I_n^2\leqslant\frac{1}{n}\cdot\frac{\pi}{2},$$

由夹逼准则知，$\lim\limits_{n\to\infty}I_n^2=0$，从而 $\lim\limits_{n\to\infty}\int_0^{\frac{\pi}{2}}\sin^n x\,\mathrm{d}x=0$。

【注】   (1) 下列做法不对。由积分中值定理，$\exists\,\xi\in\left(0,\dfrac{\pi}{2}\right)$，使得 $\int_0^{\frac{\pi}{2}}\sin^n x\,\mathrm{d}x=\dfrac{\pi}{2}\sin^n\xi$。由 $0<\sin\xi<1$，则

$$\lim_{n\to\infty}\int_0^{\frac{\pi}{2}}\sin^n x\,\mathrm{d}x=\frac{\pi}{2}\lim_{n\to\infty}\sin^n\xi=0。$$

此处错误在于 ξ 不是常数，而是与 n 有关，应该记作 ξ_n，且 $\lim\limits_{n\to\infty}\xi_n=\dfrac{\pi}{2}$，因此 $\sin^n\xi_n$ 是 1^∞ 形式的未定式，事实上数列 $\{a_n\}$ 满足 $0<a_n<1\left(\text{例如 }a_n=\dfrac{n-1}{n}\right)$，不一定得到 $\lim\limits_{n\to\infty}a_n^n=0$。

(2) 由证法 2 知，$I_n=\int_0^{\frac{\pi}{2}}\sin^n x\,\mathrm{d}x$ 是与 $n^{-\frac{1}{2}}$ 同阶的无穷小量，且有

$$\lim_{n\to\infty}\int_0^{\frac{\pi}{2}}\sqrt{n}\sin^n x\,\mathrm{d}x=\sqrt{\frac{\pi}{2}}。$$

例 13.11　（1）对任意 $n=1,2,\cdots$，证明 $\ln\sqrt{2n+1}<1+\dfrac{1}{3}+\dfrac{1}{5}+\cdots+\dfrac{1}{2n-1}\leqslant 1+\ln\sqrt{2n-1}$；

　　（2）计算 $\lim\limits_{n\to\infty}\dfrac{1}{\ln n}\displaystyle\int_0^{\frac{\pi}{2}}\dfrac{\sin^2 nx}{\sin x}\mathrm{d}x$。

【解】　（1）因为当 $k<x\leqslant k+1$ 时，$2k-1<2x-1\leqslant 2k+1$，即

$$\frac{1}{2k+1}\leqslant\frac{1}{2x-1}<\frac{1}{2k-1},$$

故

$$\frac{1}{2k+1}\leqslant\int_k^{k+1}\frac{1}{2x-1}\mathrm{d}x<\frac{1}{2k-1},$$

上式对 k 从 1 到 $n-1$ 求和，得

$$\sum_{k=1}^{n-1}\frac{1}{2k+1}\leqslant\sum_{k=1}^{n-1}\int_k^{k+1}\frac{\mathrm{d}x}{2x-1}<\sum_{k=1}^{n-1}\frac{1}{2k-1}。$$

因为

$$\sum_{k=1}^{n-1}\int_k^{k+1}\frac{\mathrm{d}x}{2x-1}=\int_1^n\frac{\mathrm{d}x}{2x-1}=\frac{1}{2}\ln(2n-1),$$

所以

$$\frac{1}{3}+\frac{1}{5}+\cdots+\frac{1}{2n+1}\leqslant\frac{1}{2}\ln(2n-1)<1+\frac{1}{3}+\frac{1}{5}+\cdots+\frac{1}{2n-3},$$

因此

$$\ln\sqrt{2n+1}<1+\frac{1}{3}+\frac{1}{5}+\cdots+\frac{1}{2n-1}\leqslant 1+\ln\sqrt{2n-1},\quad n=1,2,\cdots。$$

　　（2）设 $I_n=\displaystyle\int_0^{\frac{\pi}{2}}\dfrac{\sin^2 nx}{\sin x}\mathrm{d}x=\int_0^{\frac{\pi}{2}}\dfrac{1-\cos 2nx}{2\sin x}\mathrm{d}x$，则

$$I_n-I_{n-1}=\int_0^{\frac{\pi}{2}}\frac{\cos 2(n-1)x-\cos 2nx}{2\sin x}\mathrm{d}x=\int_0^{\frac{\pi}{2}}\frac{2\sin(2n-1)x\cdot\sin x}{2\sin x}\mathrm{d}x=\frac{1}{2n-1},$$

由 $I_1=\displaystyle\int_0^{\frac{\pi}{2}}\sin x\,\mathrm{d}x=1$，得

$$I_n=\frac{1}{2n-1}+I_{n-1}=\frac{1}{2n-1}+\frac{1}{2n-3}+I_{n-2}=\cdots=\frac{1}{2n-1}+\frac{1}{2n-3}+\cdots+\frac{1}{3}+1。$$

由（1）得

$$\frac{1}{2}\ln(2n+1)<I_n=\int_0^{\frac{\pi}{2}}\frac{\sin^2 nx}{\sin x}\mathrm{d}x\leqslant 1+\frac{1}{2}\ln(2n-1),$$

由夹逼定理有

$$\lim_{n\to\infty}\frac{1}{\ln n}\int_0^{\frac{\pi}{2}}\frac{\sin^2 nx}{\sin x}\mathrm{d}x=\frac{1}{2}。$$

例 13.12　计算极限 $\lim\limits_{n\to\infty}n\displaystyle\int_1^{1+\frac{1}{n}}\sqrt{1+x^n}\,\mathrm{d}x$。

【解】　记 $I_n=n\displaystyle\int_1^{1+\frac{1}{n}}\sqrt{1+x^n}\,\mathrm{d}x$，因为 $f_n(x)=\sqrt{1+x^n}$ 在 $(0,+\infty)$ 内单调增加，且

$$\frac{x}{1+x} < \ln(1+x) < x \quad (x > 0),$$

所以

$$I_n = n \sum_{k=1}^{n} \int_{1+\frac{k-1}{n^2}}^{1+\frac{k}{n^2}} \sqrt{1+x^n}\, dx < n \sum_{k=1}^{n} \int_{1+\frac{k-1}{n^2}}^{1+\frac{k}{n^2}} \sqrt{1+\left(1+\frac{k}{n^2}\right)^n}\, dx$$

$$= \frac{1}{n} \sum_{k=1}^{n} \sqrt{1+\left(1+\frac{k}{n^2}\right)^n} = \frac{1}{n} \sum_{k=1}^{n} \sqrt{1+e^{n\ln\left(1+\frac{k}{n^2}\right)}} < \frac{1}{n} \sum_{k=1}^{n} \sqrt{1+e^{n\cdot\frac{k}{n^2}}}$$

$$= \frac{1}{n} \sum_{k=1}^{n} \sqrt{1+e^{\frac{k}{n}}},$$

又

$$I_n = n \sum_{k=1}^{n} \int_{1+\frac{k-1}{n^2}}^{1+\frac{k}{n^2}} \sqrt{1+x^n}\, dx > n \sum_{k=1}^{n} \int_{1+\frac{k-1}{n^2}}^{1+\frac{k}{n^2}} \sqrt{1+\left(1+\frac{k-1}{n^2}\right)^n}\, dx$$

$$= \frac{1}{n} \sum_{k=1}^{n} \sqrt{1+\left(1+\frac{k-1}{n^2}\right)^n}$$

$$= \frac{1}{n} \sum_{k=1}^{n} \sqrt{1+e^{n\ln\left(1+\frac{k-1}{n^2}\right)}} > \frac{1}{n} \sum_{k=1}^{n} \sqrt{1+e^{\frac{k-1}{n}\cdot\frac{1}{1+\frac{k-1}{n^2}}}},$$

注意到当 $1 \leqslant k \leqslant n$ 时,

$$\frac{1}{1+\frac{1}{n}} < \frac{1}{1+\frac{n-1}{n^2}} < \frac{1}{1+\frac{k-1}{n^2}} < 1,$$

则

$$I_n > \frac{1}{n} \sum_{k=1}^{n} \sqrt{1+e^{\frac{k-1}{n}\cdot\frac{1}{1+\frac{1}{n}}}} = \frac{1}{n} \sum_{k=1}^{n} \sqrt{1+e^{\frac{k-1}{n+1}}},$$

而

$$\lim_{n\to\infty} \frac{1}{n} \sum_{k=1}^{n} \sqrt{1+e^{\frac{k}{n}}} = \int_0^1 \sqrt{1+e^x}\, dx \xupdownarrow{t=\sqrt{1+e^x}} 2\int_{\sqrt{2}}^{\sqrt{1+e}} \left(1+\frac{1}{t^2-1}\right) dt$$

$$= \left[2t + \ln\left(\frac{t-1}{t+1}\right)\right]_{\sqrt{2}}^{\sqrt{1+e}}$$

$$= 2(\sqrt{1+e}-\sqrt{2}) + \ln\left(\frac{\sqrt{1+e}-1}{\sqrt{1+e}-1}\right) - \ln\left(\frac{\sqrt{2}-1}{\sqrt{2}+1}\right),$$

$$\lim_{n\to\infty} \frac{1}{n} \sum_{k=1}^{n} \sqrt{1+e^{\frac{k-1}{n+1}}} = \lim_{n\to\infty} \frac{n+1}{n} \cdot \frac{1}{n+1} \sum_{k=0}^{n-1} \sqrt{1+e^{\frac{k}{n+1}}}$$

$$= \lim_{n\to\infty} \frac{n+1}{n} \cdot \frac{1}{n+1} \left(\sum_{k=0}^{n+1} \sqrt{1+e^{\frac{k}{n+1}}} - \sqrt{1+e^{\frac{n}{n+1}}} - \sqrt{1+e}\right)$$

$$= \int_0^1 \sqrt{1+e^x}\, dx - \lim_{n\to\infty} \frac{1}{n} \left(\sqrt{1+e^{\frac{n}{n+1}}} + \sqrt{1+e}\right)$$

$$= \left[2t + \ln\left(\frac{t-1}{t+1}\right) \right]_{\sqrt{2}}^{\sqrt{1+e}} = 2(\sqrt{1+e} - \sqrt{2}) + \ln\left(\frac{\sqrt{1+e}-1}{\sqrt{1+e}-1}\right) - \ln\left(\frac{\sqrt{2}-1}{\sqrt{2}+1}\right),$$

由夹逼准则知

$$\lim_{n\to\infty} n\int_1^{1+\frac{1}{n}} \sqrt{1+x^n}\,\mathrm{d}x = 2(\sqrt{1+e}-\sqrt{2}) + \ln\left(\frac{\sqrt{1+e}-1}{\sqrt{1+e}-1}\right) - \ln\left(\frac{\sqrt{2}-1}{\sqrt{2}+1}\right).$$

例 13.13 设 $f(x)$ 在 $[0, +\infty)$ 上连续，并且反常积分 $\int_0^{+\infty} f(x)\mathrm{d}x$ 收敛，求 $\lim_{y\to+\infty} \frac{1}{y}\int_0^y xf(x)\mathrm{d}x$。

【解】 记 $\int_0^{+\infty} f(x)\mathrm{d}x = A$，$F(x) = \int_0^x f(t)\mathrm{d}t$，则 $F'(x) = f(x)$，且 $\lim_{x\to+\infty} F(x) = A$。

对于任意的 $y > 0$，有

$$\frac{1}{y}\int_0^y xf(x)\mathrm{d}x = \frac{1}{y}\int_0^y x\,\mathrm{d}F(x) = \frac{1}{y}xF(x)\Big|_{x=0}^{x=y} - \frac{1}{y}\int_0^y F(x)\mathrm{d}x$$

$$= F(y) - \frac{1}{y}\int_0^y F(x)\mathrm{d}x,$$

由函数 Stolz 公式及积分中值定理，存在 $\xi \in [y, y+1]$，使得

$$\lim_{y\to+\infty} \frac{1}{y}\int_0^y F(x)\mathrm{d}x = \lim_{y\to+\infty} \frac{\int_0^{y+1} F(x)\mathrm{d}x - \int_0^y F(x)\mathrm{d}x}{(y+1)-y}$$

$$= \lim_{y\to+\infty} \int_y^{y+1} F(x)\mathrm{d}x = \lim_{\xi\to+\infty} F(\xi) = A,$$

因此

$$\lim_{y\to+\infty} \frac{1}{y}\int_0^y xf(x)\mathrm{d}x = A - A = 0.$$

例 13.14 设函数 $f(x)$ 连续可导，$P(x,y,z) = Q(x,y,z) = R(x,y,z) = f((x^2+y^2)z)$，$\Sigma_t$ 是圆柱体 $x^2+y^2 \leqslant t^2$，$0 \leqslant z \leqslant 1$ 表面的外侧，记 $I_t = \iint\limits_{\Sigma_t} P\,\mathrm{d}y\,\mathrm{d}z + Q\,\mathrm{d}z\,\mathrm{d}x + R\,\mathrm{d}x\,\mathrm{d}y$，求极限 $\lim_{t\to0^+} \frac{I_t}{t^4}$。

【解】 由高斯公式得

$$I_t = \iint\limits_{\Sigma_t} P\,\mathrm{d}y\,\mathrm{d}z + Q\,\mathrm{d}z\,\mathrm{d}x + R\,\mathrm{d}x\,\mathrm{d}y = \iiint\limits_{\Omega} \left(\frac{\partial P}{\partial x} + \frac{\partial Q}{\partial y} + \frac{\partial R}{\partial z}\right)\mathrm{d}x\,\mathrm{d}y\,\mathrm{d}z$$

$$= \iiint\limits_{\Omega} (2xz + 2yz + x^2 + y^2)f'((x^2+y^2)z)\mathrm{d}x\,\mathrm{d}y\,\mathrm{d}z,$$

由对称性知 $\iiint\limits_{\Omega} (2xz+2yz)f'((x^2+y^2)z)\mathrm{d}x\,\mathrm{d}y\,\mathrm{d}z = 0$，再由柱面坐标得

$$I_t = \iiint\limits_{\Omega} (x^2+y^2)f'((x^2+y^2)z)\mathrm{d}x\,\mathrm{d}y\,\mathrm{d}z = \int_0^{2\pi}\mathrm{d}\theta\int_0^t r\,\mathrm{d}r\int_0^1 f'(r^2z)\mathrm{d}(r^2z)$$

$$= \int_0^{2\pi}\mathrm{d}\theta\int_0^t (f(r^2)-f(0))r\,\mathrm{d}r = 2\pi\int_0^t (f(r^2)-f(0))r\,\mathrm{d}r,$$

因此

$$\lim_{t \to 0^+} \frac{I_t}{t^4} = \lim_{t \to 0^+} \frac{2\pi \int_0^t (f(r^2) - f(0)) r \, dr}{t^4} = 2\pi \lim_{t \to 0^+} \frac{(f(t^2) - f(0)) t}{4t^3}$$

$$= \frac{\pi}{2} \lim_{t \to 0^+} \frac{f(t^2) - f(0)}{t^2 - 0} = \frac{\pi}{2} f'(0) \text{。}$$

例 13.15 计算极限 $\displaystyle \lim_{\substack{m \to \infty \\ n \to \infty}} \sum_{i=1}^m \sum_{j=1}^n \frac{(-1)^{i+j}}{i+j}$。

【证】 因为 $\displaystyle \int_{-1}^0 x^{i+j-1} dx = -\frac{(-1)^{i+j}}{i+j}$，所以

$$S_{m,n} = \sum_{i=1}^m \sum_{j=1}^n \frac{(-1)^{i+j}}{i+j} = -\sum_{i=1}^m \sum_{j=1}^n \int_{-1}^0 x^{i+j-1} dx$$

$$= -\sum_{i=1}^m \left(\int_{-1}^0 x^{i+1-1} dx + \int_{-1}^0 x^{i+2-1} dx + \cdots + \int_{-1}^0 x^{i+n-1} dx \right)$$

$$= -\sum_{i=1}^m \int_{-1}^0 (x^i + x^{i+1} + \cdots + x^{i+n-1}) dx = -\sum_{i=1}^m \int_{-1}^0 \frac{x^i(1-x^n)}{1-x} dx$$

$$= -\int_{-1}^0 \frac{x(1-x^n) + x^2(1-x^n) + \cdots + x^m(1-x^n)}{1-x} dx$$

$$= -\int_{-1}^0 \frac{1-x^n}{1-x} (x + x^2 + \cdots + x^m) dx = -\int_{-1}^0 \frac{x(1-x^n)(1-x^m)}{(1-x)^2} dx$$

$$= -\int_{-1}^0 \frac{x}{(1-x)^2} dx + \int_{-1}^0 \frac{x^{n+1}}{(1-x)^2} dx + \int_{-1}^0 \frac{x^{m+1}}{(1-x)^2} dx - \int_{-1}^0 \frac{x^{m+n+1}}{(1-x)^2} dx,$$

当 $x \in [-1,0]$ 时，有 $(1-x)^2 \geqslant 1$，则

$$\left| \int_{-1}^0 \frac{x^p}{(1-x)^2} dx \right| \leqslant \left| \int_{-1}^0 x^p dx \right| = \frac{1}{p+1} \to 0 \quad (p \to +\infty),$$

因此

$$\lim_{n \to \infty} \int_{-1}^0 \frac{x^{n+1}}{(1-x)^2} dx = 0, \quad \lim_{m \to \infty} \int_{-1}^0 \frac{x^{m+1}}{(1-x)^2} dx = 0, \quad \lim_{m,n \to \infty} \int_{-1}^0 \frac{x^{m+n+1}}{(1-x)^2} dx = 0,$$

故

$$\lim_{m,n \to \infty} \sum_{i=1}^m \sum_{j=1}^n \frac{(-1)^{i+j}}{i+j} = -\int_{-1}^0 \frac{x}{(1-x)^2} dx = \ln 2 - \frac{1}{2} \text{。}$$

例 13.16 设 $f(x)$ 是 $[a,b]$ 上的正值连续函数，证明 $\displaystyle \lim_{n \to \infty} \left(\frac{1}{b-a} \int_a^b \sqrt[n]{f(x)} \, dx \right)^n = e^{\frac{1}{b-a} \int_a^b \ln f(x) \, dx}$。

【证】 由于 $f(x)$ 是 $[a,b]$ 上的正值连续函数，则 $f(x)$ 在 $[a,b]$ 上存在最大值 M，记

$$g(x) = \frac{f(a + (b-a)x)}{M} \quad (0 \leqslant x \leqslant 1),$$

则 $0 < g(x) \leqslant 1$，且 $g(x)$ 在 $[0,1]$ 上连续。由 Taylor 公式知，当 $0 < \lambda \leqslant 1$ 时，有

$$t\ln\lambda \leqslant \lambda^t - 1 \leqslant t\ln\lambda + \frac{1}{2}t^2(\ln\lambda)^2 \quad (t>0)。$$

取 $t = \frac{1}{n}$，$\lambda = g(x)$，代入上式得

$$\frac{1}{n}\ln g(x) \leqslant \sqrt[n]{g(x)} - 1 \leqslant \frac{1}{n}\ln g(x) + \frac{1}{2n^2}[\ln g(x)]^2,$$

两边同时在 $[0,1]$ 上积分，得

$$\frac{1}{n}\int_0^1 \ln g(x)\,dx \leqslant \int_0^1 \sqrt[n]{g(x)}\,dx - 1 \leqslant \frac{1}{n}\int_0^1 \ln g(x)\,dx + \frac{1}{2n^2}\int_0^1 [\ln g(x)]^2\,dx。$$

在对数不等式 $\frac{t}{1+t} < \ln(1+t) < t$（$t > -1$）中取 $t = \int_0^1 \sqrt[n]{g(x)}\,dx - 1$ 得

$$\frac{\int_0^1 \sqrt[n]{g(x)}\,dx - 1}{\int_0^1 \sqrt[n]{g(x)}\,dx} < \ln\left(\int_0^1 \sqrt[n]{g(x)}\,dx\right) < \int_0^1 \sqrt[n]{g(x)}\,dx - 1,$$

因此

$$n\ln\left(\int_0^1 \sqrt[n]{g(x)}\,dx\right) > \frac{n\left(\int_0^1 \sqrt[n]{g(x)}\,dx - 1\right)}{\int_0^1 \sqrt[n]{g(x)}\,dx} \geqslant \frac{\int_0^1 \ln g(x)\,dx}{\int_0^1 \sqrt[n]{g(x)}\,dx},$$

且

$$n\ln\left(\int_0^1 \sqrt[n]{g(x)}\,dx\right) < n\left(\int_0^1 \sqrt[n]{g(x)}\,dx - 1\right) \leqslant \int_0^1 \ln g(x)\,dx + \frac{1}{2n}\int_0^1 (\ln g(x))^2\,dx,$$

从而

$$\frac{\int_0^1 \ln g(x)\,dx}{\int_0^1 \sqrt[n]{g(x)}\,dx} \leqslant n\ln\left(\int_0^1 \sqrt[n]{g(x)}\,dx\right) \leqslant \int_0^1 \ln g(x)\,dx + \frac{1}{2n}\int_0^1 (\ln g(x))^2\,dx,$$

因为 $g(x)$ 在 $[0,1]$ 上连续，则

$$\lim_{n\to\infty}\int_0^1 \sqrt[n]{g(x)}\,dx = \int_0^1 \left(\lim_{n\to\infty}\sqrt[n]{g(x)}\right)dx = 1,$$

由夹逼准则知

$$\lim_{n\to\infty} n\ln\left(\int_0^1 \sqrt[n]{g(x)}\,dx\right) = \int_0^1 \ln g(x)\,dx。$$

将 $g(x) = \frac{f(a+(b-a)x)}{M}$ 代入上式得

$$\lim_{n\to\infty} n\ln\left(\int_0^1 \sqrt[n]{\frac{f(a+(b-a)x)}{M}}\,dx\right) = \int_0^1 \ln\frac{f(a+(b-a)x)}{M}\,dx。$$

记 $u = a+(b-a)x$，当 $0 \leqslant x \leqslant 1$ 时，$a \leqslant u \leqslant b$，则

$$\lim_{n\to\infty} n\ln\left(\frac{1}{b-a}\int_a^b \sqrt[n]{\frac{f(u)}{M}}\,du\right) = \frac{1}{b-a}\int_a^b \ln\frac{f(u)}{M}\,du,$$

化简得

$$\lim_{n \to \infty} n \ln \left(\frac{1}{b-a} \int_a^b \sqrt[n]{f(u)} \, du \right) = \frac{1}{b-a} \int_a^b \ln f(u) \, du,$$

从而

$$\lim_{n \to \infty} \left(\frac{1}{b-a} \int_a^b \sqrt[n]{f(x)} \, dx \right)^n = e^{\frac{1}{b-a} \int_a^b \ln f(x) \, dx}.$$

例 13.17 设 $f(x)$ 在 $[a,b]$ 上可积,并且在 $x=b$ 处连续,证明

$$\lim_{n \to \infty} \frac{n+1}{(b-a)^{n+1}} \int_a^b (x-a)^n f(x) \, dx = f(b).$$

【证】 由于 $f(x)$ 在 $[a,b]$ 上可积,从而 $f(x)$ 在 $[a,b]$ 上有界,即 $\exists M > 0$,对任意 $x \in [a,b]$,有 $|f(x)| \leqslant M$。又 $f(x)$ 在 $x=b$ 处连续,则 $\lim\limits_{x \to b^-} f(x) = f(b)$,即 $\forall \varepsilon > 0$, $\exists \delta \in (0, b-a)$,当 $x \in [b-\delta, b]$ 时,有 $|f(x) - f(b)| < \dfrac{\varepsilon}{2}$。注意到

$$\frac{n+1}{(b-a)^{n+1}} \int_a^b (x-a)^n \, dx = 1,$$

则

$$\left| \frac{n+1}{(b-a)^{n+1}} \int_a^b (x-a)^n f(x) \, dx - f(b) \right|$$

$$= \left| \frac{n+1}{(b-a)^{n+1}} \int_a^b (x-a)^n (f(x) - f(b)) \, dx \right|$$

$$\leqslant \frac{n+1}{(b-a)^{n+1}} \int_a^{b-\delta} (x-a)^n |f(x) - f(b)| \, dx +$$

$$\frac{n+1}{(b-a)^{n+1}} \int_{b-\delta}^b (x-a)^n |f(x) - f(b)| \, dx$$

$$\leqslant 2M \frac{n+1}{(b-a)^{n+1}} \int_a^{b-\delta} (x-a)^n \, dx + \frac{\varepsilon}{2} \left(1 - \frac{(b-a-\delta)^{n+1}}{(b-a)^n} \right)$$

$$\leqslant 2M \left(1 - \frac{\delta}{b-a} \right)^{n+1} + \frac{\varepsilon}{2},$$

对该固定的 δ,有

$$\lim_{n \to \infty} \left(1 - \frac{\delta}{b-a} \right)^{n+1} = 0,$$

故对上述 $\varepsilon > 0$, $\exists N > 0$,当 $n > N$ 时,有 $\left(1 - \dfrac{\delta}{b-a} \right)^{n+1} < \dfrac{\varepsilon}{4M}$,即

$$\left| \frac{n+1}{(b-a)^{n+1}} \int_a^b (x-a)^n f(x) \, dx - f(b) \right| < 2M \frac{\varepsilon}{4M} + \frac{\varepsilon}{2} = \varepsilon,$$

因此

$$\lim_{n \to \infty} \frac{n+1}{(b-a)^{n+1}} \int_a^b (x-a)^n f(x) \, dx = f(b).$$

例 13.18 设 $f(x)$ 为 $[-\pi, \pi]$ 上的可积函数,且 $f(0^+), f(0^-)$ 存在,证明

$$\lim_{n \to \infty} \frac{1}{2n\pi} \int_{-\pi}^{\pi} f(x) \left(\frac{\sin \frac{1}{2} nx}{\sin \frac{1}{2} x} \right)^2 \, dx = \frac{1}{2} (f(0^+) + f(0^-)).$$

【证】 由恒等式

$$\sin\frac{1}{2}x + \sin\frac{3}{2}x + \cdots + \sin\frac{2n-1}{2}x = \frac{\sin^2\frac{1}{2}nx}{\sin\frac{1}{2}x} \quad (n=2,3,\cdots)$$

及 $\displaystyle\int_0^\pi \frac{\sin\left(n+\frac{1}{2}\right)x}{2\sin\frac{1}{2}x}\mathrm{d}x = \frac{\pi}{2}(n=0,1,2,\cdots)$ 可得

$$\frac{1}{n\pi}\int_{-\pi}^\pi \frac{\sin^2\left(\frac{1}{2}nx\right)}{2\sin^2\left(\frac{1}{2}x\right)}\mathrm{d}x = \frac{1}{n\pi}\int_{-\pi}^\pi \left(\frac{\sin\frac{1}{2}x}{2\sin\frac{1}{2}x} + \frac{\sin\frac{3}{2}x}{2\sin\frac{1}{2}x} + \cdots + \frac{\sin\frac{2n-1}{2}x}{2\sin\frac{1}{2}x}\right)\mathrm{d}x = 1,$$

且

$$\frac{1}{2n\pi}\int_0^\pi \left(\frac{\sin\frac{1}{2}nx}{\sin\frac{1}{2}x}\right)^2\mathrm{d}x = \frac{1}{2}, \qquad \frac{1}{2n\pi}\int_{-\pi}^0 \left(\frac{\sin\frac{1}{2}nx}{\sin\frac{1}{2}x}\right)^2\mathrm{d}x = \frac{1}{2}。$$

令 $g(x) = f(x) - f(0^+)$，则

$$\frac{1}{2n\pi}\int_0^\pi f(x)\left(\frac{\sin\frac{1}{2}nx}{\sin\frac{1}{2}x}\right)^2\mathrm{d}x - \frac{1}{2}f(0^+) = \frac{1}{2n\pi}\int_0^\pi g(x)\left(\frac{\sin\frac{1}{2}nx}{\sin\frac{1}{2}x}\right)^2\mathrm{d}x,$$

因为 $g(0^+)=0$，对 $\forall\varepsilon>0$，$\exists\eta(0<x<\eta<c)$，使得 $|g(x)|<\varepsilon$。由积分性质知

$$\frac{1}{2n\pi}\int_0^\pi g(x)\left(\frac{\sin\frac{1}{2}nx}{\sin\frac{1}{2}x}\right)^2\mathrm{d}x = \frac{1}{2n\pi}\int_0^\eta g(x)\left(\frac{\sin\frac{1}{2}nx}{\sin\frac{1}{2}x}\right)^2\mathrm{d}x + \frac{1}{2n\pi}\int_\eta^\pi g(x)\left(\frac{\sin\frac{1}{2}nx}{\sin\frac{1}{2}x}\right)^2\mathrm{d}x,$$

对于第一项，有

$$\left|\frac{1}{2n\pi}\int_0^\eta g(x)\left(\frac{\sin\frac{1}{2}nx}{\sin\frac{1}{2}x}\right)^2\mathrm{d}x\right| < \varepsilon\left|\frac{1}{2n\pi}\int_0^\eta \left(\frac{\sin\frac{1}{2}nx}{\sin\frac{1}{2}x}\right)^2\mathrm{d}x\right| < \varepsilon\left|\frac{1}{2n\pi}\int_0^\pi \left(\frac{\sin\frac{1}{2}nx}{\sin\frac{1}{2}x}\right)^2\mathrm{d}x\right| = \frac{\varepsilon}{2},$$

对于第二项，由于 $f(x)$ 为 $[-\pi,\pi]$ 上的可积函数，故 $|g(x)|<M(0<\eta<x<\pi)$，从而

$$\left|\frac{1}{2n\pi}\int_\eta^\pi g(x)\left(\frac{\sin\frac{1}{2}nx}{\sin\frac{1}{2}x}\right)^2\mathrm{d}x\right| \leqslant \frac{M}{2n\pi}\int_\eta^\pi \left(\frac{\sin\frac{1}{2}nx}{\sin\frac{1}{2}x}\right)^2\mathrm{d}x \leqslant \frac{M}{2n\pi}\int_\eta^\pi \frac{1}{\sin^2\frac{1}{2}x}\mathrm{d}x,$$

函数 $\dfrac{1}{\sin^2\left(\frac{1}{2}x\right)}$ 在 $0<\eta<x<\pi$ 上严格单调减少，则 $\dfrac{1}{\sin^2\left(\frac{1}{2}x\right)} \leqslant \dfrac{1}{\sin^2\left(\frac{1}{2}\eta\right)}$，因此

$$\left| \frac{1}{2n\pi} \int_{\eta}^{\pi} g(x) \left(\frac{\sin\frac{1}{2}nx}{\sin\frac{1}{2}x} \right)^2 dx \right| \leqslant \frac{M}{2n\pi} \cdot \frac{1}{\sin^2\left(\frac{1}{2}\eta\right)} \cdot (\pi - \eta) < \frac{M}{2n} \cdot \frac{1}{\sin^2\frac{1}{2}\eta} \to 0 \, (n \to \infty),$$

即对上述 $\varepsilon > 0$，存在 $N > 0$，当 $n > N$ 时，有

$$\left| \frac{1}{2n\pi} \int_{\eta}^{\pi} g(x) \left(\frac{\sin\frac{1}{2}nx}{\sin\frac{1}{2}x} \right)^2 dx \right| < \frac{\varepsilon}{2},$$

则对任意 $\varepsilon > 0$，存在 $N > 0$，当 $n > N$ 时，有

$$\left| \frac{1}{2n\pi} \int_{0}^{\pi} g(x) \left(\frac{\sin\frac{1}{2}nx}{\sin\frac{1}{2}x} \right)^2 dx \right|$$

$$\leqslant \left| \frac{1}{2n\pi} \int_{0}^{\eta} g(x) \left(\frac{\sin\frac{1}{2}nx}{\sin\frac{1}{2}x} \right)^2 dx \right| + \left| \frac{1}{2n\pi} \int_{\eta}^{\pi} g(x) \left(\frac{\sin\frac{1}{2}nx}{\sin\frac{1}{2}x} \right)^2 dx \right| < \varepsilon,$$

因而

$$\lim_{n \to \infty} \frac{1}{2n\pi} \int_{0}^{\pi} g(x) \left(\frac{\sin\frac{1}{2}nx}{\sin\frac{1}{2}x} \right)^2 dx = 0, \quad 即 \quad \lim_{n \to \infty} \frac{1}{2n\pi} \int_{0}^{\pi} f(x) \left(\frac{\sin\frac{1}{2}nx}{\sin\frac{1}{2}x} \right)^2 dx = \frac{1}{2} f(0^+)。$$

同理可证

$$\lim_{n \to \infty} \frac{1}{2n\pi} \int_{-\pi}^{0} f(x) \left(\frac{\sin\frac{1}{2}nx}{\sin\frac{1}{2}x} \right)^2 dx = \frac{1}{2} f(0^-),$$

所以

$$\lim_{n \to \infty} \frac{1}{2n\pi} \int_{-\pi}^{\pi} f(x) \left(\frac{\sin\frac{1}{2}nx}{\sin\frac{1}{2}x} \right)^2 dx = \frac{1}{2} (f(0^+) + f(0^-))。$$

综合训练

1. 设 $\Phi(x) = \int_{x}^{x^2} \frac{\sin xy}{y} dy$，求 $\Phi'(x)$。

2. 设 $F(t) = \int_{0}^{t^2} dx \int_{x-t}^{x+t} \sin(x^2 + y^2 - t^2) dy$，求 $F'(t)$。

3. 计算积分 $I(x) = \int_{0}^{\frac{\pi}{2}} \ln(\sin^2\theta + x^2\cos^2\theta) d\theta$，$0 < x < +\infty$。

4. 计算积分 $I = \int_0^1 \dfrac{\arctan 5x}{x\sqrt{1-x^2}}\mathrm{d}x$。

5. 计算积分 $\int_0^1 \dfrac{\dfrac{\ln(1+x)}{x} - \ln 2}{1-x}\mathrm{d}x$。

6. 计算积分 $I(\alpha) = \int_0^{\frac{\pi}{2}} \ln\dfrac{1+\alpha\cos x}{1-\alpha\cos x} \cdot \dfrac{1}{\cos x}\mathrm{d}x$，$|\alpha| < 1$。

7. 计算积分 $I(a) = \int_0^{\pi} \ln(1-2a\cos\theta + a^2)\cos m\theta\,\mathrm{d}\theta$，其中 m 为正整数，$a^2 < 1$。

8. 证明 $\lim\limits_{n\to\infty} \int_0^1 (1-x^3)^n\mathrm{d}x = 0$。

9. 计算极限 $\lim\limits_{n\to\infty} n\int_0^{\frac{\pi}{2}} x\ln\left(1 + \dfrac{\sin x}{x}\right)\cos^n x\,\mathrm{d}x$。

10. （1）证明：当 $0 \leqslant x \leqslant 1$ 时，有 $2x \leqslant 1 + \sin\dfrac{\pi x}{2} \leqslant 2$。

（2）计算极限 $\lim\limits_{n\to\infty}\left(\int_0^1 \left(1 + \sin\dfrac{\pi x}{2}\right)^n\mathrm{d}x\right)^{\frac{1}{n}}$。

11. 计算极限 $\lim\limits_{n\to\infty}\sqrt{n}\left(1 - \sum\limits_{k=1}^{n}\dfrac{1}{n+\sqrt{k}}\right)$。

12. 计算极限 $\lim\limits_{n\to\infty}\dfrac{1}{n^2}\int_0^n \dfrac{\sqrt{n^2-x^2}}{2+x^{-x}}\mathrm{d}x$。

13. 计算极限 $\lim\limits_{n\to\infty}\int_{\pi}^{2\pi}\dfrac{|\sin nx + \cos nx|}{x}\mathrm{d}x$。

14. 设 $I_n = \int_0^{\frac{\pi}{2}}\left(\dfrac{\sin nx}{\sin x}\right)^2\mathrm{d}x$，$J_n = \int_0^{\frac{\pi}{2}}\dfrac{\sin^2 nx}{\sin x}\mathrm{d}x$，$n \in \mathbf{N}^+$，计算极限 $\lim\limits_{n\to\infty}\dfrac{I_n}{n}$ 和 $\lim\limits_{n\to\infty}\dfrac{J_n}{\ln n}$。

15. 设 D 是平面上由光滑封闭曲线围成的有界区域，其面积为 $A > 0$，函数 $f(x,y)$ 在该区域及其边界上连续，且 $f(x,y) > 0$，记 $J_n = \left(\dfrac{1}{A}\iint\limits_{D} f^{\frac{1}{n}}(x,y)\mathrm{d}\sigma\right)^n$，计算极限 $\lim\limits_{n\to\infty} J_n$。

16. 设 $f(x)$ 在任何有限区间上可积，且 $\int_{-\infty}^{+\infty}|f(x)|\mathrm{d}x$ 收敛，证明 $\lim\limits_{n\to\infty}\int_{-\infty}^{+\infty} f(x)\sin nx\,\mathrm{d}x = 0$。

17. 设 $f(x)$ 在 $[a,b]$ 上有一阶连续导数，证明 $\lim\limits_{\lambda\to\infty}\int_a^b f(x)\sin\lambda x\,\mathrm{d}x = \lim\limits_{\lambda\to\infty}\int_a^b f(x)\cos\lambda x\,\mathrm{d}x = 0$。

18. 设 $f(x)$ 在 $[0,c]$ 上为有界变差函数，证明 $\lim\limits_{\lambda\to\infty}\dfrac{1}{\pi}\int_0^c f(x)\dfrac{\sin\lambda x}{x}\mathrm{d}x = \dfrac{1}{2}f(0^+)$。

第十四讲

反常积分

知识点

1. 设 I 为区间,函数 $f(x)$ 在 I 上有定义,如果对任意有界闭区间 $[a,b] \subset I$,$f(x)$ 在 $[a,b]$ 上都可积,称 $f(x)$ 在 I 上内闭可积。

2. 无穷区间反常积分的定义:

(1) 设函数 $f(x)$ 在 $[a, +\infty)$ 上内闭可积,若极限 $\lim\limits_{b \to +\infty} \int_a^b f(x)\mathrm{d}x$ 存在且有限,称反常积分 $\int_a^{+\infty} f(x)\mathrm{d}x$ 在 $[a, +\infty)$ 上收敛,且 $\int_a^{+\infty} f(x)\mathrm{d}x = \lim\limits_{b \to +\infty} \int_a^b f(x)\mathrm{d}x$。

(2) 设函数 $f(x)$ 在 $(-\infty, b]$ 上内闭可积,若极限 $\lim\limits_{a \to -\infty} \int_a^b f(x)\mathrm{d}x$ 存在且有限,称反常积分 $\int_{-\infty}^b f(x)\mathrm{d}x$ 在 $(-\infty, b]$ 上收敛,且 $\int_{-\infty}^b f(x)\mathrm{d}x = \lim\limits_{a \to -\infty} \int_a^b f(x)\mathrm{d}x$。

(3) 若反常积分 $\int_{-\infty}^0 f(x)\mathrm{d}x$ 和 $\int_0^{+\infty} f(x)\mathrm{d}x$ 都收敛,称反常积分 $\int_{-\infty}^{+\infty} f(x)\mathrm{d}x$ 收敛,且 $\int_{-\infty}^{+\infty} f(x)\mathrm{d}x = \int_{-\infty}^0 f(x)\mathrm{d}x + \int_0^{+\infty} f(x)\mathrm{d}x$。

(4) 若 $\int_a^{+\infty} |f(x)|\,\mathrm{d}x$ 在 $[a, +\infty)$ 上收敛,称反常积分 $\int_a^{+\infty} f(x)\mathrm{d}x$ 在 $[a, +\infty)$ 上绝对收敛;若 $\int_a^{+\infty} f(x)\mathrm{d}x$ 在 $[a, +\infty)$ 上收敛,而 $\int_a^{+\infty} |f(x)|\,\mathrm{d}x$ 在 $[a, +\infty)$ 上发散,称反常积分 $\int_a^{+\infty} f(x)\mathrm{d}x$ 在 $[a, +\infty)$ 上条件收敛。同理可以定义 $\int_{-\infty}^b f(x)\mathrm{d}x$ 绝对收敛和条件收敛。

3. **无穷区间反常积分的计算**:记 $F(+\infty) = \lim\limits_{x \to +\infty} F(x)$,$F(-\infty) = \lim\limits_{x \to -\infty} F(x)$,则

(1) $\int_a^{+\infty} f(x)\mathrm{d}x = F(x) \Big|_a^{+\infty} = F(+\infty) - F(a)$;

(2) $\int_{-\infty}^b f(x)\mathrm{d}x = F(x) \Big|_{-\infty}^b = F(b) - F(-\infty)$;

(3) $\int_{-\infty}^{+\infty} f(x)\mathrm{d}x = F(x) \Big|_{-\infty}^{+\infty} = F(+\infty) - F(-\infty)$。

4. 无界函数反常积分的定义：

(1) 设函数 $f(x)$ 在 $(a,b]$ 上内闭可积，在点 a 及其右邻域内无界，若极限 $\lim\limits_{\varepsilon \to 0^+} \int_{a+\varepsilon}^b f(x)\mathrm{d}x$ 存在且有限，称反常积分 $\int_a^b f(x)\mathrm{d}x$ 在 $(a,b]$ 上收敛，且 $\int_a^b f(x)\mathrm{d}x = \lim\limits_{\varepsilon \to 0^+} \int_{a+\varepsilon}^b f(x)\mathrm{d}x$。

(2) 设函数 $f(x)$ 在 $[a,b)$ 上内闭可积，在点 b 及其左邻域内无界，若极限 $\lim\limits_{\varepsilon \to 0^+} \int_a^{b-\varepsilon} f(x)\mathrm{d}x$ 存在且有限，称反常积分 $\int_a^b f(x)\mathrm{d}x$ 在 $[a,b)$ 上收敛，且 $\int_a^b f(x)\mathrm{d}x = \lim\limits_{\varepsilon \to 0^+} \int_a^{b-\varepsilon} f(x)\mathrm{d}x$。

(3) 设 $x=c \in (a,b)$ 为函数 $f(x)$ 的无穷间断点，若反常积分 $\int_a^c f(x)\mathrm{d}x$ 和 $\int_c^b f(x)\mathrm{d}x$ 都收敛，称反常积分 $\int_a^b f(x)\mathrm{d}x$ 收敛，且 $\int_a^b f(x)\mathrm{d}x = \int_a^c f(x)\mathrm{d}x + \int_c^b f(x)\mathrm{d}x$。

(4) 函数 $f(x)$ 的无穷间断点又称为 $f(x)$ 的瑕点，无界函数的反常积分也称为瑕积分。

(5) 若 $\int_a^b |f(x)| \mathrm{d}x$ 在 $(a,b]$ 上收敛，称反常积分 $\int_a^b f(x)\mathrm{d}x$ 在 $(a,b]$ 上绝对收敛；若 $\int_a^b f(x)\mathrm{d}x$ 在 $(a,b]$ 上收敛，而 $\int_a^b |f(x)| \mathrm{d}x$ 在 $(a,b]$ 上发散，称反常积分 $\int_a^b f(x)\mathrm{d}x$ 在 $(a,b]$ 上条件收敛。同理可以定义 $\int_a^b f(x)\mathrm{d}x$ 在 $[a,b)$ 上绝对收敛和条件收敛。

5. 无界函数反常积分的计算：设 $F(x)$ 为 $f(x)$ 在 $(a,b]$ 上的一个原函数。

(1) 若 $x=a$ 为 $f(x)$ 的瑕点，则 $\int_a^b f(x)\mathrm{d}x = F(b) - F(a+0)$；

(2) 若 $x=b$ 为 $f(x)$ 的瑕点，则 $\int_a^b f(x)\mathrm{d}x = F(b-0) - F(a)$；

(3) 若 $x=c \in (a,b)$ 为 $f(x)$ 的瑕点，则 $\int_a^b f(x)\mathrm{d}x = F(b) - F(c+0) + F(c-0) - F(a)$。

6. 若被积函数在积分区间上仅存在有限个第一类间断点，则本质上是常义积分，而不是反常积分。有时通过换元，反常积分和常义积分可以互相转化。

7. 当一个问题中同时含两类反常积分时，应划分积分区间分别讨论每一区间上的反常积分。

8. 设函数 $f(x)$ 在 $(-\infty,+\infty)$ 内连续，定义 $\mathrm{v.p.} \int_{-\infty}^{+\infty} f(x)\mathrm{d}x = \lim\limits_{a \to +\infty} \int_{-a}^a f(x)\mathrm{d}x$ 为主值意义下的反常积分。

9. 设函数 $f(x)$ 在 $[a,b]$ 上除点 $c(a < c < b)$ 外处处连续，且 $x=c$ 为 $f(x)$ 的无穷间断点，定义 $\mathrm{v.p.} \int_a^b f(x)\mathrm{d}x = \lim\limits_{\varepsilon \to 0^+} \left(\int_a^{c-\varepsilon} f(x)\mathrm{d}x + \int_{c+\varepsilon}^b f(x)\mathrm{d}x \right)$ 为主值意义下的反常积分。

10. 无穷限反常积分的性质：

(1) 若积分 $\int_a^{+\infty} f(x)\mathrm{d}x$ 收敛，则 $\int_A^{+\infty} f(x)\mathrm{d}x(A > a)$ 收敛，且 $\lim\limits_{A \to +\infty} \int_A^{+\infty} f(x)\mathrm{d}x = 0$。

(2) 若积分 $\int_a^{+\infty} f(x)\mathrm{d}x$ 收敛,则 $\int_a^{+\infty} kf(x)\mathrm{d}x$ 收敛,且 $\int_a^{+\infty} kf(x)\mathrm{d}x = k\int_a^{+\infty} f(x)\mathrm{d}x$。

(3) 若积分 $\int_a^{+\infty} f(x)\mathrm{d}x$ 与 $\int_a^{+\infty} g(x)\mathrm{d}x$ 收敛,则 $\int_a^{+\infty} [f(x) \pm g(x)]\mathrm{d}x$ 收敛,且

$$\int_a^{+\infty} (f(x) \pm g(x))\mathrm{d}x = \int_a^{+\infty} f(x)\mathrm{d}x \pm \int_a^{+\infty} g(x)\mathrm{d}x。$$

11. 两个重要的反常积分:

(1) p 积分 $\int_1^{+\infty} \frac{1}{x^p}\mathrm{d}x$ 当 $p > 1$ 时收敛,$p \leqslant 1$ 时发散。

(2) 设 a,b 为常数,且 $a < b$,瑕积分 $\int_a^b \frac{1}{(x-a)^q}\mathrm{d}x$ 当 $q < 1$ 时收敛,$q \geqslant 1$ 时发散。

12. 无穷限反常积分与数项级数的对照:

数 项 级 数	无穷限反常积分
通项 u_n	被积函数 $f(x)$
部分和 $s_n = \sum_{k=1}^n u_k$	定积分 $\int_a^A f(x)\mathrm{d}x$
级数的和 $s = \sum_{n=1}^{\infty} u_n$	反常积分的值 $\int_a^{+\infty} f(x)\mathrm{d}x$
$\lim_{n\to\infty} s_n = s$	$\int_a^{+\infty} f(x)\mathrm{d}x = \lim_{A\to+\infty} \int_a^A f(x)\mathrm{d}x$
级数的余项 $r_n = \sum_{k=n+1}^{\infty} u_k$	反常积分的余项 $\int_A^{+\infty} f(x)\mathrm{d}x$

13. 设 $f(x)$ 在 $[0, +\infty)$ 上单调,积分 $\int_0^{+\infty} f(x)\mathrm{d}x$ 收敛,则 $\lim_{h\to 0^+} h\sum_{n=1}^{\infty} f(nh) = \int_0^{+\infty} f(x)\mathrm{d}x$。

14. 设 $f(x)$ 在 $(0,1)$ 内单调,反常积分 $\int_0^1 f(x)\mathrm{d}x$ 收敛,则 $\lim_{n\to\infty} \frac{1}{n}\sum_{k=1}^{n-1} f\left(\frac{k}{n}\right) = \int_0^1 f(x)\mathrm{d}x$。

15. 正值函数反常积分的收敛性:

(1) 设 $f(x) \geqslant 0$,对任意 $A > a$,若存在常数 M,使得 $\int_a^A f(x)\mathrm{d}x \leqslant M$,则 $\int_a^{+\infty} f(x)\mathrm{d}x$ 收敛。

(2) 设 $f(x),g(x)$ 在 $[a,+\infty)$ 上连续,满足 $0 \leqslant f(x) \leqslant g(x)$,若 $\int_a^{+\infty} g(x)\mathrm{d}x$ 收敛,则 $\int_a^{+\infty} f(x)\mathrm{d}x$ 收敛;若 $\int_a^{+\infty} f(x)\mathrm{d}x$ 发散,则 $\int_a^{+\infty} g(x)\mathrm{d}x$ 发散。

设 $f(x),g(x)$ 在 $(a,b]$ 上连续,a 为瑕点,满足 $0 \leqslant f(x) \leqslant g(x)$,若 $\int_a^b g(x)\mathrm{d}x$ 收敛,则 $\int_a^b f(x)\mathrm{d}x$ 收敛;若 $\int_a^b f(x)\mathrm{d}x$ 发散,则 $\int_a^b g(x)\mathrm{d}x$ 发散。

（3）设 $f(x),g(x)$ 是 $[a,+\infty)$ 上的非负连续函数，$g(x)>0$，$\lim\limits_{x\to+\infty}\dfrac{f(x)}{g(x)}=\rho$。当 $0<\rho<+\infty$ 时，$\displaystyle\int_a^{+\infty}f(x)\mathrm{d}x$ 与 $\displaystyle\int_a^{+\infty}g(x)\mathrm{d}x$ 有相同的敛散性；当 $\rho=0$ 时，若 $\displaystyle\int_a^{+\infty}g(x)\mathrm{d}x$ 收敛，则 $\displaystyle\int_a^{+\infty}f(x)\mathrm{d}x$ 收敛；当 $\rho=+\infty$ 时，若 $\displaystyle\int_a^{+\infty}g(x)\mathrm{d}x$ 发散，则 $\displaystyle\int_a^{+\infty}f(x)\mathrm{d}x$ 发散。

设 $f(x),g(x)$ 是 $(a,b]$ 上的非负连续函数，a 为瑕点，$g(x)>0$，$\lim\limits_{x\to a^+}\dfrac{f(x)}{g(x)}=\rho$，当 $0<\rho<+\infty$ 时，$\displaystyle\int_a^b f(x)\mathrm{d}x$ 与 $\displaystyle\int_a^b g(x)\mathrm{d}x$ 同时收敛，同时发散；当 $\rho=0$ 时，若 $\displaystyle\int_a^b g(x)\mathrm{d}x$ 收敛，则 $\displaystyle\int_a^b f(x)\mathrm{d}x$ 收敛；当 $\rho=+\infty$ 时，若 $\displaystyle\int_a^b g(x)\mathrm{d}x$ 发散，则 $\displaystyle\int_a^b f(x)\mathrm{d}x$ 发散。

（4）Cauchy 判别法 1：对于充分大的 x，函数 $f(x)=\dfrac{\varphi(x)}{x^\lambda}(\lambda>0)$，若 $\lambda>1$ 且 $\varphi(x)\leqslant c<+\infty$，则 $\displaystyle\int_a^{+\infty}f(x)\mathrm{d}x$ 收敛；若 $\lambda\leqslant1$ 且 $\varphi(x)\geqslant c>0$，则 $\displaystyle\int_a^{+\infty}f(x)\mathrm{d}x$ 发散。

设 a 为瑕点，对于充分接近于 a 的 x，$f(x)=\dfrac{\varphi(x)}{(x-a)^\lambda}(\lambda>0)$，若 $\lambda<1$ 且 $\varphi(x)\leqslant c<+\infty$，则 $\displaystyle\int_a^b f(x)\mathrm{d}x$ 收敛；若 $\lambda\geqslant1$ 且 $\varphi(x)\geqslant c>0$，则 $\displaystyle\int_a^b f(x)\mathrm{d}x$ 发散。

（5）Cauchy 判别法 2：函数 $f(x)$ 是 $\dfrac{1}{x}$ 当 $x\to+\infty$ 时的 $\lambda(\lambda>0)$ 阶无穷小量，若 $\lambda>1$，则 $\displaystyle\int_a^{+\infty}f(x)\mathrm{d}x$ 收敛；若 $\lambda\leqslant1$，则 $\displaystyle\int_a^{+\infty}f(x)\mathrm{d}x$ 发散。

函数 $f(x)$ 是 $\dfrac{1}{x-a}$ 当 $x\to a^+$ 时的 $\lambda(\lambda>0)$ 阶无穷大量，若 $\lambda<1$，则 $\displaystyle\int_a^b f(x)\mathrm{d}x$ 收敛；若 $\lambda\geqslant1$，则 $\displaystyle\int_a^b f(x)\mathrm{d}x$ 发散。

16. **任意函数反常积分的收敛性：**

（1）若 $\displaystyle\int_a^{+\infty}f(x)\mathrm{d}x$ 绝对收敛，则 $\displaystyle\int_a^{+\infty}f(x)\mathrm{d}x$ 收敛。

（2）若 $\displaystyle\int_a^{+\infty}f(x)\mathrm{d}x$ 和 $\displaystyle\int_a^{+\infty}g(x)\mathrm{d}x$ 都绝对收敛，则 $\displaystyle\int_a^{+\infty}(f(x)+g(x))\mathrm{d}x$ 绝对收敛；若一个绝对收敛，一个条件收敛，则 $\displaystyle\int_a^{+\infty}(f(x)+g(x))\mathrm{d}x$ 条件收敛；若两个都条件收敛，则 $\displaystyle\int_a^{+\infty}(f(x)+g(x))\mathrm{d}x$ 可能绝对收敛，也可能条件收敛。

（3）若 $\displaystyle\int_a^{+\infty}f(x)\mathrm{d}x$ 绝对收敛，$g(x)$ 在 $[a,+\infty)$ 上有界，则 $\displaystyle\int_a^{+\infty}f(x)g(x)\mathrm{d}x$ 绝对收敛。

（4）Abel 判别法：

若 $\displaystyle\int_a^{+\infty}f(x)\mathrm{d}x$ 收敛，$g(x)$ 在 $[a,+\infty)$ 上单调有界，则 $\displaystyle\int_a^{+\infty}f(x)g(x)\mathrm{d}x$ 收敛。

若 $\displaystyle\int_a^b f(x)\mathrm{d}x$ 收敛，$g(x)$ 在 $[a,b)$ 上单调有界，则 $\displaystyle\int_a^b f(x)g(x)\mathrm{d}x$ 收敛。

（5）Dirichlet 判别法：

若对任意 $A > a$，$\int_a^A f(x)\mathrm{d}x$ 存在且有界，函数 $g(x)$ 在 $[a, +\infty)$ 上单调，且 $\lim\limits_{x \to +\infty} g(x) = 0$，则 $\int_a^{+\infty} f(x)g(x)\mathrm{d}x$ 收敛。

若对任意 $b' > a$，$\int_a^{b'} f(x)\mathrm{d}x$ 存在且有界，函数 $g(x)$ 在 $[a, b)$ 上单调，且 $\lim\limits_{x \to b^-} g(x) = 0$，则 $\int_a^b f(x)g(x)\mathrm{d}x$ 收敛。

（6）反常积分的 Cauchy 准则：

对 $\forall \varepsilon > 0$，$\exists X > a > 0$，$\forall A, B > X$，有 $\left| \int_A^B f(x)\mathrm{d}x \right| < \varepsilon$，则 $\int_a^{+\infty} f(x)\mathrm{d}x$ 收敛。

对 $\forall \varepsilon > 0$，$\exists \delta > 0$，$\forall x', x'' \in (b-\delta, b)$，有 $\left| \int_{x'}^{x''} f(x)\mathrm{d}x \right| < \varepsilon$，则 $\int_a^b f(x)\mathrm{d}x$ 收敛。

17. Γ 函数：$\Gamma(s) = \int_0^{+\infty} \mathrm{e}^{-x} x^{s-1} \mathrm{d}x \, (s > 0)$，满足以下性质：

（1）$\Gamma(s+1) = s\Gamma(s) \, (s > 0)$；

（2）$\lim\limits_{s \to 0^+} \Gamma(s) = +\infty$；

（3）余元公式：$\Gamma(s)\Gamma(1-s) = \dfrac{\pi}{\sin \pi s} \, (0 < s < 1)$。

18. 几个重要结论：

（1）（**Dirichlet 积分**）$\int_0^{+\infty} \dfrac{\sin x}{x} \mathrm{d}x = \dfrac{\pi}{2}$；

（2）（**Euler-Poisson 积分**）$\int_0^{+\infty} \mathrm{e}^{-x^2} \mathrm{d}x = \dfrac{\sqrt{\pi}}{2}$；

（3）（**Euler 积分**）$\int_0^{\frac{\pi}{2}} \ln \sin x \, \mathrm{d}x = -\dfrac{\pi}{2} \ln 2$；

（4）（**Froullani 积分**）$\int_0^{+\infty} \dfrac{f(ax) - f(bx)}{x} \mathrm{d}x = (f(0) - f(+\infty)) \ln \dfrac{b}{a}$；

（5）（**Fresnel 积分**）$\int_0^{+\infty} \sin x^2 \, \mathrm{d}x = \dfrac{\sqrt{2\pi}}{4}$。

典型例题

一、反常积分的计算

例 14.1　设 $a > 0$，计算反常积分 $\int_0^{+\infty} \dfrac{\ln x}{x^2 + a^2} \mathrm{d}x$。

【解 1】　因为

$$\int_0^{+\infty} \frac{\ln x}{x^2 + a^2} \mathrm{d}x = \int_0^a \frac{\ln x}{x^2 + a^2} \mathrm{d}x + \int_a^{+\infty} \frac{\ln x}{x^2 + a^2} \mathrm{d}x,$$

而

$$\int_0^a \frac{\ln x}{x^2+a^2}\mathrm{d}x = \int_0^a \frac{\ln a}{x^2+a^2}\mathrm{d}x + \frac{1}{a}\int_0^a \frac{\ln\dfrac{x}{a}}{1+\left(\dfrac{x}{a}\right)^2}\mathrm{d}\left(\frac{x}{a}\right) = \int_0^a \frac{\ln a}{x^2+a^2}\mathrm{d}x + \frac{1}{a}\int_0^1 \frac{\ln x}{1+x^2}\mathrm{d}x$$

$$= \frac{\ln a}{a}\left[\arctan\frac{x}{a}\right]_0^a + \frac{1}{a}\int_0^1 \frac{\ln x}{1+x^2}\mathrm{d}x = \frac{\pi\ln a}{4a} + \frac{1}{a}\int_0^1 \frac{\ln x}{1+x^2}\mathrm{d}x,$$

令 $x = \dfrac{1}{u}$，得

$$\int_a^{+\infty} \frac{\ln x}{x^2+a^2}\mathrm{d}x = -\int_0^{\frac{1}{a}} \frac{\ln u}{1+(au)^2}\mathrm{d}u = \frac{1}{a}\int_0^{\frac{1}{a}} \frac{\ln a}{1+(au)^2}\mathrm{d}(au) - \frac{1}{a}\int_0^{\frac{1}{a}} \frac{\ln(au)}{1+(au)^2}\mathrm{d}(au)$$

$$= \frac{1}{a}\int_0^1 \frac{\ln a}{1+x^2}\mathrm{d}x - \frac{1}{a}\int_0^1 \frac{\ln x}{1+x^2}\mathrm{d}x = \frac{\pi\ln a}{4a} - \frac{1}{a}\int_0^1 \frac{\ln x}{1+x^2}\mathrm{d}x,$$

所以

$$\int_0^{+\infty} \frac{\ln x}{x^2+a^2}\mathrm{d}x = \frac{\pi\ln a}{4a} + \frac{1}{a}\int_0^1 \frac{\ln x}{1+x^2}\mathrm{d}x + \frac{\pi\ln a}{4a} - \frac{1}{a}\int_0^1 \frac{\ln x}{1+x^2}\mathrm{d}x = \frac{\pi\ln a}{2a}。$$

【解 2】　令 $x = a\tan t$，则

$$\int_0^{+\infty} \frac{\ln x}{x^2+a^2}\mathrm{d}x = \frac{1}{a}\int_0^{\frac{\pi}{2}}(\ln a + \ln\tan t)\mathrm{d}t = \frac{\pi\ln a}{2a} + \frac{1}{a}\int_0^{\frac{\pi}{2}}\ln\tan t\,\mathrm{d}t。$$

而

$$\int_0^{\frac{\pi}{2}}\ln\tan t\,\mathrm{d}t = \int_0^{\frac{\pi}{4}}\ln\tan t\,\mathrm{d}t + \int_{\frac{\pi}{4}}^{\frac{\pi}{2}}\ln\tan t\,\mathrm{d}t = \int_0^{\frac{\pi}{4}}\ln\tan t\,\mathrm{d}t + \int_0^{\frac{\pi}{4}}\ln\tan\left(\frac{\pi}{2}-t\right)\mathrm{d}t$$

$$= \int_0^{\frac{\pi}{4}}\ln\tan t\,\mathrm{d}t + \int_0^{\frac{\pi}{4}}\ln\cot t\,\mathrm{d}t = \int_0^{\frac{\pi}{4}}\ln\tan t\,\mathrm{d}t - \int_0^{\frac{\pi}{4}}\ln\tan t\,\mathrm{d}t = 0,$$

所以

$$\int_0^{+\infty} \frac{\ln x}{x^2+a^2}\mathrm{d}x = \frac{\pi\ln a}{2a} + 0 = \frac{\pi\ln a}{2a}。$$

【解 3】　令 $x = a\tan t$，则

$$\int_0^{+\infty} \frac{\ln x}{x^2+a^2}\mathrm{d}x = \frac{1}{a}\int_0^{\frac{\pi}{2}}(\ln a + \ln\tan t)\mathrm{d}t = \frac{\pi\ln a}{2a} + \frac{1}{a}\int_0^{\frac{\pi}{2}}\ln\tan t\,\mathrm{d}t,$$

而

$$\int_0^{\frac{\pi}{2}}\ln\tan t\,\mathrm{d}t = \int_0^{\frac{\pi}{4}}\ln\tan t\,\mathrm{d}t + \int_{\frac{\pi}{4}}^{\frac{\pi}{2}}\ln\tan t\,\mathrm{d}t = \int_0^1 \frac{\ln u}{1+u^2}\mathrm{d}u + \int_1^{+\infty} \frac{\ln u}{1+u^2}\mathrm{d}u。$$

对第二个积分，令 $u = \dfrac{1}{v}$，则

$$\int_1^{+\infty} \frac{\ln u}{1+u^2}\mathrm{d}u = \int_1^0 \frac{\ln v}{1+v^2}\mathrm{d}v = -\int_0^1 \frac{\ln u}{1+u^2}\mathrm{d}u,$$

即

$$\int_0^{\frac{\pi}{2}}\ln\tan t\,\mathrm{d}t = \int_0^1 \frac{\ln u}{1+u^2}\mathrm{d}u - \int_0^1 \frac{\ln u}{1+u^2}\mathrm{d}u = 0,$$

所以

$$\int_0^{+\infty} \frac{\ln x}{x^2 + a^2} \mathrm{d}x = \frac{\pi \ln a}{2a} + 0 = \frac{\pi \ln a}{2a}。$$

【解 4】 令 $x = \dfrac{1}{t}$，则

$$I = \int_0^{+\infty} \frac{\ln x}{x^2 + a^2} \mathrm{d}x = -\int_0^{+\infty} \frac{\ln t}{1 + (at)^2} \mathrm{d}t，$$

令 $at = \dfrac{u}{a}$，则

$$I = -\int_0^{+\infty} \frac{\ln t}{1 + (at)^2} \mathrm{d}t = -\int_0^{+\infty} \frac{\ln u - \ln a^2}{a^2 + u^2} \mathrm{d}u$$

$$= -I + 2\ln a \int_0^{+\infty} \frac{1}{a^2 + u^2} \mathrm{d}t = -I + \frac{\pi \ln a}{a}，$$

所以

$$I = \int_0^{+\infty} \frac{\ln x}{x^2 + a^2} \mathrm{d}x = \frac{\pi \ln a}{2a}。$$

例 14.2（Euler 积分） 计算积分 $\displaystyle\int_0^{\frac{\pi}{2}} \ln \sin x \, \mathrm{d}x$。

【解】
$$\int_0^{\frac{\pi}{2}} \ln \sin x \, \mathrm{d}x = \int_0^{\frac{\pi}{4}} \ln \sin x \, \mathrm{d}x + \int_{\frac{\pi}{4}}^{\frac{\pi}{2}} \ln \sin x \, \mathrm{d}x = \int_0^{\frac{\pi}{4}} \ln \sin x \, \mathrm{d}x + \int_0^{\frac{\pi}{4}} \ln \cos x \, \mathrm{d}x$$

$$= \int_0^{\frac{\pi}{4}} \ln(\sin x \cos x) \, \mathrm{d}x = \int_0^{\frac{\pi}{4}} \ln \left(\frac{1}{2} \sin 2x \right) \mathrm{d}x$$

$$= -\frac{\pi}{4} \ln 2 + \frac{1}{2} \int_0^{\frac{\pi}{2}} \ln \sin x \, \mathrm{d}x，$$

故

$$\int_0^{\frac{\pi}{2}} \ln \sin x \, \mathrm{d}x = -\frac{\pi}{2} \ln 2。$$

例 14.3 计算积分 $\displaystyle\int_0^{\frac{\pi}{2}} \cos 2nx \ln \cos x \, \mathrm{d}x$。

【解】 因为

$$\int_0^{\frac{\pi}{2}} \cos 2nx \ln \cos x \, \mathrm{d}x = \frac{1}{2n} \int_0^{\frac{\pi}{2}} \ln \cos x \, \mathrm{d}\sin 2nx$$

$$= \frac{1}{2n} \sin 2nx \ln \cos x \, \bigg|_0^{\frac{\pi}{2}} - \frac{1}{2n} \int_0^{\frac{\pi}{2}} \frac{\sin 2nx (-\sin x)}{\cos x} \mathrm{d}x$$

$$= \frac{1}{2n} \int_0^{\frac{\pi}{2}} \frac{\sin 2nx \sin x}{\cos x} \mathrm{d}x。$$

由 $\sin 2nx \sin x = \cos 2nx \cos x - \cos(2n+1)x$，则

$$\int_0^{\frac{\pi}{2}} \frac{\sin 2nx \sin x}{\cos x} \mathrm{d}x = \int_0^{\frac{\pi}{2}} \cos 2nx \, \mathrm{d}x + \int_0^{\frac{\pi}{2}} \frac{\cos(2n+1)x}{\cos x} \mathrm{d}x = \int_0^{\frac{\pi}{2}} \frac{\cos(2n+1)x}{\cos x} \mathrm{d}x，$$

令 $x = t - \dfrac{\pi}{2}$，得

$$\int_0^{\frac{\pi}{2}} \frac{\cos(2n+1)x}{\cos x}\mathrm{d}x = (-1)^{n-1}\int_{\frac{\pi}{2}}^{\pi} \frac{\sin(2n+1)t}{\sin t}\mathrm{d}t,$$

而

$$\frac{\sin(2n+1)t}{\sin t} = 1 + 2\sum_{k=1}^{n}\cos 2kt,$$

则

$$\int_{\frac{\pi}{2}}^{\pi} \frac{\sin(2n+1)t}{\sin t}\mathrm{d}t = \int_{\frac{\pi}{2}}^{\pi}\Big(1 + 2\sum_{k=1}^{n}\cos 2kt\Big)\mathrm{d}t = \frac{\pi}{2},$$

从而

$$\int_0^{\frac{\pi}{2}}\cos 2nx\ln\cos x\,\mathrm{d}x = (-1)^{n-1}\frac{\pi}{4n}。$$

例 14.4　计算积分 $\displaystyle\int_0^{+\infty}\frac{\sin x}{x\,\mathrm{e}^x}\mathrm{d}x$。

【解 1】　因为

$$\int_0^{+\infty}\frac{\sin x}{x\,\mathrm{e}^x}\mathrm{d}x = \int_0^1\frac{\sin\ln x}{\ln x}\mathrm{d}x = \int_0^1\mathrm{d}x\int_0^1\cos(y\ln x)\mathrm{d}y = \int_0^1\mathrm{d}y\int_0^1\cos(y\ln x)\mathrm{d}x,$$

由分部积分法得

$$\int_0^1\cos(y\ln x)\mathrm{d}x = x\cos(y\ln x)\Big|_0^1 + \int_0^1 y\sin(y\ln x)\mathrm{d}x = 1 + \int_0^1 y\sin(y\ln x)\mathrm{d}x$$

$$= 1 + xy\sin(y\ln x)\Big|_0^1 - y^2\int_0^1\cos(y\ln x)\mathrm{d}x = 1 - y^2\int_0^1\cos(y\ln x)\mathrm{d}x,$$

从而

$$\int_0^1\cos(y\ln x)\mathrm{d}x = \frac{1}{1+y^2},$$

所以

$$\int_0^{+\infty}\frac{\sin x}{x\,\mathrm{e}^x}\mathrm{d}x = \int_0^1\frac{1}{1+y^2}\mathrm{d}y = \arctan y\Big|_0^1 = \frac{\pi}{4}。$$

【解 2】　设 $f(t)=\dfrac{\sin tx}{x}$，则 $f'(t)=\cos tx$，由 Newton-Leibniz 公式得

$$\int_0^1\cos tx\,\mathrm{d}t = \frac{\sin tx}{x}\Big|_0^1 = \frac{\sin x}{x},$$

因此

$$\int_0^{+\infty}\frac{\sin x}{x\,\mathrm{e}^x}\mathrm{d}x = \int_0^{+\infty}\mathrm{e}^{-x}\mathrm{d}x\int_0^1\cos tx\,\mathrm{d}t = \int_0^1\mathrm{d}y\int_0^{+\infty}\mathrm{e}^{-x}\cos tx\,\mathrm{d}x$$

$$= \int_0^1\mathrm{e}^{-x}\frac{t\sin tx - \cos tx}{1+t^2}\Big|_0^{+\infty}\mathrm{d}t = \int_0^1\frac{1}{1+t^2}\mathrm{d}t = \arctan t\Big|_0^1 = \frac{\pi}{4}。$$

【解 3】　因为

$$\int_0^{+\infty}\frac{\sin x}{x\,\mathrm{e}^x}\mathrm{d}x = \int_0^{+\infty}\mathrm{e}^{-x}\sum_{n=0}^{\infty}\frac{(-1)^n x^{2n}}{(2n+1)!}\mathrm{d}x = \sum_{n=0}^{\infty}\frac{(-1)^n}{(2n+1)!}\int_0^{+\infty}x^{2n}\mathrm{e}^{-x}\mathrm{d}x,$$

而

$$\int_0^{+\infty} x^{2n} \mathrm{e}^{-x} \mathrm{d}x = -\int_0^{+\infty} x^{2n} \mathrm{d}\mathrm{e}^{-x} = -x^{2n} \mathrm{e}^{-x} \Big|_0^{+\infty} + 2n \int_0^{+\infty} x^{2n-1} \mathrm{e}^{-x} \mathrm{d}x$$

$$= 2n \int_0^{+\infty} x^{2n-1} \mathrm{e}^{-x} \mathrm{d}x,$$

由归纳法可得

$$\int_0^{+\infty} x^{2n} \mathrm{e}^{-x} \mathrm{d}x = (2n)! \int_0^{+\infty} \mathrm{e}^{-x} \mathrm{d}x = (2n)!,$$

所以

$$\int_0^{+\infty} \frac{\sin x}{x \mathrm{e}^x} \mathrm{d}x = \sum_{n=0}^{\infty} \frac{(-1)^n}{2n+1} = \frac{\pi}{4}.$$

例 14.5　设 $\mathrm{sh}x \cdot \mathrm{sh}y = 1$，计算积分 $\int_0^{+\infty} y \mathrm{d}x$。

【解 1】　因 $x > 0$，则 $u = \mathrm{sh}x$ 的反函数为 $x = \ln(u + \sqrt{1+u^2})$，由已知 $\mathrm{sh}x \cdot \mathrm{sh}y = 1$，得

$$x = \ln\left(\frac{1}{\mathrm{sh}y} + \sqrt{1 + \left(\frac{1}{\mathrm{sh}y}\right)^2}\right) = \ln\left(\frac{2}{\mathrm{e}^y - \mathrm{e}^{-y}} + \sqrt{1 + \left(\frac{2}{\mathrm{e}^y - \mathrm{e}^{-y}}\right)^2}\right) = \ln\frac{\mathrm{e}^y + 1}{\mathrm{e}^y - 1},$$

则 $\mathrm{d}x = \dfrac{-2\mathrm{e}^y}{\mathrm{e}^{2y} - 1} \mathrm{d}y$，当 $x = 0$ 时，$y \to +\infty$，当 $x \to +\infty$ 时，$y = 0$，因此

$$\int_0^{+\infty} y \mathrm{d}x = \int_0^{+\infty} \frac{2y\mathrm{e}^y}{\mathrm{e}^{2y} - 1} \mathrm{d}y = 2\int_0^{+\infty} y \cdot \frac{\mathrm{e}^{-y}}{1 - \mathrm{e}^{-2y}} \mathrm{d}y = 2\int_0^{+\infty} y \sum_{n=0}^{\infty} \mathrm{e}^{-(2n+1)y} \mathrm{d}y$$

$$= 2\sum_{n=0}^{\infty} \int_0^{+\infty} y \mathrm{e}^{-(2n+1)y} \mathrm{d}y = -2\sum_{n=0}^{\infty} \frac{1}{2n+1} \int_0^{+\infty} y \mathrm{d}\mathrm{e}^{-(2n+1)y}$$

$$= 2\sum_{n=0}^{\infty} \frac{1}{2n+1} \int_0^{+\infty} \mathrm{e}^{-(2n+1)y} \mathrm{d}y = 2\sum_{n=0}^{\infty} \frac{1}{(2n+1)^2} = 2 \times \frac{\pi^2}{8} = \frac{\pi^2}{4}.$$

【解 2】　令 $\mathrm{e}^x = t$，由 $\mathrm{sh}x \cdot \mathrm{sh}y = 1$ 得

$$y = \ln\left(\frac{1}{\mathrm{sh}x} + \sqrt{1 + \left(\frac{1}{\mathrm{sh}x}\right)^2}\right) = \ln\frac{t + 2 + \frac{1}{t}}{t - \frac{1}{t}} = \ln(t+1) - \ln(t-1),$$

则

$$\int_0^{+\infty} y \mathrm{d}x = \int_1^{+\infty} \frac{\ln(t+1) - \ln(t-1)}{t} \mathrm{d}t \xlongequal{t = \frac{1}{u}} \int_0^1 \frac{\ln(1+u) - \ln(1-u)}{u} \mathrm{d}u$$

$$= \int_0^1 \frac{\displaystyle\sum_{n=1}^{\infty}(-1)^{n+1} \frac{u^n}{n} - \sum_{n=1}^{\infty}(-1)^{n+1} \frac{(-u)^n}{n}}{u} \mathrm{d}u = 2\int_0^1 \sum_{n=0}^{\infty} \frac{u^{2n}}{2n+1} \mathrm{d}u$$

$$= 2\sum_{n=0}^{\infty} \frac{1}{(2n+1)^2} = 2 \times \frac{\pi^2}{8} = \frac{\pi^2}{4}.$$

例 14.6（Euler-Poisson 积分）　计算反常积分 $\int_0^{+\infty} \mathrm{e}^{-x^2} \mathrm{d}x$。

【解 1】　记 $I = \int_0^{+\infty} \mathrm{e}^{-x^2} \mathrm{d}x$，因为

$$I^2 = \left(\int_0^{+\infty} \mathrm{e}^{-x^2}\,\mathrm{d}x\right)^2 = \int_0^{+\infty} \mathrm{e}^{-x^2}\,\mathrm{d}x \int_0^{+\infty} \mathrm{e}^{-y^2}\,\mathrm{d}y = \int_0^{+\infty}\int_0^{+\infty} \mathrm{e}^{-x^2-y^2}\,\mathrm{d}x\,\mathrm{d}y$$

$$= \int_0^{\frac{\pi}{2}}\mathrm{d}\theta\int_0^{+\infty} r\,\mathrm{e}^{-r^2}\,\mathrm{d}r = \frac{\pi}{2}\left(-\frac{1}{2}\mathrm{e}^{-r^2}\right)\Big|_0^{+\infty} = \frac{\pi}{4},$$

所以 $\int_0^{+\infty} \mathrm{e}^{-x^2}\,\mathrm{d}x = \dfrac{\sqrt{\pi}}{2}$。

【解 2】 记 $I = \int_0^{+\infty} \mathrm{e}^{-x^2}\,\mathrm{d}x$，因为

$$I^3 = \left(\int_0^{+\infty} \mathrm{e}^{-x^2}\,\mathrm{d}x\right)^3 = \int_0^{+\infty} \mathrm{e}^{-x^2}\,\mathrm{d}x \int_0^{+\infty} \mathrm{e}^{-y^2}\,\mathrm{d}y \int_0^{+\infty} \mathrm{e}^{-z^2}\,\mathrm{d}z$$

$$= \int_0^{+\infty}\int_0^{+\infty}\int_0^{+\infty} \mathrm{e}^{-x^2-y^2-z^2}\,\mathrm{d}x\,\mathrm{d}y\,\mathrm{d}z = \int_0^{\frac{\pi}{2}}\mathrm{d}\theta\int_0^{\frac{\pi}{2}}\sin\varphi\,\mathrm{d}\varphi\int_0^{+\infty} r^2\,\mathrm{e}^{-r^2}\,\mathrm{d}r$$

$$= \frac{\pi}{2}\int_0^{+\infty} r^2\,\mathrm{e}^{-r^2}\,\mathrm{d}r = -\frac{1}{2}\times\frac{\pi}{2}\int_0^{+\infty} r\,\mathrm{de}^{-r^2}$$

$$= -\frac{\pi}{4}\left(r\,\mathrm{e}^{-r^2}\Big|_0^{+\infty} - \int_0^{+\infty} \mathrm{e}^{-r^2}\,\mathrm{d}r\right) = \frac{\pi}{4}\int_0^{+\infty} \mathrm{e}^{-r^2}\,\mathrm{d}r = \frac{\pi}{4}I,$$

因为 $I\neq 0$，所以 $\int_0^{+\infty} \mathrm{e}^{-x^2}\,\mathrm{d}x = \dfrac{\sqrt{\pi}}{2}$。

【解 3】 记 $I = \int_0^{+\infty} \mathrm{e}^{-x^2}\,\mathrm{d}x$，设 $x = ut$，其中 $u > 0$，则

$$I = u\int_0^{+\infty} \mathrm{e}^{-(ut)^2}\,\mathrm{d}t,$$

上式两边同时乘以 e^{-u^2}，并对 u 积分得

$$I^2 = I\cdot\int_0^{+\infty} \mathrm{e}^{-u^2}\,\mathrm{d}u = \int_0^{+\infty} u\,\mathrm{e}^{-u^2}\,\mathrm{d}u\int_0^{+\infty} \mathrm{e}^{-(ut)^2}\,\mathrm{d}t,$$

交换积分次序并积分得

$$I^2 = \int_0^{+\infty}\mathrm{d}t\int_0^{+\infty} u\,\mathrm{e}^{-u^2(1+t^2)}\,\mathrm{d}u = \frac{1}{2}\int_0^{+\infty}\frac{1}{1+t^2}\,\mathrm{d}t = \frac{\pi}{4},$$

所以 $\int_0^{+\infty} \mathrm{e}^{-x^2}\,\mathrm{d}x = \dfrac{\sqrt{\pi}}{2}$。

【解 4】 记 $I = \int_0^{+\infty} \mathrm{e}^{-x^2}\,\mathrm{d}x$，设 $x^2 = t$，由于 $\Gamma\left(\dfrac{1}{2}\right) = \sqrt{\pi}$，则

$$I = \int_0^{+\infty} \mathrm{e}^{-x^2}\,\mathrm{d}x = \frac{1}{2}\int_0^{+\infty} t^{-\frac{1}{2}}\mathrm{e}^{-t}\,\mathrm{d}t = \frac{1}{2}\Gamma\left(\frac{1}{2}\right) = \frac{\sqrt{\pi}}{2}。$$

例 14.7 设 $a > 0, b > 0$，计算反常积分 $\int_0^{+\infty}\dfrac{\mathrm{e}^{-ax^2}-\mathrm{e}^{-bx^2}}{x^2}\,\mathrm{d}x$。

【解 1】 $\int_0^{+\infty}\dfrac{\mathrm{e}^{-ax^2}-\mathrm{e}^{-bx^2}}{x^2}\,\mathrm{d}x = \int_0^{+\infty}\mathrm{d}x\int_a^b \mathrm{e}^{-yx^2}\,\mathrm{d}y = \int_a^b\mathrm{d}y\int_0^{+\infty} \mathrm{e}^{-yx^2}\,\mathrm{d}x$

$$= \frac{1}{2}\int_a^b\sqrt{\frac{\pi}{y}}\,\mathrm{d}y = \sqrt{\pi}\int_a^b\mathrm{d}\sqrt{y} = \sqrt{\pi}(\sqrt{b}-\sqrt{a})。$$

【解2】 $\displaystyle\int_0^{+\infty}\frac{\mathrm{e}^{-ax^2}-\mathrm{e}^{-bx^2}}{x^2}\mathrm{d}x=-\int_0^{+\infty}(\mathrm{e}^{-ax^2}-\mathrm{e}^{-bx^2})\mathrm{d}\Big(\frac{1}{x}\Big)$

$$=\frac{\mathrm{e}^{-bx^2}-\mathrm{e}^{-ax^2}}{x}\Big|_0^{+\infty}+2\int_0^{+\infty}(b\,\mathrm{e}^{-bx^2}-a\,\mathrm{e}^{-ax^2})\mathrm{d}x$$

$$=2\sqrt{b}\int_0^{+\infty}\mathrm{e}^{-(\sqrt{b}\,x)^2}\mathrm{d}(\sqrt{b}\,x)-2\sqrt{a}\int_0^{+\infty}\mathrm{e}^{-(\sqrt{a}\,x)^2}\mathrm{d}(\sqrt{a}\,x)$$

$$=2\sqrt{b}\cdot\frac{\sqrt{\pi}}{2}-2\sqrt{a}\cdot\frac{\sqrt{\pi}}{2}=\sqrt{\pi}(\sqrt{b}-\sqrt{a})\,.$$

【解3】 设 $I(a)=\displaystyle\int_0^{+\infty}\frac{\mathrm{e}^{-ax^2}-\mathrm{e}^{-bx^2}}{x^2}\mathrm{d}x$,则 $I(b)=0$,且

$$I'(a)=-\int_0^{+\infty}\mathrm{e}^{-ax^2}\mathrm{d}x=-\frac{1}{\sqrt{a}}\int_0^{+\infty}\mathrm{e}^{-(\sqrt{a}\,x)^2}\mathrm{d}(\sqrt{a}\,x)=-\frac{\sqrt{\pi}}{2\sqrt{a}},$$

从而

$$I(a)=I(b)+\int_b^a I'(t)\mathrm{d}t=-\frac{\sqrt{\pi}}{2}\int_b^a\frac{1}{\sqrt{t}}\mathrm{d}t=\sqrt{\pi}(\sqrt{b}-\sqrt{a})\,.$$

【解4】 考虑 $b>a>0$ 的情况,若 $a>b>0$ 可以同样处理。

$$\int_0^{+\infty}\frac{\mathrm{e}^{-ax^2}-\mathrm{e}^{-bx^2}}{x^2}\mathrm{d}x=\int_0^{+\infty}\frac{1}{x^2}\mathrm{d}x\int_{ax^2}^{bx^2}\mathrm{e}^{-y}\mathrm{d}y=\int_0^{+\infty}\mathrm{e}^{-y}\mathrm{d}y\int_{\sqrt{\frac{y}{b}}}^{\sqrt{\frac{y}{a}}}\frac{1}{x^2}\mathrm{d}x$$

$$=\int_0^{+\infty}\frac{\sqrt{b}-\sqrt{a}}{\sqrt{y}}\mathrm{e}^{-y}\mathrm{d}y\xupdownarrow{\sqrt{y}=u}2(\sqrt{b}-\sqrt{a})\int_0^{+\infty}\mathrm{e}^{-u^2}\mathrm{d}u$$

$$=\sqrt{\pi}(\sqrt{b}-\sqrt{a})\,.$$

【解5】 由

$$\frac{\mathrm{e}^{-ax^2}-\mathrm{e}^{-bx^2}}{x^2}=\frac{\mathrm{e}^{-bx^2}}{x^2}(\mathrm{e}^{(b-a)x^2}-1)=\sum_{n=1}^{\infty}\frac{1}{n!}\mathrm{e}^{-bx^2}(b-a)^n x^{2n-2}$$

$$=\sum_{n=0}^{\infty}\frac{1}{(n+1)!}\mathrm{e}^{-bx^2}(b-a)^{n+1}x^{2n},$$

则

$$\int_0^{+\infty}\frac{\mathrm{e}^{-ax^2}-\mathrm{e}^{-bx^2}}{x^2}\mathrm{d}x=\sum_{n=0}^{\infty}\frac{(b-a)^{n+1}}{(n+1)!}\int_0^{+\infty}\mathrm{e}^{-bx^2}x^{2n}\mathrm{d}x\,.$$

当 $n=0$ 时,

$$\int_0^{+\infty}\mathrm{e}^{-bx^2}\mathrm{d}x=\frac{1}{\sqrt{b}}\int_0^{+\infty}\mathrm{e}^{-(\sqrt{b}\,x)^2}\mathrm{d}(\sqrt{b}\,x)=\frac{\sqrt{\pi}}{2}\cdot\frac{1}{\sqrt{b}},$$

当 $n=1$ 时,

$$\int_0^{+\infty}\mathrm{e}^{-bx^2}x^2\mathrm{d}x=-\frac{1}{2b}\int_0^{+\infty}x\mathrm{d}(\mathrm{e}^{-bx^2})=-\frac{1}{2b}x\mathrm{e}^{-bx^2}\Big|_0^{+\infty}+\frac{1}{2b}\int_0^{+\infty}\mathrm{e}^{-bx^2}\mathrm{d}x$$

$$=\frac{\sqrt{\pi}}{2}\cdot\frac{1}{2}\cdot\frac{1}{b^{\frac{3}{2}}},$$

依此类推,可得

$$\int_0^{+\infty} e^{-bx^2} x^{2n} dx = \frac{\sqrt{\pi}}{2} \cdot \frac{1}{2} \cdot \frac{3}{2} \cdot \cdots \cdot \frac{2n-1}{2} \cdot \frac{1}{b^{\frac{2n+1}{2}}},$$

所以

$$\int_0^{+\infty} \frac{e^{-ax^2} - e^{-bx^2}}{x^2} dx = -\sqrt{\pi b} \sum_{n=0}^{\infty} \frac{\frac{1}{2}\left(\frac{1}{2}-1\right)\left(\frac{1}{2}-2\right)\cdots\left(\frac{1}{2}-n\right)}{(n+1)!} \left(\frac{a-b}{b}\right)^{n+1}$$

$$= -\sqrt{\pi b}\left(\sqrt{1+\frac{a-b}{b}}-1\right) = \sqrt{\pi}(\sqrt{b}-\sqrt{a})。$$

例 14.8(Dirichlet 积分) 计算反常积分 $\int_0^{+\infty} \frac{\sin x}{x} dx$。

【解 1】 $\int_0^{+\infty} \frac{\sin x}{x} dx = \int_0^{+\infty} \sin x \, dx \int_0^{+\infty} e^{-xy} dy = \int_0^{+\infty} dy \int_0^{+\infty} e^{-xy} \sin x \, dx$

$$= \int_0^{+\infty} \frac{1}{1+y^2} dy = \frac{\pi}{2}。$$

【解 2】 考虑含参积分 $I(\alpha) = \int_0^1 \frac{\sin x}{x} e^{-\alpha x} dx \, (\alpha \geqslant 0)$,则

$$I'(\alpha) = \int_0^1 e^{-\alpha x} \sin x \, dx = -\frac{1}{1+\alpha^2},$$

从而

$$I(\alpha) = \int_\alpha^{+\infty} \frac{1}{1+u^2} du = \frac{\pi}{2} - \arctan\alpha,$$

所以

$$I(0) = \int_0^{+\infty} \frac{\sin x}{x} dx = \frac{\pi}{2}。$$

【解 3】 因为

$$I = \int_0^{+\infty} \frac{\sin x}{x} dx = \sum_{n=0}^{\infty} \int_{\frac{\pi}{2}n}^{\frac{\pi}{2}(n+1)} \frac{\sin x}{x} dx$$

$$= \int_0^{\frac{\pi}{2}} \frac{\sin x}{x} dx + \sum_{m=1}^{\infty} \left(\int_{\frac{(2m-1)\pi}{2}}^{m\pi} \frac{\sin x}{x} dx + \int_{m\pi}^{\frac{(2m+1)\pi}{2}} \frac{\sin x}{x} dx\right),$$

令 $x = m\pi - t$,则

$$\int_{\frac{(2m-1)\pi}{2}}^{m\pi} \frac{\sin x}{x} dx = (-1)^m \int_0^{\frac{\pi}{2}} \frac{\sin t}{t - m\pi} dt,$$

令 $x = m\pi + t$,则

$$\int_{m\pi}^{\frac{(m+1)\pi}{2}} \frac{\sin x}{x} dx = (-1)^m \int_0^{\frac{\pi}{2}} \frac{\sin t}{m\pi + t} dt,$$

从而

$$I = \int_0^{\frac{\pi}{2}} \sin t \left(\frac{1}{t} + \sum_{m=1}^{\infty} (-1)^m \frac{2t}{t^2 - m^2\pi^2}\right) dt。$$

因为 $\dfrac{1}{\sin t}=\dfrac{1}{t}+\displaystyle\sum_{m=1}^{\infty}(-1)^{m}\dfrac{2t}{t^{2}-m^{2}\pi^{2}}$，所以

$$I=\int_{0}^{+\infty}\frac{\sin x}{x}\mathrm{d}x=\int_{0}^{\frac{\pi}{2}}\mathrm{d}t=\frac{\pi}{2}。$$

【解 4】 由恒等式

$$\frac{1}{2}+\cos x+\cos2x+\cdots+\cos nx=\frac{\sin\left(n+\dfrac{1}{2}\right)x}{2\sin\dfrac{1}{2}x}\quad(n=0,1,2,\cdots)$$

得

$$\int_{0}^{\pi}\frac{\sin\left(n+\dfrac{1}{2}\right)x}{2\sin\dfrac{1}{2}x}\mathrm{d}x=\frac{\pi}{2}\quad(n=0,1,2,\cdots),$$

设

$$f(x)=\frac{1}{2\sin\dfrac{x}{2}}-\frac{1}{x}=\frac{x-2\sin\dfrac{x}{2}}{2x\sin\dfrac{x}{2}},$$

由洛必达法则知 $\lim\limits_{x\to0}f(x)=0$，因此 $f(x)$ 在 $[0,\pi]$ 上可积，由黎曼引理知

$$\lim_{n\to\infty}\int_{0}^{\pi}\left(\frac{1}{2\sin\dfrac{x}{2}}-\frac{1}{x}\right)\sin\left(n+\frac{1}{2}\right)x\mathrm{d}x=0,$$

从而

$$\lim_{n\to\infty}\int_{0}^{\pi}\frac{\sin\left(n+\dfrac{1}{2}\right)x}{x}\mathrm{d}x=\lim_{n\to\infty}\int_{0}^{\pi}\frac{\sin\left(n+\dfrac{1}{2}\right)x}{2\sin\dfrac{x}{2}}\mathrm{d}x=\frac{\pi}{2},$$

则

$$\int_{0}^{+\infty}\frac{\sin u}{u}\mathrm{d}u=\lim_{\lambda\to+\infty}\int_{0}^{\lambda\pi}\frac{\sin u}{u}\mathrm{d}u=\lim_{\lambda\to+\infty}\int_{0}^{\pi}\frac{\sin\lambda x}{x}\mathrm{d}x$$

$$\xlongequal{\lambda=n+\frac{1}{2}}\lim_{n\to\infty}\int_{0}^{\pi}\frac{\sin\left(n+\dfrac{1}{2}\right)x}{x}\mathrm{d}x=\frac{\pi}{2}。$$

例 14.9 已知 $\displaystyle\int_{0}^{+\infty}\frac{\sin x}{x}\mathrm{d}x=\frac{\pi}{2}$，计算反常积分 $\displaystyle\int_{0}^{+\infty}\left(\frac{\sin x}{x}\right)^{3}\mathrm{d}x$。

【解】 $\displaystyle\int_{0}^{+\infty}\left(\frac{\sin x}{x}\right)^{3}\mathrm{d}x=\int_{0}^{+\infty}\frac{\sin^{3}x}{x^{3}}\mathrm{d}x=-\frac{1}{2}\int_{0}^{+\infty}\sin^{3}x\,\mathrm{d}\left(\frac{1}{x^{2}}\right)$

$$=-\frac{\sin^{3}x}{2x^{2}}\bigg|_{0}^{+\infty}+\frac{3}{2}\int_{0}^{+\infty}\frac{\sin^{2}x\cos x}{x^{2}}\mathrm{d}x$$

$$=-\frac{3}{2}\int_{0}^{+\infty}\sin^{2}x\cos x\,\mathrm{d}\left(\frac{1}{x}\right)$$

$$= -\frac{3\sin^2 x \cos x}{2x}\Big|_0^{+\infty} + \frac{3}{2}\int_0^{+\infty} \frac{2\sin x \cos^2 x - \sin^3 x}{x}\mathrm{d}x$$

$$= \frac{3}{2}\int_0^{+\infty} \frac{2\sin x - 3\sin^3 x}{r}\mathrm{d}x$$

$$= \frac{3}{2}\int_0^{+\infty} \frac{2\sin x - \dfrac{3}{2}\sin x(1-\cos 2x)}{x}\mathrm{d}x$$

$$= \frac{3}{2}\int_0^{+\infty} \frac{\dfrac{1}{2}\sin x + \dfrac{3}{4}(\sin 3x - \sin x)}{x}\mathrm{d}x$$

$$= \frac{3}{2}\int_0^{+\infty} \frac{\dfrac{3}{4}\sin 3x - \dfrac{1}{4}\sin x}{x}\mathrm{d}x$$

$$= \frac{9}{8}\int_0^{+\infty} \frac{\sin 3x}{3x}\mathrm{d}(3x) - \frac{3}{8}\int_0^{+\infty} \frac{\sin x}{x}\mathrm{d}x$$

$$= \frac{9}{8}\times\frac{\pi}{2} - \frac{3}{8}\times\frac{\pi}{2} = \frac{3\pi}{8}.$$

例 14.10（Froullani 积分） 计算反常积分 $\displaystyle\int_0^{+\infty} \frac{\mathrm{e}^{-ax} - \mathrm{e}^{-bx}}{x}\mathrm{d}x$。

【解 1】 由二重积分交换积分次序,得

$$\int_0^{+\infty} \frac{\mathrm{e}^{-ax} - \mathrm{e}^{-bx}}{x}\mathrm{d}x = \int_0^{+\infty}\mathrm{d}x\int_a^b \mathrm{e}^{-tx}\mathrm{d}t = \int_a^b\mathrm{d}t\int_0^{+\infty}\mathrm{e}^{-tx}\mathrm{d}x = \int_a^b \frac{1}{t}\mathrm{d}t = \ln\frac{b}{a}.$$

【解 2】 记 $F(a) = \displaystyle\int_0^{+\infty} \frac{\mathrm{e}^{-ax} - \mathrm{e}^{-bx}}{x}\mathrm{d}x$,则 $F(b)=0$,且

$$F'(a) = -\int_0^{+\infty}\mathrm{e}^{-ax}\mathrm{d}x = -\frac{1}{a},$$

从而

$$F(a) = F(b) - \int_b^a \frac{1}{t}\mathrm{d}t = \ln\frac{b}{a}.$$

例 14.11（Froullani 积分） 设函数 $f(x)$ 在 $[0,+\infty)$ 上连续,极限 $f(+\infty)$ 存在且有限,实数 $a,b>0$,计算反常积分 $\displaystyle\int_0^{+\infty} \frac{f(ax) - f(bx)}{x}\mathrm{d}x$。

【解】 因为对 $0<r<R<+\infty$,由定积分的换元积分法知

$$\int_r^R \frac{f(ax) - f(bx)}{x}\mathrm{d}x = \int_r^R \frac{f(ax)}{x}\mathrm{d}x - \int_r^R \frac{f(bx)}{x}\mathrm{d}x = \int_{ar}^{aR} \frac{f(x)}{x}\mathrm{d}x - \int_{br}^{bR} \frac{f(x)}{x}\mathrm{d}x$$

$$= \int_{ar}^{br} \frac{f(x)}{x}\mathrm{d}x - \int_{aR}^{bR} \frac{f(x)}{x}\mathrm{d}x.$$

由积分第一中值定理,得

$$\int_{ar}^{br} \frac{f(x)}{x}\mathrm{d}x = f(\xi)\int_{ar}^{br} \frac{1}{x}\mathrm{d}x = f(\xi)\ln\frac{b}{a} \quad (ar \leqslant \xi \leqslant br),$$

$$\int_{aR}^{bR} \frac{f(x)}{x}\mathrm{d}x = f(\eta)\int_{aR}^{bR} \frac{1}{x}\mathrm{d}x = f(\eta)\ln\frac{b}{a} \quad (aR \leqslant \eta \leqslant bR).$$

分别令 $r \to 0^+$ 和 $R \to +\infty$，注意到此时 $\xi \to 0^+$，$\eta \to +\infty$，又由于 $f(0^+) = f(0)$，$f(+\infty)$ 存在且有限，则积分 $\int_0^{+\infty} \dfrac{f(ax) - f(bx)}{x} \mathrm{d}x$ 收敛，且

$$\int_0^{+\infty} \frac{f(ax) - f(bx)}{x} \mathrm{d}x = (f(0) - f(+\infty)) \ln \frac{b}{a}。$$

【注】 (1) 设函数 $f(x)$ 在 $[0, +\infty)$ 上连续，当 $x \to +\infty$ 时，$f(x)$ 没有有限的极限，但对某个 $A > 0$，积分 $\int_A^{+\infty} \dfrac{f(x)}{x} \mathrm{d}x$ 收敛，则

$$\int_0^{+\infty} \frac{f(ax) - f(bx)}{x} \mathrm{d}x = f(0) \ln \frac{b}{a}。$$

(2) 设 $f(x)$ 在 $x = 0$ 点不连续，甚至在 $x = 0$ 点右极限不存在，极限 $f(+\infty)$ 存在且有限，对某个 $A > 0$，积分 $\int_0^{A} \dfrac{f(x)}{x} \mathrm{d}x$ 收敛，则

$$\int_0^{+\infty} \frac{f(ax) - f(bx)}{x} \mathrm{d}x = -f(+\infty) \ln \frac{b}{a}。$$

例 14.12 (1) 设 $f(x)$ 在 $[0, +\infty)$ 上连续，$\int_A^{+\infty} \dfrac{f(z)}{z} \mathrm{d}z (A > 0)$ 收敛，实数 $a, b > 0$，计算反常积分 $\int_0^{+\infty} \dfrac{f(ax) - f(bx)}{x} \mathrm{d}x$。

(2) 设 $D: 1 \leqslant x^2 + y^2 \leqslant 4$，计算 $\lim\limits_{u \to +\infty} \dfrac{1}{2\pi} \int_0^u \mathrm{d}z \iint\limits_D \dfrac{\sin(z\sqrt{x^2 + y^2})}{\sqrt{x^2 + y^2}} \mathrm{d}x \, \mathrm{d}y$。

【解】 (1) 因为 $\int_A^{+\infty} \dfrac{f(z)}{z} \mathrm{d}z$ 存在，由积分第一中值定理得

$$\int_A^{+\infty} \frac{f(ax) - f(bx)}{x} \mathrm{d}x = \int_A^{+\infty} \frac{f(ax)}{x} \mathrm{d}x - \int_A^{+\infty} \frac{f(bx)}{x} \mathrm{d}x = \int_{aA}^{+\infty} \frac{f(z)}{z} \mathrm{d}z - \int_{bA}^{+\infty} \frac{f(z)}{z} \mathrm{d}z$$

$$= \int_{aA}^{bA} \frac{f(z)}{z} \mathrm{d}z = f(\xi) \int_{aA}^{bA} \frac{1}{z} \mathrm{d}z = f(\xi) \ln \frac{b}{a},$$

故

$$\int_0^{+\infty} \frac{f(ax) - f(bx)}{x} \mathrm{d}x = \lim_{A \to 0^+} \int_A^{+\infty} \frac{f(ax) - f(bx)}{x} \mathrm{d}x = f(0) \ln \frac{b}{a}。$$

(2) 因为

$$\frac{1}{2\pi} \iint\limits_D \frac{\sin(z\sqrt{x^2 + y^2})}{\sqrt{x^2 + y^2}} \mathrm{d}x \, \mathrm{d}y = \frac{1}{2\pi} \int_0^{2\pi} \mathrm{d}\theta \int_1^2 \frac{\sin(zr)}{r} \cdot r \, \mathrm{d}r = \frac{\cos z - \cos 2z}{z},$$

所以

$$\lim_{u \to +\infty} \frac{1}{2\pi} \int_0^u \mathrm{d}z \iint\limits_D \frac{\sin(z\sqrt{x^2 + y^2})}{\sqrt{x^2 + y^2}} \mathrm{d}x \, \mathrm{d}y = \lim_{u \to +\infty} \int_0^u \frac{\cos z - \cos 2z}{z} \mathrm{d}z$$

$$= \int_0^{+\infty} \frac{\cos z - \cos 2z}{z} \mathrm{d}z = \cos 0 \times \ln 2 = \ln 2。$$

例 14.13 设 $b > a > 0$，计算反常积分 $\int_0^{+\infty} \dfrac{\arctan(bx^2) - \arctan(ax^2)}{x} \mathrm{d}x$。

【解 1】 设 $F(t) = \int_0^{+\infty} \dfrac{\arctan(tx^2) - \arctan(ax^2)}{x} \mathrm{d}x$，则 $F(a) = 0$，且

$$F'(t) = \frac{\mathrm{d}}{\mathrm{d}t}\left(\int_0^{+\infty} \frac{\arctan(tx^2) - \arctan(ax^2)}{x} \mathrm{d}x \right) = \int_0^{+\infty} \frac{1}{x} \cdot \frac{x^2}{1 + (tx^2)^2} \mathrm{d}x$$

$$= \frac{1}{2t} \int_0^{+\infty} \frac{1}{1 + (tx^2)^2} \mathrm{d}(tx^2) = \frac{1}{2t} \left[\arctan tx^2 \right]_0^{+\infty} = \frac{\pi}{4t},$$

从而

$$F(b) = F(a) + \int_a^b F'(t)\mathrm{d}t = \frac{\pi}{4} \ln \frac{b}{a}。$$

【解 2】 $\displaystyle \int_0^{+\infty} \frac{\arctan(bx^2) - \arctan(ax^2)}{x} \mathrm{d}x = \frac{1}{2} \int_0^{+\infty} \frac{\arctan(bx^2) - \arctan(ax^2)}{x^2} \mathrm{d}x^2$

$$= \frac{1}{2} \int_0^{+\infty} \frac{\arctan(bt) - \arctan(at)}{t} \mathrm{d}t = \frac{1}{2} \int_0^{+\infty} \frac{1}{t} \mathrm{d}t \int_{at}^{bt} \frac{1}{1 + s^2} \mathrm{d}s$$

$$= \frac{1}{2} \int_0^{+\infty} \frac{1}{1 + s^2} \mathrm{d}s \int_{\frac{s}{b}}^{\frac{s}{a}} \frac{1}{t} \mathrm{d}t = \frac{1}{2} \ln \frac{b}{a} \int_0^{+\infty} \frac{1}{1 + s^2} \mathrm{d}s = \frac{1}{2} \ln \frac{b}{a} \arctan s \Big|_0^{+\infty} = \frac{\pi}{4} \ln \frac{b}{a}。$$

【解 3】 由变量代换和积分第一中值定理，存在 $\xi \in [\sqrt{a}R, \sqrt{b}R]$，$\eta \in [\sqrt{a}r, \sqrt{b}r]$，使得

$$\int_r^R \frac{\arctan(bx^2) - \arctan(ax^2)}{x} \mathrm{d}x = \int_r^R \frac{\arctan(bx^2)}{x} \mathrm{d}x - \int_r^R \frac{\arctan(ax^2)}{x} \mathrm{d}x$$

$$= \int_{\sqrt{b}r}^{\sqrt{b}R} \frac{\arctan(t^2)}{t} \mathrm{d}t - \int_{\sqrt{a}r}^{\sqrt{a}R} \frac{\arctan(t^2)}{t} \mathrm{d}t$$

$$= \int_{\sqrt{a}R}^{\sqrt{b}R} \frac{\arctan(t^2)}{t} \mathrm{d}t - \int_{\sqrt{a}r}^{\sqrt{b}r} \frac{\arctan(t^2)}{t} \mathrm{d}t$$

$$= \arctan \xi^2 \int_{\sqrt{a}R}^{\sqrt{b}R} \frac{1}{t} \mathrm{d}t - \arctan \eta^2 \int_{\sqrt{a}r}^{\sqrt{b}r} \frac{1}{t} \mathrm{d}t$$

$$= \frac{1}{2} (\arctan \xi^2 - \arctan \eta^2) \ln \frac{b}{a},$$

则

$$\int_0^{+\infty} \frac{\arctan(bx^2) - \arctan(ax^2)}{x} \mathrm{d}x = \lim_{r \to 0^+} \lim_{R \to +\infty} \int_r^R \frac{\arctan(bx^2) - \arctan(ax^2)}{x} \mathrm{d}x$$

$$= \lim_{\eta \to 0^+} \lim_{\xi \to +\infty} \frac{1}{2} (\arctan \xi^2 - \arctan \eta^2) \ln \frac{b}{a} = \frac{\pi}{4} \ln \frac{b}{a}。$$

例 14.14（Fresnel 积分） 计算积分 $\displaystyle \int_0^{+\infty} \sin x^2 \mathrm{d}x$ 的值。

【解】 因为 $\displaystyle \int_0^{+\infty} \mathrm{e}^{-u^2} \mathrm{d}u = \frac{\sqrt{\pi}}{2}$，所以

$$\frac{2}{\sqrt{\pi}} \int_0^{+\infty} \mathrm{e}^{-xy^2} \mathrm{d}y = \frac{1}{\sqrt{x}} \cdot \frac{2}{\sqrt{\pi}} \int_0^{+\infty} \mathrm{e}^{-(\sqrt{x}\,y)^2} \mathrm{d}(\sqrt{x}\,y) = \frac{1}{\sqrt{x}},$$

令 $x^2 = t$，则

$$\int_0^{+\infty} \sin x^2 \mathrm{d}x = \frac{1}{2} \int_0^{+\infty} \frac{\sin t}{\sqrt{t}} \mathrm{d}t = \frac{1}{2} \times \frac{2}{\sqrt{\pi}} \int_0^{+\infty} \mathrm{d}t \int_0^{+\infty} \sin t \, \mathrm{e}^{-ty^2} \mathrm{d}y$$

$$= \frac{1}{\sqrt{\pi}} \int_0^{+\infty} \mathrm{d}y \int_0^{+\infty} \sin t \, \mathrm{e}^{-ty^2} \mathrm{d}t \text{。}$$

分部积分得

$$\int_0^{+\infty} \sin t \, \mathrm{e}^{-ty^2} \mathrm{d}t = - \int_0^{+\infty} \mathrm{e}^{-ty^2} \mathrm{d}\cos t = -\left[\mathrm{e}^{-ty^2} \cos t \right]_0^{+\infty} - y^2 \int_0^{+\infty} \cos t \, \mathrm{e}^{-ty^2} \mathrm{d}t$$

$$= 1 - y^2 \int_0^{+\infty} \mathrm{e}^{-ty^2} \mathrm{d}\sin t = 1 - y^2 \left(\left[\mathrm{e}^{-ty^2} \sin t \right]_0^{+\infty} + y^2 \int_0^{+\infty} \mathrm{e}^{-ty^2} \sin t \, \mathrm{d}t \right)$$

$$= 1 - y^4 \int_0^{+\infty} \mathrm{e}^{-ty^2} \sin t \, \mathrm{d}t ,$$

从而

$$\int_0^{+\infty} \mathrm{e}^{-ty^2} \sin t \, \mathrm{d}t = \frac{1}{1+y^4} ,$$

因此

$$\int_0^{+\infty} \sin x^2 \mathrm{d}x = \frac{1}{\sqrt{\pi}} \int_0^{+\infty} \frac{1}{1+y^4} \mathrm{d}y = \frac{1}{\sqrt{\pi}} \int_0^{+\infty} \frac{1}{(y^2 + \sqrt{2}\,y + 1)(y^2 - \sqrt{2}\,y + 1)} \mathrm{d}y$$

$$= \frac{1}{2\sqrt{2}\,\sqrt{\pi}} \int_0^{+\infty} \left(\frac{y+\sqrt{2}}{y^2 + \sqrt{2}\,y + 1} - \frac{y-\sqrt{2}}{y^2 - \sqrt{2}\,y + 1} \right) \mathrm{d}y$$

$$= \frac{1}{2\sqrt{2\pi}} \times \frac{1}{2} \left[\ln \frac{y^2 + \sqrt{2}\,y + 1}{y^2 - \sqrt{2}\,y + 1} \right]_0^{+\infty} + \frac{1}{2\sqrt{2\pi}} \times$$

$$\frac{\sqrt{2}}{2} \int_0^{+\infty} \left(\frac{1}{\left(y + \frac{\sqrt{2}}{2} \right)^2 + \left(\frac{\sqrt{2}}{2} \right)^2} + \frac{1}{\left(y - \frac{\sqrt{2}}{2} \right)^2 + \left(\frac{\sqrt{2}}{2} \right)^2} \right) \mathrm{d}y$$

$$= \frac{1}{2\sqrt{2\pi}} \times \frac{\sqrt{2}}{2} \times \sqrt{2} \left[\arctan(\sqrt{2}\,y + 1) + \arctan(\sqrt{2}\,y - 1) \right]_0^{+\infty}$$

$$= \frac{1}{2\sqrt{2\pi}} \times \pi = \frac{\sqrt{2\pi}}{4} \text{。}$$

或在积分 $\int_0^{+\infty} \dfrac{1}{1+y^4} \mathrm{d}y$ 的计算中,作变量代换 $u = \dfrac{1}{y}$,得

$$\int_0^{+\infty} \frac{1}{1+y^4} \mathrm{d}y = \int_0^{+\infty} \frac{u^2}{1+u^4} \mathrm{d}u ,$$

则

$$\int_0^{+\infty} \frac{1}{1+y^4} \mathrm{d}y = \frac{1}{2} \int_0^{+\infty} \frac{1+y^2}{1+y^4} \mathrm{d}y = \frac{1}{2} \int_0^{+\infty} \frac{1}{\left(y - \frac{1}{y} \right)^2 + 2} \mathrm{d}\left(y - \frac{1}{y} \right) = \frac{\pi}{2\sqrt{2}} ,$$

从而

$$\int_0^{+\infty} \sin x^2 \mathrm{d}x = \frac{\sqrt{2\pi}}{4} \text{。}$$

例 14. 15　求函数 $y = 2\mathrm{e}^{-x} \sin x \, (x \geqslant 0)$ 与 x 轴所围图形的面积。

【解】　所求面积为

$$S = \int_0^{+\infty} | 2e^{-x} \sin x | \, dx = 2 \sum_{n=0}^{\infty} \int_{n\pi}^{(n+1)\pi} e^{-x} | \sin x | \, dx$$

$$= 2 \sum_{n=0}^{\infty} \int_{n\pi}^{(n+1)\pi} e^{-x} (-1)^n \sin x \, dx = 2 \sum_{n=0}^{\infty} (-1)^n \int_{n\pi}^{(n+1)\pi} e^{-x} \sin x \, dx$$

$$= \sum_{n=0}^{\infty} (-1)^{n+1} [e^{-(n+1)\pi} \cos(n+1)\pi - e^{-n\pi} \cos n\pi]$$

$$= \sum_{n=1}^{\infty} (-1)^n e^{-n\pi} \cos n\pi - \sum_{n=1}^{\infty} (-1)^{n+1} e^{-n\pi} \cos n\pi + 1$$

$$= 2 \sum_{n=1}^{\infty} (-1)^n e^{-n\pi} \cos n\pi + 1 = 2 \sum_{n=1}^{\infty} e^{-n\pi} + 1 = \frac{e^\pi + 1}{e^\pi - 1}.$$

例 14.16 (1) 记 $I_{m,n} = \int_0^1 x^m (\ln x)^n \, dx$，其中 m, n 为正整数，证明 $I_{m,n} = (-1)^n \dfrac{n!}{(m+1)^{n+1}}$；

(2) 证明 $\int_0^1 x^{-x} \, dx = \sum_{n=1}^{\infty} \dfrac{1}{n^n}$。

【解】 (1) 因为

$$I_{m,n} = \frac{1}{m+1} \int_0^1 (\ln x)^n \, dx^{m+1} = \frac{x^{m+1}}{m+1} (\ln x)^n \Big|_0^1 - \frac{n}{m+1} \int_0^1 x^m (\ln x)^{n-1} \, dx$$

$$= -\frac{n}{m+1} \int_0^1 x^m (\ln x)^{n-1} \, dx = -\frac{n}{m+1} I_{m,n-1},$$

所以

$$I_{m,n} = \left(-\frac{n}{m+1} \right) \left(-\frac{n-1}{m+1} \right) \cdots \left(-\frac{1}{m+1} \right) I_{m,0}$$

$$= (-1)^n \frac{n!}{(m+1)^n} \int_0^1 x^m \, dx = (-1)^n \frac{n!}{(m+1)^{n+1}}.$$

(2) 因为

$$x^{-x} = e^{-x \ln x} = 1 - x \ln x + \frac{1}{2!} (x \ln x)^2 - \cdots + \frac{(-1)^n}{n!} (x \ln x)^n + \cdots, 0 < x \leqslant 1, \quad (*)$$

而 $f(x) = | x \ln x |$ 在区间 $(0,1]$ 内的最大值为 $f(e^{-1}) = \dfrac{1}{e}$，则

$$\left| (-1)^n \frac{(x \ln x)^n}{n!} \right| \leqslant \frac{1}{n! e^n},$$

且级数 $\sum_{n=0}^{\infty} \dfrac{1}{n! e^n}$ 收敛，所以对式 $(*)$ 在区间 $(0,1]$ 上逐项积分得

$$\int_0^1 x^{-x} \, dx = \sum_{n=0}^{\infty} \frac{(-1)^n}{n!} \int_0^1 (x \ln x)^n \, dx = \sum_{n=0}^{\infty} \frac{(-1)^n}{n!} \frac{(-1)^n n!}{(n+1)^{n+1}}$$

$$= \sum_{n=0}^{\infty} \frac{1}{(n+1)^{n+1}} = \sum_{n=1}^{\infty} \frac{1}{n^n}.$$

例 14.17　设 a,b 为非负实数，反常积分 $\displaystyle\int_0^{+\infty} f\left(ax+\dfrac{b}{x}\right)\mathrm{d}x$ 与 $\displaystyle\int_0^{+\infty} f(\sqrt{t^2+4ab}\,)\mathrm{d}t$ 收敛，证明 $\displaystyle\int_0^{+\infty} f\left(ax+\dfrac{b}{x}\right)\mathrm{d}x = \dfrac{1}{a}\int_0^{+\infty} f(\sqrt{t^2+4ab}\,)\mathrm{d}t$。

【证】　由于 a,b,x,t 均为非负实数，令 $ax+\dfrac{b}{x}=\sqrt{t^2+4ab}$，则 $\left(ax+\dfrac{b}{x}\right)^2=t^2+4ab$，

所以 $\left(ax-\dfrac{b}{x}\right)^2=t^2$，即 $ax-\dfrac{b}{x}=t$，从而 $x=\dfrac{1}{2a}(t+\sqrt{t^2+4ab}\,)$，$\mathrm{d}x=\dfrac{t+\sqrt{t^2+4ab}}{2a\sqrt{t^2+4ab}}\mathrm{d}t$，则

$$I=\int_0^{+\infty} f\left(ax+\frac{b}{x}\right)\mathrm{d}x=\frac{1}{2a}\int_{-\infty}^{+\infty} f(\sqrt{t^2+4ab}\,)\,\frac{t+\sqrt{t^2+4ab}}{\sqrt{t^2+4ab}}\mathrm{d}t$$

$$=\frac{1}{2a}\int_{-\infty}^0 f(\sqrt{t^2+4ab}\,)\,\frac{t+\sqrt{t^2+4ab}}{\sqrt{t^2+4ab}}\mathrm{d}t+\frac{1}{2a}\int_0^{+\infty} f(\sqrt{t^2+4ab}\,)\,\frac{t+\sqrt{t^2+4ab}}{\sqrt{t^2+4ab}}\mathrm{d}t,$$

对第一个积分，令 $t=-u$，则

$$\int_{-\infty}^0 f(\sqrt{t^2+4ab}\,)\,\frac{t+\sqrt{t^2+4ab}}{\sqrt{t^2+4ab}}\mathrm{d}t=\int_0^{+\infty} f(\sqrt{u^2+4ab}\,)\,\frac{\sqrt{u^2+4ab}-u}{\sqrt{u^2+4ab}}\mathrm{d}u,$$

故

$$I=\frac{1}{2a}\int_0^{+\infty} f(\sqrt{t^2+4ab}\,)\left(\frac{t+\sqrt{t^2+4ab}}{\sqrt{t^2+4ab}}+\frac{\sqrt{t^2+4ab}-t}{\sqrt{t^2+4ab}}\right)\mathrm{d}t$$

$$=\frac{1}{a}\int_0^{+\infty} f(\sqrt{t^2+4ab}\,)\mathrm{d}t。$$

从而

$$\int_0^{+\infty} f\left(ax+\frac{b}{x}\right)\mathrm{d}x=\frac{1}{a}\int_0^{+\infty} f(\sqrt{t^2+4ab}\,)\mathrm{d}t。$$

例 14.18　设 $p(x)=2+4x+3x^2+5x^3+3x^4+4x^5+2x^6$，记 $I_k=\displaystyle\int_0^{+\infty}\dfrac{x^k}{p(x)}\mathrm{d}x\,(0<k<5)$，问 k 为何值时，积分 I_k 的值最小？

【解 1】　当 $0<k<5$ 时，反常积分 $I_k=\displaystyle\int_0^{+\infty}\dfrac{x^k}{p(x)}\mathrm{d}x$ 收敛。令 $x=\dfrac{1}{t}$，则

$$I_k=\int_0^{+\infty}\frac{x^k}{p(x)}\mathrm{d}x=\int_{+\infty}^0\frac{t^6}{t^k p(t)}\left(-\frac{1}{t^2}\right)\mathrm{d}t=\int_0^{+\infty}\frac{t^{4-k}}{p(t)}\mathrm{d}t=I_{4-k},$$

由算术-几何平均值不等式，得

$$\frac{x^k+x^{4-k}}{2}\geqslant\sqrt{x^k\cdot x^{4-k}}=x^2,$$

则

$$I_k=\frac{1}{2}(I_k+I_{4-k})=\int_0^{+\infty}\frac{x^k+x^{4-k}}{2p(x)}\mathrm{d}x\geqslant\int_0^{+\infty}\frac{x^2}{p(x)}\mathrm{d}x=I_2,$$

因此当 $k=2$ 时，I_k 的值最小。

【解 2】 当 $0 < k < 5$ 时,反常积分 $I_k = \int_0^{+\infty} \frac{x^k}{p(x)} \mathrm{d}x$ 收敛。因为

$$I_k = \int_0^{+\infty} \frac{x^k}{p(x)} \mathrm{d}x = \int_0^1 \frac{x^k}{p(x)} \mathrm{d}x + \int_1^{+\infty} \frac{x^k}{p(x)} \mathrm{d}x,$$

令 $x = \dfrac{1}{t}$,由于 $p(x) = x^6 p\left(\dfrac{1}{x}\right)$,则

$$\int_1^{+\infty} \frac{x^k}{p(x)} \mathrm{d}x = \int_1^0 \frac{\left(\dfrac{1}{x}\right)^k}{p\left(\dfrac{1}{x}\right)} \left(-\frac{1}{x^2}\right) \mathrm{d}x = \int_0^1 \frac{x^{4-k}}{p(x)} \mathrm{d}x,$$

从而

$$I_k = \int_0^1 \frac{x^k}{p(x)} \mathrm{d}x + \int_0^1 \frac{x^{4-k}}{p(x)} \mathrm{d}x = \int_0^1 \frac{x^k + x^{4-k}}{p(x)} \mathrm{d}x \geqslant 2\int_0^1 \frac{x^2}{p(x)} \mathrm{d}x = I_2,$$

所以当 $k = 2$ 时,I_k 的值最小。

【解 3】 将反常积分 $I_k = \int_0^{+\infty} \frac{x^k}{p(x)} \mathrm{d}x$ 看作以 k 为变量的含参积分,则

$$I'_k = \int_0^{+\infty} \frac{x^k \ln x}{p(x)} \mathrm{d}x, \qquad I''_k = \int_0^{+\infty} \frac{x^k \ln^2 x}{p(x)} \mathrm{d}x,$$

当 $x > 0, 0 < k < 5$ 时,$I''_k > 0$,从而 I'_k 单调增加。又

$$I'_k = \int_0^{+\infty} \frac{x^k \ln x}{p(x)} \mathrm{d}x = \int_0^1 \frac{x^k \ln x}{p(x)} \mathrm{d}x + \int_1^{+\infty} \frac{x^k \ln x}{p(x)} \mathrm{d}x,$$

令 $x = \dfrac{1}{t}$,由于 $p(x) = x^6 p\left(\dfrac{1}{x}\right)$,则

$$\int_1^{+\infty} \frac{x^k \ln x}{p(x)} \mathrm{d}x = \int_1^0 \frac{\left(\dfrac{1}{x}\right)^k \ln\left(\dfrac{1}{x}\right)}{p\left(\dfrac{1}{x}\right)} \left(-\frac{1}{x^2}\right) \mathrm{d}x = -\int_0^1 \frac{x^{4-k}}{p(x)} \mathrm{d}x,$$

当 $k = 2$ 时,$I'_k = 0$,从而当 $0 < k < 2$ 时,$I'_k < 0$,当 $k > 2$ 时,$I'_k > 0$,所以当 $k = 2$ 时,I_k 的值最小。

二、反常积分敛散性的判定

例 14.19 讨论下列反常积分的敛散性:

(1) $\int_1^{+\infty} \left(\frac{x}{x^2 + p} - \frac{p}{x + 1}\right) \mathrm{d}x$;

(2) $\int_0^1 |\ln x|^p \mathrm{d}x$;

(3) $\int_0^{+\infty} \frac{\mathrm{d}x}{\sqrt[3]{x^2(x-1)^2}}$;

(4) $\int_0^{+\infty} \frac{\mathrm{d}x}{x^p(1 + x^2)}$。

【解】 (1) 反常积分 $\int_1^{+\infty} \frac{x}{x^2 + p} \mathrm{d}x$ 和 $\int_1^{+\infty} \frac{p}{x + 1} \mathrm{d}x$ 都是发散的,但 $\int_1^{+\infty} \left(\frac{x}{x^2 + p} - \frac{p}{x + 1}\right) \mathrm{d}x$ 不一定发散,将被积函数通分得

$$\frac{x}{x^2+p}-\frac{p}{x+1}=\frac{(1-p)x^2+x-p^2}{(x^2+p)(x+1)},$$

当 $p=1$ 时，由于

$$\lim_{x\to+\infty}x^2\cdot\frac{x-1}{(x^2+1)(x+1)}=1,$$

由 Cauchy 判别法知，原反常积分收敛。当 $p\neq1$ 时，由于

$$\lim_{x\to+\infty}x\cdot\frac{(1-p)x^2+x-p^2}{(x^2+p)(x+1)}=1-p\neq0,$$

由 Cauchy 判别法知，原反常积分发散。

(2) 当 $p=0$ 时为常义积分，当 $p\neq0$ 时为瑕积分。

若 $p>0,x=0$ 为瑕点，由 $\lim\limits_{x\to0^+}x^{\frac{1}{2}}|\ln x|^p=0$ 知 $\int_0^1|\ln x|^p\mathrm{d}x$ 收敛。

若 $p<0$，由于 $\lim\limits_{x\to0^+}|\ln x|^p=0,x=0$ 不是瑕点，而 $\lim\limits_{x\to1^-}|\ln x|^p=+\infty$，则 $x=1$ 为瑕点，由

$$|\ln x|^p=|\ln(1-(1-x))|^p\sim(1-x)^p=\frac{1}{(1-x)^{-p}}(x\to1^-),$$

因此积分 $\int_0^1|\ln x|^p\mathrm{d}x$ 在 $-1<p<0$ 时收敛，而 $p\leqslant1$ 时发散。

(3) 由于 $x=0,1$ 为反常积分的瑕点，将原反常积分记为

$$\int_0^{+\infty}\frac{\mathrm{d}x}{\sqrt[3]{x^2(x-1)^2}}=\int_0^{\frac{1}{2}}\frac{\mathrm{d}x}{\sqrt[3]{x^2(x-1)^2}}+\int_{\frac{1}{2}}^1\frac{\mathrm{d}x}{\sqrt[3]{x^2(x-1)^2}}+$$

$$\int_1^{\frac{3}{2}}\frac{\mathrm{d}x}{\sqrt[3]{x^2(x-1)^2}}+\int_{\frac{3}{2}}^{+\infty}\frac{\mathrm{d}x}{\sqrt[3]{x^2(x-1)^2}},$$

对 $I_1=\int_0^{\frac{1}{2}}\frac{\mathrm{d}x}{\sqrt[3]{x^2(x-1)^2}}$，由于 $\frac{1}{\sqrt[3]{x^2(x-1)^2}}\sim x^{-\frac{2}{3}}(x\to0^+)$，故 I_1 收敛；

对 $I_2=\int_{\frac{1}{2}}^1\frac{\mathrm{d}x}{\sqrt[3]{x^2(x-1)^2}}$ 和 $I_3=\int_1^{\frac{3}{2}}\frac{\mathrm{d}x}{\sqrt[3]{x^2(x-1)^2}}$，由于 $\frac{1}{\sqrt[3]{x^2(x-1)^2}}\sim$

$(x-1)^{-\frac{2}{3}}(x\to1)$，故 I_2 和 I_3 都收敛；

对 $I_4=\int_{\frac{3}{2}}^{+\infty}\frac{\mathrm{d}x}{\sqrt[3]{x^2(x-1)^2}}$，由于 $\frac{1}{\sqrt[3]{x^2(x-1)^2}}\sim x^{-\frac{4}{3}}(x\to+\infty)$，故 I_4 收敛。

因为 I_1,I_2,I_3,I_4 都收敛，所以原反常积分收敛。

(4) 这既是一个无穷限反常积分，又是一个瑕积分，将原反常积分记为

$$\int_0^{+\infty}\frac{\mathrm{d}x}{x^p(1+x^2)}=\int_0^1\frac{\mathrm{d}x}{x^p(1+x^2)}+\int_1^{+\infty}\frac{\mathrm{d}x}{x^p(1+x^2)},$$

对 $I_1=\int_0^1\frac{\mathrm{d}x}{x^p(1+x^2)}$，由 $\lim\limits_{x\to0^+}x^p\cdot\frac{1}{x^p(1+x^2)}=1$ 得当 $p<1$ 时 I_1 收敛，当 $p\geqslant1$ 时 I_1 发散；

对 $I_2=\int_1^{+\infty}\frac{\mathrm{d}x}{x^p(1+x^2)}$，由 $\lim\limits_{x\to+\infty}x^{p+2}\cdot\frac{1}{x^p(1+x^2)}=1$ 和 $p>0$ 知 I_2 收敛。

因此当 $p \geqslant 1$ 时原反常积分发散,当 $0 < p < 1$ 时原反常积分收敛。

例 14.20　设函数 $f(x)$ 在 $[a, +\infty)(a > 1)$ 上内闭可积,且反常积分 $\displaystyle\int_a^{+\infty} x f(x) \mathrm{d}x$ 收敛,证明反常积分 $\displaystyle\int_a^{+\infty} f(x) \mathrm{d}x$ 收敛。

【证】　若 $f(x)$ 在 $[a, +\infty)(a > 1)$ 上非负,取 $A \in (a, +\infty)$,则变上限积分函数 $\displaystyle\int_a^A f(x) \mathrm{d}x$ 和 $\displaystyle\int_a^A x f(x) \mathrm{d}x$ 都是关于 A 的单调增加的函数,且

$$0 \leqslant \int_a^A f(x) \mathrm{d}x \leqslant \int_a^A x f(x) \mathrm{d}x,$$

由于 $\displaystyle\int_a^{+\infty} x f(x) \mathrm{d}x$ 收敛,则极限 $\displaystyle\lim_{A \to +\infty} \int_a^A x f(x) \mathrm{d}x$ 存在,从而反常积分 $\displaystyle\int_a^{+\infty} f(x) \mathrm{d}x$ 收敛。

类似地,可证明函数 $f(x)$ 在 $[a, +\infty)(a > 1)$ 上非正的情形。

若 $f(x)$ 在 $[a, +\infty)(a > 1)$ 上为变号函数,由于反常积分 $\displaystyle\int_a^{+\infty} x f(x) \mathrm{d}x$ 收敛,由 Cauchy 准则知,对 $\forall \varepsilon > 0$,$\exists X > a$,当 $X < A < A'$ 时,有 $\left| \displaystyle\int_A^{A'} x f(x) \mathrm{d}x \right| < A\varepsilon$。由于 $\dfrac{1}{x}$ 单调且非负,由积分第二中值定理,存在 $\xi \in (A, A')$,使得

$$\left| \int_A^{A'} f(x) \mathrm{d}x \right| = \left| \int_A^{A'} x f(x) \cdot \frac{1}{x} \mathrm{d}x \right| = \left| \frac{1}{A} \int_A^{\xi} x f(x) \mathrm{d}x \right| < \varepsilon,$$

再由 Cauchy 准则知反常积分 $\displaystyle\int_a^{+\infty} f(x) \mathrm{d}x$ 收敛。

例 14.21　设函数 $f(x)$ 在 $(a, +\infty)$ 内可微且单调减少,$\displaystyle\lim_{x \to +\infty} f(x) = 0$,反常积分 $\displaystyle\int_a^{+\infty} f(x) \mathrm{d}x$ 收敛,证明反常积分 $\displaystyle\int_a^{+\infty} x f'(x) \mathrm{d}x$ 收敛。

【证】　由分部积分得

$$\int_a^{+\infty} x f'(x) \mathrm{d}x = \int_a^{+\infty} x \mathrm{d}f(x) = x f(x) \Big|_a^{+\infty} - \int_a^{+\infty} f(x) \mathrm{d}x。$$

因为 $\displaystyle\int_a^{+\infty} f(x) \mathrm{d}x$ 收敛,由 Cauchy 准则知,$\forall \varepsilon > 0$,$\exists X > 0$,当 $x > X$ 时,有

$$\int_{\frac{x}{2}}^x f(t) \mathrm{d}t < \frac{\varepsilon}{2},$$

而 $f(x)$ 在 $(a, +\infty)$ 内单调减少,则对任意 $\dfrac{x}{2} \leqslant t \leqslant x$,有 $f(t) \geqslant f(x)$,从而

$$0 \leqslant x f(x) = 2 f(x) \int_{\frac{x}{2}}^x \mathrm{d}t \leqslant 2 \int_{\frac{x}{2}}^x f(t) \mathrm{d}t < \varepsilon,$$

所以 $\displaystyle\lim_{x \to +\infty} x f(x) = 0$,又已知反常积分 $\displaystyle\int_a^{+\infty} f(x) \mathrm{d}x$ 收敛,从而反常积分 $\displaystyle\int_a^{+\infty} x f'(x) \mathrm{d}x$ 收敛。

例 14.22　设函数 $f(x)$ 在 $[1, +\infty)$ 上连续且恒大于零,$\displaystyle\lim_{x \to +\infty} \frac{\ln f(x)}{\ln x} = -\lambda$,证明当 $\lambda > 1$ 时,反常积分 $\displaystyle\int_1^{+\infty} f(x) \mathrm{d}x$ 收敛。

【证】 因为 $\lim\limits_{x \to +\infty} \dfrac{\ln f(x)}{\ln x} = -\lambda$ 且 $\lambda > 1$，对 $\forall\, 0 < \varepsilon < \lambda - 1$，$\exists\, X > 1$，当 $x > X$ 时，有

$$\frac{\ln f(x)}{\ln x} < -\lambda + \varepsilon,$$

即

$$\ln f(x) < (-\lambda + \varepsilon)\ln x = \ln x^{-\lambda + \varepsilon},$$

所以

$$0 < f(x) < x^{-\lambda + \varepsilon} = \frac{1}{x^{\lambda - \varepsilon}}\ (x > X),$$

由于 $\lambda - \varepsilon > 1$，则 $\displaystyle\int_1^{+\infty} \frac{1}{x^{\lambda - \varepsilon}}\mathrm{d}x$ 收敛，由比较判别法知，反常积分 $\displaystyle\int_1^{+\infty} f(x)\mathrm{d}x$ 在 $\lambda > 1$ 时收敛。

例 14.23 证明反常积分 $\displaystyle\int_0^1 \left(x\sin\frac{1}{x^2} - \frac{1}{x}\cos\frac{1}{x^2}\right)\mathrm{d}x$ 收敛。

【证 1】 因为

$$\int_0^1 \left(x\sin\frac{1}{x^2} - \frac{1}{x}\cos\frac{1}{x^2}\right)\mathrm{d}x = \frac{1}{2}x^2\sin\frac{1}{x^2}\,\bigg|_{0^+}^1 = \frac{1}{2}\sin 1,$$

所以反常积分 $\displaystyle\int_0^1 \left(x\sin\frac{1}{x^2} - \frac{1}{x}\cos\frac{1}{x^2}\right)\mathrm{d}x$ 收敛。

【证 2】 因为 $\lim\limits_{x \to 0^+} x\sin\dfrac{1}{x^2} = 0$，所以 $\displaystyle\int_0^1 x\sin\frac{1}{x^2}\mathrm{d}x$ 为常义积分，将函数 $x\sin\dfrac{1}{x^2}$ 在 $x = 0$ 处补充定义 0，则 $x\sin\dfrac{1}{x^2}$ 在 $[0,1]$ 上连续，积分 $\displaystyle\int_0^1 x\sin\frac{1}{x^2}\mathrm{d}x$ 存在。又

$$\int_0^1 \frac{1}{x^2}\cos\frac{1}{x^2}\mathrm{d}x = -\int_0^1 \cos\frac{1}{x^2}\mathrm{d}\left(\frac{1}{x}\right) \xlongequal{u = \frac{1}{x}} \int_1^{+\infty} \cos u^2\,\mathrm{d}u$$

$$\xlongequal{u = \sqrt{t}} \int_1^{+\infty} \cos t\,\mathrm{d}\sqrt{t} = \frac{1}{2}\int_1^{+\infty} \frac{\cos t}{\sqrt{t}}\mathrm{d}t,$$

对 $\forall\, A > 1$，$\left|\displaystyle\int_1^A \cos t\,\mathrm{d}t\right| \leqslant 2$，且 $\dfrac{1}{\sqrt{t}}$ 单调减少趋于零，由 Dirichlet 判别法知，此积分收敛。而

$$\int_0^1 \frac{1}{x}\cos\frac{1}{x^2}\mathrm{d}x = \int_0^1 x\cdot\frac{1}{x^2}\cos\frac{1}{x^2}\mathrm{d}x,$$

由于 $\displaystyle\int_0^1 \frac{1}{x^2}\cos\frac{1}{x^2}\mathrm{d}x$ 收敛，因子 x 在 $[0,1]$ 上单调有界，由 Abel 判别法知，此积分收敛，从而反常积分 $\displaystyle\int_0^1 \left(x\sin\frac{1}{x^2} - \frac{1}{x}\cos\frac{1}{x^2}\right)\mathrm{d}x$ 收敛。

例 14.24 设 $p > 0$，讨论反常积分 $\displaystyle\int_0^{+\infty} \frac{\sin x}{x^p}\mathrm{d}x$ 的敛散性，如果该反常积分收敛，判断

是绝对收敛还是条件收敛？

【解】　当 $0 < p \leqslant 1$ 时，由 $0 \leqslant \lim\limits_{x \to 0^+} \dfrac{\sin x}{x^p} \leqslant 1$ 知 $x = 0$ 不是瑕点。

对每个有限的 $A > 0$，$\left| \int_0^A \sin x \, dx \right| \leqslant 2$，又 $\dfrac{1}{x^p}$ 在 $[0, +\infty)$ 上单调减少，$\lim\limits_{x \to +\infty} \dfrac{1}{x^p} = 0$，由 Dirichlet 判别法知反常积分 $\int_0^{+\infty} \dfrac{\sin x}{x^p} dx$ 收敛。而

$$\frac{|\sin x|}{x^p} \geqslant \frac{\sin^2 x}{x^p} = \frac{1}{2}\left(\frac{1}{x^p} - \frac{\cos 2x}{x^p}\right),$$

由于 $\int_1^{+\infty} \dfrac{1}{x^p} dx$ 发散，$\int_1^{+\infty} \dfrac{\cos 2x}{x^p} dx$ 收敛，因此 $\int_1^{+\infty} \dfrac{|\sin x|}{x^p} dx$ 发散，从而 $\int_0^{+\infty} \dfrac{|\sin x|}{x^p} dx$ 发散，因此当 $0 < p \leqslant 1$ 时，$\int_0^{+\infty} \dfrac{\sin x}{x^p} dx$ 条件收敛。

当 $p > 1$ 时，$x = 0$ 是瑕点，将积分分解为

$$\int_0^{+\infty} \frac{\sin x}{x^p} dx = \int_0^1 \frac{\sin x}{x^p} dx + \int_1^{+\infty} \frac{\sin x}{x^p} dx,$$

对于 $\int_1^{+\infty} \dfrac{\sin x}{x^p} dx$，由 $\dfrac{|\sin x|}{x^p} \leqslant \dfrac{1}{x^p}$ 和 $\int_1^{+\infty} \dfrac{1}{x^p} dx$ 收敛知，$\int_1^{+\infty} \dfrac{\sin x}{x^p} dx$ 绝对收敛；

对于 $\int_0^1 \dfrac{\sin x}{x^p} dx$，由于 $\dfrac{\sin x}{x^p} \sim x^{1-p} \ (x \to 0^+)$，而 $\int_0^1 x^{1-p} dx$ 在 $1 < p < 2$ 时收敛，在 $p \geqslant 2$ 时发散，则 $\int_0^1 \dfrac{\sin x}{x^p} dx$ 在 $1 < p < 2$ 时绝对收敛，在 $p \geqslant 2$ 时发散。

因此 $\int_0^{+\infty} \dfrac{\sin x}{x^p} dx$ 在 $0 < p \leqslant 1$ 时条件收敛，在 $1 < p < 2$ 时绝对收敛，在 $p \geqslant 2$ 时发散。

例 14.25　设 $p > 0$，证明反常积分 $\int_0^{+\infty} \dfrac{\sin x}{x^p + \sin x} dx$ 在 $0 < p \leqslant \dfrac{1}{2}$ 时发散，在 $\dfrac{1}{2} < p \leqslant 1$ 时条件收敛，在 $p > 2$ 时绝对收敛。

【解】　由于被积函数 $\dfrac{\sin x}{x^p + \sin x}$ 在 $x = 0$ 点右侧有界，故 $x = 0$ 不是瑕点。下面只讨论反常积分 $\int_1^{+\infty} \dfrac{\sin x}{x^p + \sin x} dx$ 的敛散性。由于

$$\frac{\sin x}{x^p + \sin x} = \frac{\sin x}{x^p} - \frac{\sin^2 x}{x^p(x^p + \sin x)},$$

反常积分 $\int_1^{+\infty} \dfrac{\sin x}{x^p} dx$ 在 $0 < p \leqslant 1$ 时条件收敛，在 $p > 1$ 时绝对收敛。

对于反常积分 $\int_1^{+\infty} \dfrac{\sin^2 x}{x^p(x^p + \sin x)} dx$，当 $0 < p \leqslant \dfrac{1}{2}$ 时，由

$$\frac{\sin^2 x}{x^p(x^p + \sin x)} \geqslant \frac{\sin^2 x}{x^p(x^p + 1)},$$

且 $\int_1^{+\infty} \dfrac{\sin^2 x}{x^p(x^p+1)}\mathrm{d}x$ 发散，从而反常积分 $\int_1^{+\infty}\dfrac{\sin^2 x}{x^p(x^p+\sin x)}\mathrm{d}x$ 发散。当 $p>\dfrac{1}{2}$ 时，由

$$\frac{\sin^2 x}{x^p(x^p+\sin x)} \leqslant \frac{1}{x^p(x^p-1)} \sim \frac{1}{x^{2p}} \quad (x\to+\infty),$$

且 $\int_1^{+\infty}\dfrac{1}{x^{2p}}\mathrm{d}x$ 收敛，从而反常积分 $\int_1^{+\infty}\dfrac{\sin^2 x}{x^p(x^p+\sin x)}\mathrm{d}x$ 绝对收敛。

因此反常积分 $\int_0^{+\infty}\dfrac{\sin x}{x^p+\sin x}\mathrm{d}x$ 在 $0<p\leqslant\dfrac{1}{2}$ 时发散，在 $\dfrac{1}{2}<p\leqslant 1$ 时条件收敛，在 $p>2$ 时绝对收敛。

例 14.26　讨论当正实数 a,b 满足什么条件时，积分 $\int_b^{+\infty}(\sqrt{\sqrt{x+a}-\sqrt{x}}-\sqrt{\sqrt{x}-\sqrt{x-b}})\mathrm{d}x$ 收敛？

【解1】　当 $x\geqslant b$ 时，被积函数有定义且连续，故反常积分只需要讨论 ∞ 处的收敛性。因为

$$\sqrt{\sqrt{x+a}-\sqrt{x}}=\frac{\sqrt{a}}{\sqrt{\sqrt{x+a}+\sqrt{x}}}, \quad \sqrt{\sqrt{x}-\sqrt{x-b}}=\frac{\sqrt{b}}{\sqrt{\sqrt{x}+\sqrt{x-b}}},$$

所以

$$\sqrt{\sqrt{x+a}-\sqrt{x}}-\sqrt{\sqrt{x}-\sqrt{x-b}}=\frac{1}{\sqrt[4]{x}}\left(\frac{\sqrt{a}}{\sqrt{\sqrt{1+\dfrac{a}{x}}+1}}-\frac{\sqrt{b}}{\sqrt{1+\sqrt{1-\dfrac{b}{x}}}}\right).$$

如果 $a\neq b$，则

$$\lim_{x\to\infty}\left(\frac{\sqrt{a}}{\sqrt{\sqrt{1+\dfrac{a}{x}}+1}}-\frac{\sqrt{b}}{\sqrt{1+\sqrt{1-\dfrac{b}{x}}}}\right)=\frac{1}{\sqrt{2}}(\sqrt{a}-\sqrt{b})\neq 0,$$

而反常积分 $\int_1^{+\infty}\dfrac{1}{\sqrt[4]{x}}\mathrm{d}x$ 发散，从而原反常积分发散。

如果 $a=b$，则被积函数为

$$\frac{\sqrt{a}}{\sqrt[4]{x}}\left(\frac{1}{\sqrt{\sqrt{1+\dfrac{a}{x}}+1}}-\frac{1}{\sqrt{1+\sqrt{1-\dfrac{a}{x}}}}\right)$$

$$=\frac{\sqrt{a}}{\sqrt[4]{x}}\frac{1}{\sqrt{\sqrt{1+\dfrac{a}{x}}+1}\cdot\sqrt{1+\sqrt{1-\dfrac{a}{x}}}}\left(\sqrt{1+\sqrt{1-\dfrac{a}{x}}}-\sqrt{\sqrt{1+\dfrac{a}{x}}+1}\right)$$

$$=\frac{\sqrt{a}}{\sqrt[4]{x}}\frac{1}{\sqrt{\sqrt{1+\dfrac{a}{x}}+1}\cdot\sqrt{1+\sqrt{1-\dfrac{a}{x}}}}\cdot\frac{\left(1+\sqrt{1-\dfrac{a}{x}}\right)-\left(\sqrt{1+\dfrac{a}{x}}+1\right)}{\sqrt{1+\sqrt{1-\dfrac{a}{x}}}+\sqrt{\sqrt{1+\dfrac{a}{x}}+1}}$$

$$= \frac{\sqrt{a}}{\sqrt[4]{x}} \frac{1}{\sqrt{\sqrt{1+\frac{a}{x}}+1} \cdot \sqrt{1+\sqrt{1-\frac{a}{x}}}} \cdot \frac{\sqrt{1-\frac{a}{x}}-\sqrt{1+\frac{a}{x}}}{\sqrt{1+\sqrt{1-\frac{a}{x}}}+\sqrt{\sqrt{1+\frac{a}{x}}+1}}$$

$$= \frac{\sqrt{a}}{\sqrt[4]{x}} \frac{1}{\sqrt{\sqrt{1+\frac{a}{x}}+1} \cdot \sqrt{1+\sqrt{1-\frac{a}{x}}}} \cdot \frac{1}{\sqrt{1+\sqrt{1-\frac{a}{x}}}+\sqrt{\sqrt{1+\frac{a}{x}}+1}} \cdot$$

$$\frac{\left(1-\frac{a}{x}\right)-\left(1+\frac{a}{x}\right)}{\sqrt{1-\frac{a}{x}}+\sqrt{1+\frac{a}{x}}}$$

$$= -\frac{2a\sqrt{a}}{x\sqrt[4]{x}} \frac{1}{\sqrt{\sqrt{1+\frac{a}{x}}+1} \cdot \sqrt{1+\sqrt{1-\frac{a}{x}}}} \cdot \frac{1}{\sqrt{1+\sqrt{1-\frac{a}{x}}}+\sqrt{\sqrt{1+\frac{a}{x}}+1}} \cdot$$

$$\frac{1}{\sqrt{1-\frac{a}{x}}+\sqrt{1+\frac{a}{x}}},$$

而

$$\lim_{x \to \infty} \left(\frac{1}{\sqrt{\sqrt{1+\frac{a}{x}}+1} \cdot \sqrt{1+\sqrt{1-\frac{a}{x}}}} \cdot \frac{1}{\sqrt{1+\sqrt{1-\frac{a}{x}}}+\sqrt{\sqrt{1+\frac{a}{x}}+1}} \cdot \right.$$

$$\left. \frac{1}{\sqrt{1-\frac{a}{x}}+\sqrt{1+\frac{a}{x}}} \right) = \frac{\sqrt{2}}{16},$$

且反常积分 $\int_{1}^{+\infty} \frac{1}{x\sqrt[4]{x}} \mathrm{d}x$ 收敛，从而原反常积分收敛。

【解 2】　由 Lagrange 中值定理知

$$\sqrt{x+a}-\sqrt{x}=\frac{a}{2\sqrt{x+h}}, \sqrt{x}-\sqrt{x-b}=\frac{b}{2\sqrt{x-k}}, 其中 0<h<a, 0<k<b,$$

则

$$\sqrt{\sqrt{x+a}-\sqrt{x}}-\sqrt{\sqrt{x}-\sqrt{x-b}}$$

$$= \frac{\sqrt{a}}{\sqrt{2}(x+h)^{\frac{1}{4}}} - \frac{\sqrt{b}}{\sqrt{2}(x-k)^{\frac{1}{4}}}$$

$$= \frac{(x-k)^{\frac{1}{4}}\sqrt{a}-(x+h)^{\frac{1}{4}}\sqrt{b}}{\sqrt{2}(x+h)^{\frac{1}{4}}(x-k)^{\frac{1}{4}}} = \frac{a(x-k)^{\frac{1}{2}}-b(x+h)^{\frac{1}{2}}}{\sqrt{2}(x+h)^{\frac{1}{4}}(x-k)^{\frac{1}{4}}((x-k)^{\frac{1}{4}}\sqrt{a}+(x+h)^{\frac{1}{4}}\sqrt{b})}$$

$$= \frac{a^2(x-k)-b^2(x+h)}{\sqrt{2}(x+h)^{\frac{1}{4}}(x-k)^{\frac{1}{4}}((x-k)^{\frac{1}{4}}\sqrt{a}+(x+h)^{\frac{1}{4}}\sqrt{b}))(a(x-k)^{\frac{1}{2}}+b(x+h)^{\frac{1}{2}})}$$

$$= \frac{(a^2 - b^2)x - (ka^2 + hb^2)}{\sqrt{2}(x+h)^{\frac{1}{4}}(x-k)^{\frac{1}{4}}((x-k)^{\frac{1}{4}}\sqrt{a} + (x+h)^{\frac{1}{4}}\sqrt{b}))(a(x-k)^{\frac{1}{2}} + b(x+h)^{\frac{1}{2}})} \text{。}$$

当 $a \neq b$ 时,由反常积分 $\int_1^{+\infty} \frac{1}{\sqrt[4]{x}}\mathrm{d}x$ 发散,从而原反常积分发散。

当 $a = b$ 时,由反常积分 $\int_1^{+\infty} \frac{1}{x\sqrt[4]{x}}\mathrm{d}x$ 收敛,从而原反常积分收敛。

【解 3】 由 Taylor 公式知

$$\sqrt{\sqrt{x+a} - \sqrt{x}} - \sqrt{\sqrt{x} - \sqrt{x-b}}$$

$$= x^{\frac{1}{4}}\left(\sqrt{\left(1 + \frac{a}{x}\right)^{\frac{1}{2}} - 1} - \sqrt{1 - \left(1 - \frac{b}{x}\right)^{\frac{1}{2}}}\right)$$

$$= x^{\frac{1}{4}}\left(\sqrt{\frac{a}{2x} - \frac{a^2}{8x^2} + o(x^{-3})} - \sqrt{\frac{b}{2x} + \frac{a^2}{8x^2} + o(x^{-3})}\right)$$

$$= x^{-\frac{1}{4}}\left(\sqrt{\frac{a}{2}}\sqrt{1 - \frac{a}{4x} + o(x^{-2})} - \sqrt{\frac{b}{2}}\sqrt{1 + \frac{a}{4x} + o(x^{-2})}\right)$$

$$= x^{-\frac{1}{4}}\left(\sqrt{\frac{a}{2}}\left(1 - \frac{a}{8x} + o(x^{-2})\right) - \sqrt{\frac{b}{2}}\left(1 + \frac{b}{8x} + o(x^{-2})\right)\right)$$

$$= x^{-\frac{1}{4}}\left(\sqrt{\frac{a}{2}} - \sqrt{\frac{b}{2}}\right) - x^{-\frac{5}{4}}\left(\frac{a\sqrt{a} + b\sqrt{b}}{\sqrt{2}}\right) + o(x^{-\frac{5}{4}}) \text{。}$$

当 $a \neq b$ 时,由反常积分 $\int_1^{+\infty} \frac{1}{\sqrt[4]{x}}\mathrm{d}x$ 发散,从而原反常积分发散。

当 $a = b$ 时,由反常积分 $\int_1^{+\infty} \frac{1}{x\sqrt[4]{x}}\mathrm{d}x$ 收敛,从而原反常积分收敛。

三、反常积分与数项级数的关系

例 14.27 (1) 设 $p > 0$ 为常数,证明 $\int_1^{n+1} \frac{1}{x^p}\mathrm{d}x < \sum_{k=1}^{n} \frac{1}{k^p} < 1 + \int_1^n \frac{1}{x^p}\mathrm{d}x$;

(2) 证明当 $p > 1$ 时级数 $\sum_{n=1}^{\infty} \frac{1}{n^p}$ 收敛,当 $p \leq 1$ 时,级数 $\sum_{n=1}^{\infty} \frac{1}{n^p}$ 发散。

【证】 (1) 因为 $f(x) = \frac{1}{x^p}$ 在 $(0, +\infty)$ 内为严格单调减函数,所以

$$\frac{1}{(k+1)^p} = \int_k^{k+1} \frac{1}{(k+1)^p}\mathrm{d}x < \int_k^{k+1} \frac{1}{x^p}\mathrm{d}x < \int_k^{k+1} \frac{1}{k^p}\mathrm{d}x = \frac{1}{k^p},$$

将 $k = 1, 2, \cdots, n-1$ 对应的不等式左端相加,得

$$\sum_{k=2}^{n} \frac{1}{k^p} = \sum_{k=1}^{n-1} \frac{1}{(k+1)^p} < \int_1^n \frac{1}{x^p}\mathrm{d}x \text{。}$$

将 $k = 1, 2, \cdots, n$ 对应的不等式右端相加,得

$$\int_1^{n+1} \frac{1}{x^p}\mathrm{d}x < \sum_{k=1}^{n} \frac{1}{k^p} \text{。}$$

因此

$$\int_1^{n+1} \frac{1}{x^p} \mathrm{d}x < \sum_{k=1}^n \frac{1}{k^p} < 1 + \int_1^n \frac{1}{x^p} \mathrm{d}x。$$

（2）当 $p>1$ 时，因为

$$\sum_{k=1}^n \frac{1}{k^p} < 1 + \int_1^{+\infty} \frac{1}{x^p} \mathrm{d}x = 1 + \frac{1}{p-1} = \frac{p}{p-1},$$

所以级数 $\sum\limits_{n=1}^\infty \dfrac{1}{n^p}$ 收敛。当 $p \leqslant 1$ 时，由于积分 $\int_1^{+\infty} \dfrac{1}{x^p} \mathrm{d}x = +\infty$，故级数 $\sum\limits_{n=1}^\infty \dfrac{1}{n^p}$ 发散。

例 14.28　设函数 $f(x)$ 在 $(0,1)$ 上单调，$x=0$ 和 $x=1$ 为奇点，反常积分 $\int_0^l f(x) \mathrm{d}x$ 收敛，证明 $\lim\limits_{n \to \infty} \dfrac{1}{n} \sum\limits_{k=1}^{n-1} f\left(\dfrac{k}{n}\right) = \int_0^1 f(x) \mathrm{d}x$。

【证】　不妨设 $f(x)$ 在 $(0,1)$ 上单调增加，则

$$\frac{1}{n} f\left(\frac{k}{n}\right) = \int_{\frac{k}{n}}^{\frac{k+1}{n}} f\left(\frac{k}{n}\right) \mathrm{d}x \leqslant \int_{\frac{k}{n}}^{\frac{k+1}{n}} f(x) \mathrm{d}x \leqslant \int_{\frac{k}{n}}^{\frac{k+1}{n}} f\left(\frac{k+1}{n}\right) \mathrm{d}x = \frac{1}{n} f\left(\frac{k+1}{n}\right),$$

将 $k=1,2,\cdots,n-1$ 对应的不等式左端相加，得

$$\frac{1}{n} \sum_{k=1}^{n-1} f\left(\frac{k}{n}\right) \leqslant \int_{\frac{1}{n}}^1 f(x) \mathrm{d}x,$$

将 $k=0,1,2,\cdots,n-2$ 对应的不等式右端相加，得

$$\int_0^{1-\frac{1}{n}} f(x) \mathrm{d}x \leqslant \frac{1}{n} \sum_{k=1}^{n-1} f\left(\frac{k}{n}\right),$$

从而

$$\int_0^{1-\frac{1}{n}} f(x) \mathrm{d}x \leqslant \frac{1}{n} \sum_{k=1}^{n-1} f\left(\frac{k}{n}\right) \leqslant \int_{\frac{1}{n}}^1 f(x) \mathrm{d}x,$$

令 $n \to \infty$，两边取极限，得

$$\lim_{n \to \infty} \frac{1}{n} \sum_{k=1}^{n-1} f\left(\frac{k}{n}\right) = \int_0^1 f(x) \mathrm{d}x。$$

例 14.29　（1）设函数 $f(x)$ 在 $[0,+\infty)$ 上单调，反常积分 $\int_0^{+\infty} f(x) \mathrm{d}x$ 收敛，证明极限 $\lim\limits_{h \to 0^+} h \sum\limits_{n=1}^\infty f(nh) = \int_0^{+\infty} f(x) \mathrm{d}x$。

（2）计算极限 $\lim\limits_{t \to 1^-} (1-t) \sum\limits_{n=1}^\infty \dfrac{t^n}{1+t^n}$。

【证】　（1）不妨设 $f(x)$ 在 $[0,+\infty)$ 上单调减少，首先用反证法证明 $f(x)$ 在 $[0,+\infty)$ 上非负。

若存在 $x_0 \in [0,+\infty)$，使得 $f(x_0)<0$，则

$$\int_{x_0}^A f(x) \mathrm{d}x \leqslant f(x_0)(A-x_0) \to -\infty \quad (A \to +\infty),$$

这与 $\int_0^{+\infty} f(x) \mathrm{d}x$ 收敛矛盾。对任意自然数 n，有

$$\int_h^{(n+1)h} f(x)\mathrm{d}x \leqslant h\sum_{k=1}^n f(kh) \leqslant \int_0^{nh} f(x)\mathrm{d}x,$$

因为 $\displaystyle\sum_{k=1}^n f(kh)$ 作为 n 的函数单调增加，且有上界，所以存在极限，令 $n \to \infty$，得

$$\int_h^{+\infty} f(x)\mathrm{d}x \leqslant h\sum_{k=1}^{\infty} f(kh) \leqslant \int_0^{+\infty} f(x)\mathrm{d}x,$$

再令 $h \to 0^+$，则 $\displaystyle\lim_{h\to 0^+} h\sum_{k=1}^{\infty} f(nh) = \int_0^{+\infty} f(x)\mathrm{d}x$。

（2） $\displaystyle\lim_{t\to 1^-}(1-t)\sum_{n=1}^{\infty}\frac{t^n}{1+t^n} = \lim_{t\to 1^-}(1-\mathrm{e}^{\ln t})\sum_{n=1}^{\infty}\frac{\mathrm{e}^{n\ln t}}{1+\mathrm{e}^{n\ln t}}$

$$\xlongequal{h=-\ln t} \lim_{h\to 0^+}\frac{1-\mathrm{e}^{-h}}{h} \cdot h\sum_{n=1}^{\infty}\frac{\mathrm{e}^{-nh}}{1+\mathrm{e}^{-nh}}$$

$$= \lim_{h\to 0^+}\frac{1-\mathrm{e}^{-h}}{h} \cdot \lim_{h\to 0^+}h\sum_{n=1}^{\infty}\frac{\mathrm{e}^{-nh}}{1+\mathrm{e}^{-nh}}$$

$$= \lim_{h\to 0^+}\int_0^{+\infty}\frac{\mathrm{e}^{-x}}{1+\mathrm{e}^{-x}}\mathrm{d}x = \ln 2。$$

例 14.30 证明反常积分 $\displaystyle\int_0^{+\infty}\frac{\sin x}{x}\mathrm{d}x$ 条件收敛。

【**证 1**】 函数 $\sin x$ 随 x 增大轮流取正值和负值，变号点在 $n\pi\,(n=1,2,\cdots)$，故考虑级数

$$\int_0^{+\infty}\frac{\sin x}{x}\mathrm{d}x = \sum_{n=0}^{\infty}\int_{n\pi}^{(n+1)\pi}\frac{\sin x}{x}\mathrm{d}x。$$

令 $v_n = \displaystyle\int_{n\pi}^{(n+1)\pi}\frac{\sin x}{x}\mathrm{d}x$，作变量代换 $x = n\pi + t$，则

$$v_n = (-1)^n\int_0^{\pi}\frac{\sin t}{n\pi + t}\mathrm{d}t,$$

因 $|v_n|$ 单调减少，且当 $n>0$ 时，

$$|v_n| = \int_0^{\pi}\frac{\sin t}{n\pi + t}\mathrm{d}t < \int_0^{\pi}\frac{1}{n\pi}\mathrm{d}t = \frac{1}{n} \to 0 \quad (n\to\infty),$$

则 $\displaystyle\sum_{n=0}^{\infty}\int_{n\pi}^{(n+1)\pi}\frac{\sin x}{x}\mathrm{d}x$ 为 Leibniz 级数，从而反常积分 $\displaystyle\int_0^{+\infty}\frac{\sin x}{x}\mathrm{d}x$ 收敛。但是

$$\int_0^{+\infty}\frac{|\sin x|}{x}\mathrm{d}x = \sum_{n=0}^{\infty}\int_{n\pi}^{(n+1)\pi}\frac{|\sin x|}{x}\mathrm{d}x = \sum_{n=0}^{\infty}\int_0^{\pi}\frac{\sin t}{n\pi + t}\mathrm{d}t,$$

且 $n\pi + t < (n+1)\pi$，故

$$\int_0^{\pi}\frac{\sin t}{n\pi + t}\mathrm{d}t > \frac{1}{(n+1)\pi}\int_0^{\pi}\sin t\,\mathrm{d}t = \frac{2}{(n+1)\pi},$$

而调和级数 $\displaystyle\frac{2}{\pi}\sum_{n=0}^{\infty}\frac{1}{n+1}$ 发散，则 $\displaystyle\int_0^{+\infty}\frac{|\sin x|}{x}\mathrm{d}x$ 发散，因此反常积分 $\displaystyle\int_0^{+\infty}\frac{\sin x}{x}\mathrm{d}x$ 条件收敛。

【证 2】 因为 $\lim\limits_{x\to 0}\dfrac{\sin x}{x}=1$，所以 $\displaystyle\int_0^\pi \dfrac{\sin x}{x}\mathrm{d}x$ 为常义积分，记 $\displaystyle\int_0^\pi \dfrac{\sin x}{x}\mathrm{d}x=A$，则

$$\int_0^{+\infty}\frac{\sin x}{x}\mathrm{d}x=\int_0^\pi\frac{\sin x}{x}\mathrm{d}x+\sum_{n=1}^\infty\int_{n\pi}^{(n+1)\pi}\frac{\sin x}{x}\mathrm{d}x=A-\sum_{n=1}^\infty\int_{n\pi}^{(n+1)\pi}\frac{1}{x}\mathrm{d}(\cos x)$$

$$=A+\sum_{n=1}^\infty\left(\frac{\cos n\pi}{n\pi}-\frac{\cos(n+1)\pi}{(n+1)\pi}\right)-\sum_{n=1}^\infty\int_{n\pi}^{(n+1)\pi}\frac{\cos x}{x^2}\mathrm{d}x$$

$$=A+\sum_{n=1}^\infty(-1)^n\frac{2n+1}{n(n+1)\pi}-\sum_{n=1}^\infty\int_{n\pi}^{(n+1)\pi}\frac{\cos x}{x^2}\mathrm{d}x,$$

而

$$\sum_{n=1}^\infty\left|\int_{n\pi}^{(n+1)\pi}\frac{\cos x}{x^2}\right|\mathrm{d}x=\int_\pi^{+\infty}\left|\frac{\cos x}{x^2}\right|\mathrm{d}x\leqslant\int_\pi^{+\infty}\frac{1}{x^2}\mathrm{d}x=\frac{1}{\pi},$$

因此级数 $\displaystyle\sum_{n=1}^\infty\int_{n\pi}^{(n+1)\pi}\frac{\cos x}{x^2}\mathrm{d}x$ 绝对收敛。

由 Leibniz 判别法，$\displaystyle\sum_{n=1}^\infty(-1)^n\frac{2n+1}{n(n+1)\pi}$ 条件收敛，从而反常积分 $\displaystyle\int_0^{+\infty}\frac{\sin x}{x}\mathrm{d}x$ 条件收敛。

例 14.31 设 $\alpha>\beta>1$，讨论反常积分 $\displaystyle\int_0^{+\infty}\frac{\mathrm{d}x}{1+x^\alpha|\sin x|^\beta}$ 的收敛性。

【解】 将反常积分表示为级数形式：

$$\int_0^{+\infty}\frac{\mathrm{d}x}{1+x^\alpha|\sin x|^\beta}=\sum_{n=0}^\infty\int_{n\pi}^{(n+1)\pi}\frac{\mathrm{d}x}{1+x^\alpha|\sin x|^\beta}\leqslant\sum_{n=0}^\infty\int_{n\pi}^{(n+1)\pi}\frac{\mathrm{d}x}{1+(n\pi)^\alpha|\sin x|^\beta}$$

$$=\sum_{n=0}^\infty\int_0^\pi\frac{\mathrm{d}x}{1+n^\alpha\pi^\alpha|\sin x|^\beta}=2\sum_{n=0}^\infty\int_0^{\frac\pi2}\frac{\mathrm{d}x}{1+n^\alpha\pi^\alpha\sin^\beta x},$$

当 $x\in\left(0,\dfrac\pi2\right)$ 时，$\sin x\geqslant\dfrac{2}{\pi}x$，且 $\alpha>\beta>1$，故

$$\int_0^{\frac\pi2}\frac{\mathrm{d}x}{1+n^\alpha\pi^\alpha\sin^\beta x}\leqslant\int_0^{\frac\pi2}\frac{\mathrm{d}x}{1+2^\beta n^\alpha\pi^{\alpha-\beta}x^\beta}=\frac{1}{2n^{\frac\alpha\beta}\pi^{\frac\alpha\beta-1}}\int_0^{\frac\pi2}\frac{\mathrm{d}(2n^{\frac\alpha\beta}\pi^{\frac\alpha\beta-1}x)}{1+(2n^{\frac\alpha\beta}\pi^{\frac\alpha\beta-1}x)^\beta}$$

$$\xlongequal{u=2n^{\frac\alpha\beta}\pi^{\frac\alpha\beta-1}x}\frac{1}{2n^{\frac\alpha\beta}\pi^{\frac\alpha\beta-1}}\int_0^{n^{\frac\alpha\beta}\pi^{\frac\alpha\beta}}\frac{\mathrm{d}u}{1+u^\beta}<\frac{1}{2n^{\frac\alpha\beta}\pi^{\frac\alpha\beta-1}}\int_0^{+\infty}\frac{\mathrm{d}u}{1+u^\beta},$$

由于反常积分 $\displaystyle\int_0^{+\infty}\frac{\mathrm{d}u}{1+u^\beta}$ 收敛，记 $C=\dfrac{1}{2\pi^{\frac\alpha\beta-1}}\displaystyle\int_0^{+\infty}\frac{\mathrm{d}u}{1+u^\beta}$ 为常数，所以

$$\int_0^{\frac\pi2}\frac{\mathrm{d}x}{1+n^\alpha\pi^\alpha\sin^\beta x}\leqslant\frac{C}{n^{\frac\alpha\beta}},$$

由于 $\alpha>\beta>1$，则级数 $\displaystyle\sum_{n=1}^\infty\frac{1}{n^{\frac\alpha\beta}}$ 收敛，由比较判别法知 $\displaystyle\sum_{n=0}^\infty\int_0^{\frac\pi2}\frac{\mathrm{d}x}{1+n^\alpha\pi^\alpha\sin^\beta x}$ 收敛，因此反常积分 $\displaystyle\int_0^{+\infty}\frac{\mathrm{d}x}{1+x^\alpha|\sin x|^\beta}$ 收敛。

例 14.32 证明当 $n \to \infty$ 时，$\dfrac{1}{n\ln n} - \displaystyle\sum_{k=n}^{\infty} \dfrac{1}{k^2 \ln k} \sim \dfrac{1}{n(\ln n)^2}$。

【证 1】 因为

$$\left(\frac{1}{x\ln x}\right)' = \frac{1}{x^2 \ln x} - \frac{1}{x^2 \ln^2 x},$$

所以

$$\frac{1}{n\ln n} = \int_n^{+\infty} \left(\frac{1}{x^2 \ln x} + \frac{1}{x^2 \ln^2 x}\right) dx = \int_n^{+\infty} \frac{1}{x^2 \ln x} dx + \int_n^{+\infty} \frac{1}{x^2 \ln^2 x} dx$$

$$= \int_n^{+\infty} \frac{1}{x^2 \ln x} dx - \int_n^{+\infty} \frac{1}{\ln^2 x} d\left(\frac{1}{x}\right) = \int_n^{+\infty} \frac{1}{x^2 \ln x} dx + \frac{1}{n\ln^2 n} - \int_n^{+\infty} \frac{2}{x^2 \ln^3 x} dx,$$

即

$$\int_n^{+\infty} \frac{1}{x^2 \ln x} dx - \frac{1}{n\ln n} = 2\int_n^{+\infty} \frac{1}{x^2 \ln^3 x} dx - \frac{1}{n(\ln n)^2}。$$

而

$$\sum_{k=n}^{\infty} \frac{1}{k^2 \ln k} - \frac{1}{n^2 \ln n} = \sum_{k=n+1}^{\infty} \frac{1}{k^2 \ln k} \leqslant \int_n^{+\infty} \frac{1}{x^2 \ln x} dx \leqslant \sum_{k=n}^{\infty} \frac{1}{k^2 \ln k},$$

故

$$\frac{1}{n(\ln n)^2} - \frac{1}{n^2 \ln n} - 2\int_n^{+\infty} \frac{1}{x^2 \ln^3 x} dx \leqslant \frac{1}{n\ln n} - \sum_{k=n}^{\infty} \frac{1}{k^2 \ln k} \leqslant \frac{1}{n(\ln n)^2} - 2\int_n^{+\infty} \frac{1}{x^2 \ln^3 x} dx,$$

又 $\displaystyle\lim_{n\to\infty} \dfrac{n(\ln n)^2}{n^2 \ln n} = 0$，且

$$0 \leqslant \int_n^{\infty} \frac{1}{x^2 (\ln x)^3} dx \leqslant \frac{1}{(\ln n)^3} \int_n^{\infty} \frac{1}{x^2} dx = \frac{1}{n(\ln n)^3},$$

则

$$0 \leqslant \lim_{n\to\infty} n(\ln n)^2 \int_n^{+\infty} \frac{1}{x^2 \ln^3 x} dx \leqslant \lim_{n\to\infty} \frac{n(\ln n)^2}{n(\ln n)^3} = \lim_{n\to\infty} \frac{1}{\ln n} = 0,$$

由夹逼准则知，当 $n \to \infty$ 时，$\dfrac{1}{n\ln n} - \displaystyle\sum_{k=n}^{\infty} \dfrac{1}{k^2 \ln k} \sim \dfrac{1}{n(\ln n)^2}$。

【证 2】 设 $f(x) = \dfrac{1}{x^2 \ln x}\ (x > 1)$，$f(x) > 0$ 且严格单调减少，则

$$\sum_{k=0}^{\infty} \frac{1}{(n+k+1)^2 \ln(n+k+1)} \leqslant \sum_{k=0}^{\infty} \int_{n+k}^{n+k+1} \frac{1}{x^2 \ln x} dx \leqslant \sum_{k=0}^{\infty} \frac{1}{(n+k)^2 \ln(n+k)},$$

即

$$\sum_{k=n}^{\infty} \frac{1}{k^2 \ln k} - \frac{1}{n^2 \ln n} \leqslant \int_n^{\infty} \frac{1}{x^2 \ln x} dx \leqslant \sum_{k=n}^{\infty} \frac{1}{k^2 \ln k},$$

因此

$$\int_n^{\infty} \frac{1}{x^2 \ln x} dx \leqslant \sum_{k=n}^{\infty} \frac{1}{k^2 \ln k} \leqslant \frac{1}{n^2 \ln n} + \int_n^{\infty} \frac{1}{x^2 \ln x} dx。$$

反复利用分部积分法，得

$$\int_n^\infty \frac{1}{x^2 \ln x} \mathrm{d}x = \frac{1}{n \ln n} - \int_n^\infty \frac{1}{x^2 (\ln x)^2} \mathrm{d}x = \frac{1}{n \ln n} - \frac{1}{n (\ln n)^2} + \int_n^\infty \frac{2}{x^2 (\ln x)^3} \mathrm{d}x,$$

而

$$0 \leqslant \int_n^\infty \frac{1}{x^2 (\ln x)^3} \mathrm{d}x \leqslant \frac{1}{(\ln n)^3} \int_n^\infty \frac{1}{x^2} \mathrm{d}x = \frac{1}{n (\ln n)^3},$$

从而

$$\int_n^\infty \frac{1}{x^2 \ln x} \mathrm{d}x = \frac{1}{n \ln n} - \frac{1}{n (\ln n)^2} + \frac{2\theta_n}{n (\ln n)^3} \quad (0 < \theta_n < 1),$$

故

$$\frac{1}{n \ln n} - \frac{1}{n (\ln n)^2} + \frac{2\theta_n}{n (\ln n)^3} \leqslant \sum_{k=n}^\infty \frac{1}{k^2 \ln k} \leqslant \frac{1}{n^2 \ln n} + \frac{1}{n \ln n} - \frac{1}{n (\ln n)^2} + \frac{2\theta_n}{n (\ln n)^3},$$

则

$$\frac{1}{n (\ln n)^2} - \frac{1}{n^2 \ln n} - \frac{2\theta_n}{n (\ln n)^3} \leqslant \frac{1}{n \ln n} - \sum_{k=n}^\infty \frac{1}{k^2 \ln k} \leqslant \frac{1}{n (\ln n)^2} - \frac{2\theta_n}{n (\ln n)^3},$$

而

$$\lim_{n \to \infty} \frac{\dfrac{1}{n^2 \ln n} - \dfrac{2\theta_n}{n (\ln n)^3}}{\dfrac{1}{n (\ln n)^2}} = \lim_{n \to \infty} \frac{\dfrac{2\theta_n}{n (\ln n)^3}}{\dfrac{1}{n (\ln n)^2}} = 0,$$

由夹逼准则知,当 $n \to \infty$ 时,$\dfrac{1}{n \ln n} - \sum\limits_{k=n}^\infty \dfrac{1}{k^2 \ln k} \sim \dfrac{1}{n (\ln n)^2}$。

例 14.33 证明反常积分 $\int_0^1 \left| x \sin \dfrac{1}{x^2} - \dfrac{1}{x} \cos \dfrac{1}{x^2} \right| \mathrm{d}x$ 发散。

【证 1】 令 $t = \dfrac{1}{x^2} (0 \leqslant x \leqslant 1)$,则 $\mathrm{d}x = -\dfrac{1}{2} t^{-\frac{3}{2}} \mathrm{d}t$,故

$$\int_0^1 \left| x \sin \frac{1}{x^2} - \frac{1}{x} \cos \frac{1}{x^2} \right| \mathrm{d}x$$

$$= \int_{+\infty}^1 \left| t^{-\frac{1}{2}} \sin t - t^{\frac{1}{2}} \cos t \right| \left(-\frac{1}{2} t^{-\frac{3}{2}} \right) \mathrm{d}t$$

$$= \frac{1}{2} \int_1^{+\infty} \left| \frac{\sin t}{t^2} - \frac{\cos t}{t} \right| \mathrm{d}t \geqslant \frac{1}{2} \int_{\frac{\pi}{2}}^{+\infty} \left| \frac{\sin t}{t^2} - \frac{\cos t}{t} \right| \mathrm{d}t = \frac{1}{2} \sum_{n=1}^\infty \int_{n\pi - \frac{\pi}{2}}^{n\pi + \frac{\pi}{2}} \left| \frac{\sin t}{t^2} - \frac{\cos t}{t} \right| \mathrm{d}t$$

$$\geqslant \frac{1}{2} \sum_{n=1}^\infty \left| \int_{n\pi - \frac{\pi}{2}}^{n\pi + \frac{\pi}{2}} \frac{t \cos t - \sin t}{t^2} \mathrm{d}t \right| = \frac{1}{2} \sum_{n=1}^\infty \left| \int_{n\pi - \frac{\pi}{2}}^{n\pi + \frac{\pi}{2}} \mathrm{d}\left(\frac{\sin t}{t} \right) \right|$$

$$= \frac{1}{2} \sum_{n=1}^\infty \left| \frac{\sin\left(n\pi + \dfrac{\pi}{2} \right)}{n\pi + \dfrac{\pi}{2}} - \frac{\sin\left(n\pi - \dfrac{\pi}{2} \right)}{n\pi - \dfrac{\pi}{2}} \right|$$

$$= \frac{1}{2} \sum_{n=1}^\infty \left| \frac{(-1)^n}{n\pi + \dfrac{\pi}{2}} - \frac{(-1)^{n-1}}{n\pi - \dfrac{\pi}{2}} \right| = \sum_{n=1}^\infty \frac{n\pi}{n^2 \pi^2 - \dfrac{\pi^2}{4}},$$

而 $\lim\limits_{n\to\infty} n \cdot \dfrac{n\pi}{n^2\pi^2 - \dfrac{\pi^2}{4}} = \dfrac{1}{\pi}$，由比较审敛法知 $\sum\limits_{n=1}^{\infty} \dfrac{n\pi}{n^2\pi^2 - \dfrac{\pi^2}{4}}$ 发散，从而反常积分

$\int_0^1 \left| x\sin\dfrac{1}{x^2} - \dfrac{1}{x}\cos\dfrac{1}{x^2} \right| \mathrm{d}x$ 发散。

【证 2】 因为

$$\left| x\sin\frac{1}{x^2} - \frac{1}{x}\cos\frac{1}{x^2} \right| \geqslant \left| \frac{1}{x}\cos\frac{1}{x^2} \right| - x \left| \sin\frac{1}{x^2} \right| \geqslant \left| \frac{1}{x}\cos\frac{1}{x^2} \right| - x,$$

而 $\int_0^1 x\,\mathrm{d}x = \dfrac{1}{2}$，且在区间 $\left[\dfrac{1}{\sqrt{\left(2k+\dfrac{1}{3}\right)\pi}}, \dfrac{1}{\sqrt{\left(2k-\dfrac{1}{3}\right)\pi}}\right]$ 上，$\left| \cos\dfrac{1}{x^2} \right| > \dfrac{1}{2}$，故

$$\int_0^1 \left| \frac{1}{x}\cos\frac{1}{x^2} \right| \mathrm{d}x \geqslant \sum_{k=1}^{\infty} \int_{\frac{1}{\sqrt{\left(2k+\frac{1}{3}\right)\pi}}}^{\frac{1}{\sqrt{\left(2k-\frac{1}{3}\right)\pi}}} \left| \frac{1}{x}\cos\frac{1}{x^2} \right| \mathrm{d}x$$

$$\geqslant \frac{1}{4}\sum_{k=1}^{\infty} \ln\frac{2k+\dfrac{1}{3}}{2k-\dfrac{1}{3}} = \frac{1}{4}\sum_{k=1}^{\infty} \ln\left(1 + \frac{2}{6k-1}\right),$$

由于 $\ln\left(1 + \dfrac{2}{6k-1}\right) \sim \dfrac{2}{6k-1}$，而级数 $\sum\limits_{k=1}^{\infty} \dfrac{2}{6k-1}$ 发散，故级数 $\sum\limits_{k=1}^{\infty} \ln\left(1 + \dfrac{2}{6k-1}\right)$ 发散，所以反常积分 $\int_0^1 \left| x\sin\dfrac{1}{x^2} - \dfrac{1}{x}\cos\dfrac{1}{x^2} \right| \mathrm{d}x$ 发散。

例 14.34 设 α 为实常数，讨论反常积分 $\int_0^{+\infty} \dfrac{x}{\cos^2 x + x^\alpha \sin^2 x}\mathrm{d}x$ 的敛散性。

【解 1】 记 $f(x) = \dfrac{x}{\cos^2 x + x^\alpha \sin^2 x}$，$u_n = \int_{n\pi}^{(n+1)\pi} f(x)\mathrm{d}x$。

当 $n\pi \leqslant x < (n+1)\pi$，$n = 0,1,2\cdots$ 时，有

$$\frac{n\pi}{\cos^2 x + (n+1)^\alpha \pi^\alpha \sin^2 x} \leqslant f(x) \leqslant \frac{(n+1)\pi}{\cos^2 x + n^\alpha \pi^\alpha \sin^2 x},$$

令 $g_n(x) = \dfrac{n\pi}{\cos^2 x + (n+1)^\alpha \pi^\alpha \sin^2 x}$，则 $g_n(x)$ 是以 π 为周期的偶函数，则

$$a_n = \int_{n\pi}^{(n+1)\pi} g_n(x)\mathrm{d}x = \int_{-\frac{\pi}{2}}^{\frac{\pi}{2}} g_n(x)\mathrm{d}x = 2\int_0^{\frac{\pi}{2}} g_n(x)\mathrm{d}x$$

$$= 2n\pi \int_0^{\frac{\pi}{2}} \frac{1}{1 + (n+1)^\alpha \pi^\alpha \tan^2 x}\mathrm{d}(\tan x) = \frac{n\pi^2}{(n+1)^{\frac{\alpha}{2}} \pi^{\frac{\alpha}{2}}},$$

同理

$$b_n = \int_{n\pi}^{(n+1)\pi} \frac{(n+1)\pi}{\cos^2 x + n^\alpha \pi^\alpha \sin^2 x}\mathrm{d}x = \frac{(n+1)\pi^2}{n^{\frac{\alpha}{2}} \pi^{\frac{\alpha}{2}}},$$

而

$$\lim_{n\to\infty} n^{\frac{\alpha}{2}-1} a_n = \lim_{n\to\infty} n^{\frac{\alpha}{2}-1} b_n = \pi^{2-\frac{\alpha}{2}},$$

由夹逼准则知

$$\lim_{n\to\infty} n^{\frac{\alpha}{2}-1} u_n = \pi^{2-\frac{\alpha}{2}}.$$

级数 $\sum\limits_{n=1}^{\infty} a_n$ 与 $\sum\limits_{n=1}^{\infty} \dfrac{1}{n^{\frac{\alpha}{2}-1}}$ 具有相同的敛散性，即当 $\alpha > 4$ 时，级数 $\sum\limits_{n=1}^{\infty} a_n$ 收敛，否则发散。

因此当 $\alpha > 4$ 时，$\displaystyle\int_0^{+\infty} \dfrac{x}{\cos^2 x + x^\alpha \sin^2 x}\mathrm{d}x$ 收敛，否则发散。

【解 2】 记 $f(x) = \dfrac{x}{\cos^2 x + x^\alpha \sin^2 x}$。

(1) 若 $\alpha \leqslant 0$，则 $f(x) \geqslant \dfrac{x}{2}(\forall x > 1)$，从而 $\displaystyle\int_0^{+\infty} \dfrac{x}{\cos^2 x + x^\alpha \sin^2 x}\mathrm{d}x$ 发散。

(2) 若 $0 < \alpha \leqslant 2$，则 $\alpha - 1 \leqslant 1$，$f(x) \geqslant \dfrac{x^{1-\alpha}}{2}(\forall x \geqslant 1)$，故 $\displaystyle\int_0^{+\infty} \dfrac{x}{\cos^2 x + x^\alpha \sin^2 x}\mathrm{d}x$ 发散。

(3) 若 $\alpha > 2$，记 $u_n = \displaystyle\int_{n\pi}^{(n+1)\pi} f(x)\mathrm{d}x$，当 $n\pi \leqslant x < (n+1)\pi$ 时，有

$$\dfrac{n\pi}{1 + ((n+1)^\alpha \pi^\alpha - 1)\sin^2 x} \leqslant f(x) \leqslant \dfrac{(n+1)\pi}{1 + (n^\alpha \pi^\alpha - 1)\sin^2 x},$$

对任何 $b > 0$，有

$$\int_{n\pi}^{(n+1)\pi} \dfrac{\mathrm{d}x}{1 + b\sin^2 x} = 2\int_0^{\frac{\pi}{2}} \dfrac{\mathrm{d}x}{1 + b\sin^2 x} = 2\int_0^{\frac{\pi}{2}} \dfrac{\mathrm{d}\cot x}{b + \csc^2 x} = 2\int_0^{+\infty} \dfrac{\mathrm{d}t}{b + 1 + t^2} = \dfrac{\pi}{\sqrt{b+1}},$$

则存在常数 $0 < A_1 \leqslant A_2$，使得

$$\dfrac{A_1}{n^{\frac{\alpha}{2}-1}} \leqslant u_n \leqslant \dfrac{A_2}{n^{\frac{\alpha}{2}-1}},$$

当 $\alpha > 4$ 时，级数 $\sum\limits_{n=1}^{\infty} u_n$ 收敛，因此反常积分 $\displaystyle\int_0^{+\infty} \dfrac{x}{\cos^2 x + x^\alpha \sin^2 x}\mathrm{d}x$ 当 $\alpha > 4$ 时收敛，否则发散。

综合训练

1. 计算下列反常积分：

(1) $\displaystyle\int_0^{+\infty} \dfrac{x^2}{(1+x^2)^4}\mathrm{d}x$；

(2) $\displaystyle\int_0^{+\infty} \dfrac{x\ln x}{(1+x^2)^2}\mathrm{d}x$；

(3) $\displaystyle\int_0^{+\infty} \dfrac{1}{(1+x^2)(1+x^\alpha)}\mathrm{d}x$；

(4) $\displaystyle\int_0^{+\infty} \dfrac{1}{\sqrt{s}}\mathrm{e}^{-\left(s+\frac{1}{s}\right)}\mathrm{d}s$；

(5) $\displaystyle\int_{-\infty}^{+\infty} \dfrac{y\sqrt{|t-x|}}{(t-x)^2 + y^2}\mathrm{d}t$；

(6) $I = \displaystyle\int_0^1 \dfrac{x^b - x^a}{\ln x}\mathrm{d}x\,(0 < a < b)$；

(7) $\displaystyle\int_0^1 \dfrac{\ln\dfrac{1}{x}}{1-x}\mathrm{d}x$；

(8) $\displaystyle\int_0^{\frac{\pi}{2}} \ln(\cos x)\ln(\sin x)\sin(2x)\mathrm{d}x$；

(9) $\displaystyle\int_0^{+\infty} \frac{1}{x^2}\left(\frac{x}{e^x - e^{-x}} - \frac{1}{2}\right)dx$; $\qquad$ (10) $\displaystyle\int_0^{+\infty} e^{-2x}\mid \sin x\mid dx$。

2. 已知 $\displaystyle\int_0^{+\infty} e^{-x^2}dx = \frac{\sqrt{\pi}}{2}$,计算反常积分 $\displaystyle\int_0^{+\infty} \frac{e^{-x^2}}{\left(x^2 + \frac{1}{2}\right)^2}dx$。

3. 已知 $\displaystyle\int_0^{+\infty} e^{-kx^2}dx = \frac{1}{2}\sqrt{\frac{\pi}{k}}(k > 0)$,计算积分 $\displaystyle\int_0^{+\infty} \frac{e^{-2x^2} - e^{-3x^2}}{x^2}dx$。

4. 已知 $\displaystyle\int_0^{+\infty} \frac{\sin x}{x}dx = \frac{\pi}{2}$,计算反常积分 $\displaystyle\int_0^{+\infty} \frac{\sin^2(xy)}{x^2}dx$。

5. 计算极限 $\displaystyle\lim_{x \to 1^-}\sqrt{1-x}\int_0^{+\infty} x^{y^2}dy$。

6. 判断反常积分 $\displaystyle\int_0^{+\infty}\left(\left(1 - \frac{\sin x}{x}\right)^{-\frac{1}{3}} - 1\right)dx$ 是否收敛?如果该反常积分收敛,判断是绝对收敛还是条件收敛?

7. 求当 $x \to 1^-$ 时,与 $\displaystyle\sum_{n=0}^{\infty} x^{n^2}$ 等价的无穷大量。

8. 计算 $\displaystyle\max_{0 \leqslant s \leqslant 1}\int_0^1 \mid \ln\mid s - t\mid\mid dt$。

9. 设函数 $f(x)$ 在 $[0,1]$ 上连续可导,$f(0) = 0$,常数 $\alpha > 0$ 使得 $\displaystyle\int_0^1\left|\frac{f'(x)}{\sin^{\alpha}x}\right|^2 dx <$ $+\infty$,证明 $\displaystyle\lim_{x \to 0^+}\frac{f(x)}{\sin^{(\alpha+1)/2}x} = 0$。

10. 设 $s > 1$,$[x]$ 为 x 的整数部分,证明 $\displaystyle\int_1^{+\infty} \frac{[x]}{x^{s+1}}dx = \frac{1}{s}\sum_{n=1}^{\infty}\frac{1}{n^s}$。

11. 设函数 $f(x)$ 在 $[0,+\infty)$ 内具有一阶连续导数,且 $f(0) > 0$,$f'(x) \geqslant 0$,若反常积分 $\displaystyle\int_0^{+\infty} \frac{1}{f(x) + f'(x)}dx$ 收敛,证明反常积分 $\displaystyle\int_0^{+\infty} \frac{1}{f(x)}dx$ 收敛。

12. 设 $p > 1$ 为常数,$f(x)$ 是 $(0,+\infty)$ 上非负连续函数,且反常积分 $\displaystyle\int_0^{+\infty} f^p(x)dx$ 收敛,记 $g(x) = \displaystyle\int_0^x f(t)dt(x \geqslant 0)$,证明 $\displaystyle\int_0^{+\infty} \frac{g^p(x)}{x^p}dx \leqslant \frac{p^p}{(p-1)^p}\int_0^{+\infty} f^p(x)dx$。

13. 设 $f(x)$ 为 $[1,+\infty)$ 上正值不增函数,满足 $\displaystyle\int_1^{+\infty} xf(x)dx$ 收敛,判断 $\displaystyle\int_1^{+\infty} \frac{f(x)}{\mid \sin x\mid^{1-\frac{1}{x}}}dx$ 的敛散性。

第十五讲

常数项级数

....

知识点

1. 数项级数：$\sum\limits_{n=1}^{\infty} u_n = u_1 + u_2 + \cdots + u_n + \cdots$，其中一般项 $u_n(n=1,2,\cdots)$ 均为数值。部分和 S_n 与级数一般项 u_n 的运算关系：$S_n = S_{n-1} + u_n$，$u_n = S_n - S_{n-1}$。

2. 若级数 $\sum\limits_{n=1}^{\infty} u_n$ 的部分和数列 $\{S_n\}$ 收敛，且极限为 s，则称级数 $\sum\limits_{n=1}^{\infty} u_n$ 收敛，s 称为该级数的和。

3. 级数收敛的必要条件：若级数 $\sum\limits_{n=1}^{\infty} u_n$ 收敛，则 $\lim\limits_{n \to \infty} u_n = 0$。

4. 级数收敛的充要条件：

(1) 级数 $\sum\limits_{n=1}^{\infty} u_n$ 收敛的充要条件是 $\lim\limits_{n \to \infty} r_n = 0$，其中 $r_n = \sum\limits_{k=n+1}^{\infty} u_k$ 为级数 $\sum\limits_{n=1}^{\infty} u_n$ 第 n 项后的余项；

(2) 级数 $\sum\limits_{n=1}^{\infty} u_n$ 收敛的充要条件是 $\lim\limits_{n \to \infty} S_{2n} = \lim\limits_{n \to \infty} S_{2n-1}$；

(3) 级数 $\sum\limits_{n=1}^{\infty} u_n$ 收敛的充要条件是 $\lim\limits_{n \to \infty} S_{2n}(\lim\limits_{n \to \infty} S_{2n-1})$ 存在，且 $\lim\limits_{n \to \infty} u_n = 0$；

(4) $\forall \varepsilon > 0$，$\exists N \in \mathbf{N}^+$，当 $n > N$ 且 $p \in \mathbf{N}^+$ 时，有 $|u_{n+1} + u_{n+2} + \cdots + u_{n+p}| < \varepsilon$ 恒成立；

(5) 级数 $\sum\limits_{n=1}^{\infty} (u_{n+1} - u_n)$ 收敛的充要条件是数列 $\{u_n\}$ 收敛。

5. 级数的线性运算性质：

(1) 若 $\sum\limits_{n=1}^{\infty} u_n$ 收敛，则 $\sum\limits_{n=1}^{\infty} Cu_n$ 收敛，且 $\sum\limits_{n=1}^{\infty} Cu_n = C\sum\limits_{n=1}^{\infty} u_n$，其中 C 为常数；

(2) 若 $\sum\limits_{n=1}^{\infty} u_n$ 和 $\sum\limits_{n=1}^{\infty} v_n$ 都收敛，则 $\sum\limits_{n=1}^{\infty} (u_n \pm v_n)$ 收敛，且 $\sum\limits_{n=1}^{\infty} (u_n \pm v_n) = \sum\limits_{n=1}^{\infty} u_n \pm \sum\limits_{n=1}^{\infty} v_n$；

(3) 若 $\sum\limits_{n=1}^{\infty} u_n$ 收敛,而 $\sum\limits_{n=1}^{\infty} v_n$ 发散,则 $\sum\limits_{n=1}^{\infty} (u_n \pm v_n)$ 发散;

(4) 若 $\sum\limits_{n=1}^{\infty} u_n$ 和 $\sum\limits_{n=1}^{\infty} v_n$ 都发散,则 $\sum\limits_{n=1}^{\infty} (u_n \pm v_n)$ 可能发散,可能收敛。

6. 级数的重组性质:

(1) 收敛级数加括号后所生成的新级数仍收敛,且级数的和不变;

(2) 若级数 $\sum\limits_{n=1}^{\infty} (u_{2n-1} + u_{2n})$ 发散,则 $\sum\limits_{n=1}^{\infty} u_n$ 发散;

(3) 若级数 $\sum\limits_{n=1}^{\infty} (u_{2n-1} + u_{2n})$ 收敛,则 $\sum\limits_{n=1}^{\infty} u_n$ 敛散性不定;

(4) 若级数 $\sum\limits_{n=1}^{\infty} (u_{2n-1} + u_{2n})$ 收敛,且 $\lim\limits_{n \to \infty} u_n = 0$,则 $\sum\limits_{n=1}^{\infty} u_n$ 收敛;

(5) 去掉、增加或改变有限项后,生成的新级数与原级数有相同的敛散性,但级数和可能不同。

7. 正项级数 $\sum\limits_{n=1}^{\infty} u_n$ 的部分和数列 $\{S_n\}$ 为单调增加数列,此属性构成正项级数敛散性判定的理论基础。

8. 正项级数 $\sum\limits_{n=1}^{\infty} u_n$ 收敛的充要条件是部分和数列 $\{S_n\}$ 有上界。

9. 比较审敛法:若存在 $N > 0$,使得当 $n > N$ 时,正项级数 $\sum\limits_{n=1}^{\infty} u_n$ 和 $\sum\limits_{n=1}^{\infty} v_n$ 的一般项满足 $u_n \leqslant v_n$,则当 $\sum\limits_{n=1}^{\infty} v_n$ 收敛时,$\sum\limits_{n=1}^{\infty} u_n$ 收敛;当 $\sum\limits_{n=1}^{\infty} u_n$ 发散时,$\sum\limits_{n=1}^{\infty} v_n$ 发散。

10. 比较审敛法的极限形式:设正项级数 $\sum\limits_{n=1}^{\infty} u_n$ 和 $\sum\limits_{n=1}^{\infty} v_n$ 的一般项满足 $\lim\limits_{n \to \infty} \dfrac{u_n}{v_n} = l$,则

(1) 当 $l \neq 0$ 时,级数 $\sum\limits_{n=1}^{\infty} u_n$ 和 $\sum\limits_{n=1}^{\infty} v_n$ 具有相同的敛散性;

(2) 当 $l = 0$ 时,级数 $\sum\limits_{n=1}^{\infty} v_n$ 收敛时,级数 $\sum\limits_{n=1}^{\infty} u_n$ 收敛;

(3) 当 $l = +\infty$ 时,级数 $\sum\limits_{n=1}^{\infty} v_n$ 发散时,级数 $\sum\limits_{n=1}^{\infty} u_n$ 发散。

11. 比较审敛法的比值形式:若存在 $N > 0$,使得当 $n > N$ 时,正项级数 $\sum\limits_{n=1}^{\infty} u_n$ 和 $\sum\limits_{n=1}^{\infty} v_n$ 的一般项满足 $\dfrac{u_{n+1}}{u_n} \leqslant \dfrac{v_{n+1}}{v_n}$,则当 $\sum\limits_{n=1}^{\infty} v_n$ 收敛时,$\sum\limits_{n=1}^{\infty} u_n$ 收敛;当 $\sum\limits_{n=1}^{\infty} u_n$ 发散时,$\sum\limits_{n=1}^{\infty} v_n$ 发散。

12. 参考级数:

(1) 几何级数 $\sum\limits_{n=0}^{\infty} q^n$,当 $|q| < 1$ 时,级数收敛,其和为 $\dfrac{1}{1-q}$;当 $|q| \geqslant 1$ 时,级数发散。

(2) p-级数 $\sum\limits_{n=1}^{\infty} \dfrac{1}{n^p}$,当 $p > 1$ 时,级数收敛,当 $p \leqslant 1$ 时,级数发散。

13. D'Alembert 比值判别法：设 $u_n > 0$，且 $\lim\limits_{n \to \infty} D_n = \lim\limits_{n \to \infty} \dfrac{u_{n+1}}{u_n} = D$，则当 $D < 1$ 时，级数 $\sum\limits_{n=1}^{\infty} u_n$ 收敛；当 $D > 1$ 时，级数 $\sum\limits_{n=1}^{\infty} u_n$ 发散，此时 $\lim\limits_{n \to \infty} u_n \neq 0$；当 $D = 1$ 时，无法判定。

14. Cauchy 根值判别法：设 $u_n > 0$，且 $\lim\limits_{n \to \infty} C_n = \lim\limits_{n \to \infty} \sqrt[n]{u_n} = C$，则当 $C < 1$ 时，级数 $\sum\limits_{n=1}^{\infty} u_n$ 收敛；当 $C > 1$ 时，级数 $\sum\limits_{n=1}^{\infty} u_n$ 发散，此时 $\lim\limits_{n \to \infty} u_n \neq 0$；当 $C = 1$ 时，无法判定。

15. Raabe 判别法：设 $u_n > 0$，且 $\lim\limits_{n \to \infty} R_n = \lim\limits_{n \to \infty} n\left(\dfrac{u_n}{u_{n+1}} - 1\right) = R$，则当 $R > 1$ 时，级数 $\sum\limits_{n=1}^{\infty} u_n$ 收敛；当 $R < 1$ 时，级数 $\sum\limits_{n=1}^{\infty} u_n$ 发散，当 $R = 1$ 时，无法判定。

16. Bertrand 判别法：设 $u_n > 0$，且 $\lim\limits_{n \to \infty} B_n = \lim\limits_{n \to \infty} \ln n \left(n\left(\dfrac{u_n}{u_{n+1}} - 1\right) \right) = B$，则当 $B > 1$ 时，级数 $\sum\limits_{n=1}^{\infty} u_n$ 收敛；当 $B < 1$ 时，级数 $\sum\limits_{n=1}^{\infty} u_n$ 发散，当 $B = 1$ 时，无法判定。

17. Kummer 判别法：(1) 正项级数 $\sum\limits_{n=1}^{\infty} u_n$ 收敛的充要条件是存在 $\alpha > 0$ 和正项数列 $\{c_n\}$，使得当 n 充分大时，有 $K_n = c_n \cdot \dfrac{u_n}{u_{n+1}} - c_{n+1} \geqslant \alpha > 0$。

(2) 正项级数 $\sum\limits_{n=1}^{\infty} u_n$ 发散的充要条件是存在发散的正项级数 $\sum\limits_{n=1}^{\infty} \dfrac{1}{c_n}$，使得当 n 充分大时有 $K_n = c_n \cdot \dfrac{u_n}{u_{n+1}} - c_{n+1} \leqslant 0$。

(3) 若 $\lim\limits_{n \to \infty} K_n = \lim\limits_{n \to \infty} \left(c_n \cdot \dfrac{u_n}{u_{n+1}} - c_{n+1} \right) = K$，则当 $K > 0$ 时，正项级数 $\sum\limits_{n=1}^{\infty} u_n$ 收敛，当 $K < 0$ 时，正项级数 $\sum\limits_{n=1}^{\infty} u_n$ 发散，当 $K = 0$ 时，无法判定。

18. Cauchy 积分判别法：若 $f(x) > 0$，在 $[1, +\infty)$ 上单调减少，则 $\displaystyle\int_1^{+\infty} f(x)\mathrm{d}x$ 与 $\sum\limits_{n=1}^{\infty} f(n)$ 同敛散。

19. 判别正项级数敛散性的常用方法：

(1) 判阶法：若 $\lim\limits_{n \to \infty} u_n = 0$，且当 $n \to \infty$ 时 u_n 是 $\dfrac{1}{n}$ 的 p 阶无穷小量，则当 $p > 1$ 时，级数 $\sum\limits_{n=1}^{\infty} u_n$ 收敛，当 $p \leqslant 1$ 时，级数 $\sum\limits_{n=1}^{\infty} u_n$ 发散。

(2) 放缩法：要证 $\sum\limits_{n=1}^{\infty} u_n$ 收敛，将 u_n 适当放大，使得 $0 \leqslant u_n \leqslant v_n$，且 $\sum\limits_{n=1}^{\infty} v_n$ 收敛，从而 $\sum\limits_{n=1}^{\infty} u_n$ 收敛；要证 $\sum\limits_{n=1}^{\infty} u_n$ 发散，将 u_n 适当缩小，使得 $0 \leqslant w_n \leqslant u_n$，且 $\sum\limits_{n=1}^{\infty} w_n$ 发散，从而

$\sum\limits_{n=1}^{\infty} u_n$ 发散。

（3）采用比值审敛法、根值审敛法和积分判别法等方法来判别。

（4）考虑部分和数列 $\left\{\sum\limits_{k=1}^{n} u_k\right\}$ 是否关于 n 有界，如果有界，级数 $\sum\limits_{n=1}^{\infty} u_n$ 收敛，否则发散。

20. 若 $\sum\limits_{n=1}^{\infty} |u_n|$ 收敛，则称 $\sum\limits_{n=1}^{\infty} u_n$ 绝对收敛；若 $\sum\limits_{n=1}^{\infty} u_n$ 收敛，但 $\sum\limits_{n=1}^{\infty} |u_n|$ 发散，则称 $\sum\limits_{n=1}^{\infty} u_n$ 条件收敛。

21. 绝对值判别法：若 $\sum\limits_{n=1}^{\infty} |u_n|$ 收敛，则 $\sum\limits_{n=1}^{\infty} u_n$ 收敛。

22. 绝对收敛级数可以重排其顺序，重排后所得级数保持收敛，其和不变，而条件收敛级数不具有这种性质。

23. 若 $\sum\limits_{n=1}^{\infty} u_n$ 与 $\sum\limits_{n=1}^{\infty} v_n$ 都绝对收敛，则 $\sum\limits_{n=1}^{\infty} (u_n + v_n)$ 绝对收敛；$\sum\limits_{n=1}^{\infty} u_n$ 绝对收敛，$\sum\limits_{n=1}^{\infty} v_n$ 条件收敛，则 $\sum\limits_{n=1}^{\infty} (u_n + v_n)$ 条件收敛；$\sum\limits_{n=1}^{\infty} u_n$ 与 $\sum\limits_{n=1}^{\infty} v_n$ 都条件收敛，则 $\sum\limits_{n=1}^{\infty} (u_n + v_n)$ 可能绝对收敛，也可能条件收敛。

24. 夹逼判别法：若 $\sum\limits_{n=1}^{\infty} u_n$ 和 $\sum\limits_{n=1}^{\infty} v_n$ 收敛，且 $u_n \leqslant w_n \leqslant v_n (n=1,2,\cdots)$，则 $\sum\limits_{n=1}^{\infty} w_n$ 收敛。

25. Leibniz 判别法：若 $u_n > 0 (n=1,2,\cdots)$ 满足 $u_n \geqslant u_{n+1}$，且 $\lim\limits_{n\to\infty} u_n = 0$，则 $\sum\limits_{n=1}^{\infty} (-1)^{n-1} u_n$ 收敛，且 $|s| \leqslant u_1$，$|r_n| \leqslant u_n$。

26. Abel 判别法：若 $\sum\limits_{n=1}^{\infty} u_n$ 收敛，数列 $\{v_n\}$ 单调有界，则 $\sum\limits_{n=1}^{\infty} u_n v_n$ 收敛。

27. Dirichlet 判别法：若 $\sum\limits_{n=1}^{\infty} u_n$ 的部分和数列有界，数列 $\{v_n\}$ 单调且 $\lim\limits_{n\to\infty} v_n = 0$，则 $\sum\limits_{n=1}^{\infty} u_n v_n$ 收敛。

28. Cauchy 准则：

（1）级数 $\sum\limits_{n=1}^{\infty} u_n$ 收敛的充要条件是 $\forall \varepsilon > 0, \exists N > 0$，当 $n > N$ 时，有 $\left| \sum\limits_{k=n+1}^{n+p} u_n \right| < \varepsilon (\forall p \in \mathbf{N}^+)$；

（2）级数 $\sum\limits_{n=1}^{\infty} u_n$ 发散的充要条件是 $\exists \varepsilon_0 > 0, \forall N > 0, \exists n_0 > N$ 及 $p_0 \in \mathbf{N}^+$，使得 $\left| \sum\limits_{k=n_0+1}^{n_0+p_0} u_n \right| \geqslant \varepsilon_0$。

29. 判别任意项级数敛散性的常用方法：

(1) 绝对值判别法；

(2) 交错项级数一般使用 Leibniz 判别法；

(3) 证明 $\lim\limits_{n \to \infty} S_{2n} = \lim\limits_{n \to \infty} S_{2n-1}$ 或者证明 $\lim\limits_{n \to \infty} S_{2n}$ ($\lim\limits_{n \to \infty} S_{2n-1}$) 存在，且 $\lim\limits_{n \to \infty} u_n = 0$；

(4) 将级数的一般项分解成两项的乘积，使用 Abel 判别法或者 Dirichlet 判别法；

(5) 使用 Cauchy 准则来判别；

(6) 夹逼判别法。

30. 判别级数发散的常用方法：

(1) 证明级数的一般项的极限不存在或不趋于零；

(2) 使用 Cauchy 准则证明发散；

(3) 将级数按某种方式加括号后所得级数发散；

(4) 对正项级数证明其部分和数列无上界；

(5) 把级数的分解成一个收敛级数与一个发散级数之和；

(6) 利用各种判别方法证明级数发散。

典型例题

一、常数项级数求和

例 15.1 求级数 $\sum\limits_{n=0}^{\infty} \dfrac{1}{n!(n^4 + n^2 + 1)}$ 的和。

【解】 因为

$$\frac{2}{n^4 + n^2 + 1} = \frac{n+1}{n^2 + n + 1} - \frac{n-1}{n^2 - n + 1},$$

于是

$$\sum_{n=1}^{\infty} \frac{1}{n!(n^4 + n^2 + 1)} = \frac{1}{2} \sum_{n=1}^{\infty} \frac{1}{n!} \cdot \frac{n+1}{n^2 + n + 1} - \frac{1}{2} \sum_{n=1}^{\infty} \frac{1}{n!} \cdot \frac{n-1}{n^2 - n + 1}$$

$$= \frac{1}{2} \sum_{n=1}^{\infty} \frac{1}{n!} \cdot \frac{n+1}{n^2 + n + 1} - \frac{1}{2} \sum_{n=0}^{\infty} \frac{1}{(n+1)!} \cdot \frac{n}{n^2 + n + 1}$$

$$= \frac{1}{2} \sum_{n=0}^{\infty} \frac{(n+1)^2 - n}{(n+1)!} \cdot \frac{1}{n^2 + n + 1} - \frac{1}{2}$$

$$= \frac{1}{2} \sum_{n=0}^{\infty} \frac{1}{(n+1)!} - \frac{1}{2} = \frac{1}{2}(e - 2),$$

所以

$$\sum_{n=0}^{\infty} \frac{1}{n!(n^4 + n^2 + 1)} = \frac{1}{2} e。$$

例 15.2 已知 $f(x) = \dfrac{1}{1 - x - x^2}$，$a_n = \dfrac{1}{n!} f^{(n)}(0)$，求级数 $\sum\limits_{n=0}^{\infty} \dfrac{a_{n+1}}{a_n a_{n+2}}$ 的和。

【解】 设 $f(x) = \sum\limits_{n=0}^{\infty} a_n x^n$，由已知条件得 $(1 - x - x^2)\left(\sum\limits_{n=0}^{\infty} a_n x^n\right) = 1$，比较系数得

$$a_0 = a_1 = 1, \quad a_{n+2} = a_{n+1} + a_n \quad (n \geqslant 0),$$

即 $\{a_n\}$ 是 Fibonacci 数列。原级数的部分和

$$B_n = \sum_{k=0}^{n} \frac{a_{k+2} - a_k}{a_k a_{k+2}} = \sum_{k=0}^{n}\left(\frac{1}{a_k} - \frac{1}{a_{k+2}}\right) = \left(\frac{1}{a_0} + \frac{1}{a_1}\right) - \left(\frac{1}{a_{n+1}} + \frac{1}{a_{n+2}}\right) < 2,$$

则正项级数 $\sum\limits_{n=0}^{\infty} \frac{a_{n+1}}{a_n a_{n+2}}$ 收敛。易知 $a_n \geqslant n$，故 $0 \leqslant \frac{1}{a_n} \leqslant \frac{1}{n}$，由夹逼准则知，$\lim\limits_{n \to \infty} \frac{1}{a_n} = 0$，从而

$$\sum_{n=0}^{\infty} \frac{a_{n+1}}{a_n a_{n+2}} = \lim_{n \to \infty} B_n = \frac{1}{a_0} + \frac{1}{a_1} = 2。$$

例 15.3 求级数 $\sum\limits_{n=1}^{\infty} \frac{1 + \frac{1}{2} + \cdots + \frac{1}{n}}{(n+1)(n+2)}$ 的和。

【解】 记 $a_k = 1 + \frac{1}{2} + \cdots + \frac{1}{k}, k = 1, 2, \cdots,$ 则

$$S_n = \sum_{k=1}^{n} \frac{1 + \frac{1}{2} + \cdots + \frac{1}{k}}{(k+1)(k+2)} = \sum_{k=1}^{n} \frac{a_k}{(k+1)(k+2)} = \sum_{k=1}^{n}\left(\frac{a_k}{k+1} - \frac{a_k}{k+2}\right)$$

$$= \left(\frac{a_1}{2} - \frac{a_1}{3}\right) + \left(\frac{a_2}{3} - \frac{a_2}{4}\right) + \cdots + \left(\frac{a_{n-1}}{n} - \frac{a_{n-1}}{n+1}\right) + \left(\frac{a_n}{n+1} - \frac{a_n}{n+2}\right)$$

$$= \frac{1}{2}a_1 + \frac{1}{3}(a_2 - a_1) + \frac{1}{4}(a_3 - a_2) + \cdots + \frac{1}{n+1}(a_n - a_{n-1}) - \frac{1}{n+2}a_n$$

$$= \frac{1}{1 \times 2} + \frac{1}{2 \times 3} + \frac{1}{3 \times 4} + \cdots + \frac{1}{n(n+1)} - \frac{1}{n+2}a_n = 1 - \frac{1}{n+1} - \frac{1}{n+2}a_n,$$

而

$$\lim_{n \to \infty} \frac{a_n}{n+2} = \lim_{n \to \infty} \frac{\ln n + \gamma + o(1)}{n+2} = 0,$$

于是

$$S = \lim_{n \to \infty} S_n = \lim_{n \to \infty}\left(1 - \frac{1}{n+1} - \frac{1}{n+2}a_n\right) = 1。$$

例 15.4 将正数 x 的整数部分记作 $[x]$，小数部分记作 $\{x\}$，求 $\sum\limits_{n=0}^{\infty} \frac{1}{3^n}\left\{\frac{2^n}{3}\right\}$ 与 $\sum\limits_{n=0}^{\infty}\left(-\frac{1}{3}\right)^{[\sqrt{n}]}$ 的值。

【解】 (1) 当 n 为偶数时，$\left\{\frac{2^n}{3}\right\} = \left\{\frac{(3-1)^n}{3}\right\} = \frac{1}{3}$，当 n 为奇数时，$\left\{\frac{2^n}{3}\right\} = \left\{\frac{(3-1)^n}{3}\right\} = \frac{2}{3}$，故

$$\sum_{n=0}^{\infty} \frac{1}{3^n} \left\{ \frac{2^n}{3} \right\} = \sum_{k=0}^{\infty} \frac{1}{3^{2k}} \cdot \frac{1}{3} + \sum_{k=0}^{\infty} \frac{1}{3^{2k+1}} \cdot \frac{2}{3} = \frac{\frac{1}{3}}{1 - \frac{1}{9}} + \frac{\frac{2}{9}}{1 - \frac{1}{9}} = \frac{5}{8}.$$

（2）当 $k^2 \leqslant n \leqslant k^2 + 2k$ 时，$[\sqrt{n}] = k$，则

$$\sum_{n=0}^{\infty} \left(-\frac{1}{3} \right)^{[\sqrt{n}]} = \sum_{k=0}^{\infty} (-1)^k \frac{2k+1}{3^k},$$

因为 $\sum\limits_{k=0}^{\infty} x^k = \dfrac{1}{1-x} (-1 < x < 1)$，所以 $\sum\limits_{k=1}^{\infty} k x^k = \dfrac{x}{(1-x)^2} (-1 < x < 1)$，于是

$$\sum_{n=0}^{\infty} \left(-\frac{1}{3} \right)^{[\sqrt{n}]} = \sum_{k=0}^{\infty} (-1)^k \frac{2k+1}{3^k} = \frac{-\frac{2}{3}}{\left(1 + \frac{1}{3} \right)^2} + \frac{1}{1 + \frac{1}{3}} = \frac{3}{8}.$$

例 15.5　求级数 $\sum\limits_{n=1}^{\infty} \dfrac{(-1)^{n-1}}{(2n-1)(2n+1)3^n}$ 的和。

【解 1】　因为

$$(\arctan x)' = \frac{1}{1+x^2} = \sum_{n=0}^{\infty} (-1)^n x^{2n} \quad (|x| < 1),$$

两边从 0 到 x 积分，得

$$\arctan x = \sum_{n=0}^{\infty} (-1)^n \frac{x^{2n+1}}{2n+1} = \sum_{n=1}^{\infty} (-1)^{n-1} \frac{x^{2n-1}}{2n-1} \quad (|x| \leqslant 1).$$

从而

$$x \arctan x = \sum_{n=1}^{\infty} (-1)^{n-1} \frac{x^{2n}}{2n-1} \quad (|x| \leqslant 1),$$

上式两边从 0 到 $\dfrac{1}{\sqrt{3}}$ 积分，得

$$\int_0^{\frac{1}{\sqrt{3}}} x \arctan x \, \mathrm{d}x = \sum_{n=1}^{\infty} \frac{(-1)^{n-1}}{(2n-1)} \int_0^{\frac{1}{\sqrt{3}}} x^{2n} \, \mathrm{d}x = \sum_{n=1}^{\infty} \frac{(-1)^{n-1}}{(2n-1)(2n+1)(\sqrt{3})^{2n+1}},$$

则

$$\sum_{n=1}^{\infty} \frac{(-1)^{n-1}}{(2n-1)(2n+1)3^n} = \sqrt{3} \int_0^{\frac{1}{\sqrt{3}}} x \arctan x \, \mathrm{d}x = \frac{2\pi\sqrt{3} - 9}{18}.$$

【解 2】　因为

$$\sum_{n=1}^{\infty} \frac{(-1)^{n-1}}{(2n-1)(2n+1)3^n} = \frac{1}{2} \sum_{n=1}^{\infty} \frac{(-1)^{n-1}}{2n-1} \frac{1}{3^n} - \frac{1}{2} \sum_{n=1}^{\infty} \frac{(-1)^{n-1}}{2n+1} \frac{1}{3^n},$$

而

$$\left(\sum_{n=1}^{\infty} \frac{(-1)^{n-1}}{2n-1} \frac{1}{3^n} x^{2n-1} \right)' = \sum_{n=1}^{\infty} (-1)^{n-1} \frac{1}{3^n} x^{2n-2}$$

$$= \frac{1}{3} \sum_{n=1}^{\infty} (-1)^{n-1} \left(\frac{x^2}{3} \right)^{n-1} = \frac{1}{3} \cdot \frac{1}{1 + \frac{x^2}{3}},$$

则

$$\sum_{n=1}^{\infty}\frac{(-1)^{n-1}}{2n-1}\frac{1}{3^n}x^{2n-1}=\frac{1}{3}\int_0^x\frac{1}{1+\frac{t^2}{3}}\mathrm{d}t=\frac{1}{\sqrt{3}}\arctan\frac{x}{\sqrt{3}},$$

故

$$\sum_{n=1}^{\infty}\frac{(-1)^{n-1}}{2n-1}\frac{1}{3^n}=\frac{1}{\sqrt{3}}\arctan\frac{1}{\sqrt{3}}=\frac{\pi}{6\sqrt{3}}。$$

又

$$\left(\sum_{n=1}^{\infty}\frac{(-1)^{n-1}}{2n+1}\frac{1}{3^n}x^{2n+1}\right)'=\sum_{n=1}^{\infty}(-1)^{n-1}\frac{1}{3^n}x^{2n}=\sum_{n=1}^{\infty}(-1)^{n-1}\left(\frac{x^2}{3}\right)^n$$

$$=-\frac{-\frac{x^2}{3}}{1+\frac{x^2}{3}}=1-\frac{1}{1+\frac{x^2}{3}},$$

则

$$\sum_{n=1}^{\infty}\frac{(-1)^{n-1}}{2n+1}\frac{1}{3^n}x^{2n+1}=\int_0^x\left(1-\frac{1}{1+\frac{t^2}{3}}\right)\mathrm{d}t=x-\sqrt{3}\arctan\frac{x}{\sqrt{3}},$$

从而

$$\sum_{n=1}^{\infty}\frac{(-1)^{n-1}}{2n+1}\frac{1}{3^n}=1-\frac{\sqrt{3}\pi}{6},$$

所以

$$\sum_{n=1}^{\infty}\frac{(-1)^{n-1}}{(2n-1)(2n+1)3^n}=\frac{1}{2}\times\frac{\pi}{6\sqrt{3}}-\frac{1}{2}\left(1-\frac{\sqrt{3}\pi}{6}\right)=\frac{2\pi-3\sqrt{3}}{6\sqrt{3}}。$$

例 15.6　求级数 $\sum_{n=1}^{\infty}\frac{1}{3}\cdot\frac{2}{5}\cdot\frac{3}{7}\cdot\cdots\cdot\frac{n}{2n+1}\cdot\frac{1}{n+1}$ 之和。

【解】 记

$$a_n=\frac{1}{3}\cdot\frac{2}{5}\cdot\frac{3}{7}\cdot\cdots\cdot\frac{n}{2n+1}\cdot\frac{1}{n+1}=\frac{2(2n)!!}{(2n+1)!!(n+1)}\left(\frac{1}{\sqrt{2}}\right)^{2(n+1)},$$

构造幂级数 $f(x)=\sum_{n=0}^{\infty}\frac{(2n)!!}{(2n+1)!!(n+1)}x^{2(n+1)}$，则 $f(0)=0$，其收敛区间为 $(-1,1)$，从而

$$\sum_{n=1}^{\infty}\frac{1}{3}\cdot\frac{2}{5}\cdot\frac{3}{7}\cdot\cdots\cdot\frac{n}{2n+1}\cdot\frac{1}{n+1}=\sum_{n=1}^{\infty}a_n=2\left(f\left(\frac{1}{\sqrt{2}}\right)-\frac{1}{2}\right)。$$

又

$$f'(x)=2\sum_{n=0}^{\infty}\frac{(2n)!!}{(2n+1)!!}x^{2n+1}=2g(x),$$

其中 $g(x)=\sum_{n=0}^{\infty}\frac{(2n)!!}{(2n+1)!!}x^{2n+1}$。

因为

$$g'(x) = 1 + \sum_{n=1}^{\infty} \frac{(2n)!!}{(2n-1)!!} x^{2n} = 1 + x \sum_{n=1}^{\infty} \frac{(2n-2)!!}{(2n-1)!!} (2n) x^{2n-1}$$

$$= 1 + x \frac{\mathrm{d}}{\mathrm{d}x} \left(\sum_{n=1}^{\infty} \frac{(2n-2)!!}{(2n-1)!!} x^{2n} \right) = 1 + x \frac{\mathrm{d}}{\mathrm{d}x} (x g(x)),$$

即

$$g'(x) = 1 + x(g(x) + x g'(x)) = 1 + x g(x) + x^2 g'(x),$$

故

$$g'(x) - \frac{x}{1-x^2} g(x) = \frac{1}{1-x^2}, \quad \text{且} \quad g(0) = 0,$$

解此一阶线性非齐次方程,得

$$g(x) = \mathrm{e}^{\int \frac{x}{1-x^2} \mathrm{d}x} \left(\int \frac{1}{1-x^2} \mathrm{e}^{-\int \frac{x}{1-x^2} \mathrm{d}x} + C \right) = \frac{\arcsin x + C}{\sqrt{1-x^2}}.$$

由 $g(0) = 0$ 知 $C = 0$,故 $g(x) = \dfrac{\arcsin x}{\sqrt{1-x^2}}$,所以

$$f(x) = 2 \int \frac{\arcsin x}{\sqrt{1-x^2}} \mathrm{d}x = (\arcsin x)^2,$$

从而 $f\left(\dfrac{1}{\sqrt{2}}\right) = \dfrac{\pi^2}{16}$,且

$$\sum_{n=1}^{\infty} a_n = 2\left(\frac{\pi^2}{16} - \frac{1}{2} \right) = \frac{\pi^2 - 8}{8}.$$

例 15.7 已知当 $x > 0$ 时,有 $(1+x^2) f'(x) + (1+x) f(x) = 1, g'(x) = f(x), f(0) = g(0) = 0$,证明不等式 $\displaystyle\sum_{n=1}^{\infty} g\left(\frac{1}{n}\right) < \frac{\pi^2}{12}$。

【证】 由 $(1+x^2) f'(x) + (1+x) f(x) = 1$ 得

$$f'(x) + \frac{1+x}{1+x^2} f(x) = \frac{1}{1+x^2},$$

由 $f(0) = 0$,则该微分方程的解为

$$f(x) = \mathrm{e}^{-\int_0^x \frac{1+t}{1+t^2} \mathrm{d}t} \left(f(0) + \int_0^x \frac{1}{1+t^2} \mathrm{e}^{\int_0^t \frac{1+s}{1+s^2} \mathrm{d}s} \mathrm{d}t \right) = \frac{\mathrm{e}^{-\arctan x}}{\sqrt{1+x^2}} \int_0^x \frac{\mathrm{e}^{\arctan t}}{\sqrt{1+t^2}} \mathrm{d}t.$$

因此

$$g\left(\frac{1}{n}\right) = g(0) + \int_0^{\frac{1}{n}} \frac{\mathrm{e}^{-\arctan x}}{\sqrt{1+x^2}} \mathrm{d}x \int_0^x \frac{\mathrm{e}^{\arctan t}}{\sqrt{1+t^2}} \mathrm{d}t = \iint_D \frac{\mathrm{e}^{\arctan t - \arctan x}}{\sqrt{1+x^2} \sqrt{1+t^2}} \mathrm{d}x \mathrm{d}t,$$

其中 $D = \left\{ (x,t) \mid 0 \leqslant x \leqslant \dfrac{1}{n}, 0 \leqslant t \leqslant x \right\}$。由 $\arctan t - \arctan x \leqslant 0, \sqrt{1+x^2} \sqrt{1+t^2} \geqslant 1$,故

$$g\left(\frac{1}{n}\right) \leqslant \iint_D \mathrm{d}x \mathrm{d}t = \int_0^{\frac{1}{n}} \mathrm{d}x \int_0^x \mathrm{d}t = \int_0^{\frac{1}{n}} x \mathrm{d}x = \frac{1}{2n^2},$$

从而

$$\sum_{n=1}^{\infty} g\left(\frac{1}{n}\right) < \frac{1}{2}\sum_{n=1}^{\infty}\frac{1}{n^2} = \frac{\pi^2}{12}\text{。}$$

二、正项级数敛散性的判定

例 15.8　判断下列正项级数的敛散性：

(1) $\displaystyle\sum_{n=1}^{\infty}\left(\cos\frac{1}{\sqrt{n}}\right)^{n^2}$；　　　　　　　(2) $\displaystyle\sum_{n=1}^{\infty}\left(\ln\frac{1}{n} - \ln\sin\frac{1}{n}\right)$；

(3) $\displaystyle\sum_{n=2}^{\infty}\frac{\ln(\mathrm{e}^n + n^2)}{n^2\ln^2 n}$；　　　　　　(4) $\displaystyle\sum_{n=2}^{\infty}\left(\frac{n-1}{n+1}\right)^n\frac{\mathrm{e}^2}{\sqrt[3]{n^3+2}\cdot\ln n}$。

【解】　(1) 记 $u_n = \left(\cos\dfrac{1}{\sqrt{n}}\right)^{n^2}$，则

$$\rho = \lim_{n\to\infty}\sqrt[n]{u_n} = \lim_{n\to\infty}\left(\cos\frac{1}{\sqrt{n}}\right)^n = \mathrm{e}^{\lim\limits_{n\to\infty} n\ln\cos\frac{1}{\sqrt{n}}},$$

其中

$$\lim_{n\to\infty}n\ln\cos\frac{1}{\sqrt{n}} = \lim_{n\to\infty}n\ln\left(1 + \left(\cos\frac{1}{\sqrt{n}} - 1\right)\right) = -\lim_{n\to\infty}n\left(1 - \cos\frac{1}{\sqrt{n}}\right)$$

$$= -\frac{1}{2}\lim_{n\to\infty}n\left(\frac{1}{\sqrt{n}}\right)^2 = -\frac{1}{2},$$

则 $\rho = \mathrm{e}^{-\frac{1}{2}} < 1$，所以正项级数 $\displaystyle\sum_{n=1}^{\infty}\left(\cos\dfrac{1}{\sqrt{n}}\right)^{n^2}$ 收敛。

(2) 当 $x\to 0^+$ 时，

$$\ln x - \ln\sin x = -\ln\frac{\sin x}{x} = -\ln\frac{x - \dfrac{1}{3!}x^3 + o(x^3)}{x}$$

$$= -\ln\left(1 - \frac{1}{6}x^2 + o(x^2)\right) \sim \frac{1}{6}x^2 + o(x^2) \sim \frac{1}{6}x^2,$$

则

$$\ln\frac{1}{n} - \ln\sin\frac{1}{n} \sim \frac{1}{6n^2},$$

而 $\displaystyle\sum_{n=1}^{\infty}\frac{1}{6n^2}$ 收敛，由比较审敛法的极限形式，正项级数 $\displaystyle\sum_{n=1}^{\infty}\left(\ln\frac{1}{n} - \ln\sin\frac{1}{n}\right)$ 收敛。

(3) 当 $n\to\infty$ 时，有

$$\frac{\ln(\mathrm{e}^n + n^2)}{n^2\ln^2 n} = \frac{n + \ln\left(1 + \dfrac{n^2}{\mathrm{e}^n}\right)}{n^2\ln^2 n} \sim \frac{1}{n\ln^2 n},$$

而

$$\int_2^{+\infty}\frac{\mathrm{d}x}{x\ln^2 x} = \int_2^{+\infty}\frac{\mathrm{d}\ln x}{\ln^2 x} = -\frac{1}{\ln x}\Big|_2^{+\infty} = \frac{1}{\ln 2},$$

由积分判别法，级数 $\displaystyle\sum_{n=2}^{\infty}\frac{1}{n\ln^2 n}$ 收敛，由比较审敛法知级数 $\displaystyle\sum_{n=2}^{\infty}\frac{\ln(\mathrm{e}^n + n^2)}{n^2\ln^2 n}$ 收敛。

（4）因为

$$\lim_{n \to \infty} \left(\frac{n-1}{n+1} \right)^n = \lim_{n \to \infty} \frac{\left(1 - \frac{1}{n} \right)^n}{\left(1 + \frac{1}{n} \right)^n} = \frac{1}{e^2},$$

则当 $n \to \infty$ 时，有 $\left(\frac{n-1}{n+1} \right)^n \frac{e^2}{\sqrt[3]{n^3+2} \cdot \ln n} \sim \frac{1}{n \ln n}$，而

$$\int_2^{+\infty} \frac{dx}{x \ln x} = \int_2^{+\infty} \frac{d \ln x}{\ln x} = -\ln | \ln x | \Big|_2^{+\infty} = -\infty,$$

由积分判别法，级数 $\sum_{n=2}^{\infty} \frac{1}{n \ln n}$ 发散，由比较审敛法知级数 $\sum_{n=2}^{\infty} \left(\frac{n-1}{n+1} \right)^n \frac{e^2}{\sqrt[3]{n^3+2} \cdot \ln n}$ 发散。

例 15.9 已知 $0 < \sqrt{n} a_n < 1$，证明级数 $\sum_{n=1}^{\infty} \sum_{m=1}^{\infty} \frac{a_n}{m^2+n^2}$ 收敛。

【证】 因为 $\frac{a_n}{m^2+n^2} \leqslant \int_{m-1}^m \frac{a_n}{x^2+n^2} dx$，所以

$$\sum_{m=1}^{\infty} \frac{a_n}{m^2+n^2} \leqslant \int_0^{+\infty} \frac{a_n}{x^2+n^2} dx = \frac{a_n}{n} \arctan \frac{x}{n} \Big|_0^{+\infty} = \frac{\pi}{2} \cdot \frac{a_n}{n},$$

又 $0 < a_n < \frac{1}{\sqrt{n}}$，则 $b_n = \frac{\pi}{2} \cdot \frac{a_n}{n}$ 为正项数列，且 $b_n < \frac{\pi}{2} \cdot \frac{1}{n^{\frac{3}{2}}}$，由比较审敛法知 $\sum_{n=1}^{\infty} b_n$ 收敛，

所以级数 $\sum_{n=1}^{\infty} \sum_{m=1}^{\infty} \frac{a_n}{m^2+n^2}$ 收敛。

例 15.10 讨论级数 $\sum_{n=1}^{\infty} \int_0^{\frac{\pi}{n}} \frac{\sin x}{1-x} dx$ 的敛散性。

【证】 因为

$$\sum_{n=1}^{\infty} \int_0^{\frac{\pi}{n}} \frac{\sin x}{1-x} dx = \int_0^{\pi} \frac{\sin x}{1-x} dx + \int_0^{\frac{\pi}{2}} \frac{\sin x}{1-x} dx + \int_0^{\frac{\pi}{3}} \frac{\sin x}{1-x} dx + \sum_{n=4}^{\infty} \int_0^{\frac{\pi}{n}} \frac{\sin x}{1-x} dx,$$

当 $n \geqslant 4$ 时，$x \in \left[0, \frac{\pi}{n} \right] \subset [0,1)$，且 $\frac{\sin x}{1-x} > 0$，从而 $a_n > 0$，则 $\sum_{n=4}^{\infty} \int_0^{\frac{\pi}{n}} \frac{\sin x}{1-x} dx$ 为正项

级数。

又 $1 - x \geqslant 1 - \frac{\pi}{4} > \frac{1}{5}$，则

$$a_n = \int_0^{\frac{\pi}{n}} \frac{\sin x}{1-x} dx < 5 \int_0^{\frac{\pi}{n}} \sin x \, dx \leqslant 5 \int_0^{\frac{\pi}{n}} x \, dx = \frac{5}{2} \pi^2 \cdot \frac{1}{n^2},$$

由比较审敛法知级数 $\sum_{n=4}^{\infty} \int_0^{\frac{\pi}{n}} \frac{\sin x}{1-x} dx$ 收敛。

当 $n \leqslant 3$ 时，由 Cauchy 判别法知瑕积分 $\int_0^{\frac{\pi}{n}} \frac{\sin x}{1-x} dx$ 发散，所以级数 $\sum_{n=1}^{\infty} \int_0^{\frac{\pi}{n}} \frac{\sin x}{1-x} dx$ 发散。

例 15.11 设 $0 < a_n < 1, n = 1, 2, \cdots,$ 且 $\lim\limits_{n \to \infty} \dfrac{\ln \dfrac{1}{a_n}}{\ln n} = q$（有限或 $+\infty$）。

（1）证明当 $q > 1$ 时级数 $\sum\limits_{n=1}^{\infty} a_n$ 收敛，当 $q < 1$ 时级数 $\sum\limits_{n=1}^{\infty} a_n$ 发散；

（2）讨论当 $q = 1$ 时级数 $\sum\limits_{n=1}^{\infty} a_n$ 的敛散性，并说明理由。

【证】（1）若 $q > 1$，则 $\exists p \in \mathbf{R}$，使得 $q > p > 1$，由极限的性质，$\exists N \in \mathbf{N}^+$，当 $n > N$ 时，有

$$\frac{\ln \dfrac{1}{a_n}}{\ln n} > p, \quad \text{即} \quad a_n < \frac{1}{n^p},$$

而当 $p > 1$ 时，级数 $\sum\limits_{n=1}^{\infty} \dfrac{1}{n^p}$ 收敛，从而级数 $\sum\limits_{n=1}^{\infty} a_n$ 收敛。

若 $q < 1$，则 $\exists p \in \mathbf{R}$，使得 $q < p < 1$，由极限的性质，$\exists N \in \mathbf{N}^+$，当 $n > N$ 时，有

$$\frac{\ln \dfrac{1}{a_n}}{\ln n} < p, \quad \text{即} \quad a_n > \frac{1}{n^p},$$

而当 $p < 1$ 时，级数 $\sum\limits_{n=1}^{\infty} \dfrac{1}{n^p}$ 发散，从而级数 $\sum\limits_{n=1}^{\infty} a_n$ 发散。

（2）当 $q = 1$ 时级数 $\sum\limits_{n=1}^{\infty} a_n$ 可能收敛，也可能发散。

例如 $a_n = \dfrac{1}{n}$，满足条件 $\lim\limits_{n \to \infty} \dfrac{\ln \dfrac{1}{a_n}}{\ln n} = 1$，而级数 $\sum\limits_{n=1}^{\infty} \dfrac{1}{n}$ 发散。

又如 $a_n = \dfrac{1}{n \ln^2 n}$，满足条件 $\lim\limits_{n \to \infty} \dfrac{\ln \dfrac{1}{a_n}}{\ln n} = 1$，而级数 $\sum\limits_{n=1}^{\infty} \dfrac{1}{n \ln^2 n}$ 收敛。

例 15.12 设 $\sum\limits_{n=1}^{\infty} a_n$ 和 $\sum\limits_{n=1}^{\infty} b_n$ 为正项级数，

（1）若 $\lim\limits_{n \to \infty} \left(\dfrac{a_n}{a_{n+1} b_n} - \dfrac{1}{b_{n+1}} \right) > 0$，证明级数 $\sum\limits_{n=1}^{\infty} a_n$ 收敛；

（2）若 $\lim\limits_{n \to \infty} \left(\dfrac{a_n}{a_{n+1} b_n} - \dfrac{1}{b_{n+1}} \right) < 0$，$\sum\limits_{n=1}^{\infty} b_n$ 发散，证明级数 $\sum\limits_{n=1}^{\infty} a_n$ 发散。

【解】（1）不妨设 $\lim\limits_{n \to \infty} \left(\dfrac{a_n}{a_{n+1} b_n} - \dfrac{1}{b_{n+1}} \right) = 2\delta > \delta > 0$，则存在 $N \in \mathbf{N}^+$，当 $n > N$ 时，有

$$\frac{a_n}{a_{n+1} b_n} - \frac{1}{b_{n+1}} > \delta, \quad \text{即} \quad \frac{a_n}{b_n} - \frac{a_{n+1}}{b_{n+1}} > \delta a_{n+1},$$

故 $a_{n+1}<\dfrac{1}{\delta}\left(\dfrac{a_n}{b_n}-\dfrac{a_{n+1}}{b_{n+1}}\right)$，从而

$$\sum_{n=N}^{m}a_{n+1}<\frac{1}{\delta}\sum_{n=N}^{m}\left(\frac{a_n}{b_n}-\frac{a_{n+1}}{b_{n+1}}\right)=\frac{1}{\delta}\left(\frac{a_N}{b_N}-\frac{a_{m+1}}{b_{m+1}}\right)\leqslant\frac{1}{\delta}\frac{a_N}{b_N},$$

因此 $\displaystyle\sum_{n=1}^{\infty}a_n$ 的部分和数列有上界，级数 $\displaystyle\sum_{n=1}^{\infty}a_n$ 收敛。

（2）设 $\displaystyle\lim_{n\to\infty}\left(\dfrac{a_n}{a_{n+1}b_n}-\dfrac{1}{b_{n+1}}\right)<0$，由保号性知，存在 $N\in\mathbf{N}^+$，当 $n>N$ 时，有

$$\frac{a_n}{a_{n+1}b_n}-\frac{1}{b_{n+1}}<0,\quad\text{即}\quad\frac{a_n}{b_n}<\frac{a_{n+1}}{b_{n+1}},$$

故

$$a_{n+1}>\frac{b_{n+1}}{b_n}a_n>\frac{b_{n+1}}{b_n}\frac{b_n}{b_{n-1}}a_{n-1}>\cdots>\frac{b_{n+1}}{b_n}\frac{b_n}{b_{n-1}}\cdots\frac{b_{N+1}}{b_N}a_N>\frac{a_N}{b_N}b_{n+1},$$

由于 $\displaystyle\sum_{n=1}^{\infty}b_n$ 发散，故 $\displaystyle\sum_{n=1}^{\infty}a_n$ 发散。

例 15.13 设 $a_n=\displaystyle\sum_{k=1}^{n}\dfrac{1}{k}-\ln n$。

（1）证明极限 $\displaystyle\lim_{n\to\infty}a_n$ 存在；

（2）记 $\displaystyle\lim_{n\to\infty}a_n=C$，讨论级数 $\displaystyle\sum_{n=1}^{\infty}(a_n-C)$ 的敛散性。

（1）【证】 由对数不等式得 $\dfrac{1}{n+1}<\ln\left(1+\dfrac{1}{n}\right)<\dfrac{1}{n}$，从而

$$a_{n+1}-a_n=\frac{1}{n+1}-\ln(n+1)+\ln n=\frac{1}{n+1}-\ln\left(1+\frac{1}{n}\right)<0,$$

则数列 $\{a_n\}$ 单调减少。又由 $\ln\left(1+\dfrac{1}{n}\right)<\dfrac{1}{n}$ 得

$$\ln(1+n)-\ln n<\frac{1}{n},$$

将 n 依次用 $1,2,\cdots,n$ 代入，再将这些不等式相加得

$$1+\frac{1}{2}+\frac{1}{3}+\cdots+\frac{1}{n}>\ln(n+1)=\ln n+\ln\left(1+\frac{1}{n}\right)>\ln n+\frac{1}{n+1},$$

因此

$$a_n=1+\frac{1}{2}+\frac{1}{3}+\cdots+\frac{1}{n}-\ln n>\frac{1}{n+1}>0,$$

从而数列 $\{a_n\}$ 收敛。

（2）【证 1】 记 $\varepsilon_n=a_n-C$，因为数列 $\{a_n\}$ 单调减少，且 $\displaystyle\lim_{n\to\infty}a_n=C$，则 $a_n>C$，即 $\varepsilon_n>0$。

又

$$\lim_{n\to\infty}n\varepsilon_n=\lim_{n\to\infty}\frac{a_n-C}{\frac{1}{n}}=\lim_{n\to\infty}\frac{a_{n+1}-a_n}{\frac{1}{n+1}-\frac{1}{n}}=\lim_{n\to\infty}\frac{\frac{1}{n+1}-\ln\left(1+\frac{1}{n}\right)}{-\frac{1}{n(n+1)}}$$

$$= \lim_{n \to \infty} \frac{\dfrac{1}{n+1} - \dfrac{1}{n} + \dfrac{1}{2n^2} + o\left(\dfrac{1}{n^2}\right)}{-\dfrac{1}{n(n+1)}} = \lim_{n \to \infty} \frac{-\dfrac{n-1}{2n^2(n+1)} + o\left(\dfrac{1}{n^2}\right)}{-\dfrac{1}{n(n+1)}} = \frac{1}{2},$$

而级数 $\displaystyle\sum_{n=1}^{\infty} \frac{1}{n}$ 发散，所以 $\displaystyle\sum_{n=1}^{\infty} \varepsilon_n$ 发散，即级数 $\displaystyle\sum_{n=1}^{\infty} (a_n - C)$ 发散。

【证 2】 因为 $a_n = 1 + \displaystyle\sum_{k=1}^{n-1} (a_{k+1} - a_k)$，且

$$C = \lim_{n \to \infty} a_n = 1 + \sum_{k=1}^{\infty} (a_{k+1} - a_k) = 1 + \sum_{k=1}^{\infty} \left(\frac{1}{k+1} - \ln(k+1) + \ln k \right),$$

而数列 $\{a_n\}$ 单调减少，则 $a_n > C$，所以

$$a_n - C = -\sum_{k=n}^{\infty} \left(\frac{1}{k} - \ln k + \ln(k-1) \right) = \sum_{k=n}^{\infty} \left(\ln\left(1 + \frac{1}{k-1}\right) - \frac{1}{k} \right),$$

由 Taylor 公式，当 $x > 0$ 时，$\ln(1+x) > x - \dfrac{x^2}{2}$，则

$$a_n - C > \sum_{k=n}^{\infty} \left(\frac{1}{k-1} - \frac{1}{2(k-1)^2} - \frac{1}{k} \right)。$$

记 $b_n = \displaystyle\sum_{k=n}^{\infty} \left(\frac{1}{k-1} - \frac{1}{k} - \frac{1}{2(k-1)^2} \right)$，因为

$$n\sum_{k=n}^{\infty} \left(\frac{1}{k-1} - \frac{1}{k} - \frac{1}{2(k-1)(k-2)} \right) < nb_n < n\sum_{k=n}^{\infty} \left(\frac{1}{k-1} - \frac{1}{k} - \frac{1}{2k(k-1)} \right),$$

而

$$\lim_{n \to \infty} n\sum_{k=n}^{\infty} \left(\frac{1}{k-1} - \frac{1}{k} - \frac{1}{2(k-1)(k-2)} \right) = \lim_{n \to \infty} \frac{n-2}{2(n-1)} = \frac{1}{2},$$

$$\lim_{n \to \infty} n\sum_{k=n}^{\infty} \left(\frac{1}{k-1} - \frac{1}{k} - \frac{1}{2k(k-1)} \right) = \frac{1}{2} \lim_{n \to \infty} \frac{n}{n} = \frac{1}{2},$$

由夹逼准则，得 $\displaystyle\lim_{n \to \infty} nb_n = \frac{1}{2}$，由比较判别法知，级数 $\displaystyle\sum_{n=1}^{\infty} b_n$ 发散，从而级数 $\displaystyle\sum_{n=1}^{\infty} (a_n - C)$ 发散。

例 15.14 设 $a_n > 0$，$S_n = \displaystyle\sum_{k=1}^{n} a_k$，证明：

(1) 当 $\alpha > 1$ 时，级数 $\displaystyle\sum_{n=1}^{+\infty} \frac{a_n}{S_n^\alpha}$ 收敛；

(2) 当 $\alpha \leqslant 1$ 时，且 $\displaystyle\lim_{n \to \infty} S_n = +\infty$ 时，级数 $\displaystyle\sum_{n=1}^{+\infty} \frac{a_n}{S_n^\alpha}$ 发散。

【证】 令 $f(x) = x^{1-\alpha}$，$x \in [S_{n-1}, S_n]$，由拉格朗日中值定理知，存在 $\xi \in (S_{n-1}, S_n)$，使得

$$f(S_n) - f(S_{n-1}) = f'(\xi)(S_n - S_{n-1}),$$

即

$$S_n^{1-\alpha} - S_{n-1}^{1-\alpha} = (1-\alpha)\xi^{-\alpha}a_n。$$

（1）当 $\alpha > 1$ 时，

$$\frac{1}{S_{n-1}^{\alpha-1}} - \frac{1}{S_n^{\alpha-1}} = (\alpha-1)\frac{1}{\xi^\alpha}a_n \geqslant (\alpha-1)\frac{1}{S_n^\alpha}a_n，$$

因为 $S_{n-1} \leqslant S_n$，所以 $\dfrac{1}{S_{n-1}^{\alpha-1}} - \dfrac{1}{S_n^{\alpha-1}} \geqslant 0$，又

$$T_n = \sum_{k=2}^{n+1}\left(\frac{1}{S_{k-1}^{\alpha-1}} - \frac{1}{S_k^{\alpha-1}}\right) = \frac{1}{S_1^{\alpha-1}} - \frac{1}{S_{n+1}^{\alpha-1}} \leqslant \frac{1}{S_1^{\alpha-1}}，$$

故正项级数 $\displaystyle\sum_{n=2}^{\infty}\left(\frac{1}{S_{n-1}^{\alpha-1}} - \frac{1}{S_n^{\alpha-1}}\right)$ 收敛，从而级数 $\displaystyle\sum_{n=1}^{+\infty}\frac{a_n}{S_n^\alpha}$ 收敛。

（2）当 $\alpha = 1$ 时，由 $\displaystyle\lim_{n\to\infty}S_n = +\infty$，即 $\forall n \in \mathbf{N}^+$，存在 $p \in \mathbf{N}^+$，使得 $S_{n+p} \geqslant 2S_n$，则

$$\sum_{k=n+1}^{n+p}\frac{a_k}{S_k} \geqslant \frac{1}{S_{n+p}}\sum_{k=n+1}^{n+p}a_k = \frac{S_{n+p} - S_n}{S_{n+p}} = 1 - \frac{S_n}{S_{n+p}} \geqslant \frac{1}{2}，$$

由 Cauchy 准则知级数 $\displaystyle\sum_{n=1}^{+\infty}\frac{a_n}{S_n}$ 发散。

（3）当 $\alpha < 1$ 时，有 $S_n^\alpha \leqslant S_n$，则 $\dfrac{a_n}{S_n^\alpha} \geqslant \dfrac{a_n}{S_n}$，由级数 $\displaystyle\sum_{n=1}^{+\infty}\frac{a_n}{S_n}$ 发散知，$\displaystyle\sum_{n=1}^{+\infty}\frac{a_n}{S_n^\alpha}$ 发散。

例 15.15　设正项级数 $\displaystyle\sum_{n=1}^{\infty}a_n$ 收敛，和为 s，记 $r_n = \displaystyle\sum_{k=n}^{\infty}a_k$，证明当 $0 < p < 1$ 时，有

$$\sum_{n=1}^{\infty}\frac{a_n}{r_n^p} \leqslant \frac{s^{1-p}}{1-p}。$$

【证】　因为 $\displaystyle\sum_{n=1}^{\infty}a_n$ 为收敛的正项级数，$r_n = \displaystyle\sum_{k=n}^{\infty}a_k$，则 $r_1 = \displaystyle\sum_{k=1}^{\infty}a_k = s$，$\displaystyle\lim_{n\to\infty}r_n = 0$，且 $r_{n+1} < r_n$。

又 $\displaystyle\int_0^s\frac{\mathrm{d}x}{x^p} = \frac{s^{1-p}}{1-p}(0 < p < 1)$，对收敛的反常积分 $\displaystyle\int_0^s\frac{\mathrm{d}x}{x^p}$，用分点 $\cdots,r_{n+1},r_n,\cdots,r_2,r_1$ 将区间 $[0,s]$ 分成无穷多个小区间 $\cdots,[r_{n+1},r_n],\cdots,[r_3,r_2],[r_2,r_1]$，则对 $n = 1,2,\cdots$，有

$$\frac{a_n}{r_n^p} = \frac{1}{r_n^p}\int_{r_{n+1}}^{r_n}\mathrm{d}x \leqslant \int_{r_{n+1}}^{r_n}\frac{1}{x^p}\mathrm{d}x，$$

从而

$$\sum_{n=1}^{N}\frac{a_n}{r_n^p} \leqslant \sum_{n=1}^{N}\int_{r_{n+1}}^{r_n}\frac{1}{x^p}\mathrm{d}x = \int_{r_{N+1}}^{r_1}\frac{1}{x^p}\mathrm{d}x，$$

令 $N \to \infty$，则

$$\sum_{n=1}^{\infty}\frac{a_n}{r_n^p} \leqslant \int_0^s\frac{\mathrm{d}x}{x^p} = \frac{s^{1-p}}{1-p}。$$

例 15.16　已知 $\{a_n\}$，$\{b_n\}$ 为正项数列，且 $b_{n+1} - b_n \geqslant \delta > 0(n = 1,2,\cdots)$，$\delta$ 为常数，

级数 $\displaystyle\sum_{n=1}^{\infty} a_n$ 收敛,证明级数 $\displaystyle\sum_{n=1}^{\infty} \dfrac{n\sqrt[n]{(a_1 a_2 \cdots a_n)(b_1 b_2 \cdots b_n)}}{b_{n+1} b_n}$ 收敛。

【证】　令 $S_n = \displaystyle\sum_{k=1}^{n} a_k b_k$,记 $S_0 = 0$,由 $a_n b_n = S_n - S_{n-1}$ 得

$$a_n = \frac{S_n - S_{n-1}}{b_n}, \quad n = 1, 2, \cdots,$$

从而

$$\sum_{k=1}^{n} a_k = \sum_{k=1}^{n} \frac{S_k - S_{k-1}}{b_k} = \sum_{k=1}^{n-1}\left(\frac{S_k}{b_k} - \frac{S_k}{b_{k+1}}\right) + \frac{S_n}{b_n}$$

$$= \sum_{k=1}^{n-1} \frac{b_{k+1} - b_k}{b_k b_{k+1}} S_k + \frac{S_n}{b_n} \geqslant \sum_{k=1}^{n-1} \frac{\delta}{b_k b_{k+1}} S_k,$$

由于级数 $\displaystyle\sum_{n=1}^{\infty} a_n$ 收敛,所以级数 $\displaystyle\sum_{n=1}^{\infty} \dfrac{\delta}{b_n b_{n+1}} S_n$ 收敛,从而级数 $\displaystyle\sum_{n=1}^{\infty} \dfrac{S_n}{b_n b_{n+1}}$ 收敛。

由算术-几何平均值不等式得

$$\sqrt[n]{(a_1 a_2 \cdots a_n)(b_1 b_2 \cdots b_n)} \leqslant \frac{a_1 b_1 + a_2 b_3 + \cdots + a_n b_n}{n} = \frac{S_n}{n},$$

则

$$\frac{n\sqrt[n]{(a_1 a_2 \cdots a_n)(b_1 b_2 \cdots b_n)}}{b_n b_{n+1}} \leqslant \frac{S_n}{b_n b_{n+1}},$$

由比较审敛法知,级数 $\displaystyle\sum_{n=1}^{\infty} \dfrac{n\sqrt[n]{(a_1 a_2 \cdots a_n)(b_1 b_2 \cdots b_n)}}{b_{n+1} b_n}$ 收敛。

例 15.17　设级数 $\displaystyle\sum_{n=1}^{\infty} a_n = s$,证明:

(1) $\displaystyle\lim_{n\to\infty} \frac{1}{n} \sum_{k=1}^{n} k a_k = 0$;

(2) $\displaystyle\sum_{n=1}^{\infty} \frac{a_1 + 2a_2 + \cdots + n a_n}{n(n+1)} = s$。

【证】　(1) 记 $S_n = \displaystyle\sum_{k=1}^{n} a_k \ (n = 1, 2, \cdots)$,则 $\displaystyle\lim_{n\to\infty} S_n = s$,且

$$\frac{1}{n} \sum_{k=1}^{n} k a_k = \frac{S_1 + 2(S_2 - S_1) + \cdots + n(S_n - S_{n-1})}{n} = -\frac{S_1 + S_2 + \cdots + S_n}{n} + \frac{n+1}{n} S_n,$$

由 Cauchy 命题知

$$\lim_{n\to\infty} \frac{S_1 + S_2 + \cdots + S_n}{n} = \lim_{n\to\infty} S_n = s,$$

因此

$$\lim_{n\to\infty} \frac{1}{n} \sum_{k=1}^{n} k a_k = -\lim_{n\to\infty} \frac{S_1 + S_2 + \cdots + S_n}{n} + \lim_{n\to\infty}\left(\frac{n+1}{n} S_n\right) = -s + s = 0。$$

(2) 记 $T_n = \displaystyle\sum_{k=1}^{n} \frac{a_1 + 2a_2 + \cdots + k a_k}{k(k+1)}$,则

$$T_n = \sum_{k=1}^{n}\left(\frac{a_1 + 2a_2 + \cdots + ka_k}{k} - \frac{a_1 + 2a_2 + \cdots + ka_k}{k+1}\right)$$

$$= \left(a_1 - \frac{1}{2}a_1\right) + \left(\frac{1}{2}(a_1 + 2a_2) - \frac{1}{3}(a_1 + 2a_2)\right) +$$

$$\left(\frac{1}{3}(a_1 + 2a_2 + 3a_3) - \frac{1}{4}(a_1 + 2a_2 + 3a_3)\right) + \cdots +$$

$$\left(\frac{1}{n}(a_1 + 2a_2 + \cdots + na_n) - \frac{1}{n+1}(a_1 + 2a_2 + \cdots + na_n)\right)$$

$$= a_1 + \frac{1}{2}(2a_2) + \frac{1}{3}(3a_3) + \cdots + \frac{1}{n}(na_n) - \frac{a_1 + 2a_2 + \cdots + na_n}{n+1}$$

$$= a_1 + a_2 + a_3 + \cdots + a_n - \frac{a_1 + 2a_2 + \cdots + na_n}{n+1},$$

由于 $\lim\limits_{n \to \infty} \dfrac{1}{n}\sum\limits_{k=1}^{n} ka_k = 0$,因此

$$\lim_{n \to \infty} \frac{a_1 + 2a_2 + \cdots + na_n}{n+1} = \lim_{n \to \infty}\frac{n}{n+1} \cdot \lim_{n \to \infty}\frac{1}{n}\sum_{k=1}^{n} ka_k = 0,$$

而 $\sum\limits_{n=1}^{\infty} a_n = s$,于是

$$\sum_{n=1}^{\infty}\frac{a_1 + 2a_2 + \cdots + na_n}{n(n+1)} = \sum_{n=1}^{\infty} a_n - \lim_{n \to \infty}\frac{a_1 + 2a_2 + \cdots + na_n}{n+1} = s。$$

例 15.18　设正数列 $\{a_n\}$ 单调增加,证明级数 $\sum\limits_{n=1}^{\infty}\dfrac{n}{a_1 + a_2 + \cdots + a_n}$ 收敛的充要条件是 $\sum\limits_{n=1}^{\infty}\dfrac{1}{a_n}$ 收敛。

【证】　(必要性)由正数列 $\{a_n\}$ 单调增加知 $a_1 + a_2 + \cdots + a_n \leqslant na_n$,故

$$0 < \frac{1}{a_n} = \frac{n}{na_n} \leqslant \frac{n}{a_1 + a_2 + \cdots + a_n}。$$

而级数 $\sum\limits_{n=1}^{\infty}\dfrac{n}{a_1 + a_2 + \cdots + a_n}$ 收敛,由比较判别法得级数 $\sum\limits_{n=1}^{\infty}\dfrac{1}{a_n}$ 收敛。

(充分性)记 $u_n = \dfrac{n}{a_1 + a_2 + \cdots + a_n}$,因为正数列 $\{a_n\}$ 单调增加,则

$$0 < u_{2n} = \frac{2n}{a_1 + a_2 + \cdots + a_{2n}} \leqslant \frac{2n}{a_{n+1} + a_{n+2} + \cdots + a_{2n}} \leqslant \frac{2n}{na_n} = \frac{2}{a_n},$$

由 $a_1 + a_2 + \cdots + a_{2n} \leqslant 2na_{2n+1}$,得

$$0 < u_{2n+1} = \frac{2n+1}{a_1 + a_2 + \cdots + a_{2n+1}} \leqslant \frac{2n}{a_1 + a_2 + \cdots + a_{2n}} \leqslant \frac{2}{a_n},$$

因为 $\sum\limits_{n=1}^{\infty}\dfrac{1}{a_n}$ 收敛,由比较判别法知,正项级数 $\sum\limits_{n=1}^{\infty} u_{2n}$ 及 $\sum\limits_{n=1}^{\infty} u_{2n+1}$ 都收敛,从而因此 $\sum\limits_{n=2}^{\infty} u_n$ 收敛,即级数 $\sum\limits_{n=1}^{\infty}\dfrac{n}{a_1 + a_2 + \cdots + a_n}$ 收敛。

例 15.19　设 $\{p_n\}$ 为正数列，级数 $\displaystyle\sum_{n=1}^{\infty}\frac{1}{p_n}$ 收敛，证明级数 $\displaystyle\sum_{n=1}^{\infty}\frac{n^2}{(p_1+p_2+\cdots+p_n)^2}p_n$ 收敛。

【证】　令 $q_n=p_1+p_2+\cdots+p_n(q_0=0)$，由级数 $\displaystyle\sum_{n=1}^{\infty}\frac{1}{p_n}$ 收敛，设 $\displaystyle\sum_{n=1}^{\infty}\frac{1}{p_n}=T$，则

$$S_n=\sum_{k=1}^{n}\frac{k^2}{(p_1+p_2+\cdots+p_k)^2}p_k=\frac{1}{p_1}+\sum_{k=2}^{n}\frac{k^2}{q_k^2}(q_k-q_{k-1})$$

$$\leqslant\frac{1}{p_1}+\sum_{k=2}^{n}\frac{k^2}{q_kq_{k-1}}(q_k-q_{k-1})=\frac{1}{p_1}+\sum_{k=2}^{n}\frac{k^2}{q_{k-1}}-\sum_{k=2}^{n}\frac{k^2}{q_k}$$

$$=\frac{1}{p_1}+\sum_{k=1}^{n}\frac{(k+1)^2}{q_k}-\sum_{k=2}^{n}\frac{k^2}{q_k}=\frac{5}{p_1}+2\sum_{k=2}^{n}\frac{k}{q_k}+\sum_{k=2}^{n}\frac{1}{q_k},$$

由 Cauchy-Schwarz 不等式，得

$$\left(\sum_{k=2}^{n}\frac{k}{q_k}\right)^2\leqslant\left(\sum_{k=2}^{n}\frac{k^2}{q_k^2}p_k\right)\left(\sum_{k=2}^{n}\frac{1}{p_k}\right),$$

因而

$$S_n\leqslant\frac{5}{p_1}+2\sqrt{S_nT}+T,$$

由二次不等式得

$$\sqrt{S_n}\leqslant\sqrt{T}+\sqrt{2T+\frac{5}{p_1}},$$

所以正项级数 $\displaystyle\sum_{n=1}^{\infty}\frac{n^2}{(p_1+p_2+\cdots+p_n)^2}p_n$ 的部分和有上界，从而级数收敛。

三、变号级数敛散性的判定

例 15.20　讨论级数 $1-\dfrac{1}{2^x}+\dfrac{1}{3}-\dfrac{1}{4^x}+\cdots+\dfrac{1}{2n-1}-\dfrac{1}{(2n)^x}+\cdots$ 的敛散性。

【解】　(1) 当 $x=1$ 时，$1-\dfrac{1}{2}+\dfrac{1}{3}-\dfrac{1}{4}+\cdots+\dfrac{1}{2n-1}-\dfrac{1}{2n}+\cdots$ 为 Leibniz 判别级数，该级数收敛。

(2) 当 $x>1$ 时，因为级数

$$\left(1-\frac{1}{2^x}\right)+\left(\frac{1}{3}-\frac{1}{4^x}\right)+\cdots+\left(\frac{1}{2n-1}-\frac{1}{(2n)^x}\right)+\cdots=\sum_{k=1}^{\infty}\left(\frac{1}{2n-1}-\frac{1}{(2n)^x}\right),$$

当 $x>1$ 时，$\displaystyle\sum_{k=1}^{\infty}\frac{1}{(2n)^x}$ 收敛，而 $\displaystyle\sum_{k=1}^{\infty}\frac{1}{2n-1}$ 发散，则级数 $\displaystyle\sum_{k=1}^{\infty}\left(\frac{1}{2n-1}-\frac{1}{(2n)^x}\right)$ 发散，所以去括号后得到的原级数必发散。

(3) 当 $x<1$ 时，考虑顺序加括号级数

$$1-\left(\frac{1}{2^x}-\frac{1}{3}\right)-\left(\frac{1}{4^x}-\frac{1}{5}\right)-\cdots-\left(\frac{1}{(2n)^x}-\frac{1}{2n+1}\right)-\cdots$$

因为

$$\lim_{n \to \infty} \frac{\dfrac{1}{(2n)^x} - \dfrac{1}{2n+1}}{\dfrac{1}{n^x}} = \frac{1}{2^x},$$

当 $x < 1$ 时，$\sum_{n=1}^{\infty} \dfrac{1}{n^x}$ 发散，故正项级数 $\left(\dfrac{1}{2^x} - \dfrac{1}{3}\right) + \left(\dfrac{1}{4^x} - \dfrac{1}{5}\right) + \cdots + \left(\dfrac{1}{(2n)^x} - \dfrac{1}{2n+1}\right) + \cdots$

发散，则 $1 - \left(\dfrac{1}{2^x} - \dfrac{1}{3}\right) - \left(\dfrac{1}{4^x} - \dfrac{1}{5}\right) - \cdots - \left(\dfrac{1}{(2n)^x} - \dfrac{1}{2n+1}\right) - \cdots$ 发散，从而去括号后得到

的原级数发散。

例 15.21 证明级数 $\sum_{n=2}^{\infty} \dfrac{(-1)^n}{\sqrt{n + (-1)^n}}$ 条件收敛。

【证 1】 因为 Leibniz 级数 $\sum_{n=2}^{\infty} \dfrac{(-1)^n}{\sqrt{n}}$ 条件收敛，又

$$\frac{(-1)^n}{\sqrt{n}} - \frac{(-1)^n}{\sqrt{n + (-1)^n}} = \frac{(-1)^n (\sqrt{n + (-1)^n} - \sqrt{n})}{\sqrt{n} \sqrt{n + (-1)^n}}$$

$$= \frac{1}{\sqrt{n} \sqrt{n + (-1)^n} (\sqrt{n + (-1)^n} + \sqrt{n})},$$

而

$$\lim_{n \to \infty} \frac{\dfrac{1}{\sqrt{n} \sqrt{n + (-1)^n} (\sqrt{n + (-1)^n} + \sqrt{n})}}{\dfrac{1}{n^{3/2}}} = \frac{1}{2},$$

则正项级数 $\sum_{n=2}^{\infty} \dfrac{1}{\sqrt{n} \sqrt{n + (-1)^n} (\sqrt{n + (-1)^n} + \sqrt{n})}$ 收敛，所以 $\sum_{n=2}^{\infty} \dfrac{(-1)^n}{\sqrt{n + (-1)^n}}$ 条件收敛。

【证 2】 因为

$$\frac{(-1)^n}{\sqrt{n + (-1)^n}} = \frac{(-1)^n}{\sqrt{n}} \left(1 + \frac{(-1)^n}{n}\right)^{-\frac{1}{2}} = \frac{(-1)^n}{\sqrt{n}} \left(1 - \frac{1}{2} \frac{(-1)^n}{n} + o\left(\frac{1}{n}\right)\right)$$

$$= \frac{(-1)^n}{\sqrt{n}} + \frac{1}{n^{3/2}} \left(-\frac{1}{2} + o(1)\right),$$

而

$$\left| \frac{1}{n^{3/2}} \left(-\frac{1}{2} + o(1)\right) \right| \leqslant \frac{1}{n^{3/2}},$$

则 $\sum_{n=2}^{\infty} \dfrac{1}{n^{3/2}} \left(\left(-\dfrac{1}{2} + o(1)\right)\right)$ 绝对收敛，又 $\sum_{n=2}^{\infty} \dfrac{(-1)^n}{\sqrt{n}}$ 条件收敛，所以 $\sum_{n=2}^{\infty} \dfrac{(-1)^n}{\sqrt{n + (-1)^n}}$ 条件

收敛。

【证 3】 因为 $\sum_{n=2}^{\infty} \dfrac{(-1)^n}{\sqrt{n + (-1)^n}} = \dfrac{1}{\sqrt{3}} - \dfrac{1}{\sqrt{2}} + \dfrac{1}{\sqrt{5}} - \dfrac{1}{\sqrt{4}} + \cdots$ 是交错级数，但不是 Leibniz

级数,而

$$\left|\frac{(-1)^n}{\sqrt{n+(-1)^n}}\right| = \frac{1}{\sqrt{n+(-1)^n}} \geqslant \frac{1}{\sqrt{n+1}},$$

由比较判别法知,级数 $\sum\limits_{n=2}^{\infty}\left|\dfrac{(-1)^n}{\sqrt{n+(-1)^n}}\right|$ 发散。又

$$S_{2n} = \sum_{k=2}^{2n} \frac{(-1)^k}{\sqrt{k+(-1)^k}} = \left(\frac{1}{\sqrt{3}} - \frac{1}{\sqrt{2}}\right) + \left(\frac{1}{\sqrt{5}} - \frac{1}{\sqrt{4}}\right) + \cdots + \left(\frac{1}{\sqrt{2n+1}} - \frac{1}{\sqrt{2n}}\right),$$

由于上式每个括号都小于 0,所以 $\{S_{2n}\}$ 单调减少。又

$$S_{2n} > \left(\frac{1}{\sqrt{4}} - \frac{1}{\sqrt{2}}\right) + \left(\frac{1}{\sqrt{6}} - \frac{1}{\sqrt{4}}\right) + \cdots + \left(\frac{1}{\sqrt{2n+2}} - \frac{1}{\sqrt{2n}}\right) = \frac{1}{\sqrt{2n+2}} - \frac{1}{\sqrt{2}} > -\frac{1}{\sqrt{2}},$$

故 $\{S_{2n}\}$ 单调减少有下界,从而 $\{S_{2n}\}$ 收敛,记 $\lim\limits_{n\to\infty}S_{2n}=S$。易知 $\lim\limits_{n\to\infty}u_n=0$,则

$$\lim_{n\to\infty}S_{2n+1} = \lim_{n\to\infty}(S_{2n} + u_n) = S + 0 = S。$$

原级数的部分和数列 $\{S_n\}$ 收敛,则 $\sum\limits_{n=2}^{\infty}\dfrac{(-1)^n}{\sqrt{n+(-1)^n}}$ 收敛,所以 $\sum\limits_{n=2}^{\infty}\dfrac{(-1)^n}{\sqrt{n+(-1)^n}}$ 条件收敛。

例 15.22 (1) 设 $[x]$ 表示不超过 x 的最大整数,证明级数 $\sum\limits_{n=1}^{\infty}\dfrac{(-1)^{[\sqrt{n}]}}{n}$ 条件收敛。

(2) 设 s 为常数,讨论级数 $\sum\limits_{n=1}^{\infty}\dfrac{(-1)^{[\sqrt{n}]}}{n^s}$ 的收敛性,并判断是条件收敛还是绝对收敛。

(1) 【证 1】 将同号的项放在一起,构造一个交错项级数:

$$\sum_{k=1}^{\infty}(-1)^k\left(\frac{1}{k^2} + \frac{1}{k^2+1} + \cdots + \frac{1}{(k+1)^2-1}\right) = \sum_{k=1}^{\infty}(-1)^k u_k,$$

因

$$\frac{1}{k+1} = \frac{k}{k^2+k} < \frac{1}{k^2} + \frac{1}{k^2+1} + \cdots + \frac{1}{k^2+k-1} < \frac{k}{k^2} = \frac{1}{k},$$

$$\frac{1}{k+1} = \frac{k+1}{k^2+2k+1} < \frac{1}{k^2+k} + \frac{1}{k^2+k+1} + \cdots + \frac{1}{(k+1)^2-1} < \frac{k+1}{k^2+k} = \frac{1}{k},$$

则

$$\frac{2}{k+1} < u_k = \frac{1}{k^2} + \frac{1}{k^2+1} + \cdots + \frac{1}{(k+1)^2-1} < \frac{2}{k},$$

由夹逼准则知 $\lim\limits_{k\to\infty}u_k=0$,又

$$\frac{2}{k+2} < u_{k+1} = \frac{1}{(k+1)^2} + \frac{1}{(k+1)^2+1} + \cdots + \frac{1}{(k+2)^2-1} < \frac{2}{k+1},$$

所以 $u_k > \dfrac{2}{k+1} > u_{k+1}$,由 Leibniz 判别法知 $\sum\limits_{k=1}^{\infty}(-1)^k u_k$ 收敛。

而 $\sum\limits_{n=1}^{\infty}\dfrac{(-1)^{[\sqrt{n}]}}{n}$ 的部分和总夹在 $\sum\limits_{k=1}^{\infty}(-1)^k u_k$ 的相邻两个部分和之间,因此

$\displaystyle\sum_{n=1}^{\infty}\frac{(-1)^{[\sqrt{n}]}}{n}$ 收敛。

【证 2】　将同号的项放在一起，构造一个交错项级数：

$$\sum_{k=1}^{\infty}(-1)^{k}\left(\frac{1}{k^{2}}+\frac{1}{k^{2}+1}+\cdots+\frac{1}{(k+1)^{2}-1}\right)=\sum_{k=1}^{\infty}(-1)^{k}\sum_{n=k^{2}}^{k^{2}+2k}\frac{1}{n},$$

记 $u_{k}=\displaystyle\sum_{n=k^{2}}^{k^{2}+2k}\frac{1}{n}$，由对数不等式 $\dfrac{x}{1+x}<\ln(1+x)<x$，得 $\ln\dfrac{n+1}{n}<\dfrac{1}{n}<\ln\dfrac{n}{n-1}$，则

$$\ln\frac{k^{2}+2k+1}{k^{2}}<u_{k}<\ln\frac{k^{2}+2k}{k^{2}-1},$$

由夹逼准则知 $\lim\limits_{k\to\infty}u_{k}=0$，又

$$\ln\frac{k^{2}+4k+4}{k^{2}+2k+1}<u_{k+1}<\ln\frac{k^{2}+4k+3}{k^{2}+2k},$$

因为

$$\frac{k^{2}+4k+3}{k^{2}+2k}<\frac{k^{2}+2k+1}{k^{2}},$$

所以 $u_{k+1}<u_{k}$，根据 Leibniz 判别法知 $\displaystyle\sum_{k=1}^{\infty}(-1)^{k}u_{k}$ 收敛。

而 $\displaystyle\sum_{n=1}^{\infty}\frac{(-1)^{[\sqrt{n}]}}{n}$ 的部分和总夹在 $\displaystyle\sum_{k=1}^{\infty}(-1)^{k}u_{k}$ 的相邻两个部分和之间，因此

$\displaystyle\sum_{n=1}^{\infty}\frac{(-1)^{[\sqrt{n}]}}{n}$ 收敛。

（2）**【解】**　当 $s>1$ 时，级数 $\displaystyle\sum_{n=1}^{\infty}\frac{(-1)^{[\sqrt{n}]}}{n^{s}}$ 绝对收敛。当 $s\leqslant\dfrac{1}{2}$ 时，因为

$$u_{k}=\frac{1}{(k^{2})^{s}}+\cdots+\frac{1}{[(k+1)^{2}-1]^{s}}\geqslant\frac{2k+1}{(k+1)^{2s}}\geqslant\frac{2k+1}{k+1}>1,$$

由 Cauchy 收敛准则知级数 $\displaystyle\sum_{n=1}^{\infty}\frac{(-1)^{[\sqrt{n}]}}{n^{s}}$ 发散。

当 $\dfrac{1}{2}<s\leqslant1$ 时，考虑交错项级数 $\displaystyle\sum_{k=1}^{\infty}(-1)^{k}u_{k}$，其中 $u_{k}=\dfrac{1}{(k^{2})^{s}}+\cdots+\dfrac{1}{(k^{2}+2k)^{s}}$，因为

$$u_{k}=\frac{1}{(k^{2})^{s}}+\cdots+\frac{1}{(k^{2}+2k)^{s}}>\frac{1}{(k^{2}+2k)^{s}}+\int_{0}^{2k}\frac{1}{(k^{2}+x)^{s}}\mathrm{d}x,$$

$$u_{k+1}=\frac{1}{((k+1)^{2})^{s}}+\cdots+\frac{1}{((k+1)^{2}+2(k+1))^{s}}$$

$$<\frac{1}{(k+1)^{2s}}+\int_{0}^{2(k+1)}\frac{1}{((k+1)^{2}+x)^{s}}\mathrm{d}x,$$

考虑 $k>0$ 为连续变量，令 $f(k)=\displaystyle\int_{0}^{2k}\frac{1}{(k^{2}+x)^{s}}\mathrm{d}x$，则

$$f'(k) = \frac{2}{(k^2+2k)^s} - 2s\int_0^{2k} \frac{k}{(k^2+x)^{s+1}}dx \leqslant \frac{2}{(k^2+2k)^s} - 2s\int_0^{2k} \frac{k}{(k^2+2k)^{s+1}}dx$$

$$= \frac{2}{(k^2+2k)^s} - \frac{4sk^2}{(k^2+2k)^{s+1}} = \frac{2}{(k^2+2k)^s}\left(1 - \frac{2sk}{k+2}\right) < 0 \quad (k>2),$$

因此当 k 充分大时, $f(k)$ 单调减少, 从而

$$\int_0^{2k} \frac{1}{(k^2+x)^s}dx > \int_0^{2(k+1)} \frac{1}{((k+1)^2+x)^s}dx,$$

又

$$\frac{1}{(k^2+2k)^s} > \frac{1}{(k+1)^{2s}},$$

所以 $u_k > u_{k+1}$, 由 Leibniz 判别法知 $\displaystyle\sum_{k=1}^{\infty}(-1)^k u_k$ 收敛。

而 $\displaystyle\sum_{n=1}^{\infty}\frac{(-1)^{[\sqrt{n}]}}{n}$ 的部分和总夹在 $\displaystyle\sum_{k=1}^{\infty}(-1)^k u_k$ 的相邻两个部分和之间, 因此 $\displaystyle\sum_{n=1}^{\infty}\frac{(-1)^{[\sqrt{n}]}}{n^s}$ 收敛。又当 $\frac{1}{2} < s \leqslant 1$ 时, $\displaystyle\sum_{n=1}^{\infty}\left|\frac{(-1)^{[\sqrt{n}]}}{n^s}\right| = \sum_{n=1}^{\infty}\frac{1}{n^s}$ 发散, 所以 $\displaystyle\sum_{n=1}^{\infty}\frac{(-1)^{[\sqrt{n}]}}{n^s}$ 条件收敛。

例 15.23　设 $f(x)$ 在 $x=0$ 的某邻域内具有二阶连续导数, 且 $\displaystyle\lim_{x\to 0}\frac{f(x)}{x} = 0$, 证明级数 $\displaystyle\sum_{n=1}^{\infty} f\left(\frac{1}{n}\right)$ 绝对收敛。

【证 1】　因为函数 $f(x)$ 在 $x=0$ 的某邻域内具有二阶连续导数, 且 $\displaystyle\lim_{x\to 0}\frac{f(x)}{x} = 0$, 则

$$f(0) = \lim_{x\to 0} f(x) = 0, \quad f'(0) = \lim_{x\to 0}\frac{f(x)-f(0)}{x} = 0。$$

由洛必达法则, 得

$$\lim_{x\to 0}\frac{f(x)}{x^2} = \lim_{x\to 0}\frac{f'(x)}{2x} = \lim_{x\to 0}\frac{f''(x)}{2} = \frac{f''(0)}{2},$$

则

$$\lim_{n\to\infty}\frac{\left|f\left(\frac{1}{n}\right)\right|}{\frac{1}{n^2}} = \frac{|f''(0)|}{2},$$

由比较判别法知, 级数 $\displaystyle\sum_{n=1}^{\infty} f\left(\frac{1}{n}\right)$ 绝对收敛。

【证 2】　因为函数 $f(x)$ 在 $x=0$ 的某邻域内具有二阶连续导数, 则 $f''(x)$ 在该邻域内的某闭子区间 $[-a,a]$ 上有界, 即存在常数 $M > 0$, 使得 $|f''(x)| \leqslant M$。由 Taylor 公式得

$$f(x) = f(0) + f'(0)x + \frac{f''(\theta x)}{2!}x^2 = \frac{f''(\theta x)}{2}x^2, \quad 0 < \theta < 1$$

则在 $[-a,a]$ 上, 有

$$|f(x)| \leqslant \frac{Mx^2}{2},$$

从而存在正整数 N,当 $n > N$ 时,恒有

$$\left|f\left(\frac{1}{n}\right)\right| \leqslant \frac{M}{2}\frac{1}{n^2},$$

由比较判别法知,级数 $\sum\limits_{n=1}^{\infty} f\left(\frac{1}{n}\right)$ 绝对收敛。

例 15.24 设函数 $\varphi(x)$ 在 $(-\infty, +\infty)$ 内连续,周期 1,且 $\int_0^1 \varphi(x)\mathrm{d}x = 0$,函数 $f(x)$ 在 $[0,1]$ 上有连续导数,设 $a_n = \int_0^1 f(x)\varphi(nx)\mathrm{d}x$,证明级数 $\sum\limits_{n=1}^{\infty} a_n$ 绝对收敛。

【证】 因为 $\varphi(x)$ 是 $(-\infty, +\infty)$ 内周期为 1 的连续函数,所以

$$\int_0^1 \varphi(x)\mathrm{d}x = \int_1^2 \varphi(x)\mathrm{d}x = \cdots = \int_{n-1}^n \varphi(x)\mathrm{d}x = 0。$$

令 $\Phi(x) = \int_0^x \varphi(t)\mathrm{d}t$,则 $\Phi'(nx) = n\varphi(nx)$,$\Phi(0) = \Phi(n) = 0$,且

$$\Phi(x+1) = \int_0^{x+1} \varphi(t)\mathrm{d}t = \int_0^x \varphi(t)\mathrm{d}t + \int_x^{x+1} \varphi(t)\mathrm{d}t = \Phi(x) + \int_0^1 \varphi(t)\mathrm{d}t = \Phi(x),$$

故 $\Phi(x)$ 也是周期为 1 的周期函数。由分部积分法和积分中值定理,得

$$a_n = \frac{1}{n}\int_0^1 f(x)\Phi'(nx)\mathrm{d}x = \frac{1}{n^2}\int_0^1 f(x)\mathrm{d}\Phi(nx)$$

$$= \frac{1}{n^2}f(x)\Phi(nx)\Big|_0^1 - \frac{1}{n^2}\int_0^1 f'(x)\Phi(nx)\mathrm{d}x$$

$$= -\frac{1}{n^2}\int_0^1 f'(x)\Phi(nx)\mathrm{d}x = -\frac{1}{n^2}f'(\xi)\Phi(n\xi) \quad (0 \leqslant \xi \leqslant 1),$$

由 $\Phi(x)$ 是连续的周期函数,故 $\Phi(x)$ 有界,即存在 $M_1 > 0$,使 $\forall x \in (-\infty, +\infty)$,有 $|\Phi(x)| \leqslant M_1$,又 $f'(x)$ 在闭区间 $[0,1]$ 上连续,则存在 $M_2 > 0$,使 $\forall x \in [0,1]$,有 $|f'(x)| \leqslant M_2$,故

$$|a_n| \leqslant \frac{1}{n^2}|f'(\xi)\Phi(n\xi)| \leqslant \frac{1}{n^2}M_1 M_2,$$

由正项级数比较法知 $\sum\limits_{n=1}^{\infty} a_n$ 绝对收敛。

例 15.25 设 $\{a_n\}, \{b_n\}$ 是两个数列,$a_n > 0(n \geqslant 0)$,$\sum\limits_{n=1}^{\infty} b_n$ 绝对收敛,且

$$\frac{a_n}{a_{n+1}} \leqslant 1 + \frac{1}{n} + \frac{1}{n\ln n} + b_n, \quad n \geqslant 2,$$

证明:(1) $\dfrac{a_n}{a_{n+1}} < \dfrac{n+1}{n} \cdot \dfrac{\ln(n+1)}{\ln n} + b_n(n \geqslant 2)$;(2) $\sum\limits_{n=1}^{\infty} a_n$ 发散。

(1)【证】 因为 $\ln\left(1 + \dfrac{1}{n}\right) > \dfrac{1}{n+1}(n \geqslant 2)$,所以

$$\frac{a_n}{a_{n+1}} \leqslant 1 + \frac{1}{n} + \frac{n+1}{n\ln n} \cdot \frac{1}{n+1} + b_n < 1 + \frac{1}{n} + \frac{n+1}{n\ln n}\ln\left(1 + \frac{1}{n}\right) + b_n$$

$$= \frac{n+1}{n} \cdot \frac{\ln(n+1)}{\ln n} + b_n \,。$$

（2）【证 1】 由已知得

$$\ln \frac{a_n}{a_{n+1}} \leqslant \ln\left(1 + \frac{1}{n} + \frac{1}{n\ln n} + | b_n |\right) \leqslant \frac{1}{n} + \frac{1}{n\ln n} + | b_n |,$$

对上式从 3 到 n 求和，并利用积分性质，得存在常数 $C>0$，使得

$$\ln \frac{a_3}{a_{n+1}} \leqslant \sum_{k=3}^{n} \frac{1}{k} + \frac{1}{k\ln k} + | b_k | \leqslant C + \ln n + \ln\ln n,$$

于是 $a_{n+1} \geqslant \dfrac{a_3 \mathrm{e}^C}{n\ln n}$，由积分判别法知 $\displaystyle\sum_{n=3}^{\infty} \frac{1}{n\ln n}$ 发散，所以 $\displaystyle\sum_{n=1}^{\infty} a_n$ 发散。

【证 2】 令 $c_n = (n\ln n) a_n$，$d_n = \dfrac{n\ln n}{(n+1)\ln(n+1)} | b_n |$，则 $\dfrac{c_n}{c_{n+1}} < 1 + d_n$，两边取对数，得

$$\ln c_n - \ln c_{n+1} < \ln(1 + d_n) \leqslant d_n,$$

对上式从 2 到 n 求和，得

$$\ln c_2 - \ln c_n < \sum_{k=2}^{n-1} d_k \quad (n \geqslant 3),$$

由于 $0 \leqslant d_n < | b_n |$，而 $\displaystyle\sum_{n=1}^{\infty} b_n$ 绝对收敛，故 $\displaystyle\sum_{n=1}^{\infty} d_n$ 收敛，所以存在常数 c，使得 $c \leqslant \ln c_n$ $(n \geqslant 3)$，即 $a_n \geqslant \dfrac{\mathrm{e}^c}{n\ln n}$，由积分判别法知 $\displaystyle\sum_{n=3}^{\infty} \frac{1}{n\ln n}$ 发散，所以 $\displaystyle\sum_{n=1}^{\infty} a_n$ 发散。

例 15.26 设 $I_n = \displaystyle\int_0^{\frac{\pi}{4}} \tan^n x \, \mathrm{d}x$，其中 n 为正整数。

（1）若 $n \geqslant 2$，计算 $I_n + I_{n-2}$；

（2）设 p 为实数，讨论级数 $\displaystyle\sum_{n=1}^{\infty} (-1)^n I_n^p$ 的绝对收敛性和条件收敛性。

【解】 （1）若 $n \geqslant 2$，则

$$I_n + I_{n-2} = \int_0^{\frac{\pi}{4}} \tan^n x \, \mathrm{d}x + \int_0^{\frac{\pi}{4}} \tan^{n-2} x \, \mathrm{d}x = \int_0^{\frac{\pi}{4}} (\tan^n x + \tan^{n-2} x) \, \mathrm{d}x$$

$$= \int_0^{\frac{\pi}{4}} \tan^{n-2} x (1 + \tan^2 x) \, \mathrm{d}x = \int_0^{\frac{\pi}{4}} \tan^{n-2} x \sec^2 x \, \mathrm{d}x = \int_0^{\frac{\pi}{4}} \tan^{n-2} x \, \mathrm{d}\tan x$$

$$= \frac{1}{n-1} \tan^{n-1} x \,\Big|_0^{\frac{\pi}{4}} = \frac{1}{n-1} \,。$$

（2）令 $\tan x = t$，则

$$I_n = \int_0^{\frac{\pi}{4}} \tan^n x \, \mathrm{d}x = \int_0^1 \frac{t^n}{1+t^2} \, \mathrm{d}t,$$

而

$$\frac{1}{2(n+1)} = \frac{1}{2} \int_0^1 t^n \, \mathrm{d}t < \int_0^1 \frac{t^n}{1+t^2} \, \mathrm{d}t < \int_0^1 t^n \, \mathrm{d}t = \frac{1}{n+1},$$

故

$$\frac{1}{2(n+1)} < I_n < \frac{1}{n+1}。$$

当 $p > 1$ 时，$|(-1)^n I_n^p| < \dfrac{1}{(n+1)^p}$，从而 $\displaystyle\sum_{n=1}^{\infty}(-1)^n I_n^p$ 绝对收敛。当 $0 < p \leqslant 1$ 时，因为

$$\frac{1}{2^p(n+1)^p} < I_n^p < \frac{1}{(n+1)^p},$$

由夹逼定理知 $\displaystyle\lim_{n\to\infty} I_n^p = 0$；同时由 $0 < x < \dfrac{\pi}{4}$ 得 $0 < \tan x < 1$，且

$$I_n - I_{n-1} = \int_0^{\frac{\pi}{4}} \tan^{n-1} x (\tan x - 1)\mathrm{d}x < 0,$$

则 $I_n < I_{n-1}$，从而 $I_n^p < I_{n-1}^p$，由 Leibniz 判别法知，级数 $\displaystyle\sum_{n=1}^{\infty}(-1)^n I_n^p$ 收敛。而

$$|(-1)^n I_n^p| > \frac{1}{2^p(n+1)^p},$$

级数 $\displaystyle\sum_{n=1}^{\infty}\frac{1}{(n+1)^p}$ 在 $0 < p \leqslant 1$ 时发散，故 $\displaystyle\sum_{n=1}^{\infty}|(-1)^n I_n^p|$ 发散，因此级数 $\displaystyle\sum_{n=1}^{\infty}(-1)^n I_n^p$ 条件收敛。

当 $p \leqslant 0$ 时，$|(-1)^n I_n^p| \geqslant 1$，由级数的必要条件知 $\displaystyle\sum_{n=1}^{\infty}(-1)^n I_n^p$ 发散。

例 15.27　设 $a_n = \displaystyle\int_n^{n+1}\frac{\sin\pi x}{x^p+1}x$，$n = 1,2,\cdots$，其中 p 为常数，证明：

(1) 当 $p > 1$ 时，级数 $\displaystyle\sum_{n=0}^{\infty} a_n$ 绝对收敛；

(2) 当 $0 < p \leqslant 1$ 时，级数 $\displaystyle\sum_{n=0}^{\infty} a_n$ 收敛。

(1)**【证】**　因为

$$|a_n| \leqslant \int_n^{n+1}\frac{1}{x^p+1}\mathrm{d}x \leqslant \frac{1}{n^p},$$

当 $p > 1$ 时，级数 $\displaystyle\sum_{n=0}^{\infty}\frac{1}{n^p}$ 收敛，所以级数 $\displaystyle\sum_{n=0}^{\infty} a_n$ 绝对收敛。

(2)**【证 1】**　当 $0 < p \leqslant 1$ 时，由积分第一中值定理知

$$a_n = \int_n^{n+1}\frac{\sin\pi x}{x^p+1}\mathrm{d}x = \frac{1}{\xi_n^p+1}\int_n^{n+1}\sin\pi x\,\mathrm{d}x = \frac{2(-1)^n}{\pi(\xi_n^p+1)}, \quad n < \xi_n < n+1,$$

因此级数 $\displaystyle\sum_{n=0}^{\infty} a_n$ 为交错级数。记 $b_n = \dfrac{2}{\pi(\xi_n^p+1)}$，$n = 1,2,\cdots$，则

$$0 < b_{n+1} = \frac{2}{\pi(\xi_{n+1}^p+1)} < \frac{2}{\pi(\xi_n^p+1)} = b_n,$$

即 $\{b_n\}$ 单调减少；又 $0 < b_n < \dfrac{2}{\pi(n^p+1)}$，所以 $\displaystyle\lim_{n\to\infty} b_n = 0$，由 Leibniz 判别法知级数 $\displaystyle\sum_{n=0}^{\infty} a_n$

收敛。

【证 2】 因为

$$a_n = \int_n^{n+1} \frac{\sin\pi x}{x^p+1} \mathrm{d}x = -\frac{1}{\pi} \frac{\cos\pi x}{x^p+1} \bigg|_n^{n+1} - \frac{1}{\pi} \int_n^{n+1} \frac{px^{p-1}\cos\pi x}{(x^p+1)^2} \mathrm{d}x$$

$$= \frac{(-1)^n}{\pi} \left(\frac{1}{n^p+1} + \frac{1}{(n+1)^p+1} \right) - \frac{1}{\pi} \int_n^{n+1} \frac{px^{p-1}\cos\pi x}{(x^p+1)^2} \mathrm{d}x,$$

记 $b_n = \int_n^{n+1} \frac{px^{p-1}\cos\pi x}{(x^p+1)^2} \mathrm{d}x$, $n=1,2,\cdots$,则

$$|b_n| \leqslant \int_n^{n+1} \frac{px^{p-1}}{(x^p+1)^2} \mathrm{d}x = \frac{1}{n^p+1} - \frac{1}{(n+1)^p+1} = \frac{n^p\left(\left(1+\frac{1}{n}\right)^p - 1\right)}{(n^p+1)((n+1)^p+1)},$$

因为 $0 < p \leqslant 1$,则 $\left(1+\frac{1}{n}\right)^p - 1 \leqslant \frac{1}{n}$,从而

$$|b_n| \leqslant \frac{n^p \cdot \frac{1}{n}}{(n^p+1)((n+1)^p+1)} < \frac{1}{n((n+1)^p+1)} < \frac{1}{n^{1+p}},$$

由比较判别法知 $\sum\limits_{n=0}^{\infty} b_n$ 绝对收敛,又 $\sum\limits_{n=1}^{\infty} (-1)^n \left(\frac{1}{n^p+1} + \frac{1}{(n+1)^p+1} \right)$ 条件收敛,故 $\sum\limits_{n=0}^{\infty} a_n$ 条件收敛。

【证 3】 因为

$$a_n = \int_n^{n+1} \frac{\sin\pi x}{x^p+1} \mathrm{d}x = \int_0^1 \frac{\sin(\pi x + n\pi)}{(x+n)^p+1} \mathrm{d}x = (-1)^n \int_0^1 \frac{\sin\pi x}{(x+n)^p+1} \mathrm{d}x,$$

记 $u_n = \int_0^1 \frac{\sin\pi x}{(x+n)^p+1} \mathrm{d}x$,当 $0 < p \leqslant 1$ 时,

$$u_n = \int_0^1 \frac{\sin\pi x}{(x+n)^p+1} \mathrm{d}x \geqslant \int_0^1 \frac{\sin\pi x}{(x+n+1)^p+1} \mathrm{d}x = u_{n+1},$$

又

$$0 < u_n = \int_0^1 \frac{\sin\pi x}{(x+n)^p+1} \mathrm{d}x \leqslant \int_0^1 \frac{1}{(x+n)^p+1} \mathrm{d}x \leqslant \frac{1}{n^p+1},$$

由夹逼准则知, $\lim\limits_{n\to\infty} u_n = 0$,再由 Leibniz 判别法知级数 $\sum\limits_{n=0}^{\infty} a_n$ 收敛。

例 15.28 对 $p > 0$,讨论级数 $\sum\limits_{n=1}^{\infty} \frac{\sin\frac{n\pi}{4}}{n^p + \sin\frac{n\pi}{4}}$ 的绝对收敛性和收敛性。

【解】 当 $p > 1$ 且 $n > 1$ 时,

$$\left| \frac{\sin\frac{n\pi}{4}}{n^p + \sin\frac{n\pi}{4}} \right| \leqslant \left| \frac{1}{n^p-1} \right| = \frac{1}{n^p-1},$$

而 $\sum\limits_{n=1}^{\infty}\dfrac{1}{n^p-1}$ 与 $\sum\limits_{n=1}^{\infty}\dfrac{1}{n^p}$ 有相同的敛散性,故级数 $\sum\limits_{n=1}^{\infty}\dfrac{\sin\dfrac{n\pi}{4}}{n^p+\sin\dfrac{n\pi}{4}}$ 是绝对收敛的。

当 $0<p\leqslant1$ 且 $n>1$ 时,取 $n=8k+2$ 的部分项求和,得

$$\sum_{n=1}^{\infty}\left|\dfrac{\sin\dfrac{n\pi}{4}}{n^p+\sin\dfrac{n\pi}{4}}\right|\geqslant\sum_{k=1}^{\infty}\dfrac{1}{(8k+2)^p+1},$$

而 $\sum\limits_{k=1}^{\infty}\dfrac{1}{(8k+2)^p+1}$ 与 $\sum\limits_{k=1}^{\infty}\dfrac{1}{k^p}$ 有相同的敛散性,故级数 $\sum\limits_{n=1}^{\infty}\dfrac{\sin\dfrac{n\pi}{4}}{n^p+\sin\dfrac{n\pi}{4}}$ 不是绝对收敛的。

因为

$$\sum_{n=1}^{\infty}\dfrac{\sin\dfrac{n\pi}{4}}{n^p+\sin\dfrac{n\pi}{4}}=\sum_{n=1}^{\infty}\dfrac{\sin\dfrac{n\pi}{4}}{n^p}-\sum_{n=1}^{\infty}\dfrac{\sin^2\dfrac{n\pi}{4}}{n^p\left(n^p+\sin\dfrac{n\pi}{4}\right)},$$

由 $\sum\limits_{n=1}^{\infty}\sin\dfrac{n\pi}{4}$ 有界,$\dfrac{1}{n^p}$ 单调减少趋近于零,根据 Dirichlet 判别法知级数 $\sum\limits_{n=1}^{\infty}\dfrac{\sin\dfrac{n\pi}{4}}{n^p}$ 收敛。

当 $p>\dfrac{1}{2}$,且 $n>1$ 时,

$$0\leqslant\dfrac{\sin^2\dfrac{n\pi}{4}}{n^p\left(n^p+\sin\dfrac{n\pi}{4}\right)}\leqslant\dfrac{1}{n^p(n^p-1)},$$

级数 $\sum\limits_{n=1}^{\infty}\dfrac{1}{n^p(n^p-1)}$ 与 $\sum\limits_{n=1}^{\infty}\dfrac{1}{n^{2p}}$ 有相同的敛散性,故正项级数 $\sum\limits_{n=1}^{\infty}\dfrac{\sin^2\dfrac{n\pi}{4}}{n^p\left(n^p+\sin\dfrac{n\pi}{4}\right)}$ 收敛。

当 $0<p\leqslant\dfrac{1}{2}$ 且 $n>1$ 时,取 $n=8k+2$ 的部分项求和,得

$$\sum_{n=1}^{\infty}\dfrac{\sin^2\dfrac{n\pi}{4}}{n^p\left(n^p+\sin\dfrac{n\pi}{4}\right)}\geqslant\sum_{k=1}^{\infty}\dfrac{1}{(8k+2)^p((8k+2)^p+1)},$$

级数 $\sum\limits_{k=1}^{\infty}\dfrac{1}{(8k+2)^p((8k+2)^p+1)}$ 与 $\sum\limits_{k=1}^{\infty}\dfrac{1}{k^p}$ 有相同的敛散性,故级数 $\sum\limits_{n=1}^{\infty}\dfrac{\sin\dfrac{n\pi}{4}}{n^p+\sin\dfrac{n\pi}{4}}$ 发散。

因此当 $p > \dfrac{1}{2}$ 时，级数 $\displaystyle\sum_{n=1}^{\infty} \dfrac{\sin \dfrac{n\pi}{4}}{n^p + \sin \dfrac{n\pi}{4}}$ 收敛，当 $0 < p \leqslant \dfrac{1}{2}$ 时，级数 $\displaystyle\sum_{n=1}^{\infty} \dfrac{\sin \dfrac{n\pi}{4}}{n^p + \sin \dfrac{n\pi}{4}}$ 发散。

例 15.29　讨论级数 $\displaystyle\sum_{n=1}^{\infty} \dfrac{\cos\left(\dfrac{\pi}{2}\ln n\right)}{n}$ 的敛散性。

【解 1】　假设级数 $\displaystyle\sum_{n=1}^{\infty} \dfrac{\cos\left(\dfrac{\pi}{2}\ln n\right)}{n}$ 收敛，记 $S_n = \displaystyle\sum_{j=1}^{n} \dfrac{\cos\left(\dfrac{\pi}{2}\ln j\right)}{j}$，取 $0 < \varepsilon < \dfrac{1 - e^{-1/2}}{\sqrt{2}}$，由 Cauchy 准则，$\exists N > 0$，对 $\forall m, n > N$，有 $|S_n - S_m| < \varepsilon$。

取正整数 k，使得 $n = [e^{4k}] > N$，$m = [e^{4k+\frac{1}{2}}] > N$，当 $e^{4k} < j < e^{4k+\frac{1}{2}}$ 时，

$$2k\pi < \dfrac{\pi}{2}\ln j < 2k\pi + \dfrac{\pi}{4},$$

则

$$\varepsilon > |S_n - S_m| = \sum_{j=n+1}^{m} \dfrac{\cos\left(\dfrac{\pi}{2}\ln j\right)}{j} > \sum_{j=n+1}^{m} \dfrac{\cos\left(\dfrac{\pi}{4}\right)}{j} > \dfrac{1}{\sqrt{2}} \sum_{j=n+1}^{m} \dfrac{1}{m}$$

$$= \dfrac{m-n}{\sqrt{2}\,m} > \dfrac{e^{4k+\frac{1}{2}} - e^{4k} - 1}{\sqrt{2}\,e^{4k+\frac{1}{2}}} = \dfrac{1 - e^{-1/2}}{\sqrt{2}} - \dfrac{1}{\sqrt{2}\,e^{4k+\frac{1}{2}}},$$

当 $k \to \infty$ 时，有 $\varepsilon \geqslant \dfrac{1 - e^{-1/2}}{\sqrt{2}}$，与 $0 < \varepsilon < \dfrac{1 - e^{-1/2}}{\sqrt{2}}$ 矛盾，因此级数 $\displaystyle\sum_{n=1}^{\infty} \dfrac{\cos\left(\dfrac{\pi}{2}\ln n\right)}{n}$ 发散。

【解 2】　记 $b_n = \displaystyle\int_n^{n+1} \dfrac{\cos\left(\dfrac{\pi}{2}\ln x\right)}{x}\,\mathrm{d}x$，则

$$S_n = \sum_{k=1}^{n} b_k = \int_1^{n+1} \dfrac{\cos\left(\dfrac{\pi}{2}\ln x\right)}{x}\,\mathrm{d}x = \dfrac{2}{\pi}\sin\left(\dfrac{\pi}{2}\ln x\right)\Big|_1^{n+1} = \dfrac{2}{\pi}\sin\left(\dfrac{\pi}{2}\ln(n+1)\right),$$

因级数 $\displaystyle\sum_{n=1}^{\infty} b_n$ 的部分和数列的极限不存在，故 $\displaystyle\sum_{n=1}^{\infty} b_n$ 发散。

设 $c_n = b_n - \dfrac{\cos\left(\dfrac{\pi}{2}\ln n\right)}{n}$，因为

$$c_n = \int_n^{n+1} \dfrac{\cos\left(\dfrac{\pi}{2}\ln x\right)}{x}\,\mathrm{d}x - \dfrac{\cos\left(\dfrac{\pi}{2}\ln n\right)}{n} = \int_n^{n+1}\left(\dfrac{\cos\left(\dfrac{\pi}{2}\ln x\right)}{x} - \dfrac{\cos\left(\dfrac{\pi}{2}\ln n\right)}{n}\right)\mathrm{d}x$$

作变量代换 $x = n + y$，则

$$c_n = \int_0^1 \left(\frac{\cos\left(\frac{\pi}{2}\ln(n+y)\right)}{n+y} - \frac{\cos\left(\frac{\pi}{2}\ln n\right)}{n} \right) dy$$

$$= \int_0^1 \frac{n\cos\left(\frac{\pi}{2}\ln(n+y)\right) - (n+y)\cos\left(\frac{\pi}{2}\ln n\right)}{n(n+y)} dy$$

$$= \int_0^1 \left(\frac{\cos\left(\frac{\pi}{2}\ln(n+y)\right) - \cos\left(\frac{\pi}{2}\ln n\right)}{n+y} - \frac{y\cos\left(\frac{\pi}{2}\ln n\right)}{n(n+y)} \right) dy$$

$$= -2\int_0^1 \frac{\sin\left(\frac{\pi}{4}\ln n(n+y)\right)\sin\left(\frac{\pi}{4}\ln\left(1+\frac{y}{n}\right)\right)}{n+y} dy - \int_0^1 \frac{y\cos\left(\frac{\pi}{2}\ln n\right)}{n(n+y)} dy。$$

当 $0 < x < 1$ 时，$\ln(1+x) < x$，$\sin x < x$，从而

$$|c_n| \leqslant 2\left| \int_0^1 \frac{\sin\left(\frac{\pi}{4}\ln n(n+y)\right)\sin\left(\frac{\pi}{4}\ln\left(1+\frac{y}{n}\right)\right)}{n+y} dy \right| + \left| \int_0^1 \frac{y\cos\left(\frac{\pi}{2}\ln n\right)}{n(n+y)} dy \right|$$

$$\leqslant 2\int_0^1 \frac{\left| \sin\left(\frac{\pi}{4}\ln\left(1+\frac{y}{n}\right)\right) \right|}{n+y} dy + \int_0^1 \frac{y}{n(n+y)} dy$$

$$< 2 \times \frac{\pi}{4}\int_0^1 \frac{y}{n(n+y)} dy + \int_0^1 \frac{y}{n(n+y)} dy$$

$$= \left(\frac{\pi}{2}+1\right)\int_0^1 \frac{y}{n(n+y)} dy \leqslant \left(\frac{\pi}{2}+1\right)\int_0^1 \frac{1}{n^2} dy = \left(\frac{\pi}{2}+1\right)\frac{1}{n^2},$$

所以级数 $\sum\limits_{n=1}^{\infty} c_n$ 绝对收敛，从而 $\sum\limits_{n=1}^{\infty} c_n$ 收敛，又 $\sum\limits_{n=1}^{\infty} b_n$ 发散，故级数 $\sum\limits_{n=1}^{\infty} \dfrac{\cos\left(\frac{\pi}{2}\ln n\right)}{n}$ 发散。

例 15.30 设级数 $\sum\limits_{n=1}^{\infty} a_n$ 收敛，$\sum\limits_{n=1}^{\infty}(b_{n+1}-b_n)$ 绝对收敛，证明级数 $\sum\limits_{n=1}^{\infty} a_n b_n$ 收敛。

【证】 因为 $\sum\limits_{n=1}^{\infty}(b_{n+1}-b_n)$ 绝对收敛，所以级数 $\sum\limits_{n=1}^{\infty}(b_{n+1}-b_n)$ 收敛，从而

$$\lim_{n\to\infty} b_n = \lim_{n\to\infty}\sum_{k=1}^{n}(b_{n+1}-b_n) + b_1 = B + b_1,$$

由收敛数列的有界性知即存在 $M > 0$，使得 $|b_n| \leqslant M$。

因为 $\sum\limits_{n=1}^{\infty} a_n$ 和 $\sum\limits_{n=1}^{\infty}|b_{n+1}-b_n|$ 收敛，由 Cauchy 准则知，对 $\forall \varepsilon > 0$，$\exists N > 0$，当 $n > N$ 时，有

$$\left| \sum_{k=n+1}^{n+p} a_k \right| < \frac{\varepsilon}{1+M} \text{ 及 } \sum_{k=n+1}^{n+p}|b_{k+1}-b_k| < 1, \quad \forall p \in \mathbf{N}^+,$$

记 $S_{n+i} = \sum\limits_{k=n+1}^{n+i} a_k (i=1,2,\cdots,p)$，则对 $\forall p \in \mathbf{N}^+$，有

$$\left| \sum_{k=n+1}^{n+p} a_k b_k \right| = \mid a_{n+1}b_{n+1} + a_{n+2}b_{n+2} + \cdots + a_{n+p}b_{n+p} \mid$$

$$= \mid S_{n+1}b_{n+1} + (S_{n+2} - S_{n+1})b_{n+2} + \cdots + (S_{n+p} - S_{n+p-1})b_{n+p} \mid$$

$$= \mid S_{n+1}(b_{n+1} - b_{n+2}) + S_{n+2}(b_{n+2} - b_{n+3}) + \cdots +$$

$$S_{n+p-1}(b_{n+p-1} - b_{n+p}) + S_{n+p}b_{n+p} \mid$$

$$\leqslant \mid S_{n+1} \mid \mid b_{n+1} - b_{n+2} \mid + \mid S_{n+2} \mid \mid b_{n+2} - b_{n+3} \mid + \cdots +$$

$$\mid S_{n+p-1} \mid \mid b_{n+p-1} - b_{n+p} \mid + \mid S_{n+p} \mid \mid b_{n+p} \mid$$

$$< \frac{\varepsilon}{1+M}\left(\sum_{k=n+1}^{n+p} \mid b_{k+1} - b_k \mid + \mid b_{n+p} \mid \right) < \frac{\varepsilon}{1+M}(1+M) = \varepsilon,$$

由 Cauchy 准则知，级数 $\displaystyle\sum_{n=1}^{\infty} a_n b_n$ 收敛。

例 15.31 若对任何收敛于零的序列 $\{x_n\}$，级数 $\displaystyle\sum_{n=1}^{\infty} a_n x_n$ 都是收敛的，证明级数 $\displaystyle\sum_{n=1}^{\infty} \mid a_n \mid$ 收敛。

【证1】（反证法）若 $\displaystyle\sum_{n=1}^{\infty} \mid a_n \mid$ 发散，则 $\displaystyle\sum_{n=1}^{\infty} \mid a_n \mid = \infty$。

对 $M=1$，必存在 k_1，使得 $\displaystyle\sum_{n=1}^{k_1} \mid a_n \mid > 1$，取 $y_n = 1$，其中 $1 \leqslant n \leqslant k_1$；

对 $M=2$，必存在 k_2，使得 $\displaystyle\sum_{n=k_1+1}^{k_2} \mid a_n \mid > 2$，取 $y_n = \frac{1}{2}$，其中 $k_1 + 1 \leqslant n \leqslant k_2$；……；

对 $M=m$，必存在 k_m，使得 $\displaystyle\sum_{n=k_{m-1}+1}^{k_m} \mid a_n \mid > m$，取 $y_n = \frac{1}{m}$，其中 $k_{m-1} + 1 \leqslant n \leqslant k_m$，……。

令 $x_n = y_n \operatorname{sgn} a_n (n = 1, 2, \cdots)$，则有 $\displaystyle\lim_{n \to \infty} x_n = \lim_{n \to \infty} y_n = 0$，且

$$\sum_{n=1}^{\infty} a_n x_n = \sum_{n=1}^{\infty} a_n \cdot \operatorname{sgn} a_n \cdot y_n = \sum_{n=1}^{\infty} \mid a_n \mid y_n = \sum_{m=1}^{\infty} \left(\sum_{n=k_{m-1}+1}^{k_m} \mid a_n \mid y_n \right)$$

$$= \sum_{m=1}^{\infty} \left(\frac{1}{m} \sum_{n=k_{m-1}+1}^{k_m} \mid a_n \mid \right) > \sum_{m=1}^{\infty} 1 = +\infty,$$

即对一个收敛于零的序列 $\{x_n\}$，使得级数 $\displaystyle\sum_{n=1}^{\infty} a_n x_n$ 发散，与已知矛盾，从而 $\displaystyle\sum_{n=1}^{\infty} \mid a_n \mid$ 收敛。

【证2】（反证法）若 $\displaystyle\sum_{n=1}^{\infty} \mid a_n \mid$ 发散，必有 $\displaystyle\sum_{n=1}^{\infty} \mid a_n \mid = \infty$，则存在自然数 $m_1 < m_2 < \cdots$ $< m_k < \cdots$，使得 $\displaystyle\sum_{i=1}^{m_1} \mid a_i \mid \geqslant 1$，$\displaystyle\sum_{i=m_{k-1}+1}^{m_k} \mid a_i \mid \geqslant k (k = 2, 3, \cdots)$，取 $x_i = \frac{1}{k} \operatorname{sgn} a_i (m_{k-1} \leqslant i \leqslant m_k)$，则

$$\sum_{i=m_{k-1}+1}^{m_k} a_i x_i = \sum_{i=m_{k-1}+1}^{m_k} \frac{|a_i|}{k} \geqslant 1,$$

因此存在数列 $\{x_n\}$,满足 $x_n \to 0(n \to \infty)$,使得 $\sum_{n=1}^{\infty} a_n x_n$ 发散,与已知矛盾,所以 $\sum_{n=1}^{\infty} |a_n|$ 收敛。

例 15.32 假设 $\sum_{n=0}^{\infty} a_n x^n$ 的收敛半径为 1,$\lim_{n\to\infty} na_n = 0$,$\lim_{x\to 1^-} \sum_{n=0}^{\infty} a_n x^n = A$,证明级数 $\sum_{n=0}^{\infty} a_n$ 收敛,且 $\sum_{n=0}^{\infty} a_n = A$。

【证】 由于 $\lim_{n\to\infty} na_n = 0$,根据 Stolz 公式知,$\lim_{n\to\infty} \dfrac{\sum_{k=0}^{n} k|a_k|}{n} = 0$,故对任意 $\varepsilon > 0$,存在 $N_1 > 0$,当 $n > N_1$ 时,有

$$0 \leqslant \frac{\sum_{k=0}^{n} k|a_k|}{n} < \frac{\varepsilon}{3}, \quad n|a_n| < \frac{\varepsilon}{3}.$$

又因为 $\lim_{x\to 1^-} \sum_{n=0}^{\infty} a_n x^n = A$,所以存在 $\delta > 0$,当 $1-\delta < x < 1$ 时,有 $\left| \sum_{n=0}^{\infty} a_n x^n - A \right| < \dfrac{\varepsilon}{3}$。

取 $N_2 > 0$,当 $n > N_2$ 时,$\dfrac{1}{n} < \delta$,从而 $1-\delta < 1 - \dfrac{1}{n}$,取 $x = 1 - \dfrac{1}{n}$,则 $\left| \sum_{n=0}^{\infty} a_n \left(1 - \dfrac{1}{n}\right)^n - A \right| < \dfrac{\varepsilon}{3}$。取 $N = \max\{N_1, N_2\}$,当 $n > N$ 时,

$$\left| \sum_{k=0}^{n} a_k - A \right| = \left| \sum_{k=0}^{n} a_k - \sum_{k=0}^{n} a_k x^k - \sum_{k=n+1}^{\infty} a_k x^k + \sum_{k=0}^{\infty} a_k x^k - A \right|$$

$$\leqslant \left| \sum_{k=0}^{n} a_k(1-x^k) \right| + \left| \sum_{k=n+1}^{\infty} a_k x^k \right| + \left| \sum_{k=0}^{\infty} a_k x^k - A \right|,$$

取 $x = 1 - \dfrac{1}{n}$,则

$$\left| \sum_{k=0}^{n} a_k(1-x^k) \right| = \left| \sum_{k=0}^{n} a_k(1-x)(1+x+x^2+\cdots+x^{k-1}) \right|$$

$$\leqslant \sum_{k=0}^{n} |a_k|(1-x)k = \frac{\sum_{k=0}^{n} k|a_k|}{n} < \frac{\varepsilon}{3},$$

$$\left| \sum_{k=n+1}^{\infty} a_k x^k \right| \leqslant \frac{1}{n} \sum_{k=n+1}^{\infty} k|a_k|x^k < \frac{\varepsilon}{3n} \sum_{k=n+1}^{\infty} x^k \leqslant \frac{\varepsilon}{3n} \cdot \frac{1}{1-x} = \frac{\varepsilon}{3},$$

$$\left| \sum_{k=0}^{\infty} a_k x^k - A \right| = \left| \sum_{n=0}^{\infty} a_n x^n - A \right| = \left| \sum_{n=0}^{\infty} a_n \left(1 - \frac{1}{n}\right)^n - A \right| < \frac{\varepsilon}{3},$$

从而 $\left| \sum\limits_{k=0}^{n} a_k - A \right| < \varepsilon$ 成立,故级数 $\sum\limits_{n=0}^{\infty} a_n$ 收敛,且 $\sum\limits_{n=0}^{\infty} a_n = A$。

综合训练

1. 求级数 $\dfrac{\dfrac{1}{3!} + \dfrac{\pi^4}{7!} + \dfrac{\pi^8}{11!} + \dfrac{\pi^{12}}{15!} + \cdots}{1 + \dfrac{\pi^4}{5!} + \dfrac{\pi^8}{9!} + \dfrac{\pi^{12}}{13!} + \cdots}$ 的和。

2. 求级数 $\sum\limits_{n=1}^{\infty} \dfrac{1}{(2n+1)(3n+1)}$ 的和。

3. 求级数 $\sum\limits_{k=0}^{\infty} \dfrac{1}{(4k+1)(4k+2)(4k+3)(4k+4)} = \dfrac{1}{1 \times 2 \times 3 \times 4} + \dfrac{1}{5 \times 6 \times 7 \times 8} + \cdots$ 的和。

4. 求级数 $1 - \dfrac{1}{4} + \dfrac{1}{6} - \dfrac{1}{9} + \dfrac{1}{11} - \dfrac{1}{14} + \cdots$ 的和 S。

5. 设 $f(x)$ 在 $(-\infty, +\infty)$ 上连续,且 $\int_0^x f(x-t) e^{\frac{t}{n}} \mathrm{d}t = \cos x$。

(1) 求 $f(x)$;

(2) 设 $a_n = f(0)$,求级数 $1 + \sum\limits_{n=1}^{\infty} \dfrac{a_n}{2^{n+1}}$ 的和。

6. 设 $\alpha = \lim\limits_{x \to 0^+} \dfrac{x^2 \tan \dfrac{x}{2}}{1 - (1+x)^{\int_0^x \sin^2 \sqrt{t}\, \mathrm{d}t}}$,求级数 $\sum\limits_{n=1}^{\infty} n^2 (\sin \alpha)^{n-1}$ 的和。

7. 求级数 $\sum\limits_{n=1}^{\infty} \dfrac{(-1)^{n-1}}{3n-1}$ 与 $\sum\limits_{n=1}^{\infty} \dfrac{(-1)^{n-1}}{(3n-1)(2n-1)}$ 的和。

8. 设 $a_n = \dfrac{1}{\pi} \int_0^{n\pi} x \, |\sin x| \, \mathrm{d}x \, (n=1,2,\cdots)$,试分别求级数 $\sum\limits_{n=1}^{\infty} \dfrac{1}{4a_n - 1}$ 与 $\sum\limits_{n=1}^{\infty} \dfrac{(-1)^n}{4a_n - 1}$ 的和。

9. 设 $a_1 = 3$,$a_{n+1} = \dfrac{1}{2}a_n + \dfrac{1}{a_n}$,$n = 1,2,\cdots$,证明:

(1) $\lim\limits_{n \to \infty} a_n$ 存在;

(2) 对于任意实数 p,级数 $\sum\limits_{n=1}^{\infty} n^p \left(\dfrac{a_n}{a_{n+1}} - 1 \right)$ 收敛。

10. 求级数 $1 - \dfrac{1}{2} + \dfrac{1 \times 3}{2 \times 4} + \cdots + (-1)^n \dfrac{(2n-1)!!}{(2n)!!} + \cdots$ 的和。

11. 已知函数 $y = y(x)$ 满足 $y' = x + y$,且 $y(0) = 1$,讨论 $\sum\limits_{n=1}^{\infty} \left(y\left(\dfrac{1}{n}\right) - 1 - \dfrac{1}{n} \right)$ 的敛散性。

12. 设数列 $\{a_n\}$ 与 $\{b_n\}$ 满足 $\mathrm{e}^{a_n}=a_n+\mathrm{e}^{b_n}(n\geqslant 1)$，证明若 $a_n>0$，且级数 $\displaystyle\sum_{n=1}^{\infty}a_n$ 收敛，则级数 $\displaystyle\sum_{n=1}^{\infty}\frac{b_n}{a_n}$ 收敛。

13. 设 $a_n=\displaystyle\int_0^{\frac{\pi}{2}}t\left|\frac{\sin nt}{\sin t}\right|^3\mathrm{d}t$，证明级数 $\displaystyle\sum_{n=1}^{\infty}\frac{1}{a_n}$ 发散。

14. 设 $a_n>0(n=1,2,\cdots)$，$s_n=a_1+a_2+\cdots+a_n$，若级数 $\displaystyle\sum_{n=1}^{\infty}a_n$ 发散，证明 $\displaystyle\sum_{n=1}^{\infty}\frac{a_n}{s_n}$ 也发散。

15. 若正项级数 $\displaystyle\sum_{n=1}^{\infty}a_n$ 收敛，证明级数 $\displaystyle\sum_{n=1}^{\infty}\frac{a_n}{a_n+a_{n+1}+\cdots}$ 发散。

16. 设 $\displaystyle\sum_{n=1}^{\infty}a_n$ 为发散的正项级数，$s_n=\displaystyle\sum_{k=1}^{n}a_k$，$\varphi(x)$ 是 $(0,+\infty)$ 内单调增加的函数，且 $\varphi(x)>0$，级数 $\displaystyle\sum_{n=1}^{\infty}\frac{1}{n\varphi(n)}$ 收敛，证明 $\displaystyle\sum_{n=1}^{\infty}\frac{a_n}{s_n\varphi(s_n)}$ 收敛。

17. 设 $0<a<b$ 为给定常数。

(1) 求极限 $\displaystyle\lim_{n\to\infty}\frac{a(a+1)(a+2)\cdots(a+n)}{b(b+1)(b+2)\cdots(b+n)}$；

(2) 讨论数项级数 $\displaystyle\sum_{n=1}^{\infty}\frac{a(a+1)(a+2)\cdots(a+n)}{b(b+1)(b+2)\cdots(b+n)}$ 的敛散性。

18. 证明级数 $\displaystyle\sum_{n=1}^{\infty}\sin\pi(3+\sqrt{5})^n$ 绝对收敛。

19. 设 $f(x)$ 为 $(-\infty,+\infty)$ 内的可微函数，满足 $f(x)>0$，$|f'(x)|\leqslant mf(x)$，其中 $0<m<1$，任取 a_0，定义数列 $a_n=\ln f(a_{n-1})$，$n=1,2,\cdots$，证明级数 $\displaystyle\sum_{n=1}^{+\infty}(a_n-a_{n-1})$ 绝对收敛。

20. 设 $f(x)$ 在区间 $(0,1)$ 内可导，且导函数 $f'(x)$ 有界，证明：

(1) 级数 $\displaystyle\sum_{n=2}^{\infty}\left(f\left(\frac{1}{n}\right)-f\left(\frac{1}{n+1}\right)\right)$ 绝对收敛；

(2) 极限 $\displaystyle\lim_{n\to\infty}f\left(\frac{1}{n}\right)$ 存在。

21. 讨论级数 $\displaystyle\sum_{n=1}^{\infty}\frac{\cos nx}{n}(x\in(0,2\pi))$ 的敛散性。

22. 设级数 $\displaystyle\sum_{n=1}^{\infty}\frac{\sin n}{n}$ 的前 n 项和分成两项 $S_n=\displaystyle\sum_{k=1}^{n}\frac{\sin k}{k}=S_n^++S_n^-$，其中 S_n^+ 和 S_n^- 分别为正项之和与负项之和。

(1) 讨论级数 $\displaystyle\sum_{n=1}^{\infty}\frac{\sin n}{n}$ 的敛散性，如果级数收敛，判断是条件收敛还是绝对收敛？

(2) 证明 $\displaystyle\lim_{n\to\infty}\frac{S_n^+}{S_n^-}$ 存在并求其值。

第十六讲

幂级数与傅里叶级数

知识点

1. 幂级数 $\sum\limits_{k=0}^{\infty} a_k x^k$，给定一个数 x_0，如果对应的数值级数 $\sum\limits_{k=0}^{\infty} a_k x_0^k$ 收敛，称 x_0 为该幂级数的收敛点，否则称为发散点，幂级数的所有收敛点的集合为幂级数的收敛域。

2. 设幂级数 $\sum\limits_{k=0}^{\infty} a_k x^k$ 的收敛域为 Ω，它的部分和函数为 $S_n(x) = \sum\limits_{k=0}^{n} a_k x^k$，则当 $x \in \Omega$ 时，极限 $\lim\limits_{n \to \infty} S_n(x)$ 存在，其极限称为幂级数的和函数 $S(x)$；但当 $x \notin \Omega$ 时，极限 $\lim\limits_{n \to \infty} S_n(x)$ 不存在。

当 $x \in \Omega$ 时，称 $R_n(x) = S(x) - S_n(x)$ 称为幂级数的余项，且 $\lim\limits_{n \to \infty} R_n(x) = 0$。

3. Abel 定理：若幂级数 $\sum\limits_{n=0}^{\infty} a_n x^n$ 在 $x_0 \neq 0$ 处收敛，则在 $|x| < |x_0|$ 时绝对收敛，若幂级数 $\sum\limits_{n=0}^{\infty} a_n x^n$ 在 x_1 处发散，则在 $|x| > |x_1|$ 时发散。

4. 幂级数收敛半径的计算：设幂级数为 $\sum\limits_{n=0}^{\infty} a_n x^n$，若下列两极限至少有一个成立：

$$\lim_{n \to \infty} \sqrt[n]{|a_n|} = L, \quad \lim_{n \to \infty} \frac{|a_{n+1}|}{|a_n|} = L,$$

则该幂级数的收敛半径 $R = \dfrac{1}{L}$，且当 $L = 0$ 时，$R = +\infty$，当 $L = +\infty$ 时，$R = 0$。

5. 幂级数收敛域的基本特点：

(1) 幂级数 $\sum\limits_{n=0}^{\infty} a_n x^n$ 的收敛域为非空点集，至少在 $x = 0$ 处收敛；

(2) 幂级数 $\sum\limits_{n=0}^{\infty} a_n x^n$ 的收敛区间为 $(-R, R)$，R 为收敛半径，区间端点的收敛性要视情况而定；

(3) 幂级数 $\sum\limits_{n=0}^{\infty} a_n (x - x_0)^n$ 的收敛区间为 $(x_0 - R, x_0 + R)$，其中 R 为 $\sum\limits_{n=0}^{\infty} a_n x^n$ 的收敛

半径；

（4）幂级数的条件收敛点只可能在收敛区间的端点。

6. 幂级数的代数运算性质：设 $\sum\limits_{n=0}^{\infty} a_n x^n$ 和 $\sum\limits_{n=0}^{\infty} b_n x^n$ 的收敛半径为 R_1 和 R_2，记 $R = \min\{R_1, R_2\}$，当 $x \in (-R, R)$ 时，有

（1）$\sum\limits_{n=0}^{\infty} a_n x^n \pm \sum\limits_{n=0}^{\infty} b_n x^n = \sum\limits_{n=0}^{\infty} (a_n \pm b_n) x^n$；

（2）$\left(\sum\limits_{n=0}^{\infty} a_n x^n\right)\left(\sum\limits_{n=0}^{\infty} b_n x^n\right) = \sum\limits_{n=0}^{\infty} c_n x^n$，其中 $c_n = a_0 b_n + a_1 b_{n-1} + \cdots + a_n b_0$。

7. 和函数的连续性：若 $\sum\limits_{n=0}^{\infty} a_n x^n$ 的收敛半径大于 0，则对 $\forall x_0 \in \Omega$，和函数在 x_0 点连续，即

$$\lim_{x \to x_0} S(x) = \lim_{x \to x_0}\left(\sum_{n=0}^{\infty} a_n x^n\right) = \sum_{n=0}^{\infty}\left(\lim_{x \to x_0} a_n x^n\right) = S(x_0)。$$

8. 和函数的可积性：若 $\sum\limits_{n=0}^{\infty} a_n x^n$ 的收敛半径大于 0，则和函数在其收敛域 Ω 内可积，且可逐项积分，即 $\forall x \in \Omega$，有

$$\int_0^x S(t)\mathrm{d}t = \int_0^x\left(\sum_{n=0}^{\infty} a_n t^n\right)\mathrm{d}t = \sum_{n=0}^{\infty}\int_0^x (a_n t^n)\mathrm{d}t = \sum_{n=0}^{\infty}\frac{a_n}{n+1} x^{n+1}。$$

9. 和函数的可导性：若 $\sum\limits_{n=0}^{\infty} a_n x^n$ 的收敛半径大于 0，则和函数在其收敛区间 $(-R, R)$ 内无限次可导，且可逐项求导，即 $\forall x \in (-R, R)$，有

$$S'(x) = \left(\sum_{n=0}^{\infty} a_n x^n\right)' = \sum_{n=0}^{\infty} n a_n x^{n-1}。$$

10. 逐项积分或逐项求导的幂级数收敛半径不变，但收敛域可能发生变化。

11. 常用幂级数的和函数：

（1）$\sum\limits_{n=0}^{\infty} x^n = \dfrac{1}{1-x}$；　　　　　　　　（2）$\sum\limits_{n=0}^{\infty} \dfrac{x^n}{n!} = \mathrm{e}^x$；

（3）$\sum\limits_{n=1}^{\infty} (-1)^{n-1} \dfrac{x^{2n-1}}{(2n-1)!} = \sin x$；　　　（4）$\sum\limits_{n=1}^{\infty} (-1)^{n-1} \dfrac{x^n}{n} = \ln(1+x)$。

12. 如果存在一个幂级数 $\sum\limits_{n=0}^{\infty} a_n (x-x_0)^n$ 在某收敛区间 (x_0-R, x_0+R) 内以 $f(x)$ 为其和函数，称函数 $f(x)$ 在 $x = x_0$ 处可展开为幂级数 $\sum\limits_{n=0}^{\infty} a_n (x-x_0)^n$，或称 $\sum\limits_{n=0}^{\infty} a_n (x-x_0)^n$ 是函数 $f(x)$ 在 $x = x_0$ 处的幂级数展开式。

13. 设函数 $f(x)$ 在 $U_\delta(x_0)$ 内具有任意阶导数，且在 $U_\delta(x_0)$ 内能展成 $(x-x_0)$ 的幂级数，即 $f(x) = \sum\limits_{n=0}^{\infty} a_n (x-x_0)^n$，则其系数 $a_n = \dfrac{f^{(n)}(x_0)}{n!}$（$n = 0, 1, 2, \cdots$），且展开式是唯一的。

14. 若函数 $f(x)$ 在 $x=0$ 处任意阶可导,称幂级数 $\sum\limits_{n=0}^{\infty}\dfrac{f^{(n)}(x_0)}{n!}(x-x_0)^n$ 为 $f(x)$ 在 $x=x_0$ 处的 Taylor 级数,称 $\sum\limits_{n=0}^{\infty}\dfrac{f^{(n)}(0)}{n!}x^n$ 为函数 $f(x)$ 在 $x=0$ 处的 Maclaurin 级数。

15. 函数 $f(x)$ 可展开为 Taylor 级数的充要条件:函数 $f(x)$ 在点 x_0 处的 Taylor 级数在 $U_\delta(x_0)$ 内收敛于 $f(x)$ 的充分必要条件是在 $U_\delta(x_0)$ 内,有 $\lim\limits_{n\to\infty}R_n(x)=0$。

16. 函数可展开为 Taylor 级数的充分条件:设函数 $f(x)$ 在 (x_0-R,x_0+R) 内有任意阶导数,如果存在正常数 M,使得对 $\forall x\in(x_0-R,x_0+R)$,恒有 $|f^{(n)}(x)|\leqslant M(n=0,1,2,\cdots)$,则函数 $f(x)$ 在 (x_0-R,x_0+R) 内可展开成 x_0 处的 Taylor 级数。

17. 函数幂级数的直接展开法:

(1) 检验函数 $f(x)$ 在含有原点的某区间上是否任意次可导,并求出 $f^{(n)}(x)(n=0,1,2,\cdots)$;

(2) 判定是否存在正数 M,对于上述区间上的一切 x,恒有 $|f^{(n)}(x)|\leqslant M(n=0,1,2,\cdots)$;

(3) 求出 $f^{(n)}(0)(n=0,1,2,\cdots)$;

(4) 写出函数 $f(x)$ 在某区间内的 Maclaurin 级数的展开式。

18. 常用基本初等函数的幂级数展开式:

(1) $e^x=\sum\limits_{n=0}^{\infty}\dfrac{1}{n!}x^n,x\in(-\infty,+\infty)$;

(2) $\sin x=\sum\limits_{n=0}^{\infty}\dfrac{(-1)^n}{(2n+1)!}x^{2n+1},x\in(-\infty,+\infty)$;

(3) $\cos x=\sum\limits_{n=0}^{\infty}\dfrac{(-1)^n}{(2n)!}x^{2n},x\in(-\infty,+\infty)$;

(4) $\ln(1+x)=\sum\limits_{n=1}^{\infty}\dfrac{(-1)^{n-1}}{n}x^n,x\in[-1,1]$;

(5) $(1+x)^\alpha=\sum\limits_{n=0}^{\infty}\dfrac{\alpha(\alpha-1)\cdots(\alpha-n+1)}{n!}x^n$,

其中 $\alpha\leqslant-1$ 时,$x\in(-1,1)$,$-1<\alpha<0$ 时,$x\in(-1,1]$,$\alpha>0$ 时,$x\in[-1,1]$。

特别地,当 $\alpha=-1$ 时,有

$$\dfrac{1}{1-x}=\sum\limits_{n=0}^{\infty}x^n,\quad x\in(-1,1),\qquad \dfrac{1}{1+x}=\sum\limits_{n=0}^{\infty}(-1)^n x^n,\quad x\in(-1,1)。$$

19. 函数幂级数的间接展开法:通过加减运算、数乘运算、复合运算、积分运算、求导运算等方法,将函数转化成可利用基本展开式的函数形式来得到函数的幂级数展开式。

20. 三角函数系的正交性:三角函数系 $\{1,\cos nx,\sin x,n=1,2,\cdots\}$ 在 $[-\pi,\pi]$ 上是正交的,即

$$\int_{-\pi}^{\pi}\cos nx\cos mx\,dx=\begin{cases}0,&m\neq n,\\\pi,&m=n。\end{cases}\qquad \int_{-\pi}^{\pi}\sin nx\sin mx\,dx=\begin{cases}0,&m\neq n,\\\pi,&m=n。\end{cases}$$

$$\int_{-\pi}^{\pi}\cos nx\sin mx\,dx=0,\quad n=0,1,2,\cdots,m=1,2,\cdots。$$

21. 周期为 2π 的傅里叶级数：设函数 $f(x)$ 是周期为 2π 的可积函数，则 $f(x)$ 在 $(-\infty,\infty)$ 上展开的傅里叶级数为 $f(x) \leftrightarrow \dfrac{a_0}{2} + \sum\limits_{n=1}^{\infty}(a_n\cos nx + b_n\sin nx)$，其中

$$a_n = \frac{1}{\pi}\int_{-\pi}^{\pi}f(x)\cos nx\,\mathrm{d}x\,(n=0,1,2,\cdots), \quad b_n = \frac{1}{\pi}\int_{-\pi}^{\pi}f(x)\sin nx\,\mathrm{d}x\,(n=1,2,\cdots),$$

或

$$a_n = \frac{1}{\pi}\int_{a}^{a+2\pi}f(x)\cos nx\,\mathrm{d}x\,(n=0,1,2,\cdots), \quad b_n = \frac{1}{\pi}\int_{a}^{a+2\pi}f(x)\sin nx\,\mathrm{d}x\,(n=1,2,\cdots)。$$

22. 当函数 $f(x)$ 是周期为 2π 的可积奇函数时，有正弦级数 $f(x) \leftrightarrow \sum\limits_{n=1}^{\infty}b_n\sin nx$，其中

$$b_n = \frac{2}{\pi}\int_{0}^{\pi}f(x)\sin nx\,\mathrm{d}x \quad (n=1,2,\cdots)。$$

当函数 $f(x)$ 是周期为 2π 的可积偶函数时，有余弦级数 $f(x) \leftrightarrow \dfrac{a_0}{2} + \sum\limits_{n=1}^{\infty}a_n\cos nx$，

$$a_n = \frac{2}{\pi}\int_{0}^{\pi}f(x)\cos nx\,\mathrm{d}x \quad (n=0,1,2,\cdots)。$$

23. Dirichlet 收敛定理：设函数 $f(x)$ 是周期为 2π 的可积函数，且满足 $f(x)$ 在 $[-\pi,\pi]$ 上连续或只有有限个第一类间断点，$f(x)$ 在 $[-\pi,\pi]$ 上只有有限个单调区间，则 $f(x)$ 的以 2π 为周期的傅里叶级数收敛，且对 $\forall x \in (-\infty,+\infty)$，有

$$S(x) = \frac{a_0}{2} + \sum_{n=1}^{\infty}(a_n\cos nx + b_n\sin nx) = \frac{f(x+0)+f(x-0)}{2}。$$

24. 周期为 $2l$ 的傅里叶级数：设函数 $f(x)$ 是周期为 $2l$ 的可积函数，则 $f(x)$ 在 $[-l,l]$ 上展开的傅里叶级数为 $f(x) \leftrightarrow \dfrac{a_0}{2} + \sum\limits_{n=1}^{\infty}\left(a_n\cos\dfrac{n\pi}{l}x + b_n\sin\dfrac{n\pi}{l}x\right)$，其中

$$a_n = \frac{1}{l}\int_{-l}^{l}f(x)\cos\frac{n\pi}{l}x\,\mathrm{d}x\,(n=0,1,2,\cdots), \quad b_n = \frac{1}{l}\int_{-l}^{l}f(x)\sin\frac{n\pi}{l}x\,\mathrm{d}x\,(n=1,2,\cdots)。$$

25. 函数展开成正弦级数：将函数进行周期奇延拓，周期为 $2l$，则

$$f(x) \leftrightarrow \sum_{n=1}^{\infty}b_n\sin\frac{n\pi}{l}x, \quad x \in [0,l], \quad b_n = \frac{2}{l}\int_{0}^{l}f(x)\sin\frac{n\pi}{l}x\,\mathrm{d}x \quad (n=1,2,\cdots);$$

函数展开成余弦级数：将函数进行周期偶延拓，周期为 $2l$，则

$$f(x) \leftrightarrow \frac{a_0}{2} + \sum_{n=1}^{\infty}a_n\cos\frac{n\pi}{l}x, \quad x \in [0,l], \quad a_n = \frac{2}{l}\int_{0}^{l}f(x)\cos\frac{n\pi}{l}x\,\mathrm{d}x \quad (n=0,1,2,\cdots)。$$

26. 几个重要的数项级数的和：

(1) $\sum\limits_{n=1}^{\infty}\dfrac{(-1)^{n-1}}{n} = 1 - \dfrac{1}{2} + \dfrac{1}{3} - \dfrac{1}{4} + \cdots + \dfrac{(-1)^{n-1}}{n} + \cdots = \ln 2$；

(2) $\sum\limits_{n=0}^{\infty}\dfrac{1}{n!} = 1 + \dfrac{1}{1!} + \dfrac{1}{2!} + \cdots + \dfrac{1}{n!} + \cdots = \mathrm{e}$；

(3) $\sum\limits_{n=0}^{\infty}\dfrac{(-1)^n}{(2n+1)!} = 1 - \dfrac{1}{3!} + \dfrac{1}{5!} - \dfrac{1}{7!} + \cdots + \dfrac{(-1)^n}{(2n+1)!} + \cdots = \sin 1$；

(4) $\sum\limits_{n=0}^{\infty}\dfrac{(-1)^n}{(2n)!} = 1 - \dfrac{1}{2!} + \dfrac{1}{4!} - \dfrac{1}{6!} + \cdots + \dfrac{(-1)^n}{(2n)!} + \cdots = \cos 1$；

(5) $\displaystyle\sum_{n=1}^{\infty}\frac{1}{n^2}=1+\frac{1}{2^2}+\frac{1}{3^2}+\cdots\frac{1}{n^2}+\cdots=\frac{\pi^2}{6}$;

(6) $\displaystyle\sum_{n=1}^{\infty}\frac{1}{(2n-1)^2}=1+\frac{1}{3^2}+\frac{1}{5^2}+\cdots+\frac{1}{(2n-1)^2}+\cdots=\frac{\pi^2}{8}$;

(7) $\displaystyle\sum_{n=1}^{\infty}\frac{(-1)^{n-1}}{n^2}=1-\frac{1}{2^2}+\frac{1}{3^2}-\cdots+\frac{(-1)^{n-1}}{n^2}+\cdots=\frac{\pi^2}{12}$。

典型例题

一、幂级数的收敛域

例 16.1　求级数 $\displaystyle\sum_{n=1}^{\infty}\frac{1^n+2^n+\cdots+50^n}{n^2}\left(\frac{1-x}{1+x}\right)^n$ 的收敛域。

【解】　记 $t=\dfrac{1-x}{1+x}$,则原级数变为 $\displaystyle\sum_{n=1}^{\infty}\frac{1^n+2^n+\cdots+50^n}{n^2}t^n$,因为

$$1\leqslant\sqrt[n]{\left(\frac{1}{50}\right)^n+\left(\frac{2}{50}\right)^n+\cdots+\left(\frac{50}{50}\right)^n}\leqslant\sqrt[n]{50}\to 1\quad(n\to\infty),$$

所以

$$\lim_{n\to\infty}\sqrt[n]{\frac{1^n+2^n+\cdots+50^n}{n^2}}=\lim_{n\to\infty}\frac{50}{(\sqrt[n]{n})^2}\sqrt[n]{\left(\frac{1}{50}\right)^n+\left(\frac{2}{50}\right)^n+\cdots+\left(\frac{50}{50}\right)^n}=50,$$

又 $\displaystyle\sum_{n=1}^{\infty}\frac{1^n+2^n+\cdots+50^n}{n^2}\left(\pm\frac{1}{50}\right)^n$ 收敛,故级数 $\displaystyle\sum_{n=1}^{\infty}\frac{1^n+2^n+\cdots+50^n}{n^2}t^n$ 的收敛域为

$\left[-\dfrac{1}{50},\dfrac{1}{50}\right]$,

解不等式

$$-\frac{1}{50}\leqslant\frac{1-x}{1+x}\leqslant\frac{1}{50},$$

得原级数的收敛域为 $\left[\dfrac{49}{51},\dfrac{51}{49}\right]$。

例 16.2　求幂级数 $\displaystyle\sum_{n=1}^{\infty}\frac{x^n}{n\cdot 3^n+n^2\cdot 2^n}$ 的收敛域。

【解】　记 $a_n=\dfrac{1}{n\cdot 3^n+n^2\cdot 2^n}$,由

$$L=\lim_{n\to\infty}\frac{a_{n+1}}{a_n}=\lim_{n\to\infty}\frac{\dfrac{1}{(n+1)\cdot 3^{n+1}+(n+1)^2\cdot 2^{n+1}}}{\dfrac{1}{n\cdot 3^n+n^2\cdot 2^n}}=\frac{1}{3},$$

则该幂级数的收敛半径为 $R=3$,收敛区间为 $(-3,3)$。再讨论端点的收敛性。

(1) 当 $x=-3$ 时,该幂级数为 $\displaystyle\sum_{n=1}^{\infty}\frac{(-3)^n}{n\cdot 3^n+n^2\cdot 2^n}=\sum_{n=1}^{\infty}\frac{(-1)^n}{n\left(1+n\left(\frac{2}{3}\right)^n\right)}$。

因为当 $n>N$（其中 N 为充分大的正整数）时，有

$$\frac{1}{n\left(1+n\left(\frac{2}{3}\right)^n\right)}=\frac{1}{n}\left(1-n\left(\frac{2}{3}\right)^n+o\left(n\left(\frac{2}{3}\right)^n\right)\right)=\frac{1}{n}+\left(\frac{2}{3}\right)^n(-1+o(1)),$$

所以

$$\sum_{n=1}^{\infty}\frac{(-3)^n}{n\cdot 3^n+n^2\cdot 2^n}=\sum_{n=1}^{\infty}\frac{(-1)^n}{n}+\sum_{n=1}^{\infty}(-1)^n\left(\frac{2}{3}\right)^n(-1+o(1)),$$

而 $\displaystyle\sum_{n=1}^{\infty}\frac{(-1)^n}{n}$ 条件收敛，$\displaystyle\sum_{n=1}^{\infty}(-1)^n\left(\frac{2}{3}\right)^n(-1+o(1))$ 绝对收敛，因此 $\displaystyle\sum_{n=1}^{\infty}\frac{(-3)^n}{n\cdot 3^n+n^2\cdot 2^n}$ 条件收敛。

（2）当 $x=3$ 时，该幂级数为 $\displaystyle\sum_{n=1}^{\infty}\frac{3^n}{n\cdot 3^n+n^2\cdot 2^n}=\sum_{n=1}^{\infty}\left|\frac{(-3)^n}{n\cdot 3^n+n^2\cdot 2^n}\right|$。

因为 $\displaystyle\sum_{n=1}^{\infty}\frac{(-3)^n}{n\cdot 3^n+n^2\cdot 2^n}$ 条件收敛，所以 $\displaystyle\sum_{n=1}^{\infty}\left|\frac{(-3)^n}{n\cdot 3^n+n^2\cdot 2^n}\right|$ 发散，即 $\displaystyle\sum_{n=1}^{\infty}\frac{3^n}{n\cdot 3^n+n^2\cdot 2^n}$ 发散。

从而幂级数 $\displaystyle\sum_{n=1}^{\infty}\frac{x^n}{n\cdot 3^n+n^2\cdot 2^n}$ 的收敛域为 $[-3,3)$。

例 16.3 对实数 p，试讨论级数 $\displaystyle\sum_{n=2}^{\infty}\frac{x^n}{n^p\ln n}$ 的收敛域。

【解】 记 $a_n=\dfrac{1}{n^p\ln n}$，由

$$L=\lim_{n\to\infty}\frac{a_{n+1}}{a_n}=1,$$

则该幂级数的收敛半径为 $R=1$，收敛区间为 $(-1,1)$。再讨论端点的收敛性。

（1）当 $p<0$ 时，因为 $\displaystyle\lim_{n\to\infty}a_n=\infty$ 以及 $\displaystyle\lim_{n\to\infty}(-1)^n a_n=\infty$，所以，该幂级数在 $x=-1$ 及 $x=1$ 处都发散，故其收敛域为 $(-1,1)$。

（2）当 $0\leqslant p<1$ 时，因为 $\displaystyle\lim_{n\to\infty}\frac{a_n}{\frac{1}{n}}=+\infty$，所以，该幂级数在 $x=1$ 处发散；又 $\{a_n\}$ 单调递减且趋于 0，故该幂级数在 $x=-1$ 处收敛。所以其收敛域为 $[-1,1)$。

（3）当 $p>1$ 时，因为

$$\lim_{n\to\infty}\frac{a_n}{\frac{1}{n^{(1+p)/2}}}=0\quad 及\quad \lim_{n\to\infty}\frac{|(-1)^n a_n|}{\frac{1}{n^{(1+p)/2}}}=0,$$

所以该幂级数在 $x=-1$ 及 $x=1$ 处都收敛，故其收敛域为 $[-1,1]$。

例 16.4 设级数 $\displaystyle\sum_{n=1}^{\infty}a_n(x-1)^n$ 在 $x=3$ 点处条件收敛，判别级数 $\displaystyle\sum_{n=1}^{\infty}a_n\left(1+\frac{1}{2n}\right)^{n^2}$ 是否收敛，若收敛，说明是条件收敛还是绝对收敛。

【解】 由幂级数的收敛性质，条件收敛点 $x=3$ 只能是收敛区间的端点，而幂级数收敛

区间的中点为 $x_0=1$，则收敛半径为 $R=2$，收敛区间为 $(-1,3)$。

由于数列 $\left(1+\dfrac{1}{2n}\right)^n$ 单调递增，且 $\lim\limits_{n\to\infty}\left(1+\dfrac{1}{2n}\right)^n=\sqrt{e}$，因此 $\left(1+\dfrac{1}{2n}\right)^n<\sqrt{e}$，从而

$$\left|\,a_n\left(1+\frac{1}{2n}\right)^{n^2}\,\right|<|\,a_n\,|\,(\sqrt{e})^n,$$

而 $\sum\limits_{n=1}^{\infty}a_n\,(\sqrt{e})^n$ 相当于幂级数 $\sum\limits_{n=1}^{\infty}a_n\,(x-1)^n$ 在 $x=\sqrt{e}+1$ 处的数项级数，且 $\sqrt{e}+1\in(-1,3)$，所以 $\sum\limits_{n=1}^{\infty}a_n\,(\sqrt{e})^n$ 绝对收敛，由正项级数收敛审敛法知，级数 $\sum\limits_{n=1}^{\infty}a_n\left(1+\dfrac{1}{2n}\right)^{n^2}$ 绝对收敛。

二、幂级数的和函数

例 16.5 设 $a_1=1,a_2=1,a_{n+2}=2a_{n+1}+3a_n\,(n\geqslant 1)$，求幂级数 $\sum\limits_{n=1}^{\infty}a_n x^n$ 的收敛域及和函数。

【解】 因 $a_{n+2}=2a_{n+1}+3a_n$，故

$$a_{n+2}+a_{n+1}=3(a_{n+1}+a_n)=3^2(a_n+a_{n-1})=\cdots=3^n(a_2+a_1)=2\cdot 3^n,$$

$$a_{n+2}-3a_{n+1}=-(a_{n+1}-3a_n)=(-1)^2(a_n-3a_{n-1})=\cdots$$
$$=(-1)^n(a_2-3a_1)=2\cdot(-1)^{n+1},$$

解得 $a_{n+2}=\dfrac{3^{n+1}+(-1)^{n+1}}{2}$，从而 $a_n=\dfrac{3^{n-1}+(-1)^{n-1}}{2}$。由于

$$\sqrt[n]{\frac{3^{n-1}-1}{2}}\leqslant\sqrt[n]{\frac{3^{n-1}+(-1)^{n-1}}{2}}\leqslant\sqrt[n]{\frac{3^{n-1}+1}{2}},$$

由夹逼准则知，$\lim\limits_{n\to\infty}\sqrt[n]{a_n}=3$，从而收敛半径 $R=\dfrac{1}{3}$，收敛域为 $\left(-\dfrac{1}{3},\dfrac{1}{3}\right)$，且

$$\sum_{n=1}^{\infty}a_n x^n=\sum_{n=1}^{\infty}\frac{3^{n-1}+(-1)^{n-1}}{2}x^n=\sum_{n=1}^{\infty}\frac{3^{n-1}}{2}x^n+\sum_{n=1}^{\infty}\frac{(-1)^{n-1}}{2}x^n$$
$$=\frac{1}{2}\cdot\frac{x}{1-3x}+\frac{1}{2}\cdot\frac{x}{1+x}=\frac{x(1-x)}{(1-3x)(1+x)}。$$

例 16.6 求幂级数 $\sum\limits_{n=0}^{\infty}\dfrac{(-1)^n}{3n+1}x^{3n}$ 的收敛域与和函数。

【解】 由于

$$\lim_{n\to\infty}\left|\frac{u_{n+1}(x)}{u_n(x)}\right|=\lim_{n\to\infty}\left|\frac{x^{3n+3}}{3n+4}\middle/\frac{x^{3n}}{3n+1}\right|=|\,x\,|^3,$$

当 $|\,x\,|<1$ 时，幂级数收敛，当 $|\,x\,|>1$ 时，幂级数发散；当 $x=1$ 时，级数为 $\sum\limits_{n=0}^{\infty}\dfrac{(-1)^n}{3n+1}$，收敛；当 $x=-1$ 时，级数为 $\sum\limits_{n=0}^{\infty}\dfrac{1}{3n+1}$，发散。所以幂级数的收敛域为 $(-1,1]$。

记 $S(x)=\sum\limits_{n=0}^{\infty}\dfrac{(-1)^n}{3n+1}x^{3n}$，$\varphi(x)=xS(x)=\sum\limits_{n=0}^{\infty}\dfrac{(-1)^n}{3n+1}x^{3n+1}$，$-1<x\leqslant 1$，则

$\varphi(0)=0$，且

$$\varphi'(x)=\sum_{n=0}^{\infty}(-1)^n x^{3n}=\frac{1}{1+x^3},\quad -1<x<1。$$

从而

$$\varphi(x)=\varphi(0)+\int_0^x\frac{1}{1+t^3}\mathrm{d}t=\int_0^x\frac{1-t^2+t^2}{1+t^3}\mathrm{d}t=\frac{1}{3}\int_0^x\frac{\mathrm{d}(1+t^3)}{1+t^3}+\int_0^x\frac{1-t}{t^2-t+1}\mathrm{d}t$$

$$=\frac{1}{3}\ln(1+x^3)-\frac{1}{2}\int_0^x\frac{2t-1}{t^2-t+1}\mathrm{d}t+\frac{1}{2}\int_0^x\frac{1}{\left(t-\frac{1}{2}\right)^2+\frac{3}{4}}\mathrm{d}t$$

$$=\frac{1}{3}\ln(1+x^3)-\frac{1}{2}\ln(x^2-x+1)+\frac{1}{\sqrt{3}}\arctan\frac{2x-1}{\sqrt{3}}+\frac{\pi}{6\sqrt{3}}。$$

因为 $S(0)=1$，所以

$$S(x)=\begin{cases}\frac{1}{3x}\ln(1+x^3)-\frac{1}{2x}\ln(x^2-x+1)+\frac{1}{\sqrt{3}\,x}\arctan\frac{2x-1}{\sqrt{3}}+\frac{\pi}{6\sqrt{3}\,x}, & -1<x\leqslant 1, x\neq 0,\\ 1, & x=0。\end{cases}$$

例 16.7 求幂级数 $\sum\limits_{n=0}^{\infty}\dfrac{n^3+2}{(n+1)!}(x-1)^n$ 的收敛域与和函数 $S(x)$。

【证】 因为

$$\lim_{n\to\infty}\frac{a_{n+1}}{a_n}=\lim_{n\to\infty}\frac{(n+1)^3+2}{(n+2)(n^3+2)}=0,$$

所以幂级数的收敛半径为 $R=+\infty$，收敛域为 $(-\infty,+\infty)$。由

$$\frac{n^3+2}{(n+1)!}=\frac{(n+1)n(n-1)}{(n+1)!}+\frac{n+1}{(n+1)!}+\frac{1}{(n+1)!}$$

$$=\frac{1}{(n-2)!}+\frac{1}{n!}+\frac{1}{(n+1)!}\quad(n\geqslant 2),$$

而幂级数 $\sum\limits_{n=2}^{\infty}\dfrac{1}{(n-2)!}(x-1)^n$，$\sum\limits_{n=0}^{\infty}\dfrac{1}{n!}(x-1)^n$，$\sum\limits_{n=0}^{\infty}\dfrac{1}{(n+1)!}(x-1)^n$ 的收敛域都是 $(-\infty,+\infty)$，则

$$\sum_{n=0}^{\infty}\frac{n^3+2}{(n+1)!}(x-1)^n=\sum_{n=2}^{\infty}\frac{1}{(n-2)!}(x-1)^n+\sum_{n=0}^{\infty}\frac{1}{n!}(x-1)^n+$$

$$\sum_{n=0}^{\infty}\frac{1}{(n+1)!}(x-1)^n。$$

因为

$$S_1(x)=\sum_{n=2}^{\infty}\frac{1}{(n-2)!}(x-1)^n=(x-1)^2\sum_{n=0}^{\infty}\frac{1}{n!}(x-1)^n=(x-1)^2\mathrm{e}^{x-1},$$

$$S_2(x)=\sum_{n=0}^{\infty}\frac{1}{n!}(x-1)^n=\mathrm{e}^{x-1},$$

$$S_3(x)=\sum_{n=0}^{\infty}\frac{1}{(n+1)!}(x-1)^n=\frac{1}{x-1}\sum_{n=0}^{\infty}\frac{1}{(n+1)!}(x-1)^{n+1}$$

$$= \frac{1}{x-1}(e^{x-1}-1) \quad (x \neq 1),$$

又 $S(1)=2$，所以所求幂级数的和函数为

$$S(x) = \begin{cases} (x^2-2x+2)e^{x-1} + \dfrac{1}{x-1}(e^{x-1}-1), & x \neq 1, \\ 2, & x=1. \end{cases}$$

例 16.8　设 $a_0=0, a_1=1, a_{n+1}=3a_n+4a_{n-1}(n \geqslant 1)$，求幂级数 $\displaystyle\sum_{n=1}^{\infty} \frac{a_n}{n!}x^n$ 的收敛域与和函数。

【解】　首先计算收敛半径，考虑 $\dfrac{a_{n+1}}{a_n}=b_{n+1}$，由题意得

$$b_{n+1} = \frac{a_{n+1}}{a_n} = 3 + \frac{4}{\dfrac{a_n}{a_{n-1}}} = 3 + \frac{4}{b_n},$$

则

$$b_{2n+1} = \frac{13b_{2n-1}+12}{3b_{2n-1}+4} \quad (n=1,2,\cdots),$$

记 $f(x)=\dfrac{13x+12}{3x+4}$，则 $f'(x)>0$，则由 $b_3<b_5$ 得 $\{b_{2n+1}\}$ 单调增加，且

$$b_{2n+1} = \frac{13b_{2n-1}+12}{3b_{2n-1}+4} = \frac{13}{3}\left(\frac{39b_{2n-1}+36}{39b_{2n-1}+52}\right) < \frac{13}{3},$$

知 $\{b_{2n+1}\}$ 有上界，因此 $\lim_{n\to\infty} b_{2n+1}$ 存在，记为 A。

同理数列 $\{b_{2n}\}$ 收敛，且由于递推式相同，极限也为 A，因此 $\lim_{n\to\infty} b_{2n}=A$，从而

$$\lim_{n\to\infty} \frac{\dfrac{a_{n+1}}{(n+1)!}}{\dfrac{a_n}{n!}} = \lim_{n\to\infty}\left(\frac{1}{n+1}\cdot\frac{a_{n+1}}{a_n}\right) = \lim_{n\to\infty}\frac{b_{n+1}}{n+1} = 0,$$

于是收敛半径为 $R=+\infty$，收敛域为 $(-\infty,+\infty)$。记 $S(x)=\displaystyle\sum_{n=1}^{\infty}\frac{a_n}{n!}x^n(-\infty<x<+\infty)$，则

$$S'(x) = a_0 + \sum_{n=1}^{\infty}\frac{a_{n+1}}{n!}x^n,$$

$$S''(x) = a_2 + \sum_{n=1}^{\infty}\frac{a_{n+2}}{n!}x^n = a_2 + 3\sum_{n=1}^{\infty}\frac{a_{n+1}}{n!}x^n + 4\sum_{n=1}^{\infty}\frac{a_n}{n!}x^n = 3S'(x)+4S(x),$$

即

$$S''-3S'-4S=0,$$

解得

$$S(x) = C_1 e^{4x} + C_2 e^{-x},$$

由 $S(0)=0, S(1)=1$，得 $C_1=\dfrac{1}{5}, C_2=-\dfrac{1}{5}$，从而

$$S(x) = \frac{1}{5}\mathrm{e}^{4x} - \frac{1}{5}\mathrm{e}^{-x} \quad (-\infty < x < +\infty)。$$

例 16.9 已知 $u_n(x)$ 满足 $u_n'(x) = u_n(x) + x^{n-1}\mathrm{e}^x$（$n$ 为正整数），且 $u_n(1) = \dfrac{\mathrm{e}}{n}$，求函数项级数 $\displaystyle\sum_{n=1}^{\infty} u_n(x)$ 的和函数。

【解】 方程 $u_n'(x) - u_n(x) = x^{n-1}\mathrm{e}^x$ 是关于 $u_n(x)$ 的一阶线性微分方程，其通解为

$$u_n(x) = \mathrm{e}^{\int \mathrm{d}x}\left(\int x^{n-1}\mathrm{e}^x \mathrm{e}^{-\int \mathrm{d}x}\mathrm{d}x + c\right) = \mathrm{e}^x\left(\frac{x^n}{n} + C\right),$$

由条件 $u_n(1) = \dfrac{\mathrm{e}}{n}$，得 $C = 0$，故 $u_n(x) = \dfrac{x^n \mathrm{e}^x}{n}$，从而

$$\sum_{n=1}^{\infty} u_n(x) = \sum_{n=1}^{\infty} \frac{x^n \mathrm{e}^x}{n} = \mathrm{e}^x \sum_{n=1}^{\infty} \frac{x^n}{n}。$$

记 $s(x) = \displaystyle\sum_{n=1}^{\infty} \dfrac{x^n}{n}$，其收敛域为 $[-1, 1)$，当 $x \in (-1, 1)$ 时，有

$$s'(x) = \sum_{n=1}^{\infty} x^{n-1} = \frac{1}{1-x},$$

故

$$s(x) = \int_0^x \frac{1}{1-t}\mathrm{d}t = -\ln(1-x)。$$

当 $x = -1$ 时，$\displaystyle\sum_{n=1}^{\infty} u_n(x) = -\mathrm{e}^{-1}\ln 2$，于是，当 $-1 \leqslant x < 1$ 时，有

$$\sum_{n=1}^{\infty} u_n(x) = -\mathrm{e}^x \ln(1-x)。$$

三、函数展开成幂级数

例 16.10 设函数 $f(x) = \displaystyle\sum_{n=0}^{\infty} \dfrac{x^n(1-x)^{2n}}{n!}$，问在函数 $f(x)$ 的幂级数展开式中是否可以存在连续三项的系数为零，并说明理由。

【解】 不能，因为

$$f'(x) = \sum_{n=1}^{\infty} \frac{nx^{n-1}(1-x)^{2n} - 2nx^n(1-x)^{2n-1}}{n!} = \sum_{n=1}^{\infty} \frac{x^{n-1}(1-x)^{2n-2}}{n!} \cdot n(1 - 4x + 3x^2)$$

$$= \sum_{n=1}^{\infty} \frac{x^{n-1}(1-x)^{2n-2}}{(n-1)!}(1 - 4x + 3x^2) = f(x)(1 - 4x + 3x^2),$$

设 $f(x) = \displaystyle\sum_{n=0}^{\infty} a_n x^n$，代入上式比较 x^n 的系数得

$$(n+1)a_{n+1} = a_n - 4a_{n-1} + 3a_{n-2}。$$

如果存在连续三项为零，则 $f(x)$ 为一多项式，从而 $f'(x)$ 应该是低一次的多项式，显然与 $f'(x) = f(x)(1 - 4x + 3x^2)$ 矛盾。

例 16.11　将函数 $f(x) = \begin{cases} \dfrac{1+x^2}{x}\arctan x, & x \neq 0, \\ 1, & x = 0 \end{cases}$ 展开成 x 的幂级数,并求级数

$\displaystyle\sum_{n=1}^{\infty} \dfrac{(-1)^n}{1-4n^2}$ 的和。

【解】　因为 $\dfrac{\mathrm{d}}{\mathrm{d}x}\arctan x = \dfrac{1}{1+x^2} = \displaystyle\sum_{n=0}^{\infty}(-1)^n x^{2n}$, $|x| < 1$,所以

$$\arctan x = \int_0^x \frac{1}{1+t^2}\mathrm{d}t = \sum_{n=0}^{\infty}\frac{(-1)^n}{2n+1}x^{2n+1},$$

且当 $x = \pm 1$ 时级数条件收敛,因此收敛域为 $[-1,1]$。

$$\frac{1+x^2}{x}\arctan x = \frac{1}{x}\arctan x + x\arctan x = \sum_{n=0}^{\infty}\frac{(-1)^n}{2n+1}x^{2n} + \sum_{n=0}^{\infty}\frac{(-1)^n}{2n+1}x^{2n+2}$$

$$= 1 + \sum_{n=1}^{\infty}\frac{(-1)^n}{2n+1}x^{2n} + \sum_{n=1}^{\infty}\frac{(-1)^{n-1}}{2n-1}x^{2n}$$

$$= 1 + \sum_{n=1}^{\infty}\frac{(-1)^n \cdot 2}{1-4n^2}x^{2n}, \quad |x| \leqslant 1, x \neq 0,$$

记级数和为 $S(x)$,则 $S(0) = f(0) = 1$,于是

$$f(x) = 1 + \sum_{n=1}^{\infty}\frac{(-1)^n \cdot 2}{1-4n^2}x^{2n}, \quad |x| \leqslant 1,$$

令 $x = 1$,得

$$\sum_{n=1}^{\infty}\frac{(-1)^n}{1-4n^2} = \frac{1}{2}(f(1)-1) = \frac{\pi}{4} - \frac{1}{2}。$$

例 16.12　证明 $\mathrm{e}^x \sin x = \displaystyle\sum_{n=1}^{\infty}\frac{(\sqrt{2})^n}{n!}\sin\frac{n\pi}{4}x^n$, $x \in (-\infty, +\infty)$。

【证 1】　设 $f(x) = \mathrm{e}^x \sin x$,显然 $f(x)$ 任意次可导,且

$$f'(x) = \mathrm{e}^x(\sin x + \cos x) = \sqrt{2}\,\mathrm{e}^x \sin\left(x + \frac{\pi}{4}\right),$$

$$f''(x) = \sqrt{2}\,\mathrm{e}^x\left(\sin\left(x + \frac{\pi}{4}\right) + \cos\left(x + \frac{\pi}{4}\right)\right) = (\sqrt{2})^2\mathrm{e}^x\sin\left(x + 2\times\frac{\pi}{4}\right)$$

用数学归纳法可以证明

$$f^{(n)}(x) = (\sqrt{2})^n\mathrm{e}^x\sin\left(x + n\cdot\frac{\pi}{4}\right), \quad n = 1, 2, \cdots。$$

从而

$$f(0) = 0, \quad f'(0) = \sqrt{2}\sin\frac{\pi}{4}, \quad \cdots, \quad f^{(n)}(0) = (\sqrt{2})^n\sin\frac{n\pi}{4}。$$

由 Taylor 公式,$\forall x \in (-\infty, +\infty)$,有

$$f(x) = \sum_{m=1}^{n}\frac{(\sqrt{2})^m}{m!}\sin\frac{m\pi}{4}x^m + \frac{2^{\frac{n+1}{2}}\mathrm{e}^{\theta x}\sin\left(\theta x + \frac{n+1}{4}\pi\right)}{(n+1)!}x^{n+1}, \quad 0 < \theta < 1。$$

对给定的 x,

$$|R_n(x)| = \left| \frac{2^{\frac{n+1}{2}} e^{\theta x} \sin\left(\theta x + \frac{n+1}{4}\pi\right)}{(n+1)!} x^{n+1} \right| \leqslant e^{\theta x} \frac{(\sqrt{2}|x|)^{n+1}}{(n+1)!},$$

注意到 $u_n = \frac{(\sqrt{2}|x|)^{n+1}}{(n+1)!}$ 是收敛级数 $\sum\limits_{n=0}^{\infty} \frac{(\sqrt{2}|x|)^{n+1}}{(n+1)!}$ 的一般项,由级数收敛的必要条件

知 $\lim\limits_{n\to\infty} R_n(x) = 0$,因此对 $\forall x \in (-\infty, +\infty)$,有 $e^x \sin x = \sum\limits_{n=1}^{\infty} \frac{(\sqrt{2})^n}{n!} \sin\frac{n\pi}{4} x^n$ 成立。

【证 2】　由欧拉方程知 $e^{ix} = \cos x + i\sin x$,从而 $\sin x = \dfrac{e^{ix} - e^{ix}}{2i}$,因此

$$e^x \sin x = \frac{1}{2i}(e^{(1+i)x} - e^{(1-i)x}) = \sum_{n=1}^{\infty} \frac{x^n}{n!} \cdot \frac{(1+i)^n - (1-i)^n}{2i}, \quad \forall x \in (-\infty, +\infty)。$$

往证 $(1+i)^n - (1-i)^n = 2i(\sqrt{2})^n \sin\dfrac{n\pi}{4}$,同时证明 $(1+i)^n + (1-i)^n = 2(\sqrt{2})^n \cos\dfrac{n\pi}{4}$。

当 $n=1$ 时,结论成立。若 $k=n$ 时,结论成立,则当 $k=n+1$ 时,

$$\begin{aligned}
(1+i)^{n+1} - (1-i)^{n+1} &= (1+i)(1+i)^n - (1-i)(1-i)^n \\
&= ((1+i)^n - (1-i)^n) + i((1+i)^n + (1-i)^n) \\
&= 2i(\sqrt{2})^n \sin\frac{n\pi}{4} + 2i(\sqrt{2})^n \cos\frac{n\pi}{4} = 2i(\sqrt{2})^{n+1} \sin\frac{(n+1)\pi}{4},
\end{aligned}$$

$$\begin{aligned}
(1+i)^{n+1} + (1-i)^{n+1} &= (1+i)(1+i)^n + (1-i)(1-i)^n \\
&= ((1+i)^n + (1-i)^n) + i((1+i)^n - (1-i)^n) \\
&= 2(\sqrt{2})^n \cos\frac{n\pi}{4} - 2(\sqrt{2})^n \sin\frac{n\pi}{4} = 2(\sqrt{2})^{n+1} \cos\frac{(n+1)\pi}{4},
\end{aligned}$$

因此对 $\forall x \in (-\infty, +\infty)$,有 $e^x \sin x = \sum\limits_{n=1}^{\infty} \frac{(\sqrt{2})^n}{n!} \sin\frac{n\pi}{4} x^n$ 成立。

例 16.13　将函数 $\dfrac{\ln(x + \sqrt{1+x^2})}{\sqrt{1+x^2}}$ 展开成 x 的幂级数。

【解】　设 $y = \dfrac{\ln(x + \sqrt{1+x^2})}{\sqrt{1+x^2}}$,因为

$$y' = \frac{1}{1+x^2}\left(1 - \frac{x\ln(x + \sqrt{1+x^2})}{\sqrt{1+x^2}}\right),$$

所以

$$(1+x^2)y' = 1 - xy。$$

对上式两边同时求 n 阶导数,得

$$(1+x^2)y^{(n+1)} + (2n+1)xy^{(n)} + n^2 y^{(n-1)} = 0,$$

令 $x=0$,得

$$y^{(n+1)}(0) = -n^2 y^{(n-1)}(0),$$

又 $y(0) = 0, y'(0) = 1$,则

$$y^{(2n)}(0) = 0, \quad y^{(2n+1)}(0) = (-1)^n((2n)!!)^2, \quad n = 0, 1, 2, \cdots,$$

因此

$$\frac{\ln(x+\sqrt{1+x^2})}{\sqrt{1+x^2}} \leftrightarrow \sum_{n=0}^{\infty}(-1)^n\frac{((2n)!!)^2}{(2n+1)!}x^{2n+1} = \sum_{n=0}^{\infty}(-1)^n\frac{(2n)!!}{(2n+1)!!}x^{2n+1}.$$

该级数的收敛半径为 1,收敛域为 $[-1,1]$。令

$$S(x) = \sum_{n=0}^{\infty}(-1)^n\frac{(2n)!!}{(2n+1)!!}x^{2n+1},$$

则 $S(0)=0$,且

$$S'(x) = 1 + \sum_{n=1}^{\infty}(-1)^n\frac{(2n)!!}{(2n-1)!!}x^{2n} = 1 + x\sum_{n=1}^{\infty}(-1)^n\frac{(2n-2)!!}{(2n-1)!!}(2n)x^{2n-1}$$

$$= 1 + x\frac{\mathrm{d}}{\mathrm{d}x}\left(\sum_{n=1}^{\infty}(-1)^n\frac{(2n-2)!!}{(2n-1)!!}x^{2n}\right)$$

$$= 1 + x(-xS(x))' = 1 - xS(x) - x^2S'(x),$$

从而

$$(1+x^2)S'(x) = 1 - xS(x),$$

即

$$S'(x) + \frac{x}{1+x^2}S(x) = \frac{1}{1+x^2}.$$

由一阶非齐次线性微分方程解的公式,得

$$S(x) = \mathrm{e}^{-\int\frac{x}{1+x^2}\mathrm{d}x}\left(\int\frac{1}{1+x^2}\mathrm{e}^{\int\frac{x}{1+x^2}\mathrm{d}x}\mathrm{d}x + C\right) = \frac{1}{\sqrt{1+x^2}}\left(\int\frac{1}{\sqrt{1+x^2}}\mathrm{d}x + C\right),$$

令 $x=\tan t$,则

$$\int\frac{1}{\sqrt{1+x^2}}\mathrm{d}x = \int\sec t\,\mathrm{d}t = \ln|\sec t + \tan t| = \ln(x+\sqrt{1+x^2}), \quad x\in[-1,1],$$

因此

$$S(x) = \mathrm{e}^{-\int\frac{x}{1+x^2}\mathrm{d}x}\left(\int\frac{1}{1+x^2}\mathrm{e}^{\int\frac{x}{1+x^2}\mathrm{d}x}\mathrm{d}x + C\right) = \frac{\ln(x+\sqrt{1+x^2})+C}{\sqrt{1+x^2}},$$

由 $S(0)=0$,得 $C=0$,所以

$$S(x) = \frac{\ln(x+\sqrt{1+x^2})}{\sqrt{1+x^2}},$$

从而

$$\frac{\ln(x+\sqrt{1+x^2})}{\sqrt{1+x^2}} = \sum_{n=0}^{\infty}(-1)^n\frac{(2n)!!}{(2n+1)!!}x^{2n+1}, \quad x\in[-1,1].$$

例 16.14　(1) 求函数 $y=f(x)=\ln^2(x+\sqrt{1+x^2})$ 的 Maclaurin 展开式,并指出它的收敛区间;

(2) 计算极限 $\lim\limits_{x\to 0}\dfrac{f(x)+\mathrm{e}^{-x^2}-1}{x^3\sin x}$。

【解】 （1）由于 $y' = \dfrac{2\ln(x + \sqrt{1 + x^2})}{\sqrt{1 + x^2}}$，即

$$\sqrt{1 + x^2} \cdot y' = 2\ln(x + \sqrt{1 + x^2}),$$

上式两端再对 x 求导，可得

$$\frac{x}{\sqrt{1 + x^2}} \cdot y' + \sqrt{1 + x^2} \cdot y'' = \frac{2}{\sqrt{1 + x^2}},$$

即

$$(1 + x^2) y'' + xy' = 2。$$

上式两端对 x 求 $n(n = 1, 2, \cdots)$ 阶导，有

$$((1 + x^2) y'')^{(n)} + (xy')^{(n)} = 0,$$

利用 Leibniz 公式可得

$$(1 + x^2) y^{(n+2)} + 2nxy^{(n+1)} + n(n-1)y^{(n)} + xy^{(n+1)} + ny^{(n)} = 0,$$

令 $x = 0$，则 $y^{(n+2)}(0) = -n^2 y^{(n)}(0)$，$n = 1, 2, \cdots$。又 $y(0) = 0$，$y'(0) = 0$，$y''(0) = 2$，则

$$y^{(n)}(0) = \begin{cases} 0, & n = 2k - 1, \\ 2(-1)^{k-1}[(2k-2)!!]^2, & n = 2k, \end{cases} \quad k = 1, 2, \cdots,$$

因此 $y = \ln^2(x + \sqrt{1 + x^2})$ 的 Maclaurin 展开式为

$$\ln^2(x + \sqrt{1 + x^2}) \leftrightarrow \sum_{k=1}^{\infty} \frac{2(-1)^{k-1}((2k-2)!!)^2}{(2k)!} x^{2k} = \sum_{k=1}^{\infty} \frac{(-1)^{k-1}(2k-2)!!}{k(2k-1)!!} x^{2k},$$

因为

$$\lim_{n \to \infty} \left| \frac{u_{n+1}(x)}{u_n(x)} \right| = \lim_{n \to \infty} \left| \frac{\dfrac{(-1)^n (2n)!!}{(n+1)(2n+1)!!} x^{2(n+1)}}{\dfrac{(-1)^{n-1}(2n-2)!!}{n(2n-1)!!} x^{2n}} \right| = x^2,$$

当 $|x| < 1$ 时级数收敛，当 $|x| > 1$ 时级数发散，故级数的收敛区间为 $(-1, 1)$。

（2）当 $x \to 0$，$f(x) = x^2 - \dfrac{x^4}{3} + o(x^4)$，$\mathrm{e}^{-x^2} = 1 - x^2 + \dfrac{x^4}{2} + o(x^4)$，故

$$\lim_{x \to 0} \frac{f(x) + \mathrm{e}^{-x^2} - 1}{x^3 \sin x} = \lim_{x \to 0} \frac{x^2 - \dfrac{x^4}{3} + o(x^4) + 1 - x^2 + \dfrac{x^4}{2} + o(x^4) - 1}{x^4}$$

$$= \lim_{x \to 0} \frac{\dfrac{x^4}{6} + o(x^4)}{x^4} = \frac{1}{6}。$$

例 16.15 设函数 $f(x)$ 是仅有正实根的多项式，满足 $\dfrac{f'(x)}{f(x)} = -\sum_{n=0}^{\infty} c_n x^n$。证明 $c_n >$ $0(n \in \mathbf{N}^+)$，极限 $\lim\limits_{n \to \infty} \dfrac{1}{\sqrt[n]{c_n}}$ 存在，且等于 $f(x)$ 的最小根。

【证】 由于 $f(x)$ 是仅有正实根的多项式，不妨设 $f(x)$ 的相异实根为 $0 < a_1 < a_2 < \cdots < a_k$，则

$$f(x) = A(x - a_1)^{r_1}(x - a_2)^{r_2} \cdots (x - a_k)^{r_k},$$

其中 r_i 为对应实根 a_i 的重数，$i=1,2,\cdots,k$，$r_k \geqslant 1$。因此

$$f'(x) = Ar_1(x-a_1)^{r_1-1}(x-a_2)^{r_2}\cdots(x-a_k)^{r_k} + \cdots +$$
$$Ar_k(x-a_1)^{r_1}(x-a_2)^{r_2}\cdots(x-a_k)^{r_k-1},$$

所以

$$\frac{f'(x)}{f(x)} = \frac{r_1}{x-a_1} + \cdots + \frac{r_k}{x-a_k} = -\frac{r_1}{a_1}\cdot\frac{1}{1-\dfrac{x}{a_1}} - \cdots - \frac{r_k}{a_k}\cdot\frac{1}{1-\dfrac{x}{a_k}}。$$

由 $\dfrac{1}{1-t} = \sum\limits_{n=0}^{\infty} t^n (|t| < 1)$ 得，当 $|x| < a_1$ 时，

$$\frac{f'(x)}{f(x)} = -\frac{r_1}{a_1}\sum_{n=0}^{\infty}\left(\frac{x}{a_1}\right)^n - \cdots - \frac{r_k}{a_k}\sum_{n=0}^{\infty}\left(\frac{x}{a_k}\right)^n = -\sum_{n=0}^{\infty}\left(\frac{r_1}{a_1^{n+1}} + \cdots + \frac{r_k}{a_k^{n+1}}\right)x^n,$$

而 $\dfrac{f'(x)}{f(x)} = -\sum\limits_{n=0}^{\infty} c_n x^n$，由幂级数的唯一性知 $c_n = \dfrac{r_1}{a_1^{n+1}} + \cdots + \dfrac{r_k}{a_k^{n+1}} > 0$。又

$$\frac{c_n}{c_{n+1}} = \frac{\dfrac{r_1}{a_1^{n+1}} + \cdots + \dfrac{r_k}{a_k^{n+1}}}{\dfrac{r_1}{a_1^{n+2}} + \cdots + \dfrac{r_k}{a_k^{n+2}}} = a_1\cdot\frac{r_1 + \cdots + r_k\left(\dfrac{a_1}{a_k}\right)^{n+1}}{r_1 + \cdots + r_k\left(\dfrac{a_1}{a_k}\right)^{n+2}},$$

由 $0 < a_1 < a_2 < \cdots < a_k$ 得

$$\lim_{n\to\infty}\frac{c_n}{c_{n+1}} = a_1\cdot\frac{r_1+0+\cdots+0}{r_1+0+\cdots+0} = a_1 > 0, \quad\text{即}\quad \lim_{n\to\infty}\frac{c_{n+1}}{c_n} = \frac{1}{a_1}。$$

由 Cauchy 命题，知

$$\lim_{n\to\infty}\frac{\ln\dfrac{c_2}{c_1} + \ln\dfrac{c_3}{c_2} + \cdots + \ln\dfrac{c_{n+1}}{c_n}}{n} = \ln\frac{c_{n+1}}{c_n} = \ln\frac{1}{a_1},$$

则

$$\lim_{n\to\infty}\frac{\ln c_n}{n} = \lim_{n\to\infty}\left(\frac{\ln c_1}{n} + \frac{\ln\dfrac{c_2}{c_1} + \ln\dfrac{c_3}{c_2} + \cdots + \ln\dfrac{c_{n+1}}{c_n}}{n}\right) = \lim_{n\to\infty}\ln\frac{c_{n+1}}{c_n} = \ln\frac{1}{a_1}$$

所以

$$\lim_{n\to\infty}\sqrt[n]{c_n} = \lim_{n\to\infty}\exp\left(\frac{\ln c_n}{n}\right) = \frac{1}{a_1},$$

因此 $\lim\limits_{n\to\infty}\dfrac{1}{\sqrt[n]{c_n}} = a_1$，即 $f(x)$ 的最小正根。

四、傅里叶级数

例 16.16 设 $f(x)$ 是以 2π 为周期的连续函数，证明：

（1）如果 $f(x-\pi) = -f(x)$，则 $f(x)$ 的傅里叶系数 $a_0 = 0$，$a_{2k} = 0$，$b_{2k} = 0$（$k=1$，$2,\cdots$）；

（2）如果 $f(x-\pi) = f(x)$，则 $f(x)$ 的傅里叶系数 $a_{2k+1} = 0$，$b_{2k+1} = 0$（$k=0,1,2,\cdots$）。

【证】 (1) 由傅里叶级数的系数公式,令 $x-\pi=u$,得

$$a_0 = \frac{1}{\pi}\int_{-\pi}^{\pi} f(x)\mathrm{d}x = \frac{1}{\pi}\left(\int_{-\pi}^{0} f(x)\mathrm{d}x + \int_{0}^{\pi} f(x)\mathrm{d}x\right)$$

$$= \frac{1}{\pi}\left(\int_{-\pi}^{0} f(x)\mathrm{d}x - \int_{0}^{\pi} f(x-\pi)\mathrm{d}x\right) = \frac{1}{\pi}\left(\int_{-\pi}^{0} f(x)\mathrm{d}x - \int_{-\pi}^{0} f(u)\mathrm{d}u\right) = 0,$$

$$a_{2k} = \frac{1}{\pi}\int_{-\pi}^{\pi} f(x)\cos 2kx\,\mathrm{d}x = \frac{1}{\pi}\left(\int_{-\pi}^{0} f(x)\cos 2kx\,\mathrm{d}x - \int_{0}^{\pi} f(x)\cos 2kx\,\mathrm{d}x\right)$$

$$= \frac{1}{\pi}\left(\int_{-\pi}^{0} f(x)\mathrm{d}x - \int_{-\pi}^{0} f(u)\cos(2k\pi + 2ku)\mathrm{d}u\right)$$

$$= \frac{1}{\pi}\left(\int_{-\pi}^{0} f(x)\cos 2kx\,\mathrm{d}x - \int_{-\pi}^{0} f(x)\cos 2kx\,\mathrm{d}x\right) = 0,$$

$$b_{2k} = \frac{1}{\pi}\int_{-\pi}^{\pi} f(x)\sin 2kx\,\mathrm{d}x = \frac{1}{\pi}\left(\int_{-\pi}^{0} f(x)\sin 2kx\,\mathrm{d}x - \int_{0}^{\pi} f(x-\pi)\sin 2kx\,\mathrm{d}x\right)$$

$$= \frac{1}{\pi}\left(\int_{-\pi}^{0} f(x)\cos 2kx\,\mathrm{d}x - \int_{-\pi}^{0} f(u)\sin(2k\pi + 2ku)\mathrm{d}u\right)$$

$$= \frac{1}{\pi}\left(\int_{-\pi}^{0} f(x)\sin 2kx\,\mathrm{d}x - \int_{-\pi}^{0} f(x)\sin 2kx\,\mathrm{d}x\right) = 0。$$

(2) 若 $f(x-\pi)=f(x)$,令 $x-\pi=u$,得

$$a_{2k+1} = \frac{1}{\pi}\left(\int_{-\pi}^{0} f(x)\cos(2k+1)x\,\mathrm{d}x + \int_{0}^{\pi} f(x-\pi)\cos(2k+1)x\,\mathrm{d}x\right)$$

$$= \frac{1}{\pi}\left(\int_{-\pi}^{0} f(x)\cos(2k+1)x\,\mathrm{d}x + \int_{-\pi}^{0} f(u)\cos((2k+1)\pi + (2k+1)u)\mathrm{d}u\right)$$

$$= \frac{1}{\pi}\left(\int_{-\pi}^{0} f(x)\cos(2k+1)x\,\mathrm{d}x - \int_{-\pi}^{0} f(u)\cos(2k+1)u\,\mathrm{d}u\right) = 0,$$

$$b_{2k+1} = \frac{1}{\pi}\left(\int_{-\pi}^{0} f(x)\sin(2k+1)x\,\mathrm{d}x + \int_{0}^{\pi} f(x-\pi)\sin(2k+1)x\,\mathrm{d}x\right)$$

$$= \frac{1}{\pi}\left(\int_{-\pi}^{0} f(x)\sin(2k+1)x\,\mathrm{d}x + \int_{-\pi}^{0} f(u)\sin((2k+1)\pi + (2k+1)u)\mathrm{d}u\right)$$

$$= \frac{1}{\pi}\left(\int_{-\pi}^{0} f(x)\sin(2k+1)x\,\mathrm{d}x - \int_{-\pi}^{0} f(u)\sin(2k+1)u\,\mathrm{d}u\right) = 0。$$

例 16.17 设函数 $f(x)$ 在 $(-\infty,+\infty)$ 内可导,且 $f(x)=f(x+2)=f(x+\sqrt{3})$,用傅里叶级数理论证明 $f(x)$ 为常数。

【证】 由 $f(x)=f(x+2)$ 知 $f(x)$ 是以 2 为周期的周期函数,其傅里叶系数为

$$a_n = \int_{-1}^{1} f(x)\cos n\pi x\,\mathrm{d}x, \quad b_n = \int_{-1}^{1} f(x)\sin n\pi x\,\mathrm{d}x \quad (n=1,2,\cdots),$$

又由 $f(x)=f(x+\sqrt{3})$ 知

$$a_n = \int_{-1}^{1} f(x+\sqrt{3})\cos n\pi x\,\mathrm{d}x \xlongequal{t=x+\sqrt{3}} \int_{-1+\sqrt{3}}^{1+\sqrt{3}} f(t)\cos n\pi(t-\sqrt{3})\mathrm{d}t$$

$$= \int_{-1+\sqrt{3}}^{1+\sqrt{3}} f(t)(\cos n\pi t\cos\sqrt{3}\,n\pi + \sin n\pi t\sin\sqrt{3}\,n\pi)\mathrm{d}t$$

$$= \cos\sqrt{3}\,n\pi\int_{-1}^{1} f(t)\cos n\pi t\,\mathrm{d}t + \sin\sqrt{3}\,n\pi\int_{-1}^{1} f(t)\sin n\pi t\,\mathrm{d}t$$

$$= \cos\sqrt{3}\,n\pi\int_{-1}^{1}f(t)\cos n\pi t\,\mathrm{d}t + \sin\sqrt{3}\,n\pi\int_{-1}^{1}f(t)\sin n\pi t\,\mathrm{d}t$$

$$= \cos\sqrt{3}\,n\pi \cdot a_n + \sin\sqrt{3}\,n\pi \cdot b_n,$$

即

$$a_n = \cos\sqrt{3}\,n\pi \cdot a_n + \sin\sqrt{3}\,n\pi \cdot b_n,$$

同理可得

$$b_n = \cos\sqrt{3}\,n\pi \cdot b_n - \sin\sqrt{3}\,n\pi \cdot a_n,$$

联立两式解得 $a_n = b_n = 0 (n=1,2,\cdots)$。而函数 $f(x)$ 在 $(-\infty,+\infty)$ 内可导,故其傅里叶级数处处收敛于 $f(x)$,所以

$$f(x) = \frac{a_0}{2} + \sum_{n=1}^{\infty}(a_n\cos nx + b_n\sin nx) \equiv \frac{a_0}{2}。$$

例 16.18 证明当 $0 \leqslant x \leqslant \pi$ 时,等式 $\displaystyle\sum_{n=1}^{\infty}\frac{\cos n\pi x}{n^2} = \frac{x^2}{4} - \frac{\pi x}{2} + \frac{\pi^2}{6}$ 成立。

【证】 假设 $f(x) = \dfrac{x^2}{4} - \dfrac{\pi x}{2}$,将 $f(x)$ 在 $[0,\pi]$ 上展开成余弦级数,得

$$a_0 = \frac{2}{\pi}\int_0^{\pi}\left(\frac{x^2}{4} - \frac{\pi x}{2}\right)\mathrm{d}x = \frac{2}{\pi}\left(\frac{\pi^3}{12} - \frac{\pi^3}{4}\right) = -\frac{\pi^2}{3},$$

$$a_n = \frac{2}{\pi}\int_0^{\pi}\left(\frac{x^2}{4} - \frac{\pi x}{2}\right)\cos nx\,\mathrm{d}x = \frac{2}{n\pi}\left[\left(\frac{x^2}{4} - \frac{\pi x}{2}\right)\sin nx\right]_0^{\pi} - \frac{2}{n\pi}\int_0^{\pi}\left(\frac{x}{2} - \frac{\pi}{2}\right)\sin nx\,\mathrm{d}x$$

$$= \frac{2}{n^2\pi}\int_0^{\pi}\left(\frac{x}{2} - \frac{\pi}{2}\right)\mathrm{d}(\cos nx) = \frac{2}{n^2\pi}\left[\left(\frac{x}{2} - \frac{\pi}{2}\right)\cos nx\right]_0^{\pi} - \frac{2}{n^2\pi}\cdot\frac{1}{2}\int_0^{\pi}\cos nx\,\mathrm{d}x = \frac{1}{n^2},$$

所以

$$\frac{x^2}{4} - \frac{\pi x}{2} = -\frac{\pi^2}{6} + \sum_{n=1}^{\infty}\frac{\cos n\pi x}{n^2} \quad (0 \leqslant x \leqslant \pi),$$

即

$$\sum_{n=1}^{\infty}\frac{\cos n\pi x}{n^2} = \frac{x^2}{4} - \frac{\pi x}{2} + \frac{\pi^2}{6} \quad (0 \leqslant x \leqslant \pi)。$$

例 16.19 (1) 将 $[-\pi,\pi)$ 上的函数 $f(x) = |x|$ 展开成傅里叶级数,并证明 $\displaystyle\sum_{k=1}^{\infty}\frac{1}{k^2} = \frac{\pi^2}{6}$。

(2) 求积分 $I = \displaystyle\int_0^{+\infty}\frac{u}{1+\mathrm{e}^u}\mathrm{d}u$ 的值。

(1)**【解】** 因为 $f(x)$ 为偶函数,其傅里叶级数为余弦级数,有

$$a_0 = \frac{2}{\pi}\int_0^{\pi}x\,\mathrm{d}x = \pi,$$

$$a_n = \frac{2}{\pi}\int_0^{\pi}x\cos nx\,\mathrm{d}x = \frac{2}{\pi n^2}(\cos n\pi - 1) = \begin{cases} -\dfrac{4}{\pi n^2}, & n=1,3,\cdots, \\ 0, & n=2,4,\cdots。 \end{cases}$$

由于 $f(x)$ 连续,所以当 $x\in[-\pi,\pi)$ 时,有

$$f(x)=\frac{\pi}{2}-\frac{4}{\pi}\left(\cos x+\frac{1}{3^2}\cos 3x+\frac{1}{5^2}\cos 5x+\cdots\right),$$

令 $x=0$ 得

$$\sum_{k=1}^{\infty}\frac{1}{(2k+1)^2}=\frac{\pi^2}{8},$$

记 $s_1=\sum_{k=1}^{\infty}\frac{1}{k^2}$,$s_2=\sum_{k=1}^{\infty}\frac{1}{(2k+1)^2}$,则 $s_1-s_2=\frac{1}{4}s_1$,即

$$s_1=\frac{4}{3}s_2=\sum_{k=1}^{\infty}\frac{1}{k^2}=\frac{\pi^2}{6}。$$

(2)【解 1】　记 $g(u)=\frac{u}{1+e^u}$,则在 $[0,+\infty)$ 上成立

$$g(u)=\frac{u}{1+e^u}=\frac{ue^{-u}}{1+e^{-u}}=ue^{-u}-ue^{-2u}+ue^{-3u}-\cdots,$$

记该级数的前 n 项的和为 $S_n(u)$,余项为 $r_n(u)=g(u)-S_n(u)$,则由交错(单调)项级数的

性质有 $|r_n(u)|\leqslant ue^{-(n+1)u}$。因为 $\int_0^{+\infty}ue^{-nu}du=\frac{1}{n^2}$,所以 $\int_0^{+\infty}|r_n(u)|du\leqslant\frac{1}{(n+1)^2}$,

则

$$I=\int_0^{+\infty}g(u)du=\int_0^{+\infty}S_n(u)du+\int_0^{+\infty}|r_n(u)|du$$

$$=\sum_{k=1}^{\infty}\frac{(-1)^{k-1}}{k^2}+\int_0^{+\infty}|r_n(u)|du,$$

由于 $\lim\limits_{n\to\infty}\int_0^{+\infty}|r_n(u)|du=0$,故 $I=\sum_{k=1}^{\infty}\frac{(-1)^{k-1}}{k^2}$,而

$$I=2s_2-s_1=\frac{\pi^2}{4}-\frac{\pi^2}{6}=\frac{\pi^2}{12}。$$

【解 2】　令 $e^u=t$,则

$$I=\int_0^{+\infty}\frac{u}{1+e^u}du=\int_1^{+\infty}\frac{\ln t}{t(1+t)}dt=\int_1^{+\infty}\ln t\,d(\ln t-\ln(t+1))$$

$$=-\left[\ln t\ln\left(1+\frac{1}{t}\right)\right]_1^{+\infty}+\int_1^{+\infty}\frac{1}{t}\ln\left(1+\frac{1}{t}\right)dt,$$

而

$$\lim_{t\to+\infty}\ln t\ln\left(1+\frac{1}{t}\right)=\lim_{t\to+\infty}\frac{\ln t}{t}=0,$$

故

$$I=\int_1^{+\infty}\frac{1}{t}\ln\left(1+\frac{1}{t}\right)dt。$$

又

$$\ln\left(1+\frac{1}{t}\right)=\sum_{n=1}^{\infty}\frac{(-1)^{n-1}}{n}\left(\frac{1}{t}\right)^n,$$

所以

$$I = \int_1^{+\infty} \frac{1}{t} \ln\left(1 + \frac{1}{t}\right) dt = \int_1^{+\infty} \sum_{n=1}^{\infty} \frac{(-1)^{n-1}}{n} \left(\frac{1}{t}\right)^{n+1} dt = \sum_{n=1}^{\infty} \frac{(-1)^{n-1}}{n} \int_1^{+\infty} \left(\frac{1}{t}\right)^{n+1} dt$$

$$= \sum_{n=1}^{\infty} \frac{(-1)^{n-1}}{n^2} = 2s_2 - s_1 = \frac{\pi^2}{4} - \frac{\pi^2}{6} = \frac{\pi^2}{12}.$$

例 16.20　设函数 $f(x)$ 以 2π 为周期，在 $[-\pi, \pi]$ 上可积，a_n, b_n 是 $f(x)$ 的傅里叶系数。

(1) 求延时函数 $f(x+t)$ 的傅里叶系数；

(2) 若函数 $f(x)$ 连续，在 $[-\pi, \pi]$ 上分段光滑，求卷积函数 $F(x) = \dfrac{1}{\pi} \int_{-\pi}^{\pi} f(t) f(x+t) dt$ 的傅里叶展开式；

(3) 证明 Parseval 等式：$\dfrac{1}{\pi} \int_{-\pi}^{\pi} f^2(x) dx = \dfrac{a_0^2}{2} + \sum_{n=1}^{\infty} (a_n^2 + b_n^2)$。

【解】　(1) 设 $f(x+t)$ 的傅里叶系数为 A_n, B_n，则

$$A_0 = \frac{1}{\pi} \int_{-\pi}^{\pi} f(x+t) dx \xrightarrow{u = x+t} \frac{1}{\pi} \int_{t-\pi}^{t+\pi} f(u) du = \frac{1}{\pi} \int_{-\pi}^{\pi} f(u) du = a_0,$$

$$A_n = \frac{1}{\pi} \int_{-\pi}^{\pi} f(x+t) \cos nx \, dx \xrightarrow{u = x+t} \frac{1}{\pi} \int_{t-\pi}^{t+\pi} f(u) \cos n(u-t) du$$

$$= \frac{1}{\pi} \int_{t-\pi}^{t+\pi} f(u) (\cos nu \cos nt + \sin nu \sin nt) du$$

$$= \cos nt \cdot \frac{1}{\pi} \int_{-\pi}^{\pi} f(u) \cos nu \, du + \sin nt \cdot \frac{1}{\pi} \int_{-\pi}^{\pi} f(u) \sin nu \, du$$

$$= a_n \cos nt + b_n \sin nt, \quad n = 1, 2, \cdots.$$

同理可得，$B_n = b_n \cos nt - a_n \sin nt, n = 1, 2, \cdots$。

(2) 因为函数 $f(x)$ 连续，由 Dirichlet 收敛定理，对 $\forall x \in (-\infty, +\infty)$，有

$$f(x) = \frac{a_0}{2} + \sum_{n=1}^{\infty} (a_n \cos nx + b_n \sin nx),$$

因为连续周期函数一定有界，上式两边同乘以有界连续函数 $f(x+t)$ 仍然满足 Dirichlet 收敛定理，并逐项积分，得

$$F(x) = \frac{1}{\pi} \int_{-\pi}^{\pi} f(t) f(x+t) dt$$

$$= \frac{1}{\pi} \int_{-\pi}^{\pi} \frac{a_0}{2} f(x+t) dt + \sum_{n=1}^{\infty} \frac{1}{\pi} \int_{-\pi}^{\pi} (a_n \cos nt + b_n \sin nt) f(x+t) dt$$

$$= \frac{a_0}{2} A_0 + \sum_{n=1}^{\infty} (a_n A_n + b_n B_n)$$

$$= \frac{a_0^2}{2} + \sum_{n=1}^{\infty} (a_n (a_n \cos nx + b_n \sin nx) + b_n (b_n \cos nx - a_n \sin nx))$$

$$= \frac{a_0^2}{2} + \sum_{n=1}^{\infty} (a_n^2 + b_n^2) \cos nx \quad (-\infty < x < +\infty).$$

(3) 在(2)中令 $x=0$，即得 Parseval 等式：

$$\frac{1}{\pi}\int_{-\pi}^{\pi}f^2(x)\mathrm{d}x = \frac{a_0^2}{2} + \sum_{n=1}^{\infty}(a_n^2 + b_n^2)。$$

例 16.21 设函数 $f(x)$ 在 $[0,\pi]$ 上有连续导数，且 $f'(x)$ 在 $[0,\pi]$ 上分段光滑，$\int_0^{\pi}f(x)\mathrm{d}x = 0$，证明 $\int_0^{\pi}f'^2(x)\mathrm{d}x \geqslant \int_0^{\pi}f^2(x)\mathrm{d}x$。

【证】 将 $f(x)$ 偶延拓到 $[-\pi,0]$ 上，由已知条件，延拓后的函数在 $[-\pi,\pi]$ 上展开成傅里叶级数，且 $a_0=0,b_n=0(n=1,2,\cdots)$，且可以逐项微分，记 $f(x)=\sum_{n=1}^{\infty}a_n\cos nx$，$x\in[0,\pi]$，则

$$f'(x) = -\sum_{n=1}^{\infty}na_n\sin nx, \quad x\in[0,\pi],$$

由 Parseval 等式，得

$$\frac{2}{\pi}\int_0^{\pi}f'^2(x)\mathrm{d}x = \sum_{n=1}^{\infty}n^2a_n^2 \geqslant \sum_{n=1}^{\infty}a_n^2 = \frac{2}{\pi}\int_0^{\pi}f^2(x)\mathrm{d}x,$$

即

$$\int_0^{\pi}f'^2(x)\mathrm{d}x \geqslant \int_0^{\pi}f^2(x)\mathrm{d}x。$$

例 16.22 设函数 $f(x)$ 以 2π 为周期，其傅里叶展开式为 $f(x)\leftrightarrow\dfrac{a_0}{2}+\sum_{n=1}^{\infty}(a_n\cos nx + b_n\sin nx)$。

(1) 若 $f(x)$ 在 $(0,2\pi)$ 内单调递减且有界，证明 $b_n\geqslant 0$；

(2) 若 $f'(x)$ 在 $(0,2\pi)$ 内单调递增且有界，证明 $a_n\geqslant 0$；

(3) 若 $f''(x)$ 在 $[-\pi,\pi]$ 上连续，证明当 $f(-\pi)=f(\pi)$ 时，级数 $\sum_{n=1}^{\infty}b_n$ 绝对收敛，否则条件收敛。

【证】 (1) 将区间 $(0,2\pi)$ 进行 n 等分，得

$$b_n = \frac{1}{\pi}\int_0^{2\pi}f(x)\sin nx\,\mathrm{d}x = \frac{1}{\pi}\sum_{k=0}^{n-1}\int_{\frac{2k\pi}{n}}^{\frac{2(k+1)\pi}{n}}f(x)\sin nx\,\mathrm{d}x,$$

因为

$$\int_{\frac{2k\pi}{n}}^{\frac{2(k+1)\pi}{n}}f(x)\sin nx\,\mathrm{d}x = \int_{\frac{2k\pi}{n}}^{\frac{2\left(k+\frac{1}{2}\right)\pi}{n}}f(x)\sin nx\,\mathrm{d}x + \int_{\frac{2\left(k+\frac{1}{2}\right)\pi}{n}}^{\frac{2(k+1)\pi}{n}}f(x)\sin nx\,\mathrm{d}x,$$

对于后一个积分，令 $x=t+\dfrac{\pi}{n}$，则

$$\int_{\frac{2\left(k+\frac{1}{2}\right)\pi}{n}}^{\frac{2(k+1)\pi}{n}}f(x)\sin nx\,\mathrm{d}x = \int_{\frac{2k\pi}{n}}^{\frac{2\left(k+\frac{1}{2}\right)\pi}{n}}f\left(t+\frac{\pi}{n}\right)\sin n\left(t+\frac{\pi}{n}\right)\mathrm{d}t$$

$$= -\int_{\frac{2k\pi}{n}}^{\frac{2\left(k+\frac{1}{2}\right)\pi}{n}}f\left(x+\frac{\pi}{n}\right)\sin nx\,\mathrm{d}x,$$

所以

$$\int_{\frac{2k\pi}{n}}^{\frac{2(k+1)\pi}{n}} f(x)\sin nx\,\mathrm{d}x = \int_{\frac{2k\pi}{n}}^{\frac{2\left(k+\frac{1}{2}\right)\pi}{n}} \left(f(x) - f\left(x + \frac{\pi}{n}\right) \right)\sin nx\,\mathrm{d}x\,.$$

当 $x \in \left[\dfrac{2k\pi}{n}, \dfrac{2\left(k+\dfrac{1}{2}\right)\pi}{n}\right]$ 时，$nx \in [2k\pi,(2k+1)\pi]$，故 $\sin nx \geqslant 0$，又函数 $f(x)$ 以 2π 为周

期，在 $(0,2\pi)$ 内单调减少且有界，则 $f(x) - f\left(x + \dfrac{\pi}{n}\right) \geqslant 0$，因此

$$\int_{\frac{2k\pi}{n}}^{\frac{2(k+1)\pi}{n}} f(x)\sin nx\,\mathrm{d}x \geqslant 0,$$

从而 $b_n \geqslant 0$。

（2）因为

$$a_n = \frac{1}{\pi}\int_0^{2\pi} f(x)\cos nx\,\mathrm{d}x = \frac{1}{n\pi}\int_0^{2\pi} f(x)\,\mathrm{d}(\sin nx)$$

$$= \frac{1}{n\pi}\left[f(x)\sin nx \right]_0^{2\pi} - \frac{1}{n\pi}\int_0^{2\pi} f'(x)\sin nx\,\mathrm{d}x = \frac{1}{n\pi}\int_0^{2\pi}(-f'(x))\sin nx\,\mathrm{d}x,$$

由于若 $f'(x)$ 在 $(0,2\pi)$ 内单调增加且有界，从而 $-f'(x)$ 在 $(0,2\pi)$ 内单调减少且有界，由 (1)，$a_n \geqslant 0$。

（3）当 $f(-\pi) = f(\pi)$ 时，

$$b_n = \frac{1}{\pi}\int_{-\pi}^{\pi} f(x)\sin nx\,\mathrm{d}x = -\frac{1}{n\pi}\int_{-\pi}^{\pi} f(x)\,\mathrm{d}(\cos nx)$$

$$= -\frac{1}{n\pi}\left[f(x)\cos nx \right]_{-\pi}^{\pi} - \frac{1}{n\pi}\int_{-\pi}^{\pi} f'(x)\cos nx\,\mathrm{d}x$$

$$= -\frac{1}{n\pi}\int_{-\pi}^{\pi} f'(x)\cos nx\,\mathrm{d}x = -\frac{1}{n^2\pi}\int_{-\pi}^{\pi} f'(x)\,\mathrm{d}(\sin nx)$$

$$= -\frac{1}{n^2\pi}\left[f'(x)\sin nx \right]_{-\pi}^{\pi} + \frac{1}{n^2\pi}\int_{-\pi}^{\pi} f''(x)\sin nx\,\mathrm{d}x = \frac{1}{n^2\pi}\int_{-\pi}^{\pi} f''(x)\sin nx\,\mathrm{d}x,$$

因为 $f''(x)$ 在 $[-\pi,\pi]$ 上连续，则存在 $M>0$，使得 $|f''(x)| \leqslant M$，所以

$$|b_n| = \left| \frac{1}{n^2\pi}\int_{-\pi}^{\pi} f''(x)\sin nx\,\mathrm{d}x \right| \leqslant \frac{1}{n^2\pi}\int_{-\pi}^{\pi} |f''(x)||\sin nx|\,\mathrm{d}x \leqslant \frac{2M}{n^2},$$

由比较审敛法知，级数 $\displaystyle\sum_{n=1}^{\infty} b_n$ 绝对收敛。

当 $f(-\pi) \neq f(\pi)$ 时，记 $f(\pi) - f(-\pi) = c \neq 0$，则

$$b_n = \frac{(-1)^{n+1}}{n\pi}(f(\pi) - f(-\pi)) - \frac{1}{n\pi}\int_{-\pi}^{\pi} f'(x)\cos nx\,\mathrm{d}x$$

$$= (-1)^{n+1}\frac{c}{n\pi} + \frac{1}{n^2\pi}\int_{-\pi}^{\pi} f''(x)\sin nx\,\mathrm{d}x,$$

因为 $\displaystyle\sum_{n=1}^{\infty}(-1)^{n+1}\frac{c}{n\pi}$ 条件收敛，$\displaystyle\sum_{n=1}^{\infty}\frac{1}{n^2\pi}\int_{-\pi}^{\pi} f''(x)\sin nx\,\mathrm{d}x$ 绝对收敛，所以级数 $\displaystyle\sum_{n=1}^{\infty} b_n$ 条件收敛。

例 16.23 证明:

(1) $\theta(\pi - \theta) = \dfrac{8}{\pi} \displaystyle\sum_{k=0}^{\infty} \dfrac{\sin(2k+1)\theta}{(2k+1)^3} (0 \leqslant \theta \leqslant \pi)$;

(2) $\displaystyle\int_0^x \dfrac{\mathrm{d}t}{t} \int_0^t \dfrac{\arctan s}{s}\mathrm{d}s = x - \dfrac{x^3}{3^3} + \dfrac{x^5}{5^3} - \cdots + (-1)^n \dfrac{x^{2n+1}}{(2n+1)^3} + \cdots (|x| \leqslant 1)$;

(3) $\displaystyle\int_0^1 \dfrac{(\ln s)^2}{1+s^2}\mathrm{d}s = \dfrac{\pi^3}{16}$。

(1)【证】 将函数 $\varphi(\theta) = \theta(\pi - \theta)(0 \leqslant \theta \leqslant \pi)$ 延拓成 $[-\pi, \pi]$ 上的奇函数,则其傅里叶级数为正弦级数,且系数

$$b_n = \frac{2}{\pi}\int_0^\pi \theta(\pi - \theta)\sin(n\theta)\mathrm{d}\theta = -\frac{2}{n\pi}\int_0^\pi \theta(\pi - \theta)\mathrm{d}\cos(n\theta)$$

$$= -\frac{2}{n\pi}\theta(\pi - \theta)\cos(n\theta)\Big|_0^\pi + \frac{2}{n\pi}\int_0^\pi \cos(n\theta)(\pi - 2\theta)\mathrm{d}\theta = \frac{2}{n^2\pi}\int_0^\pi (\pi - 2\theta)\mathrm{d}\sin(n\theta)$$

$$= \frac{2}{n^2\pi}(\pi - 2\theta)\sin(n\theta)\Big|_0^\pi + \frac{4}{n^2\pi}\int_0^\pi \sin(n\theta)\mathrm{d}\theta = \frac{4}{n^2\pi}\int_0^\pi \sin(n\theta)\mathrm{d}\theta$$

$$= -\frac{4}{n^3\pi}\cos(n\theta)\Big|_0^\pi = \frac{4}{n^3\pi}(1 - (-1)^n), \quad n = 1, 2, \cdots,$$

所以

$$b_{2n} = 0, \quad b_{2n+1} = \frac{8}{\pi}\frac{1}{(2k+1)^3}, \quad n = 0, 1, 2, \cdots,$$

由 Dirichlet 收敛定理知

$$\theta(\pi - \theta) = \frac{8}{\pi}\sum_{k=0}^{\infty} \frac{\sin(2k+1)\theta}{(2k+1)^3}, \quad 0 \leqslant \theta \leqslant \pi。$$

(2)【证】 因为 $\arctan s = s - \dfrac{s^3}{3} + \dfrac{s^5}{5} - \cdots + \dfrac{(-1)^n s^{2n+1}}{2n+1} + \cdots$,所以

$$\int_0^x \frac{\arctan s}{s}\mathrm{d}s = x - \frac{x^3}{3^2} + \frac{x^5}{5^2} - \cdots + \frac{(-1)^n x^{2n+1}}{(2n+1)^2} + \cdots,$$

故

$$\int_0^x \frac{\mathrm{d}t}{t}\int_0^t \frac{\arctan s}{s}\mathrm{d}s = x - \frac{x^3}{3^3} + \frac{x^5}{5^3} - \cdots + (-1)^n \frac{x^{2n+1}}{(2n+1)^3} + \cdots。$$

(3)【证 1】 由(1)中,令 $\theta = \dfrac{\pi}{2}$,得

$$\frac{\pi^2}{4} = \frac{8}{\pi}\left(1 - \frac{1}{3^3} + \frac{1}{5^3} - \cdots + \frac{(-1)^{n-1}}{(2n-1)^3} + \cdots\right),$$

于是

$$1 - \frac{1}{3^3} + \frac{1}{5^3} - \cdots + \frac{(-1)^{n-1}}{(2n-1)^3} + \cdots = \frac{\pi^3}{32}。$$

由(2),得

$$\int_0^1 \frac{(\ln s)^2}{1+s^2}\mathrm{d}s = -2\int_0^1 \frac{\mathrm{d}s}{1+s^2}\int_s^1 \frac{\ln t}{t}\mathrm{d}t = -2\int_0^1 \frac{\ln t}{t}\mathrm{d}t\int_0^t \frac{\mathrm{d}s}{1+s^2} = -2\int_0^1 \frac{\ln t}{t}\arctan t\,\mathrm{d}t$$

$$= -2\int_0^1 \frac{\arctan t}{t}\,\mathrm{d}t\int_1^t \frac{\mathrm{d}s}{s} = 2\int_0^1 \frac{\arctan t}{t}\,\mathrm{d}t\int_t^1 \frac{\mathrm{d}s}{s} = 2\int_0^1 \frac{\mathrm{d}s}{s}\int_0^s \frac{\arctan t}{t}\,\mathrm{d}t$$

$$= 2\left(1 - \frac{1}{3^3} + \frac{1}{5^3} - \cdots + (-1)^n\frac{1}{(2n+1)^3} + \cdots\right) = \frac{\pi^3}{16}.$$

【证 2】　由(1)中,令 $\theta = \frac{\pi}{2}$,得

$$\frac{\pi^2}{4} = \frac{8}{\pi}\left(1 - \frac{1}{3^3} + \frac{1}{5^3} - \cdots + \frac{(-1)^{n-1}}{(2n-1)^3} + \cdots\right),$$

于是

$$1 - \frac{1}{3^3} + \frac{1}{5^3} - \cdots + \frac{(-1)^{n-1}}{(2n-1)^3} + \cdots = \frac{\pi^3}{32},$$

交换积分顺序,有

$$\int_0^x \frac{\mathrm{d}t}{t}\int_0^t \frac{\arctan s}{s}\,\mathrm{d}s = \int_0^x \frac{\arctan s}{s}\,\mathrm{d}s\int_s^x \frac{\mathrm{d}t}{t} = \int_0^x \frac{\arctan s}{s}\ln\frac{x}{s}\,\mathrm{d}s$$

$$= x - \frac{x^3}{3^3} + \frac{x^5}{5^3} - \cdots + (-1)^n\frac{x^{2n+1}}{(2n+1)^3} + \cdots(\,|\,x\,|\leqslant 1).$$

令 $x = 1$,则得

$$-\int_0^1 \frac{\arctan s}{s}\ln s\,\mathrm{d}s = 1 - \frac{1}{3^3} + \frac{1}{5^3} - \cdots + \frac{(-1)^n}{(2n+1)^3} + \cdots = \frac{\pi^3}{32},$$

另一方面,由分部积分知

$$-\int_0^1 \frac{\arctan s}{s}\ln s\,\mathrm{d}s = \frac{1}{2}\int_0^1 \frac{(\ln s)^2}{1+s^2}\,\mathrm{d}s,$$

因此

$$\int_0^1 \frac{(\ln s)^2}{1+s^2}\,\mathrm{d}s = \frac{\pi^3}{16}.$$

综合训练

1. 设幂级数 $\sum\limits_{n=1}^{\infty} a_n x^n$ 的收敛半径为 3,求 $\sum\limits_{n=1}^{\infty} na_n(x-1)^{n+1}$ 的收敛区间。

2. 求级数 $\sum\limits_{n=1}^{\infty} \dfrac{x^n}{(1+x)(1+x^2)\cdots(1+x^n)}(x \neq -1)$ 的收敛域。

3. 求 $\sum\limits_{n=1}^{\infty} (-1)^n 4^{2n}\left(\dfrac{\mathrm{e}^x - 1}{\mathrm{e}^x + 1}\right)^{4n+1}$ 的收敛域。

4. 对实数 p,试讨论级数 $\sum\limits_{n=2}^{\infty} \dfrac{x^n}{n^p \ln n}$ 的收敛域。

5. 设 $a_0 = 1, a_1 = 2, a_2 = \dfrac{7}{2}, a_{n+1} = -\left(1 + \dfrac{1}{n+1}\right)a_n(n \geqslant 2)$,求 $\sum\limits_{n=0}^{\infty} a_n x^n$ 的和函数 $s(x)$。

6. 求幂级数 $\sum\limits_{n=1}^{\infty} \dfrac{(-1)^n}{n \cdot 2^n}(x-1)^{3n}$ 的收敛域与和函数。

7. 设 $a_0 = 4, a_1 = 1, a_{n-2} = n(n-1)a_n (n \geqslant 2)$。

（1）求幂级数 $\sum\limits_{n=0}^{\infty} a_n x^n$ 的和函数 $S(x)$；

（2）求 $S(x)$ 的极值。

8. 求幂级数 $\dfrac{x^4}{2 \times 4} + \dfrac{x^6}{2 \times 4 \times 6} + \dfrac{x^8}{2 \times 4 \times 6 \times 8} + \cdots$ 的和函数。

9. 设 $F(x)$ 是 $f(x)$ 的一个原函数，满足 $F(0) = 1, F(x)f(x) = \cos 2x$，若 $a_n = \int_0^{n\pi} |f(x)| \mathrm{d}x \ (n = 1, 2, \cdots)$，求幂级数 $\sum\limits_{n=2}^{\infty} \dfrac{a_n}{n^2-1} x^n$ 的收敛域与和函数。

10. 求幂级数 $\sum\limits_{n=0}^{\infty} \dfrac{x^{4n}}{(4n)!}$ 的和函数 $S(x)$。

11. 将函数 $f(x) = \arccos x$ 展开为 x 的幂级数，求出其收敛域，并利用所得级数导出一个求圆周率 π 的公式。

12. 将函数 $f(x) = \arctan \dfrac{1-2x}{1+2x}$ 展开成 x 的幂级数，并求级数 $\sum\limits_{n=0}^{\infty} \dfrac{(-1)^n}{2n+1}$ 的和。

13. 将幂级数 $\sum\limits_{n=1}^{\infty} \dfrac{(-1)^{n-1}}{2^{n-1}} \cdot \dfrac{x^{2n-1}}{(2n-1)!}$ 的和函数展开成 $x-1$ 的幂级数。

14. 设函数 y 由隐函数方程 $\int_0^x \mathrm{e}^{-x^2} \mathrm{d}x = y \mathrm{e}^{-x^2}$ 确定。

（1）证明函数 y 满足微分方程 $y' - 2xy = 1$；

（2）把 y 展为 x 的幂级数，并求出它的收敛域。

15. （1）将第一型完全椭圆积分 $F(k) = \int_0^{\frac{\pi}{2}} \dfrac{\mathrm{d}\varphi}{\sqrt{1-k^2\sin^2\varphi}}$ 展开成参数 $k (0 \leqslant k < 1)$ 的幂级数；

（2）将第二型完全椭圆积分 $E(k) = \int_0^{\frac{\pi}{2}} \sqrt{1-k^2\sin^2\varphi} \, \mathrm{d}\varphi$ 展开成参数 $k (0 \leqslant k < 1)$ 的幂级数。

16. 定义零阶和一阶 Bessel 函数为 $J_0(x) = \sum\limits_{n=0}^{\infty} \dfrac{(-1)^n x^{2n}}{2^{2n}(n!)^2}$, $J_1(x) = \sum\limits_{n=0}^{\infty} \dfrac{(-1)^n x^{2n+1}}{n!(n+1)!2^{2n+1}}$。

（1）证明 $J_1(x)$ 满足微分方程 $x^2 J_1''(x) + x J_1'(x) + (x^2-1)J_1(x) = 0$；

（2）证明 $J_0'(x) = -J_1(x)$。

17. 设函数 $f(x)$ 是以 2π 为周期的周期函数，且 $f(x) = \mathrm{e}^{\alpha x} (0 \leqslant x < 2\pi)$，其中 $\alpha \neq 0$。试将 $f(x)$ 展开成傅里叶级数，并求数值级数 $\sum\limits_{n=1}^{\infty} \dfrac{1}{1+n^2}$ 的和。

18. （1）证明 $\sum\limits_{k=1}^{\infty} (-1)^k \left(\dfrac{1}{p+k} + \dfrac{1}{p-k} \right) = \dfrac{p\pi - \sin p\pi}{p \sin p\pi}$；

（2）计算积分 $I = \int_0^{+\infty} \dfrac{x^{p-1} \ln x}{1+x} \mathrm{d}x$。

第十七讲

空间解析几何

知识点

1. 向量的概念：

(1) 向量的表示：$\boldsymbol{a}=(a_1,a_2,a_3)=a_1\boldsymbol{i}+a_2\boldsymbol{j}+a_3\boldsymbol{k}$；

(2) 向量的模：$|\boldsymbol{a}|=\sqrt{a_1^2+a_2^2+a_3^3}$；

(3) 向量的方向余弦：$\cos^2\alpha+\cos^2\beta+\cos^2\gamma=1$，其中

$$\cos\alpha=\frac{a_1}{\sqrt{a_1^2+a_2^2+a_3^3}}, \quad \cos\beta=\frac{a_2}{\sqrt{a_1^2+a_2^2+a_3^3}}, \quad \cos\gamma=\frac{a_3}{\sqrt{a_1^2+a_2^2+a_3^3}};$$

(4) 向量的单位化：$\boldsymbol{e}_a=\dfrac{\boldsymbol{a}}{|\boldsymbol{a}|}=\dfrac{1}{|\boldsymbol{a}|}(a_1,a_2,a_3)=(\cos\alpha,\cos\beta,\cos\gamma)$；

(5) 基本单位向量：$\boldsymbol{i}=(1,0,0),\boldsymbol{j}=(0,1,0),\boldsymbol{k}=(0,0,1)$。

2. 向量的运算：

(1) 向量的加减运算：$\boldsymbol{a}\pm\boldsymbol{b}=(a_1\pm b_1,a_2\pm b_2,a_3\pm b_3)$；

(2) 向量的数乘运算：$\lambda\boldsymbol{a}=(\lambda a_1,\lambda a_2,\lambda a_3)$；

(3) 向量的数量积：$\boldsymbol{a}\cdot\boldsymbol{b}=|\boldsymbol{a}||\boldsymbol{b}|\cos(\widehat{\boldsymbol{a},\boldsymbol{b}})=a_1b_1+a_2b_2+a_3b_3$；

(4) 向量的向量积：$\boldsymbol{a}\times\boldsymbol{b}=\begin{vmatrix} \boldsymbol{i} & \boldsymbol{j} & \boldsymbol{k} \\ a_1 & a_2 & a_3 \\ b_1 & b_2 & b_3 \end{vmatrix}$，$|\boldsymbol{a}\times\boldsymbol{b}|=|\boldsymbol{a}||\boldsymbol{b}|\sin(\widehat{\boldsymbol{a},\boldsymbol{b}})$；

(5) 向量的混合积：$[\boldsymbol{a}\boldsymbol{b}\boldsymbol{c}]=\boldsymbol{a}\cdot(\boldsymbol{b}\times\boldsymbol{c})=\begin{vmatrix} a_1 & a_2 & a_3 \\ b_1 & b_2 & b_3 \\ c_1 & c_2 & c_3 \end{vmatrix}$。

3. 向量之间的关系：

(1) 两向量的夹角：$\cos(\widehat{\boldsymbol{a},\boldsymbol{b}})=\dfrac{\boldsymbol{a}\cdot\boldsymbol{b}}{|\boldsymbol{a}||\boldsymbol{b}|}=\dfrac{a_1b_1+a_2b_2+a_3b_3}{\sqrt{a_1^2+a_2^2+a_3^2}\sqrt{b_1^2+b_2^2+b_3^2}}$；

(2) 向量的投影：$\mathrm{Prj}_a\boldsymbol{b}=(\boldsymbol{b})_a=|\boldsymbol{b}|\cos\theta=\dfrac{\boldsymbol{a}\cdot\boldsymbol{b}}{|\boldsymbol{a}|}=\boldsymbol{e}_a\cdot\boldsymbol{b}$；

（3）两向量垂直：$\boldsymbol{a}\perp\boldsymbol{b}\Leftrightarrow\boldsymbol{a}\cdot\boldsymbol{b}=0\Leftrightarrow a_1b_1+a_2b_2+a_3b_3=0$；

（4）两向量平行：$\boldsymbol{a}/\!/\boldsymbol{b}\Leftrightarrow\boldsymbol{a}\times\boldsymbol{b}=\boldsymbol{0}\Leftrightarrow\dfrac{a_1}{b_1}=\dfrac{a_2}{b_2}=\dfrac{a_3}{b_3}\Leftrightarrow\boldsymbol{a}=\lambda\boldsymbol{b}$；

（5）三向量共面$\Leftrightarrow\lfloor\boldsymbol{abc}\rfloor=0$；

（6）平行四边形的面积：$S=|\boldsymbol{a}\times\boldsymbol{b}|=|\boldsymbol{a}||\boldsymbol{b}|\sin(\widehat{\boldsymbol{a},\boldsymbol{b}})$；

（7）平行六面体的体积：$V=|\boldsymbol{a}\cdot(\boldsymbol{b}\times\boldsymbol{c})|$。

4．平面方程：

（1）一般式方程：$Ax+By+Cz+D=0(A^2+B^2+C^2\neq0)$；

（2）点法式方程：$A(x-x_0)+B(y-y_0)+C(z-z_0)=0$；

（3）截距式方程：$\dfrac{x}{a}+\dfrac{y}{b}+\dfrac{z}{c}=1$；

（4）三点式方程：$\begin{vmatrix} x-x_1 & y-y_1 & z-z_1 \\ x_2-x_1 & y_2-y_1 & z_2-z_1 \\ x_3-x_1 & y_3-y_1 & z_3-z_1 \end{vmatrix}=0$；

（5）向量式方程：$\boldsymbol{n}\cdot(\boldsymbol{r}-\boldsymbol{r}_0)=0$。

5．直线方程：

（1）一般式方程：$\begin{cases} A_1x+B_1y+C_1z+D_1=0, \\ A_2x+B_2y+C_2z+D_2=0; \end{cases}$

（2）对称式方程：$\dfrac{x-x_0}{m}=\dfrac{y-y_0}{n}=\dfrac{z-z_0}{p}$；

（3）参数式方程：$x=x_0+mt,y=y_0+nt,z=z_0+pt$；

（4）两点式方程：$\dfrac{x-x_0}{x_1-x_0}=\dfrac{y-y_0}{y_1-y_0}=\dfrac{z-z_0}{z_1-z_0}$；

（5）向量式方程：$\boldsymbol{r}=\boldsymbol{r}_0+\boldsymbol{s}t$。

6．面线之间的夹角：

（1）两平面间的夹角：$\cos\theta=\dfrac{|\boldsymbol{n}_1\cdot\boldsymbol{n}_2|}{|\boldsymbol{n}_1||\boldsymbol{n}_2|}=\dfrac{|A_1A_2+B_1B_2+C_1C_2|}{\sqrt{A_1^2+B_1^2+C_1^2}\sqrt{A_2^2+B_2^2+C_2^2}}$；

（2）两直线间的夹角：$\cos\theta=\dfrac{|\boldsymbol{s}_1\cdot\boldsymbol{s}_2|}{|\boldsymbol{s}_1||\boldsymbol{s}_2|}=\dfrac{|m_1m_2+n_1n_2+p_1p_2|}{\sqrt{m_1^2+n_1^2+p_1^2}\sqrt{m_2^2+n_2^2+p_2^2}}$；

（3）平面与直线间的夹角：$\sin\theta=\dfrac{|\boldsymbol{s}\cdot\boldsymbol{n}|}{|\boldsymbol{s}||\boldsymbol{n}|}=\dfrac{|mA+nB+pC|}{\sqrt{m^2+n^2+p^2}\sqrt{A^2+B^2+C^2}}$。

7．平面之间的位置关系：

（1）两平面相交于一条直线$\Leftrightarrow\dfrac{A_1}{A_2},\dfrac{B_1}{B_2},\dfrac{C_1}{C_2}$不成比例；

（2）两平面平行但不重合$\Leftrightarrow\dfrac{A_1}{A_2}=\dfrac{B_1}{B_2}=\dfrac{C_1}{C_2}\neq\dfrac{D_1}{D_2}$；

（3）两平面重合$\Leftrightarrow\dfrac{A_1}{A_2}=\dfrac{B_1}{B_2}=\dfrac{C_1}{C_2}=\dfrac{D_1}{D_2}$；

（4）两平面垂直$\Leftrightarrow \boldsymbol{n}_1 \cdot \boldsymbol{n}_2 = 0 \Leftrightarrow A_1 A_2 + B_1 B_2 + C_1 C_2 = 0$。

8. 直线之间的位置关系：

（1）两直线平行$\Leftrightarrow \boldsymbol{s}_1 /\!/ \boldsymbol{s}_2 \Leftrightarrow \dfrac{m_1}{m_2} = \dfrac{n_1}{n_2} = \dfrac{p_1}{p_2}$；

（2）两直线平行但不重合$\Leftrightarrow \boldsymbol{s}_1 /\!/ \boldsymbol{s}_2$，但$\overrightarrow{M_1 M_2}$与$\boldsymbol{s}_1$不平行；

（3）两直线垂直$\Leftrightarrow \boldsymbol{s}_1 \cdot \boldsymbol{s}_2 = 0 \Leftrightarrow m_1 m_2 + n_1 n_2 + p_1 p_2 = 0$；

（4）两直线相交$\Leftrightarrow \boldsymbol{s}_1$与$\boldsymbol{s}_2$不平行，且$[\overrightarrow{M_1 M_2} \boldsymbol{s}_1 \boldsymbol{s}_2] = 0$；

（5）两直线异面$\Leftrightarrow [\overrightarrow{M_1 M_2} \boldsymbol{s}_1 \boldsymbol{s}_2] \neq 0$。

9. 平面与直线间的位置关系：

（1）平面与直线平行$\Leftrightarrow \boldsymbol{s} \cdot \boldsymbol{n} = 0 \Leftrightarrow mA + nB + pC = 0$；

（2）平面与直线相交$\Leftrightarrow \boldsymbol{s} \cdot \boldsymbol{n} \neq 0 \Leftrightarrow mA + nB + pC \neq 0$；

（3）平面与直线垂直$\Leftrightarrow \boldsymbol{s} \times \boldsymbol{n} = \boldsymbol{0} \Leftrightarrow \dfrac{m}{A} = \dfrac{n}{B} = \dfrac{p}{C}$；

（4）设$\lambda^2 + \mu^2 \neq 0$，则过直线$L: \begin{cases} A_1 x + B_1 y + C_1 z + D_1 = 0 \\ A_2 x + B_2 y + C_2 z + D_2 = 0 \end{cases}$的平面束方程为

$$\lambda(A_1 x + B_1 y + C_1 z + D_1) + \mu(A_2 x + B_2 y + C_2 z + D_2) = 0。$$

10. 点$M(x_0, y_0, z_0)$到平面$\pi: Ax + By + Cz + D = 0$的距离为

$$d = \frac{|\overrightarrow{M_1 M_0} \cdot \boldsymbol{n}|}{|\boldsymbol{n}|} = \frac{|A x_0 + B y_0 + C z_0 + D|}{\sqrt{A^2 + B^2 + C^2}}。$$

11. 点$M(x_0, y_0, z_0)$到直线$L: \dfrac{x - x_1}{m} = \dfrac{y - y_1}{n} = \dfrac{z - z_1}{p}$的距离为

$$d = \frac{|\overrightarrow{M_0 M_1} \times \boldsymbol{s}|}{|\boldsymbol{s}|} = \frac{1}{\sqrt{m^2 + n^2 + p^2}} \left\| \begin{matrix} \boldsymbol{i} & \boldsymbol{j} & \boldsymbol{k} \\ x_1 - x_0 & y_1 - y_0 & z_1 - z_0 \\ m & n & p \end{matrix} \right\|。$$

12. 已知直线$L_1: \dfrac{x - x_1}{m_1} = \dfrac{y - y_1}{n_1} = \dfrac{z - z_1}{p_1}$和$L_2: \dfrac{x - x_2}{m_2} = \dfrac{y - y_2}{n_2} = \dfrac{z - z_2}{p_2}$。

若直线L_1和L_2异面，$\boldsymbol{s} = \boldsymbol{s}_1 \times \boldsymbol{s}_2$为公垂线的方向向量，两异面直线的距离为

$$d = \frac{|\overrightarrow{M_1 M_2} \cdot \boldsymbol{s}|}{|\boldsymbol{s}|} = \frac{|[\overrightarrow{M_1 M_2} \boldsymbol{s}_1 \boldsymbol{s}_2]|}{|\boldsymbol{s}_1 \times \boldsymbol{s}_2|}。$$

13. 点(x_0, y_0, z_0)在平面$Ax + By + Cz + D = 0$上的投影：

（1）先求垂线方程$\dfrac{x - x_0}{A} = \dfrac{y - y_0}{B} = \dfrac{z - z_0}{C}$；

（2）将垂线方程改写成参数方程$x = x_0 + At, y = y_0 + Bt, z = z_0 + Ct$；

（3）代入平面方程求得参数值，从而求出投影点的坐标。

14. 点(x_0, y_0, z_0)在直线$\dfrac{x - x_0}{m} = \dfrac{y - y_0}{n} = \dfrac{z - z_0}{p}$上的投影：

（1）先求垂面方程$m(x - x_0) + n(y - y_0) + p(z - z_0) = 0$；

(2) 将直线方程改写成参数方程 $x=x_0+mt,y=y_0+nt,z=z_0+pt$；

(3) 代入垂面方程求得参数值，从而求出投影点的坐标。

15. 直线 $L:\dfrac{x-x_0}{m}=\dfrac{y-y_0}{n}=\dfrac{z-z_0}{p}$ 在 $\pi:Ax+By+Cz+D=0$ 上的投影：

(1) 求 $\boldsymbol{s}=(m,n,p)$ 与 $\boldsymbol{n}=(A,B,C)$ 的向量积 $\boldsymbol{n}_1=\boldsymbol{s}\times\boldsymbol{n}=(A_1,B_1,C_1)$，得垂直于已知平面 π 的平面 $\pi_1:A_1(x-x_0)+B_1(y-y_0)+C_1(z-z_0)=0$，则空间直线 L 在平面 π 上投影为

$$\begin{cases} A_1(x-x_0)+B_1(y-y_0)+C_1(z-z_0)=0, \\ Ax+By+Cz+D=0。 \end{cases}$$

(2) 先将直线 L 的方程改写成一般方程，用平面束求垂面 π_1 的方程，再联立 π 和 π_1。

(3) 在直线 L 上取两点，分别求出两点在平面 π 的投影，写出过两投影点的直线方程。

16. 空间曲面的方程：

(1) 一般方程：$F(x,y,z)=0$；

(2) 参数方程：$x=x(u,v),y=y(u,v),z=z(u,v)$，其中 $(u,v)\in D$。

17. 空间曲线的方程：

(1) 一般方程：$\begin{cases} F(x,y,z)=0, \\ G(x,y,z)=0; \end{cases}$

(2) 参数方程：$x=x(t),y=y(t),z=z(t),t\in[a,b]$。

18. 旋转曲面的两个要素：一是定点与动点到旋转轴的距离不变；二是定点与动点保持在与旋转轴垂直的平面上。

19. 平面曲线 $\begin{cases} F(y,z)=0, \\ x=0 \end{cases}$ 绕 y 轴旋转所得旋转曲面方程为 $F(y,\pm\sqrt{x^2+z^2})=0$。

绕 z 轴旋转所得旋转曲面方程为 $F(\pm\sqrt{x^2+y^2},z)=0$。

20. 空间曲线 $\Gamma:x=\varphi(t),y=\phi(t),z=\psi(t)(t\in[a,b])$ 绕 z 轴旋转所得旋转面的方程为

$$x=\sqrt{\varphi^2(t)+\phi^2(t)}\cos\theta,y=\sqrt{\varphi^2(t)+\phi^2(t)}\sin\theta,z=\psi(t),\quad 0\leqslant\theta\leqslant 2\pi,t\in[a,b]。$$

21. 曲线 $\begin{cases} F(x,y,z)=0, \\ G(x,y,z)=0 \end{cases}$ 绕直线 $L:\dfrac{x-x_1}{m}=\dfrac{y-y_1}{n}=\dfrac{z-z_1}{p}$ 旋转所得旋转面的方程求法：

(1) 动点 $M(x,y,z)$ 为空间曲线上点 $M_0(x_0,y_0,z_0)$ 绕直线 L 旋转而成，$M_1(x_1,y_1,z_1)\in L$；

(2) 点 $M_0(x_0,y_0,z_0)$ 在空间曲线 $\begin{cases} F(x,y,z)=0, \\ G(x,y,z)=0 \end{cases}$ 上，满足曲线方程 $\begin{cases} F(x_0,y_0,z_0)=0, \\ G(x_0,y_0,z_0)=0; \end{cases}$

(3) 点 $M(x,y,z)$ 与 $M_0(x_0,y_0,z_0)$ 到直线 L 的距离相等，即 $|\overrightarrow{MM_1}\times\boldsymbol{s}|=|\overrightarrow{M_0M_1}\times\boldsymbol{s}|$；

(4) 向量 $\overrightarrow{M_0M}$ 与直线 L 垂直，即 $\overrightarrow{M_0M}\cdot\boldsymbol{s}=0$；

(5) 在上述四式中消去 x_0,y_0,z_0，得旋转面的方程。

22. 准线为平面曲线 $\begin{cases} F(x,y)=0, \\ z=0, \end{cases}$ 母线平行于 z 轴的柱面方程为 $F(x,y)=0$。

23. 准线为空间曲线 $\begin{cases} F(x,y,z)=0, \\ G(x,y,z)=0 \end{cases}$ 母线平行于坐标轴(如 z 轴)的柱面方程只需要在

方程组 $\begin{cases} F(x,y,z)=0, \\ G(x,y,z)=0 \end{cases}$ 中消去变量 z,就可以得到所求柱面方程 $H(x,y)=0$。

24. 空间曲线 $\begin{cases} F(x,y,z)=0, \\ G(x,y,z)=0 \end{cases}$ 在坐标面(如 xOy 面)上的投影的求法:

(1) 在方程组 $\begin{cases} F(x,y,z)=0, \\ G(x,y,z)=0 \end{cases}$ 中消去 z 得投影柱面方程为 $H(x,y)=0$;

(2) 空间曲线 $\begin{cases} F(x,y,z)=0, \\ G(x,y,z)=0 \end{cases}$ 在 xOy 面上的投影为 $\begin{cases} H(x,y)=0, \\ z=0。 \end{cases}$

25. 空间曲线 $x=x(t), y=y(t), z=z(t)$ 在 xOy 面上的投影为 $x=x(t), y=y(t), z=0$。

26. 准线为 $\begin{cases} F(x,y,z)=0, \\ G(x,y,z)=0, \end{cases}$ 母线方向为 $\boldsymbol{u}=(A,B,C)$ 的柱面方程的求法:

(1) 在准线上任取一点 (x_0,y_0,z_0),满足 $\begin{cases} F(x_0,y_0,z_0)=0, \\ G(x_0,y_0,z_0)=0; \end{cases}$

(2) 过点 (x_0,y_0,z_0) 的母线方程为 $\dfrac{x-x_0}{A}=\dfrac{y-y_0}{B}=\dfrac{z-z_0}{C}=t$;

(3) 将母线方程改写成参数方程 $x_0=x-At, y_0=y-Bt, z_0=z-Ct$;

(4) 将参数方程代入 $\begin{cases} F(x_0,y_0,z_0)=0, \\ G(x_0,y_0,z_0)=0, \end{cases}$ 并消去参数 t,得柱面方程为 $H(x,y,z)=0$。

27. 空间曲线 $\begin{cases} F(x,y,z)=0, \\ G(x,y,z)=0 \end{cases}$ 在平面 $Ax+By+Cz+D=0$ 上的投影的求法:

(1) 求准线为 $\begin{cases} F(x,y,z)=0, \\ G(x,y,z)=0 \end{cases}$ 母线方向为平面法向量 $\boldsymbol{u}=(A,B,C)$ 的柱面方程;

(2) 写出投影为方程 $\begin{cases} H(x,y,z)=0, \\ Ax+By+Cz+D=0。 \end{cases}$

28. 顶点为 $M_0(x_0,y_0,z_0)$,准线为 $\begin{cases} F(x,y,z)=0, \\ G(x,y,z)=0 \end{cases}$ 的锥面方程的求法:

(1) 动点 $M(x,y,z)$ 为过顶点 $M_0(x_0,y_0,z_0)$ 和准线上点 $M_1(x_1,y_1,z_1)$ 的联线上的任一点;

(2) 点 $M_1(x_1,y_1,z_1)$ 在准线上,满足方程 $\begin{cases} F(x_1,y_1,z_1)=0, \\ G(x_1,y_1,z_1)=0; \end{cases}$

(3) 点 M, M_0 与 M_1 三点共线,则 $\dfrac{x_1-x_0}{x-x_0}=\dfrac{y_1-y_0}{y-y_0}=\dfrac{z_1-z_0}{z-z_0}$,改写成参数形式得

$$x_1=x_0+t(x-x_0), \quad y_1=y_0+t(y-y_0), \quad z_1=z_0+t(z-z_0);$$

(4) 从 $\begin{cases} F(x_0+t(x-x_0),y_0+t(y-y_0),z_0+t(z-z_0))=0, \\ G(x_0+t(x-x_0),y_0+t(y-y_0),z_0+t(z-z_0))=0 \end{cases}$ 中消去参数 t,得锥面方程。

29. 二次曲面:

(1) 球面:$x^2+y^2+z^2=a^2$,参数方程为 $\begin{cases} x=a\sin\varphi\cos\theta, \\ y=a\sin\varphi\sin\theta, \\ z=a\cos\varphi \end{cases}$ $(0\leqslant\theta\leqslant 2\pi,0\leqslant\varphi\leqslant\pi)$;

(2) 椭球面:$\dfrac{x^2}{a^2}+\dfrac{y^2}{b^2}+\dfrac{z^2}{c^2}=1$,参数方程为 $\begin{cases} x=a\sin\varphi\cos\theta, \\ y=b\sin\varphi\sin\theta, \\ z=c\cos\varphi \end{cases}$ $(0\leqslant\theta\leqslant 2\pi,0\leqslant\varphi\leqslant\pi)$;

(3) 单叶双曲面:$\dfrac{x^2}{a^2}+\dfrac{y^2}{b^2}-\dfrac{z^2}{c^2}=1$,参数方程为 $\begin{cases} x=a\sec\varphi\cos\theta, \\ y=b\sec\varphi\sin\theta, \\ z=c\tan\varphi \end{cases}$ $\left(0\leqslant\theta\leqslant 2\pi,-\dfrac{\pi}{2}<\right.$ $\left.\varphi<\dfrac{\pi}{2}\right)$;

(4) 双叶双曲面:$-\dfrac{x^2}{a^2}-\dfrac{y^2}{b^2}+\dfrac{z^2}{c^2}=1$,参数方程为 $\begin{cases} x=a\tan\varphi\cos\theta, \\ y=b\tan\varphi\sin\theta, \\ z=c\sec\varphi \end{cases}$ $\left(0\leqslant\theta\leqslant 2\pi,-\dfrac{\pi}{2}<\right.$ $\left.\varphi<\dfrac{\pi}{2}\right)$;

(5) 椭圆抛物面:$z=\dfrac{x^2}{a^2}+\dfrac{y^2}{b^2}$,参数方程为 $\begin{cases} x=au\cos\theta, \\ y=bu\sin\theta, \\ z=u^2 \end{cases}$ $(0\leqslant\theta\leqslant 2\pi,u\geqslant 0)$;

(6) 双曲抛物面:$z=\dfrac{x^2}{a^2}-\dfrac{y^2}{b^2}$,参数方程为 $\begin{cases} x=au\sec\theta, \\ y=bu\tan\theta, \\ z=u^2 \end{cases}$ $(0\leqslant\theta\leqslant 2\pi,u\geqslant 0)$;

(7) 圆锥面:$x^2+y^2=k^2z^2$,参数方程为 $\begin{cases} x=kz\cos\theta, \\ y=kz\sin\theta, \\ z=z \end{cases}$ $(0\leqslant\theta\leqslant 2\pi,z\in\mathbb{R})$;

(8) 椭圆锥面:$\dfrac{x^2}{a^2}+\dfrac{y^2}{b^2}=\dfrac{z^2}{c^2}$,参数方程为 $\begin{cases} x=au\cos\theta, \\ y=bu\sin\theta, \\ z=cu \end{cases}$ $(0\leqslant\theta\leqslant 2\pi,u\in\mathbb{R})$;

(9) 圆柱面:$x^2+y^2=a^2$,参数方程为 $x=a\cos\theta,y=a\sin\theta,z=z(0\leqslant\theta\leqslant 2\pi,z\in\mathbb{R})$;

(10) 椭圆柱面:$\dfrac{x^2}{a^2}+\dfrac{y^2}{b^2}=1$,参数方程为 $x=a\cos\theta,y=b\sin\theta,z=z(0\leqslant\theta\leqslant 2\pi,$ $z\in\mathbb{R})$;

(11) 双曲柱面:$\dfrac{x^2}{a^2}-\dfrac{y^2}{b^2}-1$,参数方程为 $x=a\sec\theta,y=b\tan\theta,z=z\left(-\dfrac{\pi}{2}<\theta<\dfrac{\pi}{2},\right.$ $z\in\mathbb{R})$;

(12) 抛物柱面：$y^2 = 2px$。

30. 二次曲面的标准化及分类：设二次曲面的方程是

$$f(x_1, x_2, x_3) = a_{11}x_1^2 + a_{22}x_2^2 + a_{33}x_3^2 + 2a_{12}x_1x_2 + 2a_{13}x_1x_3 + 2a_{23}x_2x_3 +$$
$$b_1x_1 + b_2x_2 + b_3x_3 + c = 0,$$

令

$$\boldsymbol{x} = \begin{bmatrix} x_1 \\ x_2 \\ x_3 \end{bmatrix}, \quad \boldsymbol{b} = \begin{bmatrix} b_1 \\ b_2 \\ b_3 \end{bmatrix}, \quad \boldsymbol{A} = \begin{bmatrix} a_{11} & a_{12} & a_{13} \\ a_{12} & a_{22} & a_{23} \\ a_{13} & a_{23} & a_{33} \end{bmatrix},$$

则

$$f = \boldsymbol{x}^{\mathrm{T}}\boldsymbol{A}\boldsymbol{x} + \boldsymbol{b}^{\mathrm{T}}\boldsymbol{x} + c = 0。$$

求矩阵 $\boldsymbol{A}$ 的特征值 $\lambda_1, \lambda_2, \lambda_3$，对应的两两正交的单位特征向量 $\boldsymbol{Q} = (\boldsymbol{\xi}_1, \boldsymbol{\xi}_2, \boldsymbol{\xi}_3)$，作正交变换 $\boldsymbol{x} = \boldsymbol{Q}\boldsymbol{y}$ 使得 $\boldsymbol{Q}^{\mathrm{T}}\boldsymbol{A}\boldsymbol{Q} = \mathrm{diag}(\lambda_1, \lambda_2, \lambda_3)$，记 $\boldsymbol{b}^{\mathrm{T}}\boldsymbol{Q} = (b_1', b_2', b_3')$，则二次曲面方程化为

$$\lambda_1 y_1^2 + \lambda_2 y_2^2 + \lambda_3 y_3^2 + b_1'y_1 + b_2'y_2 + b_3'y_3 + c = 0。$$

矩阵 $\boldsymbol{A}$ 的秩为 r，正惯性指数为 p，负惯性指数为 $q(q = r - p)$。

(1) 当 $r = 3$ 时，经配方可将二次曲面的方程化为 $\lambda_1 z_1^2 + \lambda_2 z_2^2 + \lambda_3 z_3^2 = d$ 的形式。

若 $p = 3, d > 0$，二次曲面方程表示椭球面，特别地，当 $\lambda_1 = \lambda_2 = \lambda_3$ 时，二次曲面为球面。

若 $p = 3, d = 0$，二次曲面表示坐标原点。

若 $p = 3, d < 0$，二次曲面表示一个虚椭球面。

若 $p = 2, d > 0$，或 $p = 1, d < 0$，二次曲面方程表示单叶双曲面。

若 $p = 2, d < 0$，或 $p = 1, d > 0$，二次曲面方程表示双叶双曲面。

(2) 当 $r = 2$ 时，经配方可将二次曲面的方程化为 $\lambda_1 z_1^2 + \lambda_2 z_2^2 = az_3 (a \neq 0)$ 的形式。

若 $p = 2$，二次曲面方程表示椭圆抛物面，特别地，当 $\lambda_1 = \lambda_2$ 时，二次曲面为旋转抛物面。

若 $p = 1$，二次曲面方程表示双曲抛物面。

(3) 当 $r = 2$ 时，经配方可将二次曲面的方程化为 $\lambda_1 z_1^2 + \lambda_2 z_2^2 = d$ 的形式。

若 $p = 2, d > 0$，二次曲面方程表示椭圆柱面。

若 $p = 2, d = 0$，二次曲面表示平行于坐标轴的直线。

若 $p = 2, d < 0$，二次曲面表示一个虚椭圆柱面。

若 $p = 1, d \neq 0$，二次曲面方程表示双曲柱面。

若 $p = 1, d = 0$，二次曲面方程表示相交的两个平面。

(4) 当 $r = 1$ 时，经配方可将二次曲面的方程化为 $\lambda_1 z_1^2 + bz_2 + cz_3 = d$ 的形式。

若 $b \neq 0, c = 0$，二次曲面方程表示抛物柱面。

若 $b = 0, c \neq 0$，二次曲面方程表示抛物柱面。

若 $b = c = 0, \lambda_1$ 与 d 同号，二次曲面方程表示两个平行平面。

若 $b = c = 0, \lambda_1$ 与 d 异号，二次曲面方程表示两个虚平行平面。

若 $b = c = d = 0$，二次曲面方程表示一个平面。

若 $b \neq 0, c \neq 0$，将坐标轴再绕 z_1 轴作旋转变换 $u_1 = z_1, u_2 = \dfrac{pz_2 + qz_3}{\sqrt{p^2 + q^2}}, u_2 =$ $\dfrac{-qz_2 + pz_3}{\sqrt{p^2 + q^2}}$，方程可化为 $\lambda_1 u_1^2 + \sqrt{b^2 + c^2}\, u_2 - 0$，二次曲面方程表示抛物柱面。

典型例题

一、平面与直线

例 17.1　已知平面 π 通过点 $M_0(2,1,3)$ 和直线 $L: \dfrac{x+1}{3} = \dfrac{y-2}{2} = \dfrac{z-3}{5}$，求平面 π 的方程。

【解1】　在直线 $L: \dfrac{x+1}{3} = \dfrac{y-2}{2} = \dfrac{z-3}{5}$ 上取点 $M(-1,2,3)$，则向量 $\overrightarrow{M_0 M} = (3, -1, 0)$ 和直线 L 的方向向量 $\boldsymbol{s} = (3, 2, 5)$ 都在平面 π 上，故取平面 π 的法向量为

$$\boldsymbol{n} = \overrightarrow{M_0 M_1} \times \boldsymbol{s} = \begin{vmatrix} \boldsymbol{i} & \boldsymbol{j} & \boldsymbol{k} \\ -3 & 1 & 0 \\ 3 & 2 & 5 \end{vmatrix} = 5\boldsymbol{i} + 15\boldsymbol{j} - 9\boldsymbol{k},$$

所以平面 π 的方程为

$$5(x-2) + 15(y-1) - 9(z-3) = 0, \quad \text{即} \quad 5x + 15y - 9z + 2 = 0.$$

【解2】　将直线 L 的方程改写成参数方程 $x = -1 + 3t, y = 2 + 2t, z = 3 + 5t$，令 $t = 0$ 和 1，得直线 L 上的两点 $M_1(-1, 2, 3), M_2(2, 4, 8)$，则 M_0, M_1, M_2 三点都在平面 π 上，则

$$\begin{vmatrix} x-2 & y-1 & z-2 \\ -1-2 & 2-1 & 3-3 \\ 2-2 & 4-1 & 8-3 \end{vmatrix} = \begin{vmatrix} x-2 & y-1 & z-2 \\ -3 & 1 & 0 \\ 0 & 3 & 5 \end{vmatrix} = 0,$$

所以平面 π 的方程为 $5x + 15y - 9z + 2 = 0$。

【解3】　设平面 π 的方程为 $Ax + By + Cz + D = 0$，则平面 π 的法向量 $\boldsymbol{n} = (A, B, C)$ 和直线 L 的方向向量 $\boldsymbol{s} = (3, 2, 5)$ 垂直，且点 $M_0(2, 1, 3)$ 和 $M(-1, 2, 3)$ 在平面 π 上，得

$$\begin{cases} 3A + 2B + 5C = 0, \\ 2A + B + 3C + D = 0, \\ -A + 2B + 3C + D = 0, \end{cases}$$

解得 $B = 3A, C = -\dfrac{9}{5}A, D = \dfrac{2}{5}A$，代入平面 π 的方程并化简，得 $5x + 15y - 9z + 2 = 0$。

【解4】　将直线 L 的方程改写成一般式方程，得

$$\begin{cases} \dfrac{x+1}{3} = \dfrac{y-2}{2}, \\ \dfrac{y-2}{2} = \dfrac{z-3}{5}, \end{cases} \quad \text{即} \quad \begin{cases} 2x - 3y + 8 = 0, \\ 5y - 2z - 4 = 0. \end{cases}$$

设过直线 L 的平面束方程为

$$(2x - 3y + 8) + \lambda(5y - 2z - 4) = 0,$$

将点 $M_0(2,1,3)$ 代入平面束方程, 得 $\lambda=\dfrac{9}{5}$, 所以平面 π 的方程为

$$5x+15y-9z+2=0。$$

例 17.2   求过点 $P(1,2,1)$, 与直线 $L_1:\dfrac{x-1}{3}=\dfrac{y}{2}=\dfrac{z+1}{1}$ 垂直, 又与直线 $L_2:\dfrac{x}{2}=y=$ $-z$ 相交的直线 L 的方程。

【解】   设直线 L 的方向向量为 $s=(m,n,p)$, 其参数方程为 $x=1+mt,y=2+nt,z=$ $1+pt$。由于直线 L 与 L_1 垂直, 则 $3m+2n+p=0$。

直线 $L_2:\dfrac{x}{2}=y=-z$ 的一般方程为 $\begin{cases}x=-2z,\\ y=-z。\end{cases}$

因为直线 L 与 L_2 相交, 将 L 的参数方程代入直线 L_2 的一般方程, 得

$$\begin{cases}1+mt=-2(1+pt),\\ 2+nt=-(1+pt),\end{cases}$$

消去参数 t, 得 $m-n+p=0$, 从而 $n=-\dfrac{2}{3}m,p=-\dfrac{5}{3}m$。

取直线 L 的方向向量为 $s=(-3,2,5)$, 其方程为

$$L:\dfrac{x-1}{-3}=\dfrac{y-2}{2}=\dfrac{z-1}{5}。$$

例 17.3   求过点 $M_0(1,1,1)$ 且与两直线 $L_1:\begin{cases}y=2x,\\ z=x-1\end{cases}$ 和 $L_2:\begin{cases}y=3x-4,\\ z=2x-1\end{cases}$ 都相交的直线 L 的方程。

【解1】   直线 L_1 和 L_2 的参数方程为 $L_1:x=t,y=2t,z=t-1$ 和 $L_2:x=s,y=3s-4,z=2s-1$,

设直线 L 与 L_1 和 L_2 的交点分别为 $M_1(t_0,2t_0,t_0-1)$ 和 $M_2(s_0,3s_0-4,2s_0-1)$, 由于 M_0,M_1,M_2 三点共线, 所以 $\overrightarrow{M_0M_1}=(t_0-1,2t_0-1,t_0-2)$ 与 $\overrightarrow{M_0M_2}=(s_0-1,3s_0-5,2s_0-2)$ 平行, 则

$$\dfrac{t_0-1}{s_0-1}=\dfrac{2t_0-1}{3s_0-5}=\dfrac{t_0-2}{2s_0-2},$$

解得 $t_0=0,s_0=2$, 从而 $M_1(0,0,-1),M_2(2,2,3)$, 故直线 L 的方程为

$$\dfrac{x-1}{1}=\dfrac{y-1}{1}=\dfrac{z-1}{2}。$$

【解2】   设过直线 L_1 和 L_2 的平面束方程分别为

$$\lambda(2x-y)+(x-z-1)=0 \quad 和 \quad \mu(3x-y-4)+(2x-z-1)=0,$$

将点 $M_0(1,1,1)$ 分别代入两平面束方程, 得 $\lambda=1,\mu=0$。过点 $M_0(1,1,1)$ 和 L_1 的平面为 $3x-y-z-1=0$, 过点 $M_0(1,1,1)$ 和 L_2 的平面为 $2x-z-1=0$。所以直线 L 的方程为 $\begin{cases}3x-y-z-1=0,\\ 2x-z-1=0。\end{cases}$

例 17.4   求与四条直线 $L_1:x=1,y=0,L_2:y=1,z=0,L_3:z=1,x=0,L_4:x=y=$ $-6z$ 全部相交的直线方程。

【解1】   设所求直线与四条直线分别交于 $A(1,0,a),B(b,1,0),C(0,c,1),$

$D(6d,6d,-d)$，由于这四点共线，因此三向量
$$\overrightarrow{AB}=(b-1,1,-a),\quad \overrightarrow{AC}=(-1,c,1-a),\quad \overrightarrow{AD}=(6d-1,6d,-d-a)$$
平行，其对应分量成比例，即
$$\frac{b-1}{-1}=\frac{1}{c}=\frac{-a}{1-a},\quad \frac{b-1}{6d-1}=\frac{1}{6d}=\frac{d+a}{a},$$
由此得
$$c=\frac{1}{1-b}=\frac{a-1}{a},\quad 6d=\frac{1-6d}{1-b}=\frac{d+a}{a},$$
所以
$$6d=(1-6d)\frac{1}{1-b}=(1-6d)\frac{a-1}{a}=\frac{d+a}{a},$$
解关于 a,d 的方程，得
$$a=\frac{1}{3},b=\frac{3}{2},c=-2,d=\frac{1}{3}\quad \text{或}\quad a=-\frac{1}{2},b=\frac{2}{3},c=3,d=\frac{1}{8},$$
因此对应的直线方程为
$$\frac{x-1}{3}=\frac{y}{6}=\frac{z-\frac{1}{3}}{-2}\quad \text{和}\quad \frac{x-1}{-2}=\frac{y}{6}=\frac{z+\frac{1}{2}}{3}。$$

【解2】 设直线 L 与直线 L_1,L_2,L_3 分别交于 $A(1,0,a),B(b,1,0),C(0,c,1)$ 三点，则这三点共线，由定比分点公式，存在 $\lambda\in\mathbb{R}$，使得 $\overrightarrow{OA}=\lambda\overrightarrow{OB}+(1-\lambda)\overrightarrow{OC}$，即
$$(1,0,a)=\lambda(b,1,0)+(1-\lambda)(0,c,1),$$
解得
$$a=1-\lambda,\quad b=\frac{1}{\lambda},\quad c=\frac{\lambda}{\lambda-1}。$$
直线 L 过点 $A(1,0,1-\lambda)$，方向向量为 $\boldsymbol{s}=\left(\frac{1}{\lambda}-1,1,\lambda-1\right)$，直线 L_4 过点 $D(0,0,0)$，方向向量为 $\boldsymbol{s}_1=(-6,-6,1)$，因此向量 $\overrightarrow{DA}=(1,0,1-\lambda)$，$\boldsymbol{s}=\left(\frac{1}{\lambda}-1,1,\lambda-1\right)$，$\boldsymbol{s}_1=(-6,-6,1)$ 共面，则
$$\overrightarrow{DA}\cdot(\boldsymbol{s}\times\boldsymbol{s}_1)=\begin{vmatrix} 1 & 0 & 1-\lambda \\ \frac{1}{\lambda}-1 & 1 & \lambda-1 \\ -6 & -6 & 1 \end{vmatrix}=0,$$
解得 $\lambda=\frac{3}{2}$ 或 $\lambda=\frac{2}{3}$，从而直线 L 的方程为
$$\frac{x-1}{-\frac{1}{3}}=\frac{y}{1}=\frac{z+\frac{1}{2}}{\frac{1}{2}}\quad \text{或}\quad \frac{x-1}{\frac{1}{2}}=\frac{y}{1}=\frac{z-\frac{1}{3}}{-\frac{1}{3}}。$$

【解3】 设过 $L_1:x=1,y=0$ 的平面束方程为 $x-1+\lambda y=0$，过 $L_2:y=1,z=0$ 的平面束方程为 $y-1+\mu z=0$，则直线 L 的方程为 $\begin{cases} x-1+\lambda y=0, \\ y-1+\mu z=0。\end{cases}$

又直线 L 与直线 $L_3:z=1,x=0$ 相交,代入直线 L 的方程得 $\begin{cases} -1+\lambda y=0, \\ y-1+\mu=0, \end{cases}$ 即 $\mu=1-\dfrac{1}{\lambda}$,

直线 L 与直线 $L_4:x=y=-6z$ 相交,代入直线 L 的方程得 $\begin{cases} y-1+\lambda y=0, \\ y-1-\dfrac{1}{6}\mu y=0, \end{cases}$ 即 $\dfrac{6-\mu}{\lambda+1}=6$,由

上两式解得 $\lambda=-\dfrac{1}{2},\mu=3$ 或 $\lambda=\dfrac{1}{3},\mu=-2$,因此直线 L 的方程为

$$\begin{cases} x-\dfrac{1}{2}y-1=0, \\ y+3z-1=0 \end{cases} \quad\text{或}\quad \begin{cases} x+\dfrac{1}{3}y-1=0, \\ y-2z-1=0 \end{cases}。$$

例 17.5 求包含在曲面 $z=xy$ 上的所有直线。

【解】 过点 (a_1,a_2,a_3) 且方向为 (d_1,d_2,d_3) 的直线参数方程为

$$x=a_1+d_1t, \quad y=a_2+d_2t, \quad z=a_3+d_3t,$$

该直线在曲面 $z=xy$ 上的充要条件是对于一切 t,有

$$a_3+d_3t=(a_1+d_1t)(a_2+d_2t)=a_1a_2+(a_2d_1+a_1d_2)t+d_1d_2t^2,$$

由此得 $d_1d_2=0$,且 d_1,d_2 不同时为零,否则 d_1,d_2,d_3 同为零。

若 $d_2=0$,则有 $a_3+d_3t=a_2(a_1+d_1t)$,即 $z=a_2x$。若 $d_1=0$,则同样有 $z=a_1y$。所以在曲面上所有的直线为 $z=ax,y=a$ 或者 $z=ay,x=a$,其中 a 为任意常数。

例 17.6 试讨论三平面 $a_kx+b_ky+c_kz=d_k(k=1,2,3)$ 的位置关系。

【解】 利用三平面方程构成线性方程组

$$\begin{cases} a_1x+b_1y+c_1z=d_1, \\ a_2x+b_2y+c_2z=d_2, \\ a_3x+b_3y+c_3z=d_3。 \end{cases}$$

记

$$A=\begin{bmatrix} a_1 & b_1 & c_1 \\ a_2 & b_2 & c_2 \\ a_3 & b_3 & c_3 \end{bmatrix}, \quad \widetilde{A}=\begin{bmatrix} a_1 & b_1 & c_1 & d_1 \\ a_2 & b_2 & c_2 & d_2 \\ a_3 & b_3 & c_3 & d_3 \end{bmatrix}, \quad \boldsymbol{\alpha}_k=(a_k,b_k,c_k), \quad \boldsymbol{\beta}_k=(a_k,b_k,c_k,d_k)。$$

(1) 若 $\text{rank}A=\text{rank}\widetilde{A}=3$,线性方程组有唯一解,三平面交于一点。

(2) 若 $\text{rank}A=2,\text{rank}\widetilde{A}=3$,线性方程组无解。由于 $\text{rank}A=2$,存在常数 $\lambda_1,\lambda_2,\lambda_3$,使得 $\lambda_1\boldsymbol{\alpha}_1+\lambda_2\boldsymbol{\alpha}_2+\lambda_3\boldsymbol{\alpha}_3=\boldsymbol{0}$。

① 当 $\lambda_1,\lambda_2,\lambda_3$ 均不为零时,三平面中任意两平面的交线与第三平面平行;

② 当 $\lambda_1,\lambda_2,\lambda_3$ 中有一个为零时,三平面中有两个平面平行,第三平面与这两平面相交。

(3) 若 $\text{rank}A=\text{rank}\widetilde{A}=2$,线性方程组有无穷多解,三平面交于一条直线。由于 $\text{rank}\widetilde{A}=2$,存在常数 μ_1,μ_2,μ_3,使得 $\mu_1\boldsymbol{\beta}_1+\mu_2\boldsymbol{\beta}_2+\mu_3\boldsymbol{\beta}_3=\boldsymbol{0}$。

① 当 μ_1,μ_2,μ_3 均不为零时,三平面互异;

② 当 μ_1,μ_2,μ_3 中有一个为零时,三平面中有两个平面重合,与第三平面相交成一直线。

（4）若 $\text{rank}A = 1, \text{rank}\widetilde{A} = 2$，线性方程组无解。由于 $\text{rank}A = 1$，则三平面平行，又由于 $\text{rank}\widetilde{A} = 2$，所以三平面中至少有两平面平行而不重合。

（5）若 $\text{rank}A = \text{rank}\widetilde{A} = 1$，线性方程组有无穷多解，三平面重合。

例 17.7 已知椭球面 $\Sigma: \dfrac{x^2}{a^2} + \dfrac{y^2}{b^2} + \dfrac{z^2}{c^2} = 1 (a, b, c > 0)$ 和平面 $\pi: Ax + By + Cz + 1 = 0$，试求 Σ 和 π 相交、相切和相离的条件。

【解】 首先求 Σ 的切平面 π_1，使 $\pi_1 // \pi$。设切点为 $M(x_0, y_0, z_0)$，则 π_1 的方程为

$$\frac{x_0}{a^2}(x - x_0) + \frac{y_0}{b^2}(y - y_0) + \frac{z_0}{c^2}(z - z_0) = 0, \quad \text{即} \quad \frac{x_0}{a^2}x + \frac{y_0}{b^2}y + \frac{z_0}{c^2}z = 1。$$

由 $\pi_1 // \pi$ 有 $x_0 = Aa^2 t, y_0 = Bb^2 t, z_0 = Cc^2 t$，其中 t 为正常数，将其代入 Σ 的方程，得

$$(A^2 a^2 + B^2 b^2 + C^2 c^2)t^2 = 1,$$

故

$$t = \frac{1}{\sqrt{A^2 a^2 + B^2 b^2 + C^2 c^2}}。$$

由于原点到 π_1 的距离为

$$d_1 = \frac{1}{\sqrt{\left(\dfrac{x_0}{a^2}\right)^2 + \left(\dfrac{y_0}{b^2}\right)^2 + \left(\dfrac{z_0}{c^2}\right)^2}} = \frac{1}{\sqrt{A^2 + B^2 + C^2} \, t},$$

另一方面，原点到 π 的距离为

$$d = \frac{1}{\sqrt{A^2 + B^2 + C^2}},$$

则椭球面 Σ 与平面 π 相交、相切和相离的条件是 $d_1 > d, d_1 = d$ 和 $d_1 < d$，即 $t < 1, t = 1$ 和 $t > 1$，因此当 $A^2 a^2 + B^2 b^2 + C^2 c^2 > 1$ 时，椭球面 Σ 与平面 π 相交，当 $A^2 a^2 + B^2 b^2 + C^2 c^2 = 1$ 时，椭球面 Σ 与平面 π 相切，当 $A^2 a^2 + B^2 b^2 + C^2 c^2 < 1$ 时，椭球面 Σ 与平面 π 相离。

例 17.8 记曲面 $z = x^2 + y^2 - 2x - y$ 在区域 $D: x \geqslant 0, y \geqslant 0, 2x + y \leqslant 4$ 上的最低点 P 处的切平面为 π，曲线 $\begin{cases} x^2 + y^2 + z^2 = 6, \\ x + y + z = 0 \end{cases}$ 在点 $Q(1, 1, -2)$ 处的切线为 l，切线 l 在切平面 π 上的投影为 l'，求点 P 到直线 l' 的距离 d。

【解】 由 $z_x = 2x - 2 = 0, z_y = 2y - 1 = 0$ 解得唯一驻点为 $\left(1, \dfrac{1}{2}\right)$，在驻点处

$$A = z_{xx} = 2, \quad B = z_{xy} = 0, \quad C = z_{yy} = 2,$$

因 $\Delta = B^2 - AC = -4 < 0$，且 $A > 0$，故 $z\left(1, \dfrac{1}{2}\right) = -\dfrac{5}{4}$ 为极小值，又驻点唯一，故 $z\left(1, \dfrac{1}{2}\right) = -\dfrac{5}{4}$ 为函数的最小值，即 $P\left(1, \dfrac{1}{2}, -\dfrac{5}{4}\right)$ 为该曲面的最低点，且曲面在 P 点处的切平面方程为 $z = -\dfrac{5}{4}$。曲面 $x^2 + y^2 + z^2 = 6$ 在 Q 处的法向量为 $\boldsymbol{n}_1 = (2, 2, -4)$，平面 $x + y + z = 0$ 在 Q 点处的法向量为 $\boldsymbol{n}_2 = (1, 1, 1)$，从而曲线 $\begin{cases} x^2 + y^2 + z^2 = 6, \\ x + y + z = 0 \end{cases}$ 在点 $Q(1, 1, -2)$ 处的切向

量为
$$\boldsymbol{T} = \boldsymbol{n}_1 \times \boldsymbol{n}_2 = (2, 2, -4) \times (1, 1, 1) = 6(1, -1, 0),$$
于是切线 l 的方程为
$$\frac{x-1}{1} = \frac{y-1}{-1} = \frac{z+2}{0},$$
化为一般方程为
$$l: \begin{cases} x+y-2 = 0, \\ z+2 = 0. \end{cases}$$

设过直线 l 的平面束方程为
$$(x+y-2) + \lambda(z+2) = 0.$$
由于该平面与平面 $z = -\dfrac{5}{4}$ 垂直,从而 $\lambda = 0$,则 l 在 π 上的投影 l' 为
$$\begin{cases} x+y-2 = 0, \\ z + \dfrac{5}{4} = 0, \end{cases}$$
则点 P 到直线 l' 的距离为
$$d = \frac{\left| 1 + \dfrac{1}{2} - 2 \right|}{\sqrt{1+1}} = \frac{\sqrt{2}}{4}.$$

二、曲面与曲线

例 17.9 求直线 $x = \alpha t + p, y = \beta t + q, z = t, (-\infty < t < \infty)$ 绕 Oz 轴旋转一周所成曲面的方程,并根据参数的不同取值讨论曲面的形状。

【解】 所求曲面的参数方程为
$$\begin{cases} x = \sqrt{(\alpha t + p)^2 + (\beta t + q)^2} \cos\theta, \\ y = \sqrt{(\alpha t + p)^2 + (\beta t + q)^2} \sin\theta, \quad (-\infty < t < \infty, 0 \leqslant \theta < 2\pi), \\ z = t \end{cases}$$
消去参数,得
$$x^2 + y^2 = (\alpha z + p)^2 + (\beta z + q)^2.$$
(1) 母线与 z 轴平行 $(\alpha = \beta = 0)$,曲面为圆柱面 $x^2 + y^2 = p^2 + q^2$。
(2) 母线与 z 轴异面 $(\alpha q - \beta p \neq 0)$,曲面为旋转单叶双曲面
$$x^2 + y^2 - (\alpha^2 + \beta^2)\left(z + \frac{\alpha p + \beta q}{\alpha^2 + \beta^2} \right)^2 = \frac{(\alpha q - \beta p)^2}{\alpha^2 + \beta^2}.$$
(3) 母线与 z 轴相交 $(\alpha q - \beta p = 0)$,曲面为直圆锥面
$$x^2 + y^2 = (\alpha^2 + \beta^2)\left(z + \frac{\alpha p + \beta q}{\alpha^2 + \beta^2} \right)^2.$$

例 17.10 设 Γ 为椭圆抛物面 $z = 3x^2 + 4y^2 + 1$,从原点作 Γ 的切锥面,求该切锥面的方程。

【解1】 设过原点且与 $z = 3x^2 + 4y^2 + 1$ 相切的点为 (x_0, y_0, z_0),则椭圆抛物面 Γ 上

该点的法向量为 $(-6x_0, -8y_0, 1)$，切向量为 (x_0, y_0, z_0)，因此
$$\begin{cases} -6x_0^2 - 8y_0^2 + z_0 = 0, \\ 3x_0^2 + 4y_0^2 + 1 = z_0, \end{cases}$$
解得切点的轨迹为 $\begin{cases} z_0 = 2, \\ 3x_0^2 + 4y_0^2 = 1。\end{cases}$

设切锥面上过点 (x_0, y_0, z_0) 母线方程为 $\dfrac{X}{x_0} = \dfrac{Y}{y_0} = \dfrac{Z}{z_0} = t$，则 $X = x_0 t, Y = y_0 t, Z = z_0 t$，代入上式并消去 t，得 $12X^2 + 16Y^2 = Z^2$，则所求切锥面的方程为 $12x^2 + 16y^2 = z^2$。

【解2】 设 (x, y, z) 为切锥面的母线上任一点（非原点），则存在唯一的 t，使得 $t(x, y, z)$ 落在椭圆抛物面，则 $tz = 3(tx)^2 + 4(ty)^2 + 1$，即
$$(3x^2 + 4y^2)t^2 - zt + 1 = 0,$$
由于该一元二次方程有唯一解，则判别式
$$\Delta = (-z)^2 - 4(3x^2 + 4y^2) = 0,$$
所求切锥面的方程为 $12x^2 + 16y^2 = z^2$。

例 17.11 设 M 是以三个正半轴为母线的半圆锥面，求其方程。

【证】 由已知得，$O(0,0,0)$ 为半圆锥面 M 的顶点，$A(1,0,0), B(0,1,0), C(0,0,1)$ 在 M 上，由 A, B, C 三点决定的平面 $x+y+z=1$ 与球面 $x^2+y^2+z^2=1$ 的交线 L 是 M 的准线。

设 $P(x, y, z)$ 半圆锥面 M 上的任一点，母线 OP 与准线 L 相交于点 $Q(u, v, w)$，则
$$\begin{cases} u + v + w = 1, \\ u^2 + v^2 + w^2 = 1。\end{cases}$$
直线 OP 的方程为
$$\frac{x}{u} = \frac{y}{v} = \frac{z}{w} = \frac{1}{t}, \quad 即 \quad u = xt, v = yt, w = zt,$$
代入准线方程得
$$\begin{cases} (x + y + z)t = 1, \\ (x^2 + y^2 + z^2)t^2 = 1。\end{cases}$$
消去参数 t，得半圆锥面 M 的方程为 $xy + yz + zx = 0$。

例 17.12 设有一束平行于直线 $L: x = y = -z$ 的平行光束照射不透明球面 $S: x^2 + y^2 + z^2 = 2z$，求球面在 xOy 平面上留下的阴影部分的边界线方程。

【解】 直线的方向向量为 $s = (1, 1, -1)$，球面 S 的方程为 $x^2 + y^2 + (z-1)^2 = 1$，球心为 $P(0, 0, 1)$，过点 P 作垂直于 L 的平面 π，其方程为 $x + y - z + 1 = 0$，于是平面 π 在球面 S 上截下的大圆的方程为
$$\Gamma: \begin{cases} x^2 + y^2 + (z-1)^2 = 1, \\ x + y - z + 1 = 0。\end{cases}$$
以 Γ 为准线，作一个母线平行于直线 L 的柱面 S，设 $M(x, y, z)$ 是柱面上任意一点，过 M 作平行于母线 L 的直线交 Γ 于点 $M_0(x_0, y_0, z_0)$，则 $\overrightarrow{M_0 M} = (x - x_0, y - y_0, z - z_0)$ 平行于直线的方向向量，从而有

$$\frac{x-x_0}{1}=\frac{y-y_0}{1}=\frac{z-z_0}{-1}=t,$$

则 $x_0=x-t,y_0=y-t,z_0=z+t$。又 $M_0(x_0,y_0,z_0)$ 在准线 Γ 上,满足

$$\begin{cases} x_0^2+y_0^2+(z_0-1)^2=1, \\ x_0+y_0-z_0+1=0, \end{cases}$$

所以

$$\begin{cases} (x-t)^2+(y-t)^2+(z+t-1)^2=1, \\ (x-t)+(y-t)-(z+t)+1=0_{\circ} \end{cases}$$

消去 t 的投影柱面的方程为

$$x^2+y^2+z^2-xy+yz+xz-x-y-2z=\frac{1}{2},$$

柱面与 xOy 面的交线为所求阴影部分的边界曲线,其方程为

$$\begin{cases} x^2+y^2-xy-x-y=\frac{1}{2}, \\ z=0_{\circ} \end{cases}$$

例 17.13 已知点 $A(1,0,1),B(1,2,5)$,求过点 A,B 的直线绕直线 $L:\dfrac{x-2}{3}=\dfrac{y-1}{2}=\dfrac{z-3}{1}$ 旋转所得旋转曲面的方程,并判断该曲面的类型。

【解 1】 设过点 A,B 的直线为 l,可求得其参数方程为 $x=1,y=2t,z=4t+1$。在旋转曲面上任意取一点 $P(x,y,z)$,过点 P 作平面垂直于 L,交 L 于 Q 点,坐标为

$$Q\left(\frac{9x+6y+3z-13}{10},\frac{6x+4y+2z-12}{10},\frac{3x+2y+z+19}{10}\right),$$

交 l 于 R 点,坐标为

$$R\left(1,\frac{3x+2y+z-4}{4},\frac{3x+2y+z-2}{2}\right)_{\circ}$$

由 $\|PQ\|^2=\|QR\|^2$,得

$$29x^2+4y^2-11z^2+60xy+30xz+20yz-176x-108y+16z+112=0_{\circ}$$

令 $X=x+\dfrac{59}{72},Y=y+\dfrac{181}{216},Z=z+\dfrac{563}{216}$,化曲面方程为

$$29X^2+4Y^2-11Z^2+60XY+30XZ+20YZ=-\frac{1673}{108}_{\circ}$$

令二次型的矩阵为

$$\boldsymbol{A}=\begin{bmatrix} 29 & 30 & 15 \\ 30 & 4 & 10 \\ 15 & 10 & -11 \end{bmatrix},$$

求得矩阵 $\boldsymbol{A}$ 的特征值为 $54,-16,-16$,则方程经过正交变换可以化为

$$-54u^2+16v^2+16w^2=\frac{1673}{108},$$

因此曲面为单叶双曲面。

【解2】 设过点 A,B 的直线为 L'，其参数方程为 $x=1,y=2t,z=4t+1$。在直线 L' 上任取一点 $P(1,2t,4t+1)$，在直线 L 上取定点 $P_0(2,1,3)$，以 P_0 为球心，$|P_0P|$ 为半径的球面方程为

$$\Sigma:(x-2)^2+(y-1)^2+(z-3)^2=(1-2)^2+(2t-1)^2+(4t+1-3)^2,$$

即

$$\Sigma:(x-2)^2+(y-1)^2+(z-3)^2=1+5(2t-1)^2,$$

过 P 点且垂直于直线 L 的平面为

$$\pi:3(x-1)+2(y-2t)+(z-4t-1)=0,$$

得 $t=\dfrac{1}{8}(3x+2y+z-4)$，代入 Σ 的方程得

$$(x-2)^2+(y-1)^2+(z-3)^2=1+5\left(\frac{1}{4}(3x+2y+z-4)-1\right)^2,$$

整理得

$$29x^2+4y^2-11z^2+60xy+30xz+20yz-176x-108y+16z+112=0。$$

下同解 1。

例 17.14 已知直线 $L_1:x=y=z$ 和 $L_2:\dfrac{x}{1}=\dfrac{y}{a}=\dfrac{z-b}{1}$。

(1) 问参数 a,b 满足什么条件时，直线 L_1 与 L_2 异面？

(2) 当 L_1 与 L_2 不重合时，求 L_2 绕 L_1 旋转所生成的旋转面 Σ 的方程，并指出曲面 Σ 的类型。

【解】 (1) 记直线 L_1 与 L_2 的方向向量为 $\boldsymbol{s}_1=(1,1,1),\boldsymbol{s}_2=(1,a,1)$，分别取直线 L_1 与 L_2 上的点 $O(0,0,0),P(0,0,b)$，则 L_1 与 L_2 是异面直线当且仅当矢量 $\boldsymbol{s}_1,\boldsymbol{s}_2,\overrightarrow{OP}$ 不共面，它们的混合积不为零，即

$$[\boldsymbol{s}_1,\boldsymbol{s}_2,\overrightarrow{OP}]=\begin{vmatrix}1&1&1\\1&a&1\\0&0&b\end{vmatrix}=(a-1)b\neq0,$$

所以 L_1 与 L_2 是异面直线当且仅当 $a\neq1$ 且 $b\neq0$。

(2) 在旋转面 Σ 取动点为 $P(x,y,z)$，它是直线 L_2 上取点 $Q(x_0,y_0,z_0)$ 绕 L_1 旋转而成的。由于 Q 在 L_2 上，所以

$$\frac{x_0}{1}=\frac{y_0}{a}=\frac{z_0-b}{1}=t,$$

即 $x_0=t,y_0=at,z_0=t+b$。又由于 $\overrightarrow{QP}$ 与 L_1 垂直，所以

$$(x-x_0)+(y-y_0)+(z-z_0)=0。$$

因为 L_1 经过坐标原点，所以 P,Q 到原点的距离相等，故

$$x^2+y^2+z^2=x_0^2+y_0^2+z_0^2。$$

将 $x_0=t,y_0=at,z_0=t+b$ 代入上两式，得

$$(a+2)t=x+y+z-b,$$
$$x^2+y^2+z^2-(a^2+2)t^2-2bt-b^2=0。$$

当 $a\neq-2$，即 L_1 与 L_2 不垂直时，解得 $t=\dfrac{1}{a+2}(x+y+z-b)$，从而旋转面 Σ 的方程为

$$x^2 + y^2 + z^2 - \frac{a^2+2}{(a+2)^2}(x+y+z-b)^2 - \frac{2b}{a+2}(x+y+z-b) - b^2 = 0 \text{。}$$

当 $a = -2, b = 0$ 时,即 L_1 与 L_2 垂直相交时,旋转面 Σ 的方程为 $x + y + z = 0$。

当 $a = -2, b \neq 0$ 时,即 L_1 与 L_2 垂直不相交时,旋转面 Σ 的方程为 $x + y + z = 0$,且满足

$$x^2 + y^2 + z^2 = 6t^2 + 2bt + b^2 = 6\left(t + \frac{1}{6}b\right)^2 + \frac{5}{6}b^2 \text{,}$$

由于 t 可以是任意的,所以这时旋转面 Σ 的方程为

$$\begin{cases} x + y + z = b, \\ x^2 + y^2 + z^2 \geqslant \dfrac{5}{6}b^2 \text{。} \end{cases}$$

所以旋转面 Σ 的类型为

(1) 当 $a = 1$ 且 $b \neq 0$ 时,L_1 与 L_2 平行,Σ 是一个柱面;

(2) 当 $a \neq 1, a \neq -2$ 且 $b = 0$ 时,L_1 与 L_2 相交,Σ 是一个锥面;

(3) 当 $a = -2$ 且 $b = 0$ 时,L_1 与 L_2 垂直相交,Σ 是一个平面;

(4) 当 $a \neq 1, a \neq -2$ 且 $b \neq 0$ 时,L_1 与 L_2 异面,Σ 是单叶双曲面;

(5) 当 $a = -2$ 且 $b \neq 0$ 时,L_1 与 L_2 垂直不相交,Σ 是去掉一个圆盘后的一个平面。

例 17.15   一动直线平行于平面 $\pi: y = z$ 且与两抛物线 $C_1: \begin{cases} y^2 = 2x, \\ z = 0 \end{cases}$ 及 $C_2: \begin{cases} z^2 = 3x, \\ y = 0 \end{cases}$ 都相交,求动直线所成的曲面 S 的方程,并求曲面 S 在点 $(0,1,1)$ 处的切平面方程。

【解】   设动直线交抛物线 C_1 于 $P\left(\dfrac{s^2}{2}, s, 0\right)$,交抛物线 C_2 于 $Q\left(\dfrac{t^2}{3}, 0, t\right)$,则动直线的方向向量为 $\overrightarrow{PQ} = \left(\dfrac{t^2}{3} - \dfrac{s^2}{2}, -s, t\right)$。由于动直线与平面 $\pi: y - z = 0$ 平行,则

$$\left(\frac{t^2}{3} - \frac{s^2}{2}, -s, t\right) \cdot (0, 1, -1) = -s - t = 0, \quad 即 \quad s = -t \text{。}$$

故 $\overrightarrow{PQ} = \left(-\dfrac{t^2}{6}, t, t\right) /\!/ (-t, 6, 6)$,因此动直线的参数方程为

$$\frac{x - \dfrac{t^2}{3}}{-t} = \frac{y}{6} = \frac{z - t}{6}, \quad 即 \quad \begin{cases} x = \dfrac{t^2}{3} - \dfrac{t}{6}y, \\ y = z - t, \end{cases}$$

消去参数 t 得 $x = (y - z)\left(\dfrac{y}{2} - \dfrac{z}{3}\right)$,故所求动直线的轨迹方程为 $6x - 3y^2 + 5yz - 2z^2 = 0$。

记 $F(x, y, z) = 6x - 3y^2 + 5yz - 2z^2$,则曲面 S 在点 $(0,1,1)$ 处的切平面的法向量为

$$\boldsymbol{n} = (F_x, F_y, F_z)\big|_{(0,1,1)} = (6, -6y + 5z, 5y - 4z)\big|_{(0,1,1)} = (6, -1, 1) \text{,}$$

则所求切平面方程为

$$6(x - 0) - (y - 1) + (z - 1) = 0, \quad 即 \quad 6x - y + z = 0 \text{。}$$

例 17.16 求过原点且和椭球面 $4x^2+5y^2+6z^2=1$ 的交线为一个圆周的所有平面。

【解】 过原点的平面 Π 和椭球面 $4x^2+5y^2+6z^2=1$ 的交线 Γ 为一个圆时，圆心必为原点，从而 Γ 必在以原点为中心的某个球面上，设该球面的方程为 $x^2+y^2+z^2=r^2$，在该圆上

$$z^2-x^2=5x^2+5y^2+5z^2-5r^2+z^2-x^2=1-5r^2,$$

即该圆在曲面 $H:z^2-x^2=1-5r^2$ 上。

往证 $5r^2=1$。否则，$H:z^2-x^2=1-5r^2$ 是一个双曲柱面，因为 Γ 是一个圆心在原点的圆，是关于原点的中心对称图形，而 H 的一叶是另一叶的中心对称的像，所以 Γ 与 H 的两叶都有交点。另一方面，Γ 整体落在 H 上，这与作为圆周的 Γ 是一条连续曲线矛盾，所以 $5r^2=1$。

从而 Γ 在 $H:z^2-x^2=0$ 上，即 Γ 在平面 $x-z=0$ 或 $x+z=0$ 上，所以 Π 为平面 $x-z=0$ 或 $x+z=0$。

反之，当 Π 为平面 $x-z=0$ 或 $x+z=0$ 时，平面 Π 和椭球面 $4x^2+5y^2+6z^2=1$ 的交线在 $5x^2+5y^2+5z^2=1$ 上，从而是一个圆。

例 17.17 （1）求经过三条平行直线：$L_1:x-1=y=z$；$L_2:x=y-1=z$；$L_3:x=y=z-1$ 的圆柱面 Σ 的方程。

（2）设 Ω 为 Σ 与两平面 $\pi_1:x+y+z=0,\pi_2:2y+z-2=0$ 所围成的空间闭区域，试计算三重积分 $\iiint\limits_{\Omega}(x-y)^2\mathrm{d}x\,\mathrm{d}y\,\mathrm{d}z$。

（1）**【解 1】** 先求圆柱面的中心轴 L_0 的方程。因为圆柱面母线的方向向量为 $\boldsymbol{n}=(1,1,1)$，过原点且垂直于圆柱面 Σ 的平面 π 的方程为 $x+y+z=0$，则平面 π 与三条已知直线的交点分别为

$$\left(\frac{2}{3},-\frac{1}{3},-\frac{1}{3}\right),\left(-\frac{1}{3},\frac{2}{3},-\frac{1}{3}\right),\left(-\frac{1}{3},-\frac{1}{3},\frac{2}{3}\right)。$$

圆柱面的中心轴 L_0 是到这三点等距离的点的轨迹，即

$$\begin{cases}\left(x-\dfrac{2}{3}\right)^2+\left(y+\dfrac{1}{3}\right)^2+\left(z+\dfrac{1}{3}\right)^2=\left(x+\dfrac{1}{3}\right)^2+\left(y-\dfrac{2}{3}\right)^2+\left(z+\dfrac{1}{3}\right)^2,\\[2mm]\left(x-\dfrac{2}{3}\right)^2+\left(y+\dfrac{1}{3}\right)^2+\left(z+\dfrac{1}{3}\right)^2=\left(x+\dfrac{1}{3}\right)^2+\left(y+\dfrac{1}{3}\right)^2+\left(z-\dfrac{2}{3}\right)^2,\end{cases}$$

化简得轴 $L_0:\begin{cases}x-y=0,\\x-z=0,\end{cases}$ 则轴 L_0 的标准方程为 $x=y=z$。

任取圆柱面上动点 $M(x,y,z)$，在中心轴 $L_0:x=y=z$ 上取点 $O(0,0,0)$，直线 $L_1:x-1=y=z$ 上取点 $P(1,0,0)$，则点 P 到轴 L_0 的距离和点 M 到轴 L_0 的距离都等于圆柱面的半径，故

$$\frac{|\boldsymbol{n}\times\overrightarrow{OM}|}{|\boldsymbol{n}|}=\frac{|\boldsymbol{n}\times\overrightarrow{OP}|}{|\boldsymbol{n}|},$$

即 $(z-y)^2+(x-z)^2+(y-x)^2=2$，因此圆柱面 Σ 的方程为 $x^2+y^2+z^2-xy-yz-xz=1$。

【解 2】 过原点作垂直于圆柱面 Σ 的平面 $\pi:x+y+z=0$，则 π 与三直线的交点为

$$\left(\frac{2}{3},-\frac{1}{3},-\frac{1}{3}\right),\left(-\frac{1}{3},\frac{2}{3},-\frac{1}{3}\right),\left(-\frac{1}{3},-\frac{1}{3},\frac{2}{3}\right)。$$

此三点构成的平面三角形的形心为$(0,0,0)$,截面圆的半径为$\sqrt{\dfrac{2}{3}}$,故圆柱面Σ的准线方程为

$$C:\begin{cases}x^2+y^2+z^2=\dfrac{2}{3},\\[2mm]x+y+z=0。\end{cases}$$

在圆柱面Σ上任取一点(x,y,z),该点在准线C上的投影为(x_0,y_0,z_0),该母线的方程为

$$\frac{x-x_0}{1}=\frac{y-y_0}{1}=\frac{z-z_0}{1},$$

将母线方程化为参数方程$x_0=x-t,y_0=y-t,z_0=z-t$。又(x_0,y_0,z_0)在准线上,满足

$$\begin{cases}x_0^2+y_0^2+z_0^2=\dfrac{2}{3},\\[2mm]x_0+y_0+z_0=0。\end{cases}$$

将母线的参数方程$x_0=x-t,y_0=y-t,z_0=z-t$代入上式,并消去参数t,得

$$x^2+y^2+z^2=\frac{2}{3}+\frac{1}{3}(x+y+z)^2,$$

因此圆柱面Σ的方程为$x^2+y^2+z^2-xy-yz-xz=1$。

(2)【解】 取正交变换

$$u=\frac{1}{\sqrt{2}}(x-y),\quad v=\frac{1}{\sqrt{6}}(x+y-2z),\quad w=\frac{1}{\sqrt{3}}(x+y+z),$$

则圆柱面Σ的方程变为$u^2+v^2=\dfrac{2}{3}$,平面π_1的方程变为$w=0$,π_2的方程变为

$$2y+z=(x+y+z)-(x-y)=\sqrt{3}w-\sqrt{2}u=2,$$

由"先一后二"法和轮换对称性,得

$$\iiint\limits_{\Omega}(x-y)^2\mathrm{d}x\mathrm{d}y\mathrm{d}z=\iint\limits_{u^2+v^2\leqslant\frac{2}{3}}\left(\int_0^{\frac{1}{\sqrt{3}}(\sqrt{2}u+2)}2u^2\mathrm{d}w\right)\mathrm{d}u\mathrm{d}v=\iint\limits_{u^2+v^2\leqslant\frac{2}{3}}\frac{4}{\sqrt{3}}u^2\mathrm{d}u\mathrm{d}v$$

$$=\frac{2}{\sqrt{3}}\iint\limits_{u^2+v^2\leqslant\frac{2}{3}}(u^2+v^2)\mathrm{d}u\mathrm{d}v=\frac{2}{\sqrt{3}}\int_0^{2\pi}\mathrm{d}\theta\int_0^{\sqrt{\frac{2}{3}}}r^3\mathrm{d}r=\frac{4\sqrt{3}}{27}\pi。$$

综合训练

1. 已知$(\boldsymbol{a}\times\boldsymbol{b})\cdot\boldsymbol{c}=6$,计算$((\boldsymbol{a}+\boldsymbol{b})\times(\boldsymbol{b}+\boldsymbol{c}))\cdot(\boldsymbol{a}+\boldsymbol{c})$。

2. 从空间一点引三个不共面的向量$\boldsymbol{a},\boldsymbol{b},\boldsymbol{c}$,证明这三个向量的终点所成的平面垂直于向量$\boldsymbol{a}\times\boldsymbol{b}+\boldsymbol{b}\times\boldsymbol{c}+\boldsymbol{c}\times\boldsymbol{a}$。

3. 设有两直线 $L_1:\dfrac{x-1}{-1}=\dfrac{y}{2}=\dfrac{z+1}{1}$,$L_2:\dfrac{x+2}{0}=\dfrac{y-1}{1}=\dfrac{z-2}{-2}$,求平行于直线 L_1,L_2

且与它们等距的平面方程。

4. 求过直线 $\begin{cases} 4x-y+3z-1=0, \\ x+5y-z+2=0 \end{cases}$ 且与平面 $2x-y+5z-3=0$ 垂直的平面的方程。

5. 已知平面 $\pi_1:x+2y-z+1=0$ 和 $\pi_2:2x-y+2z-1=0$，求此两平面的角平分面的方程。

6. 求通过直线 $L:\begin{cases} 2x+y-3z+2=0, \\ 5x+5y-4z+3=0 \end{cases}$ 的两个互相垂直的平面 π_1 和 π_2，使其中一个平面过点 $(4,-3,1)$。

7. 已知直线 $L:\begin{cases} x+2y-2=0, \\ y-z+1=0 \end{cases}$ 和平面 $\pi:x+y+z-1=0$，求：

（1）直线 L 在平面 π 上的投影 L'；

（2）直线 L 和 L' 的夹角 θ。

8. 已知直线 L 通过平面 $\pi:x+y-z-8=0$ 与直线 $L_1:\dfrac{x-1}{2}=\dfrac{y-2}{-1}=\dfrac{z+1}{2}$ 的交点，且与直线 $L_2:\dfrac{x}{2}=\dfrac{y-1}{1}=\dfrac{z}{1}$ 垂直相交，求直线 L 的方程。

9. 已知直线过点 $(-3,5,-9)$，且与两直线 $\begin{cases} y=3x+5, \\ z=2x-3 \end{cases}$ 以及 $\begin{cases} y=4x-7, \\ z=5x+10 \end{cases}$ 相交，求此直线方程。

10. 求异面直线 $L_1:\dfrac{x+5}{6}=1-y=z+3$ 与 $L_2:\begin{cases} x+5y+z=0, \\ x+y-z+4=0 \end{cases}$ 之间的距离。

11. 已知直线 $L_1:\dfrac{x-5}{1}=\dfrac{y+1}{0}=\dfrac{z-3}{2}$ 和 $L_2:\dfrac{x-8}{2}=\dfrac{y-1}{-1}=\dfrac{z-1}{1}$。

（1）证明直线 L_1 与 L_2 异面；

（2）若直线 L 与 L_1,L_2 都垂直相交试求交点 P 与 Q 的坐标；

（3）求异面直线 L_1 与 L_2 的距离。

12. 已知曲线 $C:\begin{cases} y^2=x, \\ z=3(y-1) \end{cases}$ 在纵坐标 $y=1$ 的点处的切线为 L，Π 是通过 L 且与曲面 $\Sigma:x^2+y^2=4z$ 相切的平面，求 Π 的方程。

13. 求曲线 $\begin{cases} x+y+2z=1, \\ y=x^2+z^2 \end{cases}$ 在平面 $\pi:x+y+z=0$ 上的投影曲线方程。

14. 已知曲面 D 上任意一点与 $P_0(1,1,1)$ 所在的直线始终与直线 $x-1=y-1=z-1$ 的夹角为 $\dfrac{\pi}{6}$，求曲面 D 的方程。

15. 在空间直角坐标系中，过 x 轴和 y 轴分别做动平面，其夹角保持为常数 α，求两平面交线的轨迹方程，并指出它是什么曲面。

16. 已知锥面顶点为 $(3,-1,-2)$，准线为 $\begin{cases} x^2+y^2-z^2=1, \\ x-y+z=0 \end{cases}$，试求此锥面的方程。

17. 已知直线 $L_1:\dfrac{x-a}{1}=\dfrac{y}{-2}=\dfrac{z}{3}$ 和 $L_2:\dfrac{x}{2}=\dfrac{y-1}{1}=\dfrac{z}{-2}$ 相交，试确定常数 a 的取值，

并求直线 L_2 绕直线 L_1 旋转所得的曲面方程。

18. 求直线 $L_1: \dfrac{x-1}{1} = \dfrac{y+1}{-1} = \dfrac{z-1}{2}$ 绕 $L_2: \dfrac{x}{1} = \dfrac{y}{-1} = \dfrac{z-1}{2}$ 旋转所得的旋转面的方程。

19. 已知空间直线 L_1 为 z 轴，L_2 过 $(-1,0,0)$ 及 $(0,1,1)$ 两点，动直线 L 分别与直线 L_1，L_2 共面，且与平面 $z=0$ 平行。

（1）求动直线 L 全体构成的曲面 S 的方程；

（2）确定 S 是什么曲面。

20. 证明平面 $2x-12y-z+16=0$ 与双曲抛物面 $x^2-4y^2=2z$ 的交线是两条相交的直线，并写出它们的对称式方程。

21. 试求单叶双曲面 $\dfrac{x^2}{a^2} + \dfrac{y^2}{b^2} - \dfrac{z^2}{c^2} = 1$ 上两条垂直母线的交点的轨迹。

第十八讲

常微分方程

知识点

1. 基本型一阶微分方程的求解：

（1）可分离变量的微分方程

形式：$g(y)\mathrm{d}y = f(x)\mathrm{d}x$；

解法：两边积分$\int g(y)\mathrm{d}y = \int f(x)\mathrm{d}x$。

（2）齐次方程

形式：$\dfrac{\mathrm{d}y}{\mathrm{d}x} = \varphi\left(\dfrac{y}{x}\right)$；

解法：令$u = \dfrac{y}{x}$，则$y' = xu' + u$，将原方程化为可分离变量方程。

（3）一阶线性微分方程

形式：$y' + P(x)y = Q(x)$；

通解：$y = \mathrm{e}^{-\int P(x)\mathrm{d}x}\left(\int Q(x)\mathrm{e}^{\int P(x)\mathrm{d}x}\mathrm{d}x + C\right)$ 或 $y = \mathrm{e}^{-\int_a^x P(t)\mathrm{d}t}\left(\int_a^x Q(t)\mathrm{e}^{\int_a^t P(s)\mathrm{d}s}\mathrm{d}t + y(a)\right)$。

（4）Bernoulli 方程

形式：$y' + P(x)y = Q(x)y^n\ (n \neq 0, 1)$ 称为 Bernoulli 方程；

解法：令$z = y^{1-n}$，化为一阶线性微分方程$\dfrac{\mathrm{d}z}{\mathrm{d}x} + (1-n)P(x)z = (1-n)Q(x)$。

（5）全微分方程

形式：若$\mathrm{d}u(x, y) = P(x, y)\mathrm{d}x + Q(x, y)\mathrm{d}y$，称$P(x, y)\mathrm{d}x + Q(x, y)\mathrm{d}y = 0$为全微分方程；

判定方法：$P(x, y)\mathrm{d}x + Q(x, y)\mathrm{d}y = 0$为全微分方程的充要条件是$\dfrac{\partial Q}{\partial x} = \dfrac{\partial P}{\partial y}$；

解法：曲线积分法，不定积分法，分组凑微分法。

2．其他形式的一阶微分方程的解法：

（1）变量代换法：根据方程特点作适当的变量代换，包括自变量代换、因变量代换、自变量与因变量的混合代换，将方程化成易求解的方程，然后求解；

（2）变量互换法：将自变量看作因变量，将因变量看作自变量，然后求解；

（3）积分因子法：将方程乘以积分因子，化为全微分方程来求解。

3．可降阶的高阶方程：

（1）缺 y 及 y' 的方程：$y'' = f(x)$，直接积分两次；

（2）缺 y 的方程：$y'' = f(x, y')$，令 $p(x) = y'(x)$，$y'' = p'(x)$；

（3）缺 x 的方程：$y'' = f(y, y')$，令 $p(y) = y'$，$y'' = p \dfrac{\mathrm{d}p}{\mathrm{d}y}$。

4．线性微分方程的解的结构：

（1）如果 $y_1(x)$ 和 $y_2(x)$ 是二阶齐次线性方程 $y'' + P(x)y' + Q(x)y = 0$ 的解，则 $y = C_1 y_1(x) + C_2 y_2(x)$ 也是该方程的解；

（2）如果 $y_1(x)$ 和 $y_2(x)$ 是二阶齐次线性方程 $y'' + P(x)y' + Q(x)y = 0$ 的两个线性无关的解，则 $y = C_1 y_1(x) + C_2 y_2(x)$ 是该方程的通解；

（3）设 y^* 是二阶非齐次线性方程 $y'' + P(x)y' + Q(x)y = f(x)$ 的一个特解，Y 是相应的二阶齐次线性方程 $y'' + P(x)y' + Q(x)y = 0$ 的通解，则 $y = Y + y^*$ 是该方程的通解；

（4）设 y_1^* 和 y_2^* 分别是方程 $y'' + P(x)y' + Q(x)y = f_1(x)$ 和 $y'' + P(x)y' + Q(x)y = f_2(x)$ 的特解，则 $y_1^* + y_2^*$ 是 $y'' + P(x)y' + Q(x)y = f_1(x) + f_2(x)$ 的特解。

5．Liouville 公式：如果 $y_1(x)$ 是 $y'' + P(x)y' + Q(x)y = 0$ 的非零解，则 $y_2(x) = y_1 \displaystyle\int \dfrac{1}{y_1^2} \mathrm{e}^{-\int P(x)\mathrm{d}x} \mathrm{d}x$ 是该方程与 $y_1(x)$ 线性无关的解，且 $y = C_1 y_1 + C_2 y_1 \displaystyle\int \dfrac{1}{y_1^2} \mathrm{e}^{-\int P(x)\mathrm{d}x} \mathrm{d}x$ 是该方程的通解。

6．二阶非齐次线性微分方程的常数变易法：

如果 $y = C_1 y_1(x) + C_2 y_2(x)$ 是二阶齐次线性方程 $y'' + P(x)y' + Q(x)y = 0$ 的通解，先假设 $y = c_1(x)y_1 + c_2(x)y_2$ 是 $y'' + P(x)y' + Q(x)y = f(x)$ 的解，令 $c_1'(x)y_1 + c_2'(x)y_2 = 0$，$c_1'(x)y_1' + c_2'(x)y_2' = f(x)$，记 $w(x) = \begin{vmatrix} y_1 & y_2 \\ y_1' & y_2' \end{vmatrix} \neq 0$，解得

$$c_1(x) = C_1 + \int -\frac{y_2 f(x)}{w(x)}\mathrm{d}x, \quad c_2(x) = C_2 + \int \frac{y_1 f(x)}{w(x)}\mathrm{d}x,$$

则 $y'' + P(x)y' + Q(x)y = f(x)$ 的通解为

$$y = C_1 y_1 + C_2 y_2 - y_1 \int \frac{y_2 f(x)}{w(x)}\mathrm{d}x + y_2 \int \frac{y_1 f(x)}{w(x)}\mathrm{d}x.$$

7．二阶常系数齐次线性微分方程：

设 r_1 和 r_2 是微分方程 $y'' + py' + qy = 0$ 的特征方程 $r^2 + pr + q = 0$ 的特征根。

（1）若 $r_1 \neq r_2$，齐次线性微分方程的通解为 $y = C_1 \mathrm{e}^{r_1 x} + C_2 \mathrm{e}^{r_2 x}$；

（2）若 $r_1 = r_2$，齐次线性微分方程的通解为 $y = (C_1 + C_2 x)\mathrm{e}^{r_1 x}$；

（3）若 $r_1, r_2 = \alpha \pm \mathrm{i}\beta$，齐次线性微分方程的通解为 $y = \mathrm{e}^{\alpha x}(C_1 \cos\beta x + C_2 \sin\beta x)$。

8. 二阶常系数非齐次线性微分方程 $y'' + py' + qy = f(x)$ 的特解：

（1）若 $f(x) = e^{\lambda x}P_m(x)$，则 $y* = x^k e^{\lambda x}Q_m(x)$，其中 λ 为 $k(k=0,1,2)$ 重特征根；

（2）若 $f(x) = e^{\lambda x}(P_m(x)\cos\theta x + Q_l(x)\sin\theta x)$，则 $y* = x^k e^{\lambda x}(R_n(x)\cos\theta x + S_n(x)\sin\theta x)$，其中 $\lambda \pm i\theta$ 为 $k(k=0,1)$ 重复特征根，$n = \max\{m,l\}$。

9. Euler 方程

形式：$x^n \dfrac{d^n y}{dx^n} + p_1 x^{n-1}\dfrac{d^{n-1}y}{dx^{n-1}} + \cdots + p_{n-1}x\dfrac{dy}{dx} + p_n y = f(x)$。

解法：令 $x = e^t$ 或 $t = \ln x$，记 $D = \dfrac{d}{dt}$，则 $x^k\dfrac{d^k y}{dx^k} = D(D-1)\cdots(D-k+1)y$。

10. 积分方程 $y(x) = \displaystyle\int_0^x g(x,y(t))dt + h(x)$ 的解法步骤：

（1）通过变量代换将 $g(x,y(t))$ 中的 x 转移到积分号外，或转移到积分限上去；

（2）通过求导将积分方程转化为微分方程；

（3）解微分方程，注意初始条件可由积分方程或其他条件得到。

11. 微分方程应用问题：

（1）两类问题：几何方面的应用，物理、力学方面的应用；

（2）两种方法：一是规律"翻译"，二是微量平衡分析；

（3）做题三步曲：列方程，解方程，解的分析。

12. 微分方程几何应用问题常用几何量：

（1）切线方程：$Y - y = f'(x)(X - x)$；

（2）法线方程：$Y - y = -\dfrac{1}{f'(x)}(X - x)$；

（3）弧微分 $ds = \sqrt{(dx)^2 + (dy)^2} = \sqrt{1 + y'^2}\,dx$；

（4）弧长：$l = \displaystyle\int_{x_0}^x \sqrt{1 + y'^2}\,dx$；

（5）曲率：$\rho = \left|\dfrac{d\alpha}{ds}\right| = \dfrac{|y''|}{(1 + y'^2)^{\frac{3}{2}}}$。

典型例题

一、一阶常微分方程求解

例 18.1 求微分方程 $y' + \dfrac{y}{x} = y^2 - \dfrac{1}{x^2}$ 的通解。

【解】 方程两边同时除以 xy^2，得

$$\frac{y'}{xy^2} + \frac{1}{x^2 y} = \frac{1}{x}\left(1 - \frac{1}{x^2 y^2}\right),$$

即

$$\left(\frac{1}{xy}\right)' = \frac{1}{x}\left(\frac{1}{x^2 y^2} - 1\right),$$

令 $u = \dfrac{1}{xy}$，则

$$\frac{\mathrm{d}u}{\mathrm{d}x} = \frac{1}{x}(u^2 - 1),$$

分离变量，并积分得

$$\ln\left|\frac{u-1}{u+1}\right| = 2\ln|x| + \ln|C_1|,$$

从而

$$\frac{u-1}{u+1} = C_1 x^2,$$

将 $u = \dfrac{1}{xy}$ 代入，得

$$\frac{1-xy}{1+xy} = C_1 x^2,$$

因此

$$\frac{2}{xy-1} = -\frac{1}{C_1 x^2} - 1,$$

即

$$\frac{x}{xy-1} = \frac{C}{x} - \frac{x}{2}, \quad C = -\frac{1}{2C_1} \text{ 为任意常数。}$$

例 18.2 设函数 $f(x)$ 在 $[0, +\infty)$ 上可导，$f(0) = 0$，满足 $\displaystyle\int_x^{x+f(x)} g(t-x)\mathrm{d}t = x^2\ln(1+x)$，其中 $g(x)$ 为 $f(x)$ 的反函数，求 $f(x)$。

【解】 令 $t - x = u$，则 $\mathrm{d}t = \mathrm{d}u$，于是

$$\int_x^{x+f(x)} g(t-x)\mathrm{d}t = \int_0^{f(x)} g(u)\mathrm{d}u = x^2\ln(1+x)。$$

将上式两边同时对 x 求导，并注意到 $g(f(x)) = x$，于是

$$xf'(x) = 2x\ln(1+x) + \frac{x^2}{1+x},$$

当 $x \neq 0$ 时，有

$$f'(x) = 2\ln(1+x) + \frac{x}{1+x}。$$

对上式两端积分，得

$$f(x) = \int\left(2\ln(1+x) + \frac{x}{1+x}\right)\mathrm{d}x$$
$$= 2(\ln(1+x) + x\ln(1+x) - x) + x - \ln(1+x) + C$$
$$= \ln(1+x) + 2x\ln(1+x) - x + C,$$

由 $f(0) = 0$ 得 $C = 0$，于是

$$f(x) = \ln(1+x) + 2x\ln(1+x) - x。$$

例 18.3 设函数 $y = f(x)$ 在 $(0, +\infty)$ 上严格单调递增且可导，$x = f^{-1}(y)$ 为其反函数，对任意的 $x, y > 0$，有 $xy \leqslant \dfrac{1}{2}(xf(x) + yf^{-1}(y))$，求 $f(x)$。

【解】　令 $y=f(t)$，由已知条件知

$$xf(t) \leqslant \frac{1}{2}(xf(x)+tf(t)),$$

即

$$x(f(t)-f(x)) \leqslant f(t)(t-x),$$

则

$$\lim_{t \to x^+} \frac{f(t)-f(x)}{t-x} \leqslant \lim_{t \to x^+} \frac{f(t)}{x} \Leftrightarrow f'_+(x) \leqslant \frac{f(x)}{x},$$

$$\lim_{t \to x^-} \frac{f(t)-f(x)}{t-x} \geqslant \lim_{t \to x-} \frac{f(t)}{x} \Leftrightarrow f'_-(x) \geqslant \frac{f(x)}{x},$$

由于 $y=f(x)$ 可导，即 $f'_+(x)=f'_-(x)$，从而

$$f'(x) = \frac{f(x)}{x},$$

解得 $f(x)=Cx$，其中 C 为任意常数。注意到函数 $y=f(x)$ 在 $(0,+\infty)$ 上严格单调递增可知这里 C 应为任意的正常数。

例 18.4　设 a 为一正实数，求出所有可微函数 $f:(0,+\infty) \to (0,+\infty)$，使得对任意 $x>0$，满足方程 $f'\left(\dfrac{a}{x}\right) = \dfrac{x}{f(x)}$。

【解 1】　对 x 作代换 $\dfrac{a}{x}$ 得 $f\left(\dfrac{a}{x}\right)f'(x) = \dfrac{a}{x}$。设 $g(x)=f(x)f\left(\dfrac{a}{x}\right)$，则

$$g'(x) = f'(x)f\left(\frac{a}{x}\right) + f(x)f'\left(\frac{a}{x}\right)\left(-\frac{a}{x^2}\right) = \frac{a}{x} - \frac{a}{x} \equiv 0, \quad x>0,$$

这说明 $g(x)$ 是某个正常数 b，从而

$$b = g(x) = f(x)f\left(\frac{a}{x}\right) = f(x) \cdot \frac{a}{x} \cdot \frac{1}{f'(x)},$$

因此

$$\frac{f'(x)}{f(x)} = \frac{a}{bx},$$

两边对 x 积分，得

$$\ln f(x) = \frac{a}{b}\ln x + \ln C,$$

其中 $C>0$ 为任意常数，则对 $\forall x>0$，有 $f(x)=Cx^{\frac{a}{b}}$。代回到原来的条件中，得

$$C \cdot \frac{a}{b} \cdot \frac{x^{\frac{a}{b}-1}}{x^{\frac{a}{b}-1}} = \frac{x}{Cx^{\frac{a}{b}}}, \quad 即 \quad C^2 a^{\frac{a}{b}} = b,$$

从而 $f_b(x)=\sqrt{b}\left(\dfrac{x}{\sqrt{a}}\right)^{\frac{a}{b}}, b>0$。

【解 2】　对 x 作代换 $\dfrac{a}{x}$ 得 $f\left(\dfrac{a}{x}\right)f'(x) = \dfrac{a}{x}$，利用已知条件 $f'\left(\dfrac{a}{x}\right) = \dfrac{x}{f(x)}$，得

$$\frac{af'\left(\dfrac{a}{x}\right)}{x^2 f\left(\dfrac{a}{x}\right)} = \frac{f'(x)}{f(x)},$$

两边积分,得

$$-\int \frac{\mathrm{d}f'\left(\dfrac{a}{x}\right)}{f\left(\dfrac{a}{x}\right)} = \int \frac{\mathrm{d}f'(x)}{f(x)},$$

从而

$$-\ln\left| f\left(\frac{a}{x}\right) \right| = \ln | f(x) | - \ln b,$$

因为 $f(x)>0$,所以 $f\left(\dfrac{a}{x}\right) = \dfrac{b}{f(x)}$,其中 $b>0$。两边对 x 求导得

$$f'\left(\frac{a}{x}\right)\left(-\frac{a}{x^2}\right) = -\frac{bf'(x)}{f^2(x)},$$

从而

$$\frac{x}{f(x)} \cdot \frac{a}{x^2} = \frac{bf'(x)}{f^2(x)}, \quad \text{即} \quad \frac{f'(x)}{f(x)} = \frac{a}{bx},$$

两边积分,得

$$\ln f(x) = \frac{a}{b}\ln x + \ln C \quad (C>0),$$

即 $f(x)=Cx^{\frac{a}{b}}$,其中 $C>0,b>0$。代回到原来的条件中,得

$$C \cdot \frac{a}{b} \cdot \frac{a^{\frac{a}{b}-1}}{x^{\frac{a}{b}-1}} = \frac{x}{Cx^{\frac{a}{b}}}, \quad \text{即} \quad C^2 a^{\frac{a}{b}} = b,$$

从而 $f_b(x) = \sqrt{b}\left(\dfrac{x}{\sqrt{a}}\right)^{\frac{a}{b}}, b>0$。

例 18.5 设函数 $\varphi(x)$ 具有一阶连续导数,且 $\varphi(0)=0$。若方程
$$(x^2 + (\varphi(x)+1)y + y^3)\mathrm{d}x + (\varphi(x) + axy^2 + 2y)\mathrm{d}y = 0$$
为全微分方程,试确定常数 a 的值及函数 $\varphi(x)$ 的表达式,并求此全微分方程的通解。

【解】 令 $P = x^2 + (\varphi(x)+1)y + y^3, Q = \varphi(x) + axy^2 + 2y$,由已知得 $\dfrac{\partial P}{\partial y} = \dfrac{\partial Q}{\partial x}$,即

$$\varphi(x) + 1 + 3y^2 \equiv \varphi'(x) + ay^2, \quad \forall (x,y) \in \mathbb{R}^2,$$

从而 $a=3$,且

$$\begin{cases} \varphi'(x) = \varphi(x) + 1, \\ \varphi(0) = 0。 \end{cases}$$

解此方程得 $\varphi(x) = \mathrm{e}^x - 1$。故全微分方程为 $(x^2 + \mathrm{e}^x y + y^3)\mathrm{d}x + (\mathrm{e}^x - 1 + 3xy^2 + 2y)\mathrm{d}y = 0$,
分组得

$$x^2\mathrm{d}x + (2y-1)\mathrm{d}y + (\mathrm{e}^x y \mathrm{d}x + \mathrm{e}^x \mathrm{d}y) + (y^3\mathrm{d}x + 3xy^2\mathrm{d}y) = 0,$$

所求全微分方程的通解满足 $\dfrac{1}{3}x^3+(y^2-y)+\mathrm{e}^x y+xy^3=C$,其中 C 为任意常数。

例 18.6 设函数 $f(x,y)$ 可微,$\dfrac{\partial f}{\partial x}=-f(x,y)$,$f\left(0,\dfrac{\pi}{2}\right)=1$,且 $\displaystyle\lim_{n\to\infty}\left(\dfrac{f\left(0,y+\dfrac{1}{n}\right)}{f(0,y)}\right)^n=$

$\mathrm{e}^{\cot y}$,求 $f(x,y)$。

【解】 因

$$\lim_{n\to\infty}\left(\frac{f\left(0,y+\dfrac{1}{n}\right)}{f(0,y)}\right)^n=\lim_{n\to\infty}\left(1+\frac{f\left(0,y+\dfrac{1}{n}\right)-f(0,y)}{f(0,y)}\right)^n=\mathrm{e}^{\displaystyle\lim_{n\to\infty}\frac{f\left(0,y+\frac{1}{n}\right)-f(0,y)}{\frac{1}{n}f(0,y)}}=\mathrm{e}^{\frac{f_y(0,y)}{f(0,y)}},$$

由已知条件,得

$$\frac{f_y(0,y)}{f(0,y)}=\frac{\mathrm{d}\ln f(0,y)}{\mathrm{d}y}=\cot y,$$

对 y 积分得

$$\ln f(0,y)=\ln\sin y+\ln c,$$

从而 $f(0,y)=c\sin y$,代入 $f\left(0,\dfrac{\pi}{2}\right)=1$ 得 $c=1$,从而 $f(0,y)=\sin y$。

又已知 $\dfrac{\partial f}{\partial x}=-f$,分离变量得 $\dfrac{\mathrm{d}f}{f}=-\mathrm{d}x$,两边同对 x 积分,得 $f(x,y)=c(y)\mathrm{e}^{-x}$。

由 $f(0,y)=\sin y$,得 $c(y)=\sin y$,故 $f(x,y)=\mathrm{e}^{-x}\sin y$。

例 18.7 设对于半空间 $x>0$ 内的任意光滑有向闭曲面 S,都有

$$\oiint_S xf(x)\mathrm{d}y\mathrm{d}z-xyf(x)\mathrm{d}z\mathrm{d}x-\mathrm{e}^{2x}z\mathrm{d}x\mathrm{d}y=0,$$

其中 $f(x)$ 在 $(0,+\infty)$ 内具有连续的一阶导数,且 $\displaystyle\lim_{x\to0^+}f(x)=1$,求 $f(x)$。

【解】 由 Gauss 公式得

$$0=\oiint_S xf(x)\mathrm{d}y\mathrm{d}z-xyf(x)\mathrm{d}z\mathrm{d}x-\mathrm{e}^{2x}z\mathrm{d}x\mathrm{d}y$$

$$=\pm\iiint_\Omega\left(\frac{\partial(xf(x))}{\partial x}+\frac{\partial(-xyf(x))}{\partial y}+\frac{\partial(-\mathrm{e}^{2x}z)}{\partial z}\right)\mathrm{d}v,$$

其中 Ω 是由 S 围成的立体,当 S 为外侧时,三重积分前面取正号,否则取负号。

由于 S 是任意封闭曲面,所以 Ω 是半空间中的任意立体,因此在半空间 $x>0$ 内有

$$\iiint_\Omega\left(\frac{\partial(xf(x))}{\partial x}+\frac{\partial(-xyf(x))}{\partial y}+\frac{\partial(-\mathrm{e}^{2x}z)}{\partial z}\right)\mathrm{d}v=0,$$

即

$$f'(x)+\left(\frac{1}{x}-1\right)f(x)=\frac{1}{x}\mathrm{e}^{2x},$$

其通解为

$$f(x)=\frac{\mathrm{e}^x}{x}(C+\mathrm{e}^x),$$

由 $\lim\limits_{x \to 0^+} f(x) = 1$ 得 $C = -1$，因此所求函数为 $f(x) = \dfrac{e^x}{x}(e^x - 1)(x > 0)$。

例 18.8　设函数 $f(t)$ 在 $[0, +\infty)$ 上连续，$\Omega(t) = \{(x, y, z) \in \mathbf{R}^3 \mid x^2 + y^2 + z^2 \leqslant t^2$，$z \geqslant 0\}$，$S(t)$ 是 $\Omega(t)$ 的表面，$D(t)$ 是 $\Omega(t)$ 在 xOy 平面的投影区域，$L(t)$ 是 $D(t)$ 的边界曲线，已知当 $t \in (0, +\infty)$ 时，恒有

$$\oint_{L(t)} f(x^2 + y^2) \sqrt{x^2 + y^2}\, ds + \oiint_{S(t)} (x^2 + y^2 + z^2)\, dS$$

$$= \iint_{D(t)} f(x^2 + y^2)\, d\sigma + \iiint_{\Omega(t)} \sqrt{x^2 + y^2 + z^2}\, dv,$$

求 $f(t)$ 的表达式。

【解】　因为

$$\oint_{L(t)} f(x^2 + y^2) \sqrt{x^2 + y^2}\, ds = tf(t^2) \oint_{L(t)} ds = 2\pi t^2 f(t^2),$$

$$\oiint_{S(t)} (x^2 + y^2 + z^2)\, dS = t^2 \iint_{S\text{上半球面}} dS + \iint_{S\text{底面}} (x^2 + y^2)\, dS = 2\pi t^4 + \frac{\pi}{2} t^4 = \frac{5\pi}{2} t^4,$$

$$\iint_{D(t)} f(x^2 + y^2)\, d\sigma = \int_0^{2\pi} d\theta \int_0^t f(r^2) r\, dr = 2\pi \int_0^t f(r^2) r\, dr,$$

$$\iiint_{\Omega(t)} \sqrt{x^2 + y^2 + z^2}\, dv = \int_0^{2\pi} d\theta \int_0^{\frac{\pi}{2}} d\varphi \int_0^t r^3 \sin\varphi\, dr = \frac{1}{2} \pi t^4,$$

所以

$$2\pi t^2 f(t^2) + \frac{5}{2} \pi t^4 = 2\pi \int_0^t f(r^2) r\, dr + \frac{1}{2} \pi t^4,$$

即

$$t^2 f(t^2) + t^4 = \int_0^t f(r^2) r\, dr,$$

两边求导，整理得

$$2t^3 f'(t^2) + tf(t^2) = -4t^3,$$

令 $u = t^2$，得

$$f'(u) + \frac{1}{2u} f(u) = -2,$$

从而

$$f(u) = -\frac{4}{3} u + \frac{C}{\sqrt{u}}, \quad C \text{ 为任意常数。}$$

例 18.9　有一圆锥形的塔，底半径为 R，高为 $h(h > R)$，现沿塔身建一登上塔顶的楼梯，要求楼梯曲线在每一点的切线与过该点垂直于 xOy 平面的直线的夹角为 $\dfrac{\pi}{4}$，楼梯入口在点 $(R, 0, 0)$，试求楼梯曲线的方程。

【解】　设曲线上任一点为 (x, y, z)，由塔身为圆锥形，则

$$\frac{h - z}{h} = \frac{r}{R},$$

故楼梯曲线的参数方程为

$$x = r(\theta)\cos\theta, \quad y = r(\theta)\sin\theta, \quad z = h - \frac{h}{R}r(\theta), \quad 0 \leqslant \theta \leqslant 2\pi,$$

从而

$$x'(\theta) = r'(\theta)\cos\theta - r(\theta)\sin\theta, \quad y'(\theta) = r'(\theta)\sin\theta + r(\theta)\cos\theta, \quad z'(\theta) = -\frac{h}{R}r'(\theta),$$

在点(x, y, z)的切向量为$\boldsymbol{T} = (x'(\theta), y'(\theta), z'(\theta))$,垂线方向向量为$\boldsymbol{k} = (0, 0, 1)$,因为楼梯曲线在每一点的切线与过该点垂直于$xOy$平面的直线的夹角为$\dfrac{\pi}{4}$,所以

$$\cos\frac{\pi}{4} = \frac{\boldsymbol{T} \cdot \boldsymbol{k}}{|\boldsymbol{T}||\boldsymbol{k}|} = \frac{z'(\theta)}{\sqrt{x'^2(\theta) + y'^2(\theta) + z'^2(\theta)}},$$

即

$$\frac{1}{\sqrt{2}} = \frac{-\dfrac{h}{R}r'(\theta)}{\sqrt{r'^2(\theta) + r^2(\theta) + \dfrac{h^2}{R^2}r'^2(\theta)}},$$

化简得微分方程

$$\frac{\mathrm{d}r}{\mathrm{d}\theta} = \frac{Rr}{\pm\sqrt{h^2 - R^2}},$$

由实际问题应有$\dfrac{\mathrm{d}r}{\mathrm{d}\theta} < 0$,解得

$$r = C_1 \mathrm{e}^{-\frac{R}{\sqrt{h^2 - R^2}}\theta},$$

又当$\theta = 0$时,$r = R$,得$C_1 = R$,故$r = R\mathrm{e}^{-\frac{R}{\sqrt{h^2 - R^2}}\theta}$,因此楼梯曲线的参数方程为

$$x = R\mathrm{e}^{-\frac{R}{\sqrt{h^2 - R^2}}\theta}\cos\theta, \quad y = R\mathrm{e}^{-\frac{R}{\sqrt{h^2 - R^2}}\theta}\sin\theta, \quad z = h(1 - \mathrm{e}^{-\frac{R}{\sqrt{h^2 - R^2}}\theta}), \quad 0 \leqslant \theta \leqslant 2\pi.$$

二、高阶常微分方程求解

例 18.10 求微分方程$y'' + y' - 2y = \dfrac{\mathrm{e}^x}{1 + \mathrm{e}^x}$的通解。

【解 1】 因为

$$y'' + y' - 2y = (y'' + 2y') - (y' + 2y) = (y' + 2y)' - (y' + 2y),$$

令$u = y' + 2y$,则原方程变形为

$$u' - u = \frac{\mathrm{e}^x}{1 + \mathrm{e}^x},$$

解得$u = \mathrm{e}^x(C_1 - \ln(1 + \mathrm{e}^{-x}))$,于是

$$y' + 2y = \mathrm{e}^x(C_1 - \ln(1 + \mathrm{e}^{-x})),$$

再解此方程,得

$$y = \mathrm{e}^{-2x}\left(C_2 + \int\mathrm{e}^{3x}(C_1 - \ln(1 + \mathrm{e}^{-x}))\mathrm{d}x\right),$$

其中

$$\int e^{3x}(C_1 - \ln(1 + e^{-x}))dx$$

$$= \frac{1}{3}\int (C_1 - \ln(1 + e^{-x}))de^{3x}$$

$$= \frac{1}{3}e^{3x}(C_1 - \ln(1 + e^{-x})) - \frac{1}{3}\int \frac{e^{2x}}{1 + e^{-x}}dx$$

$$= \frac{1}{3}e^{3x}(C_1 - \ln(1 + e^{-x})) - \frac{1}{3}\int \left(e^{2x} - e^x + 1 - \frac{e^{-x}}{1 + e^{-x}}\right)dx$$

$$= \frac{1}{3}e^{3x}(C_1 - \ln(1 + e^{-x})) - \frac{1}{6}e^{2x} - \frac{1}{3}e^x - \frac{1}{3}x - \frac{1}{3}\ln(1 + e^{-x}),$$

故原方程的通解为

$$y = \frac{1}{3}C_1 e^x + C_2 e^{-2x} - \frac{1}{3}e^x \ln(1 + e^{-x}) - \frac{1}{6} + \frac{1}{3}e^{-x} - \frac{1}{3}x e^{-2x} - \frac{1}{3}e^{-2x}\ln(1 + e^{-x})。$$

【解 2】 微分方程 $y'' + y' - 2y = \dfrac{e^x}{1 + e^x}$ 所对应的齐次方程为

$$y'' + y' - 2y = 0,$$

其特征方程为 $r^2 + r - 2 = 0$,特征根为 $r_1 = 1, r_2 = -2$,因此齐次方程的通解为

$$Y = \frac{1}{3}C_1 e^x + C_2 e^{-2x}。$$

由常数变易法,设 $y = C_1(x)e^x + C_2(x)e^{-2x}$ 为原方程的通解,则

$$y' = C_1'(x)e^x + C_2'(x)e^{-2x} + C_1(x)e^x - 2C_2(x)e^{-2x},$$

令 $C_1'(x)e^x + C_2'(x)e^{-2x} = 0$,则

$$y' = C_1(x)e^x - 2C_2(x)e^{-2x},$$

$$y'' = C_1'(x)e^x - 2C_2'(x)e^{-2x} + C_1(x)e^x + 4C_2(x)e^{-2x},$$

将 y, y', y'' 代入原方程中,得

$$C_1'(x)e^x - 2C_2'(x)e^{-2x} = \frac{e^x}{1 + e^x},$$

因此

$$C_1'(x) = \frac{1}{3(1 + e^x)}, \quad C_2'(x) = -\frac{e^{3x}}{3(1 + e^x)},$$

分别积分,得

$$C_1(x) = \frac{1}{3}\int \frac{dx}{1 + e^x} = \frac{1}{3}\int \frac{e^x dx}{e^x(1 + e^x)} = \frac{1}{3}(x - \ln(1 + e^x)) + C_1$$

$$= -\frac{1}{3}\ln(1 + e^{-x}) + C_1,$$

$$C_2(x) = -\frac{1}{3}\int \frac{e^{3x}}{1 + e^x}dx = -\frac{1}{3}\int \frac{e^{3x} + 1 - 1}{1 + e^x}dx = -\frac{1}{3}\int \left(e^{2x} - e^x + 1 - \frac{1}{1 + e^x}\right)dx$$

$$= -\frac{1}{6}e^{2x} + \frac{1}{3}e^x - \frac{1}{3}x - \frac{1}{3}\ln(1 + e^{-x}) + C_2,$$

则原方程的通解为

$$y = C_1 e^x + C_2 e^{-2x} - \frac{1}{3} e^x \ln(1 + e^{-x}) - \frac{1}{6} + \frac{1}{3} e^{-x} - \frac{1}{3} x e^{-2x} - \frac{1}{3} e^{-2x} \ln(1 + e^{-x})。$$

例 18.11 设函数 $y = y(x)$ 在 $(-\infty, +\infty)$ 内具有二阶导数,且 $y' \neq 0$,$x = x(y)$ 是 $y = y(x)$ 的反函数,且满足的微分方程 $\dfrac{d^2 x}{dy^2} + (y + \sin x)\left(\dfrac{dx}{dy}\right)^3 = 0$,求函数 $y = y(x)$ 所满足的微分方程及其满足初始条件 $y(0) = 0, y'(0) = \dfrac{3}{2}$ 的解。

【解】 由于

$$\frac{dx}{dy} = \frac{1}{y'}, \qquad \frac{d^2 x}{dy^2} = -\frac{y''}{y'^3},$$

代入原方程,得

$$y'' - y = \sin x,$$

该方程对应的齐次线性方程 $y'' - y = 0$ 的通解为 $y = C_1 e^x + C_2 e^{-x}$。

设非齐次线性方程的特解形如 $y^* = a\cos x + b\sin x$,代入原方程得

$$y^* = -\frac{1}{2}\sin x,$$

所以原方程的通解为

$$y = C_1 e^x + C_2 e^{-x} - \frac{1}{2}\sin x,$$

代入初始条件 $y(0) = 0, y'(0) = \dfrac{3}{2}$,得 $C_1 = 1, C_2 = -1$,于是所求特解为

$$y = e^x - e^{-x} - \frac{1}{2}\sin x。$$

例 18.12 设函数 $y = f(x)$ 由参数方程 $\begin{cases} x = 2t + t^2, \\ y = \psi(t) \end{cases}$ $(t > -1)$ 所确定。且 $\dfrac{d^2 y}{dx^2} = \dfrac{3}{4(1+t)}$,其中 $\psi(t)$ 具有二阶导数,曲线 $y = \psi(t)$ 与 $y = \displaystyle\int_1^{t^2} e^{-u^2} du + \dfrac{3}{2e}$ 在 $t = 1$ 处相切,求函数 $\psi(t)$。

【证】 因为

$$\frac{dy}{dx} = \frac{\psi'(t)}{2(1+t)}, \qquad \frac{d^2 y}{dx^2} = \frac{1}{2(1+t)} \cdot \frac{2(1+t)\psi''(t) - 2\psi'(t)}{4(1+t)^2} = \frac{(1+t)\psi''(t) - \psi'(t)}{4(1+t)^3},$$

由题设知

$$\frac{(1+t)\psi''(t) - \psi'(t)}{4(1+t)^3} = \frac{3}{4(1+t)},$$

即

$$\psi''(t) - \frac{1}{1+t}\psi'(t) = 3(1+t)。$$

令 $u = \psi'(t)$,则 $u' - \dfrac{1}{1+t}u = 3(1+t)$,从而

$$\psi'(t) = u = \mathrm{e}^{\int \frac{1}{1+t}\mathrm{d}t}\left(\int 3(1+t)\mathrm{e}^{-\int \frac{1}{1+t}\mathrm{d}t}\,\mathrm{d}t + C_1\right) = (1+t)(3t+C_1),$$

$$\psi(t) = \int (1+t)(3t+C_1)\mathrm{d}t = t^3 + \frac{1}{2}(3+C_1)t^2 + C_1 t + C_2.$$

由曲线 $y = \psi(t)$ 与 $y = \int_1^{t^2} \mathrm{e}^{-u^2}\,\mathrm{d}u + \dfrac{3}{2\mathrm{e}}$ 在 $t = 1$ 处相切知, $\psi(1) = \dfrac{3}{2\mathrm{e}}$, $\psi'(1) = \dfrac{2}{\mathrm{e}}$, 代入上两式得 $C_1 = \dfrac{1}{\mathrm{e}} - 3$, $C_2 = 2$, 于是

$$\psi(t) = \int (1+t)(3t+C_1)\mathrm{d}t = t^3 + \frac{1}{2}(3+C_1)t^2 + \left(\frac{1}{\mathrm{e}} - 3\right)t + 2, \quad t > -1.$$

例 18.13　已知函数 $y(x)$ 满足方程 $\begin{cases} (x+1)y'' = y', \\ y(0) = 3, \ y'(0) = -2. \end{cases}$　证明对所有 $x \geqslant 0$ 和大于 1 的正整数 n, 不等式 $\displaystyle\int_0^x y(x)\sin^{2n-2}x\,\mathrm{d}x \leqslant \frac{4n+1}{n(4n^2-1)}$ 成立.

【证】　令 $y' = p(x)$, 则 $y'' = \dfrac{\mathrm{d}p}{\mathrm{d}x}$, 于是

$$(1+x)\frac{\mathrm{d}p}{\mathrm{d}x} = p, \quad 即 \quad \frac{\mathrm{d}p}{p} = \frac{\mathrm{d}x}{1+x}.$$

两边积分并整理得

$$p = C(1+x), \quad 即 \quad y' = C(1+x),$$

再积分得

$$y = C_1(1+x)^2 + C_2.$$

代入初始条件, 得 $C_1 = -1$, $C_2 = 4$, 故

$$y = 4 - (1+x)^2.$$

令 $F(x) = \displaystyle\int_0^x y(x)\sin^{2n-2}x\,\mathrm{d}x$ $(x \geqslant 0)$, 则

$$F'(x) = y(x)\sin^{2n-2}x = (4 - (1+x)^2)\sin^{2n-2}x,$$

令 $F'(x) = 0$ 得所有驻点为 $x_1 = 0$, $x_2 = 1$, $x_k = k\pi$ $(k = 1, 2, \cdots)$.

当 $0 < x < 1$ 时, $F'(x) > 0$, 当 $x \geqslant 1$ 时, $F'(x) \leqslant 0$, 且 $F'(x)$ 在其他驻点左右不变号, 于是 $x = 1$ 是 $F(x)$ 在 $[0, +\infty)$ 内的唯一极大值点, 也是最大值点, 而

$$F(1) = \int_0^1 (4 - (1+x)^2)\sin^{2n-2}x\,\mathrm{d}x \leqslant \int_0^1 (3 - 2x - x^2)x^{2n-2}\,\mathrm{d}x$$

$$= \frac{3}{2n-1} - \frac{1}{n} - \frac{1}{2n+1} = \frac{4n+1}{n(4n^2-1)}.$$

因此对所有 $x \geqslant 0$ 和大于 1 的正整数 n, 不等式 $\displaystyle\int_0^x y(x)\sin^{2n-2}x\,\mathrm{d}x \leqslant \frac{4n+1}{n(4n^2-1)}$ 成立.

例 18.14　设函数 $f(x)$ 具有一阶连续偏导数, 且 $x = \displaystyle\int_0^x f(t)\mathrm{d}t + \int_0^x tf(t-x)\mathrm{d}t$, 求:

(1) $f(x)$;

(2) $\displaystyle\int_{-\frac{\pi}{4}}^{\frac{3\pi}{4}} |f(x)|^n\,\mathrm{d}x$, $n = 2, 3, \cdots$.

【解】 (1) 令 $u = t - x$，则

$$\int_0^x t f(t-x) \mathrm{d}t = \int_{-x}^0 (u+x) f(u) \mathrm{d}u = \int_{-x}^0 t f(t) \mathrm{d}t + x \int_{-x}^0 f(t) \mathrm{d}t,$$

于是

$$x = \int_0^x f(t) \mathrm{d}t + \int_{-x}^0 t f(t) \mathrm{d}t + x \int_{-x}^0 f(t) \mathrm{d}t,$$

两边对 x 求导并整理得

$$1 = f(x) + \int_{-x}^0 f(t) \mathrm{d}t,$$

两边再两次对 x 求导，得

$$f''(x) - f'(-x) = 0,$$

以 $-x$ 取代 x，得

$$f''(-x) - f'(x) = 0,$$

故得二阶常系数齐次线性方程

$$f''(x) + f(x) = 0,$$

其通解为 $f(x) = C_1 \cos x + C_2 \sin x$，再由初始条件 $f(0) = 1, f'(0) = -1$ 得 $C_1 = 1, C_2 = -1$，故

$$f(x) = \cos x - \sin x = \sqrt{2} \cos\left(x + \frac{\pi}{4}\right)。$$

(2) 令 $t = x + \frac{\pi}{4}$，得

$$\int_{-\frac{\pi}{4}}^{\frac{3\pi}{4}} |f(x)|^n \mathrm{d}x = \int_{-\frac{\pi}{4}}^{\frac{3\pi}{4}} (\sqrt{2})^n \left| \cos\left(x + \frac{\pi}{4}\right) \right|^n \mathrm{d}x = (\sqrt{2})^n \int_0^\pi |\cos t|^n \mathrm{d}t$$

$$= 2(\sqrt{2})^n \int_0^{\frac{\pi}{2}} \cos^n t \, \mathrm{d}t = \begin{cases} 2^{\frac{n+2}{2}} \cdot \dfrac{n-1}{n} \cdot \dfrac{n-3}{n-2} \cdot \cdots \cdot \dfrac{2}{3}, & n = 3, 5, 7, \cdots, \\ 2^{\frac{n+2}{2}} \cdot \dfrac{n-1}{n} \cdot \dfrac{n-3}{n-2} \cdot \cdots \cdot \dfrac{1}{2} \cdot \dfrac{\pi}{2}, & n = 2, 4, 6, \cdots。 \end{cases}$$

例 18.15 设 $u = u(\sqrt{x^2 + y^2})$ 具有连续的二阶偏导数，满足方程 $\dfrac{\partial^2 u}{\partial x^2} + \dfrac{\partial^2 u}{\partial y^2} - \dfrac{1}{x} \dfrac{\partial u}{\partial x} + u = x^2 + y^2$，求函数 u 的表达式。

【解】 令 $r = \sqrt{x^2 + y^2}$，则

$$\frac{\partial u}{\partial x} = \frac{\mathrm{d}u}{\mathrm{d}r} \cdot \frac{\partial r}{\partial x} = \frac{x}{r} \frac{\mathrm{d}u}{\mathrm{d}r}, \qquad \frac{\partial^2 u}{\partial x^2} = \frac{x^2}{r^2} \cdot \frac{\mathrm{d}^2 u}{\mathrm{d}r^2} + \frac{1}{r} \frac{\mathrm{d}u}{\mathrm{d}r} - \frac{x^2}{r^3} \frac{\mathrm{d}u}{\mathrm{d}r},$$

由对称性知

$$\frac{\partial^2 u}{\partial y^2} = \frac{y^2}{r^2} \cdot \frac{\mathrm{d}^2 u}{\mathrm{d}r^2} + \frac{1}{r} \frac{\mathrm{d}u}{\mathrm{d}r} - \frac{y^2}{r^3} \frac{\mathrm{d}u}{\mathrm{d}r},$$

代入原方程，即得

$$\frac{\mathrm{d}^2 u}{\mathrm{d}r^2} + u = r^2。$$

解此二阶常系数线性非齐次微分方程，得其通解为

$$u = C_1 \cos r + C_2 \sin r + r^2 - 2,$$

故函数 u 的表达式为

$$u = C_1 \cos \sqrt{x^2 + y^2} + C_2 \sin \sqrt{x^2 + y^2} + x^2 + y^2 - 2, C_1, \quad C_2 \text{ 为任意常数。}$$

例 18.16 设函数 $f(x)$ 具有二阶导数，$z = x f\left(\dfrac{y}{x}\right) + 2y f\left(\dfrac{x}{y}\right)$ 满足 $\left.\dfrac{\partial^2 z}{\partial x \partial y}\right|_{x=a} = -by^2$

$(a > 0, b > 0)$，求 $f(x)$。

【解】 因为

$$\frac{\partial z}{\partial x} = f\left(\frac{y}{x}\right) + x f'\left(\frac{y}{x}\right)\left(-\frac{y}{x^2}\right) + 2y f'\left(\frac{x}{y}\right)\frac{1}{y} = f\left(\frac{y}{x}\right) - \frac{y}{x} f'\left(\frac{y}{x}\right) + 2 f'\left(\frac{x}{y}\right),$$

$$\frac{\partial^2 z}{\partial x \partial y} = \frac{1}{x} f\left(\frac{y}{x}\right) - \frac{1}{x} f'\left(\frac{y}{x}\right) - \frac{y}{x} f''\left(\frac{y}{x}\right)\frac{1}{x} + 2 f''\left(\frac{x}{y}\right)\left(-\frac{x}{y^2}\right)$$

$$= -\frac{y}{x^2} f''\left(\frac{y}{x}\right) - \frac{2x}{y^2} f''\left(\frac{x}{y}\right),$$

又 $\left.\dfrac{\partial^2 z}{\partial x \partial y}\right|_{x=a} = -by^2$，所以

$$-\frac{y}{a^2} f''\left(\frac{y}{a}\right) - \frac{2a}{y^2} f''\left(\frac{a}{y}\right) = -by^2,$$

令 $\dfrac{y}{a} = u$，则

$$\frac{u}{a} f''(u) + \frac{2}{au^2} f''\left(\frac{1}{u}\right) = a^2 b u^2, \quad \text{即} \quad u^3 f''(u) + 2 f''\left(\frac{1}{u}\right) = a^3 b u^4,$$

再令 $\dfrac{1}{u} = t$，即 $u = \dfrac{1}{t}$，上式化为

$$\frac{1}{t^3} f''\left(\frac{1}{t}\right) + 2 f''(t) = a^3 b \frac{1}{t^4}, \quad \text{则} \quad 2u^3 f''(u) + f''\left(\frac{1}{u}\right) = \frac{a^3 b}{u},$$

解得

$$f''(u) = -\frac{1}{3} a^3 b u + \frac{2}{3} a^3 b \frac{1}{u^4},$$

两次积分得

$$f(u) = -\frac{1}{18} a^3 b u^3 + \frac{1}{9} a^3 b \frac{1}{u^2} + C_1 u + C_2,$$

因此

$$f(x) = -\frac{1}{18} a^3 b x^3 + \frac{1}{9} a^3 b \frac{1}{x^2} + C_1 x + C_2。$$

例 18.17 设 S 是上半空间 $z > 0$ 中任意光滑闭曲面，S 围成区域 Ω，$u = r\omega(r)$ 在上半空间有连续的二阶导数，且满足 $\displaystyle\oiint_S \frac{\partial u}{\partial x} dy dz + \frac{\partial u}{\partial y} dz dx + \frac{\partial u}{\partial z} dx dy = \iiint_\Omega e^{\sqrt{x^2+y^2+z^2}} dv$，求 $\omega(r)$，其中 $r = \sqrt{x^2 + y^2 + z^2}$。

【解】 由高斯公式知

$$\oiint_S \frac{\partial u}{\partial x}\mathrm{d}y\,\mathrm{d}z + \frac{\partial u}{\partial y}\mathrm{d}z\,\mathrm{d}x + \frac{\partial u}{\partial z}\mathrm{d}x\,\mathrm{d}y = \iiint_\Omega \left(\frac{\partial^2 u}{\partial x^2} + \frac{\partial^2 u}{\partial y^2} + \frac{\partial^2 u}{\partial z^2}\right)\mathrm{d}v = \iiint_\Omega \mathrm{e}^{\sqrt{x^2+y^2+z^2}}\,\mathrm{d}v,$$

即

$$\iiint_\Omega \left(\left(\frac{\partial^2 u}{\partial x^2} + \frac{\partial^2 u}{\partial y^2} + \frac{\partial^2 u}{\partial z^2}\right) - \mathrm{e}^{\sqrt{x^2+y^2+z^2}}\right)\mathrm{d}v = 0$$

在上半空间 $z>0$ 中任意光滑闭曲面所围成区域 Ω 上都成立,因此得到微分方程

$$\frac{\partial^2 u}{\partial x^2} + \frac{\partial^2 u}{\partial y^2} + \frac{\partial^2 u}{\partial z^2} = \mathrm{e}^{\sqrt{x^2+y^2+z^2}}。$$

由于 $u = r\omega(r)$,则

$$\frac{\partial u}{\partial x} = \frac{\partial u}{\partial r} \cdot \frac{\partial r}{\partial x} = x\left(\frac{\omega(r)}{r} + \omega'(r)\right),$$

$$\frac{\partial^2 u}{\partial x^2} = \frac{\omega(r)}{r} + \omega'(r) + x^2\left(\frac{r\omega'(r) - \omega(r)}{r^3} + \frac{\omega''(r)}{r}\right),$$

根据对称性,有

$$\frac{\partial^2 u}{\partial y^2} = \frac{\omega(r)}{r} + \omega'(r) + y^2\left(\frac{r\omega'(r) - \omega(r)}{r^3} + \frac{\omega''(r)}{r}\right),$$

$$\frac{\partial^2 u}{\partial z^2} = \frac{\omega(r)}{r} + \omega'(r) + z^2\left(\frac{r\omega'(r) - \omega(r)}{r^3} + \frac{\omega''(r)}{r}\right),$$

代入微分方程并化简得

$$r^2\omega''(r) + 4r\omega'(r) + 2\omega(r) = r\mathrm{e}^r。$$

令 $u = r\omega(r)$,则 $u' = r\omega'(r) + \omega(r)$, $u'' = 2\omega'(r) + r\omega''(r)$,从而

$$r^2\omega''(r) + 4r\omega'(r) + 2\omega(r) = r(2\omega'(r) + r\omega''(r)) + 2(r\omega'(r) + \omega(r)),$$

因此微分方程可化为 $ru'' + 2u' = r\mathrm{e}^r$,即

$$u'' + \frac{2}{r}u' = \mathrm{e}^r。$$

从而

$$u' = \mathrm{e}^{-\int \frac{2}{r}\mathrm{d}r}\left(\int \mathrm{e}^r \cdot \mathrm{e}^{\int \frac{2}{r}\mathrm{d}r}\,\mathrm{d}r + C_1\right) = \frac{1}{r^2}\left(\int r^2 \mathrm{e}^r\,\mathrm{d}r + C_1\right) = \mathrm{e}^r - 2\left(\frac{1}{r} - \frac{1}{r^2}\right)\mathrm{e}^r + \frac{C_1}{r^2},$$

$$u = \int\left(\mathrm{e}^r - 2\left(\frac{1}{r} - \frac{1}{r^2}\right)\mathrm{e}^r + \frac{C_1}{r^2}\right)\mathrm{d}r = \mathrm{e}^r - \frac{C_1}{r} - 2\int \frac{1}{r}\mathrm{e}^r\,\mathrm{d}r - 2\int \mathrm{e}^r\,\mathrm{d}\frac{1}{r}$$

$$= \mathrm{e}^r - \frac{C_1}{r} - 2\int \frac{1}{r}\mathrm{e}^r\,\mathrm{d}r - 2\frac{1}{r}\mathrm{e}^r + 2\int \frac{1}{r}\mathrm{e}^r\,\mathrm{d}r = \left(1 - \frac{2}{r}\right)\mathrm{e}^r - \frac{C_1}{r} + C_2,$$

所以

$$\omega(r) = \left(\frac{1}{r} - \frac{2}{r^2}\right)\mathrm{e}^r - \frac{C_1}{r^2} + \frac{C_2}{r}。$$

或令 $u = r\omega'(r) + 2\omega(r)$,则 $u' = r\omega''(r) + 3\omega'(r)$,从而

$$r^2\omega''(r) + 4r\omega'(r) + 2\omega(r) = r(r\omega''(r) + 3\omega'(r)) + (\omega'(r) + 2\omega(r))$$

$$= ru' + u = (ru)' = r\mathrm{e}^r,$$

因此 $ru = \mathrm{e}^r(r-1) + C_1$，即

$$r^2\omega'(r) + 2r\omega(r) = \mathrm{e}^r(r-1) + C_1,$$

则

$$\omega'(r) + \frac{2}{r}\omega(r) = \frac{\mathrm{e}^r(r-1)}{r^2} + \frac{C_1}{r^2},$$

解得

$$\omega(r) = \mathrm{e}^{-\int \frac{2}{r}\mathrm{d}r}\left(\int\left(\frac{\mathrm{e}^r(r-1)}{r^2} + \frac{C_1}{r^2}\right)\mathrm{e}^{\int \frac{2}{r}\mathrm{d}r}\,\mathrm{d}r + C_2\right) = \left(\frac{1}{r} - \frac{2}{r^2}\right)\mathrm{e}^r + \frac{C_1}{r} + \frac{C_2}{r^2}。$$

例 18.18 设数列 $\{a_n\}$ 收敛，且 $y = \sum\limits_{n=0}^{\infty} a_n x^n$ 是方程 $xy'' - y' + 4x^3y = 0$ 的通解，证明当 $n \geqslant 4$ 时，$a_n = -\dfrac{4}{n(n-2)}a_{n-4}$，并证明在 $a_0 = 1, a_2 = 0$ 条件下的通解为 $y = \cos x^2$，再求在 $a_0 = 0, a_2 = 1$ 条件下的通解 y。

【证】 由 $y = \sum\limits_{n=0}^{\infty} a_n x^n$ 得

$$y' = \sum\limits_{n=1}^{\infty} na_n x^{n-1}, \quad y'' = \sum\limits_{n=2}^{\infty} n(n-1)a_n x^{n-2},$$

代入方程 $xy'' - y' + 4x^3y = 0$，得

$$x\left(2a_2 + 6a_3 x + \sum\limits_{n=4}^{\infty} n(n-1)a_n x^{n-2}\right) - \left(a_1 + 2a_2 x + 3a_3 x^2 + \sum\limits_{n=4}^{\infty} na_n x^{n-1}\right) +$$

$$4x^3\left(\sum\limits_{n=0}^{\infty} a_n x^n\right) = 0,$$

整理得

$$-a_1 + 3a_3 x^2 + \sum\limits_{n=4}^{\infty}(n(n-2)a_n + 4a_{n-4})x^{n-1} = 0,$$

因此 $a_1 = a_3 = 0$，且当 $n \geqslant 4$ 时，有 $n(n-2)a_n + 4a_{n-4} = 0$，从而

$$a_n = -\frac{4}{n(n-2)}a_{n-4}。$$

当 $a_0 = 1, a_2 = 0$ 时，有 $a_1 = a_2 = a_3 = 0$，则 $\forall n \neq 4k (k \geqslant 0), a_n = 0$，当 $n = 4k (k \geqslant 0)$ 时，

$$a_{4k} = -\frac{1}{2k(2k-1)}a_{4(k-1)},$$

由递推得

$$a_{4k} = -\frac{1}{2k(2k-1)}a_{4(k-1)} = \frac{(-1)^2}{2k(2k-1)(2(k-1))(2(k-1)-1)}a_{4(k-2)}$$

$$= \cdots = \frac{(-1)^k}{\prod\limits_{r=1}^{k} 2r(2r-1)}a_0 = \frac{(-1)^k}{(2k)!},$$

所以

$$y = \sum\limits_{k=0}^{\infty} a_{4k} x^{4k} = \sum\limits_{k=0}^{\infty} \frac{(-1)^k}{(2k)!}(x^2)^{2k} = \cos x^2。$$

当 $a_0 = 0, a_2 = 1$ 时，有 $a_0 = a_1 = a_3 = 0$，则 $\forall n \neq 4k+2(k \geqslant 0), a_n = 0$，当 $n = 4k+2(k \geqslant 0)$ 时，

$$a_{4k+2} = -\frac{1}{(2k+1)(2k)} a_{4(k-1)+2} = \cdots = \frac{(-1)^k}{(2k+1)!},$$

所以

$$y = \sum_{k=0}^{\infty} a_{4k+2} x^{4k+2} = \sum_{k=0}^{\infty} \frac{(-1)^k}{(2k+1)!} (x^2)^{2k+1} = \sin x^2 。$$

例 18.19　有一水平放置的直径为 3dm 的圆盘，正在按每分钟四周旋转，离圆盘较远但在同一水平面上有一点光源在发光，一只昆虫在距离光源最远处的圆盘边，头对光源，这时它立即惊起按 0.1m/s 的速度爬行，而且头总是对着光源，试建立昆虫运动的微分方程，并求出昆虫再次达到圆盘边并离开圆盘的点。

【解】　选择直角坐标系与极坐标系，取圆盘中点为原点。昆虫开始在 $\left(\frac{3}{2}, 0\right)$，光源在 $(-\infty, 0)$，圆盘按逆时针方向旋转。假设在时刻 t 昆虫位于 (x, y) 点即 (r, θ)，其水平速度和垂直速度分别为

$$v_x = \frac{\mathrm{d}x}{\mathrm{d}t} = -1 - \left(\frac{2\pi r}{15}\right) \sin\theta = -1 - \frac{2\pi}{15} y, \tag{1}$$

$$v_y = \frac{\mathrm{d}y}{\mathrm{d}t} = \left(\frac{2\pi r}{15}\right) \cos\theta = \frac{2\pi}{15} x, \tag{2}$$

对式(1)求导并用式(2)代入，得

$$\frac{\mathrm{d}^2 x}{\mathrm{d}t^2} = -\frac{2\pi}{15} \frac{\mathrm{d}y}{\mathrm{d}t} = -\left(\frac{2\pi}{15}\right)^2 x,$$

由此得到关于 x 的微分方程

$$\frac{\mathrm{d}^2 x}{\mathrm{d}t^2} + \left(\frac{2\pi}{15}\right)^2 x = 0,$$

它的解为 $x = A\cos\left(\left(\frac{2\pi}{15}\right)t - \varphi\right)$，由(1)得 $y = A\sin\left(\left(\frac{2\pi}{15}\right)t - \varphi\right) - \frac{15}{2\pi}$。

因此昆虫的运动是沿着圆周 $x^2 + \left(y + \frac{15}{2\pi}\right)^2 = A^2$ 作等速圆周运动。圆心在点 $\left(0, -\frac{15}{2\pi}\right)$，半径为 A，其中 A 由初始条件 $t = 0, x = \frac{3}{2}, y = 0$ 求得 $A^2 = \left(\frac{3}{2}\right)^2 + \left(\frac{15}{2\pi}\right)^2$，这个圆周与圆盘的边界交于点 $\left(-\frac{3}{2}, 0\right)$，所以昆虫从这一点离开圆盘。

三、微分方程解的分析证明

例 18.20　设 $x(t)$ 是微分方程 $5x'' + 10x' + 6x = 0$ 的解，证明函数 $f(t) = \dfrac{x^2(t)}{1 + x^4(t)}$ $(t \in \mathbb{R})$ 有最大值，并求它的最大值。

【解】　常系数微分方程 $5x'' + 10x' + 6x = 0$ 的通解为

$$x(t) = \mathrm{e}^{-t}\left(C_1 \cos\frac{1}{\sqrt{5}}t + C_2 \sin\frac{1}{\sqrt{5}}t\right)。$$

因为 $f(t)=\dfrac{x^2(t)}{1+x^4(t)}$，所以对任意的 $t\in\mathbf{R}$，恒有 $f(t)\leqslant\dfrac{1}{2}$。

(1) 若 $x(t)\equiv0$，则 $f(t)\equiv0$，于是 $\max f(t)\equiv0$；

(2) 若 $x(t)\not\equiv0$，则 $\max f(t)\leqslant\dfrac{1}{2}$，往证必存在 t_0，使 $x(t_0)=1$。

因为 $\lim\limits_{t\to+\infty}x(t)=0<1$，又 $x(t)\not\equiv0$，则 C_1,C_2 不全为 0，不妨设 $C_1>0$，取 $t_k=-2\sqrt{5}k\pi(k\in\mathbf{N})$，则 $x(t_k)=\mathrm{e}^{2\sqrt{5}k\pi}C_1\to+\infty(k\to\infty)$，此时 $t_k\to-\infty$。由介值定理知，必存在 t_0，使 $x(t_0)=1$，从而 $f(t_0)=\dfrac{1}{2}$。所以当 $x(t)\not\equiv0$ 时，$\max f(t)=\dfrac{1}{2}$。

例 18.21　设 $f(x)$ 在 $[0,+\infty)$ 上连续，且 $\lim\limits_{x\to+\infty}f(x)=b$，又 $a>0$，证明方程 $\dfrac{\mathrm{d}y}{\mathrm{d}x}+ay=f(x)$ 的任意解 $y=y(x)$ 均有 $\lim\limits_{x\to+\infty}y(x)=\dfrac{b}{a}$。

【证】　由于 $\lim\limits_{x\to+\infty}f(x)=b$，故对 $\forall\varepsilon>0,\exists X>0$，当 $x>X$ 时，恒有 $|f(x)-b|<\varepsilon$。

当 $x>X$ 时，有

$$(b-\varepsilon)\mathrm{e}^{-ax}\int_X^x\mathrm{e}^{at}\mathrm{d}t-\frac{b}{a}<\mathrm{e}^{-ax}\int_X^xf(t)\mathrm{e}^{at}\mathrm{d}t-\frac{b}{a}<(b+\varepsilon)\mathrm{e}^{-ax}\int_X^x\mathrm{e}^{at}\mathrm{d}t-\frac{b}{a},$$

从而

$$\frac{-\varepsilon}{a}<\frac{-\varepsilon}{a}(1-\mathrm{e}^{a(X-x)})<\mathrm{e}^{-ax}\int_0^xf(t)\mathrm{e}^{at}\mathrm{d}t-\frac{b}{a}<\frac{\varepsilon}{a}(1-\mathrm{e}^{a(X-x)})<\frac{\varepsilon}{a},$$

即

$$\left|\mathrm{e}^{-ax}\int_X^xf(t)\mathrm{e}^{at}\mathrm{d}t-\frac{b}{a}\right|<\frac{\varepsilon}{a},$$

因此

$$\lim_{x\to+\infty}\mathrm{e}^{-ax}\int_X^xf(t)\mathrm{e}^{at}\mathrm{d}t=\frac{b}{a}。$$

设 $y=y(x)$ 为方程满足条件 $y(0)=y_0$ 的解，则

$$y(x)=\mathrm{e}^{-ax}\left(\int_0^xf(t)\mathrm{e}^{at}\mathrm{d}t+y_0\right)=\frac{y_0}{\mathrm{e}^{ax}}+\mathrm{e}^{-ax}\int_0^xf(t)\mathrm{e}^{at}\mathrm{d}t,$$

于是

$$\lim_{x\to+\infty}y(x)=\lim_{x\to+\infty}\frac{y_0}{\mathrm{e}^{ax}}+\lim_{x\to+\infty}\mathrm{e}^{-ax}\int_0^Xf(t)\mathrm{e}^{at}\mathrm{d}t+\lim_{x\to+\infty}\mathrm{e}^{-ax}\int_X^xf(t)\mathrm{e}^{at}\mathrm{d}t=\frac{b}{a}。$$

例 18.22　在方程 $y''+4y'+3y=f(x)$ 中，函数 $f(x)$ 在 $[a,+\infty)$ 上连续且 $\lim\limits_{x\to+\infty}f(x)=0$，证明若 $y(x)$ 为方程的任一解，则均有 $\lim\limits_{x\to+\infty}y(x)=0$。

【证 1】　取 $u(x)=y'+3y$，则方程 $y''+4y'+3y=f(x)$ 变为

$$\mathrm{e}^x(u'(x)+u(x))=\mathrm{e}^xf(x),$$

积分，得

$$\mathrm{e}^xu(x)=\mathrm{e}^au(a)+\int_a^x\mathrm{e}^tf(t)\mathrm{d}t,$$

从而

$$u(x) = e^{a-x}u(a) + e^{-x}\int_a^x e^t f(t)\mathrm{d}t.$$

(1) 当 $\int_a^x e^t f(t)\mathrm{d}t$ 有界时,显然有 $\lim\limits_{x \to +\infty} e^{-x}\int_a^x e^t f(t)\mathrm{d}t = 0$;

(2) 当 $\int_a^x e^t f(t)\mathrm{d}t$ 无界时,有 $-e^{-x}\int_a^x e^t \mid f(t) \mid \mathrm{d}t \leqslant e^{-x}\int_a^x e^t f(t)\mathrm{d}t \leqslant e^{-x}\int_a^x e^t \mid f(t) \mid \mathrm{d}t.$

由洛必达法则,有

$$\lim_{x \to +\infty} e^{-x}\int_a^x e^t \mid f(t) \mid \mathrm{d}t = \lim_{x \to +\infty} \frac{\int_a^x e^t \mid f(t) \mid \mathrm{d}t}{e^x} = \lim_{x \to +\infty} \mid f(x) \mid = 0,$$

所以

$$\lim_{x \to +\infty} e^{-x}\int_a^x e^t f(t)\mathrm{d}t = 0,$$

因此

$$\lim_{x \to +\infty} u(x) = \lim_{x \to +\infty} e^{a-x}u(a) + \lim_{x \to +\infty} e^{-x}\int_a^x e^t f(t)\mathrm{d}t = 0,$$

且 $y' + 3y = u(x)$,用类似的证明方法可得 $\lim\limits_{x \to +\infty} y(x) = 0.$

【证 2】 齐次方程 $y'' + 4y' + 3y = 0$ 的通解为 $y = C_1 e^{-3x} + C_2 e^{-x}$。用常数变易法求非齐次方程的解,所以 $C_1(x), C_2(x)$ 满足的方程组为

$$\begin{cases} C_1'(x)e^{-3x} + C_2'(x)e^{-x} = 0, \\ -3C_1'(x)e^{-3x} - C_2'(x)e^{-x} = f(x). \end{cases}$$

解得

$$\begin{cases} C_1(x) = -\dfrac{1}{2}\int_a^x e^{3t} f(t)\mathrm{d}t, \\ C_2(x) = \dfrac{1}{2}\int_a^x e^t f(t)\mathrm{d}t. \end{cases}$$

因此原方程的通解为

$$y = C_1 e^{-3x} + C_2 e^{-x} - \frac{1}{2}e^{-3x}\int_a^x e^{3t} f(t)\mathrm{d}t + \frac{1}{2}e^{-x}\int_a^x e^t f(t)\mathrm{d}t.$$

(1) 当 $\int_a^x e^t f(t)\mathrm{d}t$ 有界时,显然有 $\lim\limits_{x \to +\infty} e^{-x}\int_a^x e^t f(t)\mathrm{d}t = 0.$

(2) 当 $\int_a^x e^t f(t)\mathrm{d}t$ 无界时,有 $-e^{-x}\int_a^x e^t \mid f(t) \mid \mathrm{d}t \leqslant e^{-x}\int_a^x e^t f(t)\mathrm{d}t \leqslant e^{-x}\int_a^x e^t \mid f(t) \mid \mathrm{d}t.$

由洛必达法则,有

$$\lim_{x \to +\infty} e^{-x}\int_a^x e^t \mid f(t) \mid \mathrm{d}t = \lim_{x \to +\infty} \frac{\int_a^x e^t \mid f(t) \mid \mathrm{d}t}{e^x} = \lim_{x \to +\infty} \mid f(x) \mid = 0,$$

所以

$$\lim_{x \to +\infty} e^{-x}\int_a^x e^t f(t)\mathrm{d}t = 0,$$

同理可得

$$\lim_{x \to +\infty} e^{-3x} \int_a^x e^{3t} f(t) \mathrm{d}t = 0,$$

故若 $y(x)$ 为方程的任一解，则均有 $\lim\limits_{x \to +\infty} y(x) = 0$。

综合训练

1. 设对于任意实数 x，函数 $f(x)$ 满足 $f'(x) = f(1-x)$，求 $f(x)$。

2. 微分方程 $x^2(x-1)y' - x(x-2)y - y^2 = 0$ 的通解。

3. 设曲线 $y = y(x)$ 上任一点 $P(x,y)$ 处的切线在 y 轴上的截距等于在同点处法线在 x 轴上的截距，求此曲线方程。

4. 设方程 $y' + x\sin 2y = xe^{-x^2}\cos^2 y$。

(1) 计算不定积分 $\int x\tan y\mathrm{d}x$；

(2) 若 $y(0) = \dfrac{\pi}{4}$，求解该微分方程。

5. 设函数 $f(u)$ 有连续的一阶导数，且 $f(0) = 2$，若函数 $z = xf\left(\dfrac{y}{x}\right) + yf\left(\dfrac{y}{x}\right)$ 满足方程 $\dfrac{\partial z}{\partial x} + \dfrac{\partial z}{\partial y} = \dfrac{y}{x}(x \neq 0)$，求 z 的表达式。

6. 设 $f(u,v)$ 具有连续偏导数，且满足 $f_u(u,v) + f_v(u,v) = uv$，求 $y(x) = e^{-2x}f(x,x)$ 所满足的一阶微分方程，并求其通解。

7. 若 $f(x)$ 为 $(-\infty, +\infty)$ 内的连续函数，且满足

$$f(t) = 3\iiint\limits_{x^2+y^2+z^2 \leqslant t^2} f(\sqrt{x^2+y^2+z^2})\mathrm{d}x\mathrm{d}y\mathrm{d}z + |t^3|, \quad t \in (-\infty, +\infty),$$

试求 $f\left(\dfrac{1}{\sqrt[3]{4\pi}}\right)$ 及 $f\left(-\dfrac{1}{\sqrt[3]{2\pi}}\right)$ 的值。

8. 设 $f(x)$ 连续可导，$f(1) = 1$，G 为不包含原点的单连通域，任取 $M, N \in G$，在 G 内曲线积分 $\int_M^N \dfrac{1}{2x^2 + f(y)}(y\mathrm{d}x - x\mathrm{d}y)$ 与路径无关。

(1) 求 $f(x)$；

(2) 求 $\int_\Gamma \dfrac{1}{2x^2 + f(y)}(y\mathrm{d}x - x\mathrm{d}y)$，其中 Γ 为 $x^{\frac{2}{3}} + y^{\frac{2}{3}} = a^{\frac{2}{3}}$，取正向。

9. 设函数 $f(t)$ 在 $t \neq 0$ 时一阶连续可导，且 $f(1) = 0$，求函数 $f(x^2 - y^2)$，使得曲线积分 $\int_L (y(2 - f(x^2 - y^2)))\mathrm{d}x + xf(x^2 - y^2)\mathrm{d}y$ 与路径无关，其中 L 为任一条不与直线 $y = \pm x$ 相交的分段光滑闭曲线。

10. 求微分方程 $y'' + y = \dfrac{1}{\cos x}$ 的通解。

11. 设 $y = y(x)$ 是区间 $(-\pi, \pi)$ 内过点 $\left(-\dfrac{\pi}{\sqrt{2}}, \dfrac{\pi}{\sqrt{2}}\right)$ 的光滑曲线，当 $-\pi < x < 0$ 时，曲

线上任一点处的法线都过原点,当 $0 \leqslant x < \pi$ 时,函数满足 $y'' + y + x = 0$,求 $y(x)$ 的表达式。

12. 设函数 $f(x)$ 具有二阶连续导数,且满足 $f(x) = 2(e^x - 1) - \int_0^x (x - t) f(t) \mathrm{d}t$,求积分 $\int_0^\pi \left(\dfrac{f'(x)}{1+x} - \dfrac{f(x)}{(1+x)^2} \right) \mathrm{d}x$。

13. 设 $h(t)$ 为三阶可导函数,$u = h(xyz)$,$\dfrac{\partial^3 u}{\partial x \partial y \partial z} = x^2 y^2 z^2 h'''(xyz)$,且 $h(1) = f''_{xy}(0,0)$,$h'(1) = f''_{yx}(0,0)$,求 u 的表达式,其中

$$f(x,y) = \begin{cases} xy \dfrac{x^2 - y^2}{x^2 + y^2}, & (x,y) \neq (0,0), \\ 0, & (x,y) = (0,0)。 \end{cases}$$

14. 设 $z = z(x,y)$ 有二阶连续偏导数,在微分方程

$$\frac{1}{(x+y)^2} \left(\frac{\partial^2 z}{\partial x^2} + 2 \frac{\partial^2 z}{\partial x \partial y} + \frac{\partial^2 z}{\partial y^2} \right) - \frac{1}{(x+y)^3} \left(\frac{\partial z}{\partial x} + \frac{\partial z}{\partial y} \right) = 0,$$

中作变量代换 $u = xy$,$v = x - y$,并求该方程的通解。

15. 设函数 $f(u)$ 在 $(0, +\infty)$ 内具有二阶导数,且 $z = f(\sqrt{x^2 + y^2})$ 满足等式 $\dfrac{\partial^2 z}{\partial x^2} + \dfrac{\partial^2 z}{\partial y^2} = 0$,若 $f(1) = 0$,$f'(1) = 1$,求 $f(u)$。

16. 设函数 $f(u)$ 具有二阶连续导数,$z = f(e^x \cos y)$ 满足 $\dfrac{\partial^2 z}{\partial x^2} + \dfrac{\partial^2 z}{\partial y^2} = 4(z + e^x \cos y) e^{2x}$,若 $f(0) = 0$,$f'(0) = 0$,求 $f(u)$ 的表达式。

17. 设 $f(u)$ 在 $[1, +\infty)$ 上有连续的二阶导数,$f(1) = -1$,$f'(1) = \dfrac{3}{2}$,记 $r = \sqrt{x^2 + y^2 + z^2}$,函数 $\omega = r^2 f(r^2)$ 满足方程 $\dfrac{\partial^2 \omega}{\partial x^2} + \dfrac{\partial^2 \omega}{\partial y^2} + \dfrac{\partial^2 \omega}{\partial z^2} = 0$,求 $f(u)$ 在 $[1, +\infty)$ 上的最小值。

18. 设当 $x > -1$ 时,可微函数满足方程 $f'(x) + f(x) - \dfrac{1}{x+1} \int_0^x f(t) \mathrm{d}t = 0$,且 $f(0) = 1$,证明 $\forall x \geqslant 0$,有 $e^{-x} \leqslant f(x) \leqslant 1$ 成立。

19. 设二阶线性微分方程为 $y'' + p(x) y' + q(x) y = f(x)$,其中 $p(x)$,$q(x)$ 在区间 I 上连续,当系数 $p(x)$,$q(x)$ 满足什么条件时,可以经过适当的线性变换 $y = a(x)z$ 将该方程化为不含一阶导数项的常系数线性微分方程,并据此求方程 $4y'' + 4xy' + x^2 y = 4e^{-\frac{x^2}{4}} (e^{\frac{\sqrt{2}}{2}x} + x)$ 的通解。

20. 已知曲线 $y = f(x)$ $(x \geqslant 0, y \geqslant 0)$ 连续且单调,现从其上任一点 A 作 x 轴与 y 轴的垂线,垂足分别为 B 和 C。若由直线 AC,y 轴和曲线本身包围的图形的面积等于矩形 $OBAC$ 的面积的 $\dfrac{1}{3}$,求曲线的方程。

21. 求微分方程 $x\mathrm{d}y + (x - 2y)\mathrm{d}x = 0$ 的一个解 $y = y(x)$，使得曲线 $y = y(x)$ 与直线 $x = 1, x = 2$ 以及 x 轴所围成的平面图形绕 x 轴旋转一周的旋转体体积最小。

22. 以 yOz 坐标面上的平面曲线段 $y = f(z) \, (0 \leqslant z \leqslant h)$ 绕 z 轴旋转所构成的旋转曲面和 xOy 坐标面围成一个无盖容器，已知它的底面积为 $16\pi\,\mathrm{cm}^3$，如果以 $3\,\mathrm{cm}^3/\mathrm{s}$ 的速度把水注入容器内，水表面的面积以 $\pi\,\mathrm{cm}^2/\mathrm{s}$ 的速度增大，试求曲线 $y = f(z)$ 的方程。

23. 已知 Σ 为 yOz 面上经过原点的单调上升光滑曲线 $y = f(z) \, (0 \leqslant z \leqslant h)$ 绕 z 轴旋转一周所成的曲面，其法向量与 z 轴正向夹角小于 $\dfrac{\pi}{2}$，现有稳定流动的密度为 1 的不可压缩的流体，其速度场为 $\boldsymbol{v} = x(1 + z)\boldsymbol{i} - yz\boldsymbol{j} + \boldsymbol{k}$，设单位时间内流过曲面 Σ 的液体的质量为 $\varphi(h)$，为使当 h 增加时，$\varphi(h)$ 增加的速度恒为 π，问 $y = f(z)$ 应为什么曲线？

参 考 文 献

[1] 裴礼文.数学分析中的典型问题与方法[M].3版.北京.高等教育出版社,2021.

[2] 谢惠民,恽自求,易法槐,钱定边.数学分析习题课讲义[M].2版.北京:高等教育出版社,2018.

[3] 蒲和平.大学生数学竞赛教程[M].2版.北京:电子工业出版社,2014.

[4] 刘培杰数学工作室.历届PTN美国大学生数学竞赛试题集(1938—2007)[M].哈尔滨:哈尔滨工业大学出版社,2009.

[5] 许康,陈强,陈挚,陈娟.苏联大学生数学奥林匹克竞赛题解[M].哈尔滨:哈尔滨工业大学出版社,2012.

[6] 陈启浩.大学生数学竞赛辅导——高等数学精题·精讲·精练[M].北京:机械工业出版社,2013.

[7] 陈兆斗,郑连存,王辉,李为东.大学生数学习题精讲[M].北京:清华大学出版社,2012.

[8] 周本虎,任耀峰.大学生数学竞赛辅导——高等数学题型 方法 技巧[M].北京:科学出版社,2015.

[9] 朱尧辰.大学生数学竞赛题选解[M].合肥:中国科学技术大学出版社,2017.

[10] 朱尧辰.数学分析范例选解[M].2版.合肥:中国科学技术大学出版社,2019.

[11] 张天德.全国大学生数学竞赛辅导指南[M].3版.北京:清华大学出版社,2019.

[12] 舒阳春.高等数学中的若干问题解析[M].2版.北京:科学出版社,2015.